विश्व में एकमात्र विज्ञान-जयी धर्म

विश्व और मानव की सृष्टि एवं संचालन से
संबंधित कतिपय आधारभूत यथार्थ

विज्ञान मित्र

MATTER, LIFE AND SPIRIT DEMYSTIFIED

का हिंदी में आंशिक रूपांतरण

INDIA • SINGAPORE • MALAYSIA

ISBN

Hardcase 979-8-89961-316-6
Paperback 979-8-89133-728-2

विशेष आभार

डॉ. सतीशचन्द्र अग्रवाल, पूर्व आयकर आयुक्त, कुमाऊं, उत्तराखंड
Multi Language Typing Software, LIPIKAR

यह पुस्तक विशेषरूप से

महायोगी गोरक्षनाथ प्रणीत 'महार्थमंजरी' और उन्हींकी स्वोपज्ञ टीका 'परिमल' पर आधारित है, जिन्हें अनेक विद्वज्जनों के द्वारा भगवद् गीता में निहित योगज्ञान एवं आत्मोपदेश के सार एवं उसके तकनीकी पक्ष के रूप में भी स्वीकार किया जाता है

अनुक्रमणिका

चित्र तालिका

आमुख

ईश्वर अनादि, अनंत और असीम है। यह चराचर जगत उसके एक अंश से उसके संकल्प मात्र से सृजित है। वह अपनी योगमाया के प्रभाव से विश्व की रचना और उसका विनाश करने में समर्थ है। जैसे स्वप्न स्थित व्यक्ति 'स्वप्न सृष्टि' अनायास कर लेता है वैसे ही परमात्मा आत्म रूप में व्याप्त होकर संसार की रचना करता है। उस एक चेतन तत्व से ही सम्पूर्ण ब्रह्माण्ड प्रतिभाषित हो रहा है। सत-चित-आनन्द स्वरूप ईश्वर सर्वतन्त्र स्वतन्त्र है। भारतीय आर्ष परम्परा के ऋषि-मुनियों-मनीषियों ने बहुविध इस दिव्य एवं परम सत्य का उद्घाटन ग्रंथों में किया है किन्तु इन्द्रियजन्य प्रत्यक्ष प्रमाण के आग्रही भौतिकवादी और तथाकथित बुद्धिजीवी. ईश्वरीय सत्ता पर संदेह करते हैं और करते रहेंगे।

'विज्ञान आगार' के माध्यम से विद्वान लेखक की यह कृति 'विश्व में एकमात्र विज्ञानजयी धर्म' आधुनिक युग के बहुत से भ्रमों और भ्रांतियों का सफलता पूर्वक निवारण करने में समर्थ है–यदि खुले मन-मस्तिष्क से पुरातन वैदिक मान्यताओं को आधुनिक वैज्ञानिक शोध के सन्दर्भ से गहराई से मनन-चिन्तन करें तो। दुराग्रह और पूर्वाग्रह सत्य को ज्ञापित करने में बाधक ही होता है। यह बात सही है कि सत्यान्वेषण के मार्ग भिन्न-भिन्न हो सकते हैं किन्तु सत्य, सत्य ही रहता है–वह एक ही होता है। 'एकं सद् विप्रा बहुधा वदन्ति'–यह प्रसिद्ध वेदवाक्य है। यही शाश्वत सत्य भी है। मेरा लेखक से मतैक्य है कि पुनर्जन्म, मृत्युद्वार पर पहुंचकर लौट आने वाले लोगों द्वारा वर्णित और एक समान ही लगने वाले परन्तु आश्चर्यजनक अनुभव, दूरश्रवण, दूरदर्शन, मन की शक्ति के उपयोग से दूरस्थ वस्तुओं का संचालन एवं अनेक इसी प्रकार की घटनायें हैं जिनका वैज्ञानिकों द्वारा अन्वेषण किया गया किन्तु कुछ हाथ नहीं आया, क्योंकि केवल विज्ञान के दायरे में रहकर इनकी व्याख्या करना सम्भव नहीं। यौगिक उपलब्धियों को योग के द्वारा ही जाना और पाया जा सकता है। उसका अपना अलग विज्ञान

है, विधि विधान है। स्थूल इन्द्रिय क्रियाओं से अतीन्द्रिय तक पहुंचना दुष्कर कार्य होगा।

अध्येता लेखक ने आधुनिक भौतिक शास्त्र, जैव शास्त्र व रसायन शास्त्र आदि के तथ्यों व सिद्धांतों का श्रमसाध्य अध्ययन-मनन करते हुए उनमें और प्राचीन ऋषियों द्वारा उद्घाटित मान्यताओं में समानता और सामंजस्य प्रस्तुत किया है–यह तार्किक भी है तथा प्रासंगिक भी। इस परिप्रेक्ष्य में लेखक ने विषय से सम्बंधित अधिकृत ग्रंथों से उद्धरण भी दिये हैं। नवीन और पुरातन ज्ञान में संतुलन आज के समय की आवश्यकता है। जिज्ञासु जनों को इस ग्रंथ में ऐसे सूत्र मिलेंगे जो आगे सत्यान्वेषण की राह में मार्गदर्शन कर सकेंगे, ऐसा मेरा विश्वास है। आस्तिक-नास्तिक, आस्था-अनास्था, आध्यात्मिक-भौतिकता–'पुरातन वैदिक ज्ञान' और 'आधुनिक विज्ञान' के द्वैत को मिटाकर एक संवाद-सेतु स्थापित करने में यह पुस्तक सहायक हो सकती है। भारत में अनेक उच्च कोटि के योगी-तपस्वी-सिद्धसंत हुए हैं जिनके प्रसंग हमारे धर्मग्रंथों में सन्निहित हैं। लेखक ने बानगी स्वरूप कुछ संतों की अलौकिक शक्तियों, सिद्धियों व लीलाओं का दिग्दर्शन भी इस कृति में कराया है। ईश्वर और उसके कृपापात्र संतों की लीलायें अगम्य होती हैं। हमारी जैसी सामान्य बुद्धि से उन्हें समझ पाना दुष्कर है। महावतार बाबा किस प्रकार सैंकड़ों वर्षों से मानवता का मार्ग दर्शन कर रहे हैं, ज्ञानगंज (तिब्बत) में कैसे अलौकिक आश्रम संचालित हो रहा है, सूक्ष्म शरीरधारी ऋषिगण कैसे लोगों का कष्ट हरते हैं, कैसे समर्थ शिष्यों व भक्तों को अध्यात्मपथ पर ले जाने में सहायक होते हैं, आदि-आदि, विस्मयकारी किन्तु सत्य प्रसंग ज्ञानचक्षु खोलने वाले हैं।

अन्त में, एक बात और–विवेकानन्द जी, महर्षि अरविन्द, देवराहा बाबा, जैसे भारतीय सन्त तथा बर्ट्रान्ड रसल, बर्नार्ड शॉ, टॉल्सटाय आदि पाश्चात्य विद्वानों ने समय-समय पर भविष्यवाणी की है कि आगामी सदी में समृद्ध भारतीय-दर्शन के महत्व को विश्व समझेगा। यह अपनी उपादेयता और प्रासंगिता के कारण दुनिया के देशों का मार्गदर्शन करेगा। दूसरे शब्दों में 'विश्व-गुरू' कहलायेगा। वर्तमान में ऐसी स्थितियां प्रकट भी होने लगी हैं। प्रस्तुत पुस्तक उस दिशा में एक महत्वपूर्ण कदम हो

सकती है। मैं लेखक को इस युगांतकारी तथा जनोपयोगी महत्कार्य हेतु साधुवाद देता हूं और आशा करता हूं कि इस कृति का अन्य भारतीय एवं विदेशी भाषाओं में अनुवाद होगा, जिससे वृहद विश्व समुदाय तक लेखक की बात पहुंच सके। निश्चित ही यह विचारोत्तेजक, पठनीय व संग्रहणीय कृति है।

०७-०८-२०२३

डॉ. सतीश चन्द्र अग्रवाल (IRS)
वैशाली कालोनी, हल्द्वानी (नैनीताल)
पिन-२६३१२६, मो. ७३००५२०३५३

प्रस्तावना

'अथातो ब्रह्म जिज्ञासा', महर्षि वेदव्यास का 'ब्रह्मसूत्र' इस सरल किंतु सारगर्भित वाक्य से प्रारंभ होता है। इसका अर्थ है, 'आओ हम सब ब्रह्म के विषय में चर्चा करें'। 'ब्रह्मसूत्र' वेदांत दर्शन के सार के समान एक महत्वपूर्ण ग्रंथ है, और वेदांत में ब्रह्म को सत्य तथा जगत को मिथ्या कहा गया है। अत: इस ग्रंथ में महर्षि वेदव्यास ने सत्य के संदर्भ में बुद्धि एवं विवेक से सम्पन्न जिज्ञासुओं के मन-मस्तिष्क में उठने वाले सभी प्रश्नों के उत्तर वेदांत दर्शन की दृष्टि से देने का प्रयास किया है।

हमारा ध्येय भी 'सत्य के विषय में चर्चा' करना ही है, यद्यपि महर्षि वेदव्यास के समय की तुलना में हमारे आज के परिप्रेक्ष्य में कुछ परिवर्तन आ गये हैं। वेदांत दर्शन के अनुसार केवल वही 'सत्य' है, जो सदैव विद्यमान रहता है, जिसमें कोई परिवर्तन नहीं होता। इस पुस्तक के नाम में जो धर्म शब्द का प्रयोग किया गया है, वह इस 'सत्य' के सनातन स्वभाव का इंगित करने के लिये ही किया गया है, किसी समुदाय विशेष की किसी धार्मिक मान्यता के संदर्भ में नहीं। वहीं, आज के युग में विज्ञान को ही सर्वोपरि माना जाता है। अत: इसे विज्ञान का युग कहा जाता है, जहां विज्ञान-सम्मत हुए बिना विश्व की सृष्टि और इसके सत्य से संबंधित किसी भी दर्शन अथवा सिद्धांत के लिये वैश्विक मान्यता प्राप्त करना संभव नहीं है।

एक सत्य यह भी है कि वैदिक मान्यता प्राप्त षट-दर्शनों में वेदांत को सबसे कठिन दर्शन माना जाता है। अनेक वर्षों तक विभिन्न उपनिषदों एवं ब्रह्मसूत्र आदि ग्रंथों का अध्ययन-मनन किये बिना, किसी तीक्ष्ण बुद्धि से संपन्न मनुष्य के लिये भी वेदांत दर्शन को भली-भांति समझ पाना कठिन है। इसके अतिरिक्त, वेदांत दर्शन में विशेष रूप से ब्रह्म के स्वरूप को समझने और सत्य एवं असत्य के भेद को समझाने का प्रयास ही विशेष रूप से किया गया है, जबकि आधुनिक विज्ञान के सृष्टि-क्रम और इसकी मौलिक उपलब्धियों से वेदांत का तारतम्य बैठाना हमें किसी

प्रकार भी संभव प्रतीत नहीं हो रहा था। दूसरी ओर प्रथम दृष्टि में कठिन प्रतीत होने पर भी, यथासंभव अपनी पुस्तकों के माध्यम से आधुनिक विज्ञान और भारत के ऋषियों के अध्यात्म विषयक ज्ञान को एक ही पृष्ठ पर लाने का प्रयास करने की हमारी कटिबद्धता थी।

सौभाग्यवश, हमारे प्राचीन ऋषियों की ज्ञान मंजुषा में ऐसा और भी बहुत कुछ है जिसे सम्मिलित कर लेने पर हमारी समस्या का निदान संभव था। विशेष रूप से आगम, तंत्र एवं योग शास्त्रों को सम्मिलित कर लेने पर एक ऐसे गाथाक्रम की रचना संभव हो सकी है जिसके मध्य एक यथेष्ठ दूरी तक हम विज्ञान को भी एक अनुगत के समान साथ लेकर चल सके हैं। MATTER, LIFE AND SPIRIT DEMYSTIFIED नामक अंग्रेजी भाषा में लिखी गई हमारी मूल पुस्तक, तथा उसी के आंशिक हिंदी रूपांतरण के रूप में हमारी वर्तमान पुस्तक 'विश्व में एकमात्र विज्ञान-जयी धर्म' में हमने ऐसा ही प्रयास किया है।

इन पुस्तकों में हमने विशेष रूप से शाश्वत चैतन्य के स्वयं ही इस विश्व के रूप में अभिव्यक्ति को प्राप्त होने के सिद्धांत (The Theory of Manifestation) की चर्चा की है, जो परमेश्वर के द्‌वारा किसी वाह्य सृष्टि के सिद्धांत से सर्वथा भिन्न है और आधुनिक विज्ञान की मान्यताओं के भी अधिक निकट है। यह सर्वविदित है कि विज्ञानविदों के अनुसार इस विश्व की रचना ऊर्जा से हुई है और यह विश्व तथा इसकी समग्र संरचनायें ऊर्जा से ओत-प्रोत होकर ही अवस्थित हैं। शैव एवं शाक्त आगमों के अनुसार भी ऊर्जा स्वरूपिणी, तथापि अंतर के ज्ञान से भी संपन्न, परम चैतन्य के स्वभाव रूपी उसकी 'पराशक्ति' ही इस विश्व के रूप में अभिव्यक्त होती है।

आधुनिक विज्ञान का समस्त अन्वेषण, जो कुछ हमें दिखाई पड़ता है अथवा जिसकी अनुभूति हम और किसी प्रकार से कर सकते हैं, केवल उसी को केन्द्र में रखते हुए किया जाता है। इसमें दृष्टा (observer) गौण के समान है, और दृश्य (अथवा observed) के अध्ययन और विश्लेषण के माध्यम से ही इस विश्व से सम्बंधित ज्ञान प्राप्त किया गया है। वहीं दूसरी ओर भारत के ऋषियों के समग्र अन्वेषण, हमारे द्‌वारा दृष्ट अथवा अनुभूत वस्तुओं और उनके गुणों के स्थान पर, उस

दृष्टा को केन्द्र में रखते हुए किये गये हैं जो इस विश्व की अनुभूति और उपयोग करता है।

क्वांटम थ्योरी के जनकों में से एक, वर्नर हेजेनबर्ग ने १९२७ में पदार्थ के स्थिति वाले गुण को लक्ष्य करते हुए जिस कंवांटम यांत्रिकी (मेकानिक्स) की रचना की थी, वह अपने नाम के अनुसार घटना के दृश्यमान पहलू (perceptible aspect) को ध्यान में रखकर बनाया गया था। वहीं दूसरी ओर इरविन श्रौडिंगर के अनुसार, देश-काल के परिप्रेक्ष्य में किसी परमाणु के अंदर स्थित एक इलेक्ट्रोन को सतत-क्रियमाण एक आवेशयुक्त और स्पंदायमान बादल के समान समझा जा सकता था, जिसे एक तरंग के गणित से अंकित या परिगणित करना भी संभव था। अत: इरविन श्रौडिंगर ने पदार्थ में अवस्थित ऊर्जा को ध्यान में रखते हुए अपना मेकानिक्स बनाया था, और दोनों मेकानिक्स ही सही गणना करने में समर्थ थे। दोनों ही ठीक थे।

यद्यपि पदार्थ और तरंग दोनों के मेकानिक्स एक ही परिणाम देते हैं, पर कुछ अतिरिक्त और विशेष ज्ञान की उपलब्धि करवाने वाली ये दो अलग दिशायें तो हैं ही। ठीक इसी प्रकार, दृष्टा और दृश्य, इन दोनों विभागों के सिद्धांत अपने-अपने स्थान से हमें कुछ ऐसी अतिरिक्त बातें तो बताते ही हैं जो हमें एक अपेक्षाकृत पूर्णतर ज्ञान की प्राप्ति की दिशा में अग्रसर कर सकें। ऋषियों के द्वारा निकाले गये निष्कर्षों के अनुसार, दृष्टा अधिक प्राथमिक होता है और उसी विश्व की अभिव्यक्ति संभव होती है जिसे किसी दृष्टा के द्वारा देखा अथवा अनुभूत किया जा सके। एक बड़ी मात्रा में ऊर्जा का व्यय करके एक ऐसे विश्व की रचना करना जिसे कोई देखने या अनुभव करने वाला न हो, इसका औचित्य किसी प्रकार भी सिद्ध करना कठिन होगा।

यह एक भ्रांत धारणा है कि विज्ञानविदों को धर्म अथवा उससे संबंध रखने वाले दर्शनों के ज्ञान की और धर्मगुरुओं को विज्ञान के ज्ञान की आवश्यकता नहीं है। ख्यातनामा विज्ञानविद अल्बर्ट आइंस्टाइन का यह मत था कि विज्ञान के ज्ञान के बिना धर्म एक अंधे व्यक्ति के समान होता है, जबकि धर्म के ज्ञान से विहीन विज्ञान की तुलना उन्होंने एक लंगड़े व्यक्ति से की थी।

किसी भी मंच आदि से संबोधन करते समय, भारत में अध्यात्म के अधिकांश वक्ता अक्सर भगवद गीता अथवा वेदांत के किसी अंश विशेष को लेकर उसी की विद्वतापूर्ण व्याख्या करते हुए देखे जाते हैं, जो श्रद्धावान जन-मानस के लिये मुग्धकर होती है; और फिर भी, किसी प्रश्न विशेष के संदर्भ में उनमें से कोई-कोई विद्वान कभी-कभी कोई ऐसी बात अपनी ओर से जोड़ देते हैं जो किसी ज्ञात और सत्यापित वैज्ञानिक मान्यता के विरुद्ध होती है। ऐसा होने पर सुनने वालों में से कुछ लोगों की केवल रुचि ही नहीं, बल्कि वेदांत को लेकर उनकी श्रद्धा भी प्रभावित हो सकती है।

आज के समय वेदांत की गहरी समझ रखने वाले विद्वानों के लिये पदार्थ से सम्बंधित विज्ञान का मौलिक ज्ञान होना भी उतना ही आवश्यक है; तभी वे आज के परिप्रेक्ष्य में अपने श्रोताओं की सत्य से संबंधित जिज्ञासाओं के समुचित उत्तर दे सकेंगे। विशेष रूप से इसी आवश्यकता को ध्यान में रखते हुए, अंग्रेजी भाषा में प्रकाशित हमारी मूल पुस्तक 'MATTER, LIFE AND SPIRIT DEMYSTIFIED' के पहले खंड के पांच अध्यायों में हमने इस प्रकार की जिज्ञासाओं से सम्बंध रखने वाले आधुनिक विज्ञान के समस्त ज्ञान का समावेश करने का प्रयास किया है। इन सभी अध्यायों में विज्ञान के जिस मौलिक ज्ञान का समावेश आवश्यक समझा गया है, वह विज्ञान की विभिन्न पुस्तकों में और इंटर्नेट पर भी सहजता से उपलब्ध है। अतः पुस्तक का आकार सीमित रखने के लिये विज्ञान से संबंधित उपरोक्त मौलिक ज्ञान को हिंदी की इस पुस्तक में अलग से सम्मिलित नहीं किया गया है।

आधुनिक भौतिक विज्ञान के अनुसार जब इस भौतिक सृष्टि के उदय होने का समय आता है, तो असीम बल से युक्त और अत्यधिक घनत्व की अवस्था को प्राप्त एक अत्यंत तीव्र गति से स्पंदायमान ऊर्जा का पुंज अपनी अवस्था के अनुरूप एक अवकाश को साथ लेकर प्रकट होता है। भौतिक विज्ञानविदों के अनुसार एक बड़े विस्फोट (BIG BANG) के पश्चात प्रकाश से भी हजारों गुणा अधिक गति से विस्तार (Inflation) प्राप्त करते हुए, यह ऊर्जा पुंज चारों दिशाओं मे विस्तृत होते हुए इस विश्व के रूप में अवस्थित होने का प्रयास करता है। परंतु इस विषय में

कोई विश्वसनीय धारणा नहीं है कि तथाकथित विस्फोट के पूर्व असीम बल और अत्यधिक घनत्व से युक्त यह ऊर्जा पुंज कहां से आता है, अथवा पहले से ही कहां और किस प्रकार अवस्थित होता है।

इसी प्रकार पदार्थ के कणों और समस्त क्रिया कलापों में दृष्टिगोचर होने वाले धनात्मक और ऋणात्मक आवेश कब और किस प्रकार उत्पन्न होते हैं, वैज्ञानिकों के लिये यह आज भी एक अबूझ पहेली के समान है। एक और बड़ी भ्रांति जिसने आधुनिक विज्ञानविदों के मन-मस्तिष्क पर अधिकार जमा रखा है, वह चेतना की उत्पत्ति को लेकर है। सैंकड़ों अपवादों के बार-बार उनके दृष्टिपथ में लाये जाने पर भी हमारे विज्ञानविद चैतन्य के स्थान पर पदार्थ की प्राथमिकता के भ्रम का त्याग करना नहीं चाहते, और यह असत्यापित उद्घोष करते रहते हैं कि केवल न्यूरोन शृंखलाओं के संबंध और मस्तिष्क की संरचना से ही चेतना की उत्पत्ति हो सकती है। आधुनिक विज्ञानविदों के इस बड़े भ्रम का एक बड़ा कारण यह भी है कि उन्हें प्राचीन चेतना के विज्ञान (संवित विज्ञान) के विषय में या तो कुछ ज्ञात ही नहीं है, अथवा 'पूर्व' (East) के सभी ज्ञानों और उपलब्धियों के समान ही वे इसे भी हेय दृष्टि से देखते हैं।

सटीक और अकाट्य उत्तरों के स्थान पर वे अपनी इस परिकल्पना में अधिक सहजता और संतुष्टि का अनुभव करते हैं, कि किसी आधार के बिना ही अवस्थित, एक अज्ञात भूमि पर किन्हीं अज्ञात कारणों से उद्भूत ऊर्जा की अकारण ही अपरिमित घनत्व प्राप्ति के पश्चात, उसमें अज्ञात कारणों से होने वाले एक संभावित विस्फोट और उससे बहने वाले लावे से, या अभी तक अज्ञात अन्य किसी कारण से, और बिना किसी उद्देश्य के, सभी गुणों से सज्जित ये पदार्थ के कण अकस्मात ही प्रकट भी हो जाते हों और अन्य किसी अपेक्षा, निर्देश या सहायता के बिना ही, न केवल इस विश्व का, अपितु उसी प्रकार और अकारण ही, पहले जीवन का, फिर मस्तिष्क आदि के माध्यम से चेतना से युक्त विभिन्न प्राणियों का, और अंत में मानव का सृजन करने में भी सक्षम हो जाते हों!

विश्व सृष्टि के संबंध में वर्तमान में भौतिक शास्त्र में जो मानक मॉडल (Standard Model) प्रचलित है, किसी अधिक विश्वसनीय मॉडल के अभाव में स्वयं भौतिक शास्त्री भी उसे एक काम-चलाऊ मॉडल के

रूप में ही देखते हैं। यदि रसायन और जैव शास्त्रों की मान्यताओं को भी सम्मिलित कर लिया जाए, तो आधुनिक विज्ञान की मौलिक मान्यताओं में छिद्रों की संख्या अनगिनत के समान हो जायेगी। चैतन्य के ज्ञान के बिना, और चैतन्य की प्राथमिकता को स्वीकार किये बिना, ये छिद्र कभी भी भरे नहीं जा सकेंगे। विशेषकर आज के परिप्रेक्ष्य में अध्यात्म और विज्ञान, एक दूसरे के अभाव में इन दोनों के ज्ञान ही अधूरे समझे जाने चाहियें।

विज्ञान, दर्शन, और योग शास्त्रों के ज्ञान को किसी भी भारतीय लेखक के द्वारा एक ही स्थान पर लाने का संभवतया यह प्रथम प्रयास है। हमारा विश्वास है कि परमेश्वर की कृपा और इच्छा से ही ऐसा संभव हो सका है। हम देख सकेंगे कि जैसे-जैसे हम ऋषियों के द्वारा वर्णित इस ज्ञान के पन्ने पलटते चलेंगे, इन्हीं के मध्य से आधुनिक भौतिक शास्त्र, रसायन शास्त्र और जैव शास्त्र के मौलिक आधार भी एक भविष्यत् के रूप में स्वाभाविक रूप से ही प्रकट होते चलेंगे। यही हमारे द्वारा अपनाई गयी इस विधि की विशिष्टता है। विज्ञान जगत में क्वांटम सिद्धांत के प्रवेश के बाद दृष्टा की एक औपचारिक भूमिका स्वीकार तो की जाने लगी है, पर केवल उतना ही पर्याप्त नहीं है। सार्थक और अभ्रांत ज्ञान के लिये अध्यात्म और विज्ञान का कम से कम कुछ दूरी तक तो एक पृष्ठ पर बने रहना आवश्यक है।

इस पुस्तक में कुल नौ अध्याय हैं, और पुस्तक के पांचवे अध्याय के अंत तक पाठक स्वयं समझ सकेंगे, कि आदि से अंत तक चैतन्य की स्वयं इस विश्व के रूप में अभिव्यक्ति के सिद्धांत में आधुनिक विज्ञान केवल कुछ दूरी तक साथ चलने में सक्षम एक मध्यस्थानीय घटना के समान ही है।

यदि शाश्वत चैतन्य के स्थूल भूमि पर पदार्थ तक अवतरण, और उसकी वापसी के समस्त विवरणों को दर्शन शास्त्र का विषय मानकर छोड़ भी दिया जाए, तो भी हम मनुष्यों के लिये अपने जन्म और मृत्यु को भली भांति समझने का प्रयास आवश्यक है और उचित भी, क्योंकि इनका हमारे जीवन से सीधा संबंध है। अतएव, पुस्तक के पहले दो अध्यायों में पाश्चात्य देशों के चिकित्सा विज्ञानविदो के द्वारा वैज्ञानिक प्रणालियों का अनुसरण

करते हुए किये गये उन क्षेत्रों के अन्वेषण एवं शोध को सम्मिलित किया गया है जिनका हमारे मानव जीवन से गहरा संबंध है। परिस्थिति-वश शीघ्र पुनर्जन्म लेकर अनेक व्यक्तियों के द्वारा अपने पिछले जन्म के प्रमाणों को सत्यापित करवाने वाले, और मृत्यु द्वार पर पहुंच कर लौट आने वाले लोगों के द्वारा वर्णित और एक समान ही लगने वाले, परंतु आश्चर्यजनक अनुभवों के सैंकड़ों और हजारों ऐसे उदाहरण हैं जिनका चिकित्सा विज्ञाविदों के द्वारा अन्वेषण तो किया गया है और जिन्हें लिपिबद्ध भी किया गया है, परंतु केवल विज्ञान के दायरे में रहकर जिनकी व्याख्या करना संभव नहीं है। एक प्रकार से ये दोनों अध्याय, अगले सात अध्यायों में विस्तार सहित वर्णित इस पुस्तक की मूल कथावस्तु की पृष्ठभूमि और एक सीमा तक उसकी अग्रिम पुष्टि के समान हैं।

पुस्तक के अगले चार अध्यायों में 'संवित' अथवा अंतर एवं वाह्य की मिश्रित चेतनाओं के विज्ञान, तंत्र (सूक्ष्म संरचनाओं के विज्ञान), एवं योग-विज्ञान के माध्यम से शाश्वत चेतना के पदार्थ के रूप में अवतरण और वापसी की प्रक्रिया को समझाते हुए, एक प्रकार से परमेश्वर की स्वयं इस विश्व के रूप में अभिव्यक्ति के सिद्धांत का ही एक विशद वर्णन प्रस्तुत करने का प्रयास किया गया है। लेखक की भूमिका प्रधानत: एक बड़ी जिगशॉ के समान इस पहेली के टुकड़ों को सही स्थानों पर बैठाने के प्रयास तक ही सीमित है। शेष सभी कुछ भारत के ऋषियों और परम चैतन्य से सायुज्य प्राप्त सिद्ध गुरुओं की ही देन है। इस गाथाक्रम में तकनीकी विषयों का समावेश होने के कारण पाठकों से अनुरोध है कि किसी अध्याय को मध्य में न छोड़ा जाए, भले ही आरंभ करने के पश्चात इसे पूर्ण करने में कुछ दिन या एक पूरा सप्ताह ही क्यों न लग जाए!

सृष्टि के समय परमेश्वर की चेतना में एक स्पंदन के रूप में उदित होकर, उसकी अपनी ही परा-प्रकृति उसकी चेतना को एक दृष्टा और उसे अनुभूत होने वाले एक दृश्य में विभाजित कर देती है। जो इस स्पंदन को देखती है वह वाह्य की चेतना होती है, और जो स्पंदायमान ऊर्जा उस अनुभव की सृष्टि करती है वह अंतर की चेतना बन जाती है। इन दोनों के संयोग से ही इस विश्व की प्रत्येक वस्तु की अभिव्यक्ति होती है। जो अभिव्यक्त होता है वह बीज अथवा संयुक्त अवस्था होती है। यह एक

ऐसे सिक्के के समान होती है जिसका एक पक्ष वाह्य का ज्ञान होता है जो दृष्टा अथवा उपभोक्ता का ज्ञान होता है, और दूसरा पक्ष अंतर का ज्ञान होता है जो उसके द्वारा अनुभूत अपने शरीर या पदार्थ आदि का ज्ञान होता है। पुस्तक के तीसरे और चौथे अध्याय में इस तथ्य को ही विस्तार के सहित समझाया गया है।

हमारी सभी पुस्तकों में सृष्टि प्रकरण अथवा विश्व की उत्पत्ति को कश्मीर की शैव दर्शन की त्रिक शाखा के आधार पर समझाने का प्रयास किया गया है। त्रिक का अर्थ है तीन, और क्रिस्चियन बंधुओं की होली ट्रिनिटी की धारणा के अनुरूप ही यह दर्शन भी त्रिदेव एवं उनकी तीन प्रकृतियों के आधार पर ही विश्व की रचना को समझाने का प्रयास करता है। इन पुस्तकों में केवल भारत के ऋषियो के विशुद्ध ज्ञान को आधिकारिक एवं प्रमाणिक ग्रंथों से उद्धृत करते हुए वर्तमान समय के अनुरूप एक क्रमबद्ध तरीके से समझने और प्रस्तुत करने का ही प्रयास किया गया है, उसमें कहीं भी कोई परिवर्तन नहीं किया गया है।

ऋषियों के अनुसार 'परमेश्वर' ही एकमात्र सत्य है, जो अनादि है। जब और कुछ भी नही रहता तो परमेश्वर केवल सत् रूप में, एक निस्पंद एवं आत्मसंतुष्टि की अवस्था में, विद्यमान रहते हैं। जब एक नई सृष्टि का समय निकट होता है, तो एक स्पंदन के रूप में इस परम चेतना में ज्ञान रूपी चित शक्ति और अनुभव के रूप वाली आनंद शक्ति का उदय हो जाता है। आगम शास्त्रों में इसे परमेश्वर की अंतः प्रकृति की निद्रा का भंग होना अथवा उसका जाग्रत होना भी कहा गया है। जो परमेश्वर पहले निष्कल ब्रह्म के स्वरूप में सत् मात्र थे, वे अब सद्चिदानंद रूप ग्रहण करते हुए सकल ब्रह्म के नाम से ख्यात होते हैं, और अब वे सृष्टि की अभिव्यक्ति करने की स्थिति में आ जाते हैं।

जिस किसी पदार्थ या जीव की उत्पत्ति होती है वह सत् के अंश से होती है और उसे स्वयंभुव कहा जाता है, क्योंकि वह शाश्वत चेतना का स्वतः उत्पन्न होने वाला अंश होता है। एक प्रकार से यह आत्म तत्व से युक्त एक सृष्टि-कण के तुल्य है जो एक अहं के बोध को साथ लेकर ही उत्पन्न होता है। यही कारण है कि जो कोई अथवा जो कुछ भी अस्तित्व

धारण करता है वह सदैव अपनी और अपने अवकाश (exclusive space) की रक्षा के लिये तत्पर रहता है।

सृष्टि में सर्वत्र इस स्वयंभुव का ही जन्म होता है, और यह एक सिक्के के समान होता है जिसके दो पहलू होते हैं। इसका एक पहलू दृष्टा स्थानीय चित् अथवा 'शिव' की ओर उन्मुख होता है, जबकि इसके दूसरे पहलू की पहचान आनंद की ऊर्जा अथवा 'शक्ति' के रूप में की जाती है, जो दृश्य अथवा अनुभूत का स्थान ग्रहण करती है। शक्ति तत्व को ही मातृ चेतना कहा जाता है। यह सर्वत्र सभी वस्तुओं में अनुस्यूत अथवा अंतर्लीन अवस्था में उपस्थित रहती है, और यह सदैव चेतना के साथ अनुभव के रूप में जड़ित होकर चलायमान रहती है। सब वस्तुओं में स्थित यह अंतर्चेतना ही है जिसके कारण प्रकृति को जगन्माता भी कहा जाता है, क्योंकि वह सदैव सृष्टि के प्रत्येक कण की प्रतिक्षण परिवर्तित होती हुई दशाओं से भिज्ञ रहती है। दूसरी ओर इसी गुण के कारण, पदार्थ अथवा जैव, यह किसी भी कण में अंतः प्रवृत्तियों को भी उत्पन्न कर पाती है और इसी की सहायता से वह इस विश्व का संचालन भी करती है।

यह स्मरण रखने की बात है कि शिव, शक्ति और स्वयंभुव, अथवा वैष्णव मतावलम्बियों के प्रसिद्ध विष्णु, ब्रह्मा और महेश, एक परमेश्वर के ही उसके अपने स्वरूप के समान तीन विभागों के नाम मात्र हैं। ये व्यक्ति विशेष नहीं होते, अपितु इन्हें शाश्वत चैतन्य की तीन विभिन्न प्रकार की असीम क्षमताओं की उपाधियां मात्र समझा जा सकता है, और ये तीनों सदैव एकत्र रूप से ही—एक सिक्के के समान, और उसके दो पहलुओं के साथ ही उत्पन्न होते हैं।

पुनः इन त्रिदेवों में से प्रत्येक की अपने-अपने कार्यों के अनुरूप अपनी एक अलग बहिर्प्रकृति भी होती है। इनमें स्वयंभुव की बहिर्प्रकृति होती है 'इच्छा शक्ति', जो एक स्वोपज स्पंदन से युक्त होती है। इसके स्पंदन की एक दिशा 'ज्ञान शक्ति' का रूप धारण करती है, जिसे शिव तत्व की बहिर्प्रकृति समझा जाता है, और इसी प्रकार, इसके स्पंदन की दूसरी दिशा 'क्रिया-शक्ति' का रूप ग्रहण कर लेती है, जिसे शक्ति तत्व की बहिर्प्रकृति कहा जाता है। पाठक-गण कृपया यहां दिये गए चित्र को देखें।

यह एकपदी मूर्ति दक्षिण भारत में तामिलनाडु के तिरुचिरापल्ली जिले के तिरुवनैकल नगर में स्थित १८०० वर्ष पुराने जंबुकेश्वर के नाम से प्रसिद्ध एक मंदिर में स्थित प्रतिमा का आंशिक प्रतिरूप है।

इस मंदिर की अपेक्षाकृत बड़ी प्रतिमा में एक ऋषि को, जिन्होंने माया अथवा सापेक्षता को पार कर लिया है, एक दृष्टा के रूप में प्रकृति के वास्तविक रूप की किस प्रकार प्रतीति होती है यह दिखाने का प्रयास किया गया है। इस प्रतिमा में नारद ऋषि को तीन देवों की उनके तीन वाहनों अथवा उनकी तीन प्रकृतियों के साथ अनुभूति हो रही है।

वे देख पा रहे हैं कि इच्छाधिपति महेश ही अपने एक ओर ज्ञानाधिपति विष्णु और दूसरी ओर क्रियाधिपति ब्रह्मा को धारण करते हुए, स्थिर होकर विश्व में व्यष्टि एवं समष्टि दोनों के रूप में

विद्यमान प्रतीत हो रहे हैं। महेश दोनों पैरों को जोड़कर 'एकपदी' रूप ग्रहण करते हुए दृढता से (मंदिर में अवस्थित प्राचीन प्रतिमा में) अपने चार पैरों वाले वाहन वृषभ के रूप में दृश्यमान अपनी इच्छा-प्रकृति पर आरूढ होकर, ब्रह्मा एवं विष्णु दोनों को आधार प्रदान करते हुए दंडायमान हैं। ऋषि देखते हैं कि ब्रह्मा की क्रिया-प्रकृति एक हंस रूपी वाहन के रूप में धीर गति से जल पर संचरण करने वाली प्रकृति के रूप में लक्षित हो रही है, जबकि विष्णु के वाहन गरुड़ के रूप में उनकी ज्ञान-प्रकृति को शून्य में उर्ध्व गमन करने की सामर्थ्य के साथ प्रदर्शित किया गया है।

साधारणत: जिसे हम प्रकृति कहते हैं वह तीन प्रकृतियों की एक ऐसी समष्टि है जिसमें प्रत्येक अपने लिये एक भिन्न आयाम की सृष्टि करती है। इनमें इच्छा प्रकृति कारण भूमि की, ज्ञान प्रकृति सूक्ष्म धरातल की, और क्रिया प्रकृति स्थूल जगत की रचना करती है। इस त्रिमुखी प्रकृति के द्वारा ही परमेश्वर की विश्व-क्रीड़ा की अभिव्यक्ति होती है, जिसकी पटकथा (स्क्रिप्ट) भी इन त्रिदेवों के द्वारा लिखी जाती है और सारे पात्रों के अभिनय भी ये तीन ही करते हैं।

यह त्रिमूर्ति ही संपूर्ण विश्व का और इसमें स्थित प्रत्येक वस्तु का रूप धारण करती है। किस प्रकार यह त्रिमूर्ति ही इलेक्ट्रोन, प्रोटोन और न्यूट्रोन का रूप धारण करती है, इसकी भी सार्थक विवेचना हमने बौद्धिक, वैज्ञानिक और अध्यात्मिक सभी दृष्टियों से अपनी इस पुस्तक में करने का प्रयास किया है।

पुन: कैसे अव्यक्त क्षेत्र में ही चैतन्य में अंतर एवं वाह्य के धुवीकृत विभाजन से धनात्मक एवं उसके विपरीत ध्रुवों की उत्पत्ति होती है, किस प्रकार आत्म-तत्व की अपना अस्तित्व बनाये रखने की प्रवृति EXCLUSION PRINCIPLE को उत्पन्न करती है, कैसे सिक्के के दो पहलुओं वाला संबंध WAVE-PARTICLE DUALITY और UNCERTAINTY PRINCIPLE को जन्म देता है, एवं कैसे प्रकृति की त्रिमुखी रचना पदार्थ के नाभिकीय कणों में तीन रंगों से रंजित उनकी आंतरिक संरचना को जन्म देती है, इन सब मूलभूत प्रश्नों के समुचित उत्तर भी–हमारे पाठक देख पायेंगे–अगर हम चाहें तो ऋषियों द्वारा

प्रदत्त संवित विज्ञान के प्रकाश में अत्यंत सहज रूप से ही प्राप्त कर सकते हैं, भले ही भौतिक विज्ञान इनसे आज भी अनभिज्ञ हो।

तथापि इन पुस्तकों का उद्देश्य भौतिक शास्त्र अथवा पदार्थ की विवेचना करना नहीं है। प्रसंगवश ही इनकी यथास्थान एवं यथोचित चर्चा की गई है। हमारा उद्देश्य है पूर्व और पश्चिम के समस्त मूल्यवान ज्ञान की एक मंजुषा का संकलन करना, और उसे एक सहज तथा बोध-गम्य रूप में आधुनिक मानव संतति के समक्ष उपस्थित करना। इसमें लेखक की भूमिका केवल एक सूत्रधार अथवा पैरवीकार के समान एक वाकप्रवाह की सृष्टि करने का प्रयास मात्र ही है। जो कुछ भी लिखा गया है वह शास्त्रों एवं भारत के विश्वगुरू स्थानीय शिक्षकों के द्वारा ही बताया गया है।

जिस प्रकार हमारा यह स्थूल जगत है, उसी प्रकार इसकी तुलना में अत्यधिक विस्तृत हमारा एक सूक्ष्म जगत भी है, जहां हम पृथ्वी की तुलना में बहुत अधिक स्वातंत्र्य का उपयोग कर पाते हैं। मानव-संतति विश्व के इन दोनों विभागों में आवागमन करती रहती है और दोनों में ही दीर्घ अथवा लघु कालावधियों के लिये निवास भी करती रहती है। इस विशाल सूक्ष्म जगत की ही ईसा मसीह ने भी, अनेक स्थानों पर, स्वर्ग के राज्य (Kingdom of Heaven) के नाम से चर्चा की है।

त्रिक दर्शन को केन्द्र में रखते हुए जो कुछ भी हमारी इस प्रस्तावना में कहा गया है वह संवित विज्ञान के द्वारा प्रतिपादित आधार स्थानीय ज्ञान है, जो महायोगी गोरक्षनाथ के द्वारा गोरक्ष महेश्वरानंद के नाम से प्रणीत 'महार्थमंजरी' एवं उन्हीं के द्वारा उसकी स्वरचित टीका 'परिमल' पर आधारित है। श्री गोरक्षनाथ द्वारा रचित इन ग्रंथों को विद्वत समाज में भगवद् गीता के तकनीकी पक्ष के रूप में भी स्वीकार किया जाता है।

दूसरी ओर, इस संदर्भ में यहां यह कहना भी आवश्यक प्रतीत होता है कि शैव एवं शाक्त आगमों के माध्यम से, ऋषि अगस्त्य और ऋषिपत्नी लोपामुद्रा के माध्यम से, तथा महायोगी गोरक्षनाथ के माध्यम से प्रकाशित जिन बातों की चर्चा इस पुस्तक में की गई है वे सभी हजारों वर्षों से उपलब्ध रही हैं। उनमें जिस नये विवरण के समायोजन से उनका विस्तार किया गया है वह सभी पिछले दो सौ वर्षों के मध्य

बंगाल की दो अलग-अलग परंतु परस्पर संबंधित गुरु-शिष्य परंपराओं के द्वारा प्रकाश में लाया गया है, जिसमें लेखक के द्वारा आधुनिक विज्ञान का संपुट देने का प्रयास भी इन सिद्ध गुरु परंपराओं की अप्रकट रूप से सहायता के माध्यम से ही संभव हुआ है। इनमें महावतार बाबाजी की परंपरा में श्यामाचरण लाहिड़ी महाशय, श्री युक्तेश्वर गिरि एवं लेखक के गुरु परमहंस योगानंद जी, तथा क्षेपाई माताजी की परंपरा में परमहंस विशुद्धानंद जी एवं उनके शिष्य पद्मविभूषण डॉ. गोपीनाथ कविराज के द्वारा प्रकाश में लाये गये गूढ़ विवरणों के अभाव में, भारत के ऋषियों के द्वारा प्रतिपादित, परमेश्वर के स्वयं ही इस विश्व के रूप में अभिव्यक्त होने वाले सिद्धांत (THEORY OF MANIFESTATION) को किसी भी प्रकार से आधुनिक विज्ञान से संबंधित करना संभव नहीं हो सकता था।

भारत के प्राचीन ऋषियों एवं सिद्ध गुरुओं के द्वारा दिये गये इन गूढ़ विवरणों, प्रमाणों और तर्क सम्मत व्याख्याओं के प्रकाश में परमेश्वर के स्वयं ही इस विश्व के रूप में अभिव्यक्त होने के सिद्धांत को किसी प्रकार भी मिथ्या सिद्ध करना संभव नहीं है।

इसके पूर्व इस पुस्तक के प्रथम छह अध्यायों के विषय में हम संक्षेप में बता चुके हैं। इनमें पांचवे अध्याय का नाम है 'मानव संरचना का विज्ञान', जिसमें हमारे स्थूल, सूक्ष्म और कारण, इन तीनों शरीरों की, और विशेष रूप से हमारे सूक्ष्म शरीर की रचना को विस्तार से समझाया गया है। डिवाइन लाइफ सोसाइटी के संस्थापक स्वामी शिवानंद के द्वारा भली भांति कलम-बद्ध किये गये सूक्ष्म एवं स्थूल शरीरों के परस्पर के संबंध को, चित्रों के सहित दर्शाया भी गया है। वास्तव में इस अद्भुत संरचना में ही योग-विज्ञान की और 'चेतना का प्रत्यावर्तन' नामक इस पुस्तक के छठे अध्याय की कुंजी निहित है। इसी कुंजी के प्रयोग से योग-साधक सिद्धत्व एवं परम-सिद्धत्व के स्तर को प्राप्त करते हैं, और इसी के प्रयोग से वे यथासमय 'अहम ब्रह्मास्मि' का या 'I AND MY FATHER ARE ONE' का उद्घोष करने में भी सक्षम होते हैं।

पुस्तक के सातवें अध्याय में पिछली दो शताब्दियों में वर्तमान कुछ ऐसे सिद्धों और परम-सिद्धों की चर्चा की गई है जिनकी उपस्थिति में अनेक प्रकार की चमत्कारिक घटनायें स्वत: घटित होती रहती थी, और

जो इच्छा मात्र से भौतक जगत की सभी सीमाओं का अतिक्रमण करने में सक्षम थे। इस अध्याय को जो कुछ भी इसके पूर्व के अध्यायों में बतलाया गया है, उसकी पुष्टि के उद्देश्य से सम्मिलित किया गया है। इसे हम इस प्रकार समझ सकते हैं, जैसे दूर किसी पेड़ पर लटकते हुए आमलक की तुलना में अपने ही हाथ में स्थित आमलक को स्वीकार करना अपेक्षाकृत सहज होता है।

पुस्तक के पहले सात अध्याय एक प्रकार से एक सोपान के समान भी हैं, जिनके माध्यम से जिज्ञासु पाठक क्रमश: उच्चतर धरातलों से परिचित होते हुए अंत में एक ऐसे स्थान पर उपनीत हो जाते हैं, जहां पहुंचकर वे सिद्ध गुरुओं के द्वारा दिये गये सूक्ष्म एवं कारण जगत के आधिकारिक विवरण को अपेक्षाकृत सरलता से स्वीकार कर सकें। अपने गुरु स्वामी युक्तेश्वर गिरि को पुरी में भू-समाधि देने के तीन माह के पश्चात, जब परमहंस योगानन्द मुंबई के एक होटल में ठहरे हुए थे और अमेरिका लौटने के लिये अपने जहाज की प्रतीक्षा कर रहे थे, उसी समय श्री युक्तेश्वर सशरीर उनके कक्ष में उपस्थित हो गये थे। उन्होंने योगानंद जी को बताया था कि पृथ्वी पर उनका कार्य समाप्त होने के पश्चात उन्हें सूक्ष्म जगत के एक अत्युच्च स्तर के लोक में उच्चावस्था प्राप्त साधकों का मार्गदर्शन करने का दायित्व दिया गया था।

लगभग दो घंटों तक अपने शिष्य के साथ चलने वाली वार्ता में श्री युक्तेश्वर ने सूक्ष्म और कारण जगत के विषय में जो आधिकारिक विवरण दिया था, अपने गुरु के निर्देश पर योगानंद जी ने उसे यथावत अपनी पुस्तक 'एक योगी की आत्मकथा' में सम्मिलित कर लिया था। स्वयं योगानंद जी की भी यह धारणा थी कि वर्तमान समय में इस आधिकारिक विवरण को समझना और स्वीकार करना अत्यंत कठिन हो सकता है। अत: पहले सात अध्यायों के माध्यम से एक सीढ़ी के समान संरचना तैयार करने के पश्चात ही इस विस्तृत आधिकारिक वर्णन को पुस्तक के आठवें अध्याय में उद्धरित करना हमें अधिक उचित लगा।

पुस्तक के अंतिम अध्याय में हिमालय में स्थित ऐसे सिद्ध आश्रमों की चर्चा की गई है जो आज भी जन साधारण की दृष्टि से अलक्ष्य रहते हुए विद्यमान हैं; जहां सैंकड़ों और हजारों वर्षों से अपने स्थूल शरीरों में

विद्यमान अनेक सिद्ध, परमहंस और योगी निवास करते हैं। इसके पूर्व पुस्तक के षष्ठ एवं सप्तम अध्यायों में भी हमने हिमालय के ज्ञानगंज सिद्धाश्रम के दो सिद्ध गुरुओं के विषय में विस्तार से चर्चा की है।

हमें विश्वास है कि विद्वान पाठकवृंद विज्ञान और अध्यात्म को एक ही पृष्ठ पर लाने के हमारे इस प्रयास का स्वागत करेंगे। हमारी आकांक्षा है कि अपनी अंग्रेजी भाषा की एक अन्य पुस्तक JESUS CHRIST AND THE SPIRIT OF TRUTH में हम ईसा मसीह द्वारा प्रायोजित ईसाई धर्म को भी इसी पृष्ठ पर सम्मिलित करने में सफलता लाभ कर सकें। हमारा प्रयास मानवता के कल्याण और उत्थान के निमित्त प्राचीन ऋषियों के द्वारा अनावरित एवं वितरित सत्य एवं इसके स्वभाव के ज्ञान को इस प्रकार प्रस्तुत करने की दिशा में है, कि यह आज के परिप्रेक्ष्य के अनुरूप यथासंभव सरल भी प्रतीत हो और प्रासंगिक भी।

सदैव 'वसुधैव कुटुम्बकम् और समग्र मानवता के कल्याण की भावना से अनुप्रेरित रहते हुए भारत के ऋषि और सिद्ध गुरु यह कामना करते आये हैं:

असतो मा सद् गमय। तमसो मा ज्योतिर्गमय। मृत्योर्मम्रृतं गमय।

अर्थात, हे सर्वव्यापी दिव्य चैतन्य, आप सापेक्षता की कृत्रिम अनुभूति से दूर करते हुए हमें शाश्वत सत्य की ओर लेकर चलें, अज्ञान के अंधकार से निकालते हुए हमें सत्य के प्रकाश की ओर उन्मुख करें, और मृत्यु की ओर धकेलने वाले कर्मों के स्थान पर हमारे मानस में अमरत्व कि दिशा में ले जाने वाले सद्कर्मों के प्रति रुचि जागृत करें। ॐ शांति, शांति, शांति।

अध्याय – १

पुनर्जन्म किस प्रकार होता है

मानव सभ्यता के विकास के आरंभिक समय से ही जीवन और मृत्यु से संबंध रखने वाली रहस्यपूर्ण घटनाओं के प्रति हम मनुष्यों में एक श्रद्धा मिश्रित जिज्ञासा और कौतूहल का भाव सदैव विद्यमान रहते आया है। अत: इन विषयों से संबंधित सभी नवीन घटनाओं की चर्चा केवल परिवार और मित्रों के मध्य ही नहीं बल्कि गांव और मुहल्ले के बुजुर्गों के मध्य भी हुआ करती थी, और ऐसी किसी भी घटना में इसके किसी विशिष्ट पहलू को न केवल ध्यान से सुना जाता था बल्कि पहले से ज्ञात घटनाओं की तुलना में इसकी विशिष्टता का संज्ञान भी लिया जाता था। इस प्रकार की सभी घटनायें तथा उनसे निकाले गये निष्कर्ष विभिन्न मोहल्लों, गांवों और नगरों के वासियों की सामूहिक स्मृति में आज भी जुड़ते चले आ रहे हैं।

हम मनुष्यों के मन और मस्तिष्क में इस विश्व से संबंधित, और विशेषकर हमारे जीवन और मृत्यु से संबंध रखने वाली अनेक प्रकार की जिज्ञासायें और उलझनें हैं, जिनके समुचित उत्तर जानने का प्रयास हमारे विद्वान और विचारक आज भी करते रहते हैं। अपनी बुद्धि और विवेक का प्रयोग करते हुए जब हम किसी एक विंदु पर अपने ध्यान को केन्द्रित करते हुए विचार करते हैं तो कभी-कभी हमारे संज्ञान में ऐसा कुछ आने की संभावना भी रहती है जिसपर अब तक हमारा ध्यान न गया हो, और जो हमें इस विश्व या इसके स्वभाव आदि के विषय में किसी नई अथवा विशेष सूचना का इंगित दे सकता हो। गहन चिंतन और गंभीर विश्लेषण करने में सक्षम अनेक मनुष्य किसी सामान्य घटना से भी बड़े निष्कर्ष निकालते हुए देखे गये हैं।

दैनिक जीवन में हजारों वर्षों से देखी जा रही एक सेव के किसी पेड़ से टूट कर नीचे जमीन पर गिरने की एक सामान्य घटना के दर्शक सर आइजक न्यूटन के मन में यह विचार उठता है कि यह सेव नीचे ही क्यों गिरा? पेड़ से टूट कर यह ऊपर क्यों नहीं चला गया? और जब यह नीचे गिर रहा था तो यह जमीन पर पहुंचकर ही क्यों रुका? बीच में ही कहीं क्यों नहीं ठहर गया? इस सामान्य घटना को घटित होते समय ध्यान से देख रहे आइजक न्यूटन गुरुत्वाकर्षण बल और इसके गणित का आविष्कार करने में सफल हो गये थे।

क्या हमारा एक दूसरा शरीर भी होता है?

ज्ञातव्य है कि क्रिया अथवा कर्म के द्वारा उसी परिमाण में, किंतु विपरीत दिशा में, होने वाले कर्म अथवा प्रतिक्रिया के सिद्धांत (Law of Reciprocal Action) को भी न्यूटन के द्वारा ही उद्घाटित एवं गणितबद्ध किया गया था। इसी प्रकार, अपने समय में अल्बर्ट आइन्सटीन ने केवल सापेक्षता के सिद्धांत (Law of Relativity) का ही नहीं, बल्कि ऊर्जा अथवा क्रिया और पदार्थ के मध्य एक शत-प्रतिशत समानता के सिद्धांत (mass energy equivalence) का आविष्कार करने में भी सफलता प्राप्त की थी।

दूसरी ओर, इसी प्रकार अध्ययन, निरीक्षण, चिंतन एवं गहन विष्लेषण आदि के माध्यम से ही, ये दोनों ही बातें, भारत के प्राचीन ऋषियों को न्यूटन और आइन्सटीन के समय से हजारों वर्ष पूर्व ही विदित हो चुकी थी। उन्हें यह भी ज्ञात था कि क्रिया अथवा ऊर्जा के उपयोग से ही कार्य की सृष्टि होती है, तथा यह भी कि इस विश्व में सभी कुछ सापेक्षता के अनुसार ही हमारे अनुभव में आता है। चूंकि प्रकृति के नियम एक ही रहते हैं, अत: देश-काल में भिन्नता होने पर भी विभिन्न सभ्यताओं के द्वारा इन एक ही बने रहने वाले नियमों के अपने-अपने समय या परिप्रेक्ष्य के अनुसार फिर से आविष्कृत कर लिये जाने में कुछ भी अयुक्तिपूर्ण नहीं है।

प्रकृति का यह स्वभाव है कि यह जब भी किसी पथ से होकर गुजरती है तो यह इस प्रकार के कुछ चिन्ह छोड़ते हुए आगे बढ़ती है

जिन्हें सूत्र बनाकर, हम चाहें तो इसके स्वभाव और किसी घटना विशेष के कारण और परिणाम आदि का ज्ञान प्राप्त कर सकते हैं। विशेष रूप से, जब एक ही प्रकार की अनेक घटनायें हम मनुष्यों के संज्ञान में आती हैं तो उनसे एक ही प्रकार के निष्कर्ष निकाले जाते हैं। अत्यंत प्राचीन समय से ही एशिया, यूरोप और अफ्रीका में रहने वाले विभिन्न मानव समुदायों में स्वर्ग और नर्क की, मृत्यु के पश्चात भी एक जीवन के होने की, तथा सामान्य प्रकृति से अलग एक उच्चतर प्रकृति के अस्तित्व के विषय में जो धारणायें प्रचलित हैं, उनकी पृष्ठभूमि में मानव सभ्यता की शैशव अवस्था से ही उनके दृष्टिपथ में आते रहने वाली घटनाओं के विवरणों की स्मृति ही कार्य कर रही होती है। यद्‌यपि इन सभी घटनाओं के विवरण अनुभूति-कर्ताओं के द्‌वारा अपनी समझ के अनुसार ही दिये जाते हैं, परंतु वे सब इसी ओर इंगित करते हैं कि हमारे स्थूल शरीर के अतिरिक्त हम मनुष्यों का एक अपेक्षाकृत अधिक समय तक स्थित रहने वाला सूक्ष्म शरीर भी होता है। साथ ही, यह भी लगभग निश्चित के समान ही है कि चाहे सामान्य प्रकृति हो या विशेषरूप से जीवन और मृत्यु से संबंध रखने वाली उससे उच्चतर एक अन्य प्रकृति, ये दोनों ही अपने कार्यों के सूत्र छोड़ते हुए ही अग्रसर होती हैं, ताकि बुद्धि और विवेक से युक्त मनुष्यों के द्‌वारा उन्हें ग्रहण किया जा सके और मानव संतति के ज्ञान में वृद्धि होती रहे।

पुनर्जन्म तथा स्वर्ग और नर्क आदि, और स्थूल शरीर से भिन्न हमारे एक अन्य एवं दीर्घकाल-स्थायी सूक्ष्म शरीर के विषय में भारत के ऋषियों के द्‌वारा जो गहन अन्वेषण किये गये हैं, उनके विषय में हम यथास्थान एवं विस्तार से चर्चा करेंगे। इस पुस्तक के पहले दो अध्यायों में हम इन क्षेत्रों में आधुनिक वैज्ञानिक प्रणालियों का उपयोग करते हुए पश्चिम के देशों में किये गये उन अन्वेषणों के विषय में चर्चा करना चाहते हैं, जिन्हें वहां के प्रतिष्ठित चिकित्सकों और विज्ञानविदों के द्‌वारा किया गया है। पाश्चात्य विज्ञानविदों के द्‌वारा किये गये ये ऐसे अन्वेषण हैं जिनमें विभिन्न प्रकार से घटित होने वाली ऐसी हजारों घटनाओं के समस्त विवरणों को लिपिबद्ध तो किया गया है, पर ऐसा क्यों और किस प्रकार होता है इसके विषय में उन्हें स्पष्टता से कुछ

भी ज्ञात नहीं है। तथापि एक बड़ी संख्या में इन दिशाओं में किये गये वैज्ञानिक अन्वेषणों का एक विश्वसनीय संकलन तो हमारे लिये अब उपलब्ध हो ही गया है।

अतः इस पुस्तक में हम सर्वप्रथम वैज्ञानिक प्रणालियों का अनुसरण करते हुए ही आधुनिक विज्ञानविदों के द्‌वारा किये गये उन क्षेत्रों के अध्ययन और अन्वेषण की चर्चा करेंगे, जिन्हें जीवन और मृत्यु तथा सूक्ष्म अनुभूतियों से संबंध रखने वाले अपेक्षाकृत रहस्यमय क्षेत्र कहा जा सकता है। पहले इन वैज्ञानिक अन्वेषणों की चर्चा करना हमें इसलिये भी उचित प्रतीत हुआ क्योंकि आधुनिक विज्ञान का समस्त अन्वेषण जो कुछ हमें दिखाई पड़ता है, अथवा जिसकी स्थूल अनुभूति हम अन्य किसी प्रकार से कर सकते हैं, केवल उस दृष्ट और अनुभूत को केन्द्र में रखते हुए ही किया जाता है।

वहीं दूसरी ओर भारत के ऋषियों के समग्र अन्वेषण हमारे द्‌वारा दृष्ट अथवा अनुभूत के स्थान पर, उस दृष्टा को केन्द्र में रखते हुए किये गये थे जो इस विश्व की अनुभूति भी करता है और उपभोग भी। यद्‌यपि पदार्थ और तरंग दोनों के मेकानिक्स एक ही परिणाम देते हैं, पर कुछ अतिरिक्त और विशेष ज्ञान की उपलब्धि करवाने वाली ये दो अलग दिशायें तो हैं ही। ठीक इसी प्रकार, दृष्टा और दृश्य, इन दोनों विभागों के सिद्धांत अपने-अपने स्थान से हमें कुछ ऐसी अतिरिक्त बातें तो बताते ही हैं जो हमें एक अपेक्षाकृत पूर्णतर ज्ञान की प्राप्ति की दिशा में अग्रसर कर सकें। अपने गहन और दीर्घकालव्यापी अन्वेषण के पश्चात ही भारत के ऋषि इस निष्कर्ष पर पहुंच सके थे कि विश्व की अभिव्यक्ति में दृष्टा का स्थान प्राथमिक होता है और उसी विश्व की अभिव्यक्ति संभव होती है जिसे किसी दृष्टा के द्‌वारा देखा अथवा अनुभूत किया जा सके। इसी आशय को ध्यान में रखते हुए इस प्रथम अध्याय में हम विज्ञानविदों के द्‌वारा लिपिबद्ध पुनर्जन्म से संबंधित उनके अन्वेषण से चयन की गई कुछ घटनाओं को, और इसी प्रकार की हजारों अन्य घटनाओं के आधार पर उनके द्‌वारा ही प्रस्तावित कुछ निष्कर्षों तथा संभावनाओं को भी प्रस्तुत करने का प्रयास करेंगे।

पुनर्जन्म कब हमारे दृष्टिपथ में आते हैं

जब किसी मनुष्य के जीवन का अकस्मात अंत हो जाता है, तो प्राय: ऐसे कुछ भावनात्मक और अन्य लेन-देन जिन्हें उसने प्रारंभ कर दिया था वे अधूरे रह सकते हैं, ऐसे कुछ लक्ष्य हो सकते हैं जिन्हें वह प्राप्त नहीं कर पाया हो, और आपसी संबन्धों या दायित्वों में कुछ ऐसे गंतव्य या पड़ाव हो सकते हैं जहां वह पहुंच नहीं पाया हो। ऐसा प्रतीत होता है, और ऋषिगण भी यही कहते हैं, कि इस अधूरे लेन-देन को पूरा करने और अधूरे लक्ष्यों को प्राप्त करने के निमित्त, तथा विशेष महत्व वाले आपसी संबंधों की गुत्थियों को सुलझाने के लिये भी, प्रत्येक मनुष्य की आत्मा को, समय-समय पर और एक उचित अवसर उपलब्ध होने पर, पुन: एक मनुष्य के रूप में जन्मित होने का अधिकार होता है।

ऐसे अवसर हो सकते हैं, जब मृत्यु को प्राप्त होने वाले किसी व्यक्ति में इन अधूरे कार्यों को पूर्ण करने की अभिलाषा इतनी प्रबल होती है कि उसका त्वरित समाधान आवश्यक होता है। कभी-कभी किसी व्यक्ति की अकस्मात मृत्यु के समय पृथ्वी पर वर्तमान लोगों की स्थिति और परिस्थितियों के परिवर्तित होने के पूर्व ही, उस व्यक्ति का पुनर्जन्म लेना आवश्यक होता है।

जब किसी दुर्घटना, हिंसा अथवा विश्वासघात के कारण किसी के जीवन की ज्योति अकस्मात बुझ गई हो और समय रहते ही उस मृत व्यक्ति के मन में उत्पन्न अदम्य उद्वेग से युक्त प्रतिक्रिया का निवारण करना प्रकृति के लिये आवश्यक हो, तो इस गतिशील सृष्टि का नियमन करने वाला कारण-प्रवाह उस व्यक्ति को शीघ्र फिर से जन्म लेने का अवसर प्रदान कर देता है।

पुनर्जन्म की अधिकांश घटनायें जो जन-मानस के संज्ञान में आती हैं, और वैज्ञानिकों एवं विद्वानों के द्वारा जिनका अन्वेषण और पंजीकरण किया गया है, उनमें संबंधित व्यक्ति की मृत्यु अल्प वयस में ही, किसी दुर्घटना अथवा हिंसा के परिणाम स्वरूप अकस्मात होने की बात सामने आती है। यह भी देखने में आता है कि इस प्रकार संज्ञान में आने वाले हर दूसरे या तीसरे मामले में संबंधित व्यक्ति की पिछले जन्म में हत्या

कर दी गई थी, और उसके पश्चात अत्यंत शीघ्र ही उसका पुनर्जन्म भी हो गया था। ऐसे सभी व्यक्तियों को यह स्मरण होता है कि पिछले जन्म में उसकी मृत्यु किस प्रकार हुई थी और उनमें पिछले जन्म के अपने तथा अपने मित्रों और नाते रिश्तेदारों के नाम एवं पहचान आदि का स्मरण भी बना रहता है।

ऐसा कहा जा सकता है कि अकस्मात मृत्यु को प्राप्त होने वाले इन व्यक्तियों की जीवन धारा में एक विशिष्ट संवेग (momentum) का निर्माण हो चुका था और इसके पूर्व कि यह संवेग अपने लक्ष्य तक पहुंच सके, उस व्यक्ति की अचानक मृत्यु के कारण यह मध्य में ही अवरुद्ध हो गया था। अपने स्थूल शरीर को गंवाकर सूक्ष्म ऊर्जा के क्षेत्र में उपनीत होने वाले, और अपनी मृत्यु से संबंधित स्मृतियों का विस्मरण करने में असमर्थ इस व्यक्ति का मानसिक उद्वेग इतना प्रबल होता है, कि सूक्ष्म भूमि से उसका यथाशीघ्र निर्गमन आवश्यक हो जाता है, और वह फिर से एक स्थूल शरीर में जन्म ग्रहण कर लेता है। इस प्रकार की परिस्थिति में उस व्यक्ति का पुनर्जन्म अपनी मृत्यु के क्षेत्र के आस-पास उसी परिवेश में, और उन्हीं मित्रों एवं संबंधियों आदि के निकट होते हुआ देखा गया है।

अपने साथ घटित हिंसक घटना की स्मृति तथा अचानक मृत्यु के कारण अपूर्ण रह जाने वाले कार्य एवं विभिन्न प्रकार के व्यक्तिगत संबंध उस व्यक्ति के मन को शांत नहीं होने देते। इन घटनाओं और अधूरे कार्यों की स्मृतियां उसे उद्विग्न करती रहती हैं, और वह शीघ्रातिशीघ्र उसी कर्म भूमि पर लौट कर आना चाहता है जो उससे छूट गई है। जहां अन्य लोग मृत्यु के साथ ही अपने उस जन्म की घटनाओं को भूलने लगते हैं, और शीघ्र ही भुला भी देते हैं, अकस्मात मृत्यु को प्राप्त व्यक्ति ऐसा नहीं कर पाता। इसके परिणाम स्वरूप उस परिप्रेक्ष्य की यथास्थिति के छिन्न-भिन्न होने के पूर्व ही, उसी परिवेष में उसका पुनर्जन्म हो जाता है। साथ ही अपने पिछले जन्म में घटित होने वाली घटनाओं की स्पष्ट स्मृतियों के साथ ही वह फिर से जन्म ग्रहण कर लेता है।

पुनर्जन्म एक सामान्य घटना ही है

यद्यपि हम मनुष्यों में प्रत्येक का जन्म वास्तव में एक पुनर्जन्म ही होता है, लेकिन इस ओर लोगों का ध्यान तभी आकर्षित होता है जब कोई शिशु बोलना सीखने के कुछ समय पश्चात ही अपने पिछले जन्म से संबंधित कुछ बातों की चर्चा करना आरंभ कर देता है। प्राय: तीन वर्ष की आयु होने के साथ ही अनेक शिशु इस प्रकार की कुछ बातें बताने का प्रयास करते हुए देखे जाते हैं। तथापि प्राय: उन्हें अपने पिछले जन्म की घटनाओं की केवल अस्पष्ट के समान स्मृति होती है और पांच वर्ष की आयु प्राप्त होते होते ये लुप्त भी हो जाती हैं। दूसरी ओर किसी हिंसात्मक घटना से मृत्यु होने अथवा किन्हीं गहन भावनात्मक संबंधों या किसी अत्यंत गुरुत्वपूर्ण कार्य के अधूरे रह जाने पर ये स्मृतियां दीर्घ अवधि तक, और विशेष परिस्थियों में जीवन पर्यंत भी विद्यमान रहती हुई देखी गई हैं। साथ ही ऐसी परिस्थितियां भी पाई गयी हैं, जब किसी व्यक्ति के वर्तमान जन्म में किसी घटना विशेष के घटित होने पर उसके पिछले जन्म की स्मृति उसके मानस पटल पर उदित हो गयी हो।

इस विषय को भली-भांति समझाने के निमित्त ही, इस अध्याय में हम पुनर्जन्म से संबंधित कुछ विशेष रूप से चुने गये और विभिन्न श्रेणियों में गण्य होने के योग्य उदाहरणों की चर्चा करेंगे। साथ ही विभिन्न विशेषज्ञों की ऐसे मामलों में राय और उनके द्वारा निकाले गये निष्कर्षों के विषय में भी हम अपने पाठकों को अवगत कराना चाहेंगे। एक सामान्य घटना में अकस्मात होने वाली मृत्यु के एक सामान्य उदाहरण के साथ ही हम इस कथाक्रम को आरंभ कर रहे हैं।

एक अकस्मात हो जाने वाली मृत्यु के पश्चात

मनीषा का जन्म दिल्ली से लगभग 65 किलोमीटर दूर, राजस्थान के भिवाड़ी क्षेत्र के मिलकपुर ग्राम के एक गुर्जर परिवार में, मार्च 2001 में में हुआ था। उसकी माता का नाम खिल्ली देवी और पिता का नाम रामपाल

है। जब वह लगभग ढाई वर्ष की थी, तभी से उसने अपने पिछले जन्म के विषय में बताना आरंभ कर दिया था। कुछ और बड़ी हो जाने पर उसे यह भी याद आ गया कि पिछले जन्म में उसके पिता का नाम कमल था जो दिल्ली के जामरूदपुर में रहते थे। उसने अपने माता पिता को बताया कि पिछले जन्म के उसके पिता का एक चार मंजिला मकान था जिसमें वह अपने परिवार के साथ रहती थी, और उस घर के निकट ही 'कमल मंदिर' और एक स्कूल भी था। समय के साथ साथ अपने अभिभावकों से अपने पिछले जन्म के परिवार को देखने का उस बालिका का आग्रह बढ़ता ही जा रहा था। अंत में उसके मामा महेन्दर सिंह ने इस विषय में अन्वेषण करने का दायित्व स्वीकार कर लिया।

महेन्दर सिंह को जामरूदपुर में न केवल वह मंदिर और स्कूल ही मिल गये बल्कि वह चार मंजिला मकान भी, और जब उन्होंने उसके मालिक से बात की तो उसने अपना नाम भी कमल ही बतलाया और यह भी कि वह भी गुर्जर समुदाय से ही था। मिलकपुर पहुंच कर जब वह उस लगभग साढ़े चार वर्ष की बालिका को देखने गया तो मनीषा ने तुरंत ही उसे पहचान लिया और कमल ने भी यह स्वीकार किया वह देखने में बिल्कुल उसकी मृत पुत्री सुमन की प्रतिकृति प्रतीत हो रही थी। उसने बताया कि पांच वर्ष पूर्व ही सुमन की मृत्यु तेज बुखार के कारण हो गई थी। मृत्यु के समय वह सोलह वर्ष की थी और ग्यारहवीं की पढ़ाई कर रही थी।

मनीषा ने अपने पिछले जन्म के पिता कमल से अपनी माता और दूसरे मित्रों और संबंधियों के विषय में प्रश्न किये। उसने अपने पिछले जन्म के भाइयों, देवेन्द्र, नरेन्द्र और प्रमोद का सही क्रम में नाम बताते हुए उनके विषय में भी प्रश्न किये। कमल ने भी मनीषा से सुमन के पिछले जीवन से संबंधित कई विषयों में प्रश्न किये और यह स्वीकार किया कि उसकी पुत्री सुमन के जीवन के विषय में उस बालिका को सब कुछ ज्ञात था। अगली बार जब कमल अपनी पत्नी के साथ रामपाल के घर पहुंचा तो मनीषा ने तुरंत उसे भी अपने पिछले जीवन की माता के रूप में पहचान लिया था।

एक हिंसात्मक घटना के पश्चात पुनर्जन्म

भारत एक इतना विशाल देश है कि यहां हर पंद्रह दिनों के अंतराल पर पुनर्जन्म की कोई नई घटना अखबारों में छपती रहती है और बाद में उस घटना के और विवरण भी आते रहते हैं, बल्कि अब तो बीच बीच में टेलीविजन पर भी इस विषय में चर्चा देखने में आती रहती है।

टीटू सिंह का जन्म उत्तर प्रदेश के आगरा शहर से लगभग 13 किलोमीटर की दूरी पर स्थित बाड़ गांव के एक मध्यम वर्गीय परिवार में हुआ था और वह अपने छह भाई-बहनों में सबसे छोटा था। जब वह केवल ढाई वर्ष का ही था, तभी उसने अपने पिछले जन्म के बारे में बतलाना शुरु कर दिया, "मेरा नाम सुरेश वर्मा था, मेरी एक रेडियो की दुकान थी, और तभी एक दिन गोली चलाकर मेरी हत्या कर दी गई थी"। जैसे-जैसे टीटू बड़ा हो रहा था, उसने यह कहना आरंभ कर दिया था कि 'आपलोग मेरे माता-पिता नहीं हो, और मेरे असली माता-पिता तो आगरा में रहते थे'। बाद में उसने और भी विवरण दिये तथा कुछ व्यक्तियों और मुहल्लों के नाम भी बताये, और अपने पिछले परिवार से मिलने के लिये आगरा ले जाये जाने की जिद करने लगा। उसने बताया कि उसकी दुकान का नाम सुरेश रेडियोज था, जहां वह रेडियो, टीवी, वी.सी.आर. और अन्य सामान बेचा करता था। उसने अपने पिछले जन्म के पिता का नाम चम्पाराम और माता का नाम राजकुमारी बताया। उसने यह भी कहा की उसका विवाह हो चुका था, उसकी पत्नी का नाम उमा था और रोनु और सोनू नामके उसके दो पुत्र भी थे, तथा वे आगरा के शाहगंज मोहल्ले में रहते थे।

समय के साथ टीटू की अपने पिछले परिवार से मिलने की इच्छा और बलवती हो रही थी, बल्कि एक बार तो उसने वहां जाने कि लिये अपने कपड़ों का एक बंडल भी बना लिया था। अंत में उसके पिता ने एक संबंधी मित्र के साथ केवल तेरह किलोमीटर की दूरी पर स्थित शहर में जाकर अन्वेषण करने का निर्णय कर लिया। वहां उन्हें सुरेश रेडियोज के नाम का बोर्ड लगी हुई एक दुकान भी मिल गई, जिसकी स्वामिनी उस विधवा स्त्री का नाम 'उमा' ही था।

उमा टीटू के द्वारा अपने परिवार को बतलाई गयी बातों और अनेक प्रकार के विवरणों को सुनकर आश्चर्य-चकित हो गई। उसने अपने सास-श्वसुर को भी यह सब बतलाया और टीटू के गांव जाकर उससे स्वयं मिलने का निर्णय लेते हुए अगले दिन ही उनका परिवार वहां उपस्थित हो गया। उन्हें देखकर छह वर्ष का टीटू तुरंत प्रसन्न और उत्साहित हो गया। उसने कहा कि मेरा परिवार आ गया है, और वह उनसे बातें करने लगा। उसने उमा को अपने पास बैठने के लिये कहा और उससे पूछा कि क्या वह उसे पहचानती है, जिसके उत्तर में उमा ने कहा, 'नहीं'। उसने उससे उनके पुत्रों रोनु और सोनू के विषय में भी पूछा और सुरेश वर्मा के रूप में उसके साथ अपने वैवाहिक जीवन से संबंधित कई बातें भी बताईं। लौटने के पूर्व वर्मा परिवार ने टीटू के परिवार को भी आगरा आने के लिये आमंत्रित किया।

आगरा में जब वे उमा के घर पहुंचे तो उसने जान बूझकर पहले ही अपने दोनों पुत्रों को पड़ोस में अपने मित्रों के साथ खेलने कि लिये बाहर भेज रखा था। लेकिन टीटू ने बिना किसी दुविधा के उन्हें ठीक पहचान लिया। दुकान में पहुंचने पर उसने उसमें किये गये सभी परिवर्तनों को एक-एक करके बता दिया, पर यह भी स्वीकार किया कि उसकी सीलिंग (छत) पहले के समान ही रखी गई थी। यद्यपि वह एक छह वर्ष का बालक ही था, फिर भी एक विधवा के समान उमा के साधारण पहनावे को देख कर उससे रहा नहीं गया और उसने कहा कि जब वह जीवित था तो उमा के लिये सदैव महंगी पोशाकें ही खरीदा करता था।

जब किसी की मृत्यु होती है तो लोग ऐसा मानते हैं की मृत्यु के समय उसका सूक्ष्म शरीर उसके स्थूल शरीर से अलग हो जाता है और कई दिनों तक वह अपनी मृत्यु के आस-पास के क्षेत्र में ही विचरण करते रहता है। वह व्यक्ति अपने मृत शरीर को देख पाता है और अपने मित्रों तथा संबंधियों को भी देख और सुन सकता है, पर वे उसे न तो देख सकते हैं और न ही सुन पाते हैं।

अपनी मृत्यु के पश्चात होने वाली घटनाओं में सुरेश को यह स्मरण था कि पहले तो उसे अग्नि में जला दिया गया था और फिर उस आग को पानी डाल कर बुझाने के बाद उसे नदी के जल में गिरा दिया गया

था (जैसा कि हिंदुओं में किया जाता है)। उसने बताया कि दुकान का काम समाप्त करके वह अपनी कार से घर लौट रहा था, और तभी उसकी गली में एक कोने से दौड़ते हुए एक व्यक्ति आया था जिसने उसे गोली मार दी थी। उमा ने भी यह बात स्वीकार की कि गोली ठीक उसके घर के बाहर ही मारी गई थी। उसने गोली चलने की आवाज भी सुनी थी पर उसने सोचा था कि यह सुरेश की गाड़ी के बैक-फायर का शब्द था। परंतु सुरेश गाड़ी से बाहर ही नहीं निकला था और जब उमा ने गाड़ी का दरवाजा खोला तो उसका मृत शरीर उसी के ऊपर लुढ़क गया था।

उमा को पूर्ण विश्वास है कि टीटू के रूप में उसके पति का ही पुनर्जन्म हुआ है। उसके परिवार वालों को भी यह विश्वास है कि उनके पुत्र सुरेश ने ही एक नये शरीर में जन्म ले लिया है। सुरेश वर्मा की आटोप्सी रिपोर्ट के अनुसार गोली उसके माथे पर दाहिनी ओर लगी थी और रिपोर्ट में उसका ठीक स्थान भी चिन्हित किया गया था। यहां यह भी कम विस्मयपूर्ण प्रतीत नहीं होता कि टीटू के माथे पर भी ठीक उसी स्थान पर और उसी आकार का एक जन्म-चिन्ह भी स्पष्ट दिखाई पड़ता है। ये सभी बातें आज भी टीटू को भली-भांति याद हैं, और मीडिया के अतिरिक्त और भी अनेक लोगों के द्वारा इस बात की पुष्टि की गई है।

पुनर्जन्म की एक बहु-चर्चित घटना

सन् 1926 के दिसंबर मास में 11 तारीख को दिल्ली के दरियागंज क्षेत्र के माथुर परिवार में एक कन्या का जन्म हुआ, जिसका नाम शांति रखा गया। आमतौर पर शांत स्वभाव की वह बालिका जब तीन वर्ष की हुई तो उसने अपने पिछले जन्म के विषय में बताना आरंभ कर दिया। उसने दिल्ली से लगभग 150 किलोमीटर दूर मथुरा शहर में अपना मकान होने की बात कही। उसने कहा कि उसके माता-पिता भी भिन्न थे जो मथुरा में ही उसके घर से कुछ दूरी पर रहते थे। शांति के वर्तमान माता-पिता यथासंभव उसे पिछले जन्म के विषय में बातें करने से मना किया करते

थे। जब तक शांति चार वर्ष की हुई, अपने पिछले जन्म से संबंधित और भी अनेक बातें उसे स्मरण आने लग गई थीं। उसने बताया कि उसका विवाह हो चुका था और उसके पति का कपड़ों का व्यवसाय था तथा उनकी दुकान भी उनके घर से, जिस पर पीला रंग किया गया था, अधिक दूर नहीं थी।

शांति के पिता रंग बहादुर एक व्यापारी थे और वे माथुर समुदाय से थे। अत: किसी-किसी दिन उनके घर सामिष भोजन भी बनता था। शांति ने अपने घर में यह घोषणा कर दी कि वह सामिष भोजन का स्पर्श भी नहीं करेगी, क्योंकि उसका पिछला जन्म एक ब्राह्मण परिवार में हुआ था और उसके पति भी ब्राह्मण थे। उसने बताया कि अपने घर में वह स्वयं भोजन बनाया करती थी और हर प्रकार की शुद्धता का ध्यान रखते हुए ही भोजन बनाया जाता था। घर में नौकर-नौकरानियों को भोजन को स्पर्श करने की अनुमति नहीं थी और अपने पति के काम से घर लौटने पर वह स्वयं ही उनका भोजन परोसा भी करती थी। यद्यपि शांति की माता को यह बात पसंद नहीं आई, पर रंग बहादुर ने बालिका का समर्थन करते हुए यह निर्देश दिया कि भविष्य में उसे किसी प्रकार का सामिष भोजन नहीं दिया जायेगा।

तथापि, शाति के माता-पिता चिंतित थे। उनकी यह धारणा थी कि यदि उसे पिछले जन्म की बातें इसी प्रकार याद आती रही तो उसका जीवन दीर्घ-स्थायी नहीं रहेगा। अत: वे उसे पिछले जन्म की बातें सोचने और कहने से मना किया करते थे। किंतु दूसरी ओर, अपने पिछले जन्म की और नई नई घटनायें शांति के स्मृति पटल पर उदित होती जा रही थीं, और शनै: शनै: उसके मन में अपने पिछले परिवार से मिलने की इच्छा भी जागृत हो रही थी, यद्यपि अब तो उसके माता-पिता इस विषय में कोई बात भी करना नहीं चाहते थे। समय के साथ उसकी यह इच्छा अधिक बलवती होती जा रही थी और एक दिन जब वह छह वर्ष की हो गई थी, तो इस निश्चय के साथ कि उसे मथुरा जाना है, शांति अपने घर से निकल पड़ी। तथापि उसका यह बाल-सुलभ प्रयास सफल नहीं हो सका, और उसे पकड़ कर घर वापस ले आया गया।

जब घर में कोई सुनने वाला न हो

एक छह वर्ष की बालिका का अपना घर छोड़कर किसी अज्ञात डगर पर निकल पड़ना कोई सामान्य घटना नहीं है, पर शांति के संदर्भ में यह एक ऐसे बालक के प्रयास के समान था जो अपने परिवार से बिछुड़ गया हो और ऐसे लोगों के मध्य रहने के लिये विवश हो जो उसके अपने न हों।

यदि किसी के घर में उसके मन में उमड़ते हुए विचारों और अनुभूति को सुनने वाला कोई न हो तो वह घर से बाहर ऐसे मित्रों और परिचितों से बात करने का प्रयास करता है जो उसकी बात को सहानुभूति पूर्वक सुन सकें। अत: उस बालिका ने भी स्कूल में अपने सहपाठियों और शिक्षकों को अपने पिछले जन्म के विषय में बातें बताना आरंभ कर दिया। उसने अपने सहपाठियों को बताया कि पिछले जन्म में उसका एक पुत्र भी था और उसके जन्म के दस दिनों के पश्चात ही उसकी अपनी मृत्यु हो गयी थी। धीरे-धीरे उसके पुनर्जन्म लेने की बात न केवल उसके सहपाठियों, बल्कि कुछ शिक्षकों के मध्य भी एक चर्चा का विषय बन गई।

अंतत: उसके क्लास-टीचर ने, जो माथुर परिवार के मित्र भी थे, उसे अकेले में बैठाकर गहराई में जाते हुए उससे आवश्यक पूछ-ताछ करना आवश्यक समझा। इस वार्ता के मध्य उसने बताया कि पिछले जन्म में उसका नाम लुगड़ी देवी था, और उसके पति का नाम केदार नाथ था। शिक्षक के पूछने पर उसने बताया कि मथुरा में उसका घर द्वारकाधीश मंदिर के निकट था। शिक्षक ने उस स्कूल के प्रधान-अध्यापक एवं मुख्य ट्रस्टी, लाला किशन चंद से एकांत में मिलकर उन्हें ये सभी बातें बताई। स्कूल के प्रधानाध्यापक मथुरा में केदार नाथ नामक एक ऐसे व्यापारी का पता लगाने में सफल हो गये जिसकी लुगड़ी देवी नामकी पत्नी का नौ वर्ष पूर्व, एक लड़के को जन्म देने के दस दिन के बाद देहांत हो गया था। तब लाला किशन चंद ने श्री केदारनाथ चौबे को बालिका के द्वारा बताई गई बातों का विवरण देते हुए एक पत्र भेज दिया।

न तो शिक्षक महोदय और न ही ट्रस्टी को किसी प्रत्युत्तर की आशा थी, पर उन्हें आश्चर्यन्वित करते हुए शीघ्र ही उन्हें एक प्रत्युत्तर भी

प्राप्त हो गया। पत्र में लिखा था कि उनका नाम और ठिकाना सही थे, और लुगड़ी देवी नामक उनकी एक पत्नी भी थी जिसकी मृत्यु नौ वर्ष पूर्व हो गई थी। दूसरी ओर अपनी दिवंगत पत्नी के संभावित पुनर्जन्म की बात सुनकर केदारनाथ एक उत्साहपूर्ण आवेश का अनुभव कर रहे थे, और उन्होंने दिल्ली में रहने वाले अपने एक चचेरे भाई से पत्र भेज कर माथुर परिवार के घर जाकर स्वयं उस बालिका से मिलने और यथास्थिति जानने का प्रयास करने के लिये कहा। वहीं, उसके पहुंचने पर शांति ने न केवल पिछले जन्म के अपने देवर को पहचान लिया बल्कि उसे उसके नाम से संबोधित भी किया। उसने परिवार के अन्य सदस्यों के विषय में भी पूछताछ की और विशेष रूप से नवनीत के विषय में प्रश्न किये जो पिछले जन्म में उसका पुत्र था और उसकी मृत्यु के समय केवल दस दिनों का ही हुआ था। उसने मथुरा में चौबे परिवार के घर के विषय में भी विस्तार के साथ बताया।

केदारनाथ का चचेरा भाई शांति से मिलने और बात करने के पश्चात अपनी भाभी के ही शांति के रूप में पुनर्जन्म के विषय में इतना आश्वस्त हो गया था कि पत्र के द्वारा उत्तर भेजने के स्थान पर सभी बातें विस्तार के साथ बताने के लिये वह स्वयं ही मथुरा में आकर उपस्थित हो गया।

आनन्द के अश्रु

लुगड़ी देवी की मृत्यु के पश्चात केदारनाथ ने दूसरा विवाह कर लिया था। बिना समय व्यर्थ किये, पुत्र नवनीत और अपनी वर्तमान पत्नी तथा चचेरे भाई को साथ लेकर अगले दिन ही वे दिल्ली में माथुर परिवार के घर पहुंच गये। शांति को भ्रमित करने के लिये उन्होंने ऐसा प्रदर्शित किया जैसे वे अपने ही बड़े भाई हों। किंतु बालिका के स्कूल से लौटने पर जब उसे अतिथियों के सन्मुख लाया गया तो वह बिल्कुल भी भ्रमित नहीं हुई, और उसने कहा की बैठक में उपस्थित भद्र व्यक्ति और कोई नहीं बल्कि उसके पिछले जन्म के पति केदारनाथ ही थे। संभवत: आत्म प्रेरणा से ही उसने नवनीत को भी अपने ही पिछले जन्म के पुत्र के रूप

में पहचान लिया, यद्यपि ऐसा हो सकता है कि देवर से हुई बातचीत से भी उसे मदद मिली हो और बालक के चेहरे की अपने पिता से सादृशता भी हो ही सकती थी। पिछले जन्म में बिछड़े हुए अपने पति और पुत्र को देखकर उसका भाव-विह्वल हो जाना स्वाभाविक था और जब बार-बार उसकी आंखों से अश्रुओं की धारा बह रही थी, तभी वह दौड़कर घर के अंदर चली गई। जब वह लौटी तो अपने खिलौने साथ लेकर आई थी, ताकि नवनीत उनसे खेल सके।

केदारनाथ से एकांत में उनकी पत्नी की उपस्थिति में हुई बातचीत में शांति ने उनके ऐसे सभी व्यक्तिगत प्रश्नों के सही उत्तरों से उन्हें पूर्ण संतुष्ट कर दिया जिनका उत्तर केवल उनकी पूर्व पत्नी के द्वारा ही दिया जा सकता था, और उसने उनकी वर्तमान पत्नी के द्वारा धारण किये गये उन आभूषणों को भी पहचान लिया जो कभी उनकी पूर्व पत्नी के हुआ करते थे। उस बालिका ने केदारनाथ को उस शपथ का भी स्मरण करवाया जो उन्होंने संयुक्त रूप से लुगड़ी देवी के साथ ग्रहण की थी कि उनमें से किसी एक की मृत्यु होने पर दूसरा व्यक्ति फिर से विवाह नहीं करेगा, जिसे केदारनाथ के द्वारा तोड़ दिया गया था। केदारनाथ अब पूरी तरह आश्वस्त थे कि उनकी दिवंगत पत्नी लुगड़ी देवी ने ही शांति के रूप में पुनर्जन्म ले लिया था। वापस लौटते समय उन्होंने माथुर परिवार को मथुरा आने का निमंत्रण भी दिया।

इति-मध्य रंग बहादुर माथुर के घर के बाहर कुछ समाचार पत्रों के संवाददाताओं के सहित बड़ी संख्या में लोग एकत्रित हो गये थे, और अगले दिन के समाचार पत्रों में मथुरा की एक ग्रहणी के दिल्ली में पुनर्जन्म लेने की घटना को एक महत्वपूर्ण सूचना का स्थान देते हुए पूरे विवरण के साथ प्रकाशित किया गया था। यह समाचार महात्मा गांधी को भी पढ़कर सुनाया गया था, जिन्हें उस समय भी बहुत से लोगों के द्वारा राष्ट्र के पिता के समान ही समझा और सम्मान दिया जाता था। शांति के लिये यह सौभाग्य का विषय था कि गांधीजी ने उस बालिका से मिलने के लिये स्वयं माथुर परिवार के घर आने की इच्छा व्यक्त की। अब तक रंग बहादुर ने ठान रखा था कि वे कदापि बालिका को मथुरा नहीं

ले जायेंगे, किंतु जब स्वयं महात्मा ने यह प्रस्ताव दिया कि वे प्रतिष्ठित लोगों की एक समिति का गठन कर देंगे जो उनके साथ मथुरा जायेगी, तो उनके पास कोई विकल्प शेष नहीं रह गया था।

स्मृति के अंतराल की ओर

अंत में 15 नवंबर, 1935 को प्रात: के समय, चौबे परिवार के दिल्ली आगमन के दूसरे सप्ताह में ही, शांति, उसके माता-पिता और गांधी जी के द्वारा चयन की गई पंद्रह सदस्यों की एक समिति ने दिल्ली से तीन घंटे की दूरी पर स्थित मथुरा के लिये ट्रेन के द्वारा प्रस्थान कर दिया।

उनका प्रथम लक्ष्य था मथुरा में स्थित द्वारकाधीश का मंदिर जिसकी चर्चा शांति के द्वारा अक्सर एक ऐसे चिन्ह के रूप में की जाती थी जहां से पिछले जन्म में उसका घर और उसके पति की कपड़ों की दुकान, दोनों ही निकट थे। शांति को यह भी विदित था कि मंदिर के कपाट कब खुलते और बंद होते थे, जबकि इसके पूर्व न तो वह और न ही उसके पिता रंग बहादुर कभी मथुरा गये थे। यह मंदिर मुख्य रूप से भगवान कृष्ण और राधा रानी को समर्पित है, और मंदिर के क्षेत्र में निवास करने वालों में चौबे समुदाय के लोगों की बहुतायत है। मथुरा में पहुंचने पर, शांति ने उनके दल की अभ्यर्थना करने के लिये रेलवे स्टेशन पर पहुंचने वाले परिपक्व उम्र के उन महानुभाव को भी तुरंत यह कहते हुए पहचान लिया था, के ये उसके पति के सबसे बड़े भाई थे।

रेलवे स्टेशन से तांगों में सवार होकर उनका दल जब द्वारकाधीश चौराहे पर पहुंचा, तो अन्यथा इसके पूर्व मथुरा से पूर्णतया अपरिचित और अब लगभग नौ वर्ष की उस बालिका ने निकट ही स्थित एक घर की दिशा में स्वयं उनका मार्ग-दर्शन करना प्रारंभ कर दिया, यद्यपि उसने यह आश्चर्य भी व्यक्त किया कि बाहर से अब उस मकान का रंग पीला नहीं था। भारत में उस वक्त अधिकांश परिवार संयुक्त परिवार हुआ करते थे। बाद में आगंतुक दल को बताया गया कि लुगड़ी देवी की मृत्यु के पश्चात अब यह घर परिवार की एक अन्य इकाई का निवास-स्थान था और उन्होंने अन्य कुछ परिवर्तनों के अतिरिक्त इसकी पुताई में भी एक भिन्न रंग का उपयोग किया था।

भवन के द्वार पर आगंतुक दल के स्वागत के लिये जो वृद्ध व्यक्ति उपस्थित थे, उन्हें देखते ही परम्परा के अनुरूप शांति ने उनके पद-स्पर्श किये और समिति के सदस्यों को बताया कि ये पिछले जन्म में उसके स्वसुर थे। घर में प्रवेश करने के पश्चात जब वे सब इसका भ्रमण कर रहे थे तो शांति अलग-अलग कमरों और स्थानों के विषय में तथा वहां होने वाले परिवर्तनों के विषय में विस्तार से बताती हुई उनके साथ चल रही थी। जब समिति के एक सदस्य ने उससे पूछा कि घर में मल-त्याग का स्थान कहां था, तो शांति तुरंत उन्हें घर की निचली मंजिल पर ले गई और उस कोने की ओर इगित किया जहां प्राचीन समय के अनुसार निर्मित एक मल-त्याग का कक्ष बनाया गया था। इस मध्य उसने वहां उपस्थित लोगों में से न केवल अपने सास-स्वसुर को, बल्कि अपने स्वसुर के छोटे भाई को, जो संभवत: अब इस घर के स्वामी थे, तथा वहीं उपस्थित पिछले जन्म के अपने भाई को भी पहचान लिया था।

उस भवन से बाहर निकलते हुए लगभग नौ वर्ष की वह बालिका अब समिति के सदस्यों को साथ लेकर उनका मार्ग दर्शन करते हुए कुछ दूरी पर स्थित एक अन्य भवन की ओर चल पड़ी, जहां लुगड़ी देवी के रूप में अपने पिछले जन्म में अभी दिखलाये गये घर में निवास आरंभ करने के पूर्व वह विवाह के पश्चात अपने पति के साथ रहा करती थी। मथुरा भ्रमण के पूर्व दिल्ली में रहते समय भी वह अपने पति के घर में स्थित एक कुंए के विषय में बताया करती थी। इस दूसरे घर में प्रवेश करते ही समिति के सदस्यों ने देखा कि वे एक बड़े आंगन में आ गये थे। शांति ने न केवल उस स्थान के विषय में विस्तार से बतलाया, बल्कि उस विशाल आंगन में एक स्थान की ओर इंगित करते हुए यह भी कहा यहां एक कुंआ होना चाहिये था जहां बैठकर वह स्नान किया करती थी; और उस स्थान को ढंकने वाले एक बड़े स्लैब को हटाने पर देखा गया कि वास्तव में उसी स्थान पर एक कुंआ मौजूद था।

घर के मुख्य शयन कक्ष में प्रवेश करने पर फर्श पर एक स्थान की ओर इंगित करते हुए शांति ने बतलाया, यही वह स्थान था जहां उसने डेढ़ सौ रुपयों से भरा हुआ एक डिब्बा छुपा रखा था। समिति के सदस्यों की प्रार्थना पर जब उस स्थान के तल-बोर्डों को उठाया गया तो अब भी

वहां छिपाया गया एक डिब्बा मौजूद था, यद्यपि उसमें रखी गई धन-राशि अब मौजूद नहीं थी। केदारनाथ ने स्वीकार किया कि अपनी पत्नी की मृत्यु के पश्चात उन्होंने वे रुपये उस डिब्बे में से निकाल लिये थे। उस पुराने घर के विषय में शांति के द्वारा बतलाये हुए अन्य सभी विवरण भी सही पाये गये थे।

इस दूसरे भवन से निकलने के पश्चात उस बालिका ने समिति के सदस्यों को वह स्थान दिखाने की पेशकश की जहां जाकर वह यमुना नदी में स्नान किया करती थी। मार्ग में उसने एक अन्य भवन की ओर इंगित किया, बल्कि वह उसी ओर दौड़ भी पड़ी। उसने बताया कि यह उसके पिता चतुर्भुज और माता जगाती का घर था। यह भी एक अपेक्षाकृत बड़ा घर ही था और उसमें भी एक बड़ा परिवार रहता था। और फिर भी उस घर में उपस्थित उनके विशाल कुनबे में से उसे अपने पिछले जन्म के माता और पिता को पहचानने में कोई भी कठिनाई नहीं हुई थी। जगाती ने भी शांति से ऐसी कई बातें पूछी जिनका ज्ञान उन्हें और उनकी पुत्री लुगड़ी देवी के अतिरिक्त और किसी को नहीं था, और वे भी उस बालिका के सभी उत्तरों से पूर्ण रूप से संतुष्ट थी। उस पूरे परिवार में किसी को जरा भी संदेह नहीं रहा था, कि यह लुगड़ी देवी ही थी जिसने शांति के रूप में फिर से जन्म ले लिया था।

यद्यपि पंडित केदारनाथ अपनी उस शपथ को पूरी नहीं कर पाये थे जो उन्होंने लुगड़ी देवी के साथ ग्रहण की थी, शांति ने अपने पिछले जन्म में ली गई शपथ को भंग नहीं किया। संभवत: अपने पति के साथ लुगड़ी देवी के द्वारा ली गई उस शपथ का ही बल था जो उसे शीघ्र पुनर्जन्म लेने की दिशा में धकेल रहा था, और उसे अपने पिछले जन्म की बातों का कभी विस्मरण ही नहीं हुआ था। 27 दिसंबर, 1987 को अपनी मृत्यु पर्यंत अपनी शपथ की रक्षा करते हुए शांति ने एक अविवाहित जीवन ही यापन किया था।

पाश्चात्य जगत और पुनर्जन्म

यद्यपि पुर्नजन्म की अवधारणा और इसके विषय में किसी चर्चा को ईसाई धर्म के मानने वालों के लिये सन् 533 AD में अमान्य एवं

अवैध घोषित कर दिया गया था, फिर भी विभिन्न प्रकार से सत्यापित पुनर्जन्म की घटनायें यूरोप, अमेरिका और आस्ट्रेलिया जैसे ईसाई धर्म के अनुयायी क्षेत्रों में भी प्रकाश में आती रही हैं। प्रसिद्ध रिग्रेशन चिकित्सक (Regression Therapist) ट्रुज हार्डो (Trutz Hardo) ने अपनी प्रसिद्ध पुस्तक रीइन्कार्नेशन (Reincarnation–The Cases of Children Who Have Lived Before) में क्रिस्चियन एवं मुस्लिम दोनों समुदायों से संबंध रखने वाली और भली-भांति अन्वेषित एवं सत्यापित पुनर्जन्म की घटनाओं को भी सम्मिलित किया है।

वर्तमान समय में पुनर्जन्म को लेकर यूरोप में विभिन्न ईसाई समुदायों के संदर्भ में वे कहते हैं, "पिछले दशकों में पुनर्जन्म को लेकर इंगलैंड में भी अनेक अन्वेषण किये गये हैं, और प्राय: उन्हें टेलीविजन पर भी दर्शाया गया है। एक समय था जब हमारे घर का कोई बालक यदि इस प्रकार की बातें करता था, जैसे कि वह अपने पूर्वजन्म के विषय में कुछ कह रहा हो, तो इन बातों को उसकी बिना सिर-पैर की कल्पनायें समझते हुए हम उन्हें महत्व नहीं देते थे। पुनर्जन्म की अवधारणा का भली-भांति प्रसार होने पर हम में से अनेक माता-पिता छोटी उम्र में अपने बच्चों के द्वारा अपने पिछले जन्म से संबंधित दिये जाने वाले इंगितों के प्रति अधिक संवेदन-शीलता का प्रदर्शन करने का प्रयास करेंगे, बल्कि कुछ माता-पिता तो ऐसे भी होंगे जो उन्हें और अधिक बताने के लिये भी उत्साहित कर सकते हैं। वे उन सभी बातों को लिखकर भी रख सकते हैं, और उनका सत्यापन करने का प्रयास भी कर सकते हैं।"

प्रोफेसर इयान (Ian) स्टीवेंसन (1918-2007)

प्रो. इयान स्टीवेंसन Chariotsville में स्थित University of Virginia के Division of Personality Studies के डायरेक्टर थे। उन्होंने दीर्घ काल तक पुनर्जन्म के क्षेत्र में गहन वैज्ञानिक अन्वेषण किया है। उन्होंने विभिन्न धर्मों और संस्कृतियों के मध्य, और समग्र विश्व के विभिन्न स्थानों पर घटित होने वाले और सत्यापित किये गये पुनर्जन्म के 2,700 मामलों का संकलन किया है। इस विषय पर उन्होंने 14 पुस्तकें भी लिखी हैं, और

उनकी पुस्तक 'पुनर्जन्म और जैव शास्त्र' (Reincarnation and Biology) को मानव अस्तित्व से संबंधित सूक्ष्म क्षेत्र के अन्वेषकों और वैकल्पिक औषधि के माध्यम से चिकित्सा करने वालों के द्वारा एक ऐसे विश्वसनीय संकलन के रूप में देखा जाता है जिसपर वे भरोसा कर सकते हैं।

पुनर्जन्म के क्षेत्र में प्रो. स्टीवेंसन के द्वारा किये गये अन्वेषण उनकी धार्मिक मान्यताओं के द्वारा प्रेरित अथवा प्रभावित नहीं थे, बल्कि मनुष्य के व्यक्तित्व को लेकर प्रचलित आधुनिक सिद्धांतों को लेकर उनके असंतोष के परिचायक थे। उनका विश्वास था कि केवल आनुवंशिक और पर्यावरण के प्रभाव ही किसी-किसी मनुष्य के प्रारंभिक जीवन में परिगोचर होने वाली उसके व्यक्तित्व में असामान्यता को भली भांति समझाने में सक्षम नहीं थे। उदाहरण स्वरूप, अपनी शैशवावस्था से ही कुछ बालक जिन्हें न तो किसी दर्दनाक घटना को झेलना पड़ा है और न ही उनके वंश में ही इस प्रकार का कोई इतिहास हो, किसी फोबिया विशेष से प्रभावित होते हुए पाये जाते हैं। उन्होंने इस बात का भी संज्ञान लिया था कि जुड़वा बच्चों में भी कभी-कभी एक बच्चा दूसरे बच्चे से स्पष्ट रूप से भिन्न प्रतीत होते हुए देखा जाता है।

प्रो. स्टीवेंसन के अनुसार वैज्ञानिक मान्यता प्राप्त पारंपरिक सिद्धांत इन प्रश्नों के उत्तर देने में अक्षम प्रतीत होते हैं कि विशिष्ट जन्मजात-चिन्ह अथवा अस्वाभाविक यौनाचार की प्रवृत्ति किसी व्यक्ति विशेष में क्यों देखने में आती है। वे पूछते हैं, "कुछ बालक अथवा बालिकायें यह क्यों सोचने लग जाते हैं कि वे एक गलत शरीर में बंद हो गये हैं (जब कोई बालक एक बालिका के समान आचरण करना चाहता है और कोई बालिका एक बालक के समान)? और कुछ बच्चे कुछ विशेष जन्मजात चिन्हों के साथ और कुछ इस प्रकार की कमियों के साथ ही क्यों उत्पन्न होते हैं जो उनके शरीर के एक भाग को ही प्रभावित करती हैं, अन्य भागों को नहीं?" अपने तीस वर्षों से भी अधिक समय तक चलने वाले गहन अन्वेषणों के पश्चात प्रो. स्टीवेंसन को यह विश्वास हो गया था, कि कुछ विषयों में किसी बालक के असामान्य आचरण के लिये पुनर्जन्म के सिद्धांत को संभवतया एक अपेक्षाकृत अधिक संतोषप्रद समाधान माना जा सकता है।

प्रो. स्टीवेंसन के द्‌वारा इस विषय में संकलित विस्तृत ज्ञान भंडार के अनुसार जो बालक अपने पिछले जन्म की स्मृतियों के विषय में बातें करते हैं, किसी प्रकार भी संस्कृतियों की सीमा में बद्ध हुए बिना भी, इस संदर्भ में उनका आचरण एक ही प्रकार का होता है। उदाहरण स्वरूप, अत्यंत कम उम्र में ही, और प्राय: दो से चार वर्ष की आयु के मध्य ही, वे एक पिछले जन्म के विषय में बात करना प्रारंभ कर देते हैं; पांच से आठ वर्ष की आयु के मध्य किसी समय वे ये बातें करना बंद कर देते हैं, और वयस्क होने पर उनमें से अधिकांश इन सभी बातों को भूल जाते हैं। इसके अतिरिक्त उनमें से लगभग एक तिहाई किसी ऐसी फोबिया से ग्रस्त होते हैं, जिसका संबंध इस बात से होता है कि जिस व्यक्ति के पिछले जीवन की बातें उन्हें स्मरण होती हैं, उसकी मृत्यु किस प्रकार हुई थी। प्रो. स्टीवेंसन के अन्वेषण के अनुसार, इनमें से लगभग आधे मामले ऐसे होते हैं जिनमें मृत्यु किसी हिंसात्मक घटना के माध्यम से हुई थी, और उनमें भी लगभग एक तिहाई ऐसे होते हैं जिसमें बालक के शरीर में उस हिंसात्मक और प्राय: जीवन की हानि करने वाली घटना से संबंधित जन्म-चिन्ह अथवा जन्मजात कमियां पाई जाती हैं।

प्रो. स्टीवेंसन के कार्य से प्रेरित पुनर्जन्म के अन्वेषक, अपने अन्वेषण का दायरा बढ़ाते हुए अब यह भी जानने का प्रयास करते हैं कि किसी व्यक्ति की मृत्यु और उसके पुनर्जन्म के स्थान में कितनी दूरी है? उसके नये और पिछले जन्म के परिवारों में कोई संबंध है या नहीं? गर्भावस्था में नवजात की माता को कौनसे स्वप्न आया करते थे और उसमें किन वस्तुओं के खाने की लालसा उत्पन्न होती थी? वे बालक में दिखाई पड़ने वाली उन विशिष्ट आदतों के विषय में भी छानबीन करने का प्रयास करते हैं जो उस व्यक्ति की आदतों के अनुरूप हों जिसकी मृत्यु हो गई थी।

डॉ. ड्रुज हार्डो (Born in 1939 AD)

ड्रुज हार्डो प्रो. स्टीवेंसन के सहयोगी भी रह चुके हैं और उनके अनुगामी भी हैं। इसके अतिरिक्त उन्होंने उन्हीं डॉ. ऐलिजाबेथ कुबलर-रौस से

एक ट्रेनी के रूप में प्रशिक्षण भी प्राप्त किया है, जिन्हें मौत के निकट पहुंच जाने वाले व्यक्तियों को होने वाले अनुभवों के अध्ययन के क्षेत्र में पायनियर अथवा पहल-कर्ता माना जाता है, और जिनके विषय में हम अगले अध्याय में अधिक चर्चा करेंगे।

इसके अतिरिक्त रिग्रेसन चिकित्सा और वैकल्पिक आषधि के क्षेत्र में ड्रुज हार्डो एक ऐसे ख्यातनामा विशेषज्ञ समझे जाते हैं जिन्होंने अपनी विशिष्ट व्यक्तिगत अंतर्दृष्टि के माध्यम से रिग्रेसन के विज्ञान, और इसके चिकित्सा में उपयोग के क्षेत्र में एक विशिष्ट और क्रांतिकारी योगदान दिया है। अपनी उपरोक्त पुस्तक Reincarnation में इन्होंने इंगलैंड, अमेरिका, दक्षिण अफ्रिका, इजराइल, और कुछ अन्य देशों से संबंध रखने वाले पुनर्जन्म के ऐसे 33 चुनिंदा मामलों को सम्मिलित किया है जिनका सत्यापन प्रो. स्टीवेंसन एवं अन्य शोधकर्ताओं के द्वारा वैज्ञानिक पद्धति के अनुसार किया जा चुका है। जब हम यह समझने का प्रयास करते हैं कि पुनर्जन्म किस प्रकार कार्यान्वित होते हैं, तो ड्रुज हार्डो के द्वारा प्रणीत अनेक पुस्तकों में से एक, यह पुस्तक हमें एक ख्यातनामा विशेषज्ञ की विशिष्ट ज्ञान दीर्घा से लाभान्वित होने का स्वर्णिम अवसर प्रदान करती है।

जब किसी आकस्मिक घटना के द्वारा किसी के जीवन का प्रवाह मध्य में ही रुक गया हो या रोक दिया गया हो, और उसके कर्म प्रवाह का संवेग अपने चक्र को पूर्ण किये बिना ही बीच में कहीं ठहर गया हो, तो इस बात की प्रबल संभावना होती है कि अपने वर्तमान जीवन की स्मृति उसके नये जीवन में भी विद्यमान रह जाये। और यदि उस व्यक्ति की हत्या कर दी गई हो, तो अपनी हत्या का बदला लेने या इस कृत्य को उजागर करने की उसकी भावना भी उसके शीघ्र पुनर्जन्म ग्रहण करने और पिछली स्मृति के लुप्त न होने की दिशा में एक महत्वपूर्ण भूमिका का निर्वाह कर सकती है। आइये, हम ड्रुज हार्डो के द्वारा वर्णित एवं विवेचित एक ऐसी घटना की चर्चा करें, जो उपरोक्त परिकल्पना का अनुमोदन करती हुई प्रतीत होती है।

अपनी हत्या को उजागर करने के लिये

डॉ. ऐली लैश (Eli Lasch) एक ख्यातनामा इजराइली डाक्टर हैं, जो ड्रुज हार्डो के पुराने मित्र हैं। अपनी अन्य अभिरुचियों के अतिरिक्त वे वैकल्पिक औषध पद्धति के चिकित्सक भी हैं और पुनर्जन्म से संबंधित बातों में भी उनकी रुचि है। उन्होंने From Doctor to Spiritual Healer नामक अपनी एक ज्ञानवर्धक और सुरुचिपुर्ण पुस्तक भी प्रकाशित की है। यहां हम प्रकृति के द्वारा उन्हें दिखलायी गयी एक आश्चर्यान्वित करने वाली घटना की चर्चा करेंगे जिसका वर्णन स्वयं डॉ. ऐली ने ड्रुज हार्डो के समक्ष किया था। इस घटना की पृष्ठभूमि ड्रूस संप्रदाय की बहुतायत वाला एक क्षेत्र था।

“ड्रूस लगभग दो लाख की आबादी वाला एक राष्ट्र है जिसके लोग अत्यंत प्राचीन समय से ही लेबनान, सीरिया, जोर्डन और आज के समय में इजराइल के नाम से ख्यात क्षेत्र में निवास करते थे। वे न तो मुस्लिम हैं, और न ही क्रिस्चियन। उनका अपना एक स्वतंत्र धर्म है और उनकी मान्यताओं में पुनर्जन्म एक आधार के समान है। उन्हें यह ज्ञात है कि अक्सर छोटे बालक अपने पिछले और वर्तमान जीवन की घटनाओं के विषय में भ्रमित रहते हैं और अपने पिछले और वर्तमान जीवन को वे एक ही घटना की एक अनवरत अनुभूति के समान ही समझते हैं। अत: इस समुदाय में कोई बालक जिसमें अपने पूर्व जन्म की स्मृति शेष हो जब तीन वर्ष की आयु को प्राप्त करता है और अपने पिछले और वर्तमान जन्म की घटनाओं में अंतर समझने के योग्य हो जाता है, तथा उसने किसी स्थान का नाम भी बताया हो, तो उसे उस स्थान पर ले जाया जाता है जहां वह अपने पूर्व जन्म में रहने की बात कह रहा हो। चूंकि यह एक विशेष अवसर होता है, वहां के वासियों के द्वारा एक समिति के समान एक संधान-दल का चयन किया जाता है जिसमें गांव में सम्मान की दृष्टि से देखे जाने वाले कतिपय वरिष्ठ लोग भी सम्मिलित किये जाते हैं।

“डॉ. ऐली को एक बार एक ऐसे ही संधान में भाग लेने का अवसर मिला था। एक लड़का जिसे अपने पूर्व जन्म का स्मरण था, कहा करता

था कि एक व्यक्ति ने उसे कुल्हाड़ी के द्वारा मृत्यु के घाट उतार दिया था, किंतु उस समय उसे न तो पिछले जन्म में अपने नाम का और न ही उसकी हत्या करने वाले के नाम का स्मरण था। उस बालक के माथे के ऊपरी भाग में एक लाल रंग का लंबा जन्म-चिन्ह भी था, जो उसके मस्तक के मध्य तक फैला हुआ था। जब वह बालक तीन वर्ष का हो गया, तो पंद्रह सदस्यों की एक टोली का चयन किया गया जिसमें उस बालक के पिता एवं अन्य संबंधियों के अतिरिक्त गांव के कुछ वरिष्ठ व्यक्ति, पड़ोस के तीन गांवों के प्रतिनिधि, और एक आमंत्रित के रूप में डॉ. ऐली भी सम्मिलित थे।

"उस टोली के प्रथम दो गांवों से होकर गुजरते वक्त उस बालक का उत्तर नकारात्मक था, किंतु जैसे ही वे तीसरे गांव में पंहुचे उस बालक ने कहा कि वह यहीं रहा करता था। और तब अकस्मात ही उसमें अपने पिछले जन्म से संबंधित कुछ नामों की स्मृति भी उदित हो गई। उसे न केवल अपने नाम के पहले और दूसरे हिस्सों का ही स्मरण हो आया, बल्कि इसी प्रकार पिछले जन्म में अपने हत्यारे के दोनों नामों का भी। एक प्रतिनिधि की भूमिका में उस दल के सदस्य के रूप में उपस्थित उस गांव के वरिष्ठतम-व्यक्ति उस व्यक्ति से परिचित थे जिसका नाम उस बालक ने अपने लिये बताया था। उन्होंने बताया कि वह व्यक्ति बिना कोई चिन्ह छोड़े हुए चार वर्षों पूर्व अचानक गायब हो गया था और उसे गुमसुदा घोषित कर दिया गया था। गांव के लोगों का विचार था कि संभवत: उस युद्ध संक्रमित क्षेत्र में उसके जीवन की हानि हो गई हो, क्योंकि ऐसा अक्सर हो जाता था कि किसी ने राह भटक कर इजराइली और सीरिया के लोगों के मध्य की सीमा रेखा पार कर ली हो, जब उसे शत्रुओं का जासूस समझकर पकड़ लिया गया हो और उसे गोली मार दी गई हो।

"संधान-कर्ताओं का वह दल उस गांव में विभिन्न स्थानों से होकर गुजरते हुए जब एक स्थान विशेष में पहुंचा तो उस बालक ने (पिछले जन्म के) अपने घर को पहचान लिया। तब तक उस दल के समीप उस गांव के जिज्ञासु लोगों की एक भीड़ एकत्रित हो गई थी। तब अचानक ही वह बालक एक व्यक्ति की ओर बढ़ गया और उससे पूछा, 'क्या

तुम इस नाम के व्यक्ति नहीं हो? और उस व्यक्ति ने कहा, 'हां'। तब उस बालक ने कहा, 'मैं तुम्हारा पड़ोसी हुआ करता था जब एक दिन हमारे मध्य कहा-सुनी हुई और तुमने कुल्हाड़ी के प्रहार से मुझे मार डाला था'।"

डॉ. ऐली ने ड्रुज हार्डो को बताया कि कैसे उस व्यक्ति का मुख एक कागज के समान श्वेत हो गया था। तभी उस तीन वर्ष के बालक ने कहा, "मुझे यह भी ज्ञात है कि इसने मेरे मृत शरीर को कहां दफन किया था।" ड्रुज हार्डो के अनुसार, "मृत्यु के पश्चात आत्मा शरीर से अलग हो जाती है और अधिकांश मामलों में वह एक ऊंचाई पर अवस्थित होकर अपने शरीर को देख भी पाती है। प्राय: यह एक अवधि तक वहीं अटकी रहती है, और यह भी देख पाती है कि उसके शरीर के साथ क्या घटित हो रहा है।"

अपने पीछे चल रहे जिज्ञासु लोगों के झुंड के साथ वह संधान दल निकट में स्थित खेतों की दिशा में चल पड़ा और उस व्यक्ति को भी, जिसकी उस बालक ने अपने हत्यारे के रूप में पहचान की थी, साथ आने के लिये कहा गया। बालक ने तब उन्हें एक खेत विशेष की ओर चलने के लिये कहा जहां एक पत्थरों के ढेर के सन्मुख आकर वह रुक गया और बोला, "इसने मेरे शरीर को इन पत्थरों के नीचे दफना दिया था और कुल्हाड़ी को वहां उस स्थान पर।" गांव वालों ने जब वे पत्थर हटाये तो उनके नीचे एक वयस्क व्यक्ति का कंकाल दिखाई पड़ा जिसने किसानों वाले वस्त्र पहन रखे थे। उसकी खोपड़ी के सामने की ओर एक बड़ी दरार भी दिखाई दे रही थी। जब सभी उपस्थित लोग उस व्यक्ति की ओर प्रश्न भरी दृष्टि से देख रहे थे, तो उन सभी के सामने उसने अपना अपराध स्वीकार कर लिया।

अब वे सब उस बालक के द्वारा बताये गये उस स्थान पर पहुंचे जहां उसके अनुसार वह कुल्हाड़ी दफन की गई थी, और थोड़ा सा खोदने पर ही उन्हें वह मिल भी गई। डॉ. ऐली ने वहां उपस्थित लोगों से पूछा कि इस हत्यारे का क्या किया जायेगा। प्रत्युत्तर में उन्हें बताया गया कि वे उसे पुलिस को नहीं सौंपेंगे, बल्कि स्वयं ही उसे दिये जाने वाले दंड का निर्णय करेंगे।

उपरोक्त उदाहरण से यह निष्कर्ष निकालना अनुचित नहीं होगा कि जब किसी व्यक्ति की मृत्यु अकस्मात एवं उसके मन पर एक गहरा प्रभाव डालने वाली किसी अत्यंत संवेदनशील घटना के कारण होती है, तो सूक्ष्म धरातल पर उसके द्वारा बिताया गया समय अत्यल्प होने की प्रबल संभावना रहती है। विद्वान और विचारशील विष्लेषण-कर्ताओं के अनुसार तो कभी कभी उसकी आत्मा सूक्ष्म जगत में प्रवेश ही नहीं करती, बल्कि स्थूल भूमि पर ही अटके रहने का प्रयास करती है। ऐसे सभी मामलों में पुनर्जन्म लेने वाले व्यक्ति की चेतना में पिछले जन्म की स्मृति के बने रहने की प्रबल संभावना होती है। जिन व्यक्तियों का युद्ध के मध्य, या दंगो और ऐसी ही अन्य घटनाओं के कारण मृत्यु को प्राप्त होने के पश्चात पुनर्जन्म होता है उनके संदर्भ में यह एक सामान्य विशिष्टता देखी गई है। इस स्थान पर हम श्री ड्रुज हार्डो से अनुमति प्राप्त होने के पश्चात उन्हीं की उपरोक्त पुस्तक Reincarnation–The Cases of Children Who Have Lived Before से दो अन्य घटनाओं के उद्धरण प्रस्तुत कर रहे है।

एक युद्ध की पृष्ठभूमि में

“म्यांमार के प्यावब्वे नामक नगर में, फरवरी 1962 में, यू अये कयाव की पत्नी दा ह्किन विन के गर्भ से एक बालिका का जन्म हुआ, जिसका नाम मा विन रखा गया। मा विन के हाथों में विकसित होकर उसकी उंगलियां अपना सही आकार नहीं ले सकी थी, और उसके एक हाथ की मध्यमा और तर्जनी अंगुलियां ढीली होकर झूल रही थी जिन्हें डाक्टरों के द्वारा काट दिया गया था। बालिका की कलाईयों पर इस प्रकार के चिन्ह उपस्थित थे जैसे कि उसकी कलाईयों को किसी रस्सी से कस कर बांध दिया गया हो। जब मा विन तीन वर्ष की हुई तो उसने बताया कि वह म्यांमार (बर्मा) में एक जापानी सैनिक थी जिसे बंदी बना लिया गया था, यातनायें दी गई थी, और अंत में जीवित जला दिया गया था।”

बालिका के इस दावे की पृष्ठभूमि का वर्णन करते हुए ड्रुज हार्डो लिखते हैं, “1945 में ब्रिटिश सेना के द्वारा अपने नियंत्रण में लिये जाने के पूर्व बर्मा जापान की सेना के कब्जे में था। बर्मा में अपने आधिपत्य

के काल में जापानी सैनिकों ने स्थानीय लोगों के साथ इतना दुर्व्यवहार किया था कि उनके हृदय में जापानियों के प्रति एक बड़ी मात्रा में घृणा भर गयी थी। ब्रिटिश सेना के आक्रमण के पश्चात जापानी सेना की अनेक टुकड़ियां एक दूसरे से अलग हो गई थी, और अनेक जापानी सैनिक जापान लौटने का सही मार्ग न मिलने के कारण अपने जीवन की रक्षा का प्रयास करते हुए जंगलों में घुस गये थे। हारी हुई जापानी सेना का ऐसा कोई सैनिक जब स्थानीय लोगों की पकड़ में आ जाता था तो वे निर्दयता के साथ उससे बदला लिया करते थे। उस समय सैंकड़ों की संख्या में ऐसे जापानी सैनिकों की निर्मम हत्या हुई होगी, जिसके विषय में प्रो. स्टीवेंसन ने अपनी कई रिपोर्टों में चर्चा की है। बर्मा में मृत्यु को प्राप्त होने वाले ऐसे अनेक सैनिकों का बर्मा में ही पुनर्जन्म भी हो गया था और उनमें से अनेक पूर्व-सैनिकों ने श्वेत चर्म के साथ जन्म लिया था, अत: उन्हें ऐलबिनो कहा जाता था।"

श्वेत परिवारों के मध्य देखी जाने वाली इसी प्रकार की घटनाओं की चर्चा करते हुए हार्डो लिखते हैं, "श्वेतवर्ण के लोगों की बहुतायत वाले देशों में भी श्यामवर्ण वर्ण के शिशुओं का जन्म होना संभव है। इस प्रकार के शिशुओं के दोनों माता-पिता तथा उन दोनों के सभी पूर्वज भी श्वेत-वर्ण के ही थे। अव्याहित श्वेत वंशावली के माता-पिताओं की संतान किस प्रकार अन्य वर्ण की हो सकती है? यह प्रश्न दीर्घ काल तक वैज्ञानिकों के लिये एक रहस्य ही बना रहने वाला है, तथापि इस रहस्य का सत्य जानने की दिशा में, रिग्रेसन चिकित्सा पद्धति का एक बड़ा योगदान संभव है।"

हार्डो आगे लिखते हैं, "स्थानीय निवासियों को आज भी यह स्मरण है कि प्यावब्वे के क्षेत्र में युद्ध के समय और युद्ध समाप्त होने के बाद भी अनेक जापानी सैनिकों को प्रताड़ित करने के पश्चात मृत्यु के घाट उतार दिया गया था, और कभी-कभी तो उन्हें जीवित अवस्था में ही जला भी दिया जाता था।

"अपनी बाल्यावस्था में मा विन को बर्मीय भोजन पसंद नहीं था और उसका व्यवहार भी बिल्कुल जापानियों के समान था। उसे मीठा भोजन और बुद्ध धर्म को मानने वालों के लिये वर्जित सूअर का मांस अच्छा लगता था। वह दृढ़ हृदय वाली लड़की थी और स्थानीय लोगों के

स्वभाव के विपरीत जापान के लोगों की तरह पूरे ध्यान और मेहनत से कार्य करती थी। प्रो. स्टीवेंसन को ज्ञात हुआ कि जहां स्थानीय लोगों के लिये किसी के चेहरे पर वार करना अकल्पनीय के समान था, वहीं मा विन में हृदय से निर्मम होने की प्रवृत्ति थी और वह किसी के मुंह पर आक्रमण करने से भी नहीं डरती थी। उसे बुद्ध धर्म के मानने वालों के समान आचरण कर पाना असंभव प्रतीत होता था। उसे जापान के लोगों की तरह अपने पैरों को नीचे दबाकर एड़ी पर बैठना अधिक सुविधाजनक लगता था। इसके अतिरिक्त उसका व्यवहार बिल्कुल लड़कों के समान था। वह उन्हीं के समान पैंट और कमीज पहनती थी, और वैसे ही बाल रखा करती थी।" यद्‌यपि बाद में उसके परिवार के लोगों ने उसे एक लड़की के समान आचरण करने के लिये बाध्य कर दिया था। समय के साथ साथ उसकी अपने पूर्व जन्म की स्मृति लुप्त होती चली गई, और उसने अपनी जापान जाने की अभिलाषा का भी त्याग कर दिया था।

जीवन, मृत्यु और पुनर्जन्म में भी साथ

ड्रुज हार्डो कहते हैं कि जब दो व्यक्ति एक दूसरे के अत्यंत निकट होते हैं और उनके संबंधों के अपने लक्ष्य तक पहुंचने के पूर्व मध्य में ही उनके जीवन का अकस्मात अंत हो जाता है, तो इस बात की प्रबल संभावना रहती है कि एक नये जीवन-चक्र का प्रारंभ करने के लिये उन्हें बाद में प्राप्त होने वाले उनके पुनर्जन्म में भी उनकी एक दूसरे से निकटता बनी रहे।

इसके अतिरिक्त, यदि अपने उस जीवन के मित्रों और संबंधियों के प्रति उनके कर्मों या दायित्वों का निर्वाह नहीं हो पाया था, तो इस बात की संभावना भी होती है कि उनका पुनर्जन्म उसी समुदाय में और उन्ही परिवारों में अथवा उनके निकट ही हो और यह यथाशीघ्र हो, इसके पूर्व कि कर्मों के माध्यम से उनसे संबंधित लोगों का यह समूह बिखर जाये। युद्ध अथवा उसी के समान गृह-युद्ध जैसी परिस्थिति से संबंधित किसी पुनर्जन्म का निम्नोक्त उदाहरण भी श्री हार्डो के द्‌वारा प्रो. स्टीवेंसन के द्‌वारा संकलित भंडार से ही उद्धरित किया गया है। श्री हार्डो इस केस से

संबंधित व्यक्तियों से साक्षात्कार करने और उनके इंटरव्यू के लिये स्वयं भी श्रीलंका गये थे।

"बाल्यकाल से ही जौनी और रौबर्ट एक इस प्रकार की मित्रता की डोर से बंध गये थे कि वे सदैव साथ ही रहते थे, और वे दोनो एक ही स्कूल में भी पढ़ा करते थे। साठ के दशक के अंत में (सन् 1970 से कुछ समय पूर्व) जब जौनी और रौबर्ट क्रमश: 26 और 25 वर्ष के हुए थे तो स्थानीय लोगों, और विशेषकर युवा वर्ग के मन में सरकार के प्रति पनपता हुआ असंतोष एक आक्रोश के रूप में बदलने लगा था। प्राय: पुलिस और विद्रोहियों के मध्य आमने-सामने की खुली भिड़ंत भी हो जाया करती थी।

"गैले के क्षेत्र में जौनी अब विद्रोहियों का नेता बन गया था और रौबर्ट उसके प्रतिनिधि के रूप में कार्य करता था। जौनी और रौबर्ट के नेतृत्व में विद्रोहियों की टोली रात के समय किसी न किसी प्रकार पुलिस-स्टेशन में घुस जाती थी और सोते हुए पुलिस-कर्मियों पर आक्रमण कर दिया करती थी, ताकि वे अपनी वैद्रोहिक गतिविधियों के लिये हथियार प्राप्त करते रह सकें। 1971 में अधिक कड़ा रुख अपनाते हुए सरकार के द्वारा ठोस कार्यवाही प्रारंभ कर दी गई और तीन सप्ताह के अंदर ही सीधी भिड़ंतों के माध्यम से उस क्षेत्र के सारे विद्रोहियों का सफाया कर दिया गया। जौनी और रौबर्ट को भी उनके छिपने के स्थान पर खोजकर और उन्हें गिरफ्तार करके मृत्यु के हवाले कर दिया गया था।

"दोनों मित्रों की मृत्यु के सात वर्षों के बाद, 3 नवंबर 1978 के दिन, गैले के अस्पताल में अमरपाल और यशवंति हेट्टियाराची के घर में दो जुड़वां किंतु ऐसी लड़कियों का जन्म हुआ जिनके चेहरे एक दूसरे से भिन्न थे। अमरपाल जौनी के दफ्तर में उसका सहयोगी था, और जब वे जीवित थे तो जौनी तथा रौबर्ट दोनों ही अमरपाल के यशवंति से विवाह के अवसर पर उपस्थित भी हुए थे। जब वे जुड़वा बालिकाएं ढाई वर्ष की हुई, तो उनमें से बड़ी शिवांति ने अपने एक दूसरे घर के विषय में बात करना आरंभ कर दिया जिसमें उसके पिता, उसकी माता, और उसकी एक बहन भी रहा करते थे। उसने यह भी बताया कि कैसे जौनिया के साथ उसे एक गुफा में छिपना पड़ा था, तथा और भी ऐसे बहुत से विवरण बताये जिन्हें सुनकर उसके माता-पिता और अन्य लोग

यह समझ गये थे कि रौबर्ट ने ही शिवांति के रूप में नया जन्म ग्रहण कर लिया है।

"मई ओर जून 1982 के दोनों महीनों में रौबर्ट के परिवार के सदस्यों और परिवार के मित्रों का हेट्टियाराची परिवार के यहां आने का क्रम बना रहा था। उनके यहां आने वाला पहला व्यक्ति रौबर्ट का एक पुराना मित्र ग्राननदास था, जो वास्तव में जौनी का भाई ही था। जब (उस समय चार वर्षों की) दूसरी जुड़वां बच्ची शिरोमी ने ग्राननदास को देखा तो उसने कहा, 'मेरा छोटा भाई हमारे यहां आया है', जबकि इसके पूर्व कभी भी शिरोमी ने अपने पिछले जन्म से संबंधित कोई भी बात नहीं कही थी।"

जब किसी स्थान को देखकर हमें लगता है कि हम यहां पहले भी आ चुके हैं, या किसी व्यक्ति को देखकर लगता है कि इससे हम पहले भी मिल चुके हैं, तो इसे deja-vu की अनुभूति कहा जाता है। इस प्रक्रिया को भी तनिक विस्तार से समझाते हुए तथा अपने कथानक को आगे बढ़ाते हुए हार्डो कहते हैं, "किसी ऐसे स्थान पर पहुंचने पर या किसी ऐसे व्यक्ति से मिलने पर, जिससे हम अपने पिछले किसी जन्म में परिचित थे, यह हमारी पुरानी स्मृतियों को जगाने के लिये एक ट्रिगर का काम कर सकता है। जब हम किसी नये नगर में पहुंचते हैं और वहां सब कुछ हमें जाना पहचाना सा प्रतीत होता है, तो बहुत से लोगों के साथ ऐसा इसलिये होता है क्योंकि उस स्थान पर वे अपने पिछले जन्म में भी आ चुके हैं। यदि हम किसी ऐसे व्यक्ति से मिलते हैं जिससे पिछले किसी जन्म में हमारा कोई सकारात्मक अथवा नकारात्मक नाता था, तो उस व्यक्ति के प्रति हमारी प्रतिक्रिया भी उसी के अनुरूप होती है।

"(ग्राननदास को देखकर) अचानक शिरोमी के पिछले जन्म के ज्ञान के द्वार को रुद्ध करने वाली शिला हट गई थी, ऐसा प्रतीत होता है। उसे यह स्मरण आ गया कि पिछले जन्म में वह जौनी थी और उसने अपनी बहन शिवांति को भी अपने मित्र रौबर्ट के रूप में पहचान लिया था। उन दोनों ने अपने पिछले जन्म के सभी मित्रों और संबंधियों को भी पहचान लिया था, और उन सभी घरों और अन्य स्थानों को भी जहां-जहां वे कभी रह चुके थे। वे लोगों को अपने उस छिपने के स्थान पर भी ले गई, जहां

से उन्हें मृत्यु को समर्पित किये जाने के पूर्व पुलिस ने गिरफ्तार किया था। यह सभी के समक्ष स्पष्ट हो चुका था कि उन दोनों बहनों के रूप में जौनी और रौबर्ट ने ही फिर से जन्म ग्रहण कर लिया था।

"दोनों ही लड़कियां एक जैसी फोबिया से ग्रस्त थी। खाकी वस्त्र पहने हुए (जो वहां की पुलिस ड्रेस की पहचान थी) किसी भी व्यक्ति को देखकर वे भयभीत हो जाया करती थी, और ऐसी किसी जीप को देखकर तो जिसमें पुलिस या फौज के सिपाही मौजूद हों, वे भय से सिकुड़ ही जाया करती थी। (यहां श्री हार्डो बताते हैं, 'उस हर घटना की स्मृति, जिसके कारण किसी व्यक्ति को अतीव कष्ट का अनुभव हुआ हो या जिसके माध्यम से उसकी दर्दनाक मृत्यु हो गई हो, उसकी उपचेतना अथवा भाव देह में संचित रहती है, जिसे हम अपने शरीर का त्याग करते समय अगले जीवन के लिये अपने साथ ले जाते हैं')।

"न केवल जौनी और रौबर्ट की अन्य असामान्यतायें, बल्कि एक सीमा तक उनके शरीरों की वाह्‌य आकृति भी इसी क्रम में शिरोमी और शिवांति में प्रतिबिंबित होते हुए प्रतीत होते थे। शिवांति रौबर्ट के जैसी ही थी और आकार में शिरोमी से अधिक बड़ी और मजबूत थी, जबकि शिरोमी का रंग उसकी अपेक्षा गहरा था और जौनी के जैसा था। दोनों लड़कियां ही खेलते समय मिट्टी अथवा बालू से बॉम्ब बना कर हर्षित हुआ करती थी, और दोनों ही लकड़ी के पतले टुकड़े मूंह में दबा कर सिगरेट पीने का भी अभिनय करती थी।

"इसके अतिरिक्त, दोनों बहनें ही लड़कों के समान आचरण किया करती थी। जब वे छोटी थी तभी से वे लड़कों के समान खड़े होकर मूत्रत्याग किया करती थी। अपने माता-पिता के समझाते रहने पर धीरे-धीरे उन्होंने ऐसा करना बंद कर दिया था। दोनों ही लड़कों के समान टी शर्ट पहनना पसंद करती थी, और ठीक वैसे ही जैसे कि जौनी और रौबर्ट किया करते थे, वे उन्हें ऊपर की तरफ रोल कर लेती थीं जिससे उनके पेट और छाती दिखाई पड़ते रहते थे। दोनों ही लड़कियों को पेड़ों पर चढ़ने का शौक था और दोनों को ही बाइक की सवारी करने का भी शौक था, जबकि ये दोनों ही बातें उस काल खंड में वहां की अन्य स्थानीय लड़कियों के लिये अकल्पनीय के समान थी। अत्यंत छोटेपन से ही वे दोनों अपनी

ठोड़ी पर भी इस प्रकार हाथ फेरा करती थी जैसे कि वे लड़के ही हों, और कहती थी कि उनके दाढ़ी है।

"सन् 1971 की बसंत ऋतु में होने वाले बड़े विद्रोह के पूर्व श्रीलंका के दक्षिणी तट पर रहने वालों में से अधिकांश लोग विद्रोह करने वालों के पक्ष में थे। विद्रोह-कर्ताओं में जौनी एक नेता के तुल्य था और स्थानीय लोगों की दृष्टि में एक हीरो अथवा नायक की भूमिका में था। वहां के स्थानीय लोगों के अनुसार उस विद्रोह में लगभग तीन हजार लोग मृत्यु को प्राप्त हुए थे। उनका यह भी कहना है कि उस विद्रोह के पश्चात उस क्षेत्र में जन्म ग्रहण करने वाले बच्चों में से अनेकों को यह स्मरण भी था कि उस विद्रोह में मरने वालों में वे भी थे और उन्हें यह भी ज्ञात है कि यह उनका पुनर्जन्म है। जौनी के एक मित्र चन्द्रा ने ड्रुज हार्डो को यह भी बताया था कि उसने ऐसे दस बच्चों के विषय में सुना था जिन्होंने ये प्रमाण भी दिये थे कि विद्रोह में मृत्यु को प्राप्त होने वालों में से ये उनके द्वारा बताये गये व्यक्ति विशेष ही थे।"

एक अत्यंत विरल पुनर्जन्म का उदाहरण

पिछले दशकों में पुनर्जन्म को लेकर अनेक पुस्तकें लिखी गई हैं। इस संदर्भ में ड्रुज हार्डो की उपरोक्त पुस्तक 'कथानक और विश्लेषण' दोनों को सम्मिलित करते हुए लिखा गया एक अत्यंत विशिष्ट संकलन है, और यह कई प्रकार से इस विषय पर लिखी गई अन्य पुस्तकों से भिन्न है। उन्होंने सावधानी के साथ ऐसे केसों का चयन किया है जिनके माध्यम से पुनर्जन्म से संबंधित विभिन्न क्षेत्रों और दिशाओं में होने वाली उन घटनाओं के प्रभाव को भी स्पष्ट किया जा सके, जिनकी पुनर्जन्म ग्रहण करने वाले व्यक्ति में पूर्व की स्मृति के बने रहने में अपनी भी एक भूमिका हो सकती है। इस प्रकार पुनर्जन्म की प्रक्रिया के कुछ पहलू भी स्वत: उजागर के समान हो जाते हैं। इस स्थान पर हम ऐसी ही एक और भी विशिष्ट घटना को उद्धृत कर रहे हैं।

"थाइलैंड के रू साई गांव में जुलाई 1924 में थिआंग का जन्म हुआ तो उसके माता-पिता को उसके शरीर पर और पैरों में विचित्र प्रकार के

निशान दिखाई दिये, जो टैटुओं के समान लग रहे थे। लेकिन अपनी माता के गर्भ में उस बालक के शरीर पर टैटू कौन गोद सकता था?

"उसके पिता को तुरंत यह बात समझ में आ गई कि यह केवल उसके छोटे भाई फोह का ही पुनर्जन्म मात्र था, जिसकी मृत्यु तीन मास पूर्व उस वक्त हो गई थी जब एक हिंसक भीड़ ने उसे घेर लिया गया था और किसी ने उसके सिर के पीछे के स्थान में चाकू घोंप दिया था। फोह के दाहिने पैर का अंगूठा भी सही प्रकार से विकसित नहीं हुआ था और उस नवजात शिशु के जैसा ही था, तथा उसके पैरों और हाथों पर टैटू भी थे। बालक के शरीर पर भी ठीक वही टैटू थे, यद्‌यपि उनमें स्पष्टता की कमी थी। जैसी की आशा थी, उस बालक के सिर के पीछे उन्हें वैसा ही एक निशान भी स्पष्ट रूप से दिखाई दे रहा था जो इस ओर इंगित कर रहा था कि अपने पिछले जन्म में उसकी मृत्यु अवश्य ही किसी घातक अस्त्र के प्रयोग से हुई होगी।

"जब थिआंग चार वर्ष का हुआ, तो उसने अपने आपको फोह के रूप में पहचानना आरंभ कर दिया। अपनी मृत्यु के संबंध में उसने उन्हें बताया कि जब वह बाजार में था, तो उस पर मवेशी चोरी करने का आरोप लगाया गया था। उसके चारों ओर क्रुद्ध लोगों की भीड़ इकट्ठा हो गई थी और अचानक उसके परिचित एक व्यक्ति ने चाकू निकाल लिया था। उसके वार से बचने के लिये जब फोह ने अपना सिर घुमा लिया तो चाकू का वार उसके सिर के पिछले भाग में लग गया था। अगले ही क्षण उसे अनुभव हुआ कि वह अपने शरीर से बाहर आ गया था। उसने पाया कि वह ऊपर तैरते हुए नीचे जमीन पर पड़े हुए अपने शरीर को देख रहा था और उसके सिर के पिछले हिस्से के घाव से तेजी से रक्त बह रहा था। उसने अपने शरीर में लौट आने के विषय में भी सोचा था पर उसे संदेह था कि उसके शरीर में चेतना के लक्षण देखते ही उस भीड़ के लोग फिर से उसपर आक्रमण कर देंगे।

"जब फोह को यह अनुभूति हुई कि अपनी इस नई अवस्था में वह अपनी चेतना का प्रयोग करके ही इधर से उधर घूम सकता है, तो उसने उस स्थान का त्याग कर अपने घर जाने की बात सोची और तुरंत ही वह वहां पहुंच भी गया। उसने अपने परिवार के लोगों को यह बताने के

लिये कि उसके साथ क्या हुआ था तथा वह अब भी जीवित था उनका ध्यान अपनी ओर आकर्षित करने का प्रयास किया, परंतु किसी ने भी उसका कोई संज्ञान नहीं लिया। तब उसने अन्य मित्रों और संबंधियों के यहां पहुंचकर भी यही प्रयास किया परंतु किसी को भी उसके अदृष्य शरीर की उपस्थिति के विषय में कोई अनुभूति होती हुई प्रतीत नहीं हुई। यह देख कर वह दुख से संतप्त हो गया। इसी अवस्था में उसे ज्ञात हुआ कि उसकी भाभी गर्भवती थी। और उसके हृदय में अपनी भाभी के गर्भ में प्रविष्ट हो जाने की एक अदम्य इच्छा उत्पन्न हो गई। और केवल तीन मास के पश्चात ही उसके पुत्र के रूप में उसका जन्म भी हो गया था।

"इसी मध्य फोह की विधवा पत्नी पाई को भी यह समाचार मिल गया कि उसके पति ने संभवत: उसके जेठ के घर में फिर से जन्म ले लिया है। उसने फोह के कपड़ों और उसके उपयोग की वस्तुओं में से कुछ का चयन कर लिया और अपने विभिन्न पड़ोसियों से मांग कर ठीक वैसे ही वस्त्र और अन्य वस्तुएं भी एकत्रित कर ली। (द्रुज हार्डो को इस बात का कोई विवरण नहीं मिला कि पाई को पहली बार देख कर उस बच्चे पर क्या प्रतिक्रिया हुई थी, परंतु उन्हें यह मान लेना उचित प्रतीत होता है कि उसने अपने पिछले जन्म की पत्नी को तुरंत पहचान लिया होगा)। पाई ने जब अपने साथ लाये गये सामानों को चार वर्षों के उस बच्चे को दिखाकर उन्हें पहचानने के लिये कहा, तो थिआंग को उन्हें छांटने में कोई भी दिक्कत नहीं हुई। उसने उन्हें दो ऐसे अलग-अलग ढेरों में विभाजित कर दिया जिनमें से एक में फोह के द्वारा अपने जीवन में उपयोग में लाये गये सभी सामान थे, और दूसरे में वैसे ही दिखने वाले अन्य सभी सामान थे। उससे एक भी भूल नहीं हुई थी। इसके बाद उसने थियांग को एकांत में ले जाकर कुछ ऐसी बातों के विषय में पूछा जिनका ज्ञान केवल फोह को ही हो सकता था।

"इसके बाद फोह की पत्नी पाई को भी इस बात का पूर्ण विश्वास हो गया था कि थियांग के रूप में उसके पति ने ही फिर से जन्म ले लिया था। थियांग को उस स्थान पर भी ले जाया गया जहां फोह रहा करता था और उसने न केवल उन खेतों को भी पहचान लिया था जो कभी फोह के

थे, बल्कि उसने उन परिस्थितियो और लोगों के विषय में भी बता दिया था जिनका इन्हें प्राप्त करने में उसके पिछले जन्म में योगदान रहा था।"

कुछ तथ्य और उनके संभावित निष्कर्ष

ड्रुज हार्डो के अनुसार, "यदि हमारे किसी पूर्व जीवन में हमारे शरीर का कोई अंग अथवा भाग विशेष किसी दर्दनाक परिस्थिति के मध्य गंभीर रूप से चोटिल हो गया हो, तो अगले जन्म के हमारे शरीर में वहां एक कमजोरी रह जाने की प्रवृत्ति बनी रहती है। यदि किसी पिछले जन्म में किसी की मृत्यु उसके लिवर के क्षेत्र को किसी धारदार हथियार से छेद दिये जाने के कारण हुई हो, तो इस बात की संभावना बनी रहती है कि उसके अगले कई जन्मो तक उसके शरीर के उस भाग में एक कमजोरी बनी रहे। यदि डाक्टरों ने इसका उचित प्रतीत होने वाला कोई कारण भी बताया हो और औषधियों अथवा शल्य-चिकित्सा के माध्यम से सामयिक रूप से उस कमजोरी को ठीक भी कर लिया हो, तो भी इसका पूरी तरह निवारण नहीं हो पाता। उस पिछले जन्म के इस दर्दनाक अनुभवों के समय उत्पन्न हुई ऋणात्मक ऊर्जा उस व्यक्ति के शरीर तंत्र में बनी रहती है, और यह किसी समय भी फिर से अपना प्रभाव दिखला सकती है।"

रिग्रेसन के माध्यम से चिकित्सा करने में अत्यंत दीर्घ और बहुमूल्य अनुभव रखने वाले इन विशेषज्ञ का विश्वास है, "यदि (प्रभावित व्यक्ति की जीवन शृंखला में) रिग्रेसन के माध्यम से इस कमजोर अंग या हिस्से को उत्पन्न करने वाली घटना तक पहुंचकर इस जन्म में उसका उपचार हो जाये, तो इसके पश्चात वह व्यक्ति इस प्रभावित क्षेत्र में होने वाल दर्द या कष्ट से न केवल इस जन्म में, बल्कि इसके बाद आने वाली जीवन शृंखला के संदर्भ में भी सदैव कि लिये मुक्त हो जाता है।"

अपने माता-पिता, दादा-दादी और नाना-नानी से मिले आनुवंशिक कारकों के अतिरिक्त, किसी व्यक्ति के द्वारा अपने पिछले जन्मों से लाई गयी प्रवृत्तियों का भी उसके शरीर की बनावट–जैसे रंग, ऊंचाई, आंखें, हाथ, पैर, सिर, जन्मजात-चिन्ह आदि, और उसके मानसिक गठन–जैसे उसकी आदतों, विशिष्ट निपुणताओं अथवा अन्य गुण या दोषों, एवं

फोबिया आदि में एक महत्वपूर्ण योगदान होता है। प्रो. स्टीवेंसन के अनुसार किसी बालक के द्वारा छोटी उम्र में ही अचंभित कर देने वाली क्षमताओं या दक्षताओं के प्रदर्शन को भी पुनर्जन्म के माध्यम से एक अपेक्षाकृत संतोषजनक रूप से समझा पाना संभव है।

एक बड़ी संख्या में पुनर्जन्म की सत्यापित घटनाओं के विश्लेषण से यह स्पष्ट प्रतीत होता है कि इन घटनाओं का एक बड़ा प्रतिशत, संबंधित व्यक्ति की मृत्यु के स्थान के क्षेत्र में ही, उसी लैंगिक पहचान के साथ, और अपने पिछले या उस जैसे ही किसी समुदाय में, पुनर्जन्मों का होता है। पुनर्जन्म के प्राय: पांच में से एक केस में लिंग परिवर्तन देखने में आता है, जैसे कि किसी लड़के का पुजर्जन्म एक लड़की के शरीर में हो गया हो। तथापि घटनाओं की एक छोटी प्रतिशत ऐसी भी पाई गई है जब किसी व्यक्ति की मृत्यु के स्थान से बहुत दूर अथवा किसी अन्य समुदाय में उसका पुनर्जन्म हो गया हो।

अन्वेषकों के द्वारा विश्लेषित किये गये हजारों मामलों के विवरणों से यह एक साधारण तथ्य उभर कर सामने आता हुआ प्रतीत होता है कि मृत्यु के पश्चात कुछ समय तक मृत व्यक्ति की आत्मा उसके मृत शरीर से ऊपर, उसके आस-पास ही मंडराती रहती है। भारत में प्रचलित मान्यताओं के अनुसार, मृत्यु को प्राप्त होने वाले किसी व्यक्ति का सूक्ष्म शरीर अधिकतम लगभग 12 दिनों तक इस भूमि के संपर्क में रह सकता है, अथवा अपने स्थूल शरीर की मृत्यु के क्षेत्र में विचरण कर सकता है, परंतु इस अवधि के समाप्त होते-होते ये सभी व्यक्ति इस स्थूल भूमि को छोड़कर सूक्ष्म जगत में प्रवेश कर चुके होते हैं।

इस मध्य, पहले चार या पांच दिनों तक मृत व्यक्ति को सभी वस्तुएं स्पष्ट रूप में दिखाई पड़ती हैं और स्पष्ट सुनाई भी पड़ता है, परंतु उसके पश्चात स्थूल जगत को देखने की उसकी दृष्टि अधिकाधिक धूमिल होती जाती है और उसी परिमाण में उसे सुनाई पड़ना भी कम हो जाता है। मृत्यु से 11 या 12 दिनों तक यदि वह अपने सूक्ष्म शरीर में अब भी उस भू-क्षेत्र में उपस्थित हो, तो उस व्यक्ति का मन अपने मित्रों और संबंधियों से उचाट हो जाता है, क्योंकि वे न तो उसे देख-सुन पाते हैं और न ही अन्य किसी प्रकार से उसकी उपस्थिति का अनुभव

कर पाते हैं, और उसकी मृत्यु के यथार्थ को स्वीकार करके वे सभी अपने दैनिक कार्यों में व्यस्त हो जाते हैं। उसकी उनसे जुड़ाव की स्थूल अवधारणा भी छिन्न हो जाती है, और वह उस भूमि का त्याग करने के लिये प्रस्तुत हो जाता है।

भारत में प्रचलित मान्यताओं के संपुट को छोड़कर, अब हम विज्ञानविदों के द्वारा किये गये अन्वेषण और विश्लेषण से उनके संज्ञान में आने वाले निष्कर्षों को क्रमवार रखने का प्रयास करेंगे। तथापि यह स्मरण रखना आवश्यक है कि ये सभी मामले किसी दुर्घटना अथवा हिंसा आदि में होने वाली अकस्मात मृत्यु और एक बीच में ही छूट गये अधूरे जीवन चक्र से संबंध रखने वाले मामले ही हैं। इनमें हत्या जैसे अपराध में संलिप्त होने वाले, अथवा चोरी, बेईमानी और दस्युओं की प्रवृत्ति रखने वाले किसी व्यक्ति का एक भी मामला नहीं है, क्योंकि ऐसे लोगों का पुर्नजन्म होने पर उनमें पिछले जीवन की स्मृति बने रहने की संभावना बहुत कम होती है।

पश्चिमी देशों में चिकित्सा एवं मनोचिकित्सा से जुड़े हुए विज्ञानविदों के द्वारा उपलब्ध किये गये इन सामान्य निष्कर्षों के अनुसार: एक सामान्य मृत्यु की स्थिति में एक अवधि तक स्थूल भूमि पर बने रहने के पश्चात, किसी मृतक की आत्मा एक ऐसे मध्यस्थानीय सूक्ष्म जगत में प्रविष्ट हो जाती है जहां उसकी भेंट अपने सूक्ष्म शरीरों में विद्यमान अन्य आत्माओं से होती है। मृत्यु और पुनर्जन्म के मध्य औसतन लगभग बीस वर्षों का अंतराल होता है, लेकिन कुछ मामलों में यह कुछ महीने मात्र अथवा कई सौ वर्ष भी हो सकता है। इस अवधि में सूक्ष्म जगत में निवास करने वालों को किसी परिवार विशेष और कुछ विशेष माता-पिताओं के घर में पुनर्जन्म ग्रहण करने के प्रस्ताव भी मिलते रहते हैं।

विशेष मामलों में, जब अकस्मात और असमय में, अथवा किसी हिंसक घटना के परिणाम स्वरूप किसी की मृत्यु घटित हो जाती है, तो अपने सूक्ष्म शरीर सहित उसकी आत्मा सूक्ष्म जगत में प्रविष्ट ही नहीं हो पाती, बल्कि एक दूसरा स्थूल शरीर प्राप्त होने तक वह स्थूल भूमि पर ही अपने सूक्ष्म शरीर के साथ विद्यमान रह जाती है। ड्रुज हार्डो के अनुसार, "कभी कभी ये सूक्ष्म शरीर धारी आत्माएं हमारे मध्य ही कई

दशकों और शताब्दियों तक भी विद्यमान रह सकती हैं, जब तक वे सूक्ष्म जगत में प्रवेश करने के लिये प्रस्तुत नहीं हो जाती।"

एक सामान्य जैसा ही नियम

रिग्रेसन चिकित्सा के मध्य अपने पिछले जन्मों की स्मृतियों को जगाने में अपने जिन मुवक्किलों की ड्रुज हार्डो ने सहायता की थी, उनमें से सैंकड़ों को अपनी माता के गर्भ में बने भ्रूण में अपने प्रवेश की घटना का स्मरण था। "उनमें से अनेकों ने गर्भाधान के तुरंत बाद ही अपनी माता के गर्भ में प्रवेश कर लिया था, और इनमें से कुछ का कहना था कि उन्होंने अपने इस प्रवेश का अनुभव भी किया था; जबकि अनेकों ने एक मास वा अधिक समय तक प्रतीक्षा करने के बाद ही भ्रूण (fetus) में प्रवेश करके उससे एकात्मता स्थापित करने की प्रक्रिया को प्रारंभ किया था।" अपने दीर्घकाल व्यापी अनुभवों के आधार पर ड्रुज हार्डो का मानना है कि "एक सामान्य नियम के रूप में हम कह सकते हैं, कि औसतन गर्भ धारण के दो या तीन मासों के मध्य अधिकांश सूक्ष्म शरीर धारी आत्मायें गर्भ में विकसित हो रहे भ्रूण में प्रविष्ट हो जाती हैं। इस पुस्तक में आगे आने वाले अध्यायो में हम इस विषय में चर्चा करेंगे कि यह अलग-अलग समय पर प्रवेश करना किस प्रकार और किस प्रक्रिया के अतर्गत संभव होता है, यह भी कि हमारे सूक्ष्म शरीर में कौन कौन से अवयव होते हैं, और यह भी कि कब और कैसे इसका निर्माण होता है?

ड्रुज हार्डो मानते हैं कि "अपनी विशाल जनसंख्या के कारण भारत को पुनर्जन्म और कर्म के सिद्धांत का जनक और केन्द्र कहा जा सकता है। यहां के तीनों प्रधान धर्म–हिन्दू, जैन और बुद्ध धर्म, जिनमें बाद में सिक्ख धर्म का भी समावेश हो गया था, पुनर्जन्म में विश्वास की नींव पर ही प्रतिष्ठित हैं।"

उन्हीं के अनुसार, "क्रिश्चियनिटी के आविर्भाव के पूर्व यूरोप के अधिकांश देशों में भी पूर्वजन्म में विश्वास किया जाता था। क्रिश्चियनिटी के व्यापक प्रसार के पश्चात, इसके नियामक कर्ताओं के द्वारा सन्

533 ई. में पुनर्जन्म की अवधारणा को अवैध घोषित कर दिये जाने के बाद, इनक्विजीसन और उसके अंतर्गत मिलने वाले दंड से बचने के लिये इस धर्म को मानने वालों के लिये पुनर्जन्म में विश्वास रखना एक ऐसे व्यक्तिगत विश्वास की बात हो गई थी जिसे अत्यंत सावधानी के साथ गुप्त रखा जाता था।" यहां यह स्पष्टीकरण करना आवश्यक प्रतीत होता है कि इनक्विजीसन रोमन कैथोलिक चर्च का एक ऐसा ट्रिब्यूनल था जिसका दायित्व था चर्च के द्वारा प्रस्तावित हठधर्मिताओं के विरुद्ध जाने वाली सभी बातों का पता लगाना, जिन्हें हेरेसी कहा जाता था, और किसी भी हठधर्मिता (dogma) का उलंघन करने वाले व्यक्ति या लोगों को कठोर दंड देना।

मृत्यु के पश्चात

हम चर्चा कर चुके हैं कि सुरेश के रूप में अपनी मृत्यु के पश्चात टीटू को इस पूरे घटनाक्रम का स्मरण था कि पहले उसे आग में जलाकर उसके शरीर का दाह संस्कार किया गया था, फिर पानी डाल कर उस आग को बुझा दिया गया था और अंत में उसे (उसकी अस्थियों को) नदी में गिरा दिया गया था (प्रवाहित कर दिया गया था)।

पुर्नजन्म के क्षेत्र में खोजकर्ताओं का कहना है कि किसी व्यक्ति की मृत्यु हो जाने पर, जब तक कि सूक्ष्म जगत के द्वारा उसे अपनी ओर खींच नहीं लिया जाता उसकी आत्मा अपने निवास स्थान अथवा मृत्यु के क्षेत्र में ही अटकी रहती है। अतः यह किसी आश्चर्य का विषय नहीं होना चाहिये कि सुरेश को अपने शरीर के अग्नि के सुपुर्द कर दिये जाने, चिता को ठंडी करने के लिये उस पर पानी के छिड़काव, तथा अपनी अस्थियों के नदी के जल में प्रवाहित कर दिये जाने की घटनायें यथावत दिखाई दे रही थी। ये समस्त घटनायें उस अवधि की हैं, जब तक की सूक्ष्म जगत के द्वार उसके लिये उन्मुक्त नहीं हुए थे। अब हम पुनर्जन्म ग्रहण करने वाले एक ऐसे व्यक्ति की बात करेंगे जिसने यह भी बताया हो कि अपनी पिछली मृत्यु के पश्चात सूक्ष्म जगत में प्रवेश करने पर दूसरी ओर उसे क्या देखने को मिला था।

इसके पूर्व हम मथुरा की लुगड़ी देवी के विषय में बात कर चुके हैं, जिसका पुनर्जन्म शांति के रूप में मथुरा से 150 किलोमीटर दूर दिल्ली शहर में हो गया था। जब वह नौ वर्ष की भी नहीं हुई थी, तो इस केस का सत्यापन करने के लिये चयनित पंद्रह सदस्यों की एक टीम उसे तथा उसके माता-पिता को साथ लेकर मथुरा गई थी। वहां उसने उन सभी मकानों को जिनमें वह रही थी और अपने पिछले जन्म से संबंधित बहुत से लोगों को भी पहचान कर सभी को अचंभित कर दिया था। इसके कुछ ही समय के बाद, इस विषय पर और अधिक अन्वेषण करने के लिये ख्यातनामा वैज्ञानिक डॉ. जगदीश चंद्र बोस, पहले तो स्वयं मथुरा पहुंच कर केदारनाथ चौबे से मिले, जिन्होंने उन्हें वे बातें भी बताईं जो पूर्ण रूप से आश्वस्त होने के पूर्व उन्होंने एकांत में अपनी वर्तमान पत्नी की उपस्थिति में शांति से की थी, और फिर शांति से स्वयं बात करने के उद्देश्य से वे दिल्ली में माथुर परिवार के स्थान पर भी पहुंच गये। शांति ने पूरे विश्वास के साथ डॉ. बोस के सभी प्रश्नों के संतोषपूर्ण उत्तर दे दिये थे।

तब डॉ. बोस ने उससे पूछा, "क्या तुम यह बता सकोगी कि तुम्हारी मृत्यु किस तरह हुई थी, और उसके बाद तुम्हें क्या अनुभव हुआ?"

शांति ने उन्हें बताया, कि मृत्यु के तनिक पूर्व उसे प्रतीत हुआ जैसे उसे अंधकार ने घेर लिया है। इस अंधेरे में उसे अपने ऊपर की ओर एक चमकदार प्रकाश दिखाई पड़ा और एक बादल के समान वह उस प्रकाश की ओर तैरने लगी। इस समय उसे न तो बिस्तर पर पड़े अपने स्थूल शरीर का ज्ञान था और न ही उसे अब किसी दर्द की अनुभूति हो रही थी। उसने स्वयं को एक उज्वल प्रकाश में खड़े हुए पाया और उसने लंबे पीले वस्त्र पहने हुए चार आकृतियों को अपनी ओर आते हुए देखा। वे उसे एक ऐसे सुंदर बगीचे में ले गये जिसके समान कोई उद्यान उसने पृथ्वी पर कभी नहीं देखा था। यह इतना सुंदर था कि शब्दों के द्वारा इसकी सुंदरता का वर्णन कर पाना संभव नहीं है। वहां के लोग दिव्य (holy) प्रतीत होते थे और स्त्री एवं पुरुष दोनों प्रकार के थे। उन्होंने उसे बताया कि उस स्थान पर कभी रात्रि या अंधकार नहीं होता था, केवल प्रकाश रहता था।

उसे बताया गया कि सभी मनुष्य एक समान होते हैं और इससे कोई भी अंतर नहीं पड़ता था कि (पृथ्वी पर होने वाले जन्म में) उनमें से कोई हिंदू, मुस्लिम या ईसा के मत को मानने वाला रहा हो। इस दूसरी दुनिया में काफी समय बिताने के पश्चात उसे बताया गया कि उसे पृथ्वी पर लौटना होगा और एक बालिका के रूप में दिल्ली में पुनर्जन्म लेना होगा। उसे अपने पिता का नाम भी बताया गया जिसकी पुत्री के रूप में उसे जन्म ग्रहण करना था। पृथ्वी पर अपने लौटने की अनुभूति उसे फिर से अंधकार में अवतरण करने के समान प्रतीत हुई।

डॉ. बोस के एक अन्य प्रश्न के उत्तर में जो एक आत्मा में ज्ञान की 'इंद्रियों' के अनुपस्थित होने के विषय में था, उसने कहा की उसके लिये यह समझा पाना अत्यंत कठिन था कि उसे किस प्रकार का अनुभव हुआ था। किंतु उसने उन्हें यह अवश्य बतलाया कि यद्यपि उसका कोई स्थूल शरीर नहीं था, पर वह दीवारों के उस पार भी देख सकती थी। उसे उन वस्तुओं का भी ज्ञान हो जाता था जिन्हें स्थूल शरीर की इंद्रियों के माध्यम से देख सकना या अनुभूत कर पाना कठिन था।

मध्यवर्ती क्षेत्र के अपने नियम होते हैं

अल्पस्थायी मृत्यु के पश्चात होने वाले अनुभवों के संदर्भ में भी, जिनकी चर्चा हम अगले अध्याय में करना चाहते हैं, सूक्ष्म विश्व में प्रवेश करते ही उस व्यक्ति को यह बता दिया जाता है कि उसका समय अभी नहीं आया है और उसे पृथ्वी पर लौट जाना होगा। वास्तविक मृत्यु होने पर सूक्ष्म विश्व में किसी व्यक्ति के अवस्थान का समय दीर्घ होता है और यह कुछ मास, कुछ वर्ष या सैंकड़ों वर्षों का भी हो सकता है।

इसके पूर्व संक्षेप में यह कहा गया है कि ऐसी धारणा है कि पृथ्वी पर पुनर्जन्म से पूर्व प्रत्येक व्यक्ति की पूर्व स्वीकृति ली जाती है। उसके पुनर्जन्म का समय उपस्थित होने पर, लुगड़ी देवी को यह बताया गया था कि प्रथमत: तो वह एक बालिका के रूप में जन्म ग्रहण करने वाली है, दूसरा यह कि उसका जन्म दिल्ली नगर में होने वाला है, और तीसरी बात यह थी कि उसे अपने भावी पिता का नाम भी बताया गया

था। हमारे लिये यह अद्भुत और अविश्वसनीय के समान हो सकता है, तथापि स्थूल जगत के अनुभवों के आधार पर, जिन्हें प्रकृति के द्वारा एक विशेष प्रणाली के अंतर्गत और सापेक्षता की दृष्टि से उत्पन्न किया जाता है, उच्चतर प्रकृति के कार्य-कलापों को समझ पाना संभव नहीं होता।

रौबर्ट ए. थुर्मैन ने, जिन्होंने बार्डो थाडोल (The Tibetan Book of the Dead) का अंग्रेजी भाषा में अनुवाद किया है, लिखा है, "पाश्चात्य वैज्ञानिकों की यह मान्यता है कि EEG के स्क्रीन पर एक समतल रेखा दिखाई देने का अर्थ होता है, हृदय की धड़कनों और मस्तिष्क की समस्त क्रिया का भी ठहर जाना, और यही मृत्यु होती है। पदार्थ विज्ञान के अनुगामियों के द्वारा व्यक्ति की चेतना में विषयपरक अहंकार (subjective 'I') के भ्रम को मस्तिष्क की तरंगों के द्वारा उत्पन्न चेतना मान लेने वाले विज्ञानविद यह सोचते हैं कि मस्तिष्क की तरंगों के ठहर जाने पर इस चेतना की भी परिसमाप्ति हो जाती है। और फिर भी, मृत्यु का यह अर्थ होना कि चेतना में कुछ भी न रहे, उनकी इस प्रकार की मान्यता का उनके द्वारा खोजे गये एक तथ्य के रूप में सत्यापन अभी नहीं हुआ है। उनकी इस अवधारण को अभी सिद्ध नहीं किया गया है। यह केवल उनकी एक वैचारिक अवधारणा मात्र है।"

इसी प्रकार आधुनिक विज्ञानविदों का यह विश्वास भी, कि मनुष्यों में चेतना का उदय उनके मस्तिष्क, न्युरोन-शृंखलाओं एवं नर्वस प्रणाली की उपज होता है, केवल उनकी एक वैचारिक अवधारणा मात्र ही है, जिसे अभी तक सिद्ध नहीं किया गया है, जबकि इसके अपवादों का प्राचुर्य है। विश्व के सभी स्थानों से पुनर्जन्म की घटनाओं की सूचना प्राप्त होती रहती है। यदि किसी व्यक्ति की आत्मा अथवा उसके शरीर का चैतन्य उस शरीर से बाहर निकल सकता है, और एक भिन्न स्थान पर एक नये व्यक्ति के रूप में जन्म ले सकता है, तो फिर यह चेतना पदार्थ के द्वारा निर्मित किसी मस्तिष्क और नर्वस सिस्टम अथवा अन्य किसी भी वस्तु से कैसे उत्पन्न हो सकती है?

लायल वाटसन के अनुसार, "क्या संभव है, विज्ञान इसका निर्णय वास्तविकता की अपनी स्वरचित परिभाषा से तुलना के माध्यम से

करता है। अत: जो कुछ भी इस परिभाषा से मेल खाता है वह स्वीकार कर लिया जाता है। जो भी उनकी इस परिभाषा से मेल नहीं खाता, वह असंभव समझा जाता है और उसे स्वीकार नहीं किया जाता।" लायल वाटसन इसे एक ईमानदार वैज्ञानिक दृष्टिकोण नहीं मानते। विश्व के अन्य किसी सामान्य नागरिक के समान विज्ञानविदों को भी विभिन्न प्रकार के 'विश्वास' रखने की स्वतंत्रता है। उन्हें अपने विश्वास के विपरीत दिये गये तर्कों का उत्तर न देने की भी स्वतंत्रता है, और इस विषय में लायल वाटसन की टिप्पणी के अनुसार तो उन्हें सिर के बल खड़े होकर ही इस विश्व को देखते रहने का प्रयास करने की भी उतनी ही स्वतंत्रता है।

यह प्रकृति जड़ नहीं है, और यह विज्ञानविदों के मत के अनुरूप केवल कुछ ज्ञात और कुछ अज्ञात नियमों का संकलन मात्र भी नहीं है। यह प्रकृति तो चेतन प्रकृति है और यह चेतन ही बनी रहेगी, भले ही किसी धर्म विशेष के नियामकों के आदेश से पुनर्जन्म में विश्वास को एक दंडनीय अपराध ही क्यों न घोषित कर दिया जाये। यह एक ऐसा सत्य है जिसे परिवर्तित नहीं किया जा सकता, लेकिन यही सत्य हमें अपने लिये सुविधाजनक किसी भी सापेक्ष स्थान का चुनाव करके केवल वहीं से, और सिर के बल खड़े होकर भी, इस विश्व को देखने की स्वतंत्रता भी प्रदान करता है।

प्रकृति के लिये जीवन एक माध्यम के समान है और मस्तिष्क, न्युरोन एवं नर्वस प्रणाली इसके द्वारा अपने उपयोग के लिये विकसित किया गया एक यंत्र अथवा उपकरण मात्र है। प्रकृति ने इसका विकास इसलिये किया है कि इसके माध्यम से सापेक्ष के लेन-देन के उपयुक्त एक चेतना का उदय हो सके, ताकि किसी भी रूप और आकार में जन्म लेने वाला कोई प्राणी एक सापेक्ष दृष्टा के समान इस विश्व को देख भी सके और इससे विभिन्न प्रकार के सापेक्ष लेन-देन करते हुए इसका उपभोग भी कर सके।

भली-भांति और सत्यापित किये गये पुनर्जन्म के मामले एक उच्चतर प्रकृति के कार्यों के संदर्भ में केवल एक श्रेणी विशेष के प्रमाण मात्र हैं। आगे के अध्यायों में हम मानव के अस्तित्व के ऐसे अन्य क्षेत्रों की भी

विस्तृत चर्चा करेंगे जो इस उच्चतर प्रकृति की कार्यभूमि होते हैं। मानव के अस्तित्व की इन उच्चतर भूमियों का विस्तृत विवरण और उसके प्रमाण भी, दृष्टा और दृश्य पर आधारित भारत के ऋषियों के द्वारा प्रतिपादित सिद्धांतों की पुष्टि करते हुए, यह सिद्ध कर सकेंगे कि भौतिक पदार्थों से निर्मित मस्तिष्क इत्यादि कभी भी चेतना को उत्पन्न नहीं कर सकते।

अध्याय – २

मृत्यु के पश्चात की अनुभूतियां

कभी-कभी कोई व्यक्ति एक अल्प अवधि तक मृत रहने के पश्चात पुन: जीवित हो उठता है। उसकी मृत के समान अवस्था की प्राप्ति की इस अल्प अवधि में उसके संज्ञान में आने वाली और उसे स्मरण भी रहने वाली बातों को जीवन और मृत्यु के विषय में शोध और अन्वेषण करने वाले पाश्चात्य वैज्ञानिकों के द्वारा 'साइको-स्पिरिचुअल' अथवा मन एवं अध्यात्म दोनों का मिला-जुला अनुभव कहा जाता है। इन अन्वेषकों के अनुसार अल्प-कालीन मृत्यु का अनुभव करने और पुनर्जीवित हो जाने वाले ऐसे सभी लोगों के द्वारा बतलाये गये अनुभवों में एक अद्भुत समानता दिखाई देती है, जो उन्हें अत्यंत रहस्यपूर्ण प्रतीत हुआ। अत: इनमें से कुछ शोधकर्ताओं ने इस संदर्भ में और अधिक अन्वेषण करने का निश्चय किया।

इस विषय में एक बड़ी पहल डॉ. ऐलिजाबेथ कुबलर रौस के द्वारा की गई, जिन्होंने बाद में अपनी बहुचर्चित पुस्तक 'ऑन लाईफ अफ्टर डेथ' की रचना की। यह पुस्तक लिखने के पूर्व उन्होंने विश्व के विभिन्न क्षेत्रों में घटित होने वाली ऐसी बीस हजार से भी अधिक घटनाओं का अध्ययन किया था, जिनमें उन व्यक्तियों के द्वारा अपने अनुभव बताये गये थे जिन्हें डाक्टरों के द्वारा मृत घोषित कर दिया गया था और जो कुछ समय के पश्चात ही फिर से जीवित हो उठे थे। मृत्यु के सन्निकट व्यक्तियों की शैया के निकट रहते हुए और, विशेषकर, मृत्यु के सन्निकट बालकों की शैया के समीप उपस्थित रहकर की गई शोध के माध्यम से उन्हें इस प्रकार के सुदृढ़ प्रमाण प्राप्त हुए कि मृत्यु के पश्चात भी एक

सूक्ष्मतर धरातल पर जीवन (चेतना) की निरंतरता बनी रहती है, और केवल किसी व्यक्ति की भौतिक मृत्यु मात्र से ही उसका सब कुछ समाप्त नहीं हो जाता।

मृत्यु के निकट पहुंचे हुए व्यक्तियों को होने वाले अनुभवों के क्षेत्र में शोध करने वालों में एक दूसरा बड़ा नाम डॉ. रेमंड ए. मूडी जूनियर का है। इस श्रेणी के अनुभवों को ऐन-डी-ई (Near Death Experience) का नाम उन्हीं के द्वारा दिया गया है। डॉ. मूडी के द्वारा भी इस विषय में 'Life After Death', 'The Life Beyond', एवं 'Reflections on Life after Life', आदि अनेक पुस्तकों की रचना की गई है।

किसी दुर्घटना में, दिल का दौरा पड़ने पर, या किन्हीं अन्य कारणों से किसी व्यक्ति के मृत हो जाने पर, अनेक बार वाह्य साधनों अथवा उपचार से उसकी श्वास-प्रश्वास को वापस लाना और उसके हृदय में फिर से रक्त के प्रवाह को आरंभ करना संभव होता है। प्राय: फिर से जीवित हो जाने और अपनी चेतना के लौट आने पर ऐसे अनेक व्यक्ति कुछ अचंभित करने वाले अनुभवों की बातें बतलाते हैं। कुछ समय तक कौमा (comma) में बने रहने के पश्चात इससे बाहर आ जाने वाले व्यक्ति भी कभी-कभी इसी प्रकार के अनुभवों की चर्चा करते हुए देखे गये हैं।

भली प्रकार से अन्वेषित एवं कलम-बद्ध किये गये ऐसे सभी मामलों में संबंधित व्यक्ति अपनी भौतिक देह से अलग होकर इसके ऊपर तैरते रहने के अनुभव की बात कहते पाये गये हैं, और इस अवस्था में उन्हें अपने शारीरिक कष्ट और पीड़ा आदि की अनुभूति भी नहीं होती। उन सभी व्यक्तियों को प्रकाशमान सूक्ष्म पदार्थों से निर्मित अपना एक और शरीर होने की अनुभूति भी हुई जो उनके भौतिक शरीर से विलग हो सकता था। फिर से जीवित हो जाने वाले उन व्यक्तियों के अनुसार, जिनमें अपने इस मध्यकालीन अनुभवों की स्पष्ट स्मृति विद्यमान थी, इस अवस्था में उनकी चेतना स्वप्न की अवस्था की तुलना में न केवल अधिक स्पष्ट और दूरगामी हो गई थी, बल्कि यह निरंतरता के सहित तथा क्रमवार भी थी। पाश्चात्य देशों के आधुनिक शोधकर्ताओं के द्वारा इस प्रकार के अनुभवों को संक्षेप में ऐन-डी-ई कहा जाता है।

वर्णित अनुभवों में साम्य

ऐन-डी-ई के अनुभवकर्ताओं के अनुसार भौतिक शरीर से पर्याप्त ऊंचाई पर तैरते हुए वे न केवल नीचे पड़े हुए अपने शरीर को ही, बल्कि उसके आस-पास के क्षेत्र को और वहां उपस्थित लोगों को भी देख पा रहे थे। वे यह भी देख पा रहे थे कि वहां उपस्थित अन्य व्यक्ति क्या कर रहे थे, और उनकी बातों को भी सुन सकते थे। परंतु वे स्वयं न तो किसी को दिखाई पड़ रहे थे और न ही उनके द्वारा कही गई कोई बात वहां उपस्थित किसी व्यक्ति को सुनाई पड़ रही थी। यदि वे वहां उपस्थित किसी व्यक्ति का ध्यान अपनी ओर आकर्षित करने के लिये उसका स्पर्श करने का प्रयास करते थे, तो उनका हाथ उस व्यक्ति के शरीर को पार करते हुए उससे बाहर निकल जाता था। इसी प्रकार किसी दीवार आदि के दूसरी ओर जाने की इच्छा होने पर वे उस दीवार में घुस कर सहज ही उसके भी पार निकल जाते थे।

इन सभी व्यक्तियों के अनुसार, उनमें अपने भौतिक शरीर से भिन्न, अणु-परमाणुओं की अपेक्षा सूक्ष्मतर किसी पदार्थ से बने हुए एक अन्य शरीर की स्पष्ट उपलब्धि की प्रतीति भी होती थी, और उन्हें न केवल अपनी मृत्यु के स्थान पर होने वाली गतिविधि दिखाई और सुनाई पड़ रही थी, बल्कि इसी प्रकार निकटवर्ती अन्य स्थानों, बल्कि उस समूचे गांव या क्षेत्र में होने वाली घटनायें एवं कही गई बातें भी दिखाई और सुनाई पड़ रही थी। वहीं दूसरी ओर, उन्हें न तो कोई देख या स्पर्श कर पा रहा था और न ही उन्हें सुन पा रहा था। अपने मित्रों और संबंधियों से सम्पर्क साधन में विफल होने के पश्चात के इन सभी ऐन-डी-ई के अनुभवकर्ताओं के द्वारा दिये गये अन्य विवरण भी लगभग एक ही दिशा में और एक ही मार्ग पर अग्रसर होते हुए प्रतीत होते हैं।

इन सभी के अनुसार उन्हें एक स्थान से दूसरे स्थान पर ले जाने वाली किसी सुरंग या अन्य मार्ग पर खींच लिया जाता है (sucked into), जिससे होकर वे प्रकाश से पूरित एक स्थल पर उपस्थित होते हैं। इस स्थान के निवासियों के शरीर किसी स्वप्रकाश सूक्ष्म पदार्थ से बने हुए प्रतीत होते हैं। वहां के वासियों में प्राय: उन्हें इतिपूर्व के अपने भौतिक

जीवन में मृत्यु को प्राप्त कुछ मित्र और संबंधी भी दिखाई पड़ते हैं, और अधिकांश मामलों में उनकी मुलाकात वहां के अध्यक्ष से भी होती है, जिसे यह समझ में आ जाता है कि उन्हें गलती से वहां ले आया गया है, और वह उसे उसके भौतिक शरीर में लौटा दिये जाने की बात कहता है। लेकिन इसके पूर्व, और विशेषकर वयस्क व्यक्तियों के मामले में, उस अध्यक्ष की प्रेरणा अथवा निर्देश से, उस व्यक्ति के अब तक के भौतिक जीवन में घटित होने वाली सभी घटनाएं उसके द्वारा एक विहंगम पुनरावलोकन के समान, एक चलचित्र की तरह और विस्तार के साथ, परंतु कुछ क्षणों में ही उसकी चेतना के सन्मुख से होकर निकल जाती हैं।

Cardiopulmonary के माध्यम से श्वास-प्रश्वास और हृदय में रक्त प्रवाह के लौटाने की प्रणाली का विकास होने के पश्चात, पिछले चार या पांच दशकों में, डाक्टरों के द्वारा किये जाने वाले प्रयासों के कारण ऐन-डी-ई के अनुभवकर्ताओं की संख्या में एक बड़ी बढ़ोतरी हो गई है। चिकित्सा विज्ञान में होने वाले विकास और यंत्र एवं उपकरणों के आविष्कारों के कारण, एक बड़ी संख्या में लोगों को एक प्रकार से मौत के मुख से खींच कर बाहर लाना संभव हो गया है, और अब हजारों की संख्या में लोग अपने ऐन-डी-ई के अनुभव साझा करने के लिये आगे भी आ रहे हैं। जौर्ज गैलप जूनियर के द्वारा 1980 के दशक में किये गये एक पर्यवेक्षण के अनुसार, अमेरिकी संयुक्त राष्ट्र में लगभग अस्सी लाख व्यक्ति, अथवा प्रत्येक बीस व्यक्तियों में एक को ऐन-डी-ई का अनुभव हो चुका है। ऐन-डी-ई के मामलों में, और चिकित्सा विज्ञान के क्षेत्र से इस विषय पर शोधकर्ताओं में भी वृद्धि होने के कारण, मृत्यु के उपरांत घटित होने वाली उन घटनाओं के विषय में अवगत होने की दिशा में, जो भौतिक यथार्थ को पीछे छोड़ते हुए चेतना के सूक्ष्मतर क्षेत्र में प्रवेश करती हुई प्रतीत होती हैं, आज के समय लोगों में जागरुकता और रुचि में भी वृद्धि होती हुई दिखाई पड़ रही है।

दीवार के पार देख, सुन और जाने में भी सक्षम

ऐन-डी-ई के अनुभवकर्ता किसी भी व्यक्ति का पहला और सबसे महत्वपूर्ण अनुभव यह होता है कि वह स्वयं को अपने स्थूल शरीर में नहीं बल्कि

एक ऐसे अन्य शरीर में पाता है, जो अत्यंत सूक्ष्म और हल्का है तथा नीचे पड़े हुए स्थूल शरीर से कई फीट की ऊंचाई पर तरण कर रहा है। इस अवस्था में वह अपनी जीवन विहीन स्थूल देह के आस-पास के क्षेत्र में उपस्थित व्यक्तियों के द्वारा किये जाने वाले कार्यों को देख सकता है, कही गई बातों को सुन सकता है, और इच्छा होने पर इधर-उधर घूम कर भी आ सकता है।

न्यू एज जर्नल में प्रकाशित एक पुराने लेख में डॉ. रेमंड ए. मूडी जूनियर साक्षातकर्ता को बताते हैं, "जब डाक्टर कहता है, 'हम इसे बचा नहीं पाये', तो लगभग उसी समय मरीज की दृष्टि अथवा उसके दर्शन का क्षेत्र पूर्ण रूप से परिवर्तित हो जाता है। वह स्वयं को ऊपर उठते हुए पाता है, और नीचे पड़े हुए अपने ही शरीर को देखता है। अधिकांश लोगों के अनुसार ऐसा होते समय वे केवल चेतना का एक केन्द्र मात्र नहीं होते। तब उनके पास एक प्रकार का शरीर भी होता है, यद्यपि वे अपने स्थूल शरीर से बाहर निकल चुके होते हैं।

"उनके अनुसार इस सूक्ष्म शरीर का रूप और आकार हमारे स्थूल शरीर से भिन्न होता है। यद्यपि उनमें से अधिकांश यह कैसा दिखता है यह बता नहीं पाते, कुछ के अनुसार यह रंगों से निर्मित एक बादल या किसी बल-क्षेत्र के समान होता है। 'एक ऐन-डी-ई भोक्ता ने, जिससे मैंने बात की थी, बताया कि इस अवस्था में उसने अपने हाथों का अध्ययन किया तो उसने देखा कि वे प्रकाश के द्वारा निर्मित थे, जिनके अंदर छोटी-छोटी संरचनायें भी थीं। उसे अपनी अंगुलियों के सिरों पर महीन घुमावदार भंवर जैसे चिन्ह भी दिखाई पड़ रहे थे, और हाथों में प्रकाशमान ट्यूबें (नलियां) दिखाई दे रही थीं'।"

भौतिक शरीर से संबंध विच्छेद होते ही उस शरीर के समस्त कष्टों और दर्दों से भी व्यक्ति की आत्मा को मुक्ति प्राप्त हो जाती है। साथ ही भले ही स्थूल शरीर का कोई भाग क्षतिग्रस्त हो अथवा काट भी दिया गया हो, परंतु उससे विलग होने वाला सूक्ष्म शरीर सभी ओर से पूर्ण ही प्रतीत होता है। उदाहरण स्वरूप, अपने भौतिक शरीर से अंधा होते हुए भी जब तक उस आत्मा का सूक्ष्म शरीर इस भौतिक शरीर से विलग रहता है, तब तक वह देख भी सकता है, और पंगु होते हुए भी इस स्थिति में

वह इधर-उधर आना जाना कर सकता है। अनेक अन्य सहभागियों के साथ डॉ. कुबलर-रौस के द्वारा किये गये एक संयुक्त प्रोजेक्ट में केवल मृत्यु से निकटता प्राप्त अंधे व्यक्तियों का ही अध्ययन किया गया था, और पुनर्जीवित होने पर उनमें से कुछ ने तो उस टीम में सम्मिलित शोधकर्ताओं के द्वारा पहने हुए आभूषणों के सही विवरण सहित उनके स्वेटर और टाइयों के रंग एवं प्रकार आदि भी बता दिये थे।

जब डोरियां काट दी गई हों!

ऐन-डी-ई के एक अनुभवकर्ता ने डॉ. मूडी के समक्ष अपनी इस अवस्था की मन:स्थिति को समझाने का प्रयास करते हुए कहा, "यह वह समय होता है जब आप अपने पति की पत्नी नहीं होते, अपने बच्चों की माता नहीं होते और अपने माता-पिता की संतान नहीं होते, आप पूर्णतया और केवल 'आप' होते हैं।" एक दूसरी महिला ने उन्हें बताया, "उसे अनुभव हुआ जैसे कि उसके फीते काट दिये गये हों, जैसे किसी बैलून की डोरियों को काटकर उसे स्वतंत्र कर दिया गया हो।"

डॉ. कुबलर-रौस के अनुसार, "जैसे ही आपकी आत्मा आप के शरीर से अलग होती है, उसी समय आपको यह समझ में आ जाता है कि अपनी मृत्यु के स्थान पर घटित होने वाली सभी बातों को आप देख-समझ सकते हैं, चाहे वह अस्पताल का कोई कक्ष हो, दुर्घटना का स्थान हो, या ऐसा अन्य कोई भी स्थान हो जहां आपने अपने शरीर का त्याग किया हो। इन घटनाओं का संज्ञान आपको अपने भौतिक शरीर के समान चेतना के द्वारा नहीं, बल्कि एक नये प्रकार की चेतना के माध्यम से होता है। इस नये प्रकार की चेतना के माध्यम से आप उस अवधि में भी सभी कुछ जानने-समझने में सक्षम होते हैं जब आपके शरीर में कोई रक्त-चाप नहीं हो, नाड़ी का कार्य नहीं हो रहा हो, श्वास-प्रश्वास नहीं चल रही हो, या भले ही मस्तिष्क की कोई तरंग भी अंकित नहीं हो रही हो। आप यह समझ पा रहे होते हैं कि (वहां उपस्थित) प्रत्येक व्यक्ति क्या कह रहा है, क्या सोच रहा है और किस गतिविधि में संलग्न है।

"बाद में आप छोटे से छोटे विस्तार सहित, उदाहरण स्वरूप, यह बता सकेंगे कि तीन गैस-कटर्स के माध्यम से दुर्घटना-ग्रस्त कार को काटकर आपके शरीर को कार से बाहर निकाला गया था। यह भी देखने में आया है कि अपनी कार को टक्कर मारने वाली उस गाड़ी की लाइसेंस प्लेट का सही नंबर भी लोग बता सके हैं, जिसका ड्राइवर टक्कर मारने के पश्चात अपनी गाड़ी को लेकर भाग गया था।"

डॉ. कुबलर-रौस के अनुसार, "(हमारी वर्तमान) वैज्ञानिक समझ के माध्यम से इस बात का स्पष्टीकरण करना संभव नहीं है कि जिस व्यक्ति के मस्तिष्क में उठने वाली कोई तरंग भी अंकित नहीं हो रही हो, वह किस प्रकार एक गाड़ी की नम्बर प्लेट पढ़ सकता है। हमें नतमस्तक होते हुए यह स्वीकार करना पड़ता है कि ऐसी लाखों बाते हैं जिन्हें समझ पाने में हम सक्षम नहीं हुए हैं। तथापि जिन बातों को हम समझ नहीं पाते केवल इसी आधार पर उनके अस्तित्व को नकारा नहीं जा सकता 'कि अभी हम उसकी व्याख्या करने में सक्षम नहीं हो सके हैं'।"

घूम फिरकर वापस लौटने की स्वतंत्रता

डॉ. मूडी के पास इस प्रकार के कई ऐन-डी-ई के अनुभव करने वाले लोगों के बयान हैं, जो डाक्टरों और नर्सों के द्वारा उनकी श्वास को लौटाने के प्रयासों के मध्य आपरेशन कक्ष से बाहर निकल कर अस्पताल के अन्य भागों में उपस्थित अपने संबंधियों को देखने के लिये चले गये थे। एक महिला अपने शरीर को छोड़कर बाहर प्रतीक्षा कक्ष में चली गई थी, जहां उसने देखा कि उसकी पुत्री ने दो अलग पोशाकों से दो भिन्न रंगों के वस्त्र पहन रखे थे। वास्तविकता भी यही थी कि उसकी पुत्री को उसकी आया अस्पताल लेकर आई थी और वहां पहुंचने की जल्दी में उसने वस्त्रों के ढेर से अपने सामने पड़ने वाले वस्त्र ही बालिका को पहना दिये थे। बाद में जब उस महिला ने अपने परिवार के लोगों को बालिका के गलत मेल की पोशाक के विषय में बताया तो उन्हें यह विश्वास हो गया था कि अपने उपचार के मध्य ही वह प्रतीक्षालय में पहुंच गयी थी।

इसी प्रकार का एक अनुभव डॉ. मूडी के द्वारा उसकी श्वास को लौटाने के प्रयास के मध्य एक बड़ी उम्र की महिला को भी हुआ था। वे आपरेशन-टेबल पर उसे लिटाकर उसके बंद हृदय को खोलने वाली एक मैसाज दे रहे थे (मालिश कर रहे थे) और उनकी सहायक नर्स को एक आवश्यक औषधि की वायल को लेने के लिये दौड़कर निकट के एक कमरे में जाना पड़ा था। यह कांच की गर्दन वाली एक ऐसी वायल थी जिसका सिरा तोड़ते समय उसके सिरे को एक पेपर टावेल से पकड़ा जाता था ताकि तोड़ने वाले के हाथ में कट न लग जाये। जब नर्स लौटी तो उसके हाथ में एक वायल थी जिसका सिरा तोड़ दिया गया था ताकि डॉ. मूडी तुरंत वह औषधि उस महिला के शरीर में पहुंचा सकें।

जब उस महिला के प्राण उसके शरीर में लौट आये, तो उसने एक मधुर दृष्टि से उस नर्स को देखते हुए कहा, "हनी, मैंने देख लिया था कि उस कमरे में तुमने क्या किया था, और यह करते समय तुम्हारा हाथ भी कट सकता था।" नर्स इस बात को सुनकर स्तब्ध रह गई थी और उसने स्वीकार भी किया था कि जल्दीबाजी में वह इस बात का ध्यान नहीं रख पाई थी। उस महिला ने यह भी बताया था कि जब वे उसके हृदय की धड़कन लौटाने का प्रयास कर रहे थे तो वह नर्स के पीछे यह देखने के लिये चली गयी थी कि वह नर्स किसलिये दौड़ कर गई है।

न तो मस्तिष्क-दोष और न ही नशीले पदार्थ का सेवन

डॉ. मूडी कुछ लोगों के इस सुझाव से पूर्ण रूप में असहमत हैं कि किसी मस्तिष्क दोष के कारण ऐन-डी-ई के समान अनुभव हो सकता है। ऐसा होने पर रोगी के द्वारा विस्तार के सहित यह विवरण दे पाना कि उसके उपचार के मध्य उसके जीवन को लौटाने के उद्देश्य से डाक्टर क्या कर रहे थे किस प्रकार संभव हो सकता था? इतनी संख्या में रोगी व्यक्तियों के द्वारा किस प्रकार यह विवरण दे पाना संभव होता था कि जिस कक्ष में वे एक बेड़ पर लेटे हुए थे उस कमरे के अतिरक्त अन्य कक्षों में उसी समय क्या घटित हो रहा था? डॉ. मूडी और भी उदाहरण प्रस्तुत करते हैं।

एक उनचास वर्षीय व्यक्ति को इतना गंभीर हृदय का स्ट्रोक हुआ था कि उसके हृदय को पुनर्जीवित करने के लिये अनवरत पैंतीस मिनटों तक चलने वाले प्रयासों के पश्चात उसके डाक्टर ने निराश होकर उसकी मृत्यु के सर्टिफिकेट को भरना आरंभ कर दिया था। इसी समय किसी को उसके शरीर में जीवन का एक हल्का सा चिन्ह दिखलाई पड़ा और डाक्टर ने फिर से अपने पैडल और यंत्र के माध्यम से कार्य करना शुरु कर दिया तथा इस बार वे रोगी के हृदय को पुन: चालू करने में सफल भी हो गये।

अगले दिन जब वह रोगी लगभग भली-भांति अपनी बात कहने के योग्य हो गया, तो उसने पूरे विस्तार के साथ यह बताया कि उसके हृदयाघात के समय वहां के आपात कक्ष में क्या-क्या घटित हो रहा था। ये बातें सुनकर उसके डाक्टर चकित हुए, पर तब तो वे अचंभित ही रह गये जब उस रोगी ने आपात-कक्ष की उस नर्स का आश्चर्यपूर्ण विस्तार के साथ वर्णन करना आरंभ किया जो शीघ्रता से डाक्टर की सहायता के लिये इमरजेंसी रूम में पहुंचने का प्रयास कर रही थी।

उसने न केवल उस नर्स के वस्त्रों और उसके सिर पर बालों कि सजावट का सटीक वर्णन कर दिया बल्कि यह भी बता दिया कि उसका नाम हाक्स था। वह हाल से होकर उस उपकरण को धकेलते हुए तेजी से आ रही थी जिस पर पिंग-पौंग के जैसे दो पैडल लगे हुए थे (इस उपकरण का प्रयोग चिकित्साधीन रोगी के हृदय को विद्युत के झटके के माध्यम से फिर से चालू करने के उद्देश्य से किया जाता था)। जब डाक्टर ने उससे पूछा कि उसे उस नर्स का नाम और उसके ईलाज के समय वह क्या कर रही थी यह कैसे ज्ञात हुआ, तो उसने बताया कि वह अपने शरीर से बाहर निकल गया था और जब वह हाल से होकर गुजरने वाले मार्ग से अपनी पत्नी को देखने जा रहा था, तब वह उसी मार्ग से आती हुई नर्स के शरीर के मध्य से होकर ही निकल गया था। और जब वह उस नर्स के शरीर से होकर निकल रहा था तो उसने उसकी नाम-पट्टिका पर लिखा हुआ उसका नाम भी पढ़ लिया था ताकि वह बाद में उसे धन्यवाद कह सके।

भौतिक शरीर से विलग होने की प्रक्रिया

यह चर्चा आ चुकी है कि जब आत्मा को भौतिक शरीर से जोड़ने वाली डोरियां कट जाती हैं (या खुल जाती हैं), तो उस अवस्था में उसे उस शरीर के कष्टों और उससे संबंधित दर्द आदि का अनुभव नहीं होता। फिर भी किसी न किसी प्रकार ऐसा एक संबंध तो संभवत: बना ही रहता है जिसका सहारा लेकर वह आत्मा उस शरीर के कार्यशील हो जाने पर उसे पुनर्जीवित करने के लिये उसमें सीधे प्रविष्ट हो सके।

अपने ऐन-डी-ई अनुभव का विवरण देते हुए एक चौदह वर्षीय बालक ने बताया कि इस अवस्था में अपने पैर में बंधी हुई एक चांदी की डोरी के माध्यम से वह अपने भौतिक शरीर से जुड़ा हुआ था। दस वर्ष के एक अन्य बालक पॉल ने, अधिक ऊंचाई से गिर जाने के कारण जिसकी तिल्ली फट गई थी, बताया कि जब वह उस कमरे की छत के एक कोने में तैर रहा था और यह देख रहा था कि तीन डाक्टर उसे होश में लाने के लिये तेजी से प्रयास कर रहे थे तो उसे यह भी प्रतीत हो रहा था जैसे अब भी एक डोरी के माध्यम से वह अपने भौतिक शरीर से जुड़ा हुआ था।

उसके बाद पॉल़ को एक लंबी सुरंग से होकर एक आकर्षक प्रकाश की दिशा में चलने की प्रतीति हुई। सुरंग के दूसरे सिरे पर पहुंचने पर एक अधिकारी सत्ता ने उसका स्वागत किया और उससे बात भी की। पॉल़ के अनुसार इस सत्ता का कोई भौतिक आकार नहीं था और वह एक अनुभव या ज्ञान की चेतना के समान थी। उसने पॉल़ से कहा कि वह उस सुरंग में ठहर नहीं सकता था; या तो वह वापस लौट जाये, अन्यथा यदि वह आगे चलता जायेगा तो फिर वह लौट नहीं सकेगा। ठीक इसी समय पॉल़ को लगा जैसे कि वह फिर से अपने भौतिक शरीर में प्रवेश कर रहा हो। उसने बताया कि जब वह अपने शरीर में घुस रहा था तो उसका आकार एक बेसबॉल के जितना ही था पर उसमें प्रवेश करते ही वह उसके सारे स्पेस (उसके आकार के अवकाश) में फैल गया था।

हमारे सूक्ष्म शरीर का स्वभाव और उसके गुण

यहां हम डॉ. मूडी के द्वारा वर्णित की गई एक अन्य ऐन-डी-ई केस हिस्ट्री से एक अनुभव-कर्ता के द्वारा बताई गई कुछ ऐसी महत्वपूर्ण बातों को अपने पाठकों के संज्ञान में लाना चाहते हैं, जो यह समझने में उनकी सहायता कर सकें कि एक ऐन-डी-ई के अनुभव-कर्ता का सूक्ष्म शरीर किस प्रकार का हो सकता है और किस प्रकार यह उसके भौतिक शरीर से निर्गमन करता है।

एक कार दुर्घटना के पश्चात पुनर्जीवित हो जाने वाले व्यक्ति ने डॉ. मूडी को बताया, "मेरा अस्तित्व, या मेरा स्वत्व (Self), या मेरी आत्मा, या जो भी नाम आप इससे चस्पा करना चाहें, मुझे इसकी अपने आप से (शरीर से) बाहर की ओर उठते हुऐ और अपने सिर से होकर इसके बाहर निकलने की प्रतीति हुई, तथापि इस प्रक्रिया में मुझे कोई कष्ट नहीं हुआ, यह तो केवल केवल ऊपर उठने और अपने (शरीर) से ऊपर स्थित होने के समान था। मेरे अस्तित्व को लगा कि इसमें अपने घनत्व के समान भी कुछ था, पर यह भौतिक घनत्व के समान नहीं था। संभवत: यह किसी तरंग जैसा कुछ था, पर मैं ठीक से कुछ नहीं कह सकता। मैं अनुमान लगाने का प्रयास करूं तो इसमें भौतिक कुछ भी नहीं था, और आप कह सकते हैं कि संभवत यह एक आवेश (charge) के समान था। पर यह तो निश्चित लग रहा था कि इसमें कुछ तो अवश्य है।

"यह छोटा सा और वृत्ताकर था, पर इसकी परिधि का कोई स्पष्ट रेखांकन नहीं था। इसे आप एक बादल के समान भी कह सकते हैं, और लगता था जैसे इसका अपना ही एक खोल भी हो। जब यह मेरे शरीर से बाहर गया तो लगा कि इसका बड़ा सिरा पहले बाहर निकला और छोटा सिरा सबसे अंत में। मेरे भौतिक शरीर में कोई तनाव नहीं हुआ। यह पूर्णतया एक नया अनुभव था। मेरे (नये) शरीर में कोई भार भी नहीं था।

"इस सारे अनुभव में मुझे सबसे महत्वपूर्ण वह क्षण प्रतीत हुआ जब मेरा अस्तित्व बाहर निकल कर मेरे सिर के सामने वाले हिस्से से कुछ ऊपर ठहरा हुआ था। यह बिल्कुल इस भांति था जैसे वह यह निर्णय लेने का प्रयास कर रहा हो कि वह चल पड़े या वहीं ठहरा रहे। ऐसा प्रतीत

हुआ कि तभी जैसे समय भी रुक गया हो। दुर्घटना के आरंभ और अंत में सभी कुछ अत्यंत तीव्रता के साथ घटित हुआ, पर इस काल विशेष में, अर्थात जब मेरा अस्तित्व मुझसे बाहर कुछ ऊपर ठहरा हुआ था और मेरी कार एंबैंकमेंट से पार जा रही थी, ऐसा होते समय मुझे यह प्रतीत हुआ जैसे कि उस एंबैंकमेंट को पार करने में मेरी कार को एक अत्यंत दीर्घ समय लग गया हो, और उस अवधि में मैं न तो उस कार में ही था और न ही अपने शरीर में, 'मैं केवल अपने मन में ही था'।"

सुरंग के दूसरी ओर

जब किसी व्यक्ति की चेतना का संबंध उसके भौतिक शरीर से टूट जाता है, जो अब अपना कार्य करने में सक्षम नहीं होता, तो उस व्यक्ति का सूक्ष्म शरीर उससे बाहर निकल आता है और कुछ समय तक उसके आस पास ही भ्रमण करते रहता है। उसे यह ज्ञात होता है कि चिकित्सा तकनीकी के अनुसार मृत उसके भौतिक शरीर के आस-पास क्या हो रहा है और इसी मध्य वह इधर-उधर घूम कर भी आ सकता है। यह अपने मृत्यु-स्थल पर उपस्थित किसी व्यक्ति को दिखाई या सुनाई नहीं देता, पर स्वयं यह उन्हें देख-सुन भी सकता है और उनके मन के विचार भी जान सकता है।

अधिकांश क्षेत्रों में ऐन-डी-ई का कोई अनुभव कुछ मिनटों से लेकर एक घंटे से कुछ कम काल तक का ही पाया गया है, जो इस बात पर निर्भर करता है कि किसी व्यक्ति की अल्प-कालीन मृत्यु के पश्चात उसे पुनर्जीवित करने का प्रयास कितनी देर के बाद सफल होता है। तथापि कभी-कभी दीर्घकालीन कौमा की स्थिति को प्राप्त लोग भी इस प्रकार के अनुभव की बात करते हुए पाये जाते हैं।

किसी व्यक्ति की आत्मा अथवा सूक्ष्म शरीर के एक अवधि तक अपने निर्जीव भौतिक शरीर के आस-पास मंडराते रहने के पश्चात अचानक उसके सन्मुख एक नूतन क्षेत्र का द्वार उन्मुक्त हो जाता है, जिससे होकर वह एक अन्य भूमि में प्रवेश कर पाता है। यद्यपि संज्ञान में आने वाले और अन्वेषित किये गये अधिकांश मामलों में ऐन-डी-ई के

अनुभव-कर्ता के द्वारा अपने सन्मुख सुरंग के समान एक पथ खुल जाने की बात कही गई है, इसी श्रेणी के अन्य प्रकार के विवरणों का भी नितांत अभाव नहीं है–जैसे किसी सीढ़ी पर चढ़ना, किसी बड़े गेट अथवा एक कलाकृति के समान अलंकृत किसी दरवाजे के दूसरी ओर जाना, किसी पुल या किसी दर्रे से होकर एक अन्य भूमि या स्थान पर पहुंचना, आदि।

तथापि इस यात्रा का उद्देश्य एक ही रहता है, अर्थात एक भूमि का त्याग करके किसी अन्य भूमि पर पहुंच जाना। साथ ही, इस मार्ग से गुजरने का यह परिणाम होता है कि एक शून्य के समान अंधकारमय पथ से यात्रा करने के पश्चात ये सभी अनुभव कर्ता एक विशिष्ट प्रकार के उज्ज्वल किंतु शीतल प्रकाश के क्षेत्र में उपनीत हो जाते हैं। कुछ अनुभव कर्ताओं ने इस प्रकाश का वर्णन ईश्वर के प्रकाश और कुछ ने प्रेम के प्रकाश के नाम से भी किया है।

एक भिन्न क्षेत्र में प्रवेश

डॉ. मूडी के अनुसार, सुरंग वाला अनुभव प्राय: (आत्मा के) शरीर से अलग होने के बाद होता है। यह डोरी के कट जाने और शरीर से बाहर कुछ समय तक रहने के पश्चात ही होता है–जब ऐन-डी-ई के अनुभव-कर्ता को यह समझ में आ चुका होता है कि उसके अनुभव का संबंध उसकी संभावित मृत्यु से है।

इसी विन्दु पर इन अनुभव कर्ताओं के समक्ष एक सुरंग का द्वार खुल जाता है और एक आवश्यक बाध्यता के समान ही उन्हें एक अंधकार के क्षेत्र से होकर गुजरने के लिये प्रेरित किया जाता है। इस सुरंग से गुजरते समय कुछ लोगों को तेजी से गुजर जाने वाली किसी वस्तु की ध्वनि के समान एक शब्द सुनाई पड़ता है और कुछ को विद्युत की तरंग के स्पंदन जैसी या एक गुंजन के समान ध्वनि सुनाई पड़ती है। साथ ही, यद्यपि अधिकांश अनुभव-कर्ताओं के द्वारा इस सुरंग को संकरी और अंधकारमय बतलाया गया है, किंतु यह किसी निश्चित सिद्धांत के समान नहीं है, क्योंकि डॉ. मूडी के द्वारा अन्वेषित मामलों में से एक में इसे सीमारहित लम्बाई और चौड़ाई वाले तथा प्रकाश से पूर्ण एक मार्ग के समान भी बताया गया है।

साथ ही, प्रत्येक ऐन-डी-ई के अनुभव-कर्ता को सुरंग जैसा अनुभव नहीं होता। उनमें से कुछ एक हवा में तैरने जैसे किसी अनुभव की बात भी कहते पाये गये हैं, जब वे तीव्र गति से उठते हुए स्वर्ग में प्रवेश कर जाते हैं। मानसिक रोगों के चिकित्सक सी. जी. जंग को भी एक इसी प्रकार का अनुभव सन् 1944 में हुआ था जब उन्हें एक दिल का दौरा पड़ गया था। उन्होंने बताया था कि उन्हें तेजी से पृथ्वी से बहुत दूर किसी विंदु की ओर अपने उठते चले जाने की अनुभूति हुई थी। एक बालक ने, जिससे डॉ. मूडी ने बात की थी, उन्हें बताया था उसने अपने आप को पृथ्वी से बहुत ऊपर तारों के मध्य से गुजरने के बाद देवदूतों के निकट पाया था। एक अन्य अनुभव कर्ता ने ऊपर की ओर अपने ज़ूम करने और अपने चारों ओर ग्रह-नक्षत्रों को तथा नीचे एक नीले कंचे के समान पृथ्वी को देखने कि बात भी कही थी।

सूक्ष्म भूमि का वह प्रकाश

"जब आप सुरंग, पुल अथवा दर्रे को पार कर चुके होते हैं," डॉ. एलिजाबेथ कुबलर-रौस कहती हैं, "इसे पार करने पर आपको एक प्रकाश के द्वारा अपने आगोश में ले लिया जाता है। यह प्रकाश श्वेत से भी अधिक श्वेत होता है। यह अत्यंत उज्ज्वल होता है और जैसे जैसे आप इसकी ओर बढ़ते हैं, आप और अधिक एक कल्पना और वर्णन के परे 'प्रेम' के आगोश में समाते चले जाते हैं। ...यदि कोई व्यक्ति एक ऐन-डी-ई के अनुभव से होकर गुजर रहा है, तो उसे इस प्रकाश को कुछ पलों के लिये ही देखने का अवसर दिया जाता है, जिसके पश्चात उसे लौटना ही पड़ता है। परंतु यदि वास्तव में आपकी मृत्यु हो जाती है, तो जैसे तितली के बाहर निकल जाने पर कोकून और तितली का संबंध समाप्त हो जाता है, उसी प्रकार इस विंदु का लंघन करने के पश्चात भौतिक शरीर में लौट जाना संभव नहीं रहता।"

जब अल्प कालीन मृत्यु के पश्चात किसी व्यक्ति को एक सुरंग, सीढ़ी या द्वार के माध्यम से सूक्ष्मतर स्पंदनों के क्षेत्र की दिशा में आकर्षित कर लिया जाता है, तो अन्वेषण के पश्चात लिपिबद्ध किये गये

ऐन-डी-ई के विवरणों के अनुसार, उसके सूक्ष्म शरीर को सही मार्ग पर ले जाने के लिये प्राय: एक वा एकाधिक ऐसे पथप्रदर्शक भी मिलते हैं जिनके अपने शरीर भी प्रकाश के शरीर ही होते हैं। ये शरीर एक ऐसी सुन्दर, तीव्र और पारदर्शी आभा से युक्त प्रकाश से दमकते रहते हैं, कि वहां का सब कुछ उसके द्वारा ओत-प्रोत होकर अवस्थान करते हुए प्रतीत होता है, जो उस व्यक्ति को 'प्रेम' की अनुभूति से सराबोर कर देता है। इस अनुभव से होकर गुजरने वाले एक व्यक्ति ने कहा, "मैं इसे प्रकाश भी कह सकता हूं और प्रेम भी, जो एक ही अर्थ को कथन के माध्यम से बताने का प्रयास मात्र होगा।" कुछ लोगों ने यह भी कहा है कि यह तीव्र हवाओं के साथ होने वाली (प्रेम की) वर्षा से पूरी तरह भीग जाने के समान होता है।

सूक्ष्म जगत

इस अलौकिक प्रकाश की उज्ज्वलता के विषय में ऐन-डी-ई के अनेक वर्णनों में यह कहा गया है कि इसकी तुलना हमारे द्वारा पृथ्वी पर अनुभूत किसी भी वस्तु से करना संभव नहीं है। लेकिन फिर भी देखने वालों की आंखों को इसकी तीव्रता के कारण कोई असुविधा या कष्ट नहीं होता, बल्कि उन्हें तो यह स्वयं में प्रमुदित, स्पंदनशील, और जीवंत प्रतीत होता है। इस उज्ज्वल प्रकाश और प्रकाश-शील लोगों के अतिरिक्त, कुछ ऐन-डी-ई भ्रमणकर्ताओं ने अतीव सुंदर प्राकृतिक दृश्यावली का भी विस्तृत वर्णन किया है। डॉ. मूडी की परिचित एक महिला ने एक ऐसे हरे भरे मैदान के विषय में भी बताया था जो ऐसे पौधों से घिरा हुआ था जिनमें से प्रत्येक से एक आंतरिक प्रकाश का भी उत्सर्जन हो रहा था। कभी-कभी इन अनुभव-कर्ताओं के द्वारा प्रकाश के इतने सुन्दर और विशाल नगरों की चर्चा भी की गई है जिनकी भव्यता का वर्णन कर पाना उनके लिये कठिन था (पिछले अध्याय में शांति ने भी डॉ. जगदीश चन्द्र बोस के सन्मुख एक ऐसे ही उद्यान की चर्चा की थी। पाठक चाहें तो अध्याय 8 में दिये गये सूक्ष्म जगत के एक विस्तृत और आधिकारिक वर्णन से भी इन बातों की तुलना कर सकते हैं)।

डॉ. मूडी लिखते हैं, "मृतप्राय लोगों के द्वारा इस विशेष प्रकाश की अनुभूति एक ऐसी पहेली है जिसको समझा पाना तो दूर, मानव मस्तिष्क के शोधकर्ता वैज्ञानिक जिसके आस-पास पहुंचने में भी असमर्थ हैं। मृत्यु के पश्चात दिखाई पड़ने या अनुभूत होने वाले इस प्रकाश को वैज्ञानिक दृष्टि से समझा पाना किस प्रकार संभव हो सकता है? मुझे तो ऐसे किसी भी जैव-रासायनिक या मनोवैज्ञानिक स्पष्टीकरण की जानकारी नहीं है, कि अपने भौतिक शरीर की मृत्यु को प्राप्ति के अंतिम समय में हमें तीव्र और उज्ज्वल प्रकाश की अनुभूति क्यों होनी चाहिये? जब मस्तिष्क काम करना बंद कर देता है, तो समस्त मानसिक क्रिया का भी अंत हो जाना चाहिये, जो एक अंतहीन अंधकार के समान अवस्था होनी चाहिये। फ़िर यह प्रकाश कहां से आ जाता है?"

डॉ. मेल्विन मोर्से एक दूसरे ऐसे सुपरिचित शोधकर्ता हैं, जिन्होंने ऐन-डी-ई को लेकर कई पुस्तकें भी लिखी हैं। उनके अनुसार यह एक अत्यंत महत्वपूर्ण प्रश्न रहा है कि यह प्रकाश कहां स्थित होता है? क्या यह हमारे शरीर से बाहर कहीं स्थित होता है, और उस स्थान का प्रतिनिधित्व करता है जहां हमें जाना होता है? अथवा क्या यह हमारे मस्तिष्क में काम करने वाली एक प्राथमिक अवस्था की ऊर्जा के कौंधने के समान होता है? वे आगे पुन: लिखते हैं, "तथापि, अपनी ठोस और जमीनी स्तर पर चलने वाली शोध के आधार पर मुझे यह विश्वास हो गया है कि इस प्रकाश का स्थान हमारे शरीरों से बाहर ही स्थित होता है।"

सूक्ष्म भूमि पर पहुंचने पर किसी आत्मा या उसके सूक्ष्म शरीर से इसी प्रकार के जो अन्य सूक्ष्म देहधारी मिलते हैं, उनमें प्राय: उसके अपने ही इतिपूर्व मृत्यु को प्राप्त हो चुके कुछ ऐसे मित्र या संबंधी भी होते हैं जो अपनी जीवित अवस्था में उसका ध्यान रखते थे और उससे स्नेह करते थे। तथापि उस ऐन-डी-ई के अनुभवकर्ता से वार्तालाप करने के लिये वे वाणी का प्रयोग नहीं करते, बल्कि विचार पढ़ने और भेजने के माध्यम से एक प्रकार का विचार-आलाप करते हैं। इन प्रथम और प्रमुख शोधकर्ताओं के अनुसार, यह विचार-आलाप सुरंग में प्रवेश के पहले भी आरंभ हो सकता है और प्रकाश के प्रकट होने के पश्चात भी चलता रह सकता है।

जीवन का त्वरित पुनरावलोकन

एक सुरंग, पुल, द्वार या नदी आदि को पार करने के बाद, और अपने मार्गदर्शकों या देवदूतों आदि, एवं कुछ दिवंगत प्रियजनों से मिलने के बाद, प्राय: एक ऐन-डी-ई के अनुभव-कर्ता की भेंट एक ऐसे सूक्ष्म सत्ताधारी अधिष्ठाता से होती है जो केवल प्रकाशरूप चेतना के समान होता है। पुनर्जीवित होकर पृथ्वी पर लौट आने वाले लोगों ने इसे सर्वज्ञ या सब कुछ जानने वाली, दयामय या सब को क्षमा करने वाली, और प्रेम-स्वरूप या सबसे प्रेम करने वाली विश्व-की-चेतना कहा है।

क्रिस्चियन धर्मावलंबियों के द्वारा इसे प्राय: ईश्वर या जीसस कहा गया है। कुछ अन्य धर्मावलंबी इसे बुद्ध या अल्लाह भी कह सकते हैं। कुछ ऐसे लोग भी हैं, जिन्होंने कहा है कि ये न तो ईश्वर हैं और न ही जीसस, किंतु एक अत्युच्च श्रेणी की दिव्यता से युक्त सत्ता तो अवश्य ही हैं। यह दिव्य सत्ता जो भी हो, पर इस से करुणा और प्रेम का इस प्रकार विकिरण होता रहता है कि लोग इसे अपना ही कोई ऐसा मित्र आदि समझते हैं, जिसके सान्निध्य में वे सदैव बने रहना चाहते हैं।

डॉ. कुबलर-रौस कहती हैं, "यह प्रकाश ही शुद्ध आत्मिक ऊर्जा का उत्स है, जो भौतिक और मानसिक ऊर्जा से भिन्न होती है। यह अस्तित्व के क्षेत्र की ऊर्जा है, जहां किसी नकारात्मकता का होना असंभव है। इसका अर्थ है कि भले ही अपने जीवन में हम कितने भी बुरे रहे हों और कितनी भी ग्लानि का अनुभव कर रहे हों, इस प्रकाश की उपस्थिति में हमारे अंतर में कोई नकारात्मक भाव उत्पन्न नहीं हो पाता। ...इस अस्तित्व के स्तर पर ही हमें अपने जीवन में किये गये प्रत्येक विचार, बोले गये प्रत्येक शब्द और किये गये प्रत्येक कार्य का एक त्वरित पुनरावलोकन करना होता है। और साथ ही साथ इस पुनरावलोकन की प्रक्रिया में हम इससे भी अवगत होते हुए अग्रसर होंगे कि हमने अन्य लोगों के जीवन को किस प्रकार प्रभावित किया है।"

एक अत्यंत सहज प्रश्न

यह दिव्य सत्ता कुछ सरल प्रश्न पूछना आरंभ करती है, और ऐन-डी-ई के कुछ अनुभव-कर्ताओं के अनुसार उसके ये प्रश्न उसकी विनोद-प्रियता के भी परिचायक होते हैं। ये प्रश्न कुछ इस प्रकार के होते हैं: क्या तुम मरने के लिये तैयार हो? तुमने अपने जीवन में क्या किया है? तुम्हारे पास मुझे दिखाने के लिये क्या है?

यद्यपि ये प्रश्न सहज होकर भी गहन संभावनाओं से भरे हुए हैं, पर इनका उद्देश्य किसी प्रकार का दोषारोपण करना नहीं होता। इस बात पर सभी अनुभव-कर्ता सहमत हैं कि इस सत्ता का उद्देश्य किसी प्रकार का लांछन लगाना या धमकाना नहीं होता, क्योंकि उनका उत्तर चाहे जो भी हो, उन्हें उस प्रकाश-स्वरूप से केवल संपूर्ण प्रेम और संपूर्ण स्वीकृति की तरंगें ही अपनी ओर आती हुए प्रतीत होती हैं। तथापि इन प्रश्नों को, एक प्रकार से, आगे आने वाले उस चौंका देने वाली गहनता के क्षण की दृष्टि से एक भूमिका या विषय-प्रवेश के समान समझना चाहिये, जब उस व्यक्ति विशेष के समस्त जीवन की प्रत्येक महत्वपूर्ण घटना एक सभी दिशाओं में व्यापक और अन्य व्यक्तियों पर पड़ने वाले प्रभाव के ज्ञान के सहित एक जीवंत पुनरावलोकन के रूप में, एक अत्यंत त्वरित गति से चलने वाले चलचित्र के समान, उसकी चेतना के समक्ष से निकलती चली जाती है।

डॉ. मूडी कहते हैं, "प्राय: यह स्पष्ट रूप से समझ में आ जाता है कि वह दिव्य सत्ता स्वयं भी उस व्यक्ति के समस्त जीवन का सुब कुछ जो उसे दिखाया जा रहा है, उसे देख सकती है और स्वयं उसे किसी भी जानकारी की आवश्यकता नहीं है। उसका एकमात्र उद्देश्य होता है उस व्यक्ति के जीवन का एक ऐसा चित्र पेश करना जो उसे उन गलतियों को ठीक करने की दिशा में प्रेरित करते हुए, उसे एक ही क्षण में जो भी स्कूल या कालेज इत्यादि (दस से पंद्रह वर्षों में) सिखा सकते हैं, उन सबसे अधिक शिक्षा प्रदान कर सके।"

जब यह पुनरावलोकन या लाइफ रिव्यू घटित होता है, तो आस-पास अन्य भौतिक वस्तुएं नहीं होती। इनके स्थान पर अपने स्वाभाविक

रंगों के सहित तीनों आयामों में विस्तृत उस व्यक्ति के जीवन की सभी महत्वपूर्ण घटनाएं एक व्यापक और चलंत दृश्य के रूप में उसकी चेतना के पटल पर उदित होकर दिखाई पड़ती हैं। यह कुछ इस प्रकार होता है जैसे कि उस व्यक्ति के जीवन की सभी घटनायें एक साथ घटित हो रही हों। उसे अपने द्वारा किये गये सभी कृत्य एक साथ दिखाई पड़ते हैं और उसे यह ज्ञान भी होता रहता है कि उसके किस कृत्य का उससे संबंध रखने वाले प्रत्येक व्यक्ति पर क्या प्रभाव हो रहा था। जब यह लाइफ रिव्यू चल रहा होता है, तो यह दिव्य सत्ता उन अल्प-कालीन मृतों के साथ चलती रहती है। यह पूछती रहती है कि उन्होंने क्या अच्छा किया है? और वह इन घटनाओं के परिप्रेक्ष्य को भी स्पष्ट करती रहती है।

डॉ. मूडी का कहना है कि अन्य किसी उचित शब्द के अभाव में इस पुनरावलोकन को उस अनुभव-कर्ता की स्मृति ही कहा जा सकता है, यद्यपि इसमें केवल (एकाधिक घटनाओं के) स्मरण में आने की भूमिका ही नहीं होती, इसके अन्य पहलू भी होते हैं। पहली बात तो यह कि यह पुनर्स्मरण अत्यंत त्वरित गति से होता है। कुछ लोगों के अनुसार भौतिक जीवन की दृष्टि से ये घटनायें अपने सही क्रम में ही उपस्थित होती रहती हैं। वहीं कुछ अन्य लोगों का कहना है कि उन्हें इनके क्रमवार होने का कोई संज्ञान नहीं था। उनके लिये तो इनका स्मृति में उदित होना केवल एक ही क्षण में घटित होने के समान था, और उनके एक दृष्टिपात से ही यह सब कुछ एक ही साथ उनके स्मरण में आ रहा था।

हम किसी भी दृष्टि से इसकी विवेचना करें, पर इस विषय में एन-डी-ई के सभी अनुभूति-कर्ता एक मत थे कि उनके लिये यह सब कुछ पृथ्वी के एक ही क्षण में उनके स्मरण में आने के तुल्य था। तथापि सभी अनुभूति कर्ता यह भी स्वीकार करते हैं कि त्वरित होने पर भी इस रिव्यू की सभी घटनायें तीन आयामों वाली और जीवंत रंगो से अंकित ऐसी प्रतिकृतियों के सदृश थी जो सब प्रकार से वास्तविक प्रतीत होती थी। और भले ही वे तीव्र गति से उदित और अस्त हो रही हों, प्रत्येक घटना सभी प्रकार से पहचान में आते हुए ही उन्हें परिप्रेक्ष्य के अनुरूप समझ में भी आ रही थी।

एक चिरंतन पथ का प्रकाश

कुछ लोग इस पुनरावलोकन की प्रक्रिया को उस प्रकाश-स्वरूप सत्ता के द्वारा एक शिक्षा प्रदान करने के प्रयास के रूप में देखते हैं। डॉ. मूडी के अनुसार, "जो भी व्यक्ति इस प्रक्रिया से होकर गुजरता है, वह इस विश्वास के साथ लौटता है कि जीवन में सबसे महत्वपूर्ण वस्तु 'प्रेम' है, तथा उनमें से अधिकांश के लिये जीवन में दूसरी सबसे महत्व की वस्तु 'ज्ञान' है।"

डॉ. मूडी के अनुसार, उन्हें जो एक सार के समान और सबसे अधिक विचारोत्तेजक विवरण प्राप्त हुआ था, वह एक ऐसे व्यक्ति के द्वारा दिया गया था जिसने अपने एन-डी-ई के अनुभव के पहले एक सेमीनरी में अध्ययन किया था: "मेरे डाक्टर ने मुझे बताया कि अपनी शल्य-चिकित्सा के मध्य मेरी मृत्यु हो गई थी। मैंने उसे उत्तर दिया कि नहीं, मुझे तो जीवन प्राप्त हो गया है। उस दिव्य स्वप्न की जैसी अवस्था में मुझे समझ में आया कि 'थियोलौजी' के सीमित ज्ञान के कारण किस प्रकार एक मूर्ख के समान मैं एक ही विंदु पर अटका हुआ था और उस प्रत्येक व्यक्ति को नीची नजर से देखता था जो हमारी संस्था का सदस्य नहीं था अथवा हमारी धारणाओं पर विश्वास नहीं करता था।

"मेरे ऐसे बहुत से परिचित हैं, जिन्हें यह जानकर आश्चर्य होगा कि ईश्वर को थियोलौजी में कोई रुचि ही नहीं है। वास्तव में तो इस प्रकार के विश्वासों में बहुत कुछ उसे हास्यपूर्ण प्रतीत होता है, क्योंकि उसे इसमें कोई रुचि नहीं है कि कौन किस समुदाय से या उसकी किस शाखा से है, या क्या विश्वास करता है? वह केवल यह जानना चाहता था कि मेरे हृदय में क्या है? और उसे इस बात में कोई रुचि नहीं थी कि मेरे मस्तिष्क में क्या है।"

लाइफ रिव्यू के पश्चात, सामान्यतया वह प्रकाश का उत्सर्जन करने वाली सत्ता उस अनुभव कर्ता को यह बता देती है कि उसका समय अभी नहीं आया है और उसे अपने भौतिक शरीर में लौट जाना है। यद्यपि कुछ ऐन-डी-ई के अनुभव-कर्ता ऐसे भी थे, जिनका किसी प्रकाश-शील

दिव्य सत्ता से सामना नहीं हुआ परंतु जिन्हें लाइफ रिव्यू दिखाई पड़ा है, किंतु सभी ने एक ऐसे 'प्रकाश' के विषय में तो बार-बार बताया ही है, जिसकी अद्भुत उज्ज्वलता के साथ ही जिसकी एक आमंत्रण जैसा देती हुई शीतलता को समझा पाने के लिये उचित शब्द ढूंढने में उन्हें दिक्कत हो रही थी।

गवाहों में बयान दर्ज करवाने की उत्कंठा

पाश्चात्य जगत में विज्ञान और धर्म दोनों को सम्मिलित करने पर भी वहां के अधिकांश लोगों के मन-मस्तिष्क में इन दोनों के मध्य के क्षेत्र में एक ऐसा अंधकार-युक्त प्रदेश बचा हुआ है, जिसके कारण उन्हें उपलब्ध समस्त ज्ञान भी उनके जीवन में किसी-किसी समय घटित होने वाली घटनाओं के विषय में उन्हें कुछ भी नहीं बता पाता।

अत: जब लोगों का इस प्रकार की परिस्थितियों और अनुभवों से सामना होता है जिनका स्पष्टीकरण उन्हें उपलब्ध इन दो प्रकार की सहमतियों से युक्त ज्ञान के माध्यम से प्राप्त नहीं होता, तो उन्हें यह एक सौभाग्य के समान प्रतीत होता है जब उनकी भेंट एक ऐसे व्यक्ति से हो जाती है जो एक योग्यता-संपन्न विद्वान भी हो और जिसे इन (dogmatic) सहमतियों की रेखा का अतिक्रमण करने में भी कोई हिचक न हो। वे आगे बढ़कर ऐसे विशेषज्ञों से अपने उस बहुमूल्य क्षण को साझा करने का प्रयास कर सकते हैं जो उनके लिये एक नये ज्ञान के उजागर होने के समान रहा हो। उन्हें यह विश्वास होता है कि उनके पास ऐसी सूचनायें हैं जो उस श्रेणी के ज्ञान के विकास में सहायक हो सकती हैं, जिसकी उनके अपने ज्ञान के क्षेत्र में अभी तक कमी है। इस श्रेणी के अनुभव कर्ता जब अपने अनुभवों को एक योग्यता-संपन्न विद्वान से साझा करते हैं, तो वे उससे इस अनुभव की पुष्टि भी करवाना चाहते हैं, ताकि वे अपने मित्रों और परिचितों को भी संतुष्ट कर सकें कि यह एक यथार्थ का अनुभव था; उनकी कल्पना या किसी औषधि आदि के प्रभाव से उत्पन्न उनका भ्रम मात्र नहीं था।

मृत और लगभग-मृत एक ही पथ पर एक साथ

फोर्ट डिक्स में स्थित अमेरिका की सेना के बेस में डॉ. मूडी के वहां के डाक्टरों को एक लेक्चर देने के पश्चात एक व्यक्ति उनके पास आया और उन्हें अपने एक विशिष्ट ऐन-डी-ई के विषय में बताया। डॉ. मूडी ने बाद में उस व्यक्ति का ईलाज करने वाले डाक्टरों से इसकी पुष्टि भी कर ली थी।

उस व्यक्ति ने बताया, "मैं बहुत बीमार था और ठीक उसी समय जब मेरी बहन उसी अस्पताल के एक अन्य विभाग में एक डायाबीटिक कौमा में चली गई थी, अपनी हृदय से संबंधित समस्याओं के कारण मैं भी लगभग मृत्यु के निकट पहुंच चुका था। मैं अपने शरीर से बाहर आ गया और अपने कमरे के ऊपरी भाग में एक कोने से नीचे की ओर डाक्टरों को अपने शरीर पर कार्य करते हुए देखने लगा।

"तभी अचानक मैंने स्वयं को अपनी बहन से बात करते हुए पाया, जो वहीं ऊपर मेरे साथ थी। मैं उससे बहुत स्नेह करता था, और नीचे डाक्टर और नर्स इत्यादि क्या कर रहे थे इसके विषय में हमारे मध्य एक अच्छा वार्तालाप चल रहा था, तभी अचानक वह मुझसे दूर हटने लगी। मैंने उसके साथ जाने का प्रयास किया, पर वह बार बार यह कहते हुए मुझे वहीं रुकने के लिये कहने लगी, 'अभी तुम्हारा समय नहीं हुआ है। तुम मेरे साथ नहीं जा सकते, क्योंकि अभी तुम्हारा समय नहीं आया है।' तब वह मुझसे दूर होते हुए, एक सुरंग में दूर जाते हुए—छोटी और अधिक छोटी होने लगी, जबकि मैं जहां था अकेला वहीं रह गया।

"जब मेरी आंख खुली, तो मैंने अपने डाक्टर से कहा कि मेरी बहन की मृत्यु हो गई है। उसने कहा कि ऐसा नहीं हुआ है, पर मेरे बार बार कहने पर उसने पता लगाने के लिये एक नर्स को वहां भेजा। लेकिन उसकी मृत्यु हो चुकी थी, जैसा कि मुझे ज्ञात था।"

वह व्यक्ति स्वयं आगे बढ़कर इसलिये डॉ. मूडी के पास आया था, क्योंकि उसे लगा था कि उसके अनुभव में एक विशिष्टता थी, जो ऐन-डी-ई पर होने वाली शोध में सहायक हो सकती थी। वह चाहता था कि इस शोध से संबंधित सूचनाओं में यह बात भी नोट कर ली जाए कि सभी मृत व्यक्ति, भले ही वे पुनर्जीवित हो जाने वाले ही क्यों न हों, एक पथ

से ही प्रयाण करते हैं। इस मध्य वे एक दूसरे से मिल सकते हैं, और उन्हें हैलो-हाय भी कह सकते हैं।

ऐन-डी-ई के मध्य भविष्य-दर्शन

जो लोग भी ऐन-डी-ई के संबंध में महत्वपूर्ण शोध का कार्य करते आये हैं, वे सभी डॉ. केन्नेथ रिंग के संकलन से भी कोई न कोई उद्धरण अवश्य देते हैं। संयुक्त राष्ट्र अमेरिका में रहने वाले एक व्यक्ति ने डॉ. रिंग को एक पत्र में लिखा, "अपनी शल्य चिकित्सा के पश्चात जब मैं पुन: अपना स्वास्थ्य लाभ करने की अवस्था में था, तो मुझे कुछ ऐसी अनजानी सी स्मृतियों का आभास हो रहा था, जो मेरे भविष्य की घटनाओं से संबंध रखने वाली स्मृतियों के समान थी। मुझे यह ज्ञात नहीं है कि वे कैसे मेरी स्मृति के पटल पर आ गई थी, पर बिना किसी संदेह के वे थी अवश्य। तथापि उस समय (1941 में), और 1968 तक भी, मुझे उनपर कोई विश्वास नहीं था"।

इसके बाद उस व्यक्ति ने अपनी उम्र और अपने उस अल्पकालीन मृत्यु को प्राप्त होने के समय की परिस्थितियों का विवरण देते हुए अपने भविष्य से संबंध रखने वाली अपनी पांच विशिष्ट स्मृतियों के विषय में लिखा था। इनमें से पहली स्मृति के रूप में उसे इस सहज वक्तव्य की याद थी कि '28 वर्ष की आयु में तुम्हारा विवाह हो जायेगा', उसने लिखा था, "और हुआ भी ठीक ऐसा ही, यद्यपि अपने 28 वें जन्मदिन तक भी मैं उस महिला से नहीं मिला था जिससे मेरा विवाह होने वाला था।"

अपनी दूसरी स्मृति के विषय में बताने का प्रयास करते हुए उस व्यक्ति ने लिखा था, 'तुम्हारे दो बच्चे होंगे और जिस घर को तुम देख रहे हो, तुम उसी घर में रहोगे'। उसने यह स्पष्टीकरण भी किया था कि उसकी पहली याद के समान यह एक वक्तव्य की स्मृति के सदृश नही थी, "बल्कि मुझे ऐसी प्रतीति हुई, और शायद ऐसा कहना अधिक उपयुक्त होगा कि अनुभूति हुई। मुझे इस बात की स्पष्ट और भली प्रकार से विस्तृत स्मृति थी कि मैं एक कुर्सी पर बैठा हुआ था और अपने सामने फर्श पर खेलते हुए दो बच्चों को भी देख पा रहा था, और मुझे यह ज्ञात

था कि मेरा विवाह हो चुका है, यद्यपि इस विजन में मेरा विवाह किससे हुआ था इस विषय में कोई भी संकेत नहीं था।

"...अपने इस अनुभव में, मैं अपने सामने की ओर और मुझे मिले हुए इंगित के अनुसार अपनी दाहिनी ओर देख रहा था। मैं अपनी बांई ओर नहीं देख पाया, पर मुझे यह ज्ञात था कि जिस महिला से मेरा विवाह हुआ था वह उसी कमरे में मेरी बांई ओर बैठी हुई थी। फर्श पर खेल रहे बच्चे लगभग चार और तीन वर्षों के थे जिनमें से बड़े बच्चे के बाल गहरे रंग के थे और वह एक लड़की थी, जबकि छोटे के बाल हल्के रंग के थे यद्यपि वह एक लड़का था। लेकिन मेरे यथार्थ जीवन में वे दोनों ही लड़कियां हैं। इसके अतिरिक्त मुझे यह भी ज्ञात था कि दीवार के पीछे ...कुछ एकदम अजीब के समान था जिसे मैं बिल्कुल समझ नहीं पा रहा था। मेरा जाग्रत मन उस समय इसे समझ नहीं पाया था, पर मुझे यह ज्ञात था कि वहां कुछ अलग प्रकार का था।

"1968 में एक दिन यह स्मृति अचानक एक वास्तविकता में परिवर्तित हो गई, जब मैं एक कुर्सी पर बैठकर एक पुस्तक पढ़ रहा था और मैंने नजर उठाकर अपने सामने खेलते हुए बच्चों की ओर देख लिया था। ...मुझे यह समझ में आ गया कि यही 1941 से चले आ रहे मेरे उस स्मृति के आभास से संबंधित वास्तविकता थी। उस समय मुझे यह समझ में आ गया कि उन अनजानी स्मृतियों में अवश्य ही कुछ सार्थकता भी थी। उस स्मृति में दीवार के पीछे की वह अज्ञात वस्तु बल पूर्वक बाहर फेंकी जाने वाली वायु के सिद्धांत पर काम करने वाला एक उष्मक (हीटर) था। मेरे संज्ञान के अनुसार इसका उपयोग आज भी इंगलैंड में नही किया जाता है। इसी कारण से मैं यह समझ नहीं पा रहा था कि दीवार के पीछे की वह वस्तु क्या थी।" संभवत: इसी कारण से वह अपनी बांयी ओर नहीं देख सका था जहां उसकी पत्नी बैठी हुई थी, क्योंकि अपने ऐन-डी-ई के समय उसकी उससे भेंट ही नहीं हुई थी (पुस्तक के सातवें अध्याय में लेखक ने स्वयं अपने जीवन में घटित एक स्वप्न के समान विजन की चर्चा की है, जब उन्हें लगभग चौदह वर्षों के पश्चात की और एक दूरस्थ स्थान से संबंधित वस्तुस्थिति इसी प्रकार दिखला दी गई थी)।

जो अबूझ के समान और रहस्यपूर्ण है

गहन अन्वेषण करने पर औषधि एवं चिकित्सा विज्ञान के शोधकर्ता यह जानकर स्वयं भी अचंभित हो गये कि किसी औषधि, अलकोहल, मादक द्रव्य, आपरेशन के मध्य व्यवहार में आने वाले किसी अनेस्थैटिक, वैलियम, आक्सीजन की कमी, या तीव्र मानसिक तनाव–इनमें से न तो किसी की इन ऐन-डी-ई के मामलों में कोई भूमिका थी, और न ही इनमें से किसी एक वा एकाधिक की उपस्थिति के कारण ऐसे अनुभव का होना संभव था। ऐन-डी-ई के कारणों में से हैल्युसिनेशन को भी उन्हें इस कारण से बाहर करना पड़ गया, क्योंकि हैल्युसिनेशन के लिये भी मस्तिष्क का कार्य करना आवश्यक होता है, जबकि ऐन-डी-ई उसी समय घटित होते हैं जब मस्तिष्क की तरंगों को दिखाने वाले EEG में तरंग के स्थान पर एक सीधी रेखा मात्र दिखाई पड़ती है।

सामान्यत: अपने ऐन-डी-ई का अनुभव बयान करने वाले चार वयस्कों में से एक के द्वारा इस अनुभव के मध्य अपने जीवन के त्वरित पुनरावलोकन की बात बताई जाती है। डॉ. मूडी का यह मानना है कि ऐन-डी-ई के मध्य होने वाले लाइफ रिव्यू को केवल स्मृति के संदर्भ से ही समझ पाना संभव प्रतीत होता है। वहीं मस्तिष्क के विशेषज्ञ न्यूरोसाइंटिस्टों के अनुसार स्मृति का संयोजन केवल मस्तिष्क के द्वारा ही हो सकता है, और यदि किसी व्यक्ति के EEG में तरंग के स्थान पर केवल एक सीधी रेखा दृष्टिगोचर हो रही है तो इसका अर्थ है कि उसका मस्तिष्क कार्य नहीं कर रहा है और क्लिनिकल दृष्टि से उसकी मृत्यु हो चुकी है। अत: चिकित्सा विज्ञानविदों को यह सब कुछ अत्यंत रहस्यपूर्ण और अबूझ के समान प्रतीत होता है।

हमारी स्मृतियों की फाइलें और उनका ब्रिफ-केस

आधुनिक विज्ञान के द्वारा मस्तिष्क को दिये गये सर्वोच्च स्थान की कोई पर्वाह किये बिना अपने ऐन-डी-ई के मध्य जब कोई व्यक्ति आत्मा के क्षेत्र में प्रवेश करता है, तो वह अपनी सभी महत्वपूर्ण स्मृतियों को संजोये हुए और उनके साथ ही वहां उपनीत होता है। वह अपनी स्मृतियों

को साथ लेकर ही उस क्षेत्र में पहुंचता है, और उस मस्तिष्क को पीछे छोड़ते हुए ही वह वहां पहुंचता है जिसमें अब न तो कोई स्मृति संरक्षित है और न ही उसके द्वारा कोई अन्य कार्य हो सकता है।

इस प्रकार के हजारों उदाहरणों से एक प्रकार से यह सिद्ध हो जाता है कि हमारा मस्तिष्क केवल हमारे भौतिक शरीर में अवस्थित और हमारे शरीर और मन के द्वारा उपयोग में लाया जाने एक उपकरण मात्र ही है। हमारी जीवित अवस्था में अवश्य ही इसमें अल्प और दीर्घ-कालीन दोनों प्रकार की स्मृतियों को रखा जा सकता है, ताकि स्थान और समय की सापेक्षता के अनुरूप ही इस भौतिक विश्व से हम अपने चेतन और अर्ध-चेतन मन के माध्यम से व्यवहार करने में सक्षम हो सकें। तथापि जिस प्रकार एक होटल को छोड़कर जाते समय हम अपने ब्रिफ-केस को लेकर ही वहां से निकलते हैं, उसी प्रकार हमारा मन भी अपनी स्मृतियों की मंजूषा को अपने साथ लेकर ही इस शरीर से बाहर निकलता है।

निश्चित रूप से अपनी वर्तमान की समस्त स्मृतियों को साथ लेकर ही हमारा मन इस स्थूल शरीर का त्याग करता है। अपनी आदतों के रूप में विकसित अपने सभी लक्षणों को, अपनी विशिष्ट प्रतिभाओं को, अपनी सभी अपूर्ण इच्छाओं और अभिलाषाओं को, तथा व्यक्तियों और वस्तुओं से वर्तमान कालिक अपने प्रेम और घृणा के संबंधों की स्मृतियों को भी एकत्रित करके ही वह इस शरीर से बाहर जाता है। साथ ही, एक ओर तो अपने अच्छे और बुरे कर्मों के लेखे-जोखे या बैलैस-शीट को, तथा दूसरी ओर अपने वर्तमान जीवन की धारा के संवेग को भी अपनी स्मृतियों की इस मंजुषा के साथ लेकर ही हमारा मन इस शरीर से प्रयाण करता है।

एक बहुधा भ्रमण करते रहने वाले यात्री के समान, इस शरीर से प्रयाण करने वाले व्यक्ति को प्राय: यह ज्ञात नहीं होता कि वह यहां लौटकर आ पायेगा या नहीं। किंतु यह संभव है कि अपनी स्मृतियों के अतिरिक्त अपने वर्तमान जीवन से जो संवेग वह अपने साथ लेकर जाता है, उसमें किसी से बदला लेने की बलवती भावना, कोइ गहरा पछतावा, किसी अपूर्ण व्यक्तिगत संबंध को यथाशीघ्र और आगे ले जाने की बलवती इच्छा, या एक साथ एक से अधिक इस प्रकार की उत्प्रेरणायें भी जड़ित हो सकती हैं। इसके अतिरिक्त, उस व्यक्ति के ब्रिफ-केस में किसी फोबिया

के बीज, किसी भयानक घटना और उसके रिसते हुए घाव की स्मृति, उसके कटे हुए हाथ या माथे पर होने वाले प्रहार की स्मृति, या उस गाड़ी के नम्बर प्लेट की स्मृति जिसके द्वारा उसकी अपनी गाड़ी को टक्कर मार कर उसके जीवन की क्षति कर दी गई हो, ये सारी बातें भी संचित हो सकती हैं।

लोग यह जानना चाहते हैं कि ये स्मृतियां उस समय कहां संचित रहती हैं जब वे किसी ऐन-डी-ई के मध्य होते हैं या जब वे भविष्य में पुन: जन्म लेकर एक नये भौतिक शरीर को प्राप्त होते हैं, जबकि उनका मस्तिष्क या तो उस समय मृत के तुल्य हो जाता है या उनके पिछले भौतिक शरीर के साथ उसे अग्नि के सुपुर्द कर दिया जाता है, दफना दिया जाता है, अथवा पक्षियों, मछलियों या अन्य जानवरों के भोजन के लिये छोड़ दिया जाता है? हमारा आश्वासन है कि आगे आने वाले अध्यायों में यथास्थान हमारे पाठक इस प्रश्न का उत्तर भी स्वत: प्राप्त कर सकेंगे।

शरीर से बाहर निकलकर घूमने की योग्यता

हमारे भौतिक शरीर के अंदर ही ऐसा कुछ भी होता है जो इसकी मृत्यु के समय एक अल्प-काल या सदैव के लिये इससे अलग हो सकता है, जो इससे ऊपर उठकर तरण कर सकता है, इधर-उधर आना-जाना कर सकता है, दीवारों के पार जा सकता है और उन बातों को भी देख या सुन सकता है जिन्हें सुनना या देखना अपने भौतिक शरीर की सीमा में रहते हुए हमारे लिये संभव नहीं होता। यदि इसे हम अपना सूक्ष्म शरीर कहें, तो जब हमारे मस्तिष्क के EEG में तरंग के स्थान पर एक सीधी रेखा दृष्टिगोचर हो रही हो, तब भी हमारी सभी स्मृतियां हमारे इस सूक्ष्म शरीर में सुरक्षित रहती हैं। साथ ही, यह विचार भी कर सकता है और प्रतिक्रिया भी, और किसी नर्वस प्रणाली एवं मस्तिष्क के अभाव में भी इसमें अवस्थित हमारे ज्ञान प्राप्ति के अवयव या साधन भी कुंद होने के स्थान पर अधिक प्रभावी होते हुए पाये गये हैं।

एक प्रयोगशाला में होने वाले विस्फोट के कारण डॉ. ऐलिजाबेथ कुबलर-रौस की एक महिला मरीज की न केवल आंखों की दृष्टि चली गई थी, बल्कि वह मृत्यु के सन्निकट भी पहुंच गई थी, और इसी अवस्था

में उसका एन-डी अनुभव से गुजरना भी हुआ था। जितने समय तक वह अपने शरीर से बाहर थी, वह फिर से देखने में सक्षम थी। उसने न केवल उस विस्फोट के विषय में सब कुछ विस्तार के साथ बता दिया, बल्कि उन सभी लोगों के विषय में भी, जो विस्फोट होने पर दौड़कर उस प्रयोगशाला में पहुंचे थे। लेकिन जब उसे पुनर्जीवित कर लिया गया और उसने ये सारी बातें उन्हें बताई थी, तब वह फिर से अंधी हो चुकी थी।

संभवत: इसी घटना से प्रेरित होकर डॉ. कुबलर-रौस ने एक नयी वैज्ञानिक शोध के लिये एक विशेष टीम का गठन करने के विषय में सोचा था। इस प्रोजेक्ट में अध्ययन की पात्रता के लिये मृत्यु के सन्निकट लोगों में से केवल ऐसे व्यक्तियों का चयन किया गया था जो पिछले दस वर्षों या इससे भी अधिक समय से अंधेपन को प्राप्त थे। उनकी टीम ने पाया कि उसके द्‌वारा चयन किये गये ग्रुप में घटित होने वाले ऐन-डी-ई के सभी मामलों में उनके मरीज अपने उस अनुभव की अवधि में देखने में सक्षम हो गये थे और फिर से पुनर्जीवित होकर अंधेपन को प्राप्त होने पर उनमें से कुछ लोगों ने तो शोधकर्ताओं की उस टीम के सदस्यों के द्‌वारा धारण किये हुए स्वीटर और टाइयों के रंगों सहित उनके द्‌वारा पहने हुए आभूषणों का भी सही विवरण उन्हें बता दिया था।

एक विशेष उद्देश्य से गठन की गई इस टीम और इसके द्‌वारा क्रियान्वित किये गये इस प्रोजेक्ट के पूर्ण होने से मिली जानकारी से यह स्पष्ट इंगित प्राप्त होता है कि ये व्यक्ति जिस समय अपने अधूरे अथवा बाधित शरीर से बाहर थे, तो ये सभी अपने सूक्ष्म शरीर में उपस्थित अधिक मौलिक एवं प्राथमिक ज्ञान प्राप्ति के उपकरणों या संसाधनों का उपयोग करने में सक्षम थे। इसके पूर्व हम देख चुके हैं कि कार दुर्घटना में लगभग मृत्यु को प्राप्त एक ऐन-डी के अनुभव-कर्ता ने अपने सूक्ष्म शरीर के विषय में बताया था, "मेरे अस्तित्व को लगा कि इसमें अपने घनत्व के समान भी कुछ था, पर यह भौतिक घनत्व के समान नहीं था। संभवत: यह किसी तरंग जैसा कुछ था, पर मैं ठीक से कुछ नहीं कह सकता। मैं अनुमान लगाने का प्रयास करूं तो इसमें भौतिक कुछ भी नहीं था और आप कह सकते हैं कि संभवत यह एक आवेश (charge) के समान था। पर यह तो निश्चित लगता था कि इसमें कुछ तो अवश्य है। यह छोटा

सा और वृत्ताकर था, पर इसकी परिधि का कोई स्पष्ट रेखांकन नहीं था। इसे आप एक बादल के समान भी कह सकते हैं।"

समय के उस पार ले जाने वाली सुरंग

डॉ. केन्नेथ रिंग के द्वारा प्रकाश में लाये गये केस के विवरण में हमने देखा था कि अपने ऐन-डी-ई के समय की उस व्यक्ति की स्मृतियां लगभाग 27 वर्षों के बाद एक दिन जब वह एक कुर्सी पर बैठकर एक पुस्तक पढ़ रहा था और उसने नजरें उठाकर सामने खेल रहे अपने बच्चों की ओर देखा था, किस प्रकार उसके वर्तमान में परिवर्तित हो गई थी। 1968 के उस दिन उसके संज्ञान में यह बात आ गई थी कि एक प्रकार से तो 1941 में अपने ऐन-डी-ई के समय की स्मृति ही स्थूल रूप ग्रहण करके उसके सन्मुख उपस्थित हो गई थी। इन पक्तियों के लेखक को स्वयं भी इसी प्रकार की एक अनुभूति उस समय हुई थी जब वे एक सिद्ध महापुरुष के द्वारा उन्हें दिखाये गये एक दृश्य के चौदह वर्षों के पश्चात एक दिन उनके अपने द्वारा ही अपनी नियोक्ता कंपनी के लिये बनवाये गये एक आधुनिक संस्थान में अपने कक्ष की ओर जा रहे थे।

आधुनिक भौतिक विज्ञानविदों को यदि हम किसी वस्तु से संबंधित सभी पैरामीटर और उसकी वर्तमान स्थिति की जानकारी दे सकें, भले ही यह वस्तु हमारा संपूर्ण विश्व ही क्यों न हो, तो इस वस्तु के संबंध में वे यहां से आगे होने वाले इसके सभी परिवर्तनों के विषय में (यदि हम नैनों सेकेंड आदि को छोड़ दें तो) मिनट, घंटों और वर्षों के हिसाब से सटीक भविष्य वाणी कर सकते हैं। इसी प्रकार, एक सीमा तक, हमारा भविष्य भी हमारे आस-पास चारों ओर विस्तृत विश्व से हमारे संबंधों के सदर्भ से हमारी वर्तमान चेतना की विभिन्न श्रेणी की अवस्थाओं में सन्निहित रहता है। अपनी जागृत अवस्था में अपनी चेतना के द्वारा प्रयुक्त होने वाले ज्ञान प्राप्ति के अपने भौतिक उपकरणों के माध्यम से कार्य करते हुए हम इसे देख नहीं सकते। तथापि एक दूसरी श्रेणी की चेतना की अवस्था में हमें उपलब्ध होने वाले एक दूसरे स्तर के स्पंदनों के माध्यम से हमें अपने भविष्य में होने वाली घटनाओं की पूर्व सूचना भी प्राप्त हो सकती है।

विशेषज्ञों के कतिपय सशक्त निष्कर्ष

डॉ. ऐलिजाबेथ कुबलर-रौस कहती हैं, “Transition (एक क्षेत्र से अन्य में प्रवेश) के समय आपके मार्ग-दर्शक, आपके संरक्षक देवदूत तथा ऐसे कुछ लोग भी जो आपसे स्नेह रखते थे और जो इसके पूर्व मृत्यु को प्राप्त हो चुके हैं, आपकी सहायता करने के लिये वहां उपस्थित रहते हैं। इस बात की हम संदेह की किसी छाया की हद के पार तक भी जाकर पुष्टि कर चुके हैं, और यह मैं अपने एक वैज्ञानिक होने के नाते कह रही हूं। अधिकांश क्षेत्रों में ये आपके माता, पिता, नाना, नानी, दादा, दादी, आदि होते हैं, अथवा यदि आपके किसी बालक की मृत्यु हो चुकी हो तो वह बालक होता है। कभी-कभी यह (आपके प्रेम का पात्र) कोई ऐसा व्यक्ति भी हो सकता है जिसकी मृत्यु से आप अनभिज्ञ हों।”

डॉ. ऐलिजाबेथ आगे कहती हैं, “संभवत: यह स्थिति केवल पिछले सौ वर्षों में ही उत्पन्न हुई है कि अपेक्षाकृत बहुत कम लोगों को यह विदित है कि भौतिक शरीर की मृत्यु के पश्चात भी जीवन होता है। पर अब हम एक नये युग में हैं, और यह आशा कर सकते हैं कि विज्ञान, तकनीकी और पदार्थवाद के युग से बाहर निकलते हुए हम एक वास्तविक और आधिकारिक अध्यात्म की दिशा में अग्रसर हो सकेंगे। किंतु इसका तात्पर्य धार्मिकता नहीं बल्कि अध्यात्म है। अध्यात्म यह ज्ञान है कि हमारे स्तर से बहुत उच्च स्तर पर कुछ ऐसा भी है, जिसके द्वारा इस विश्व की और जीवन की उत्पत्ति हुई है; इस ज्ञान के हम एक प्रामाणिक, महत्वपूर्ण और विशिष्ट अंग हैं और इस स्थिति में हैं कि हम इसके और अधिक विकसित होने में सहायक हो सकें।”

अपनी सहमति जताते हुए, डॉ. मूडी कहते हैं, “कौन क्या कह सकता है, सत्य क्या है कौन जानता है? ऐसा हो सकता है कि आत्मायें वास्तव में अपने स्थूल शरीर का त्याग करके अन्य लोकों की यात्रा पर जाती हों। मैंने स्वयं भी सभी साक्ष्यों को देखा है और मुझे ऐसा कोई कारण समझ में नहीं आता कि यह क्यों नहीं हो सकता?” अपने बाइस वर्षों के ऐन-डी-ई से संबाधित मामलों पर शोध के अनुभव के पश्चात लिखी गई अपनी पुस्तक The Light Beyond का उपसंहार करते हुए

वे इस निष्कर्ष पर पहुंचते हैं, "अपने इन परीक्षणों को आधार बनाते हुए मैं विश्वास के साथ कह सकता हूं कि ऐन-डी के अनुभव कर्ताओं को वास्तव में मृत्यु के परे के क्षेत्र की एक झलक दिखाई पड़ती है, और वे एक समूचे दूसरे स्तर के यथार्थ से एक अल्प-कालीन यात्रा करने के बाद लौट कर आ जाते हैं।"

इसी प्रकार डॉ. मेलविन मोरसे, जो एक अत्यंत प्रतिष्ठित चिकित्सा अधिकारी हैं, कहते है, "मेडिकल स्कूलों में हमें चिकित्सा से संबंधित समस्याओं की सबसे सरल व्याख्या की खोज करने की बात सिखलाई जाती है। ऐन-डी-ई से संबाधित मामलों की सभी अन्य संभावित व्याख्याओं पर विचार करने के पश्चात मुझे इसकी सबसे सरल व्याख्या यही प्रतीत होती है, कि ऐन-डी-ई के समय हम मृत्यु से परे के क्षेत्र की ही एक झलक देख रहे होते हैं। और क्यों नहीं? मैंने ऐन-डी-ई के विषय में सभी जटिल शारीरिक और मनोवैज्ञानिक व्याख्याओं का अध्ययन किया है, और उनमें से कोई भी मुझे संतोषप्रद प्रतीत नहीं हुई।"

विशिष्ट विज्ञानविद शोधकर्ताओं के इन निष्कर्षों से परिचित होने के पश्चात हमारे पाठक यह समझ गये होंगे कि विशेष रूप से अध्यात्म से संबंधित इस पुस्तक के प्रारंभ में ही जीवन और मृत्यु से संबधित विषयों पर पाश्चात्य जगत में की गई शोध को सम्मिलित करना हमें क्यों उचित प्रतीत हुआ। हमारा विश्वास है कि ये दोनों अध्याय एक प्रकार से आगे आने वाले कुछ अध्यायों के लिये एक भूमिका के समान कार्य कर सकेंगे।

जो जग-जाहिर है उसकी स्वीकृति में विलम्ब क्यों?

अपनी पुस्तक Beyond Supernature में प्रसिद्ध जैव-वैज्ञानिक लायल वाटसन लिखते हैं, "यह कुछ अजीब के समान स्थिति है। हम एक ऐसे विश्व में रह रहे हैं जिसके यथार्थ को विज्ञान के द्वारा परिभाषित (या परिसीमित) किया जाता है, जो हमें यह बतलाता है कि विभिन्न वस्तुएं किस प्रकार कार्य करती हैं। और फिर भी ऐसी कुछ बातें हैं, जो बिल्कुल भी उस प्रकार से कार्य करती हुई प्रतीत नहीं होती। हमारे विज्ञानविद कहते हैं कि इन चीजों का होना संभव नहीं है और उनका कोई अस्तित्व

नहीं है, लेकिन फिर भी वे ढीठ बनी रहती हैं और कहीं चली नहीं जाती। यद्यपि ऐसी अपेक्षाकृत कुछ ही बातें हैं जो भ्रमित करती हैं और जिन्हें नियंत्रित करना अत्यंत कठिन प्रतीत होता है, पर वे सब हैं अवश्य और इस वस्तुस्थिति को कोई भी देख सकता है। उन बातों का अस्तित्व है, और इसी कारण से भले ही वे कितनी भी तुच्छ प्रतीत होती हों, (विज्ञान की परिभाषा की सीमितता की दृष्टि से) वे एक समस्या की सृष्टि तो करती ही हैं। जो असामान्य प्रतीत होता है (पर है), उसके कुछ विद्यार्थियों को ऐसा लगता है कि उनका अस्तित्व मात्र ही (आधुनिक) विज्ञान को उसके सिर के बल खड़ा करने के लिये पर्याप्त है।"

आगे, वे और भी कहते हैं, "आप केवल एक उदाहरण का संज्ञान लेकर देखें। एक 'खोजा' (dowser) जिसका यह दावा होता है कि वह जमीन के नीचे जल और दबे हुए खनिजों को एक पेंडुलम की सहायता से खोज सकता है, उसके इस दावे की वेल्स में परीक्षा ली जाती है। अपने हाथों में एक पेंडुलम के पर्याय जैसा कुछ लिये हुए वह एक वैली (पहाड़ की तलहटी पर समतल भूमि) में एक स्थान से दूसरी दिशा में चलता है और अपने मार्ग में कुछ स्थानों को चिन्हित करते हुए आगे बढ़ता जाता है, जहां उसके अनुसार एक जल का स्रोत उपस्थित था, और साथ ही वह जल की गहराई और उसके बहाव की घोषणा भी करते रहता है। एक टेलीविजन टीम के द्वारा पैरानौर्मल पर अपने एक प्रोग्राम के लिये उसके कार्यकलाप को फिल्माया भी जा रहा था।

"उसका इंटरव्यू लेने वाला व्यक्ति यह कहकर अपना ऐतराज जताता है कि इस प्रकार के दावों की जांच करना कठिन है और एक इस प्रकार के निदान (डायाग्नोसिस) के लिये कहता है जिसकी पुष्टि करना संभव हो। इसके उत्तर में वह 'खोजा' अपने पेंडुलम को उस व्यक्ति के ऊपर कुछ क्षणों के लिये झुलाता है और देखने में हर प्रकार से स्वस्थ उस इंटरव्यू-कर्ता को बताता है कि आपकी जांघों में उपस्थित एक धातु के टुकड़े को छोड़ दें, तो आपका स्वास्थ्य अच्छी अवस्था में है। यह एक स्वाभाविक प्रतीत होने वाला निदान भले ही नहीं था, पर यह सत्य था। एक समय उस इंटरव्यू-कर्ता की एक शल्य चिकित्सा इसलिये की गई थी, ताकि उसकी जंघा की कमजोर फेमर बोन (मुख्य

हड्डी) को मजबूती प्रदान करने के लिये उसमें एक धातु की प्लेट जड़ित की जा सके।

"इस प्रदर्शन का आकलन करने के लिये उपस्थित वैज्ञानिक यह स्वीकार करता है, कि किसी अत्यंत निपुण जासूसी करने वाली टीम की सहायता के अभाव में उस खोजे के लिये उस धातु की प्लेट की उपस्थित की जानकारी होना कठिन था। वह स्वयं ही यह भी बताता है कि उस धातु की प्लेट की उपस्थिति के कारण उस व्यक्ति के पैर के चलन में कोई भी कमी नहीं थी। लेकिन, इसके बाद क्या होता है? क्या डाउजिंग की किसी प्रकार की वैज्ञानिक स्वीकृति की किसी संभावना की कोई बात कही जाती है? क्या वह वैज्ञानिक औरगैनिक स्तर पर धातु की उपस्थिति का पता लगाने के विषय में कोई बात कहता है? नहीं!! इस विरोधाभास से सामना होने पर वह प्रतिष्ठित भौतिक विज्ञानविद अपने सिर के बले खड़ा हो जाता है। वह कहता है, 'मैं इसे केवल एक संयोग मानता हूं', और अपनी ओर से इस विषय की परिसमाप्ति कर देता है।"

तथापि अब आधुनिक विज्ञान के लिये इस प्रकार की चर्चाओं से बचने के मार्ग बंद होते जा रहे हैं। उनका वैज्ञानिक ज्ञान पुनर्जन्म और ऐन-डी-ई से संबधित मामलों की बढ़ती हुई फाइलों में लिपिबद्ध विभिन्न घटनाओं की व्याख्या करने में सक्षम नहीं है, जहां लोग अपनी स्मृतियों के ब्रिफकेस सहित अपने भौतिक शरीर से निकल कर एक बादल के समान ऊपर तैरते हुए देख, सुन तथा अपनी ही स्थिति वाले अन्य ऐन-डी अनुभव-कर्तों को हैलो-हाय कह सकते हैं, निकट भविष्य में पुनर्जन्म ग्रहण करने वाली आत्माओं से मिल सकते हैं, और जहां अंधे व्यक्ति भी अपने उपचार करने वाले डाक्टर और नर्सों के द्वारा पहने गये वस्त्रों और आभूषणों की सही पहचान कर सकते हैं।

विज्ञानविद संभवत: जान बूझकर इस प्रकार की संवेदनहीनता का प्रदर्शन नहीं करते, बल्कि वास्तविकता के अज्ञानवश ही वे ऐसा करने के लिये बाध्य होते हैं। भौतिक शास्त्र के संदर्भ में भी अनेकों ऐसे रहस्य हैं जो हमारे विज्ञानविदों को ज्ञात नहीं है, और इसमें कुछ भी अस्वाभाविक नहीं है। इसी प्रकार चेतना या दृष्टा (observer) के संदर्भ में आधुनिक विज्ञानविदो में ज्ञान के अभाव या उनके ज्ञान के अधूरेपन में भी कोई

अस्वाभाविकता नहीं है। वहीं, कुछ शीर्ष-स्थानस्थ विज्ञानविद यह कह कर कि चेतना केवल मस्तिष्क और नर्व-प्रणाली से ही उत्पन्न हो सकती है, निश्चित रूप से न केवल मानवता के साथ एक प्रकार का धोखा या खिलवाड़ करते आ रहे हैं, बल्कि वे उन्हें ईश्वर, जीसस क्राइष्ट और अन्य सिद्ध गुरुजनों से दूर करने के भी सभी संभव प्रयास करते हुए प्रतीत होते हैं। वे यह भी कहते हैं कि किसी ईश्वर की कोई आवश्यकता नहीं है! और इस विश्व सृष्टि और जीवन के विकास का कोई उद्देश्य भी नहीं है!! उनका यह भ्रमपूर्ण और मिथ्या उद्घोष केवल पाश्चात्य जगत की ही नहीं, बल्कि समग्र मानवता की भी एक बड़ी क्षति कर रहा है। अत: मानवता के कल्याण के लिये इस वस्तुस्थिति में एक मूलभूत सुधार आवश्यक प्रतीत होता है।

उस व्यक्ति के समान, जो डॉ. केन्नेथ रिंग को खोजकर उनके पास पहुंचा था, एक प्रकार से आधुनिक विज्ञान भी एक वैसी ही कुर्सी पर बैठा हुआ है जिसपर वह व्यक्ति बैठा हुआ था। अपने सामने एक अनजान कुछ की उपस्थिति के अतिरिक्त वह अपने बांई ओर विराजमान चैतन्यता के विज्ञान की ओर भी नहीं देख पा रहा है जो विज्ञान-परिवार का ही एक ऐसा सदस्य है जिसके साथ वह एक अविच्छेद्य सूत्र में बंधा हुआ है। अपने सीमित सिद्धांतों के अपवादों के बढ़ते हुए ढेरों के साथ आधुनिक विज्ञान के लिये अपने धुंधले और अस्पष्ट क्षेत्रों को ढंक पाना कठिन से कठिनतर होता जा रहा है, जबकि अपने अधूरेपन को पूर्णता प्रदान करने के निमित्त, अपनी बांयी ओर देखकर अपने ही परिवार के इस वरिष्ठ सदस्य का स्वागत करने के लिये इसे केवल सामान्य शिष्टाचार का स्मरण करने की आवश्यकता है!

जिस प्रकार हमारे विज्ञानविदों की 'प्रकृति' मानव की उत्पत्ति से संबंध रखने वाले ऐन्थ्रौपिक सिद्धांत के लिये अपने हृदय में एक अपेक्षाकृत मृदु कोना सुरक्षित रखती हुई प्रतीत होती है, ठीक यही बात हमारे बांई ओर अवस्थित हमारे श्रेष्ठतर अर्धांश के विषय में भी लागू होती है! आधुनिक विज्ञान को न चाहते हुए भी इस ऐन्थ्रौपिक सिद्धांत की पुष्टि करने की बाध्यता को स्वीकार करना ही पड़ता है, अत: वे Strong Anthropic Principle के स्थान पर एक Weak Anthropic Principle

को स्वीकार करने में अधिक सहजता का अनुभव करते आ रहे हैं। यह अपने ही कान को सिर के पीछे से हाथ घुमाकर पकड़ने के प्रयास के समान ही है। समय आने पर उन्हें एक Strong Anthropic Principle अथवा मनुष्य के समान विकसित चेतना वाले प्राणी की उत्पत्ति के विश्व-सृष्टि में केन्द्र स्थानस्थ होने की यथार्थता को भी स्वीकार करना ही होगा। विलम्ब करना अर्थहीन है, क्योंकि कोई अन्य पर्याय है ही नहीं।

तिब्बत के एक सिद्ध गुरु की कथा

अल्प-काल के लिये मृत्यु को प्राप्त होकर पुनर्जीवित हो जाने वाले लोगों के अनुभवों में आने वाली अनेक बातों की चर्चा हम यथेष्ट विस्तार के साथ कर चुके हैं। हमने देखा है कि वे सभी अपने भौतिक शरीर से विलग होकर उसी के ऊपर की दिशा में एक अदृष्य बादल के समान वायु में तैरते रहने की बात कहते हैं। उनमें से एक ने सीधे ऊपर उठते हुए अपने चारों ओर विभिन्न ग्रहों को और अनेक नीचे एक नीले रंग के कंचे के समान पृथ्वी को देखने की बात कही है और एक अन्य बालक के द्वारा इसी प्रकार त्वरित गति से पृथ्वी से ऊपर उठते हुए देवदूतों के मध्य पहुंच जाने की चर्चा भी की गई है। वास्तव में तो ये सभी कार्य भारत के सिद्ध योगियों के द्वारा भी अपनी जीवित अवस्था में ही किये जाते रहे हैं, जैसा कि इस पुस्तक के सातवें अध्याय में आप देख सकेंगे। यहां हम 11वीं शताब्दी के तिब्बत के एक सिद्ध मिलारेप की जीवन कथा से कुछ अंश उद्धृत करना चाहते हैं। उनकी इस जीवनी का अंग्रेजी भाषा में अनुवाद श्री W.Y. Evans-Wentz के द्वारा Tibet's Great Yogi Milarepa के नाम से किया गया है।

ऐसी मान्यता है कि भारत में गुरु तिलोप को योग से संबंधित ज्ञान सीधे अशरीरी दिव्य-बुद्ध वज्रधर से प्राप्त हुआ था। तिलोप से यह ज्ञान नरोप को, नरोप से तिब्बत के मर्प को, और मर्प से मिलारेप को मिला था। तिब्बत के इन दो प्रसिद्ध योगियों में से मर्प, जो Merp, the Translator के नाम से प्रसिद्ध थे, उनकी भूमिका ज्ञान का प्रसारण या हस्तांतरण करने वाले एक सशक्त गुरु की थी। वहीं मिलारेप की भूमिका

(उनके द्वारा स्वयं अपने शिष्य को लिखवाई गई अपनी जीवन कथा के अनुसार) पुस्तकों का त्याग कर देने वाले एक ऐसे ज्ञानी और विद्वान योगी की थी, जिनके द्वारा वज्रयान-मत की करग्युप्त शिक्षाओं के एक वैज्ञानिक पद्धति से उपयोग एवं प्रयोगों के माध्यम से, इन शिक्षाओं के आधार में स्थित धातु से स्वर्ण को अलग करना संभव हो सका था।

मिलारेप को तिब्बत में (बौद्ध) तंत्र शास्त्र के अनुयायियों के मध्य एक आंतरिक सुधार लाने का श्रेय भी दिया जाता है, जिसके फलस्वरूप उनसे मतभेद रखने वाले और तंत्र के श्वेत पक्ष के स्थान पर इसके अंधेरे पक्ष (Black Art) का उपयोग और अनुमोदन करने वाले अनुयायियों ने उनसे अलग होकर तंत्र विज्ञान की एकाधिक उप-शाखाओं के स्थापन में पहल की गई थी।

यथासमय मानव-संतति में अनेक ऐसा भी कर सकेंगे

मिलारेप की आध्यात्मिक उपलब्धियों का विस्तृत वर्णन उनके प्रधान शिष्य रेचुंग के द्वारा कलम-बद्ध की गई उनकी जीवन कथा में उपलब्ध है। यहां हम श्री इवांस-वेंज के द्वारा अनुवादित इस पुस्तक से कुछ अंशों को उद्धरित कर रहे हैं।

रेचुंग ने लिखा है, “वे एक ऐसे सिद्ध पुरुष थे जिनका भौतिक शरीर ऊपर से नीचे की ओर उनके पैर की अंगुलियों तक प्रवाहित होने वाले आनंद से, तथा नीचे से उनके मस्तक के ऊपरी भाग तक उठते रहने वाले आनंद के प्रवाह से सराबोर रहता था। इस स्थान पर ये दोनो प्रवाह मिलकर एक अमृत प्रवाह (moon fluid bliss) के रूप में तीन प्रधान प्राण-वाही नाड़ियों से प्रवाहित होते हुए और नाड़ियों के मध्य स्थित ग्रंथियों को खोलते हुए, एवं अंत में सभी सूक्ष्म नाड़ियों को भी खोलते हुए, उन सभी को प्राणवाही नाड़ियों में परिवर्तित कर देते हैं (भारत में 2,500 वर्षों से भी अधिक समय से प्रचलित योग-विज्ञान की दृष्टि से इस विषय पर विस्तृत चर्चा अध्याय 5 व 6 में की जायेगी)।

“अपनी सभी मानसिक अवस्थाओं और उसमें निहित सभी आंतरिक शक्तियों पर पूर्ण नियंत्रण प्राप्त करने के पश्चात, वे बाहर के सभी तत्वों

के प्रभावों और उनके द्वारा हो सकने वाली किसी क्षति की संभावना पर भी विजय प्राप्त करने और उनके अपनी इच्छानुरूप उपयोग करने में समर्थ हो गये थे। (अभिव्यक्ति से परे) परा क्षेत्र का ज्ञान प्राप्त कर लेने पर वे अपने अंतर की सूक्ष्म और अध्यात्मिक (ethereal and spiritual) शक्तियों का भी इस प्रकार नियंत्रण करने में सक्षम हो गये थे कि वे आकाश में उड़कर और वायु में स्थिर होकर और वहीं निद्रा में अवस्थित होते हुए अपने इस प्रकार के नियंत्रण के उदाहरण भी प्रस्तुत कर सकते थे।"

मिलारेप ने स्वयं कहा है, "अंत में मुझे यह विश्वास हो गया कि मुझमें स्वयं को किसी भी आकार में परिवर्तित कर लेने की और वायु में भी उड़ सकने की क्षमता का विकास हो गया है। मुझे यह अनुभूति होने लगी कि दिन के समय मैं अंतहीन अभूतपूर्व शक्तियों का प्रयोग कर सकता था, और रात्रि के समय अपने स्वप्नों में (तुरियावस्था में) मैं बिना किसी बाधा के इस विश्व में किसी भी दिशा में, मेरु पर्वत के शिखर से लेकर उसके तलक्षेत्र तक यात्रा कर सकता था और मैं इन सबको अत्यंत स्पष्ट रूप से देख भी सकता था।

"इसी प्रकार, मैं स्वयं को सैंकड़ों व्यक्तियों में भी परिवर्तित कर सकता था, जिनमें से प्रत्येक व्यक्तित्व में भी मुझे ये सभी शक्तियां उपलब्ध होती थी। यह देखकर कि मुझमे अद्भुत शक्तियों का समावेश हो गया था (भले ही वे मेरे स्वप्न में ही हों), मैं अपनी सफलता पर अत्यंत हर्ष और प्रोत्साहन का अनुभव करने लगा था। इसके पश्चात मैं आनंद और उत्साह के साथ अपने प्रयासों मे लगा रहा, और अंत में एक समय मैं यथार्थ में भी उड़ सकने में सक्षम हो गया। कभी-कभी मैं उड़कर मिन-ख्युत-द्रिब्मा-जौंग के ऊपर अपनी साधना के लिये पहुंच जाया करता था, जहां साधना करने के पश्चात मुझमें पहले से भी अधिक प्राणिक उष्णता का विकास हो गया, और कभी-कभी तो मैं उड़कर अपनी पुरानी द्रगकर-तासो गुफा में भी चला जाया करता था।"

मिलारेप की जो भी उपलब्धियां थी, जिनके विषय में उन्होंने अपनी जीवन-कथा में पूरे विस्तार के साथ चर्चा की है, वे सभी उनके द्वारा

प्रधानत: भारत के प्राचीन ऋषियों के द्वारा ज्ञात किये गये सिद्धातों एवं उनके द्वारा विकसित की गई तकनीकों का उपयोग करते हुए ही अपने अनवरत प्रयास के माध्यम से प्राप्त की गई थी। लेखक का विश्वास है कि इस पुस्तक के प्रकाशन के पश्चात ये सभी सिद्धांत ऐसी समग्र मानव-संतति के लिये उपलब्ध हो सकेंगे जिनमें जिज्ञासा तथा इन विषयों के प्रति रुचि है। इसी प्रकार आवश्यक तकनीकों का ज्ञान भी पहले से अधिक सहजता से उपलब्ध हो सकेगा। इसके अतिरिक्त जो एक अन्य एवं बड़ी आवश्यकता है, वह है एक योग्य एवं क्षमतावान पथ-प्रदर्शक गुरु की। तथापि यदि किसी में वास्तविक जिज्ञासा एवं रुचि है, तो भारत में आज भी इस प्रकार के गुरुओं का नितांत अभाव भी नहीं है जो ऐसे सुपात्रों का पथ-प्रदर्शन कर सकें।

विशेषकर, यदि कोई बालक अपेक्षाकृत कम आयु में (लगभग आठ से बारह वर्ष तक की आयु में) यह प्रयास आरंभ कर सके, तो ऐसा कोई भी आकाश नहीं है जिसका वह स्पर्श न कर सके। यह कहा जा सकता है कि सुरुचि सम्पन्न और प्रतिभावान मानव-संतति आज सभी ऊंचाइयों को छूने के लिये प्रस्तुत के समान हो चुकी है। स्वयं जीसस क्राइष्ट ने भी ऐसे एक समय का इंगित दिया था जब एक सार के रूप में सत्य का ज्ञान जन-साधारण के लिये उपलब्ध हो सकेगा। तथापि उन्होंने कोई तारीख नहीं बताई थी, बल्कि कुछ ऐसे चिन्ह मात्र बतलाये थे आज उपस्थित भी हो गये हैं, और तनिक ध्यान देने पर सभी के द्वारा देखे भी जा सकते हैं।

अतीत में ले जाकर चिकित्सा करना

Hypnotism (सम्मोहन) और Regression Therapy (किसी व्यक्ति को उसके अतीत में ले जाकर की जाने वाली चिकित्सा) के विषय में लेखक को जो कुछ भी ज्ञात है, उसका श्रेय श्री ड्रुज हार्डो के द्वारा लिखी गई एक अत्यंत विशिष्ट पुस्तक "The Proper Method of Reincarnation Therapy" को जाता है। मानव के ज्ञान को पूर्णता की ओर ले जाने की दिशा में उनके विशेष योगदान के लिये उनका अभिनंदन करने के लिये

अंग्रेजी की अपनी मूल पुस्तक Matter, Life and Spirit Demystified का एक अध्याय भी उन्हें समर्पित किया गया है। वे जर्मनी के ऐसे वरिष्ठ और विख्यात मनो-चिकित्सक हैं, जो किसी व्यक्ति को उसके अतीत में ले जाकर अन्य तरीकों से न सुलझाई जा सकने वाली उसकी शारीरिक और मानसिक समस्याओं का निदान करते हैं। डॉ. ऐलिजाबेथ कुबलर-रौस के अतिरिक्त उन्हें मिस्टर रीइन्कार्नेसन के नाम से प्रसिद्ध अमेरिका के डॉ. डिक सुटफेन के द्‌वारा शिक्षित होने का अवसर भी प्राप्त हुआ था। उनके द्‌वारा लिखी गई इस पुस्तक पर स्पष्ट रूप से आधिकारिकता और एक गहरे ज्ञान की मोहर लगी हुई प्रतीत होती है, और फिर भी यह एक सरल और आश्चार्यान्वित करने वाली पुस्तक है, जिसे मनोविज्ञान के सभी विद्‌यार्थियों को अवश्य पढ़ाया जाना चाहिये।

रिग्रेसन चिकित्सा की कार्यवाही प्रारंभ करने के पूर्व इसके इच्छुक व्यक्ति को एक सहज और आरामदायक स्थिति में बैठा कर उसे इस चिकित्सा की समस्त प्रक्रिया भली-भांति समझाई जाती है। यह आवश्यक होता है कि मानसिक समस्या से प्रभावित उस व्यक्ति के द्‌वारा अपनी चेतन अवस्था में इस विधि से चिकित्सा के लिये पूर्ण सहमति दी गई हो। उस व्यक्ति को यह भी घोषित करना होता है कि वह अपने द्‌वारा किये गये उन सभी कार्यों का दायित्व भी स्वीकार करता है जो उसने अपने पिछले किसी जन्म में किये हों और चिकित्सा के मध्य जिनकी स्मृति उसकी चेतना में उदित हो रही हो। चिकित्सा की सफलता के लिये ये दोनों स्वीकृतियां ही आवश्यक होती हैं।

श्री हार्डो के अनुसार, एक और तथ्य जो रोग-मुक्ति की प्रक्रिया में सहायक होता है, वह है बिना किसी पूर्वाग्रह के रोगी का चिकित्सा में सहयोग। बल्कि, उसे खुले मन से स्वयं अपने आप को एक नये प्रकार के अनुभव का स्वागत करने के लिये प्रस्तुत करने का प्रयास करना चाहिये। उनका यह भी कहना है कि पक्षपात की भावना रखने वाले लोगों के द्‌वारा प्राय: इस चिकित्सा का सहारा ही नहीं लिया जाता। यह रिग्रेसन चिकित्सा उन्हीं लोगों के लिये है जो पक्षपात से मुक्त होते हैं, जिनमें कुछ नया अनुभव करने का साहस होता है, और जो अपनी समस्या के निदान के लिये स्वयं अपनी सहायता करने के लिये प्रस्तुत रहते हों।

इसके अतिरिक्त, वास्तव में उनकी समस्या का निदान मनो-चिकित्सक के द्वारा नहीं किया जाता है। इस चिकित्सा में उसकी भूमिका केवल एक उत्प्रेरक, मध्यस्थ और एक सहयोगी के समान ही होती है। समस्या का निदान तो सदैव ही स्वयं उसके मुवक्किल के द्वारा ही प्राप्त किया जाता है। इस संबंध में वे Ernst Pecci का एक उद्धरण भी प्रस्तुत करते हैं, जो कहते हैं, "पिछले जन्म के संदर्भ से की जाने वाली चिकित्सा संकुचित मन और उलझे हुए मस्तिष्क के लोगों के लिये नहीं होती, बल्कि एक सीमा तक जागृत हो चुके उस अध्यात्म के पथिक के लिये होती है जो आध्यात्मिक मार्गदर्शकों के यथार्थ को, और अपने अस्तित्व के दूसरे आयामों तथा दूसरी दुनियाओं को स्वीकार करने के लिये तत्पर हो, और जिसमें चेतना के सभी प्रकारों और रूपों का अन्वेषण करने के प्रति कोई भय भी न हो।"

स्मृति के गलियारे में नीचे उतरते हुए कदम

मुवक्किलों को यह समझा दिया जाता है कि किस प्रकार उनकी चेतन अवस्था को एक शांति और पूर्ण विश्राम की स्थिति में लाया जायेगा, ताकि वह एक अन्य आयाम में प्रविष्ट हो सके। फिर चिकित्सक उस सहयोग के लिये प्रस्तुत और भली प्रकार आश्वस्त रोगी के कानों में अत्यंत धीमे स्वर में इस प्रकार के निर्देश और मशविरे देना प्रारंभ करता है जो उसके मन और नाड़ियों को एक और अधिक शांत एवं क्रियाहीन स्थिति में ले जाने में सहायक होते हैं। उसे बताया जाता है कि जब वह (स्पंदनों की) Alpha State में पहुंचकर अपने अर्धचेतन मन में प्रविष्ट हो जायेगा तो उसे बादल के समान एक द्वार दिखाई पड़ेगा। उसे यह भी बताया जाता है कि यह अल्फा अवस्था क्या होती है।

"इस अवस्था का संबंध उन सभी परिस्थितियों से होता है जो जाग्रत और निद्रा की अवस्थाओं के मध्य स्थित होती हैं। आपको प्रतिदिन इस अवस्था की अनुभूति कम से कम दो बार अवश्य होती है, जब आप निद्रा से ठीक पहले की अवस्था में, या जाग्रत होने से ठीक पहले की अवस्था में होते हैं। कुछ व्यक्ति एक अल्प अथवा अपेक्षाकृत दीर्घ समय के लिये कभी-कभी दिन में भी इस अर्ध-चैतन्य अवस्था में अटके रह सकते हैं,

जैसे कि ध्यान के समय या जानबूझ कर किये जाने वाले शरीर और मन को पूर्ण विश्राम देने के आपके प्रयास के मध्य। इस अल्फा अवस्था में आप जितनी गहराई तक प्रविष्ट हो पायेंगे, उतनी ही स्पष्ट जानकारी और चित्र आप अपने अर्धचैतन्य में स्थित मास्टर कम्प्यूटर से प्राप्त कर सकेंगे।

"तथापि हम सभी का एक उच्चतर स्वत्व ('सेल्फ') भी होता है, जो जीवन भर हमारे साथ रहता है, जो हमारे पिछले सभी जीवनों में भी हमारे साथ था, और जो पृथ्वी पर हमारे अंतिम जीवन तक और उसके पश्चात भी हमारे साथ ही रहेगा। इसे (हमारे संदर्भ में) सब कुछ ज्ञात होता है, जबकि एक आध्यात्मिक मार्ग-दर्शक को सब बातें ज्ञात नहीं होती"। अपने मुवक्किल को संबोधित करते हुए चिकित्सक पुन: कहता है, "अत: मैं इसे आवश्यक समझता हूं कि हम रिग्रेसन के मध्य तुम्हारे उच्चतर 'सेल्फ' से तुम्हारे मार्गदर्शन और तुम्हारे साथ रहने के लिये कहें, ताकि वह तुम्हारे लिये सभी बातों का स्पष्टीकरण करता रहे, और तुम्हारे संदर्भ की सभी बातों के परस्पर के संबंधों को (उदाहरण स्वरूप तुम्हारी समस्या की प्राथमिक उत्पत्ति और तुम्हारे वर्तमान पर इसके प्रभाव के विषय में) जानने और समझने में तुम्हारा पूर्ण रूप से सहयोग करता रहे।"

चिकित्सक के द्वारा अपने मुवक्किल को यह भी बताया जाता है, "अपनी समस्या के संदर्भ में इसके उत्पत्ति-स्थल की खोज करते हुए तुम्हें अपने वर्तमान जीवन में अपने यौवन, शैशव और जन्म लेने से पूर्व के समय के अस्तित्व, या जिसकी अधिक संभावना है, तुम्हारे किसी पिछले जन्म में भी ले जाया जा सकता है, ताकि तुम्हें वर्तमान की अपनी समस्या के मूल कारण का पता चल सके। इन सबके मध्य तुम्हारा उच्चतर 'सेल्फ' तुम्हारे साथ ही रहेगा ताकि तुम कभी भी स्वयं को अकेला न महसूस कर सको, और तुम इससे वह सब कुछ पूछ सकते हो जो तुम जानना चाहते हो। इसी प्रकार तुम्हारे पूछने पर तुम्हें टेलीपैथी (मानसिक उत्तर) के द्वारा यह भी बता दिया जायेगा कि जिन लोगों से तुम अपने पिछले जन्मों में मिल चुके हो, वे इस जन्म में तुमसे किस प्रकार संबद्ध हैं, यदि तुम अपने वर्तमान जन्म में उनसे संपर्क में आते हो।"

पूर्व के किसी जन्म में प्रवेश करते समय

जब चिकित्साधीन व्यक्ति की चेतना अल्फा-अवस्था के समान एक शांति और पूर्ण विश्राम के समान स्थिति प्राप्त कर लेती है, तो सम्मोहन कर्ता चिकित्सक उसे स्वप्न में दिखाई पड़ने वाले एक सुंदर और हरे-भरे मैदान से होकर आगे बढ़ने के लिये प्रेरित करता है। इस मार्ग पर उसे कहीं मनमोहक हरियाली, कहीं रंग-बिरंगे फूल और कहीं इधर-उधर उड़ती हुई तितलियां अपनी ओर मित्रता का हाथ बढ़ाते हुए अनुभव में आते हैं। यह सब कुछ उसे परिचित, सहज एवं हर्षित करने वाला प्रतीत होता है। इन सब के माध्यम से उसके देखने, सुनने, सूंघने तथा स्पर्श आदि से ज्ञान प्राप्त करने की क्षमतायें क्रमश: तीव्र और अधिक स्पष्ट होती जाती हैं, जो किसी पिछले जन्म में प्रवेश करने पर वहां के घटनाक्रम को अपने स्मृति पटल पर अधिक स्पष्ट रूप से उतारने में उसका सहायक होता है।

इस सम्म्मोहन की अवस्था में चिकित्सक उस व्यक्ति से कहता है, "तुम सभी ओर छोटे-बड़े गुलाबी बादलों को भी ऊपर उठते और फैलते हुए देख रहे हो। तभी तुम्हें लगता है कि तुम उन बादलों पर तैर रहे हो, और तुम एक हल्केपन और सुरक्षा की भावना से भर जाते हो। इन बादलों पर तैरना तुम्हें अच्छा लगता है, और अब तुम्हारी दृष्टि प्रकाश की उस सुनहरी किरण पर भी पड़ रही है जो उन बादलों के मध्य से अपना मार्ग बनाते हुए उन्हें एक सुनहरी आभा से रंजित कर देती है। तुम्हें प्रतीत होता है कि यह सुनहरी किरण तुम्हारे शरीर में प्रवेश कर रही है। एक अच्छी लगने वाले गर्माहट के साथ यह तुम्हारे शरीर में फैलते हुए तुम्हारे अंदर प्रेम, प्रसन्नता, आत्म-विश्वास, और स्वास्थ्य एवं समरसता के भाव उत्पन्न करती है। एकाएक तुम यह समझ जाते हो कि यह दिव्य ऊर्जा है। ये सुनहली किरणें एक दिव्य उत्स से उत्सर्जित होते हुए तम्हारे अंदर व्याप्त हो जाती हैं। ...तुम्हारी सहायता के लिये तुम्हारा उच्चतर स्वत्व (self), जिसे तुम्हारे विषय में सब कुछ ज्ञात है, अब तुम्हारे साथ आ जाता है।

"तुम अपने उच्चतर स्वत्व से प्रार्थना करते हो कि वे तुम्हें तुम्हारी अमुक समस्या की तह तक लेकर चलें। इसके उत्तर में उच्चतर स्वत्व

तुम्हारा हाथ पकड़ कर आपके साथ चलने के लिये प्रस्तुत हो जाता है। तुम तैरते हुए बादलों की दीवार को पार कर जाते हो। तुम स्वयं को बादलों की एक घाटी में पाते हो, और इसे भी पार करने का प्रयास करते हो। बादलों की इस चौड़ी और लंबी घाटी में तुम्हें अचानक अपने सन्मुख अनेक दरवाजे दिखाई पड़ते हैं, और तुम स्वत: ही समझ जाते हो कि इनमें से प्रत्येक दरवाजा तुम्हारे पिछले किसी जन्म का द्वार होता है। दाहिनी ओर तुम एक और बादल द्वार देख पाते हो, जिसपर लिखा हुआ है 'वर्तमान जीवन का प्रवेश द्वार'। अब तुम्हारा उच्चतर स्वत्व मानसिक दूरसंचार के माध्यम से तुमसे आलाप करता है और तुम अपने अंतर के सहज ज्ञान से इसे ग्रहण भी कर पाते हो।"

चिकित्सक अब अपने चिकित्साधीन मुवक्किल से कहता है, अब हम एक से तीन तक गिनेंगे और "तब उन बादल द्वारों में से एक द्वार खुल जायेगा और तुम स्वयं को अपनी जीवन श्रंखला की उस कड़ी में पाओगे, जिस में तुम्हारी समस्या के कारण का उदय हुआ था। लेकिन तीन की गिनती पूरी होने पर तुम पहले स्वयं को वहां पाओगे, जहां तुम उस घटना विशेष से एक दिन पहले विद्यमान थे। इस प्रकार तुम यह स्पष्ट रूप से समझ सकोगे, कि तुम कौन हो और कहां हो।"

अन्य बातों के अतिरिक्त

इस स्थल पर पहुंचकर, शिक्षार्थी मनो-चिकित्सक को उपरोक्त पुस्तक के लेखक (श्री ड्रुज हार्डो) के द्वारा यह सलाह दी जाती है, "यदि अब तक भी आपका मुवक्किल एक गहरी अल्फा अवस्था को प्राप्त नहीं कर सका है, तो वह अब भी एक दोहरी चेतना की अवस्था में है। वह एक साथ ही किसी पिछले जन्म में भी और वर्तमान में भी जीवित रहता है (Hans Ten Dam के अनुसार इसे हम elliptical consciousness कह सकते हैं, क्योंकि इसके फोकस के दो केन्द्र होते हैं, जिनमें से एक उसके वर्तमान जीवन का प्रतिनिधित्व करता है और दूसरा उसके पिछले समय का)।

"अत: जब वह अपने पिछले किसी जन्म में किसी ऐसे चेहरे को देखता है जो उसके वर्तमान जीवन के किसी परिचित के समान होता

है, तो तुरंत उसके मुख से से निकल सकता है, 'यह तो मेरा भाई है!' परंतु यह सत्य हो भी सकता है और नहीं भी। अपनी चिकित्सा के मध्य, बाद में जब वह अपने उच्चतर 'सेल्फ' के साथ एक बादल जैसे द्वार (cloud gate) के सन्मुख उपस्थित होता है, केवल तभी हठात उसके मुंह से निकले हुए इस कथन की पुष्टि या इसमें सुधार की बात को उठाना चाहिये।

"दूसरी ओर, कभी-कभी जब पिछले समय में पहुंचा हुआ एक व्यक्ति किसी अन्य व्यक्ति को देखकर हठात कह उठता है, 'यह मेरी बहन है', तो यह आवश्यक नहीं है कि उसे दिखाई पड़ने वाला वह व्यक्ति देखने में वर्तमान जीवन की उसकी बहन के सदृश दिखाई पड़ता हो। फिर भी उस व्यक्ति के बादल-द्वार के सामने खड़े होने पर, प्राय: इस प्रकार अकस्मात उदित होने वाली स्मृति की सत्यता की पुष्टि भी कर ही दी जाती है"।

शिकार पक्ष और शिकारी पक्ष

पिछले अध्याय में जहां हम पुनर्जन्मों की चर्चा कर रहे थे, अन्वेषण-कर्ताओं के द्वारा उठाये गये अधिकांश मामले इस प्रकार के थे जिनमें अपने पिछले जन्म की स्मृति के साथ पुनर्जन्म ग्रहण करने वाले पात्रों की मृत्यु असामयिक अथवा किसी हिंसात्मक या दर्दनाक घटना के कारण हुई थी और जिनका अपनी मृत्यु के उपरांत शीघ्र ही फिर से पुनर्जन्म हो गया था (एवं जहां शोधकर्ताओं के अन्वेषण का मुख्य विषय ऐसी किसी घटना के कारण उनका मृत्यु का शिकार हो जाना था)। वहीं, एक रिग्रेसन के चिकित्सक के द्वारा अपने मुवक्किल की किसी जटिल समस्या का निदान करने का प्रयास करते समय, कुछ संभावना इस बात की भी होती है कि उसके मुवक्किल के द्वारा ही अपने किसी पिछले जन्म में इस प्रकार की हिंसा अथवा कोई बड़ा अन्याय किया गया हो।

श्री हार्डो यहां एक और स्पष्टीकरण करते है: क्योंकि वह व्यक्ति जिसका रिग्रेसन किया जा रहा है अपने आप को एक अन्याय कर्ता के रूप में देखने का अनिच्छुक होता है, अत: ऐसा हो सकता है कि वह

अपने से अलग के समान एक ऐसे व्यक्ति को देख रहा हो जो वह स्वयं ही हो। ऐसा इसलिये होता है कि वह इस प्रकार के व्यक्तित्व से जड़ित होने का अनिच्छुक होता है और स्वयं को उससे भिन्न समझता है। अत: एक शिकार बन जाने वाले व्यक्ति के मामले के विपरीत, इस अवस्था में चिकित्सक के लिये यह कहना आवश्यक और उचित नहीं होता कि उसका मुवक्किल स्वयं ही वह व्यक्ति है। इसके स्थान पर वह फुसफुसाने के समान नीचे स्वर में उसे यह सम्मोहक (hypnotising) प्रस्ताव देता है: अब हम तीन तक गिनेंगे, और जब हम कहेंगे 'तीन', तो आप स्वयं को उसी शरीर के अंदर पायेंगे ...एक ...दो ...तीन!

ऐसे मामलों में यह पर्याप्त होता है कि आपके मुवक्किल को यह ज्ञात हो जाये कि उसने कहां 'अपने पड़ोसी से भी अपने समान प्यार' करने के (जीसस क्राइष्ट द्वारा सुझाये गये) नियम का उलंघन किया है, और इस प्रक्रिया के मध्य उसे अपने कार्मिक उलझाव या ग्रंथि (entanglement) के प्राथमिक कारण की अनुभूति हो जाती है। इसी प्रकार, जहां एक अन्याय या दुर्घटना के शिकार के रिग्रेसन के समय, प्राथमिक कारण-स्वरूप उस घटना की भावनाओं को फिर से क्रियान्वित करने और उनकी अनुभूति होने के माध्यम से उसकी समस्या का निदान किया जाता है, किसी शिकारी अथवा अन्याय कर्ता की उस समय की भावनाओं को फिर से जागृत करने का प्रयास नहीं किया जाता। इसके स्थान पर चिकित्सक अपने मुवक्किल से यह प्रश्न कर सकता है, "क्या तुम उस व्यक्ति की उस समय की भावनाओं का फिर से अनुभव करना चाहोगे?"

यदि वह व्यक्ति फिर भी हिचकता है, तो चिकित्सक उससे कह सकता है: *आप मुझे सब कुछ बता सकते हैं। मैं आपकी बातें किसी और को नहीं बताउंगा। अब आप मुझे सब बतायें।* उदाहरण के रूप में, यदि उसने उसी समय एक हत्या कर दी हो, तो चिकित्सक उससे इसके कारण या उद्देश्य के विषय में पूछ सकता है, और उस व्यक्ति का नाम पूछ सकता है जिसकी हत्या उसके द्वारा हो गई हो या कर दी गई हो।

उसके बाद उससे पूछा जा सकता है, 'आपने और कौन से बुरे कार्य किये हैं? या ऐसा कुछ कि, 'आपने कितनी हत्यायें की हैं? आपके

द्वारा किया गया सबसे जघन्य अपराध कौनसा था? क्या आपको अपने किसी कृत्य पर खेद है (आदि)? और यह भी, कि 'कौन कौन से व्यक्ति आपके दुष्कृत्यों के शिकार हुऐ थे?' (पाठकों की सुविधा के लिये यहां यह दोहरा देना उचित प्रतीत होता है कि पिछले जन्म के संदर्भ से की जाने वाली चिकित्सा संकुचित मन के लोगों के लिये नहीं होती, बल्कि एक ऐसे व्यक्ति के लिये होती है जो एक सीमा तक जागृत हो चुका हो, और आध्यात्मिक मार्गदर्शकों के यथार्थ को और अपने अस्तित्व के दूसरे आयामों एवं दूसरी दुनियाओं को स्वीकार करने के लिये तत्पर हो। साथ ही प्रक्रिया में बैठने के पूर्व उस व्यक्ति को यह भी घोषित करना होता है कि वह अपने द्वारा किये गये उन सभी कार्यों का दायित्व भी स्वीकार करता है जो उसने अपने पिछले किसी जन्म में किये हों और चिकित्सा के मध्य जिनकी स्मृति उसकी चेतना में उदित हो रही हो। चिकित्सा की सफलता के लिये यह स्वीकृति आवश्यक होती हैं।)

तथापि, कभी-कभी उस मुवक्किल की समस्या का प्राथमिक कारण मध्यभूमि (intermediate realm) में घटित हुआ हो सकता है। इस दृष्टि से अनुसंधान करने के लिये उसका चिकित्सक उससे कह सकता है: *अब हम तीन तक गिनेंगे, और जब हम कहेंगे 'तीन', तो आपकी मृत्यु अभी-अभी होकर चुकी है। ...एक ...दो ...तीन! क्या आप नीचे पड़ा हुआ अपना शरीर देख पा रहे हैं? आपकी मृत्यु किस प्रकार हुई थी? क्या वायु मार्ग से कोई आपको उठा कर ले जाने के लिये आता हुआ दिखाई पड़ रहा है? आदि।*

ड्रुज हार्डो, इसके पश्चात अपने संवाद को और आगे बढ़ाते हुए, प्रशिक्षार्थी मनो-चिकित्सक को इस विषय में और अधिक अन्वेषण करने की सलाह देते हैं, कि 'इसके बाद क्या हुआ'। जो बहुत निर्दय हत्यारे आदि होते हैं, वे प्राय: (मध्यभूमि में) बदबूदार अंधेरे क्षेत्रों में होने का अनुभव करते हैं, जहां उनका सामना अपने दुष्कृत्यों से होता है। जैसे-जैसे उन्हें अपने कृत्यों पर पश्चाताप का अनुभव होता है, शनैः शनैः उन्हें स्वर्ग के समान प्रतीत होने वाले क्षेत्रों की ओर ले जाया जाता है, जहां उन्हें अपने परिचित या अपने समान झुंड में सम्मिलित होने का

अवसर प्राप्त होता है। उनका चिकित्सक तब उनसे कह सकता है: *आप इस विषय में सोचिये, कि आप किन बातों से मुक्त होना चाहते है? आप बार बार दोहराइये कि मैं अपने आपको अपने फलाने फलाने दुष्कृत्य से मुक्त करता हूं, आदि।*

जब आपका जन्म होता है

रिग्रेसन चिकित्सा में प्रशिक्षण के लिये उत्सुक भावी मनो-चिकित्सकों को संबोधित करते हुए ड्रुज हार्डो उन्हें बताते हैं कि उनके मुवक्किल की कुछ गंभीर मानसिक समस्याओं के प्रधान कारण की जड़ कई बार उनके जन्म लेने के पूर्व की (pre-natal) अवस्था में स्थित होती है। वे कहते हैं, "अधिकांश क्षेत्रों में जन्म लेने वाली आत्मा तीसरे या चौथे महिने तक माता के गर्भ में पल रहे भ्रूण में प्रविष्ट होकर उससे संलिप्त हो जाती है। कुछ आत्माएं (अपने सूक्ष्म शरीर के सहित) तीसरे महीने से पहले ही भ्रूण में निवास करना आरंभ कर देती हैं, और कुछ अन्य तो गर्भ-धारण के समय ही अपने कुछ हिस्सों में या पूर्ण रूप से भी उसमें प्रविष्ट हो जाती हैं। माता की कोख में प्रवेश करने के पश्चात भी कुछ आत्मायें, कम या अधिक काल तक, गर्भ में प्रविष्ट होकर उससे संलग्न होने के निर्णय को टालती रहती हैं, और कुछ तो माता-पिता और उनके स्थान का भ्रमण करते समय तुरंत ही कोख में प्रवेश भी नहीं करती। अत: उनके मुवक्किल के जन्म ग्रहण करने से पूर्व के समय में होने वाले किसी चिकित्सक के संवाद वास्तव में उस मुवक्किल की आत्मा से होते हैं, जो आपसी संबंधों के संदर्भ में संपूर्ण के दृष्टिकोण (holistic perspective) के अनुरूप जानकारी साझा कर सकती है।

"अत:एव उसके कोख में अवस्थान के आठवें मास की तुलना में किसी आत्मा से माता के गर्भ-धारण के दूसरे से पांचवे मास तक संवाद कर पाना अधिक सहज होता है, क्योंकि बढ़ते हुए समय के साथ आत्मा उस विकास को प्राप्त होते हुए भ्रूण से और अधिक जड़ित होती जाती है, और शनै: शनै: उसके उच्चतर ज्ञान और संपूर्ण के दृष्टिकोण का ह्रास होने लगता है।

"ऐसा कदाचित ही होता है कि कोई आत्मा केवल इस शर्त के साथ ही पुनर्जन्म ग्रहण करने के लिये सहमत होती हो कि वह कोख से निकलने के संकड़े मार्ग से निकलते समय होने वाले कष्ट का एक बार फिर से अनुभव करना नहीं चाहेगी। इस प्रकार के विरल मामले में यह संभव है कि वह अपने नये शरीर के भूमिष्ठ होने पर ही उसमें प्रविष्ट हो। तथापि इस विशेष एवं विरल परिस्थिति की तुलना में ऐसे मामलों की बहुतायत होती है, जब कोख से शरीर के बाहर निकलने के कुछ पहले ही कोई आत्मा माता के शरीर से बाहर निकल गई हो और नये शरीर के भूमिष्ठ होते ही वह उसमें पुन: प्रविष्ट हो गई हो।"

स्मृति पर पड़ने वाली जन्म-ग्रहण से पूर्व की छाप

इन संभावनाओं की चर्चा करने के बाद ड्रुज हार्डो बताते है, अपने अन्वेषण में जब आप इस विंदु पर पहुंचते हैं, आपको नाटकीय प्रतीत होने वाले अपने मुवक्किल के कुछ आश्चर्यपूर्ण अनुभवों के विषय में पता चल सकता है। संभवत: उसकी माता को एक कुत्ते के द्वारा काट लिया गया हो और शायद उसके द्वारा अनुभूत किये जाने वाले दर्द को उस बालक में विकसित होने वाली दर्द की अनुभूति ने भी ग्रहण कर लिया हो, क्योंकि जैसा कि वे बता चुके थे समय के साथ बढता हुआ भ्रूण अपनी माता से अधिकाधिक जुड़ता जाता है।

यदि माता के सुझाव का खंडन करते हुए पिता यह कहता है, "हमें बच्चे की आवश्यकता नहीं थी। तुम इससे बच क्यों नहीं सकी? मुझे तो लगता था कि मैं सदैव तुम्हारी बात पर विश्वास कर सकता हूं। हमें इसका गर्भपात करवा लेना चाहिये," तो यह संभव है कि भ्रूण में स्थित आपके मुवक्किल की स्मृति में यह बात बैठ गई हो, "मुझे कोई नहीं चाहता। मैं एक अनचाही संतान हूं। मुझे भय है कि कोई है जो मुझे जीवित नहीं रखना चाहता।"

जब आपका मुवक्किल अपनी माता या पिता से संबंध रखने वाली समस्या से संबोधित हो, तो रिग्रेसन के मध्य उस क्षण पर वापस आना भी आवश्यक होता है, जब उन दोनों को प्रथम बार यह ज्ञात होता है कि

उनके यहां एक बालक का जन्म हो सकता है। अधिकांश परिस्थितियों में उस बालक के भ्रूण की चेतना में उस समय की उन दोनों की इस विषय में प्रतिक्रियायें अंकित हो जाती हैं, जो उसके अर्धचेतन मन में सुरक्षित हो जाती हैं, और यदि वे नकारात्मक होती हैं, तो बाद में ये उस मुवक्किल में मानसिक दोषों को जन्म दे सकती हैं।

इसके पश्चात मनो-चिकित्सक मुवक्किल को यह सुझाव दे सकता है, *और अब आपके जन्म लेने में केवल आठ मिनट शेष हैं, आप इस समय की सब बातों का अनुभव करें।* फिर बात को और आगे बढ़ाते हुए वह कहे, *और अब आप अपने माता की कोख से बाहर निकल रहे हैं, सबसे पहले कौन आपको स्पर्श करता है, कौन इस सारे समय में उपस्थित रहता है?* यदि उसकी माता उसे अपनी गोद में नहीं लेती, या उसे उसके पेट के बल लिटा दिया जाता है, तो वह तुरंत अपने आप से कह सकता है, *"मेरी माता भयभीत है। वह मुझे स्पर्श करना नहीं चाहती। वह मुझे अपनी गोद में नहीं उठा रही है। मैं इससे बहुत उदास हूं।"* और दुखी होकर वह जोर से रोने लगता है।

यद्‌यपि एक नवजात शिशु की आंखें बंद होती हैं, तो भी अपने अंतर की इंद्रियों से वह स्पष्ट रूप से देख भी सकता है और अपने आस-पास घटित होने वाली सभी बातों का उसे ज्ञान भी होता है। श्री हार्डो अपने प्रशिक्षार्थियों को बताते हैं कि अभी तक भी उस शिशु का संपर्क संपूर्ण की चेतना से बना रहता है। (इस संदर्भ में लेखक को हिंदुओं के प्राचीन महाकाव्य 'महाभारत' की एक घटना स्मरण आती है जब युद्ध के मध्य, जिस समय अर्जुन और कहीं व्यस्त थे, कौरवों के गुरु द्रोणाचार्य ने अपनी सेना को एक चक्र-व्यूह में व्यवस्थित कर लिया था। केवल सुभद्रा के पुत्र अभिमन्यु ही उस व्यूह का भेदन करने के लिये आगे आये थे, क्योंकि जब वे अपनी माता के गर्भ में थे, उसी समय उनके पिता अर्जुन ने इसकी विधि उनकी माता को बताई थी। तथापि सुनते-सुनते उन्हें नींद आ जाने के कारण अर्जुन उन्हें इस व्यूह से वापस बाहर निकलने की विधि नहीं समझा सके थे। अत: व्यूह का भेदन करके उसके केन्द्र में पहुंचने के बाद बालक अभिमन्यु को घेर लिया गया था और वह वीरगति को प्राप्त हो गया था।)

आत्माओं की सूक्ष्म भूमि

मृत्यु के अत्यंत निकट पहुंचकर लौट आने वाले सैंकड़ों लोगों के अनुभवों के विवरण हमें सूक्ष्म शरीर धारी आत्माओं के एक ऐसे संसार के अस्तित्व का इंगित देते हैं जो सामान्यतया हमारी अनुभूति में आने वाले भौतिक जगत से स्वतंत्र और भिन्न होता है। सामान्यत: ये दोनों संसार एक दूसरे से स्वतंत्र रहते हुए अवस्थान करते हैं, और केवल किसी की मृत्यु या उसके मृत्यु के समान अवस्था को प्राप्त होने के समय ही एक दूसरे से संपर्क में आते हैं। तथापि ऐसी परिस्थितियां भी हो सकती हैं, जब भौतिक और सूक्ष्म जगत के मध्य सीधा संपर्क भी हो सकता है। कभी-कभी इस प्रकार का संपर्क ऐसे लोगों के माध्यम से घटित होता है जिन्हें सामान्यतया medium या मध्यस्थ कहा जाता है।

ऐसी मान्यता है कि मानव की संरचना में उसके उपयोग के लिये कुल ग्यारह कार्यकारी उपकरण या इंद्रियां होती हैं, जिनमें से पांच ज्ञान प्राप्ति के उपकरण, पांच ही क्रिया करने के उपकरण भी, और इनके अतिरिक्त ग्यारहवां उसका मन होता है। कुछ ऐसे लोग भी होते हैं, जिनकी एक वा एकाधिक ज्ञानेन्द्रियां सामान्य से अधिक विकसित होती हैं। इसी प्रकार कुछ ऐसे लोग भी होते हैं, जो सूक्ष्म जगत की सूक्ष्म ऊर्जा के स्पंदनों और विचारों को भी ग्रहण करने में सक्षम होते हैं। इस प्रकार के लोग इस स्थिति में होते हैं कि वे मनुष्यों और सूक्ष्म जगत में वास करने वाली आत्माओं के मध्य एक मध्यस्थ के रूप में कार्य कर सकें।

एक दुर्घटना का अप्रत्याशित परिणाम

खुर्शीद और रूमी भावनगरी, मुंबई नगरी में अपने दो पुत्रों, 29 वर्ष के विस्पी और उससे एक वर्ष छोटे रातू के साथ रहते थे। अपनी बाल्यावस्था से ही इन दोनों भाइयों को कारों के प्रति तीव्र आकर्षण था। वे दोनों कार रैलियों में भी भाग लिया करते थे। जब वे बड़े हुए तो उन्होंने कारों की सर्विसिंग और मरम्मत के लिये अपना एक गैरेज भी स्थापित कर लिया था। सन् 1980 के आरंभिक दिनों में वे दोनों भाई एक क्रौस कंटरी कार रैली में भाग लेने के लिये तैयारी कर रहे थे, और दो मिस्त्रियों के साथ

वे एक तीस किलोमीटर दूर के स्थान तक दोनों दिशाओं में अभ्यास-यात्रा करने के लिये निकले थे।

दुर्भाग्यवश, वापस लौटते समय उन दोनों की कार एक दुर्घटना का शिकार हो गई और एक पेड़ से सीधी टकरा गई। पीछे की सीट पर बैठे हुए दोनों मिस्त्रियों की जान तो बच गई, पर सामने की सीटों पर बैठे हुए दोनों भाइयों की मौके पर ही मृत्यु हो गई। उनके माता-पिता का दिल अपने दोनों पुत्रों की असामयिक और अकस्मात मृत्यु के कारण टूट गया और वे दोनों ही एक गहरे शोक से संतप्त हो गये।

इस दुर्घटना के लगभग एक माह के पश्चात जब खुर्शीद की एक मित्र संगीत वादन के एक आयोजन (concert) में आई हुई थी, तो वहीं उनके कानों में एक महिला के कुछ शब्द पड़े जो किसी से बात करते हुए उन दो लड़कों के विषय में चर्चा कर रही थी जिनकी एक मास पूर्व एक दुर्घटना में मृत्यु हो गई थी और जो अपने माता-पिता को एक संदेश भेजना चाहते थे। उनकी पड़ोसी मित्र ने उस महिला से पूछकर उसके फोन नम्बर नोट कर लिये।

अगले ही दिन खुर्शीद और रूमी ने उस महिला से संपर्क किया, जिसने उन्हें अपने घर आने के लिये निमंत्रित किया। उसने बताया कि उसने भी अपने भाई को गंवा दिया था और श्रीमती कपाड़िया नामक शक्ति से सम्पन्न एक मीडियम के माध्यम से वह अपने भाई से संपर्क स्थापित कर सकी थी। समय-समय पर श्रीमती कपाड़िया इस प्रकार के संपर्क के लिये एक विशेष आयोजन किया करती थी। एक अवसर पर अपने आयोजन के मध्य उन्हें दो ऐसे युवा लड़कों का क्रंदन सुनाई पड़ा था, जिन्होंने उन्हें बताया था कि एक कार दुर्घटना में उनकी मृत्यु हो गई थी और इस कारण से उनके माता-पिता अत्यंत शोकाकुल थे। वे चाहते थे कि किसी प्रकार उनके माता-पिता तक उनका यह संदेश पहुंच जाये कि वे सूक्ष्म जगत में पहुंच कर प्रसन्न थे, और वहां से वे अपने माता-पिता को देख भी सकते थे।

22 मार्च 1980 के दिन खुर्शीद और रूमी ने श्रीमती कपाड़िया के निवास स्थान पर एक ऐसे सामूहिक आयोजन में भाग लिया जिसमें कुछ अन्य लोग भी उपस्थित थे। वहां श्रीमती कपाड़िया मध्य में बैठी हुई थी

और अन्य सभी उनके चारों ओर बैठे हुए थे। वे एक-एक करके प्रत्येक व्यक्ति के पास जाकर उसके अपने दिवंगत संबंधी से संपर्क साधन में सहायता कर रही थी। जब वे भावनगरी युगल के पास पहुंची, तो उनके मुख से बोले जाने वाले पहले शब्द थे, "हैलो, मम्मी, मुटल्लो"। यह विस्पी था जो अपनी माता को सदैव इसी नाम से संबोधित किया करता था। एक अनजान व्यक्ति के मुख से यह विशेष नाम सुनकर खुर्शीद और रूमी का भरोसा बढ़ गया। यह इस बात का प्रमाण था कि ये उनके पुत्र ही थे जो उस समय उनके संपर्क में थे। और यह देखकर ईश्वर पर भी उनका विश्वास फिर से जम गया था।

सूक्ष्म जगत से प्राप्त एक पुस्तक

विस्पी और रातू ने तब अपने माता-पिता से कहा कि वे उनसे अकेले में बात करना चाहते हैं। इसके लिये श्रीमती कपाड़िया ने उन्हें श्रीमती ऋषि नामक एक दूसरी और अपेक्षाकृत अधिक आयु वाली मीडियम का नाम सुझाया। और कुछ ही दिनों के बाद भावनगरी दंपति इस वरिष्ठ महिला के माध्यम से एक बार फिर से अपने पुत्रों से संपर्क स्थापित करने में सफल हो गये।

उन्होंने कहा, "मौम और डैड, हम विस्पी और रातू हैं। हां, हमारी मृत्यु हो गई थी और मृत्यु के बाद कुछ ही मिनटों में हम आत्माओं के सूक्ष्म जगत में पहुंच गये थे। ईश्वर की यही इच्छा थी, और उसे पता है कि किस बात में हमारा अधिक हित है। यहां सब कुछ अच्छा है। आप लोग हमारी अनुपस्थिति पर शोक मत करें, क्योंकि यहां हम अधिक खुश हैं। आप सदैव हमारी दृष्टि में रहते हैं, और हम आपका ध्यान रख रहे हैं। तथापि जब आप बिल्कुल शांत और प्रसन्न अवस्था में रहेंगे, तभी हम आपसे संपर्क स्थापित कर सकते हैं। इसके लिये आपको अपने मन को केंद्रित करने की योग्यता का विकास करना होगा।" खुर्शीद से उन्होंने यह भी कहा कि उन्हें अपने लिये निर्धारित लोगों की सहायता करने और उनमें आध्यात्मिक चेतना के प्रचार के आध्यात्मिक दायित्व का निर्वाह करने के लिये अभी पृथ्वी पर रहना होगा।

यहां यह बता देना उचित प्रतीत होता है कि अपनी बाल्यावस्था से ही खुर्शीद को सूक्ष्म जगत और अध्यात्म में रुचि थी, और यह स्वाभाविक था कि उसके पति और पुत्रों में भी इसी प्रकार की रुचि उत्पन्न हो जाये, क्योंकि जब उसके पुत्र जीवित थे तब भी उनका परिवार इन विषयों पर आपस में चर्चा किया करता था, और विशेषकर दोनों भाई तो कई प्रकार के योगासनों में भी पारंगत हो गये थे।

अगले कुछ ही महीनों में, अपने पुत्रों की सहायता से खुर्शीद और रूमी ने मन को शांत और केन्द्रित करने की योग्यता अर्जित कर ली। इसके पश्चात उस वृद्ध दंपति और उनके मृत पुत्रों के मध्य इस प्रकार के संपर्क में कार्य करने के उपयुक्त और स्वत: लिखे जाने वाली एक प्रणाली (automatic writing) से विचारों का आदान-प्रदान संभव हो गया। इस प्रक्रिया में खुर्शीद एक कलम को हल्के हाथ से पकड़ कर एक पैड पर टिका कर अपने ध्यान को केन्द्रित करती थी, और कुछ दिनों के प्रयास के पश्चात सूक्ष्म-भूमि पर रहते हुए ही उसके पुत्रों को उसके हाथ और कलम को दिशा देते हुए, आरंभ में धीरे-धीरे और केवल आड़ी तिरछी रेखायें खींचने में सफलता प्राप्त होने लगी। कुछ दिनों के अभ्यास के पश्चात शब्द भी आकार लेने लगे। शीघ्र ही वह स्थिति भी आ गई जब खुर्शीद बोलकर प्रश्न करने लगी, और उनके उत्तर स्वयं उसी के हाथ से स्वत: ही लिखे जा रहे थे।

इसके भी कुछ और समय के पश्चात विस्पी और रातू ने इसी प्रकार मानसिक दूरसंचार (telepathy) और स्वत: लिखे जाने की प्रक्रिया के माध्यम से जो वे अपनी ओर से लिखवाना चाहते थे, उसके लिये अपने माता-पिता के सन्मुख अपनी इच्छा व्यक्त की। उन्होंने बताया कि वे सूक्ष्म जगत के नियमों के विषय में एक पुस्तक लिखवाना चाहते थे, जिसके लिये उन्होंने अपने से उच्चतर आत्माओं से अनुमति प्राप्त कर ली थी। उन्हें विश्वास था कि यदि पृथ्वी पर विद्यमान मानव संतति को ईश्वर और सूक्ष्म जगत के सभी पर एक समान लागू होने वाले नियमों का वास्तविक ज्ञान हो सके तो यह उसके लिये अत्यंत लाभदायक होगा।

यथासमय यह पुस्तक पूर्ण भी हो गई और Khorshed Bhavnagri के द्वारा लिखित The Laws of The Spirit World के नाम से

प्रकाशित भी हो गई। कुछ वर्ष पूर्व अपने दुबई भ्रमण के समय इसकी जो प्रति एक परिचित के द्वारा लेखक को भेंट की गई थी, उसका प्रकाशन Jaico Books के द्वारा किया गया है। इस पुस्तक में दिये गये सूक्ष्म जगत के विवरण का ऐन-डी के अनुभव-कर्ताओं के द्वारा दिये गये विवरणों से कोई विरोधाभास नहीं है तथा इसमें अधिक विस्तार के साथ और भी अधिक जानकारी उपलब्ध है।

सूक्ष्म जगत

The Laws of The Spirit World के अनुसार ठीक उसी प्रकार, जैसे हमारी पृथ्वी के चारों ओर बाहर की दिशा में क्रमश: कम घनत्व को प्राप्त होने वाला एक वायुमंडल विद्यमान है, इसके चारों ओर क्रमश: अधिक सूक्ष्मता के स्तरों को प्राप्त होता हुआ एक चेतना का आभा-मंडल भी विद्यमान है।

इस समग्र सूक्ष्म विश्व को सात भागों में विभक्त बतलाया गया है जो सूक्ष्म स्तर-1 से प्रारंभ होकर सूक्ष्म स्तर-7 तक विस्तृत है। पुन: इनमें से प्रत्येक स्तर को दस चरणों में विभक्त किया गया है। इन सात स्तरों में से सूक्ष्म स्तर-1 से सूक्ष्म स्तर-3 को निम्न-स्तर कहा गया है, और इन्हें हम नर्क-लोक के तीन स्तर भी कह सकते हैं। चौथा सूक्ष्म स्तर ही वह दहलीज होती है, जिसे सामान्यत: मानव-संतति की आत्माओं की आरंभिक अवस्था का स्तर कहा जाता है, जबकि पांचवें, छठे और सातवें स्तरों को उच्च और उच्चतर स्तर माना जाता है, जिन्हें हम स्वर्ग के विभिन्न स्तर भी कह सकते हैं। इनमें से प्रत्येक स्तर के अधिपति को एक उच्च भली आत्मा (a High Good Soul) कहा जाता है (जिसे हम ऐन-डी-ई के अनुभव-कर्ताओं के द्वारा वर्णित प्रकाश-पुरुष अथवा the Being of Light का ही एक भिन्न नाम भी समझ सकते हैं)।

इस सूक्ष्म भूमि पर आप केवल अपने या इससे निम्न स्तरों को ही देख सकते हैं। सूक्ष्म भूमि के वासियों को अपने स्तर से उच्च स्तर दिखाई नहीं देते। तथापि, पांचवे या उससे उच्च स्तर के वासी अपने से पिछले निम्न स्तर के किसी वासी को अपने स्तर के एक अल्प-कालीन

भ्रमण के लिये आमंत्रित कर सकते हैं। उदाहरण स्वरूप, अपने स्तर की अधिष्ठाता उच्च भली आत्मा से अनुमति प्राप्त करके छठे स्तर का कोई वासी पांचवे स्तर के किसी वासी को अपने स्तर के एक अल्प-कालीन भ्रमण के लिये आमंत्रित कर सकता है, आदि। इसके अतिरिक्त उस आमंत्रित सूक्ष्म शरीर-धारी को एक उपयुक्त लबादा भी धारण करना होता है ताकि वह उस उच्चतर स्तर के उज्ज्वल-तर प्रकाश और सूक्ष्म-तर वातावरण का सामना करने के योग्य हो सके।

इसी प्रकार, अनुमति प्राप्त करने के पश्चात एक उच्चतर स्तर के वासी निम्न स्तरों के भ्रमण के लिये वहां के उन वासियों की सहायता के लिये जिनमें अपने दुष्कृत्यों पर पश्चाताप की भावना जागृत हो गई है और जो सहायता के लिये प्रार्थना करते हैं, वहां उतर सकते हैं। ऐसे अवसरों पर उन उच्च स्तर के वासियों के लिये भी इस प्रकार के एक सुरक्षात्मक लबादे को धारण करना आवश्यक होता है जो उस निम्न स्तर के भारी वातावरण और निम्न उज्जवलता के लिये उपयुक्त हो। ये सभी लबादे आवश्यकता के अनुरूप अलग-अलग पदार्थों के द्वारा निर्मित होते हैं, जो ऊर्जा को ग्रहण नहीं करते बल्कि उसे परावर्तित करते हैं।

एक रजत की डोर

उपरोक्त पुस्तक के अनुसार सूक्ष्म-शरीर धारी और पृथ्वी पर अवस्थित आत्मायें नियमित रूप से आपस में मिलती रहती हैं और यह लगभग प्रतिदिन होता है। जब हम गहरी निद्रा में होते हैं, तो हम पृथ्वी के लोग अपने शरीरों को छोड़कर एक निश्चित ऊंचाई तक यात्रा कर सकते हैं। इस समय हम केवल एक चुंबकीय आकर्षण के माध्यम से, जिसे रजत की डोरी कहा जाता है, अपने शरीर से जुड़े रहते हैं। किसी कारण से यदि हम अकस्मात जाग जाते हैं, तो यह डोर हमें एक क्षण में ही अपने शरीर में वापस ले आती है। लेकिन यह तभी होता है जब हम स्वप्न-रहित एक गहरी निद्रा में सोये हुए होते हैं। हमारे चेतन मन से इसकी कोई स्मृति जड़ित नहीं होती, पर सूक्ष्म जगत में अवस्थान करने वाले उपरोक्त पुस्तक के वास्तविक रचयिता हमें यह आश्वासन देते हैं कि

हम लगभग प्रतिदिन मृत्यु को प्राप्त अपने प्रियजनों से मिलते रहते हैं (नोट: स्वयं लेखक ने इस प्रकार की भेंटों की चर्चा न तो और कहीं सुनी है और न ही पढ़ी है)।

यह रजत की डोर इस प्रकार की अनेक प्रकाश रश्मियों से निर्मित होती है जो एक दूसरे में मिलकर एक लम्बी (लचीली) रश्मि का रूप ले लेती हैं। यह मनुष्य के भौतिक शरीर में उसके सिर के ऊपरी भाग (शिखा स्थान) से संलग्न होती है ताकि (उसके सूक्ष्म शरीर में अवस्थित) उसकी आत्मा सहजता से उससे निर्गम और उसमें पुनर्प्रवेश कर सके। शिशुओं के सिर के ऊपरी भाग में भी एक ऐसा अपेक्षाकृत नर्म स्थान अवश्य होता है, जहां यह रजत की डोरी उससे संलग्न होती है।

जब आपके पुनर्जन्म का समय निकट होता है, तो आपको अपने स्तर की उच्च भली आत्मा तथा उसी स्तर पर अवस्थान कर रही तीन अन्य बुद्धिमान आत्माओं के साथ उन्हें यह बताने के लिये बैठना होता है कि आप क्या करना चाहते हैं। आपको पुनर्जन्म ग्रहण करने के लिये एक कारण बताना होता है, अपनी माता का चुनाव करना होता है और यह भी बताना होता है कि इस पुनर्जन्म की प्रक्रिया के माध्यम से आप किस प्रकार के प्रशिक्षण की अपेक्षा रखते हैं। साथ ही साथ, आपको अपने जन्म एवं मृत्यु की तिथियों का चुनाव भी करना होता है। इस पूर्व निर्धारित मृत्यु की तारीख को ही आपके संदर्भ में due date या नियत तारीख कहा जाता है।

इसके अतिरिक्त, (जैसे कुछ खेलों में आपको कुछ काल के लिये विश्राम देने के लिये एक substitute का प्रावधान होता है, उसी प्रकार) आपको अपने लिये एक ऐसी भली आत्मा का भी विकल्प के रूप में चुनाव करना होता है जो यदि आप सही मार्ग पर चल रहे हों और पृथ्वी पर आपकी परस्थिति इतनी कठिन हो जाये कि आप उसे संभाल न पा रहे हों (और आपको कुछ विश्राम की आवश्यकता हो), तो उस काल-खंड के लिये आपके भौतिक शरीर में प्रवेश कर सके। इस प्रकार की घटना वास्तव में कभी-कभी ही और उस समय होती है जब परिस्थिति को संभाल पाना सभी प्रकार से आपकी क्षमता के बाहर हो। ऐसी स्थिति में आपकी जागृत की चेतना के संज्ञान में आये बिना ही आपका अर्धचेतन

मन सहायता के लिये पुकार सकता है (लेखक का अनुमान है कि इस प्रकार की विशेष व्यवस्था केवल किसी विशेष और कठिन कार्य के लिये जन्म ग्रहण करने वाली किसी अपेक्षाकृत उच्च स्तर की आत्मा के संदर्भ में ही युक्तिसंगत कही जा जा सकती है)।

आत्मा का पुनर्जन्म के हेतु कोख में प्रवेश

उपरोक्त पुस्तक के अनुसार भी जिस समय एक बालक अपनी माता की कोख में होता है तो वह सूक्ष्म जगत के संपर्क में भी रहता है। इस अवधि में (और विशेषकर प्रारंभिक अवस्था में तथा एक प्रतिभावान और सत्य के मार्ग पर प्रगति करने के इच्छुक) उस बालक को यदि यह प्रतीति होती है कि वर्तमान परिस्थिति उसके आध्यात्मिक विकास में बाधक हो सकती है, तो वह सूक्ष्म जगत में वापस चला जाता है और कोई अन्य आत्मा बालक के उस विकसित हो रहे शरीर में प्रवेश कर सकती है (रिग्रेसन चिकित्सा पर अपनी पुस्तक में श्री ड्रुज हार्डो ने भी भ्रूण में प्रवेश करने के संदर्भ में उसके हिचकते रहने की बात कही है)।

केवल इसी कारण से कि उस माता के गर्भ का चुनाव करने वाली पहली सूक्ष्म शरीर धारी आत्मा अपने चुनाव से असंतुष्टि का अनुभव करते हुए उसका त्याग कर देती है, ऐसा नहीं होता उसके गर्भ से एक अर्धविकसित भ्रूण का जन्म हो, क्योंकि एक दूसरी आत्मा आकर उस विकसित होते हुए बालक के शरीर के स्वामित्व को ग्रहण कर सकती है। उपरोक्त पुस्तक के रचयिताओं के अनुसार इस महत्वपूर्ण बात को स्मरण रखना चाहिये कि भ्रूण में विद्यमान बालक बदलती हुई परिस्थितियों के प्रति जागरूक रहता है क्योकि उसका अर्ध-चेतन मन कार्यशील रहता है। उसका सूक्ष्म जगत से संपर्क बना रहता है और वह अपने माता-पिता के कार्यों का अवलोकन करता रहता है। विशेषकर वह अपनी माता के विचारों और अनुभूतियों के संवेदन ग्रहण करता रहता है।

यदि उसकी माता गलत मार्ग पर चल रही होती है और नकारात्मक विचारों को प्रश्रय देती रहती है, तो एक भली आत्मा होने के कारण वह सूक्ष्म जगत में लौट जाता है और उसका स्थान उसकी तुलना में एक

कम विकसित आत्मा के द्‌वारा ले लिया जाता है। तथापि यदि कोई अन्य आत्मा उसका स्थान लेने के लिये नहीं आती (सहमत नहीं होती) तो समय आने पर एक अर्धविकसित भ्रूण ही जन्म लेता है (लेखक के मतानुसार माता के गर्भाशय में कोई शारीरिक दोष होने पर भी यह स्थिति उत्पन्न हो सकती है कि पहली आत्मा लौट जाये और कोई अन्य उसका स्थान न ले सके)। जन्म ग्रहण करने के पश्चात भी जब तक वह बालक बोलने नहीं लगता, उसकी आत्मा का संपर्क सूक्ष्म जगत से बना रहता है। उसके बाद उसपर भौतिक मस्तिष्क का प्रभाव बढ़ जाता है और उसका अर्धचेतन-मन सूक्ष्म जगत की स्मृतियों को उसमें उदित नहीं होने देता।

उपरोक्त पुस्तक के अनुसार ही, यदि आप एक भली आत्मा हैं, तो आपके कर्म तीव्र गति से आपके समक्ष उपस्थित होते हैं, क्योंकि आपका अर्ध-चेतन मन खुला होता है। इसका अर्थ है यदि आपसे कोई छोटी गलती हो जाती है तो उस कर्म का प्रतिफल तत्क्षण आपके सन्मुख उपस्थित हो जाता है और शीघ्र उसके प्रभाव का उपशम हो जाता है। तथापि यदि आपका अर्धचेतन मन सुप्तावस्था में होता है, तो आपके कर्मों का संचय होता रहता है और आपको भविष्य में इसका परिणाम भुगतना पड़ता है। लेकिन चाहे कुछ भी हो आपके कर्म एक प्रतिफल के रूप में आपके पास लौटकर आते ही हैं। आप यह न सोचें कि कोई गलत कार्य करके कोई आत्मा उसके प्रतिफल से बच सकती है, क्योंकि ऐसे सभी कर्मों का संचय होता रहता है और उस आत्मा को ऐसे सभी ऋणों को चुकाना ही पड़ता है।

भूतकाल, वर्तमान और भविष्य

गणपति तैलंग स्वामी (1607-1887 ई.) ने 130 वर्ष की आयु में काशी में पदार्पण किया था और उसके पश्चात 26 दिसम्बर 1887 के दिन अपना शरीर त्यागने तक, अपने शेष 150 वर्षों के जीवन काल में वे कभी काशी से बाहर नहीं गये। उन्होंने अपने प्रयाण के एक माह पूर्व ही अपने प्रयाण की तिथि की घोषणा कर दी थी, और उस दिन उनके अधिकांश शिष्य काशी में उनके निकट उपस्थित थे।

ऐसी मान्यता है कि तैलंग स्वामी ने अपने दीर्घ जीवन काल में केवल बीस शिष्य स्वीकार किये थे और उमा चरण मुखोपाध्याय उनमें अंतिम थे। उन्होंने बंगला भाषा में स्वामी की जीवन कथा भी लिखी है। वे मुंगेर शहर में एक औषधि निर्माता कंपनी के लिये कार्य करते थे। छोटी आयु से ही उनके मन में पुनर्जन्म और कर्म के सिद्धांत के विषय में जानने की इतनी तीव्र उत्कंठा थी कि उनके संदर्भ में इसे एक फोबिया के समान समझा जा सकता था।

उमा चरण ने सिद्ध योगी तैलंग स्वामी के विषय में सुना था जो कभी भी भूत, भविष्य और वर्तमान, इन तीनों कालों को देख सकते थे। वे इस दृढ़ संकल्प के साथ काशी पहुंचे कि उन्हें किसी भी प्रकार स्वामी का शिष्य बनना है। लगातार बारह दिनों तक प्रति दिन सुबह और शाम दोनों समय लौटाये जाने के पश्चात, आखिर तेरहवें दिन की सुबह स्वामी के सन्मुख उनके धीरज का बांध टूट ही गया और उनकी रुलाई फूट पड़ी। स्वामी के संकेत पर वहां उपस्थित उनके शिष्य मंगल भट्ट ने उमा चरण के निकट आकर उससे अगले दिन प्रात: वहां आने के लिये कहा।

कृपा के माध्यम से कर्मों का क्षय

अगले 28 दिनों तक उमा चरण को प्रति दिन सुबह से शाम तक चाक के लाल पत्थर को घिसने का कठिन शारीरिक परिश्रम करने का निर्देश मिलता रहा। उसके द्वारा बनाई गई पूरी स्याही का उपयोग उसी दिन स्वामी के एक अन्य शिष्य के द्वारा आश्रम की दीवारों पर श्लोक लिखने में कर लिया जाता था। 29वें दिन, जब उनके हाथ और उंगलियां इतने कड़े और कष्टदायी हो गये थे कि उनके लिये अब उस कार्य को करना अत्यंत कठिन हो गया था, उमा चरण फिर एक बार रोदन करते हुए स्वामी के चरणों में गिर पड़े।

अब स्वामी ने उन्हें हाथ से लिखे हुए अनेक उपदेशों और निर्देशों का अपनी मातृभाषा बंगला में अनुवाद करने के कार्य में नियुक्त कर दिया। बाद के समय में यह अनूदित सामग्री ही अध्यात्म के पथ पर चलने के लिये उमा चरण के लिये एक मार्गदर्शक के समान कार्य करने

वाली थी। लगभग एक सप्ताह के पश्चात, जब यह कार्य पूरा हो गया था और जब परान्ह की उस बेला में स्वामी विश्राम कर रहे थे और उमा चरण के जिम्मे कोई अन्य कार्य भी नहीं था, तो उन्हें लगा कि स्वामी के सन्मुख उन प्रश्नों को रखने के लिये यह उपयुक्त समय था जो उन्हें अपनी बाल्यावस्था से ही उद्वेलित करते आ रहे थे।

तथापि इसके पहले कि वे स्वामी के समक्ष कुछ कह सकें, उनसे प्राप्त एक संकेत के अनुसार मंगल भट्ट ने उनसे से उस समय चले जाने और दिन के स्थान पर अगले दिन संध्या के समय उनके समक्ष उपस्थित होने के लिये कहा। अगले दिवस उनके आश्रम में पहुंचने पर स्वामी उन्हें लेकर एक छोटे कक्ष में चले गये और साथ ही मंगल भट्ट को यह निर्देश भी दे गये कि उनकी वार्ता के मध्य किसी के द्वारा कोई व्यवधान उपस्थित न किया जाये। उन्होंने उमा चरण से अपने प्रश्नों को उनके समक्ष रखने के लिये कहा, लेकिन उमा चरण की हिचकिचाहट को देखकर उन्होंने स्वयं ही उनके मन में उमड़-घुमड़ रही जिज्ञासाओं के विषय में उन्हें समझाना आरंभ कर दिया। स्वामी ने जो कुछ भी उन्हें समझाया, और जिससे उनके मस्तिष्क से पुनर्जन्म और इसके कारणों को लेकर जो भी संशय थे उन सभी का पूर्ण निवारण हो गया था, उन सभी बातों का पूरा विवरण उमा चरण ने अपने द्वारा लिखी गई स्वामी की जीवन कथा में दिया है।

शिष्यत्व की प्रार्थना की स्वीकृति के पूर्व

उसके पश्चात स्वामी ने उमाचरण से कहा कि तुम्हारा नाम अमुक है, तुम्हारे पिता का नाम अमुक है, और तुम्हारा आवास अमुक ग्राम में स्थित है जिसमें इतने कक्ष हैं। उन्होंने यह भी बता दिया कि उनके घर की अमुक दिशा में एक तालाब है, जिसके निकट इस-इस प्रकार के वृक्ष हैं, एवं उस गृह में उनके साथ कौन-कौन रहता है।

उमा चरण ये सभी विवरण सुनकर दंग रह गये, जो एकदम सही थे। इसके बाद स्वामी ने उन्हें बताया, "तुम अपने पिछले जन्म में भी एक ब्राहमण थे, तुम्हारा अमुक नाम था और तुम अमुक ग्राम में एक भली

प्रकृति वाले जमींदार के रूप में जाने जाते थे। वहां तुम्हारे घर की दूसरी मंजिल पर प्रवेश द्वार की दक्षिण दिशा में खाली स्थान पर तुमने स्वयं अपने हाथों से संस्कृत के तीन श्लोक लिखे थे, जो अब भी वहां विद्यमान हैं। यदि तुम्हें अवसर मिले तो तुम स्वयं वहां जाकर उन्हें देख सकते हो"।

स्वामी ने यह भी बताया, "अमुक ग्राम में अमुक नाम का एक व्यक्ति रहता है, जिसे तुमसे विशेष लगाव है और उसके प्रति तुम्हारी भी ऐसी ही भावना है। क्या तुम्हें इसका कारण ज्ञात है? पिछले जन्म में यही व्यक्ति तुम्हारे पिता थे। पिछले जन्म में तुम दोनों के मध्य पिता-पुत्र के संबध की निकटता इस जन्म में इस प्रकार अभिव्यक्ति को प्राप्त हो रही है। अपने भौतिक शरीरों और परिस्थितियों के भिन्न होने के कारण ही तुम दोनों एक दूसरे को पहचान नहीं पा रहे हो।

"तुम्हारे पिछले जन्म के चाचा भी इस जीवन में मुंगेर में ही रहते हैं और उनका अमुक नाम है। वे इस जन्म में भी तुम्हें पसंद करते हैं और निकटता का अनुभव करते हैं। प्रतिदिन प्रात: नौ और दस बजे के मध्य वे तुमसे मिलने आते हैं। दिन में एक बार तुमसे मिले बिना उन्हे संतोष नहीं मिलता है। तुम भी उन्हें बड़े सम्मान की दृष्टि से देखते हो। इसका कारण भी तुम्हारे पिछले जन्म का सम्बंध ही है, केवल भौतिक शरीर बदल गये हैं।" उमाचरण इन दोनों व्यक्तियों को ही जानते थे और उनके आचरण भी वैसे ही थे जैसा कि स्वामी ने बताया था।

अंत में, स्थिति को स्पष्ट करने के लिये, स्वामी ने उमा चरण को यह भी समझा दिया कि स्वामी के लिये यह सब कुछ उमा चरण को बताना आवश्यक नहीं था, किंतु उनके संशयों के निवारण के लिये और उनके विश्वास को दृढ़ करने की दृष्टि से उन्हें यह उचित प्रतीत हुआ।

साक्ष्य और प्रमाण

स्वामी ने उमा चरण को अपना शिष्य तो स्वीकार कर लिया था, पर उन्हें यह भी बता दिया था कि योग में प्रशिक्षित होने की उनकी जो अभिलाषा थी वे उसके उपयुक्त नहीं थे। अत: स्वामी के द्वारा उन्हें भक्ति योग के माध्यम से साधना करने के लिये ही दीक्षित किया गया

था। उन्होंने बारह रात्रियों तक बारह अलग-अलग विषयों पर उनके अपने ही हाथों से उनके लिये अपने आवश्यक निर्देश एवं उपदेश लिखवा दिये, और उनका अनुसरण करने के लिये कहा। उन्होंने उमा चरण से अपनी मुंगेर की नौकरी को छोड़कर आसाम में नौकरी के लिये आवेदन करने के लिये कहा और वे अपने उपयुक्त एक नौकरी प्राप्त करने में सफल भी हो गये। यहां गोलाघाट पर उनका परिचय एक युवा व्यक्ति से हुआ और बातचीत के मध्य यह तथ्य निकल कर आया कि उसका विवाह उसी घर की एक पुत्री से हुआ था, स्वामी जी के अनुसार जिसके मालिक अपने पिछले जन्म में उमा चरण थे।

उमा चरण के मन में यह उत्सुकता थी कि क्या अब भी उस घर की दूसरी मंजिल पर दरवाजे के निकट के खाली स्थान पर वे श्लोक लिखे हुए थे? उन्होंने उस युवक से वहां जाकर इस बात की पुष्टि करने का आग्रह किया। इसके प्रत्युत्तर में उसने सुझाव दिया कि यदि इस विषय में उमाचरण स्वयं एक पत्र लिख दें तो उसे वह अपने श्वसुर के पास भेज देगा।

उमा चरण ने ऐसा ही किया। उन्होंने संबंधित व्यक्ति को यह सूचित करते हुए एक पत्र लिखा कि उनके घर की दूसरी मंजिल पर दरवाजे के निकट दक्षिण दिशा में खाली स्थान पर कुछ श्लोक लिखे हुए थे, और यदि वे उनकी प्रतिलिपि उमा चरण के पास भिजवा सकें तो वे अनुग्रहित होंगे और बाद में अपना आभार प्रकट करने के लिये वे स्वयं भी उनके पास आयेंगे। कुछ ही दिनों में उमा चरण को अपने पत्र का उत्तर भी प्राप्त हो गया। उनमें संस्कृत में जो श्लोक लिखे गये थे उनका भावार्थ इस प्रकार था:

1. जिस प्रकार कोई व्यक्ति अपने मलिन वस्त्र उतार कर नये वस्त्र धारण कर लेता है, उसी प्रकार अंतर में निवास करने वाला जीव भी एक जर्जर शरीर का त्याग करने के पश्चात अपने उपयुक्त एक नये शरीर को ग्रहण कर लेता है।
2. जिस प्रकार अलग-अलग पथों का अनुसरण करते हुए अंत में सभी नदियां एक ही समुद्र में समा जाती हैं, उसी प्रकार यद्यपि

लोगों की मानसिकता भिन्न-भिन्न होती है और वे पूजा अर्चना के लिये विभिन्न पथों का अनुगमन करते हैं, अंत में वे सभी उस एक ही लक्ष्य को प्राप्त होते हैं जिसे ब्रह्म कहा गया है।

3. यद्यपि ब्रह्म परिवर्तन रहित, अहंकार से मुक्त, सदैव शुद्ध और अशरीरी होता है, विभिन्न प्रकार के उपासकों के द्वारा इसे विभिन्न प्रकार से कल्पित किया जाता है।

यह स्पष्ट प्रतीत होता है कि अपने वर्तमान जीवन में भी उमाचरण ने अपने पिछले जन्म के संशय और अन-सुलझी हुई पहेलियों की स्मृति को साथ लेकर ही जन्म ग्रहण किया था, जिन सभी का उनके गुरु तैलंग स्वामी के द्वारा समाधान कर दिया गया था, और इसके एक जीवंत साक्ष्य और प्रमाण के रूप में अपने पिछले जीवन में लिखे गये श्लोक भी अब उनके समक्ष उपस्थित थे।

अध्याय – ३

संवित विज्ञान

साधारण रूप से जिसे हम चेतना कहते हैं वास्तव में वह ज्ञान और अनुभव, इन दो प्रकार की चेतनाओं के योग से उत्पन्न 'संवित' है जो हमें इस विश्व के साथ विभिन्न प्रकार के आदान प्रदान करने की योग्यता प्रदान करती है। इसी के द्‌वारा विश्व की सृष्टि होती है और इसीसे संबंधित समस्त विशिष्ट ज्ञान को ऋषिगणों के द्‌वारा 'संवित विज्ञान' कहा गया है।

यह विश्व जिसमें हम निवास करते हैं, परमेश्वर की एक अद्भुत रचना है। इसकी समस्त वस्तुएं सदैव गतिशील बनी रहती हैं और इसीलिये इसका एक अन्य नाम है–जगत, अर्थात जो सदैव चलायमान रहता हो, कभी भी ठहरता न हो। तनिक भी ध्यान से देखने पर हम सहज ही यह समझ सकते हैं कि ये सभी वस्तुएं अपनी-अपनी गति से विभिन्न दिशाओं में सदैव चलायमान रहती हैं। अत: जो कुछ भी हमें दृष्टिगोचर होता है वह सापेक्ष रूप से ही होता है। आज से पांच हजार वर्षों से भी अधिक प्राचीन समय से भारत के ऋषियों की यही मान्यता है, और यह केवल उनके विश्वास पर नहीं बल्कि उनके निष्कर्षों पर आधारित है।

बीसवीं शताब्दी के प्रारंभिक दशकों से ही प्रकृति के इस नियम को एक सापेक्षता के सिद्धांत (Law of Relativity) के रूप में वैज्ञानिक मान्यता भी प्राप्त हो चुकी है। सापेक्षता के इस सिद्धांत को, जिसका प्रस्ताव अल्बर्ट आइंस्टाइन के द्‌वारा दिया गया था, भौतिक विज्ञान की एक अत्यंत महत्वपूर्ण उपलब्धि माना जाता है। इसके अनुसार अपनी-अपनी गति और स्थान की भिन्नता के अनुरूप एक ही घटना दो अलग-अलग दृष्टाओं को भिन्न प्रकार से अनुभूत हो सकती है। इसी प्रकार

आइंस्टाइन के ही दूसरे सिद्धांत (Special Relativity) के अनुसार विश्व के समस्त पदार्थ ऊर्जा से ही निर्मित होते हैं, प्रत्येक पदार्थ में निहित ऊर्जा के मान को मापा जा सकता है और पदार्थ को पुन: ऊर्जा में परिवर्तित भी किया जा सकता है।

आधुनिक विज्ञान की मान्यता है कि ईश्वर मात्र एक अंधविश्वास है और उसकी कुछ भी आवश्यकता नहीं है। यह एक ऐसी भ्रांत धारणा है जो बीसवीं शताब्दी के तीसरे या चौथे दशक से ही मानव संतति को समझायी जा रही है और जो उसे क्रमश: अधिकाधिक विनाश की दिशा में प्रेरित करते हुए आज भी प्रचलित है। न्यूटन, आइंस्टाइन, प्लैंक, हेजेनबर्ग और श्रौडिंगर आदि बड़े वैज्ञानिक इसके समर्थक नहीं थे, बल्कि न्यूटन ने तो बाद में विज्ञान को छोड़कर अध्यात्म का मार्ग ही चुन लिया था।

वैज्ञानिक सोच में कार्ल मार्क्स और उसके साम्यवाद के द्वारा प्रतिपादित अनीश्वर-वाद की अवधारणा का इतनी आसानी से प्रवेश हो जाने का एक कारण यह भी था कि आधुनिक विज्ञान का विकास पश्चिम के देशों में आरंभ हुआ, जहां क्रिश्चियन धर्म का प्रभाव था, और अपने धर्म का तकनीकी पक्ष वहां के लोगों के लिये अस्पष्ट था। आवश्यक पृष्ठभूमि के अभाव में उस काल में जीसस के अधिकांश अनुयायी उसे भली भांति समझने में सक्षम नहीं थे। इसके अतिरिक्त, पहले सम्राट जस्टीनियन की राजाज्ञा से और बाद में चर्च के अधिकरियों की मौन सम्मति से इस धर्म के विवरण और इतिहास से सूक्ष्म जगत एवं पुनर्जन्म विषयक समस्त ज्ञान को छठी शताब्दी में हटा दिया गया था। उस समय दंडस्वरूप सूक्ष्म जगत और अध्यात्म को समझने वाले अनेक ईसाई धर्मगुरुओं को अपने प्राण भी गंवाने पड़ गये थे, जबकि ईसा मसीह ने स्वयं स्पष्ट शब्दों में बताया था कि चेतना ही सर्वोपरि है और उसी से जीवन है, पदार्थ से नहीं (John 6:63). इस प्रकार मानव संरचना में जो सूक्ष्म है, जो जन-मानस के लिये अदृष्ट के समान और अज्ञात है, उसके विषय में जो भी ईसा मसीह के द्वारा संक्षेप में बताया गया था, उनके अनुयायियों के लिये उसका तकनीकी पक्ष भी एक प्रकार से उन्हीं लोगों के साथ लुप्त हो गया था।

यह वह समय था जब सत्य का प्रकाश समस्त विश्व में अत्यंत क्षीण हो चला था, और सुविधा की राजनीति एवं जिसकी लाठी उसकी

भैंस वाली अवधारणा अपनी जड़ें मजबूत कर रही थी। आज स्थिति यह है कि भारत के प्राचीन ऋषियों के वेदोक्त ज्ञान को, जो समस्त ज्ञानों एवं विज्ञानों का आधार है, न तो पश्चिम का विज्ञान मान्यता देता है और न ही पश्चिम की राजनीति एवं धर्म।

आज के परिप्रेक्ष्य में सत्य को भी तब तक असत्य समझा जाता है, जब तक उसे वैज्ञानिक मान्यता प्राप्त नहीं हो जाती। अवश्य ही आधुनिक विज्ञान के विकास और उसकी विभिन्न उपलब्धियों का विशिष्ट महत्व है। परंतु समय के साथ मानव के ज्ञान में अधिकाधिक विकास केवल एक स्वाभाविक प्रक्रिया है। इसी प्रकार सत्य और असत्य का निर्धारण करने की दिशा में एक विश्वसनीय वैज्ञानिक प्रणाली का विकास एवं प्रचलन भी विवेकयुक्त मानव संतति के लिये उतना ही स्वाभाविक भी है और स्वागत के योग्य भी। तथापि एक अधूरे और समय सापेक्ष ज्ञान के आधार पर मानव जीवन से सीधा संबंध रखने वाले उन सभी तथ्यों को, अब तक जहां आधुनिक विज्ञान की पहुंच नहीं हो पाई है, भ्रम और अंधविश्वास घोषित करना मात्र अज्ञान का परिचायक और अदूर्दशिता ही कहे जा सकते हैं।

इस दृश्यमान जगत को हम दृष्टा (Observer) और दृश्य (Observed), इन दो भागों में विभाजित कर सकते हैं। यदि हम चाहें तो इनका विभाजन चेतना और पदार्थ के रूप में भी कर सकते हैं। वहीं आधुनिक विज्ञान की मान्यता है कि पदार्थ से ही दृष्टा अथवा चेतना की उत्पत्ति होती है। अत: वैज्ञानिक सोच या शोध को पदार्थ केन्द्रित सोच माना जाता है, जबकि नोबल पुरस्कार विजेता मैक्स प्लैंक चेतना की मौलिकता के पक्षधर थे और पदार्थ को उसका ही एक परिवर्तित रूप मानते थे। दूसरी ओर भारत के ऋषिगण प्रारंभ से ही दृष्टा अथवा चेतना को ही मौलिक स्थान देते आये हैं। अत: उनके द्‌वारा किये गये अन्वेषणों और उनके सिद्धांतों में चेतना ही केन्द्र-स्थानीय है।

इस प्रकार, हम देखते हैं कि चेतना से युक्त एक प्राणी के रूप में हम इस विश्व को दो अलग-अलग पहलुओं से देखने और जानने का प्रयास कर सकते हैं, जिनके कुछ निष्कर्ष परस्पर से भिन्न हो सकते हैं और दोनों ही क्षेत्रों में कुछ भ्रांत धारणाएं भी हो सकती हैं। विशेषकर धर्म और दर्शन (philosophy) के क्षेत्र में एक निष्पक्ष अन्वेषक के लिये इस प्रकार

की भ्रांतियों की संभावना अधिक होती है। अत: मानव हित में अनेक प्रकार की भ्रांत धारणाओं का निस्तारण और निवारण करने के लिये एक विश्वसनीय वैज्ञानिक प्रणाली का उपयोग वांछनीय समझा जाना चाहिये।

एक विवेकपूर्ण वैज्ञानिक प्रणाली को अवश्य ही धर्मों से भी ऊंचा स्थान दिया जाना चाहिये, और अनेक प्रकार की भ्रांत धारणाओं का अंत करने के लिये यह आवश्यक भी है, क्योंकि धर्म के नाम पर किसी के द्वारा कुछ भी परोसा जा सकता है, और इसके माध्यम से अनुयायियों को जुटाया जा सकता है। वैज्ञानिकों के कंधों पर यह एक बड़ा दायित्व है कि वे इस प्रकार की सभी भ्रांतियों को दूर करने का प्रयास करें जिनका संपूर्ण मानव जाति के भविष्य पर अवांछित और हानिप्रद प्रभाव पड़ सकता हो। परंतु इसके पूर्व चेतना और पदार्थ की मौलिकता के संदर्भ में स्वयं विज्ञान को पदार्थ की मौलिकता वाले अपने भ्रम से मुक्त होना होगा।

इसके लिये आवश्यक है कि उस सनातन सत्य के ज्ञान के संबंध में, जन-साधारण के द्वारा जिसे ईश्वर (God) कहा जाता है, आधुनिक विज्ञान के द्वारा पोषित उसकी अपनी भ्रांतियों और अपूर्णताओं को दूर करने के लिये एक नई पहल और समुचित प्रयास किया जाए। इस प्रक्रिया में मानव जाति का जो सबसे बड़ा उपकार हो सकता है वह है विज्ञान सम्मत चिरंतन सत्य से संबंधित एक सर्वमान्य ज्ञान का विकास।

विज्ञान आगार द्वारा प्रयोजित यह पुस्तक, इसी दिशा में, तथा आधुनिक विज्ञान की अपूर्णता को पूर्णता की दिशा में प्रेरित करने का एक ईमानदार प्रयास है। विज्ञान का अर्थ है विशिष्ट ज्ञान, और आधुनिक विज्ञान के कतिपय विभागों में ही समस्त विशिष्ट ज्ञानों की परिसमाप्ति समझना कदापि विवेकपूर्ण नहीं है। यही भ्रम का मूल है। अत: यहां हम मानव के द्वारा अर्जित किये गये विशिष्ट ज्ञान के ही कुछ ऐसे विभागों की चर्चा करना चाहते हैं, जो अपेक्षाकृत कम विज्ञात और कम चर्चित हैं। विशेष रूप से संवित विज्ञान, तंत्र विज्ञान एवं योग विज्ञान की चर्चा करना ही हमारा अभीष्ट है। लेखक की दृष्टि में इन विज्ञानों की चर्चा प्रारंभ करने के लिये कश्मीर के शैव दर्शन की त्रिक शाखा से अधिक उपयुक्त सिद्धांत खोज पाना कठिन होगा। अत: इसी सिद्धांत की बात हम सर्वप्रथम करेंगे।

कश्मीर का शैव दर्शन

जब हम विवेक और विज्ञान के आलोक में इस विश्व को देखने का प्रयास करते हैं तो हमें अपने चारों ओर हर दिशा में अरबों प्रकाश वर्षों तक विस्तृत, तारों और आकाश-गंगाओं से पूरित एक विशाल ब्रह्मांड दिखाई पड़ता है। यह अवश्य ही आश्चर्यों से परिपूर्ण एवं कल्पना को भी अभिभूत करने वाली संरचना है। किन्तु यदि हम ध्यान से देखें तो हम सहज ही समझ सकते हैं कि हमें ज्ञात समस्त संरचनाओं में स्वयं मानव से बढ़कर कोई भी संरचना कहीं भी नहीं है। ऋषियों के अनुसार एक लीला के रूप में इस विश्व की अभिव्यक्ति निराकार किंतु चैतन्य परमेश्वर की प्रकृति के द्वारा की जाती है, और इस लीला अथवा खेल में हम मनुष्यों की स्थिति केन्द्र-स्थानीय होती है।

अनेक कठिन साधनाओं और दीर्घकालीन अनुसंधान के पश्चात ही भारत के प्राचीन ऋषि इस निष्कर्ष पर पहुंचे थे कि किसी भी सृष्टि के प्रारंभ में, और इसके अंत में भी, एक ही चेतन वस्तु इसके सार अथवा सत् रूप में विद्यमान रहती है, जो नित्य है और जिसका कभी विनाश या अभाव नहीं होता। यह वह स्वप्रकाश चेतन तत्व है जो देश और काल की परिधि से परे, आत्मनिर्भर रहते हुए सदैव और बिना किसी अन्य की अपेक्षा के, इस सृष्ट जगत को आधार, ऊर्जा एवं ज्ञान प्रदान करता है। इस चेतन एवं परम सत्तावान सार वस्तु को ऋषिगण 'सत्' कहते हैं। जब और कुछ भी नहीं रहता, यह सत् तब भी अपनी पूर्ण आत्मसंतुष्टि की अवस्था में, मात्र चेतना के रूप में अवस्थित होकर स्थित रहता है। ऋषियों के शब्दों में, यह अवस्था चेतन ब्रह्म की अव्यक्त अथवा 'निष्कल' अवस्था होती है।

ब्रह्म की 'सकल' अवस्था में इसकी आत्मसंतुष्टि की धारणा में ही एक विभाजन हो जाता है। यह परमेश्वर के स्वभाव के रूप में, उसी में लीन उसकी अंत:प्रकृति के ही उदित हो जाने के समान होता है। इस अवस्था में इसकी चेतना में सत से अलग एक चिद् रूपी ज्ञान और उससे भी भिन्न एक आनंद रूपी अनुभव का भी समावेश हो जाता है। इसी अवस्था में ब्रह्म को सच्चिदानंद ब्रह्म कहा जाता है, और ब्रह्म की इस

सकल अवस्था में ही विश्व की अभिव्यक्ति संभव होती है। तथापि वेदांत में जिसे परमब्रह्म कहा जाता है, हिंदुओं के प्राचीन आगम शास्त्रों में उसी की संज्ञा परमशिव हो जाती है। इन आगम शास्त्रों में एकाधिक दर्शनों का भी समावेश है, और इन्हें हिंदू एवं बौद्ध, दोनों रूपों में प्रचलित तंत्र मतों का आधार भी समझा जाता हैं।

आगम शास्त्रों के शैव दर्शन की त्रिक शाखा के अनुसार विश्व की अभिव्यक्ति और इसके पुनर्विलय का चक्र परमेश्वर की इच्छा से, प्रकृति के अपने समय और सुविधा के अनुसार चलता है। जब और कुछ भी नहीं होता और केवल सत् रहता है, तो वह परमशिव की सुप्तावस्था के समान एक स्थिति होती है, जिसमें उसकी प्रकृति अंतर्लीन रहती है। उसकी इस अवस्था की तुलना हम उस कछुए से कर सकते हैं जो अपने सिर-पैर आदि को अपने अंदर समेट कर विश्राम कर रहा हो। उस समय देश और काल की धारणा तथा सृष्टि के समस्त अवयवों की अवधारणा भी इस निष्कल ब्रह्म में लीन हो जाते हैं।

अत्यंत प्राचीन समय से ही, और कुछ दशकों पूर्व तक भी, कश्मीर को अध्यात्म और शैव दर्शन के अध्ययन के लिये एक विशिष्ट केंद्र समझा जाता था। यद्यपि आगम शास्त्रों की गणना अथर्व वेद के नाम से ख्यात चतुर्थ वेद अंतर्गत की जाती है, तथापि उनका सृजन काल वेदों से अधिक प्राचीन समझा जाता है। वैदिक हिंदुओं के प्रथम तीन वेदों का संकलन राजाओं और राजघरानों का मार्गदर्शन करने वाले और उनसे संबंधित ऋषियों के द्वारा अर्जित ज्ञान का परिचायक माना जाता है, जबकि चतुर्थ वेद को जनसाधारण के मध्य रहकर उनका मार्गदर्शन करने वाले ऋषियों के ज्ञान का संकलन समझा जाता है।

आगम के अंतर्गत शैव सिद्धांत की जो शाखा कश्मीर शैव दर्शन के रूप में विख्यात है, उसका विकास कश्मीर में नवीं और ग्यारहवीं सदी के मध्य हुआ माना जाता है। इसे अन्य सभी दर्शनों से विशिष्ट 'त्रिक दर्शन' के नाम से जाना जाता है, और चेतना के तकनीकी परिप्रेक्ष्य में इसे विद्वत समाज में अत्यंत सम्मान की दृष्टि से देखा जाता है।

यह चेतन तत्व शाश्वत, एकल और अविच्छेद्य है। समय-समय पर, स्वात्म क्रीड़ा के हेतु, यह अपने आप को पहले दो में विभाजित करता

है और फिर विश्व के रूप में अभिव्यक्त होता है। अपनी चेतना के इस विभाजन से इसका एक भाग, जिसकी संज्ञा 'चित' होती है, मानस पक्ष बन जाता है जो सभी वस्तुओं में ज्ञान और अनुभव प्राप्ति का साधन अथवा करण होता है। इसी प्रकार, 'आनंद' की संज्ञा वाला इसका दूसरा भाग हृदय अथवा शरीर स्थानीय बन जाता है जिसे जाना या अनुभूत किया जा सकता है। इनमें चित पक्ष दृष्टा और ग्राहक का स्थान ग्रहण कर लेता है, जबकि आनंद पक्ष उसके लिये दृश्य और ग्राह्य की प्रस्तुति करता रहता है। इस प्रकार चेतना की क्रीड़ा के निमित्त एक दीर्घकाल-स्थायी लीलाक्षेत्र की अभिव्यक्ति संभव हो जाती है।

देश और काल से परे स्थित इस चेतन क्षेत्र से यह सृष्ट्योन्मुख विश्व अपने एक स्वात्म संवेग के साथ एक बहिर्मुखी सृष्टि प्रवाह के रूप में निर्गत होता है। ऋषियों के अनुसार एक सीमा तक प्रसार के पश्चात, यह सृष्टि-प्रवाह चेतना की दिशा में लौट पड़ता है और पदार्थ के कणों के साथ-साथ सापेक्ष के दृष्टाओं (relative observers) के सृजन का कार्य भी आरंभ हो जाता है। आगम के ऋषियों के द्वारा प्रतिपादित विश्व-सृष्टि की अभिव्यक्ति के सिद्धांत की सबसे बड़ी विशिष्टता इस बात में है कि उनके अनुसार सृष्टि में अभिव्यक्त प्रत्येक वस्तु दृष्टा एवं दृश्य, इन दोनों भूमिकाओं का निर्वाह करते हुए अवस्थान करती है। उनकी मान्यता है कि एक पदार्थ के कण में भी अपने कार्य का निर्वाह करने के लिये, सीमित ही सही, पर आवश्यक ज्ञान तो होता ही है।

सृष्टि से पूर्व के अन-अभिव्यक्त क्षेत्र में अनुभूति का स्तर इतना सूक्ष्म होता है कि यहां किसी शरीर अथवा स्थूल विचार की उत्पत्ति संभव नहीं होती। अत: इस क्षेत्र से निर्गत और विश्व की सृष्टि की ओर उन्मुख उपरोक्त सृष्टिप्रवाह, क्रमश: अधिकाधिक घनत्व के स्तरों का निर्माण करते हुए स्थूल पदार्थ की सृष्टि की दिशा में अग्रसर होता है। इसकी गति उच्च से निम्न की दिशा में होती है, और इसे विश्व-सृष्टि की पूर्वावस्था में इन्फ्रास्ट्रक्चर (infrastructure) के निर्माण की अवस्था कहा जा सकता है। तत्पश्चात, एक समय इस प्रवाह का एक ऐसी भूमि पर अवतरण हो जाता है जहां स्थूल शरीरों की अभिव्यक्ति हो सकती है, और जहां विभिन्न प्रकार के स्थूल आनन्दों का भी अनुभव और उपभोग संभव होता है।

स्थूल धरातल के उदय के साथ ही सापेक्षता के अनुभव का भी उदय हो जाता है। ऋषियों के अनुसार, यहां से मानस-पक्ष एवं शरीर-पक्ष, दृष्टा एवं दृश्य पक्ष, अथवा ग्राहक एवं ग्राह्य पक्ष भी साथ-साथ, एक समानांतर रूप से विकास को प्राप्त होते हुए, मानव देह के विकास की दिशा में अग्रसर होते हैं। यह लीलोन्मुख चेतना के द्वारा अपने दोनों प्रमुख एवं अन्यथा अविभाज्य विभागों को दो चतुर खिलाड़ियों के रूप में एक विस्तृत क्रीड़ास्थली में उतार देने के समान है। इस प्रकार ये दोनों ही, जो चेतना के दो विभिन्न विभागों का प्रतिनिधित्व करते हैं और अपनी-अपनी दिशाओं में अनंत होते हैं, आपसी सहयोग की उमंग और आनंद की अनुभूति को साथ लेकर इस विश्व की प्रत्येक इकाई और हर वस्तु का सृजन करने के लिये उन्मुख एवं उद्यत हो जाते हैं।

प्राचीन ऋषिगण जब शरीर पक्ष के विषय में बात करते हैं तो उसमें वे किसी मनुष्य अथवा अन्य प्राणी के अपने शरीर के अतिरिक्त, उस समग्र विश्वरुपी शरीर का भी समावेश कर लेते हैं जिसका उपभोग अथवा उपयोग उस प्राणी के मानस-पक्ष के द्वारा किया जा सकता हो। इसी प्रकार जब वे मानस-पक्ष के संदर्भ में बात करते हैं, तो उसमें मानव के साथ एक बालुका कण अथवा एक हाइड्रोजन के परमाणु का मानस-पक्ष भी उतने ही स्वाभाविक रूप से सम्मिलित होता है जैसे किसी जीवित प्राणी का। किसी भी व्यष्टि अथवा समष्टि की अभिव्यक्ति के लिये ग्राहक और ग्राह्य दोनों का होना आवश्यक है। पुस्तक की प्रस्तावना में भी संक्षेप में यह चर्चा की गई है कि ऋषियों के अनुसार, केवल दृष्टा अथवा केवल दृश्य का आविर्भाव संभव नहीं है।

आधार का महत्व

विज्ञान के माध्यम से हम जानते हैं कि आकाश में किसी भी दिशा में दृष्टि की सीमा के संदर्भ में लगभग १,३०० करोड़ प्रकाश वर्ष की दूरी तक और समय की दृष्टि से लगभग १,३७५ करोड़ वर्ष पूर्व तक, हमारे द्वारा परिदृष्यमान यह विश्व विस्तारित है। इतना सब कुछ खड़ा करने के लिये, जो इतने दीर्घ समय से विद्यमान भी है, अवश्य ही एक अत्यंत शक्तिशाली आधार, कुछ अन्य भरोसे के योग्य संरचनायें, तथा

इन्हें जोड़ने और अलग कर सकने वाली वैसी ही भरोसेमंद प्रणालियों की उपस्थिति भी अनिवार्य समझी जानी चाहिये। एक ओर तो यह इतना विशाल दृश्य जगत रूपी शरीर है, और दूसरी ओर एक मनुष्य है जो इसे देख भी सकता है तथा इसकी नाप-तौल भी कर सकता है। इन दोनों के एक-साथ उपस्थित होने के लिये, एक सामान्य और निष्पक्ष वैज्ञानिक दृष्टि से भी, आधार इत्यादि की उपस्थिति तो आवश्यक ही समझी जानी चाहिये। इसमें किसी अंधविश्वास या अविवेक जैसी कोई बात नहीं है। अवश्य इसमें गुरुत्वाकर्षण की भूमिका भी स्वत:सिद्ध है, पर उस सामान्य ज्ञान को ही पर्याप्त समझकर संतुष्ट हो जाना विवेकशील मानव-पुत्र के लिये किसी भी प्रकार उचित नहीं कहा जा सकता।

अत: सर्वप्रथम संवित विज्ञान के तीसरे, चौथे और पांचवे अध्यायों के माध्यम से, विशेष रूप से, ऋषियों के द्वारा निरूपित एवं वर्णित, अव्यक्त से व्यक्त सृष्टि के निर्गमन और विकास के सिद्धांत को तथा इस सृष्टि के आधारभूत ढांचों को, हम अपने विद्वान पाठकों के समक्ष प्रस्तुत करने एवं भलीभांति समझाने का प्रयास करना चाहते हैं। हमारा यह भी प्रयास रहेगा कि सृष्टि की प्रारंभिक अवस्था से संबंधित विवरणों में यथासंभव और यथासमय, हम आधुनिक विज्ञान (विशेषरूप से भौतिकी-शास्त्र) को भी सम्मिलित करते हुए ही अपने पथ पर अग्रसर हो सकें।

ऋषियों के अनुसार विश्व का सृजन चेतन तत्व के द्वारा लीलावश, एक क्रीड़ा के रूप में होता है, और अपने अनुभव और उपभोग के हेतु शरीर के निर्माण के लिये चेतना को पदार्थ की आवश्यकता होती है। पदार्थ की उत्पत्ति के साथ ही परमेश्वर के सृष्ट्योन्मुख ऊर्जा प्रवाह के संवेग का पहला चरण पूर्ण हो जाता है, और चित शक्ति के विकास की क्रिया भी इसी के साथ प्रारंभ हो जाती है। अत: तत्पश्चात, इस पुस्तक के पांचवे अध्याय से ही हम चेतना की पदार्थ से अपने उत्स की ओर वापसी और मानव जाति की उत्पत्ति की चर्चा करने की दिशा में अग्रसर हो सकते हैं। ऋषियों का मत है कि मानव की उत्पत्ति के साथ ही प्रकृति के केन्द्र-स्थानीय उद्देश्य की कार्य के रूप में परिणति हो जाती है। अपनी चर्चा में इस स्थान तक ही हम विज्ञान को साथ लेकर चलने का प्रयास कर सकते हैं, क्योंकि इसके पश्चात चेतना की वापसी की यात्रा मानव-

शरीर के अंतराल में ही अग्रसर हो सकती है। अत: षष्टम अध्याय से, अन्य सभी विज्ञानों को पीछे छोडकर, हमारी यह पुस्तक पूर्ण रूप से उन सिद्धों एवं परम गुरुओं का आश्रय ग्रहण करके अग्रसर होती है जिनमें सापेक्षता के परे स्थित होकर इस विश्व को देख सकने की क्षमता थी, और जो योग-विज्ञान के अंतिम छोर पर स्थिति प्राप्त करने के पश्चात सभी गूढ़तम और गंभीरतम विषयों पर भी आधिकारिक रूप से प्रकाश डालने में सक्षम थे।

पाठक समझ सकते हैं कि हम एक अत्यंत दूरगामी और अपेक्षाकृत गंभीर वार्ता प्रारंभ करने जा रहे हैं। अपनी इस वार्ता के मध्य आगम शास्त्र की कुछ मूलभूत धारणाओं, उनके जनकों, तथा उनके परस्पर के संबंधों की हमें अनेकों बार अलग-अलग स्थानों पर चर्चा करने की आवश्यकता पड़ सकती है। अत: आगम के सृष्टि प्रकरण का आरंभ करने के पूर्व हम इस प्रकरण के मुख्य पात्रों, उनके अधिकार क्षेत्रों एवं उनकी भूमिकाओं से अपने पाठकों का परिचय करवाना आवश्यक समझते हैं।

त्रिक दर्शन: एक विहंगम दृष्टि

त्रिक दर्शन में परमशिव को पांच प्रकार की सीमाओं से मुक्त बताया जाता है, तथा पांच ही ऐसे कार्य भी बताये गये हैं जिनका वे स्वेच्छा से निर्वाह करते हैं। साथ ही परमशिव को पांच ऐसी चेतन शक्तियों से भी युक्त माना जाता है जो इन पांच प्रकार की असीमताओं या सीमाविहीनताओं से उदित एवं परिभाषित भी होती हैं, और जो उनके द्‌वारा संकल्पित पांच प्रकार के कृत्यों के निष्पादन में उनकी सहायक भी होती हैं।

परमशिव की वे पांच प्रकार की असीमतायें, जो इस विशाल परंतु सभी ओर से सीमाबद्ध विश्व की उत्पत्ति की पृष्ठभूमि में सदैव विद्‌यमान रहती हैं, वे इस प्रकार हैं:

- यह चेतन तत्व समय की सीमा से परे स्थित है। यह अनादि, अनंत एवं नित्य है।
- यह सब कामनाओं से मुक्त है और सर्वप्रकार से अभेद्‌य एवं पूर्ण है।

- यह पूर्ण स्वतंत्र है और सदैव एवं सर्वत्र विद्‌यमान है। स्वयं अनाश्रित रहते हुए, यह सभी को आश्रय अथवा अवकाश प्रदान करता है।
- यह सर्वज्ञ है। इसके लिये कुछ भी अज्ञात नहीं है।
- यह सर्व सामर्थ्य-युक्त है और कुछ भी करने में सक्षम है।

केवल मात्र अपनी आत्म-प्रकृति के द्‌वारा प्रेरित जिन पांच परम कृत्यों का निर्वाह परमशिव के द्‌वारा होता है, वे निम्नलिखित हैं:

- चेतना के फलक पर अपनी माया के द्‌वारा दृष्टा, दृश्य और दर्शन के गुण वाली इकाइयों, समूहों तथा संसाधनों से युक्त किसी भी विश्व की अभिव्यक्ति करना।
- इन विभिन्न इकाइयों, समूहों एवं विश्व को यथोचित काल तक स्थिर रखना।
- यथोचित कालावधि के पश्चात इस अभिव्यक्त विश्व को पुन: आत्मसात कर लेना।
- अपनी असीमताओं का आच्छादन करके मायायुक्त सापेक्षता की सृष्टि करना, और
- यथासमय अथवा कृपावश, इन आच्छादनों को छिन्न करना और सत्य के स्वरूप को प्रकाशित करना।

वास्तव में परमशिव नहीं बल्कि उसकी प्रकृति ही इस विश्व का रूप धारण करती है, जिसे पराशक्ति के नाम से संबोधित किया जाता है। यह शीर्ष स्थानीय वह परम शक्ति है, जिसका उदय विश्वसृष्टि की सूचना के समान होता है और जो, एक के बाद एक, परमेश्वर की पांच प्रधान शक्तियों को उनके क्रम के अनुसार उत्पन्न करती है। ये पांच शक्तियां, जो विश्व के निर्माण तथा संचालन में परमेश्वर की सहायक होती हैं, क्रमश: इस प्रकार हैं:

- चित शक्ति: जिसका कार्य है वस्तुओं एवं उनके गुणों का प्रकाशन करना।
- आनंद-रूपी ऊर्जा शक्ति: जिसका कार्य है अनुभव प्रदान करना और जिसे अवयव बनाकर कार्यरूपी विश्व का निर्माण होता है।

- इच्छा शक्ति: जिस का कार्य है बल प्रदान करना तथा जिसमें भविष्य में सृजित होने वाली समस्त वस्तुएं बीज रूप में वर्तमान होती हैं।
- ज्ञान शक्ति: जिसके द्वारा वस्तु अथवा विषय विशेष का ज्ञान होता है तथा जिसमें विश्व का समस्त ज्ञान और इसके सारे नियम निहित होते हैं।
- क्रिया शक्ति: यह हर प्रकार की क्रिया और प्रतिक्रिया को जन्म देती है। यह हर वस्तु अथवा पदार्थ में कर्म की प्रेरणा एवं यथोचित कार्य क्षमता उत्पन्न करती है।

परमशिव की शक्तियां ही उसकी लीला के रूप में इस विश्व का रूप धारण करती हैं। इसके अतिरिक्त परमशिव की अपनी पांच विशिष्ट कलायें भी हैं, जिनका उपयोग उनके द्वारा एक ऐसे क्रीड़ाक्षेत्र की सृष्टि करने के लिये किया जाता है, जिसमें ग्राहक और ग्राह्य के मध्य एक दीर्घकालव्यापी खेल का सूत्रपात हो सके। तथापि अपनी इन कलाओं का उपयोग स्वयं परमशिव के द्वारा ही किया जा सकता है, तभी उनकी प्रधान शक्तियां अपने कार्य संपन्न कर पाती हैं।

इस लीलामयी क्रीड़ा में खेल भी, खिलाड़ी भी, और खेल का मैदान भी, सब कुछ केवल मात्र चेतना ही होती है। अत: वास्तव में कोई सृष्टि नहीं होती, बल्कि एक विश्वरूपी धारणा की स्थूल अभिव्यक्ति मात्र होती है। जो स्थायी और अपरिवर्तनीय सत्य है, वह स्थिर और असंलग्न रहते हुए इस संपूर्ण लीलापूर्ण अभिव्यंजना का साक्षी मात्र बनकर स्थित रहता है। उस अभिव्यंजक की दृष्टि में यह जगत सामयिक, असत्य एवं स्पंदनशील चेतना के पटल पर सापेक्षता की कूंची द्वारा अंकित एक चलायमान चित्र के सदृश ही प्रतीत होता है।

परंतु सापेक्षता की सृष्टि करने वाली माया शक्ति के प्रभाव-क्षेत्र में, परमशिव के द्वारा अभिव्यंजित सापेक्ष अनुभूति और व्यवहार के उपयुक्त इस स्थूल जगत में स्थित दृष्टा-उपभोक्ताओं को (observer and consumer को) देश और काल के पार्थक्य में पिरोई हुई यह समग्र विविधता सत्य के समान ही प्रतीत होती है। तथापि सत्य यही है कि ये छोटे-बड़े और विविध प्रकार के सापेक्ष आचरण करने वाले दृष्टा-उपभोक्ता

भी उसी समष्टि चेतना के ही वे अंश हैं, जिनके ज्ञान पर सापेक्षता रूपी माया का आवरण डाल दिया गया है और वे स्वयं को छोटा, सीमित व अणुमात्र समझकर इस क्रीड़ाजगत में अपनी अपनी भूमिकाओं का निर्वाह करते रहते हैं।

सापेक्षता की दहलीज

एक ऐसे विश्व में अवतरण करने के लिये जिसमें सापेक्ष रूप में आचरण विचरण करने की स्वतंत्रता हो, चेतना के कणों के लिये अपनी वास्तविक प्रकृति का विस्मरण आवश्यक होता है। जहां एक ओर पूर्ण की चेतना स्वयं स्थिर रहते हुए सृजनोन्मुखी ऊर्जा को प्रेरित एवं संचालित करती है, वहीं दूसरी ओर उसके जो अंश इस व्यक्त सृष्टि में प्रवेश करते हैं उनकी पांचों शक्तियों को पहले यह पूर्ण रूप से आवरण से ढंक देती है, और तत्पश्चात उनके सीमित अनावरण के माध्यम से यह विभिन्न श्रेणी के भोक्ता एवं भोग्य वस्तुओं का विकास करती है। यह कार्य परमशिव की तीसरी कला, विद्या कला के द्वारा किया जाता है।

यह कला एक माया क्षेत्र का सृजन करती है जो चेतन तत्व की अपरिमित शक्तियों को काल, राग, नियति, विद्या एवं कला नाम के आवरणों के द्वारा संकुचित कर देता है। विश्व की समस्त वस्तुएं चेतना से उद्भूत इन्हीं पांच प्रकार की शक्तियों का उपयोग करती हैं, जबकि ये आवरण उन्हें संकुचित करते हैं ताकि विविधता की सृष्टि संभव हो सके। पदार्थ के छोटे से छोटे कणों से लेकर बड़े से बड़े जीवित प्राणियों तक, सभी इसके द्वारा प्रभावित होते हैं। हम मनुष्यों पर भी माया के इन पांच कंचुकों का अनुशासन चलता है।

- 'काल' के प्रभाव से हम समय का अनुभव करते हैं और सीमित आयु को प्राप्त होते हैं।
- 'राग' के प्रभाव से हम अपूर्णता का और अभावों का अनुभव करते हैं।
- 'नियति' के प्रभाव से हम स्वयं को देश और काल से बंधा हुआ अनुभव करते हैं।

- 'विद्या' के प्रभाव से हम सीमित और अपूर्ण ज्ञान का ही अर्जन कर पाते हैं, तथा
- 'कला' के प्रभाव से हम सीमित कार्य ही कर पाते हैं, सब कुछ नहीं कर सकते।

अवश्य ही सर्वज्ञ और सर्वसामर्थ्यवान परमशिव अथवा नित्य-चेतन तत्व की दृष्टि से इसे अज्ञान, अपूर्णता और चेतना का निम्न में अवतरण समझा जाता है, परंतु इसी में सापेक्षता की कुंजी निहित है। वहीं, केन्द्र स्थानीय हम मनुष्यों के संदर्भ में तो ये वे विशिष्ट सुविधायें हैं जो हमें अन्य सब प्राणियों में श्रेष्ठ बनाती हैं, तथा इस मायाजगत में हमें विभिन्न प्रकार के आनन्दों का उपभोग करने की योग्यताएं भी प्रदान करती हैं। प्राणियों के निम्न स्तरों पर ये योग्यताएं व शक्तियां क्रमश: अधिकाधिक संकुचित रूप में प्रकाशित होती हैं, और पदार्थ के स्तर पर तो ये क्षीणप्राय ही हो जाती हैं, यद्यपि इसके सबसे छोटे कण तक भी इनका कुछ प्रकाश तो अवश्य ही पहुंचता है।

चेतना का विज्ञान

'परा संवित' या परम चेतना ही वह स्वामी अथवा प्रधान है जो परम स्वतंत्र है, नित्य है और बिना किसी अन्य की अपेक्षा के स्वयं में ही पूर्ण है। परमशिव भी इसी स्वयंभुव परम सत्ता का ही एक नाम है।

विश्व का निर्गमन एवं विकास समय समय पर इस परा संवित के द्वारा एक क्रीड़ा के रूप में किया जाता है। ऋषियों के द्वारा प्रयुक्त इस क्रीड़ा शब्द के प्रयोग को एक महत्वपूर्ण इंगित समझना चाहिये। किसी कार्य का हेतु जान लेने पर उसे समझना हमारे लिये अधिक सहज हो जाता है। ऋषिगण हमें यह बताना चाहते हैं कि इस विशाल विश्व की अभिव्यक्ति एक नादान के समान निर्लिप्त चेतन तत्व के द्वारा नहीं, बल्कि उसके आमोद के लिये, उसमें ही समन्वित उसके दो चतुर एवं निपुण अंतर्विभागों के द्वारा की जाती है।

महार्थ-मंजरी नामक ग्रंथ की रचना दसवीं शताब्दी में महायोगी गोरक्षनाथ महेश्वरानंद के द्वारा की गई थी, जिन्हें कश्मीर शैव सिद्धांत

की त्रिक दर्शन शाखा का भी आचार्य माना जाता है। इस ग्रंथ को शैव दर्शन का एक आधिकारिक ग्रंथ माना जाता है। विद्वत मंडलियों में विद्वानों के द्वारा इसके उद्धरण प्राय: सम्मान के साथ दिये जाते हैं। इसकी सूत्र संख्या २४ में कहा भी गया है: *विश्वोद्यान विरूढानि, गंध प्रमुखानि, सुगंधिनी पुष्पानि; पंचाप्याजिघ्राण, क्रीडति, त्रैलोक्यधूर्तो देवा।*

इसी ग्रंथ की स्वयं श्री गोरक्ष रचित टीका में इसी बात को और भी अधिक स्पष्ट रूप में समझाया गया है: *पांच प्रकार के पुष्पों की, जो पांच प्रकार के ज्ञातव्य अनुभव प्रदान करते हैं, जिनमें गंध की प्रधानता है, और जो इस विश्वरूपी उद्यान में खिल रहे हैं, उनकी सुगंधों का आस्वादन करते हुए यह चतुर खिलाड़ी परमशिव, जिसकी प्रकृति स्वयं क्रीड़ा की पराकाष्ठा है, ज्ञाता, ज्ञान और ज्ञातव्य के तीन धरातलों पर उन्मुक्त एवं हर्षित होकर क्रीड़ा करता है।*

जब और कुछ भी नहीं होता, तो वह परमशिव की निष्कल अथवा कला विहीन अवस्था कही जाती है। कला का एक अर्थ है दक्षता अथवा निपुणता। इसके दूसरे अर्थ में हम इसे एक विशिष्ट और उत्कृष्ट श्रेणी की योग्यता के प्रकाश के रूप में भी देख पाते हैं, जैसे एक विशिष्ट गायन, विशिष्ट संगीत, या कोई विशिष्ट कलाकृति। परमशिव में विद्यमान पांच कलायें, जिनका प्रयोग स्वयं परमशिव के द्वारा किया जाता है (जैसे किसी का एक पैर पर या सिर के बल खड़ा होना, या अपने दो हाथों से ताल देना), इस प्रकार हैं:

- 'शांत्यातीत कला' अव्यक्त परा क्षेत्र में कार्य करती है।
- 'शांति कला' उस आत्म तत्व (स्वत्व) की जनक है जो किसी शरीर अथवा क्रिया निष्पादन प्रणाली से युक्त होकर उसके स्वामित्व के पद को ग्रहण कर सके और जो अपने से अन्य की अवधारणा करने में भी समर्थ हो सके।
- 'विद्या कला' सापेक्ष ज्ञाता, दृष्टा एवं अनुभवकर्ताओं का विकास करती है।
- 'प्रतिष्ठा कला' सापेक्ष ज्ञान एवं उसके साधनों का विकास करती है।

- 'निवृत्ति कला' सापेक्ष ज्ञातव्य और दृश्य के विकास में, अथवा स्थूल जगत के विकास में, क्रिया शक्ति की सहभागी होती है।

निष्कल अवस्था में परमशिव को अपनी किसी कला का स्मरण नहीं होता। यह शुद्ध चेतन स्वरूप, और विन्दु तुल्य, आत्मतुष्टि की अवस्था होती है। इस स्थिति में उसमें कोई ममत्व अथवा अहंकार नहीं होता और न ही कोई विचार होता है। उसकी समस्त क्षमतायें, शक्तियां तथा कलायें, जो उसके स्वभाव अथवा प्रकृति की परिचायक होती हैं तब उसी में लीन एवं अप्रकट होकर स्थित रहती हैं, और परमशिव वेदांत के मात्र 'सत्' रूप में अवस्थित होता है।

ऋषियों के मत के अनुसार, सृष्टिचक्र के विधान का अनुगमन करते हुए विश्व का आवर्तन-परावर्तन अथवा सृष्टि-विलय होते रहते हैं। सृष्टि-चक्र के अवसान के समय यह संपूर्ण विश्व पुन: उस नित्य एवं सर्वव्यापी चेतन सत्ता के द्वारा अपने अंतर-आकाश में संकर्षित कर लिया जाता है, और लुप्त हो जाता है; ठीक वैसे ही, जैसे कि कोई मकड़ी पहले एक मकड़जाल को बाहर निकालती है तथा पुन: उसे लील भी जाती है। इस चक्रांत की बेला में इस विश्व और भौतिक आकाश के साथ ही इसमें स्थित समस्त ऊर्जा भी, और अपनी समस्त स्मृतियों, वृत्तियों तथा संस्कारों के सहित वैश्विक मन भी, पहले महाकाश में लीन हो जाते हैं और तत्पश्चात वह भी चिदाकाश मे लीन हो जाता है—केवल सत मात्र रह जाता है।

यह स्थिति वैश्विक चेतना की सुषुप्ति की अवस्था के समान है। इस अवस्था का निर्देश करने के लिये ऋषि 'निमेष' शब्द का प्रयोग करते हैं, जिसका आशय है संकुचन या पलकों को बंद करना।

सृष्टि चक्र का प्रत्यावर्तन: नूतन विश्व का उदय

एक घटनाविहीन, सुखद और दीर्घ निद्रा के समान अवस्था, जो खरबों वर्षव्यापी हो सकती है, उसमें स्थित परमशिव की शांत चेतना में एक मधुर सी सिहरन के समान एक स्पंदन का उदय होता है, और सहसा उसकी निद्रा भंग हो जाती है। इस दीर्घ सुषुप्तिकाल में उसके स्वभाव

(अथवा प्रकृति) की वृत्तियां संभवतया शनैः शनैः पुनः अपने बल को प्राप्त होती जा रहीं थी। विश्व की पिछली अभिव्यक्ति के विलयन (reabsorption) के समय बीजावस्था को प्राप्त संस्कार भी संभवतया पुनः सतह प्राप्त करने और प्रस्फुटित होने के लिये उत्सुक हो रहे थे! ऋषिगण इसका वर्णन उन्मेष (अथवा विस्तार के प्रारंभ) (beginning of expansion) के नाम से करते हैं। तथापि, उन्मेष शब्द का एक अर्थ नेत्रों को खोलना भी है। अतः परमशिव की चेतना में उदित यह आंतरिक स्पंद उसके नेत्र खोलने और एक नवीन सृष्टि की अभिव्यक्ति के हेतु उसकी चेतना के क्षेत्र के विस्तार की अग्रिम सूचना की घोषणा होने के समान भी है।

उन्मेष और निमेष, विस्तार और संकोच (expansion and contraction)–ये दोनों परमशिव के ही स्वभाव के अंतर्गत हैं तथा उसके द्वारा अभिव्यक्त होने वाले विश्व की पृष्ठभूमि में स्थित वे प्रधान गुण हैं, जिनके परिणाम स्वरूप ही यह सतत स्पंदनशील विश्व अभिव्यक्ति लाभ करता है और अपने प्रत्येक स्तर पर स्पंदनशील रहते हुए ही कार्यरत भी होता है।

वह हल्की सी सिहरन, जैसे एक कोमल पंख के स्पर्श से उत्पन्न गुदगुदी, जैसे हृदय की एक धडकन और जैसे एक नाडी की थिरकन, जो उस परमशिव की चेतना में अनुभूत होती है, जो स्वयं ज्ञान व प्रेम के विन्दु-मात्र रूप में अवस्थित है, वह उसकी ही पराशक्ति नाम से वर्णित होने वाली प्रकृति का ही प्रथम स्पंदन है। इस पराशक्ति के उदय के साथ ही परमशिव की निद्रा का अवसान हो जाता है तथा उसके अनुभव का रूप भी बदल जाता है।

निमेष की स्थिति में परमशिव का अनुभव एकलता का अनुभव था। यह काल से परे स्थित उस शाश्वत चैतन्य में एक आत्मसंतुष्टि की अनुभूति मात्र थी। इसमें चेतना और संतुष्टि में कोई भेद नहीं था, एक एकत्र का ही ज्ञान था। हम कह सकते हैं कि परमशिव के हृदय और मष्तिष्क में, अथवा इसके ज्ञान और अनुभव में कोई भेद अथवा विभाजन नहीं था। इस नूतन अवस्था में इसकी एक विंदु के सदृश और किसी भी अवकाश से रहित चेतना के क्षेत्र में एक अंतः बिन्दु अथवा केन्द्र उत्पन्न

हो जाता है। इसका उदय एक अनुभव के रूप में चैतन्य में एक हृदय-क्षेत्र की सृष्टि कर लेता है, और अपना एक अलग स्थान बना लेता है।

इस प्रकार 'सत्' के अतिरिक्त परमशिव की चेतना में उसके दो नये विभाग उत्पन्न हो जाते हैं, जिनमें से एक बहिर्चेतना का स्थान ले लेता है तथा दूसरा उसके अंतर की चेतना का। परमशिव अब सत्-चित-आनंद 'सकल-ब्रह्म' के रूप में स्थित हो जाते हैं। वेदांत के परम ब्रह्म और शैवागमों के परमशिव में यह अंतर है कि आगम में शिव की प्रकृति गतिशील और ऊर्जा स्वरूप है जो एक स्पंद के रूप में प्रकट होती है और सदैव क्रियमाण रहती है। यह एक सार्वभौम नियम है कि किसी प्रकार के भी कार्य अथवा अनुभव को उत्पन्न करने के लिये ऊर्जा की आवश्यकता होती है। तथापि परा क्षेत्र में कोई घनत्व नहीं होता, अत: यहां का स्पंदन भी अव्यक्त तथा माप-तौल की समस्त सीमाओं से सर्वथा परे होता है।

साधारण रूप से हम जिसे चेतना कहते हैं, वास्तव में वह ज्ञान (awareness) और अनुभव (experience) के योग से उत्पन्न 'संवित' (consciousness) है, जो हमें इस विश्व के साथ विभिन्न प्रकार के आदान प्रदान करने की योग्यता प्रदान करता है। अव्यक्त परा भूमि में उद्भूत इस परम चेतना को 'परा संवित' कहा जाता है। इसी के द्वारा विश्व की सृष्टि होती है, और इसीसे संबंधित समस्त विशिष्ट ज्ञान को ऋषिगणों के द्वारा 'संवित विज्ञान' कहा गया है।

संवित विज्ञान के अनुसार परमशिव का अपना स्वभाव अथवा इसकी प्रकृति-स्वरूपा 'पराशक्ति' ही अव्यक्त धरातल पर एक स्पंद के रूप में उदित होती है। इस पराशक्ति में ही विश्व की समस्त शक्तियां समन्वित होती हैं और यथासमय प्रकट होती रहती हैं, तथा यही पराशक्ति वक्र गति से प्रवाहमान होते हुए 'सृष्टि-विलय' के चक्र को एक मूर्त रूप प्रदान करती है। इसके उदय से परमशिव की आंतरिक अनुभूति पहले आनंद के रूप में प्रकाशित होती है और फिर वह उसके अंदर छिपे कलाकार में आत्म-अभिव्यंजन के परम उल्लास का रूप धारण कर लेती है। इसके फलस्वरूप, परमशिव की चेतना में एक क्रीड़ा के रूप में आत्म अभिव्यंजन की, अथवा विविधता के सृजन की एक अंत: प्रेरणा का उदय होता है। यह स्वाभाविक ही है कि यह क्रीड़ाक्षेत्र भी, क्रीड़ा भी और इस क्रीड़ा का

स्तर भी, समस्त सीमाओं से परे स्थित इस दिव्य, युगल, परमशिव तथा पराशक्ति, की प्रसिद्धि के अनुरूप ही होंगे, अर्थात ये बहुआयामी, अत्यंत विशाल, अद्भुत और सभी को चमत्कृत करने में सक्षम होंगे।

एकल का युगल में विभाजन

एक से दो, दो से चार और चार से आठ, यह सुनने में अत्यंत स्वाभाविक जैसा लगता है पर है नहीं। सबसे पहली आवश्यकता है एक से दो होने की। इसके बाद दो से चार और चार से आठ होने में कोई दिक्कत नहीं है, और गुणा, भाग आदि, सब संभव हो सकता है। एक को अगर सौ बार भी हम एक से गुणा करें तो वह एक ही रहता है, दो भी नहीं बन सकता। परमशिव में जब एक से अनेक की अभिव्यक्ति की इच्छा का उदय होता है तो उसकी पहली कला प्रकाश में आ जाती है, और उसकी अंत: चेतना का ध्रुवीकरण हो जाता है, जैसे किसी एक ही पुष्प में एक नर पक्ष जिसे पुं-केशर (stamen) कहते हैं, और एक मादा पक्ष जिसे स्त्री-केशर (pistil) कहा जाता है उत्पन्न हो गये हों।

'आद्य चेतना' परा संवित में 'चित' रूपी वाह्य का ज्ञान, परमशिव की शांत्यातीत कला के प्रभाव से नर भाव, जो स्थिति प्रधान होता है, उसे ग्रहण करके शिव की संज्ञा ले लेता है। दूसरी ओर इसी प्रकार इसका 'आनंद' रूपी अंत: ज्ञान नारी भाव को ग्रहण कर लेता है, जो क्रिया प्रधान होता है, और उसकी संज्ञा अब शक्ति तत्व हो जाती है। सार-वस्तु में प्रारंभ में ही ध्रुवीकरण तथा इसका नर और नारी में विभाजन सृष्टि के प्राकट्य से पूर्व ही, परा क्षेत्र में ही हो जाता है। ऋषियों के अनुसार, वहीं से समस्त सृजन की क्रिया की नींव भी पड़ जाती है। अत: सृष्ट-विश्व में दो श्रेणी में विभक्त इन्हीं चेतन तत्वों की संतान, हम मनुष्यों तथा अन्य प्राणियों में भी इस प्रकार का विभाजन स्वाभाविक ही है।

एक दिव्य कलाकार की अद्भुत कला

शैव आगम के अनुसार जीवन, और मनुष्य के समान एक बुद्धि और विवेकशील प्राणी से भी समन्वित इस विश्व की रचना में ३६ तत्व व्यक्त

होकर विद्यमान रहते हैं। परमशिव के स्वभाव की द्योतक 'परा शक्ति' एक निश्चित क्रम के अनुसार इन सभी तत्वों का सृजन अथवा उत्सर्जन करती है, जिनमें शिव प्रथम तत्व होता है और शक्ति दूसरा। संवित रूपी इस ध्रुवीकृत चेतना में शिव स्थिर एवं नर पक्ष है, जो वाह्य की चेतना का प्रतिनिधित्व करता है और अभिव्यंजक का कार्य करता है। यह प्रकृति में मन और दृष्टा पक्ष का विकास करता है। शक्ति, जो वैश्विक चेतना में नारी पक्ष और क्रियाशील तत्व होती है, वह अंत:चेतना का प्रतिनिधित्व करती है और सभी प्रकार के अनुभवों को जन्म देती है। यह सृष्ट विश्व में शरीर विभाग तथा समस्त दृष्ट वस्तुओं का विकास करती है। 'शिव' ज्ञान रूपी प्रकाश से विकिरण के रूप में अभिव्यंजित होते रहते हैं और 'शक्ति' विमर्श के रूप में शिव के प्रस्तावित अभिव्यंजनों को ग्रहण करते हुए उन्हें अभिव्यक्ति अथवा शरीर प्रदान करती रहती है।

वैज्ञानिक शब्दावली में परमशिव की अंत:चेतना में ध्रुवीकरण को हम परम तत्व की आंतरिक स्वतंत्रता (internal freedom) भी कह सकते हैं। यह एक प्रकार से संवित तथा उसके द्वारा व्यक्त होने वाली प्रत्येक वस्तु में उपस्थित रहने वाली एक अंत: प्रकृति का प्रथम सृजन होता है। इसमें दो विभिन्न दिशाओं में उन्मुख दो आंतरिक विभाग सृष्ट होकर भी एक ही सिक्के के दो पहलुओं के समान संयुक्त बने रहते हैं। वे अलग हो ही नहीं सकते। इस प्रकार की अंत:प्रकृति स्थूल सृष्टि के समस्त पदार्थों में भी (प्रोटोन आदि कणों में भी) पाई जाती है और इसका एक बहुत विशेष महत्व भी है, क्योंकि इस अविभाज्य अंत:प्रकृति की विशिष्टताओं के आधार पर ही साधारण प्रकृति के द्वारा भौतिक, रसायन एवं जैव शास्त्रों की नींव रखी जाती है। यह अविभाज्य अंत:प्रकृति परमशिव की एक अत्यंत विशिष्ट कला का परिणाम होती है, जिसे आगम के द्वारा परमशिव की शांत्यातीत कला कहा जाता है।

परमशिव की इस विशिष्ट पटुता (कला) में उसकी मूल-प्रकृति अथवा स्वभाव का भी विशेष योगदान होता है, क्योंकि वह एक स्पंदन के रूप में ही प्रकट होती है, एवं सदैव स्पंदनमयी ही बनी रहती है। शांत्यातीत कला इस स्पंदन को इस प्रकार बाधित कर देती है, कि सिक्के के दो पहलुओं के समान होने पर भी इन दोनों में एक उन्मुखता की स्थिति

भी बनी रहती है। अत: सिक्का शब्द का उपयोग अध्यात्म के शिक्षकों के द्वारा मात्र एक सरल उपमा के रूप में ही किया जाता है, जबकि सृष्टि रचना की ओर अभिमुख चेतन और स्पंदनमयी ऊर्जा में अनेक अन्य विशिष्टतायें भी होती हैं। सदैव एक दूसरे से समान अंतर बनाये रखने के लिये प्रत्येक विंदु पर ये विपरीत स्वभाव वाले तत्व परस्पर लंबवत स्थित होते हैं, जैसे कि भौतिक जगत में विद्युत और चुम्बकत्व स्थित होते हैं। इस प्रकार ये परस्पर सहयोग भी कर सकते हैं और एक दूसरे का संतुलन भी।

परा क्षेत्र जो शुद्ध चेतना का क्षेत्र है, उसमें न तो मन का अस्तित्व होता है और न ही कोई विचार उत्पन्न हो सकते हैं। ऋषियों के अनुसार विचारों के भी सूक्ष्म शरीर होते हैं, जिनका पराक्षेत्र में प्रवेश नहीं हो सकता। परंतु ध्रुवीकरण के पश्चात स्थिर स्वभाव वाले शिव, चंचल स्वभाव वाली शक्ति को देख पाते हैं और उसमें उन्हें अपना प्रतिबिंब दिखाई पडता है। जो कोई भी रूप शिव की चेतना में उत्पन्न होता है, वही अपने हृदयदर्पण रूपी शक्ति तत्व में उन्हें मूर्त रूप में दिखाई पड़ता है। इस प्रकार शिव की वह अभिव्यंजना, शक्ति के क्षेत्र में एक सृष्ट वस्तु का आकार ग्रहण कर लेती है।

स्वतंत्रता में ही शक्ति निहित होती है

बीसवीं सदी के तंत्र और आगम शास्त्रों के महान विद्वान और पद्मविभूषण की उपाधि से विभूषित महामहोपाध्याय डॉ. गोपीनाथ कविराज के अनुसार, “पहला स्पंदन ‘सत्’ मात्र चेतन तत्व में होता है, जो वाह्य दिशा में होता है (इसकी कोई अंतर की दिशा नहीं होती)। सत में उदित यह वाह्य स्पंदन चित का रूप धारण कर लेता है, जो वाह्य का ज्ञान होता है और जिसका स्पंदन अंदर की दिशा में सत् की ओर भी हो सकता है तथा वाह्य की दिशा में भी। इसके बाहर की दिशा में होने वाले स्पंदन से ज्ञान की एक दूसरी श्रेणी की इस प्रकार उत्पत्ति होती है, कि जो प्रधान-चित है वह इस दूसरे चित में अपना ही प्रतिबिंब देख पाता है और प्रसन्न होकर उल्लास से भर जाता है।”

जैसा कि ऊपर कहा गया है, जो रूप भी शिव की चेतना में उत्पन्न होता है वही अपने हृदयदर्पण रूपी शक्ति तत्वमें उन्हें मूर्त रूप में दिखाई पड़ता है। एक प्रकार से वह शक्ति के क्षेत्र में सृष्ट के समान हो जाता है। अगर शिव ने आमलक की कल्पना की तो शक्ति रूप, रंग और गुण में एक आमलक बनकर दर्पण में उपस्थित हो जाती है, ठीक वैसे ही जैसे हमारे मन के द्वारा कल्पित समस्त दृश्यावली हमारे स्वप्न में यथावथ हमारे सन्मुख उपस्थित हो जाती है। पराशक्ति के शुद्ध चेतना के क्षेत्र में यह बिल्कुल संभव है बल्कि यही स्वभाव है, और अब हम परमशिव की नहीं बल्कि शिव की बात कर रहे हैं। शिव देखते हैं कि शक्ति का साथ होने पर वे कुछ भी सृजन कर सकते हैं। इस प्रकार चेतना में दो आभास उत्पन्न हो जाते हैं, पहला कि 'मैं हूं' एवं दूसरा कि 'मैं पूर्ण हूं', जो पहले आभास का ही परिमार्जित भाव है।

आगम शास्त्र में शिव के इस पूर्णता के ज्ञान को उसकी स्वतंत्रता शक्ति कहा जाता है। एक प्रकार से अपने ही क्रियमाण अर्ध भाग, शक्ति विभाग में, शिव को एक ऐसे चंचल और कुशल सहयात्री की उपलब्धि हो जाती है जिसके माध्यम से समस्त सीमायें उस विश्व-सम्राट के लिये हस्तगत के समान प्रतीत होती हैं। संभवत: क्रीड़ावश ही शिव तत्व, महामाया के बहुचर्चित उद्यान (Eden) के उस बहुचर्चित वर्जित फल का स्वाद चखने के लिये उत्सुक और तत्पर हो जाता है तथा उसके अंतर में यह तरंग उठती है, 'बहुष्याम, प्रजायेय', 'मैं प्रजा की उत्पत्ति करूं, मैं अनेक हो जाऊं'।

तथापि इस विश्व की पृष्ठभूमि में केवल क्रीड़ा ही नहीं, एक उद्देश्य भी है और इसे सर्वथा नगण्य भी नहीं कहा जा सकता। यह मात्र आनंदमयी एक लीला ही नहीं है, यह संतति का सृजन भी है। इस संतति में इसके मातृ पक्ष एवं पितृ पक्ष दोनों के ही गुण समान मात्रा में उपस्थित रहते हैं तथा यही सिलसिला आगे भी चलता रहता है, और इसी क्रम में मानव के रूप में अपने दिव्य जनक-जननी की यह संतति अपने पूर्ण विकास को प्राप्त होती है।

हर जगह साथ, निर्भरता का हाथ

वैश्विक चेतना के ध्रुवीकरण से एक ऐसे बलक्षेत्र का निर्माण होता है जिसमें अपने-अपने क्षेत्रों में समस्त सीमाओं से विहीन तथा समान बलशाली दो शक्तियां, जो विरुद्ध स्वभाव वाली होते हुए भी एक दूसरे की पूरक होती हैं और एक दूसरे को आधार भी प्रदान करती हैं, इस विश्व के सृजन के निमित्त अपनी-अपनी दिशाओं में कार्यरत हो जाती हैं। इन दोनों में शिव तत्व जो नर पक्ष है, वह प्रेम, आकर्षण और समस्त धनात्मक गुणों का प्रतिनिधित्व करता है, जबकि शक्ति तत्व जो मादा पक्ष है, वह बल, विकर्षण और समस्त ऋणात्मक गुणों का प्रतिनिधित्व करती है।

यद्यपि शक्ति तत्व ऊर्जा रूपिणी भी है, जो समस्त कार्य को तथा शरीरों को भी उत्पन्न करती है, परंतु यह मात्र ऊर्जा नहीं है। एक ओर तो यह अपनी ऊर्जा को अभिव्यक्ति में परिवर्तित करने का कार्य करती है तथा दूसरी ओर यही इस ऊर्जा की समस्त अभिव्यक्तियों में अंत: चेतना के रूप में भी उपस्थित रहती है, और मानस पक्ष में स्थित दृष्टा अथवा भोक्ता के लिये अनुभव की उपलब्धि का साधन बनती है।

चैतन्य नित्य है, निराधार है और पूर्ण है। सृष्टि के होने या न होने से इसकी नित्यता पर कोई प्रभाव नहीं पड़ता और न ही इसकी पूर्णता में कोई वृद्धि या ह्रास होता है। एक शून्य से, कुछ भी नहीं होने की स्थिति से सृष्टि का विकास होता है। इस शून्य की धारणा हम एक मध्य विन्दु या मध्य रेखा के रूप में भी कर सकते हैं। ध्रुवीकरण से इस विन्दु या मध्य रेखा के एक ओर धनात्मक गुण तथा दूसरी ओर ऋणात्मक गुणों का विकास हो सकता है। एक दिशा में प्रकाश, प्रेम, आकर्षण, संकुचन आदि हजारों सकारात्मकताएं विकास को प्राप्त हो सकती हैं, तथा वैसे ही दूसरी ओर अंधकार, बल, विकर्षण, विस्तार आदि हजारों शक्तियों का विकास संभव हो जाता है।

एक नवीन सृष्टि के पूर्व सर्वप्रथम शिव और शक्ति में औन्मुख्य होता है, या दोनों एक दूसरे के प्रति उन्मुख होते हैं और तत्पश्चात उनका यामल एवं संघट्ट हो सकता है। ऋषियों के अनुसार यामल अवस्था में दोनों पक्ष समान बल के साथ संयुक्त रहते हैं। इसे एक प्रकार से शून्य

विंदुओं से निर्मित एक सरल रेखा के समान कहा जा सकता है, जिसके दोनों ओर किसी भी सृष्टि का सूत्रपात हो सकता है। यह दो विभिन्न प्रकार की शक्तियों की समानावस्था की वह स्थिति है जहां से दो दिशाओं मे विस्तृत कोई भी शरीर अथवा अन्य कार्य अस्तित्व ग्रहण कर सकता है, जहां दोनों एक दूसरे के आधार का कार्य भी करते हैं, और एक दूसरे को बाधित अथवा सीमित करने का प्रयास भी करते रहते हैं। यह यामल अवस्था ही वह अस्तित्व-रेखा है जिससे शिव या शक्ति इस प्रकार प्रकट हो सकते हैं, जैसे किसी सिक्के का वह मुख जो दृष्टिगोचर होता है। परंतु किसी भी स्थल अथवा भूमि पर यह तभी हो सकता है जब कि दूसरा तत्व भी इस सिक्के के पृष्ठ के रूप में अवस्थित हो गया हो।

इन दो प्रधान तत्वों के परस्पर के इस संबंध को ऋषियों के द्वारा युगपत संबंध का नाम दिया गया है। ये दोनों एक दूसरे का हाथ थामे हुए और एक दूसरे को सहारा देते हुए सृष्टि के साथ ही उदित होते हैं और एक साथ ही अस्त हो जाते हैं। स्थूल सृष्टि में अथवा भौतिक जगत में, दो परस्पर सहयोगी तत्वों का यही संबंध वर्नर हेजेनबर्ग के द्वारा ज्ञात किये गये अनिश्चितता के संबंध के नाम से विख्यात सिद्धांत की पृष्ठभूमि का कार्य करता है।

प्रकाश और प्रकाश का आभा मंडल

शिव प्रकाश स्वरूप है और शक्ति उसी प्रकाश को परिभाषित करने वाला विमर्श अथवा उसका आभा मंडल है। शक्ति शिव रूपी प्रकाश का धर्म है जो उसी से उदित होती है और उसी में अस्त हो जाती है। यह प्रकाश का धर्म है, जो प्रकाश पर ही आधारित है। यह एक ऐसा दृश्य है जिसे किसी दृष्टा के द्वारा ही देखा जा सकता है एवं दृष्टा की अनुपस्थिति में जिसका उदय ही नही होता।

यहां शिव एक धर्मी है, और शक्ति उसी का धर्म है। परंतु ठीक इसी प्रकार, प्रकाश का अस्तित्व भी प्रकाशनीय पर निर्भर होता है। अगर लाल, नीले और हरे रंग हैं, तभी उनको अलग-अलग पहचानने के लिये प्रकाश जैसे गुण वाली किसी वस्तु की आवश्यकता होगी, अन्यथा नहीं। अगर

रंग रूपी गुण हैं, तभी उनमें भेद करने के लिये प्रकाश की आवश्यकता हो सकती है। अत: इस अवस्था में गुणों को उत्पन्न करने वाली शक्ति धर्मी हो जाती है, और उन गुणों को पहचान सकने वाला प्रकाश उसका धर्म बन जाता है। इन दोनों में परस्पर एक दूसरे का धर्म-धर्मी होकर एक ही साथ स्थित होने की योग्यता है। दोनों एक दूसरे पर आश्रित होकर ही प्रकट हो सकते हैं। इसी का नाम युगपत संबंध है और यही नोबल पुरस्कार विजेता वर्नर हेजेनबर्ग के द्वारा ज्ञात किये गये अनिश्चितता के सिद्धांत के पीछे स्थित सूक्ष्म सत्य है।

शिव और शक्ति का यामल दो विपरीत गुणों वाले इन तत्वों की एक समान बलों में उपस्थिति वाली अवस्था है। यह युगपत संबंध में स्थित और साथ-साथ ही उत्पन्न हो सकने वाले इन दो तत्वों का संधिस्थल है, एवं यही इन दोनों की शून्यावस्था है। यहीं से इनमें से कोई एक अपनी दिशा में अपने किसी गुण का किसी भी सीमा तक प्रसरण कर सकता है, जबकि दूसरा तत्व अपनी दिशा में स्थित रहते हुए और उसका संतुलन बनाते हुए संकोच अथवा प्रसार को प्राप्त होता है। यह सृष्टि से संबंध रखने वाला एक नियम है, जिसका ज्ञान ऋषियों ने विचार से नहीं बल्कि अपने दीर्घकाल व्यापी अन्वेषण के द्वारा प्राप्त किया था।

ऋषियों का यह प्रयास रहते आया है कि एक गहन सत्य को भी सहज शब्दों से समझाया जा सके। अनेक बार वे एक प्रकरण का सहारा लेकर उसके माध्यम से भी बातों को सहजता से समझाने का प्रयास करते हैं। यहां प्रकरण है सृजन की इच्छा 'एको अहम, बहुष्यामि' (मैं एक से अनेक हो जाऊं) तथा माध्यम हैं औन्मुख्य, यामल इत्यादि। विश्व-सृष्टि को समझने के लिये यह समझना अत्यावश्यक है कि पराशक्ति के एक स्पंद के रूप में प्रकट होने से सर्वप्रथम जिन दो तत्वों का आविर्भाव होता है वे हैं शिव एवं शक्ति तत्व, जो अपनी अन्य विशेषताओं के साथ-साथ मुख्य रूप से नर और नारी के समान भूमिकाओं में उदित होते हैं। इनमें शिव स्थिर और शक्ति गतिशीला है, और तत्वों के रूप में ये दोनों ही विभिन्न प्रकार से विकास को प्राप्त होते हुए ज्ञाता, ज्ञान एवं ज्ञातव्य के रूपों में, तथा मन एवं शरीर के युगल रूपों में भी अभिव्यक्त होते हुए सृष्टि में समस्त विविधता उत्पन्न करते हैं।

सृष्टि की ओर पहला कदम

आगम के ऋषियों के शब्दों में यामल के बाद की अवस्था संघट्ट कही जाती है। एक प्रकार से यह पहली संरचना है जिसका निर्माण अव्यक्त क्षेत्र में ही हो जाता है। इसमें एक ओर हजारों प्रकार के अभिव्यंजनात्मक कार्य या व्यापार होते हैं, तथा दूसरी ओर हजारों प्रकार की शक्तियां एवं क्षमताएं होती हैं। इस संघट्ट को हम शिव और शक्ति के मध्य असंख्य युगपत संबंध-स्थलियों की एक पिट्टारिका के समान भी समझ सकते हैं।

अन्य दूसरे प्रावधानों तथा व्यवस्थाओं के अतिरिक्त, एक विश्व का निर्माण करने के लिये प्रकृति को संरचनाओं की भी नितांत आवश्यकता होती है। प्रकृति की पहली और सबसे प्रधान संरचना को आगम शास्त्र में कामरूप पीठ के नाम से संबोधित किया गया है। संक्षेप में कोई बात कहने के लिये, ऋषिगण सहज और स्पष्ट शब्दों का प्रयोग करने के लिये विख्यात हैं। इस अवस्था को उनके अनुसार शिव एवं शक्ति के मिथुन के सदृश समझना चाहिये एवं इस अवस्था से ही स्वयंभुव नामक व्यष्टि एवं समष्टि के चैतन्य की उत्पत्ति होती है। शिव अथवा चित, ज्ञान एवं प्रेम का प्रतीक है तथा शक्ति अथवा आनंद-तत्व, समस्त अनुभवों का द्योतक है। इन दोनों के संयोग से ही सृजन होता है। यही मूल प्रकृति का स्वभाव है। यही वह परंपरा है जिससे सब कुछ उद्भूत होता है और इसी पद्धति से तथा इसी स्वभाव को लेकर समस्त प्राणवान वस्तुएं एवं मनुष्य भी जन्म लेते हैं।

और फिर भी, शिव और शक्ति का यह मिलन कुछ भिन्न प्रकार से संपादित होता है। शिव-तत्व ज्ञान स्वरूप है और अशरीरी है, तथा अचंचल एवं स्थिर भी है। वह विश्व में प्रवेश किये बिना, इसे बाहर से ही संपूर्ण रूप से एक साक्षी के समान, जैसे एक कलाकार अपनी कलाकृति को देखता है, वैसे ही मुग्ध होते हुए भी एक वाह्य दर्शक के समान ही देखता है। तथापि, साथ ही साथ, वह उसकी समस्त चंचलता और गति को वहन करते हुए एवं संबल प्रदान करते हुए भी, स्वयं सर्वथा अचंचल और स्थिर बना रहता है। इसी प्रकार परा क्षेत्र में स्थित शक्ति तत्व को आद्य कुमारी (eternal virgin) भी कहा जाता है। इस क्षेत्र में स्थित शिव

एवं शक्ति का औन्मुख्य केवल हृदय एवं मष्तिष्क के औन्मुख्य के समान है, और अभिव्यक्ति को प्राप्त होने वाले विश्व में कहीं भी उनका स्वतंत्र जन्म नहीं होता। वे केवल स्वयंभुव के दो पक्षों, अथवा किसी सिक्के के दो पहलुओं के रूप में ही अवतरित एवं दृष्टिगोचर होते हैं।

शिव, जो चेतना के व्यक्त रूप में वाह्य के ज्ञान का अभिव्यंजक है तथा शक्ति, जो इसकी अभिव्यक्ति तथा उसमें अंतर के ज्ञान के रूप में स्थिति प्राप्त करती है, सृजन की इस पृष्ठभूमि में एक दूसरे से उन्मुख होकर अवस्थान करते हैं। सृजन की इस प्रक्रिया में अविभाज्य एवं प्रकाश स्वरूप शिव की भूमिका इतनी ही है कि एक ओर वे शक्ति की दिशा में उन्मुख रहते हुए उसे अपने ज्ञान के प्रकाश से आलोकित करने का प्रयास भी करते रहें, तथा दूसरी ओर अधिकाधिक विस्तार को प्राप्त होते हुए, अपने ही हृदयस्थानीय उसके स्पंदन को आधार प्रदान करते हुए उसे सतत वहन भी करते रहें। हमारे स्थूल जगत के व्यवहार की दृष्टि से यह कुछ अधिक संयमित आचरण की अपेक्षा वाला नियम प्रतीत हो सकता है, पर यही स्पंदन निम्न स्तरों पर उतरते हुए जब इस विश्व का रूप ले लेता है, तो इसका भार अत्यधिक बढ़ भी सकता है। यही युगपत संबंध की बाध्यता है। सब कुछ इसी से बंधा होता है। सृजन भी है, आनंद भी है और बंधन तथा नियम भी हैं। नियम भंग केवल निम्न प्रकृति के स्तर पर ही संभव हो पाता है, क्योंकि वहां प्रत्येक कर्म के लिये उस कर्म के ही अनुरूप एक समुचित प्रतिफल (दंड अथवा पारितोषिक) का भी विधान है।

इस प्रकार अपने ही स्थान पर स्थित रहते हुए और अस्पर्श्य रहते हुए ही वाह्य की चेतना के स्वामी शिव, एक अखंड मंडलाकार गोलक के समान अवस्थित पराक्षेत्र के मध्य, शक्ति तत्व को अपने ज्ञान के स्निग्ध अपितु अत्यंत उज्जवल प्रकाश से अभिषिक्त करते हुए उसे अंतर के ज्ञान से युक्त कर देते हैं, जो सृष्ट जगत में और इसकी प्रत्येक वस्तु में सदैव एवं सर्वत्र एक अंतर्चेतना के रूप में विद्यमान रहता है।

आदि युग्मावस्था और पहला युगल

शिव की समस्त प्रायोज्य अभिव्यंजनाओं और व्यवसाय आदि की वह समष्टि, जो इस विश्व की भावी जनक उस प्राथमिक संरचना में युग्मित

होने के लिये प्रस्तुत होती है एवं आगे आती है, ऋषिगणों के द्वारा उसे अम्बिका शक्ति के नाम से वर्णित किया गया है। इसी प्रकार गतिशीला एवं सतत क्रियमाण शक्ति तत्व की प्रतिनिधि के रूप में प्रस्तुत होने वाली शक्ति-समष्टि को शांता शक्ति का नाम दिया गया है। तंत्र और आगम शास्त्रों में जिसे शिव और शक्ति का युग्म कहा गया है, वह वास्तव में इन्हीं अंबिका एवं शांता रूपिणी शक्तियों की समष्टियों का सायुज्य होता है। यह सायुज्य शक्ति के क्षेत्र में ही होता है तथा इन्हीं अंबिका एवं शांता शक्तियों के द्वारा ही संघट्ट एवं कामरूप पीठ नामक पहली संरचना की भी सृष्टि होती है।

जब तक सृष्टि रहती है, अंबिका एवं शांता शक्तियों का यह युग्म भी विद्यमान रहता है। परस्पर विरुद्ध होते हुए भी एक दूसरे पर आश्रित ये दोनों प्रकार की शक्तियां अपनी-अपनी दिशाओ में अपनी असीमता अक्षुण्ण रखते हुए ही एक दूसरे के आधार का कार्य भी करती हैं, और एक दूसरे को बाधित एवं सीमित करने का भी कार्यकारी प्रयास करती हैं। अत: इन दो असीम स्वसंभूत शक्ति समूहों के द्वारा निर्मित बल-क्षेत्र के मध्य एक विशालतम परंतु फिर भी सीमित विश्व की अभिव्यक्ति संभव है। किसी भी प्राकृतिक संदर्भ में अगर एक दिशा में कोई अभिव्यक्ति असीमता की ओर अग्रसर होती भी है, तो स्वचालित रूप से दूसरी दिशा में उससे उत्पन्न असंतुलन के उपचार की प्रक्रिया भी साथ ही साथ प्रारंभ हो जाती है।

एक युगपत संबंध से युक्त रहते हुए और एक दूसरे को आश्रय प्रदान करते हुए, शिव और शक्ति तत्व दो विभिन्न दिशाओं में प्रसरित होते हुए अग्रसर होते हैं, तथा इस विश्व की अभिव्यक्ति करते हुए वे समय की रेखा के साथ ऊर्ध्व दिशा में चालित होते हैं। एक ओर वाह्य के दृष्टा का ज्ञान है और सृष्टि-कल्पना है तथा दूसरी ओर संसाधन व उद्यम अथवा क्रिया है, और इस प्रकार यह सृजनोन्मुखी युग्म एक नई लीलामयी यात्रा के लिये प्रस्तुत हो जाता है।

आगम में पीठ शब्द का प्रयोग उस विन्दुस्वरुप स्थिति-स्थान का निर्देश करने के लिये किया जाता है, जो एक यामल-विंदु के सदृश होता है जहां आकर्षण और विकर्षण की शक्तियां समभाव में होती हैं। यह दो

परस्पर विरुद्ध धाराओं से समन्वित सृष्टिप्रवाह में स्थित एक द्वीप के समान, अवस्थान के उपयुक्त एक 'स्थिति' स्थान' होता है। ऊर्जा के क्षेत्र में ऐसे ही किसी पीठ अथवा विंदुस्थान से स्वतंत्र अस्तित्व की अवधारणा से युक्त किसी सृष्टि-कण का विकास हो सकता है, जिसमें चेतना उपनीत हो सकती है। सूक्ष्म चेतन तत्व इसका भेदन करते हुए इसके ग्रहणयोग्य ज्ञान को आत्मसात करते हुए और यह मेरा शरीर है, ऐसी मान्यता के साथ इससे संयुक्त हो सकता है। इस कामरूप पीठ को अपने आसन के रूप में ग्रहण करके जो चेतना इसमें आकर निवास करती है, आगम शास्त्रों में उसे स्वयंभुव लिंग का नाम दिया गया है।

मूर्तिपूजा का यथार्थ

समस्त सीमाओं से मुक्त शाश्वत चेतना को किसी आधार अथवा शरीर की आवश्यकता नहीं होती। यह एक विंदु के रूप में भी अपनी समस्त असीमित शक्तियों अथवा प्रतिभाओं को संकुचित करके स्थित रह सकती है। परंतु एक सीमायुक्त विश्व को अभिव्यक्ति लाभ करने के लिये एक संरचना की आवश्यकता होती है। कामरूप पीठ में 'काम' शब्द का अर्थ है इच्छा, और इच्छाओं में भी विशेष रूप से प्रजनन की इच्छा को ही कामेच्छा कहा जाता है। मनस तत्व अथवा चेतना के ज्ञान के संदर्भ में हम इसे एक भावनात्मक अवस्था विशेष या प्रेम-बीज की अभिव्यक्ति कह सकते हैं।

कामरूप पीठ में स्वामित्व की भावना के साथ व्यक्त चेतना को स्वयंभुव लिंग कहा जाता है। इसमें स्वयंभुव शब्द परमशिव का परिचायक समझा जाता है, जबकि 'लिंग' शब्द का अर्थ है किसी अलक्ष्य स्वामी का अपने स्वामित्व के लक्षणों के द्वारा अपना परिचय देना, या लक्षित के समान प्रतीत होना। आगम में वस्तुस्थिति यही है, तथापि सामान्य व्यवहार में लिंग शब्द से नर के गुप्तांग को भी इंगित किया जाता है। दूसरी ओर, पीठ शब्द से सामान्य भाषा में यद्यपि आसन अथवा बैठने के स्थान का ही निर्देश होता है, तंत्र एवं मंत्रादि में कहीं कहीं इसका बोधन स्त्रीस्थान के रूप में भी किया गया है।

अत: अति प्राचीन काल से ही भारत में मूल प्रकृति के प्रवर्तक इस आदि युग्म से उद्भूत वैश्विक चेतना की शिवलिंग के रूप में पूजा करने का प्रचलन है, जिसमें पीठ स्थानस्थ शक्ति से अहम् अथवा आत्म तत्व के रूप में उद्भूत शिव तत्व की ही एक लिंग अथवा चिन्ह के रूप में अर्चना की जाती है। भारत में प्राचीन समय से ही छोटे, मध्यम और बड़े शिवलिंगों का निर्माण और पूजा होती आई है। चार से पांच हजार पूर्व के पुरातत्व के अवशेषों में भी इस प्रकार की संरचनायें मिली हैं, और आज भी भारत में हर दूसरे मंदिर में शक्तिपीठ पर अधिष्ठित शिवलिंग की पूजा होती है जबकि हर तीसरा मंदिर प्रधानत: शिवमंदिर ही होता है।

मूर्तिपूजा का आधार अंधविश्वास नहीं बल्कि यह ज्ञान है कि विश्व की सृष्टिकर्ता आदि-चेतना सर्वत्र और सदैव विद्यमान है, और हर मनुष्य अपने तरीके से उस तक अपनी बात पंहुचाने या अपने आभार ज्ञापन का प्रयास करने के लिये स्वतंत्र है। उसकी पूजा तथा उससे कोई प्रार्थना किसी पत्थर या पेड़ के माध्यम से भी की जा सकती है, और मिट्टी, पत्थर, लकड़ी या धातु आदि से मूर्तिमान किये गये किसी रूप विशेष के माध्यम से भी। यह एक सहज सत्य है जिसको बदला नहीं जा सकता। ईश्वर या तो है, या नहीं है। अपनी इच्छा से कोई यह निर्धारित कैसे कर सकता है कि ईश्वर यहां तो है और वहां नहीं है, इस रूप में तो है पर अन्य किसी रूप में नहीं? यह लाठी और किसी अन्य शस्त्र का नहीं, बल्कि विवेक का विषय है। इसीलिये करोड़ों हत्याओं और लाखों मंदिरों के विध्वंश के अंधकार पूर्ण इतिहास से उबर कर और सारे अन्याय को सहन करके भी भारत का हिन्दू आज भी अपनी आस्थाओं पर अडिग है। वह आज भी सबके हित की कामना करता है।

युगल तत्व का स्वभाव

यह सृष्टि एक कलाकार के रूप में शिव की कल्पना का प्रकाश है और शक्ति उसी कल्पना का अंतर-ज्ञान या अंतर-प्रकाश है जो उसी का मूर्त रूप धारण कर लेती है। शिव का स्वभाव प्रेम एवं सकारात्मकता का है, जबकि शक्ति का स्वभाव भावना एवं विकल्प अथवा 'न'कार की दिशा

में उन्मुख है। शिव-चेतना का कार्य है किसी वस्तु में निहित गुणों का प्रकाशन, संयोजन, और उसकी एकत्र की अनुभूति। वहीं शक्ति का कार्य है उस वस्तु के गुणों का विभाजन तथा विश्लेषण, एवं उसके भेदों की अनुभूति। शिव अचल है और आकर्षण एवं संकोचन के गुणों वाला तत्व है, जबकि शक्ति चंचल है और विकर्षण एवं विस्तारण के गुण वाली है। वैश्विक चेतना के ध्रुवीकरण से एक बल-क्षेत्र की उत्पत्ति होती है, जो विश्व सृष्टि का हेतु बनता है। इस बल-क्षेत्र में एक ही सद्-वस्तु के दो भिन्न प्रवृत्तियों वाले पहलू एक अनुलंघनीय युगपत संबंध में बंधकर एक दूसरे को आधार प्रदान करते हुए, अपनी अपनी दिशा में सचेष्ट रहते हैं और हजारों शक्तियों, बलों तथा क्षमताओं की सहायता से सृष्टि संबंधी हजारों व्यवसायों का नियमन करते रहते हैं। इसी को आगम में संघट्ट कहा गया है।

इस वैश्विक बल-क्षेत्र में शक्ति चंचल एवं क्रियमाण ध्रुव की स्वामिनी है जो स्पंदमयी तथा तरंगायमान है। शिव तत्व स्थिर ध्रुव का स्वामी है जो इस चंचल तरंग रूपी शक्ति को आधार प्रदान करता है, और इसके साथ यामल अवस्था में स्थित होकर अपनी पारस्परिक विपरीत दिशा से ही इसका नियमन करते हुए, संपूर्ण बल-क्षेत्र का संतुलन बनाये रखता है। अपनी क्रियाशीलता के कारण शक्ति इस बल-क्षेत्र में हलचल उत्पन्न करती है। आधुनिक भौतिक विज्ञान के नियमों के अनुसार, किसी हलचल के कारण एक बल-क्षेत्र के मान में होते रहने वाले परिवर्तनों को पुन: साम्य की दिशा में प्रेरित करने के लिये एक संतुलनकारी विपरीत बल की आवश्यकता होती है। इस वैश्विक बल-क्षेत्र में यह कार्य इसके स्थिर ध्रुव में स्थित शिव-तत्व के द्वारा संपादित होता है और बल क्षेत्र में सदैव एक साम्य की स्थिति बनी रहती है। ऋषियों के अनुसार इसी युगल-स्थान से विश्व की प्रत्येक वस्तु की उत्पत्ति होती है।

प्रकृति द्वारा सृष्ट प्रत्येक वस्तु या किसी अन्य अभिव्यक्ति में ये दोनों ही तत्व उपस्थित रहते हैं और ये एक दूसरे को आधार प्रदान करते हुए तथा परस्पर से युगपत में बद्ध रहते हुए ही अपनी-अपनी दिशा में विकास की सृष्टि करते हैं।

जो सृष्ट या व्यक्त होता है वह शिव भी होता है एवं शक्ति भी, और फिर भी वह इन दोनों से अलग एक तीसरा ही होता है जिसमें इन दोनों की साम्यावस्था होती है, जिसे इन दोनों का यामल कहा जाता है और जो इनकी स्वाभाविक युग्मावस्था होती है। यह शून्य-वत होते हुए भी एक सृष्ट्योन्मुख अवस्था होती है, जहां से दो विभिन्न असीमतायें अपनी अपनी दिशाओं में किसी भी छोटी से छोटी और बड़ी से बड़ी सीमा तक विकसित होने में सक्षम होती हैं। वास्तव में तो, जैसा कि हम आगे देखेंगे, यही सृष्ट्योन्मुख शून्य स्थान समस्त शक्तियों, बलों एवं गुणों का भी उत्पत्ति स्थल होता है। इस शून्य की सापेक्षता के आधार पर ही विभिन्न प्रकार के गुणों तथा विषमताओं एवं उनके ज्ञान का उदय होता है।

चेतना से बलों की उत्पत्ति

अपने-अपने विभागों और कार्यों के स्पष्ट विभाजन से सज्जित होकर तथा युगपत संबंध के नियमों से बद्ध शिव और शक्ति तत्व, सीढ़ी दर सीढ़ी चढ़ते हुए प्रकृति के विभिन्न उद्देश्यों की पूर्ति की दिशा में बीज से अंकुर, पौधे से वृक्ष, वृक्ष से शाखा, शाखा से उपशाखा आदि के रूप में विकास को प्राप्त होते रहते हैं। अगर शाखा शिव है तो पहली उपशाखा शक्ति की दिशा में होगी, अगली शिव की दिशा में और इसी प्रकार ईंट दर ईंट रखते हुए प्रकृति के प्रत्येक कार्य का बीज अपने फल की दिशा में अग्रसर होता है।

उदाहरण स्वरूप, हमारे मष्तिष्क का दाहिना भाग जो अपने सन्मुख किसी दृश्य के अलग-अलग हिस्सों को एकत्र करके इसे एक पूर्ण दृश्य के रूप में देखने का प्रयास करता है, शिव तत्व की अभिव्यक्ति कहा जायेगा। वहीं हमारे मष्तिष्क का बांया भाग जो भेद दृष्टि से इस दृश्य के विवरण को समझने और इसका विष्लेषण करने का प्रयास करता है, शक्ति का प्रतिनिधित्व करते हुए दृष्टिगोचर होगा। पुन: मष्तिष्क के वाम भाग में स्थित ब्रोका क्षेत्र, जो क्या बोला जाये या क्या उत्तर दिया जाये इसका चुनाव व निर्णय करता है, वह शिव के विभाग का कार्य करता है। वहीं, वाम भाग में ही स्थित वर्निक क्षेत्र, जो अन्य के द्वारा

कही गई बात को समझने का कार्य करता है, उसे शक्ति की अभिव्यक्ति समझना चाहिये।

शिव और शक्ति की यामल अवस्था, जो आत्म तत्व की अभिव्यक्ति का स्थान है, वह 'काम' अथवा परमेश्वर की इच्छा शक्ति की उत्पत्ति का स्थान है। यह इच्छा-शक्ति ही कारण क्षेत्र एवं कारण जगत का निर्माण करती है। इसी क्षेत्र में सभी अभिव्यक्ति को प्राप्त होने वाली वस्तुओं की परिभाषायें और विवरण निर्धारित होते हैं। तभी वे सृष्ट हो सकती हैं। यह इच्छा शक्ति ही परमेश्वर की वाह्य प्रकृति की प्रथम अभिव्यक्ति है, और यही इसके अन्य दोनों विभागों की उत्पत्ति का मूल भी होती है। अत: इच्छा शक्ति के स्पंदन की भी दो दिशायें होती हैं। इसका जो स्पंदन शिव की दिशा में होता है उससे ज्ञान-शक्ति का उदय होता है। इसी प्रकार इसका जो स्पंदन शक्ति तत्व की दिशा में होता है उससे क्रिया-शक्ति उदित होती है।

इच्छा, ज्ञान व क्रिया, इन तीन शक्तियों की समष्टि को ही परमशिव की वाह्य प्रकृति कहा जाता है, और इन्हीं के माध्यम से वे इस विश्व की अभिव्यक्ति करते हैं। इनमें से इच्छा शक्ति आत्म तत्व एवं अहंकार का, ज्ञान शक्ति मानस पक्ष रूपी सूक्ष्म शरीर का, एवं क्रिया शक्ति स्थूल अनुभव के लिये उपयुक्त भौतिक शरीर का विकास करती है।

डॉ. गोपीनाथ कविराज के अनुसार, "ज्ञान में भेद अथवा विभाजन नहीं है इसलिये यह चित है। यही विभिन्न वस्तुओं को जानता है और इस चित में ही जानने की क्षमता निहित होती है (इसे संख्या या अंकों के माध्यम से नहीं समझा जा सकता, और यही शक्ति किसी भी वस्तु अथवा प्राणी में ज्ञान प्राप्त करने के साधन वा उपकरणों के सहित उसके संपूर्ण मानस पक्ष का विकास करती है)। परंतु दूसरी ओर, क्रिया का छोटे से छोटे अंशों में विभाजन किया जा सकता है (जैसे Elementary Quantum of Action, जिसे 'h' भी लिखा जाता है) और यह ज्ञातव्य को उत्पन्न करती है। इसके कार्य के फलस्वरूप ही वस्तुएं भिन्न-भिन्न प्रतीत होती हैं। यह विमर्ष और नारी (female) विभाग का प्रतिनिधत्व करती है एवं शरीर पक्ष है। इस विमर्ष को ज्ञान की ही एक प्रगाढ़ घनत्व की अवस्था समझना चाहिये।"

डॉ. कविराज आगे कहते हैं, "क्रिया एवं ज्ञान चेतन प्रकृति के अविभाज्य अंग हैं। ज्ञाता और ज्ञातव्य, अथवा ज्ञान एवं क्रिया, मूल धरातल पर तो एक ही हैं। ये दोनों जो अलग प्रतीत होते हैं यह माया का प्रभाव है (जो भेद एवं सापेक्षता या relativity की सृष्टि करता है)।" शिव और शक्ति के समान ही उनकी बहिर्प्रकृतियों में भी युगपत संबंध होता है। क्रिया एवं ज्ञान एक ही संभाव्य घटना के दो पक्षों के समान हैं। दोनों ही एक दूसरे पर आश्रित हैं और इच्छा इनका संधिस्थल अथवा यामल अवस्था है, जहां से ये दोनों अलग-अलग दिशाओं में धावित हो सकती हैं। यामल स्थल के दोनों ओर, एक दूसरे के द्वारा संतुलित होते हुए, ज्ञाता और ज्ञातव्य (observer and the observed)–ये दोनों अपनी-अपनी दिशाओं में विस्तार को प्राप्त करते हैं।

भौतिक विज्ञान एवं इसका आधार

सृष्टि रचना के संदर्भ में अभी तक हम 'परा' क्षेत्र की ही चर्चा करते आ रहे हैं। यह एक ऐसा सूक्ष्म क्षेत्र होता है जो सृष्टि के परे स्थित रहता है। यह कारण क्षेत्र की तुलना में भी अत्यंत सूक्ष्म होता है और व्यक्त नहीं होता। यह वह क्षेत्र है जिसमें विश्व के आधार की रचना होती है और जिसमें एक बीज के समान विश्व की सिसृक्षा का उदय होता है (जो इच्छा से तनिक भिन्न, उसकी प्रारंभिक एवं बलहीन अवस्था है)।

अगर हम कोई बड़ा निर्माण करना चाहते हैं, विशेष रूपसे यदि हम एक विश्व का निर्माण करना चाहते हैं, तो हमें एक सुदृढ़ आधार की जरूरत पड़ती है। और यदि हम यह कार्य एक बल-क्षेत्र के सुपुर्द कर देते हैं, तो भी हमारे लिये यह सुनिश्चित करना आवश्यक होगा कि इस बल क्षेत्र की मौलिक अवधारणा एवं आधार दृढ़ और विश्वसनीय हों। तभी आगम के विश्व की सृष्टि संभव हो सकती है जो पहले कारण और सूक्ष्म धरातलों पर उपनीत होते हुए, अंत में सापेक्ष (relative) आदान-प्रदान के उपयुक्त एक ठोस भूतल पर उदीयमान हो सकता हो। साथ ही, हमारे लिये यह सुनिश्चित करना भी आवश्यक होगा कि इन तीनों तलों में पूर्ण सामंजस्य बना रहे तथा तीनों में मौलिक गुण भी समान हों, ताकि

परस्पर सूचनाओं का आदान प्रदान करते हुए ये तीनों स्तर एक साथ अपने-अपने कार्य कर सकें।

प्रकृतिमात्र में स्थिर और चलायमान विभाजन तथा असीमितताओं के छोर तक जाकर भी उसके इन दो पहलुओं की एक दूसरे को संतुलित करने की बाध्यता की बात हमारे विज्ञानविदों को रहस्यवाद से प्रेरित दार्शनिक प्रगल्भता प्रतीत हो सकती है, विशेषकर यदि ये सब बातें पांच हजार वर्ष पूर्व के भारत के ऋषियों द्वारा कही गई हों। तथापि जो विज्ञान को धर्म समझते हैं, कूटनीति नहीं, उन्हें इस प्रकार के गहन और विस्तृत अन्वेषण तथा उसके विवरण से कोई परहेज कदापि नहीं होना चाहिये, बल्कि एक प्रकार से तो उन्हें इसका स्वागत भी करना चाहिये और उपयोग भी।

भौतिक बलों के दो पहलुओं में पारस्परिक संतुलन

भौतिक विज्ञान के तीन प्रधान बलों में, जिस बल विशेष का उपयोग इस विश्व के दर्शन और उपयोग के निमित्त हम हर क्षण करते रहते हैं उसका नाम है विद्युत-चुम्बकत्व बल। यही प्रकाश का जनक है जिसके माध्यम से हम विश्व का दर्शन करते हैं, और इसी की सहायता से पदार्थ की भी सृष्टि होती है। समस्त पदार्थ परमाणुओं से बने हैं, और परमाणुओं में प्रोटोन, इलेक्ट्रोन तथा न्यूट्रोन के रूपमें तीन प्रकार के छोटे-बड़े कण होते हैं। इनमें से प्रोटोन में विद्युत का धनावेश होता है और इलेक्ट्रोन में इसी के समान परंतु इसके विपरीत आवेश, यानि ऋणात्मक आवेश होता है।

स्थूल सृष्टि के दो प्रधान कणों में प्रकृति के मूल विभाजन के दोनों पहलुओं की उपस्थिति और उनमें परस्पर का संतुलन भी सर्वत्र एवं स्पष्ट रूप से परिलक्षित होता है। समस्त पदार्थ की रचना में, सभी शताधिक रासायनिक तत्वों में, और जीवन के लिये आवश्यक तीनों अणुओं–आर.ऐन.ए., डी.ऐन.ए. और प्रोटीन में भी, इन्हीं दो प्रधान कणों में विपरीत अथवा ध्रुवीकृत विभाजन के सहयोग और संतुलन के माध्यम से ही समस्त कार्य संपन्न होते हैं। क्रियमाण प्रकृति के द्वारा विश्व के निर्माण और संचालन में प्रयुक्त इसके दो प्रधान तत्वों में निहित क्षमताओं का दो पहलुओं में विभाजन, एवं दो प्रकार के आवेशों की सृष्टि

का कार्य, एक प्रकार से पराक्षेत्र (Unmanifest Realm) में ही हो जाता है। आगम के आधार पर बिना किसी संशय के हम ऐसा कह सकते हैं, जबकि भौतिक विज्ञान शास्त्री आज भी यह समझने में असमर्थ हैं कि दो प्रकार के विद्युत आवेशों की उत्पत्ति कब, कहां और कैसे होती है।

केन्द्रीय बल (स्ट्रौंग न्यूक्लियर फोर्स) के क्षेत्र में भी, हम इसी प्रकार के दो विपरीत दिशाओं में कार्यरत आकर्षण-विकर्षण की उपस्थिति और संतुलन देख सकते हैं। जिस परमाणु से पदार्थ बनते हैं, उस परमाणु की रचना लगभग उसी प्रकार की समझी जा सकती है जैसे केन्द्र में सूर्य स्थित होता है और विभिन्न दूरियों पर ग्रह उसकी परिक्रमा करते हैं। पदार्थ के परमाणु में भी उसके केन्द्र में प्रोटोन अथवा प्रोटोनों एवं न्यूट्रोनों का एक झुंड होता है, तथा इलेक्ट्रोन एकाधिक परिधियों में उसके चक्कर लगाते हैं। जो केन्द्रीय बल (strong nuclear force) केन्द्र में प्रोटोनों एवं न्यूट्रोनों को एक साथ बांध कर नियोजित करता है, इस स्तर की इकाई दूरी (1.0 fm) पर उसका आकर्षण-बल विद्युत-चुम्बकीय बल से सौगुणा अधिक हो जाता है। ऐसा इसलिये आवश्यक होता है, ताकि यदि सौ प्रोटोनों को भी एक साथ बांधना पड़े तो भी उनके परस्पर के विकर्षण को अभिभूत करके एक स्थिर के समान केन्द्र का नियोजन किया जा सके। परंतु जब दो कणों के मध्य की दूरी इस इकाई की सत्तर प्रतिशत (0.7 fm) रह जाती है, तो यह बल भी विकर्षण के बल के समान कार्य करने लग जाता है, और इस प्रकार प्रोटोन आदि की व्यक्तिगत इकाई की मर्यादा का उलंघन संभव नहीं हो पाता।

अब हम भौतिकी के तीसरे प्रधान बल 'गुरुत्वाकर्षण' पर आते हैं। गुरुत्वाकर्षण वह शक्ति है जो हमें इस पृथ्वी से तथा पृथ्वी को सूर्य एवं वाह्य विश्व से बांध कर रखती है। भौतिक विज्ञानविदों के अनुसार अवश्य ही ऐसा कोई सिद्धांत पृष्ठभूमि में कार्यरत है जो गुरुत्वाकर्षण की विपरीत दिशा में प्रभावी है, अन्यथा बहुत पहले ही इस विश्व को अपने ही ऊपर ढह जाना चाहिये था। उनकी यह भी धारणा है कि शून्य में एक ऐसी शक्ति निवास करती है जिसके प्रभाव से बिना भौतिक अस्तित्व ग्रहण किये ही पदार्थ के मौलिक कण, शून्य क्षेत्र में भी क्षणिक उदय-अस्त को प्राप्त होते रहते हैं। ऐसा प्रतीत होता है कि कणों की यह

क्षणिक उपस्थिति भी विश्व की सम्मिलित ऊर्जा समष्टि के घनत्व को प्रभावित करती है। अनेक भौतिक विज्ञानविद यह सोचते हैं कि यह शून्य में छिपी ऊर्जा ही गुरुत्वाकर्षण के विरुद्ध जाकर विश्व को अपने ही ऊपर ढह जाने से रोकती है। परंतु कुछ विज्ञानविदों की यह भी मान्यता है कि गुरुत्वाकर्षण की शक्ति ही एक सीमा के पश्चात विकर्षण उत्पन्न करना प्रारंभ कर देती है जो विश्व को अपने ही ऊपर ढह जाने (या collapse करने) नहीं देती।

युगपत सम्बंध और हेजेनबर्ग की अनिश्चितता

आकर्षण और विकर्षण के नियंत्रण के माध्यम से प्रत्येक सृष्ट वस्तु या क्षेत्र के उपयोग का मार्ग प्रशस्त करते हुए और उसके अस्तित्व को अर्थ प्रदान करते हुए, मूल प्रकृति के दो पहलुओं के समान, आगम के ये दो प्रधान तत्व अपने यामल स्थान में संयुक्त रहते हुए भी अपने-अपने गुणों का विकास तथा दायित्वों का निर्वाह करने के लिये स्वतंत्र होते हैं। इनका आपसी सहयोग, इनका दो परस्पर विरुद्ध दिशाओं में सदैव धावमान होते रहने का स्वभाव, तथा प्रत्येक की अपने स्वभाव के अनुरूप प्राप्त स्वतंत्रता से ही किसी वस्तु या क्षेत्र आदि की अभिव्यक्ति संभव हो पाती है।

किसी भी वस्तु या क्षेत्र के लिये ऊर्जा के शून्य से सकारात्मक दिशा में अथवा 'स्वयं' (self) के साकार होने की दिशा में अग्रसर होने के लिये दो दिशाओं की, और उनमें धावित होने के लिये दो उपयुक्त प्रधानों की उपस्थिति अनिवार्य है। यह भी स्पष्ट प्रतीत होता है कि यद्यपि ये साथ-साथ और समानांतर गमन करते हैं, पर ये एक दूसरे को प्रत्येक विंदु पर सीधे तथा लंबवत रूप से प्रभावित करते हैं। अन्यथा या तो कुछ व्यक्त ही नहीं हो सकेगा, या वह व्यक्त होते ही सब दिशाओं में असीम की ओर बढ़ने लगेगा। प्रकृति में इसकी आधार भूमि से ही एक ऐसे प्रभावी नियम या व्यवस्था की उपस्थिति के कारण ही हमारे वैज्ञानिक और इंजीनियर, हेजेनबर्ग के द्वारा आविष्कृत अनिश्चितता के नियम को भौतिकी के सभी प्रसंगों में प्रयुक्त करने के लिये बाध्य होते हैं।

पदार्थ के अति सूक्ष्म क्वांटम कणों के स्तर पर किसी स्वभाव या क्षेत्र आदि की किसी भी एक दिशा में एक सीमा से अधिक गहनता का ज्ञान कर पाना कठिन है, क्योंकि उस अवस्था में उसकी दूसरी दिशा अनिश्चित के समान हो जाती है। उदाहरण स्वरूप, यदि हम एक परमाणु के अंतर में उसके केन्द्र की परिक्रमा करने वाले किसी इलेक्ट्रोन की सही स्थिति को जानने का प्रयास करते हैं, तो उसकी गति शून्य हो जायेगी जो स्वीकार्य नहीं है। इसी प्रकार यदि हम उसकी गति का सही आकलन करना चाहें, तो उसकी स्थिति अनिश्चित हो जायेगी। एक दूसरे उदाहरण के रूप में, हम किसी तंत्र या व्यवस्थित गतिविधि में विद्यमान उर्जा को समय के औसत अंतराल में मापने का प्रयास करें तो हमें एक निश्चित के समान मूल्यांक प्राप्त होता है, परंतु यदि हम माप के समय की अवधि को छोटा, अधिक छोटा और बहुत छोटा करते जायें, तो हमें एक स्थिर मूल्यांक प्राप्त नहीं होगा बल्कि यह स्पष्ट प्रतीति होगी कि समय के अत्यंत छोटे अंतरालों के मध्य उर्जा का परिमाण एक औसत के दोनों ओर घटता बढ़ता रहता है, स्थिर नहीं रहता। और फिर भी औसत मूल्यांक उतना ही रहता है जिसे हम स्थिर के समान स्वीकार कर सकते हैं, जो स्पंदन से ही उद्भूत और स्पंदनों से ही निर्मित विश्व में सर्वथा स्वाभाविक एवं प्रासंगिक ही कहा जा सकता है। क्वांटम भौतिकी में इसे संभावनाओं का सिद्धांत (Law of Probabilities) कहा जाता है। पदार्थ अथवा उर्जा के सूक्ष्म कणों में यथार्थ वस्तुस्थिति के जानने या मापने के प्रयास में इस प्रकार के अन्य क्षेत्र भी हैं, जिन सभी को हेजेनबर्ग के अनिश्चितता के सिद्धांत के अंतर्गत स्वीकार किया जाता है।

सृष्टि के संधि-स्थल से संबंधित दो प्रधान तत्वों के परस्पर से भिन्न दिशाओं में विस्तरण तथा एक दूसरे के नियमन का यह मौलिक सिद्धांत, जिसे ऋषियों के द्वारा युगपत सम्बंध कहा गया है, भौतिक जगत में भी कार्य करते हुए दिखाई पड़ता है। तथापि यह दो की उपस्थिति की अनिवार्यता या संधिस्थल वाला नियम, एक प्रकार से प्रकृति के जच्चा-बच्चा विभाग (nursery) का ही नियम है। इस विभाग की यंत्र आदि के माध्यम से ज्यादा खोजबीन शायद प्रकृति को पसंद नहीं है। यह सर्वविदित है कि पदार्थ का कोई भी कण, कण होते हुए भी तरंगवत आचरण कर सकता है। यह भी सर्वविदित है कि कणों के झुंड अनिश्चितता के नियम

की रक्षा करते हैं किंतु व्यक्ति-कण के क्षेत्र में इस भौतिक व्यापार को अत्यधिक समीप से देख पाना संभव नहीं है। जैसे मनुष्यों के वाशरूम में कैमरा लगाना मना है, वैसे ही अपने Changing Room या प्रजनन के क्षेत्र, व्यक्ति कण के क्षेत्र मे, कैमरा लगाने की अनुमति प्रकृति भी नही देती। वैसी स्थित में पदार्थ का कण तरंग के रूप में स्पंदन करना बंद कर देता है (जैसे किसी गृहणी ने किसी अवांछित तत्व के सन्मुख अपने गृह के कपाट बंद कर दिये हों) (परिशिष्ट-१ देखें)।

जो स्वाभाविक है

यद्यपि अभी तक हम आगम के परा क्षेत्र में ही हैं जो इतना सूक्ष्म है कि पदार्थ तो दूर की बात होगी वहां किसी विचार का उत्पन्न होना भी संभव नहीं है तथापि, जैसा कि हम कह चुके हैं, अचल शिव तथा चंचला शक्ति दोनों ही स्वभाव से ही सीमा विहीन तत्व हैं। इसलिये यह बिल्कुल भी आश्चर्य की बात नहीं है कि भौतिक विज्ञान की दोनों प्रधान क्वांटम फील्ड थ्योरियों की गणनाओं के अंत में, जिनमें अनिश्चितता के सिद्धांत को शामिल करना आवश्यक है, अनेकों अंतहीन राशियां भी उत्पन्न हो जाती हैं। इन दो प्रकार की अंतहीन राशियों से पीछा छुडाने के लिये भौतिक विज्ञानविद रिनौर्मलाइजेशन नाम की एक प्रक्रिया का सहारा लेते हैं। वे मान लेते हैं कि उनकी गणना में दो विभिन्न दिशाओं में उत्पन्न होने वाली असीमतायें एक दूसरे को निरस्त कर देती होंगी, क्योंकि ऐसा करने पर जो परिणाम उन्हें प्राप्त होते हैं. वे व्यवहारिक रूप से सही प्रतीत होते हैं। परंतु जैसे अपने वैज्ञानिकों की ही अनेक महत्वपूर्ण खोजों के समन्वय के परिणाम स्वरूप उदित होने वाले एक संभावित निष्कर्ष 'सृष्टि के मानव केन्द्रित होने के सिद्धांत' (Anthropic Principle) (परिशिष्ट-२) को अनेक विज्ञानविद संशय से युक्त मानते हैं, वैसे ही उनके अपने द्वारा ही प्रयोग में लाई जाने वाली इस रिनौर्मलाइजेशन नाम की प्रक्रिया को भी अनेक विज्ञानविदों के द्वारा संशययुक्त ही समझा जाता है, यद्यपि इस प्रक्रिया में वास्तव में दोषयुक्त कुछ भी नहीं है और भौतिकी की सारी गणनाओं में सर्वत्र इनका सटीक प्रयोग भी होता है।

विश्व की अभिव्यक्ति में प्रयुक्त कतिपय आधारभूत संरचनाओं के अज्ञानवश ही कुछ विज्ञानविदों के द्वारा इस संदर्भ में किसी संशय की बात उठाई जाती है, क्योंकि संवित विज्ञान के प्रकाश में तो यह एक निर्विवाद सत्य के समान है कि केवल पराक्षेत्र में ही कोई असीमता रह सकती है। यह सृष्टि में व्यक्त नहीं हो सकती। किसी भी अभिव्यक्ति में उसके दो पहलुओं के मध्य की समस्त गणनाओं में किसी प्रकार भी उदित होने वाली असीमित संख्याएं स्वत: दोनों दिशाओं में उत्पन्न और विनष्ट होकर बाहर निकल जाती हैं। आगम के प्रकाश में यही स्वाभाविक है तथा इसमें कुछ भी संशयात्मक नहीं है। दूसरी ओर, आवश्यकता होने पर प्रकृति के इन दो प्रधान पहलुओं में से एक पहलू दूसरे को संतुलित करने के लिये शून्य के पश्चात, दसमलव के उस पार १०७ बिंदुओं तक जाते हुए भी पाया गया है (परिशिष्ट-३)। विज्ञानविदों को इस प्रकार का संतुलन अकल्पनीय के सदृश (paradoxical) प्रतीत होता है, पर आगम के सिद्धांतों के अनुसार इसे भी उतना ही स्वाभाविक समझा जाना चाहिये।

परा क्षेत्र के तीन प्रधान

संवित विज्ञान के सृष्टि-प्रकरण में हमने अभी तक परा क्षेत्र एवं इसके तीन प्रधानों के विषय में ही बात की है, जिन्हें भली भांति समझना आवश्यक है। इनमें से शिव और शक्ति दोनों तत्व-स्थानीय हैं, जिनके स्वभावों और संबंधों की भी हमने विशेष रूप से चर्चा की है। इन दो प्रधान तत्वों की यामल अवस्था ही, जो इनकी युक्तावस्था की वह अवस्था है जिसमें इन दोनों का ही समान बलों के साथ समावेश होता है, त्रिक दर्शन का तीसरा प्रधान है। शैव आगमों के अनुसार इस दर्शन के ये तीन प्रधान ही अपनी-अपनी प्रकृतियों की सहायता से इस 'विश्व' तथा इसकी प्रत्येक वस्तु के 'रूप में' अभिव्यक्त होते हैं। इनमें से यामल अवस्था कारण भूमि एवं आत्म तत्व के रूप में, शिव मध्य-भूमि एवं मानस पक्ष के रूप में, तथा ऊर्जा समन्वित शक्ति स्थूल-भूमि एवं भौतिक शरीर के रूप में विकास को प्राप्त होते हैं। जैसा कि हम कह चुके हैं, शिव और शक्ति की

यामल अवस्था में ही सृष्टि का बीज निहित होता है और प्रधान रूप से उसी की अभिव्यक्ति होती है।

विश्व में उत्पन्न होने वाले सभी बल-क्षेत्रों तथा समस्त शक्तियों के उद्गम के स्थल 'परा-क्षेत्र' में अवस्थित यह यामल अवस्था ही इन तीन प्रधानों के द्वारा निर्मित कामरूप पीठ के नाम से विख्यात मौलिक संरचना है। ये त्रिदेव ही एक क्रीड़ा के रूप में अपने आमोद के लिये अपनी बहिर्प्रकृति की सहायता से एक बहिर्क्षेत्र का निर्माण करते हैं। इन तीन प्रधानों की बहिर्प्रकृतियों की हम संक्षेप में चर्चा कर चुके हैं। यामल में स्थित 'युग्म' की बहिर्प्रकृति ही 'इच्छा' शक्ति कही जाती है, जबकि 'शिव' की प्रकृति 'ज्ञान शक्ति' तथा 'शक्ति' की बहिर्प्रकृति 'क्रिया शक्ति' के नाम से ख्यात होती है। डॉ. कविराज के अनुसार यही तीन चेतन प्रकृतियां, स्थूल जगत में गुरुत्वाकर्षण इत्यादि उन तीन मुख्य बल क्षेत्रों को उत्पन्न करती हैं जिनकी हम चर्चा कर चुके हैं।

परमशिव की कला के सहयोग से, तथा अपनी इन तीन बहिर्प्रक्रतियों के माध्यम से, अव्यक्त परा क्षेत्र में स्थित यही त्रिदेव, क्रमश: अधिकाधिक घनत्व का विकास करते हुए और कारण एवं सूक्ष्म धरातलों का निर्माण करते हुए, अंत में भौतिक तल पर पदार्थ के कणों के रूप में अवतरित हो जाते हैं। संभवतया यही कारण है कि हम देखते हैं कि पदार्थ के तीन ही प्रधान कण होते हैं, मौलिक कणों के क्षेत्र में भी क्वार्क तथा लेप्टोन दोनों के तीन-तीन परिवार होते हैं, और प्रोटोन तथा न्यूट्रोन में भी ठीक तीन-तीन क्वार्क ही पाये जाते हैं। संवित विज्ञानविदों का कहना है कि प्रधान खिलाड़ी ये तीन ही रहते हैं तथापि स्तरों तथा संदर्भों के अनुसार उनके रूप और उनकी वेशभूषा बदलती रहती है।

अंत: प्रकृति का कार्य क्षेत्र

हम बता चुके हैं कि ऋषियों के अनुसार संवित की चेतना के अभिव्यंजन के क्षेत्र में शिव तटस्थ रहते हैं तथा सारे विकास, परिवर्तन और अभिव्यक्तियां एक प्रकार से शक्ति के क्षेत्र में ही घटित होते हैं, जो ऊर्जा का क्षेत्र भी है। उनका कहना है कि यह विश्व, शिव की

अभिव्यंजना (Expression) है जबकि शक्ति उसकी अभिव्यक्ति अथवा उस अभिव्यंजना का शरीर है।

एक कलाकार अथवा अभिव्यंजक के रूप में शिव अपनी अभिव्यंजना अथवा कलाकृति से अलग रहते हुए उसकी अवधारणा करते हैं और उसको आधार प्रदान करते हैं। इस अभिव्यंजना अथवा कलाकृति में जो भी परिवर्तन होते हैं, वे उसके शरीर विभाग में, ऊर्जा और शक्ति के क्षेत्र में ही होते हैं, शिव जिसके दृष्टा मात्र बनकर स्थित बने रहते हैं। तथापि शक्ति केवल ऊर्जा मात्र ही नहीं होती, शिव के ज्ञान के प्रकाश से संयुक्त होने के कारण इसमें सदैव एक अंतर की चेतना का वास रहता है, जिसके द्वारा यह समस्त दृष्टा उपभोक्ताओं के अनुभव का विषय बनती है। दूसरी ओर, उसकी यही अंतर्चेतना प्रत्येक वस्तु में अलग-अलग भी, और समष्टि की अंतर्चेतना के रूप में भी अवस्थित रहती है।

हमारी इस आगम पर आधारित विश्व की आत्म अभिव्यक्ति के विवरण में अभी तक कुछ भी अभिव्यक्त नहीं हुआ है, अत: कोई क्रम भी नहीं है। निष्कल ब्रह्म की अंतर्चेतना में स्पंदन का उदय और इसका चित एवं आनंद के रूप में अथवा नर एवं नारी तत्वों के रूप में ध्रुवीकरण, ऋषियों के अनुसार, एक साथ घटित होने वाली एक ही घटना है। जो स्पंदनमय है, वही ऊर्जा के रूप में आकार को प्राप्त होने वाला तथा अनुभव प्रदान करने वाला आनंदत्व, 'शक्ति तत्व' अथवा नारी पक्ष-स्थानीय ध्रुव बन जाता है। इसी प्रकार, ज्ञान के प्रकाश की ऊर्जा का जनक चित, 'शिव तत्व' अथवा नर पक्ष वाले ध्रुव के रूप में अचल होकर स्थित हो जाता है। चित से विकिरण के रूप मे निकलने वाली यह प्रकाशमयी ऊर्जा चित शक्ति कही जाती है। यह शिव अथवा चित, संवित रूपी चैतन्य का वह विभाग है जो वस्तुओं एवं दृष्यों के संपर्क में आने पर उनसे सबंधित अनेक प्रकार के ज्ञान के रूप में उदित होता है। ये दोनों शक्तियां, चित शक्ति एवं आनंद या अनुभव शक्ति, वैश्विक तथा वैयक्तिक दोनों स्तरों पर अंत:प्रकृति के रूप में अवस्थित होती हैं।

पाठक वृंद समझ सकते हैं कि यहां हम चांद तारों या अंधविश्वासों की बात नहीं कर रहे हैं, बल्कि कणों, अणु-परमाणुओं, उन्हें प्रभावित

करने वाले बलों और उनसे संबंधित अन्य विशेषताओं की ही बात कर रहे हैं, और ऋषियों के अन्वेषण के आधार पर उन्हीं को समझने का प्रयास कर रहे हैं। साथ ही साथ हम यह भी देखने का प्रयास कर रहे हैं कि क्या आधुनिक विज्ञान के द्वारा ज्ञात किये गये पदार्थ के गुणों को आगम के द्वारा अनेक पूर्व घोषित गुणों के आधार पर पूर्वघोषित समझना उचित कहा जा सकता है।

द्वंद्वात्मकता की प्रथा: कण भी एवं तरंग भी

जैसा हम कह चुके हैं, कि न तो शिव व्यक्त होते हैं और न ही शक्ति, बल्कि दोनों की युग्मावस्था ही व्यक्त होती है। एक प्रकार से तो हम कह सकते है कि यह बीज ही व्यक्त होता है, जो इनकी यामल अवस्था या दोनों तत्वों की समान बलों में उपस्थिति के संधिस्थल से निष्कृत होता है। कारण और मध्य-क्षेत्र के उपरांत भौतिक ऊर्जा वाले स्थूल क्षेत्र में भी इस बीज के विकास का क्रम ही चलता रहता है। पदार्थ के कण में अवस्थित शिव तत्व इसके रूप और आकार की अभिव्यक्ति तो करता ही है, यह इसे स्थिति का गुण भी प्रदान करता है। दूसरी ओर, स्पंदन से युक्त ऊर्जा के माध्यम से इसके शरीर के रूप में अवस्थित शक्ति-तत्व इसमें तरंग गुण के रूप में परिलक्षित होता है। दो पृष्ठों वाले सिक्के के समान पदार्थ के कण का दूसरा पृष्ठ यदि दृष्टिपथ में आता है, तो यही कण तब तरंगवत आचरण करते हुआ दृष्टिगोचर होता है।

जब भौतिक विज्ञानविदों को पहली बार पदार्थ की इस दोमुखी प्रकृति का ज्ञान हुआ तो यह उनके लिये एक अत्यंत आश्चर्य का विषय था। यह प्रकृति के दोहरे स्वभाव से उनके पहले साक्षात्कार के समान था। क्वांटम थ्योरी के जनकों में से एक, वर्नर हेजेनबर्ग ने १९२७ में पदार्थ के स्थिति वाले गुण को ध्यान में रखते हुए जिस क्वांटम मेकानिक्स की रचना की, वह अपने नाम के अनुसार घटना के दृश्यमान पहलू (Perceptible 'aspect') को ध्यान में रखकर बनाया गया था।

वहीं दूसरी ओर इरविन श्रौडिंगर के अनुसार देश-काल के परिप्रेक्ष्य में, किसी परमाणु के अंदर स्थित एक इलेक्ट्रोन को सतत-क्रियमाण एक आवेशयुक्त और स्पंदायमान बादल के समान समझा जा सकता था जिसे एक तरंग के गणित से अंकित या परिगणित किया जा सके। अत: इरविन श्रौडिंगर ने पदार्थ में अवस्थित ऊर्जा को ध्यान में रखते हुए अपना मेकानिक्स बनाया था, और ये दोनों मेकानिक्स ही सही गणना करने में समर्थ थे, दोनों ही ठीक थे। पदार्थ के कण में वह भी है जो मानस पक्ष है जो देखता है और वह भी है जो शरीर पक्ष है जिसका अनुभव होता है। और ये दो विभाग अथवा दो चेहरे, उसे अपने दो जनकों अथवा एक जनक-युग्म से एक बीज के रूप में प्राप्त होते हैं।

अव्यक्त से अभिव्यक्ति की ओर

पराशक्ति जो परमशिव की मूल प्रकृति है, एक स्पंद के रूप में उदित होकर उसकी चेतना अथवा अंतर के आकाश का ध्रुवीकरण कर देती है। इससे एक 'संवित' चेतना की सृष्टि होती है जिसमें वाह्य के ज्ञान एवं अंतर के ज्ञान (अनुभव) का विभाजन हो जाता है। चेतना एक ही रहती है, पर अब उसमें एक हृदय और मष्तिष्क के समान विभाजन की अनुभूति होती है। इस विभाजन के द्वारा दो विभिन्न दिशाओं में कार्यरत एक बल-क्षेत्र का सृजन होता है। तत्पश्चात यही ध्रुवीकृत बल-क्षेत्र एक वैश्विक बल-क्षेत्र के रूप में कार्य करना प्रारंभ कर देता है। इस ध्रुवीकृत क्षेत्र के मध्यस्थल में, अंबिका एवं शांता नामों से अभिहित दो प्रकार की शक्ति समष्टियों के द्वारा, कामरूप पीठ नामक जिस संरचना का निर्माण होता है, उसी बल-क्षेत्र रूपी संरचना में आदिशक्ति से उद्भूत स्पंदायमान ऊर्जा एक सृष्टिबीज के रूप में कार्यान्वित हो जाती है।

इस विशाल परंतु सीमित विश्व में कोई ऐसा स्थान नहीं है जो दो असीम एवं नित्य शक्तियों के मध्य कार्यरत इस प्राथमिक बल-क्षेत्र की परिधि से परे हो। इस व्यापक सृष्टिप्रवाह के मध्य 'पीठ' वह द्वीप अथवा विन्दु है, जहां दोनों शक्तियों के पूर्ण साम्य से एक शून्य के समान अवस्था उत्पन्न होती रहती है, जिसमें 'संवित का एक कण' नित्य, पूर्ण,

एवं विंदुस्वरूप 'सत्' के प्रतिबिंब के रूप में भासमान हो जाता है। पीठ का कार्य है संवित के कण को एक ऐसा आसन प्रदान करना जो सर्वथा स्थिर हो और इसे हम किसी भी वस्तु के लिये उसका स्वामित्व विंदु अथवा उस संवित कण का आसन स्थान कह सकते हैं, जो उस वस्तु को 'यह मैं हूं' की भावना से जानता है। इस 'संवित' को केवल इसके लक्षणों की उपस्थिति से ही जाना जा सकता है, अत: ऋषियों द्वारा इसे लिंग शब्द से संबोधित किया गया है। अव्यक्त परा क्षेत्र में आविर्भूत कामरूप पीठ में उपनीत होने वाले संवित को स्वयंभुव लिंग कहा जाता है। स्वयंभुव का अर्थ होता है स्वत:उत्पन्न अथवा जो किसी अन्य से (किसी युग्म से) उत्पन्न न हुआ हो। अपनी ही शांत्यातीत कला की सहायता से, स्वयंभुव लिंग के रूप में एक प्रकार से परमशिव ही आत्म-रूप से प्रकाशित होते हैं।

स्वयंभुव को हम परा संवित अथवा समस्त विश्व के अंतर-वाह्य दोनों ज्ञानों की स्वामी चेतना भी समझ सकते हैं तथापि यह अविभाज्य चैतन्य है जो समस्त तत्वों से परे है, अत: शैवागम के ऋषियों के द्वारा समस्त तत्वों के जनक इस आत्म तत्व की गणना किसी अलग तत्व के रूप में नहीं की गई है। कामरूप पीठ के मध्य अवस्थित इस यामल स्थान से, अपने दो असीम एवं परस्पर के सहयोगी-अवरोधी प्रधानों की हजारों प्रकार की विभिन्न क्षमताओं के द्वारा निर्मित, एक असीम क्षमतावान बलक्षेत्र के स्वामित्व की उपाधि से युक्त होकर, स्वयंभुव नामधारी आत्म तत्व अब एक सृष्टि बीज के रूप में व्यक्त होने के लिये प्रस्तुत है।

आधुनिक विज्ञान की शब्दावली के अनुरूप यदि हम उपरोक्त बल-क्षेत्र को समझनें का प्रयास करें, तो हम इसे एक ऐसी मैट्रिक्स के रूप में देख सकते हैं जिसमें हजारों विभिन्न क्षमताओं से युक्त शक्ति-तरंगें पूर्व से पश्चिम, समतल दिशा में (along X-axis) कार्यों की उत्पत्ति करते हुए धावमान होती रहती हों, जबकि उत्तर से दक्षिण की दिशा में इसी प्रकार, उनके इन कार्यों को निर्देशित एवं परिभाषित करती हुई हजारों प्रस्तावनायें भी, निम्न दिशा में (along Y-axis) अवतरण करते हुए उपस्थित रहती हों। विभिन्न कार्यों की सृष्टि करते हुए स्पंदायमान शक्ति (ऊर्जा) इस बलक्षेत्र को असंतुलित करते हुए धावित होती रहती

है तथा अचल शिव इसका उपचार करते हुए स्थिरत्व अथवा साम्य को कायम रखते हैं। दूसरी ओर चेतन आत्मतत्व के रूप में स्वयंभुव, इस सृष्ट्योन्मुख बलक्षेत्र का अपने मन और मस्तिष्क के समान उपयोग करते हुए स्थित होते हैं।

बुद्धि से युक्त मानव की सृष्टि की ओर

परमेश्वर की परा शक्ति एक स्पंद के रूप में उदित होकर, सर्वप्रथम उसके निद्रा के समान 'निमेष' का अवसान करते हुए उसकी चेतना का ध्रुवीकरण करती है और फिर एक नये 'उन्मेष' का सूत्रपात करते हुए उसके लिये मन एवं मस्तिष्क दोनों से युक्त उसके अपने ही शरीर के समान अवस्थित हो जाती है। शक्ति के द्वारा प्रायोजित इसी बल-क्षेत्र में विश्व-सृष्टि की अवधारणा एक बीज के रूप में जन्म लेती है, और स्वयंभुव के रूप में परमात्म तत्व इसकी अधिष्ठात्री चेतना का स्थान ग्रहण कर लेता है। यही स्वयंभुव एक सृष्टि-बीज के रूप में समस्त सृष्ट वस्तुओं में भी आत्म-तत्व के रूप में अवस्थान करता है।

इसी तीन प्रधानों से सज्जित कामरूप पीठ नामक प्राथमिक संरचना से, इच्छा, ज्ञान एवं क्रिया समन्वित परमेश्वर की बहिर्प्रकृति का उदय होता है जो इस सृष्टि बीज के अंकुरित होकर, एक अत्यंत विशाल वृक्ष के समान, इस विश्व के रूप विकसित होने में उसकी सहायक होती है। इस बीज की विकास प्रक्रिया में एक ऐसा समय भी आता है जब अनेक योग्यताओं का अर्जन करते हुए, तथा सबसे आखिरी दहलीज का भी उल्लंघन करते हुए, मानव के रूप में, यह बीज एक बुद्धि-विवेक से युक्त प्राणी (Homo Sapiens) कहलाने का अधिकार प्राप्त कर लेता है। यह अति-विशिष्ट प्राणी हर वस्तु, स्थान, और गुण आदि को एक विशेष नाम से भूषित करते हुए एक को अन्य से अलग करने के लिये सतत प्रयत्नशील रहता है। इस दृश्यमान जगत का संसार अथवा विश्व के नाम से वर्णन करते हुए, यह मनुष्य रूपी दृष्टा इसके सतत उपभोग के लिये भी उत्सुक एवं सैकडों प्रकार से उद्योगशील रहता है।

पर क्षेत्र के नाम से वर्णित इस अव्यक्त भूमि पर किसी विचार का उदय संभव नहीं है, यहां केवल परमेश्वर की सिसृक्षा ही कार्य कर सकती है। ऋषियों के अनुसार, अव्यक्त की दहलीज को पार करके यह सृष्टि बीज अब व्यक्त होने के लिये प्रस्तुत के समान है। जैसे-जैसे सृष्ट्योन्मुखी विन्दु रूपी परासंवित के अंतराल में इसके बहिर्मुखी बिन्दु से, इसका विकर्षण प्रधान अंतर्मुखी बिन्दु दूर हटता है, यह अपेक्षाकृत अधिकाधिक घनत्वों के उपक्षेत्रों की एक परंपरा का सृजन करते हुए ही अपने पथ पर अग्रसर होता है। अव्यक्त से व्यक्त की दिशामें, या क्रमश: अधिकाधिक अभिव्यक्ति की दिशा में, परासंवित की इस यात्रा के प्रारंभ ही में इसकी वाह्य प्रकृति की अभिव्यक्ति भी प्रारंभ हो जाती है, जो सर्वप्रथम एक कारण भूमि का निर्माण करती है (चित्र-१ देखें)।

सृष्टि का प्रारंभ

चित्र - १

सृष्टि-बीज का वपन

तीन भागों में विभक्त, इच्छा, ज्ञान एवं क्रिया रूपी परमशिव की बहिर्प्रकृति की समष्टि को ऋषियों द्‌वारा महामाया भी कहा गया है, जिसका अर्थ है एक ऐसी मोहिनी शक्ति जो सबको सम्मोहित कर सकती हो। यह अपने पहले तीन कदमों में कारण भूमि की सृष्टि करते हुए इस

प्रकार अवतरण करती है कि इसके प्रत्येक कदम पर इसकी एक प्रकृति का प्रथम प्रकाशन प्रारंभ हो जाता है। महामाया के रूप में इसका मुख्य उद्देश्य होता है चेतना में विकासोन्मुख दृष्टा पक्ष के लिये एक बहिर्दिशा, तथा 'अपने से अन्य' सत्ताओं की अनुभूतियों का विकास करना।

परमशिव की चेतना में जब एक विश्वरूपी अवधारणा का उदय होता है, तब इस चेतना का एक ज्ञाता (मन) और उसकी अनुभूति के माध्यम (शरीर) में, तथा नर और नारी अंशों में विभाजन हो जाता है। चेतना में विभाजन की यह अवधारणा एक स्वत: उत्पन्न आत्मप्रेरणा के समान होती है, जिसमें धनात्मक एवं प्रकाशरूपी शिवांश जो दृष्टा और ज्ञाता होता है, अपनी इस अवधारणा का कि विश्व के रूप में वह क्या देखना या अनुभूत करना चाहता है, आत्मप्रकाश करने के हेतु संकल्प करता है, 'बहुष्यामि, प्रजायेय', 'मैं अनेक हो जाऊं, मैं संतानरूपी प्रजा की उत्पत्ति करूं'। ऋषियों के अनुसार उसकी यह सिसृक्षा ही शक्ति-तत्व के गर्भाधान के समान है। कविराज जी के अनुसार यह प्रकाश का विमर्श में अनुप्रवेश है। शक्ति रूपी विमर्ष ऋणात्मक है। यह ऊर्जा भी है तथा अंतर का ज्ञान भी है। 'धनात्मक प्रकाश' ऋणात्मक विमर्श को अभिभूत करता है और अपने संकल्प से शक्ति तत्व को सृष्टि की दिशा में क्रियमाण करते हुए यह उसमें अपनी विश्व-सृष्टि की सिसृक्षा का बीजांश भी छोड़ देता है।

शक्ति के गर्भ में एक बीज के रूप में परिणति को प्राप्त होते हुए यह सिसृक्षा उत्तरोत्तर बलवान होती जाती है तथा उससे ताल मिलाते हुए, और अधिकाधिक बोझिल होते हुए, स्पंदायमान शक्ति तत्व के तंतुओं में विमर्षण की दिशा में खिंचाव और तनाव भी उसी अनुपात में वृद्धि को प्राप्त होते रहते हैं। पराक्षेत्र में परासंवित के अवकाश में, जिसे चिदाकाश कहा जाता है और जिसमें एक वैश्विक बल-क्षेत्र उत्पन्न होता है, अब एक घनत्वयुक्त एवं तनावयुक्त उपक्षेत्र का विकास आरंभ हो जाता है। फिर एक ऐसी अवस्था आ जाती है कि इस सृष्टि बीज का निर्गमन आवश्यक हो जाता है।

कारण भूमि पर अवतरण

सृष्टि बीज के बहिर्निष्कासन का कार्य चित शक्ति की सहायक व्योम वामेश्वरी शक्ति के द्‌वारा संपादित होता है। वाम के दो अर्थ होते हैं 'वमन' और 'वाम दिशा', जबकि व्योम का अर्थ है आकाश। चेतना में एक दूसरे (एवं अपेक्षाकृत निचले) आकाश की सृष्टि में इस व्योम वामेश्वरी शक्ति की महत्वपूर्ण भूमिका होती है। यह वामा शक्ति केवल सर्वप्रथम अभिव्यक्ति को प्राप्त होने वाले आकाश का ही नहीं, अपितु उसके साथ अनेक उप-शक्तियों और बलों तथा विकासोन्मुख सृष्टि बीज का भी वमन करती है। यह बहिर्गत होने वाले सृष्टि के प्रवाह तथा उसके संवेग को वाम से दाहिनी दिशा में गमन करने वाले एक वर्तुलाकार पथ पर स्थापित कर देती है, जो समय के साथ उर्ध्व दिशा में उठते हुए, सर्पिल गति से और एकाधिक तलक्षेत्रों का निर्माण करते हुए अग्रसर होता रहता है (चित्र-३ व ७)।

व्योम वामेश्वरी के द्‌वारा इस प्रकार निष्कासित होने वाले आकाश को आगम में महा शून्य कहा गया है। स्पंदन के इस स्तर पर, सृजन की ओर उन्मुख स्पंदायमान ऊर्जा दो विभिन्न दिशाओं में एक साथ कार्य करने वाली 'प्राणशक्ति' के रूप मे परिणत हो जाती है। इस जीवंत के समान स्पंदनमयी ऊर्जा से, जो इस महाशून्य की शरीर स्थानीय होती है, एक स्पंदन ध्वनि भी निसृत होती रहती है, जिसे ऋषिगण नाद के नाम से वर्णित करते हैं। नाद का अर्थ है प्रसर करना अथवा फैलना और उत्पन्न होते ही यह स्पंदायमान ध्वनि समस्त दिशाओं में एक अवकाश (space) की सृष्टि करते हुए प्रसर करना आरंभ कर देती है।

आत्मकण: शरीर प्राप्ति का अनुमति पत्र

परा क्षेत्र से बाहर की दिशा में पहली अभिव्यक्ति स्वयंभुव अथवा युग्म की अभिव्यक्ति होती है, जो भविष्य में होने वाली अन्य सभी अभिव्यक्तियों के लिये आधार स्वरूप कारण भूमि का विकास करता है, और इस युग्म तत्व की प्रकृति विशेष का नाम है इच्छा शक्ति। तथापि, बहिर्प्रकृति अपने

तीनों विभागों के साथ ही उदीयमान होती है और प्रत्येक प्रकृति एक क्रम के अनुसार अपने-अपने विभागों का विकास करते हुए प्रकाशित होती है।

अपनी बहिर्प्रकृति इच्छा शक्ति के साथ यामल रूप में अवस्थित यह दिव्य युगल कारण भूमि पर एक गुंजायमान ध्वनि नाद के रूप में अवतरण करता है। आगम शास्त्रों के द्वारा इसे तीसरा तत्व माना जाता है, जो अवतरित होते ही हर ओर एक अवकाश की सृष्टि करते हुए प्रसर करना आरंभ कर देता है। इस तीसरे तत्व के स्तर पर शक्ति-तत्व अपने अंतर दिशा के उस ज्ञान का, जो अनुभव प्रदान करने में समर्थ होता है, पूर्ण संकुचन अथवा संकर्षण कर लेती है। इस अंतर-ज्ञान के संकुचन के फलस्वरूप महाशून्य के समान इस आकाश में कुछ भी देखने या अनुभव करने के लिये शेष नहीं रहता, एक पूर्णतया स्वच्छ पटल की सृष्टि हो जाती है और अंत:चेतना एक विंदु का रूप ग्रहण कर लेती है। अभिव्यक्ति के इस स्तर पर दृष्टा रूपी शिव का आनंद रूपी अनुभव लुप्त हो जाता है और उसके स्थान पर उसे मात्र शून्य आकाश की प्रतीति होती है, एवं वह उस महाशून्य को ही 'मैं यह हूं' इस प्रकार समझने लगता है।

इस समस्त रंजनाओं से विहीन नाद को एवं इस ज्ञान को कि 'मैं यह हूं', आगम शास्त्रों में तीसरे तत्व का स्थान दिया गया है। यह नाद एक आत्म-कण अथवा स्वत्व की अवधारणा के साथ उदित होता है, जो इस सृष्टि-कण में "मैं" अथवा 'स्वयं' (self) के रूप में अवस्थित हो जाती है। यह आत्म-कण अथवा 'मैं' ही इकाई अथवा व्यष्टि स्थान में स्थित वह प्रधान है जिसका आश्रय लेकर और जिसके एक स्वच्छ पट्ट वाले अनुमति पत्र के समान, उसके दो पृष्ठों के रूप में, मन और शरीर के साथ अभिव्यक्ति को प्राप्त कोई भी वस्तु अथवा बल-क्षेत्र एक अलग अस्तित्व का लाभ कर सकता है। यह आत्म कण किसी इकाई (व्यष्टि) से भी संलग्न होकर 'मैं यह हूं' के ज्ञान से युक्त हो सकता है और किसी समष्टि से भी। जैसे एक मधुमक्खी भी यह अनुभव कर सकती है कि 'मैं यह हूं' और किसी आत्म कण से युक्त होकर इन मधुमक्खियों का ही कोई छत्ता भी ऐसा अनुभव कर सकता है कि 'मैं यह हूं'। विविधता

की सृष्टि की ओर, एक स्वत्व की अवधारणा लिये हुए, यह एक स्वतंत्र व्यक्तित्व का सृजन करने की दिशा में पहला कदम है।

जिस महाशून्य की हमने चर्चा की है, वह उत्पन्न होते ही सब ओर फैलना या प्रसर करना प्रारंभ कर देता है। शक्ति-तत्व विंदु रूप ग्रहण करते हुए अपने संकुचन के माध्यम से इस आकाश से सभी प्रकार के अनुभव को हटा देता है, और इस सभी प्रकार के विषयों के संपूर्ण संकुचन के कारण ही इसकी संज्ञा महाशून्य होती है। शक्ति ऐसा इसलिये करती है ताकि भविष्य में वह अपने बिन्दुत्व का प्रसारण करते हुए, इसमें किसी भी प्रकार के अनुभवों का समावेश करते हुए, इसे किसी भी वस्तु विशेष के गुणों से सज्जित करते हुए, जैसी आवश्यकता हो वैसी विविधता की सृष्टि कर सके।

भविष्य में जब मानव के समान बुद्धि-विवेक से युक्त प्राणी का जन्म हो जाता है, तो पहले तो वह इस विविधता को विश्व की संज्ञा प्रदान करता है, और जब वह मौलिक विज्ञान के संस्थापकों की पीढ़ियों से और अधिक अग्रसर होते हुए आधुनिक विज्ञान का ज्ञान अर्जन कर लेता है, तब उसके कुछ अग्रगण्य विद्वान यह उद्घोष करते हैं कि चेतना की प्राथमिकता की बात करना मात्र अंधविश्वास है क्योंकि यह पदार्थ से ही उत्पन्न होती हुई परिलक्षित होती है, और भौतिकी, रसायन एवं जीव शास्त्र के ज्ञान के बाहर कुछ हो ही कैसे सकता है जब वह परिलक्षित ही नहीं होता, और जब समस्त गणनायें भी सापेक्षता के आधार पर ही की जा सकती हैं, इत्यादि। हमारा विश्वास है कि क्वांटम भौतिकी के विकास के फलस्वरूप दृष्टा (observer) की भूमिका की एक औपचारिक के समान स्वीकृति के पश्चात, हमारे आधुनिक विज्ञानविद शीघ्र ही उसकी प्राथमिकता को स्वीकार करने के लिये भी बाध्य होंगे।

किसी भी वस्तु अथवा स्वचालित प्रणाली के उदय के लिये, सर्वप्रथम एक आत्मकण की आवश्यकता होती है, अन्यथा वह न तो स्वयं को अन्य सभी कुछ से अलग समझने के योग्य हो सकती है, और न ही अपने अस्तित्व के दायरे को समझ कर आत्मरक्षा या प्रजनन आदि के लिये प्रयत्नशील हो सकेगी। अत: जो कुछ भी इकाई, प्रजाति, अथवा समष्टि, आदि सृष्ट होती है, सर्वप्रथम वह इस 'मैं' के रूप में एक आत्मकण ही

होती है। इसके पश्चात ही प्रकृति उसमें अलग-अलग गुणों का विकास करते हुए, वस्तुओं एवं विविधता की रचना करते हुए, अपनी सृष्टि संरचना के कार्य को आगे बढ़ाती है। प्रकृति के रूप में क्रियमाण शक्ति, शून्य-विन्दु के समान इस रिक्त किये गये अनुभव स्थान में उचित समयों पर, अपनी आवश्यकता के अनुसार अलग-अलग इकाइयों में अलग-अलग परिमाणों में विभिन्न गुणों का समावेश करती हुई अग्रसर होती है।

इस प्रकार प्रकृति एक योजनाबद्ध प्रणाली के अंतर्गत पहले अपने एक अलग स्थान सहित, एक 'मैं' की अवधारणा को अभिव्यक्ति की दिशा में उन्मुख प्रत्येक वस्तु में, उसके अलग अस्तित्व तथा उसकी एक अलग पहचान की आधारशिला के रूप में अवस्थित कर देती है। तत्पश्चात वह इस प्रकार के असंख्य सृष्टि-कणों, अथवा आत्म-कणों को कारण भूमि से बाहर निकलने के द्वार से ऊर्जा के अपेक्षाकृत अधिक घनत्व वाले क्षेत्र में अवतरण करने के लिये प्रेरित करती है।

सापेक्षता की अभिव्यक्ति का पटल: देश-काल

परमशिव की चेतना में वह फलक जिसमें सृष्ट्योन्मुख स्पंदन की ध्वनि का उदय होता है, आगम (त्रिक-दर्शन) के कथानक में महाशून्य कहा गया है, और यह नाद-नाम्नी 'ध्वनि' तीसरा तत्व होता है, जिसकी संज्ञा होती है सदाशिव तत्व। इस स्तर पर परमेश्वर की इच्छा-प्रकृति का प्रकाश होता है, जो कारण जगत की अधिष्ठात्रि शक्ति है। परमेश्वर की इच्छा ही उसके सृष्टि के संकल्प से बलयुक्त होकर विश्व की पृष्ठभूमि में वाह्य जगत की सबसे प्रमुख शक्ति होती है एवं उसकी बहिर्प्रकृति में यही आधारभूता एवं मध्यस्थानीय प्रकृति होती है, जो अन्य दोनों प्रकृतियों को नियुक्त करती है।

चित अथवा शिव अभिव्यंजक है तथा आनंदरुपी शक्ति-तत्व उसकी अभिव्यक्ति है। शिव अचल एवं समस्त के साक्षी रूप में स्थित रहता है। 'अभिव्यक्ति' शक्ति से उत्पन्न होने वाले उस बीज के माध्यम से होती है, जिसमें शिव और शक्ति दोनों का समन्वय होता है। इच्छा-शक्ति अभिव्यक्ति विभाग की शक्ति है। युगपत संबंध में इसका समन्वय

अभिव्यंजक विभाग की व्योम वामेश्वरी अथवा वामा शक्ति के साथ होता है। यह वामा-शक्ति इच्छा बल से युक्त सृष्ट्योन्मुख ऊर्जा के प्रवाह के संवेग एवं दिशा का उत्सर्जन भी करती है, और नियमन भी। इच्छा और वामा की यामल स्थिति, जिसमें दोनों के बल समान होते हैं, जिस पीठ का निर्माण करती है उसका नाम ऋषियों के द्वारा पूर्णगिरि पीठ रखा गया है। इसमें अवस्थित होने वाले आत्मकण को बाणलिंग कहा गया है। इसकी चेतना का स्तर सदाशिव की चेतना का स्तर है।

आगम के सभी छत्तीस तत्व जिनसे इस विश्व की रचना होती है पराशक्ति अथवा विमर्श के ही परिवर्तित रूप होते हैं, जो परम शिव का स्वभाव ही है तथा जिसे मूल प्रकृति भी कहा जाता है और आद्या शक्ति भी। इसे मूल प्रकृति इसलिये कहा जाता है क्योंकि इसी में शिव और शक्ति दोनों तत्वों की जड़ अथवा मूल स्थित होता है। शिव स्थिर तत्व है और शुद्ध चैतन्य है, जबकि शक्ति चलायमान एवं चंचल है जो केवल शिव को आधार बनाकर ही अभिव्यक्त हो सकती है। यह शिव के प्रकाश से ही प्रकाशमान होती है। जो तंत्र-साधक 'शक्ति' की पूजा करते हैं, उनके पूजास्थल में स्थापित प्रतिमा में उनकी आराध्या देवी एक नारी मूर्ति के रूप में अपना एक पैर, समतल एवं निश्चल अवस्था में स्थित एक पुरुष मूर्ति के रूप में दर्शाये गये, शिव के वक्ष पर लंबवत रखे हुए तथा दूसरा पैर शून्य में चलायमान होने का इंगित करते हुए इन दोनों तत्वों के परस्पर के युगपत संबंध को प्रदर्शित करती है। यह विश्व इस सतत चलायमान शक्ति तत्व का शरीर है जो अचल शिव के ज्ञान को आधार बनाकर अभिव्यक्त होती है। देवी की इस प्रतिमा की भारत के पूर्वी राज्यों में महाकाली के रूप में पूजा की जाती है, जबकि शिव के इस रूप को ही महाकाल भी कहा जाता है।

आगम के अनुसार विश्व के समस्त पदार्थ एवं समस्त वस्तुएं स्पंदन से ही निर्मित होते हैं, एवं सदैव स्पंदायमान रहते हैं। पराशक्ति के द्वारा इन सभी का प्रक्षेपण, सृष्टि के आदि-स्पंदन प्राण की भित्ती पर किया जाता है जो सभी ऊर्जा क्षेत्रों में और सभी दिशाओं में सदैव क्रियमाण रहता है। जैसा कि हम कह चुके हैं, प्राण वह विश्वव्यापी सृजनकारी स्पंदनमयी ऊर्जा है जिसकी उत्पत्ति शिव एवं शक्ति के संयोग से होती

है, और जो धनात्मक एवं ऋणात्मक दोनों दिशाओं में कार्यरत होता है। आगम के तीसरे तत्व सदाशिव से लेकर इसके छतीसवें तत्व पृथ्वी-तत्व तक विश्वसृष्टि में समन्वित अन्य सभी तत्व इस प्राण शक्ति की भित्ती अथवा फलक पर ही स्थित होते है।

अपनी मूलावस्था में प्राण के सरल और मृदु स्पंदन में कोई परवर्तन नहीं होता, पर स्पंदन की निम्नावस्थाओं में इसमें अधिकाधिक जटिलता का समावेश होते जाता है और यह विभिन्न पदार्थों एवं वस्तुओं के रूप ग्रहण करता रहता है। मूलावस्था में स्थित प्राण का सरल स्पंदन तब तक विद्यमान रहता है जब तक यह विश्व विद्यमान रहता है और इससे उत्पन्न नाद भी, जिसकी ध्वनि ओम् के समान होती है, तब तक इसी प्रकार विद्यमान रहता है।

सदाशिव: आगम का तीसरा तत्व

शिव और शक्ति की संयुक्तावस्था में चेतना की अनुभूति होती है 'मैं हूं' जो एक अंत:प्रेरणा के समान होती है। यह अनुभूति परा क्षेत्र में उदित होती है जो व्यक्त नहीं होता, और जिस समस्त-सीमाओं-से-पार के क्षेत्र में शब्द की भी अभिव्यक्ति नहीं होती। परंतु सदाशिव के क्षेत्र में एक दृष्टा और उसके अनुभूत एक दृश्य की अवधारणा भी उत्पन्न हो जाती है, और उसके 'मैं यह हूं' के आभास के साथ-साथ विकासोन्मुख सृष्टिबीज की चेतना में ससीम ज्ञान की एक परंपरा का उदय हो जाता है। उसे अब अपने से अन्य एक 'महाशून्य' की भी अनुभूति होती है और इसी को अपने शरीर के समान अनुभव करते हुए वह समझता है कि 'मैं यह हूं'।

सदाशिव के ज्ञान में जो शून्य एक बिन्दु के समान प्रतीत होता है, उसे ही महाशून्य कहा जाता है। इस महाशून्य का आकाश शिव और शक्ति के संयोग से उद्भूत प्राण-शक्ति के स्पंदन की दो दिशाओं के तंतुओं से निर्मित एवं प्रसरणशील होता है, एवं खरबों प्रकाश वर्षों तक भी विस्तृत हो सकता है। इसे भी एक प्रकार से समय एवं आकाश के युगपत संबंध के समान ही समझा जाना चाहिये। अगर अत्यंत सूक्ष्म ज्ञान (perception)

के स्पंदन वाले कारण-आकाश को सदाशिव का शरीर माना जाये, तो सृष्टि का उद्घोष करने वाले नाद को इसका अभिव्यंजन, तथा 'मैं यह हूं' को इसका अनुभव कहा जा सकता है।

आगम के तीसरे, चौथे एवं पांचवे तत्वों का विकास करने के लिये परमशिव 'शांति' कला नामक अपनी दूसरी कला को उपयोग में लाते हैं। शांत्यातीत कला का क्षेत्र शुद्ध परा क्षेत्र कहा जाता है जहां 'यह' जैसी किसी प्रथा का उदय नहीं हो सकता। परंतु शांति कला का क्षेत्र परा-अपरा का क्षेत्र कहा जाता है। इस क्षेत्र में 'यह' की उत्पत्ति हो जाती है अत: इसे शुद्ध-अशुद्ध क्षेत्र माना जाता है।

ऋषियों के मत में समय और अवकाश को अलग नहीं किया जा सकता, और कहीं-कहीं वे सदाशिव को महाकाल के नाम से भी संबोधित करते हैं। विश्व का अवकाश प्राण के प्रसरण से और उसके स्पंदायमान तंतुओं से निर्मित आकाश में ही निहित है और उसी प्रकार इसकी आयु का मान नाद के उद्गम से उसकी विलुप्ति के मध्य निहित रहता है। सदाशिव के स्तर का स्पंदन शुद्ध प्राण का सहज स्पंदन होता है और इसकी ध्वनि शुद्ध नाद होती है। निचले स्तरों पर, जो ऊर्जा की प्रगाढ़ता के स्तर होते हैं, जहां विभिन्न पदार्थों और वस्तुओं का अभिव्यंजन होता है और जिनमें से प्रत्येक के साथ अपना एक अलग 'मैं यह हूं' की अनुभूति से युक्त आत्मकण जड़ित होता है, इस स्पंदन में एक विशिष्ट अथवा व्यष्टि-स्थानीय जटिलता आ जाती है जिसकी अपनी सबसे अलग एक विशिष्ट ध्वनि भी होती है।

गुणों की उत्पत्ति का मूल

परमशिव की तीन बहिर्प्रकृतियों की समष्टि को ऋषिगण 'महामाया' भी कहते हैं। इनमें से इच्छा शक्ति के विकास का प्रारंभ सदाशिव तत्व की अभिव्यक्ति के साथ ही हो जाता है। इस इच्छा शक्ति का प्रयोग सदाशिव के द्वारा परमेश्वर के उन पांच प्रसिद्ध कार्यों के संपादन के लिये किया जाता है जिनकी चर्चा हम पहले कर चुके हैं। इसी प्रकार कारण-भूमि के

अगले दो स्तरों पर परमेश्वर की दो अन्य बहिर्प्रकृतियां भी क्रमश: ज्ञान शक्ति एवं क्रिया शक्ति के रूप में प्रकाशित होती हैं।

डॉ. गोपीनाथ कविराज के अनुसार, "इच्छा शक्ति स्वभाव से ही शांत एवं अचल रूप में स्थित होती है। यह मुख्य रूप से सृष्टि बीज को धारण करने वाली योनि अथवा गर्भाशय का कार्य करती है। यह उसके प्रस्फुटन के लिये भूमि के समान होती है। इस भूमि के अंदर की दिशा में ज्ञान शक्ति का विकास जड़ अथवा मूल के रूप में होता है जो इस भूमि को पकड़ कर विकसित होती है, जबकि इसकी बाहर की दिशा में इस बीज में निहित क्रिया शक्ति का इसके गुणों के रूप में प्रस्फुटन होता है। इच्छा, ज्ञान और क्रिया शक्तियों के माध्यम से परमेश्वर की बहिर्प्रकृति का आविर्भाव एक समष्टि के रूप में ही होता है, जिनमें इच्छा किसी भी सृष्टि बीज के वपन के लिये एक भूमि के रूप में स्थित हो जाती है एवं अन्य दोनों प्रकृतियां इस बीज का विकास करती हैं। इन्हीं तीनों के सहयोग से ज्ञाता, ज्ञान एवं ज्ञेय की सृष्टि होती है।"

इच्छा, ज्ञान तथा क्रिया, ये तीन प्रकृतियां भी हैं और बल अथवा शक्तियां भी। कारण भूमि से नीचे अवतरण करते हुए इन्हीं प्रकृतियों से सत्, रज एवं तम के नाम से सर्वविदित तीन गुणों का आविर्भाव होता है। इन गुणों को मात्र धनात्मक, ऋणात्मक और न्यूट्रल या 'युक्त' कहना पर्याप्त नहीं है, क्योंकि इनका दायरा केवल पदार्थ तक ही सीमित नहीं है। ये गुण जीवित प्राणियों को भी उसी प्रकार प्रभावित करते हैं जैसे जड़ पदार्थ को, जैसे पसंद-नापसंद, प्रेम-घृणा, शत्रुता-मित्रता, घमंड, पक्षपात आदि गुण, जो जीवित प्राणियों को प्रभावित करते हैं, वे भी इन्हीं तीन प्रधान गुणों की ही देन होते हैं। इनमें -

- सतोगुण ज्ञान का प्रतीक है। यह शुद्धता और धनात्मक गुणों को उत्पन्न करता है, जैसे, संतोष, क्षमा, उद्योग, स्मृति, जिज्ञासा, शांति, हल्कापन इत्यादि।
- रजोगुण क्रिया शक्ति का प्रतिनिधि है। यह सभी प्रकार की मानसिक, भौतिक, रासायनिक एवं जैव विज्ञान से संबधित

क्रिया एवं प्रतिक्रिया का जनक है। इससे शौर्य, अभिमान, उत्साह, निर्ममता, घमंड, आदि का निर्देश होता है।

- तमोगुण इच्छा से उदित होता है, यह अशुद्धता एवं ऋणात्मक गुणों का जनक होता है, जैसे असंतोष, आलस्य, क्रोध, लोभ, भारीपन इत्यादि।

गुणों का सामरस्य

यह समस्त सृष्टि युगपत संबंध में जड़ित शिव एवं शक्ति की यामल अवस्था से उत्पन्न होती है। यह सामरस्य की असीम संभावनाओं से युक्त परंतु शून्य की स्थिति होती है। परा क्षेत्र में यह स्वयं आविर्भूत होने वाले परम-आत्म का स्थान होता है, जो अपनी चित एवं आनंद रूपी अंत:प्रकृति से युक्त होता है, जबकि परा क्षेत्र से बाहर आत्म तत्व की अभिव्यक्ति होती है जहां परमेश्वर की बहिर्प्रकृति कार्य करती है। कारण जगत इसी यामल अवस्था या उसके सृष्टि संकल्प की प्रतिनिधि इच्छा का, अथवा आत्म-तत्व की प्रधान प्रकृति का स्थान होता है।

चूंकि बहिर्जगत में तीन प्रकृतियां कार्यरत होती हैं, इसलिये यहां सामरस्य अथवा अभिव्यक्ति-शून्य अवस्था में तीनों प्रकृतियों की समान बलों के साथ उपस्थिति आवश्यक होती है। यहां शिव और शक्ति के युगपत के अतिरिक्त उनकी समान बलों वाली यामल अवस्था, जिसमें विश्वबीज का वपन होता है, एवं उसकी प्रकृति की भी एक मध्यस्थानीय प्रधान बल के रूप में उपस्थिति आवश्यक होती है। यह प्रधान बल परमेश्वर की इच्छा शक्ति ही होती है। शिव और शक्ति तत्व की परिचायक वाह्य प्रकृतियां ज्ञान और क्रिया के रूप में इसके दो पार्श्वों के समान युक्त होती हैं। ज्ञान इसके अंतर में जड़ के रूपमें प्रविष्ट होकर स्थित रहता है, जबकि क्रिया का प्रस्फुटन बाहर की ओर, इसके गुणों के रूप में प्रकाशित होता है।

भागवत गीता के अनुसार इस विश्व की प्रत्येक वस्तु गुणों के द्वारा निर्मित होती है, यहां दृष्टा एवं दृश्य दोनों ही गुणों से बने होते हैं और एक प्रकार से गुण ही गुणों का उपयोग करते हुए (बरतते हुए) चलायमान रहते

हैं। ऋषियों का कथन है कि तीन गुणों की साम्यावस्था ही वह अवस्था है जिसमें समस्त गुण स्थित होते हैं और यह अवस्था ही वह पटल है जिस पर उत्पन्न होकर इन गुणों का वाह्य प्रकाश होता है।

गुणों में विभाजन

इसके पूर्व हम शिव एवं शक्ति तत्वों के परस्पर धर्म-धर्मी के संबंध से स्थित होने और इस प्रकार एक दूसरे पर आश्रित रहने की बात कह चुके हैं। इस प्रकार इनमें से एक तो गुण होता है जबकि दूसरा उस गुण का धारक होता है। यही वह शाश्वत संबंध है और यही वह प्रणाली है जिसके माध्यम से प्रकृति सभी प्रकार के अनगिनत गुण-समूहों का प्रकाशन कर पाती है, जिनमें से कुछ गुण अन्य के समान होते है जबकि कुछ सर्वथा भिन्न भी हो सकते है, जैसे कैल्सियम और मैगनेसियम में, सोने और चांदी में, कुछ समानतायें भी होती है और कुछ भिन्नता भी।

हम एक और उदाहरण ले सकते हैं। अगर चीनी या मिठास धारक अथवा धर्मी है तो इस गुण के आधार पर हजारों प्रकार के मिठास से युक्त पदार्थों की सृष्टि हो सकती है जैसे, ईख, खजूर, सूगर-बीट, आम, अंगूर आदि। परंतु जब हम ईख की बात करते हैं तो मिठास उसका केवल एक गुण अथवा धर्म होता है, वह ईख छोटा या बड़ा हो सकता है, उसका एक आकार, रंग, भार, छिलका, गूदा आदि हो सकते हैं और वह हरा, पका हुआ, सूखा या सड़ा हुआ भी हो सकता है। सृष्ट वस्तुओं में गुणों के परस्पर के भेदों के माध्यम से ही प्रकृति अनेक विविधताओं से भरे हुए इस विशाल विश्व की सृष्टि करती है।

स्पंदन ही हमारे द्वारा अनुभूत यथार्थ है

भारत के प्राचीन ऋषियों की दृष्टि में यह विश्व एक सदैव गतिशील रहने वाली अभिव्यक्ति है, और इसीलिये वे इसे 'जगत' के नाम से भी संबोधित करते है। इस विश्व के समस्त पदार्थ स्वभाव से ही स्पंदनयुक्त होते हैं, जिनमें प्रत्येक वस्तु गतिशील रहती है और इस विश्व के रूप एवं अन्य गुणों में परिवर्तन होता रहता है। हम देखते हैं

कि चांद, तारे, ग्रह आदि सभी किसी अन्य पिंड की परिक्रमा करते हुए गतिशील बने रहते हैं और अब तो हमें यह भी ज्ञात हो गया है कि अणु-परमाणुओं की संरचना भी कुछ इसी प्रकार की होती है, जिसमें पदार्थ के अधिक छोटे कण हजारों मील प्रति सेकेंड की गति से घुर्णायमान रहते हैं और कुछ तो इसी प्रकार घुर्णित होते हुए ही दूसरे कणों की परिक्रमा भी करते रहते हैं।

कारण जगत की वार्ता के मध्य अणुओं की बात, जो हमारी गाथा के घटनाक्रम में अभी बहुत दूर हैं, लेखक के द्वारा आवश्यकता वश ही उठाई गई है क्योंकि यह समझना आवश्यक है कि जगत के आधार की रचना अति सूक्ष्म 'कारण भूमि' पर ही हो जाती है और यह रचना बाद में उत्पन्न होने वाले ऊर्जा के सभी अधिक प्रगाढ़ता वाले स्तरों पर भी उसी प्रकार विद्यमान रहती है। साथ ही, चाहे अभिव्यक्ति का कोई भी स्तर हो, अति सूक्ष्म कारण भूमि, मध्यवर्ती सूक्ष्म भूमि अथवा स्थूल जगत, यह विश्व एवं इसकी प्रत्येक वस्तु, यहां तक की यह आकाश तथा हमारे अनुभव और विचार भी एवं समस्त क्रिया-प्रतिक्रियाएं भी, स्वभाव से ही स्पंदनात्मक होते हैं।

विश्व सृष्टि के मूल में स्थित जिस आदि स्पंदन की यहां चर्चा हो रही है उसके दो विभागों अथवा दो दिशाओं की बात हम कह चुके हैं। इसके शिव अथवा प्रकाश रूपी ज्ञान पक्ष से किसी भी स्पंदनयुक्त वस्तु को रंग, रूप एवं आकार आदि प्राप्त होते हैं; वहीं, प्रत्येक स्पंदनयुक्त वस्तु से एक ध्वनि भी निर्गत होती है, भले ही वह हमारे सुनने की सीमा के अंदर हो या बाहर। यह ध्वनि इस वस्तु के स्पंदन के दूसरे विभाग का कार्य है, जो शक्ति का विभाग है और जो अपने सत्, रज एवं तम गुणों की सहायता से इस वस्तु को ध्वनि एवं अन्य गुण जैसे, भार, आवेश, गति, आदि प्रदान करता है। यहां वस्तु शब्द में इकाई और सभी छोटी बड़ी समष्टियां भी समन्वित समझी जानी चाहियें।

मनुष्य के द्वारा दृष्ट यथार्थ का यह विवरण, जो भारत के ऋषियों ने ईसा से हजारों वर्ष पूर्व श्लोक-बद्ध किया था, यह उनकी कोई कल्पना या अनुमान नहीं था, बल्कि यह उनके गहन अन्वेषण और उपलब्धियों पर आधारित था। इन ऋषियों की तुलना हम आधुनिक विज्ञान के

महानतम वैज्ञानिकों से कर सकते हैं। ऋषियों की उपरोक्त उपलब्धियों की चर्चा हम बाद में यथास्थान करेंगे। इनमें वे उपलब्धियां भी सम्मिलित हैं जब कोई ऋषि यह कहने की सामर्थ्य प्राप्त कर लेता है कि 'अहम ब्रह्मास्मि' (मैं ब्रह्म ही हूं), अथवा जैसे ईसा मसीह कह सके थे कि 'मैं और मेरे पिता एक ही हैं' (I and my Father are one)। साथ ही, हमारे पाठक देख सकेंगे कि प्राचीन ऋषियों के द्वारा अणु और परमाणु शब्दों का प्रयोग भी किया गया है, और वे तो कण-कण में शिव (चैतन्य) की बात भी कहते आये हैं।

तथापि उस समय के ऋषियों को आकाश-गंगाओं की गिनती का कोई अनुमान संभवतः नहीं था, और न ही विद्युत-चुम्बकत्व, क्वार्क, इलेक्ट्रोन, प्रोटोन आदि की भी कोई चर्चा उनके द्वारा की गई है। उनकी गवेषणा का विषय था प्रकृति का मूल स्वभाव, और फिर भी यह उतने आश्चर्य का विषय शायद नहीं होना चाहिये कि पिछले कुछ दशकों से, भले ही उनके अनजाने में, आधुनिक वैज्ञानिकों का ज्ञान भी उसी दिशा में अग्रसर होता प्रतीत होता है।

विज्ञान में चरम सिद्धांत की खोज

भौतिक विज्ञान की ऐम-थ्योरी वह अकेली थ्योरी है जिसे भविष्य में भौतिकी के चरम सिद्धांत का दर्जा प्राप्त होने की संभावना है। इसके अनुसार पदार्थ के सभी कण, जो वास्तव में एक बिंदु के समान होते हैं, उनकी अवधारणा हम एक ही दिशा में एक रेखा के समान प्रसरण कर सकने वाली वस्तु के रूप में कर सकते हैं, जो एक तनाव से युक्त तंतु जैसी प्रतीत हो सकती है, जिन्हें इस थ्योरी में स्ट्रिंग कहा जाता है। इस थ्योरी में पदार्थ के मौलिक कणों में से प्रत्येक को एक अत्यंत पतले किंतु बलयुक्त तंतु (string) के रूप में देखा जाता है, जिसका अपना एक विशिष्ट स्पंदन होता है, और जिसकी अवधारणा हम आकाश में एक हल्की खरोंच अथवा इसकी एक चलायमान कतरन के रूप में कर सकते हैं। यह तनावयुक्त तंतु असंख्य प्रकार के उपलब्ध स्पंदनों में से किसी एक के अनुसार स्पंदायमान रहता है, और इसके स्पंदन के प्रकार से ही यह निर्धारित होता है कि यह तंतु अथवा ऊर्जा का कण फोटोन

है, इलेक्ट्रोन है, या प्रोटोन अथवा न्यूट्रोन का निर्माण करने वाले क्वार्कों में से कोई एक है।

इन स्पंदन से युक्त तनावप्राप्त तंतु-विशेषों में बद्ध स्पंदन की ऊर्जा के बाहर निकलने का कोई मार्ग नहीं होता, अत: वे एक ही प्रकार से स्पंदन करते रहते हैं, और पदार्थ अथवा किसी बलक्षेत्र के एक विशिष्ट कण के रूप में विद्यमान रहते हैं। इस संदर्भ में यह एक विशेष ध्यान का विषय है कि कणों का यह स्पंदन अत्यंत जटिल होता है और किसी कण में किस प्रकार के आवेश, भार, स्पिन आदि परिलक्षित होते हैं यह इस पर निर्भर करता है कि यह कण तीन ज्ञात दिशाओं के अतिरिक्त अलक्ष्य रूप में उपस्थित कुछ अन्य दिशाओं में से किन दिशाओं में और किस प्रकार स्पंदायमान है। स्ट्रिंग थ्योरी के अनुसार इसका यह स्पंदन ही यह भी निर्धारित करता है कि यह कण किस प्रकार की क्रिया-प्रतिक्रिया में संलग्न हो सकता है।

इसके अतिरिक्त चूंकि ये सभी कण एक ही वस्तु के विभिन्न स्पंदनों से निर्मित होते हैं, जो एक तनावग्रस्त तंतुवत होती है, ऐम-थ्योरी की प्रस्तावनाओं के अंतर्गत सभी कणों एवं बल-क्षेत्रों का एकीकरण भी वैज्ञानिकों को संभवप्राय प्रतीत होता है। यद्यपि इस सिद्धांत पर अभी कार्य जारी है और इसे सर्वोपरि सिद्धांत का दर्जा अभी नहीं मिला है, लेकिन यह स्पष्ट है कि इसके अधिकांश प्रस्ताव आगम के सृष्टि की अभिव्यक्ति के सिद्धांत के ही अनुरूप प्रतीत होते हैं।

हिंदू जाति में ज्ञान का प्रतीकात्मक रूप से प्रकाश करने की एक पुरानी परंपरा है। परमात्म तत्व स्वयंभुव के प्रथम अवतरण को जिसे आगम में सदाशिव तत्व कहा गया है और जिसकी एक संज्ञा महाकाल (the Great Time) भी है, हिन्दुओं के द्वारा प्रतीकात्मक रूप में नटराज के रूप में भी और अर्धनारीश्वर के रूप में भी मूर्तिमान एवं पूजित किया जाता है। इसका उद्देश्य मूर्तिपूजा का प्रसार करना नहीं, अपितु ऋषियों के द्वारा कुछ आधारभूत तथ्यों को जनसाधारण के लिये बोधगम्य बनाने का एक प्रयास मात्र होता है। शिवलिंग के रूप में स्वयंभुव परमात्म तत्व को, और नटराज तथा अर्धनारीश्वर के रूप में आत्म तत्व को समझाना

अपेक्षाकृत सहज होता है, जबकि समझने का प्रयास करने वालों का इस धर्म को मानने वालों में आज भी नितांत अभाव नहीं है।

सृष्टि की धुन पर थिरकता हुआ एक महा नर्तक

अर्धनारीश्वर के रूप में आत्मतत्व-स्थानीय 'सदाशिव' आधे नर और आधे नारी स्वरूप हैं, जिनमें दो विभिन्न प्रकार की शक्तियों का समान रूप से समावेश है, और जो एक दूसरे के आधार का कार्य करते हुए एक युगपत संबंध में अवस्थित रहती हैं। जबकि अपने नटराज रूप में वे अपने एक हाथ में डमरू लेकर नाद रूपी परमेश्वर की इच्छा से ताल मिलाते हुए और हजारों मुद्राओं का प्रदर्शन करते हुए एक दक्ष नर्तक के रूप में सतत क्रियमाण के समान प्रतीत होते हैं।

जहां वैश्विक स्तर पर सदाशिव समस्त सृष्ट जगत को एक सामान्य स्पंदन से युक्त अवकाश प्रदान करते हैं एवं इसकी अनवरत और अभंग रहने वाली नाद रुपी ध्वनि से समय की अवधारणा को जन्म देते हैं, वहीं एक आत्म तत्व के कण से युक्त करने के पश्चात वे अभिव्यक्ति की ओर उन्मुख इकाइयों में जटिल और जटिलतर स्पंदनों को उनकी कालावधियों से युक्त करते हुए उत्पन्न करते हैं। अपने सृष्टि-कण रूपी अवतरण में इस आत्म तत्व के अनुभव स्थान में जो प्रारंभ में शून्यवत था, एक प्रणाली का अनुसरण करते हुए प्रकृति एक ऐसी गुणसमष्टि का समावेश कर देती है जो अनुभूत अथवा दृष्ट हो सकती हो और जिससे जड़ित होकर यह आत्म तत्व ऐसा समझने लगता है कि 'यही मैं हूं'। आत्म तत्व की संवेदना का स्थान अब रिक्त नही रहता, इसमें कुछ गुणों का निवास हो जाता है और इन गुणों को यहां एकत्र करने का कार्य ज्ञान एवं क्रिया प्रकृतियों के द्वारा किया जाता है।

कैन्सास शहर में इंजीनिरिंग की सोसाइटियों की एक संयुक्त सभा में डॉ. रौबर्ट ए. मिलिकान ने, जिन्हें इलेक्ट्रोन के भार को नापने के उनके कार्य के लिये नोबल पुरस्कार मिला था, यह अनुमान व्यक्त किया था कि "एक दिन हम यह देख सकेंगे कि इस पदार्थमय विश्व में प्रायोजित

प्रत्येक तत्व की अपनी एक अलग स्पंदन की फ्रीक्वैंसी होती है, जो अन्य सभी पदार्थों (की फ्रीक्वैंसी) से भिन्न होती है।"

शरीर और उनके आकार प्रकार

एक मनुष्य के शरीर का निर्माण शायद दुनिया के सबसे जटिल कार्यों में से एक होगा, भले ही इसे विश्व के सबसे बड़े और समस्त सुविधाओं से युक्त संस्थान को भी क्यों न सौंप दिया जाये, तथापि प्रकृति इस कार्य का अत्यंत सहज रूप से ही निर्वाह करते हुए प्रतीत होती है। बल्कि यह इसे अपने आप ही विकसित होने देती है और यह ऐसा कर भी लेता है, परंतु इसका यह अर्थ नहीं है कि यह सब कुछ किसी मार्ग-दर्शन और सहायता के बिना ही हो जाता हो। इस प्रकार की कोई बाध्यता कदापि नहीं हो सकती। इसी प्रकार, ऐसी भी कोई अपेक्षा नहीं होनी चाहिये कि ऐसा कुछ भी होने के लिये उसका हमारे वैज्ञानिक उपकरणों के माध्यम से भी दिखाई पड़ना आवश्यक हो, यद्यपि एकाधिक अनुमान लगाना अवश्य संभव हो सकता है।

जैसे ही एक विकासोन्मुख बालक का उर्वरित बीज अथवा अंड, जो प्रारंभ में एक धब्बे के समान छोटी सी तरल बूंद के आकार का होता है, बढ़ना प्रारंभ करता है, इसके साथ-साथ कोई ऐसी अदृश प्रणाली भी कार्य करना प्रारंभ कर देती है जो इसे हर दिशा में अंदर भी और बाहर भी विशिष्ट आकार और प्रकार के अनेक विवरणों से अवगत करवाते हुए या निर्देश देते हुए वृद्धि करने के लिये प्रेरित करती हुई प्रतीत होती है। हम अनुमान लगाने का प्रयत्न कर सकते हैं कि ऐसी कोई सुविधा या व्यवस्था संभवतया बालक के डी-एन-ए के उपयोगी विभाग में उपलब्ध होती हो, या फिर उसके बचे हुए ९७ प्रतिशत कचरा विभाग में, परंतु ये दोनों प्रस्ताव ही नितांत असंभव प्रतीत होते हैं।

जो भी हो, जैसे-जैसे यह बीज वृद्धि को प्राप्त होता है दो दिशाओं में, इसके सिर और पैर की दिशा में तथा सन्मुख और पृष्ठ की दिशा में, असमानताओं का विकास होने लगता है। शायद रासायनिक विधियों के उपयोग से भी ऐसा करना संभव हो सकता था, परंतु बात केवल इतनी

ही नहीं है। जो बात जैव शास्त्रियों को सबसे अधिक रहस्यमय लगती है वह यह है कि भ्रूण के बढ़ते हुए विकासोन्मुख शरीर में कोशिकाओं के मध्य एक अदभुत तालमेल दिखाई पड़ता है। ऐसा प्रतीत होता है कि किसी न किसी प्रकार से भ्रूण में अवस्थित अरबों कोशिकाओं में से प्रत्येक कोशिका को न केवल अपने स्थान का बल्कि अन्य सभी कोशिकाओं के स्थानों और अवस्थाओं का भी सटीक ज्ञान होता है। एक बार कोशिकाओं में इस ज्ञान की प्रतीति के समान अवस्था का रहस्य यदि उजागर हो जाये, तो इसके बाद जैव शास्त्रियों को मनुष्य के शरीर के विकास को समझनें में किसी विशेष समस्या की प्रतीति संभवतया नहीं होगी, क्योंकि हमारे शरीर की शेष सारी योजना हमारे डी-एन-ए में सन्निहित है ऐसा कहा जा सकता है।

भ्रूण के विकास से संबंधित विभिन्न निर्माण कार्यों में संलग्न और विभिन्न स्थानों पर अवस्थित अरबों-खरबों कोशिकाओं में से प्रत्येक को यह कैसे पता होता है कि कौन सी अन्य कोशिका किस स्थान पर एक ही शरीर के पूर्ण निर्माण से संबंधित किस कार्य में संलग्न है, यह जैव वैज्ञानिकों को रहस्यमय लगता है, और विशेषरूप से तब जबकि एक कोशिका में वे किसी प्रकार की चेतना का होना ही स्वीकार नहीं करना चाहते। फिर भी हम हर दिन सैंकडों मनुष्यों को सहजता से और त्रुटिहीन रूप में उत्पन्न होते हुए देखते रहते हैं, जिनमें से प्रत्येक मानव-संतति, समस्त यांत्रिकी एवं समस्त विज्ञान से हजारों गुणा श्रेष्ठ एक अप्रतिम संरचना है।

आकारप्रदाता क्षेत्रों की अवधारणा

जब तक किसी कोशिका अथवा विशिष्ट कोशिका-समूह (group of cells) को विकास की ओर अग्रसर भ्रूण के शरीर की लंबाई, चौडाई और मोटाई के परिप्रेक्ष्य में अपनी स्थिति का ज्ञान नहीं होगा, इसे कैसे पता चलेगा कि क्या तो इसे लिवर, आंख, नाक, हाथ या पैर आदि किसी एक अंग का निर्माण करना प्रारंभ कर देना चाहिये, कहीं और गमन कर लेना चाहिये, या किसी अन्य प्रकार की कोशिका के रूप में परिवर्तित हो जाना चाहिये?

इसका निर्णय कैसे और किसके द्वारा हो सकता है, जैव वैज्ञानिकों को यह एक समस्या के समान प्रतीत होता है। अत: वे इसी चेतना-के-सदृश गुणों वाले एक प्रभाव क्षेत्र की उपस्थिति अब आवश्यक समझते हैं, चूंकि चेतना को बीच में लाना उनके विज्ञान-धर्म के अंतर्गत ईशनिंदा के तुल्य है और एक सीमा तक दंडनीय भी।

इस प्रकार के अचेतन किंतु चेतन के समान प्रभाव वाले क्षेत्रों की अवधारणा सर्वप्रथम 1910 ई. में जैव वैज्ञानिक अलेक्जैंडर जी. गुरविच के द्वारा की गई थी। स्कौट गिल्बर्ग के अनुसार ये मौर्फोजेनेटिक फील्ड हमारी जीन (genes) और विकास की प्रक्रिया के मध्य की भूमि हैं जिसमें जीन इस क्षेत्र (field) पर क्रिया करते हैं (अथवा अपनी स्थिति और अवस्था बताते हैं), जबकि ये क्षेत्र एक इकाई के समान विकासोन्मुख हमारे शरीर पर क्रिया करते हैं (इस प्रकार अपरोक्ष रूप से पूर्णता की दिशा में बढ़ रहे भ्रूण एवं इसके अवयवों में सूचना का आदान प्रदान संभव हो जाता है)। एक दूसरी जैव वैज्ञानिक जेसिका बोल्कर इन्हें ऐसी क्रियमाण सत्ताओं के रूप में देखती हैं जो स्थानीय (localized) विशेष परिप्रेक्ष्यों में विशिष्ट विकास प्रक्रियाओं की जनक अथवा नियंता के समान कार्य कर सकती हों। उनका कहना है कि इन क्षेत्रों (या इनमें कल्पित इसी चेतना के समान गुण) के माध्यम से एक नये Evolutionary Developmental Biology विभाग की नींव डाली जा रही है।

यह तो निश्चित है कि एक भ्रूण के एक संपूर्ण शरीर के रूप में विकास के लिये एक ऐसे माध्यम अथवा ऐसी ही किसी प्रणाली का होना नितांत आवश्यक है, और अगर यह कार्य एक प्रभाव क्षेत्र के द्वारा संपादित होता है तो यह सर्वथा उचित प्रतीत होता है। उस स्थिति में यह बिल्कुल संभव होना चाहिये कि प्रत्येक जाति के प्राणियों के लिये अलग अलग प्रभाव क्षेत्र कार्य कर रहे हों। यह स्पष्ट दृष्टिगोचर होता है जैसे कि आधुनिक जैव वैज्ञानिक किसी न किसी रूप में सूचनाओं एवं निर्देशों के आदान प्रदान में सक्षम एक विशिष्ट प्रभाव क्षेत्र (field) की अवधारणा के माध्यम से चेतना को ही अपने भवन के पिछले दरवाजे से अंदर लाने का प्रयास कर रहे हों।

विश्व में अंतर्चेतना की व्याप्ति

ऋषियों के अनुसार मूल चेतना अपने एक पक्ष में विश्व से बाहर और सर्वप्रकार से अप्रभावित रहते हुए केवल साक्षी के रूप में इस समस्त विश्व की दृष्टा बनी रहती है और इसे आधार प्रदान करते हुए इसको वहन करती है, जबकि अपने दूसरे पक्ष में वह परासंवित की एक क्रीड़ा के रूप में अभिव्यक्त इस विश्व की प्रत्येक वस्तु में भी और समस्त विश्व में भी सर्वत्र व्याप्त होकर स्थित रहती है। यही वह प्रणाली है जो छोटी-बड़ी सभी इकाइयों और समूहों को सूचना और निर्देशों के आदान-प्रदान के माध्यम से अपने-अपने कार्यों में नियुक्त करती है और उन कार्यों के निर्वाह के लिये सक्षम भी बनाती है। अपनी इसी स्वभावगत विशिष्टता के माध्यम से प्रकृति इस प्रकार के सभी कार्य सहजता से कर लेती है, अन्यथा सृष्टि के कार्य मध्य में ही ठहर जायेंगे और हमारे वैज्ञानिक अपनी करिश्माई पेटिका से नये-नये प्रभाव क्षेत्रों को निकालते रहेंगे, तथा एकमात्र सही और स्पष्ट के समान राजपथ को छोडकर इधर उधर ही भटकते रह जायेंगे।

यह अंतर्चेतना की व्याप्ति ही प्रकृति का वह प्रभाव क्षेत्र है जो किसी को उसके चेंजिंग रूम में कैमरा नही लगाने देता, बल्कि उल्लंघन की स्थिति में पदार्थ के कणों में स्थित तरंग के गुण को ही छुट्टी पर भेज देता है (परिशिष्ट-१ देखें), और इस विश्वव्यापी प्रभाव क्षेत्र की सहायता से ही चार्ल्स डार्विन के नेचुरल सेलेक्शन, फीडबैक और म्यूटेशन आदि के प्रस्ताव भी कार्य करते प्रतीत होते हैं। सहज व्यवहारिक ज्ञान के प्रकाश में भी चेतना के अभाव में किसी भी प्रकार के विश्वसनीय फीडबैक की धारणा ही विवेकयुक्त मानव को हास्यास्पद प्रतीत होनी चाहिये। अज्ञान अथवा अधूरे ज्ञान को दूर करने के प्रयास के स्थान पर अपने एक भ्रम को सही सिद्ध करने के लिये पाश्चात्य विज्ञान का सारे विश्व को ही सिर के बल खड़े होकर देखने का प्रयास, और अन्य सभी से भी ऐसा ही करने की अपेक्षा किस प्रकार सही हो सकते हैं, यह समझना एक विवेकपूर्ण मनुष्य के लिये कठिन है। यह

एक सामयिक दु:स्वप्न के समान, तथा एक अनावश्यक भ्रम है जिसका त्याग कर देना ही श्रेयस्कर है।

प्रत्येक वस्तु में स्थित मूल चेतना में दो विभाग होते हैं और दोनों ही होते ही हैं, क्योंकि इनके साथ आने से ही संवित रूपी चेतना का उदय होता है। चेतना में एक वह विभाग है जो ज्ञान प्राप्त कर सकता है और दूसरा वह है जो एक अनुभव योग्य शरीर, वस्तु अथवा घटना आदि के रूप में इसके लिये ज्ञेय अथवा ज्ञातव्य का विकास करता है। इनमें से एक वाह्य की चेतना होती है जो दृष्टा स्थानीय होती है, जो दृश्य में प्रविष्ट होकर स्वयं दृश्य नहीं बन सकती और जो किसी एक वस्तु विशेष को अथवा एक ही साथ संपूर्ण विश्व को भी देख सकती है। यह निर्विकार रहती है, जबकि इस चलायमान जगत की विभिन्न वस्तुओं और शरीर आदि दृश्यों में सतत परिवर्तन होता रहता है। यह दूसरी चेतना जो परिवर्तन को प्राप्त होती रहती है और अनुभव की सृष्टि करती रहती है, यह अंतर की चेतना है जो समस्त अनुभवों के द्‌वारा दिये जाने वाले फीड़बैक के रूप में उपलब्ध होती है और जो सदैव समस्त विश्व में और प्रत्येक वस्तु में अनुस्यूत होकर विद्‌यमान रहती है।

मनुष्य की चेतना भी दो ज्ञानों का संगम है

निश्चल और निर्लिप्त शिव तत्व से हमें अपनी वाह्य की चेतना प्राप्त होती है जो वस्तुओं का ज्ञान प्राप्त कर सकती है अथवा उनका अनुभव कर सकती है। एक समष्टि के रूप में इस विश्व के संदर्भ में यह वाह्य की चेतना विश्व से परे स्थित एक साक्षी मात्र के रूप में अवस्थित रहती है। यह इस विश्व में होने वाले सतत परिवर्तन से किसी प्रकार प्रभावित हुए बिना ही इसकी दर्शक बनी रहती है। इसके विपरीत शक्ति तत्व से हमें अपनी अंतर की चेतना प्राप्त होती है, जिसके द्‌वारा हम इन सभी अनुभवों का साक्षात रूप से उपभोग करते हैं।

शक्ति तत्व के द्‌वारा प्रदत्त अंतर का ज्ञान शिव के द्‌वारा प्रदत्त हमारे वाह्य के ज्ञान के समान निर्लिप्त और परे का ज्ञान नहीं बल्कि

यह तो हमारी चेतना में संलिप्त होने वाला और सदैव अनुस्यूत रहने वाला ज्ञान होता है। यही इस ज्ञान का स्वभाव है और विश्व का रूप ग्रहण करने वाली स्पंदायमान ऊर्जा ही इस तत्व का शरीर है, अत: यह ज्ञान इस समस्त विश्व में और इसके प्रत्येक कण में भी सदैव और सर्वत्र अनुस्यूत रहता है। किसी पत्ते का हिलना और किसी विचार का कहीं उदय होना, अंतर के इस ज्ञान के लिये कुछ भी अज्ञात नहीं होता। यह एक ऐसा सूत्र है जिसमें सब कुछ पिरोया हुआ रहता है, और कणों, उप-कणों से लेकर सभी छोटी-बड़ी जैव एवं अजैव वस्तुओं तक, सभी एक ही प्रणाली के अंतर्गत, एक ही माता की संतान के समान, और एक ही पद्धति के अनुसार, आचरित होते रहते हैं।

अस्तित्व में आने के साथ ही पदार्थ के प्रत्येक कण को अपनी आत्म ज्योति के रूप में एक संवित विंदु स्वरूप चेतना की लौ भी प्राप्त हो जाती है, जो विश्व में उसकी एक अलग पहचान के समान कार्य करती है और जिसके द्वारा संपूर्ण विश्व की अनुस्यूत चेतना उसको अन्य सभी व्यष्टियों से अलग एक विशिष्ट व्यष्टि के रूप में जान सकती है। इस पहचान के आधार पर ही जहां एक ओर तो विश्व के विस्तृत मानचित्र पर प्रकृति को इस कण विशेष की सटीक स्थिति का ज्ञान रहता है, वहीं दूसरी ओर अनुस्यूत चेतना के इस सूत्र के माध्यम से पदार्थ के कण, अणु, परमाणु, कोशिकायें एवं अन्य अपेक्षाकृत बड़ी संरचनायें भी अपनी वर्तमान अवस्था, तथा उस पर कार्य कर रहे विभिन्न बलों का मान, भोजन के दृष्टिगोचर होने, अथवा किसी आसन्न विपत्ति की सूचना, आदि का प्रकृति के साथ आदान-प्रदान करते हुए अपना निर्वाह करने में सक्षम हो जाते हैं।

इस प्रकार की सूचनायें छोटे-बड़े समूहों द्वारा और जातियों-प्रजातियों द्वारा, स्थानीय परिप्रेक्ष्य में भी और अपेक्षाकृत बड़े परप्रेक्ष्य में भी, एक स्वत:कार्यशील प्रणाली अथवा व्यवस्था के अंतर्गत विकीरित होती रहती हैं। इन स्वप्रसारित होने वाली सूचनाओं को अन्य सभी व्यक्ति एवं समूह ग्रहण करें यह आवश्यक नहीं होता, पर प्रकृति स्वयं उनका सतत ग्रहण भी करते हुए प्रतीत होती है और उनके आधार पर सुचारु रूप से अपने

निर्देशों को भी भेजते रहते परिलक्षित होती है। बिना किसी दृष्टा के टेलीस्कोप या इलेक्ट्रोन माइक्रोस्कोप आदि से देखे हुए ही संसार के सभी कार्य यथावत चलते रहते हैं, कुछ भी ठहरता नहीं है।

अन्नमय कोश

असीम क्षमताओं से युक्त चेतना के किसी व्यष्टि स्थानीय कण को एक सापेक्ष दर्शक-उपभोक्ता में बदलने के लिये तथा शेष समस्त विश्व से लेन-देन करने एवं इसके साथ क्रिया-प्रतिक्रिया करने की इसकी क्षमताओं को विभिन्न प्रकार से आवरण युक्त करते हुए ही, यह प्रकृति पदार्थ के इस अथाह सागर में सापेक्षता एवं भेद की सृष्टि करते हुए और विभिन्न स्तरों का निर्माण करते हुए अग्रसर होती है।

सापेक्षता एवं भेदों की सृष्टि के हेतु प्रकृति द्‌वारा सर्जित इन आवरणों में से जो सबसे बाहरी आवरण है, ऋषिगण उसे अन्नमय कोश के नाम से परिभाषित करते हैं। पदार्थ के कणों, अणु-परमाणुओं और कोशिकाओं, आदि में चेतना, अन्नमय कोश के अंदर स्थित रहते हुए और अधिकांश रूप में आवृत्त रहते हुए ही कार्य करती है। अत:एव ये अत्यंत छोटे पदार्थ अपने सीमित ज्ञान और सीमित क्रिया-शक्ति के माध्यम के अनुरूप ही अपनी अपनी भूमिकाओं का निर्वाह करते रहते हैं। छोटे-छोटे जीवों की उत्पत्ति के पश्चात ही अंतर और वाह्य की चेतना के कार्यों की स्पष्ट प्रतीति होती दिखाई पड़ती है, और जब अन्नमय कोश को भेद कर प्राणमय कोश का भी उदय हो जाता है तब तो हमारी पृथ्वी पर अंकुरित होने वाला यह जीवन-वृक्ष सभी ओर से पल्लवित और हरा-भरा हो जाता है। इस गाथा के और अधिक आगे बढने पर यथास्थान हम इस चर्चा पर पुन: वापस लौटेंगे।

अध्याय के अंत में

परम सत्य चेतन स्वरूप है, शाश्वत है, एक है, और सीमारहित है। समय-समय पर एक क्रीड़ा के रूप में यह अपने को एक स्थिर और दूसरे चंचल एवं क्रियमाण विभागों में विभक्त कर लेता है, और इसके ये दोनों

विभाग ही असीम होते हुए भी एक सीमित किंतु विकासोन्मुख विश्व की अभिव्यक्ति के निमित्त नर और नारी शक्तियों के रूपों में ध्रुवीकृत हो जाते हैं।

अपने निश्चल पहलू में, जो इस ध्रुवीकरण में नर विभाग के समान है यह 'प्रधान' एक निर्लिप्त दृष्टामात्र रूप में अलग और परे स्थित रहते हुए अपने क्रियमाण विभाग के द्वारा सृजित इस विश्व को एक दृश्य के रूप में संपूर्ण रूप से धारण करते हुए, और इसे एक आधार प्रदान करते हुए, अपने इस गतिशील दूसरे पहलू को सतत परिवर्तित होने और प्रसरण करते रहने के लिये स्वतंत्र कर देता है। परंतु इस दूसरे क्रियमाण विभाग की चेतना निर्लिप्त नहीं होती बल्कि सर्वत्र अनुस्यूत रहती है और क्रीड़ा एवं चंचलतावश यह काले और सफेद से मिश्रित इतने प्रकार के रंगों की सृष्टि कर सकती है, और करती रहती है, कि अधिकांश बुद्धि और विवेक से युक्त विद्वज्जन भी भ्रमित हो जाते हैं और इसके शुद्ध प्रकाश को नहीं देख पाते।

अपनी नर और नारी शक्तियों की भूमिकाओं में परासंवित के ये स्थिर और चलायमान पक्ष परस्पर एक दूसरे पर आश्रित रहते हुए ही अवस्थित होते हैं। यही परमेश्वर की अंत:प्रकृति कही जाती है, जबकि उसकी बहिर्प्रकृति में तीन शक्तियां कार्यरत रहती हैं। ये तीनों भी, और इनसे उत्पन्न बहिर्प्रकृति के तीन गुण भी, परमेश्वर की अंत: प्रकृति के ही अनुरूप परस्पर की निर्भरता और संयोजन के आधार पर ही अवस्थित एवं क्रियमाण होते हैं। इनके संयोजन की साम्य अथवा शून्यता की अवस्था से ही कोई भी अभिव्यक्ति उत्पन्न हो सकती है। ये दोनों ही मौलिक तथा सार्वभौम नियम हैं। अंतर और वाह्य दोनों प्रकृतियों के संयोजन की स्थिति में ही अवस्थित रहना और प्रकट होना, एवं उनकी साम्यावस्था से ही समस्त अभिव्यक्ति के उदय का संभव होना, इस विश्व सृष्टि के मौलिक आधार में निहित वे नियम हैं जिनका उल्लंघन करके न तो कोई भौतिक सृष्टि हो सकती है, और न ही रासायनिक अथवा जैविक।

I regard consciousness as fundamental. I regard matter as a derivative of consciousness. We cannot get behind consciousness. Everything that we talk about, everything that we regard as existing, postulates consciousness

- Max Planck

अध्याय – ४

चेतना से पदार्थ की उत्पत्ति

हम मनुष्यों में ऐसी अनेक विशिष्टतायें हैं जो हमें अन्य सभी प्राणियों से अलग करती हैं। हम अपने दो पैरों पर खड़े हो सकते हैं तथा दक्षता के साथ सामने देखते हुए और वजन उठाकर भी चल सकते हैं। इसके अतिरिक्त प्रकृति ने हमें ऐसे कुशल हाथों और एक ऐसे विशेष अंगूठे से भी सज्जित किया है, कि इन दोनों की सहायता से हम अनेक प्रकार के कठिन और सूक्ष्म कार्य भी अत्यंत दक्षता के साथ कर लेते हैं। लेकिन प्रकृति ने जो सबसे विशिष्ट दो उपादान हम मनुष्यों को प्रदान किये हैं, वे हैं हमारे शरीर के अनुपात से अनेक बड़ा हमारा मस्तिष्क, और एक ऐसी विशिष्ट योग्यता जिसके माध्यम से हम स्वर और व्यंजनों का स्पष्ट उच्चारण भी कर सकते हैं, तथा उनकी सहायता से हम संयुक्त अक्षरों और शब्दों का उपयोग भी सरलता से और बिना किसी विशेष प्रयास के सहज रूप में ही कर सकते हैं।

विश्व सृष्टि के संदर्भ में अभी तक हमने आगम के पहले तीन तत्वों को और सृष्टि के आधार से संबंधित कुछ विशेष तथ्यों को ही थोड़े विस्तार से समझने का एक प्रयास किया है। हमारा विश्वास है कि इस आधार भूमि की अति सूक्ष्म संरचना को भली भांति समझ लेने पर मूल प्रकृति के द्वारा विश्व सृष्टि में नियोजित अन्य तत्वों को समझना हमारे पाठकों के लिये अपेक्षाकृत सरल होगा। हमने चेतन प्रकृति के दो प्रधान तत्वों के परस्पर को आधार प्रदान करते हुए स्थित रहने के अत्यंत विशिष्ट नियम को भी समझने का प्रयास किया है और इन प्रधान तत्वों और उनकी प्रकृतियों की साम्यावस्था के उस सिद्धांत को भी, जिसकी

उपस्थिति किसी भी गुण अथवा विशिष्टता की उत्पत्ति के लिये आवश्यक होती है।

आगम के सभी दर्शनों के अनुसार सृष्टि रचना में मनुष्य के समान बुद्धि-विवेक से समन्वित एक प्राणी का उत्पन्न होना इस सृष्टि में केन्द्र-स्थानीय घटना है। मूल चेतना अथवा परासंवित के दो प्रधान विभाग, एक उसके मन का और दूसरा उसके द्वारा उपभोग्य शरीरों का प्रतिनिधित्व करते हुए, और समानांतर रूप से विकास को प्राप्त होते हुए जब पूरी तरह विकसित हो जाते हैं तभी इस बुद्धि-विवेक से युक्त प्राणी का आविर्भाव संभव होता है। इसके पश्चात ही इस विश्व और इसकी विभिन्न वस्तुओं का नामकरण संभव होता है, और तभी ईश्वर के होने न होने संबंधी समस्त चर्चाओं का भी सूत्रपात संभव हो पाता है।

वाणी की उपस्थिति में ही किसी जिज्ञासा और किसी अन्वेषण आदि की चर्चा संभव होती है, और इसके माध्यम से ही किसी इच्छा को व्यक्त किया जा सकता है या किसी प्रकार के आदेश-निर्देश, आदि भी दिये जा सकते हैं। पदार्थ के कणों और कोशिकाओं के मिलने-बिछुड़ने, बनने-बिगड़ने, कार्य करने या किसी अन्य प्रणाली का अनुकरण करने के संवाद से लेकर, किसी व्यक्ति या उपकरण को किसी कार्य पर नियुक्त करने अथवा अपने स्थान से हटाने के निर्देश तक, ऐसे सभी प्रयोजनों के लिये वाणी और एक उपयुक्त भाषा का होना आवश्यक है। आगम के जिस तत्व की चर्चा हम आगे करने वाले हैं, उस तत्व का प्रधान कार्य ही है सृष्टि की कल्पना करना और उससे संबंधित आदेश-निर्देश आदि भी प्रदान करना। अत: सर्वप्रथम हम वाणी की उत्पत्ति और हमारे मन की चेतना के विभिन्न स्तरों से उसके संबंधों की एक संक्षिप्त विवेचना करना आवश्यक समझते हैं। तत्पश्चात, आगम के द्वारा प्रायोजित सृष्टि की अभिव्यक्ति के क्रम को और आगे ले जाने के पूर्व, हमें अपने पाठकों के समक्ष अब तक की चर्चा को एकबार संक्षिप्त रूप में दोहरा देना भी उचित प्रतीत होता है, ताकि मुख्य कथानक से यदि हमारी कुछ दूरी बन गई हो तो उसकी पूर्ति की जा सके।

हमारी वाणी के उपादान और विभाग

जैवशास्त्रियों में आज भी यह एक चर्चा का विषय है कि हम मनुष्यों में वाणी के विकास के लिये प्रकृति किस प्रकार एक साथ एकाधिक दिशाओं में कार्यरत रहते हुए, और एक लंबी यात्रा के पश्चात, अनेक क्षेत्रों में चार्ल्स डार्विन के नैसर्गिक चुनाव वाली आवश्यकता से अत्यधिक दूर जाकर भी अपने उद्देश्य को कार्य में परिणत करती हुई दृष्टिगोचर होती है। वयस्क मनुष्यों को छोड़कर सभी प्राणियों में उनका स्वर-यंत्र उनके गले में ऊंचाई पर अवस्थित होता है। यह उनकी नासा की गुहा को पीछे से अवरुद्ध कर देता है और ये सभी प्राणी एक ही समय में सांस भी ले सकते हैं और कुछ निगल भी सकते हैं। परंतु, इस प्रकार की व्यवस्था में वे कुछ सीमित आवाजें ही उत्पन्न कर सकते हैं। इस सीमित गुहा क्षेत्र की सहायता से वे आवाज तो निकाल सकते हैं, पर उनके पास अपने मुख के अतिरिक्त उसमें परिवर्तन लाने का अन्य कोई साधन नहीं होता।

शैशव अवस्था में प्रत्येक मानव संतान का स्वर-यंत्र भी इसी प्रकार अवस्थित होता है। लगभग अठारह महीनों की उम्र तक सभी बच्चे एक ही समय में सांस भी ले सकते हैं और अपना भोजन निगल भी सकते हैं। इसके बाद यह स्वर-यंत्र धीरे-धीरे नीचे उतरने लगता है, और जब तक बच्चा दो वर्ष का होता है तब तक यह लगभग गले की चौथी और सातवीं हड्डियों के मध्य तक उतर आता है। इस कारण से बच्चे के खाने, बोलने, सांस लेने आदि के तरीकों में अनेक परिवर्तन आ जाते हैं। उम्र कुछ अधिक होने के बाद किसी समय यदि कोई बच्चा अगर कुछ खाने और सांस लेने में किसी कारण-वश अंतर नहीं रख सके, तो उसकी सांस की नली में भोजन फंसने से उसका दम भी घुट सकता है। लेकिन इस प्रक्रिया में हम मनुष्यों को एक अत्यंत विशिष्ट योग्यता की प्राप्ति हो जाती है, क्योंकि हम अपने मुख से निकलने वाली ध्वनि को हजारों प्रकार से परिमार्जित कर सकते हैं। प्रकृति के द्‌वारा प्रायोजित इसी अति विशिष्ट संरचना में हमारी वाणी का रहस्य छिपा है और यह भी उतना ही स्वाभाविक प्रतीत होता है कि इसे सार्थकता प्रदान करने के लिये प्रकृति ने इसका विकास आरंभ करने के और भी पहले

से ही हमारे मस्तिष्क में भी सभी आवश्यक परिवर्तन लाने प्रारंभ कर दिये थे।

वाणी और हमारा मस्तिष्क

हमारे मस्तिष्क का निचला भाग हमें अपने स्तनपायी पूर्वजों से प्राप्त एक उपहार है, और इसका जटिल और झोलदार ऊपरी हिस्सा ही हमारे मस्तिष्क का वह भाग है जो हमें अन्य पशुओं से भिन्न बनाता है। प्रकृति के द्वारा इसे भी हमारे मस्तिष्क के बायें और दाहिने अर्धगोलकों के रूप में दो प्रधान विभागों मे विभाजित किया गया है, जो नर और नारी विभागों के समान दो अलग अलग कार्यों का संपादन करते हुए भी एक दूसरे के पूरक बने रहते हैं। हमारे मस्तिष्क का बायां भाग हमारे शरीर के दाहिने अंगों का संचालन और नियंत्रण करता है, जबकि इसका दाहिना भाग हमारे बायें अंगों का।

हमारे मस्तिष्क का बायां भाग भेद-दृष्टि के आधार पर कार्य करता है। यह वस्तुओं में थोड़े से अंतर को भी समझ कर उनके भेद को पहचानने का प्रयास करता है। यह गुणा-भाग और तर्क भी कर सकता है और इसी प्रकार भाषा एवं वाणी दोनों को ही समझता भी है व दोनों का उपयोग भी करता है। ये सभी कार्य शक्ति विभाग के परिचायक हैं। दूसरी ओर हमारे मस्तिष्क का दायां पक्ष पूर्ण दृष्य को एकत्रित रूप में देखने और स्थिति को समझने का प्रयास करता है, और इसे शिव का परिचायक समझा जाता हैं। यद्यपि ये दोनों अर्धगोलक अनुभव में आने वाले दृश्यों एवं अन्य सूचनाओं का भिन्न प्रकार से उपयोग करते हैं, परंतु एक ही साथ कार्य करते हुए ये हमारे समक्ष इस विश्व से संबंधित जो अनुभव प्रस्तुत करते हैं वे हमारे लिये किसी जोड़-रहित वस्त्र के समान ही पूर्ण एवं अभंग होते हैं।

वाणी को समझने और उसके प्रयोग करने का कार्य हमारे मस्तिष्क के वाम विभाग के अंतर्गत आता है, परंतु हम मनुष्यों के लिये यह इतना महत्वपूर्ण उपकरण है कि हमारे वाम मस्तिष्क में भी प्रकृति ने इसे इस प्रकार के दो अलग उप-विभागों में विभाजित कर रखा है कि ये अपने

मध्य स्पष्ट दूरी बनाते हुए एक दूसरे से अलग होकर स्थित रहते हैं। इनमें से शिवस्थानीय विभाग अभिव्यंजक का कार्य करते हुए वाणी की सृष्टि करता है, जबकि अपने मस्तिष्क के शक्ति स्थानीय विभाग का उपयोग हम वाणी एवं भाषा को समझने के लिये करते हैं।

कुछ बोलने अथवा कहने कि लिये हम अपने वाम मस्तिष्क में स्थित ब्रोका क्षेत्र का उपयोग करते हैं, क्योंकि यह शब्दों का अर्थ समझता है और इन्हें जोड़कर वाक्यों की रचना करते हुए एक पूरी बात कहने का प्रयास कर सकता है। हमारे मस्तिष्क के इस क्षेत्र को ज्ञात होता है कि कौन-कौन से अक्षर होते हैं, उन्हें जोड़कर कैसे शब्दों का तथा शब्दों से वाक्यों का निर्माण किया जा सकता है, और कैसे साधारण या अपेक्षाकृत जटिल बातें भी दूसरों तक पंहुचाई जा सकती हैं, और इसी प्रकार यह किसी एक दिशा में एक क्रमिक विचार की धारा को उत्पन्न करते हुए उसे और आगे तथा दूर तक ले जा सकता है। तथापि वाणी और अन्य ध्वनियों को समझने के हेतु हमारे लिये अपने मस्तिष्क के वाम भाग में ही, परंतु ब्रोका क्षेत्र से कुछ दूरी पर स्थित, वर्निक क्षेत्र का उपयोग करना आवश्यक होता है।

वाणी का सृजन

जब भी हमारे मन में कोई धारणा, विचार अथवा भाव उदित होता है, तो उस विचार, भाव अथवा अन्य किसी प्रकार के अपने ज्ञान को अभिव्यक्त करने के लिये हम वाणी का उपयोग करते हैं। भारत के प्राचीन ऋषियों ने इस वाणी और विचार की परंपरा को अधिक पूर्ण रूप से समझने के लिये भी एक समुचित और विवेकपूर्ण प्रयास किया है। उन्होंने वाणी के उदय से पूर्व की अवस्थाओं को भी इसमें सम्मिलित करते हुए इस समूची परंपरा को वाक के नाम से संबोधित किया है। यथोचित अन्वेषण के पश्चात वे प्राचीन ऋषि जिस निष्कर्ष पर पहुंचे थे, उसके अनुसार इस अक्षरों, शब्दों एवं वाक्यों के द्वारा निर्मित होने वाली वाणी, तथा विभिन्न भाषाओं और विचारों से समन्वित इस आत्म अभिव्यक्ति की सम्पूर्ण परंपरा का उद्भव, शब्द अथवा ध्वनि के माध्यम से ही होता है।

ऋषिगणों के द्वारा इस वाक परंपरा को चार निम्नलिखित भागों में विभक्त किया गया है।

1. 'परा-वाक' आत्मप्रेरणा से स्वतः उत्पन्न उस ज्ञान को कहा जाता है जिसे किसी शब्द अदि की अपेक्षा नहीं होती और जो वाक के अगले सभी स्तरों का जनक होता है। इसका निवास हमारे अर्धचेतन मन में होता है, और हमारी निद्रावस्था में भी यह लुप्त नहीं होता।
2. 'पश्यंती' वाक का जन्म हमारी इच्छा के आवेग से उस समय होता है जब हम अपने अंतर के किसी भाव को बाहर प्रकट करना चाहते हैं। इसमें हमारे भाव एक ऐसे अव्यवस्थित रूप में उदित होते हैं, जहां वर्ण और शब्दादि एक मिश्रित और अस्पष्ट के समान अवस्था में उपस्थित रहते हैं। ये अगले स्तर पर अधिक स्पष्ट रूप भी धारण सकते हैं और इसी अस्पष्ट अवस्था में ही विलीन भी हो सकते हैं। यह विचारों की वह अवस्था है जहां इन्होंने अभी भाषा का रूप ग्रहण नही किया है और यह हिंदी, अंग्रेजी, या चीनी भाषा बोलने वालों में भी एक ही प्रकार से उदित होती है।
3. जब कोई व्यक्ति पश्यंती वाक की अवस्था से आगे बढना चाहता है, तो उसकी चेतना में अवस्थित 'ज्ञान-शक्ति' उसकी सहायक होती है, जिसके द्वारा 'मध्यमा' वाक का उदय होता है। मनुष्यों में उनकी ज्ञान-शक्ति के द्वारा एक अर्थगर्भित विचार की उत्पत्ति होती है, जिसमें शब्दों और वाक्यों का भी समावेश हो जाता है। यह विचार किसी प्रश्न का उत्तर भी हो सकता है, कोई राय या शिक्षा भी हो सकती है, और ऐसी कोई कविता या पुस्तक भी हो सकती है जो अभी तक बोली या लिखी नहीं गई है।
4. 'वैख़री' वाक का उदय तभी होता है जब ऊपर वर्णित की गई अब तक की समस्त प्रक्रिया में 'क्रिया-शक्ति' का योगदान भी सम्मिलित हो जाता है। इस स्थिति में हम अपने स्वर-यंत्र,

वायु, कंठ, मुख, जिह्वा, दंत एवं ओष्ठ आदि की सहायता से वैख़री वाक अथवा व्यक्त वाणी को भी अभिव्यक्त करने में समर्थ हो जाते हैं।

सहज वृत्ति, आत्म प्रेरणा और आत्मप्रकाश

वाणी और विचार से हम सब भली भांति परिचित हैं, जिन्हें ऋषियों के द्वारा मध्यमा और वैख़री वाकों के अंतर्गत रखा गया है। प्रधान रूप से सभी मनुष्य दर्शन, विचार और लिखित अथवा बोले गये शब्दों के माध्यम से अपना ज्ञान प्राप्त करते हैं, तथापि पक्षी, मत्स्य और अनेक पशु आदि, दृष्टि, श्रवण एवं घ्राण के अतिरिक्त अपनी चेतना में उदित होते रहने वाली एक सहज आत्मवृत्ति से भी अनुप्रेरित होते रहते हैं। यह प्रकृति के द्वारा सहजरूप से प्रसारित होते रहने वाली एक प्रेरणा है। कभी-कभी मनुष्य भी इसके द्वारा अनुप्रेरित होते हुए देखे जाते हैं।

हम मनुष्यों में यह सहज वृत्ति कभी-कभी एक आत्म प्रेरणा के रूप में और भी अधिक विकसित होती हुई देखी जाती है। प्राणियों में इस सहज वृत्ति अथवा आत्म प्रेरणा के रूप में उत्पन्न होने वाले ज्ञान को, जो उन्हें उनके मार्ग पर अग्रसर करने के लिये उदित होता रहता है, पश्यंती वाक के अंतर्गत माना गया है जहां शब्द केवल अस्पष्ट रूप में अवस्थित रहता है। कई बार ऐसा भी होता है कि हम कुछ कहना तो चाहते हैं पर कुछ काल तक हमें शब्द नहीं मिलते तथापि उनका पूर्ण अभाव भी नहीं होता, क्योंकि उस समय वे पश्यंती अवस्था में उपस्थित होते हैं।

सहज वृत्ति और आत्मप्रेरणा के अतिरिक्त उनसे भी अपेक्षाकृत ऊंचा एक और भी मार्ग है जिसके द्वारा प्रकृति किसी मनुष्यमें ज्ञान का संचार कर सकती है, जिसे हम आत्म प्रकाश कह सकते हैं। ऋषियों के मत के अनुसार वर्तमान और पिछले सृष्टि चक्रों में विकसित समस्त ज्ञान एक उच्चतर और सूक्ष्म धरातल पर सदैव उपलब्ध रहता है, जिसके अंश हमारे मन की शांत एवं विचारशून्य अवस्था में स्वत: आत्म प्रकाश कर सकते हैं। इस अवस्था में हमारी चेतना का संपर्क इस सर्वव्यापी संकलित ज्ञान के सागर से स्थापित हो सकता है।

परा वाक: ज्ञान का आत्मप्रकाश

इस प्रकार का ज्ञान किसी व्यक्ति की चेतना में अकस्मात एक ऐसे ज्ञानगुच्छ के रूप में उदित हो सकता है जो अपने आप में पूर्ण होता है एवं जिसे वह व्यक्ति विचार, तर्क, अथवा गणना आदि अन्य किसी प्रकार के प्रयास के बिना ही पूर्ण रूप से ग्रहण अथवा आत्मसात कर लेता है। अगर हम ऋषियों के विभाजन के आधार पर इसे समझने का प्रयास करें तो इस प्रकार के ज्ञान को परावाक की संज्ञा के अंतर्गत समझना होगा जो पराप्रकृति के शुद्ध ज्ञान का क्षेत्र होता है। प्राचीन काल के ऋषियों ने इस प्रकार के साधनों एवं प्रणालियों का विकास कर लिया था जिनके उपयोग के द्वारा वे विचारों से मुक्त एक शांत मन:स्थिति की अवस्था प्राप्त करने में समर्थ हो जाते थे। एक प्रकार से इसी प्रणाली को सूक्ष्म स्तर के ज्ञान से समन्वित ऋषियों के पूर्णता के ज्ञान की उपलब्धियों की कुंजी समझना चाहिये।

अपनी पुस्तक बियोंड सुपरनेचर (Beyond Supernature) में प्रसिद्ध जैव शास्त्री एवं ऐन्थ्रोपोलोजिस्ट लायल वाटसन ने प्रसिद्ध संगीतज्ञ मोजार्ट के द्वारा अपने एक मित्र को लिखे एक पत्र को उद्धरित किया है: "जब मैं बिल्कुल अकेला और पूरी तरह अपने आप में और प्रसन्न मनोस्थिति में होता हूं, जैसे कि एक गाड़ी में यात्रा करते हुए या एक संतुष्टिप्रद भोजन के बाद टहलते हुए, या रात्रि में जब मुझे नींद नहीं आ रही हो, तो ऐसे ही अवसरों पर मुझमें अवधारणाओं के एक प्रवाह का प्रकाश होता है और भरपूर होता है। वे कैसे आती हैं मुझे ज्ञात नहीं है, और न ही मैं उन्हें बाध्य कर सकता हूं। उन्हें मैं अपनी चेतना में टुकड़ों में बंटा हुआ नहीं बल्कि पूरा और एक साथ एवं एक ही समय में सुनता हूं। अत: उन्हें कागज पर उतारने में मुझे कुछ भी सोचना नहीं पड़ता क्योंकि यह पूर्ण रूपसे प्रयोग में लाने के योग्य होता है, और जो भी मेरी चेतना में उदित हुआ था और जिसे मैंने कलमबद्ध किया है उसमें लेसमात्र भी फर्क नहीं होता।"

एक संक्षिप्त पुनरावलोकन

प्रकृति जब एक नई सृष्टि की दिशा में अग्रसर होती है तो यह एक स्पंदन के रूप में प्रकट होती है। इस स्पंदन की स्फुरत्ता में प्रकृति को दो विशेष सुविधायें उपलब्ध होती हैं। पहली तो यह कि सृष्टि रचना के लिये इसे अन्य किसी साज-सामान की जरूरत नहीं पड़ती, वह इस स्पंदन को ही समस्त पदार्थों में परिवर्तित कर लेती है। वहीं दूसरी ओर, प्रकृति को एक विश्वव्यापी संचार प्रणाली की आवश्यकता भी होती है, और उसके लिये यह बड़ी सुविधा की बात होती है कि विभिन्न प्रकार के स्पंदनों से विभिन्न श्रेणी की तरंगों की उत्पत्ति होती है, जिनके माध्यम से प्रकृति की संचार व्यवस्था भी स्वत: के समान और निर्बाध रूप से कार्य कर सकती है।

इन तरंगों के माध्यम से प्रकृति सृष्टि के किसी विंदु-स्थानीय स्थान से भी सूचना प्राप्त कर सकती है, और इन्हीं के माध्यम से वह विभिन्न दीर्घाओं में अपने निर्देश भी प्रसारित करती रह सकती है। ऐसा होना पूर्ण रूप से संभव भी हो सकेगा अगर प्रत्येक वस्तु स्पंदायमान रहती हो, प्रत्येक का औरों से अलग एक स्पंदन भी हो, और विशेषरूप से यदि प्रत्येक स्पंदन की एक ध्वनि हो तथा सभी अलग-अलग स्पंदनों की ध्वनि भी अलग-अलग हो। परंतु ऐसी किसी भी व्यवस्था के लिये यह आवश्यक होगा कि जैसा कि ऋषियों के द्वारा बताया गया है, उस प्रकार की एक अंतर की चेतना भी उपलब्ध हो जो सभी प्रकार के ज्ञान भी प्रदान कर सकती हो और जो सदैव विश्व में और प्रत्येक वस्तु में भी अनुस्यूत होकर उपस्थित रहती हो।

ऋषियों के अनुसार, समय-समय पर विश्व चैतन्य अथवा परासंवित के मध्य एक क्रीड़ा के रूप में इस विश्व का उदय होता है जिसमें परमशिव की प्रकृति पराशक्ति ही इस विश्व के रूप में अभिव्यक्ति को प्राप्त होती है। निष्कल परमशिव की अंतर्चेतना में पराशक्ति एक स्पंदन के रूप में उदित होती है और एक क्रम-विकास की परंपरा का अवलम्बन करते हुए वह स्वयं ही इस विश्व के रूप में अभिव्यक्त होती है।

चेतना का शिव एवं शक्ति के रूप में ध्रुवीकरण

स्पंदन के उदय होते ही परमशिव की चेतना के क्षेत्र में, इसके मध्यस्थल से दो विपरीत दिशाओं में विस्फारित होने वाले एक ध्रुवीकृत बल क्षेत्र की सृष्टि हो जाती है, जिसके फलस्वरूप इस चेतना में, नर और नारी, दो ध्रुव उत्पन्न हो जाते हैं। इनमें से जो स्थिर ध्रुव होता है उसे नर पक्ष मानते हुए ऋषियों के द्वारा उसे 'शिव तत्व' की संज्ञा दी गई है, जो प्रकाश स्वरूप है और जिसके द्वारा ज्ञान उत्पन्न होता है। यह 'मैं' के रूप में स्थित आत्म तत्व के लिये एक दृष्टा की अवधारणा भी उत्पन्न करता है। दूसरे ध्रुव को, जो इस ध्रुवीकरण में चंचल पक्ष होता है, उसे नारी पक्ष के रूप मे ग्रहण करते हुए ऋषिगण 'शक्ति तत्व' कहते हैं जो विमर्श स्वरूप होता है, और जिससे दृष्टा के लिये किसी अनुभव की उत्पत्ति होती है। यह भावी आत्म तत्व के लिये एक 'अन्य' की और उसी के माध्यम से एक अनुभूति की अवधारणा की सृष्टि भी करती है। परमशिव की चेतना में जब ध्रुवीकरण हो जाता है तो उसे चिदाकाश कहा जाता है, और यह परमशिव की अंत:प्रकृति का क्षेत्र होता है।

चिदाकाश के मध्य, शिव एवं शक्ति के संधिस्थल में, एक शुद्ध ऊर्जा का उदय होता है जो विश्वसृष्टि की दिशा में अनुप्रेरित होती है। इसमें जो स्थिर पहलू होता है उसके रूप में शिवतत्व विश्व से बाहर और सर्वप्रकार से अप्रभावित रहते हुए, केवल एक साक्षी के रूप में, इस समस्त विश्व का दृष्टा बनकर स्थित हो जाता है और विश्व को आधार प्रदान करते हुए इसको वहन करता है। दूसरी ओर इसके क्रियमाण पक्ष के रूप में शक्ति तत्व, एक अंतर्चेतना का रूप ग्रहण करते हुए, इस विश्व की प्रत्येक वस्तु में भी और समस्त विश्व में भी सर्वत्र व्याप्त होकर स्थित रहता है।

जब इन दिव्य तत्वों की विश्वसृष्टि की सिसृक्षा एक स्थूल इच्छा के रूप में बल धारण करने लगती है, तो चिदाकाश में एक तनाव के समान क्षेत्र की उत्पत्ति हो जाती है, और एक ऐसी स्थिति आ जाती है जब घनत्व के एक विशिष्ट स्तर को प्राप्त होती हुई दो प्रकार की अंत: प्रकृतियों के मध्य उत्पन्न होकर तथा अधिकाधिक बल को प्राप्त होती हुई यह स्पंदनमयी ऊर्जा, चिदाकाश के शुद्ध क्षेत्र से बाहर निकल जाती

है। एवं इसी स्थान से इस अंत: चेतना से युक्त स्पंदायमान ऊर्जा के गर्भ में स्थित विश्व का बीज विकास की दिशा में अग्रसर होने लगता है।

वैश्विक ऊर्जा और उसकी वैश्विक ध्वनि

शिव और शक्ति के युग्म से अनुप्रेरित तथा संकोच एवं प्रसार के गुणों से समन्वित इस ऊर्जा को, जो संपूर्ण महाकाश अथवा महाशून्य में व्याप्त होकर अवस्थित होती है, ऋषिगण प्राण के नाम से संबोधित करते हैं। इसी प्रकार, इस अंतर और वाह्य दिशाओं में स्पंदायमान सृष्ट्योन्मुख ऊर्जा से जो ध्वनि सतत उत्पन्न होती रहती है उसे वे नाद के नाम से आख्यायित करते हैं। स्थूल दृष्टि से यह नाद ध्वनि 'ओम' शब्द के उच्चार के समान कही जा सकती है। यद्यपि यह ध्वनि हमारे स्थूल कर्ण के सीमाक्षेत्र से बाहर होती है, परंतु सही दिशा में अल्प प्रयास से ही मनुष्यों के द्वारा इस अनवरत प्रवाहित होने वाले शब्द को सुना जा सकता है। इस स्पंदायमान सृष्ट्योन्मुख ऊर्जा के आवास-स्थल को महाशून्य और इसमें सतत गुंजायमान नाद को ऋषिगण आगम का तीसरा तत्व स्वीकार करते हुए सदाशिव तत्व के नाम इसका उद्बोधन करते हैं।

शिव और शक्ति तत्वों की मिलनभूमि में जो आत्म-चैतन्य का भाव आविर्भूत होता है, उसका आत्मप्रेरित अनुभव 'मैं हूं' के समान होता है। यह सृष्टि से बाहर पराक्षेत्र की अनुभूति है जहां शब्द या विचार उत्पन्न नहीं होते, तथा जहां ज्ञान और अनुभव केवल वृत्ति के रूप में उदित हो सकते हैं। किंतु सदाशिव के क्षेत्र में एक दृष्टा के अतिरिक्त उसके द्वारा दृष्ट की एक अलग अवधारणा का उदय हो जाता है, और इस स्तर पर चेतना की अनुभूति मात्र 'मैं हूं' के स्थान पर 'मैं यह हूं' हो जाती है। व्यक्त जगत के पहले तत्व 'सदाशिव' का सबसे प्रधान कार्य है आत्म-ज्ञान अथवा स्वत्व की धारणा का विकास, जिसे एक आधार के रूप में साथ लेकर ही कोई वस्तु या पदार्थ उत्पन्न हो सकता है।

संपूर्ण सृष्टि चक्र की अवधि में प्राणरूपी प्रधान ऊर्जा का स्पंद और इसमें सन्निहित सृष्टि की प्रेरणा रूपी नाद ध्वनि, इस सदाशिव तत्व के सूक्ष्मतम अभिव्यक्ति के स्तर वाले महाकाश रूपी धरातल पर सदैव एक

समान बने रहते हैं। एक प्रकार से हम इसे विश्व के रूप में अभिव्यक्त होने वाले पहले और एकमात्र पदार्थ का विनिर्देश (specification) समझ सकते हैं। तथापि सृष्टि के निम्न धरातलों पर अवतरित होने वाले पदार्थों और वस्तुओं के रूप में बद्ध ऊर्जा में, जो 'मैं यह हूं' की अनुभूति से युक्त आत्मकण के समान होती है, स्पंदन एवं ध्वनि दोनों में परिवर्तन होते रहते हैं।

प्रकृति की पहली वर्णमाला

यह शब्द अथवा ध्वनि ही है जिससे वर्णों, शब्दों और वाक्यों की, एवं भाषाओं और विभिन्न प्राणियों की बोलियों की उत्पत्ति होती है, तथा इन्हीं को माध्यम बनाकर हमारे विचार भी उत्पन्न होते हैं। ऋषियों के अनुसार सृष्टि के प्रारंभ में अपनी विश्वसृष्टि की कल्पना का विस्तार भी परा संवित के द्वारा अपनी इस प्राणमयी स्पंदायमान ऊर्जा से उत्पन्न ध्वनि के उपयोग के माध्यम से ही किया जाता है। विश्वसृष्टि की वह कल्पना जो एक आत्मवृत्ति के समान परासंवित की चेतना में उद्भूत होती है, सर्वप्रथम उसी का विस्तार पराशक्ति के द्वारा कारण भूमि पर एक शब्द-सृष्टि के रूप में किया जाता है।

सर जौन वूडरौफ के अनुसार, "सृष्टि की अभिव्यक्ति की दिशा में (परासंवित के) पहले चलन (स्पंदन) की ध्वनि होती है 'ओम्', और इसी से समस्त वर्णात्मक एवं ध्वन्यात्मक विशिष्ट शब्दों की उत्पत्ति होती है।" अपनी सृष्टि की कल्पना को उनकी परिभाषाओं और विनिर्देशों (specifications) में परिवर्तित करने के लिये, प्राण के स्पंदन के द्वारा अनुप्रेरित ऊर्जा से उत्पन्न ध्वनियों को ही यह प्रकृति एक वर्णमाला के समान, एक भाषा के रूपमें विकसित कर लेती है और फिर उसी की सहायता से यह यथेष्ट घनत्व से युक्त विभिन्न सृष्टियों की रचना करती है।

उन पांच प्रधान शक्तियों के अतिरिक्त जिनकी चर्चा हम पहले कर चुके हैं, परमशिव की कुछ अन्य सहायक शक्तियां भी होती हैं जिनका उपयोग वे कतिपय विशिष्ट कार्यों के संपादन के हेतु करते हैं। इनमें से

चित रूपी शिव की प्रधान सहायक शक्तियों को मात्रिका-शक्ति कहा जाता है। जैसे सूर्य से विभिन्न श्रेणी की किरणों का उत्सर्जन होता रहता है, उसी प्रकार स्वप्रकाश शिव से विसर्जित होने वाली किरणों में ये मात्रिका शक्तियां भी एक मिश्रित अवस्था में विद्‌यमान रहती हैं।

आगम के ऋषियों के मतानुसार ये सृजनशील 'मात्रिका' शक्तियां विश्व के प्रमुख उपादानों और उनके संशोधित स्वरूपों को उनके ज्ञान अथवा उनकी परिभाषा के रूप में सतत प्रवाहित करती रहती हैं। दूसरी ओर ये मात्रिकायें ही, उन्हीं प्रमुख उपादानों के द्‌वारा रचित विश्व के सूक्ष्म और स्थूल सभी स्तरों पर सभी संबंधित सूचनाओं-निर्देशों आदि के संचार के लिये एक उपयुक्त माध्यम के रूप में भी कार्य करती रहती हैं। इन दो श्रेणियों में विभक्त मात्रिकाओं में से चौंतीस मात्रिकायें प्रमुख तत्वों को निर्दिष्ट करती हैं, जब कि अन्य सोलह मात्रिकायें उन क्रियाओं अथवा कलाओं के निर्देश के रूप में कार्यरत रहती हैं जिनके द्‌वारा ये तत्व विभिन्न प्रकार से संशोधित होते हुए अपने कार्यों का निर्वाह करते हैं। यहां यह कहने की आवश्यकता नहीं होनी चाहिये कि ये सभी मात्रिकायें स्पंदायमान तरंगों से उत्पन्न ध्वनि के रूप में ही विसर्जित एवं प्रवाहित होती रहती हैं। तथापि इन मात्रिकाओं का एक प्रकाश अथवा ज्योति पक्ष भी होता है।

स्वाभाविक या प्राकृतिक नाम का सिद्धांत

ऋषियों के अनुसार इन सभी पचास (अथवा उनचास) मात्रिकाओं में से प्रत्येक उस ध्वनि का भी प्रतिनिधित्व करती है जो उसके द्‌वारा निर्देशित तत्व अथवा क्रिया से स्वाभाविक रूप से उत्पन्न होती रहती है। परम चैतन्य अथवा परमशिव इन्हीं नैसर्गिक रूप में उत्पन्न ध्वनियों का एक वर्णमाला के रूप में उपयोग करते हुए, अपनी सृष्टि कल्पना को विशिष्ट निर्देशों के रूप में, सर्वप्रथम एक ध्वन्यात्मक विश्व के रूप में अभिव्यक्त (अथवा पूर्वाभिव्यक्त) कर देते हैं। उदाहरण के तौर पर इलेक्ट्रोन-प्रोटोन आदि जिन विभिन्न कणों के माध्यम से पदार्थ के अणु और परमाणुओं की रचना होती है, ऐसे सभी कणों-उपकणों एवं पदार्थ के अन्य उपादानों

के विनिर्देशों (specifications) का भी स्थूल पदार्थ की रचना से अनेक पूर्व ही इस अत्यंत सूक्ष्म स्पंदनों की भूमि पर अभिव्यक्त होकर स्थित होना आवश्यक होता है। स्पंदनों के इसी स्तर को ऋषिगण कारण भूमि कहते हैं।

इसी प्रकार, तरंगों के रूप में उदित होने और एक दूसरे से भिन्न प्रकार के स्पंदनों से युक्त होने के कारण, सूक्ष्म और स्थूल दोनों ही धरातलों पर विश्वमें कहीं भी स्थित प्रत्येक अणु-परमाणु आदि, अथवा उनके द्‌वारा निर्मित अन्य किसी वस्तु की वर्तमान अवस्था भी प्रकृति को ज्ञात हो सकती है।

आगम का 'शब्द' सृष्टि के आदि-स्पंदन से उत्पन्न एक स्वतंत्र सत्ता है, जिसे 'कारण ध्वनि' भी कहा जाता है। यह हमारे भौतिक शरीरों के उपयुक्त वायु की उपस्थिति और स्पंदन की फ्रीक्वेंसी आदि के आधार पर कार्य करने वाले श्रवण-यंत्रों की सीमित क्षमताओं से मुक्त और स्वतंत्र होता है। ऊर्जा के सूक्ष्म स्तरों पर विचारों से भी ध्वनि उत्पन्न होती है और बिना मस्तिष्क अथवा किसी प्रकार के श्रवण-यंत्र की सहायता के उसे ग्रहण भी किया जा सकता है। इतिपूर्व, पुनर्जन्म एवं मृत्यु के पश्चात की अनुभूतियों के संदर्भ में हम स्थूल मस्तिष्क और वाणी के अभाव में भी सूक्ष्म भूमि पर विचारों के आदान-प्रदान के उदाहरण देख चुके हैं।

सापेक्षता के सिद्धांत पर निर्मित स्थूल जगत में हम विचारों और सूचनाओं के परस्पर आदान प्रदान के लिये स्वरों एवं व्यंजनों से निर्मित भाषाओं का उपयोग करते हैं और ऐसी हजारों भाषाओं के विषय में हम जानते भी हैं। किंतु भाषायें यद्‌यपि अनेक हैं पर स्वर और व्यंजन वही रहते हैं। वास्तव में इसी विशिष्टता की नींव पर इस पुस्तक के हिंदी रूपांतर में प्रयुक्त 'लिपिकार' सॉफ्टवेयर कार्य करता है, जिसकी सहायता से पर्सनल कम्प्यूटरों में उपलब्ध इंगलिश की-बोर्ड से ही हिंदी, बंगला, तमिल, तेलगु आदि विभिन्न भाषाओं में कार्य किया जा सकता है।

दूसरी ओर, ऋषियों का एक यह भी कथन है कि मात्रिकाओं के द्‌वारा निर्देशित तत्वों एवं उनकी क्रियाओं से नैसर्गिक रूप से उत्पन्न होने वाली ध्वनियों और मनुष्यों के द्‌वारा प्रयुक्त स्वर और व्यंजनो में

एक अद्भुत समीचीनता और सामंजस्य स्पष्ट दृष्टिगोचर होता है, जैसे ये दोनों एक ही संवेग और प्रक्रिया की पहली और (इनके विकास-क्रम) में बाद की अभिव्यक्तियां हों।

यदि हम सभी क्रम-विकास के पथ पर अग्रसर होते हुए, उस एक ही परमेश्वर या शाश्वत चैतन्य की विभिन्न स्तरों पर विकसित विभिन्न अभिव्यक्तियां हैं, तो यही अधिक स्वाभाविक होगा कि हम सब एक ही वर्णमाला और शब्द परंपरा का न्यूनाधिक रूप में प्रयोग करते हुए ही अपने-अपने स्थानों पर पहुंचे होंगे, भले ही एक इलेक्ट्रोन अथवा प्रोटोन से उत्पन होने वाली ध्वनि को हम उतनी सहजता से ग्रहण न कर सकते हों। स्पंदनों के द्वारा निर्मित इस विश्व में हम सभी एक ही सृष्टि धुन पर थिरकते रहते हैं, और समस्त क्रियाओं एवं आदान-प्रदानों की सूचनाओं का संचरण भी एक ही केन्द्रीभूत रेखा के समानांतर पथ पर, एक ही क्रम का अवलंबन करते हुए होता रहता है। इस प्रकार हमारी संवेदनायें और आत्मवृत्तियां भी एक ही मौलिक पद्धति का अनुसरण करते हुए, अत्यंत स्वाभाविक रूपसे ही, पहले विचार और फिर मुख से उच्चरित अथवा लिखित संदेशों के रूप में प्रकाशित होती रह सकती हैं। हम कह सकते हैं कि एक ही चतुर नर्तक एक ही लय और ताल पर थिरकते हुए अपनी विभिन्न मुद्राओं के माध्यम से विभिन्न रूपों में अभिव्यक्ति को प्राप्त होते हुए लक्षित हो रहा है।

मात्रिकावृंद और इनके कार्य

ऋषियों के अनुसार प्रत्येक मात्रिका अपने अंदर एक तत्व या क्रिया के विनिर्देश संजोये हुए एक ध्वनि के समान विकीरित होती रहती है और यह ध्वनि एक ओर जहां इस तत्व अथवा क्रिया से स्वाभाविक रूप से उत्पन्न शब्द के समान होती है, दूसरी ओर एक पूर्ण विकसित जगत में जहां मनुष्यों का जन्म हो चुका हो, यही ध्वनि उनके द्वारा उच्चरित हो सकने वाले विभिन्न वर्णों में से किसी एक वर्ण के अनुरूप भी होती है।

उदाहरण स्वरूप पांच कंठ से बोले जाने वाले वर्णों (gutturals) क, ख, ग, आदि का आकाश, अग्नि, वायु, जल और क्षिति तत्वों से, और

पांच तालव्य (palatals) च, छ, ज, आदि का इन्हीं पांच तत्वों के प्रधान गुणों, श्रवण, दर्शन, स्पर्श, गंध, आदि के ध्वन्यात्मक रूपों से सादृष्य होता है। आगम में इन गुणों को भी तत्वों का दर्जा प्राप्त है। इसी प्रकार पांच मूर्धन्य (cerebral) एवं पांच दंत्य (dental) वर्णों को, ऋषियों के द्‌वारा, मानव शरीर में पूर्ण रूप से विकास को प्राप्त होने वाले क्रिया एवं ज्ञानप्राप्ति के दस उपकरणों से संबंध रखने वाली ध्वनियों के सदृष्य बताया गया है।

महाशून्य में, जहां प्राण का वास होता है, वहां नाद के अतिरिक्त शिव की चेतना से प्रकाश रश्मियों के समान निकलते रहने वाली ये मात्रिकायें भी संगीत की धुनों के समान अपनी सूक्ष्म ध्वनियों के साथ सदैव विद्‌यमान रहती हैं। नाद शब्द केवल ध्वनि का ही नहीं बल्कि प्रसरण का भी परिचायक होता है, और महाशून्य में मूल नाद एवं ये मात्रिका ध्वनियां मिलकर एक अति मधुर गूंज के समान सभी ओर प्रसारित होते हुए सदैव उपस्थित रहती हैं।

उत्पन्न होने के साथ ही यह नाद इस विश्व की अवधारणा को अपने अंदर संजोये हुए प्रसरण करने लगता है, और इसी मूल नाद की शाखा ध्वनियों के रूप में मात्रिकायें भी इसकी सहयोगी शक्तियों के समान सर्वत्र प्रसारित होती रहती हैं। नाद परमेश्वर की इच्छा के वाहक का कार्य करते हुए और मात्रिकायें उसकी सृष्टि कल्पना में निहित कतिपय मुख्य विशिष्ट निर्देशों अथवा परिभाषाओं को वहन करते हुए, सूक्ष्म ध्वनि की तरंगों के रूप में प्रसर करते रहते हैं। यह स्तर सापेक्षता (Relativity) से ऊर्ध्व में अवस्थित विश्व के दृष्टा (observer of the whole) का स्तर होता है। मनुष्यों के दृष्टिपथ में आने वाले सापेक्षता के स्तर पर मन, मस्तिष्क और ज्ञान शक्ति की सहायता से यही मात्रिकायें, मध्यमा वाक के रूप में भाषा, विचार और प्रवृत्तियों को जन्म देती हैं। इसी प्रकार इन सापेक्षता के दर्शकों के लिये, स्थूल स्वर यंत्र एवं क्रिया शक्ति की सहायता से ये शक्तियां ही वैख़री वाक या स्थूल वाणी का रूप लेते हुए उन्हें इस विश्व के एक सापेक्ष ग्राहक के रूप में भी स्थापित कर देती हैं।

शब्द सृष्टि और शब्द ब्रह्म

पराक्षेत्र (the unmanifest, beyond realm) में अवस्थित चिदाकाश से महाशून्य के निर्गमन की प्रेरणा देने वाली परमशिव की दूसरी कला को शैव आगमों में शांति कला के नामसे वर्णित किया गया है। परमशिव की वाह्य प्रकृति सर्वप्रथम इच्छा शक्ति के रूप में प्रकट होते हुए, सदाशिव तत्व का सृजन करती है। शैवागम के इस तीसरे तत्व के स्तर पर आत्म तत्व अथवा स्वत्व का आविर्भाव होता है। इसके माध्यम से यह सापेक्षता के धरातल पर उत्पन्न होने वाली, संवित अथवा चेतना के स्वरूप वाली संतति को (जो इस विश्व की समस्त विविधताओं में से किसी एक रूप में भासमान होती है), एक 'मैं' की अवधारणा से सज्जित कर देती है। वास्तव में इसी 'मैं' को यह संतति अन्य सभी वस्तुओं से अलग अपनी स्वतंत्र सत्ता के रूप में पहचानती है और इसीकी रक्षा और विकास के लिये इसका सदैव प्रस्तुत रहना भी आवश्यक होता है।

परमेश्वर की वाह्य प्रकृति में इच्छा मध्य स्थानीय प्रकृति है और यह एक स्पंदायमान शक्ति के स्वरूप वाली है। इसका एक स्पंदन अंतर की दिशामें शिव की ओर और दूसरा वाह्य की दिशामें शक्ति की ओर होता है। अगले दो चरणों में पहले दूसरी वाह्य प्रकृति, ज्ञान शक्ति का इसके अंत: स्पंद के रूप में प्रकाश होता है, और तत्पश्चात इसके वाह्य-स्पंद के रूप में क्रिया शक्ति अथवा परमेश्वर की तीसरी वाह्य-प्रकृति का प्रकाश होता है।

सदाशिव के स्तर पर मात्रिकायें पश्यंती वाक के रूप में अनुभूत होती हैं, जिसमें सारे वर्ण एक दूसरे से मिले हुए एक गुच्छे के समान रहते हैं, जिनमें कोई विभाजन या विस्तार नहीं होता। यहां दृष्टा के दर्शन के विषय या उनकी अनुभूति शून्य-रूप में और एक बिन्दु के समान, ज्ञान की ही एक अत्यंत संकुचित प्रगाढ़ावस्था के रूप में स्थित होते हैं, तथापि प्रकृति के सृष्टि की दिशा में अगले कदम पर ही यह बिंदु एक गुब्बारे के समान उच्छून होने लगता है, या विस्तार को प्राप्त होने लग जाता है, और यहीं से इस सर्वथा रिक्त स्थान में सृष्ट्योन्मुख विश्व की विषयभूत विभिन्न वस्तुओं का समावेश होने लगता है। शाक्त आगमों में

नाद को युग्म-स्थानीय तीसरा तत्व, और शब्द सृष्टि के जनक बिंदु को शिवस्थानीय चतुर्थ तत्व कहा गया है।

इस चतुर्थ तत्व के स्तर पर ज्ञान-शक्ति रूपी वाह्य-प्रकृति का प्रकाश होता है, और इसीके माध्यम से कारण भूमि पर मध्य-स्थानीय वाक (मध्यमा वाक) का भी विकास होता है। मात्रिकायें अब एक गुच्छ के समान प्रतीत नहीं होतीं, बल्कि वे विश्व के उपादान तत्वों और उनका संशोधन करने वाली प्रधान क्रियाओं को परिभाषित करते हुए और अपने ध्वन्यात्मक स्पंद को विनिर्देशों अथवा अर्थों के रूपमें विकसित करते हुए, अलग-अलग और अधिक स्पष्टता के साथ भासमान होने लग जाती हैं। शाक्त आगमों में इस स्तर को बिंदु का स्तर कहा जाता है, जबकि शैवागमों में चतुर्थ तत्व के रूप में इसे 'ईश्वर' तत्व की संज्ञा दी गई है।

ईश्वर तत्व

आगम के इस चौथे तत्व के स्तर पर इसके स्वभाव के अनुरूप एक पीठ की आवश्यकता भी होती है। चाहे जैसी भी अभिव्यक्ति हो, वह पराप्रकृति के स्तर पर स्थित, इसके स्थिर एवं गतिमान दो प्रधान तत्वों की संयुक्तावस्था से ही होती है। यह एक युग्म की अभिव्यक्ति है, जिसमें मातृ एवं पितृ स्थानीय इसके दोनों विभागों की एकत्रित रूप में, एक साथ, उपस्थिति आवश्यक होती है।

ज्ञान शक्ति यद्यपि शिव के स्वभाव की अभिव्यक्ति होती है, तथापि उसकी यह अभिव्यक्ति गर्भ स्थानीय सृष्टि-बीज के विकास के माध्यम से, सृष्ट्योन्मुख एवं गतिशील 'शक्ति' विभाग के ही अंतर्गत होती है। इसके बल को संतुलित करने के लिये शिव विभाग की जिस शक्ति का उदय होता है, उसे आगमों में ज्येष्ठा शक्ति कहा गया है। परिभाषाओं के क्षेत्र कारण भूमि में यह शक्ति, भविष्य में सृष्ट होने वाली वस्तुओं के कार्यकारी जीवन का निर्धारण करते हुए ज्ञान शक्ति के समस्त प्रस्तावों को एक सीमा में निहित रखने का प्रयास करती है। इन दोनों शक्तियों की साम्यावस्था से जिस पीठ-रूपी संरचना का निर्माण होता है उसे जालंधर पीठ कहा जाता है।

इस चौथे स्तर पर आत्म तत्व की अनुभूति, जो पिछले सदाशिव के स्तर पर 'मैं यह हूं' मात्र थी, वह "यही मैं हूं" में परिवर्तित हो जाती है। यद्यपि 'मैं' और 'यह', ये दोनों एक ही चेतना के अंश होते हैं, तथापि यहां 'मैं' गौण हो जाता है और उसकी अनुभूति 'यह' प्रधान हो जाती है। यहां ईश्वर तत्व समस्त विश्व को 'यही मैं हूं', इस प्रकार समझता है, और समस्त अभिव्यक्तियों को प्राप्त होने वाली समष्टि को ही अपना शरीर समझता है। सदाशिव या नाद के स्तर पर 'मैं' की प्रधानता थी जबकि 'यह' शून्यस्वरूप था। ईश्वर तत्व के स्तर पर चेतना में 'मैं' विंदु के समान संकुचित होकर स्थित हो जाता है, और इस 'यह' के क्षेत्र का विस्तार होता है।

भौतिक विज्ञान के मत में सृष्टि के अंत के समय एक 'बिग क्रंच' अथवा ऐसी ही किसी अन्य प्रक्रिया के कारण यह समस्त दृश्यमान जगत एक बिंदु के रूप में संकुचित हो जाता है। इस बिंदु को हम गणित शास्त्र के अंतर्गत एक विंदु भी मान सकते हैं क्योंकि इसका किसी भी दिशा में तनिक भी विस्तार नहीं है, तथापि गणित शास्त्रियों के लिये आवश्यक इसकी स्थिति को जानने का कोई साधन हम मनुष्यों को ज्ञात नहीं है। दूसरी ओर भौतिक विज्ञान किसी सीमाओं में बद्ध वस्तु या घटना की बात को ही आगे बढ़ा सकता है, अत: अपनी थ्योरी में स्वत: उत्पन्न होने वाली इस अन-अभिव्यक्ति (Singularity) की विंदु समान अवस्था को एक आकार एवं द्रव्यमान से युक्त बिंदु (या बूंद) रूप में ग्रहण करके ही हमारे वैज्ञानिक स्थूल विश्व की सृष्टि की विवेचना आरंभ करते हैं। इसका आकार (व्यास) एक अमेरिकन सेंट या उससे भी कम स्वीकार करते हुए वे उसे ही उच्छून करते हुए विभिन्न कड़ियों को मिलाने का प्रयास करते हैं।

अपनी प्रसिद्ध पुस्तक 'दि गारलैंड औफ लेटर्स' में ऋषितुल्य सर जौन वुडरौफ लिखते हैं, "विश्व की पुन: वापसी की यात्रा के प्रारंभ में इस बिंदु का प्राकट्य शक्ति रूपी ऊर्जा के अतीव घनत्व को प्राप्त होने के कारण होता है। इस बिंदु से एकात्म होने वाली चेतना को शैव आगमों में ईश्वर कहा गया है, जो इस विश्व को ही अपनी अनुभूति का विषय समझता है। तथापि वह इस विश्व को अपने से बाहर स्थित एक विविधता के रूप में

नहीं देखता, वह तो इसे एक वस्तु के रूप में देखता है जो पूर्ण है, और वह स्वयं ही यह पूर्ण है, जैसे कि एक मनुष्य अपने शरीर को ही स्वयं और पूर्ण समझता है।"

सर वुडरौफ आगे और भी लिखते हैं, "इस प्रकार आत्मीयकृत किया हुआ यह विश्व, अपनी उस अवस्था से ही जब इसकी अभिव्यक्ति भी नहीं हुई थी, इसका आत्मीकरण करने वाली चेतना में एक बिंदु के रूप में उदित हो जाता है। (सदाशिव से अगले) ईश्वर तत्व के स्तर पर चेतना में समस्त धुंधलापन हट जाता है और इसका स्थान एक स्पष्ट 'यह' ले लेता है जिसे वह आत्मरूप ही समझता है, यद्यपि उसकी अनुभूति में 'यह' ही प्रमुख होता है। मनुष्यों के स्तर पर भी हम अपने मन को पूरी तरह आत्मीकृत करके (उसे ही 'मैं' समझते हुए) उसे एक बिंदु के रूप में ही अनुभव करते हैं, यद्यपि अपने शरीर के उस भाग को जिसे हमने आत्मीकृत नहीं किया है (जैसे हमारे बाल, नख आदि, या कोई कैंसरग्रस्त पैर इत्यादि जिसे काटना आवश्यक हो जाये), हम स्वयं से भिन्नवत एवं बाहर के समान एक अन्य वस्तु ही समझते हैं (जिसका हम त्याग कर सकते हैं)।"

शब्द ब्रह्म के द्वारा सृष्टि

परमशिव की सृष्टि की सिसृक्षा (सूक्ष्म इच्छा) आत्मप्रेरित है, किसी अन्य के द्वारा अनुप्राणित नहीं। इस अवस्था में न तो मन होता है, न ही भाषा और न ही कोई विचार। सर वुडरौफ के अनुसार, "सृष्टि कल्पना अथवा एक नूतन विश्व की अवधारणा का विकास ईश्वर तत्व के घनीभूत स्तर पर ही हो सकता है जहां मात्रिकायें एक दूसरे से अलग होकर स्पष्ट हो जाती हैं और जहां वाणी का मध्यमा वाक के रूप में उदय हो सकता है।" अनुभूतिगम्य जिस अंतर के अवकाश को सदाशिव के स्तर पर संपूर्णरूप से रिक्त कर दिया गया था, उसे भरने के लिये विभिन्न प्रकार के वास-कर्ताओं का समावेश होना इस ईश्वर तत्व वाले स्तर पर प्रारंभ हो जाता है, भले ही वे केवल उसके सृष्टि संबंधी विचार मात्र ही हों। सर वुडरौफ नें इन्हीं आगन्तुक विचारों को 'सृष्टि कल्पना' कहा है, क्योंकि सृष्टि कल्पना

से संबंधित ये सभी विचार कारण भूमि के ईश्वर तत्व वाले स्तर पर ही विकास एवं विस्तार को प्राप्त होते हैं।

जैसा कि हम कह चुके हैं, ऋषियों के अनुसार मात्रिकायें एक ओर जहां स्वर और व्यंजनों के रूप में उदित होती हैं, वहीं दूसरी ओर वे विश्व के प्रमुख उपादानों एवं उनके संशोधन संबंधी कतिपय क्रियाओं से नैसर्गिक रूप से उत्पन्न होने वाली ध्वनियों का भी निर्देश देती हैं। इस मात्रिका समष्टि में (जिनका उत्सर्जन शिव अथवा चितशक्ति से होता है) सोलह ऐसी मात्रिकायें हैं जिनकी ध्वनि स्वर वर्णों के समान होती है और जो सदाशिव से पृथ्वी पर्यंत आगम के चौंतीस तत्वों में से प्रत्येक तत्व की किसी एक अथवा अन्य संशोधित अवस्था की प्राप्ति में प्रयुक्त क्रिया का परिचायक होती हैं। इन्हें हम सोलह कलायें भी कह सकते हैं। इसी प्रकार व्यंजन वर्णों के समान ध्वनित मात्रिकायें, तत्वों से स्वाभाविक रूप से उत्पन्न होने वाली ध्वनियों की परिचायक होती हैं, और यदि सदाशिव तत्व को इन कलाओं अथवा क्रियाओं का प्रणेता मानकर अलग कर लिया जाए तो उनकी संख्या तैंतीस रह जाती है।

ये मात्रिकायें ही अलग-अलग प्रकार से स्पंदित रहते हुए और इस विश्व-सृष्टि में प्रयुक्त समस्त तत्वों को परिभाषित करते हुए कारणभूत विचारों अथवा परिभाषाओं के शरीर का रूप धारण कर लेती हैं। ईश्वर तत्व के स्तर पर ज्ञान शक्ति के प्रकाश का प्रारंभ हो जाता है जो इस तत्व के द्वारा की जाने वाली सृष्टि कल्पना का विस्तार करने में सहायक होती है। परासंवित के अधीन यह ज्ञान शक्ति एक ऐसे कंप्यूटर के समान भी कार्य कर सकती है जिसमें पिछली सभी सृष्टियों के विवरण भी आवश्यकता के अनुसार तुरंत उपस्थित हो जाते हों, और जहां सभी प्रश्न और उनके उत्तर एक ही साथ दृष्टिगत भी हो सकते हों।

शब्द सृष्टि का विस्तार

डॉ. गोपीनाथ कविराज के अनुसार, "यद्यपि शिव और शक्ति की समवेत शक्तियां असीम होती हैं, तथापि इन का एक अंश ही किसी विश्व के निर्माण के हेतु अभिव्यक्ति प्राप्त करता है। अत: किसी एक सृष्टि-चक्र

में विश्व, किसी अन्य सृष्टि के विश्व से अनेक भिन्न हो सकता है।" शिव और शक्ति की समवेत शक्तियों की जिन परिमाणों में अभिव्यक्ति हो रही है उसी के अनुसार, तथा अपनी ज्ञान शक्ति की सहायता से, ईश्वर तत्व एक वास्तुकार के समान एक नई सृष्टि की अवधारणा का विकास करते हुए उसके अनुरूप कारण भूमि का विस्तार करता है। उसका यह कार्य पांचवे तत्व के स्तर पर और भी अधिक विकास को प्राप्त होते हुए पूर्णता लाभ करता है, क्योंकि इस स्तर पर ईश्वर तत्व के सहायक करोड़ों मंत्रों का भी निवास होता है।

शब्दों और किसी वाक्य के जटिल हिस्सों की रचना के लिये हम स्वर और व्यंजनों का उपयोग करते हैं। इन स्वर और व्यंजनों के समान ही मात्रिकायें भी अलग अलग सूक्ष्म ध्वनियों के रूप में तरंगायमान होते हुए, कारण जगत में, विचारों के ही समान किसी ज्ञान विशेष को परभाषित कर सकती हैं, जैसे हाइड्रोजन और आक्सीजन के निर्माण की विधि, उनके मेल से जल बनने की विधि, उस जल के बादल अथवा वाष्प में बदलने की विधि, आदि। इस प्रकार कारण भूमि पर ही सृष्ट्योन्मुख चेतन तत्व, ईश्वर का स्थान ग्रहण करते हुए और मात्रिकाओं एवं अपनी ज्ञान शक्ति का उपयोग करते हुए, एक विश्व के लिये आवश्यक और उपयुक्त सभी सामग्रियों के लिये यथोचित विनिर्देश एवं विधि-पत्रिकाओं के चयन एवं परिभाषण की दिशा में उद्योग-रत हो जाता है।

जैसा कि हम कह चुके हैं, ईश्वर तत्व को संपूर्ण विश्व ही अपने शरीर के समान प्रतीत होता है तथा यह इसकी वृद्धि एवं विकास करने में तत्पर हो जाता है। आगमों के अनुसार, वर्ण, पद और मंत्र, इन तीन पथों पर संचरण करते हुए, यह तत्व एक तरंगमय ध्वनि के रूप में अपने संपूर्ण प्रायोज्य विश्व को ही विकसित करने की दिशा अग्रसर होता है। जैसे एक वास्तुकार एक संपूर्ण नगर को उसके निर्माण के पूर्व ही एकाधिक नक्शों पर अंकित अथवा स्थित कर लेता है, वैसे ही ईश्वर अपनी सृष्टि कल्पना के विश्व को उसके स्पंदनों और ध्वनियों रूप में स्थिर करते हुए शब्दब्रह्म के रूप में अवस्थित हो जाता है। यहूदी धर्म के पवित्र ग्रंथ बाइबल में इसी सृष्टिक्रम को इस प्रकार कहा गया है: "आरंभ में शब्द मात्र ही था, जो ईश्वर के पास था और शब्द ही ईश्वर भी था

(In the beginning there was Word ...the Word was with God ...the Word was God)"।

विधि या मंत्रों की भूमि

आगम का पांचवा तत्व, पर कारण भूमि का तीसरा एवं अंतिम तत्व और विज्ञात मूल पंच-तत्वों में भी अंतिम तत्व, शुद्धविद्या तत्व कहलाता है। इस स्तर पर परमेश्वर की वाह्य प्रकृति के तीसरे उपादान क्रिया प्रकृति का प्रकाश होता है, जो शक्ति तत्व का प्रतिनिधित्व करती है। इसको संतुलित करने और इस क्रिया शक्ति रूपी प्रकृति को क्रियमाण करने के लिये, चेतना का जो अंश आत्म तत्व के रूप में आविर्भूत होता है उसके लिये एक उपयुक्त पीठ निर्माण के हेतु, शिव विभाग की जो शक्ति सामने आती है उसे रौद्री शक्ति कहा जाता है। इसका प्रधान कार्य होता है किसी वस्तु का उसके लिये नियत समय के पश्चात विघटन अथवा विनाश।

अपनी ज्ञान शक्ति की सहायता से ईश्वर तत्व अपने प्रयोजन के अनुसार इस विश्व के समस्त उपादानों की उनके स्वाभाविक नामों अथवा ध्वनियों के रूप में सृष्टि कर लेता है। उपादानों एवं अन्य वस्तुओं के ध्वन्यात्मक रूप ही उनकी निर्माण विधि एवं परिभाषाओं का भी कार्य करते हैं और इस प्रकार की प्रत्येक विधि-पत्रिका को मंत्र कहा जाता है।

तथापि, सर वुडरौफ के शब्दों में, "ईश्वर तत्व की अनुभूति का विषय तो विश्वव्यापी स्पंदन ही होता है, जिसे विपरीत बलों की क्रिया के फलस्वरूप, विभिन्न तनावों से युक्त एक घनीभूत पिंड के रूप में अनुभूत वस्तु के समान समझा जा सकता है।" इस घनीभूत पिंड रूपी वस्तु के समान विश्व को उसके अलग-अलग उपादानों के रूप में विभाजित करके उनमें से प्रत्येक को उसकी एक विशिष्ट अनुभूति के योग्य बनाने का कार्य शुद्ध-विद्या के स्तर पर, क्रिया शक्ति रूपी तीसरी वाह्य प्रकृति के द्वारा किया जाता है। इस प्रकार की प्रत्येक विधिपत्रिका अथवा मंत्र के लिये पहले एक आत्मकण से संयुक्त होकर एक जीव की संज्ञा ग्रहण करना आवश्यक होता है तभी उसकी एक अलग पहचान बनती है, तभी वह स्वयं को दूसरी सभी अभिव्यक्तियों से अलग कर पाता है और तभी उसकी

अलग अनुभूति भी संभव हो पाती है। ऋषियों के मतानुसार, वास्तव में तो सदाशिव और ईश्वर भी आत्मकण से युक्त जीव के समान ही होते हैं, तथापि सृष्टि क्रम और उनके कार्य क्षेत्रों की दृष्टि से, अधिकार शृंखला में उनके स्तर अत्यंत ही उच्चस्थानीय होते हैं।

जहां सदाशिव के स्तर पर 'मैं' अथवा दृष्टा की प्रधानता थी और 'यह' गौण अथवा शून्य के समान था, वहीं ईश्वर के स्तर पर 'मैं' की गौणावस्था थी एवं 'यह' प्रधान था। किंतु कारण भूमि के ही तीसरे स्तर पर, शुद्ध विद्या के क्षेत्र में, 'मैं' एवं 'यह' दोनों की ही समानावस्था हो जाती है। इस स्तर पर प्रत्येक मंत्र रूपी जीव की एक अलग पहचान हो जाती है, जिसे उसके स्पंदनगत भेदों के माध्यम से समझा जा सकता है, एवं उसकी एक सबसे अलग ध्वनि भी होती है जो उसीके स्वाभाविक ध्वन्यात्मक नाम के समान होती है। इसके अतिरिक्त यहां प्रत्येक मंत्र जीव, अपने को 'मैं' अथवा दृष्टा के रूप में जानता है जबकि अन्य सभी मंत्र उसके लिये 'यह' स्थानीय होते हैं और अलग अलग भी प्रतीत होते हैं, और फिर भी ये सब 'अन्य' भी उसे अपने से बाहर एवं सर्वथा भिन्न नहीं बल्कि आत्म-स्वरूप ही प्रतीत होते हैं।

'व्यक्ति' सत्ता के बढ़ते सिमटते क्षेत्र और मंत्र समष्टियां

कोई भी व्यक्ति प्राय: अपने 'मैं' का दायरा स्वयं निर्धारित करने का प्रयास करता है। मंत्रों के संबंध में भी यह स्वातंत्र्य लगभग इसी प्रकार कार्य करता है। यहां प्रत्येक मंत्र का एक अलग 'मैं' और कार्य होता है, और दूसरी ओर एकाधिक मंत्रों का एक ऐसा समूह भी हो सकता है जिसके लिये कुछ विशेष मंत्रों को मिलाकर एक समूह के रूप में ही उसका 'मैं' अलग से आविर्भूत हुआ हो, जैसे जैव-शास्त्र के क्षेत्र में एकाधिक जीन मिलकर किसी एक ही प्रोटीन विशेष का निर्माण कर रहे हों।

सापेक्षता की अवधारणा वास्तव में यहीं से उत्पन्न हो जाती है। एक आधुनिक मनुष्य के परिप्रेक्ष्य में हमारे 'मैं' में हमारा परिवार, हमारा देश, हमारे किसी क्षेत्र विशेष या धर्म-विशेष के सभी लोग, समस्त मानवता,

समस्त प्राणी जगत आदि, कुछ भी इस प्रकार जुड़ सकता है कि अपने 'मैं' के समान ही हम उन सबकी रक्षा के लिये कुछ भी करने के लिये प्रस्तुत हो सकते हैं, वहीं सर्जरी की आवश्यकता के अनुरूप हम अपने हाथ अथवा पैर आदि को भी अपने से भिन्न मानकर कटवाने के लिये प्रस्तुत हो जाते हैं। हम देख सकते हैं कि अपने ही जिस अंग को हमनें 'मैं' से अलग कर दिया हो वह तभी से हमारे लिये 'यह' अथवा अन्य स्थानीय बन जायेगा, जो एक प्रकार से सबसे प्रारंभिक स्तर की सापेक्षता (Relativity) ही है।

ऋषियों के अनुसार, आगम के तीसरे, चौथे और पांचवे तत्वों का विकास करने के लिये परमशिव अपनी शांति कला का उपयोग करते हैं। इसके पूर्व के क्षेत्र को जिसमें शिव एवं शक्ति के रूप में पहले दो तत्वों की अभिव्यक्ति होती है, शांत्यातीत कला का और परा प्रकृति का क्षेत्र कहा जाता है। यह शुद्ध क्षेत्र है, जिसमें किसी अन्य की अवधारणा का होना संभव नहीं होता। इससे अगले शांति कला के क्षेत्र को परा-अपरा का क्षेत्र अथवा शुद्ध-अशुद्ध क्षेत्र कहा जाता है, क्योंकि यद्यपि यहां 'मैं' और 'यह' दोनों होते हैं पर ये दोनों एक ही स्वत्व अथवा आत्मकण के विभिन्न हिस्सों के समान ही प्रतीत होते हैं।

शुद्ध विद्या के स्तर पर सात करोड़ मंत्रों का निवास माना जाता है, पर यह एक 'लगभग' के समान संख्या है। जैव-शास्त्री हमें बताते हैं कि हमारी कोशिकाओं के क्रोमोसोमों में जो लाखों जीन होती हैं उनमें से प्रत्येक एक साधारण जाति के प्रोटीन का निर्माण करने की विधि बताती है जिसे पोलीपेप्टाइड कहते हैं। इनमें से कुछ इसी रूप में भी हमारे शरीर को चलाने के निमित्त किसी कार्य में प्रयुक्त हो सकते हैं। परंतु शरीर को कार्यरत रखने के लिये ऐसे भी अनेक प्रोटीनों की आवश्यकता पड़ती रहती है जिनका निर्माण करने की विधि को RNA के रूप में बदलने के लिये पहले कई अलग-अलग जीन एक क्रम के अनुसार कार्यशील होती हैं, और फिर RNA उस विधि को एक प्रोटीन विशेष में बदलने का कार्य करता है। शुद्ध विद्या के स्तर पर स्थित अनेक मंत्र भी इसी प्रकार कार्य करते हैं, और संभवतया स्थूल धरातल पर ये कारण भूमि में अवस्थित मंत्र ही, इन दो अलग भाषाओं पर आधारित शरीर निर्माण एवं संचालन

की प्रणाली के मूल में भी विद्यमान होकर कार्य करते हों, जिनमें से एक भाषा 'जीन' अथवा DNA की रचना में प्रयुक्त होती हो और दूसरी का उपयोग प्रोटीन संरचना में किया जाता हो।

सीमाओं से मुक्त कारण भूमि

अब तक हमने जिन पांच तत्वों की चर्चा की है उनमें से प्रत्येक परमशिव की पांच असीमित सामर्थ्यों में से किसी एक का परिचायक भी होता है। शिव के रूप में वह नित्य (eternal) है, शक्ति के रूप में पूर्ण (complete in itself) है, सदाशिव के रूप में व्यापक (omnipresent) है, ईश्वर के रूप में सर्वज्ञ (omniscient) है, तथा सभी क्रियाओं की जनक शुद्ध विद्या के रूप में वह सर्वसामर्थ्यवान (omnipotent) हो जाता है। आगम के ऋषियों के अनुसार क्रीड़ा के हेतु इन पांच असीम शक्तियों का स्वामी परमशिव, अपनी अंतर्चेतना का पहले नर एवं नारी के रूप में विभाजन करता है, और फिर वह अपने पंचकृत्यों का, अभिव्यक्ति, आत्मसंकोच, अनुग्रह, स्थिति एवं संहार का, निर्वाह करता है।

पराक्षेत्र के पश्चात उस कारण भूमि की हमारी चर्चा भी यहां समाप्त होती है, जिसे ऋषियों के द्वारा युग्म तत्व की अभिव्यक्ति की भूमि कहा जाता है। यह संपूर्ण भूमि ही इच्छा क्षेत्र कही जाती है, क्योंकि इस भूमि पर प्रकट होकर और इसके विकास के साथ-साथ, इस भूमि पर ही इच्छा शक्ति रूपी वाह्य प्रकृति अपने पूर्ण विकास को प्राप्त हो जाती है। परमेश्वर की इच्छा ही सृष्टि का मूल है जो सृष्टि के सबसे पहले धरातल कारण भूमि के रूप में अवस्थित हो जाती है, यद्यपि ज्ञान एवं क्रिया शक्तियों का प्रकाशन भी इस प्राथमिक धरातल से ही प्रारंभ हो जाता है।

हम बता चुके हैं कि जिस पहले स्पंदन की अभिव्यक्ति महाशून्य में होती है वह विविधता से पूरित एक विश्व की सृष्टि की अवधारणा से युक्त एवं अनुप्राणित रहते हुए, एक सृष्ट्योन्मुख संवेग के साथ ही अव्यक्त से निर्गत होता है। इस अभिव्यक्ति को प्राप्त प्रथम स्पंदन से जो नादमयी सूक्ष्म ध्वनि उत्पन्न होकर गुंजायमान होती रहती है, अभ्यास के द्वारा उसे सहजता से सुना जा सकता है।

विश्व की सृष्टि परम चैतन्य की एक क्रीड़ा के समान होती है। उसके द्वारा अनुप्रेरित सृष्टि की दिशा में उन्मुख ऊर्जा प्रवाह का उद्देश्य केवल विविधता का निर्माण करना ही नहीं होता, बल्कि स्थूल सृष्टि के प्रत्येक स्तर पर उसके उपयुक्त एक सापेक्ष द्रष्टा की सृष्टि करते रहना भी उतना ही आवश्यक होता है। इस सृष्टि के प्रत्येक स्तर पर शिव के प्रतिनिधि के रूप में एक सापेक्ष द्रष्टा (relative observer) भी उपस्थित होता है, जो अपने स्तर और क्षमता के अनुरूप, शक्ति तत्व की प्रतिनिधि इस विविधता के अंश विशेषों से नाना प्रकार के व्यवहारों में संलग्न होता रहता है, एवं उनकी अनुभूति अथवा उपभोग करता रहता है।

अत: परा-अपरा प्रकृतियों के मिश्रित क्षेत्र कारण भूमि के भली भांति अवस्थित हो जाने के साथ ही अपरा प्रकृति के क्षेत्र का प्रारंभ हो जाता है, और इसकी सबसे पहली आवश्यकता होती है द्रष्टा स्थानीय शिव की पांच प्रकार की अपरिमितताओं का संकुचन और नियंत्रण, ताकि सापेक्ष दर्शन की प्रक्रिया आरंभ हो सके। कारण से कार्य भूमि पर अवतरण करने का अर्थ ही है माया अथवा सापेक्ष अनुभव की भूमि पर आविर्भूत होना। यहां कोई भी दृश्य अपने द्रष्टा की स्थिति और उसके देखने के साधनों के अनुसार ही एक दृश्य के रूप में ग्रहीत हो सकता है।

मूल त्रिकोण

कारण भूमि पर क्रिया शक्ति के प्रकाश और शुद्धविद्या तत्व के विकसित होने के पश्चात शांति कला के विकास के कार्य का उपशम हो जाता है, परंतु इसका कार्य अभी पूर्ण रूप से समाप्त नहीं होता। वाह्य प्रकृति की तीनों शक्तियों–इच्छा, ज्ञान और क्रिया, और इनके द्वारा निर्मित संरचनाओं को एक समष्टि के रूप में समेट कर यह शांति कला पुन: अपने उद्गम के स्रोत कामरूप पीठ की ओर लौट पड़ती है, और इसी के साथ परमशिव की तीसरी कला, विद्या कला, का कार्य आरंभ हो जाता है। अपने नाम के अनुरूप इस कला का कार्य कुछ तकनीकी प्रकार का होता है। इसका पहला कार्य होता है कामरूप पीठ को मध्य में रखते हुए

शेष तीनों पीठ संरचनाओं को उसके तीन ओर एक त्रिकोण के रूप में अवस्थित कर देना। इस रचना को मूल त्रिकोण कहा जाता है, और तांत्रिक दर्शनों और पद्धतियों में इसे विश्व सृष्टि में सबसे महत्वपूर्ण संरचना का स्थान दिया जाता है।

एक समभुज त्रिकोण के समान अवस्थित इस संरचना में इसके शीर्ष से बायीं ओर, घड़ी की सुइयों के बढ़ने की दिशा का अनुसरण करते हुए, क्रमश: पूर्णगिरि, जालंधर एवं उड्डियान पीठ अपने अधिष्ठान-कर्ता चैतन्यों के साथ, तीन बहिर्प्रकृतियों के रूप में, इस मूल त्रिकोण के तीन कोणों में अवस्थित हो जाते हैं। इनमें जो शीर्ष स्थानीय कोण है उसमें इच्छा प्रकृति, समतल रेखा के दाहिनी ओर के कोण में ज्ञान प्रकृति, एवं बायीं ओर के कोण में क्रिया प्रकृति का वास होता है, और ये सभी प्रकृतियां दो प्रकार की शक्तियों वामा-इच्छा, ज्ञान-ज्येष्ठा तथा क्रिया-रौद्री, आदि के संयोजन से क्रियमाण होती हैं। इनमें से शीर्ष कोण युग्म का, दक्षिण कोण शिव तत्व का एवं वाम कोण शक्ति तत्व का भी स्थान समझा जाता है (चित्र २ देखें)।

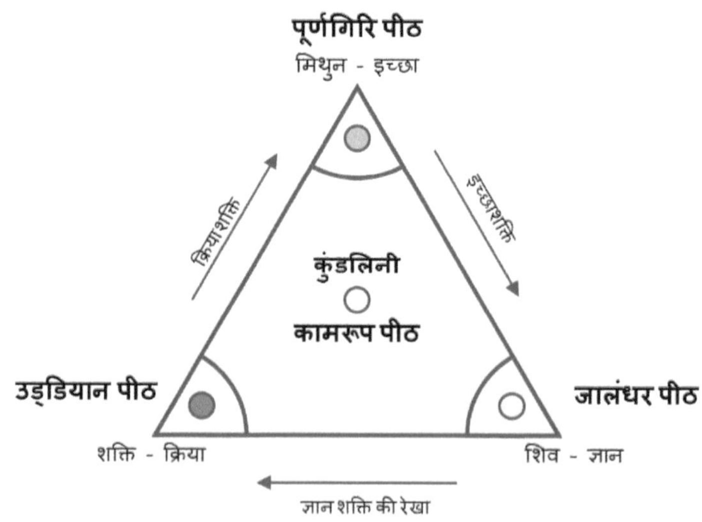

मूल त्रिकोण (शिवत्रिकोण)

चित्र-२

विश्व की सृष्टि संबंधित किसी भी संदर्भ में शिव एवं शक्ति दोनों प्रधान तत्व विद्‌यमान रहते हैं, और किसी भी व्यक्त वस्तु अथवा अनुभूत घटनाक्रम में दोनों की उपस्थिति अनिवार्य होती है। अपने कार्यकारी रूप में त्रिकोण के मध्य में स्थित विंदु शिव के रूप में तथा संपूर्ण त्रिकोण शक्ति के रूप में क्रियमाण रहते हैं, जबकि समतल रेखा के दाहिने ओर की रेखा इच्छा रेखा, स्वयं समतल रेखा ज्ञान रेखा, और इसके बायीं ओर वाली रेखा क्रिया रेखा के रूप में कार्य करती है। (चित्र-२)

महा योनि या परम जननी

हम देख सकते हैं कि अब केन्द्र-स्थानीय स्वयंभुव के स्थान कामरूप-पीठ को तीन ओर से आवृत्त करती हुई एक अपेक्षाकृत जटिल और विशिष्ट संरचना की सृष्टि हो गई है, जो एक दुर्ग के समान प्रतीत होती है। यह एक प्रकार से परमात्म तत्व की अवस्था है जहां से कार्य रूप सृष्टि का निस्सरण होता है। तंत्र शास्त्रों में इस संरचना को महा योनि के नाम से भी संबोधित किया जाता है, जिसके मध्य में शिव एवं शक्ति के युगल के रूप में परमेश्वर की अंत: प्रकृति और जिसके बाहर एक त्रिकोण के रूप में सृष्टि की कर्त्री उसकी वाह्य-प्रकृति अवस्थित हो जाती है। विश्व में अभिव्यक्त प्रत्येक वस्तु एवं पदार्थ से संबंधित विनिर्देश अथवा परिभाषायें (specifications) इसी शिव-शक्ति समन्वित बल क्षेत्र से उत्पन्न होती हैं, और ऋषियों के अनुसार किसी भी वस्तु को कारण क्षेत्र से अपने निकलने का एकमात्र पथ इस महा योनि रूपी द्‌वार से निर्गत होने पर ही प्राप्त होता है।

यह त्रिकोण रूपा महा योनि एक अद्भुत विवेकपूर्ण एवं शक्तिशाली तकनीकी संरचना है, जो इन असीम बलयुक्त शक्तियों की समष्टि के लिये भी एक अनुलंघनीय निर्देश व्यवस्था का सृजन करती है। ये सभी बल और शक्तियां वैश्विक अभिव्यक्ति के सभी स्तरों पर अपने-अपने विभागों के अनुसार वस्तुओं एवं प्रणालियों की रचना, संचालन और विनाश के हेतु स्वतंत्र होते हैं। तथापि अभिव्यक्त होने वाली वस्तुओं के विनिर्देशों (specifications) का निर्धारण उनकी समष्टि के द्‌वारा ही होता है और

इन्हें कारण भूमि पर ही निर्धारित एवं संपादित किया जा सकता है, तभी एक विश्व या किसी वस्तु रूपी कार्य की उत्पत्ति संभव हो सकती है। इसे हम किसी भी वस्तु के लिये उसके कारणभूत DNA के लेखन के समान, एक अधिक सूक्ष्म स्तर पर विद्यमान व्यवस्था समझ सकते हैं।

भौतिक विज्ञानविद अवकाश और समय को एक दूसरे से अलग नहीं बल्कि एक निरंतरता (continuum) के रूप में समझने का प्रयास करते हैं, और यदि वे प्रयास करें तो सापेक्षता के आधार पर प्रकृति के द्वारा बिखेरी गई इस समस्त विविधता को भी वे इसी निरंतरता के साथ जोड़कर देख सकते हैं। जो कुछ भी भौतिक जगत के रूप में हमें दृष्ट होता है उसके तंतुओं से लेकर उसके समस्त गुण और स्वभाव, एवं उसके सोचने एवं क्रिया-प्रतिक्रिया तथा प्रजनन करने की प्रणालियां आदि, सभी कुछ सूक्ष्मता के स्तरों को पार करते हुए, एक क्रमविकास का अनुशीलन करते हुए और अधिकाधिक स्थूलता ग्रहण करते हुए, अपनी इस वर्तमान अभिव्यक्ति को प्राप्त हुआ है। कारण भूमि पर ही अवस्थिति को प्राप्त हो जाने के पश्चात ही नर एवं नारी, तथा योनि, गर्भ एवं गर्भाधान, आदि की अवधारणायें भी स्थूल अभिव्यक्ति की दिशा में अग्रसर हो सकती हैं; ऐसे किसी प्रावधान के अभाव में वे मात्र शून्य से उत्पन्न नहीं हो सकेंगी।

जैसे कारण भूमि से कार्य भूमि पर अवतरण मूल त्रिकोण रूपी योनिद्वार के पथ से ही संभव हो सकता है, उसी प्रकार स्थूल संसार में भी प्राणियों के जन्म एवं उनमें नई जाति-प्रजातियों की उत्पत्ति आदि के कार्य में भी प्रकृति के द्वारा इसी प्रणाली एवं व्यवस्था का उपयोग किया जाता है। जैव सृष्टि के विकास एवं उसमें परिवर्तन से संबंधित डारविन का सिद्धांत भी इस मुख्य सिद्धांत के अंतर्गत संभावित उप-नियमों में से केवल एक उप-नियम मात्र प्रतीत होता है, यद्यपि इस सिद्धांत के अपवादों की तालिका में सदैव नये-नये उदाहरण जुड़ते ही रहते हैं।

स्थूल शरीरों के निर्माण से पूर्व की संरचनायें

कारण भूमि को शुद्ध-अशुद्ध क्षेत्र कहा गया है। यह इच्छा शक्ति के प्रसार की भूमि है तथा इस स्तर पर परा और अपरा दोनों प्रकृतियां कार्य करती

हैं। अत: यह अत्यंत सूक्ष्म ऊर्जा का क्षेत्र है जहां किसी प्रकार के द्रव्यमान, गति या गुरुत्वाकर्षण आदि के लिये कोई स्थान नहीं होता। इच्छा प्रकृति की सृष्टि को शब्द सृष्टि कहा जाता है। इस स्तर पर अभिव्यक्ति की दिशा में अग्रसर सभी पदार्थ और विभिन्न अवयव अपने नामों अथवा ध्वनियों से ही पहचाने जाते हैं। इसके बाद का क्षेत्र अपरा प्रकृति का क्षेत्र कहा जाता है। इसके प्रारंभ से पूर्व ही इच्छा शक्ति का विकास पूर्ण हो जाता है, महायोनि की संरचना भी हो चुकी होती है तथा विद्या कला का भी उदय हो जाता है।

विश्व सृष्टि के कार्य को यहां से आगे बढ़ाने की कमान अब ज्ञान शक्ति के द्वारा ग्रहण कर ली जाती है। इस प्रकृति का प्रधान कार्य-क्षेत्र कारण और स्थूल भूमियों के मध्य का सूक्ष्म क्षेत्र होता है। विश्व की अभिव्यक्ति की क्रम-श्रंखला में यह सूक्ष्म-क्षेत्र 'दृष्टा' (observer) के विकास की भूमि होती है। इस क्षेत्र में ज्ञान शक्ति के द्वारा सृष्टि-बीज में अवस्थित शिव के अंश, अथवा सापेक्षता के दर्शक मानस तत्व का विकास होता है।

ऋषियों के अनुसार प्रकृति के द्वारा 'शब्द सृष्टि' की रचना वर्ण, पद एवं मंत्र के माध्यम से की जाती है। यहां से आगे की सृष्टि को कार्य-सृष्टि कहा गया है, प्रकृति के द्वारा जिसका विकास कला, तत्व एवं भुवन के माध्यम से किया जाता है। यह प्रक्रिया एक अपेक्षाकृत दुरुह विषय कही जा सकती है, जिसे समझाने के लिये आगम के ग्रंथों में भी कठिन शब्दावली का प्रयोग किया गया है। वर्तमान के संदर्भ से इस प्रक्रिया को समझना यद्यपि उतना सहज नहीं है, पर हम यथासंभव सरल शब्दों में इस प्रक्रिया की चर्चा करने का प्रयास करेंगे।

इसके पूर्व परा क्षेत्र और कारण भूमि की चर्चा करते समय हम विश्व की अभिव्यक्ति में आधार-स्थानीय पांच प्रधान तत्वों की बात कह चुके हैं। आगम के शेष इकत्तीस तत्वों का विकास कार्य भूमि में होता है। 'कला' से यहां उन सोलह स्वर स्थानीय मात्रिकाओं को समझना चाहिये जो तत्वों का नहीं बल्कि उन क्रियाओं अथवा कलाओं का निर्देश देती हैं, जिनके माध्यम से इन तत्वों की अवस्थाओं का विभिन्न प्रकार से संशोधन किया जा सकता है, और सृष्टि के कार्य में उनकी एकाधिक

दशाओं का उपयोग संभव हो जाता है। इनसे भिन्न, 'भुवन' एक परंपरा है जिसको परमशिव की विद्याकला अपने एक प्रायोज्य के रूप में उत्पन्न करती है। यह एक सांचे के समान कार्य करता है जो उन वस्तुओं का आकार धारण कर लेता है जिसका निर्देश किसी मंत्र में निहित है, उसी तरह जैसे जैव विज्ञान के अंतर्गत डी-एन-ए में अंकित या लिखित किसी निर्देश को एक विशिष्ट आकार के प्रोटीन में बदल लिया जाता है।

इस परंपरा के अंतर्गत जो भुवन प्रकाशित होते हैं वे न केवल पदार्थ के कणों, अणु-परमाणुओं, ज्ञान के उपकरणों, कार्य करने के अंगों और जीवित प्राणियों को भी एक वाह्य रूप प्रदान करने की दिशा में तत्पर होते हैं, बल्कि ये उनके शरीरों के वाह्य एवं आंतरिक आकारों को उनके सही अनुपात प्रदान करने का कार्य भी करते हैं। जहां एक ओर स्पंदनों की नैसर्गिक ध्वनियों के माध्यम से ईश्वर तत्व अपनी विश्व सृष्टि की कल्पना को मंत्रों के रूप में नियोजित कर देता है, वहीं मन और शरीर से संबंधित इकत्तीस तत्वों में विकसित होने वाले भुवनों के माध्यम से, ये मंत्र उस ध्वन्यात्मक विनिर्देश (specification) को उसी कल्पना के अनुरूप एक रूप और आकार में प्रकाशित करने का कार्य करते हैं।

चेतन तत्व की दृष्टि में और ज्ञान शक्ति के क्षेत्र में जड़ पदार्थ और जीवित पदार्थ जैसा कोई भेद नहीं होता, बल्कि देश और काल के समान एक ही निरंतरता (continuum), एक ही प्रकार से अग्रसर होते हुए विभिन्न अभिव्यक्तियों का रूप ग्रहण करती रहती है। अत: भुवन परंपरा का दायरा जैव विज्ञान के द्वारा प्रस्तावित जैविक मौर्फोजेनेटिक फील्ड्स (Morphogenetic fields) तक ही सीमित नहीं होता। ऊर्जा के स्वयं को कार्य में बदलने की क्रिया का प्रारंभ तो इसके बहुत पहले ही हो जाता है, और पदार्थ के पहले कण से लेकर मनुष्यों तक सभी इस भुवन परंपरा का अनुगमन करते हुए ही अपने-अपने रूप और आकार ग्रहण करते हैं, और इसी सापेक्षता के प्रभाव से उनमें भेद-ज्ञान की सृष्टि होती है।

जिस भुवन परंपरा की बात हम कर रहे हैं वह एक चर्म (skin) या किसी चर्म-स्थानीय बलक्षेत्र के अंदर रहकर ही कार्य करती है, जैसे जीवन से संबंधित सब-कुछ एक जीवित कोशिका के अंदर ही घटित हो सकता है। संवित विज्ञान के ऋषियों के अनुसार, जीवात्मा कारण शरीर में निवास

करती है। तत्पश्चात, यह इसी शरीर के ऊपर एक मानसिक शक्ति के क्षेत्र में कार्य करने वाले सूक्ष्म शरीर को धारण करते हुए उसे क्रियमाण कर लेती है। इसके बाद कारण और सूक्ष्म शरीरों से सज्जित यह आत्म-कण देश-काल में अपने उपयुक्त एक स्थूल शरीर उपलब्ध होने पर वहां उपनीत हो जाता है, और उसे ग्रहण करने के पश्चात उसे भी अपने एक तीसरे, किंतु अस्थायी, शरीर के समान धारण करते हुए क्रियमाण कर सकता है। चाहे कोई परमाणु हो या कोई जीवित वस्तु, स्थूल जगत में सबके लिये यही नियम है और ऐसी ही स्थिति है। सभी का एक सूक्ष्म शरीर और उसके पीछे एक कारण शरीर भी अवश्य होता है, और तभी वह परमाणु या वस्तु अपने विशिष्ट विनिर्देशों (specificatioins) के अनुरूप क्रियमाण हो सकती है।

समय का अनुभव भी सापेक्षरूप में ही होता है

आगम के छत्तीस तत्वों में से केवल पांच तत्व ही कारण भूमि पर कार्य करते हैं, तथापि कारण-आकाश में अन्य सभी तत्व भी मात्रिकाओं के रूप में तो विद्यमान रहते ही हैं। इस कारण भूमि की सृष्टि करने में इन पंचतत्वों को कितना समय लगता है यह प्रश्न व्यर्थ के समान ही होगा क्योंकि समय को नापने की किसी प्रणाली का चलन अभी प्रारंभ नहीं हुआ है। हम मनुष्यों की एक नैनोसेकेंड और हमारे सौ वर्ष इस भूमि पर एक समान ही प्रतीत होते हैं (दूसरे अध्याय में हम इस प्रकार के विवरण देख चुके हैं)। यहां केवल दो असीम शक्तियों के मिलन का आनंद है, और सृजन की इच्छा है। इसके अतिरिक्त, इनके अधीन ज्ञान का एक आगार और किसी भी क्रिया को आरंभ करने के उपयुक्त विद्या और स्वतंत्रता है तथा एक विश्व की कल्पना करने और उसमें नाना प्रकार के गुणों का रंग भरने के लिये इस दिव्य युगल के पास समय का भी कोई अभाव नहीं है।

हम मनुष्यों की दुनिया में जब हमारी पृथ्वी अपनी धुरी पर एक चक्र पूरा कर लेती है तो उसे हम एक दिन मानते हैं, और जब यह सूर्य के चारों ओर अपनी एक परिक्रमा पूरी कर लेती है तो उसे हमारा एक सौर वर्ष कहा जाता है। इस वर्ष की तुलना में, जब हमारा सूर्य इस पृथ्वी के

साथ हमारी आकाश गंगा के केन्द्र की एक परिक्रमा पूर्ण कर लेता है, तो वह हमारा गैलेक्टिक वर्ष होता है और यह हमारे लगभग पच्चीस करोड़ सौर वर्षों के समान होता है।

लेकिन अपने सापेक्ष दर्शन के और अधिक विस्तार के लिये, यदि हम अपनी इस आकाश गंगा को ही अपनी दर्शक दीर्घा मान लेते हैं और अपनी कुर्सी जमाकर एक टेलीस्कोप की सहायता से इधर-उधर देखने का प्रयास करते हैं, तो हमें यह समझने में अधिक समय नहीं लगेगा कि हम तो वास्तव में अपने आकाश गंगा परिवारों और झुंडों के साथ एक दूसरे और भी बड़े ऐसे ही झुंड, 'दि ग्रेट अट्रैक्टर', की परिक्रमा करते आ रहे हैं। उस अवस्था में हमारे एक दिन का मान 25 करोड़ सौर वर्ष हो जायेगा और हमारे गैलेक्टिक वर्ष का मान केवल चालीस दिनों में ही सिमट जायेगा।

वैज्ञानिकों के अनुमान से हमारी स्थूल सृष्टि की वर्तमान आयु 1377 करोड़ सौर वर्ष है, जबकि हमने अपने इस गैलेक्टिक समाज के रूप में केवल 55 दिन का ही अनुभव अभी तक प्राप्त किया है। दूसरी ओर, अगर एक आत्म तत्व के कण के रूप में हम सापेक्षता को माया समझकर उसका परित्याग कर देते हैं, और इस विश्व को इसके आधार में अवस्थित अचल दृष्टा की कुर्सी पर विराजमान आत्म तत्व के निकट बैठकर देखने का प्रयास करते हैं, तो हमें ऐसा प्रतीत हो सकता है कि आज के दिन हमने अपने जागने के बाद के पहले घंटे में से अभी कुछ ही समय व्यतीत किया है और लगभग पूरा दिन ही अब भी हमारे लिये खाली के समान उपलब्ध है।

अव्यक्त से जो स्पंदनयुक्त ऊर्जा और उसकी ध्वनि एक साथ निर्गत होते हुए इस विश्व की सृष्टि की दिशा में अग्रसर होते हैं, उन दोनों की ही उत्पत्ति एक अनादि एवं निरंतर चैतन्य में, दो ध्रुवों के समान अवस्थित हो जाने वाले शिव और शक्ति तत्वों की युग्मावस्था से होती है। परंतु देश और काल की अवधारणा की सृष्टि महामाया के द्वारा की जाती है। आधार के स्थान पर अवस्थित दृष्टा के परिप्रेक्ष्य से यह एक महाभ्रम है, जिसको आधार बनाकर ही सापेक्षता और उससे संबंध रखने वाले अन्य सभी दृश्यों और अनुभवों की उत्पत्ति हो सकती है। दूसरी ओर देश एवं काल, ये दोनो ही एकाधिक प्रकार की सापेक्षताओं की सृष्टि करने में

सक्षम हैं। जो एक दृष्टा को बहुत बड़ा और विशाल लगता है, वही एक दूसरे दृष्टा को अति तुच्छ के समान अनुभूत हो सकता है, जबकि समय की एक छोटी अवधि भी किसी व्यक्ति को अत्यंत दीर्घ तथा असह्य के समान कष्टकारी प्रतीत हो सकती है, और कभी-कभी उसी व्यक्ति को एक दशक भी जैसे पलक झपकते ही बीत गया हो, ऐसा भी प्रतीत हो सकता है।

माया और उसकी नगरी

शुद्धविद्या के स्तर पर किसी भी दृष्टा को जो भी विभिन्नता दृष्टिगोचर होती है, वह सब उसे अपने ही विभिन्न अंशों के समान प्रतीत होती है (उसे अपने कान, हाथ, माता, पिता और पड़ोसी आदि में विशेष भेद प्रतीत नहीं होता)। इसके अतिरिक्त परमशिव के प्रतिबिंब के समान 'मैं' के रूप में अवस्थित आत्म-कण को अभी अपनी किसी भी असीमित क्षमता में भी किसी न्यूनता की प्रतीति नहीं होती। इस धरातल का व्यापार हम मनुष्यों को अपने सापेक्षता पर आधारित ज्ञान से परे प्रतीत होगा। अत: अब यहां से अभिव्यक्ति की ओर उन्मुख परा संवित के दो प्रधान विभागों में से एक, शिवांश विभाग की एक सापेक्ष दर्शक की भूमिका में अवतरण के लिये आवश्यक यात्रा का विवरण प्रारंभ होता है।

विद्या कला का आशय है, विशिष्ट ज्ञान पर आधारित एक विशिष्ट तकनीक। आगम के अगले सात तत्वों के विकास का कार्य परा संवित के द्वारा इसी कला की सहायता से संपन्न किया जाता है, और ये सभी तत्व सृष्टि बीज में उपस्थित शिवांश को एक सापेक्ष दृष्टा-भोक्ता में परिवर्तित करने का कार्य करते हैं। आगम के द्वारा प्रायोजित इस सृष्टि-क्रम में विद्या-कला का उद्भव और परमेश्वर की ज्ञान प्रकृति का मानस क्षेत्र के विकास के लिये अवतरण, दोनों एक ही साथ घटित होते हैं।

माया का एक अर्थ होता है जादू के समान भ्रमों की सृष्टि और इसका दूसरा अर्थ होता है इस प्रकार के भ्रमों को उत्पन्न करने की क्षमता से सम्पन्न कोई शक्ति या जादूगरनी। कुछ ऋषियों के मत में परमशिव की वाह्य प्रकृति के अंतर्गत तीनों शक्तियों की समष्टि, जिसे आगम में

महामाया के नाम से वर्णित किया गया है और जो कारण भूमि का सृजन करती है, वह अब स्वयं माया के नाम से वर्णित, आगम के इस छठे तत्व के रूप में आविर्भूत होकर कार्यभूमि की सृष्टि की दिशा में अपना कार्य आरंभ करती है। तथापि, अचल होकर पृष्ठभूमि में अवस्थित समष्टि के दृष्टा (absolute observer) को माया तत्व द्वारा प्रायोजित यह सृष्टि एक मायानगरी के समान ही अवास्तविक भासमान होती है।

यद्यपि माया के कार्य की चर्चा आगम और वेदांत दोनों में ही है, वेदांत और सांख्य दर्शनों में इसे तत्व का स्थान नहीं दिया गया है। वेदांत विशेष रूप से अंतिम या चरम लक्ष्य की प्राप्ति के प्रति समर्पित है। अत: सृष्टि के आरंभ के विवरण को इसमें अधिक महत्व नहीं दिया गया है। भारतीय दर्शन की छह प्रधान पद्धतियों में केवल सांख्य में ही संख्याओं को सम्मिलित किया गया है। इसे एक अनीश्वरवाद की सीमारेखा के निकटस्थ और अंकों पर आधारित दर्शन समझा जाता है, जो वेदांत की अपेक्षा योग-विज्ञान के ज्यादा निकट एक मध्यस्थानीय दर्शन है। तथापि इसकी तत्व तालिका में भी केवल पच्चीस तत्व ही सम्मिलित किये गये हैं। सांख्य मत में पुरुष को पहला तत्व स्वीकार किया गया है। जबकि आगम शास्त्रों में इस तत्व को अभिव्यक्ति की दिशा में अग्रसर आत्म-कण की एक अपेक्षाकृत परिमार्जित अवस्था के रूप में दर्शाया किया गया है। अत: आगम की तत्व सृष्टि में, एक पृथक तत्व के रूप में, यह बारहवें स्थान पर अभिव्यक्त होता है। सांख्य दर्शन में कारण भूमि और मायिक संरचनाओं को पुरुष तत्व में अंतर्भुक्त समझ लिया जाता है और उनकी कहीं अलग चर्चा नहीं की जाती।

माया के द्वारा सापेक्षता (Relativity) का सृजन

यह विश्व अनादि चेतना के फलक पर अविचल होकर अवस्थित एक समष्टि के दृष्टा के द्वारा प्रायोज्य एक सृष्टि है, जिसमें दृष्टा का कभी अभाव नहीं होता। वह इसके प्रत्येक कण में प्रधान दृष्टा के एक प्रतिबिंब के रूप में विद्यमान रहता है, जहां से उसकी चेतना एक प्रकाश के रूप

में विकीरित होती रहती है। जिस किसी के द्वारा जो कुछ भी देखा अथवा अनुभूत किया जाता है, वह इसी प्रकाश में देखा और अनुभूत किया जाता है। परंतु इस विश्व-दृष्टा के लिये यह एक साथ और एक ही समय में हर प्रकार से अनुभूत वस्तु है जो विविधता की अनुभूति करने के लिये एक सर्वथा अनुपयुक्त अवस्था है। आगम के ऋषियों के समस्त प्रस्तावों में सन्निहित धर्म-धर्मी के सिद्धांत के अनुसार विविधता की उत्पत्ति होने के पूर्व एक ऐसे दृष्टा का होना आवश्यक है, जो उस विविधता की पहचान कर सके। अपनी असीम अनुभूति की क्षमता के यथोचित सीमित होने पर ही यह दृष्टा इस विविधता का स्पष्ट अनुभव एवं उपयोग कर सकेगा, क्योंकि ऐसा अनुभव परस्पर के अनुपात के अनुसार और सापेक्षरूप से ही संभव है।

हमने इसके पहले परमात्म तत्व और आत्म तत्व की चर्चा की है। आत्म तत्व अथवा आत्म-कण, एक 'परम' आत्मा के प्रतिबिंब के समान है। आदि चेतना का प्रकाश, जिसमें ज्ञान होता है और जिसके द्वारा जाना और अनुभव किया जा सकता है, उस प्रकाश का विकिरण उसके आत्मा रूपी प्रतिबिंब से भी उसी प्रकार होता रहता है। यह आत्मा कारण शरीर में निवास करती है, और इस शरीर को लेकर ही कार्य भूमि पर उतरती है। परंतु इसकी इस यात्रा के प्रारंभ में ही माया शक्ति आत्मा से होने वाले इस प्रकाश के विकिरण को अवरुद्ध कर देती है। यह शक्ति एक ऐसे मायिक क्षेत्र की सृष्टि कर देती है जिसमें इस प्रकाश के वाह्य दिशा में निस्सरण को विभिन्न प्रकार से सीमित, संतुलित और नियंत्रित किया जा सके।

माया के क्षेत्र को प्रकाशहीन अंधकार का क्षेत्र कहा जाता है और कारण शरीर से युक्त जो भी आत्म-कण अथवा सृष्टि-कण महा योनि से निर्गत होता है, वह इस अंधकार के क्षेत्र से होकर ही कार्य भूमि पर अवतरण करता है। एक प्रकार से वह सृष्ट्योन्मुख कण इस अंधकार की चादर को ओढ़कर ही एक ज्ञानशून्य के समान अवतरण करता है, और कार्य भूमि पर अपने लिये ज्ञान की पहली किरण की प्राप्ति के लिये यह एक प्रकार से एक स्वचालित आगे ले जाने वाले यंत्र (conveyor) के समान संवेग के मुहाने पर ही अवतरित होता है, जो इसे एक विशिष्ट

दिशा में स्वत: अग्रसर कर देता है। एक ओर तो माया की यह चादर इसके साथ कुछ अशुद्धियां अथवा मल जोड़ देती है, और दूसरी ओर इसके साथ यह शून्य ज्ञान के अवकाश की एक पट्टिका भी जड़ित कर देती है जो बाद में इसके अपने चित्ताकाश के रूप में प्रकाशित हो सकेगी। इसी चित्ताकाश में इस दृष्टा विशेष के सापेक्षता के अंतर्गत ज्ञान का उदय और क्रमश: विकास हो सकेगा। इस चित्ताकाश के मध्य ही इस सृष्टि-कण के मन का विकास भी हो सकेगा।

माया का प्रधान उद्देश्य है, विविधता की सृष्टि के लिये उसके दृष्टा का विकास करना जो उस विविधता को पहचान सके, जो उसके होने की गवाही दे सके। अपने इस कार्य को वह दो प्रकार से संपन्न करती है। पहले तो वह इस सृष्टिकण के दृष्टिपथ में आने वाली वस्तुओं के असली स्वरूप को ढंक देती है, जैसे कि माया के द्वारा उसे वशीकृत (hypnotize) कर लिया गया हो। फिर यही माया शक्ति एक भ्रमजाल के समान, उसके समक्ष सापेक्षता पर आधारित विविधता को उपस्थित करते हुए उसे इस प्रकार मोहित कर देती है कि उसे जितना कुछ और जिस प्रकार भी दिखाई पड़ता है वह उसी को सत्य समझता है। उसे यह जमीन कभी गोल दिखाई नहीं पड़ेगी जब वह इस पर चल रह होगा या अपना घर आदि बना रहा होगा। इसके गोल स्वरूप को देखने के लिये उसे पृथ्वी से हजारों किलोमीटर ऊपर जाकर देखना होगा, अर्थात अपनी सापेक्षता की स्थिति में परिवर्तन करना होगा।

मंद प्रकाश में कुछ दूरी पर पड़ा हुआ एक रस्सी का टुकड़ा किसी यात्री को एक सर्प के समान प्रतीत हो सकता है। केवल प्रकाश की कमी के कारण ही यह भ्रम उत्पन्न होता है। ज्ञान के प्रकाश के नियंत्रण के माध्यम से ही माया शक्ति किसी सृष्टि-कण में अवस्थित विकासशील दृष्टा के सन्मुख प्रस्तुत दृश्य को अनेक प्रकार से रंजित कर सकती है। सड़क पर लगी लाइट के प्रकाश से अवरोध के हटते ही रस्सी का सत्य यात्री पर प्रकाशित हो जाता है। इसी प्रकार, प्रयास के द्वारा आत्म कण से उत्सर्जित होते रहने वाले ज्ञान के प्रकाश से अवरोध को हटा सकने पर सर्वत्र विद्यमान सत्य स्वयं प्रकाशित हो जाता है।

इसके पूर्व हम आत्मा अथवा आत्म कण के कारण शरीर में 'मैं', 'यह' और 'अन्य' की अवधारणा के विकास की चर्चा कर चुके हैं। सदाशिव के अनुभव में 'मैं' की प्रधानता होती है और अनुभव शून्यवत होता है, और ईश्वर के अनुभव में 'यह' की प्रधानता होती है जिसे वह अपना शरीर समझता है, जबकि शुद्धविद्या के स्तर पर अनुभव में 'मैं' और 'यह' दोनों का समान महत्व होता है। इस अवस्था में प्रत्येक वस्तु स्वयं को 'मैं' और अन्य सभी बहुत सारी वस्तुओं को 'यह' समझती है, तथापि फिर भी उसे ये सब अपने से बाहर प्रतीत नहीं होतीं और उन्हें वह अपना ही वाह्य प्रसार समझती है।

एक ऐसे विश्व का निर्माण करने के लिये जिसमें ऐसे सापेक्ष अनुभवकर्ताओं की उत्पत्ति संभव हो सके जो विभिन्न प्रकार की विविधता को स्वयं और एक दूसरे से भी अलग-अलग देख सकें, इस विकासोन्मुख सृष्टि बीज की स्मरण पट्टिका से इन सब वस्तुओं को जोड़ने वाले सूत्र को हटाना प्रकृति के लिये आवश्यक हो जाता है। तभी 'मैं' और 'यह' एक दूसरे से सर्वथा भिन्न दो अलग-अलग सत्ताओं के रूप में अवस्थित हो सकेंगे, और तभी विश्व में सापेक्षता (Relativity) की सृष्टि संभव हो सकेगी। आगमों के अनुसार यह कार्य भी माया के द्वारा ही संपादित किया जाता है।

सर जौन वुडरौफ लिखते हैं, "संक्षेप में हम कह सकते हैं कि चेतन तत्व में एक कृतित्व (creative expression) की दिशा में उन्मुखता है, जो एक 'मैं' के रूप में क्रमश: विकसित होते हुए इस विश्व को अपना ही विस्तार समझती है, जो पहले 'मैं' की प्रधानता के आशय से एवं अस्पष्ट रूप से और फिर 'यह' के रूप में इसके विस्तार सहित स्पष्टता से जिसमें 'मैं' की नहीं बल्कि 'यह' की प्रधानता है, और फिर 'मैं' और 'यह' दोनों के साम्य के रूप में विकसित होते हुए यह अंत में माया के द्वारा विभाजित होने के लिये प्रस्तुत हो जाती है। माया 'मैं' और 'यह' की अनुभूति को मध्य से कतरते हुए इनका विभाजन कर देती है और दृष्टा एवं उसके द्वारा दृष्ट को अलग के समान स्थापित कर देती है, जबकि यथार्थ में आत्मा ही 'मैं' और 'यह' के रूप में अवस्थित रहते हुए स्वयं ही स्वयं को देखती है।"

सभ्य जगत के लिये पोशाक

शिव और शक्ति की दिव्य क्रीड़ा के मध्य अपना स्थान सुनिश्चित करने के इच्छुक दर्शक के लिये एक उचित पोशाक की भी आवश्यकता होती है, और विशेष रूप से यदि उसे स्वयं अपने लिये एक जीवनसाथी की भी जरूरत पड़ने वाली हो। पर माया नानी को सब पता होता है और वह भी अपनी कैंची और फीते तथा सुंई, धागे और बटनों के साथ कारण जगत के द्वार पर ही उपस्थित रहती है। भावी द्दष्टा को विश्व के उद्यान में भेजने के पूर्व यह इसे ढ़ंकने वाली अंधकार की चादर को ही काट-छांट कर उसीसे इसके लिये एक पांच वस्त्रों वाली पोशाक तैयार कर देती है।

भावी द्दष्टा के इन माया निर्मित पंच-वस्त्रों में से प्रत्येक वस्त्र उसके सर्वशक्ति समन्वित पूर्वज की सीमाविहीन क्षमताओं में से एक को पूर्ण रूप से परंतु इस प्रकार ढंक देता है कि उसके प्रकाश के वाह्य निस्सरण के लिये बनाये गये विभिन्न झरोखों को भी प्रकृति की आवश्यकतानुसार नियंत्रित किया जा सके। क्रीड़ा जगत में प्रवेश की दिशा मे उन्मुख आत्मा के इन वस्त्रों को आगम में पंचकंचुक कहा गया है और इन्हें काल, राग, नियति, विद्या एवं कला नामों से संबोधित किया जाता है। ये पंचकंचुक सृष्ट विश्व के प्रत्येक कण में विद्यमान होते हैं, जो अणु-परमाणुओं और जीवित कोशिकाओं के सहित सभी प्राणियों की चेतना को भी एक सीमा में बद्ध कर देते हैं। विभिन्न प्रकार से समायोज्य इन कंचुकों को आगम में अलग तत्वों की संज्ञा दी गई है, इनमें से -

- सातवां तत्व 'काल' किसी द्दष्टा के निरंतरता के ज्ञान को अवरुद्ध करके इसमें एक जीवनकाल से बद्धता की अवधारणा को पुष्ट करता है,
- आठवां तत्व 'राग' इसकी पूर्णता का लोप करके इसमें कामनाओं की, और सुख-दुख, आकर्षण-विकर्षण, पसंद-नापसंद आदि की अवधारणाओं की सृष्टि करने के माध्यमों को उत्पन्न करता है,
- तत्व तालिका में नवम स्थान पर स्थित 'नियति' तत्व सृष्टि कणों में सर्व-व्यापकत्व के स्थान पर देश की बद्धता की अवधारणा की सृष्टि करती है,

- दशम 'विद्या' तत्व नामक कंचुक आत्म-कण की सर्वज्ञता का हनन करते हुए उसके लिये ज्ञान की उपलब्धि और इसके विकास को सीमित करने का कार्य करता है, और
- एकादश स्थान पर अवस्थित 'कला' तत्व उस सृष्टि-कण के सर्वकर्त्रित्व वाले स्वभाव को रुद्ध करते हुए उसे सीमित कर्म क्षमताओं की जंजीरों के माध्यम से बाधित कर देता है।

इन कंचुकों या आवरणों के सृजन का एकमात्र उद्देश्य होता है असीम को सीमा से बद्ध करते हुए सापेक्षता के अनुभव एवं क्रिया-प्रतिक्रिया की परंपरा को उत्पन्न करना। पांच वस्त्रों की इस पोशाक से सज्जित होकर इस विश्व का भावी दृष्टा-भोक्ता, जिसमें एक अणुत्व की अवधारणा की भी सृष्टि हो चुकी है, अब कारण भूमि से कार्य जगत में उत्कीर्ण होने के लिये प्रस्तुत हो जाता है। जिसे हमने पहले आत्म-कण कहा था माया के प्रभाव से अणुत्व की भावना से ग्रस्त होने पर उसे ही अणु, और एक पृथक तत्व के रूप में उसी को 'पुरुष' कहा गया है।

प्रधान कारण-भूमि पर स्थित पांच तत्व ही अपनी असीमताओं के अवरुद्ध होने के पश्चात इस सृष्टिबीज में अवस्थित होकर, आगम के बारहवें तत्व के रूप में 'कार्य भूमि' पर अवतरण के लिये सज्जित होकर तथा पुरुष की संज्ञा से युक्त होकर इस आत्म-कण के कारण शरीर के रूप में कार्य करते रहते हैं। सांख्य मत एवं योग-शास्त्रों में आगम के इस बारहवें तत्व को ही पहला तत्व स्वीकार करते हुए, इन दर्शनों के ऋषियों के द्वारा अपने सिद्धांतों एवं विधि-विधानों की व्याख्या की गई है। इस तत्व के उदय के साथ ही सृष्टि-बीज का माया क्षेत्र के अंतर्भुक्त कार्य क्षेत्र में प्रवेश हो जाता है। यहां पहुंचकर विद्याकला का कार्य समाप्त हो जाता है तथा प्रतिष्ठा कला का प्रवेश हो जाता है जो पहले सूक्ष्म धरातल पर तत्वों को यथास्थान प्रतिष्ठित करती है और फिर स्थूल भूमि पर, ताकि सृष्टि की अंतिम भूमि, 'पृथ्वी तत्व' का उदय संभव हो सके, और यह पूरा सृष्टि-यंत्र अपनी तंत्र-समष्टि के सहित क्रियमाण हो सके।

माया का क्षेत्र कोई भूमि नहीं है। यह मात्र एक बलक्षेत्र के समान क्षेत्र होता है, जिसके प्रभाव से अन्य कार्यकारी बलों का नियंत्रित बलों के रुप में उदीयमान होना संभव हो जाता है। यह लगभग उसी उद्देश्य

की पूर्ति करता है, जिसकी पूर्ति परवर्ती भौतिक सृष्टि में प्रकृति 'हिग्स (Higgs)' नामक बलक्षेत्र के माध्यम से करती है। यहां भी अणुरूपी पुरुष को अपेक्षाकृत अधिक घनत्व वाले मानस ऊर्जा के क्षेत्र में आचरण के उपयुक्त बनाने के लिये उसमें तीन मलों के द्रव्यमान अथवा भारों का संयोजन कर दिया जाता है, जैसे भौतिक सृष्टि में लेप्टोन-हैड्रोन आदि के साथ होता है और वे स्थूल ऊर्जा के क्षेत्र में स्थिति प्राप्त कर सकते हैं। जहां कुछ ऋषिगण माया के क्षेत्र को अलग क्षेत्र के रूप में स्वीकार नहीं करते, और कुछ इसे कारण भूमि के अधीनस्थ एक उपक्षेत्र के रूप में देखते हैं, वहीं कुछ सिद्धांत प्रणालियों में इसी क्षेत्र को आगम की कारणभूमि के तुल्य मान लिया गया है।

कारण से सूक्ष्म भूमि पर अवतरण

कारण भूमि के पश्चात, स्थूल धरातल के सृष्ट होने से पूर्व की मध्यस्थानीय 'सूक्ष्म' भूमि पर आगम के तेरहवें तत्व 'प्रकृति' तत्व का उदय होता है, और इस प्रकृति तत्व के द्वारा ही आगम, सांख्य और योग शास्त्रों के सभी अवशिष्ट तेईस तत्वों का सृजन किया जाता है। ऋषियों के अनुसार सभी दृष्ट एवं अदृष्ट वस्तुओं की उत्पत्ति नर रूपी शिव एवं शक्ति रूपा भगवती के संयोग से ही होती है। ऋषियों के मत में प्रकृति तत्व स्वयं नारी स्वरूपा प्रधान शक्ति अथवा भगवती ही होती है जो पुरुष रुपी शिव के लिये उसके सूक्ष्म शरीर के रूप में उदित होती है, और उसके लिये समस्त सापेक्ष अनुभवों की सृष्टि करती है।

पुरुष के सूक्ष्म भूमि पर उपनीत होते ही यह उसके शून्यवत चित्त में चित्ताकाश अथवा अनुभूति के रूप में उत्पन्न होकर इस पुरुष के साथ जड़ित हो जाती है। इसके पूर्व हम प्रकृति के तीन प्रधान गुणों, सत्व, रजस एवं तमस, की संक्षेप में विवेचना कर चुके हैं। ऋषियों के अनुसार प्रकृति के इन तीन गुणों की साम्यावस्था ही चित्ताकाश के रूप में पुरुष के अनुभव के क्षेत्र को क्रियमाण करते हुए, उसके अंतर में एक अविकसित शून्य-क्षेत्र के समान उदित होती है। इसी अनुभव क्षेत्र में किसी पुरुष विशेष के अंतर एवं वाह्य के ज्ञान की उत्पत्ति होती है और इसी

में उसकी क्रिया-प्रतिक्रिया की वृत्तियों का भी उदय होता है। इस शून्य अनुभव की प्रारंभिक अवस्था से ही किसी व्यष्टि सृष्टि-कण की अनंत की दिशा में यात्रा का आरंभ होता है। इसी सर्वथा नवीन पट्टिका पर, दो सहयात्रियों के रूप में, किसी व्यष्टि पुरुष एवं उसकी प्रकृति की एक नई यात्रा की गाथा प्रथम बार लिखी जाती है।

पुरुष वास्तव में माया के द्वारा भ्रमित, एवं उसके पांच कंचुकों के आवरण के पीछे स्थित चेतना के उत्स एक आत्म-कण का परावर्तित एवं रंजित प्रकाश ही है, जो समष्टि स्वरूप इस विश्व में व्यष्टि-स्थानीय कणों एवं अन्य वस्तुओं में उनकी चेतना के समान कार्य करता है। इसे शुद्ध चैतन्य नहीं, अपितु उसकी एक सामयिक रूप से सीमाबद्ध एवं रंजित प्रतिकृति समझना अधिक उचित होगा। सर वुडरौफ़ के अनुसार, "पुरुष केवल कोई मनुष्य या अन्य पशु ही नहीं होता, बल्कि विश्व की प्रत्येक वस्तु भी पुरुष ही है। इस प्रकार एक बालुका कण भी एक पुरुष चेतना ही है जो एक ठोसत्व की अनुभूति तथा अपनी अन्य आणव जगत से संबंधित स्मृतियों के साथ युक्त रहते हुए ('मैं यह हूं' के आभास के सहित), इस कण के साथ जड़ित होकर विद्यमान है।"

कलकत्ता हाई कोर्ट में एक जज के पद पर कार्य करते हुए सर जौन वुडरौफ़ के मन में भारत के प्राचीन विज्ञानों में अभिरुचि की प्रेरणा हुई और उन्होंने संस्कृत भाषा सीखना प्रारंभ कर दिया। आगम और तंत्र सिद्धांतों में उनकी विशेष रुचि थी, और ठीक उसी समय जब आइंस्टाइन सापेक्षता और गुरुत्वाकर्षण की खोजबीन में लगे हुए थे और हेजेनबर्ग तथा श्रौडिंगर क्वांटम मैकानिक्स की रचना में, सर वुडरौफ़ तंत्र विज्ञान के माध्यम से इस विश्व संरचना के अन्वेषण की दिशा में अग्रसर हो रहे थे। अपने संस्कृत के शिक्षक की सहायता से उन्हें उस समय के प्रसिद्ध तांत्रिक विद्वान और सिद्धि-सम्पन्न गुरु तंत्राचार्य शिवचंद्र विद्यार्णव के द्वारा शिष्य के रूपमें ग्रहीत होने का अवसर भी प्राप्त हो गया। अपने गुरु के द्वारा लिखित ग्रंथों के अध्ययन से उन्हें तंत्र के सिद्धांतों की एक ऐसी पकड़ प्राप्त हो गई, कि आगम के सभी ग्रंथ उनके लिये इस प्रकार सहज गम्य हो गये जो अन्य किसी के

लिये दुर्लभ होता। तंत्र सिद्धांत के विद्वानों का मत है कि जहां कतिपय प्राचीन तंत्रग्रंथों को पुन: प्रकाश में लाने और उनके प्रति विद्वत समाज के ध्यानाकर्षण का श्रेय स्वामी प्रत्यग्यात्मानंद और आचार्य शिवचंद्र को दिया जाता है, वहीं इसे विश्व के सन्मुख रखने और अंग्रेजी में अनुवाद के माध्यम से जनसाधारण के लिये भी सहजगम्य बनाने का श्रेय सर वुडरौफ़ को ही जाता है।

सर वुडरौफ़ ने लिखा है, "मेरे अपने गुरु के ज्ञान और उनकी यौगिक शक्तियों से मेरा बड़ा उपकार हुआ है। उनके जीवन काल में उनकी अलौकिक शक्तियों को देखने के मुझे अनेक अवसर प्राप्त हुए, और उनके देहत्याग के बाद भी मुझे उनकी सहायता और कृपा कोलकाता में भी और लंदन में भी उपलब्ध हुई है। एक बार एक अत्यंत पेचीदे मामले में जिसमें अनेक सूक्ष्म कानूनी विंदु सामने लाये गये थे, और जिसमें गवाह भी चतुर और इतने चालाक भी थे कि सत्य की तह तक पहुंचना असंभव प्रतीत हो रहा था तथा मैं स्वयं को अत्यंत असहाय और असहज अनुभव कर रहा था, तभी मेरे सामने की दीवार पर मेरे गुरु अपने सूक्ष्म शरीर में उपस्थित हो गये। मैंने मन ही मन नतमस्तक होकर उन्हें प्रणाम किया और उन्होंने मुस्कुराकर हाथ उठाकर मुझे आशीर्वाद दिया। सारी परिस्थिति तभी मेरे समक्ष स्वत: स्पष्ट हो गई और इस प्रकार अंत में मेरे लिये सत्य की रक्षा करना संभव हो सका।"

पुरुष और प्रकृति तत्वों के उदय के पश्चात 'आगम', 'सांख्य' और 'योग' विज्ञानों के विवरणों में सृष्टि के अन्य तत्व एक प्रकार ही उत्पन्न एवं स्थित होते हैं और इन सभी सिद्धांतों में सत्, रज एवं तम नामों से संबोधित तीन गुणों को ही सर्वोपरि महत्व दिया गया है। भगवद् गीता के अनुसार भी यह समस्त विश्व गुणों का ही विस्तार है। विश्व की अभिव्यक्ति भेद एवं विविधता पर आधारित है जबकि ये भेद गुणों पर आधारित होते हैं, और अधिक गहराई से देखने पर यह भी समझ में आ जाता है कि, जैसा कि गीता कहती है, एक प्रकार से तो गुण ही गुणों में बरत रहे हैं। इसी में समस्त सापेक्षता निहित है, और यही इस दृश्यमान जगत का रहस्य है।

एक सिद्ध परम गुरु की कलम से

परमहंस योगानंदजी के गुरु एवं कैवल्यदर्शनम् के प्रणेता ज्ञानावतार श्री युक्तेश्वर गिरि के अनुसार, *परम ब्रह्म शाश्वत, पूर्ण, अनादि एवं अनंत है और वह एक एवं अद्वैत सत् ही है। इसी में चित निहित है जो समस्त ज्ञान एवं प्रेम का बीज* (seed of love) *स्वरूप है तथा इसी में समस्त क्षमता एवं बल का बीज* (seed of power and potency) *भी आनंद के रूप मे निहित है।* यही परमब्रह्म का स्वभाव या उसकी अन्त:प्रकृति है। जो ज्ञान पक्ष है वह प्रेम स्वरूप है और जो आनंद रूपी अनुभव पक्ष है वह क्षमता स्वरूप है। इन दो प्रकार के बीजों (seeds of attraction and potency) से सृष्टि होती है, और चेतना के इन्हीं विभागों के मध्य प्राण का संचार होता है।

परब्रह्म की अन्त: प्रकृति में जो सर्व क्षमता से युक्त शक्ति बीज है उसीमें जड़ प्रकृति की सृष्टि की वासना (एक वृत्ति के समान उदय होकर, एक इच्छा के रूप में) व्यक्त होती है। यह (इच्छा) *एक ध्वनि के रूप में व्यक्त होती है और प्रणव शब्द के नाम से ख्यात होती है। सर्वसामर्थ्य से युक्त शक्ति बीज से प्रणव अथवा ॐ की तथा (इस ध्वनि रूप में व्यक्त इच्छा) ॐ से देश, काल एवं (विकासोन्मुख सृष्टि-कण अथवा) अणु की अभिव्यक्ति होती है।*

मूल प्रकृति में एक इच्छा के समान व्यक्त जिस आद्य स्पंदन की ध्वनि का नाद (अथवा प्रणव) के रूप में प्रसार होता है, यह स्पंदन ही वह पदार्थ है जिससे इस विश्व की प्रत्येक वस्तु सृष्ट होती है। जैसे पानी की एक बूंद मोती में बंद हो जाये, इसी प्रकार यह स्पंदन भी ऐसे असंख्य अणुओं या मोतियों में बंद हो सकता है जिसे तंत्र विज्ञान में पीठ कह कर संबोधित किया गया है। दो दिशाओं में कंपन करने वाले, और सतत स्पंदायमान रहने वाले सृष्टि के मूल अवयव में यह वह यामल अवस्था है, जिसे श्री युक्तेश्वरजी ने चेतना का आसन (throne of Spirit–the Creator) कहकर संबोधित किया है। आगम के द्वारा प्रतिपादित सृष्टि क्रम में यह कार्य माया के क्षेत्र के उदय से पूर्व महामाया के क्षेत्र में ही हो जाता है, जिस कारण क्षेत्र में शब्द सृष्टि होती है, और जो मूलतया

इच्छा शक्ति का क्षेत्र होता है। ऋषियों के अनुसार ऐसे करोड़ों अणु तो कारण भूमि पर ही मंत्रों के रूप में अधिष्ठित होकर स्थित हो जाते हैं। *"इन अणुओं से ही सृष्टि होती है। एक समष्टि के रूप में इन्हें माया कहा जाता है, और व्यष्टि रूप में अविद्या।"*

स्वामी श्री युक्तेश्वर के ही अनुसार, *"वह जो सर्वज्ञ चित है और प्रेम बीज है, जब वह* (शक्ति बीज द्वारा रचित एवं विकासोन्मुख) *सृष्टि से विलग रहते हुए एवं उसके द्वारा अस्पृश्य कूटस्थ चैतन्य के रूप में उसे* (उस माया के द्वारा सृजित सृष्टि अथवा किसी व्यष्टि-स्थानीय अविद्या को) *प्रकाशित करता है तो उसके प्रकाश का परावर्तन होता है, और यह परावर्तित प्रकाश वह स्वयं ही होता है उससे अलग कोई वस्तु नहीं होती।*

"प्रेम बीज चित की अभिव्यक्ति ही जीवन (स्वरूप) *है, यही अंत: चेतना (Omnipresent Holy Spirit) है, जिसे कूटस्थ चैतन्य (Holy Ghost) अथवा पुरूषोत्तम कहा जाता है।* (चित की) *यह* (अभिव्यक्ति) *माया को प्रकाशित करते हुए इसके सभी भागों का दिव्यता की दिशामें आकर्षण करती है, पर माया की हर व्यष्टि अविद्या भी इसके प्रकाश को परावर्तित कर देती है। किसी भी अणु द्वारा परावर्तित चैतन्य का प्रकाश उस पिता का ही प्रकाश होता है अत: ईश्वरपुत्र (Son) ही होता है। इसे* (इस चेतना को) *ही आभास चैतन्य अथवा पुरुष कहा जाता है।"*

आगम शास्त्र के बारहवें तत्व 'पुरुष' के कारण शरीर में अपने पांच कंचुकों वाले वस्त्रों के सहित 'महाकारण रूपी पंच तत्व' के अतिरिक्त 'आत्म' की अवधारणा के सहित उसका धारक एक स्वत्व भी होता है। आगम के मत में, यह पुरुष समस्त सृष्ट वस्तुओं में दृष्टा एवं भोक्ता स्थानीय शिवांश होता है जबकि प्रकृति तत्व शक्त्यांश होता है, जो दृष्टा रूपी पुरुष को विभिन्न प्रकार के अनुभवों को प्रदान करने वाला विभाग है। आगम के सृष्टि प्रकरण में पहले उभय पक्ष का विकास होता है, फिर दृष्टा की भूमिका में पुरुष तत्व का, और तत्पश्चात सारा विकास दृश्य के रूप में प्रकृति तत्व का विकास ही होता है। इस दृष्टा विभाग से युक्त होकर यह प्रकृति पहले उसके लिये एक सूक्ष्म शरीर का निर्माण करती है, जो कभी विनष्ट नहीं होता और जिसमें उसका

समस्त मानस-पक्ष अपने उपकरणों के सहित समाहित होता है, और फिर इसके विकास के अनुरूप वह इसके लिये नाशवान स्थूल शरीरों का भी विकास करती रहती है।

पुरुष तत्व एक ग्राहक के समान होता है जो एक सापेक्षता के द्वारा बाधित उपभोक्ता के समान है, जिसे अपनी कार्य भूमि (अथवा क्रीड़ास्थली) इस विश्व में विचरण करने के हेतु अपने लिये एक वाहन प्रणाली की आवश्यकता होती है, जिसमें चालक कक्ष उसका अपना मानस होता है, जो अपेक्षाकृत सूक्ष्म पदार्थ से निर्मित और सूक्ष्मतर शक्ति से चालित होता है। देश-काल के संदर्भ से उसका यह मानस-पक्ष, स्थान की सापेक्षता के अनुसार उसे मिले हुए स्थूल शरीर रूपी वाहन से संलग्न भी हो सकता है और विलग भी।

पुरुष के सूक्ष्म शरीर का विकास करने के निमित्त प्रकृति सर्वप्रथम एक पूर्ण विकसित सूक्ष्म विभाग को व्यवस्थित करती है, और फिर उसी को वैश्विक आधार मानते हुए व्यष्टि पुरुषों में उसके विभिन्न विभागों का कम या अधिक परिमाणों में करोड़ों और अरबों वर्षों तक विकास करती रहती है, क्योंकि उनका यह शरीर विनष्ट नहीं होता। इसी प्रकार समानांतर रूप से प्रकृति इन ग्राहक पुरुषों के लिये स्थूल शरीरों का भी विकास करती रहती है। अत: इन व्यष्टि ग्राहकों के सूक्ष्म शरीर के विकास के अनुरूप ही इन्हें स्थूल शरीरों की प्राप्ति होती है, जो एक पदार्थ के कण का, किसी भंवरे या खरगोश का, या एक मनुष्य का शरीर भी हो सकता है।

पुरुष का सूक्ष्म शरीर

कैवल्य दर्शनम् (The Holy Science) के छठे सूत्र में बताया गया है कि माया के प्रभाव से अणु में परिणत कोई सृष्टि-कण, जिसे अविद्या भी कहा जाता है, जब कूटस्थ चित के द्वारा प्रकाशमान होता है, तो चुंबक के दो ध्रुवों के समान इसके ज्ञान या अनुभव क्षेत्र का भी विभाजन हो जाता है, जिसमें एक ध्रुव इसे शाश्वत एवं नित्य मूल पदार्थ सत की दिशा में आकर्षित करता है, तथा दूसरा उससे विकर्षण प्राप्त करते हुए उसे

विपरीत दिशा में खींचता है। इनमें से पहला सत्व अथवा बुद्धि कहलाता है जो सत्य का निर्णय करने का प्रयास करता है, जबकि दूसरा उसके लिये एक आनंदमय अनुभव की सृष्टि करने की दिशा में सचेष्ट रहता है और मानस अथवा आनंदत्व कहलाता है। इसी ज्ञान क्षेत्र अथवा चित्त में मध्यस्थानीय होकर एक अहंकार अथवा 'मैं' के रूप में 'जीव' अथवा माया के द्वारा भ्रमित पुरुष अथवा मानव-पुत्र निवास करता है (यहां यह ज्ञातव्य है कि जीव स्थानीय यह अहंकार, स्वयं आत्मा नहीं बल्कि उससे विकीरित होने वाले प्रकाश के परावर्तन में निहित आभास चैतन्य की अनुभूति में स्वत्व की प्रतिछाया मात्र होती है)।

श्री युक्तेश्वर ने कैवल्य दर्शनम् की रचना सरल संस्कृत भाषा में परंतु प्राचीन ऋषियों की परंपरा के अनुसार एक सार वस्तु के समान अत्यंत संक्षेप में की है, ठीक उसी प्रकार जैसे प्राचीन ऋषिगण गागर में सागर के समान चंद सूत्रों में ही गहन ज्ञान का समावेश कर देते थे जिन्हें उनके शिष्यगण सहज ही कंठस्थ कर सकते थे। यहां हम लेखक के इन सिद्ध परमगुरु को स्पष्ट रूप से उस उपनिषद की पुष्टि करते हुए देख सकते हैं, जिसमें कहा गया है 'रसो व स', अर्थात जो कुछ भी दृष्टिगोचर है वह मन के द्वारा भोग्य आनंद अथवा रस ही है। एक प्रकार से वे उस आगम का भी अनुमोदन करते हुए प्रतीत होते हैं, जो कहता है, "विश्वोद्यान विरूढ़ानि गन्धप्रमुखानि सुगन्धिनी पुष्पाणि। पञ्चाप्याजिघ्रान् क्रीड़ति त्रैलोक्यधूर्त्तो देव:।। (विश्वरूपी उद्यान में खिले हुए पांच प्रकार के पुष्पों की सुगंधियों का आस्वादन करते हुए जिनमें गंध या पृथ्वी के गुण की प्रमुखता होती है, क्रीड़ा का अभिलाषी यह देव एक धूर्त खिलाड़ी के समान प्रायोजक, प्रयोजन एवं प्रायोज्य बनकर इस उद्यान के तीनों धरातलों पर क्रीड़ा में रत रहता है।)"

सूत्र 7-10 में श्री युक्तेश्वर कहते हैं, "पांच तत्वों से युक्त पुरुष के कारण शरीर में उसके अहंकार और चित्त का वास होता है (इस चित्त में ही तीन गुणों की साम्यावस्था के रूप में प्रकृति भी अंतर्भुक्त होती है।) तीन गुणों के प्रभाव से इन पंच तत्वों से (ज्ञान एवं कर्मों के उपकरण स्वरूप) इन्द्रियों तथा इन इन्द्रियों के विषयों के सहित (मन के सहकारी) पंचदश तत्वों की उत्पत्ति होती है, जो मन और बुद्धि के

साथ मिलकर लिंग शरीर (astral body) के सप्तदश सूक्ष्म अंग माने गये हैं।"

लिंग शरीर के अवयव

सत्व गुण के प्रभाव से पुरुष के कारण शरीरस्थ पंच तत्वों में से प्रत्येक देखने, सुनने, स्पर्श करने, चखने और सूंघने के पांच उपकरणों में से एक की सृष्टि करते हुए ज्ञानेन्द्रियों का विकास करता है। इसी प्रकार रजोगुण के प्रभाव से ये ही पंचतत्व ग्रहण, गमन, वाणी, प्रजनन एवं विसर्जन आदि की पांच कर्मेन्द्रियों का विकास करते हैं, और ये कारणभूमि पर स्थित तत्व ही तमोगुण के प्रभाव से ज्ञानेन्द्रियों के द्वारा ग्राह्य विषयों को भी शब्द, रूप, स्पर्श, रस एवं गंध के रूप में विकसित करते हुए वैश्विक लिंग शरीर (universal astral body) को इसके समस्त अवयवों से युक्त कर देते हैं।

पदार्थ का कोई कण हो या कोई जीवित कोशिका अथवा प्राणी, अभिव्यक्ति को प्राप्त प्रत्येक वस्तु का एक सूक्ष्म या लिंग शरीर भी अवश्य होता है। तभी उसके द्वारा अपने जड़ अथवा अजड़ कार्य का संपादन किया जा सकता है। व्यष्टि लिंग शरीरों में इन सत्रह सूक्ष्म अवयवों का अल्पाधिक विकास, काल की सापेक्ष ऊर्ध्व दिशा में, उनमें अवस्थित पुरूष के विकास का अनुसरण करते हुए होता है।

भारत में दर्शन शास्त्रों के विद्वानों की यह एक मान्य परंपरा है कि किसी भी जटिल तकनीकी विषय में किसी सिद्ध गुरु के बताये गये निष्कर्ष को आप्त वाक्य की संज्ञा दी जाती है, और जहां संशय होता है, वहां ऐसे आप्त वचनों की सहायता से निर्णय ले लिया जाता है। लेखक की यह अवधारणा है कि शैवागमों के अंतर्गत त्रिक दर्शन को भारत के 'योग' एवं 'सिद्ध' दर्शनों के प्रकाश में अधिक स्पष्ट रूप से समझा जा सकता है। स्वामी श्री युक्तेश्वर जी की पुस्तक तथा उनके अन्य आख्यानों को, इस ग्रंथ में समझाये गये सृष्टि प्रकरण एवं अन्य आध्यात्मिक तथ्यों की प्रामाणिकता के संदर्भ में भी उद्धरित किया गया है, जैसे कि एक अत्युच्च न्यायाधीश के किसी निर्णय को सभी के द्वारा एक मान्य निष्कर्ष समझा जाता है।

प्रकृति एवं पुरुष का अटूट संबंध

सृष्टि की अभिव्यक्ति में शिव का कार्य है इस अभिव्यक्ति के लिये एक ग्राहक या अनुभवकर्ता का विकास जो एक सापेक्ष दृष्टि से युक्त ग्राहक के समान वस्तुओं में उपस्थित रंग-रूप एवं अन्य गुणों का अपने ज्ञान की सीमा के अनुसार प्रकाशन करते हुए उनका उपभोग कर सके, तथा उनके साथ आवश्यक क्रिया-प्रतिकिया आदि में भी संलग्न हो सके। शक्ति का कार्य है इस ग्राहक विशेष के लिये एक ऐसे शरीर का विकास करना, जो उसकी अनुभूति और उपयोग के लिये सर्वथा उपयुक्त हो।

आगम के सृष्टि प्रकरण की क्रम-धारा में विद्या कला का कार्य समाप्त होने पर प्रतिष्ठा कला का उदय होता है। इसका सबसे पहला कार्य है एक ही संवित के दो अंशों 'मैं' और 'यह' को, जिन्हें माया ने अपनी चतुराई और दक्षता से अलग कर दिया था, फिर से संयुक्त करना ताकि आत्म तत्व की यह अवधारणा कि 'मैं यह हूं' मायिक क्षेत्र के इस पार के सापेक्ष जगत में भी यथावत पुनर्प्रतिष्ठित हो सके। इसके पश्चात परमशिव की यह चौथी कला ईंट दर ईंट रखते हुए, तत्व दर तत्व को यथास्थान और एक निर्धारित क्रम में प्रतिष्ठित करते हुए, सूक्ष्मतर से सूक्ष्म, स्थूल और स्थूलतर की दिशा में इस सृष्ट्योन्मुख ऊर्जाप्रवाह को प्रेरित व अग्रसर करती है।

माया और उसके द्वारा सृष्ट कंचुकों के इस ओर के क्षेत्र में अब कारण भूमि से स्थूलतर, किंतु स्थूल विश्व की अपेक्षा से सूक्ष्मतर स्पंदन वाली एक मध्यभूमि का निर्माण होता है। सृष्टिक्रम में मध्यस्थानीय इसी भूमि पर वैश्विक एवं वैयक्तिक दोनों अवस्थाओं के उपयुक्त, एक संपूर्ण लिंग शरीर के अवयवों की उत्पत्ति एवं प्रतिष्ठा का कार्य होता है। सृष्टिक्रम में इसी भूमि पर पुरुष एवं प्रकृति तत्व के रूप में परासंवित के शिव एवं शक्ति विभागों का फिर से अवतरण होता है, और इन्ही के संयोग से मध्यम स्तर के प्राणों की उत्पत्ति होती है। इन मध्यम श्रेणी के प्राणों की ऊर्जा का उपयोग विकासोन्मुख व्यष्टि चेतनाओं के द्वारा अपनी मानसिक शक्तियों से संबंधित कार्यों के संपादन के लिये किया जाता है।

इस स्थान पर वैज्ञानिक शब्दावली के परिप्रेक्ष्य में यह स्पष्ट कर देना आवश्यक प्रतीत होता है कि स्पंदन की सूक्ष्मता अधिक होने से ऋषियों का अभिप्राय होता है तरंग की frequency उच्च होना और इसके दैर्घ्य (wave-length) का कम होना। इसी प्रकार स्पंदन अथवा ऊर्जा की प्रगाढ़ता का अर्थ होता है तरंग के दैर्घ्य का बढ़ना और इसकी frequency का कम होना।

अपने क्षेत्र से बहिर्गत होने वाले आत्म वृत्ति से युक्त सृष्टि-कणों में माया के क्षेत्र के द्वारा तीन प्रकार की अशुद्धियों अथवा सूक्ष्म द्रव्यमानों को जड़ित कर दिया जाता है, जो अपेक्षाकृत स्थूलतर तरंगों वाली भूमि पर उतरने और अपने कार्यों के निर्वाह करने में इनके सहायक होते हैं। अवतरण के लिये प्रस्तुत किसी पुरुष में प्रथम मल के रूप में यह क्षेत्र उसकी इच्छा शक्ति के संकोच के द्वारा उसमें छोटेपन, अपूर्णता, और अणुत्व की अवधारणा उत्पन्न कर देता है। इसी प्रकार आभास चैतन्य रूपी इस सृष्टि-कण की ज्ञान शक्ति को संकुचित करके यह क्षेत्र उसमें अल्प-ज्ञातृत्व के मल को जोड़ देता है, तथा अंत में एक तीसरे-मल के रूप में, यह माया का क्षेत्र इस सृष्टि-बीज की क्रिया शक्ति को भी संकुचित करते हुए इसके द्रव्यमान में और भी वृद्धि कर देता है।

इन सूक्ष्म द्रव्यमानों अथवा मलों से युक्त होकर यह सृष्टि-बीज अथवा पुरुष, सूक्ष्मतर स्पंदनों की उच्चतर भूमि से निम्न दिशा में प्रगाढ़तर भूमियों पर अवतरण करते हुए, सापेक्षता की दृष्टि से अपने स्तर के अनुरूप अपनी सीमित इच्छा, सीमित ज्ञान एवं सीमित क्रिया की क्षमताओं का उपयोग करते हुए अपने कार्यों एवं दायित्वों का निर्वाह करने में सक्षम होता है।

पुनर्मिलन (Recombination)

'पुरुष' संवित का वह पक्ष है जो आत्मा की अवधारणा में 'मैं' स्थानीय है। तथापि अपने आप में यह एक प्रकार से अपूर्ण एवं अर्ध-परिभाषित है। इसमें विद्यमान सृष्टि-कण की अपने अस्तित्व की अवधारणा, 'मैं यह हूं', इस ज्ञान से ही पूर्ण होती है। तभी किसी अन्य या एकाधिक

अन्यों से समन्वित कोई विविधता उसके लिये ज्ञान अथवा अनुभव का विषय बन सकती है। जब तक पुरुष पुन: अपने अनुभव रूपी अर्धांश से युक्त नहीं हो जाता वह अपूर्ण ही रहता है, एक नहीं बनता। इस अवस्था में परमेश्वर की 'एकोहम बहुष्यामि' या 'बहुष्याम प्रजायेय' की सिसृक्षा कार्यरूप में परिणत नहीं हो सकती। कारण से कार्य भूमि पर अवतरण के पथ में इसे केवल 'मैं' अंश के साथ माया के क्षेत्र से होकर होकर गुजरना पडता है; इस अवतरण की प्रक्रिया में उसके साथ उसका दूसरा अर्धांश 'यह' नहीं जा पाता।

इसके अतिरिक्त माया मिश्रित जगत में प्रवेश के पूर्व सृष्टि-बीज में अवस्थित दृष्टा स्वरूप इस शिवांश को अपनी समस्त असीमताओं को पूरी तरह से आवृत्त करने के लिये पांच कंचुक भी धारण करने पड़ते हैं, तथा यहीं से इसे एक स्थूलतर नई भूमि से जुड़ने और उस भूमि पर आदान-प्रदान के निमित्त प्रस्तुत होने के लिये कुछ द्रव्यमान भी अपने साथ ले जाने होते हैं।

अपने लिये आवश्यक परिधान से सज्जित 'मैं' या पुरुष रूपी प्रेम बीजांश, और सृष्टि बीज में 'यह' के रूप में विकास को प्राप्त होने वाले मातृ स्थानीय शक्ति बीजांश, इन दोनों के पुनर्मिलन से ही सूक्ष्म कार्य भूमि के उपयुक्त ऊर्जा के क्षेत्र का विकास होता है। आगम के बारहवें तत्व पुरुष और इससे अगले तेरहवें प्रकृति तत्व का उदय लगभग एक ही साथ होता है और उदित होते ही यह प्रकृति अपने से अलग हुए इस अर्धांश से पुन: एक अटूट बंधन में बद्ध हो जाती है। इस सूक्ष्म स्पंदनों के क्षेत्र में मानसिक शक्ति कार्यरत हो जाती है और एक प्रकार से यहीं से सापेक्षता की अवधारणा का भी विकास प्रारंभ हो जाता है, यद्यपि इस स्तर पर आदान-प्रदान के लिये किसी प्रकार की नाप-तौल या फीते आदि की कोई आवश्यकता नहीं पड़ती।

आत्म-कण को केन्द्र में रखते हुए और पुरुष के चित्ताकाश अथवा अनुभूति के क्षेत्र को व्याप्त करते हुए, यह प्रकृति तत्व उसमें सत्, रज एवं तम, इन तीन गुणों की साम्यावस्था के रूप में उदित हो जाता है। पुरुष एवं प्रकृति तत्वों के युक्त होने से ही मानसिक शक्ति की कार्य भूमि मानस क्षेत्र का विकास संभव होता है, और यहीं से लिंग शरीर (astral body) के अवयवों के विकास का कार्य भी आरंभ होता है। प्रत्येक नवीन पुरुष अथवा अणु को प्राप्त होने वाली इस तीन गुणों की साम्यावस्था वाली श्वेत पट्टिका से कोई भी गुण उत्पन्न हो सकता है, तथापि किसी भी पुरुष विशेष से युक्त लिंग शरीर के विकास के अनुरूप ही उसके मानस क्षेत्र में विभिन्न गुणों का कम वा अधिक मात्राओं में समावेश होता रहता है।

मन की क्षमता और लिंग शरीर

इसके पूर्व हम कारण शरीर में स्थित पांच प्रधान तत्वों के द्वारा ही सूक्ष्म भूमि पर एक वैश्विक लिंग शरीर के अवयवों के विकास की बात कह चुके हैं। केवल मानव संरचना में ही इस वैश्विक लिंग शरीर की पूर्ण अभिव्यक्ति होती है। हम यह चर्चा भी कर चुके हैं कि अव्यक्त भूमि में शिव एवं शक्ति के रूप में ध्रुवीकृत परमशिव की चेतना के क्षेत्र को चिदाकाश कहा जाता है। यह चेतना के दो ध्रुवीकृत विभागों के मध्य का क्षेत्र होता है। दूसरी ओर, व्यष्टि के क्षेत्र में उसकी कार्यकारी चेतना का स्थान उसका सूक्ष्म शरीर होता है। यह कार्यकारी चेतना उस व्यष्टि पुरुष के कारण शरीर में स्थित आत्म-चैतन्य का वह परावर्तित प्रकाश है, जो माया के प्रभाव के कारण संकुचित और रंजित होकर एक आभास चैतन्य के रूप में उसके चित्ताकाश में भासमान है।

हम मनुष्यों के सूक्ष्म शरीर में भी हमारी कार्यकारी चेतना एक चित्ताकाश का रूप ग्रहण कर लेती है। इस चित्ताकाश में भी दृष्टा एवं दृश्य के समान ध्रुवीकरण होकर हमारी चेतना का मन और बुद्धि के रूप में विभाजन हो जाता है। साथ ही हमारे कारण शरीर में विद्यमान 'स्वत्व' भी, एक संशोधित 'मैं' के समान हमारे 'अहंकार' के रुप में इन ध्रुवों के मध्य प्रतिबिंबित हो जाता है। इस 'अहंकार' को ही ऋषियों के द्वारा 'जीव' कहा गया है। यद्यपि चेतन अवस्था में हमारे सभी निर्णय इस अहंकार स्थानीय चेतना के द्वारा ही लिये जाते हैं, तथापि इसके समक्ष ज्ञान स्थानीय बुद्धि एवं इच्छा स्थानीय मन अपने-अपने प्रस्ताव उपस्थित करते रहते हैं। 'महा अर्थ मंजरी' के अनुसार, जहां बुद्धि हमें

उद्यम की प्रेरणा देती है, वहीं मन का कार्य होता है संशय उत्पन्न करना।

प्रकृति में विद्यमान सत्, रज एवं तमस, इन तीन गुणों के द्वारा ही इस विश्व की समस्त विविधता की सृष्टि होती है। विश्व-क्रीड़ा में ग्राहक की भूमिका में स्थित पुरुष तत्व की चेतना के रिक्त अवकाश को इन तीन गुणों की साम्यावस्था से पूरित करते हुए, और उससे जड़ित होते हुए, उसके अपने ही अर्धांश स्थानीय 'प्रकृति' अब उसके विश्वोद्यान-भ्रमण के कार्य को और आगे बढ़ा सकती है। (इस स्थान पर यह स्पष्टीकरण आवश्यक प्रतीत होता है कि यहां केवल 'पुरुष' और 'प्रकृति' तत्वों की चर्चा की गई है। एक मनुष्य के रूप में पुरुष और स्त्री दोनों ही इस चर्चा में 'पुरुष' स्थानीय हैं, जिसे संदर्भ के अनुसार दृष्टा एवं अनुभव कर्ता समझना चाहिये।)

'पुरुष' और 'प्रकृति' तत्वों को मध्यम स्तर के स्पंदनों की सूक्ष्म भूमि पर शिव एवं शक्ति के युग्म का ही प्रतिरूप समझना चाहिये। इस युग्म की शक्ति इच्छा स्थानीय शक्ति है। इस स्तर पर भी इसके स्पंदन का अंत: प्रवाह जहां ज्ञान की दिशा में होता है, वहीं इसकी वाह्य प्रवृत्ति इसे क्रिया के लिये प्रेरित करती है। मानस क्षेत्र के विकास के हेतु प्रकृति इन्हीं शक्तियों के माध्यम से पांच ज्ञानेन्द्रियों की रचना करती है जो वस्तुओं का ज्ञान प्राप्त करने में पुरुष की सहायक होती हैं, और पांच ही कर्मेन्द्रियों की भी, जो उसे कर्म करने की विभिन्न क्षमतायें प्रदान करती हैं। इसके अतिरिक्त पांच तन्मात्राओं के रूप में यह उन पांच विषयों (शब्द, स्पर्श, रूप, रस एव गंध) की भी सृष्टि करती है जिनको ये पांच ज्ञानेन्द्रियां ग्रहण कर सकती हैं।

इस प्रकार श्री युक्तेश्वर के द्वारा अनुमोदित क्रम का अवलंबन करते हुए ही प्रकृति, एक सार्वभौमिक लिंग शरीर के सभी अवयवों का विकास करते हुए अब स्थूलभूमि पर अवतरण करने के लिये प्रस्तुत हो जाती है, जहां वह स्थूल सृष्टि के निर्माण में प्रयुक्त होने वाले ऐसे विभिन्न प्रकार के स्थूल कणों एवं नाना प्रकार के अन्य शरीरों का भी निर्माण कर सकती है, जिन्हें इन सूक्ष्म शरीरों से सज्जित सृष्ट्योन्मुख अणुओं के द्वारा एक चालक के समान ग्रहीत एवं संचालित किया जा सकता हो।

सबके लिये एक अलग संसार

मध्यम श्रेणी की तरंगों वाली इस मानसिक क्षमताओं की भूमि के निर्माण में प्रकृति का मुख्य उद्देश्य होता है विभिन्न प्रकार की स्थूल अभिव्यक्तियों को संचालित करने के निमित्त एक सार्वभौम विश्वसनीय प्रणाली का विकास, ताकि सापेक्ष अनुभव और सापेक्ष आदान-प्रदान पर आधारित एक स्थूल विश्व की रचना संभव हो सके। ऐसा कहा जा सकता है कि यह सारी स्थूल सृष्टि प्रत्येक अणु-परमाणु एवं अन्य छोटी अथवा विशाल वस्तुओं के सूक्ष्म शरीर में अवस्थित इस पुरुष तत्व के नाम से वर्णित दृष्टा-उपभोक्ता परंपरा पर ही निर्भर रहते हुए कार्य करती है।

परमेश्वर की प्रकृति के द्वारा सृष्ट यह विश्व सतत चलायमान है और इसकी तुलना हम एक अत्यंत विशाल यंत्र से भी कर सकते हैं। किसी यंत्र का हेतु, इसकी योजना, इसका शरीर, तथा इसका नियंत्रण, ये सब ऐसी आवश्यकतायें हैं जिनके आधार पर ही किसी यंत्र का निर्माण और उपयोग किया जा सकता है। इनमें से किसी एक के भी अनुपस्थित होने पर न तो किसी यंत्र का निर्माण हो सकता है और न ही यह कार्य कर सकेगा। केवल कुछ विज्ञानविदों के द्वारा ही पोषित एवं प्रचारित यह एक भ्रांत धारणा है कि बिना किसी उद्देश्य के और संयोगवश ही उत्पन्न होकर यह समग्र विश्व कार्यरत हो सकता है।

इस विश्व की सृष्टि का हेतु है, परम चैतन्य की उल्लासमयी लीला; इसकी योजना है कारण भूमि पर इसके सभी अवयवों का ध्वनि अथवा वाक के रूप में विस्तार, और इसके नियंत्रण का माध्यम है प्रत्येक पुरुषरूपी सृष्टि-कण अथवा अणु के साथ संलग्न उसका लिंग शरीर। अत: सृष्टि-कणों के उपयोग के लिये मानस तंत्र या नियंत्रण-विभाग स्थानीय इस वैश्विक लिंग शरीर का विकास पूर्ण होते ही, सृष्टि रचना के कार्य में उद्युक्त प्रकृति अब स्थूल धरातल पर अवतरण के लिये प्रस्तुत हो जाती है।

हमें जैव-शास्त्रियों के द्वारा बताया जाता है कि आकार में छोटी और संरचना में अत्यंत सरल हमारी रक्त कोशिकाओं के अतिरिक्त भी, हमारे शरीर में ऐसी खरबों सामान्य कोशिकायें होती हैं जिनमें से

प्रत्येक में हमारे शरीर की रचना तथा हमारी जीवन अवधि के सभी पड़ावों पर हमारे शरीर के चालन के लिये आवश्यक सभी नुस्खे लिखित रूप में उपलब्ध होते हैं। इन नुस्खों की संख्या इतनी अधिक होती है कि इन्हें बारह क्रोमोसोमों में विभाजित करना होता है जिनमें से प्रत्येक क्रोमोसोम में सैंकड़ों पृष्ठों पर लिखे गये हजारों नुस्खे संकलित होते हैं। इन सभी क्रोमोसोमों पर टंकित लाखों नुस्खों को जैव विज्ञानविदों के द्वारा हमारा डी-एन-ए कहा जाता हैं। सृष्टि-क्रम की दृष्टि से प्रकृति यह लेखन अथवा टंकन बहुत बाद में, स्थूल जगत में जीवित प्राणियों की रचना के निमित्त करती है। किंतु इससे अनेक पूर्व ही यह प्रकृति, अभिव्यक्ति की दिशा में उन्मुख जगत में, यथासमय उत्पन्न होने वाली प्रत्येक छोटी बड़ी वस्तु के लिये डी-एन-ए से भी अधिक विश्वसनीय और प्रभावी एक सर्वोपयोगी संचालन परम्परा का विकास पूर्ण कर लेती है जिसे 'कारण' एवं 'लिंग' शरीरों के संयोजन से निर्मित 'सूक्ष्म शरीर' कहा जाता है। स्थूल धरातल की दृष्टि से यह विंदुस्वरूप ही होता है। इस विंदु के समान सूक्ष्म शरीर को एक इलेक्ट्रोन भी धारण कर सकता है और एक गैलेक्सी भी, एक मधुमक्खी का छत्ता भी इसे धारण कर सकता है और एक मनुष्य भी।

इसके पूर्व हम एक ऐसे वैश्विक लिंग-शरीर (universal astral-body) की चर्चा कर चुके हैं जिसके सभी अवयव पूर्ण रूप से विकास को प्राप्त हो गये हों। सृष्टिक्रम में, अपनी आवश्यकताओं के अनुसार, प्रकृति इस वैश्विक लिंग शरीर को आधार बनाकर एक समानांतर दिशा में और यथोचित परिमाणों में अपने दृष्टा एवं दृश्य विभागों का विकास करने में उद्युक्त होती है। विश्व में अभिव्यक्त हो सकने वाली समस्त वस्तुओं के विनिर्देश या उनकी परिभाषायें कारण भूमि पर ही अस्तित्व को प्राप्त हो जाते हैं। स्थूल भूमि पर उन्हीं के अनुरूप और एक गहन क्रम विकास के पथ का अवलंबन करते हुए, व्यष्टि अणुओं के क्षेत्र में भी पूर्व में विकसित एक वैश्विक लिंगशरीर के रूप में अवस्थित प्रावधानों में से एकाधिक आंशिक रूप से विकास को प्राप्त होते रहते हैं। प्रकृति के द्वारा स्थूल रचनाओं का विकास सूक्ष्म के विकास के समानांतर और उसी दिशा में होता रहता है। इसी पद्धति से अग्रसर होते हुए प्रकृति एक हाईड्रोजन

परमाणु, किसी बंदर के शरीर में उपस्थित एक कोशिका, या एक आकाश गंगा के लिये भी उपयुक्त सूक्ष्म एवं स्थूल शरीरों की व्यवस्था करती रहती है। श्री युक्तेश्वर तथा सर वुडरौफ के अनुसार ये सभी 'पुरुष' अथवा 'अणु' के शरीर के ही विकसित रूप होते हैं।

विभिन्न श्रेणी के स्थूल शरीरों के विकास के निमित्त, वैश्विक लिंग शरीर में सन्निहित विभिन्न क्षमताओं का उपयोग प्रकृति के द्वारा सूक्ष्म भूमि पर अवस्थित एक सूक्ष्म सार्वभौमिक सांचे के समान किया जा सकता है। विभिन्न सृष्टि-कणों में अपनी आवश्यकता के अनुरूप, कहीं थोड़ी गंध, कहीं थोड़ा स्पर्श, कहीं स्थान बदलने की क्षमता, और कहीं मुख, पैर अथवा हाथ के द्वारा कुछ पकड़ने आदि की योग्यता का संयोजन करते हुए, प्रकृति अपने केन्द्र स्थानीय लक्ष्य की दिशा में अग्रसर होती है। स्थूल सृष्टि के प्रारंभ में प्रकृति के लिये व्यष्टि शरीरों के केवल कुछ विभागों में ही और न्यूनतम क्षमताओं का विकास करना ही आवश्यक होता है, और फिर धीरे-धीरे और अधिक विभागों का और अधिक परिमाणों में विकास करते हुए, यह जटिल शरीरों के विकास की ओर बढ़ती रहती है।

कारण भूमि पर अवस्थित समस्त योजनाओं एवं परिभाषाओं को साथ लेते हुए, और सूक्ष्म भूमि पर स्थित एक पूर्ण विकसित वैश्विक लिंग शरीर के रूपमें अनुभव और क्रिया करने की समस्त क्षमताओं और संभावनाओं से भी युक्त होकर, प्रकृति अब स्थूल भूमि पर अवतरण करने के लिये प्रस्तुतवत कही जा सकती है।

क्रीड़ा और प्रमोद

आगम ग्रंथों में दिये गये विवरणों में 'प्रकृति-तत्व' को क्रीड़ोन्मुख दृष्टा एवं भोक्ता स्थानीय 'पुरुष-तत्व' का शरीर स्थानीय अर्धांश माना जाता है। इनके अनुसार, यह पुरुष-तत्व अब दृष्टा एवं भोक्ता के रूप में अपनी विभिन्न भूमिकाओं के लिये सर्वथा प्रस्तुत है, और इसके साथ संयुक्त होकर 'प्रकृति' भी अब अपनी असंख्य चमत्कारी क्षमताओं और भाव-भंगिमाओं के सहित उसे मोहित और प्रमुदित करने के लिये स्वतंत्र के

समान हो गई है। अगर शिव एक चतुर खिलाड़ी है, तो शक्ति स्वयं महामाया और माया की अधिष्ठाता विश्व-विमोहिनी त्रिपुरसुंदरी है जो सापेक्षता के सिद्धांत से बद्ध के समान भोक्ता शिव के लिये भोगों एव भोग्य की सृष्टि करते हुए, और कारण, सूक्ष्म और भौतिक, तीन भूमियों का निर्माण करते हुए, उन्मुक्त होकर इन तीन पुरों में अपनी लीलाओं का प्रकाश करती रहती है।

इस प्रकार परमशिव के आमोद के लिये एक विशिष्ट क्रीड़ा क्षेत्र का निर्माण करते हुए प्राचीन आगम शास्त्रों के दो प्रसिद्ध खिलाड़ी भी अपनी-अपनी भूमिकाओं के निर्वाह के लिये अपनी समस्त योग्यताओं और निपुणताओं के सहित प्रस्तुत हो जाते हैं। इनमें पुरुष तत्व एक अतिथि अथवा ग्राहक की भूमिका का निर्वाह करता है और प्रकृति इस विश्वोद्यान की स्वामिनी की। इनमें पुरुष उस दर्शक के समान है जिसने इस उद्यान में प्रवेश का अधिकार प्राप्त कर लिया है, जबकि प्रकृति एक चतुर आयोजक के समान अपने अतिथि का हृदय जीतने के लिये प्रयत्नशील होती है।

पुरुष और उसकी संगिनी

शिव की संगिनी के रूप में 'प्रकृति' पुरुष अथवा आभास चैतन्य रूपी शिवांश के उपभोग के लिये अब भौतिक सृष्टि का निर्माण करती है। एक आतिथ्यकर्त्री के रूप में वह प्रत्येक पुरुष के लिये उसके उपयुक्त एक अलग संसार की रचना करती है जो उसके अपने वैयक्तिक संसार के समान होता है, जिसमें उसका एक अलग शरीर और उसी के अनुरूप सबसे अलग एक विचरण क्षेत्र भी होता है जिसकी अनुभूति और उपभोग वह सापेक्ष रूप से ही कर सकता है।

पराभूमि पर अवस्थित शक्ति, शिव एवं स्वयंभुव, अथवा ब्रह्मा, विष्णु एवं महेश की तिकड़ी के द्वारा प्रायोजित, 'मैं' एवं 'यह' एक समानांतर रूप में विकसित होते हुए इस विश्व के रूप में विस्तार को प्राप्त होते हैं। स्थूल सृष्टि के प्रारंभ में 'यह' विभाग की प्रधानता होती है, क्योंकि जटिल शरीरों एवं बड़ी संरचनाओं के निर्माण के लिये बड़ी संख्या

में मौलिक संरचनाओं की आवश्यकता होती है जिनमें 'मैं' विभाग की अत्यल्प भूमिका होती है। इसके अनंतर 'मैं' स्थानस्थ दृष्टा की प्रधानता हो जाती है और उसके विकास के अनुरूप स्थूल शरीरों के निर्माण की परंपरा का ही विशिष्ट विकास होता रहता है।

तथापि पुरुष को केवल एक स्थूल शरीर ही नहीं, बल्कि आगम के ऋषियों के मत में तो, उसे अपने लिये एक अलग अवकाश और अपने विकास एवं अधिकार क्षमता के अनुरूप सुविधाओं के सहित एक अलग संसार की भी आवश्यकता होती है। उदाहरण के रूप में, यदि प्रकृति को एक ऐसे ग्राहक पुरुष का आतिथ्य करना है जिसमें एक शेर के शरीर की योग्यता है, तो प्रकृति उसे केवल एक शेर का शरीर ही नहीं बल्कि यथासंभव उसके उपयुक्त जंगलों, नदियों और समतल भूमि से युक्त आवास-विहार आदि की व्यवस्था भी प्रदान करने के लिये बाध्य है, जहां वह विचरण कर सके और अपनी क्षमताओं का प्रयोग करते हुए अपने भोजन के लिये शिकार भी कर सके।

और मात्र इतना ही नहीं, एक दिन अपने आतिथ्य की चरम परिणति के रूप में, वह स्वयं एक शेरनी का रूप धारण करते हुए उसके जीवन के किसी मोड़ पर अचानक उसके समक्ष उपस्थित हो जाती है। और यह एक यामल अवस्था के प्रलोभन के साथ उसकी आंखों में आंख डालते हुए, और हर दृष्टि से उसके समान एवं उपयुक्त एक भावी संगिनी के रूप में, एक ऐसे समय और स्थान पर अचानक उसके सामने आ जाती है जहां और कोई नहीं होता, केवल एक सेव का पेड़ एक गवाह के रूप में उपस्थित रहता है, जिसकी डाल से एक रसों एवं सुरभि से परिपूर्ण फल उसको ललचाते और आमंत्रित करते हुए झूल रहा हो।

पदार्थ के रूप, रंग और गुणों का निस्तारण

ऋषियों के अनुसार दृष्टा-उपभोक्ताओं में दो विभाजन होते हैं। इनमें एक को पति प्रमाता कहा जाता है, जिसे साधारण भाषा में हम विश्व का स्वामी और समष्टि का भोक्ता कह सकते हैं, जो निश्चल रहते हुए

इस समस्त विश्व के दृष्टा के रूप में स्थित रहता है। इसके अतिरिक्त दूसरे को पांच कंचुकों से बद्ध पशु प्रमाता कहा जाता है, जो सापेक्ष दृष्टा होता है, और विश्व के किसी अंश विशेष को उसी संदर्भ से देख सकता है और उसके साथ क्रिया-प्रतिक्रिया करते हुए उसका उपभोग भी कर सकता है। आगम में समष्टि के प्रायोजक को शिव-तत्व, और अंश के दृष्टा-उपभोक्ता या प्रायोजक को जो वास्तव में जड़ स्थानीय प्रकृति एवं पदार्थ के द्वारा परावर्तित शिव के चैतन्य का ही प्रकाश होता है, 'जीव' अथवा चिदाभास कहा गया है।

परमेश्वर की प्रकृति एक ओर तो अरबों प्रकाश-वर्षों तक विस्तृत समष्टि का निर्माण एवं नियंत्रण करती है, वहीं दूसरी ओर यह अत्यंत छोटी, कम छोटी, बड़ी और बहुत बड़ी व्यष्टियों का, क्वार्क, इलेक्ट्रोन, सितारों, और आकाश गंगाओं से लेकर मनुष्यों तक सभी का निर्माण अथवा सृजन भी करती रहती है। प्रकृति का यह पहला मुख्य कार्य है। आगम के अनुसार एक सदैव कार्यरत तत्व के रूप में प्रकृति तत्व का दूसरा प्रधान कार्य होता है सभी श्रेणी के व्यष्टि पुरुषों के लिये आवश्यक अनुभव एवं क्रिया क्षेत्रों की सृष्टि एवं व्यवस्था करते रहना। साथ ही, हमें यह भी स्मरण रखना होगा कि ये व्यष्टि-पुरुष पदार्थ के विभन्न कण, उनके द्वारा संरचित अणु-परमाणु, और इन अणु-परमाणुओं के द्वारा संरचित छोटी या बड़ी वस्तुएं, एवं छोटे या बड़े प्राणी भी हो सकते हैं।

जैव वैज्ञानिकों का अनुमान है कि हमारे मानव शरीर में लगभग एक हजार खरब कोशिकायें हैं, और यदि अपेक्षाकृत अनेक छोटी रक्त कोशिकाओं को छोड़ भी दें तो लगभग एक सौ दस खरब ऐसी कोशिकायें हैं जिनमें से प्रत्येक के निर्माण में लगभग एक हजार खरब परमाणुओं का उपयोग हुआ हैं। इनमें से प्रत्येक कोशिका एक पुरुष है और प्रत्येक कोशिका में उपस्थित प्रत्येक परमाणु भी एक पुरुष ही है। तथापि इस स्थूल जगत के निर्माण के पूर्व ही आगम के इकत्तीस तत्वों के माध्यम से एक ऐसी सार्वभौम प्रणाली का विकास हो चुका होता है, कि प्रकृति को उन कोशिकाओं और परमाणुओं में से किसी के भी प्रति अपने दायित्व का

निर्वाह करने में कोई असुविधा नहीं होती। इसके पूर्व "पुरुष और उसकी संगिनी" नामक शीर्षक के अंतर्गत, एक उदाहरण के साथ, हम पुरुष और प्रकृति के परस्पर के संबंध की चर्चा कर चुके हैं।

एक सार्वभौमिक डी.एन.ए. जैसी व्यवस्था के लाभ

प्रकृति तत्व का एक अंश विशेष ऐसे प्रत्येक पुरुष अथवा सृष्टि-कण के साथ संयुक्त होकर अवस्थित रहता है, जिसकी माया-मिश्रित क्षेत्र में अभिव्यक्ति हो चुकी है। भले ही सृष्ट जगत में इस पुरुष की कितनी भी छोटी अथवा बड़ी भूमिका हो, प्रकृति का एक तत्वांश सदैव एक लिंग शरीर के रूप में उससे संलग्न रहता है, और ऐसी किसी भी अभिव्यक्ति में, इस संचालन-कक्ष स्थानीय लिंग शरीर के रूप में इसके विकास की अनेकों अवस्थायें हो सकती हैं। कारण और लिंग शरीरों के संयोजन से निर्मित एक 'सूक्ष्म शरीर', अभिव्यक्ति को प्राप्त होने वाले प्रत्येक पदार्थ के कण से एक विंदु चैतन्य के समान संयुक्त रहता है। और इस सार्वभौमिक डी.एन.ए. जैसी व्यवस्था के माध्यम से, इसमें पहले से ही विश्व में उत्पन्न हो सकने वाले सभी पदार्थों की परिकल्पना एवं योजना समाविष्ट होकर उसी प्रकार उपस्थित होती है, जैसे हमारे शरीर की प्रत्येक कोशिका में हमारे संपूर्ण स्थूल शरीर और इसके प्रत्येक अंग-प्रत्यंग की परिकल्पना एवं योजना समाविष्ट होती है।

अपनी आवश्यकतानुसार, किसी भी जाति की व्यष्टि अथवा छोटी-बड़ी समष्टि के विकास के पूर्व प्रकृति पहले इसके लिंग शरीर का विकास उस भूमिका के अनुरुप कर लेती है। यह अग्रिम सूक्ष्म विकास उसके स्थूल शरीर के विकास में सहायक होता है। तत्पश्चात वह ऐसे लाखों और करोड़ों स्थूल शरीरों को अत्यंत सहजता से उत्पन्न कर सकती है। प्रकृति पहले यह निर्णय करती है कि सार्वभौमिक लिंग शरीर में समाविष्ट किन विभागों और प्रावधानों का, किन परिमाणों में और कितना लचीलापन रखते हुए विकास करना आवश्यक है, और फिर तदनुरूप वह किसी वस्तु अथवा प्राणी के उपयुक्त स्थूल शरीर का विकास करने में अग्रसर हो जाती है। लिंग शरीर के विकास का अर्थ है मानस-क्षेत्र के प्रावधानों का

यथोचित विकास, और फिर उसी के अनुरूप स्थूल शरीरों का भी विकास करते हुए प्रकृति, सापेक्षता के संदर्भ में अपनी आवश्यकता के अनुसार ज्ञान एवं क्रिया के प्रावधानों के कम या अधिक विकास के द्वारा उसे नियंत्रित कर सकती है।

पहले ज्ञान एवं किया के प्रावधानों सहित चालक शरीर का विकास होता है और उसके बाद उसके द्वारा चलायमान हो सके ऐसे किसी स्थूल शरीर का, भले ही वह एक इलेक्ट्रोन या क्वार्क मात्र ही क्यों न हो। इसी प्रकार, प्राय: शनै:शनै: धीर गति से, परंतु कहीं-कहीं आवश्यकतानुसार तीव्र और तीव्रतर गति से, प्रकृति एक क्रम के अनुसार इस विश्व की विविधताओं की सृष्टि करते हुए अपने प्रधान एवं केन्द्र स्थानीय लक्ष्य की प्राप्ति की ओर, अर्थात बुद्धि तथा विवेक से युक्त मनुष्य के जन्म की दिशा में अग्रसर होती रहती है।

ब्रह्मांड मे अवस्थित सभी पदार्थ के कण भी पुरुष और प्रकृति दोनों की युति ही होते हैं। सभी कुछ न कुछ जानते हैं और अनुभव करते हैं और सभी को दूसरे पुरुष-प्रकृति के युग्मों के द्वारा जाना एवं अनुभव किया जा सकता है। यह विश्व एक ही मूल पदार्थ में ध्रुवीकरण और उसके द्वारा उत्सर्जित कतिपय परंपराओं के विकास से ही सृजित होता है, और ये परंपरायें आसपास रहते हुए ही विभिन्न कार्यों एवं भूमिकाओं का लगभग एक साथ ही विकास करते हुए अग्रसर होती हैं। अत: इस विश्व की सब वस्तुएं एक ही शृंखला की विभिन्न कड़ियों के समान होती हैं। ये सभी स्पंदित होते हुए, एक ही प्रकार की मूलध्वनियों को अलग-अलग स्तरों पर उत्पन्न करने का प्रयास करते हुए, एक ही परंपरा के अनुरूप रंग एवं आकार आदि धारण करते हुए, और एक ही प्रकार से स्पर्श, गंध एवं रस इत्यादि की कम वा अधिक उत्पत्ति करते हुए चलायमान रहती हैं।

एक पूर्ण विकसित सार्वभौम लिंग शरीर में अवस्थित मन, बुद्धि एवं पांच-पांच ज्ञान तथा कर्म की इन्द्रियों के अतिरिक्त, जो पांच सूक्ष्म तत्व होते हैं वे इच्छा या वासना के द्योतक होते हैं और उन्हें पंच-तन्मात्रा कहा जाता है। ये पांच सूक्ष्म तत्व क्रमश: शब्द, स्पर्श, रूप,

रस एव़ गंध होते हैं, और ये ही वे विषय होते हैं जिन्हें ज्ञानेन्द्रियां ग्रहण कर सकती हैं। वास्तव में जो भी एक दृष्टा देखता है या अनुभव करता है, वह सब कुछ अनुभव के द्‌वारा जानने के उपयुक्त ये पांच विषय ही होते हैं, और पदार्थों में विविधता को पहचानने के लिये भी ये ही साधन होते हैं।

यथार्थ में तो ये तन्मात्राएं ही स्थूल भूमि पर हमारे द्‌वारा अनुभूत पदार्थ की विभिन्न अवस्थाओं में उनके गुणों एवं उनके विनिर्देशों (specifications) का निस्तारण करती हैं, क्योंकि हमारे द्‌वारा दृष्ट विविधता की प्रत्येक इकाई और समष्टि के द्‌वारा शब्द, स्पर्श, रूप, रस एव़ गंध के रूप में कम वा अधिक मात्रा में इन्हीं पांच प्रकार की अनुभूतियों का विकिरण होते रहता है। एक ही परंपरा, तकनीकी कारणों से विभिन्न मार्गों का अवलंबन करते हुए, विभिन्न धरातलों से उतरते हुए, हमारे द्‌वारा दृश्यमान और अरबों प्रकाश-वर्षों तक फैले हुए इस ब्रह्मांड के रुप में अभिव्यक्ति लाभ करती है। ज्ञातव्य है कि ऋषियों के अनुसार शब्द से आकाश का, अग्नि से रूप का, स्पर्श से वायु का, जल से रस का, एवं गंध से पृथ्वी तत्व का सामंजस्य होता है।

मूल त्रिकोण का विपरीतिकरण

परम-चैतन्य परंतु 'निष्कल' परमशिव की चेतना के क्षेत्र में एक स्पंदन के तरंगायमान होने से उसका ध्रुवीकरण होकर एक असीम क्षमता से युक्त बल-क्षेत्र की सृष्टि हो जाती है। इस ध्रुवीकरण के फलस्वरूप इसकी क्षमताओं का दो विभागों में विभाजन होकर शिव एवं शक्ति नामक दो तत्वों का सृजन होता है। इनमें शक्ति तत्व अंत:चेतना, गति और विकर्षण के बल का, और शिव तत्व चेतना के वाह्य विभाग, स्थिति एवं आकर्षण के बल का प्रतिनिधि होता है। इन दो ध्रुवीकृत बलों एवं क्षमताओं की संधिस्थली में दोनों के साम्य-स्वरूप एक यामल अवस्था अथवा द्‌वीप के समान स्थिति बनती है, जिसे आगम में कामरूप पीठ कहा जाता है और इसी के मध्य संवित की ये दोनों प्रकार की चेतनायें संयुक्त रूप में उदित होकर 'स्वयं भुव' नाम से ख्यात होती हैं। यह

संयुक्त चेतना अथवा 'परा संवित' परमेश्वर की विश्व सृष्टि की 'सिसृक्षा के बीज' की चेतना के रूप में उदित होती है और स्वयं अपना विकास करती है। शिव, शक्ति एवं इन दोनों तत्वों का समवाय स्वयंभुव (जो परमशिव का ही अंश स्वरूप है), अव्यक्त पराक्षेत्र में ये तीन प्रधान होते हैं।

कारण भूमि का विकास कर लेने के पश्चात इन तीन प्रधानों की तीन वाह्य प्रकृतियां अपनी इच्छा, ज्ञान एवं क्रिया शक्तियों और उनकी नियामक शक्तियों और पीठ सरंचनाओं के साथ, तथा अव्यक्त-विंदु स्वरूप कामरूप पीठ को मध्य में रखते हुए, एक त्रिकोण के आकार में स्थित हो जाती हैं। इस त्रिकोण को आगम शास्त्रों में मूल त्रिकोण कहा जाता है। श्रीविद्या तंत्र में इसी को शिव त्रिकोण भी कहा जाता है। यह त्रिकोण कारण भूमि के मुहाने पर स्थित होता है, अत: इसे कारण द्वार अथवा महायोनि भी कहा जाता है। मूल त्रिकोण की इस संरचना में शिव एवं शक्ति के यामल स्थानीय कामरूप पीठ पर उदय होने वाली, परमात्म तत्व की स्वयंभुव के नाम से ख्यात चेतना, उस बल क्षेत्र का अधिष्ठाता चैतन्य है जो एक मैट्रिक्स के समान कार्य करते हुए इस समस्त विश्व को ऊर्जा एवं दिशा प्रदान करते हुए अभिव्यक्ति की ओर प्रेरित एवं अग्रसर करता है।

कारण भूमि पर जो सृष्टि होती है वह बिंदु के द्वारा होती है और इसे बैन्दव सृष्टि कहा जाता है। इसके पश्चात जो सृष्टि होती है वह कार्य जगत में होती है और विसर्ग के द्वारा होती है। जैसे प्रकाश से किरणों का विसर्जन होता है, उसी प्रकार मूल त्रिकोण के मध्य में अवस्थित विंदु से जिसमें शिव एवं शक्ति तत्वों का समवाय होता है, दो अन्य बिंदुओं का विसर्जन होता है। इनमें से एक शिवांश होता है जिसे ज्ञानांड भी कहा जाता है, एवं दूसरा शक्त्यांश होता है जो क्रियांड स्वरूप होता है। अब मध्य विंदु भी, जो एक न्यूट्रल अथवा समवाय विंदु होता है, द्रव्यमान की अवधारणा ग्रहण करते हुए, इच्छा बिंदु (या अत्यंत लघु परिमाण की एक बूंद) के रूप में त्रिकोण में शीर्ष स्थान ग्रहण कर लेता है। इससे विसर्जित होने वाले दो बिंदुओं में से एक लाल

बिंदु जो शक्ति अथवा प्रकृति का परिचायक होता है और क्रियांड कहा जाता है त्रिकोण में क्रिया कोण में अवस्थित हो जाता है। इसी प्रकार इनमें से दूसरा जो श्वेत बिंदु (बूंद) होता है और पुरुष या शिव का परिचायक होता है, वह ज्ञान कोण में स्थिति प्राप्त करता है। ऋषियों द्वारा बूंद शब्द का प्रयोग शून्य विंदु से भिन्नता का द्योतक होता है क्योंकि इन बिंदुओं अथवा बूंदों में विशिष्ट प्रकार के द्रव्यमानों की अवधारणा ग्रहीत हो गई है।

कार्य भूमि पर सृष्टि का कार्य विसर्ग बिंदुओं के द्वारा होता है, जबकि इच्छा बिंदु उनके लिये एक आधार की सृष्टि करने के पश्चात उनके मध्य में स्थित रहता है। शिव एवं शक्ति बिंदु, अथवा श्वेत एवं रक्तिम बूंदें, एक दूसरे में प्रवेश करते रहते हैं, और आगम के श्रीविद्या तंत्र के अनुसार उनके संकोच एवं प्रसार के मध्य ही समस्त वस्तुओं की सृष्टि होती है। तंत्र शास्त्रों में सर्वोच्च समझे जाने वाल इस तंत्र के अन्तर्गत इन श्वेत एवं रक्तिम बूंदों के एक दूसरे के क्षेत्रों में विविध प्रकार से प्रवेश करने को 'कामकला' कहा जाता है, जिसके माध्यम से अनेक प्रकार की विविधताओं की सृष्टि संभव होती है।

पहले शिव अपनी ज्ञान शक्ति की सहायता से किसी भी संभावित अभिव्यक्ति में चालक-कक्ष स्थानीय लिंग शरीर का विकास करते हैं और इसके पश्चात शक्ति अपनी क्रिया शक्ति की सहायता से कार्य के रूप में इस चालक-कक्ष के उपयुक्त वाहन के समान स्थूल शरीरों का विकास करती है। यह आगम में निहित तंत्रों का एक विशिष्ट रहस्य है कि सूक्ष्म से स्थूल में अवतरण के समय प्रतिष्ठा कला एक अद्भुत कलाबाजी के साथ और एक विपरीतीकरण की अवस्था की उत्पत्ति करते हुए ही, अपने क्षेत्र का परिवर्तन करती है। इसके फलस्वरूप एक दर्पण में दिखाई पडने वाले प्रतिबिंब के समान मूल त्रिकोण का परावर्तन हो जाता है और शीर्ष स्थानीय इच्छा प्रकृति अब भूमि का स्थान ग्रहण करते हुए भूमिष्ठ हो जाती है तथा स्थूल भूमि के अनुरूप गुणों की सृष्टि करने की दिशा में अग्रसर होती है। आगम का मूल त्रिकोण अब महर्षि अगस्त्य एवं ऋषिपत्नी लोपामुद्रा

के द्वारा प्रतिपादित श्रीविद्या के शक्ति त्रिकोण का रूप धारण कर लेता है (चित्र-२ एवं ३ देखें)।

विश्व योनि का आविर्भाव

मूल त्रिकोण का निर्माण करने वाली तीन रेखाओं में से (चित्र-३) आधार रेखा ज्ञान रेखा होती है, जिससे पूर्व की ओर शीर्ष बिंदु से उतरने वाली इच्छा-रेखा तथा उसके पश्चिम की ओर शीर्ष की दिशा में जाने वाली रेखा क्रिया-रेखा होती है। इस त्रिकोण के शीर्ष में इच्छा प्रकृति की संरचना पूर्णगिरी पीठ, और घड़ी की सुइंयों की दिशा में क्रमश: पूर्वकोण में ज्ञान प्रकृति तथा पश्चिम कोण में क्रिया प्रकृति की संरचनाओं का स्थान होता है। यह त्रिकोण ऊर्ध्व की ओर जाने वाली समय की रेखा से तारतम्य रखते हुए इस प्रकार स्थित होता है कि समय की रेखा पर इस त्रिकोण की आधार रेखा सदैव लंब रूप में अवस्थित रहती है। ऋषियों के अनुसार कोई भी सृष्टि समय रेखा पर लम्बवत स्थित किसी तलक्षेत्र में ही उत्पन्न एवं विकसित हो सकती है, अर्थात मूल त्रिकोण की संरचना के अनुसार सृष्टि केवल ज्ञान रेखा के तल पर और उसी के समानांतर उद्भूत क्षेत्र में ही हो सकती है। अत: कार्य भूमि के सूक्ष्म धरातल पर जो सृष्टि या अभिव्यक्ति होती है, उसका विकास पूर्व कोण में अवस्थित ज्ञान प्रकृति के द्वारा ज्ञान रेखा के समानांतर पश्चिम कोण की दिशा में होता है।

मूल त्रिकोण के विपरीतिकरण के साथ, जैसे किसी तरंग-विहीन झील की जलराशि में किनारे पर स्थित किसी वृक्ष का प्रतिबिंब दिखाई पड़ता है उसी प्रकार, जो समतल रेखा होती है और जिसके समानांतर सृष्टि का विकास हो सकता है, वह ऊर्ध्व रेखा का स्थान ले लेती है (चित्र-३ देखें)। तथापि तीनों कोणों के स्वामियों में, तथा सृष्टिप्रवाह के घड़ी की सुइंयों की दिशा के अनुरूप अग्रसर होने वाले सिद्धांत में कोई परिवर्तन नहीं होता। अपने हाथ में मशाल लेकर विश्व की अभिव्यक्ति की दिशा में अग्रसर होते हुए सृष्टि-प्रवाह के पथ को प्रकाशित करने, और सृष्टि के कार्य को आगे बढाने का दायित्व अब क्रिया प्रकृति ग्रहण कर लेती है। ऋषियों के अनुसार क्रिया से ही कार्य रूप दृश्यमान जगत की सृष्टि हो सकती

है। अत: जहां मूल त्रिकोण अथवा शिव त्रिकोण में क्रिया प्रकृति के कोण से उद्भूत क्रिया रेखा की दिशा इच्छा कोण की ओर थी, इसके परावर्तित होकर शक्ति त्रिकोण में परिणत होने पर अब यह स्वाभाविक रुप से घड़ी की सुइंयों की दिशा में, अर्थात क्रिया से ज्ञान की ओर प्रवाहित होने वाली सृष्टि रेखा का स्थान ले लेती है (चित्र-३)। जिसे अबतक महा योनि कहा जाता था, अपने परावर्तित रूप में वही संरचना अब स्थूल-विश्व की जनक विश्व-योनि का स्थान ग्रहण कर लेती है।

ऋषियों के अनुसार यह विश्व सतत चलायमान है, जिसमें गतिमान ऊर्जा सदैव एक स्थिर ध्रुव के इर्द गिर्द घुर्णायमान रहती है। साथ ही यह ऊर्जा प्रवाह समय रेखा के भी चारों ओर घुर्णित होते हुए ही गतिशील बना रहता है। यह ऊर्जा प्रवाह कारण भूमि पर अपने सृजन अथवा उद्‌गम-स्थल से ही, अपने संवेग को संतुलित करते हुए और एक ही प्रकार से गतिशील रहते हुए अपने पथ पर अग्रसर होता रहता है। अपने उद्‌गम अथवा निर्गमन के समय जिस गति से एवं जिस दिशा में इसके प्रवाह का उदय होता है, यह उसी का अनुसरण करते हुए स्वाभाविक और सहज रूप से घुर्णायमान बने रहने का प्रयास करते हुए समय की रेखा के साथ ऊर्ध्व दिशा में उठता है। तथापि, इसमें प्रगाढ़ता एवं द्रव्यमानों के जड़ित होते रहने से इसकी इसकी गति में शिथिलता आती रहती है। इस सृष्टि प्रवाह में केवल दिशा ही नहीं होती, इसका अपना संवेग भी होता है। यह स्पंदहीन अवस्था से उदित होकर क्रमश: अत्यल्प प्रगाढ़, तीव्र और तीव्रतर प्रगाढ़ता वाले स्पंदन के क्षेत्रों से निकलते हुए तथा और अधिक प्रगाढ़ावस्था को प्राप्त होते हुए, स्थूल सृष्टि की अभिव्यक्ति एवं पदार्थ की उत्पत्ति की ओर अग्रसर होता रहता है।

ऋषिगणों के अनुसार एक स्थिर कीलक के समान अवस्थित 'स्थिर-ध्रुव' रेखा के चारों ओर अपनी पहली पूर्ण परिक्रमा के मध्य यह सृष्ट्योन्मुख ऊर्जा प्रवाह कारण जगत की, दूसरी परिक्रमा के मध्य सूक्ष्म सृष्टि की, एवं तीसरी परिक्रमा के मध्य स्थूल विश्व की रचना करने के पश्चात, और सभी आवश्यक धरातलों की सृष्टि कर लेने के उपरांत, अब एक पूर्ण विकसित ब्रह्मांड के रूप में अपने चौथे चक्र में अवस्थित है (चित्र-३, दाहिनी ओर)।

विश्व-योनि

मूलत्रिकोण - शिव त्रिकोण
इच्छा
पूर्ण गिरि पीठ
मिथुन
कुंडलिनी
कामरूप पीठ
क्रिया
उड्डियान पीठ
शक्ति
शिव
ज्ञान
जालंधर पीठ
अभिव्यक्ति की रेखा
महा कुंडलिनी
विश्व
स्थूल
सूक्ष्म
कारण
सूक्ष्म जगत
बिंब
प्रतिबिंब
स्थूल जगत
अभिव्यक्ति की रेखा
क्रिया
(शक्ति)
रक्त
बिंदु
(-)
श्वेत
बिंदु
(+)
ज्ञान
(शिव)
मिश्रित
बिंदु
(±)
इच्छा
(मिथुन)
त्रिकोण का विपरीतिकरण
शक्ति त्रिकोण
LINE OF ETERNITY
DIRECTION OF MANIFESTATION (SPACE FORMATION)

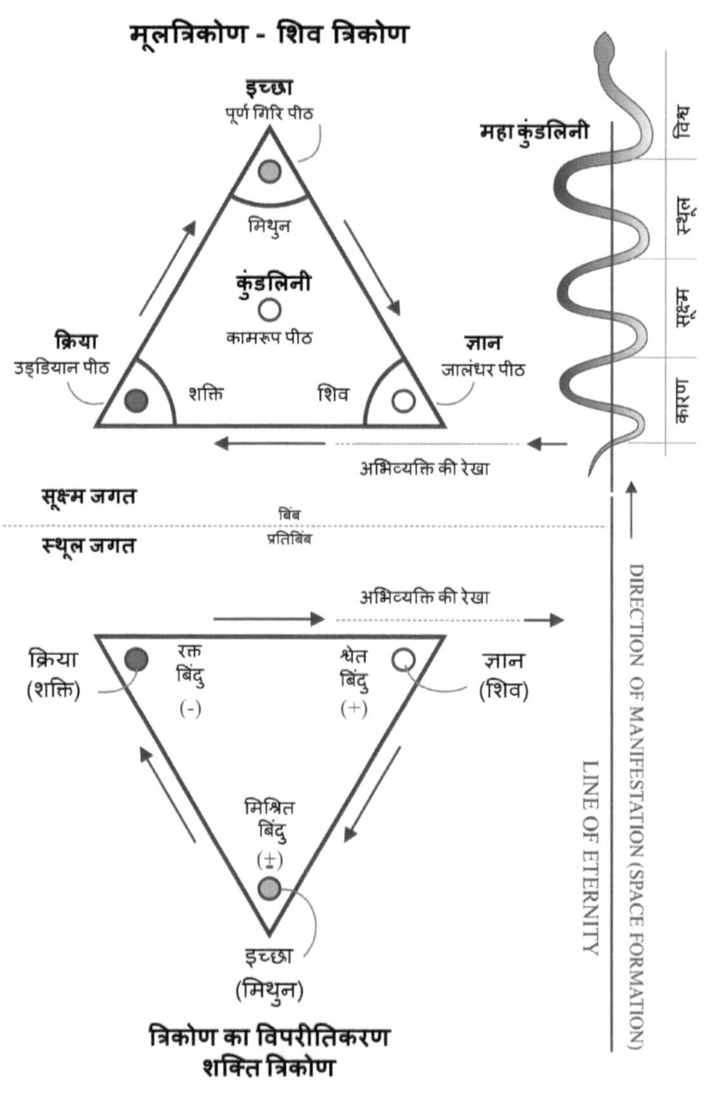

चित्र-३

संवित-विज्ञान' द्वारा वर्णित के परिप्रेक्ष्य में

आगमों मे वर्णित सृष्टि प्रकरण का अनुसरण करते हुए अब हम संवित विज्ञान के इस दूसरे अध्याय के लगभग अंत में पंहुच गये हैं, तथापि यह स्मरण रखना आवश्यक है कि ऋषियों के द्वारा वर्णित बल और क्षमतायें चैतन्य नहीं हैं, और उसी प्रकार ऊर्जा भी स्वत: चैतन्य नहीं है। उनमें अपने कार्यों के निर्वाह के अनुरूप ज्ञान एवं प्रवृत्तियां हैं, परंतु उनका अपना स्वतंत्र चैतन्य नहीं है। उन्हें ये ज्ञान और क्षमतायें संवित के शिव एवं शक्ति अथवा पुरुष एवं प्रकृति में विभाजित विभागों से ही प्राप्त होती हैं, और फिर भी जब ये दोनों प्रधान संयुक्त होकर स्थित होते हैं केवल तभी संवित अथवा चैतन्य की अभिव्यक्ति होती है।

यह प्रकृति गतिज (kinetic) या स्थितिज (potential) स्थूलतर ऊर्जा एवं पदार्थ के क्षेत्र में किस प्रकार कार्य करती है, इसके विषय में आधुनिक विज्ञान शास्त्रियों द्वारा यथेष्ट एवं भरपूर ज्ञान का अर्जन कर लिया गया है। तथापि उनके पास अभी तक वैद्युतिक आवेश और रंजित आवेश (कलर चार्ज) की उत्पत्ति के विषय में कोई व्याख्या या सिद्धांत नहीं है, और उस स्थिति में पदार्थ के मौलिक कणों में आवेश की इकाई से कम अथवा विभाजित खंडों में उपस्थिति की व्याख्या की संभावना का तो कोई प्रश्न ही उत्पन्न नहीं होता। वैसे भी, जैव शास्त्र एवं औषध शास्त्र के श्रेष्ठ एवं निष्पक्ष ज्ञाताओं में तो अब शायद ही ऐसे लोग मिलेंगे जो आज भी बिना संशय के यह विश्वास करते हों कि भौतिक मस्तिष्क तथा नर्व प्रणाली के अभाव में चेतना की अभिव्यक्ति असंभव है। सापेक्षता के सिद्धांत पर अनुभूत इस विश्व को देखने और समझने के लिये अब संकीर्ण भौतिक दृष्टिकोण से बाहर निकलते हुए एक और अधिक विवेकपूर्ण पद्धति की आवश्यकता है। इसका विरोध करना और संकीर्णता का अनुमोदन अथवा अनुशीलन करना अब उचित नहीं है। शिक्षित और प्रबुद्ध मानव समुदाय के लिये अब और अधिक परिपक्वता की दिशा में बढ़ना आवश्यक है।

हम विश्व की आधारस्थली में कार्यरत सृजनात्मक प्राण शक्ति के विषय में एक प्रारंभिक चर्चा कर चुके हैं। इसी प्रकार विभिन्न पदार्थों से

बनाये गये छोटे पिरामिडों को भी जब उत्तर-दक्षिण दिशा में पृथ्वी के चुंबकीय क्षेत्र के अनुरूप रख दिया जाता है, तो उनमें जिस जैव ऊर्जा के समान शक्ति-क्षेत्र की उत्पत्ति होती है उसके विषय में भी आज अनेक प्रकार के विवरण उपलब्ध हैं। स्थान-क्रम में यह ऊर्जा-क्षेत्र भौतिक विद्युत की तुलना में एक अधिक मौलिक स्तर पर कार्य करने वाली ऊर्जा का क्षेत्र है। यह विद्युत क्षेत्र के समान प्रतीत होने पर भी एक सूक्ष्मतर स्तर पर ही कार्य करता हुए प्रतीत होता है। कहीं-कहीं यह विद्युत क्षेत्र से बाधित होता हुआ भी परिलक्षित होता है, जबकि अनेक स्थानों पर स्थितिज विद्युत क्षेत्र की उपस्थिति में पौधों, क्रिस्टल और विभिन्न जैव पदार्थों पर इसके प्रभाव में वृद्धि स्पष्ट दृष्टिगोचर होती है। तथापि प्राण शक्ति विद्युत-शक्ति से सर्वथा भिन्न होती है और इसका कार्य क्षेत्र अत्यधिक विस्तृत होता है। यह प्रकृति में प्रथम स्तर का वह सृजनात्मक स्पंदन है जो सृष्टि में सर्वत्र उपस्थित रहता है, और जिसके स्पंद की एक दिशा धनात्मक एवं पुरुष विभाग की ओर तथा दूसरी ऋणात्मक एवं प्रकृति विभाग की ओर होती है।

आगम के अनुसार सृष्टि के उदय की दिशा में परासंवित में जो प्रथम परिवर्तन होता है, वह है विश्वचेतना में एक धनात्मक एवं उसके विपरीत एक अन्य ध्रुव की उत्पत्ति। यह अव्यक्त परा क्षेत्र की घटना है और भौतिक गतिज ऊर्जा के द्वारा निर्मित स्थूल जगत में यह मौलिक विभाजन ही धनात्मक एवं ऋणात्मक विद्युत आवेशों के रूप में अभिव्यक्त होता है। स्थूल-सृष्टि के द्वार पर अवस्थित विश्वयोनि-स्वरूप त्रिकोण में लाल, श्वेत एवं मिश्रित बिंदुओं के रुप में उपस्थित तीन प्रकार की विकासोन्मुख मौलिक प्रवृत्तियां ही, अपनी अपेक्षाकृत स्थूलावस्था में दो विभिन्न गुणों वाले विद्युत आवेशों के रूप में उदीयमान होकर स्थित हो जाती हैं। इन आवेशों का हठात् शून्य से आविर्भाव संभव नहीं है। ये पदार्थ में उसके डी-एन-ए स्थानीय एक मौलिक गुण का ही प्रकाश या अभिव्यक्ति हैं।

भौतिक सृष्टि के संदर्भ में इसी प्रकार की कुछ और बातें भी हैं। जब इस मौलिक रूप से स्पंदायमान ऊर्जा को प्रकृति के द्वारा एक पदार्थ के कण के रूप में बद्ध कर दिया जाता है, तो यह किसी लट्टू या फिरकी

के समान घूमना प्रारंभ कर देता है और यह या तो (घड़ी की सुइयों का अनुसरण करने वाली) शक्ति की दिशा में घूमता है या उसकी विपरीत दिशा में, जो पुरुष अथवा शिव की दिशा कही जाती है। साथ ही, धनात्मक शिव पक्ष आकर्षण करता है और चुंबकत्व का प्रतीक-स्वरूप है। इसी प्रकार, शक्ति पक्ष ऋणात्मक होने के साथ ही विकर्षण भी करता है, जिसे विद्युत का प्रतीक-स्वरूप कहा जा सकता है। इन दो प्रधान पक्षों के संयुक्त होने से ही विद्युत्चुंबकत्व का (इलेक्ट्रोमैगनेटिक) विकिरण होता है जिससे प्रकाश उत्पन्न होता है। अब तो हम यह भी जान गये हैं कि प्रकाश के कण भी, शिव अथवा स्थिति एवं शक्ति अथवा तरंग, इन दोनों गुणों से युक्त रहते हुए ही कार्य करते हैं।

पदार्थ एवं अपदार्थ (Matter and Non-matter)

आगम का शिव पुरुष-स्थानीय तत्व है, जो प्रकाशन, प्रेम तथा आकर्षण का परिचायक एक स्थिर तत्व है और एक प्रकार से समय की रेखा से एकीकृत होकर स्थित रहता है। हम इसकी अवधारणा एक ऐसे विंदु या गोलक से कर सकते हैं जो स्वत: प्रकाशित है। दूसरी ओर इसका समकक्ष किंतु इसके विपरीत गुणों वाला शक्ति तत्व है, जो गतिशील पक्ष है। यह बल, अंधकार और विकर्षण का परिचायक तत्व होता है। अत: यह शिव की गोलकवत चेतना में उसके मध्य में स्थित केन्द्र के समान उसकी परिधि से दूर हटना प्रारंभ कर देता है। ऊर्जा का पर्याय यह शक्ति तत्व, अपने और शिव-तत्व के मध्य के क्षेत्र का विस्तार करते हुए, प्रगाढ़तर अवस्थाओं और गहनतम अंधकार को प्राप्त होते हुए और अधिकाधिक घनत्व का सृजन करते हुए, एक ब्लैक होल के तुल्य दिशा में विकास को प्राप्त होता है। वास्तव में तो इन दोनों तत्वों के मध्य का समग्र विस्तार ही एक ध्रुवीकृत क्षेत्र के समान कार्य करने लगता है। (चित्र-१ एवं ५)

आगम शास्त्र के ऋषियों को न तो क्वार्क, इलेक्ट्रोन आदि का ज्ञान था और न ही वे हाफ-स्पिन या कलर चार्ज के विषय में कुछ जानते थे। अत: अपने इस सृष्टि-क्रम में अब हम एक ऐसी भूमि पर पहुंच चुके हैं, जिसके विषय में कतिपय बातें भली प्रकार ज्ञात नहीं हैं और, विशेषकर

आज के वैज्ञानिक परिप्रेक्ष्य में, जिस दिशा में अभी पर्याप्त अन्वेषण नहीं हुआ है। हमारे पास ऋषियों का प्रकृति के मौलिक स्वभाव का ज्ञान है तथा विज्ञान के द्वारा भली-भांति स्थापित कुछ तथ्य हैं, और हम केवल इन दोनों के समन्वय का एक प्रयास मात्र कर सकते हैं। जो अभी अज्ञात है और अनिश्चित है, उसके विषय में अगर हम कुछ अनुमान लगाने का प्रयास करते हैं तो हमारी दृष्टि में तो यह विवेक सम्मत ही होगा, भले ही यह वैज्ञानिक पत्रिकाओं की दृष्टि से स्वीकार्य होने के योग्य न हो।

ऋषियों के अनुसार सृष्टि की ओर उन्मुख 'दो प्रधान तत्वों की आबद्धता की यह विशेष अवस्था' जब पुरुष-प्रकृति के संयोग से एक सृष्टि कण के रूप में अभिव्यक्त होती है तो इसका स्वरूप एक चणक के समान प्रतिभाषित होता है। तनिक ध्यान से चिंतन करने पर ऐसी प्रतीति होती है कि जब यह युगल तत्व एक पदार्थ के कण के रूप में अभिव्यक्त होता है, तो चेतना के इन दो विभागों को एक बड़े वृत्त में अवस्थित दो छोटे वृत्तों के समान नहीं, बल्कि एक ही वृत्त (गोलक) के दो मिश्रित अवयवों के गहन विभाजन के द्वारा सृजित दो आंतर अर्धांगों के समान लक्षित होना चाहिये। तथापि सरल प्रतीत होते हुए भी यह एक अपेक्षाकृत दुरूह संरचना ही कही जा सकती है।

इसमें जो दुरूहता की बात कही गई है उसका कारण है इन दो प्रधान तत्वों के परस्पर एक दूसरे पर आधारित रहते हुए ही अभिव्यक्त होने की बाध्यता का नियम। इसमें दो वृत्त अथवा गोलक परस्पर इस प्रकार एक दूसरे से जड़ित होते हुए अभिव्यक्त होते हुए प्रतीत होते हैं, जैसे कि इनमें से प्रत्येक तत्व अपने अवकाश का अर्धांश रिक्त करते हुए बचे हुए अर्धांश में सिमट जाता हो और इस रिक्त किये गये अवकाश में दूसरा तत्व भी संकुचित होते हुए सिमट कर इसे पूर्ण रूप से भर देता हो। इस प्रकार दोनों एक दूसरे के द्वारा रिक्त किये गये अवकाश में एक पूर्ण के समान ही अवस्थित होकर एक इकाई के समान ही स्थिरवत प्रतीत हो सकते हैं। उन दोनों में से किसी के भी आधार को देख पाना संभव नहीं होगा, और न ही उनकी पूर्णता में किसी विभाजन की उपलब्धि संभव हो सकेगी, जैसे कि न्यूनतम क्रिया के परिचायक (elementary quantum of action) '*h*' का विभाजन संभव नहीं होता।

डॉ. कविराज के अनुसार ये दोनों प्रधान तत्व धर्म-धर्मी के सबंध को कायम रखते हुए ही अभिव्यक्त हो सकते हैं, जिनमें जब एक के गुणों की अभिव्यक्ति होती है तो दूसरा भी उनको आधार प्रदान करते हुए स्थित रहता है। ये दोनों इस प्रकार जड़ित रहते हैं कि एक समय में इनमें से एक के गुण ही परिलक्षित होते हैं जबकि दोनों ही उपस्थित होते हैं।

ऋषियों द्वारा व्याख्यायित सृष्टि के कण के समान ही पदार्थ का कण भी एक चणक के समान ही कार्य करते हुए परिलक्षित होता है। इसमें एक ज्ञान पक्ष भी होता है और एक क्रिया पक्ष भी; इसका भी एक मन विभाग होता है और एक शरीर विभाग भी, और इन दोनों के संयुक्त होने पर ही एक कण की अभिव्यक्ति संभव होती है। यद्यपि पदार्थ के एक कण में उसका शरीर उसकी क्रिया आदि ही दृश्यमान होते हैं और उसका मन अदृश्य रहता है, तथापि यह उसके शरीर को क्रियमाण करते हुए सदैव उसकी पृष्ठभूमि में स्थित रहता है। ये दोनों तत्व एकत्र ही अभिव्यक्त हो सकते हैं, अलग-अलग नहीं।

जिसकी अभिव्यक्ति होती है वह युग्म होता है जो बांयी ओर भी करवट ले सकता है और दाहिने भी, परंतु पहले एक अपना स्थान बदलता है और फिर दूसरा, एक साथ दोनों इस स्थान परिवर्तन की दिशा में क्रियमाण नहीं हो सकते। जब यह बांयी ओर घूमता है तो इसका दाहिना भाग इसको आधार प्रदान करते हुए स्थिर रहता है, और इसी प्रकार दूसरी दिशा में भी होता है। विज्ञानिदों के अनुसार हम एक पदार्थ के कण की कल्पना एक ऐसे जटिल लट्टू से कर सकते हैं जो अपनी दिशा अदलते-बदलते हुए घुर्णायमान होता हो। अगर हम इसे एक पूरे चक्र में घुमाने का प्रयास करते हैं तो यह केवल अपनी दिशा बदल कर घड़ी की सुईं की दिशा के अनुरूप या उसके विपरीत दिशा ग्रहण कर लेता है। इसे एक पूरे चक्र में घुमाने के लिये इसे दो बार घुमाना पड़ता है, तभी यह अपनी पूर्वावस्था अथवा अभिव्यक्ति को प्राप्त कर पाता है (चित्र-४)।

जिन्हें हाफ-स्पिन नाम से प्रसिद्ध भौतिकी के इस नियम का ज्ञान नहीं है, उन सभी पाठकों को यदि यह जटिल प्रतीत हो, तो इसे बिल्कुल स्वाभाविक समझते हुए वे इसे विज्ञानविदों के लिये छोड़ सकते हैं। पदार्थ के ज्ञान को ही सर्वोपरि स्वीकार करने की बाध्यता का भी, यदि हमारे

पाठक चाहें तो इसी के साथ त्याग कर सकते हैं, क्योंकि सापेक्षता से उत्पन्न अनेक भ्रमों के समान ही विज्ञान की श्रेष्ठता की यह अवधारणा भी केवल एक भ्रम मात्र है। इसी क्रम में, ऋषियों के द्वारा प्रतिपादित सत्य के सार्वभौम ज्ञान के प्रकाश में, हम चाहें तो इस निष्कर्ष को और अधिक बल प्रदान करने के लिये आगे आने वाले पृष्ठों में कुछ और भी प्रयास कर सकते हैं।

हम इतिपूर्व पाठकों से निवेदन कर चुके हैं, कि लेखक की यह बाध्यता है कि आगम के द्वारा प्रस्तावित सृष्टि की अभिव्यक्ति के क्रम में जहां तक संभव है, वहां तक आधुनिक विज्ञान को भी साथ लेकर चलने का प्रयास किया जाए, ताकि उतनी दूर तक तो विज्ञान और अध्यात्म, दोनों को एक ही पृष्ठ पर लाया जा सके।

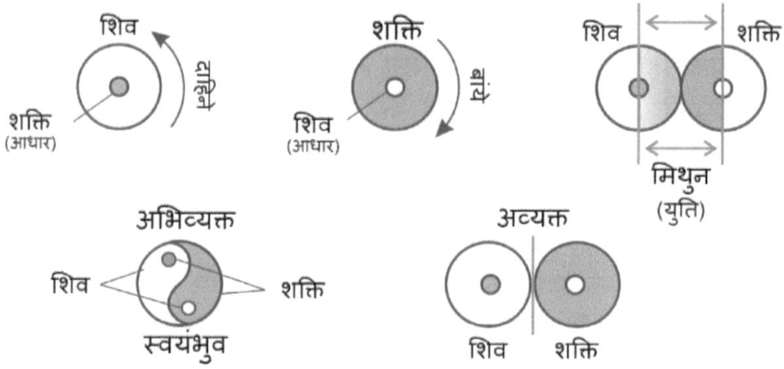

पदार्थ का कण और हाफ स्पिन

चित्र-४

तीन की महिमा का विस्तार

ऋषियों के अनुसार, विविधताओं से भरपूर इस विश्व की अभिव्यक्ति अव्यक्त में अवस्थित तीन प्रधानों के द्वारा क्रमशः सूक्ष्म से स्थूल की दिशा में उन्मुख तीन धरातलों का निर्माण करते हुए सम्पन्न होती है।

इसी क्रम को आगे बढ़ाते हुए जब हम भौतिक सृष्टि के मुहाने पर पहुंच जाते हैं, तो संवित विज्ञान का अनुशीलन करने वाले ज्ञानार्थियों को ऐसी स्पष्ट प्रतीति होने लग जाती है जैसे ये तीनों प्रधान स्वयं ही एक परमाणु के रूप में सन्निहित होकर आविर्भूत होने के लिये प्रस्तुत हो गये हों। उन्हें यह स्पष्ट दिखाई पड़ने लगता है कि स्थूल जगत का निर्माण करने वाले परमाणु में दृष्टिगोचर होने वाले उसके तीनों अवयव भी इन तीन प्रधानों के स्वभाव के अनुरूप ही अभिव्यक्ति प्राप्त करते हुए एवं कार्य करते हुए भी प्रतीत होते हैं।

आगम के द्वारा प्रतिपादित परावर्तित त्रिकोण स्वरूप विश्व योनि की संरचना पर एक दृष्टि डालने पर ही यह स्पष्ट हो जाता है कि उसमें अवस्थित ऋणात्मक गुणों से युक्त और क्रिया प्रकृति का परिचायक रक्त बिंदु ही स्थूल सृष्टि में इलेक्ट्रोन के रूप में परमाणु संरचना में युक्त होते हुए गतिशील शक्ति तत्व का प्रतिनिधित्व करते हुए दृष्टिगोचर हो रहा है। इसी प्रकार इस विश्व योनि स्वरूप त्रिकोण में अवस्थित धनात्मक गुणों से युक्त और शिव के ज्ञान एवं स्थिरत्व का परिचायक श्वेत अथवा नील बिंदु एक प्रोटोन के रूप में, तथा इसी में अवस्थित तीसरा मिश्रित बिंदु जिसमें दोनों प्रधान तत्वों का समन्वय होता है एक न्यूट्रोन के रुप में अपना स्थान ग्रहण करते हुए इस परमाणु संरचना को पूर्ण करने में अपनी भूमिका का निर्वाह करते हुए परिलक्षित होता है।

यह हमारे विद्वान पाठकों के ऊपर है कि उन्हें हजारों वर्ष के अन्वेषण के उपरांत ऋषियों के द्वारा प्रणीत मौलिक ज्ञान पर आधारित विश्व की अभिव्यक्ति का यह प्रस्ताव अधिक विवेकपूर्ण एवं तर्कसम्मत प्रतीत होता है, या भौतिक विज्ञानविदों के अनुमान पर आधारित उनका प्रस्ताव जिसमें किसी आधार के बिना ही अवस्थित एक अज्ञात भूमि पर किन्हीं अज्ञात कारणों से उद्भूत ऊर्जा के अकारण ही घनीभूत होने के पश्चात उसमें अज्ञात कारणों से होने वाले एक संभावित विस्फोट से, या अभी तक अज्ञात अन्य किसी कारण से, सभी गुणों से सज्जित ये पदार्थ के कण अकस्मात ही प्रकट भी हो जाते हों और अन्य किसी अपेक्षा, निर्देश या सहायता के बिना ही न केवल इस विश्व का ही, अपितु उसी प्रकार और अकारण ही, पहले जीवन का फिर मस्तिष्क आदि के माध्यम

से चेतना से युक्त विभिन्न प्राणियों का और अंत में मानव का सृजन करने में भी सक्षम हो जाते हों। ऋषिगण इसे माया कहते हैं और यह केवल फीतों और घड़ियों के माध्यम से मापित हो सकने वाली सापेक्षता की ही नहीं बल्कि और भी बहुत प्रकार के बौद्धिक भ्रमों की सृष्टि करती रहती है।

एक अद्भुत गुण मापक तंत्र (Proton)

एक कोशिका क्या क्या कर सकती है और कब इसे क्या करना या नहीं करना चाहिये, जैव शास्त्रियों के अनुसार यह सब उसके डी-एन-ए में किसी न किसी प्रकार लिख दिया जाता है। तथापि इसकी भाषा को पढ़ने का तरीका अब ढूंढ लिया गया है, और आजकल तो इस ज्ञान के माध्यम से संपूर्ण मानवता को नष्ट करने में सक्षम वाइरस भी बना लिये जाते हैं। यद्यपि चेतना का उदय तभी विज्ञान सम्मत कहा जायेगा जब यह मस्तिष्क आदि के माध्यम से उत्पन्न होती प्रतीत हो रही हो, परंतु प्रकृति के क्षेत्र में इसकी वैज्ञानिक परिभाषा में एक अपवाद के रूप में एक बड़ी छूट दे दी गई है कि यह बिना किसी प्रकार की चेतना के ही कुछ भी सुन, जान और कर सकती है, केवल भौतिक शास्त्र के नियमों का उल्लंघन नहीं कर सकती। डी-एन-ए शब्द की उत्पत्ति भले ही मात्र एक अम्ल के नाम के रूप में हुई हो परंतु आज के परिप्रेक्ष्य में यह डी-एन-ए एक मौलिक एवं अत्यंत शक्तिशाली शब्द बन गया है, और जैविक भूमि पर तो इसकी अपनी एक भाषा भी है जिसके उपयोग से हम जैसा चाहें वैसा वाइरस या उसका प्रतिकार करने में सक्षम वैक्सीन बनाने का प्रयास भी कर सकते हैं। कोई भाषा एक छोटे या बड़े सीमित क्षेत्र में ही कार्य करती है, जब कि एक शब्द के रूप में आज डी-एन-ए का एक सबसे अलग एवं अत्यंत शक्तिशाली स्थान बन गया है।

इसके पूर्व हम एक सृष्टि कण और एक वैश्विक डी-एन-ए के समान अवधारणा की बात कह चुके हैं। हम यह भी आभास दे चुके हैं कि कारण भूमि पर एक मौलिक सार्वभौम डी-एन-ए लिखने के लिये जिस भाषा का प्रयोग होता है उसका प्राणियों में (वाक भूमि की दृष्टि से) पश्यंति वाक

की भूमि पर आत्म-प्रेरणा की उत्पत्ति आदि के हेतु उपयोग होता है। इसी प्रकार मानसिक शक्ति के स्पंदन के अनुरूप मध्यस्थानीय सूक्ष्म भूमि पर मध्यमा वाक कार्य करता है, जहां भाषा की बाध्यता नहीं होती अपितु यहीं से वैखरी वाक और उसके उपयुक्त भाषाओं का भी विकास होता है। प्रकृति के द्वारा ये दोनों प्रकार के डी-एन-ए-स्थानीय गुण प्रत्येक पदार्थ के कण से उसकी स्थूल अभिव्यक्ति के साथ ही संयुक्त कर दिये जाते हैं।

स्थूल भूमि पर अवतरण के पश्चात प्रकृति को एक ऐसे तंत्र की आवश्यकता होती है जिसमें वह आणविक एवं रासायनिक उपयोग के तत्वों के लिये भी एक डी-एन-ए को स्थित कर सके। अगर हम चाहें तो परमाणु को एक 'यंत्र' के रूप में देख सकते हैं, क्योंकि यह कुछ विशेष कार्यों का संपादन करता है। इसी प्रकार हम प्रोटोन को एक 'तंत्र' भी कह सकते हैं जो स्वयं कार्य नहीं करता पर परमाणु रुपी यंत्र के कार्यों के संचालन में उसका प्रधान सहायक होता है। शिव की ज्ञान प्रकृति की अभिव्यक्ति के रूप में इसमें स्थिरत्व, धनात्मकता, आकर्षण या चुंबकत्व आदि के अतिरिक्त ज्ञान को धारण करने की योग्यता भी होती है। अतः इसी का उपयोग प्रकृति के द्वारा परमाणु के डी-एन-ए के भंडारण के लये भी किया जाता है और किसी परमाणु में अवस्थित प्रोटोनों की संख्या के अनुसार ही उसमें गुण परिलक्षित हो सकते हैं। यह एक सर्वविदित और अत्यधिक सरल प्रणाली है।

उदाहरण के तौर पर यदि एक अकेले प्रोटोन में क-२, ब-५ और स-३ गुण मान लिये जायें, तो इनकी दो की समष्टि में ब-३, प-१ और स-४ हो सकते हैं, तीन की समष्टि में क-१७, ब-४, प-५ और ट-२ आदि अनेक अन्य गुण भी हो सकते हैं। हम देख सकते हैं कि विभिन्न रासायनिक तत्वों के रुप में इस प्रकार की लगभग सौ समष्टियां अपने-अपने गुणों के पिटारे के साथ और विभिन्न प्रकार की लाल, हरी, नीली बत्तियां जलाते-बुझाते हुए हमें इस विश्व में सहज ही कार्य करती हुई दिखाई पड़ती रहती हैं, जिन्हें वैज्ञानिकों के द्वारा एक पीरियोडिक तालिका के रूप में सज्जित कर लिया गया है।

हमने इस वार्ता को प्रारंभ करने के लिये 'गुण मापक तंत्र' शब्दों का प्रयोग किया है, और किसी भी संख्या, गुण अथवा परस्पर की विविधता को नापने के लिये सबसे सरल और सार्वभौम सूचकांक होता है ऐसे गुणों की 'शून्यावस्था', जहां से गुणों की यात्रा आरंभ हो सकती है।

शून्य से गुणों का आविर्भाव

भगवद् गीता के अनुसार भी और आधुनिक विज्ञान के अनुसार भी, यह समस्त सृष्टि गुणों की विभिन्नता और उनके परस्पर मिलन-वियोग आदि के द्वारा ही निर्मित एवं चलायमान है। पराशक्ति के द्वारा मूल प्रकृति में ही एक का दो के रूप में विभाजन करके एक द्वंद्व की स्थिति उत्पन्न कर दी जाती है, जिसके उपरांत प्रकृति के द्वारा चेतना में ज्ञान और अनुभव का मन और शरीर के रूप में अलग-अलग विकास किया जाता है। सृष्ट जगत में ये दोनों एक ही सिक्के के दो पहलुओं के समान युक्त अवस्था में ही अभिव्यक्ति लाभ करते हैं। इस प्रकार एक विस्तृत द्वंद्व शृंखला का जन्म होता है जिसमें एक का दृश्य अथवा उसके द्वारा अनुभूत किसी अन्य का ग्राहक अथवा दृष्टा-उपभोक्ता भी होता है (जैसे एक मयूर सांप को खा लेता है, सांप मेंढ़क को निगल जाता है और मेढ़क कीट-पतंगों को खाकर जीवित रहता है), और इस प्रकार अनंत विविधताओं से पूर्ण विश्व की सृष्टि संभव हो जाती है। ऐसा इसलिये संभव होता है क्योंकि सृष्ट जगत में उन्हीं पांच प्रकार के विषयों को, वैसे ही पांच प्रकार के ज्ञानों से ग्रहण किया जा सकता है और पांच ही प्रकार की जैविक क्रिया होती है, इत्यादि। सब कुछ एक ही प्रकार के गुणों से निर्मित होकर एक ही शृंखला की आगे या पीछे की कड़ियों के समान कार्य करते हुए प्रतीत होता है।

विभिन्न गुणों की उत्पत्ति समस्त गुणों की शून्यावस्था से होती है, जैसे शून्य क्रिया से न्यूनतम क्रिया 'h' की उत्पत्ति होती है और फिर $5h$, $30h$, $10000h$ आदि हो सकते हैं, उसी प्रकार गुणों के विकास को भी समझा जा सकता है। ऋषियों के अनुसार जैसे यह मानसिक गुणों के क्षेत्र में होता है वैसे ही पदार्थ के क्षेत्र में भी होना अवश्यंभावी है, क्योंकि

परंपरा एक ही है–सारे शब्द उसी प्रकार उत्पन्न होते हैं, सारे डी-एन-ए एक ही प्रकार से लिखे जाते हैं तथा सारे प्रोटीन उन्हीं बीस ऐमिनो अम्लों से बनते हैं और उनमें से कोई भी प्रोटीन एक जीवित कोशिका से बाहर उत्पन्न नहीं हो सकता। ये प्रकृति के द्वारा बनाये जाते हैं। इन्हें मनुष्य नहीं बना सकता। इसी प्रकार समस्त गुणों का आविर्भाव भी सत्, रज एवं तम, इन तीन गुणों की साम्यावस्था से ही संभव होता है।

ये तीन गुण जो पोजिटिव, निगेटिव और न्यूट्रल एवं क्रियाशीलता अथवा क्रियाहीनता के भी परिचायक होते हैं, एक प्रकार से परमेश्वर की तीन स्वतंत्र अवयवों वाली वाह्य प्रकृति का ही गुणों के भी डी-एन-ए के रूप में लेखांकन है। किसी भी गुण का प्रकाश इन तीन प्रकृतियों की साम्यावस्था अथवा एक सार्वभौम शून्यता की अवस्था से ही संभव होता है। जैसे क्रिया शक्ति की प्रेरणा से पदार्थ के किसी गुण में $1h$, $5h$, $10h$ आदि की मात्रा में क्रियात्मकता परिलक्ष्य हो सकती है, और उसी प्रकार कम वा अधिक कठोरता, अम्ल वा क्षार, तापमान के प्रभावों में अंतर आदि सब क्षेत्रों में ही या तो कोई गुण है ही नहीं, और अगर है तो शून्यता की सापेक्षता से ही उसका अस्तित्व सिद्ध होता है। साथ ही, विभिन्न गुणों को विभिन्न परिमाणों में सम्मिलित करने से ही विभिन्न प्रकार के परमाणुओं और अन्य वस्तुओं की सृष्टि संभव होती है।

प्रकृति किसी भी सृष्टि-कण को स्थूल भूमि पर उतारने के पूर्व उसके लिंग शरीर में आवश्यक विकास करती है ताकि वह कम वा अधिक जान सके और उसी के अनुसार अपनी रक्षा और आमोद के लिये कम वा अधिक क्रिया भी कर सके। यह इस सृष्टि कण के मन अथवा ज्ञान विभाग में अपने तीनों गुणों की साम्यावस्था के साथ जड़ित हो जाती है, और इस श्वेत ज्ञान पट्टिका पर उसके स्थूल शरीर की आवश्यकता के अनुरूप ज्ञान और क्रिया के गुणों का विकास कर लेती है। यह सृष्टि-कण यदि इलेक्ट्रोन के रूप में उत्पन्न होने वाला है तो यह प्रोटोन, न्यूट्रोन और किसी अन्य इलेक्ट्रोन को पहचान सकता है, और दूसरे इलेक्ट्रोन से दूर हटने की तथा प्रोटोन की ओर बढ़ने की क्रिया भी कर सकता है, इत्यादि।

इसके पश्चात, इसी प्रकार स्थूल शरीरों के विभाग में भी ठीक उसी प्रकार पहचाने जाने योग्य गुणों का ही विकास करना आवश्यक होता है, क्योंकि दृष्टा और दृश्य का या अनुभूति कर्ता और अनुभूत का एक ही पृष्ठ पर रहना भी उतना ही महत्वपूर्ण होता है। इसे हम इस रूप में भी समझ सकते हैं कि परमाणुओं में उनके गुणों को उत्पन्न करने वाला विभाग होता है उनके न्युक्लियस में स्थित उनके प्रोटोनों की समष्टि, और यह समष्टि ही इसके गुणों के एक भंडार-गृह के समान कार्य करती है, जहां से उनकी संख्या के अनुरूप गुण उत्पन्न हो सकते हैं। अत: यही स्वाभाविक है कि जो अधिक द्रव्यमान और स्थिर स्वभाव वाला प्रोटोन है, उसी में समष्टि प्रकृति अपनी गुणों को उत्पन्न करने वाली प्रथा अथवा प्रणाली को स्थिर करते हुए और उसके लिये एक विशिष्ट अंत:संरचना का निर्माण करते हुए, अपनी तीनों प्रकृतियों की साम्यावस्था के रूप में अवस्थित हो जाती है। इससे यह लाभ भी होता है कि एक प्रोटोन के रूप में पदार्थ के अन्य कणों से उसका वाह्य का आदान प्रदान उसकी आंतरिक संरचना के गुण उत्पादन के कार्य से किसी प्रकार भी प्रभावित नहीं होता।

केवल विचार से भी संभव एक प्रयोग

आगम के अनुसार अव्यक्त से अवतरण करने वाले, और परमेश्वर के तीन विभागों के समान अवस्थित रहने वाले तीन प्रधान ही इस विश्व तथा इसकी प्रत्येक वस्तु के रूप में अभिव्यक्त होते हैं। इस दृष्टि से देखने पर हमें यह भी प्रतीत होता है कि ये तीन प्रधान स्वयं ही प्रोटोन, न्यूट्रोन और इलेक्ट्रोन के रूप में अत्यंत सहज रूप से ही अभिव्यक्त हो सकते हैं। तथापि, आगम के कथानक के अनुसार कारण द्वार पर अवस्थित त्रिकोण से उद्भूत होने के पूर्व ही किसी अभिव्यक्ति की ओर उन्मुख वस्तु की संरचना और उसके कार्य आदि के विनिर्देश जड़ित हो जाते हैं, एवं तभी उसका स्थूल भूमि पर आविर्भाव संभव है। अब तक के आगम के विवरणों से जो कुछ हमें ज्ञात है उसके आधार पर हम समझ सकते हैं कि रासायनिक तत्वों के परमाणुओं में इन तीनों की उपस्थिति आवश्यक है, अत: इनके तीन अवयव होने चाहियें। इसके पश्चात हम

उनके स्वभावों और संबंधों के ज्ञान की सहायता से यह सोचने का प्रयास कर सकते हैं कि स्थूल जगत की रचना के लिये आवश्यक परमाणुओं के इन तीन अवयवों में से प्रत्येक की क्या भूमिका हो और क्या संरचना हो। सौभाग्यवश पिछले दस-बारह दशकों में हमारे विज्ञानविदों ने भी इन दोनों दिशाओं में पर्याप्त ज्ञान अर्जन कर लिया है, जो एक प्रकाश-स्तंभ के समान हमारा मार्ग-दर्शन कर सकता है।

हम मान लेते हैं कि मूल त्रिकोण की रचयिता विद्या कला की अध्यक्षता में, हम मनुष्यों के समान ही महायोनि-स्वरूप मूल त्रिकोण के तीन कोणों की स्वामिनी प्रकृतियां एक संविधान समिति के रूप में समन्वित होकर, परमाणु के इन तीन अवयवों में से प्रत्येक की भूमिका और संरचना के विषय में आवश्यक निष्कर्ष पर पहुंचने का प्रयास करती हैं। हम यह भी मान लेते हैं कि यह स्वीकृत हो जाता है कि -

- परमाणु में एक अलग स्थिति विभाग होना आवश्यक है जिसमें द्रव्यमान को संचित करना संभव हो और जो केन्द्र का स्थान ग्रहण कर सके, एवं उससे सर्वथा अलग एक गतिज विभाग होना चाहिये जो बिना किसी व्यवधान के अत्यंत तीव्र गति से क्रिया करने में सक्षम हो सके।
- कार्य सृष्टि का सृजन विसर्ग की क्रिया के द्वारा होता है, अत: विसर्ग बिंदुओं के धनात्मक एवं ऋणात्मक गुणों के अनुरूप इन दोनो विभागों को परस्पर के समान परंतु विपरीत धनात्मक एवं ऋणात्मक आवेशों से युक्त कर देना उचित रहेगा, ताकि ये स्थूल क्रिया एवं कार्य के धरातल पर मात्र वाह्य की समानता के आधार पर कार्य कर सकें।
- परमाणु के तीनों अवयवों की अपनी अंत: संरचना भी होगी, जहां उत्पन्न होकर ये आवेश एक आवेश-समष्टि की इकाई के रूप में वाह्य में परिलक्षित हो सकेंगे।
- इच्छा प्रकृति के पदार्थ-कण का वाह्य आवेश यद्यपि शून्य होना आवश्यक है तथापि इसकी अंत: संरचना में दोनों आवेश उपस्थित रहेंगे। इसके अतिरिक्त यह इच्छा-बल (stamina) प्रदान करने वाली प्रकृति का कण है। अत: विभाग की दृष्टि से यह स्थिति-स्थानस्थ कणों के तुल्य ही होगा।

अंत: संरचना के संदर्भ में इन तीन प्रकृतियों के पक्ष, हम मान लेते हैं, कुछ इस प्रकार प्रतीत होंगे:

- इच्छा प्रकृति संधिस्थलस्थ अथवा समान बलों के युग्म के रुप में उपस्थित और सृष्टि के सृजन की इच्छा से युक्त 'प्रधान' की प्रकृति होती है। यह निर्धारित करती है कि सृष्टि के लिए क्या आवश्यक है, और यह क्रिया एवं ज्ञान के कार्य करने के लिये भूमि के समान होती है, जिसकी अन्य सभी अवयवों की अंत:संरचना में उपस्थिति आवश्यक होती है। इसकी उपस्थिति में ही चणक के रूप में पदार्थ के कण का निर्माण हो सकता है, तथा यह क्षमताओं को बल प्रदान करने वाली प्रकृति भी है।
- क्रिया प्रकृति की भूमिका, कारण भूमि और सूक्ष्म-कार्य-भूमि को भी पार करने के पश्चात अग्रसर होते हुए, सृष्टि प्रवाह के संवेग को धारण करते हुए, और नेतृत्व ग्रहण करते हुए, स्थूल-कार्य-भूमि पर इसका संचालन करने वाली प्रकृति वाली भूमिका है। अत: इस भूमि पर उद्भूत प्रत्येक अवयव में अंत:प्रकृति के अंश के रूप में, उसे क्रियमाण करते हुए और इस संवेग में समान रूप से सहभागी बनाते हुए, इसकी उपस्थिति आवश्यक है, और यह भी कि सृष्टि-प्रवाह के संवेग को धारण करने वाले इसके अंश-विशेष को अन्य किसी प्रकृति के द्वारा किसी प्रकार भी घटाया बढ़ाया नहीं जा सकता।
- ज्ञान प्रकृति जो स्वयं अभिव्यक्ति (expression) की प्रायोजना करने वाली प्रकृति है, इसे किसी भी व्यवस्था से कोई भी असुविधा नहीं होती। यह स्थिरत्व प्रदान करने वाली प्रकृति है जिसमें द्रव्यमान को वहन करने की क्षमता होती है, जैसे सूर्य समस्त सौर मंडल को आकर्षित करते हुए उसे केन्द्र बल प्रदान करता है। इसे केवल एक साम्यावस्था में स्थित अंत: संरचना की आवश्यकता है, ताकि इसके वाह्य के कार्यों के निर्वाह पर उसका कोई प्रभाव न हो और इसके द्वारा प्रायोजित परमाणु के गुणों की नौका भी किसी भी प्रकार से डगमग हुए बिना स्थिर रह सके।

इस प्रकार सभी प्रकृतियों की स्थिति स्पष्ट हो जाने के पश्चात, हम मान लेते हैं कि ये प्रकृतियां इसी क्रम में आगे आते हुए, परमाणु के तीनों अवयवों के लिये एक अंत: संरचना की दिशा में उद्यत होती है।

- इच्छा प्रकृति अभिव्यक्ति के उन्मुख कणों को बांधने, दिशा निर्देश देने एवं बल प्रदान करने का कार्य करती है। त्रिकोण में यह मिश्रित बिंदु की स्वामिनी प्रकृति के रूप में स्थित होती है। इस मिश्रित को हम हरा रंग मान लेते हैं। इसके बिंदु का वाह्य आवेश शून्य है, परंतु यह अन्य दोनों बिंदुओं की साम्यावस्था की द्योतक है अत: हमें इसके आवेश को +1 एवं -1 के तुल्य समझना होगा। इसके स्वभाव के अनुसार इसका प्रतिनिधि-कण न्यूट्रोन ही हो सकता है। इसका वाह्य आवेश शून्य है, और इसकी अंत: संरचना के निर्माण के लिये इच्छा प्रकृति के पास जो आवेश हैं, वे हैं +1 एवं -1. हम मान लेते हैं कि अपने आवेश का एक तिहाई भाग अपने पाले में रखते हुए, यह प्रधान प्रकृति दोनों आवेशों के अवशेषों को अपने हरे रंग के साथ अपनी सहयोगी ज्ञान एवं क्रिया प्रकृतियों को अपने बांधने के गुण के बल के रूप में प्रदान कर देती है। यह रंग और बल, इन दोनों के अपने अपने कणों को किसी स्थूल शरीर के साथ बद्ध होकर एक चणक अथवा इलेक्ट्रोन-प्रोटोन आदि पदार्थ के कण में बदलने की योग्यता प्रदान करता है। इन में जो रंग है वह योग्यता एवं बल प्रदान करता है, जबकि आवेश को हम केवल लेन देन की एक मुद्रा (currency) मात्र समझ सकते हैं।
- क्रिया प्रकृति पदार्थ के कणों की दिशा को सृष्टि के संवेग से युक्त करती है तथा उनमें आकर्षण, विकर्षण, आदि की उपस्थिति में गति करने की योग्यता प्रदान करती है। इसके कण का वाह्य आवेश -1 है और इसके बिंदु का रंग लाल है। यह भी अपने मूल आवेश का एक तिहाई अपने कण इलेक्ट्रोन के लिये रखते हुए, अपने लाल रंग के साथ -1/3 सब्ज प्रकृति को, और -1/3 ही श्वेत अथवा नील प्रकृति को प्रदान कर देती है। अब इसके पास, इच्छा शक्ति से मिले आवेश और रंग को

मिलाकर, अपने कण इलेक्ट्रोन की अंत:संरचना के लिये हरे और लाल रंग आ जाते हैं और इसका आवेश -1/3, -2/3 = -1 हो जाता है, जो इसके पदार्थ कण इलेक्ट्रोन के वाह्य आवेश के समान है। तथापि अभी तक इलेक्ट्रोन की अंत:संरचना के विषय में कुछ भी ज्ञात नहीं है, और अधिकांश भौतिक विज्ञान शास्त्री मान लेते हैं कि संभवत: इसकी कोई अंत:संरचना ही नहीं है, क्योंकि वैज्ञानिक अभी तक लघुता के जिस स्तर तक पहुंचने में सक्षम हुए हैं, इलेक्ट्रोन का आकार उससे लगभग हजार गुणा छोटा होता है।

- अपनी बारी आने पर ज्ञान शक्ति, जो प्रायोजिका प्रकृति है (और जिसको अब केन्द्रस्थ स्थिति विभाग में अपने कण प्रोटोन की तथा उसके बड़े भ्राता के समान न्यूट्रोन की संरचनाओं को एक अंतिम रूप प्रदान करना है) विशेष कुछ नहीं करती, केवल अपने मूल धनात्मक आवेश के एक तिहाई +1/3 का अपनी नीली बूंद के एक छींटे के साथ सब्ज प्रकृति को हस्तांतरण कर देती है। अब प्रोटोन की अंत:संरचना के लिये इसके पास तीनों रंग की प्रकृतियां हैं और वाह्य के समान आवेश भी, जैसे कि नीला +2/3, हरा भी +2/3 तथा लाल -1/3 = +1 और यह संरचना ठीक वैज्ञानिकों के दो अप-क्वार्क और एक डाउन क्वार्क वाली प्रोटोन की अंत:संरचना के अनुरूप है।
- अब प्रधान प्रकृति, जो क्वार्क, इलेक्ट्रोन और प्रोटोन आदि को, तथा अपनी किसी भी अभिव्यक्ति में उसके मन और शरीर को बांधने का कार्य करती है, जब अपने कण न्यूट्रोन की अंत:संरचना के लिये उपलब्ध सामग्री का निरीक्षण करती हैं तो वह देखती है कि उसके पास हरी छींट में -1/3, +1/3, लाल छींट में -1/3, तथा नीली छींट में +1/3 = 0 आवेश है। इच्छा प्रकृति भी न्यूट्रोन की अंत:संरचना के लिये अधिक कुछ नहीं करती, केवल अपने ही रंग, हरी छींट के खेमें से +1/3 को खोल कर नीली छींट के +1/3 से बांध देती है। वैसे भी आवेश कोई गुण नहीं है केवल मुद्रा (currency) मात्र है, और एकबार

कण की अंत:संरचना पूर्ण होने के बाद मुद्रा (currency) और रंगों का संबंध समाप्त होकर ये स्वतंत्र हो जाते हैं, जैसे किसी कोशिका के अंदर प्रोटीन, डी-एन-ए और अन्य वस्तुएं स्वतंत्र रहते हुए ही अपने कार्य करते रहते हैं। न्यूट्रोन की अंत: संरचना के लिये जो घटक अब इच्छा प्रकृति के पास हैं, वे इस प्रकार हैं:रंगों के संदर्भ में लाल, नीले और हरे तीनों बिंदु तथा मुद्राओं के रूप में -1/3, -1/3 एवं +2/3 = 0. हम देख सकते हैं कि ये तीन मुद्रायें जो वैज्ञानिकों के एक अप-क्वार्क और दो डाउन-क्वार्क के समान है, सर्वथा उनके द्वारा प्रमाणित न्यूट्रोन की संरचना के सदृश ही हैं।

जो स्थिति विभाग से संबंध रखने वाले कण होते हैं, वे एक प्रकार से प्रकृति के गुणों को उत्पन्न करने वाले संयत्र में आधार का कार्य करते हैं, और गतिज विभाग का कार्य होता है उन गुणों का प्रकाश करना अथवा उन्हें कार्य रूप में बदलना। इस गुणों के आधार वाले कणों की अंत:संरचना में तीनों प्रकृतियों की साम्यावस्था से एक श्वेत रंगविहीन शक्तिपट्ट अथवा स्क्रीन का निर्माण होता है, और इसकी तुलना हम कई प्रकार के और हजारों, प्रकाश विंदुओं या बत्तियों वाले एक सर्किट बोर्ड से कर सकते हैं जिनमें से प्रत्येक में लाल, नीली और हरी बत्तियां, आवश्यकतानुसार जलते बुझते हुए, किसी भी आवश्यक गुण, अथवा गुण समूह को इनके उप-गुणों के साथ प्रकट कर सकती हों (शक्तिशाली माइक्रोस्कोप से देखने पर विज्ञानविदों को भी लगभग इसी प्रकार का ही एक दृश्य दिखाई पड़ता है)। स्थूल सृष्टि क्रिया से उत्पन्न होने वाला एक कार्य है, तथा यह 'क्रिया प्रकृति' ही भौतिक जगत में सब कार्यों का भी निर्वाह करती है। विद्युत-चुंबकत्व का बल जो सबसे अधिक उपयोग में आने वाला सर्वत्र कार्यकारी बल है, वह संभवतया इसी क्रिया प्रकृति की स्थूल अभिव्यक्ति है। तथापि गुणों की रचना करने का कार्य ज्ञान-प्रकृति का है जो परमाणु में केन्द्र स्थानीय घटकों में अवस्थित होकर कार्य करती है और संभवतया केवल केन्द्र बल ही नही अपितु गुरुत्वाकर्षण की भी जनक प्रकृति है। इसी प्रकार इच्छा प्रकृति केवल स्ट्रौंग न्युक्लियर बल को ही नहीं बल्कि संभवतया वीक न्युक्लियर बल को भी उत्पन्न

करती है क्योंकि यह गतिज विभाग वाले इलेक्ट्रोन की अंत:संरचना में भी सन्निहित होती है। अपने अंतर में, हम मनुष्य भी इच्छा, ज्ञान एवं क्रिया की चैतन्यवत शक्तियों से युक्त होते हैं।

परिप्रेक्ष्य (PARADIGM) में परिवर्तन

साधारण स्थिति में अध्यात्म का कोई लेखक, भौतिक शास्त्र के विभागों में प्रवेश करके क्वार्क, लेपटान, न्यूट्रोन, प्रोटोन, आदि की चर्चा में नहीं पड़ना चाहेगा। इसका प्रधान कारण है कि परंपरा के अनुसार अध्यात्म और पदार्थ-विज्ञान, ये दोनों दो विभिन्न दिशाओं में अन्वेषण करते हुए अपने-अपने विभागों का प्रतिनिधित्व करते आये हैं। फिर भी एक प्रकार से दोनों ही एक दूसरे के बिना अधूरे के समान हैं, और ये दोनों ही सापेक्षता की बात भी कहते हैं एवं और भी अनेक मिलती जुलती बातें कहते आये हैं, जैसे कि क्रिया से कार्य रूप फल की उत्पत्ति की बात, जैसे समान और विपरीत प्रतिक्रिया और कर्मफल का सिद्धांत, गुणों के योगदान का महत्व, इत्यादि। अल्बर्ट आइंस्टाईन का कहना था कि अध्यात्म के ज्ञान के बिना विज्ञान एक ऐसे लंगड़े व्यक्ति के समान होता है जिसे एक पैर से ही चलने का प्रयास करना होता है, और विज्ञान के अभाव में धर्म भी कहीं-कहीं अंधे के समान आचरण करते हुए प्रतीत हो सकता है। अत: विज्ञान और अध्यात्म में प्रतियोगिता वाली कोई बात तो होनी ही नहीं चाहिये। यह पुस्तक भी अपने पाठकों को सम्मिलित करते हुए केवल इस नैसर्गिक सत्य को समझने का एक प्रयास मात्र है, कि एक शाश्वत चैतन्य से ही एक क्रमविकास के रूप में समस्त प्रकार की अभिव्यक्ति अथवा सृष्टि होती है।

अगर न्यूटन और आइन्सटाईन आदि क्लासिकल परंपराओं का अनुसरण करने वाले वैज्ञानिकों को छोड़ भी दिया जाये, तो भी प्लैंक, हेजेनबर्ग, श्रौडिंगर और बोहम, आदि क्वांटम परंपरा के अनेक जनकों एवं वैज्ञानिकों ने स्पष्ट शब्दों में चेतना की मौलिक आवश्यकता को स्वीकार किया है। फिर भी लगभग सौ वर्षों से इस मूलभूत सत्य को हमारे वैज्ञानिक सहजता से स्वीकार करने में हिचकते रहे हैं। इसका एक

कारण अवश्य यह है कि चेतना का अपना एक विज्ञान भी है, यह बात भी अधिकांश वैज्ञानिकों को ज्ञात नहीं है। इस परिप्रेक्ष्य में एक अज्ञात को स्वीकार करने में उनका झिझकना भी संभवत: उतना अस्वाभाविक नहीं है, क्योंकि विज्ञान का अभिप्राय होता है वैज्ञानिक प्रणाली से घटनाओं को समझने का प्रयास, क्षेत्र कोई भी हो।

हमें विश्वास है कि संवित विज्ञान के विषय में जो विशद जानकारी हम अपनी इस पुस्तक में सन्निहित करने का प्रयास कर रहे हैं, उसकी सहायता से वैज्ञानिक समुदाय भी सहजता से चेतना के स्वभाव को और अधिक अच्छी तरह समझ सकेगा। हमारे वैज्ञानिक तब देख सकेंगे कि एक ओर जहां इस विज्ञान का भौतिक विज्ञान आदि से कोई विरोध नहीं है, वहीं दूसरी ओर यह एक अनेक बड़े परिप्रेक्ष्य का विकास करते हुए कहीं-कहीं उनके अपने ही क्षेत्रों में उनकी सहायता भी कर सकता है। हमारे विज्ञानविद देख सकते हैं कि उनके लिये किसी भी प्रकार भारत के ऋषियों के द्वारा प्रणीत Theory of Manifestation को मिथ्या सिद्ध करना संभव नहीं है, बल्कि अनेक वैज्ञानिकों के लिये तो यह एक परम संतोष का विषय हो सकता है कि वे विज्ञान के ज्ञान सृष्टि करते हुए इसे आगे भी ले जाते रह सकते हैं, और बिना किसी अपराध बोध के अपने परिवार के साथ चर्च अथवा मंदिर, मस्जिद आदि भी जा सकते हैं तथा अन्य सामान्य व्यक्तियों के समान किसी पादरी या सिस्टर से सहज वार्तालाप भी कर सकते हैं।

> *Consciousness may be an essential aspect of the universe and we may be blocked from the further understanding of material phenomenon if we insist on excluding it*
>
> **– Werner Heisenberg**

अध्याय – ५

मानव संरचना का विज्ञान

पिछले दो अध्यायों में हमने भारत के प्राचीन आगम शास्त्रों में वर्णित अव्यक्त परा क्षेत्र तथा कारण, सूक्ष्म एवं स्थूल, इन तीन भूमियों पर विस्तृत इस विश्व सृष्टि की अभिव्यक्ति के संबंध में एक विशद विवेचना प्रस्तुत करने का प्रयास किया है। साथ ही हमने यह भी दिखाने का प्रयास किया है कि आगम के ऋषियों के द्वारा प्रायोजित सृष्टि की उत्पत्ति एवं विकास का आख्यान न केवल वैज्ञानिकों के द्वारा ज्ञात किये गये तथ्यों की तुलना में अधिक मौलिक स्तरों के विवरणों से प्रारंभ होता है, बल्कि इसमें ऐसी कोई भी बात नहीं कही गई है जिसका वैज्ञानिकों के द्वारा ज्ञात किये गये किसी भी तथ्य से तनिक भी विरोधाभास हो। अपितु, यह स्पष्ट देखा जा सकता है कि आधुनिक विज्ञान की जो सबसे मौलिक और महत्वपूर्ण अभिज्ञतायें हैं वे या तो आगम के ऋषियों के द्वारा पूर्व उद्घोषित कर दी गई हैं, अथवा वे उनके द्वारा वर्णित यथार्थ से स्वाभाविक रूप से स्वत: उदित होती हुई दिखाई पड़ती हैं।

एक और बात भी है। ऋषियों का कथानक अव्यक्त से प्रारंभ होकर और स्थूल जगत की सृष्टि पर आकर ठहर नहीं जाता, अपितु मानव के उदय के पश्चात यह इसकी भी विशद आख्या प्रदान करता है कि किस प्रकार विश्व का समग्र ज्ञान एक और अधिक मौलिक संरचना के माध्यम से एक DNA के समान, मानव संरचना के मध्य ही अवस्थित है एवं किस प्रकार इसे प्रयत्न के द्वारा आयत्त भी किया जा सकता है। आधुनिक विज्ञान का ज्ञान केवल उस फल का ज्ञान है जो उन्हें एक पेड़ से लटकता हुआ दिखाई पड़ता है जो प्रकृति के द्वारा प्रदत्त एक सापेक्षता

के आसन पर बैठे होने के कारण ही उन्हें दिखाई पड़ता है, तथापि यह फल इतना आकर्षक होता है कि न तो उनका ध्यान पेड़ की ओर जाता है और न ही वे उसी पेड़ से दूसरी ओर लटकते हुए किसी अन्य फल या ऐसी किसी संभावना के विषय में भी कोई अन्वेषण करना आवश्यक समझते हैं। दूसरी ओर ऋषियों का यह कथानक एक अनेक दूर तक जाने वाला आख्यान है, अतः यह स्वाभाविक ही है कि आगम के मौलिक सिद्धांतों को भली भांति स्थापित करने के उपरांत, अब हम ऋषियों के द्वारा प्रणीत योग विज्ञान की दिशा में भी बढ़ने का प्रयास करें। इसी प्रकार यह भी स्वाभाविक ही है कि जैसे-जैसे हम आगे बढते जाएंगे, शनैःशनैः भौतिक, रासायनिक एवं जैव विज्ञानों का साथ छोड़ते हुए हमें पुनः चेतना की वापसी की दिशा में, सूक्ष्म, सूक्ष्मतर और सूक्ष्मतम स्तरों की ओर लौटना होगा; और यह केवल एक समुचित रूप से विकसित मानव के क्षेत्र में ही संभव है, अन्य किसी भी प्राणी के लिये ऐसा करना संभव नहीं है।

जब कोई सृष्टि नहीं होती तो उस अवस्था में शाश्वत चेतना की अवधारणा हम एक अत्यंत लचीले विंदु के रूप में कर सकते हैं जो अखंड और मंडलाकार है, एवं किसी भी सीमा तक विस्तृत हो सकता है। इसका कोई अंतर और वाह्य नहीं है और एक विंदु के रूप में भी यह सूक्ष्मता की समस्त सीमाओं से परे है। इसी सीमाविहीन चैतन्य में इसकी प्रकृति, जिसे परा शक्ति कहा जाता है, एक स्पंदन की अनुभूति के रूप में प्रकट होती है। यह कुछ इस प्रकार होता है जैसे शीर्ष-स्थानस्थ ज्ञान से अलग होकर उसकी चेतना के मध्य एक हृदय की उत्पत्ति हो जाये, जो उसका अपेक्षाकृत आंतरिक विभाग हो और अब एक आंतरिक स्पंदन के रूप में जिसका उसे अनुभव भी होने लगा हो। शाश्वत चैतन्य में एक तरंग के रूप में पराशक्ति का उदय एक आनंद-मिश्रित कंपन के समान अनुभूत होता है। पराशक्ति के तरंगायमान होने से एक 'चित' एवं उसके द्वारा अनुभूत एक 'आनंद' के रूप में आदि चैतन्य का विभाजन हो जाता है। इस विभाजन में चित उस वाह्य की चेतना को कहा जाता है जो परिधि क्षेत्र में अवस्थान करती है और अंतर में प्रविष्ट नहीं होती, तथा आनंद उसके अंतर में स्थित एवं उसके द्वारा अपने ही हृदय (core) के समान अनुभूत होने वाली चेतना होती है। चित सदैव स्थिर ही रहता है, जबकि

आनंद सदैव चंचल एवं तरंगवत ही बना रहता है। वास्तव में एक अंत: रश्मि के समान, स्वप्रकाश चित से ही इस आनंद का स्रवण होता रहता है एवं उसके स्थिरत्व के आधार को ग्रहण करके ही, यह उसी के परंतु उससे अलग एक चंचल विभाग के समान अवस्थित हो जाता है।

जो स्थिर है और चंचल का आधार है तथा जो वाह्य का ज्ञान है और आनंद की तरंगों का अनुभव करता है, आगम के द्वारा उसे शिव तत्व के नाम से वर्णित किया गया है। यह भौतिकी का भी एक साधारण नियम है कि जो आधार होता है उसका एक गुण स्थिरत्व होता है, और दूसरा आकर्षण। यह आधार का स्वभाव है और इसी के कारण इसमें धारण करने की योग्यता है। जो चंचल है और जो आधार का विपर्यय है, एवं प्रकाश से स्रवित होने के कारण जो शिव का विमर्श है तथा उसके द्वारा अनुभूत अंतस्थानीय आनंद स्वरूप है, उसका वर्णन आगम शास्त्रों में शक्ति-तत्व के नाम से किया गया है। यह आकर्षण के स्वभाव वाले शिव का विपर्यय है, अत: विकर्षण के स्वभाव वाला तत्व है, जो उसके अंतर में आनंद की अधिकाधिक प्रगाढ़ता को प्राप्त होने का प्रयास करते हुए उसके परिधि स्थानीय ज्ञान से दूर हटने का प्रयास करता है।

इस प्रकार इस पूर्ण की परिधि एवं इसके हृदय (केन्द्र) के मध्य अवकाश में वृद्धि होती रहती है और एक ऐसे क्षेत्र की सृष्टि हो जाती है जिसमें परस्पर से विपरीत दो विभिन्न प्रकार के बल कार्य करते हैं। इसके अतिरिक्त, इस बल क्षेत्र के मध्य में एक ऐसी अवस्था भी होती है जिसमें दो समान बलों वाले प्रतिद्वंदियों के समान एकत्रित होकर, शिव और शक्ति, एक युग्म के रूप में भी कार्य कर सकते हैं। दो असीम किंतु विभिन्न दिशाओं में कार्यरत बलों के द्वारा निर्मित इसी स्पंदायमान ऊर्जा के क्षेत्र में परम शिव की 'मैं अनेक हो जाऊं', इस प्रकार की सिसृक्षा एक सृष्टि-बीज के रुप में विकास को प्राप्त होने लगती है। विश्व में हर प्रकार की सृष्टि शिव और शक्ति की युग्मावस्था की ही अभिव्यक्ति होती है, जिसमें ये दोनों समान बलों के साथ एक दूसरे को निरस्त भी करते हुए तथा आधार भी प्रदान करते हुए स्थित होते हैं। केवल शिव या केवल शक्ति की अभिव्यक्ति संभव नहीं होती (चित्र-४)।

सृष्ट्योन्मुख मंडल क्षेत्रों की परंपरा

शास्त्रों एवं ऋषियों के अनुसार, अपने स्वभाव के अनुरूप एक प्रसार एवं संकोच की परंपरा का अनुसरण करते हुए और विभिन्न मध्यवर्ती क्षेत्रों का निर्माण करते हुए 'पराशक्ति' सृष्टि की स्थूल अभिव्यक्ति की दिशा में अग्रसर होती है। तथापि यह परिधि के रूप में अवस्थित चित अथवा शिव से उसके हृदय अथवा अंतर की दिशा में अग्रसर होती है, और इसकी अभिव्यक्ति सूक्ष्म से प्रगाढ़ एवं प्रगाढ़तर स्पंदन की दिशा में, अथवा अनुभूति में अधिक प्रगाढ़ता के स्तरों का निर्माण करते हुए होती है। इस घटनाक्रम की अवधारणा हम सभी दिशाओं में एक गेंद के समान पूर्ण और समान प्रभाव वाले मंडल के अंतराल में उसके केन्द्र के समान अवस्थित शक्ति-तत्व के अलग-अलग स्तरों पर अलग-अलग खंडों में विकसित होने के रूप में कर सकते हैं।

अपनी पुस्तक कैवल्य दर्शनम् के पहले अध्याय के तेरहवें श्लोक में स्वामी युक्तेश्वर गिरी कहते हैं, "यह विश्व चौदह भुवनों के रूप में विभाजित होकर परिदृश्यमान है, जिनमें सात स्वर्ग के एवं सात पातालों के भुवन हैं।" हम देख सकते हैं कि योगदा सतसंग सोसाइटी के सिद्ध परम गुरु का इंगित सात अलग-अलग भुवनों वाली दो विशिष्ट परंपराओं की ओर है। इनमें जो पहली सात लोकों की परंपरा है, वह विभिन्न स्तरों से होकर एक अंतिम परिणति के रूप में चेतना के ही पृथ्वी तत्व के रूप में स्थूल धरातल पर अवतरण की घटना की ओर इंगित करती है। इसी प्रकार जो दूसरी परंपरा है, वह इस अभिव्यकति की दिशा में उन्मुख चेतना के स्थूल पर अवतरण के पश्चात मानव की उत्पत्ति एवं उसकी चेतना में विकास को प्राप्त होने वाले अंतर्लोकों अथवा उसकी अंत:संरचना में स्थित मंडलों का निर्देश करती है।

दृष्टा एवं दृश्य रूपी आंतर एवं वाह्य की अभिज्ञताओं के संयुक्त होने पर 'संवित' अथवा व्यवहार में आने के योग्य चेतना का उदय होता है, जिसमें ज्ञान एवं अनुभव दोनों का समावेश होता है। सृष्टि से पूर्व अव्यक्त क्षेत्र में ही इस 'संवित' का उदय हो जाता है, और इसी क्षेत्र में सृष्टि बीज का वपन भी होता है। 'मैं अनेक हो जाऊं', इस प्रकार की

इच्छा के बल से युक्त इस सृष्टि बीज के विकास की दिशा में 'पराशक्ति' के द्वारा सर्वप्रथम कारण भूमि के रूप में आत्मिक ऊर्जा के प्रभाव-क्षेत्र का विस्तार किया जाता है।

ऋषियों के अनुसार, आत्मिक ऊर्जा अथवा मौलिक प्राण शक्ति का क्षेत्र एक नाभि अथवा विंदु के रूप में अभिव्यक्त होते हुए, एवं एक शब्द सृष्टि के रूप में इस सृष्टि बीज का विकास करते हुए, उच्छून होने लगता है (तीव्र गति से विस्तारित या inflate होने लगता है)। यह क्षेत्र 'मात्रिका' ध्वनियों के द्वारा निर्मित एक ऐसे विशाल क्षेत्र का रूप ले लेता है, जो परिधि और आंतर (केन्द्र) के मध्य अवकाश की सृष्टि करते हुए उच्छून (inflate) होता है। ऋषियों के द्वारा कारण भूमि के नाम से वर्णित यह क्षेत्र शिव, शक्ति और उनके युग्म के अंतर्भुक्त एक चौथे भुवन या उप-मंडल के रूप में अवस्थित होता है, जिसके शीर्ष की ओर युग्म, शक्ति एवं शिव के भुवन होते हैं और जिसका आंतर एक ऐसा विंदु है जो केन्द्रस्थानस्थ है, जो सृष्टि बीज है, और जो कारण भूमि के विकास को समन्वित करते हुए अब और अधिक विकास को प्राप्त करने की दिशा में उन्मुख है (चित्र-५)।

सृष्टि-क्रम में, इसी प्रकार यह सृष्टि-बीज एक नयी नाभि के समान विंदु की अवस्था से माया क्षेत्र के पांचवे भुवन के रूप में विकसित होकर, आगम के छठे से ग्यारहवें तत्वों का विकास करने के पश्चात पुन: एक नये और अब ग्यारह तत्वों से युक्त विंदु (नाभि) के रूप में संकुचित होता हुए प्रतीत होगा, क्योंकि विश्व की अभिव्यक्ति परिधि से केन्द्र की दिशा में अग्रसर होते हुए हो रही है। पाठकवृंद कृपया ध्यान दें कि नाभि अथवा केन्द्र वही रहता है, परंतु उसके और परिधि के मध्य के क्षेत्र का विस्तार होने से उस विंदु में केन्द्रित बल एवं गुणों में वृद्धि होती रहती है। इसी कारण से 'विंदु के रूप में संकुचित हो जाता है' नहीं कहा गया है, बल्कि 'संकुचित होते हुए प्रतीत होता है', ऐसा कहा गया है। साथ ही यह भी स्मरण रखना उचित होगा कि श्री युक्तेश्वर जी के द्वारा जिन्हें सात भुवन कहा गया है, सृष्टिक्रम में विकासोन्मुख उन्हीं स्तरों को कुछ अन्य ऋषियों ने सात लोक अथवा सात मंडल भी कहा है।

कटोरे में कटोरे का खेल

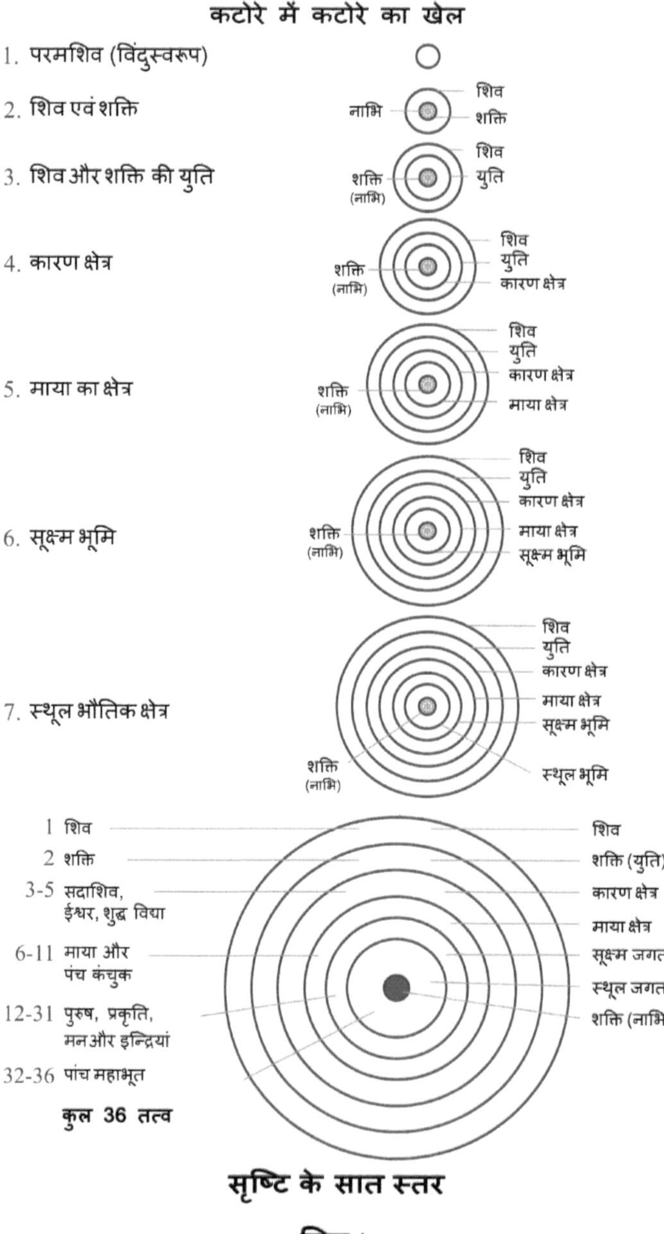

सृष्टि के सात स्तर

चित्र-५

अखंड मंडलाकार चैतन्य में पांचवे स्तर के विकास के पूर्ण हो जाने पर, इस पांचवे स्तर और केन्द्र विंदु के मध्य अब छठे स्तर के रूप में सूक्ष्म धरातल का विकास होता है, जो मानसिक ऊर्जा के स्पंदनों की भूमि होती है। अभिव्यक्ति के इसी स्तर पर विकासोन्मुख सृष्टि बीज का मन, बुद्धि, ज्ञानेन्द्रियों, कर्मेन्द्रियों तथा तन्मात्राओं के सहित एक लिंग शरीर के रूप में विकास होता है। इसी भूमि पर असंख्य आत्म-कण अपने उपयोग के निमित्त एक सूक्ष्म लिंग-शरीर को प्राप्त करने के पश्चात, एक सार्वभौम और दीर्घ समय तक विद्यमान रहने वाले सृष्टि-कण के रूप में विकसित होकर स्थित हो जाते हैं (चित्र-५)।

वास्तव में तो उपरोक्त सभी लिंग-शरीर धारी और विंदु-समान व्यष्टियां एक वैश्विक लिंग-शरीर अथवा सृष्टि-विंदु में समन्वित रहते हुए ही स्थित होती हैं, और अगले स्तर पर विकसित होने के हेतु इसी विंदुस्वरूप वैश्विक लिंग शरीर के विभिन्न विभागों के अपने व्यष्टि लिंगशरीर में कम वा अधिक मात्रा में विकास के लिये स्थूल भूमि पर होने वाले समानांतर विकास की प्रतीक्षा करती हैं (इस विषय में कुछ चर्चा इतिपूर्व हो चुकी है और कुछ आगे की जायेगी)। इस प्रकार, उनके वाहक के समान इन सभी सूक्ष्म तत्वों से भी जड़ित होकर यह विकासोन्मुख सृष्टि बीज, एक और अधिक क्षमतावान केन्द्र विंदु के रूप में अब सातवें भुवन का विकास करने के लिये उद्योग-युक्त हो जाता है। दूसरे शब्दों में, हम कह सकते हैं कि इस स्तर की प्राप्ति के पश्चात अब यह स्थूल भूमि पर पदार्थ के कण आदि के रूप में अभिव्यक्ति के लिये प्रस्तुत हो गया है (चित्र-४ एवं ५)।

महा कुंडलिनी

सीमाविहीन चैतन्य में इसकी प्रकृति, जिसे परा शक्ति कहा जाता है, एक स्पंदन की अनुभूति के रूप में प्रकट होती है। यह एक अंत:प्रेरणा के समान एक ऐसे परिवेश में उदित होती है जहां केवल शाश्वत चैतन्य होता है जो स्वयं में तृप्त होता है, जिसमें कोई अवकाश नहीं होता, कोई मन भी नहीं, और जिसमें न ही समय की भी कोई अवधारणा होती है।

अगर नित्यता की हम एक समय की रेखा के रूपमें अवधारणा करें, जो अतीत से ऊर्ध्व की ओर जाने वाली एक सरल रेखा के समान हो, तो हम अचल होकर स्थिर रहने वाले शिव तत्व को भी सहजता से इसी में समाहित मान सकते हैं। इस अवस्था मे जब एक स्पंद का उदय होता है, तो यह इस रेखा के एक विंदु पर सब ओर से लंबवत एक समतल भूमि की सृष्टि करते हुए ही उत्पन्न हो सकता है, जिसे एक इस प्रकार का अवकाश समझा जा सकता है जिसमें कुछ उत्पन्न होकर अवस्थित भी हो सकता हो।

परमशिव का गतिशील अंश उसका वह स्वभाव है जो उसमें अस्त के समान सम्मिलित होकर विद्यमान रहता है, समय आने पर जो प्रकट भी हो सकता है और फिर से उसी में लीन भी। इसी की संज्ञा परा शक्ति होती है, जो शिव में सन्निहित ऊर्जा स्वरूप होती है और जो सदैव उपस्थित रहते हुए भी आवश्यकता के अनुरूप ही प्रकट होती है। इसका उदय शिव के ज्ञान के प्रकाश के विमर्श के रूप में उसके विकिरण के समान होता है, और यह एक ध्रुवीकृत चेतन क्षेत्र का रूप ग्रहण करते हुए होता है। यह ऊर्जा स्वरूप शक्ति एक गतिशील प्रवाह के समान स्थिति विंदु की परिक्रमा करती रहती है, परंतु स्थिति विंदु शिव का समय की रेखा से समवाय होने के कारण यह वर्तुलाकार भ्रमण करते हुए, एक कुंडली के समान ऊर्ध्व दिशा में उठती हुई प्रतीत होती है। वर्तुलाकार पथ पर अपनी इस सर्पिल के समान परिदृष्ट होने वाली गति के कारण ही इस शक्ति को योग एवं तंत्र विज्ञानों में कुंडलिनी शक्ति कहा जाता है (चित्र-६)।

सृष्टि की दिशा में उन्मुख स्पंदायमान ऊर्जा के रूप में जो गतिशील प्रधान तत्व है उसके द्वारा स्थितिशील प्रधान तत्व की परिक्रमा करते रहना, भविष्य में दृष्टिगोचर होने वाली संरचनाओं की एक पूर्व सूचना के समान प्रतीत होता है। जहां एक ओर हमें केन्द्र में स्थित नाभिक के चारों ओर परिभ्रमण करते हुए इलेक्ट्रोन, परमाणुओं की रचना करते हुए दिखाई पड़ते हैं, वहीं दूसरी ओर पृथ्वी आदि ग्रह सूर्य की, सूर्य और इसके सहयोगी तारे आकाश गंगा के केन्द्र की, और हमारी आकाश गंगा अपने सहयोगी गैलेक्सी समूहों के साथ एक और भी विशाल समूह 'दि

ग्रेट अट्रैक्टर' की परिक्रमा करते हुए इस विश्व में भ्रमण करते रहते हैं। वैसे एक मुहावरा भी है, यथा राजा तथा प्रजा। जैसे जनक-जननी होते हैं वैसी ही संतति होती है, और आरंभ और अंत चाहे कुछ भी हो मध्य में तो जैव वैज्ञानिकों को भी एक क्रम-विकास की ही प्रतीति होती है, और यही सत्य भी है। ऋषियों के अनुसार, एक क्रम का अनुसरण करते हुए और उन्हीं तीन प्रमुख गुणों का विकास करते हुए, एक ही कुंडलिनी-शक्ति पदार्थ के पहले कण से आरंभ करते हुए एक विकसित मनुष्य तक की यात्रा करती है।

पहले सृष्टि और फिर नियंत्रण भी

परा संवित की चेतना का क्षेत्र दो प्रधान तत्वों के संयुक्त होने से उद्भूत होता है और चिदाकाश के नाम से ख्यात होता है। इसी चिदाकाश को तंत्र एवं योग शास्त्रों में महा कुंडलिनी कहा जाता है और यह शक्ति तत्व की ही एक अवस्था विशेष होती है। ऋषियों के अनुसार यह महा-कुंडलिनी पहले इस विश्व की रचना करती है, और फिर इसके मध्य अवस्थित होकर यह इसका नियमन करती है।

अब तक की चर्चा में हम जान चुके हैं कि परम चैतन्य में ही समन्वित किंतु अलग-अलग दिशाओं में कार्य करने वाली दो असीम शक्तियों के ध्रुवीकृत हो जाने पर उनके मध्य एक विराट बल क्षेत्र का निर्माण होता है, और इस बल-क्षेत्र से ही इस विश्व में अभिव्यक्ति को प्राप्त प्रत्येक वस्तु की उत्पत्ति होती है। तथापि अभिव्यक्ति को प्राप्त होने वाली कोई भी वस्तु प्रकृति की आवश्यकता के अनुरूप और उसके द्वारा चुने गये समय पर ही उत्पन्न हो सकती है। इस बल-क्षेत्र के कार्यकारी होने पर जिस मौलिक और स्पंदायमान ऊर्जा का उदय होता है ऋषिगण उसे प्राण शक्ति कहते हैं। यह प्राण शक्ति ही प्रकाश, उष्णता, विद्युत-चुंबकत्व, एवं जैविक शक्तियों और विभिन्न वस्तुओं को उत्पन्न करने वाली उनकी मातृ-स्थानीय ऊर्जा होती है। दूसरी ओर, यह एक चैतन्य ऊर्जा होती है और इस प्राण-शक्ति के स्पंदन से ही नाद की ध्वनि का उदय होता है, जिसमें विश्व के सभी उपादानों की परिभाषायें

एवं विनिर्देश मात्रिकाओं की समष्टि के रूप में अवस्थित होते हैं और यथासमय विकास को प्राप्त होते हैं।

एक विंदु में कोई दिशा नहीं होती, परंतु जब दो विपरीत शक्तियां इस पर कार्य करती हैं तो ये एक दूसरे पर लंबवत कार्य करते हुए, तथा x-अक्ष और y-अक्ष के समान स्थित रहते हुए किसी भी ज्यामिति या आयतन की सृष्टि कर सकती हैं। घड़ी की सूंई कि दिशा में या उसके विपरीत दिशा में घूमते हुए ये एक वृत्त की सृष्टि करती हैं, और इसी प्रकार किसी आधार से युक्त होकर यही शक्तियां किसी चणक, ग्रह, अथवा तारे का आकार एवं आयतन भी ग्रहण कर सकती हैं। वास्तव में तो इन दोनों के संयोग तथा सहयोग से ही न केवल स्थूल विंदु, रेखा, आयतन और शेष ज्यामिति का सृजन होता है, बल्कि एक प्रकार से तो समस्त गणित भी इस मौलिक 'पूर्ण' की तुलना में ही किसी *'सापेक्ष'* की अवस्थिति को परिभाषित एवं सांख्यायित करने का प्रयास मात्र करता है।

अव्यक्त से बाहर की ओर या अभिव्यक्ति की दिशा में जिस आकाश एवं स्पंदायमान ऊर्जा का निस्सरण होता है, उसको सबसे सरल शब्दों में समझाने के लिये हम कह सकते हैं कि जैसे सृष्ट्योन्मुख प्रकृति ने अंड के रूप में श्वेत और रक्त दो विभागों वाले सृष्टि बीज का उत्सर्जन एक विसर्ग के रूप में कर दिया हो। यह विसर्ग वास्तव में स्वयं विमर्श अथवा शक्ति ही है जो एक कुंडलिनी के रूप में अब सृष्टि की अभिव्यक्ति के लिये उद्यत एवं उद्योगशील होती है। वास्तव में यही चिदाकाश या संपूर्ण ज्ञातव्य है। इस चिदाकाश में ही शक्ति की दिशा में शिव की उन्मुखता के कारण शक्ति का एक भाग चैतन्य के प्रकाश से नहाये हुए के समान अनुभूत अथवा ज्ञापित होने की योग्यता के अतिरिक्त अनुस्यूत चेतना से युक्त होकर स्थित रहता है। यहां से यह कुंडलिनी गुणों के चतुराई पूर्ण फेर-बदल के माध्यम से जानने के योग्य विविधता, एवं उस विविधता को जानने के साधनों से युक्त शरीर-समष्टियों या संरचनाओं का भी विकास करते हुए अग्रसर होती है। अंत में यह क्रेनियम और बुद्धि से युक्त एक ऐसे मानव-पशु का विकास कर लेती है जिसमें पशुता को वश में करने, और मनुष्य के रूप में पुरुष तत्व की समस्त क्षमता को प्राप्त करने की

योग्यता होती है। अपने विवेक पूर्ण आचरण से यह पशु-मानव (Animal-Man) एक मानव-पुत्र (Son of Man) तो बन ही सकता है, प्रयत्न के द्वारा यह ईश्वर-पुत्र (Son of God) कहलाने की योग्यता भी प्राप्त कर सकता है। ऋषियों के अनुसार यहां आकर परम शिव की अंतिम कला 'निवृत्ति' कला का कार्य समाप्त हो जाता है और कुंडलिनी रूपा भगवती अब विश्राम कर सकती है।

विश्व का अंत कैसे होगा

डॉ. कविराज लिखते हैं, "विसर्ग के रूप में विमर्श शक्ति दृष्टा के द्वारा उपभोग्य एक ज्ञातव्य के रूप में अभिव्यक्त होती है। तथापि इस प्रक्रिया में वह शिव रूपी दृष्टा के स्वाभाविक अधिकार क्षेत्र का अतिक्रमण करते हुए स्वयं प्रमाता का स्थान ले लेती है जो प्रायोज्य की अभिलाषा करने वाला प्रायोजक होता है।" इसे हम कुछ इस प्रकार समझ सकते हैं कि विश्व उद्यान की स्वामिनी एवं स्वागत-कर्त्री के रूप में शक्ति (अथवा प्रकृति) जो दिखा सकती है (या दिखाना चाहती) है, उसके द्वारा उपलब्ध करवाये गये उन्हीं सीमित साधनों से और उसी प्रकार केवल उतना ही देखने की बाध्यता के साथ ही एक पुरुष अभ्यागत के रूप में शिव का उद्यान भ्रमण संभव होता है। "यद्यपि दृष्टा शिव ही होता है," डॉ. कविराज आगे लिखते हैं, "तथापि अपने स्वातंत्र्य की हानि करके एक जीव के रूप में वह प्रमाता के स्थान पर प्रमेय (अर्थात उसके लिये प्रकृति के द्वारा उपलब्ध करवाये गये ज्ञान प्राप्ति के उपकरणों) पर निर्भर होने के कारण (उनसे बंधे हुए) एक पशु-प्रमाता का स्थान ग्रहण कर लेता है (अत: एक सापेक्ष दृष्टा के समान चालित होते हुए वह केवल सापेक्षता के द्वारा सीमित उपलब्धियों की ही अपेक्षा करता है।)"

वे और भी लिखते हैं, "जब ज्ञातव्य ज्ञाता के अधीन होता है तो वह 'ज्ञाता' स्थिर रूप में अवस्थित समग्र का दृष्टा एवं पति प्रमाता होता है। परंतु जब यह ज्ञातव्य के अधीन हो जाता है तो इसकी संज्ञा पशु प्रमाता की हो जाती है। परमशिव में (स्वयंभुव के रूप में) शिव एवं शक्ति दोनों का यामल अवस्था में सामंजस्य होता है, और शिव के रूप में यह जब

माया का विनाश करना चाहता है तो यह अपने विमर्श का संकोच कर लेता है और विंदुरूप धारण कर लेता है।" माया के द्वारा सृष्ट दृष्यमान जगत का इस प्रकार से विनाश, व्यष्टि (पुरुष) और समष्टि (शिव) दोनों क्षेत्रों में हो सकता है।

अगर हम आगम के ऋषियों की दृष्टिभंगी के अनुसार देखने का प्रयास करें, तो हम यह समझ सकते हैं कि वैज्ञानिकों के द्वारा अनुमानित किसी हीट डेथ या बिग क्रंच इत्यादि की सहायता के बिना ही, यह सर्पिल पथ से चलने और कार्य करने वाली 'कुंडलिनी शक्ति' जैसे निर्माण करती है वैसे ही अत्यंत तीव्र गति से यह अपने द्वारा अभिव्यक्त किसी निर्माण का ध्वंश भी कर सकती है। खरबों परमाणुओं से बनाये गये अपने एक डी-एन-ए के अणु को एक जिप के समान मध्य से अलग करते हुए यह प्रकृति क्षण भर में ही समाप्त कर सकती है। इसी प्रकार यह कुंडलिनी सूक्ष्म आधार से अलग करके स्थूल विश्व का संकोचन, कारण-भूमि से अलग करके सूक्ष्म जगत का संकोचन, और भौतिक ऊर्जा का मानसिक ऊर्जा में तथा मानसिक ऊर्जा का आत्मिक ऊर्जा में संकोचन करते हुए पुनः विंदु रूप में अवस्थित हो सकती है। और समय आने पर यह सब कुछ एक क्षण में भी घटित हो सकता है। उस समय अन्य सभी प्रकार के स्पंदन प्राण में, और सभी प्रकार के शब्द नाद में विलीन हो जाते हैं। और फिर नाद और प्राण (space-time and energy) भी परा शक्ति में, और परा शक्ति परम शिव में लीन हो जाती है। इस प्रकार एक सृष्टि चक्र का अवसान हो जाता है। व्यष्टि एवं समष्टि, दोनों क्षेत्रों में इसी प्रकार से चक्रांत संभव होता है।

विश्व रूपी गेंद में पर्तों का चमत्कार

हम सब जानते हैं कि पृथ्वी के चारों ओर वायुमंडल के विभिन्न स्तर स्थित होते हैं, जैसे ट्रोपोस्फेयर, स्ट्रेटोस्फेयर, मेसोस्फेयर, थर्मोस्फेयर, आदि। इस विश्व की एक विशाल गेंद के समान संरचना में भी, जिसका वर्णन भारत के प्राचीन ऋषियों के द्वारा किया गया है, लगभग उसी प्रकार ऊर्जा एवं अनुभूति की प्रगाढता के अनुरूप अनेक स्तर अथवा

मंडल अवस्थित होते हैं। अत्यंत सूक्ष्म स्पंदनों के क्षेत्र से स्थूल भूमि तक विस्तृत इस संरचना में इस प्रकार की यांत्रिकी की एक अत्यंत महत्वपूर्ण भूमिका है। इसमें स्थूल पृथ्वी की रचना सबसे अंतिम स्तर के रूप में होती है और यह एक विंदु में एक केन्द्र के उदय होने के पश्चात उसकी परिधि से दूर अंतर दिशा में विस्फारित होते हुए, और विभिन्न प्रकार की परिभाषाओं, गुणों, संरचनाओं, करणों, उपकरणों एवं अन्य अनेक प्रकार की प्रगाढ़ताओं से जड़ित होते हुए इस विस्फार के अंतिम चरण में होती है। हर नये स्तर के केन्द्र के समान प्रत्येक विंदु पर पिछले स्तर के समस्त विकास को संयोजित करते हुए, अंतिम चरण में एक अत्यंत गहन गुणों और तकनीक से संपन्न सृष्टि-कण का विकास होता है। और इस परंपरा का उपयोग न केवल स्थूल पदार्थ के कणों का निर्माण करने में, बल्कि इस पृथ्वी का और इस पृथ्वी पर अवस्थित समस्त पदार्थों, पशुओं एवं मनुष्य की संरचना में भी होता है।

ऋषियों ने भौतिक पदार्थ के स्तर को विश्व चेतना में अनुभूति के स्पंदन की प्रगाढ़ता की प्राप्ति की दिशा में सातवां स्तर कहा है। उनके अनुसार यह चेतना के प्रकाश से जड़ता की ओर उन्मुख शक्ति-तत्व के अधिकतम विस्फार प्राप्ति का स्तर है। एक संवेग को लेकर स्थिर-ध्रुव शिव से दूर हटती हुई शक्ति अपने विकर्षण की सीमा तक पंहुच कर लौट पडती है, और तभी शिव के आकर्षण का कार्य प्रारंभ हो जाता है। इस प्रकार लौटने से पूर्व यह संवेग से युक्त एवं अत्यधिक घनीभूत ऊर्जा यदि एक सिंगुलैरिटी का रूप ग्रहण कर लेती हो, जैसा कि भौतिक शास्त्र की बिग बैंग थ्योरी की अवधारणा है तो आगम का आख्यान इसका समर्थन करते हुए ही प्रतीत होगा। ऋषियों के अनुसार यह घनीभूत ऊर्जा लौटती है और भौतिक ऊर्जा के स्तर पर पंहुचते हुए, एवं पदार्थ के कणों के रूप में अभिव्यक्त होते हुए तथा एक क्रमविकास के मार्ग का अवलंबन करते हुए, कुंडलिनी रूपा यह शक्ति चेतना की दिशा में अपनी वापसी की यात्रा आरंभ कर देती है।

यह विश्व चाहे जितना भी विस्तृत हो गया हो, परंतु सात स्तरों पर विकास एवं प्रत्येक स्तर के विकास का लेंस से केन्द्रित किये जाने के समान केन्द्र में संकुचन फिर पुनर्विकास, एवं उस विकास का भी

केन्द्रस्थ विंदु में इसी प्रकार सूक्ष्म रूप में समाहित हो जाना, इसी प्रक्रिया का अनुसरण करते हुए विश्व की सृष्टि करने वाली आदि-चेतना स्थूल भूमि पर उत्पन्न होने वाले प्रत्येक कण से युक्त रहती है चाहे वह इस सृष्टि में कहीं भी विद्यमान हो। यह संभव होता है कुंडलिनी के एक नये और अप्रतिम चतुराई वाले वाले पदक्षेप से। कुंडलिनी का यह पदक्षेप एक विपरीतीकरण की मुद्रा के माध्यम से होता है, जिसके परिणाम स्वरूप मूल त्रिकोण अपने शिव-त्रिकोण वाले रूप के स्थान पर अपने ही प्रतिबिंब के रूप में एक शक्ति त्रिकोण का रूप धारण कर लेता है। इस प्रक्रिया के माध्यम से, यह चतुर कुंडलिनी, पुरुष के रूप में बद्ध एवं अवरुद्ध आभास चैतन्य के सन्मुख अब एक सापेक्ष अनुभूति एवं सीमित उपभोग का मार्ग प्रशस्त कर देती है। इस प्रकार यहां से यह सृष्टि-कण छोटी बड़ी इकाइयों और समष्टियों के रूप में अपनी संसार यात्रा का आरंभ करने में सक्षम हो जाता है।

इस सृष्टि-कण के दृष्टिपथ एवं उसके द्वारा दृष्ट के परावर्तन के कारण (चित्र-3) जगत की वस्तुओं के रूप में विकासोन्मुख चेतना को अब तक की सृष्टि में जो सबसे अंतरतम और सर्वाधिक प्रगाढ़ ऊर्जा का स्तर था, ऊर्जा के उस अंतिम स्तर की अनुभूति अब एक वाह्य के समान होने लगती है। दूसरी ओर विश्व सृष्टि रूपी गेंद में, इसकी परिधि से अंदर की दिशा में इसके जो अधिकाधिक घनत्व की ओर उन्मुख स्तर थे, वे अब इस विकासोन्मुख स्थूल सृष्टि के कण के अंतर में, एक विपरीत क्रम में एक अंत:संरचना के समान समाहित हो जाते हैं। अर्थात ये सभी स्तर अब इस सृष्टि-कण को अपने से बाहर दिखाई नहीं पड़ते। इस प्रकार, एक सापेक्षता के दृष्टा की उत्पत्ति हो जाती है, भले ही अपनी प्रारंभिक अवस्था में सापेक्षता का यह दृष्टा एक पदार्थ का कण मात्र ही क्यों न हो।

परिधि से केन्द्र की ओर

तंत्र-विज्ञान के ऋषि एवं योग-विज्ञान के सिद्ध गुरु, दोनों सृष्टि की रचना अथवा अभिव्यक्ति में विभिन्न स्तरों के निर्माण की बात कहते हैं जिन्हें मंडल अथवा लोक भी कहा गया है। इस संरचना में सर्वप्रथम एक विंदु में

एक केन्द्र के उदय होने के समान चेतना में अनुभव के रूप में स्पंदायमान ऊर्जा प्रकट होती है, और यह केन्द्र विभिन्न स्तरों का निर्माण करते हुए इस विंदु की परिधि से अंतर की दिशा में दूरत्व प्राप्त करते हुए एक सात स्तरों वाली गेंद के समान संरचना की सृष्टि करता है।

ऋषियों एवं गुरुओं के द्वारा प्रस्तावित यह विवरण एक अत्यंत ही विशिष्ट संरचना का निर्देश देता है, जैसे कोई बैलून अथवा गुब्बारा बाहर की ओर नहीं बल्कि अंदर की ओर उच्छून हो रहा हो। यह कुछ इस प्रकार प्रतीत होगा जैसे कि गेंद के संपूर्ण शरीर के हर आयाम से एक लेंस के समान इसके सार अथवा गुण को एक मध्यस्थान में केन्द्रित कर लिया गया हो, और इसकी परिधि एवं केन्द्र के मध्य विकास को प्राप्त होने वाले समस्त गुण एवं स्वभाव इस केन्द्र में भी समाहित हो गये हों। एक साधारण गेंद को इस प्रकार विस्फारित होने की स्वतंत्रता मिलने पर यह एक ही बार उच्छून होकर अपना आकार ग्रहण कर सकती थी, पर यह विश्व कोई साधारण गेंद नहीं बल्कि एक अत्यंत जटिल संरचना है जो एक से अधिक आंशिक विस्फारों के माध्यम से अत्यंत चतुराई के साथ अपना निर्माण करती है। अत: एक लेंस से केन्द्रित किये जाने के समान सात विभिन्न स्तरों पर होने वाले विकास को विभिन्न गुणों और स्वभावों के रूप में इस सृष्टि के केन्द्र में समाविष्ट करते हुए, प्रकृति के लिये, एक अति विशिष्ट एवं सशक्त सृष्टि के कण का विकास करना संभव हो पाता है।

इसी प्रकार अपनी क्षमता का विकास करते हुए और इसी प्रणाली का विपरीत क्रम में अनुसरण करते हुए यह आभास-चैतन्य अथवा पशु प्रमाता, पुन: अपने उत्स की ओर, उस प्रकाश पुंज की ओर जो अंधकार से परे और आदित्य स्वरूप है और जिससे एक रश्मि के रूप में इसका विकिरण हुआ है, लौटने का उद्‌यम भी कर सकता है। तथापि यह यात्रा, जैसा कि हम इस पुस्तक में आगे बढ़ने पर देखेंगे, भूमि, जल अथवा वायु में किसी वाहन पर आरूढ़ होकर नहीं, बल्कि अपनी चेतना के अंदर अपने मन पर आरूढ़ होकर, अपनी आत्म-चेतना अथवा संवित के सूक्ष्मतर स्तरों पर बढ़ते हुए ही सम्पन्न की जा सकती है।

अपनी इस अत्यंत विशिष्ट मौलिक संरचना के कारण ही इस विश्व-सृष्टि में प्रत्येक कण, अपने ही अंदर विपरीतीकरण की प्रक्रिया का अनुसरण करते हुए उत्पन्न होने वाले अपने केन्द्र अथवा हृदय के माध्यम से, समस्त विश्व के केन्द्र से संयुक्त रहते हुए ही अवस्थान करता है। इसके अतिरिक्त, कण और केन्द्र का यह संबंध लंबवत एवं सबसे छोटे पथ का अवलंबन करते हुए अवस्थित होता है, उसी प्रकार जैसे हम में से प्रत्येक प्राणी इस पृथ्वी के केन्द्र से जड़ित रहते हुए ही अपने कार्यों में संलग्न होता है। ऋषियों के अनुसार प्रत्येक अणु अथवा पुरुष, और प्रत्येक मनुष्य भी, अपने कारण शरीर के माध्यम से इस विश्व के केन्द्र से युक्त रहते हुए ही चलायमान रह सकता है। इसी संदर्भ में हम निकोला टेसला के इस कथन को भी समझने का प्रयास कर सकते हैं कि, "मेरा मस्तिष्क इस विश्व में केवल एक तरंगों को ग्रहण करने वाले उपकरण के समान है, और (कहीं) एक केन्द्र है जिससे हम ज्ञान, ऊर्जा एवं प्रेरणा प्राप्त करते रहते हैं।"

स्थूल की उत्पत्ति और अनुभूति

विज्ञान के विद्यार्थियों को यह बताया जाता है कि ऊर्जा कभी विनष्ट नहीं होती, केवल इसका रूप बदल जाता है जैसे कि स्थितिज-ऊर्जा (potential energy) गतिज ऊर्जा (kinetic energy) में परिवर्तित हो सकती है, यांत्रिक ऊर्जा उष्मा में और उष्मा रासायनिक अथवा नाभिक ऊर्जा में या विद्युत-चुंबकत्व में भी परिणत हो सकती है, इत्यादि। संक्षेप में, एक प्रकार की ऊर्जा किसी अन्य प्रकार की ऊर्जा में परिवर्तित हो सकती है और ऐसा कोई कारण अथवा नियम ज्ञात नहीं है कि यह सिद्धांत और अधिक सूक्ष्म ऊर्जाओं के क्षेत्र में कार्य नहीं कर सकेगा अथवा पदार्थ-वैज्ञानिकों के द्वारा ऊर्जा के एक पूर्व स्वीकृत स्तर तक तो कार्य कर सकेगा और उसके बाद यह कार्य करना बंद कर देगा।

ऋषियों के अनुसार, व्यक्त-भूमि पर परा-शक्ति सर्वप्रथम प्राण के रूप में आविर्भूत होती है जिसे सृष्टि का निर्माण करने वाले एक आद्य

स्पंदन अथवा मौलिक ऊर्जा के रूप में ग्रहण किया जा सकता है। विश्व का निर्माण करने वाली ऊर्जा वास्तव में चेतना की अनुभूति में आनंद के रूप में उदय होने वाली 'शक्ति' ही है, जो अत्यंत सूक्ष्म से अधिकाधिक प्रगाढ़ अनुभूति की ओर बढ़ते हुए अपने मौलिक स्वरूप में हमारी आत्मिक शक्ति के रूप में कार्य करती है। इसका कार्यक्षेत्र हमारा कारण शरीर होता है। हमारे सूक्ष्म शरीर के 'मध्यम-प्रगाढ़ता' वाले स्तर पर यह मानसिक शक्ति के रूप में अवतरित होती है, एवं यही प्रधान शक्ति स्थूल शरीर के स्तर पर भौतिक एवं रासायनिक शक्तियों में परिवर्तित होते हुए इस विश्व का निर्माण एवं संचालन करती है।

शिव एवं शक्ति तत्वों की असीमित क्षमताओं एवं ऊर्जासमष्टि में से इसका एक अंश-विशेष ही किसी विश्व विशेष की सृष्टि के हेतु निर्गत एवं प्रयुक्त होता है। शक्ति तत्व की उस अवस्था को ही कुंडलिनी कहा जाता है जो शिव के प्रकाश से बिद्ध होकर विश्व-सृष्टि की दिशा में प्रेरित अथवा अनुप्राणित है। सृष्टि के निर्माण कार्य में संलग्न इस कुंडलिनी-शक्ति की दो प्रधान एवं स्वाभाविक क्रियायें हैं संकोचन एवं प्रसार अथवा आकर्षण और विकर्षण। इन दो प्रधान क्रियाओं के माध्यम से ही, इस कुंडलिनी के द्वारा इस अधिकांश में स्थितिज एवं केवल आवश्यकतानुसार ही गतिज ऊर्जा-समष्टि के एक अंश का उपयोग अपने प्रायोजित विश्व के निर्माण एवं संचालन के लिये किया जाता है। और एक क्रम-विकास के पथ पर चलते हुए ही यह चंचला कुंडलिनी अपने इस जटिल किंतु आह्लादपूर्ण एवं मनोरंजक कार्य में उद्योगरत होती है। यह प्रत्येक स्तर पर पहले तो अपना विस्तार करती है, और फिर उस विस्तार को एक सार रूप में ग्रहण करते हुए एवं संकुचित (प्रगाढ़) होते हुए एक नये स्तर के विकास एवं विस्तार (inflation) के लिये प्रस्तुत हो जाती है।

आगम के तीसरे तत्व सदाशिव-तत्व के स्तर पर जो 'मैं' के रूप में आत्म-तत्व का स्तर है, प्राण शक्ति के रूप में तो यह कुंडलिनी विकास को प्राप्त होती है परंतु विज्ञात के रूप में यह पूर्ण अंधकार अथवा एक अज्ञान-विंदु के रूप में संकोच ग्रहण कर लेती है। चौथे तत्व ईश्वर-तत्व

के स्तर पर इस अज्ञान-विंदु में मौलिक परिभाषाओं वाली मात्रिकाओं के रुप में ज्ञान का मौलिक विकास होता है। इसी प्रकार, अगले स्तर पर इन अभिव्यक्त मात्रिकाओं की सहायता से समस्त विधियों एवं मंत्रों के रूप में विस्तार को प्राप्त होकर यह कुंडलिनी भावी विश्व को एक शब्द-सृष्टि के रूप में अवस्थित कर लेती है।

इसी प्रकार अग्रसर होते हुए यह कुंडलिनी शक्ति माया क्षेत्र में सापेक्षता का, और सूक्ष्म धरातल पर एक पूर्ण लिंग-शरीर के रूप में देखने, विचार करने, तथा अनुभव एवं कर्म करने के साधनों का विकास करते हुए, और इन समस्त विकासों को अपने अंदर समेटे हुए, पुन: एक विंदु का रूप धारण करते हुए और भी अधिक स्थूलता, घनत्व एवं प्रगाढ़ता की प्राप्ति की दिशा में अपनी यात्रा पर चलती रहती है। फिर एक समय आ जाता है, जब विकर्षण की क्रिया पर आकर्षण की क्रिया भारी पड़ने लगती है, और इस सृष्टि-प्रवाह का परावर्तन आरंभ हो जाता है। संभवतया एक सिंगुलैरिटी का रूप धारण करते हुए ही इस वाह्य के संवेग का उपशम होता है, और वापस लौटने की क्रिया आरंभ हो जाती है। तत्पश्चात, पुन: एक दहलीज विशेष को पार कर लेने पर, भौतिक वैज्ञानिकों के द्वारा अनुमानित एक बिग बैंग के तुल्य स्फोट अथवा बड़े विस्फोट से भौतिक ऊर्जा एवं पदार्थ के कणों की उत्पत्ति हो सकती है। तथापि, ऋषिगण विस्फोट का नहीं बल्कि 'स्फोट' शब्द का प्रयोग करते हैं और यह स्फोट प्रत्येक स्तर पर, पिछले स्तर के सिमटने से बने हुए विंदु में होता है।

इस स्थान पर पहुंचकर हम कह सकते हैं कि हमारे इस कथाक्रम में ऋषियों का ज्ञान और भौतिक विज्ञान, कुछ समय एवं कुछ दूरी के लिये ये दोनों एक पृष्ठ पर आ जाते हैं। एक दहलीज विशेष का अतिक्रमण हो जाने पर पहले मानव का जन्म और फिर इसका पशु-मानव से एक मानव-पुत्र के रूप में विकास आरंभ हो जाता है। हमारे कथा-क्रम में यहां पहुंच कर भौतिक विज्ञान एक बार फिर पीछे छूट जाता है, और यहीं से ऋषियों का योग-विज्ञान प्रारंभ होता है, जो मानव-पुत्र को ईशा-पुत्र के रूप में विकसित करने वाला विज्ञान है, और जिसकी चर्चा हम आगे आने वाले अध्यायों में करेंगे।

मन और शरीर को जोड़ने का कार्य

ऋषियों के अनुसार, सृष्टि क्रम में एक सृष्टि-कण के माया के क्षेत्र से निम्न दिशा में अवतरण के पूर्व उसके 'मैं' एवं 'यह' को एक दूसरे से अलग करके एक अनुभव-कर्ता और उससे भिन्न एवं उसके लिये एक दृश्य अथवा 'अनुभूत' के रूप में उसकी चेतना का विभाजन हो जाता है। यह विभाजन माया शक्ति के द्वारा होता है जो सभी सृष्ट वस्तुओं में एक अपूर्णता या अभाव की अनुभूति की सृष्टि कर देता है, और इस अभाव की पूर्ति के प्रयास के निमित्त उनमें क्रिया-शीलता की एक सार्वभौम प्रेरणा भी उत्पन्न कर देता है। तथापि इसके लिये एक मन जिसमें अपूर्णता का भाव उत्पन्न हो सकता है, तथा एक शरीर जो क्रिया कर सकता है, इन दोनों का साथ आना आवश्यक होता है और यही इस अभाव की पूर्ति करने की दिशा में सबसे पहला कदम होता है। इसी अपूर्णता की पूर्ति करने के लिये ऋणात्मक एवं धनात्मक आवेशों से युक्त पदार्थ के कण एक दूसरे की ओर आकर्षित होकर परस्पर युक्त होने का प्रयास करते हैं। वैज्ञानिकों के अनुसार स्थूल सृष्टि में तापमान के 3,000° केल्विन की सीमा-रेखा को स्पर्श करते ही एक सेकेंड़ से भी कम समय में यह क्रिया सर्वत्र संपादित हो जाती है। वास्तव में तो इसी अभाव की पूर्ति के हेतु प्राणियों में भी नर एवं मादा एक दूसरे से संयुक्त होने की दिशा में प्रयास करते हैं। इस प्रक्रिया से यद्यपि अपूर्णता का आंशिक तथा काल-सापेक्ष उपशमन ही होता है, परंतु प्रधानत: इस विधि के माध्यम से ही कुंडलिनी-शक्ति अपने सृष्टि-कार्य का अबाध रूप से संपादन करने में सफल रहती है। दूसरी ओर कुंडलिनी के इस उद्देश्य की सफलता के लिये मन और शरीर के युक्त होने के समान ही, आवश्यकता के अनुरूप उनके विलग होने की प्रक्रिया का भी उतना ही महत्व होता है।

एक क्रम-विकास की धारा का अनुसरण करते हुए जब सृष्टि का प्रवाह स्थूल भूमि पर उपनीत होता है तो जहां एक ओर गतिज ऊर्जा की एक बड़ी मात्रा प्रकाश एवं उष्मा के रूप में अवतरित होती है, वहीं दूसरी ओर आंशिक रूप से विकसित सूक्ष्म लिंग-शरीरों (व्यष्टि-प्रकृतियों) से युक्त पुरुष अथवा सृष्टि-कण भी उसी अनुपात में उपनीत होते हैं। ये सभी

पुरुष-कण भी प्रकृति के द्वारा निर्मित स्थूल कणों एवं उनकी समष्टियों से स्वत: एवं स्वाभाविक रुप से युक्त होते हुए, उन्हें तुरंत ही पदार्थ के कणों के रूप में क्रियमाण भी करते रहते हैं। सिद्ध गुरुओं के अनुसार ये सभी सृष्टि-कण, तथा उनके सहयोग से उद्भूत पदार्थ के कण भी, एक मध्य के आकर्षण के द्वारा ही प्रेरित एवं संचालित होते हुए कार्य करते हैं।

इसके साथ ही कारण भूमि पर अवस्थित कतिपय मंत्र एवं मंत्र समष्टियां भी स्थूल धरातल पर अवतरित होते हुए इन सृष्टयोन्मुख पदार्थ के कणों एवं कण समष्टियों के अपनी निर्धारित संरचनाओं के अनुरूप आकार प्राप्त करने में सहायक होते हैं। ये मंत्र एवं मंत्र समष्टियां भी पृथक आत्म-कणों से संयुक्त जीव ही होते हैं, और ये सूक्ष्म भूमि पर अवस्थित विभिन्न तत्वों के भुवनों अथवा आकारों को भी अपने साथ ग्रहण करते हुए ही उपनीत होते हैं। जैसे जैव-शास्त्री अब शरीर संरचना के लिये मौरफोजेनेटिक विकास क्षेत्रों की उपस्थिति आवश्यक समझने लगे हैं, उसी प्रकार अजैविक जड़-शरीरों की संरचनाओं के विकास में भी इसी प्रणाली का उपयोग होता है। जैव अथवा अजैव, सभी शरीरों में उनके आकार-प्रकारों का निर्धारण एवं विकास इसी प्रणाली का अनुसरण करते हुए ही होता हुआ प्रतीत होता है और यह भी एक महत्वपूर्ण तथ्य है कि अपने आकार और प्रकारों के अनुसार ही वस्तुएं कार्य करती हुई परिलक्षित होती हैं। चाहे कोई मौलिक कण हो, सैंकडों परमाणुओं में से कोई एक परमाणु हो, या जीवित वस्तुओं के लिये आवश्यक लाखों प्रोटीनों के अणुओं में से कोई एक अणु हो, इन सभी के गुण विशेष इनके शरीरों के आकार-प्रकार आदि पर विशेष रूप से निर्भर होते हैं।

जो संपूर्ण विश्व का दृष्टा है, चैतन्य की उस भूमिका-विशेष से संयोग के फलस्वरूप यह कुंडलिनी उसके लिये एक वैश्विक मन एवं एक विश्व रूपी शरीर का विकास करती है। ठीक इसी प्रकार चिदाभास रूपी पुरुष से संयुक्त होकर प्रकृति पहले तो उसके लिये उसके लिंग शरीर के रूप में एक सूक्ष्म मानस पक्ष का विकास करती है, एवं तत्पश्चात उसके भोगायतन के रूप में विभिन्न श्रेणी के स्थूल शरीरों को भी विकसित करती रहती है। प्रारंभ में सूक्ष्म एवं स्थूल शरीरों का विकास समानांतर रुप से होता है। वास्तव में तो सूक्ष्म भूमि पर विकसित होकर अवस्थित

एक वैश्विक लिंग शरीर में सभी विभाग पहले से ही उपस्थित होते हैं, तथापि वे एक वैश्विक शरीर निर्माण की पुस्तक के समान कार्य करते हैं। इसी विश्व निर्माण की पुस्तिका से विशिष्ट अवयवों के गुण एवं आकारों सहित उनकी निर्माण विधियों एवं भुवनों को ग्रहण करते हुए, प्रकृति इन दो प्रकार के शरीरों का विकास करती है। अपनी आवश्यकता के अनुसार इन प्रावधानों एवं उपादानों को ग्रहण करते हुए, और क्रमविकास के मार्ग का अवलंबन करते हुए, चैतन्य की अनुस्यूत अवस्था से संपन्न प्रकृति के रूप में यह कुंडलिनी इस विविधता से पूर्ण विश्व का विकास करने की दिशा में धावमान होती है।

मन एवं शरीर के युग्म

श्री युक्तेश्वर के अनुसार, "अनुभूति के पांच विषयों अथवा तन्मात्राओं की समष्टि से भौतिक सृष्टि के अनुभव के लिये आवश्यक आकाश, मरुत (वायु), तेजस् (अग्नि), अप (तरल पदार्थ) एवं क्षिति (ठोस पदार्थ) की अवधारणाओं की उत्पत्ति होती है।" वे आगे और भी कहते हैं, "पुरुष अथवा अणु की चेतना पांच कोषों के द्‌वारा आवृत्त होती है, जिनमें -

1. पहले कोष को आनंदमंय कोष कहा जाता है। यह 'चित्त' का स्थान है जो आनंद का अनुभव करता है।
2. दूसरे को ज्ञानमय कोष कहा जाता है और इसमें उस बुद्धि का निवास होता है जो सत्य को जानने में सहायक होती है।
3. तीसरा कोष मनोमय कोष होता है, जिसमें मन तथा इसके उपयोग के लिये इसके विषयों की ज्ञान प्राप्ति के पांच करण स्थित होते हैं।
4. चौथे कोष को प्राणमय कोष कहा जाता है, जिसमें प्राणमयी-ऊर्जा कार्य करती है और इसीमें मन के द्‌वारा संचालित होने वाले (और शरीर के माध्यम से किये जाने वाले) पांच प्रकार के कार्यों को करने के करण भी स्थित होते हैं।
5. पांचवा और अंतिम कोष स्थूल पदार्थ से निर्मित होता है, और यही एक (आकार सहित, इस संरचना के) वाह्य आवरण

> के रूप में विज्ञात (एवं अनुभूत) होता है। (भौतिक एवं रासायनिक ऊर्जाओं के माध्यम से) पुष्टि प्रदान करने वाला कोष होने के कारण यह अन्नमय कोष के नाम से आख्यायित होता है।"

अपनी पुस्तक कैवल्य दर्शनम् में स्वामीजी पुन: लिखते हैं, "इस प्रकार सर्व सामर्थ्य से युक्त ऊर्जा-स्वरुप शक्ति-बीज (आनंद) की विकर्षण के रूप में अभिव्यक्ति की क्रिया के पूर्णता लाभ कर लेने के पश्चात, आकर्षण की क्रिया प्रारंभ होती है। सर्वज्ञ और आकर्षण के स्वभाव वाले प्रेम-बीज (चित) के प्रभाव से (पुरुष अथवा सृष्टि-कण रूपी) अणु एक दूसरे के समीप और अधिक-समीप आते हैं, और (विभिन्न प्रकार से स्पंदायमान रहते हुए) आकाशीय, वायवीय, आग्नेय, तरल एवं ठोस आकार धारण करते रहते हैं।"

लिंग और स्थूल शरीरों की जोड़ियों के रूप में प्राणियों एवं अन्य वस्तुओं का रूप ग्रहण करने वाले पुरुषों का विकास वाह्य के अन्नमय कोष से प्रारंभ होकर अंतर की दिशा में आगे बढता है। अन्नमय कोष के भली भांति विकसित हो जाने के पश्चात लगभग क्रमविकास का अनुशीलन करते हुए ही शनै: शनै: कर्मेन्द्रियों एवं ज्ञानेन्द्रियों के कोषों का विकास होता है, और पुरुष के लिये इस विश्व के उपभोग के माध्यम के रूप में गणित होने वाले करणों (एवं स्थूल उप-करणों) के द्वार अधिकाधिक उन्मुक्त होते चले जाते हैं।

पदार्थ के कण, अणु एवं अन्य वस्तुएं

जब इस भौतिक सृष्टि के उदय होने का समय आता है, तो असीम बल से युक्त और अत्यधिक घनत्व की अवस्था को प्राप्त एक अत्यंत तीव्र गति से स्पंदायमान ऊर्जा का पुंज अपनी अवस्था के अनुरूप एक अवकाश को साथ लेकर प्रकट होता है। भौतिक विज्ञानविदों के अनुसार प्रकाश से भी हजारों गुणा अधिक गति से विस्तार (Inflation) प्राप्त करते हुए, यह ऊर्जा पुंज चारों दिशाओं मे विस्तृत होते हुए इस विश्व के रूप में अवस्थित होने का प्रयास करता है। उत्पन्न होते ही यह द्रुत गति से इस

प्रकार उच्छून होना प्रारंभ कर देता है कि इसकी प्रत्येक छलांग या इसके प्रत्येक विस्फार में इसका आकार अपने पिछले आकार से द्विगुणित हो जाता है।

वैज्ञानिकों के अनुमान के अनुसार यह इतनी द्रुत गति से उच्छूनता को प्राप्त होता है कि उत्पन्न होने के पहले सेकेंड के उतने छोटे भाग में ही जो शून्य के पश्चात तीस से भी अधिक दशमलव विंदुओं के द्वारा वर्णित किया जाता हो, इसका आकार 1000,000,000,000,000,000, 000,000,000,000 गुणा बढ़ जाता है तथा इसका आयतन 1 के पश्चात 78 शून्यों से भी अधिक गुणित होकर विकसित हो जाता है। इसके पश्चात इसके संवेग में शिथिलता आने लगती है, और इसके आकार के द्विगुणित होने के समय में वृद्धि होने लगती है। तथापि जैसे नाद के प्रसर का अंत नहीं होता, उसी प्रकार इस ऊर्जा पुंज (ऊर्जा-समष्टि) एवं इसके द्वारा अधिष्ठित आकाश का विस्तार को प्राप्त होते रहना भी कभी शून्य अवस्था को प्राप्त नहीं होता। ऋषियों के अनुसार, समय (एवं स्थिति-तत्व) की ऊर्ध्व की ओर अग्रसर रेखा से लंबवत समतल दिशा में विकास को प्राप्त होते हुए और फैलते हुए यह सृष्टि-संवेग एवं ऊर्जा-प्रवाह आज इस विश्व के रूप में सृष्ट होकर हमारे सन्मुख अवस्थित है।

इस विश्व की विभिन्न खंड समष्टियों को एक साथ बद्ध करते हुए इन्हें एक विश्व के रूप में स्थिर करने का कार्य 'ज्ञान प्रकृति' के द्वारा एक मध्याकर्षण की क्रिया के माध्यम से संपादित होता है। स्थूल धरातल पर यह गुरुत्वाकर्षण शक्ति के रूप में कार्य करती है। आगम के ऋषि जब ज्ञान शक्ति की बात कहते हैं, तो इसका तात्पर्य होता है कि तीन दिशाओं में कार्यरत तीन प्रकृतियों की समष्टि का अपने ज्ञान कोण से अथवा ज्ञान-मुखी होकर कार्य करना। इस अवस्था में इच्छा-बल एवं क्रिया-बल इसके पृष्ठ प्रदेश में इससे समान दूरी पर एक समभुज त्रिकोण की रेखा के समान अवस्थित होते हैं, और ज्ञान बल सन्मुख होकर कार्य करता है। यद्यपि सृष्टि के तीन स्तरों पर कार्य करने वाली प्रकृति-समष्टि का स्थूल स्तर पर आकलन करना एक असंभव के समान कार्य प्रतीत हो सकता है, तथापि आधुनिक वैज्ञानिकों में से कुछ का यह

अनुमान है कि जिस बल के प्रयोग से गुरुत्वाकर्षण के बल का सृजन हो सकेगा, उसका मान अभिव्यक्त विश्व में गुरुत्व बल के मान से १ के बाद ३८ शून्य लगाने से जो संख्या प्राप्त होगी उतने गुणा अधिक होना अवश्यंभावी प्रतीत होता है। आधुनिक स्ट्रिंग थ्योरी, जो भौतिकी के नवीनतम सिद्धांत के रुप में उभर कर सामने आते जा रही है, उसके अनुसार सृष्ट जगत में कार्यरत बलों एवं उनके सृष्टिकारी बल के मध्य का यह संबंध अति विशेष है, और उन्हें इन दोनों श्रेणी के बलों के मध्य के अंतर का अनुमान नहीं लगाना पड़ता, बल्कि उनके गणित में यह स्वत: ही उत्पन्न होता है। भौतिक विज्ञान से संबंधित जो भी बातें यहां कही गई हैं, अंग्रेजी भाषा की हमारी मूल पुस्तक MATTER, LIFE & SPIRIT DEMYSTIFIED के प्रथम खंड में इन सभी बातों की चर्चा विस्तार के सहित की गई है।

संवित या चेतना की वापसी की यात्रा का सूत्रपात भी एक प्रकार से भौतिक सृष्टि के प्रारंभ एवं पदार्थ के मौलिक कणों की उत्पत्ति के साथ ही हो जाता है। भौतिक विज्ञानविदों के अनुसार एक विस्फोट के समान घटना से, अकल्पनीय उच्च तापमान पर एक ऊर्जा प्रवाह के रूप में उत्पन्न होकर प्रवाहित होने वाले इन मौलिक कणों में विद्‌युत आवेश भी होते हैं और अलग संरचनायें भी।

तथापि इनमें जो ज्ञान होता है वह व्यष्टि के रूप में नहीं बल्कि समष्टि के रूप में और विशेष श्रेणियों या कक्षाओं के रूप में ही होता है, क्योंकि उनमें परस्पर की कोई क्रिया नहीं होती। इनमें जो ज्ञान होता है वह सृष्टि में अनुस्यूत चेतना के माध्यम से ही होता है, क्योंकि अभी इनमें द्रव्यमान नहीं होता और न ही एकल कणों के रूप में इनकी कोई स्वतंत्र अनुभूति होती है। परंतु जब इनके स्पंदन में और प्रगाढ़ता आती है, तो वैज्ञानिकों के अनुसार इनका अवतरण हिग्स बल-क्षेत्र (Higgs Field) में हो जाता है। इस क्षेत्र की यह विशेषता होती है कि यह क्षेत्र इन मौलिक कणों में इनकी संरचना के अनुरूप एक विशिष्ट द्रव्यमान भी जड़ित कर देता है। यह लगभग उसी प्रकार की एक घटना होती है, जिसकी चर्चा हम इसके पूर्व पुरुष तत्व (अथवा मन विभाग) के माया क्षेत्र से सूक्ष्म भूमि पर अवतरण के संदर्भ में कर चुके हैं।

प्रकृति पहले पुरुष अथवा अणु के लिये एक सूक्ष्म लिंग-शरीर अथवा उसके मानस-पक्ष की रचना करती है, और उसके पश्चात ही स्पंदनों की विविधता के माध्यम से यह उसके लिये भौतिक विश्व के उपयुक्त एक स्थूल शरीर के निर्माण की दिशा में उद्युक्त होती है। इस प्रकार किसी भी सृष्टि कण रूपी पुरुष में दो प्रकार की चेतनाओं का समावेश हो जाता है, जिनमें एक उसकी अंतर की चेतना के रूप में कार्य करती है तथा दूसरी उसके स्थूल शरीर के माध्यम से कार्य करते हुए उसे वाह्य जगत की अनुभूति प्रदान करती है। और दोनों ही विभागों में, स्पंदनों के स्तर के अनुरूप मलों अथवा द्रव्यमानों के संयोजन से, उनमें परमाणु-वृत्ति का विकास करते हुए परमेश्वर की प्रकृति उन्हें इस विश्व के रूप में अभिव्यक्त होने के योग्य बना लेती है।

इस प्रकार विभिन्न श्रेणियों के सूक्ष्म एवं स्थूल शरीरों का समानांतर क्रम से विकास करते हुए, और इस विश्व की विविधताओं की सृष्टि करते हुए, प्रकृति अपने लक्ष्य की ओर अग्रसर होती है। दूसरी ओर कारण भूमि पर अवस्थित मंत्रों, तथा कतिपय तत्वों एवं उनके भुवनों के सृजन इत्यादि के माध्यम से, कुंडलिनी रूपी परमेश्वर की सृजनकारी प्रकृति अथवा ऊर्जा, एक ही मूलवस्तु को विभिन्न सापेक्ष दृष्टाओं और उनके द्वारा अनुभूत विविधता के रूप में विकसित करते हुए अपने प्रधान लक्ष्य की दिशा में धावित होती रहती है। प्रकृति के द्वारा अभिव्यक्त इस विश्व सृष्टि का प्रधान लक्ष्य होता है बुद्धि एवं विवेक से युक्त मानव का विकास। चित्त रूपी व्यष्टि की चेतना में बुद्धि एवं विवेक शिव तत्व के प्रतिनिधि होते हैं, जबकि मन एवं उसके विषय तथा उपकरण शक्ति तत्व का प्रतिनिधित्व करते हैं। ऋषियों के अनुसार मानव शरीर के विकास के साथ ही कुंडलिनी शक्ति के (नवीन स्थूल शरीरों के) विकास के कार्य का अवसान हो जाता है। एक प्रकार से संवित की अभिव्यक्ति का कार्य यहीं आकर पूर्ण होता है, और मानव-संतति की चेतना के विकास के साथ ही यहीं से चेतना की वापसी का मार्ग भी भली भांति प्रशस्त होकर अवस्थित हो जाता है।

व्यष्टि संरचनाओं से समष्टियों का विकास

भौतिक विज्ञान शास्त्र की बिग-बैंग वाली परिकल्पना के अंतर्गत जैसे-जैसे विश्व का विस्तार होता है इसके तापमान में गिरावट आती रहती है, और एक ऐसा समय आ जाता है जब कि प्रसरोन्मुख विश्व का तापमान 3,000° केल्विन की सीमा का स्पर्श कर लेता है। यही एक सेकेंड से भी छोटा वह क्षण होता है जब समस्त प्रोटोन इलेक्ट्रोन और न्युट्रोन आदि एक दूसरे के साथ बद्ध होकर हाइड्रोजन, हीलियम आदि हल्के तत्वों का रूप ग्रहण कर लेते हैं। इसके साथ ही विंदु स्वरूप सूक्ष्म शरीरों और स्थूल-शरीरों के योग से उत्पन्न तथा वाह्य के ज्ञान एवं अंतर की अनुभूति से संपन्न विभिन्न प्रकार के पदार्थ-कणों एवं अन्य वस्तुओं के उत्पन्न एवं विकसित होने की परंपरा प्रारंभ हो जाती है। ,

तथापि स्थूल जगत के विकास की इस प्रारंभिक अवस्था में चेतना का अधिकांश अभी आवृत्त रहता है, और इन संरचनाओं में केवल अन्नमय कोष का ही अत्यल्प के समान विकास होता है जिसे अत्यंत प्रारंभिक विकास मात्र ही कहा जा सकता है। इस अन्नमय आवरण के तनिक क्षीण होने के परिणाम स्वरूप, संवित के आंतर एवं वाह्य ध्रुवों के मध्य मानसिक धरातल पर कार्य करने वाली ऊर्जा अपने न्यूनतम स्तर पर प्रकट होती है। इसके माध्यम से इलेक्ट्रोन-प्रोटोन आदि अपने समान और विपरीत आवेशों वाले कणों को पहचान पाते हैं और उसी के अनुसार उनमें एक दूसरे के समीप आने या उनसे दूर हटने की प्रवृत्ति तथा क्षमता उत्पन्न होती है। तथापि पदार्थ के इन कणों के केन्द्र में जो आत्म-प्रवृत्ति अथवा 'मैं' की भावना जड़ित होती है उसके कारण ये परस्पर एक दूसरे के निकट तो आ सकते हैं, परंतु एक न्यूनतम दूरी की सीमा का लंघन नहीं करते। जीवित प्राणियों के ही समान इन पदार्थ के कणों में भी एक आत्मरक्षा का भाव (Survival Instinct) सदैव उपस्थित रहता है जिसकी अवहेलना करना इनके लिये संभव नहीं होता, और इनका एक अपना अलग अवकाश (space) भी होता है जिसकी अवहेलना या अतिक्रमण अन्य कण नहीं कर पाते। भौतिक विज्ञान में इसी प्रथा को वौल्फगैंग पॉली का Exclusion Principle कहा जाता है।

वास्तव में तो एक इलेक्ट्रोन के किसी प्रोटोन की ओर बढ़ने में जो क्रिया होती है प्रधानत: इलेक्ट्रोन के द्वारा ही उसका निर्वाह किया जाता है। यह इलेक्ट्रोन ही क्रिया-प्रकृति का प्रधान कण है और इस प्रकार गतिशील होकर यही एक प्रोटोन से संयुक्त होकर एक हाइड्रोजन के परमाणु की रचना करता है। तथापि एक अपेक्षाकृत बड़े परमाणु की निकटता लाभ होने पर जिसमें अनेक प्रोटोन होते हैं और लगभग उसी अनुपात में इलेक्ट्रोन भी, एक नवागंतुक इलेक्ट्रोन को सबसे छोटे पथ का चुनाव भी करना होता है तथा दायें बायें के ज्ञान के अनुसार अपने घुर्णित होने की दिशा का चयन भी करना होता है। किसी इलेक्ट्रोन अथवा अन्य पदार्थ के कण में इस प्रकार के ज्ञान एवं निर्णय की क्षमता का स्थान उनका सूक्ष्म शरीर होता है, जो उसके स्थूल अवयव से भिन्न होते हुए भी उससे ओत-प्रोत होकर ही उसकी संवित के प्रकाश (आभा या aura) के समान स्थित रहता है। इलेक्ट्रोन में अवस्थित इसी ज्ञान के आधार पर विभिन्न तत्वों के परमाणु भी एक दूसरे से युक्त होकर विभिन्न पदार्थों के रूप ग्रहण करते हुए रासायनिक एवं जैव विज्ञानों को जन्म देते हैं।

ज्ञान एवं क्रिया के परिसीमन से पदार्थ का नियंत्रण

इलेक्ट्रोन या अन्य किसी कण का भी अपना एक अलग संसार होता है जिसमें वह ज्ञान भी प्राप्त कर सकता है और क्रिया भी कर सकता है, यद्यपि यह एक अत्यंत ही सीमित संसार होता है। वास्तव में तो उनके शरीर में उपलब्ध ज्ञान एवं क्रिया की क्षमता के नियंत्रण के द्वारा ही प्रकृति उनको पदार्थ के कणों में परिवर्तित करती है। एक ही जाति के कणों का एक जैसा ही संसार होता है, और उसमें वे एक समान ही आचरण करते हैं। जहां अपने इन पैदल सिपाहियों (foot soldiers) के स्थूल शरीरों में यह प्रकृति द्रव्यमान, आवेश आदि का समावेश करती है, वहीं इनके सूक्ष्म शरीरों में यह अन्य कणों को पहचानने एवं उनसे क्रिया-प्रतिक्रिया करने की क्षमताओ का भी एक अत्यंत सीमित रूप में ही संयोजन करती है।

स्थूल सृष्टि के प्रारंभ में प्रधान रूप से हाइड्रोजन एवं हीलियम, इन दो परमाणुओं की रचना ही हो पाती है और इन दो प्रकार की गैसों से व्याप्त होकर ही यह विश्व अपनी प्रारंभिक अवस्था में स्थित होता है। परंतु ये परमाणु स्वयं में इतने छोटे और नगण्य के समान होते हैं कि इकाईयों के रूप में संसार के कार्य कलाप मे उनका कोई विशद योगदान नहीं हो पाता। इसके अतिरिक्त, इनमें 'हाइड्रोजन' अत्यंत क्रियाशील और 'हीलियम' रासायनिक परिप्रेक्ष्य में लगभग क्रियाविहीन तत्व होता है। अत: विश्व में अनुस्यूत होकर स्थित रहने वाली चेतना के अधीन रहते हुए, वाह्य के बलों के प्रभाव से ये परमाणु एक दूसरे के समीप आते रहते हैं और एक गैस के बादल आदि का आकार धारण करते हुए ये अपनी वाह्य की चेतना का एकत्रीकरण के समान करने का प्रयास करते हैं। इस प्रकार अलग-अलग व्यष्टि परमाणुओं के स्थान पर वे वाह्य के विश्व से एक छोटी या बड़ी परमाणु-समष्टि या एक बादल आदि के रूप में व्यवहार करना आरंभ कर देते हैं। इस प्रकार दो अलग परमाणु समष्टियां दो बादलों के रूप में एक दूसरे से क्रिया-प्रतिक्रिया करने में समर्थ हो जाती हैं। वे स्वतंत्र समष्टियों के समान एक दूसरे से टकरा भी सकती हैं और एक दूसरे की परिक्रमा भी कर सकती हैं।

स्थूल सृष्टि में सर्वप्रथम उद्भूत होने वाले पुरुषों में से अधिकांश 'पुरुष' इलेक्ट्रोन, प्रोटोन अथवा न्यूट्रोन आदि पदार्थ के तीन प्रधान-कणों के रूप में स्थूल शरीरों को ग्रहण करते हुए अवस्थित हो जाते हैं। तत्पश्चात प्रोटोन और न्यूट्रोन मिलकर बड़े नाभिकों के रूप में लघु समष्टियों का निर्माण करते हैं, और फिर जब विश्व का तापमान 3000 डिग्री से कम हो जाता है तो ये नाभिक और इलेक्ट्रोन मिलकर अणु-परमाणुओं का रूप ग्रहण कर लेते हैं। ये सभी दीर्घ कालों तक स्थायी रहने वाले कण होते हैं, तथापि न्यूट्रोन का स्वतंत्र अवस्था में मिलना कठिन होता है क्योंकि यह बड़ी सहजता से एक प्रोटोन और इलेक्ट्रोन में परिवर्तित हो सकता है। एक प्रोटोन के रूप में स्थूल और सूक्ष्म शरीर की जोड़ी का जीवन काल इस विश्व के जीवन काल के समान ही दीर्घ होता है। परंतु दूसरी ओर अणु और परमाणु आदि की समष्टियां स्थिर नहीं होती बल्कि बनती बिगड़ती रह सकती हैं, और उनके स्थूल शरीर के अवयव और उनके सूक्ष्म शरीर

रूपी मन-विभाग एक दूसरे से विलग भी हो सकते हैं। तथापि, जहां स्थूल शरीर के अवयवों का विघटन हो जाता है सूक्ष्म शरीर का कभी विघटन नहीं होता। यह सदैव अवस्थित रहता है अत: इसका विभिन्न स्तरों पर विकास करना संभव होता है। स्थूल शरीरों से अलग होकर ये सूक्ष्म शरीर अपने विकास के स्तरों के अनुसार, अलग कक्षाओं में, अलग जातियों के समान सूक्ष्म धरातल पर विभिन्न झुंडों में अवस्थित रहते हैं, और अपनी आवश्यकता के अनुरूप स्थूल शरीरों के निर्मित एवं उपलब्ध होने की प्रतीक्षा करते हैं।

कणों और कण-समष्टियों में आपसी सहयोग

तनिक ध्यान देने पर ही हम देख सकेंगे कि प्रकृति के द्वारा सृष्ट पदार्थों में, और विशेषकर इसकी छोटी अथवा मौलिक संरचनाओं में, एक ही माता-पिता की संतानों में परस्पर के सहयोग एवं सहायता से कार्य संपादन करने की भावना के समान एक प्रवृत्ति विद्यमान रहती है जो सर्वथा स्वाभाविक भी है। एक तैरते हुए गैस के बादल के केन्द्र स्थानीय क्षेत्र में स्थित कोई अणु या परमाणु सहज रूप से ही उस समूचे बादल की वाह्य की चेतना के रूप में कार्य करना प्रारंभ कर सकता है, और उस अवस्था में वह बादल में उपस्थित प्रत्येक अणु या परमाणु की वाह्य चेतना का एक समष्टि की चेतना के समान प्रतिनिधित्व कर सकता है। उस अवस्था में एक ऐसे पुरुष चैतन्य का विकास हो जाता है जिसकी अंत:चेतना इस समूचे बादल को ही अपना शरीर समझते हुए इसके साथ जड़ित होकर अवस्थित हो जाती है। इसी प्रकार, मंत्र-रूपी पुरुष-जीवों की प्रेरणा और प्रभाव से ऐसे ही अनेक बादल-पुरुषों के विकास की परंपरा अपना कार्य करने लगती है, और इन अलग अलग बादल-पुरुषों में से कोई एक पुन: एक और बड़ी और विशाल समष्टि को अपना शरीर समझते हुए उससे भी संलग्न हो सकता है। इसी प्रकार पुरुष चेतनायें किसी तारे या आकाश-गंगा, किसी नदी या पहाड़, अथवा किसी तूफ़ान या बवंडर इत्यादि के रूप में भी विकसित होकर कार्य करने लग जाती हैं। इसी परंपरा का अनुसरण करते हुए सूक्ष्म शरीरों में अवस्थित पुरुष चेतना का क्रमिक

विकास होता रहता है और अधिकाधिक जटिल स्थूल शरीरों को धारण करने की योग्यता वाले सूक्ष्म शरीर विकसित होते रहते हैं। पहले किसी सूक्ष्म शरीर का और फिर उसके उपयुक्त एक स्थूल शरीर का विकास, इसी परंपरा का अनुगमन करते हुए यह प्रकृति इस अनंत विविधताओं से पूर्ण विश्व के निर्माण की दिशा में अग्रसर होती है।

दूसरी ओर इस विकास क्रम में ऐसी परिस्थितियां भी आती रहती हैं, जब किसी घटनाक्रम में एक बड़ी पदार्थ-समष्टि रूप स्थूल-शरीर का विघटन हो जाता है। उस अवस्था में पुन: अनेक छोटी समष्टियां उदित हो जाती हैं और उनकी पुरुष चेतनायें भी अलग-अलग केन्द्रों से कार्य करना प्रारंभ कर देती हैं। तथापि यह भी संभव हो सकता है कि किसी गैस के बादल में किसी केन्द्र की चेतना की भली प्रकार अवस्थिति एवं विकास ही नहीं हो पाया हो। इस अवस्था में इसके अवयव छिन्न भिन्न होते हुए अनियंत्रित के समान कार्य करते रहते हैं और एक अपेक्षाकृत स्थायी शरीर का निर्माण संभव नहीं हो पाता।

अंत: प्रेरणा का ग्रहण एवं सूक्ष्म संवेदना का प्रसार

अंत:प्रेरणा ही वह सहज और सार्वभौम माध्यम है जिसका भरपूर उपयोग 'प्रकृति' किसी पदार्थ के कण, किसी अत्यल्प विकसित शरीर वाले प्राणी, या एक झुंड के रूप में एकत्रित अनेक कोशिकाओं या अन्य मौलिक जीवाणुओं, आदि को किसी दिशा विशेष में प्रेरित करने या किसी क्रिया विशेष में उद्‌युक्त करने के लिये करती रहती है। इस अंत:प्रेरणा की पहुंच इतनी गहरी होती है कि यह बिना किसी प्रकार के स्थूल मस्तिष्क या नर्व प्रणाली आदि के भी कार्य करने में सक्षम होती है। कीट पतंगों से लेकर छोटी बड़ी मछलियों तक, और विभिन्न श्रेणी के पशुओं से छोटे-बड़े पक्षियों तक, इसी माध्यम और इसी प्रणाली से यह चेतन प्रकृति उनमें भोजन की उपलब्धि या उनके जीवन के लिये घातक किसी स्थिति की सूचना से संबधित, तथा रात्रि में भी बिना भ्रमित हुए सही दिशा में यात्रा करने और महासागरों को पार करते हुए भी प्रजनन के उपयुक्त स्थान पर सही समय में पहुंचने में सहायता करने के निमित्त सभी आवश्यक

आत्मप्रवृत्तियों को भी सतत उत्पन्न करती हुई दिखाई पड़ती है। यह कहने की आवश्यकता नहीं होनी चाहिये कि ये समस्त कार्य चेतना के अनुस्यूत विभाग के माध्यम से ही संपन्न हो सकते हैं, और यह भी कि आत्मप्रेरणा के उदय और प्रभाव से अधिकांश मनुष्यों का भी कुछ परिचय तो अवश्य ही होता है।

अगर हम सृष्टि को एक अंतर की दिशा में विस्फारित होने वाले गोलक के रूप में देखने का प्रयास करें तो हम प्रकृति की इस सदैव कार्यरत संदेशों के प्रसारण की प्रणाली को जिसके माध्यम से ये संदेश विभिन्न श्रेणी के शरीर-धारी पुरुषों की चेतना में आत्म प्रवृत्ति के रूप में उत्पन्न होते रहते हैं, अपेक्षाकृत अधिक सहजता से समझ सकेंगे।

विकास के सात स्तरों में इसके हर स्तर पर प्रकृति के द्वारा किये गये विकास के एक लेंस के समान संकुचित एवं केन्द्रित होने, और तत्पश्चात उस केन्द्र के विस्तार से अभिव्यक्ति की दिशा में उन्मुख विश्व-गोलक में पुनः एक नये स्तर का निर्माण, स्वाभाविक प्रतीत होते हुए भी एक अप्रतिम प्रक्रिया है। इसी के माध्यम से प्रकृति अपनी एक ऐसी सार्वभौम एवं दो दिशाओं मे कार्य करने वाली प्रणाली का विकास करती है, जिसके द्वारा विश्व के किसी भी स्थान पर घटने वाले स्पंदन में परिवर्तन को केन्द्र में स्थित रहते हुए ही अनुभव किया जा सकता है तथा उसी प्रकार केन्द्र से प्रसारित किये गये निर्देश को किसी भी कण, कोशिका या प्राणी तक तत्क्षण पंहुचाया भी जा सकता है। इसके अतिरिक्त दोनों दिशाओं मे चलने वाला यह आदान प्रदान एक ही समय में सम्पन्न हो सकता है, जैसे कि कुछ पुरुष व्यष्टियों के द्वारा किसी संभावित खतरे की सूचना का अंतर्ग्रहण और उसके प्रति सचेत करने के निर्देश का उसी श्रेणी की अन्य पुरुष-व्यष्टियों तक पहुंचना लगभग एक समय में ही घटित होते हुए दिखाई पड़ते हैं।

एक विंदु चैतन्य से ही समस्त सृष्टि का विकास होना, इस विंदु को केन्द्र में रखते हुए ही इसकी प्रत्येक अभिव्यक्ति का विकसित होना, और सर्वत्र अनुस्यूत रहने वाली इसकी अंतर की अनुभूति वाली चेतना के माध्यम से प्रत्येक वस्तु का एक ही सूत्र में जड़ित रहते हुए कार्य करना, एक बहुत बड़ा परंतु सामान्य सत्य है। एक स्थूल गोलक के समान

अवस्थित एवं ज्ञानियों के द्वारा इसी भांति परिदृष्ट भी (अध्याय-७), इस स्थूल ब्रह्मांड में उपस्थित प्रत्येक वस्तु, उपवस्तु या अवस्तु, इसी सूत्र के माध्यम से एक सार्वभौम केन्द्र से तथा एक दूसरे से भी संबद्ध रहते हुए ही अवस्थित होती है। कारण और सूक्ष्म भूमियों से अलग हुए बिना उनके मध्य ही अवस्थान करने वाले, एवं हमारे द्वारा सापेक्ष रूप में ही अनुभूति के योग्य इस विश्व में अवस्थित प्रत्येक व्यष्टि सत्ता की एक सबसे अलग और विशिष्ट पहचान होती है। यह एक सामान्य सार्वभौम आवश्यकता है, क्योंकि इस पहचान के अभाव में तो संपूर्ण विश्व के दृष्टा (observer at absolute rest) के परिप्रेक्ष्य से सापेक्षता और इसका गणित दोनों ही असंभव के समान हो जायेंगे (भले ही आधुनिक विज्ञान के मत में किसी सृष्टा अथवा समष्टि के दृष्टा का होना एक कल्पना मात्र और सर्वथा अनावश्यक ही क्यों न हो)।

इस प्रकार परमेश्वर की प्रत्येक 'व्यष्टि' अभिव्यक्ति की एक अलग पहचान पंजिका होती है, जिसकी तुलना हम आज के परिप्रेक्ष्य में उसके साथ जड़ित एक विशिष्ट जैविक चिप (biometric chip) से कर सकते हैं। प्रत्येक आत्मकण से जड़ित इस पंजिका में, पहले के सभी छह स्तरों के विकास की एक पूर्ण प्रतिछाया एक विलोम के रूप में अंतर्भुक्त होकर अवस्थित होती है, तथा तीन तलों पर अवस्थित इस सत्ता के प्रत्येक धरातल पर इसके व्यक्तित्व के विकास का इतिहास भी इसी पंजिका पर अंकित होता रहता है। प्रकाश, ध्वनि, या अन्य किसी श्रेणी के संदेशों के आदान-प्रदान की गति एवं समय आदि का संबंध केवल स्थूल जगत से होता है, जबकि प्रत्येक व्यष्टि सत्ता का सबंध उसके तीन स्तरों पर अवस्थित शरीरों के माध्यम से सृष्टि के तीनों धरातलों से बना रहता है। विशेष रूप से, कारण तथा सूक्ष्म शरीरों से इसका कभी संबंध-विच्छेद नहीं होता, और इसकी प्रत्येक संवेदना उत्पन्न होते ही विश्व चैतन्य के द्वारा जान ली जाती है। और इसी प्रकार चैतन्य प्रकृति के आदेश, निर्देश और चेतावनी भी व्यष्टि चेतनाओं के अंतराल में तत्काल भासमान हो सकते हैं।

एक और भी बात जिसे इस संदर्भ में समझना आवश्यक है, वह यह है कि आत्मप्रेरणा या आत्मप्रवृत्ति के कार्य का निर्वाह आत्मिक ऊर्जा के माध्यम से होता है जो एक पश्यंति वाक की भूमि पर होने वाली घटना

है। इसी प्रकार विचार या अनुभूति की संवेदना का प्रसार मध्यमा वाक एवं मानसिक ऊर्जा के क्षेत्र में होता है, जिसे अन्य व्यष्टि चेतनायें ग्रहण कर सकती हैं। मनुष्यों से इतर प्राणियों में इस क्षमता का ह्रास अपेक्षाकृत कम होता है, तथापि अभ्यास के द्वारा अनेक मनुष्य भी दूसरों के विचारों को जान सकते हैं। इसी प्रकार स्थानीय परिप्रेक्ष्य में किसी शिकारी या भोजन की उपस्थिति आदि की सूचना मध्यमा के स्तर वाले स्पंदनों में भी गुंजायमान होती रहती है। ये दोनों प्रकार के स्पंदन, आपसी सहयोग एवं अपनी-अपनी सूचनाओं के माध्यम से मनुष्यों से इतर प्राणियों की सहायता करने का प्रयास करते रहते हैं। यद्यपि व्यष्टि के क्षेत्र में इस प्रकार की सभी सूचनाओं को पकड़ पाना सदैव संभव नहीं होता, पर एक जाति या झुंड विशेष के द्वारा ये सहजता से ग्रहण कर ली जाती हैं।

कोशिकाएं और चैतन्य

Dictyocelium Discoideum के नाम से जानी जाने वाली अमीबा (एक कोशिका विशेष) के विषय में चर्चा करते हुए लायल वाटसन कहते हैं कि यह एक जालीदार जैसी दिखने वाली फुंगी होती है, जो जंगलों में गीली सतहों पर फैल जाती है। यह व्यष्टि अमीबाओं का झुंड अपने मार्ग में आने वाले सभी बैक्टीरिया को अपने भोजन के रूप में घेरते हुए फैलना प्रारंभ करता है, और इन में से प्रत्येक अमीबा हर तीन या चार घंटे में एक नई अमीबा का प्रजनन करने में सक्षम होती है। इसी प्रकार यह झुंड अपने क्षेत्र का विस्तार करता रहता है। क्षेत्र के अनुरूप एक दूसरे से समान दूरी बनाते हुए ये फुंगी कोशिकायें किसी भी दिशा में किसी भी आकार में फैलते हुए बढ़ती रहती हैं, परंतु जब भोजन का अभाव होने लगता है तो व्यष्टि अमीबाओं से भरा हुआ फुंगी का यह क्षेत्र सिकुड़ना प्रारंभ कर देता है। कुछ ही मिनटों में यह कोशिकाओं का झुंड एक केन्द्र के चारों ओर सिमटते हुए एक छोटी सी रोंयेंदार ड़ंडी (Grex) के आकार में अवस्थित हो जाता है।

लायल वाटसन के अनुसार, "इस अमीबा कालोनी में लगभग चालीस हजार व्यष्टि अमीबायें होती हैं जो एक अकेले जीव के समान कार्य

करती हुई दृष्टिगोचर होती हैं। ये प्रजनन में उद्‌युक्त होने के लिये अपेक्षाकृत गर्म और रौशन दिशा में बढ़ने का प्रयास करती हैं, और एक घंटे में लगभग एक मिलिमीटर की दूरी तय कर लेती हैं। तथापि इस ग्रेक्स की रचना में कुछ विविधता होती है। विशेषकर गति की दिशा में, शीर्ष की ओर स्थित अमीबाओं में किसी न किसी प्रकार यह ज्ञान होता है कि उन्हें ही इस झुंड में आगे रहकर इसका नेतृत्व करना है। हार्वर्ड यूनिवर्सिटी के जौन बोनर ने इस ग्रेक्स के अगले भाग की कुछ अमीबाओं को अलग करके, उन्हें एक हानिरहित रंग से चिन्हित करके इसके पृष्ठ भाग में जोड़ दिया था। उन्होंने देखा कि कुछ ही मिनटों में ये व्यष्टि अमीबायें (कोशिकायें) इस झीनी कीचड़ के समान पदार्थ में रंगीन धारियां बनाती हुई फिर से अपने शीर्ष स्थान पर आकर उपस्थित हो जाती हैं।"

आधुनिक विज्ञान के अनुसार न केवल अणु-परमाणु चेतना विहीन होते हैं, बल्कि जीवित कोशिकाओं में भी चेतना का होना संभव नहीं है। परंतु यह उन वैज्ञानिकों का भ्रम मात्र ही है। प्रतिक्षण हजारों प्रोटीनों का निर्माण करते हुए हमारी कोशिकायें ही हमारे स्थूल शरीर के अवयवों का निर्माण भी करती हैं और इसे कार्यशील भी बनाती हैं। अंग्रेजी की हमारी प्रधान पुस्तक के प्रथम खंड में हमारे अंग्रेजी के पाठक देख चुके हैं कि एक आधुनिक कोशिका की तुलना हम हजारों औद्‌योगिक उत्पाद शृंखलाओं, लाखों उत्पादों, और सैकड़ों सेवाओं में सतत संलग्न लाखों कार्यकर्ताओं के द्‌वारा संचालित एक विशाल औद्‌योगिक संस्थान से कर सकते हैं। आश्चर्य की बात यह है कि आधुनिक कोशिका का यह संपूर्ण स्वायत्त और आत्मनिर्भर संस्थान किसी भी आयाम में 20 माइक्रोन से कम के क्षेत्र में स्थित होता है, और इसका यह आयाम अंग्रेजी भाषा में उपयोग में आने वाले पूर्ण विराम बिंदु से भी कई गुणा छोटा होता है। तथापि सदैव इतने सारे कार्यों का निष्पादन करते रहने वाली कोशिका में कोई ज्ञान या चेतना ही नहीं है, ऐसी उद्‌घोषणा एक साधारण और सरल-चित्त बालक को भी सर्वथा अवैज्ञानिक ही प्रतीत होगी।

'हमारा विज्ञान' या 'हमारा धर्म' सबसे बड़ा है और सबसे शक्तिशाली है, इतना मात्र कह देना किसी के लिये भी पर्याप्त नहीं होना चाहिये। यह

सापेक्षता की उपज है जो ज्ञान पर नहीं बल्कि भ्रम अथवा किसी सोची समझी नीति पर आधारित है, और बालकों के द्वारा इसी कारण से इसे सत्य मान लिया जाता है क्योंकि अत्यंत दृढ़ता के साथ और छोटी आयु से ही यह बात उनके दिमागों में भर दी जाती है। बालकों को उसकी शिक्षा ही देनी चाहिये जो हमें ईमानदारी के साथ ज्ञात है और जिसे हम भली-भांति जानते हैं। जो हमें भली-भांति ज्ञात नहीं हैं, मानव संतति को ऐसे तथ्यों को स्वयं सत्यापित करने का प्रयास करने की स्वतंत्रता होनी चाहिये। भविष्य में कभी यदि मानव-मात्र के लिये मान्य कुछ नियम बनाये जा सकें, तो किसी भी मानव-संतति को उसके अभिभावकों, शिक्षकों एवं गुरुजनों के द्वारा मिथ्या ज्ञान अथवा अज्ञान के माध्यम से भ्रमित किये जाने के प्रयास को उसके मानव-अधिकार का उल्लंघन एवं दंडनीय समझना उचित होगा। इसी प्रकार, सत्य को जानने के उसके अधिकार अथवा अवसर को सीमित करने की अनुमति भी उसके किसी शिक्षक या अभिभावक को नहीं होनी चाहिये।

अमीबा एक ऐसी कोशिका है जिसने झुंड में रहना सीख लिया है। ऐसा प्रतीत होता है कि इनके झुंड में अनेकों व्यष्टि चेतनाओं के अतिरिक्त एक समूह की वाह्य चेतना के आसन (पीठ या seat) का भी विकास हो गया है, और संभवत: यह अमीबाओं की एक निश्चित या उससे अधिक संख्या में एक निश्चित दूरी के अंदर एकत्रित होने से स्वत: ही बन जाता है। यह एक प्रकार से उन कोशिकाओं के मन विभाग का विकास है, जो नर्व और मस्तिष्क आदि के अभाव में उनके शरीरों से बाहर भी अवस्थित हो सकता है। गोर्डन आर टेलर के शब्दों में, “कम से कम जैव विभाग में तो ऐसी प्रतीति होती ही रहती है कि जैसे जीवन में जो सबसे छोटे स्तर हैं वहीं से स्वत: एक वाह्य-संरचना बनाते हुए एकत्रित होने की एक प्रवृत्ति उपस्थित रहती है।” तथापि ध्यान देने पर हम समझ सकते हैं कि वास्तव में तो यह प्रवृत्ति और अधिक मौलिक स्तर पर ही दिखाई पड़ने लग जाती है, जब अणु-परमाणुओं के झुंड साथ आकर बड़े आकार ग्रहण करने का प्रयास करते हैं और बादलों और आकाश-गंगाओं, आदि के रूप ग्रहण करना आरंभ कर देते हैं। ये सभी अणु-परमाणु और कोशिकायें इस प्रकार के प्रयास संभवतया आत्मसुरक्षा की भावना से, और भोजन की

उपलब्धि की संभावना में वृद्धि तथा अधिक सहज और सुरक्षाप्रद स्थिति लाभ करने के उद्देश्य से करते हैं।

किसी कोशिका के अंदर के पदार्थ को जिसमें जीवन होता है तथा एक केन्द्र के अतिरिक्त जिसमें कुछ अन्य सामग्री भी होती है, प्रोटोप्लाज्म कहते हैं। प्रसिद्ध जैव वैज्ञानिक लायल वाटसन ने लिखा है, "यदि हम जैव सृष्टि के प्रारंभ की ओर उस अवस्था से पूर्व के काल में जाते हैं, जब किसी प्रकार के नर्व संचार आदि का विकास नहीं हुआ था, तो उस समय एक विकासोन्मुख प्रोटोप्लाज्म के लिये वाह्य के प्रभावों से क्षतिग्रस्त हुए बिना एकत्रित रूप में अवस्थित रह पाना एक बड़ी चुनौती रही होगी। इसके लिये इसमें कम से कम एक ऐसी चेतना तो होनी ही चाहिये थी कि वह जान सके कि 'मैं स्वयं यह हूं' ताकि जो स्वयं से भिन्न हो उसे वह अस्वीकार कर सके।"

चेतना के विषय में अपने ज्ञान की अस्पष्टता एवं अपर्याप्तता के कारण, आवश्यक प्रतीत होने पर भी, वैज्ञानिक-गण अभी तक आत्म तत्व अथवा Self को परे रखते हुए ही अपने विवेक एवं विचार का प्रयोग करने का प्रयास करते आये हैं। तथापि 'मैं यह हूं', इस प्रकार का ज्ञान और अपने इस 'मैं' के अस्तित्व की यथासंभव रक्षा करने की प्रवृत्ति, भोजन प्राप्त करने का प्रयास, और प्रजनन के लिये उद्योग–ये सभी जीवन की वे मौलिक प्रवृत्तियां हैं जो एक कोशिका से लेकर हम मनुष्यों तक सभी में उपस्थित रहती हैं। ज्ञान, प्रवृत्ति और उद्योग, ये परमेश्वर की तीन वाह्य प्रकृतियों, ज्ञान, इच्छा एवं क्रिया की ही अलग-अलग स्तरों पर विभिन्न परिमाणों में विकसित होते रहने वाली अभिव्यक्तियां मात्र हैं। इन्हीं के द्वारा यह विश्व निर्मित एवं संचालित होता है।

मृत्यु की ध्वनि

क्लीव बैकस्टर एक पोलीग्राफ़ ऐक्सपर्ट थे जो साठ के दशक में न्यूयॉर्क में पुलिस कर्मियों की ट्रेनिंग के लिये एक स्कूल चलाते थे। वे अपने यंत्र की सहायता से प्रयोग करते रहते थे, और किसी भी प्रकार के झूठ

को पकड़ने का उन्हें विशेष अनुभव था। उन्होंने एक बार अपने आफिस में रखे हुए एक रबड़ के पौधे के दोनों ओर दो पीजीआर इलेक्ट्रोड लगा दिये, ताकि अपने टेप पर वे उसमें उत्पन्न होने वाली वृत्तियों का अध्ययन कर सकें। अपने अनेक प्रयासों के बाद भी उन्हें पौधे में कोई प्रतिक्रिया उत्पन्न होती हुई नहीं दिखाई पड़ी। इसके पहले बैकस्टर सीआईए के लिये इंटेरोगेटर के रूप में भी कार्य करते थे। अतः उन्हें यह विचार आया कि एक बार मनुष्यों के क्षेत्र में सबसे कार्यगर उपाय 'अस्तित्व पर संकट' या संभावित मृत्यु का डर उत्पन्न करके देखना चाहिये।

लायल वाटसन लिखते हैं, "सबसे पहले बैकस्टर ने इस पौधे की एक पत्ती को गर्म कॉफी के एक कप में डुबा कर देखा, पर कहीं कोई परिवर्तन नहीं हुआ और उन्होंने यह निर्णय लिया कि अब इसको माचिस से जला कर देखता हूं। परंतु जैसे ही यह विचार उनके दिमाग में उत्पन्न हुआ, उन्होंने देखा कि तुरंत ही पीजीआर पर चल रही ट्रेसिंग में एक ऊंचा उछाल जैसा दिखाई पड़ा। न तो वे हिले ही थे और न ही उन्होंने पौधे को स्पर्श किया था। अतः स्क्रीन पर चलने वाली कलम की यह प्रतिक्रिया उनमें विचार के उत्पन्न होने मात्र से ही उत्पन्न हो गई थी। बैकस्टर ने इस विषय में और अन्वेषण करने का निर्णय लिया। वे कुछ समुद्री झींगे अपने आफिस में ले आये और उन्होंने एक जीवित झींगे को उबलते हुए पानी में डाल दिया। उन्होंने देखा कि जितनी बार भी वे एक जीवित झींगे को उबलते हुए जल में डालते थे, उसी समय पोलीग्राफ की कलम में तीव्र उछाल वाले झटके अंकित हो जाते थे।

"यह संभावना दूर करने के लिये कि उनके अपने विचार ही किसी प्रकार कलम को प्रभावित कर रहे हों, बैकस्टर ने समस्त प्रयोग विधि को एक स्वचालित प्रणाली से इस प्रकार युक्त कर दिया कि किन्हीं अज्ञात क्षणों में एक इलेक्ट्रोनिक रैंडमाइजर के द्वारा एक-एक झींगे को उबलते पानी के ट्रफ में गिरा दिया जायेगा, और यह भी कि प्रयोगशाला में उस प्रयोग के समय कोई भी उपस्थित नहीं रहेगा। यह देखा गया कि पौधे ने प्रत्येक झींगे की मृत्यु पर अपनी वैसी ही प्रतिक्रिया दर्ज करवाई, पर जब स्वचालित उपकरण ने एक पहले से मरे हुए झींगे को गर्म पानी में गिराया

तो पौधे ने किसी प्रतिक्रिया का आभास नहीं दिया।" मृत्यु की पीड़ा होने पर ही उसकी संवेदना का स्पंदन होता है, और तभी किसी अन्य प्राणी या पौधे को उस विचार का स्पंदन स्पर्श कर सकता है या उसे उस मृत्यु की ध्वनि सुनाई पड़ती है।

एक बंद और सीमित स्थान में अवस्थित पौधे के द्वारा अपने स्वामी के विचार का आशय समझ लेना यह इंगित करता है कि एक पौधे और मनुष्य के मध्य मानसिक ऊर्जा का आदान-प्रदान संभव है, तथापि यह आशा करना कि उस अवस्था में हर पौधा इसी प्रकार आचरण करता हुआ दृष्टिगोचर होगा उतना संभवप्रद होना आवश्यक नहीं है। यह उस पौधे में उपस्थित उसके सूक्ष्म शरीर अथवा मन के विकास से संभव होता है, और यह आवश्यक नहीं है कि सभी प्रकार के पौधों के सूक्ष्म शरीर एक ही समान विकसित होंगे।

चेतना के चलते फिरते विभाग

हम यह बता चुके हैं कि ऋषियों के अनुसार यह विश्व एक ही सार्वभौम सत्य के दो ऐसे पक्षों की, जो मौलिक रूप में परस्पर के विरुद्ध गुणों वाले पक्ष हैं, एक ऐसी अभिव्यक्ति है जिसमें ये दोनों समान बलों के साथ परस्पर को आधार प्रदान करते हुए स्थित होते हैं और ये इसी प्रकार अभिव्यक्त भी होते हैं। आगम के द्वारा इनका वर्णन शिव एवं शक्ति तत्वों के नाम से किया जाता है। एक दूसरे से आलिंगन में बंधे हुए के समान, चैतन्य की अभिव्यक्ति के ये दो पहलू एक ही वस्तु के एक या दूसरी दिशा में लुढकते रहने के समान अग्रसर होते हुए किसी भी दिशा में गहरी और दूर तक विस्तृत विविधताओं की सृष्टि करने में समर्थ होते हैं। सृष्टि की हर अभिव्यक्ति में ये किसी सिक्के के दो पहलुओं के समान उपस्थित होते हैं। होते दोनों ही हैं, पर एक काल अथवा क्षण-विशेष में केवल एक ही पहलू दिखाई पड़ता है।

उदाहरण के रूप में, यदि ऊर्जा शक्ति है तो शिव पदार्थ रूप है, पदार्थ शरीर के रूप में शक्ति है तो मन शिव स्थानस्थ है, मन स्वयं एक अंत: चेतना का करण (शक्ति) है जो अनुभव लाभ करता है तो शिव बुद्धि

स्वरूप है; बुद्धि भी प्रकृति के ध्रुवीकरण से उत्पन्न होने के कारण शक्ति है तो शिव 'मैं' की अवधारणा वाले आत्म तत्व के रूप में अवस्थित है, और अंतिम अवस्था में शिव तटस्थ और उदासीन रहते हुए केवल आधार प्रदान करते हैं और उस संबंध से 'मैं' की अवधारणा भी शक्ति में ही सृष्टि के बीज का वपन या विकास मात्र समझी जाती है। इन सभी स्तरों का विकास एक ही सार वस्तु में एक ओर एक दृष्टा या उपभोक्ता स्थानीय चित का और दूसरी ओर उसके द्वारा अनुभूत आनंद का, एक विविधता के रूप में विकास होता है जो पूर्ण रूप से विकसित होकर एक विश्व का रूप ग्रहण कर लेती है। यह विश्व एक क्रम विकास की परंपरा का अनुशीलन करते हुए ही विकास प्राप्त करता है जिसमें प्रकृति के द्वारा मन और शरीर, अथवा दृष्टा एवं दृश्य, दोनों विभागों का समानांतर परंतु अलग-अलग विकास होता है।

समाज बनाकर रहने वाले छोटे जीव

चींटी, दीमक, मधुमक्खी आदि अनेक छोटे जीव झुंडो में रहने के आदी हो जाते हैं। अमीबाओं के समान जब उनके झुंड में व्यष्टियों की संख्या एक न्यूनतम से अधिक हो जाती है, तो उनके मध्य एक पीठ (आसन) की अभिव्यक्ति हो जाती है, जिसमें उनकी व्यष्टियों से अलग उनकी एक सामूहिक चेतना उदित होकर अपना स्थान ले सकती है। प्रकृति का उद्देश्य कुछ भी हो पर इस प्रक्रिया में व्यष्टि की बेहतर सुरक्षा, बेहतर भोजन की उपलब्धि एवं प्रजनन की सहूलियत के आश्वासन आदि के लाभ तो मिलते ही हैं, अत: व्यष्टियों का सहयोग स्वाभाविक रूप में स्वत: प्राप्त हो जाता है।

कई बार औद्योगिक उत्पादों की प्रदर्शनियों में किसी उत्पाद को अलग-अलग भागों में विभक्त करके प्रदर्शित किया जाता है जिससे भ्रमणार्थियों के लिये उस उत्पाद के कार्य करने की पद्धति और प्रक्रिया आदि को भली भांति समझना आसान हो जाता है। अपनी एक अलग कालोनी बनाकर रहने वाले छोटे जीवों की इस परंपरा को भी हम चाहें तो प्रकृति के एक प्रदर्शन-कक्ष के समान समझ सकते हैं, जहां यह मन

स्थानीय एक लिंग-शरीर को स्थूल आवरण में बद्ध करने के स्थान पर एक खुले हुए रूप मे प्रदर्शित करने का प्रयास करती है।

एक कालोनी के रुप में एकत्र और एक ही स्थान पर रहने वाले इन प्राणियों में एक अलग व्यष्टि मन के अंतर्गत होने के समान भोजन, प्रसूति एवं बाल-गृह और सुरक्षा से संबंधित कार्यों का अलग-अलग विभागों में बंटवारा हो जाता है, जो सभी व्यष्टि सदस्यों को एक अंत:प्रेरणा के समान विदित होता है। अलग-अलग होते हुए भी प्रत्येक विभाग और उसका प्रत्येक सदस्य एक ही कालोनी को अपना ही वाह्य में फैला हुआ शरीर समझते हुए कार्य करते हैं। उनके शरीर और आंतर का एक व्यष्टि ज्ञान होता है, जो उन्हें व्यष्टि क्रिया-प्रतिक्रिया करने की योग्यता प्रदान करता है, प्रत्येक का एक उप-विभाग विशेष का ज्ञान और उससे भी भिन्न पूरी कालोनी के एक अवयव के समान एक पूरे विभाग का वाह्य-ज्ञान भी होता है। साथ ही, अंतर ज्ञान के स्तर पर प्रत्येक व्यष्टि का अंतर का ज्ञान, प्रत्येक विभाग का अलग अंतर्ज्ञान, और समूची कालोनी के अलग मन का एक अंतर्ज्ञान भी होता है। कम से कम एक विवेकशील वाह्य में स्थित दर्शक को तो यह सब कुछ इसी प्रकार होते हुए प्रतीत होता है।

इस परंपरा में सभी सदस्य प्राय: एक ही माता की संतान होते हैं, तथापि एक विभाग के सभी सदस्यों का पिता भी एक हो सकता है और एक ही विभाग में दो या तीन पिताओं की संतानों के अलग उप-समूह भी हो सकते हैं, तथापि माता सबकी एक ही होती है, और इस प्रकार कालोनी के सभी सदस्य एक ही परिवार के सदस्यों के समान सहज भाव से परस्पर सहयोग करते हुए ही कार्य करते हैं। संभवत: विभागों की अलग सामूहिक चेतना अथवा उप-मन भी होते हैं। उदाहरण के तौर पर यदि एक व्यष्टि सदस्य ने कुछ देखा है तो वह विभाग के मन को भी ज्ञात हो जाता है, और यदि उस विभाग के एक पर्याप्त संख्या में सदस्यों ने उसे देख लिया है तो वह कालोनी के मन को भी ज्ञात हो जाता है। और इसी प्रणाली से यदि विभागों और सदस्यों को निर्देश भी प्राप्त होने लग जायें तो कालोनी अस्तित्व में आ जाती है।

जैव विज्ञान के क्षेत्र में अत्यंत सम्मान की दृष्टि से देखे जाने वाले यूजिन मैरेइ (Eugene Marais) को जीव जंतुओं के व्यवहार के अध्ययन (ethology) का पिता कहा जाता है। उनकी लापरवाही के कारण जो नोबल पुरस्कार उन्हें मिलना चाहिये था वह किसी और के द्वारा हस्तगत कर लिया गया था और उनकी असमय मृत्यु में पश्चिम के वैज्ञानिकों की इस दबंगता एवं चतुराई का भी यथेष्ट योगदान था। मैरेइ ने दक्षिण अफ्रीका में रहते हुए दीमकों (white ants) के द्वारा निर्मित सैंकड़ों वर्ग फुटों में फैली हुई सैंकड़ों जीवित कालोनियों का गहन अध्ययन और अन्वेषण किया था। वे यह देखकर आश्चर्य से चकित हो जाते थे कि कितनी चतुराई और दक्षता के साथ ये चींटी के समान प्राणी इस प्रकार की जटिल संरचनाओं का निर्माण कर लेते थे जिनका ऊपर-नीचे की दिशा में भी आठ से दस फीट तक, कुछ जमीन के ऊपर और कुछ नीचे, विकास किया जाता है। हजारों की संख्या में दृश्यमान कालोनियों की महराबों से सज्जित महलों, उद्यानों, पुलों और गुफाओं से समन्वित कलाकृतियों के समान निर्मित इन रचनाओं में, विभिन्नता भी दृष्टिगोचर होती है और समानता भी। वातानुकूलित और कार्बन डाइ-आक्साइड़ गैस को भी नियंत्रण में रखने वाली इन संरचनाओं का निर्माण और खंडित होने पर इनकी यथावत के समान मरम्मत, यद्यपि ये छोटे जीव स्वयं ही करते हैं तथापि मैरेइ के मतानुसार इनकी परिकल्पना और परियोजना कर पाना उनके लिये सर्वथा असंभव है।

अपने शोधपत्र में मैरेइ ने लिखा है, “हम इस निष्कर्ष से बच नहीं सकते कि चाहे किसी प्रकार भी हो, कहीं एक पहले से बनाया हुआ पूरी कालोनी का नक्शा उपलब्ध है और ये नन्हे प्राणी केवल उसे संरचना में बदलने का कार्य करते हैं। परंतु यह रेखाचित्र (plan) कहां अवस्थित होकर विद्यमान रहता है? यह एक बड़ा प्रश्न है।” मैरेइ का विश्वास था दीमकों की कालोनी के कुनबे में एक से अधिक प्रकार के उप-परिवार होते हैं, और उनमें से प्रत्येक की तुलना हम रीढ़ की हड्डी वाले प्राणियों में विकसित होने वाले एक अंग विशेष से कर सकते हैं। उनके अनुसार, दीमकों में से जो दीमकें फुंगी उद्यानों की देखभाल करने वाले माली का कार्य करती हैं वे हमारे भोजन पचाने के तंत्र का प्रतिनिधित्व करती हैं, सैनिक हमारी

बाजुओं का, मजदूर हमारी रक्त कोशिकओं का, और कालोनी की रानी हमारे प्रजनन के अंगों का प्रतिनिधित्व करती हुई प्रतीत होती है। मैरेइ को यह विदित था कि कालोनी में रानी का स्थान केन्द्रस्थ के समान था, और उसको कालोनी से विलग कर देने पर कालोनी में टूट-फूट की मरम्मत का कार्य भी स्वत: स्थगित हो जाता था। भले ही कालोनी का मन और कहीं तथा पूरी कालोनी में विस्तृत होकर अवस्थित हो, पर व्यष्टि दीमकों को मिलने वाले निर्देश उनके लिये उनकी रानी के ही निर्देश होते थे। मैरेइ को ऐसा प्रतीत होता था कि जिस प्रकार हमारे शरीर के अनेक विशिष्ट अंग हमारे अचेतन मन के अधीन, पर हमारे जागृत मन के लिये अज्ञात रहते हुए, स्वसंचालित के समान कार्य करते हैं, ठीक वैसे ही ऐसी किसी कालोनी की एक अलग व्यष्टि चेतना तथा उससे अलग अनेक विभागों की व्यष्टि स्व-चेतनायें मिलकर एक साथ कार्य करते हुए इसकी संरचना को पूर्ण करती हैं।

रानी का महल और आंगन

अपनी पुस्तक 'सुपरनेचर' में लायल वाटसन ने लिखा है, "इवान सैंडरसन जिन्होंने ट्रौपिकल अमेरिका में हार्वेस्टर चींटी की अट्टा प्रजाति का अध्ययन किया है, उन्होंने इस सामाजिक कीट की गतिविधियों के विषय में अनेक बातों की चर्चा की है। ये चींटियां अपने भूमिगत नगर से बाहर हर दिशा में लगभग आधे मील तक जटिल सड़कों का एक जाल बिछा लेती हैं। ये मार्ग जो सभी अड़चनों से मुक्त होते हैं, इस नगर के सदस्यों को भोजन की उपलब्धि के विभिन्न स्थानों तक पहुंचाते हैं। यदि इनमें से कोई मार्ग किसी वृक्ष की टहनी के गिर जाने से या अन्य किसी प्रकार बाधित हो जाता है, तो यातायात तब तक के लिये ठहर जाता है जब तक विशिष्ट पुलिस चींटियां आकर अपने निर्देशन में एक दूसरा मार्ग तैयार नहीं करवा लेतीं।

"सैंडरसन को यह देखकर आश्चर्य हुआ कि मार्ग बाधित होने के पश्चात कितनी शीघ्रता से उसका उपचार करने चींटियों के जत्थे वहां पहुंच जाते थे। उन्होंने कई स्थानों पर मार्गों में बाधाओं की सृष्टि करते

हुए अपने सहयोगियों को वहां समय नापने के यंत्रों (stop watches) के साथ तैनात कर दिया। उन्होंने देखा कि लगभग तुरंत ही बिना किसी विलंब के प्रत्येक बाधा के स्थान पर चींटियों के नगर से पुलिस चींटियां कंधे से कंधा मिलाते हुए लगभग पचास चींटियों की चौड़ाई वाले एक दस्ते के समान पंक्ति के बाद पंक्ति बनाते हुए निकलकर तीव्र गति से वहां पहुंचती जा रही थीं।

"मार्ग अवरूद्ध होने की सूचना उनके शिरों पर स्थित एंटीना से एंटीना मिलाकर उनके नगर तक पंहुचने में काफी समय लग जाता और वायु के बहने की दिशा भी उनके वास-स्थान से विपरीत थी, अत: किसी गंध के रूप में भी कोई संदेश पंहुचाना संभव नहीं था। दृष्टि के संदर्भ में रात का समय और अंधकार था एवं (वायु की दिशा के विपरीत होने से) किसी ध्वनि के पहुंचने का भी प्रश्न नहीं था, तो फिर घोंसले में सूचना किस प्रकार पहुंच रही थी? इसका यह अर्थ है कि अट्टा चींटियां किसी ऐसी टेली-संचार व्यवस्था का उपयोग करती हैं जो ज्ञात रासायनिक और भौतिक-यांत्रिक परिधियों से परे रहते हुए कार्य करती है। संभव है ये चींटियां और इस प्रकार की अन्य जातियां किसी प्रकार की टेलीपैथी का उपयोग करने में समर्थ हैं, और वे इसका उपयोग कर भी रही हों।

"किसी सामाजिक कीट की एक कालोनी वास्तव में एक अलग जीव के समान ही है। इस जीव में रानी इसका कामांग (sex organ) और एन्डोक्राइन ग्लांड है, मजदूर इसके प्रजनन के अंग एवं प्रजनन और पाचन का मार्ग हैं, पुलिस नियंत्रण की कार्य-प्रणाली, और सैनिक इसके सुरक्षा विभाग के अंग हैं। ये सभी कई प्रकार के अंत: निर्देशों के माध्यम से एक स्वयं में पूर्ण संरचना के साथ जुडे होते हैं, जिसमें संपूर्ण का हित प्रधान होता है और व्यक्ति का हित दूसरे स्थान पर होता है। अगर भविष्य में इन कालोनियों में एक मन के समान कोई अवस्थिति पाई जाती है, तो यह आश्चर्य का विषय नहीं होना चाहिये।"

सबसे अधिक 'सामाजिक' कीट-पतंगों में मधुमक्खियों, ततैयों, चींटियों और दीमकों की गणना होती है। इनमें से चींटियों और दीमकों की सभी प्रजातियां कालोनियों के रूप में ही पाई जाती हैं। सभी कालोनियों

में एक रानी होती है जो बहुत सारी संतानों को उत्पन्न करती है, जिनमें से अधिकांश बांझ पुत्रियों के समान होती हैं और ये सब अपनी उम्र के अनुसार कालोनी से संबंधित विभिन्न कार्यों में उद्युक्त रहती हैं।

रानी के पंख होते हैं और वह उड़ सकती है। यह एक दिन में सैंकडों अंडे दे सकती है और कई वर्ष तक जीवित रहती है। नर चींटियों और बांझ पुत्रियों की आयु दो से तीन महीनों की ही होती है। नर चींटों का उपयोग केवल प्रजनन के हेतु रानी को गर्भित करने में होता है। रानी नर चींटे से एक बार ही संभोग करती है और उसके बाद या तो उसकी मृत्यु हो जाती है, अन्यथा रानी की पुत्रियां उसे अकेले में मरने के लिये कालोनी से बाहर खदेड़ देती हैं। इस प्रकार सभी कार्यवाहक पुत्रियां रानी को ही अपना जन्मदाता समझती हैं, उसीके प्रति निष्ठावान रहती हैं और उसीके निर्देशों का निर्वाह करती हैं। गइया के समर्थक चींटियों और दीमकों को प्रकृति के घर में बचे-खुचे सामान के विभंजक-विसर्जक विभाग का प्रतिनिधि कहते हैं, तथापि हम यह भी देखते हैं कि कालोनी के विकास के संदर्भ में शरीर के विकास को कुंद करके प्रकृति बांझ पुत्रियां उत्पन्न करती है, जो उतना स्वाभाविक विकास नहीं है। अत: यह संभव है कि प्रकृति इस प्रणाली का उपयोग भविष्य में उत्पन्न होने वाले जटिलतर स्थूल शरीरों एवं उन शरीरों के स्वत: कार्य करने वाले विशिष्ट अंगों (autonomic systems) के विकास के निमित्त, सूक्ष्म शरीरों के विकास की एक कार्यशाला-समन्वित पाठशाला के रूप में करती हो।

वैज्ञानिकों में अचेतन मन की अवधारणा

लायल वाटसन एक स्वतंत्र और मौलिक विचारों के द्वारा प्रेरित ईमानदार वैज्ञानिक थे, जिनकी सुकरात और अरस्तु की श्रेणी वाली सोच थी। विज्ञान उनके लिये एक पवित्र ज्ञान पर्व के समान था और वे विज्ञान से कुछ लेना नहीं बल्कि इस विश्व को कुछ देकर जाना चाहते थे। वे एक निष्पक्ष वैज्ञानिक अन्वेषक थे, अत: वे आधुनिक जैव विज्ञान की व्याख्याओं में परिलक्षित होने वाली असंगतियों एवं अपूर्णताओं को दबाने

या छिपाने के स्थान पर उजागर करना अधिक उचित समझते थे। नर्व और मस्तिष्क की अनुपस्थिति में भी आत्मप्रवृत्तियों का उदित होना, कीट-पतंगों के द्वारा टेलीपैथी से सूचना का आदान-प्रदान, झुंड या कालोनी में समष्टि की चेतना का आभास आदि, जिन्हें लायल वाटसन एवं कुछ अन्य वैज्ञानिकों नें उजागर करना उचित समझा, ये सभी ऐसी घटनायें या वास्तविकतायें हैं जिन्हें न तो जैवशास्त्री भली भांति समझ पाते हैं और न ही वे उनकी समुचित व्याख्या कर सकते हैं। दूसरी ओर ऋषियों के द्वारा प्रस्तुत की गई एक ही सार्वभौम व्याख्या का अनुशीलन करने पर भौतिकी और रसायन के समान ही जैवशास्त्र की अनबूझ पहेलियां भी सरलता से समझ में आ जाती हैं।

जब भारत के प्राचीन ऋषि स्थूल सृष्टि के संदर्भ में प्रकृति की बात करते हैं, तो उनकी आख्या में यह पूर्व समन्वित होता है कि विश्व-चैतन्य का एक अनुस्यूत-चेतना वाला विभाग इस विश्व के रुप में अभिव्यक्ति को प्राप्त प्रत्येक छोटी, बड़ी या मध्यम आकार वाली वस्तु में सदैव विद्यमान रहता है। इस प्रकार, सभी अभिव्यक्तियां और सभी पदार्थ एक ही सूत्र में पिरोये हुए परस्पर संबंधित रहते हुए ही कार्य करते हैं। प्राणधारी जीवों में, और विशेषकर अपेक्षाकृत बड़े और अधिक विकसित प्राणियों के संदर्भ में, इसे उनका अचेतन मन कहा जा सकता है। हमारे अज्ञात सार में, हमारे शरीर की विभिन्न अंग प्रणालियों में जो स्वचालित (autonomic) प्रणालियों के समान कार्य करती हुई प्रतीत होती हैं प्रत्येक की एक अलग व्यष्टि चेतना होती है जो उसे स्वचालित बनाती है। इस प्रकार की छोटी-बड़ी अनेक उप-चेतनायें हमारे अज्ञात सार में हमारे शरीर में कार्यरत रहती हैं, और ये सभी हमारे अचेतन मन के अंतर्गत कही जा सकती हैं।

आज से लगभग दस करोड़ वर्ष पूर्व, क्रेटाशियस काल-खंड की प्रारंभिक शताब्दियों में, जिस समय सामाजिक जीवन का भरपूर लाभ उठाने वाले ये कीट पतंग निश्चित रूप से उपस्थित थे, ठीक उसी समय प्रकृति अधिक जटिल प्रणालियों से युक्त स्थूल शरीरों के रूप में वाहनों का और मन के रूप में उनका उपयोग करने में समर्थ अधिक दक्षता वाली

चालन-क्षमता से युक्त सूक्ष्म लिंग शरीरों का विकास करने की दिशा में भी अग्रसर हो रही थी। जटिल वाहनों का अर्थ है अधिक दक्षता से कार्य करने वाले वाहन, जिनमें उपयंत्रों के समान उनके अधिकाधिक अवयव स्वचालित होकर कार्य कर रहे हों, अथवा प्रधान चालक के अतिरिक्त कतिपय विश्वसनीय उप-चालक भी नियुक्त हों जो अपने-अपने कार्य कर रहे हों।

लगभग दस करोड़ वर्ष पूर्व प्रकृति एक ओर तो जटिल वाहनों का विकास करने की दिशा में अग्रसर थी, और दूसरी ओर यह इन वाहनों के लिये चतुर चालकों का और वाहन के उप-विभागों तथा उनके लिये उप-चालकों का विकास करने की दिशा में भी अग्रसर थी। यह स्वाभाविक प्रतीत होता है कि समानांतर विकास की परंपरा का अनुशीलन करते हुए भी प्रथम स्थान में चालक का विकास होना चाहिये और फिर उसके उपयुक्त वाहन का, जैसे पहले किसी उपग्रह के चालक का विकास करना आवश्यक हो–भले ही एक सेकेंड के दस खरबवें भाग के बाद ही प्रकृति के द्वारा उस उपग्रह का विकास भी पूर्ण कर लिया जाये। इसी प्रकार पहले एक ग्रह के चालक का और फिर मंगल ग्रह का, पहले एक तारे के चालक का और फिर सूर्य का, पहले एक गैलेक्सी के चालक का और फिर आकाश गंगा का विकास किया जाना अधिक स्वाभाविक प्रतीत होता है। जटिल शरीरों के निर्माण के लिये एक लिवर के उप-चालक का, किडनी के उप-चालक का, और इसी प्रकार आमाशय, मूत्राशय, गर्भाशय आदि सभी विशिष्ट अवयवों के उप-चालकों का विकास करना भी आवश्यक है, तभी ये यंत्रों के समान प्रतीत होने वाले अवयव विभिन्न बड़े पशुओं के शरीरों में स्वचालित रहते हुए कार्य कर सकेंगे और तभी उनका संबंध एक सार्थक परंपरा के अंतर्गत नर्वस प्रणाली और मस्तिष्क से जोड़ा जा सकेगा। साथ ही, यह भी स्पष्ट के समान ही है कि सूक्ष्म और स्थूल शरीरों का इंटरफेस होना या दोनों का एक ही पृष्ठ पर रहना आवश्यक है; तभी कोई शरीर संरचना संभव हो सकती है।

हमारा मस्तिष्क हमारे स्थूल शरीर का हिस्सा होने के कारण केवल एक हार्डवेयर के समान है। यह भोजन आदि के रूप में स्थूल

ऊर्जा ग्रहण करते हुए कार्य करता है। तथापि यह स्वयं अपने स्विच को ऑफ तो कर सकता है पर ऑन नहीं कर सकता। इसका ऑन करने वाला बटन और इसको चलाने वाला सॉफ्टवेयर हमारे लिंग शरीर में अवस्थित होता है, और हमारे मन के नियंत्रण में रहता है। 'कुंडलिनी' शरीर के सभी अंगों, अवयवों, यंत्रों एवं प्रणालियों का विकास मंत्रों की सहायता से कर सकती है, पर उनकी कार्यवाहक चेतना के लिये स्वतंत्र लिंग-शरीरों का विकास भी आवश्यक होता है। एक सामाजिक जीवन प्रणाली के अंतर्गत ही कार्य करने में सक्षम दीमकों आदि का विकास, संभवतया, मानव मस्तिष्क के विकास की दिशा में भी प्रकृति का एक महत्वपूर्ण पद-क्षेपण था।

हमारा मस्तिष्क एक अत्यंत जटिल एवं महत्वपूर्ण यंत्र मात्र है, जिसका उपयोग हमारी सूक्ष्म स्तर पर अवस्थित रहने वाली चेतना के द्वारा किया जाता है। यह भी स्पष्ट है कि इसका विकास इसका उपयोग करने वाली चेतना के स्वभाव और साधनों के अनुरूप होने से ही इसकी उपादेयता है। इसीलिये विश्व-सृष्टि में केन्द्र-स्थानीय मानव-संतति को इस भूमि पर उतारने के लिये इसके मस्तिष्क के विकास का कार्य प्रकृति के द्वारा अनेक पूर्व में ही प्रारंभ कर दिया जाता है, और संभवतया प्रकृति इस कार्य को सामाजिक-कीटों को उत्पन्न करने से भी अनेक पूर्व में ही आरंभ कर देती है।

हमने लायल वाटसन और युजिन मैरेइ की ईमानदारी और उनके विज्ञान के प्रति समर्पण की बात कही है। इसका केवल यही अर्थ है कि उनकी ईमानदारी भी उनके समर्पण का ही एक विशिष्ट पहलू थी। उनके वैज्ञानिक व्यक्तित्व में स्वार्थ का योगदान संभवतया कार्य करने की स्वतंत्रता बनाये रखने तक ही सीमित था, तथापि यह सत्य है कि जैवशास्त्री और मनोवैज्ञानिक जिसे 'अचेतन' मन कहते हैं, उन सभी विज्ञानविदों को इस 'अचेतन' को और अधिक समझने का एक ईमानदार प्रयास अवश्य करना चाहिये। उन्हें एक शब्द के रूप में 'अचेतन मन' का आविष्कार कर लेने के पश्चात आत्मसंतुष्ट होकर वहीं ठहर नहीं जाना चाहिये, जो अज्ञात है अथवा भली भांति ज्ञात नहीं है उसके अन्वेषण का सतत प्रयास भी करते रहना चाहिये।

चेतना का विकास

भारत के सभी दर्शनों के ऋषि इस विषय में एक मत हैं कि जब सापेक्ष के एक दृष्टा की चेतना का अवतरण स्थूल धरातल पर होता है, तो उसका प्रकाश पांच आवरणों से ढंका हुआ होता है। इनमें जो वाह्यतम आवरण होता है और प्राणियों का स्थूल शरीर होता है, उसे ऋषिगण अन्नमय कोष कहते हैं। चेतना का विकास वाह्य से अंतर की दिशा में पांच आवरणों को क्षीण करते हुए, और इन पांच कोषों का विकास करते हुए होता है जो अधिकाधिक अंतर की दिशा में अग्रसर होते हुए क्रमश: अन्नमय, प्राणमय, मनोमय, विज्ञानमय एवं आनंदमय कोषों के रूप में अवस्थित होते हैं।

जो आत्म तत्व अथवा दृष्टा है, वह 'मैं' की अवधारणा के सहित कारण शरीर में स्थित रहता है जिसे आनंदमय कोष कहा जाता है। इसी की उपस्थिति के कारण सृष्टि के दूसरे धरातल पर मन, बुद्धि और अहंकार से युक्त चित्त की उत्पत्ति होती है जिसमें व्यष्टि की चेतना का विकास होता है। वाह्य की दिशा में मध्य के ये तीनों कोष सूक्ष्म शरीर में अवस्थित होते हैं। इनमें विज्ञानमय कोष में बुद्धि का क्षेत्र स्थित होता है जिसका विकास केवल मानव-संतति में ही होता है, मनोमय कोष में मन एवं ज्ञानेन्द्रियों का, तथा प्राणमय कोष में कर्मेन्द्रियों का विकास होता है। वाह्य दिशा में अंतिम कोष को ही अन्नमय कोष कहा जाता है जो भौतिक और रासायनिक ऊर्जाओं का कार्य क्षेत्र होता है, और जिसमें स्थूल शरीर का विकास होता है। सृष्टि की संरचना में मौलिक आधार सभी अभिव्यक्तियों में समान होता है, और जैव-अजैव का विभाजन भी क्रम-विकास का अनुसरण करते हुए ही स्वत: उपस्थित होता है।

पदार्थ के अंधकार से चेतना के प्रकाश की ओर

चेतना के प्रकाश पर स्थूल पदार्थ के आवरण की तुलना, जिसे योग विज्ञान एवं तंत्र विज्ञान के ऋषियों के द्वारा अन्नमय कोष कहा गया है, हम एक मोटे कपड़े की चादर से कर सकते हैं जिसके द्वारा किसी लैंप के प्रकाश को भली भांति ढंक दिया गया हो। इसी अवस्था को, जहां

आत्म तत्व से निसृत होने वाले चेतना के प्रकाश को पूर्ण रूप से ढंक दिया गया है, हम आभास चैतन्य स्थानीय पुरुष में चेतना के विकास की शून्य अवस्था समझ सकते हैं। विकासोन्मुख प्राणी को इस शून्य-अवस्था से ही अपनी चेतना का क्रम विकास करते हुए और अपने अंतर में निहित अपनी क्षमताओं के आवरणों को क्षीण करते हुए, अपनी यात्रा पर अग्रसर होना पड़ता है। जैसे जैसे ये आवरण क्षीण होते जाते हैं और कोषों का विकास होता जाता है, पहले पदार्थ से जीवन का, फिर कीट पतंगों का, पौधौं और पशुओं के साम्राज्यों का, और अंत में मानव-संतति का जन्म भी इसी परंपरा के अंतर्गत, सूक्ष्म और स्थूल शरीरों के समानांतर रूप से क्रम-विकास के माध्यम से ही हो पाता है।

मानव-संतति के जन्म के साथ ही मनोमय कोष का विकास पूर्ण हो जाता है और विज्ञानमय कोष में विकास होना आरंभ हो जाता है। इसी स्थल पर लिंग-शरीर के वाहन के रूप में कार्य करने वाले स्थूल शरीरों का विकास पूर्णता लाभ कर लेता है। पांच ज्ञानेन्द्रियों और पांच कर्मेन्द्रियों की पूर्ण क्षमताओं के अनुरूप स्थूल उपकरणों तथा एक विशाल और शक्तिशाली मस्तिष्क के विकास के साथ ही 'कुंडलिनी' शक्ति की क्रम-विकास की क्रिया का उपशम हो जाता है। यहां से चेतना का विकास सूक्ष्म शरीर में स्थित केन्द्रों के मार्ग पर आगे बढ़ता है जो व्यक्ति-विशेष अथवा व्यष्टि के अंतर की दिशा में होता है, और यह प्रयत्न सापेक्ष भी होता है।

पदार्थ के किसी भी कण या अन्य किसी वस्तु की स्थूल अभिव्यक्ति के समय उसकी जो सबसे पहली आवश्यकता होती है, वह है उसका एक अपना मन। यही उसके अंदर स्थित होने वाली 'मैं' रूपी सत्ता के उपयोग के लिये प्रधान करण है। यह मन ही इसकी इच्छा का प्रतिनिधि है जिसमें जानने और क्रिया करने की क्षमताओं का संयोजन हो सकता है। एक सूक्ष्म शरीर का विकास वास्तव में मन का ही विकास है। पदार्थ के कण को भी अपने आवेश का और अपने से भिन्न आवेश का ज्ञान होना आवश्यक है तथा आकर्षण अथवा विकर्षण के रूप में क्रिया की प्रवृत्ति का होना भी, और इन दोनों का स्थान उस कण का मन ही होता है। इस मन में ही पांच ज्ञानेन्द्रियों की क्षमताओं का विकास

होता है और इसी में कर्मेन्द्रियों की क्षमताओं का भी क्रम विकास होते हुए पदार्थ, जीवन, कीट-पतंग, पेड़-पौधे, पशु-पक्षी आदि का विकास संभव होता है।

पहले सूक्ष्म शरीर में और फिर उसी के अनुरूप स्थूल शरीरों में भी गुणों और क्षमताओं में वृद्धि करते हुए, कुंडलिनी शक्ति इन दोनों शरीरों का एक समानांतर क्रम में विकास करते हुए अपने पथ पर अग्रसर होती है। एक ओर देखने-सुनने आदि की क्षमताओं का विकास होता है, तो दूसरी ओर चलने, पकड़ने आदि की क्षमताओं का। उदाहरण के तौर पर पकड़ने की क्षमता का विकास पहले तालुओं या मुख के माध्यम से होता है, फिर पैरों से और फिर एक समय आने पर हाथ का विकास भी आरंभ हो जाता है। स्थूल शरीरों में समुचित उपकरणों के विकास के साथ-साथ ही मन के क्षेत्र का भी विस्तार होता रहता है। पहले विकास अन्नमय कोष में होता है, और समय के साथ प्राणमय और मनोमय कोषों में भी विकास प्रारंभ हो जाता है। फिर एक समय आता है कि पहले प्राइमेट और बाद में होमो जीनस के रूप में मानव के पूर्वजों का उदय हो जाता है। यह इस बात की पूर्व सूचना के समान है, कि अब विज्ञानमय कोष में भी विकास प्रारंभ होने वाला है।

विज्ञानमय कोष में विकास

अत्यंत दीर्घ काल तक सूक्ष्म-शरीर (मानस) एवं स्थूल-शरीरों के समानांतर रूप से क्रम विकास के पथ पर अग्रसर होते हुए एक समय वह विशिष्ट क्षण उपस्थित हो जाता है, जब उस दहलीज का लंघन हो जाता है, जिसके दूसरी ओर बुद्धि से युक्त प्राणी (होमो सैपिएंस) का विकास हो सकता है। मानव-जन्म से पूर्व मनोमय कोष का तो यथेष्ट विकास हो जाता है पर प्राणियों में उचित और अनुचित में विवेक करने की क्षमता का अभाव होता है। इसका एक कारण यह भी होता है कि वाणी की उत्पत्ति मनुष्य के आविर्भाव के पश्चात ही होती है। वाणी से विचार और विचार से विवेक उत्पन्न होता है, और विवेक के समुचित उपयोग से ही पशु-मानव का मानव-पुत्र के रूप में विकास संभव हो पाता है जो

प्रयत्न के द्वारा ईश्वर-पुत्र कहलाने की योग्यता भी प्राप्त कर सकता है। इस प्रकार क्रम विकास की परंपरा में इस स्थान पर पहुंच कर प्रकृति के केन्द्र-स्थानीय हेतु की सिद्धि हो जाती है। यहां आकर स्थूल शरीरों के विकास की परिसमाप्ति हो जाती है। मनोमय कोष के विकास की गति अत्यंत तीव्र हो जाती है, और इसमें बुद्धि का भी सम्मिश्रण हो जाने से विभिन्न प्रकार के ज्ञान-विज्ञानों का विकास होने लगता है। अलग-अलग जाति-प्रजातियां, अलग-अलग स्थानों पर और अलग समाजों में रहते हुए, मानव जाति के लिये पदार्थ, जीवन और अंतरिक्ष के ज्ञानों में वृद्धि करते हुए और अपने-अपने इतिहास और भूगोल बनाते हुए विकास को प्राप्त होती हैं। फिर एक काल विशेष में ये सारे मनुष्य और उनके सभी ज्ञान-विज्ञान एक साथ आ जाते हैं। यही वह केन्द्र विंदु है, जो प्रकृति के रूप में 'कुंडलिनी' का अभिधेय है। अनेक ऋषियों, महामानवों एवं भविष्यवक्ताओं के अनुसार यहां आकर पुन: एक बड़े स्फोट की स्थिति आ जाती है। इस स्थिति के उत्पन्न होने का समय प्रोफेट्स ने नहीं बताया पर कुछ चिन्ह बताये गये थे, जो आज उपस्थित हो गये प्रतीत होते हैं। और उनके अनुसार, यह परिवर्तन एवं सुधार, दोनों दिशाओं में एक नये युग के प्रारंभ के समान होगा।

मानव विकास में यही वह समय है जहां उसके लिये यह विश्व इतना संकुचित हो गया है कि मानव जाति का समस्त ज्ञान सभी के लिये लगभग समान रूप से उपलब्ध हो गया है, और हर समुदाय में एक बड़ी संख्या में ऐसे लोग भी हैं जो ज्ञान-विज्ञान की सभी बातों को सहजता से समझ सकते हैं। यही वह समय प्रतीत होता है जब मनुष्य के ज्ञान में एक ऐसा स्फोट हो सके कि सभी प्रकार के ज्ञानों में से सत्य का ज्ञान तो एक ओर हो जाये और जो सत्य नहीं है और भ्रमपूर्ण है, उसकी सभी को एक 'सत्य से अन्य' के समान स्पष्ट प्रतीति हो सके। ऐसा होने पर ही हम ऋषियों के इस कथन का अर्थ समझ सकेंगे कि भ्रम को हटा देने पर सत्य स्वयं प्रकट हो जाता है। यही सत्य की कसौटी होती है कि उसके प्रकाश में जो हम देखते हैं उसका सार स्वत: हमारे सामने प्रकट हो जाता है। उस समय सारे मनुष्य एकमत होकर, अगर वे चाहें तो, जो

भी पुरानी टूट-फूट या झाड़-कबाड़ बच गया हो और जो अनावश्यक और भ्रमपूर्ण हो, उसकी साफ-सफाई करके एक नये मानव युग का, एक नये मानव संविधान का, सूत्रपात कर सकेंगे।

मनुष्य का शरीर प्राप्त कर लेने के पश्चात, एक दर्शक-उपभोक्ता के रूप में इस विश्व के भ्रमण पर निकले हुए आत्म-कण की चेतना में विवेक की उत्पत्ति हो जाती है जो उसे सत्य और असत्य में भेद करने की क्षमता प्रदान करता है। भले ही शिव-शक्ति की संतान स्वरूप यह आत्मकण अपने विवेक का प्रयोग न करे (क्योंकि इस विश्व उद्यान में प्रलोभनों की भरमार है), एक माता के रूप में प्रकृति का कार्य यहां आकर पूर्ण हो जाता है। 'अपना (और अपने कर्मों का) ध्यान' स्वयं रखने के परामर्शके साथ, अपनी सर्वश्रेष्ठ संतति को अब यह स्वतंत्र कर देती है। स्थूल विश्व क्रिया का क्षेत्र है, क्रिया से कार्य की उत्पत्ति होती है एवं प्रत्येक क्रिया की एक समान और विपरीत प्रतिक्रिया होती है, यद्यपि वह सदैव सतह पर देखने में नहीं आती। प्रत्येक कर्म का एक प्रतिफल होता है जो तुरंत प्रभावी हो यह आवश्यक नहीं है, तथापि कर्म प्रवाह से युक्त होकर यह कारण के स्तर पर तत्काल अवस्थित हो जाता है और अपने फलित होने के लिये एक उचित अवसर की प्रतीक्षा करता है। अतएव क्रिया का फल एक स्वाभाविक सार्वभौम सिद्धांत है, और मानव-संतति को इच्छा के अनुरूप कर्म की स्वतंत्रता उसकी जनक प्रकृति के द्वारा इसी निर्देश के सहित प्रदान की जाती है, "कोई भी कर्म करते समय तुम्हारे लिये प्रत्येक क्रिया की एक समान एवं विपरीत प्रतिक्रिया के इस सिद्धांत को स्मरण रखना उचित होगा।"

यह विश्व परमेश्वर की इच्छा रूपी प्रकृति के द्वारा सृष्ट किया जाता है। परमेश्वर की अंतर की चेतना इसमें सदैव अनुस्यूत रहते हुए कार्य करती है और स्वयं अपने द्वारा सृजित सभी कर्मों का संतुलन भी यह स्वयं ही करती है। इसी प्रकार एक विवेक से युक्त व्यष्टि के रूप में, अपनी स्वतंत्र-इच्छा के प्रयोग से उत्पन्न होने वाले सभी कर्मों के प्रभावों को अपनी इच्छा के अनुरूप कर्म करने वाले मनुष्य (आभास चैतन्य) को भी स्वयं ही झेलना पड़ता है। एक विश्व नागरिक के रूप में मनुष्य को अधिकार एवं कर्तव्य दोनों एक साथ ही प्राप्त होते हैं। इसका विवेक इसे

सही और गलत निर्णय लेने में सहायक तो होता है, पर निर्णय व्यष्टि चेतना का ही होता है। कर्म और प्रलोभन दोनों एक साथ उपस्थित होते हैं, अत: यह व्यष्टि चेतना सही दिशा का चुनाव भी कर सकती है, गलत का भी, और अधिकांश क्षेत्रों में तो यह थोड़ी सही एवं थोड़ी गलत दिशा का चुनाव करते हुए ही देखी जाती है।

ईश्वर का प्रतिद्वंदी होना संभव नहीं है, पर उससे सायुज्य प्राप्ति के लिये प्रयास करने में कोई बाधा नहीं है। विश्व की सृष्टि परमेश्वर की इच्छा से मूल प्रकृति के द्वारा ईश्वर के संसार के रूप में की जाती है। उसी प्रकार आभास चैतन्य स्वरूप मनुष्य (पुरुष) के संसार की सृष्टि उसकी व्यष्टि प्रकृति के द्वारा की जाती है। अत: विकास को प्राप्त करते हुए तथा अपने इच्छा, ज्ञान और उद्योग के बलों के माध्यम से अपनी क्षमताओं में वृद्धि करते हुए यह पुरुष तथा प्रकृति की जोड़ी भी अपने जनक शिव-शक्ति के समस्त गुणों को एक के बाद एक हस्तगत करते हुए और उसके अधिक समीप पंहुचने का प्रयास करते हुए, अपनी जीवन यात्रा पर अग्रसर हो सकती है। अवश्य ही यह मानव-संतति की सृष्टि में सर्वाधिक उज्ज्वल पक्ष और उसकी सबसे बड़ी स्वतंत्रता है। इसी प्रकार इसके एक सामान्य स्तर के अतिरिक्त इसके अधिकाधिक अंधकार की दिशा में अग्रसर होने वाले स्तर भी होते हैं जो अकल्याणकारी और महान अहितकारी परिणामों की सृष्टि करते हैं, और जो संपूर्ण मानव जाति को भी विभिन्न प्रकारों से प्रभावित कर सकते हैं। तथापि, प्रकृति अपने संवेग के संतुलन को यथावत रखते हुए व्यष्टि स्वतंत्रता के उपयोग में स्वयं कोई बाधा नहीं डालती। यह विश्व स्वचालित रहते हुए कार्य करता है, और व्यष्टियों एवं व्यष्टि समूहों के कर्मों के फल अपना समय आने पर स्वयं परिपक्व होते रहते हैं। व्यष्टियों के क्षेत्र में यह नियम है कि किसी व्यष्टि के स्थूल शरीर का समय पूरा हो जाने पर उसका लिंग-शरीर इससे विलग हो जाता है। उस अवस्था में वह मानसिक ऊर्जा के स्तर पर अपनी कर्मसमष्टि के अनुसार किसी एक स्तर विशेष पर अवस्थित होकर प्रतीक्षा करता है, कि कब समष्टि-कर्मप्रवाह उसके लिये पुन: उसके उपयुक्त एक स्थूल शरीर की उपलब्धि के अवसर उत्पन्न करता है।

मन का विकास

एक शिशु अपनी सभी आवश्यकताओं की पूर्ति के लिये दूसरों पर आश्रित होता है और जब तक वह बोलना नहीं सीख लेता, उसकी सबसे प्राथमिक उपलब्धि होती है कि किस प्रकार दूसरों से अपनी इच्छाओं और आवश्यकताओं की पूर्ति करवाई जा सके। उदाहरण के तौर पर यह किसी शारीरिक मुद्रा या शब्द या दोनों के द्वारा यह समझाने का प्रयास कर सकता है कि उसे भूख लगी है, उसका वस्त्र गीला हो गया है या वह उसे गीला करना चाहता है, अथवा उसे किसी खिलौने की जरूरत है, या वह बाहर आना, या घर से बाहर जाना चाहता है, इत्यादि, और यह भी कि उसे कौनसा खिलौना या स्नैक चाहिये और कौनसा नहीं, आदि। लगभग इसी प्रकार, घरों में पल रहे पशु भी ये सभी बातें समझा देते हैं।

परंतु शीघ्र ही शिशु अपने मित्र कुत्ते अथवा बिल्ली, आदि से आगे निकल जाता है। यह नामों को समझने लग जाता है और बोलना भी प्रारंभ कर देता है। यह एक पहला शब्द बोलता है, फिर दूसरा, और शीघ्र ही इसे किसी संकेत आदि से अपनी बात समझाने की आवश्यकता नहीं रह जाती। सभी जड़ और जीवित वस्तुओं की तुलना में जो सबसे बड़ी विशिष्टता मनुष्य को उपलब्ध है, वह है उसकी शब्दों के गठन के द्वारा अर्थपूर्ण वाणी को उत्पन्न करने की क्षमता। अत: इसके समुचित उपयोग को सुनिश्चित करने के लिये कुंडलिनी शक्ति के द्वारा, प्रकृति के माध्यम से मनुष्य के स्थूल शरीर में एक अति-विशिष्ट वाक-यंत्र एवं उससे भी विशिष्ट एक मस्तिष्क का निर्माण कर लिया जाता है ताकि मनुष्य के लिये इस समस्त वाक परंपरा का पूर्ण लाभ उठाना संभव हो सके।

लायल वाटसन ने लिखा है, "शैशव अवस्था से ही एक बालक, जैसे-जैसे वह वस्तुओं आदि का ज्ञान ग्रहण करता है अपनी बात को समझाने के लिये एक संचार प्रणाली का विकास करने का प्रयास करता है। जो कुछ भी उसे दिखाई या सुनाई पड़ता है उसके अनुरूप वह इस विश्व के विषय में अपनी एक अवधारणा विकसित करता रहता है (जिसमें उसके द्वारा देखा, सुना या अन्य प्रकार से जाना हुआ ज्ञान स्थित होता है)। हमारा मस्तिष्क भी इसी प्रकार जो ज्ञान हमें प्राप्त होते रहता है उसको

एकत्रित करते हुए, और पिछली अनुभूतियों से उनकी तुलना करते हुए, हमारी इस विश्व की अनुभूति का परिमार्जन और विकास करते रहता है। मस्तिष्क के सर्वोच्च स्तर पर (विज्ञानमय कोष के स्तर पर) पहले अनुभूत हुई घटनाओं की स्मृति की सहायता से, यद्यपि वे घटनायें इस समय अनुपस्थित हैं, वह एक निष्कर्ष पर पंहुचने का प्रयास करता है; वह उनसे स्वतंत्र होकर भी सोच सकता है।"

विचार का उदय भाषा का सापेक्ष है, जबकि भाषाओं का उदय वर्णों से होता है। अगर हम लिखित भाषा को छोड़ दें, तो हम देखेंगे कि वर्ण उतने ही हैं और स्वर एवं व्यंजनों के रूप में हैं, तथापि उन सभी को लेकर या उनमें से कुछ को लेकर ही किसी भाषा का निर्माण संभव होता है। ऋषिगणों के द्वारा सृष्टि में स्वत: उत्पन्न होने वाले इन वर्णों का वर्णन, मात्रिकाओं के नाम से किया गया है। इनका एक ध्वनि रूप होता है और एक वाणी रूप, जिन्हें सम्मिलित रूप से शब्द कहा जाता है। लेखक के गुरु श्री परमहंस योगानान्द के अनुसार, "यह विश्व ईश्वर के विचारों की ही अभिव्यक्ति है।" और ईश्वर के ये विचार मात्रिकाओं के माध्यम से ही ध्वनि के रूप में व्यक्त होते हैं। ऋषिगणों के अनुसार एक नई सृष्टि के प्रारंभ में शाश्वत चैतन्य के परा क्षेत्र में असीम बल से युक्त शुद्ध ऊर्जा की एक स्पंदायमान तरंग का उदय होता है, और एक क्रम-विकास के मार्ग पर चलते हुए इस स्पंदायमान ऊर्जा को कुंडलिनी शक्ति के द्वारा इस विश्व के रूप में परिवर्तित कर दिया जाता है, जिसे हम नामों और आकारों (रूपों) के माध्यम से जान पाते हैं।

अधिकाधिक प्रगाढ़ता को प्राप्त होती हुई यह ऊर्जा, कारण भूमि पर इच्छा प्रकृति के प्रभाव से आत्मिक ऊर्जा और सूक्ष्म भूमि पर ज्ञान प्रकृति के प्रभाव से मानसिक ऊर्जा का रूप ग्रहण करते हुए उदित होती है। और अंत में स्थूल भूमि पर क्रिया प्रकृति के प्रभाव से यह भौतिक ऊर्जा के रूप में उदित होती है, जहां एक सापेक्षता की दृष्टि से विश्व को देखने वाले दृष्टा की अवस्थिति संभव होती है। उपलब्ध प्रमेयों अथवा अपने अनुभव के साधनों के माध्यम से, यह दृष्टा, एक सापेक्ष ज्ञान का अर्जन करते हुए अपने एक विशिष्ट संसार की सृष्टि और विकास कर लेता है और उसके संबंध में विचार करने का प्रयास भी करता रहता है।

मस्तिष्क की आवश्यकता

किसी भी क्रिया अथवा कार्य की उत्पत्ति के लिये कुछ समय के लिये ऊर्जा का उपयोग आवश्यक होता है। यह संपूर्ण स्थूल सृष्टि क्रिया प्रकृति का ही एक कार्य है। स्थूल विश्व के धरातल पर जो सबसे कम स्थूल क्रिया संभव होती है, उसे क्रिया की इकाई (Elementary Quantum of Action) के नाम से जाना जाता है, जिसे संक्षेप में '*h*' लिखा जाता है और जिसकी गणना वाट-सेकेंड्स में की जाती है। ऊर्जा का एक क्वांटम, या प्रकाश का एक कण, जिसका स्पंदन इस न्यूनतम स्पंदन से अधिक होता है, उसे *2h, 3h, 4h, 9h,* आदि के क्रमानुसार ही लिखा जाता है, परंतु यह कभी भी आधा *h,* तीन चौथाई *h*, नहीं हो सकता क्योंकि इस न्यूनतम क्रिया का विभाजन नहीं हो सकता।

इस न्यूनतम क्रिया का मूल्य, जिसकी गणना मैक्स प्लैंक के द्वारा की गई थी, केवल 6.626×10^{-34} वाट-सेकेंड्स आंका गया है, जो एक अत्यंत ही छोटी मात्रा है। अगर किसी के पास एक वाट ऊर्जा हो तो प्रति सेकेंड एक '*h*' की गति से उसे पूरा खर्च करने में उस व्यक्ति को 2 के बाद अगर 25 शून्य लगा दिये जायें तो जितने वर्ष बनेंगे, उससे भी कुछ अधिक समय लग जायेगा। इसकी तुलना में प्रकाश की गति जो सबसे बड़ी राशि के रूप में जानी जाती है और जिसकी सटीक गणना की जा चुकी है, लगभग 299,800 किलोमीटर प्रति सेकेंड होती है। ये दोनों ही संख्यायें सापेक्षता की सृष्टि करती हैं, और उसकी सीमाओं को भी निर्धारित करती हैं।

कारण भूमि पर चेतना को विश्व की अनुभूति निरंतर के समान होती है, जो एक खंडविहीन अनुभूति होती है। वहीं सूक्ष्म धरातल पर चेतना में खंडों और विभागों के रूप में भिन्नता की स्पष्ट प्रतीति होती है। तथापि, केवल स्थूल भूमि के स्पंदनों के स्तर पर ही भिन्नता इस प्रकार अवस्थित हो सकती है कि उसे समय और आकार के मापदंड में बांधा जा सकता है। अभिव्यक्ति के इसी स्तर पर पहुंच कर किसी दृष्टा-उपभोक्ता के लिये अपने आस-पास चारों ओर बिखरी हुई विभिन्नता के साथ सांसारिक माप दंडों के अनुरूप सापेक्ष आदान-प्रदान करना भी संभव हो जाता है।

एक अमीबा के स्तर पर और संभवत: एक कीट-कालोनी की समष्टि की चेतना के विकास के स्तर पर भी, जहां मजदूर या सैनिक चीटियों को भेज देना ही पर्याप्त के समान होता है, सटीक या सटीक के समान समय और दूरी आदि की गणना की कोई आवश्यकता नहीं होती। परंतु प्रकृति के लिये क्रमिक विकास करते हुए अग्रसर होते रहना, और अधिक आगे बढ़ना आवश्यक था। उसके लिये केवल विचार के रूप में अपने लक्ष्य का ही नहीं, अपितु साधनों का भी विकास करते हुए अग्रसर होने की आवश्यकता थी। अत: प्रकृति अब सूक्ष्म और स्थूल शरीरों के समानांतर विकास के माध्यम से विकासोन्मुख-दृष्टा-उपभोक्ता के लिये मन और उसके ज्ञान प्राप्ति तथा कर्म करने के उपकरणों के समुचित विकास में उद्युक्त होती है।

सृष्टि के विकास के साथ, अब विकासोन्मुख जीवित प्राणियों के लिये केवल उनके मन और शरीरों के मध्य ही नहीं, बल्कि उनके और प्रकृति के मध्य भी सूचनाओं और निर्देशों के आदान-प्रदान की प्रणाली को विकसित और संतुलित करने की अवश्यकता थी। एकाधिक प्रकार की और अनेक कोशिकाओं की समष्टियों के रूप में विकसित होने वाले जीवित प्राणियों में, अब एक चमत्कार के समान प्रतीत होने वाले विकास का सूत्रपात होता है जिसमें एक अद्भुत संगठन की क्षमता भी निहित होती है।

लायल वाटसन कहते हैं, "इन कोशिकाओं के कुछ अवयव अपना आकार बदलना आरंभ करते हैं, और शनै:-शनै: उनकी लंबाई, उनकी चौड़ाई से एक लाख गुणा अधिक हो जाती है। अवयवों में इस प्रकार के अनुपातों का होना केवल जैव पदार्थ में ही संभव है। इन विस्मयजनक आकार को प्राप्त करने वाली महीन डोरियों के समान कोशिकाओं को नर्व कहा जाता है, जो पशुओं के शरीरों के विभिन्न भागों के मध्य अनुभूतियों को लाने और ले जाने वाली (दो प्रकार की) वाहिकाओं के कार्य करती हैं और ये ज्ञान-तंतु, विद्युत-चुंबकत्व पर आधारित संकेतों और क्रिया वाहक निर्देशों, इन दोनो के संचार के लिये एक यांत्रिक माध्यम के रूप में अवस्थित होकर अपना कार्य करते हैं।"

इस प्रकार एक विकासोन्मुख मन के अनुरूप समानांतर स्थूल शरीरों का विकास करने के लिये, प्रकृति एक स्थूल मस्तिष्क एवं उसके कार्य

करने के लिये समस्त शरीर में फैल जाने वाले एक ज्ञान-तंत्र के विकास की दिशा में कार्य करना प्रारंभ कर देती है। विकासोन्मुख दृष्टा-उपभोक्ता के द्वारा अनुभूति या ज्ञान प्राप्त करने एवं क्रिया करने, दोनों ही प्रकार की क्षमताओं के क्षेत्र में प्रकृति एक समानांतर क्रम-विकास के सिद्धांत के आधार पर अग्रसर हो रही थी। तथापि, मानव-संतति के रूप में पूर्ण रूप से विकसित एक दृष्टा-उपभोक्ता का उदय होने में अभी देर थी। उसके उत्पन्न होने के बाद ही मात्रिकायें स्थूल भूमि पर वैखरी वाक के रूप में वाणी का और मध्यमा वाक के माध्यम से विचार करने की क्षमता का, हम मनुष्यों में विकास करने में समर्थ हो सकेंगी। इसके परिणाम अवश्य ही अनेक दूरगामी होने वाले थे, परंतु यह केवल प्रकृति को ही ज्ञात था कि क्या आवश्यक था और भविष्य में उसे कब-कब और किस प्रकार के विकास की आवश्यकता पड़ने वाली थी? यही कारण है कि हमारे विज्ञानविद और अन्वेषक देखते हैं कि सृष्टिक्रम में आवश्यकता बाद में उत्पन्न होती है, जबकि उसके उपचार का कार्य लाखों और करोड़ों वर्ष पूर्व से ही प्रारंभ हो जाता है।

आवश्यकता से अनेक बड़ा उपहार

लायल वाटसन के अनुसार, "लगभग दस लाख वर्ष पहले आरंभ होकर और फ़िर धीरे धीरे गति प्राप्त करते हुए हमारे (होमो जेनस के) मस्तिष्क के आकार में अचानक विस्फार होने लगा, और हवा भरने पर जैसे एक बैलून फूलना आरंभ कर देता हो, उसी प्रकार तेजी से इसका आकार बढ़ने लगा। इतनी शीघ्रता से और किसी प्राणी के किसी भी अंग या अवयव में इसके शेष शरीर की तुलना में इस प्रकार का विकास पहले कभी नहीं देखा गया। हमारे मस्तिष्क में जो कोर्टेक्स है, वह ऐसी ही एक संरचना है जो हमारी संरचना में आज भी अवस्थित पूर्व-कालिक पशु-मस्तिष्क (Mamellian Brain) के ऊपर लगभग अलग के समान स्थित है, और जिसमें निहित असीम संभावनाओं की हमें अभी केवल एक झलक ही मिलनी प्रारंभ हुई प्रतीत होती है। जैव शास्त्र की अन्य घटनाओं की तुलना में, जिनका अनुमान लगाना अधिक कठिन नहीं है, मानव मस्तिष्क का

यह विकास उसकी एक प्राणी के रूप में अनुमानित की जा सकने वाली सभी प्रकार की आवश्यकताओं से बहुत ही ज्यादा और कई गुणा अधिक प्रतीत होता है।

"कला एवं साहित्य का विकास और विज्ञान एवं दर्शन का विकास, हमारे इस मस्तिष्क में निहित संभावनाओं के केवल प्रारंभिक फलों के समान प्रतीत होते हैं। अवश्य ही यह सब भी आश्चर्यजनक एवं अद्भुत ही प्रतीत होता है, और फिर भी मानव का मस्तिष्क अपने आप में अलग, एक ऐसी नायाब वस्तु है कि इसके विकास को किसी भी प्रकार से (जैव शास्त्रियों के द्वारा प्रतिपादित) प्राकृतिक चुनाव (natural selection) की प्रक्रिया के अंतर्गत समझ पाना संभव नहीं है। हमारे उत्पन्न होने के समय पृथ्वी पर जीवन के विकास के वातावरण और घटनाक्रम में किसी ऐसे क्रांतिकारी विकास का कहीं कोई इंगित नहीं था, और आर्थर कोएसलर के शब्दों में (मनुष्य को प्रकृति का) यह एक सर्वथा अयाचित या अ-अनुमानित उपहार आज भी एक बहुत बड़ी पहेली के समान प्रतीत होता है। 'अन्यथा', कोएसलर पूछते हैं, 'किस प्रकार इस मौखिक प्रश्न के उत्तर में कि दशमलव अंकों में 4/47 का क्या परिणाम होगा, मात्र चार सेकेंड के पश्चात ही, कोई क्षमतावान बालक उत्तर देना प्रारंभ कर सकता है: 0.08510638297872340425531914'?"

अवश्य ही यह एक अचंभित करने वाली क्षमता है, भले ही अधिकांश मनुष्यों के लिये ऐसा करना संभव न हो। तथापि ऋषियों के अनुसार, बुद्धि और विवेक से पूर्ण मानव की उत्पत्ति सृष्टि की अभिव्यक्ति में एक केन्द्र स्थानीय घटना है। होमो सैपिएंस की उत्पत्ति के पश्चात और वाणी एवं विचार प्रणाली का विकास होने के पूर्व ही होमो जेनस में मनोमय कोष का यथेष्ट विकास हो गया था, और अब उसके विज्ञानमय कोष में भी विकास प्रारंभ हो जाता है। यहां आकर स्थूल शरीरों के विकास का कार्य पूरा हो जाता है। यहां से लिंग-शरीर, जो हमारा प्रधान शरीर है, अपनी पूरी क्षमता के साथ कार्य करने के योग्य हो जाता है। यहीं से सृष्टि की अभिव्यक्ति में एक दूसरे से युक्त पुरुष और प्रकृति विभागों के मध्य चलते रहने वाली क्रीड़ा का (मन और शरीर विभागों के माध्यम से) विश्व पटल पर प्रधान क्रीड़ा-क्षेत्र में अवतरण हो जाता है।

होमो सैपिएंस की उत्पत्ति होने के पश्चात हमारे प्रधान शरीर के वाहन के रूप में हमारे स्थूल शरीर का विकास पूर्ण हो जाता है। यहां से आगे होने वाले विकास का दायित्व हमारे मस्तिष्क की सहायता से अब हमारे अपने मन के ऊपर आ जाता है। अत: यहां से आगे का यह विकास मुख्य रूप से प्रयत्न सापेक्ष होता है, यद्यपि एक सीमा तक यह परिवेश और परिस्थिति सापेक्ष भी हो सकता है। यह हमारे ऊपर निर्भर है कि हम किस दिशा में या किन-किन दिशाओं में अपना विकास करना चाहते हैं, और कितना सार्थक प्रयास कर पाते हैं। अत: यह स्वाभाविक है कि विज्ञान जगत में कई दशकों से यह प्रश्न हवा में झूलते चला आ रहा है कि क्या केवल प्राकृतिक चुनाव (Natural Selection) की व्याख्या मनुष्य और उसके मस्तिष्क की उत्पत्ति के लिये पर्याप्त है? क्या इसके आधार पर जीवन के सभी रहस्यों को सुलझाया जा सकता है?

इसके विपरीत, दृष्टा के द्‌वारा 'जो दृष्टिगोचर अथवा अनुभूत है' उसके अन्वेषण के स्थान पर, ऋषियों के दृष्टा-केंद्रित अन्वेषण के मतानुसार, इस स्थूल शरीर के साथ जड़ित होकर हमारा यह जन्म हमारे अनगिनत जन्मों की शृंखला में केवल एक कड़ी के समान है। हमारा यह स्थूल शरीर भी और इसमें विकसित होने वाला हमारा मस्तिष्क भी, केवल इसी जन्म के लिये सभी आवश्यक यंत्रों से सज्जित हमारे वाहन (या हार्डवेयर) के रूप में कार्य करते हैं। इस दृष्टि से मानव-पुत्र की यात्रा तो अभी अपनी प्रारंभिक अवस्था में ही है। अपने विज्ञानमय कोष का विकास करते हुए अभी तो दीर्घ काल तक हमें असीम ऊंचाइयों को प्राप्त करते हुए अनेक प्रकाश वर्षों की दूरियों को तय करना है। तथापि, यह तो स्पष्ट है कि प्राकृत-चुनाव (Natural Selection) की सीमा का हम लंघन कर चुके हैं, और सभी प्रकार के छोटे-बड़े प्राणी और उनकी समस्यायें भी अब पीछे छूट चुकी हैं। अब तो एक सुनहरा समय है, और हमारे पास अपने वर्तमान से बहुत आगे तक जाने के लिये उपयुक्त एक मस्तिष्क भी है, तथा वे दूरियां भी हैं जो मानव जाति को तय करनी हैं। आज हम एक ऐसे युग का सूत्रपात कर सकते हैं जहां अध्यात्म, विज्ञान और सभी धर्म एक ही पृष्ठ पर एकत्रित हों, और जो एक वसुधैव कुटुम्बकम् की

भावना से भी प्रेरित हों, ताकि समग्र मानवता एक ही परिवार के सदस्यों के समान आचरण-व्यवहार कर सके।

मन और मस्तिष्क का संबंध

विल्डर पेनफील्ड (Wilder Penfield), जिन्होंने 1930 और 1940 के दशकों में मानव के मस्तिष्क के पूरे नक्शे का विस्तृत अंकन किया था, उन्हें मस्तिष्क की सर्जरी का जनक माना जाता है। मानव मस्तिष्क के क्रिया-कलापों से संबंधित हमारे आज के ज्ञान का भी अधिकांश उन्हीं की देन समझा जाता है। अपने समय के अन्य बड़े चिकित्सा शास्त्रियों के समान ही अनेक वर्षों तक पेनफिल्ड की भी यही धारणा थी कि मस्तिष्क के अतिरिक्त हमारी आत्मा या किसी अन्य स्वतंत्र चेतना का कोई अस्तित्व नहीं होता, और हमारे मस्तिष्क के न्युरोन हमारे सभी कार्यकलापों की व्याख्या करने में समर्थ थे।

परंतु पचास वर्षों के अनुभव के पश्चात, और जब उनका शरीर भी कुछ दुर्बल हो गया था, पेनफील्ड की यह धारणा बदल चुकी थी। अपनी पुस्तक दि मिस्ट्री आफ माइंड (मन के रहस्य) में उन्होंने लिखा है, "और मुझे गंभीरता से यह स्वीकार करना पड़ा, बल्कि मुझे यह विश्वास के समान हो गया, कि मनुष्य की चेतना अथवा उसका मन कोई ऐसी वस्तु नहीं है जिसे केवल मनुष्य के मस्तिष्क की यांत्रिक संरचना के माध्यम के द्वारा समझना संभव हो।" पेनफील्ड ने बाद में पुनः लिखा है कि मन और मस्तिष्क में क्या संबंध है, इसका निर्णय कर पाना आधुनिक विज्ञान की "बड़ी समस्याओं में भी सबसे बड़ी" समस्या है। उन्हें यह विश्वास हो गया था कि ऐसी कोई वस्तु है जो मन को भौतिक मस्तिष्क से अलग करती है।

मस्तिष्क से संबंधित अपनी एक वक्तृता में डॉ. पेनफील्ड ने यह अत्यंत सहज रूप से स्वीकार किया था कि "मन की शक्तियों के पीछे कौन सी ऊर्जा कार्य करती है यह एक बड़ा रहस्य है, जो अज्ञात है। यह हमारे अंदर जीवन की अग्नि भर देती है, जिसे जीवन के अंत में मृत्यु की फूंक के द्वारा एक मोमबत्ती के समान बुझा दिया जाता है।" अगर हम

यौगिक विज्ञान की दृष्टि से यह जानने का प्रयास करें कि जो ऊर्जा हमारी मानसिक शक्तियों के पीछे रहकर कार्य करती है, जो हमारे लिंग-शरीर को क्रियमाण रखती है, और जिसे डॉ. पेनफील्ड अत्यंत रहस्यमयी ऊर्जा समझते हैं, उसका उद्‌गम कहां से होता है, तो ऋषियों का स्पष्ट कथन है कि इसका विकिरण हमारे प्रधान-शरीर में आधार-स्थान पर अवस्थित हमारी कुंडलिनी-शक्ति से होते रहता है।

जब विश्व सृष्टि का कार्य पूर्ण हो जाता है

हम महा कुंडलिनी के विषय में ऋषियों की कही हुई कुछ बातें बता चुके हैं। यह कुंडलिनी 'शक्ति तत्व' की ही एक क्रियमाण अवस्था है, जिसमें सृष्टि बीज का विकास होता है। जब सृष्टि का समय होता है, तो अनादि चैतन्य में एक स्पंदन होता है और उसकी चेतना में एक ध्रुवीकृत बल क्षेत्र उत्पन्न हो जाता है। इस बल क्षेत्र में जो दो दिशाओं में कार्य करने वाली शक्ति कार्य करती है उसीकी संज्ञा महा कुंडलिनी शक्ति होती है। ऋषियों के अनुसार यह कुंडलिनी शक्ति पहले इस विश्व की रचना करती है, और फिर उसीके मध्य अवस्थित होकर यह उसका नियंत्रण भी करती है।

जब परमशिव की चेतना में स्पंदन होता है, तो उसमें 'चित अथवा ज्ञान' और 'आनंद अथवा अनुभव' के रूप में जो विभाजन हो जाता है उसे ही चेतना का ध्रुवीकरण कहा गया है। इनमें चित चैतन्य स्थानीय और आनंद जड़ स्थानीय विभाग हैं। उसी प्रकार 'चित' स्थिरता तथा आकर्षण का केंद्र होता है जिसकी शक्ति को चित-शक्ति कहा जाता है, और 'आनंद' गति तथा विकर्षण का प्रतीक माना जाता है जिसकी ऊर्जा आनंद-शक्ति कही जाती है। कुंडलिनी शक्ति में चित शक्ति और आनंद शक्ति इन दोनों का समन्वय होता है। इसी के द्‌वारा सृष्टि होती है और इसे ही 'चिति' भी कहा जाता है। सृष्टि के प्रारंभ में सूर्य से प्रकाश की किरणों की भांति, चेतना से इसका नाद के रूप में विकिरण होता है। इस नाद की ध्वनि एक सूक्ष्म गुंजन के समान होती है, जो समस्त मात्रिकाओं की समष्टि स्वरूप एक अत्यंत सूक्ष्म ध्वनि

के रूप में प्रत्येक कारण शरीर में अवस्थित रहती है। ये मात्रिकायें भी ध्वनि एवं स्पंदन युक्त आद्य शक्तियां ही होती हैं, और इनकी ध्वनियों के द्वारा ही विश्व के सभी तत्व एवं क्रियायें परिभाषित होती हैं। वास्तव में तो ये ध्वनियां उन तत्वों तथा उनसे संबंधित विभिन्न क्रियाओं से स्वतः और प्राकृतिक रूप से निर्गत होती रहती हैं, और एक क्रम का अनुशीलन करते हुए ये उन सभी तत्वों एवं क्रियाओं का प्रकाश करती हैं।

ऋषिगण इस विश्व को जगत कहते हैं, जो सदैव गतिशील रहते हुए ही अवस्थान करता है। उनके अनुसार इस विश्व का चलायमान पक्ष इसके स्थिर पक्ष की परिक्रमा करते हुए गतिशील होता है। दूसरी ओर इसका यह स्थिर पक्ष सदैव ऊर्ध्व दिशा में अग्रसर होने वाली समय की रेखा से एकीकृत होकर अवस्थित होता है। इसी समय की रेखा के चारों ओर गतिशील ऊर्जा के रूप में, एक सर्पिल आकार में इसका परिभ्रमण करते हुए, महा-कुंडलिनी शक्ति एक वर्तमान की सृष्टि करते हुए उत्थित होती रहती है।

हम मनुष्यों के संदर्भ में, हमारे लिंग-शरीर के मूलाधार में अवस्थित व्यष्टि कुंडलिनी को एक शिवलिंग के चारों ओर तीन पूर्ण और एक अपूर्ण कुंडल बनाते हुए अवस्थित एक नाग के रूप में दर्शाया जाता है (चित्र-६ देखें)।

महाकुंडलिनी के संदर्भ में इस प्रकार के सभी चित्रों या मूर्तियों में हम 'शिव' को समय की रेखा पर अवस्थित एक विशिष्ट काल खंड के समान समझ सकते हैं, जिसे इस वर्तमान सृष्टि चक्र की अवधि कहा जा सकता है। इस प्रकार अवस्थित होकर अपनी तीन वर्तुल परिक्रमाओं में यह कुंडलिनी कारण भूमि अथवा आत्म भूमि, सूक्ष्म भूमि अथवा मन की भूमि, एवं स्थूल शरीरों की भूमि का निर्माण कर लेती है। स्थूल सृष्टि के विकास के पश्चात, वर्तमान में यह कुंडलिनी स्वरूपा महाशक्ति एक विकसित विश्व के रूप में एक चौथी और बड़ी परिक्रमा के मध्य किसी विंदु पर अवस्थान करती है।

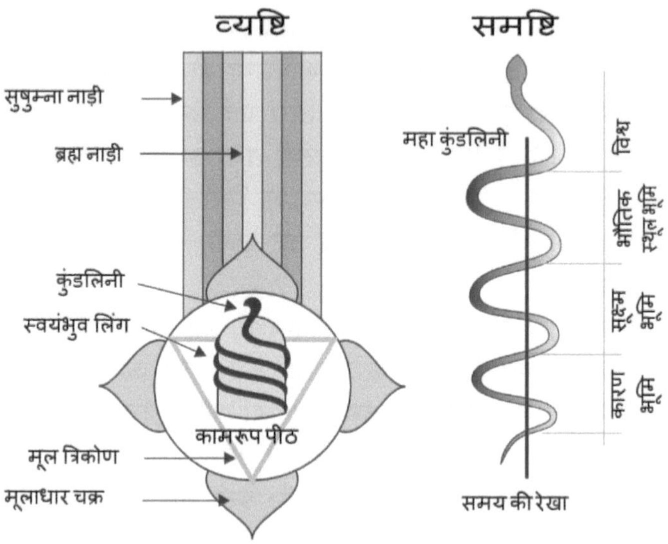

मानव-संतति की आधार भूमि

चित्र-६

इसी प्रकार, एक दूसरे परिप्रेक्ष्य से भी इस संरचना की विवेचना की जाती है। इस विश्व सृष्टि का निर्माण गुणों के द्वारा होता है। जैसे इसमें अवस्थित तीन प्रधानों की तीन प्रकृतियां होती हैं, वैसे ही इन प्रकृतियों के तीन ही गुण भी होते हैं। इस दृष्टि से देखने पर कुंडलिनी की तीन पूर्ण कुंडलियों को तीन गुण समझा जाता है जो विश्व का निर्माण करते हैं और जिनकी साम्यावस्था को प्रकृति कहा जाता है, तथा इसी संदर्भ में चौथी अपूर्ण कुंडली को एक विकृति (असाम्य) के रूप में देखा जाता है जो विविधता की अवधारणा उत्पन्न करती है।

संचित 'स्थितिज ऊर्जा' के भंडार में से उसका एक अंश विशेष ही एक नये सृष्टि चक्र में एक विश्व के रूप में अभिव्यक्ति लाभ करता है। अपने संचित स्थितिज ऊर्जा के अंश में से इसके कुछ परिमाण को गतिज ऊर्जा में परिवर्तित करते हुए, और अपनी आवश्यकतानुसार एक विश्व की सृष्टि करने के पश्चात जो स्थितिज ऊर्जा का अधिकांश बच जाता है, उसको साथ लेकर कुंडलिनी ठहर जाती है और कामरूप पीठ में विश्राम

करती है। इस कामरूप पीठ को ही ऋषिगण इस विश्व के केन्द्र के रूप में स्वीकार करते हैं (जो सर्वत्र विद्यमान रहता है)। उनके अनुसार यह विश्व, महा कुंडलिनी के रूप में चिति शक्ति का ही विकास है।

वैश्विक लिंग शरीर की पूर्ण क्षमताओं के उपयोग के अनुरूप मानव-संतति के लिये एक स्थूल शरीर का विकास कर लेने के पश्चात, व्यष्टियों के परिप्रेक्ष्य में, व्यष्टि कुंडलिनी जो चित शक्ति एवं माया शक्ति का समन्वित रूप है, उनके लिंग शरीरों के मूल आधार के क्षेत्र में भी एक व्यष्टि कामरूप पीठ का निर्माण करते हुए वहीं अवस्थान करती है। इस श्रेणी के सभी लिंग शरीरों में यह कुंडलिनी उनके आभास चैतन्य से उद्भूत ऊर्जा के एक बड़े अंश को स्थितिज ऊर्जा के रूप में धारण किये हुए, और उन लिंग शरीरों को क्रियमाण करते हुए, इसी विंदु पर अवस्थित होकर विश्राम करती है। ऋषियों के अनुसार मानव शरीर में आकर इसके सृष्टि के कार्य का अवसान हो जाता है, और एक पीठ की रचना करते हुए, यह 'एक स्थिति विंदु के रूप में' अवस्थित होकर विश्राम करती है।

त्रिपुर-सुंदरी की निद्रा

सृष्टि के मुहाने पर यह महा कुंडलिनी ही, मात्रिकाओं के रूप में अभिव्यक्त होते हुए, कारण जगत का विस्तार करती है। इस कारण भूमि पर ध्वनियों के रूप में, अथवा भविष्य में सृष्ट होने वाली वस्तुओं के प्राकृतिक नामों के रूप में, भावी विश्व की समस्त विविधता अवस्थित हो जाती है। इसके पश्चात यह माया शक्ति को अपने साथ लेकर पांच कंचुकों की सृष्टि करती है, जो एक युगल के रूप में स्थित शिव और शक्ति की पांच असीमताओं को आवृत्त कर देते हैं, और माया से आवृत्त सृष्टि-कण के कारण-शरीर के रूप में कार्य करते हैं। इसके पश्चात प्रकृति तत्व के सहयोग से यह कुंडलिनी एक वैश्विक लिंग शरीर की सृष्टि करती है और फिर उसीके आधार पर, प्रकृति की सहायता से ही, यह विभिन्न क्षमताओं से युक्त और विभिन्न आकारों वाले स्थूल शरीरों के विकास को भी पूर्ण करती है। पुरुष के रूप में (मन-स्थानीय) शिव के लिये एक मानव-शरीर का विकास करने के पश्चात, कुंडलिनी के सृष्टि के कार्य का

अवसान हो जाता है, और तब यह त्रिपुरा सुंदरी एक लघु निद्रा (beauty sleep) के समान अवस्था में स्थित होकर विश्राम करती है।

केवल मानव-पुत्र की संपूर्ण संरचना में ही कुंडलिनी अपनी सभी क्षमताओं का विकास करके विश्राम करती है। तथापि यह उसके सूक्ष्म शरीर में स्थित रहते हुए, उसके मानस पक्ष के संचालन के लिये सदैव एक सतत विद्यमान ऊर्जा के स्रोत के समान कार्य करती रहती है। हमारे मन और इन्द्रियां इसी ऊर्जा के माध्यम से कार्य करते हैं, जबकि हमारे मस्तिष्क के संचालन के लिये भौतिक और रासायनिक ऊर्जाओं की आवश्यकता होती है। अत: स्थूल शरीर के अभाव में भी यह सूक्ष्म शरीर (लिंग शरीर से युक्त कारण शरीर) विद्यमान रहता है, और कार्य भी कर सकता है। हमारी शरीर संरचना की इस विशिष्टता के कारण ही हमारा पुनर्जन्म संभव होता है, और इसी के माध्यम से दूरदर्शन, दूरश्रवण, एवं मानसिक शक्ति के द्वारा भौतिक वस्तुओं का चालन आदि भी संभव होते हैं।

मानव शरीर के विकास के साथ ही पूर्ण विकसित लिंग शरीरों वाली व्यष्टियों के विकास की परंपरा का उदय हो जाता है। तथापि यह किसी विद्यार्थी के स्नातक बन जाने के समान ही होता है, क्योंकि एक प्रकार से यह केवल उच्च शिक्षा प्राप्ति की योग्यता अर्जन करना मात्र होता है। अत: यहीं से व्यष्टियों के लिय पूर्णता प्राप्ति की दिशा में उद्योग करने का पथ प्रशस्त होता है। विभिन्न व्यक्तियों के कर्मों की गति के अनुसार उन्हें समय-समय पर स्थूल शरीर उपलब्ध होते रहते हैं और वे बार-बार भौतिक जगत में जन्म ग्रहण करते हैं, क्योंकि उनकी सभी अतृप्त स्थूल इच्छाओं की पूर्ति और उनके सभी अवशेष स्थूल कर्मों का निस्तारण स्थूल ऊर्जा की भूमि पर ही संभव होता है।

यद्यपि लिंग शरीरों का कभी विनाश नहीं होता, तथापि सभी लिंग-शरीर मानव देह प्राप्त नहीं कर पाते। उदाहरण के तौर पर जो लिंग-शरीर सृष्टि के प्रारंभ में ही प्रोटोन के द्रव्यमान से युक्त हो जाता है, उसके लिये वही तुष्टिकर स्थान प्रतीत होता है, और वैज्ञानिकों के प्रयोगों के आधार पर एक प्रोटोन की आयु दस बिलियन-ट्रिलियन-ट्रिलियन वर्षों से भी अधिक स्वीकृत की गई है। इसकी तुलना में हमारे विश्व की वर्तमान

आयु केवल 13.7 बिलियन वर्ष आंकी गई है। यही कारण है कि ऋषिगण मानव शरीर की उत्पत्ति को विश्व-सृष्टि के विकास में इसके प्रधान लक्ष्य की उपलब्धि के रूप में स्वीकार करते हैं।

जैसा कि हम कह चुके हैं, कि ऋषियों के अनुसार कुंडलिनी का शरीरों के निर्माण का कार्य यहां आकर पूर्ण हो जाता है। जो मूल त्रिकोण सृष्टि के मुहाने पर निर्मित होता है, उसे मानव जाति के सूक्ष्म शरीर में भी पुन: प्रकट करते हुए कुंडलिनी उसमें अवस्थित होकर विश्राम को प्राप्त होती है। इससे इतर शरीरों में यह स्वाभाविक रूप से कार्य करते हुए उनका संचालन मात्र करती है। जब शक्ति के प्रतिनिधि के रूप में कुंडलिनी निद्रित होती है, तो सापेक्ष के दृष्टा पुरुष के रूप में शिव की चेतना इस विश्व से युक्त होकर एक पशु-प्रमाता के समान अपने संसार का निर्माण करते हुए उसमें संलिप्त होकर अवस्थित होती है। शिव की इसी अवस्था में, प्रकृति के रूप में यह कुंडलिनी विश्व उद्यान के पांच विभागों के भ्रमण के लिये इसका आह्वान करती है। इसमें इंद्रिय सुखों के नाना भांति के पुष्प एवं फल अपनी सुगंधों और रंग-बिरंगी छटाओं को बिखरते हुए, विभिन्न प्रकार की सुंदरताओं, मधुर ध्वनियों, मधुर स्पर्शों, स्वादिष्ट रसों और मादक गंधों के मधु उंडेलते हुए, और हर दिशा में फैलते हुए, शिव को विश्व के सापेक्ष दृष्टा और भोक्ता पुरूष के रूप में आमंत्रित करते रहते हैं। फिर वहीं कहीं, किसी मोड़ पर, एक दिन ये सभी प्रकार के आकर्षक प्रलोभन एकत्र होकर एक समष्टि का रूप ग्रहण करते हुए, अगर पुरुष सिंह है तो उसके समक्ष एक सिंहनी के रूप में और यदि पुरुष एक शेरनी है तो उसके लिये शेर के रूप में, अनायास सामने आकर खड़े हो सकते हैं। और जब उनकी दृष्टियां मिलती हैं, तो एक ऐसी बात निकल कर आ सकती है जो बहुत दूर तक जाने वाली हो!

आधुनिक मस्तिष्क की सर्जरी के जनक डॉ. पेनफील्ड को यह विश्वास हो गया था कि मृत्यु के पश्चात मन की जो चेतना होती है वह ऊर्जा के किसी अन्य स्रोत से संयुक्त होकर, एक या अधिक अन्य व्यष्टि चेतनाओं से संपर्क स्थापित कर सकती है। भारत के ऋषियों के अनुसार स्थूल शरीर से विलग अथवा संलग्न मन को ऊर्जा प्रदान करने वाला यह स्रोत उसके सूक्ष्म शरीर में अवस्थित उसकी अपनी कुंडलिनी

शक्ति ही होती है। जब कुंडलिनी की यात्रा पूर्ण हो जाती है तो मन के रूप में मनुष्य की यात्रा प्रारंभ होती है। तथापि सत्य यही है कि एक ही शाश्वत चेतना लीला के हेतु, स्वयं को ज्ञान एवं अनुभव, अथवा मन और शरीर के रूप में दो भागों में विभक्त करते हुए अपने लिये आमोद की सृष्टि करते हुए क्रीड़ा करती रहती है। अपने एक रूप में तो यह संपूर्ण की दृष्टा बन कर अचल होकर अवस्थित रहती है, और दूसरी ओर एक सापेक्ष के दृष्टा और उपभोक्ता के रूप में, यही चेतना हर कण और वस्तु में भी अवस्थित होती है। केवल मानव शरीर में ही यह चेतना आंशिक एवं सापेक्ष दर्शन के साथ-साथ संपूर्ण को भी देखने और अनुभव करने की क्षमता का विकास कर सकती है।

शून्य से सृष्टि का विकास

यह एक महत्वपूर्ण और तनिक ध्यान से समझने की बात है कि कई सिद्ध आचार्यों ने कुंडलिनी के तीन वलयों की विवेचना सत्, रजस एवं तमस्, प्रकृति के इन तीन गुणों की दृष्टि से की है। विश्व की किसी भी वस्तु को इसके दिखाई पड़ने वाले और अनुभव में आने वाले गुणों के आधार पर ही अन्य वस्तुओं से अलग किया जा सकता है। इन तीन प्रधान गुणों से ही आकर्षण, विकर्षण और सभी प्रकार की क्रिया-प्रतिक्रियाओं की उत्पत्ति होती है, और इन्हीं के अलग-अलग स्तरों पर अलग-अलग परिमाणों में अवस्थित होने के कारण ही समस्त विभिन्नताओं की प्रतीति होती है। यह कहना अनुचित नहीं होगा कि न्यूनतम क्रिया के स्थिरांक '*h*' के समान ही, किसी भी गुण का सटीक मूल्यांकन करने के लिये इसकी गणना भी शून्य के पश्चात इसके अल्पतम संभावित परिमाण से आरंभ करके किसी दिशा विशेष में इसके विकास को मापने के द्वारा ही की जा सकती है।

तीन प्रमुख रंगों, लाल, नीले और हरे रंगों की साम्यावस्था में परिवर्तन के द्वारा ही किसी भी अन्य रंग का विकास करना संभव होता है। शरीर और मन, दोनों विभागों में ही, किसी गुण की शून्यता की अवस्था की तुलना में ही किसी एक विशिष्ट परिमाण में उसका विकास और सम्मिश्रण करते हुए प्रकृति सभी प्रकार की विभिन्नताओं का सृजन करती है। एक व्यष्टि का शरीर विभाग इस समस्त विविधता को एक

निर्धारित क्षेत्र में 'देखने के योग्य' के रूप में उपस्थित करता है, और उसका मन विभाग इस समस्त के 'एक अंश विशेष' को ग्रहण करता है अथवा उसकी अनुभूति करता है।

अपनी पुस्तक 'कुंडलिनी योग' में स्वामी शिवानंद लिखते हैं, "कुंडलिनी योग में जब तीन वलयों की बात कही जाती है, तो उसका तात्पर्य प्रकृति से होता है, और साढ़े तीन वलयों में प्रकृति तथा उसमें उत्पन्न विकृति दोनों का समन्वय होता है। कुंडलिनी के वलयों में ही पचास वर्णों के रूप में मात्रिकायें अवस्थित होती हैं। जैसे-जैसे इसके वलय खुलते जाते हैं, इसके द्वारा तत्वों और वर्ण-मात्रिकाओं का निस्सारण (या विकिरण) होता जाता है। यह इस प्रकार ही गतिशील होती है, और सभी तत्वों की सृष्टि (अथवा अभिव्यक्ति) के पश्चात भी यह अपने द्वारा सृजित किये गये इन तत्वों के मध्य गतिशील बनी रहती है। उसी प्रकार (कुंडलिनी के चलन से उत्पन्न हुए) तत्व भी गतिशील बने रहते हैं (अपनी गति का त्याग नहीं करते)। अपने नाम के संस्कृत में अर्थ के अनुसार ही यह जगत (सदैव) चलायमान रहता है।" ऋषिकेश के प्रसिद्ध योगी स्वामी शिवानंद सन् 1963 में एक पूर्व निश्चित तिथि की घोषणा करने के पश्चात ठीक उसी दिन अपने स्थूल शरीर का त्याग करके विश्व चैतन्य में विलीन हो गये थे।

इसके पूर्व हम स्थिर एवं चलायमान ध्रुवों के रूप में चेतन पदार्थ के ध्रुवीकरण की समुचित विवेचना कर चुके हैं। अपनी उपरोक्त पुस्तक में स्वामी शिवानंद ने लिखा है, "ध्रुवीकरण इस सृष्टि में आधार स्थानीय और सबसे प्राथमिक विकास है जो चरम के समीप पंहुचने का प्रयास करते हुए स्थित होता है, तथापि यह स्मरणीय है कि पूर्ण स्थिति अथवा विश्रांति केवल चित में ही संभव है (सृष्ट विश्व में किसी स्थान पर नहीं)। वैश्विक ऊर्जा मात्र एक साम्य की अवस्था है, जो एक सापेक्ष (relative and non-absolute) अभिव्यक्ति है, चरम अथवा स्वयं में पूर्ण नहीं।"

स्वामी जी के अनुसार विश्व व्यापी साम्य की यह अभिव्यक्ति (समय और स्थान के संदर्भ से) सापेक्ष है, सदैव के लिये नहीं है। अगर कोई अभिव्यक्ति है तो वह एक सापेक्ष अभिव्यक्ति ही है, और जो सदैव अवस्थित है वह केवल चैतन्य मात्र है। अपनी पुस्तक 'दि ग्रैंड डिजाइन'

में स्टीफेन हाकिंग ने लिखा है, "अगर विश्व में संपूर्ण ऊर्जा का मान सदैव शून्य रहना आवश्यक है, जबकि किसी भी वस्तु की सृष्टि में ऊर्जा को खर्च करना आवश्यक होता है, तो शून्य से विश्व की सृष्टि किस प्रकार संभव हो सकती है? यही वह कारण है कि हमें गुरुत्वाकर्षण के सिद्धांत की आवश्यकता होती है, क्योकि गुरुत्व का कार्य है आकर्षण करना जबकि गुरुत्व की ऊर्जा विकर्षण की ऊर्जा होती है।"

वे ख्यातनामा प्रोफेसर पुन: लिखते हैं, "चूंकि गुरुत्व से ही आकाश और समय आकार ग्रहण करते हैं, (केवल) स्थानीय परिप्रेक्ष्य में ही ये दोनों स्थैर्य की अवधारणा उत्पन्न करते हैं, जबकि वैश्विक स्तर पर ये स्थिर नहीं रह सकते। वैश्विक स्तर पर, पदार्थ में अवस्थित (अथवा बद्ध) धनात्मक ऊर्जा को पूर्ण रूप से संतुलित करते हुए, गुरुत्व की ऋणात्मक ऊर्जा अवस्थित हो सकती है और इस प्रकार एक संपूर्ण विश्व की सृष्टि हो सकती है। चूंकि (मूल प्रकृति में) गुरुत्व का नियम है, विश्व स्वयं उत्पन्न हो सकता है और होता रहेगा! ...अकस्मात (spontaneous) सृष्टि (की संभावना) ही वह कारण है कि शून्य नहीं है बल्कि कुछ है ...कैसे इस विश्व का अस्तित्व संभव हो सकता है? कैसे हमारा अस्तित्व संभव है!"

मानव संरचना के सबंध में

अगर हम तकनीकी परिप्रेक्ष्य में विश्व की संरचना की तुलना मानव की संरचना से करें, तो हमें मनुष्यों का पलड़ा ही भारी प्रतीत होगा। केवल इसी संरचना में विश्व के सभी तत्व एक ही स्थान पर उपस्थित होते हैं, और मानव शरीर का विकास ही ऋषियों के द्वारा इस सृष्टि में केन्द्र स्थानीय लक्ष्य के रूप में स्वीकृत होता है। मानव शरीर में ही आगम का १४वां तत्व 'बुद्धि तत्व' विद्यमान होता है, और केवल मानव शरीर में ही शैव सिद्धांत के सभी छत्तीस तत्व उपस्थित होते हैं, जिनमें सबसे अंतिम तत्व पृथ्वी तत्व होता है जो सभी वस्तुओं को आधार प्रदान करता है। मानव शरीर में यह तत्व इसके लिंग-शरीर विभाग में इसके मूलाधार चक्र के रूप में अवस्थित होता है, और इसी चक्र के मध्य कुंडलिनी शक्ति मानव के स्थूल शरीर की सृष्टि के अपने कार्य के समापन के पश्चात विश्राम करती है।

स्थूल शरीर के संदर्भ से मूलाधार चक्र का स्थान हमारे रीढ़ की हड्डी के सबसे निचले भाग के समीप होता है। 'कुंडलिनी योग' नामक पुस्तक में स्वामी शिवानंद के द्वारा दिये गये विवरण के अनुसार इसका स्थान हमारे मल-विसर्जन एवं प्रजनन के अंगों के मध्य के क्षेत्र में होता है। इसकी चौड़ाई लगभग चार अंगुल होती है और स्थूल शरीर के संदर्भ में गुदा द्वार से दो अंगुल ऊपर तथा गुप्तांग के स्थान से दो अंगुल नीचे इसकी अवस्थिति होती है। इसे आधार चक्र कहा जाता है, क्योंकि इसी से ऊपर की दिशा में एक सीधी रेखा में हमारे सूक्ष्म-शरीर में विद्यमान अन्य चक्र अवस्थित रहते हैं जिनमें सबसे ऊपर, हमारे क्रेनियम के शीर्ष स्थान पर, हमारे सहस्रार चक्र की स्थिति होती है। इसी सहस्रार में एक शिव त्रिकोण की रचना करते हुए महा कुंडलिनी अवस्थित होती है, जिसे शरीर संरचना के ३६ तत्वों के संदर्भ में शिव स्थान कहा जाता है। अत: मानव शरीर में समस्त संरचना को वहन करते हुए उसकी आधार-स्थली के मूल में अवस्थित चक्र को मूलाधार चक्र कहा जाता है, जो हमारी व्यष्टि कुंडलिनी के विश्राम का स्थान भी होता है।

इस चक्र का आकार एक चार दलों वाले पुष्प के समान होता है। इसके मध्यस्थान में बनने वाले वृत्त के क्षेत्र में मूल त्रिकोण के विपरीतीकरण से उत्पन होने वाले 'शक्ति त्रिकोण' का स्थान होता है। इस त्रिकोण के केन्द्र में एक पीठ का निर्माण होता है, जिसे व्यष्टि के संदर्भ में भी कामरूप पीठ ही कहा जाता है। इसी पीठ स्थान में स्थित व्यष्टि स्वयंभुव लिंग के चारों ओर तीन पूर्ण और एक अर्ध वलय बनाते हुए और अपने सर को नीचे किये हुए, एक नाग के समान कुंडलिनी शक्ति विश्राम करती है। मानव संरचना में यही शक्ति-तत्व का स्थान है, जो एक ध्रुव के समान लिंग शरीर के संचालन अथवा मन के कार्य करने के निमित्त ऊर्जा की उत्पत्ति करता रहता है। सहस्रार और मूलाधार में अवस्थित शिव एवं शक्ति तत्वों के मध्य ही आगम के अन्य ३४ तत्वों का विकास होता है। विश्व सृष्टि का निर्माण करने वाली पचास मात्रिकायें इस कुंडलिनी में ही निहित होती हैं और उन्ही में से चार मात्रिकायें पुष्पदलों के रूप में इस मूलाधार चक्र में अभिव्यक्त होती हैं (चित्र-६ एवं चित्र-७)।

सृष्टि के सात स्तरों की विपरीत क्रम में अवस्थिति

मानव के सूक्ष्म शरीर में अवस्थित सात प्रमुख चक्रों में मूलाधार चक्र, भू-लोक अथवा स्थूल विश्व के स्तर का प्रधान चक्र है। शेष छह लोक क्रमश: भुव-लोक, स्व-लोक, और महा, जन, तप एवं सत्य लोकों के नाम से वर्णित किये जाते हैं। लोकों के प्रतिनिधि चक्रों में से अनेक चक्र हमारे आज्ञा एवं सहस्रार चक्रों के मध्य स्थित होते हैं, जिनके विषय में हम यथास्थान चर्चा करेंगे। मूलाधार से ऊपर सहस्रार चक्र की दिशा में अवस्थित पांच चक्रों को क्रमश: स्वाधिस्ठान, मणिपुर, अनाहत, विशुद्धि एवं आज्ञा चक्र कहा जाता है।

इनमें स्वाधिस्थान चक्र गुप्तांग के मूल स्थान पर, मणिपुर नाभि क्षेत्र में, अनाहत वक्षस्थल के स्थान पर और विशुद्धि चक्र कंठ स्थान में अवस्थित होता हैं। मूलाधार के सहित इन पांचों चक्रों का संबंध हमारे स्थूल शरीर के संचालन आदि से होता है। अन्य दोनों चक्रों का संबंध सूक्ष्म शरीर से होता है, और ये क्रमश: दोनों भ्रुवों के मध्य तथा शरीर के शीर्ष स्थान पर अवस्थित होते हैं (चित्र-७ में देखें)।

जब प्रकृति के द्वारा वैश्विक लिंग शरीर में अवस्थित प्रावधानों के अनुरूप और इसी के समानांतर रहते हुए, एक मानव शरीर का विकास किया जाता है, तो इसमें सूक्ष्म और स्थूल शरीरों के मध्य तीन संपर्क विंदुओं की भी सृष्टि होती है, जिन्हें ग्रंथि कहा जाता है और जिनके स्थान मूलाधार, अनाहत और आज्ञा चक्र होते हैं।

और इन्हीं तीन चक्र स्थानों पर कुंडलिनी का आवास संभव होता है। अगर मानव शरीर में इसका व्युत्थान होता है, तो यह मूलाधार से उत्थित होकर अनाहत में अवस्थान कर सकती है, और अगर यह वहां से भी ऊपर उठती है तो आज्ञा चक्र में स्थिति ग्रहण कर सकती है। तथापि अधिकांश साधकों के क्षेत्र में यह ऊपर के किसी चक्र तक उठती तो अवश्य है, परंतु कुछ समय के पश्चात पुन: मूलाधार स्थान पर लौट आती है। इन तीन ग्रंथियों को क्रमश: मूलाधार चक्र में ब्रह्म ग्रंथि या क्रिया ग्रंथि, अनाहत चक्र में विष्णु ग्रंथि या ज्ञान ग्रंथि एवं आज्ञा चक्र में रुद्र ग्रंथि अथवा इच्छा ग्रंथि के नाम से संबोधित किया जाता है (अगले अध्याय में चित्र-८ देखें)।

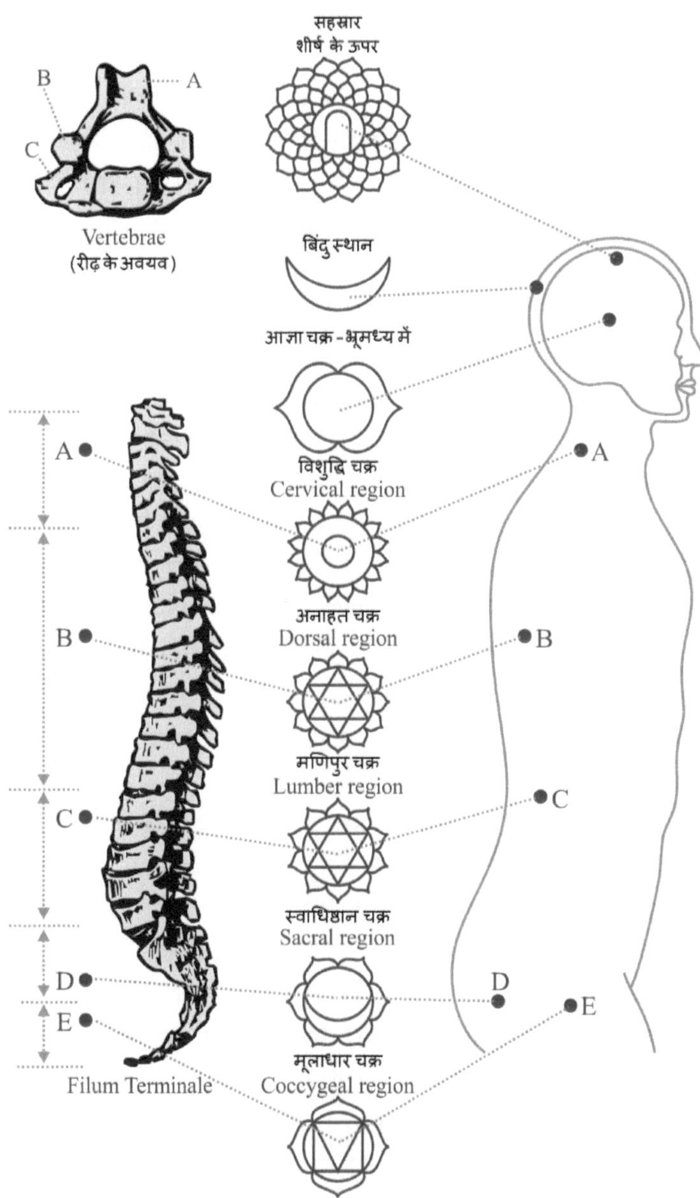

रीढ़ का स्तंभ और सूक्ष्म चक्र

चित्र-७

व्यष्टि में समष्टि, क्षुद्र ब्रह्मांड

स्वामी शिवानंद के अनुसार, "मनुष्य एक क्षुद्रांड के सदृश है। जो कुछ भी ब्रह्मांड (बाहर विश्व) में अवस्थित है, वह उसमें भी उपस्थित होता है। सभी तत्व एवं लोक तथा शिव-शक्ति भी उसमें स्थित होते हैं। मानव शरीर का हम दो भागों में विभाजन कर सकते हैं, एक तो उसका सिर एवं धड़, तथा दूसरा उसके पैर। मानव शरीर में मध्य-स्थान इन दो भागों के संधि स्थान के निकट, रीढ़ के आधार स्थल पर होता है जहां से पैर आरंभ होते हैं। धड़ (ऊपरी भाग) को सहारा प्रदान करते हुए और (ऊपर की दिशा में) पूरे शरीर तक व्याप्त होकर हमारी स्पाइनल कॉर्ड अवस्थित होती है। यही हमारे शरीर की अक्ष रेखा का कार्य करती है।"

मूलाधार से विशुद्धि तक निचले पांचों चक्र इसी अक्ष रेखा पर स्थित होते हैं, और हमारा सूक्ष्म शरीर हमारे समस्त स्थूल शरीर में एक आभा के समान फैलकर अवस्थित रहता है। हमारा सहस्रार चक्र हमारे शरीर के शीर्ष स्थान पर, क्रेनियम से लगभग दो अंगुल ऊपर, स्थूल शरीर के बाहर अवस्थित होता है। यह शिव और शक्ति के युगल स्वरूप महा कुंडलिनी का आवास स्थल होता है। हमारी शरीर संरचना अथवा क्षुद्रांड़ में यह शिव तत्व का प्रतिनिधित्व करते हुए धनात्मक ध्रुव के रूप में अवस्थित रहता है। 'डिवाइन लाइफ सोसाइटी' के संस्थापक स्वामी शिवानंद लिखते हैं, "एक ओर सहस्रार में चिदरूपिणी शक्ति के रूप में महा कुंडलिनी एक पूर्ण विश्रांति के विंदुस्थान (position of absolute rest) के समान अवस्थित होती है, तथा दूसरी ओर हमारे शरीर में विश्रांति को प्राप्त करते हुए हमारी व्यष्टि कुंडलिनी एक स्थिति-विंदु के रूप में अवस्थित होती है।

"इसी स्थिति-विंदु के चारों ओर हमारे शरीर को कार्यशील बनाने वाली सभी शक्तियां चलायमान रहती हैं। ये सभी 'शक्तियां' होती हैं, ठीक उसी प्रकार जैसे कुंडलिनी (स्वयं भी) 'शक्ति' होती है, जो सभी शक्तियों की माता (जननी) होती है। इन दो प्रकार की शक्तियों में यह अंतर होता है कि जहां पूर्वोक्त शक्तियां विशिष्ट रूप (अथवा क्षमता) ग्रहण करते हुए चलायमान रहती हैं, कुंडलिनी किसी भी विशिष्टता

से मुक्त सभी शक्तियों की समष्टि के रूप में एवं 'शेष' (अनुद्युक्त अथवा स्थितिज) शक्ति होती है, जो एक नाग ('शेष नाग' या 'अवशिष्ट स्थितिज ऊर्जा') के समान कुंडली बनाकर सुप्त रूप में (इन विभिन्न गतिज शक्तियों के संदर्भ से) एक सापेक्ष स्थिति-विंदु के रूप में अवस्थिति लाभ करती है।

"यह मूलाधार में वलय बनाते हुए अवस्थित होती है। मूलाधार का अर्थ होता है मौलिक स्तर का आधार। (हमारे शरीर की संरचना में) यह पृथ्वी तत्व अथवा अंतिम एवं ठोस तत्व तथा शेष शक्ति (स्थितिज ऊर्जा), इन दोनों को वहन करने वाले आधार के रूप में कार्य करता है। हमारे शरीर की तुलना हम दो ध्रुवों वाले एक चुंबक से कर सकते हैं। कुंडलिनी के आधार के रूप में, जो चेतना की एक अपेक्षाकृत प्रगाढ़ (माया संक्रमित) अवस्था है, यह मूलाधार चक्र हमारे समस्त शरीर की सापेक्षता में जो (सभी कार्यशील शक्तियों की उपस्थिति के कारण) सदैव गतिशील रहता है, एक स्थिर ध्रुव के समान कार्य करता है।"

कोई भी व्यष्टि पुरुष जिसमें एक आत्मा (मैं) की अनुभूति और एक लिंग शरीर हो अपने इस शरीर को, भले ही यह किसी भी अवस्था तक विकसित हुआ हो, इस सृष्टि के चक्रांत तक कायम रख सकता है। इस प्रकार अवस्थित रहते हुए, समय की रेखा के साथ-साथ और एकाधिक स्थूल शरीरों से युक्त और विलग होते हुए यह अपने विकास के पथ पर अग्रसर होता रहता है। सृष्टि के उदय के समय जो पुरुष सबसे पहले धावित होते हैं, उनमें से अधिकांश एक प्रोटोन के स्थूल शरीर से युक्त होकर प्रारंभ में ही अत्यंत दीर्घ आयु प्राप्त कर लेते हैं। इस प्रकार इनके सूक्ष्म शरीर का विकास यहीं ठहर जाता है। अन्य पुरुष गण अन्य कणों में से जो उपलब्ध हो, उससे युक्त हो जाते हैं, तथापि इनमें से अधिकांश प्रोटोनों के समान दीर्घ आयु को प्राप्त नहीं हो पाते। एक बड़ी संख्या में स्थूल शरीर बनते हैं, और फिर नष्ट हो जाते हैं। इन संरचनाओं से विलग होने वाले सूक्ष्म शरीर (पुरुष) अपने सूक्ष्म धरातल पर स्वतंत्र अवस्था में अवस्थित रहते हुए, अपने लिये अगले स्थूल शरीर की उपलब्धि की प्रतीक्षा करते हैं जो कुछ सेकेंड़ों में, कुछ मिनटों में अथवा कुछ घंटो या वर्षों के अंतराल के पश्चात कभी भी उपलब्ध हो सकता है। इन सभी

सूक्ष्म शरीरों में उनके स्पंदनों के समस्त अनुभवों और इतिहास को अपने साथ लेकर कुंडलिनी अवस्थित होती है, तथापि इसकी स्वतंत्र अभिव्यक्ति केवल मानव-शरीर में ही होती है।

ऋषियों के अनुसार लगभग चौरासी लाख अन्य एवं क्रमश: विकास को प्राप्त होने वाली इतर योनियों में उत्पन्न होकर, अपने लिंग शरीर का विकास करने के पश्चात ही किसी पुरुष को मानव शरीर की प्राप्ति संभव होती है। तभी इसके विज्ञानमय कोष के द्वार उन्मुक्त होते हैं। तथापि एक बार मानव शरीर प्राप्त करने के पश्चात यह पुरुष अपने सभी कर्मों के लिये स्वयं उत्तरदायी हो जाता है, जो अच्छे, बुरे, या मिश्रित कर्म हो सकते हैं, और जिनके अलग-अलग फल होते हैं। विभिन्न कार्मिक बलों के अपने-अपने समय पर अपने-अपने फलों के साथ कार्य करते रहने के फलस्वरूप, एक मनुष्य के रूप में यह व्यष्टि पुरुष बार बार जन्म और मृत्यु को प्राप्त होता रहता है। ऋषियों के द्वारा इसी को 'आवागमन का चक्र' कहा जाता है, और इस समस्त अवधि में मानव-पुत्र की व्यष्टि कुंडलिनी निद्रा में निमग्न रहते हुए मूलाधार में विश्राम करती है। दूसरी ओर प्रकृति के रूप में यही शक्ति एक जीवन यात्रा से दूसरी, तीसरी एवं अनेकों अन्य यात्राओं में, पुरुष के रूप में मायामुग्ध शिव को, तब तक इन्द्रिय सुखों और वैचारिक भोग विलासों से युक्त विश्व उद्यान के विभिन्न विभागों में भ्रमणों पर भेजती रहती है, जब तक कि यह वाह्य को छोड़कर अंतर दिशा में आकर्षित नहीं हो जाता।

शीर्ष की दिशा में यात्रा

स्थूल सृष्टि के मुहाने पर आगम के ऋषियों के द्वारा वर्णित महायोनि का एक दर्पण में प्रतिबिंबित होने के समान विपरीतीकरण हो जाता है। विश्व चैतन्य में अंतर की दिशा में विकसित होते हुए एक गोलक के समान, सृष्टि प्रवाह में जो नाभि क्षेत्र (core) या सबसे अंतरतम स्तर अथवा उप-गोलक है, वह भौतिक जगत में सापेक्ष के दर्शक और उपभोक्ता पुरुषों को वाह्य के समान प्रतिभासित होता है। विकास को प्राप्त होने वाले किसी नये नवेले विश्व की संरचना में इसका जो धरातल उन सापेक्ष के

दृष्टा पुरुषों के दृष्टिपथ में आता है, सापेक्षता के उन दर्शकों को वही यथार्थ प्रतीत होता है (यद्यपि यह अभिव्यक्त विश्व का एक प्रतिबिंब मात्र होता है)। इस प्रतिबिंबित यथार्थ में विश्व की परतों के पिछले सभी स्तर उस सापेक्ष के दृष्टा के सूक्ष्म शरीर के अंदर समा जाते हैं। इस वाह्याभिमुखी सापेक्ष के दर्शक पुरुष को उन स्तरों की कोई प्रतीति नहीं होती और अपने अंदर समायी हुई इस समस्त जटिलता से मुक्त रहते हुए, ये सापेक्ष के ग्राहक पुरुष सहजता से अपने समान माप-दंडों वाले अन्य ग्राहकों से संदेश-निर्देशों एवं क्रिया-प्रतिक्रियाओं का आदान-प्रदान करने में सक्षम हो जाते हैं।

अन्नमय कोष से प्रारंभ करते हुए, प्राणमय तथा मनोमय कोषों का भी समुचित विकास करते हुए तथा विज्ञानमय कोष के द्वार को भी उन्मुक्त करते हुए, पुरुष की चेतना अपने आरंभिक प्रोटोजैविक दिनों की अपेक्षा से खरबों वर्ष तक चलने वाली एक यात्रा के उपरांत, आज मानव के रूप में उपनीत हो सकी है। और इस दीर्घकाल व्यापी यात्रा एवं अपने प्रधान कार्य की परिसमाप्ति के पश्चात, क्लांति का अनुभव करते हुए कुंडलिनी अब विश्रांति को प्राप्त होकर अवस्थित है। सृष्टि विकास के क्षेत्र में कुंडलिनी का कार्य यहां समाप्त हो जाता है। चेतना का विकास यहां से अंतर की दिशा में होता है और यह विकास अंत:स्थित चक्रों में चेतना के ऊर्ध्व की दिशा बढ़ते रहने से होता है। उच्चतर चक्रों में उठने का अर्थ है बौद्धिक मलों में न्यूनता आना और मन की शुद्धता में वृद्धि होना। अरबों और खरबों वर्षों तक भौतिक पदार्थों में जड़ित रहते हुए विकास को प्राप्त होती हुई चेतना के लिये, इस अवस्था से ऊंचे उठने का यही एक मार्ग है। तथापि अनायास नहीं, बल्कि प्रयास करने पर ही इस मार्ग का संधान प्राप्त होता है। कर्मेन्द्रियों और पांच प्रकार की ज्ञानेन्द्रियों से प्राप्त होने वाले विभिन्न सुखों के आकर्षण और उनकी कभी तृप्त न होने वाली लालसाओं में उलझे हुए अधिकांश मनुष्य दीर्घ समय तक जीवन और मृत्यु के चक्र में फंसे रहते हैं। और फिर किसी क्षण में, अपने समय से और उनकी अपनी प्रकृति के अनुसार, उनमें सत्य के संधान की प्रेरणा उत्पन्न होती है।

हृदय का स्थान: अनाहत चक्र

स्वामी शिवानंद के अनुसार, "स्थूल इच्छाओं और जुनून के द्वारा संचालित एक सांसारिक मनुष्य का मन (उदर और काम संबंधी वासनाओं में लिप्त रहते हुए) गुदा एवं गुप्तांग के क्षेत्र में अवस्थित मूलाधार और स्वाधिष्ठान चक्रों में संचरण करता है। अगर किसी का मन (कुछ) शुद्धि प्राप्त कर लेता है तो वह नाभि स्थान के निकट मणिपुर चक्र तक उठ जाता है, और उसके आनंद की अनुभूति एवं (ईच्छा) बल में कुछ विकास होता है। अगर मन की शुद्धता और बढ़ती है, तो यह हृदय स्थान में अनाहत चक्र तक उठ जाता है।"

ऋषियों के अनुसार अनाहत चक्र ऐसा दूसरा चक्र है जहां कुंडलिनी अवस्थान कर सकती है (या ठहर सकती है)। चेतना का इस चक्र में अवस्थान होने से ॐ की ध्वनि और कारण-भूमि पर स्थित मात्रिकाओं के गुंजन की ध्वनि सुनाई पड़ने लग जाती है। स्थिर होने जाने पर इनका श्रवण प्राय: दाहिने कर्ण में एक निरंतर चलने वाली और तेल की धार के समान अविछिन्न्न रहते हुए सुनाई पड़ने वाली ध्वनि के समान होता है। यह ध्वनि कभी ठहरती नही है। धीमी या तेज होते हुए यह सतत सुनाई पड़ती है। लेखक के अपने व्यक्तिगत अनुभव में, ध्यान केंद्रित रखते हुए प्रयास करने पर कभी कभी यह स्वप्न में भी यथावत सुनाई पड़ती रहती है और स्वप्न टूटने पर भी वैसे ही अविच्छिन्न रहते हुए चलती रहती है।

अभिव्यक्ति को प्राप्त सृष्टि के नाम और रूप (ध्वनि और आकार) दो पक्ष कहे जाते हैं। इनमें से ध्वनि पक्ष को, जो विश्व के अवयवों को परिभाषित करने वाला निर्देशक पक्ष है, नाम पक्ष कहा जाता है। दूसरे पक्ष को आकृति पक्ष कह सकते हैं, क्योंकि सृष्ट जगत में यह पक्ष किसी नाम के द्वारा निर्देशित वस्तु का रूप अथवा आकार प्रकट करता है। कुछ लोगों को अनेक प्रकार के सूक्ष्म (ऊर्जाशील अथवा बादलों के सदृश) आकार एवं चक्र भी इसी प्रकार दिखाई पडते हैं, जैसे कि चित्र-५ में वृत्तों के द्वारा निर्मित विभिन्न प्रकार के चक्र दिखलाये गये हैं। इनमें भी एक प्रधान चक्र है जो कभी लुप्त नहीं होता, तथापि ये स्पष्ट आकृतियां कम लोगों को ही दृश्यमान होती हैं। प्रारंभ में अधिकांश योग-साधक

केवल इस प्रधान चक्र को ही एक विंदु के समान देख पाते हैं। ये श्रवण (नाम) और दर्शन (रूप) हमारे कारण और लिंग शरीर में अवस्थित रहते हुए ही हमारी जाग्रत अवस्था में भी अनुभूत होते हैं। एक मानव के रूप में कार्यशील रहने के लिये हम अपने तीनों शरीरों का उपयोग करते हैं, यद्यपि अधिकांश लोगों को इसका ज्ञान नहीं होता।

हम में से अनेक लोगों की भांति और संभवतया हम सभी से अधिक, प्राचीन काल के ऋषियों को भी कारण और सूक्ष्म भूमि से संबंधित ये ध्वनियां श्रवण में आती रहती थीं, तथा विभिन्न प्रकार के चक्र एवं अन्य रूप भी दृष्टिगोचर होते थे। ऋषियों ने प्रकृति के द्वारा उपलब्ध किये गये ऐसे सभी सूत्रों का गहन और दीर्घ काल व्यापी अन्वेषण किया था। उन्होंने चेतना के धीमे और क्रमिक विकास की स्वाभाविक क्रिया पद्धति को समझते हुए अनेक प्रकार की तकनीकों का भी विकास कर लिया था, और वे यह भी समझ गये थे कि किस प्रकार सुषुप्त कुंडलिनी को जाग्रत करने पर मनुष्य की चेतना का अत्यधिक तीव्र गति से विकास कर सकना भी संभव था। आगे आने वाले अध्यायों में हम इसके विषय में विस्तार से चर्चा करेंगे।

भारत की गुरु-शिष्य परंपरा

इन पंक्तियों और अध्यायों में ऋषियों से प्राप्त महाज्ञान के रूप में जो कुछ भी लेखक के द्वारा वर्णित किया गया है, उसकी पृष्ठभूमि में भारत भूमि पर अत्यंत प्राचीन समय से चली आ रही एक गुरू-शिष्य परंपरा सदैव कार्य करते हुए आज भी विद्यमान है। यही कारण है कि यद्यपि हमारे विश्वविद्यालय और पुस्तकालय ध्वस्त कर दिये गये, पर संपूर्ण मानव जाति की धरोहर इस ज्ञान को कभी भी पूर्णतया नष्ट नहीं किया जा सका, और जिन पुस्तकों की आवश्यकता थी उन्हें फिर से लिख लिया गया।

इस पुस्तक में विश्व की अभिव्यक्ति के प्रकरण को समझने और पाठकों के सन्मुख रखने के प्रयास में, जहां एक ओर हमने आगम शास्त्रों में वर्णित विशद व्याख्याओं का सहारा लिया है, वहीं दूसरी ओर आभास

चैतन्य अथवा पुरुष, सात भुवनों, और पंचकोषों को समझने और पाठकों के सन्मुख रखने के हमारे प्रयास में १९वीं शताब्दी के अंतिम दशक में स्वामी युक्तेश्वर गिरि के द्वारा सार-वस्तु के समान लिखी गई संक्षिप्त पुस्तक कैवल्य दर्शनम् की भी अत्यंत महत्वपूर्ण भूमिका रही है।

श्री युक्तेश्वर गिरि योगदा (एवं S.R.F.) गुरुओं की परंपरा में तीसरे गुरु हैं, और उनके शिष्य एवं 'योगी कथामृत' (Autobiography of a Yogi) के लेखक तथा उपरोक्त संस्थानों के संस्थापक, श्री परमहंस योगानंद इस परंपरा में चौथे एवं अंतिम गुरू हुए हैं। श्री युक्तेश्वर के देहत्याग के अगले दिन 10 मार्च, 1936 को जगन्नाथ-पुरी में श्री योगानंद जब उनके पार्थिव शरीर को समाधिष्ठ करने के लिये प्रस्तुत हो रहे थे, तो उनकी त्वचा चिकनी और मुलायम थी और उनके चेहरे पर दिव्य शांति की सुंदरता थी। उन्होंने चेतन अवस्था में स्वयं अपनी चुनी हुई तिथि और समय पर अपनी स्थूल देह का त्याग किया था, और ठीक उसी समय और उसी क्षण में जब वे ट्रेन में सवार होकर पुरी की दिशा में यात्रा कर रहे थे, योगानंदजी को यह बताने के लिये कि उन्होंने अपने स्थूल शरीर का त्याग कर दिया था, वे उनके सन्मुख अपने सूक्ष्म शरीर में उपस्थित हुए थे।

समाधि के तीन मास पश्चात

पुन: 19 जून, 1936 को दिन में तीन बजे, जब श्री योगानंद बंबई शहर में अपने होटल के कमरे में बैठे थे, उस समय अपने अनुभव में आने वाली घटना का विवरण देते हुए, उन्होंने 'योगी कथामृत' मे लिखा है, "अचानक कमरे में एक दिव्य प्रकाश के फैलने से मेरा ध्यान टूट गया। मेरे खुले और विस्मय-विस्फारित नेत्रों के सामने संपूर्ण कक्ष एक अद्भुत-विश्व में बदल गया और सूर्य का प्रकाश एक स्वर्गीय तेज में परिणत हो गया। रक्त-मांस के शरीर में श्री युक्तेश्वरजी को अपने सामने खड़े देखकर मुझ पर आनंदातिरेक की लहरों पर लहरें छाने लगीं।"

अवश्य ही यह उनके गुरु का रक्त और मांस से बना शरीर ही रहा होगा जिसे भावनाओं के प्रबल प्रवाह का अनुभव करते हुए योगानंदजी ने

अपनी बाहों में जकड़ लिया था। कुछ समय बाद उन्होंने पूछा, "पर क्या यह आप ही हैं गुरुदेव? ईश्वर के वही सिंह? अभी आपने जो शरीर धारण किया है, वह क्या बिल्कुल उसी शरीर के समान है, जिसे मैंने पुरी की निर्दय बालु में समाधिस्थ कर दिया था?

"'हां, पुत्र, मैं बिल्कुल वही हूं। यह रक्त मांस का शरीर ही है। मेरी दृष्टि में यह शरीर केवल आकाश तत्व का है, परंतु तुम्हारी दृष्टि के लिये यह जड़ देह है। मैंने सृष्टि के परमाणुओं से एक पूर्णत: नये शरीर की सृष्टि की है, जो बिल्कुल उस स्वप्न-सृष्टि के शरीर जैसा ही है, जिसे तुमने अपनी स्वप्न-सृष्टि की स्वप्न-बालू में समाधि दे दी थी। वस्तुत: मेरा पुनरुत्थान हो चुका है–पृथ्वी पर नहीं, बल्कि एक सूक्ष्म लोक में। इस पृथ्वी के मानवों की तुलना में उस लोक में वास करने वाले लोग मेरे उच्च आदर्शों के अधिक अनुरूप हैं। तुम और तुम्हारे उन्नत प्रियजन भी किसी दिन उस लोक में मेरे पास आ जाओगे'।

"...मुंबई के उस होटल के कमरे में उन्होंने मेरे साथ जो दो घंटे बिताये, उन दो घंटों में उन्होंने मेरे प्रत्येक प्रश्न का उत्तर दे दिया। 1936 के जून महीने के उस दिन इस विश्व संबंधी उनके द्‌वारा की गयी अनेक भविष्यवाणियां साकार भी हो चुकी हैं। 'अब मैं तुमसे विदा लेता हूं, प्रिय योगानंद!' ये शब्द मेरे कानों से टकराते ही मैंने अनुभव किया के मेरे बाहुपाश में ही गुरुदेव के शरीर का विलय हो रहा था। 'पुत्र! जब भी तुम निर्विकल्प समाधि के द्‌वार से प्रवेश कर मुझे पुकारोगे, तब आज ही की तरह रक्तमांस के शरीर में मैं तुम्हारे पास आ जाऊंगा'। यह दिव्य वचन देकर श्री युक्तेश्वरजी मेरी दृष्टि से ओझल हो गये।"

निर्विकल्प समाधि के विषय में तथा और भी अनेक भेद जो उस दिन श्री युक्तेश्वरजी ने योगानंद जी के समक्ष प्रकाशित किये थे उनके विषय में भी, हम आगे आने वाले एक अध्याय में चर्चा करेंगे। इस स्थान पर हम श्री युक्तेश्वरजी के अप्रकट हो जाने के बाद उनकी अनुकंपा से श्री योगानंदजी को जो अनुभव प्राप्त हुआ था, केवल उसकी चर्चा करना चाहते हैं।

अपने लिंग शरीर का दर्शन

योगानंदजी लिखते हैं, "वियोग का मेरा दुख दूर हो गया। उनकी मृत्यु पर करुणाभाव और शोक ने मेरी शांति छीन ली थी; अब वे शोक-करुणा मानो लज्जित होकर भाग गये। आत्मा के नव-उन्मुक्त अनंत रंध्रों से परमानन्द के फव्वारे छूट रहे थे। बहुत समय से अप्रयुक्त रहने के कारण रुद्ध हुए रंध्र, परमानन्द की तेज बाढ़ से पवित्र और बड़े होते गये। मेरे अंतर्चक्षु के सामने मेरे पूर्वजन्म (एक साथ ही एक के बाद एक परंतु एक ही समय में) चलचित्र की भांति प्रकट हो रहे थे। अतीत के सारे अच्छे और बुरे कर्म गुरुदेव के दिव्य दर्शन के कारण मेरे चारों ओर फैले दैवीय प्रकाश में घुल गये।" (ऋषियों एवं सिद्ध गुरुओं के द्वारा इसी को व्यष्टि लिंग-शरीर का दर्शन कहा जाता है। किसी योगी के द्वारा अपने लिंग-शरीर का दर्शन एक बहुत बड़ी उपलब्धि मानी जाती है। यह दर्शन हमारी तुरियावस्था में ही संभव है। इसकी विशद विवेचना हम आगे आने वाले अध्यायों में करेंगे।)

इस पुस्तक के दूसरे अध्याय में, मृत अवस्था से जीवित लौटने वाले लोगों के अनुभवों के संबंध में पाश्चात्य वैज्ञानिकों के अन्वेषण का विस्तार से वर्णन किया गया है। जब स्थूल शरीर से विलग होकर कोई आत्मा सूक्ष्म लोक में उपस्थित होती है, तो उसे वापस स्थूल शरीर में लौटने के निर्देश के साथ उसके वर्तमान जीवन के तब तक के सभी दृश्य एक चलचित्र के समान एक ही क्षण में उसके सामने से एक वर्तमान के समान अनुभूत होते हुए निकल जाते हैं। पुनर्जन्म के विषय में पाश्चात्य शोध से संबंधित इस पुस्तक के पहले अध्याय में भी उन आत्माओं के, जिन्हें वापस लौटने के निर्देश नहीं दिये जाते वरंच सूक्ष्म लोक में ही रोक लिया जाता है और बाद में जिनका पुनर्जन्म हो जाता है, लगभग इस प्रकार के ही कुछ अनुभवों के भी विवरण हैं। पाश्चात्य वैज्ञानिकों के द्वारा अन्वेषित किये गये मृत अवस्था से पुनर्जीवित होकर लौटने वाले लोगों के एक क्षण में घटित होने वाले चल-चित्रात्मक प्रकार के ये अनुभव केवल उनके द्वारा तुरंत जिये गये जन्म से ही संबंध रखते हैं, जबकि किसी योगी के द्वारा अपने लिंग शरीर के दर्शन का अर्थ है करोड़ों वर्षों

तक विस्तृत उस आत्मा विशेष के सभी जन्मों का एक क्षण में ही एकत्र ज्ञान के समान उसके द्वारा अनुभूत एवं स्मरण हो जाना।

श्री योगानंद आगे लिखते हैं, "पुनरुत्थान द्वारा प्रकट होने वाले गुरुदेव के दर्शन कर पाने वाला मैं अकेला नहीं था। श्री युक्तेश्वरजी के शिष्यों में एक वृद्ध महिला थीं, जिन्हें प्यार से लोग मां कहते थे। उनका घर पुरी में आश्रम के निकट ही था। गुरुदेव जब सुबह घूमने जाते थे, तब प्राय: उनसे बातचीत करने के लिये वे थोड़ी देर रुकते थे। 16 मार्च 1936 के दिन शाम को मां ने आश्रम में पहुँचकर अपने गुरु से मिलने की इच्छा व्यक्त की।

'आपको मालूम नहीं? गुरुदेव के स्वर्गवास को तो एक सप्ताह हो गया!' पुरी आश्रम के प्रभारी स्वामी सेवानन्द ने उनकी ओर खिन्न बदन से देखते हुए कहा।

'हो ही नहीं सकता!' उन्होंने मुस्कुराते हुए कहा।

'नहीं!!' सेवानन्द ने गुरुदेव के शरीर को समाधि दिये जाने का सविस्तार वर्णन किया। फिर उसने कहा: 'आइये, मैं आपको सामने के बगीचे में उनकी समाधि के पास ले चलता हूं'।

मां ने सिर हिलाते हुए कहा: "उनकी कोई समाधि नहीं है। आज सुबह दस बजे वे हमेशा की तरह मेरे दरवाजे के सामने से घूमने गये। बाहर सूर्य के उज्ज्वल प्रकाश में कई मिनटों तक मैंने उनसे बातें कीं। उन्होनें ही मुझसे कहा: 'आज शाम आश्रम में आ जाना'। मैं आ गयी हूं। मेरे बूढ़े सफेद सिर को आशीर्वाद प्राप्त हो! अमर गुरु मुझे बता देना चाहते थे कि किस दिव्य शरीर में उन्होंने आज सुबह मुझे दर्शन दिया था!"

विस्मयचकित सेवानन्द ने उनके चरणों में प्रणाम करते हुए कहा: 'मां! मेरे हृदय पर से शोक का कितना भारी बोझ आपने दूर कर दिया। उनका पुनरुत्थान हो गया है'।"

श्री युक्तेश्वर के मुंबई के होटल में प्रकट होने तथा उनके समक्ष अनेक तथ्य उजागर करने के संबंध में योगानन्द जी लिखते हैं, "अपनी आत्मकथा के इस प्रकरण में मैंने अपने गुरु की आज्ञा का पालन कर इस सुखद वार्ता का प्रसार किया है, जब कि जिज्ञासा-रहित पीढ़ी इससे फिर एक बार संभ्रमित और व्याकुल हो उठेगी।" संभवत: जब ये बातें श्री

युक्तेश्वर योगानन्द जी को बता रहे थे उस समय की पीढ़ी के लिये उन बातों को समझ पाना सहज नहीं था। संभवत: स्वामीजी ने अपने प्रिय शिष्य को यह निर्देश इस कारण से दिया था क्योंकि वे उन सभी बातों को भावी पीढ़ियों के लिये सहेज कर रखना चाहते थे, ताकि जब सही अवसर उपस्थित हो तो लोग उन्हें ग्रहण कर सकें।

> *Attempts to resolve this dualism was also made in the West, but the attempt was always carried out on the material plane and it failed. This was no good. If we decide to have only one sphere, it has to be the psychic one since it exists anyway*
>
> **- Erwin Schrodinger**

अध्याय – ६

चेतना का प्रत्यावर्तन

भारत के प्राचीन आगम शास्त्रों के ऋषियों के अनुसार विश्व के समस्त पदार्थों की अभिव्यक्ति पराशक्ति के द्वारा होती है। यह पराशक्ति अव्यक्त क्षेत्र में एक स्पंदन के रूप में उदित होकर चेतना में एक ध्रुवीकृत क्षेत्र कि सृष्टि करती है, जिसे चिदाकाश कहा जाता है। इस चिदाकाश में 'शिव' दृष्टा स्थानीय होते हैं एवं चित अथवा ज्ञान का प्रतिनिधित्व करते हैं, और शक्ति इस दृष्टा-स्थानीय शिव के लिये दृश्य के समान होती है तथा उसके आनंद एवं अनुभूति का विषय होती है।

समग्र सृष्टि एक प्रकार से चिदाकाश में ही होती है, और इसे हम परमेश्वर की स्वप्न सृष्टि भी कह सकते हैं, जिसमें चित अथवा शिव केवल संपूर्ण का दृष्टा अथवा साक्षी होता है और आनंद रूपी ऊर्जा ही उसके लिये स्वप्न-स्थानीय इस संपूर्ण सृष्टि एवं इसमें अवस्थित सभी वस्तुओं का रूप ग्रहण करती रहती है। तैत्तिरियोपनिषद की भृगु वल्ली के षष्ठम् अनुवाक में कहा भी गया है, "आनन्द ही ब्रह्म है, क्योंकि आनन्द से ही सबका जन्म होता है, आनन्द से ही सब जीवित रहते हैं, आनन्द से ही मरते हैं, और मर कर आनन्द में ही लीन हो जाते हैं।" हमारा अपना संसार भी एक प्रकार से हमारे विचारों का संसार ही होता है और समय आने पर अपने वर्तमान जीवन के सभी अनुभवों को विचारों या स्वप्न के समान स्मृतियों के रूप में साथ लेकर ही हम इस धरा से विदा होते हैं।

इसके पूर्व हम व्योम वामेश्वरी शक्ति के द्वारा अव्यक्त भूमि से सृष्टि के संवेग के वाहय निष्कासन के विषय में चर्चा कर चुके हैं। वहीं दूसरी ओर, पिछले अध्याय में हमने यह समझने का प्रयास भी किया

है कि समग्र सूक्ष्मता से भी परे अव्यक्त परा क्षेत्र से क्रमशः प्रगाढ़तर अनुभूति के जिन निम्न क्षेत्रों की अभिव्यक्ति होती है, वह शिव की चेतना से दूर हटती हुई शक्ति के गर्भ में ही होती है। अतः परस्पर विरोधी प्रतीत होते हुए भी ऋषियों के इन दो प्रकार के वक्तव्यों में किसी दोष या मतिभ्रम का स्थान नहीं है। यह समग्र विश्व ही ऊर्जा के स्पंदनों से निर्मित है, जो आनन्द की अभिव्यक्ति है, और यह ऊर्जा में ही अवस्थित हो सकता है, उससे बाहर नहीं। अतः चिदाकाश से वाह्य निष्कासन का अर्थ आनन्द रूपी शक्ति से वाह्य नहीं, बल्कि उसके अंतर की ओर स्थूलतर स्पंदनों की दिशा में ही समझा जाना चाहिये। जिस प्रकार हमारे किसी स्वप्न में दिखाई पड़ने वाली सभी वस्तुएं और प्राणी हमारे अपने 'मैं' से ही अस्तित्व-वान होते हैं, उसी प्रकार परमशिव की स्वप्न-सृष्टि में भी सभी वस्तुएं एवं प्राणी, समग्र के दृष्टा शिव के 'मैं' के माध्यम से ही अपना अस्तित्व ग्रहण करते हैं।

यहां इस स्पष्टीकरण को सम्मिलित करना लेखक को उचित लगा, ताकि पाठक-वृंद पिछले अध्याय में 'समाधि के तीन मास पश्चात' प्रकरण में श्री युक्तेश्वर द्वारा दो बार प्रयोग में लाये गये शब्द 'स्वप्न सृष्टि' के गूढार्थ को भली भांति समझ सकें, जब उन्होंने कहा था, "हां, पुत्र, मैं बिल्कुल वही हूं। यह रक्त मांस का शरीर ही है। मेरी दृष्टि में यह शरीर केवल आकाश तत्व का है, परंतु तुम्हारी दृष्टि के लिये यह जड़ देह है। मैंने सृष्टि के परमाणुओं से एक पूर्णतः नये शरीर की सृष्टि की है, जो बिल्कुल उस स्वप्न-सृष्टि के शरीर जैसा ही है, जिसे तुमने अपनी स्वप्न-सृष्टि की स्वप्न-बालू में समाधि दे दी थी।"

अभिव्यक्ति के प्रथम तल को ऋषिगण कारण क्षेत्र कहते हैं, जिसे शुद्ध और अशुद्ध अथवा भेद एवं अभेद की मिश्रित भूमि कहा गया है, अर्थात जिस क्षेत्र में परा और अपरा दोनों प्रकार की प्रकृतियों के कार्य होते हैं। अव्यक्त क्षेत्र में शिव और शक्ति के संयोग से 'एक से अनेक' होने की सिसृक्षा के द्वारा प्रेरित जो स्पंदन निर्गत होता है, उसे ऋषिगण प्राण कहते हैं। सृष्टि में अभिव्यक्त होने वाले स्पंदन की यह सबसे सूक्ष्म अवस्था है। शिव की एक से अनेक होने की सिसृक्षा के द्वारा गर्भित कुंडलिनी इस प्राण-शक्ति के रूप में ही कारण भूमि पर अवतरण करती

है। इस स्पंदनशील प्राण की भित्ती पर ही पराशक्ति इस सृष्टि का विकास करती है और यह प्राण शक्ति ही इस विश्व की प्रधान सृजनात्मक ऊर्जा के रूप में भी कार्य करती है।

सृष्टि की कारणभूता इस सृजनात्मक ऊर्जा की उत्पत्ति आगम के पहले एवं द्‌वितीय तत्व, शिव एवं शक्ति तत्वों के संयोग से होती है। यह मौलिक ऊर्जा अथवा आद्‌य शक्ति धनात्मक एवं ऋणात्मक दोनों प्रकार के अवयवों से युक्त होती है और परमेष्टि के हृदय की धड़कन के समान, यह संकुचन एवं प्रसार को प्राप्त होते हुए विद्‌यमान रहती है।

अपनी पुस्तक 'श्री विज्ञान भैरव तंत्र' की प्रस्तावना में स्वामी सत्यसंगानंद सरस्वती लिखती हैं, "प्राण की सूक्ष्म प्रकृति अपने स्वभाव-वश ही तरंगायमान एवं अत्यंत तीव्रता से स्पंदन करते रहने वाली (with extremely short wave, and high frequency vibrations) होती है। ऊर्जा के इस प्रारंभिक स्तर की अवस्था में चैतन्य अभी पदार्थ के आवरण से बद्ध अथवा भ्रमित नहीं होता, अत: 'वैश्विक प्राण' केवल विशुद्ध चेतना के स्पंदन का क्षेत्र होता है।"

कारण, सूक्ष्म एवं स्थूल, इन तीनों भूमियों पर सतत कार्यरत रहते हुए यह सृजनात्मक ऊर्जा ही समस्त अभिव्यक्तियों का रूप ग्रहण करती है एवं जीवन का विकास करते हुए उसे भी क्रियमाण करती है। तथापि, सूक्ष्म एवं स्थूल भूमियों में भिन्नता होती है। अत: सूक्ष्म क्षेत्र में, जो अपेक्षाकृत प्रगाढ़तर स्पंदनों की भूमि होती है, व्यष्टि पुरुष (शिव) एवं व्यष्टि प्रक्रति (शक्ति) के रूप में दोनों प्रधान तत्वों का संयोग भिन्न प्रकार से होता है, और उसी के अनुरूप इस भूमि पर उदित होने वाली ऊर्जा को प्राण शक्ति का ही एक दूसरा स्तर माना गया है।

स्वामी सत्यसंगानंद सरस्वती पुन: लिखती हैं, "जैसे चेतना की अभिव्यक्ति में (स्तरों के अनुरूप) भिन्नता होती है, ऊर्जा के विभिन्न स्तरों पर अवतरण करते हुए चैतन्य से उद्भूत होने वाले प्राण की अनुभूति और विकास, एवं चेतना में उसका पुनर्विलय भी उसी के अनुरूप होता है। प्राण शक्ति के इन तीनों स्तरों पर इसके स्पंदनों की अपनी अलग विशिष्टता होती है, जिनके माध्यम से इस शक्ति से उत्पन्न इलेक्ट्रो-

मैगनेटिक (विद्युत-चुंबकत्व का) क्षेत्र भी हमारे शरीर के चारों ओर सदैव फैलते-सिकुड़ते हुए विद्यमान रहता है।

"सृष्टि के संदर्भ में इसके स्पंदन का पहला स्तर 'प्राण-शक्ति' अथवा वैश्विक प्राण के रूप में प्रकट होता है, जो विशुद्ध चैतन्य की शक्ति में इसका सृजनात्मक पक्ष है। यह चेतना में निहित वह ऊर्जा होती है जो सृष्टि चक्र को गति प्रदान करती है और जिसके द्वारा जड़ एवं चेतन सभी जीव उत्पन्न होते हैं। समस्त सृष्टि की उत्पत्ति इस प्राण-शक्ति के द्वारा ही होती है। सूर्य, चन्द्र, तारे, पशु, वनस्पति, वृक्ष, नदियां और पर्वत, ये सभी प्राणशक्ति के द्वारा ही सृष्ट होते हैं। इस शक्ति के अभाव में तो इस समस्त सृष्टि का विघटन होकर यह सब कुछ अपने आस्तित्व से ही विहीन होकर विलुप्त हो जायेगा।"

प्राण शक्ति या जीवन की ऊर्जा

जिस प्रकार शिव और शक्ति के युग्म स्थानीय महा कुंडलिनी शक्ति से वैश्विक ऊर्जा के रूप में प्रकट होकर प्राणशक्ति विश्व का निर्माण करती है, उसी प्रकार व्यष्टियों के क्षेत्र में भी होता है। व्यष्टियों के क्षेत्र में भी 'व्यष्टि कुंडलिनी' ऋषियों के द्वारा 'प्राण' के नाम से ही संबोधित की जाने वाली इसी प्रकार की एक दूसरी श्रेणी की ऊर्जा को उत्पन्न करती है। यह दूसरी श्रेणी का प्राण व्यष्टियों के सूक्ष्म शरीर में प्रकट होकर उन व्यष्टि सूक्ष्म शरीरों को क्रियमाण करता है।

स्वामी सत्यसंगानंद के अनुसार, "इस जीवनी ऊर्जा अथवा व्यष्टि 'प्राण' का क्षेत्र प्राणियों के संपूर्ण स्थूल शरीरों में व्याप्त रहते हुए एवं इन्हें सब ओर से घेर कर केवल इनका पोषण ही नहीं करता, बल्कि इनके मन और शरीर को एक दूसरे से युक्त करने का कार्य भी करता है। अत: एक ओर तो 'प्राण' शरीर और मन के मध्य एक सेतु का कार्य करता है, वहीं दूसरी ओर यह हमारे मन को उच्चतर ज्ञान एवं मानसिक शक्तियों के क्षेत्र, हमारे विज्ञानमय कोष से भी युक्त करता है। उसके भी अंतर्स्थानीय हमारे पंचम कोष, आनंदमय कोष में, प्राण साम्यावस्था अथवा समत्व के भाव में आनंद एवं प्रकाश से पूर्ण अवस्था में स्थित होता है। ...इस

द्वितीय स्तर पर प्रकट होने वाली प्राणशक्ति को 'प्राण' कहा जाता है जिसे (अंग्रेजी भाषा में) बड़ी 'P' से लिखा जाना चाहिये क्योंकि इसी पर एक व्यष्टि के रूप में हमारा समस्त अस्तित्व निर्भर करता है, जिसमें पहले कहे गये हमारे पांच स्तरों की ऊर्जा से समन्वित पंचकोष अथवा हमारा समस्त शरीर ही सम्मिलित रहते हैं।

"यह व्यष्टि प्राण सदैव समष्टि अथवा वैश्विक प्राण से अपना पोषण ग्रहण करते हुए ही विद्यमान रहता है, क्योंकि इन दोनों के मध्य का सूत्र कभी भी विच्छिन्न नहीं होता। हम कह सकते हैं कि हमारे आनंदमय कोष (अथवा कारण शरीर) से हमारा व्यष्टि प्राण सदैव उसी प्रकार युक्त रहते हुए कार्य करता है, जिस प्रकार एक भ्रूण नौ महीनों तक एक गर्भ-नाल के माध्यम से अपनी माता के शरीर से संबद्ध रहते हुए विकास को प्राप्त होता है। इस प्रकार वैश्विक प्राण ही वह सार्वभौम माता है जिससे हम जीवन भर एक व्यष्टि के रूप में अपना पोषण प्राप्त करते रहते हैं। (दूसरी ओर) व्यष्टि प्राण के माध्यम से ही हम अपने मानसिक एवं बौद्धिक कार्यों का निर्वाह करने में सक्षम होते हैं, जिसका क्षेत्र पांच प्रकार से विभक्त होकर 'प्राण', 'समान', 'अपान', 'उदान' एवं 'व्यान' के नामों से कथित एवं विज्ञात होता है।"

स्वामी जी के अनुसार, जो स्वामी शिवानंद की प्रशिष्या एवं स्वयं एक अत्युन्नत योगी हैं, "प्राणशक्ति की तीसरे स्तर की अभिव्यक्ति हमारी श्वास होती है जो जीवन भर बिना प्रयास के हमारे शरीर में प्रतिदिन २१,६०० बार प्रवेश करती है, और हमारे शरीर की कोशिकाओं एवं ऊतकों का ऑक्सीजन एवं ऊर्जा से सिंचन करती रहती है। अपने शरीर में श्वास-प्रश्वास की चेतना के विकास के सहारे, जो प्राण की ही अधिक स्थूल अभिव्यक्ति होती है, हम अपने मन और शरीर के मध्य के सूत्र को सहज रूप से जान सकते हैं।"

यह 'प्राण' ही है जो अपने पांच प्रकार की कार्य विधियों के माध्यम से हमारे शरीर को सही अर्थ में कार्यशील बनाता है। यह हमारे मन और शरीर के मध्यस्थ के समान कार्य करता है, और अन्य क्रियाओं के अतिरिक्त यह वायु एवं अन्य तरल पदार्थों को हमारे शरीर में ऊपर, नीचे और अन्य समस्त दिशाओं में भी उनके एकल एवं एकत्र रूप से संचरण

करने में सहायक होता है। हमारा यह व्यष्टि प्राण ही हमारी इच्छाओं अथवा निर्देशों को हमारे स्थूल शरीर तक पहुंचाता है, जबकि हमारा शरीर अपनी वर्तमान की अवस्था के अनुरूप और प्रकृति की सीमाओं में रहते हुए, उनका निर्वाह करने का प्रयास करता है।

व्यष्टि प्राणों की उत्पत्ति एवं उनके कार्य

ऋषियों के अनुसार ऊपर बताये गये पांच प्राणों में से प्रत्येक के अंतर्गत एक उप-प्राण भी होता है। इन पंचप्राणों में 'प्राण' हमारे हृदय क्षेत्र में कार्य करता है और ऊर्ध्व दिशा में चालित होता है तथा 'अपान' पेट के निचले हिस्से में कार्य करता है एवं अधो-दिशा में गमन करता है। इसी प्रकार, 'समान' नाभि क्षेत्र एवं 'उदान' गले के क्षेत्र में कार्यरत रहता हैं। इन चारों के उप-प्राण क्रमशः डकार लेने, हमारी पलकों के झपकने, छींकने एवं उबासी लेने की क्रियाओं का संपादन करते हैं।

पंचम प्राण जिसे ऋषियों के द्वारा 'व्यान' कहा गया है, अपने उप-प्राण 'धनंजय' के साथ, हमारे समस्त शरीर में व्याप्त होकर विद्यमान रहता है। यह थोड़े विस्मय की बात प्रतीत हो सकती है कि 'धनंजय' जो अपने वरिष्ठ प्राण 'व्यान' के साथ संपूर्ण शरीर में फैलकर स्थित रहता है, उसका कार्य होता है मृत्यु के पश्चात भी स्थूल शरीर को एक अवधि के लिये सुरक्षित रखना अथवा कुछ समय तक विनष्ट होने से बचाने में सहायक होना! यह प्राण परिवार का वह अंश एवं वह विभाग है जो धीरे-धीरे स्थूल शरीर के विभिन्न हिस्सों से सूक्ष्म शरीर को अलग करते हुए सबसे अंत में मृत शरीर का त्याग करता है।

जिन लोगों की अकस्मात हृदय-गति बंद होने से मृत्यु हो जाती है परंतु जिन्हें पुनर्जीवित कर लिया जाता है, अथवा किसी दुर्घटना में मृत होने के पश्चात जिनमें जीवन लौट आता है, इस प्रकार के सभी कार्यों में इस अंतिम प्राण के धीमी गति से निर्गत होने के प्रकृति के विधान की अत्यंत महत्वपूर्ण भूमिका प्रतीत होती है।

मानव संरचना को कार्यशील बनाये रखने में उपरोक्त तीनों स्तरों के प्राणों की अपनी-अपनी एवं विशिष्ट भूमिकायें होती हैं। इसी प्रकार किसी

मनुष्य के कारण, सूक्ष्म एवं स्थूल, इन तीनों शरीरों को सही प्रकार से युक्त करते हुए एक ही पृष्ठ पर बनाये रखना भी एक अत्यंत महत्वपूर्ण कार्य होता है, जिसका निष्पादन भी इन तीन स्तरों के प्राणों के माध्यम से ही संभव होता है। इनमें जो मध्य-स्थानीय प्राण होते हैं, उनमें प्राण एवं अपान की इस दिशा में एक विशिष्ट भूमिका होती है, क्योंकि इन्हीं के माध्यम से वैश्विक प्राण रूपी जीवनी शक्ति का हमारे शरीर में प्रवेश एवं निर्गमन होता है।

ऋषियों के अनुसार प्राण और अपान अपने वैश्विक ऊर्जा के ग्रहण एवं निष्कासन के कार्य से विपरीत क्रम में हमारे श्वास लेने और छोड़ने के कार्य से जड़ित होकर हमारे शरीरों में अवस्थित होते हैं। जब प्राण ऊर्ध्व गमन करते हुए वैश्विक ऊर्जा को हमारे सूक्ष्म शरीर में खींचता है, तो वायु का हमारे स्थूल शरीर से निश्वास के माध्यम से निष्कासन होता है। इसी प्रकार जब अपान अधोगमन करते हुए प्रयोग में आ चुकी वैश्विक प्राण की ऊर्जा को बाहर के पथ पर संचालित करता है, तो श्वास के माध्यम से हमारा शरीर स्थूल वायु को अंदर की ओर खींचने का कार्य करता है।

सूक्ष्म वैश्विक प्राण के ग्रहण एवं निष्कासन का स्थान हमारे लिंगशरीर में अवस्थित होता है जो हमारे स्थूल शरीर में हमारी गर्दन के पीछे स्थित मेडुला औब्लौंगाटा नामक स्थान से सादृश रखते हुए अवस्थित होता है। तांत्रिक दर्शनों में इस स्थान को बिंदु-स्थान कहा जाता है और योग विज्ञानविदों के द्वारा स्वीकृत ॐकार के द्वादश सोपानों में से इसे चतुर्थ-स्थानीय सोपान माना जाता है (पिछले अध्याय में चित्र-७ देखें)।

हमारे सूक्ष्म शरीर में वैश्विक ऊर्जा के संचरण करने के लिये सूक्ष्म भूमि के पदार्थों से निर्मित नलिकाओं को नाड़ी कहा जाता है। हमारे सूक्ष्म शरीर में सर्वत्र फैलते हुए अवस्थित वैश्विक ऊर्जा की वाहक बहत्तर हजार नाड़ियों में से चौदह नाड़ियों की हमारे शरीर संचालन में विशिष्ट भूमिका है, और इन सभी की उत्पत्ति हमारे सूक्ष्म शरीर के आधार में अवस्थित 'कंद' स्थान से होती है। स्वामी शिवानंद के अनुसार यह 'कंद' एक झिल्लियों से ढंके हुए अंडे के समान होता है और इसका स्थान हमारे मूलाधार चक्र से ठीक ऊपर होता है।

स्वामी शिवानंद, जो सन्यास ग्रहण के पूर्व स्वयं चिकिसा शास्त्र के स्नातक एवं एक कार्यरत डाक्टर थे, लिखते हैं, "सूक्ष्म शरीर में अवस्थित इस केन्द्र से तारतम्य बनाते हुए हमारे स्थूल शरीर में Cauda Equina की स्थिति होती है। हमारी रीढ़ की हड्डी के मध्य से गुजरने वाली हमारी तंतु वाहिका Spinal Cord हमारे मष्तिस्क से प्रारंभ होकर हमारी रीढ़ के अंत में पतली होती हुई एक सिल्क के धागे का रूप ग्रहण कर लेती है। इसी अवस्था में अस्त होने के पूर्व इससे रोंएं के समान असंख्य सूक्ष्म नसों का एक झुंड निकलता है। हमारे स्थूल शरीर में इसे Cauda Equina कहा जाता है, जबकि हमारे सूक्ष्म शरीर में यही हमारा कंद-स्थान है।" (चित्र-८ देखें)

फोटो प्लेट पर वैश्विक प्राण की ऊर्जा

सन् 1939 में Semyon Kirlian जो एक इलेक्ट्रीशियन भी थे, उन्हें एक यूनिवर्सिटी की प्रयोगशाला में इलेक्ट्रोथेरापी के एक उपकरण को ठीक करने के लिये बुलाया गया। उन्हौंने देखा कि जब किसी मरीज को इस उपकरण के माध्यम से थेरापी दी जाती थी तो उपकरण के दोनों इलेक्ट्रोडों के मध्य एक चिन्गारी के समान प्रकाश की कौंध दिखाई पड़ती थी। उन्हौंने इस चिंगारी के प्रकाश में फोटो लेने का प्रयास किया तो उन्हें ज्ञात हुआ कि इसके लिये किसी कैमरे की आवश्यकता नहीं थी बल्कि अपने हाथ और इस उच्च फ्रीक्वेंसी वाले प्रकाश के मध्य एक फोटो प्लेट रखने मात्र से ही वे अपने हाथ की फोटो अनुकृति को इस प्लेट पर अंकित करने में सफल हो गये थे।

फोटोग्राफी की प्लेट को डेवलप करने पर किर्लियन ने देखा कि उसमें अनेक प्रकार से विस्तृत होकर चमकते हुए, और आभा बिखेरते हुए, उनके हाथ की फैली हुई अंगुलियो की एक अद्भुत प्रतिकृति अंकित हो गई थी। अन्य जैव पदार्थों की भी इसी प्रकार की चमकदार बिंदुओं एवं लपटों के समान रेखाओं से निर्मित प्रतिकृतियां इन प्लेटों पर अंकित हो रही थी, तथापि जीवन से विहीन पदार्थों से इस प्रकाश में किसी प्रतिकृति का निर्माण नहीं होता था। किर्लियन नें अपने उपयोग के लिये अलग से एक

ऐसे उपकरण का निर्माण कर लिया जिसके दोनों इलेक्ट्रोडों के मध्य एक सेकेंड़ में दो लाख बार कौंधकर चमकने वाले प्रकाश की किरणें उत्पन्न की जा सकती थी। शीघ्र ही वे बिना फोटो इमल्सन के प्रयोग के इन आकृतियों को देख सकने के उपयुक्त एक उपकरण निर्मित करने में भी सफल हो गये, और अब अन्य वैज्ञानिक भी सरलता से इस प्रकार के प्रयोगों में सम्मिलित हो सकते थे।

लायल वाटसन लिखते हैं, "किर्लियन ने देखा कि प्रत्येक जीवन से युक्त वस्तु इस उच्च फ्रीक्वेंसी के डिस्चार्ज की उपस्थिति में इसी प्रकार की जीवंत प्रतिकृतियों की सृष्टि करती है, और यदि किसी मनुष्य का एक पूरा हाथ इनके मध्य रख दिया जाये तो उससे बनने वाली प्रतिकृति एक नीली एवं सुनहरी पृष्ठभूमि में चमकते एवं टिमटिमाते रहने वाली आकाश गंगा के समान प्रतीत होगी। एक नई तोड़ी गई पत्ती की प्रतिकृति इस प्रकार प्रतीत होगी जैसे इसके रोमकूपों से जीवन के प्रकाश की लपटें विकीरित हो रही हों, और जैसे-जैसे इसके जीवन (प्राण) का ह्रास होता जायेगा ये ज्वालायें एक के बाद एक बुझती चली जायेंगी।"

सूक्ष्म का प्रतिबिंब

लायल वाटसन पुन: लिखते हैं, "रहस्य-ज्ञान की अनेक शाखाओं में ऐसी 'आकाशीय' अथवा ईथर से निर्मित सूक्ष्म देहों की अवधारणा एक मूलभूत विश्वास की बात होती है, और ये हमारे भौतिक शरीरों की प्रतिकृतियों के समान होती हैं। ऐसे मनुष्य जिनका एक पैर काट दिया गया हो, कहते पाये जाते हैं कि वे अब भी इसको महसूस कर सकते हैं और वे अब भी इसकी अंगुलियों में होने वाली खुजली की शिकायत भी करते पाये जाते हैं। इसे हमारे मष्तिस्क में उपस्थित पहले की अनुभूति की स्मृति कहकर भी समझाने का प्रयास किया जाता है, तथापि कुछ लोग (अपनी सर्जरी के कुछ समय बाद तक भी) यह भी कहते पाये जाते हैं कि अब भी उन्हें उनके काट दिये गये हाथ अथवा पैर अपने शरीर से जुड़े हुए के समान दिखाई पड़ते रहते हैं।

"अब किर्लियन प्रभाव के प्रकाश में देखने पर हमें प्रतीत होता है कि उन लोगों का सर्जरी के बाद (अभी जुड़े रहने) का अनुभव सत्य हो सकता है। मॉस्को में इस यंत्र का उपयोग पहले एक संपूर्ण पत्ते की आभा-मूर्ति देखने के लिये किया गया। इसके पश्चात उस पत्ते का एक तिहाई भाग काट कर अलग करने के बाद जब पुन: उसके बिंब को इस यंत्र के द्‌वारा देखा गया, तो देखने में आया कि पत्ते के एक भाग को काट दिये जाने के बाद भी कुछ समय तक पूरे पत्ते का ही चमकता हुआ बिंब यंत्र के स्क्रीन पर पूर्ववत विद्‌यमान था।"

लायल वाटसन आगे और भी लिखते हैं, "इन प्रयोगों के परिप्रेक्ष्य में मॉस्को की यात्रा करने वालों में लेनिनग्राड के एक सर्जन मिखाइल गाल्किन भी थे। अपने हाथों के सक्रिय और चमचमाते हुए प्रकाश बिंब को देखने के पश्चात उन्होंने इसके उत्स (source) के विषय में विचार करना प्रारंभ किया। हाथों से निकलने वाली प्रकाश की सबसे अधिक शक्तिशाली ज्वालायें यद्‌यपि चर्म क्षेत्र से सर्चलाइटों के समान निकलती दिखाई पड़ रही थीं, परंतु हथेली में फैले हुए उनके उद्‌गम स्थलों की न तो किन्हीं मुख्य नर्व के अंतिम स्थलों से ही कोई साम्यता अथवा सादृश था और न ही किन्हीं रक्त वाहिनी नसों अथवा धमनियों से। फिर उन्हें जबाईकाल के युद्ध-स्थल पर 1945 के अपने उन अनुभवों का स्मरण हुआ जब उन्हें एक चीनी डाक्टर से एक्वापंक्चर थेरापी की कला के विषय में जानने का अवसर प्राप्त हुआ था। (वापस लौटने पर) उन्होंने चीनी एक्वापंक्चर थेरापी के सात सौ (से अधिक) बिंदुओं वाली सामान्य तालिका की एक प्रति किर्लियन दंपत्ति के पास भिजवा दी, जिन्होंने इन प्रकाश की ज्वालाओं के उद्‌गम स्थलों की एक अपनी तालिका भी बनानी प्रारंभ कर रखी थी, और यह देखा गया कि किर्लियन के प्रकाश की ज्वालाओं के उद्‌गम स्थलों का, एक्वापंक्चर थेरापी के द्‌वारा चिन्हित स्थानों से पूर्ण साम्य अथवा सादृश्य था।"

चीनी एक्वापंक्चर थेरापी हमारे सूक्ष्म शरीर में फैले हुए 'ची' अथवा प्राणिक ऊर्जा के संचरण की नाड़ियों की स्थिति के ज्ञान पर आधारित है। इस चिकित्सा पद्धति में इस ऊर्जा को इसके नर एवं मादा के सदृश दो चेहरों के अनुरूप 'यिन' एवं 'यांग' कहा जाता है, और इसमें सात सौ से

कुछ अधिक ऐसे विज्ञात स्थलों पर एक अथवा अनेक सुइंयों को चुभाकर उस क्षेत्र में इन दो प्रकार की शक्तियों में उत्पन्न असाम्य को दूर करने का प्रयास करते हुए इनकी साम्यता को पुन: स्थापित किया जाता है। इस तालिका में दिये गये विंदु हमारे शरीरों में वे स्थान होते हैं जहां हमारे स्थूल-शरीर से होकर हमारे सूक्ष्म शरीर के साथ संपर्क-साधन किया जा सकता है और जो भी अतिरिक्त ऊर्जा उत्पन्न हो गई है, सुईं के संपर्क के माध्यम से उसे बाहर निकलने का मार्ग प्राप्त हो जाता है।

धीमी गति से निर्गमन करने वाला प्राण

यह सर्वथा स्पष्ट है कि किर्लियन फोटोग्राफी के उपकरण में परिलक्षित होने वाली प्रकाश रूपी ऊर्जा की लपटें जो जीवित वस्तुओं से निकलती रहती हैं और जिन्हें उच्च फ्रीक्वेंसी वाले विद्युत क्षेत्र में देखना संभव होता है, वास्तव में प्राण रूपी ऊर्जा की ही अभिव्यक्ति होती है। अन्य स्थानों मे लायल वाटसन ने सभी जीवित मनुष्यों के शरीरों से निकलकर उसे चारों ओर से व्याप्त करते हुए अवस्थित रहने वाली एक आभा की चर्चा भी की है, जिन्हें क्षमतावान मध्यस्थ (mediums) और क्षमताशील प्राकृतिक चिकित्सक सहज रूप से देख सकते हैं। वे लिखते हैं, "न्यू यॉर्क की प्रसिद्धि प्राप्त आइलीन गैरेट के अतिरिक्त और भी ऐसे प्रवीण सूक्ष्म के दृष्टा हैं, जिन्होंने तुरंत मृत्यु को प्राप्त होने वाले शरीरों से सर्पिल एवं चक्राकार प्रकाश की लहरों को उठते हुए देखा है।" यह लगभग स्पष्ट के समान ही है कि वे दोनों श्रेणी के सूक्ष्म-दृष्टा शरीर से वाहय निर्गमन करने वाली प्राण की सूक्ष्म ऊर्जा को ही उसका धीरे-धीरे त्याग करते हुए देख पाते हैं।

वृक्ष के तुरंत काटे गये पत्ते से निकलने वाली ऊर्जा का कुछ समय तक पूर्ण पत्ते के रूप में परिलक्षित होने, और मृत्यु को प्राप्त होने के कुछ समय पश्चात तक भी किसी शरीर से उठते रहने वाले वलयाकार प्रकाश की आभा के दिखाई पड़ने के पीछे ऋषियों के द्वारा वर्णित धनंजय नामक उप-प्राण की ही भूमिका प्रतीत होती है। जीवित वस्तुओं के शरीर में ऊर्जा की यही एक ऐसी अवस्था है, जिसकी यह ख्याति एवं विशिष्टता

ही है कि यह प्रकृति की आवश्यकता के अनुरूप धीरे-धीरे ही किसी शरीर का त्याग करती है।

मष्तिस्क विहीन चेतना के अस्तित्व की संभावना एवं सूक्ष्म ऊर्जा को पूर्ण रूप से अस्वीकार करने वाले वैज्ञानिकों में से कुछ का यह विचार है कि काट दिये गये पत्ते के कुछ समय तक पूर्ण पत्ते के रूप में दिखाई पड़ने के पीछे संभवत: ठहरी हुई आर्द्रता है जो किर्लियन फोटोग्राफी के समय दिखाई पड़ जाती है, यद्‌यपि यह निर्विवाद है कि यह सभी वस्तुओं में नहीं केवल जैव पदार्थों के क्षेत्र में ही दिखाई देती है। तथापि यह भी सत्य है कि व्यान वायु एवं इसके सहायक धनंजय नामक उप-प्राण दोनों का ही संबंध हमारे सूक्ष्म शरीर में अवस्थित स्वाधिस्थान चक्र से होता है, जो ऋषियों के अनुसार हमारे शरीर में विद्‌यमान जल-तत्व से संबंधित रहने वाला चक्र है, और यह स्वाभाविक प्रतीत होता है कि यह शरीर की आर्द्रता को बनाये रखने का कार्य भी करता हो। संभवत: यह इस प्राण एवं इसके उप-प्राण की ही विशिष्टता है जो भोज्यश्रंखला (food chain) में पदार्थों को शीघ्र अभोज्य में बदलने से रोकती है।

जैव ऊर्जा से निर्मित हमारा शरीर

अपने स्थूल शरीर को हम तीन प्रधान विभागों में बांट सकते हैं, जिन्हें हम सिर, धड़ और हस्त-पाद आदि वाह्यांगों के रूप में जानते हैं। इस शरीर संरचना को समझाते हुए स्वामी शिवानंद बताते हैं कि हमारी रीढ़ के निर्माण में प्रकृति के द्‌वारा तैंतीस हड्‌डियों का उपयोग होता है जिन्हें vertibra कहा जाता है (पिछले अध्याय में चित्र-७) और हमारी रीढ़ का स्तंभ हमारी ऐटलस नाम वाली पहली वर्टिब्रा से आरंभ होकर इसके अंतिम छोर तक विस्तृत होकर अवस्थान करता है।

हमारी रीढ़ में वर्टिब्रा नाम के ये अवयव एक के ऊपर एक अवस्थित होते हुए हमारे पृष्ठ प्रदेश में रीढ़ के स्तंभ और शीर्ष स्थान में हमारे क्रेनियम को स्थिरत्व प्रदान करते हैं। इन वर्टिब्राओं के प्रत्येक जोड़े के मध्य से ऐसे मार्गों (apertures) का निकास होता है जिनसे होकर हमारी स्पाइनल कॉर्ड से निकलने वाली नसें (spinal nerves)

हमारे शरीर के विभिन्न अंगों एवं विभागों की दिशा में जाती हैं। इसके अतिरिक्त हमारी प्रत्येक वर्टिब्रा के मध्य एक बड़े गोल छिद्र के समान रिक्त स्थान भी होता है। इस प्रकार ये सभी वर्टिब्रा एक दूसरे से युक्त होते हुए सभी ओर से हड्डियों से ढंका हुआ एक बेलनाकार खोखला पथ भी बनाती हैं, जिसके मध्य से गुजरते हुए हमारी स्पाइनल कॉर्ड (Spinal Cord) निम्न दिशा में रीढ़ की संरचना के अंत तक पहुंचकर समाप्त होती है।

विभिन्न वर्टिब्राओं के आकारों में अंतर होता है। उदाहरण के रूप में सर्वाइकल क्षेत्र की वर्टिब्रा आकार में डोर्सल क्षेत्र की वर्टिब्रा से छोटी परंतु अधिक घुमावदार होती है; लंबर क्षेत्र की वर्टिब्रा हमारी रीढ़ की सबसे अधिक लंबी और बड़ी वर्टिब्रा होती है। स्वामी जी का कथन है कि हमारी रीढ़ एक कठिन दंड के समान नहीं होती बल्कि इसमें थोड़ा लचीलापन भी होता है, और यह एक स्प्रिंग के समान भी कार्य कर सकती है। हमारे शरीर की अन्य सभी प्रधान अस्थियां भी हमारी रीढ़ की हड्डी से संलग्न होती हैं।

हमारा केन्द्रीय नर्वस सिस्टम प्रधानतः हमारे मष्तिस्क एवं हमारी स्पाइनल कॉर्ड के माध्यम से कार्य करता है, और यह कॉर्ड हमारी शारीरिक विद्युत की एक केन्द्रीभूत अक्ष रेखा के समान कार्य करती है। हमारे शरीर में बिंदुस्थान अथवा बल्ब (medulla oblongata) के ऊपर की ओर हमारा मष्तिस्क होता है और इसी के नीचे की दिशा में हमारी स्पाइनल कॉर्ड का विस्तार होता है। स्पाइनल कॉर्ड हमारी स्पाइनल कैनाल के शीर्ष से प्रारंभ होकर हमारे शरीर के निम्न भाग में कौकीजीनल क्षेत्र की दूसरी वर्टिब्रा तक निर्बाध गमन करती है, और इस स्थान पर पहुंचकर यह सूक्ष्मता प्राप्त करते हुए सिल्क के रेशों के समान Filum-Terminale का रूप धारण करते हुए समाप्त हो जाती है (पिछले अध्याय में चित्र-७)। स्वामी शिवानंद के अनुसार, जो medulla oblongata नाम की संरचना इस स्पाइनल कॉर्ड को हमारे मष्तिस्क से संयुक्त करती है हमारे निगलने एवं हमारे श्वास-प्रश्वास लेने की क्रियाओं में उसके केन्द्र (बिंदुस्थान) की महत्वपूर्ण भूमिका होती है।

हमारी जीवनी शक्ति की वाहक प्रधान नाड़ियां

हमारा मष्तिस्क एवं हमारी स्पाइनल कॉर्ड सेरेब्रोस्पाइनल फ्लुइड नामक एक तरल पदार्थ में तैरते रहते हैं जो इन्हें क्षतिग्रस्त होने से बचाता है। इसके अतिरिक्त स्पाइनल कॉर्ड की सुरक्षा के लिये इसके चारों ओर एक तैलीय पदार्थों (fatty tissues) का सुरक्षा कवच भी होता है, परंतु हमारी जीवित अवस्था में यह स्पाइनल कॉर्ड कभी भी हमारे मष्तिस्क से अलग नहीं होती। तथापि हमारी स्पाइनल कॉर्ड के अगले और पिछले हिस्सों में बनने वाली दो दरारें इसे मध्य से दो एक जैसे और समान भागों में विभक्त कर देती हैं। दूसरी ओर, इसके केन्द्र में एक बहुत पतली छिद्र के समान वाहिका, अथवा पथ होता है जिसे Canalis Centralis कहा जाता है। हमारे सूक्ष्म शरीर में केन्द्र-स्थानीय अति सूक्ष्म नाड़ी जिसे ब्रह्मनाड़ी कहा जाता है, और जो हमारे मूलाधार चक्र-स्थान से निकल कर हमारे सहस्रार चक्र तक जाती है, वह हमारे स्थूल शरीर में इसी Canalis Centralis के मध्य से तथा इसी का अनुगमन करते हुए अवस्थित होती है। यही वह नाड़ी है, जागृत होने पर जिसके मध्य से हमारी कुंडलिनी हमारे ब्रह्मरंध्र तक की यात्रा करती है, जिसका स्थान हमारे मष्तिस्क में शीर्षस्थ होता है (चित्र-९)।

स्वामी शिवानंद के अनुसार हमारी सबसे प्रधान तीन प्राण-वाहक नाड़ियों में केन्द्र-स्थानीय 'सुषुम्ना' नाड़ी, हमारे स्थूल शरीर में हमारी रीढ़ के मध्य जो खोखला बेलनाकार स्थान होता है, जिसके मध्य से हमारी स्पाइनल कॉर्ड नीचे उतरती है, उसी खोखले स्थान के मध्य से ही परंतु सूक्ष्म धरातल (astral plane) पर ऊपर की दिशा में हमारी नासा की ओर गमन करती है। इसके अतिरिक्त, रीढ़ के बायीं ओर (परंतु हमारे सूक्ष्म शरीर में) 'इड़ा' नाड़ी तथा दाहिनी ओर 'पिंगला' नाड़ी स्थित होती है, और 'सुषुम्ना' सहित ये तीनों नाड़ियां ही कन्द-स्थान से उदित होकर ऊपर की दिशा में गमन करती हैं (चित्र-८)।

स्वामी शिवानंद लिखते हैं, "जब हम संरचना, स्थान और कार्यों की दृष्टि से तुलना करते हैं, तो हमें सहज ही समझ में आ जाता है कि

(स्थानीयता के संदर्भ में) जिसे हम अपने (स्थूल) शरीर में स्पाइनल कॉर्ड कहते हैं, प्राचीन योगीजनों के द्वारा उसे ही (हमारे सूक्ष्म शरीर में अवस्थित) 'सुषुम्ना' नाड़ी की संज्ञा दी गई है।

"पाश्चात्य शरीर शास्त्र स्वीकार करता है कि शरीर में स्पाइनल कॉर्ड के मध्य इसके केन्द्र में एक Canalis Centralis नाम का पथ होता है, और यह भी कि मष्तिस्क के समान स्पाइनल कॉर्ड के निर्माण में भी वैसे ही श्वेत एवं श्याम (white and grey) पदार्थ का उपयोग होता है। स्पाइनल कॉर्ड इसी खोखले स्थान में शून्य में लटकते हुए तैरती रहती है, जबकि इसी प्रकार सुषुम्ना नाड़ी भी इसी शून्य स्थल में अवस्थित होती है और इसके भी अपने अलग विभाग होते हैं।"

एक अत्युच्च अवस्था प्राप्त 'योगी' स्वामी शिवानंद पुन: लिखते हैं, "'इड़ा' और 'पिंगला' नाड़ियां स्थूल (शरीर में अवस्थित) सिम्पैथेटिक शृंखलायें (sympathetic chains) नहीं हैं, ये तो सूक्ष्म प्राण की वाहिका सूक्ष्म नाड़ियां हैं। स्थान की दृष्टि से स्थूल शरीर में इनका दाहिनी एवं बायीं सिम्पैथेटिक शृंखलाओं से सादृश्य होता है। स्थूल शरीर के निम्न भाग में पुरुषों के अंडकोषों के प्रारंभ स्थान की स्थिति के दाहिने से इड़ा और बायें से पिंगला का उदय होता है और मूलाधार चक्र में ये सुषुम्ना नाड़ी से मिलकर एक ग्रंथि की रचना करती हैं। मूलाधार चक्र में इन तीन नाड़ियों के द्वारा निर्मित त्रिवेणी को ब्रह्म-ग्रंथि अथवा ब्रह्मा की गांठ कहा जाता है। इसके पश्चात अनाहत चक्र तथा आज्ञा चक्रों में पुन: एकत्रित होकर इन तीनों नाड़ियां का मिलन होता है।"

मनुष्यों के सूक्ष्म शरीरों में, जिनमें प्राणवाही नाड़ियां स्थित होती हैं, नर या मादा का कोई विभाजन नहीं होता। यद्यपि इस प्रकार का विभाजन केवल स्थूल शरीरों में ही संभव होता है, इस संदर्भ में एकबार डॉ. गोपीनाथ कविराज के एक प्रश्न के उत्तर में उनके गुरु श्री विशुद्धानंद परमहंस ने यह स्पष्टीकरण किया था कि चूंकि महिलाओं को गर्भ धारण करना पड़ता है, अत: भौतिक शरीरों के परिप्रेक्ष्य में नर एवं नारी शरीरों में कुंडलिनी के स्थान में कुछ अंतर आ जाता है।

शिव (नरपक्ष)
शक्ति (नारीपक्ष)
मस्तिष्क का दक्षिण भाग
मस्तिष्क का वाम भाग
सहस्रार चक्र
दक्षिण नासिका
वाम नासिका
रुद्र ग्रंथि
आज्ञा चक्र
विशुद्धि
विष्णु ग्रंथि
अनाहत
मणिपुर
स्वाधिष्ठान
ब्रह्म ग्रंथि
मूलाधार
पिंगला नाड़ी
इड़ा नाड़ी
सुषुम्ना नाड़ी
(शिव और शक्ति की युति)
शिव अर्धांश
नाड़ियों का उत्पत्ति स्थल
कंद-स्थान
शक्ति अर्धांश
सूक्ष्ममार्ग

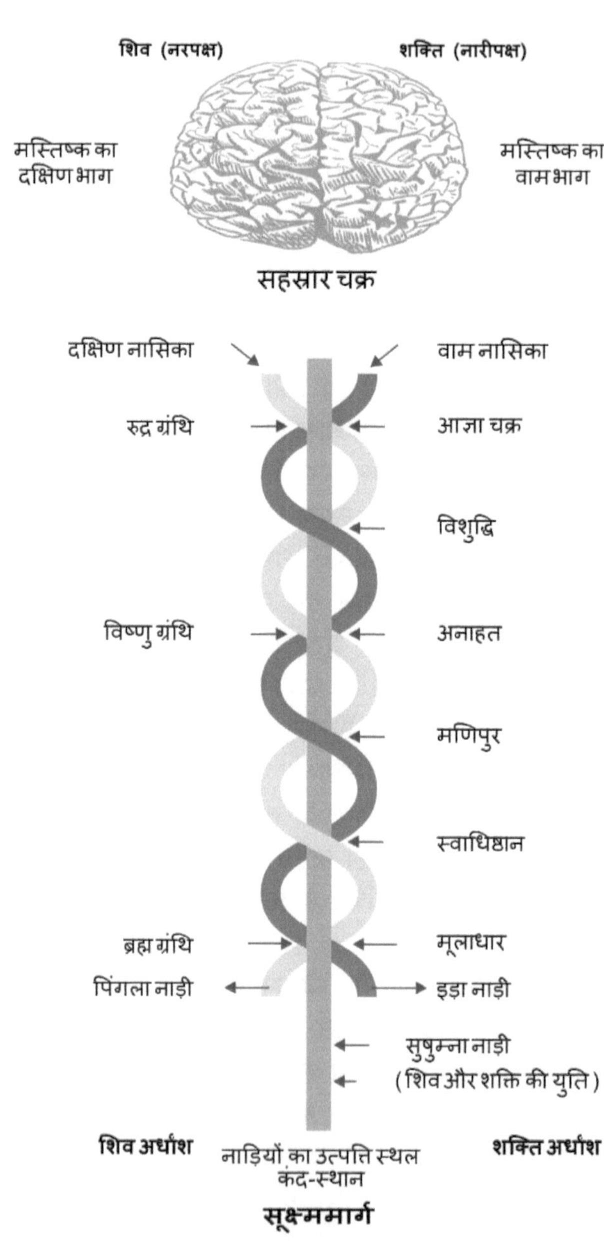

चित्र-८

रीढ़ के संदर्भ से सूक्ष्म चक्रों की अवस्थिति

हमारी रीढ़ का पांच भागों में विभाजन किया जाता है, और हमारे सूक्ष्म शरीर में भी एक चक्र विशेष से इन पांचों में से एक का सादृश होता है (पिछले अध्याय में चित्र-७)। स्वामी शिवानंद के अनुसार रीढ़ के ये पांच विभाग और उनसे संबंधित होकर हमारे सूक्ष्म शरीर में अवस्थान करने वाले चक्र इस प्रकार हैं:

1. सात वर्टिब्राओं से युक्त हमारे ग्रीवा क्षेत्र (cervical region) का हमारे विशुद्धि चक्र से स्थान-सादृश होता है।
2. बारह वर्टिब्राओं से युक्त हमारी पीठ के क्षेत्र (dorsal region) का सादृश हमारे अनाहत चक्र के स्थान से होता है।
3. पांच वर्टिब्राओं से युक्त हमारी कमर के क्षेत्र (lumbar region) का हमारे मणिपुर चक्र से स्थान-सादृश होता है।
4. इसी प्रकार पांच वर्टिब्राओं से ही युक्त हमारे कूल्हों के मध्य क्षेत्र (sacral region) का सादृश हमारे स्वाधिस्थान चक्र के स्थान से होता है, जबकि -
5. हमारे निम्न भाग के क्षेत्र (coccygeal region) (जिसमें चार भिन्न प्रकार की वर्टिब्रायें होती हैं) का स्थान सादृश हमारे मूलाधार चक्र से होता है।

साथ ही, बहत्तर हजार प्राणवाही नाड़ियों का एक ऐसा विशाल जाल जिसमें प्रत्येक नाड़ी कि एक शत शाखायें और प्रत्येक शाखा की इतनी ही उप-शाखायें भी होती हैं, हमारे संपूर्ण शरीर में व्याप्त होकर अवस्थित होता है, और हमारे शरीर के हर भाग में पहुंच कर जीवनी शक्ति से सिंचित करते हुए यह उसे जीवित रखता है। योगियों के मतानुसार, इन बहत्तर हजार नाड़ियों में चौदह नाड़ियां प्रमुख होती हैं, तथापि इनमें से भी तीन नाड़ियां प्रधान होती हैं, जिनकी हम संक्षेप में चर्चा कर चुके हैं। इन तीन नाड़ियों में ही योगी-जनों की विशेष रुचि होती है। अन्य प्रमुख नाड़ियां हमारे शरीर के महत्वपूर्ण अवयवों तक पहुंचती हैं, जैसे हमारी जिह्वा, कर्ण, आंखें, नासिका, ओष्ठ, गाल, हाथ और पैर के अंगूठे, जनन और विसर्जन के अंग, आदि।

मन और शरीर का सम्बंध

इच्छा, ज्ञान एवं क्रिया, चैतन्य पराशक्ति के तीन प्रधान विभागों की ये तीन शक्तियां ही विश्व की सृष्टि एवं संचालन के कार्यों में अवस्था भेद से तीन विशिष्ट प्रकृतियों के रूप में कार्य करती हैं, और इन्हीं से प्रकृति के तीन रंगों अथवा सत्व, रजस एवं तमस नाम से कथित तीन गुणों की उत्पत्ति होती है।

इन तीन प्रकृतियों की साम्यावस्था एक ऐसे श्वेत पट्ट के समान होती है, जिसमें अभी किसी भी गुण का प्रकाश नहीं हुआ है। प्रकृति की वह अवस्था ज्ञान के परे की अवस्था होती है, जिसकी तुलना हम किसी दृष्टा के मन की सुप्तावस्था से कर सकते हैं। तथापि इन गुणों का एक विशिष्ट सम्मिश्रण प्रकृति के द्वारा अभिव्यक्त प्रत्येक वस्तु अथवा घटना विशेष में अवश्य उपस्थित होता है, जिसमें उस वस्तु के उपयोग अथवा उस घटना के घटित होने पर परिवर्तन भी अवश्य होता है, क्योंकि सभी गुण अथवा परिवर्तन इन तीन मौलिक गुणों से ही उत्पत्ति को प्राप्त होते हैं।

इसके अतिरिक्त, ऋषियों के अनुसार अभिव्यक्ति को प्राप्त होने वाली प्रत्येक वस्तु एवं मन भी स्वभाविक रूप से ही स्पंदनों से निर्मित होते हैं और सदैव स्पंदायमान बने रहते हैं, एवं स्पंदनों से ही गुणों की उत्पत्ति होती है। अत: स्पंदनों में परिवर्तन से ही अभिव्यक्त होने वाली वस्तुओं के गुणों में भी परिवर्तन होते रहते हैं।

जब एक गेंद के समान 'वृत्ताकार विश्व-गोलक' में विस्तार प्रारंभ होता है, तो इसमें सर्वप्रथम एक स्पंदायमान नाभि अथवा केन्द्र की सृष्टि होती है, और इस गोलक के स्पंदन से युक्त आंतरिक अवकाश में ही एक परिवर्तन की परंपरा का जन्म होता है। इस गोलक में अचल अथवा स्थिर रहने वाले वाह्य विभाग को आगमों के द्वारा शिव के नाम से संबोधित किया गया है। यह शाश्वत, अचल, अपरिवर्तशील और अस्पर्श्य रहने वाली वाह्य की चेतना होती है, जिसका स्वभाव ही होता है प्रेम और आकर्षण। इसी प्रकार स्पंदन से युक्त इस विश्व-गोलक का अंतर विभाग शक्ति तत्व का प्रतिनिधि विभाग होता है, जिसका स्वभाव होता है बल

एवं विकर्षण, एवं स्पंदन से युक्त इसी विभाग में समस्त परिवर्तनों का सूत्रपात होता है।

इन दो विपरीत स्वभाव वाले तत्वों के मध्य एक ऐसे बल-क्षेत्र का उदय होता है जिसमें दोनों के गुणों का प्रकाश होता है, और जिसे इन दोनों की 'युक्तावस्था की भूमि' अथवा संगम-स्थल कहा जा सकता है। परावर्तित होने के पूर्व, शिव का प्रकाश शक्ति तत्व के अंधकार के एक अंश का भेदन करते हुए एक आंशिक-प्रकाश से युक्त क्षेत्र को जन्म देता है और इसी में समस्त प्रकार की सृष्टि का बीज निहित रहता है। इसी क्षेत्र से असंख्य सृष्टि-कणों की उत्पत्ति होती है।

संदेश-वाहक या अनुवाद-कर्ता का महत्व

इस प्रकार सृष्ट्योन्मुख वैश्विक-गोलक में एक संयुक्त प्रभाव क्षेत्र की सृष्टि होती है जिसमें इसके ऊर्जास्वरूप स्पंदायमान अवयव का एक अंश चेतना के परावर्तित प्रकाश के द्वारा आंशिक रूप से प्रकाशमान हो जाता है, और सृष्ट्योन्मुख विश्व के इस स्पंदायमान एवं आंशिक रूप से प्रकाशमान शरीर की संज्ञा ही प्राण होती है, जिसकी भित्ती पर परमेश्वर के द्वारा इस विश्व की रचना की जाती है। यह प्राण ही विश्व सृष्टि का मूल अवयव एवं प्रथम कारण होता है, जो एक ओर तो शिव तत्व अथवा विश्व-चैतन्य से युक्त रहते हुए अवस्थित होता है, तथा दूसरी ओर जो विश्व में ऊर्जा अथवा शक्ति विभाग से भी युक्त रहता है, जिसे समस्त जड़ एवं चेतन शरीरों की जननी समझा और कहा जाता है।

परिदृष्ट होने वाले दृश्यमान जगत पर आधारित आधुनिक विज्ञान के अन्वेषण से भिन्न, ऋषियों के (इस जगत को देखने में सक्षम) 'दृष्टा' पर आधारित अन्वेषण के अनुसार, व्यष्टियों के मष्तिस्क, न्युरोन एवं नर्वस सिस्टम भी उनके शरीर विभाग के अंतर्गत ही समझे जाते हैं। हमारे शरीर की कोशिकाओं में निवास करने वाले डी-एन-ए के समान ही हमारे मन की भी एक अलग भाषा होती है, जिसके माध्यम से यह अनुभव करता है, विचार कर सकता है और किसी क्रिया से संयुक्त

भी हो सकता है। इसी प्रकार हमारी कोशिकाओं में निर्मित होने और उपस्थित रहने वाले प्रोटीनों के समान ही हमारे शरीर विभाग की भी अपनी एक अलग भाषा होती है, जिसका उपयोग प्रकृति के द्‌वारा व्यष्टि दृष्टा-उपभोक्ताओं के शरीरों के निर्माण एवं चालन की प्रक्रियाओं में किया जाता है।

हमारे शरीर के संचालन में हमारे द्‌वितीय स्तर के प्राण भी विपरीत गुणों वाले दो प्रधान तत्वों (पुरुष और प्रकृति) के संयोजन का प्रतिनिधित्व करते हैं, जिनके संयोजन का उद्देश्य होता है व्यष्टि संरचना का विकास। इन्हें हम एक निम्नतर धरातल पर कुछ विशिष्ट भूमिकाओं के निर्वाह के निमित्त वैश्विक प्राण (अथवा वैश्विक ऊर्जा) के समान ही, पर उससे भिन्न एक व्यष्टि स्तर की कार्यवाहक ऊर्जा कह सकते हैं। हमारी व्यष्टि संरचना में इन प्राणों की भूमिका की तुलना हम (अपनी कोशिकाओं में RNA के समान) एक ऐसे दुभाषिये से कर सकते हैं, जो एक ओर तो स्थूल शरीर से प्राप्त होने वाली सूचनाओं एवं संदेशों को हमारे मन के द्‌वारा ग्रहीत होने के योग्य सूचनाओं तथा संदेशों में परिवर्तित करते रहते हैं, और दूसरी ओर जो हमारे मन की इच्छाओं को हमारे शरीर के द्‌वारा ग्रहीत हो सकने वाले इलेक्ट्रो-मैगनेटिक निर्देशों में बदल देते हैं। व्यष्टि क्षेत्र में, इन प्राणों (अथवा व्यष्टि में निहित इस सूक्ष्म कार्यवाहक ऊर्जा) के अभाव में न तो हमारा मन ही अपने सभी कार्य कर सकेगा, और न ही हमारा भौतिक शरीर।

अपनी पुस्तक 'विज्ञान भैरव अथवा दिव्य चैतन्य' (Vijnana Bhairva or Divine Consciousness) की प्रस्तावना में जयदेव सिंह लिखते हैं, "'प्राण' मन नहीं है। यह अचेतन है परंतु यह स्थूल ऊर्जा से भिन्न है। यह सूक्ष्म जैविक ऊर्जा (subtle biological energy) है जो एक ओर मन के स्पंदनों को ग्रहण करते हुए उनका नसों और चक्रों (nerves and plexuses) की दिशा में हस्तांतरण कर देती है, और दूसरी ओर भौतिक स्पंदनों को भी किसी प्राणी के मन तक पहुंचा देती हैं (वैसे ही जैसे डी-एन-ए और प्रोटीन के मध्य RNA की भूमिका होती है)। मन के नियंत्रण के द्‌वारा हम अपने प्राणों को नियंत्रित कर सकते हैं, और

दूसरी ओर प्राणों के नियंत्रण के द्‌वारा अपने मन को भी नियंत्रित कर सकते हैं। ...संवित अथवा चेतना के लिये 'प्राण' कोई अपरिचित वस्तु नहीं है। वास्तव में तो सृष्टि की प्रक्रिया में संवित अथवा चेतना की ही प्राण के रूप में अभिव्यंजना होती है। अत: यह (निम्नाभिमुखी) चेतना का ही एक चरण (phase) या (संवित से) निम्नतर अवस्था है। ...इसी कारण से प्राण अथवा जीवनी शक्ति से सन्मुख होकर सीधा संपर्क साधन नहीं किया जा सकता। हम केवल श्वास-प्रश्वास के (नियंत्रण के) माध्यम से ही इसे प्रभावित कर सकते हैं।"

त्रिपथगा के तीन पथ

प्राण के नाम से ख्याति-प्राप्त सूक्ष्म स्पंदनों से युक्त वैश्विक ऊर्जा की उत्पत्ति चेतना से होती है। यह भौतिक एवं मानसिक दोनों प्रकार की ऊर्जाओं से अधिक मौलिक एवं प्राथमिक ऊर्जा है। जिस प्रकार भौतिक ऊर्जा हमारे मष्तिस्क सहित हमारे शरीर के सभी भागों में फैलते हुए इन्हें क्रियमाण करती है, इसी प्रकार प्राण में निहित जीवनी शक्ति भी हमारे लिंग शरीर के सभी भागों और रोम-कूपों में फैलते हुए इनका पोषण करते हुए इन्हें क्रियमाण करती है।

अपनी अपेक्षाकृत स्थूल अभिव्यंजनाओं (phases) के अतिरिक्त, प्राण ही जीवन है। हमारे शरीर में (कारण भूमि से) इसके ग्रहण और निष्कासन का कार्य हमारे सूक्ष्म शरीर में अवस्थित तीन प्रधान प्राण-वाहिका नाड़ियों के द्‌वारा संपादित होता है, जिनमें सुषुम्ना नाड़ी केन्द्र-स्थानस्थ होती है जबकि इड़ा नाड़ी इसके बायीं ओर रहकर संचरण करती है और पिंगला इसके दाहिनी ओर से संचरित होती है। इनमें सुषुम्ना युग्म-तत्व अथवा संयोजन-विभाग (एवं अग्नि का), इड़ा शक्ति-तत्व अथवा नारी-विभाग एवं शीतलता की अनुभूति का, तथा पिंगला 'शिव तत्व' अथवा पुरुष-विभाग एवं उष्णता की अनुभूति का प्रतिनिधित्व करती है।

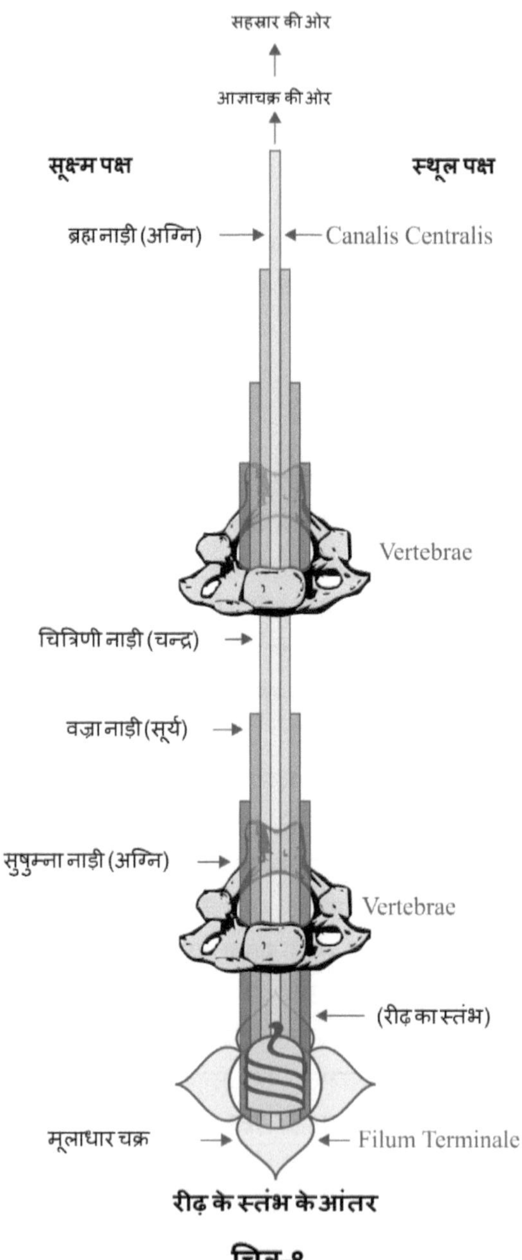

रीढ़ के स्तंभ के आंतर

चित्र-९

इड़ा एवं पिंगला नाड़ियां आधार से ऊर्ध्व की ओर आज्ञा चक्र तक एक सर्पिल पथ से घुर्णायमान होते हुए यात्रा करती हैं, जबकि सुषुम्ना नाड़ी एक सरल मार्ग का अनुकरण करते हुए सीधे ऊपर की दिशा में उठती है (चित्र-८)। इसके अतिरिक्त सुषुम्ना नाड़ी की अपनी एक अलग अंत:संरचना भी होती है। वास्तव में यह एक के अंदर एक अवस्थित होते हुए चार अलग-अलग नाड़ियों के द्वारा निर्मित होने वाली एक विशिष्ट केन्द्र-स्थानीय संरचना है (चित्र-९)। सुषुम्ना के अंदर की ओर अगली नाड़ी 'वज्रा' नाड़ी है जो पिंगला के समान ही सूर्य एवं उष्णता का प्रतिनिधित्व करती है, उसके बाद अंतर की दिशा में 'चित्रिणी' नाड़ी है जो इड़ा के समान ही चन्द्र एवं शीतलता की प्रतिनिधि नाड़ी है, और ('नाड़ी-शास्त्र' के अनुसार) सबसे अंतरतम एवं केन्द्रस्थ ब्रह्मनाड़ी है जो सुषुम्ना के समान ही युति एवं अग्नि की परिचायिका है।

जब हम सांस लेते हैं तो हमारी तीन प्रमुख नाड़ियों में से एक ही नाड़ी कार्य करती है। जब इड़ा नाड़ी कार्य कर रही होती है तो श्वास हमारी बायीं नासिका से प्रवेश करती है, पिंगला कार्य कर रही होती है तो दाहिनी नासिका से, और जब सुषुम्ना कार्यान्वित होती है तो वायु हमारी दोनों नासिकाओं से एक साथ प्रवेश करती है।

कार्यरत नाड़ी को पहचानना अत्यंत सरल है

अनेक पाठकों को श्वास के बायीं अथवा दाहिनी नासिका से कार्य करने की बात कुछ अविश्वसनीय के समान प्रतीत हो सकती है, तथापि इसकी स्वयं जांच करना उन्हें इस विश्व के सरलतम कार्यों में से एक प्रतीत होगा। इसके लिये आप स्वाभाविक रूप से सांस खींचते हुए अपनी दाहिनी नासिका को अपने दाहिने अंगूठे से हल्के से दबाकर बंद करके देखें। आप देखेंगे कि दो में से कोई एक घटना घटित हो रही है। एक संभावना यह है कि आप सरलता से अपनी दूसरी नासिका से, जो खुली हुई है, सांस लेते रहेंगे। ऐसा होने का अर्थ होगा कि या तो आपकी इड़ा नाड़ी कार्य कर रही है अन्यथा इस समय आपकी सुषुम्ना कार्यान्वित अवस्था में है।

अब आप अपने बायें अंगूठे से अपनी बायीं नासिका को हल्के से दबा कर बंद करके स्वाभाविक रूप से सांस लेकर देखें। इस बात की यथेष्ट संभावना है कि आप पायेंगे कि जैसे सांस कुछ अटक रही है, ठीक वैसे ही जब ठंड बैठ जाने से नाक बंद के समान लगती है। यदि ऐसा होता है, तो इसका स्पष्ट अर्थ होगा कि आपकी इड़ा नाड़ी ही इस समय कार्यरता है। परंतु यदि आपको ऐसा अनुभव नहीं होता और दाहिनी नासिका से भी श्वास सहजता से आती हुई प्रतीत होती है, तो उसका अर्थ होगा कि वास्तव में इस समय आपकी सुषुम्ना ही कार्यान्वित अवस्था में है।

तीसरी अवस्था वह होती जब अपने प्रयोग के प्रारंभ में ही, जब आपने दाहिने अंगूठे से अपनी दाहिनी नासिका को बंद करके सांस लेने का प्रयास किया था, तो आपको उसी समय असुविधा का अनुभव हुआ होता जिसका अर्थ होता कि बायीं नासिका कार्यरत नहीं थी, और यह भी कि इस वक्त केवल आपकी सूर्य नाड़ी अथवा पिंगला ही कार्य कर रही थी तथा आप केवल अपनी दाहिनी नासा से ही सांस ले रहे थे।

तीन नाड़ियों मे विभक्त कार्य

जब स्वाभाविक सांस लेने के संदर्भ में ऋषिगण यह कहते हैं कि इस समय हमारी सुषुम्ना नाड़ी कार्य कर रही है तो उसका अर्थ संभवत: यह भी होता है कि उस समय उसके अंदर अवस्थित वज़्रा एवं चित्रिणी नाड़ियां एक साथ कार्य कर रही हैं।

ऋषियों के अनुसार, हमारी ये तीन प्रधान नाड़ियां एक प्रणाली के अंतर्गत कार्य करते हुए और एक संतुलन बनाते हुए हमारी श्वास-प्रश्वास के कार्य का निर्वाह एवं नियंत्रण, दोनों करती हैं। सूर्योदय के पश्चात पहली अढ़ाई घटी अथवा एक घंटे तक हमारी दोनों में से एक नासिका कार्य करती है, फिर आठ-दस सांसें हम दोनों नासिकाओं से लेते हैं और इसके बाद हमारी दूसरी नासिका इस अनवरत और स्वत: चलने वाले कार्य का भार अगले एक घंटे के लिये संभाल लेती है। इस प्रकार हमारे सांस लेने के कार्य का सामान्य विभाजन प्रकृति के द्वारा प्रधान रूप से हमारी इड़ा एवं पिंगला नाड़ियों के मध्य किया गया प्रतीत होता है। यह भी संभव है

कि व्यक्ति विशेष एवं अवस्था विशेष के क्षेत्र में अढ़ाई घटी की समय सीमा में कुछ परिवर्तन भी होता रहता हो।

उपरोक्त बातों का अनुमोदन करते हुए स्वामी शिवानंद लिखते हैं, "इड़ा को चन्द्र नाड़ी और पिंगला को सूर्य नाड़ी भी कहा जाता है। इड़ा शीतल नाड़ी है, और पिगला उष्णता प्रदान करती है तथा भोजन को पचाने में सहायता करती है। इड़ा पीत वर्णा और शक्ति स्वरूपा है जो विश्व का पोषण करती है, जबकि पिंगला रुद्र स्वरूपा है जो एक रक्त वर्ण की और ज्वलंत आभा से युक्त नाड़ी है।

"यदि योग, ध्यान और मानसिक शक्तियों के विकास से सबंधित कार्य सुषुम्ना के प्रवाह के समय किये जाते हैं तो वे अधिक अच्छा परिणाम देते हैं। यदि सूर्योदय के समय पहले इड़ा कार्य करती हो और दिन भर यही नाड़ी कार्य करती रहे और सूर्यास्त के समय पिंगला का उदय होता हो और यह समस्त रात्रि कार्य करती रहे, तो इसके उत्तम परिणाम होते हैं। (साधक) ऐसा प्रयास करें कि पूरे दिन उनकी इड़ा नाड़ी का प्रवाह चलता रहे और रात भर पिंगला का। वह (साधक) जो ऐसा प्रयास करता है, वह वास्तव में महान योगी होता है।

"इड़ा के प्रवाह को पिंगला में परिवर्तित करने के लिये अपने बायें नथुने को किसी मुलायम कपड़े अथवा रुई से कुछ मिनटों तक रुद्ध करना चाहिये। साधनकर्ता बायीं ओर करवट लेकर दस मिनटों तक लेटकर भी इड़ा के प्रवाह को पिंगला में बदल सकते हैं। यह इतना सरल है, कि कोई भी सहजता से इसे कर सकता है।"

विश्व-सृष्टि के संचालन में प्रेम का स्थान

इस विश्व की तुलना हम एक बहुत बड़े क्षेत्र में विस्तृत एक विशाल उद्योग के अंतर्गत एक अत्यंत विशाल कार्य क्षेत्र से कर सकते हैं। तथापि, चेतना के विज्ञान के परिप्रेक्ष्य में यह एक पारिवारिक संस्था के रूप में ही कार्य करते हुए प्रतीत होता है, और यह अचरजपूर्ण लग सकता है कि इसके शीर्ष स्थल में किसी वाहय पदाधिकारी के लिये कोई स्थान नहीं होता। आरंभ में एक चतुर, मेधावान और कलाओं से युक्त परम

चैतन्य ही होता है। क्रीड़ावश यह 'एक' ही अपने आप को इस प्रकार दो में विभाजित कर लेता है, कि एक दूसरे के आधार-स्थानीय किंतु एक दूसरे से विपरीत गुणों वाले पुरुष और स्त्री के सदृश इस विभाजन के मध्य नाना प्रकार की विविधताओं की अभिव्यक्ति हो सके। 'एक' से ही उदित होकर और एक दूसरे पर निर्भर रहते हुए ही ये दोनों प्रधान तत्व, अपरिमित संभावनाओं से युक्त एक विशाल मैट्रिक्स जैसे बल क्षेत्र को उत्पन्न करते हैं। इस बल क्षेत्र के मध्य परस्पर विरोधी ये दो शक्तियां (अपनी साम्यावस्था के) ऐसे असंख्य आसनों का निर्माण करती हैं, जिनमें इनकी संतति-स्थानीय चेतना एक व्यष्टि के रूप में अवतरित होकर किसी भी वस्तु अथवा प्राणी के रूप में विकास को प्राप्त हो सके।

ऋषियों के अनुसार, "हमारा यह विशाल विश्व 'आनंद से उत्पन्न होता है', 'आनंद के द्वारा ही यह पोषण प्राप्त करता है' और 'आनंद की उल्लासमयी ऊर्जा' ही इसका स्वरूप होती है।" जो नित्य एवं शाश्वत है, वह स्वयं ज्ञान-एवं-आनंद स्वरूप दोनों है। तथापि, जब कोई सृष्टि नहीं होती और चेतना में कोई स्पंदन नहीं रहता, उस समय चेतना के द्वारा अनुभूत होने वाले आनंद का उपभोग अत्यल्प एवं शून्य के समान ही होता है। इस सृष्टि की किसी भी अभिव्यक्ति में उपभोक्ता सदैव उस अभिव्यक्ति का मन विभाग होता है जो अनुभव कर सकता है और उसके द्वारा भोग्य उसी अभिव्यक्ति का शरीर विभाग होता है जिसका अनुभव वह एक उपभोक्ता के रूप में कर सकता है। इन दोनों का संयोग ही भोग (consumption or consummation) कहा जाता है, और यह भोग भी एक आनंद के समान ही होता है।

परिवार में ही सब कुछ

पुरूष, प्रकृति एवं इन दोनों की युति, यह विश्व इन तीन प्रधान खिलाड़ियों के एक पारिवारिक संस्थान अथवा उस उद्यान के समान ही है जिसमें ये तीनों आनंद की सृष्टि एवं उपभोग के हेतु क्रीड़ा करते हुए भ्रमण करते रहते हैं। इस सृष्टि के जिस किसी विभाग में हम जिस किसी कार्य के लिये भी जायें, अभिव्यक्त विश्व के हर काउंटर अथवा खिड़की पर हमें

इन तीन में से ही कोई एक अलग-अलग रंगों और वेष-भूषाओं में, हमारी आवश्यकता अथवा समस्या के निदान के लिये, कहीं एक मुस्कान के साथ और कहीं एक कठोर दृष्टिभंगी का प्रदर्शन करते हुए हमें अपने सन्मुख उपस्थित दिखाई पड़ता है।

एक प्रकार से यह सारा विश्व तीन सदस्यों वाले इस परिवार के ही मध्य, परिवार के ही लिये और परिवार के द्वारा ही अभिव्यक्त होता है। ऋषियों के अनुसार वास्तव में तो हम सब भी इसी परिवार के ही सदस्य हैं। "तत् त्वम असि", वे कहते हैं, "आप भी वही हैं", परंतु देश एवं काल के व्यवधान की प्रतीति के कारण आप इस 'एकत्व' को देख नहीं पाते। प्रयास के द्वारा आप सापेक्षता पर आधारित इस 'अनेक' की प्रतीति के पार जा सकते हैं, और इस एकत्व की अनुभूति भी कर सकते हैं।

प्रेम में ही सृष्टि निहित है

प्रेम ही सृष्टि का कारक है और यही किसी भी संबंध और उसकी परिणति की दिशा में पहला कदम है। जिस किसी पदार्थ में (अथवा किसी बद्ध ऊर्जांश में भी) अपने आस्तित्व का ज्ञान है उसमें प्रेम एक आत्म प्रेरित एवं स्वाभाविक गति अथवा क्रिया है। वास्तव में यह एक मौलिक पूर्णता को, जिसका सृष्टि की अभिव्यक्ति की दिशा में ह्रास हो गया है, उसे पुन: प्राप्त कर लेने की एक स्वाभाविक वृत्ति अथवा आत्म-प्रेरणा मात्र है। प्रत्येक सृष्टि-कण के केन्द्र में एक मौलिक आधारभूत विभाजन एवं अपूर्णता का यह ज्ञान उसके सबसे प्रधान डी-एन-ए के समान जड़ित होता है, और उसमें इस अपूर्णता की पूर्ति करने की दिशा में चालित होने की एक वृत्ति भी सदैव उपस्थित रहती है। उनमें विद्यमान रहने वाली यह आत्मप्रेरित वृत्ति ही वह संवेग (momentum) है जो इन सृष्टि कणों को इस विश्व के रूप में परिवर्तित होने की दिशा में निर्देशित और संचालित करती है।

इस मौलिक अपूर्णता का ज्ञान सभी पदार्थों एवं जीवित प्राणियों में एक प्रेम के स्पंदन के रूप में अनुभूत होता है, जो अपने सादृश परंतु विपरीत गुणों वाले पदार्थ के कणों अथवा अपने पूरक जैविक अर्धांश

को अपनी अवस्थिति एवं उपलब्धि की सूचना भी देना चाहता है, और उसे उनकी दिशा में धकेलता या आकर्षित भी करता है। परस्पर के योग अथवा मिलन और पूर्णता के आनंद की पुनर्प्राप्ति की आकांक्षा के रूप में, यह प्रवृत्ति समस्त अभिव्यक्तियों में उपस्थित रहने वाली एक स्वाभाविक वृत्ति अथवा आत्म-प्रेरणा होती हैं। अत: जब भी और जहां भी दो विपरीतों की युति होती है, उन दोनों के मध्य 'आनंद' की ऊर्जा का प्रवाह स्वत: उत्पन्न होता है। इसी अवस्था में सृष्टि बीज का वपन होता है, और परिस्थिति अनुकूल होने पर उसमें अंकुरण एवं विकास भी होता है।

श्रद्धावान साधन-कर्ताओं को लक्ष्य करते हुए, ऋषिगण मानव संतति के समक्ष इस बात को बार-बार दोहराते आये हैं, "वास्तव में यह आनंद तुम्हारे अपने अंदर ही होता है (बाहर से प्रवेश नहीं करता), और इसका अनुभव एक प्रकाश की कौंध के समान भी होता है और हृदय को स्पर्श करने वाली एक ऐसी अनुभूति के रूप में भी, जो प्रेम की वर्षा से भिगोकर तुम्हारे अंतर को स्वर्गीय आनंद से भर देती हो, तथापि माया के द्‌वारा उत्पन्न सापेक्षता के भ्रम के कारण तुम इस पूर्णता के आनंद को अपने से बाहर ढूंढ़ते हो।"

प्रेम ही आनंद है

'विज्ञान भैरव' (जयदेव सिंह की टीका) की ६९ वीं उक्ति कहती है, "नारी से संभोग करते समय आवेश के कारण एक नररूपी मनुष्य ऐसा अनुभव करता है जैसे वह उसी में समा गया हो और अंत में स्खलन होने पर उसे ब्रह्मानंद के समान अनुभूति होती है। तथापि वास्तव में यह आनंद उसे अपने ही अंदर अनुभूत होता है।"

अगली ही 'धारणा' संख्या ७० में भैरव अपनी भार्या से कहते हैं, "हे देवी, प्रेमिका की अनुपस्थिति में भी उससे मिलन की स्मृति मात्र से, उसे चूमने, बाहों में भरने और अनुभव करने आदि की स्मृति मात्र से (प्रेमी के अंतर में) एक आनंद प्रवाह उत्पन्न हो जाता है।" गुरु के रूप में भैरव कहते हैं, "(ऐसे आनंद की स्मृति मन में लाने के पश्चात) आनंद

के 'कारण' (उत्प्रेरक) को छोड़कर या भूलते हुए, अपनी ही अंत:स्मृति में उत्पन्न होने वाले उस आनंद का ही ध्यान करो (उसे धारण करने का या 'धारणा' में बदलने का प्रयास करो); वही तुम्हारे अंतर में स्थित प्रेम है, वही तुम्हारे अंतर का आनंद भी है, और वही तुम्हारी वास्तविक प्रकृति अथवा स्वभाव है।"

यह एक साधारण यथार्थ है कि दो के मिलने से आनंद की उत्पति होती है, और इसी अभाव या अपूर्णता से प्रेरित मिलन से उत्पन्न होने वाले आनंद के लोभ या आकर्षण का उपयोग, प्रकृति के द्वारा अपने शिव और शक्ति तत्वों अथवा नर और नारी विभागों की क्रीड़ा, प्रजनन तथा आत्म तत्व के प्रमोद के लिये किया जाता है। आकर्षण और समर्पण के इस सिद्धांत पर चलने वाली यह युगल क्रीड़ा इस विश्व के अधिकाधिक विकास के साथ-साथ एक दीर्घ समय तक इसी प्रकार चलती रहती है, जिसमें संलग्न 'प्रधान' तत्व एक कलाकार के समान अपने आप को अभिव्यक्त करने की दिशा में आत्मप्रेरित होकर व्यस्त रहता है, और इसी प्रकार दूसरा तत्व या 'उप-प्रधान' उसकी अनुभूति के रूप में, उसे एक अभिव्यक्ति अथवा शरीर प्रदान करते हुए, उतने ही दीर्घ समय तक सतत कार्यशील बना रहता है।

ऋषियों के अनुसार आनंद की इस आकांक्षा का अंत केवल चरम संयोग अथवा पूर्णता की प्राप्ति पर ही होता है, जब सापेक्षता का आवरण हट जाता है और जीव को कभी समाप्त न होने वाले आनंद स्वरूप अपने आत्म स्वभाव की उपलब्धि हो जाती है। इसके पूर्व शब्द, रूप, स्पर्श, रस एवं गंध आदि गुणों से युक्त विभिन्न प्रकार के वाह्य शरीरों से जड़ित होते हुए और उनका उपभोग करते हुए प्रत्येक जीव, एक कस्तूरी-मृग के समान, वास्तव में तो अपनी उसी आनंद की अनुभूति या (सुगंध) को खोजता रहता है जो बाहर नहीं बल्कि उसके अंदर ही अवस्थित होती है, और जो उसका अपना स्वभाव ही होता है। सत्य से सापेक्षता का आवरण हटते ही प्रत्येक मनुष्य को अपने इस स्वरूप अथवा आनंद के स्वभाव की स्वत: उपलब्धि हो जाती है। इसके लिये अलग से प्रयास नहीं करना पड़ता।

ऊपर के कक्ष की कुंजी

कुंडलिनी 'शक्ति-तत्व' की वह अवस्था है, जिसमें शिव के औनमुख्य के फलस्वरूप यह शिव की 'बहुष्याम प्रजायेय' वाली सिसृक्षा से बिद्ध होकर, और सृष्टि बीज को अपने उदर में धारण करने के पश्चात विश्व-सृष्टि की अभिव्यक्ति की दिशा में चलायमान हो गई है। समष्टि और व्यष्टि, दोनो ही क्षेत्रों में इसका उदय आत्म-तत्व रूपी दृष्टा से ही होता है। जहां एक ओर महाकुंडलिनी के रूप में यह स्पंदनों की तीन भूमियों पर विभिन्न अवयवों सहित विश्व के शरीर की रचना करती है, वहीं दूसरी ओर व्यष्टि कुंडलिनी के रूप में यह तीनों स्तरों पर व्यष्टि शरीरों का निर्माण करती है। इसी प्रकार, दोनों ही क्षेत्रों में यह इन शरीरों को गति प्रदान करने के लिये उनकी कार्यवाही ऊर्जा के रूप में भी अवस्थित होती है। इस कुंडलिनी में न केवल मातृकाओं की ध्वनि निहित होती है, बल्कि ऊर्जा का आलोक भी होता है, जिन्हें साधनारत योगियों के द्वारा सहज ही सुना और देखा जाता है। अत: योगी जनों के द्वारा इसकी विवेचना एक नाद-ज्योतिर्मयी शक्ति के रूप में भी की गई है।

आत्म-तत्व की इस प्रधान शक्ति में शिव एवं शक्ति दोनों तत्वों की शक्तियों का संयोजन होता है, जो इस विश्व के उद्यान में चलने वाली आत्म-कण रूपी मुद्रा के दो ऐसे पक्षों अथवा पृष्ठों के समान कार्य करती हैं, जो एक दूसरे की विपरीत दिशा में अवस्थित रहते हुए ही एक दूसरे को आधार भी प्रदान करते हैं। अपने एक पदक्षेप में यह आत्मशक्ति अपने आपको बिंदु स्वरूपा ज्योति के रूप में, और अपने दूसरे पद-न्यास में मात्रिका समष्टि अथवा नाद के रूप में उजागर करती है। अपने प्रत्येक पदक्षेप के साथ यह शुद्ध चेतना से निम्न दिशा में अवतरण करते हुए स्थूल सृष्टि के विकास की दिशा में अग्रसर होती है। इसी प्रकार, विपरीत क्रम में, पदार्थ से चेतना की ओर इसका प्रत्यावर्तन भी संभव होता है।

कारण, सूक्ष्म एवं स्थूल, इन तीन भूमियों की चर्चा हम कर चुके हैं। एक क्रम के अनुसार, इन्हीं तीन धरातलों पर अव्यक्त पराक्षेत्र में अवस्थित तीन प्रधानों के तीन विभागों का सृष्टि के रूप में विकास होता है। संपूर्ण सृष्टि वास्तव में सृष्टि बीज का ही विकास है जिसमें शिव,

शक्ति एवं उनकी युति, ये तीनों ही अवस्थित होते हैं। सर्वप्रथम उभय पक्ष अथवा इन दो तत्वों की युति के स्तर का विकास होता है जो अत्यधिक सूक्ष्म अनुभूति के (very short wave) स्पंदनों से युक्त इच्छा प्रकृति का क्षेत्र होता है। इस स्तर पर शिव एवं शक्ति के मध्य जिस सृजनात्मक वैश्विक ऊर्जा का प्रवाह उत्पन्न होता है उसे प्राण, एवं अभिव्यक्ति को प्राप्त होने वाले उस सबसे सूक्ष्म स्पंदन वाली ऊर्जा की भूमि को कारण भूमि कहा गया है। यह कारण भूमि अन्य भूमियों को धारण करते हुए और उनमें अनुस्यूत रहते हुए ही अवस्थान करती है। तथापि चेतना में यह ऊर्ध्व दिशा में (शिव त्रिकोण में शीर्षस्थ होकर) अवस्थान करती है। अपने कारण शरीर के साथ इस भूमि से नीचे अवतरण करने पर इस सृष्टि-कण की संज्ञा पुरुष हो जाती है। यह पुरुष तत्व, जो आगम का बारहवां तत्व होता है, वास्तव में दृष्टा अथवा शिव तत्व का ही प्रतिनिधित्व करता है।

स्पंदनों की मध्यावस्था की भूमि को सूक्ष्म जगत की भूमि कहा जाता है। इस स्तर पर शिव के प्रतिनिधि के रूप में पुरुष तत्व का विकास होता है और उसका यह विकास प्रकृति के द्वारा एक भावी दृष्टा एवं भोक्ता, अथवा अनुभूति एवं अन्वेषण कर्ता के रूप में किया जाता है। दूसरे शब्दों में, इस भूमि पर पदार्थ एवं जैव प्राणियों में किसी भी श्रेणी के ज्ञान अथवा अनुभूति के अधिष्ठान उनके 'मन विभाग' के रूप में पुरुष तत्व का विकास होता है। इस प्रक्रिया में पुरुष के लिये उसके कारण शरीर की तुलना में अधिक घनत्व वाले एक दूसरे शरीर का सृजन आवश्यक होता है, जिसे लिंग-शरीर कहा जाता है। यह दूसरा शरीर उस सृष्टि-कण के लिये एक चालक-कक्ष स्थानीय 'मन विभाग' के समान कार्य करता है।

यह चर्चा की जा चुकी है कि समस्त परिवर्तन शक्ति तत्व में ही होते हैं। प्रकृति तत्व के रूप में शक्ति ही तीन गुणों की साम्यावस्था के साथ पुरुष से युक्त होकर मन और बुद्धि के रूप में उसके चित्त अथवा ज्ञान विभाग का स्थान ग्रहण कर लेती है, तथा इसी विभाग के अंतर्गत सूक्ष्म इन्द्रियों आदि का विकास होता है। इस धरातल पर पुरुष से प्रकृति के संयोग अथवा युति से जिस ऊर्जा प्रवाह की सृष्टि होती है उसे 'प्राण शक्ति' की दूसरे स्तर की अभिव्यक्ति कहा जाता है। इन व्यष्टि प्राणों

के माध्यम से हम अपने मानसिक एवं बौद्धिक कार्यों का निर्वाह करने में सक्षम होते है। इन प्राणों के प्रकाशन का कार्य शिव तत्व की वाह्य प्रकृति 'ज्ञान शक्ति' के द्वारा होता है। इस ज्ञान शक्ति के द्वारा संचालित होते हुए ये प्राण ही 'चालक कक्ष' रूपी उस सृष्टि-कण के 'मन विभाग' के विभिन्न कार्यों का संपादन करते हैं।

सूक्ष्म स्पंदनों वाली मानसिक ऊर्जा के इस स्तर पर पुरुष तत्व 'शिव तत्व' का प्रतिनिधित्व करता है, जबकि मन स्थानीय प्रकृति 'शक्ति तत्व' की प्रतिनिधि होती है। सृष्टि के अंतिम स्तर 'स्थूल' भूमि पर 'मन' और इसके उपकरणों सहित संपूर्ण लिंग शरीर 'शिव' का प्रतिनिधि बन जाता है, जिसकी युति शक्ति के प्रतिनिधि स्थूल शरीर से होती है, और इस भूमि पर इन दो प्रधानों के मिलन से उनके मध्य जिस ऊर्जा का प्रवाह होता है वह प्राण-शक्ति का तीसरा स्तर होता है, जो जीवित प्राणियों में श्वास-प्रश्वास के रूप में दृष्टिगोचर होता है।

श्वास ही कुंजी है

मानव शरीर की संरचना इस प्रकार होती है कि इसका एक वाह्य रूप होता है जो हमें दिखाई पड़ता है, और एक आंतर रूप जिसका हम केवल अनुमान लगाते हैं, और जिसका कुछ अंश चीर-फाड़ के द्वारा या कुछ उपकरणों के माध्यम से हम देख सकते हैं। फिर भी केवल आधुनिक विज्ञान के माध्यम से इस संरचना को पूर्ण रूप से समझ पाना संभव नहीं है। हमारी यह मानव संरचना तीन स्तरों की प्रगाढ़ता वाले तीन प्रकार के पदार्थों से निर्मित होकर, तीन धरातलों पर अवस्थित रहते हुए और तीन श्रेणी की ऊर्जाओं का उपयोग करते हुए कार्य करती है। अपनी पूर्णता में हमारा अस्तित्व तीन स्तरों पर कार्य करने वाले तीन शरीरों की एक समष्टि होती है, और ऋषियों के द्वारा बताई गई तीन ग्रंथियों के माध्यम से हम इन तीनों शरीरों से जड़ित रहते हुए एवं तीन स्तरों की ऊर्जाओं का उपयोग करते हुए ही अपने कार्यों का निर्वाह करने में सक्षम होते हैं। एक ही पद्धति से तीन अलग स्तरों पर उत्पन्न होने वाली इन ऊर्जाओं में एक परस्पर का संबंध होता है। एक प्रकार से तीन स्तरों वाले त्रिपुर के रूप में अवस्थान करते हुए कार्य करने वाली हमारी शरीर संरचना

में, स्थूल के सापेक्ष ज्ञान से ऊपर उठने का प्रयास करने एवं सूक्ष्म की चेतना का विकास करने की कुंजी भी इन तीन ऊर्जाओं के परस्पर के संबंध में ही निहित होती है। यह प्राचीन भारत के योग विज्ञानविदों के द्‌वारा ज्ञात किया गया एवं योगियों के द्‌वारा प्रयोग में लाया जाने वाला एक अति विशिष्ट ज्ञान है।

समस्त विश्व में व्याप्त वैश्विक प्राण की जीवन-ऊर्जा के उपयोग से ही हम जीवित के समान कार्य करने में सक्षम होते हैं। इस अत्यंत सूक्ष्म ऊर्जा से हमारे अपेक्षाकृत स्थूल शरीरों का सीधा संबंध होना संभव नहीं है। हमारे लिंग-शरीर में उत्पन्न होने वाले दूसरे स्तर के प्राणों की ऊर्जा का उपयोग करते हुए हम केवल कारण भूमि से इसका ग्रहण और निष्कासन कर सकते हैं, ताकि यह हमारे समस्त सूक्ष्म शरीर में फैल कर उसे जीवित एवं क्रियान्वित रख सके। दूसरी ओर ये मध्यस्थानीय पंचप्राण हमारे स्थूल शरीर से भी संबंधित होकर, न केवल इसकी स्थूल अनुभूतियों को हमारे मन तक पहुंचाते हैं, बल्कि हमारी इच्छाओं और निर्देशों का भी हमारे स्थूल शरीर को हस्तांतरण करते हुए इसके उद्देश्यपूर्ण (objective) संचालन में भी सहायक होते हैं। इसके अतिरिक्त, जैसा कि हम पहले चर्चा कर चुके हैं, एक विपरीत क्रम में ये हमारी श्वास-प्रश्वास (स्थूल प्राण) की क्रिया से भी युक्त होकर अवस्थान करते हैं। अत: इसी सूत्र को पकड़कर, अपनी इच्छा शक्ति के प्रयोग एवं अपने स्थूल प्राणों के नियंत्रण के द्‌वारा एक विपरीत क्रम में, हम कारण भूमि पर विद्‌यमान वैश्विक अथवा प्रधान प्राण के अपने शरीर में प्रवेश एवं निर्गमन को भी प्रभावित या नियंत्रित करने में सक्षम होते हैं। मनुष्यों में श्वास-प्रश्वास ही वह कुंजी है जिसके उपयोग से अपनी प्राण-वायु को नियंत्रित करते हुए वे विभिन्न प्रकार के योगाभ्यासों में प्रवीणता प्राप्त कर सकते हैं।

सभी मनुष्यों को सहज रूप में उपलब्ध रहने वाली संवित अथवा चेतना की तीन शक्तियों, इच्छा, ज्ञान एवं क्रिया का उपयोग करते हुए और गुरू-शिष्य परंपरा के सूत्र का अवलंबन करते हुए, सैंकड़ों और हजारों वर्षों तक भारत के ऋषि एवं योगी-जन इस विशिष्ट 'कुंजी' के प्रयोग से अपनी चेतना की इसके उत्स की दिशा में वापसी की यात्रा करने, और

इस यात्रा में सहायक अनेक उन्नत एवं अत्युन्नत तकनीकों का विकास करने में भी सफलता प्राप्त कर सके थे। अपने उद्देश्य को समर्पित एवं उद्योग करने वाले मानव पुत्रों के लिये एक अतिमानव के रूप में अपना विकास करने का मार्ग भी इस प्रकार उपलब्ध हो गया था। और समय के साथ, सैंकड़ों और हजारों वर्षों तक अपने स्थूल शरीर को जीवित रखने में सक्षम अतिमानवों की एक परंपरा का भी उदय हो गया था, जो आज भी हमारे मध्य विद्यमान हैं।

प्रकाश की ओर अग्रसर एक सूक्ष्म पथ

शक्ति तत्व में उसका वह अंश अथवा अवस्था कुंडलिनी शक्ति कही जाती है, जिसका शिव से संयोग है और जो उसके प्रकाश एवं शक्तियों से युक्त होकर क्रियमाण है। इस संयोगस्थल अथवा मिश्रित गुणों वाले स्थल में ही विश्व की अभिव्यक्ति होती है, और कुंडलिनी ही इस संधि स्थल में प्रधान शक्ति होती है। कुंडलिनी भी 'शक्ति' ही होती है, परंतु यह शक्ति-तत्व की वह अवस्था अथवा अंश है जो शिव से युक्त होकर अवस्थित है और जिसमें प्रविष्ट होकर शिव की चेतना 'अनुस्यूत चैतन्य' (immanent aspect of consciousness) के रूप में विद्यमान रहती है।

कारण, सूक्ष्म एवं स्थूल, इन तीन पुरों अथवा भूमियों की सृष्टि, एवं सूक्ष्म भूमि पर एक वैश्विक लिंग-शरीर के विकास के साथ ही स्थूल भूमि पर बुद्धि से युक्त मानव का जन्म संभव हो जाता है, और उसके जन्म के साथ ही वाह्य की दिशा में कुंडलिनी के विकास की परिणति हो जाती है। तथापि, अव्यक्त से अपने निर्गमन के संवेग को लिये हुए यह विश्व विस्तार को प्राप्त होता रहता है। सूक्ष्म भूमि पर विराट वैश्विक लिंग शरीर में महाकुंडलिनी के रूप में, और मानव शरीर के रूप में विकास को प्राप्त व्यष्टि-सत्ताओं में व्यष्टि कुंडलिनी के रूप में, यह महाशक्ति अब विश्रांति को प्राप्त होती है।

मनुष्यों के सूक्ष्म शरीर की अवस्थिति

एक नये स्थूल शरीर की प्राप्ति हो जाने पर, हमारे उपचेतन मन (subconscious mind) के रूप में स्थित होकर, हमारी कुंडलिनी हमारे

सूक्ष्म शरीर में निद्रित के समान अवस्थान करती है। इसके साथ ही हमारा मन विभाग, एक नये वाहन में चालक स्थान पर अवस्थित होकर अपनी एक नई जीवन-यात्रा का विवरण एक नई श्वेत पट्टिका पर लिखने के लिय प्रस्तुत हो जाता है। हमारे सभी पूर्व के जन्मों की स्मृतियों को अपने अंदर समेटे हुए, और अधिकांश क्षेत्रों में हमारे लिये पूर्व की सभी स्मृतियों से विहीन एक नवीन अनुभव पट्टिका की सृष्टि करने के पश्चात, हमारे संपूर्ण अस्तित्व में एक स्थितिज ऊर्जा के केन्द्र का रूप ग्रहण करते हुए हमारी कुंडलिनी हमारे मूलाधार चक्र में विश्राम करती है। यह प्रकृति में अनुस्यूत चेतना (immanent awareness) की सदैव कार्यरत विशिष्टता है कि इस नवीन जीवन पट्टिका में हमारे वर्तमान जन्म के समस्त अनुभव स्वत: अंकित होते रहते हैं, और एक नये जीवन-वृत्तांत के टंकन का कार्य भी स्वत: होता रहता है। जब हमारे वर्तमान जीवन का अंत होता है तो हम मानव रूपी व्यष्टि जीवों के इतिहास का यह नया अध्याय भी पिछले सभी अध्यायों के साथ हमारे उपचेतन मन की तहबील में जमा हो जाता है।

डिवाइन लाइफ सोसाइटी के संस्थापक स्वामी (डॉ.) शिवानंद के अनुसार, "मनुष्य की चेतना में कुंडलिनी वह केन्द्र होता है जो विश्व एवं शरीर से संबंधित इसकी चेतना को एक केन्द्र स्थानीय अचलत्व प्रदान करता है, और उसकी शरीर संरचना में इसी केन्द्र के चारों ओर विभिन्न गतियों से कार्य करती हुई भिन्न प्रकार की ऊर्जायें अपने-अपने कार्यों में संलग्न रहते हुए मन एवं शरीर की युति से निर्मित इस संरचना को कार्यशील बनाती हैं।"

प्राण-अपान की क्रिया द्वारा शरीर में खींची जाने वाली जीवनी-शक्ति हमारी गर्दन के पीछे बिंदुस्थान से हमारे शरीर में प्रवेश करते हुए, हमारे मूलाधार में अवस्थित केन्द्र की ओर गमन करती है और वहां से प्राणवाही नाड़ियों के द्वारा यह शरीर के प्रत्येक भाग में पहुंचाई जाती है। निद्रित कुंडलिनी को केन्द्र में रखते हुए यह प्रक्रिया एक स्वचालित प्रणाली के रूप में कार्य करती है। इस प्रकार एक क्रियाशील ऊर्जा के शरीर का निर्माण होता है, जिसका ज्ञान सहज रूप में और किर्लियन प्रणाली के अंतर्गत भी उपलब्ध है। ऋषिगण तथा एक्वापंक्चर के माध्यम से उपचार करने

वाले चिकित्सकगण भी भिन्न हेतुओं के निमित्त इस ज्ञान का उपयोग करते रहते हैं। ऋषिगण इस जीवनी शक्ति को प्राण कहते हैं और एक्वा-चिकित्सक इसी जीवन-दायी ऊर्जा का 'ची' के नाम से वर्णन करते हैं।

एक सूक्ष्म शरीरधारी के द्वारा एक वाहन के समान प्रयुक्त होने वाले स्थूल शरीर में मस्तिष्क, न्युरोन शृंखलाएं एवं नर्व इत्यादि इसके कार्यकारी अंग विशेष ही हैं, जो चालक कक्ष में विराजमान चालक की सहायता के लिये प्रकृति के द्वारा उपलब्ध किये जाते हैं, तथापि वाहनों के अंगों की दक्षता एवं उनके दोष अथवा गुण अवश्य ही चालक की क्षमता को भी प्रभावित कर सकते हैं। हमारा सूक्ष्म शरीर और इसे स्थूल शरीर से जोड़ने वाले हमारे पांच प्राण हमारे उपयोग में आने वाले एक नियंत्रण कक्ष के समान कार्य करते हैं, जिनके माध्यम से हम अपनी इच्छानुसार अपने शरीर का सही अथवा गलत उपयोग भी करते रहते हैं।

चेतना के उच्च स्तरों पर उठने के लिये क्रमश: अशुद्धि अथवा मलों के भार का त्याग करते हुए ही विभिन्न स्तरों की प्राप्ति संभव हो सकती है। स्वामी शिवानंद के अनुसार, "एक सांसारिक व्यक्ति का मन जिसमें निम्न स्तर की इच्छायें एवं उन्माद ही प्रधान होते हैं, वह मूलाधार एवं स्वाधिस्थान चक्रों के आस पास ही घूमता है जो प्रधानत: मल-विसर्जन एवं जननांगों से संबंधित चक्र होते हैं। यदि किसी के मन में शुद्धता का विकास प्रारंभ होता है तो उसका मन नाभिस्थान के निकट अवस्थित मणिपुर चक्र तक उठ सकता है, और उसे किंचित शक्ति (इच्छा-बल) एवं आनंद की अनुभूति होती है। और अधिक शुद्धता प्राप्त होने पर व्यक्ति का मन उसके हृदय-क्षेत्र में अवस्थित अनाहत चक्र तक उठ सकता है।"

कुंडलिनी का निद्रा भंग

कुंडलिनी का निद्रा-प्राप्त होना स्रष्टि-क्रम के संदर्भ में केवल एक अवस्था विशेष का परिचायक है, जिसका उदय सृष्टि क्रम में मनुष्य के जन्म लेने के साथ ही हो जाता है। सृष्टि-क्रम में इस घटना विशेष के पूर्व प्रकृति स्वयं एक क्रम का अनुसरण करते हुए, और विभिन्न प्राणियों एवं जीवधारियों के सूक्ष्म एवं स्थूल शरीरों को अपनी आवश्यकता के

अनुसार विकास की दिशा में प्रेरित करते हुए अपने लक्ष्य की ओर अग्रसर हो रही थी। उन प्राणियों एवं जीवधारियों को एक स्वाभाविक रूप से प्रेरित एवं निर्देशित करते हुए प्रकृति स्वयं उनका विकास कर रही थी और इस विकास में उनका अपना स्वतंत्र योगदान नहीं के समान होता था, परंतु मनुष्य के जन्म के पश्चात इस विकास की परंपरा में एक मूलभूत परिवर्तन आ जाता है। मानव जन्म के साथ ही विज्ञानमय कोष में विकास प्रारंभ हो जाता है, और इस नयी श्रेणी के प्राणियों को विवेक (descrimination) की उपलब्धि एवं उसके अनुसार कर्म के चुनाव की स्वतंत्रता भी प्राप्त हो जाती है। सृष्टि-क्रम में यहां से आगे, सूक्ष्म शरीर अथवा मन-विभाग में विकास व्यष्टि के स्तर पर ही होता है और यह प्रयत्न सापेक्ष भी हो जाता है। अत: कुंडलिनी के द्‌वारा नवीन शरीरों के विकास के कार्य का इस स्थान पर उपशम हो जाता है।

मानव के रूप में विकसित हो जाने पर 'जीव' को विवेक की प्राप्ति हो जाती है और वह अपनी इच्छा से चुनाव करते हुए और विभिन्न स्थूल कर्मों में प्रवृत्त होते हुए अपने जीवन पथ पर अग्रसर होता है, तथापि इन सभी कर्मों के प्रभाव स्वत: उसके चित्त के पटल पर अंकित होते हुए उसके साथ ही विद्‌यमान रहते हैं। कर्म के चुनाव की स्वतंत्रता प्राप्त इस 'जीव' (मानव) की संरचना में उसकी व्यष्टि कुंडलिनी निद्रित के समान अवस्थान करती है। अधिकांश मनुष्यों के क्षेत्र में परावर्तित होकर विकिरण को प्राप्त होने वाला चेतना का प्रकाश स्थूल इच्छाओं वाले निम्न क्षेत्र के चक्रों में ही उलझा रहता है। अत: कुंडलिनी की निद्रा की स्थिति बनी रहती है। चेतना के मणिपुर चक्र से ऊपर उठने की अवस्था में कुंडलिनी का सहयोग आवश्यक हो जाता है, और इसकी निद्रा भंग हो जाती है। चेतना का अनाहत चक्र तक उठना अवश्य ही एक विशिष्ट घटना है, जिसे क्रम विकास के संदर्भ में भी समझने का प्रयास किया जा सकता है, क्योंकि ऐसे मनुष्यों की संख्या नितांत नगण्य भी नहीं होती और उनमें सभी योगाभ्यास करने वाले भी नहीं होते।

मानव के लिये विज्ञानमय कोष के द्‌वार उन्मुक्त होने के पश्चात उसकी चेतना का विकास उसके सूक्ष्म शरीर में उपस्थित चक्रों में निम्न से ऊर्ध्व की दिशा में होता है। इस प्रक्रिया में यद्‌यपि अनेकों बार उसके

स्थूल शरीर बदल सकते हैं, तथापि प्रयास के द्वारा एक ही जीवन में यथेष्ट उन्नति करना भी संभव है। चेतना के संदर्भ में दो ही दिशायें होती हैं अच्छाई या बुराई अथवा उचित या अनुचित की दिशा, और साथ ही चेतना के द्वारा वहन किये जाने वाले मल के कम अथवा अधिक होने का प्रश्न तथा शुद्धि एवं अशुद्धि का गणित भी होता है। अत: विभिन्न प्रकार के मलों, अशुद्धियों एवं बुराइयों के भार को कम करते हुए ही उच्चतर चेतना की दिशा में उठना संभव होता है।

कई जन्मों के अपेक्षाकृत अच्छाई की दिशा में उन्मुख अनुभवों के पश्चात, वर्तमान जीवन में भी शुद्धि एवं बुद्धि से युक्त मनुष्यों में कुंडलिनी स्वत: भी जागृत हो सकती है, और अक्सर अनाहत चक्र तक उठ जाती है। तथापि यह वहां स्थिति प्राप्त नहीं करती, और मूलाधार में अपने स्थान पर लौटते रहती है। साथ ही, इस प्रकार स्वत: और स्वाभाविक रूप से होने वाले विकास की गति अत्यंत धीमी होती है और अनेक जन्मों तक शुद्ध-बुद्धि से जीवन यापन करने वाले मनुष्यों के क्षेत्र में भी यथास्थिति मात्र ही बनी रहती है। इस श्रेणी के उन मनुष्यों में जो योग विज्ञान की ओर आकर्षित होते हैं और अभ्यास करते हैं, चेतना का विकास अत्यंत द्रुत गति से हो सकता है।

श्वास के नियंत्रण और आसनों अथवा मुद्राओं की सहायता से वायु को शरीर के विभिन्न भागों में बद्ध करना संभव होता है, और इस माध्यम से प्राण अथवा जीवनी शक्ति के स्वाभाविक प्रवाह को भी अवरुद्ध अथवा बाधित करने का प्रयास किया जा सकता है। उद्योग एवं दीर्घ अभ्यास के फलस्वरूप, स्वचालित के समान चलने वाले जीवनी शक्ति के सामान्य प्रवाह के बाधित होते रहने से प्रधान प्राणवाही नाड़ियों में यह ऊर्जा घनीभूत हो जाती है। इस गतिज जीवनी शक्ति के घनीभूत होने पर सूक्ष्म शरीर मे स्थितिज ऊर्जा के केन्द्र के रूप में अवस्थित कुंडलिनी पर एक दबाव की स्थिति उत्पन्न होने लगती है, एवं कुंडलिनी जागृत, सतर्क और क्रियमाण हो जाती है। यह कुंडलिनी के जागरण की आरंभिक अवस्था होती है, जिसमें विभिन्न प्रकार की सूक्ष्म ध्वनियां सुनाई पड़ती हैं और सूक्ष्म आकारों अथवा रूपों के दर्शन भी हो सकते हैं।

जब कुंडलिनी निद्रित होती है तो यह तीन वलय बनाकर कामरूप पीठ में अवस्थित, 'अवकाश मात्र' अथवा 'लिंग' या 'चिन्ह' मात्र आत्म-क्षेत्र का अवगुंठन करते हुए अपने इन तीन वलयों पर ही एक चौथे अर्धवलय के समान अपने शीर्ष को टिका कर विश्राम करती है। कुंडलिनी की विश्रामावस्था में इसके सिर के ऊपरी भाग से ब्रह्मनाड़ी का प्रवेश द्वार भी भली भांति रुद्ध हो जाता है। संपूर्ण शरीर संरचना में केन्द्रस्थ इस ब्रह्मनाड़ी के प्रवेश द्वार को ब्रह्मद्वार भी कहा जाता है, क्योंकि योग-विज्ञान के अनुसार यही हमारी संरचना में शीर्षस्थ ब्रह्मरंध्र एवं सहस्रार तक पहुंचने का सीधा एवं एकमात्र पथ है। सतत प्रयास, धैर्य और दृढ़ निश्चय के माध्यम से योगविज्ञान के साधक अपनी कुंडलिनी को इस प्रकार विक्षोभित कर सकते हैं कि यह जागृत होकर सीधे ब्रह्मनाड़ी का अवलंबन करते हुए ऊर्ध्वगामिनी हो सकती है। अल्प आहार-निद्रा आदि तथा मानसिक शुद्धता एवं उद्योग के द्वारा, योग-साधक प्रयास करते हैं कि उनकी कुंडलिनी अधिकाधिक ऊर्ध्व निवासिनी होकर जागृत बनी रहे और इसके पुन: नीचे लौटने की संभावना भी कम से कम होती चली जाये। वे ऊपर के चक्रों में अधिक देर तक ठहरने के लिये प्रयास करते रहते हैं। योगविज्ञान के ज्ञाताओं का कहना है कि यदि निष्ठावान साधक को इस प्रक्रिया में कार्यरत समस्त सिद्धांतो का पूर्ण ज्ञान न भी हो, तो भी तकनीक अथवा क्रियाओं को सही प्रकार से करते रहने पर उसकी उन्नति में कोई बाधा उत्पन्न नहीं होती।

शिष्यों की एक सामान्य शंका का समाधान

स्वामी शिवानंद लिखते हैं, "यद्यपि एक (अधिष्ठाता) चैतन्य से युक्त शरीर संरचना में संपूर्ण संरचना का स्थिति-विंदु (अथवा अवस्थिति-केन्द्र) इसकी व्यष्टि-कुंडलिनी होती है, तथापि शरीर के हर अंग एवं प्रत्येक कोशिका के अलग अवस्थिति-केन्द्र होते हैं जिनके माध्यम से वे अंग अथवा कोशिका विशेष अपनी व्यष्टि (भूमिका और अस्तित्व) को संभालते हुए विद्यमान रहते हैं।" योग विज्ञान के अद्वितीय ज्ञाता, प्रत्यक्षकर्ता और प्रत्यक्ष-प्रदर्शक स्वामी शिवानंद के इस सारभूत आख्यान के संदर्भ

में, हमारे विद्वान पाठकों को हमारे उन प्रस्तावों का भी स्मरण आ रहा होगा जहां हमने पदार्थ-कण-पुरुषों, कोशिका-पुरुषों, उन दोनों के समष्टि पुरुषों और स्वतंत्र प्रभार से युक्त अंग विशेष के पुरुषों, अथवा नक्षत्रों एवं आकाश-गंगाओं (के धारक) पुरुषों की बात कही थी। वक्ता अथवा लेखक चाहे स्वामी शिवानंद हों, श्री युक्तेश्वर हों, सर वुड्रौफ़ हों, स्वयं महायोगी गोरक्षनाथ हों या आगम के ऋषिगण हों, सत्य की आख्या एक समान ही रहती है, यद्यपि परिप्रेक्ष्य में परिवर्तन हो सकता है।

शिव और शक्ति की युग्मावस्था से उत्पन्न 'संतति' के रूप में एक मानव शरीर में अपनी सुदीर्घ यात्रा के उपरांत, व्यष्टि कुंडलिनी का चलायमान होना उस शरीर के मूलाधार में स्थित 'शक्ति तत्व' का सहस्रार में अवस्थित (महाकुंडलिनी स्थानीय) शिव की दिशा में चलायमान होना है। इस व्यष्टि रूपी शक्ति की जब समष्टि रूपी शिव से युति अथवा मिलन हो जाता है तो योगी को दिखाई पड़ने वाले उसके संसार में भी एक मूल-भूत परिवर्तन हो जाता है, क्योंकि उसके लिये सापेक्षता का परिप्रेक्ष्य बदल जाता है। यहां स्वामी शिवानंद योग-जिज्ञासुओं के इस प्रश्न का उत्तर देने का प्रयास कर रहे हैं, कि यदि केन्द्र के क्षेत्र में घनीभूत होते हुए 'जीवनी शक्ति एवं प्राण' कुंडलिनी के साथ ही ऊपर उठते हैं, तो शरीर में जीवन रक्षा किस प्रकार होगी।

स्वामी जी वास्तव में शिष्यों के इस भय का निवारण करने का प्रयास कर रहे हैं कि यदि आसन प्राणायाम आदि की क्रिया करते समय कुंडलिनी के अचानक जाग्रत होने से इसके कुंडल खुल जायें, तो कहीं उनका देह-पात तो नहीं हो जायेगा। तथापि कुंडलिनी-साधना में वह अंतिम चरण इतनी शीघ्र उपस्थित नहीं होता। श्री शिवानंद लिखते हैं, "कुंडलिनी की स्थितिज ऊर्जा को आधार बनाकर उससे साम्य लाभ करते हुए जो चलायमान ऊर्जा समस्त शरीर में फैलकर व्याप्त होती है वह पांच प्राणों की ऊर्जा की समष्टि ही होती है, जिसे स्थितिज कुंडलिनी संतुलित करती है, और अगर ये पांच प्राण केन्द्र की ओर घनीभूत भी हो जायें तो इस संतुलन पर कोई प्रभाव नहीं होता, यह यथावत विद्यमान रहता है।

"इस दृष्टि से देखने पर (कुंडलिनी से) जो शक्ति उठती है वह समस्त स्थितिज ऊर्जा नहीं होती, बल्कि विद्युत के समान कौंध जाने

वाली घनीभूत प्रकाश की एक 'किरण' एक ज्वाला के समान उससे निर्गत होकर ऊर्ध्वगमन करती है, जो अंत में परम शिव के स्थान पर पहुंचने में सफल हो जाती है। इस अवस्था में वह केन्द्र बल, जो एक धुरी के समान उस व्यष्टि चेतना के वैयक्तिक संसार विषयक ज्ञान के प्रवाह को वहन करते हुए अवस्थित था, वह परम चैतन्य में लीन हो जाता है (अथवा आत्म तत्व का परमात्म तत्व से एकीकरण हो जाता है)। ...जब कुंडलिनी शक्ति मूलाधार में निद्रित होती है तो मनुष्य की संसार-सापेक्ष चेतना जाग्रत रहती है, परंतु जब कुंडलिनी जाग्रत हो जाती है और परम चैतन्य से युक्त होने का प्रयास करते हुए उससे एकत्व लाभ कर लेती है, तो व्यष्टि की चेतना संसार की दिशा में सुप्त हो जाती है और सबको प्रकाशित करने वाले प्रकाश-सूर्य से एकीकृत हो जाती है।" हम कह सकते हैं कि सापेक्ष का दृष्टा इस अवस्था में सुप्तवत हो जाता है और वह सतत प्रयासशील योगी अब समष्टि के दृष्टा 'शिव' के रूप में जागृत हो जाता है।

विद्‌युत के कौंधने के समान दो प्रकाशों का मिलन

स्वामी शिवानंद पुन: कहते हैं, "योगियों का यह सिद्धांत है कि जब कुंडलिनी (सहस्रार तक) उठ जाती है तो एक संपूर्ण जीव संरचना के रूप में (योगी के) शरीर का पोषण स्थूल प्राणों के द्‌वारा नहीं बल्कि शक्ति और शिव के सहस्रार में मिलन से प्रवाहित होने वाले अमृत से होता है। यह अमृत प्रवाह (इनके) इस संयोग से स्वत: निर्गत होकर प्रवाहित होता है।"

इसके पूर्व हम सृष्टि के तीन स्तरों पर इन प्रधान तत्वों के मिलन से उत्पन्न होकर प्रवाहित होने वाली तीन प्रकार की ऊर्जाओं के विषय में जान चुके हैं। जब मनुष्य की चेतना कारण शरीर में सिमट जाती है तो वह चेतना के लिये सुषुप्ति की अवस्था होती है, परंतु जब यह केवल सूक्ष्म के स्तर तक सिमट कर अवस्थित होती है तो वह हमारी स्वप्नावस्था होती है जिसमें केवल हमारी स्थूल की चेतना का अभाव होता है। जाग्रत अवस्था में हमारे तीनों शरीर कार्य करते हैं। कुंडलिनी में अवस्थित 'शक्ति-तत्व' के महाकुंडलिनी में अवस्थित 'शिव तत्व' से

मिलन से एक नई अवस्था और एक नई ऊर्जा उत्पन्न होते हैं। यह चतुर्थ श्रेणी का ऊर्जा-प्रवाह दृष्ट जगत अथवा संसार के ज्ञान से परे, तुरीया अवस्था में उपलब्ध होने वाले एक अमृत के प्रवाह के समान आनंद प्रदान करने वाले प्रवाह के रूप में विज्ञात है। इस चतुर्थ श्रेणी के ऊर्जा प्रवाह का ज्ञान सभी को नहीं होता, केवल सफलता प्राप्त सौभाग्यशाली योगियों को ही इसकी उपलब्धि होती है।

इसके आगे स्वामी पुनः लिखते हैं, "परंतु यदि मूलाधार में कुंडलीकृत शक्ति पूर्ण रूप से अपनी कुंडलियों का त्याग करते हुए ऊर्ध्व में चालित हो जाती है, तो स्थूल, सूक्ष्म एवं कारण तीनों शरीरों में बद्ध समस्त ऊर्जा विमुक्त हो जाती है। यह शरीर के समस्त बंधनों से मुक्त विदेह मुक्ति की अवस्था कही जाती है, जिसमें स्थितिज ऊर्जा के केन्द्र के साथ ही व्यष्टि के रूप में अलग अस्तित्व का ही ध्वंश होकर परम तत्व की उपलब्धि प्राप्त हो जाती है।" इस अवस्था में समय की रेखा के समानांतर घटित होने वाले व्यष्टि चेतना के अच्छे और बुरे समस्त पिछले कर्म, सहस्रार स्थान में कुंडलिनी एवं महाकुंडलिनी के मिलन से उत्पन्न होकर कौंधने वाली विद्युत के प्रकाश में सदा के लिये भस्म होकर पूर्ण रूप से प्रभावहीन हो जाते हैं।

तथापि यह विदेह मुक्ति इतनी सरलता से प्राप्त होने वाली उपलब्धि नहीं है, क्योंकि इस पथ पर और इस यात्रा में अनेक पड़ाव आते हैं और इस मार्ग पर फिसलन भी होती है जो योगी को पीछे ले जाती है, और इसके प्रत्येक पड़ाव पर अभ्यास में रत योगी के लिये, अनेक प्रकार की सिद्धियों के रूप में उच्चतर श्रेणी के विभिन्न प्रलोभन भी उसकी प्रतीक्षा करते हैं। जैसे-जैसे योगी अग्रसर होते हुए शीर्ष के समीप पहुंचता है, उसके सन्मुख प्रत्यक्ष होने वाले विश्व की सुंदरता और विशालता उसके लिये इतनी मोहक होती है कि उसे इन मध्य के आकर्षणों में ही अधिक समय तक अटके रहना उचित प्रतीत हो सकता है। इस अवस्था में अनेक योगी शीर्ष पर पहुंचने में शीघ्रता करने के स्थान पर इन ऊर्ध्व स्थलों पर समतल विकास प्राप्त करने की दिशा में भी उन्मुख हो सकते हैं। उन आप्त-काम योगियों में से अनेक शीर्ष का विस्मरण किये बिना भी मध्य में ही ठहर कर और विभिन्न प्रकार के दैवी आनंदों का उपभोग करते

हुए, मानव-जाति के उत्थान के कार्य में प्रकृति की सहायता करते रहने में भी प्रवृत्त हो सकते हैं।

ऊर्ध्व की दिशा में बढ़ते कदम

जयदेव सिंह लिखते हैं, "शैवागमों में यह एक स्पष्ट निर्देश अथवा धारणा है कि अभिव्यक्ति की ओर उन्मुख विश्व चैतन्य सर्वप्रथम प्राण अथवा जीवनी शक्ति में परिवर्तित होता है और इसी के माध्यम से जीवन (विश्व) का प्रारंभ होता है।" प्राण शक्ति है, और यही शिव से संयुक्त शक्ति अथवा कुंडलिनी का शरीर है। यह कुंडलिनी नाद-ज्योतिर्मयी है, ध्वनि एवं प्रकाशरूपा है। इसमें नाद ही शक्ति है जो परमेश्वर की इच्छा का प्रकाश है, जो ॐ कार है और जिसे प्रयत्न के द्वारा सुना जा सकता है, और इसके पीछे वर्तमान ज्योति अथवा प्रकाश ही शिव है।

नाद-बिंदु उपनिषद के अनुसार इसकी ध्वनि आरंभ में जल के प्रवाह के समान, झरने की ध्वनि के समान, बादलों के परस्पर टकराने की ध्वनि के समान, समुद्र के घोष के समान और एक भेरी के समान भी सुनाई पड़ सकती हैं। ये सब इतनी मृदु ध्वनियां नहीं होतीं, यद्यपि धीरे-धीरे ये मधुर ध्वनियों में बदल जाती हैं, जैसे किसी भंवरे का गुंजन, चांदी की छोटी घंटियों की या बांसुरी की ध्वनि, सितार या वीणा की ध्वनि, आदि, और अंत में यह एक सतत सुनाई पड़ने वाली मधुर एवं मिश्रित-ध्वनि या प्रणव का रूप लेते हुए स्थिर हो जाती है।

कुंडलिनी शक्ति में जो शिव का विभाग अथवा शिवांश है, वह एक प्रकाश पुंज के समान योग का अभ्यास करने वालों को आंखें बंद होने पर मस्तक में सामने की ओर आंखों से ऊपर के स्थान पर दिखाई पड़ता है। अनेक अवसरों पर अपने ही अंदर इस प्रकाश की एक तीव्र कौंध प्रायः हम सभी को दिखाई पड़ जाती है, जब हमें जोर की खांसी या छींक आती है या सिर में चोट लगती है अथवा हमारा स्खलन आदि होता है। यह शब्द या ध्वनि के पीछे रहने वाला प्रकाश है, और अनेक साधकों को यह कभी-कभी बंद आंखों के सामने अंगूठे के आकार की एक शीतल ज्योति

अथवा शांति एवं आनंद का विकिरण करने वाली शीतल अग्नि शिखा के समान भी दिखाई पड़ सकता है।

प्रकाश की अपेक्षा हम ध्वनि अथवा शब्द के अधिक निकट रहते हैं, जो हमारा मानस पक्ष होता है, और जिसमें हमारे विचार, हमारे द्वारा दृष्ट जगत एवं इसके अनुभवों से संबंधित विवरण एवं भाव आदि अवस्थान करते हैं। सृष्टि के स्पंदनों को ध्वनि के रूप में हम अपेक्षाकृत अधिक सहज रूप से अनुभव कर पाते हैं, अतः यह ध्वनि-श्रवण हमारे लिये शृंखलाओं से मुक्त होते हुए शुद्ध चैतन्य की दिशा में वापसी का सबसे सरल मार्ग है। वास्तव में तो जिन अशुद्धियों से जड़ित रहते हुए या उन्हें साथ लेकर हम इस विश्व में भ्रमण करते हैं, वे ही शृंखलाओं के रूप में हमें बांधकर रखने का प्रयास करती हैं। ये अशुद्धियां ही हमारी चेतना के ऊपर की दिशा में उठने में बाधक होती हैं, और उन्हीं के प्रभाव से हममें से अधिकांश मनुष्यों की चेतना तो हमारे आधार के निकटस्थ और स्थूलतर चक्रों को छोड़कर उनसे ऊपर उठने की दिशा में प्रयास-रत भी नहीं होती।

अध्यात्म की दिशा में उठने के संदर्भ में कुंडलिनी का जागरण केवल इसका एक पक्ष-विशेष मात्र ही है। वास्तव में तो किसी भी मनुष्य के लिये जो आवश्यक होता है, वह है अपने मन-मस्तिष्क से मलों अथवा अशुद्धियों का क्रमशः और अधिकाधिक त्याग करते हुए जीवन पथ पर अग्रसर होते रहने का प्रयास, ताकि वह अपनी ही चेतना में सूक्ष्म एवं सूक्ष्मतर स्पंदनों की अनुभूति करने में सक्षम हो सके। साधना से कुंडलिनी को जाग्रत कर पाने पर वह हमारे पिछले सभी कर्मों के प्रभाव को जलाकर भस्म कर देती है, और हमारी प्रकृति अथवा स्वभाव में ही अनुस्यूत इच्छा (निश्चय), ज्ञान (तकनीक) एवं क्रिया (उद्योग) के माध्यम से, हम सब के लिये इसे जाग्रत कर पाना संभव भी है।

अनुभूति की सूक्ष्मता को मापने की विधि

ऋषियों के अनुसार 'ओम' ही वह ध्वनि है जो मनुष्यों में 'मैं' अथवा 'आत्म' की अवधारणा की उत्पत्ति करती है। ध्यान में बैठे हुए अनेक

योगी अपने मन को अपने अंतर में विद्‌यमान इन्द्रियों के द्‌वारा ग्रहीत होते रहने वाले विभिन्न अनुभूति के विषयों एवं अन्य विचारों से मुक्त करने और एक आंतरिक शांति की अवस्था प्राप्त करने का प्रयास करते हैं। ऐसे योगी नाद की ध्वनि पर अपना ध्यान केन्द्रित करते हैं या वाह्य रूप में ध्वनित करने के पश्चात 'ओम' के उच्चारण को अपने मन के अंदर विस्थापित कर लेते हैं। यह एक सुखद अनुभव होता है, विशेषकर अगर मन शांत हो। अतः योगी को अपने एक उच्चारण को समाप्त करके दूसरा आरंभ करने की कोई शीघ्रता नहीं होती और वह इसके अंत में आने वाले ....म् की ध्वनि को अपनी संवित की स्मृति अथवा अनुभूति में अधिक आंतरिक और सूक्ष्मता की दिशा में ले जाते हुए, उसी से अपने 'मैं' को युक्त करने का प्रयास करता है।

'ओम' शब्द 'अ', 'उ' तथा 'म' तीन लघु वर्णों से निर्मित है और एक लघु वर्ण के उच्चारण काल को योग विज्ञान में एक मात्रा कहा जाता है। ॐ का उच्चारण करने में इन तीन मात्राओं के अतिरिक्त नासिका में जो '.......म्' की ध्वनि सुनाई पड़ती है, उच्चारण के समय की दृष्टि से उसे योग-विज्ञान में अर्धमात्रा माना जाता है। संवित की चेतना के संदर्भ में योगीजन इसे 'बिंदु' अवस्था कहते हैं। इस 'बिंदु' अवस्था में विचारों का उदय नहीं होता अथवा वे रूप ग्रहण नहीं कर पाते, जो उस 'पश्यंति वाक' के समान एक स्थिति होती है जिसकी चर्चा हम कर चुके है। अपने ध्यान में योगी गण इसी विचार शून्य अवस्था से अनुभूति की और अधिक सूक्ष्मता की ओर बढ़ने का प्रयास करते हैं।

व्यास से अर्धव्यास और फिर शून्य की ओर

अंग्रेजी भाषा में लिखी गई अपनी पुस्तक में जयदेव सिंह लिखते हैं, "यदि हम प्राण की ऊर्जा की सूक्ष्मता को समय की द्रष्टि से नापने का प्रयास करें, तो 'बिंदु' में अनुभूति के स्तर पर उच्चारण में लगने वाले समय का मान अर्धमात्रा कहा जायेगा। ...यह 'बिंदु' प्रकाश (ज्ञान) के एक विंदु के समान है जिसमें समस्त दृष्ट जगत (all objective phenomena) की बिना किसी विस्तार के, अविभाजित रूप में, एक विंदुस्वरूप उपलब्धि

होती है। ...यहां से सूक्ष्मता की दिशा में आगे बढ़ने पर बिंदु 'नाद-ध्वनि' में परिवर्तित हो जाता है और व्यष्टि चेतना में अंतर्निहित ज्ञान के समस्त विषयों के विवरण (predominance of objectivity) का क्रमश: अभाव होता चला जाता है।

"संवित अब अर्धचंद्र का रूप ग्रहण करते हुए ललाट में अवस्थित हो जाती है। इस स्तर पर स्पंदन की सूक्ष्मता की अवधि 'एक मात्रा का चौथाई भाग' होती है। इसकी अगली अवस्था में जब बिंदु में अंतर्निहित समस्त 'विषय बोध' पूर्णतया विलुप्त हो जाता है तो (संवित में) जीवनदायी ऊर्जा ललाट के ऊपरी भाग में एक समतल सरल रेखा के रूप में प्रकट होती है। इसके स्पंदन की सूक्ष्मता एक मात्रा का आठवां भाग रह जाती है और इसे 'निरोधिनी' कहा जाता है (इसे क्रम विकास की दृष्टि से मानव के विकास में एक नई 'स्नातकोत्तर' प्रकार की दहलीज या threshold समझा जा सकता है)। इसे निरोधिनी इसलिये कहा जाता है क्योंकि यह ऐसे साधकों या प्रयासकर्ताओं को इस स्थान का अतिक्रमण करने नहीं देती जिनमें आवश्यक न्यूनतम योग्यता का अभाव हो, और इसी प्रकार जो योगी इस अवस्था को प्राप्त कर चुके हैं उनके लिये भी द्वैत की अभिव्यक्ति के द्वारा पुन: पराभूत होना (slipping back into dualism) संभव नहीं होता।"

श्री जयदेव सिंह के अनुसार, "नाद एक रहस्यमय गुंजन जैसी (सदैव गुंजायमान रहने वाले सृष्टि घोष के समान) ध्वनि है जो हमारे शीर्ष के स्थान से उदय होकर हमारी मध्य नाड़ी सुषुम्ना में फैलते हुए विद्यमान रहती है। यह अनाहत ध्वनि है जो बिना किसी आघात के स्वत: उत्पन्न हुई है और जिसे शब्दों में व्यक्त नहीं किया जा सकता। यह कभी रुकती नहीं है और सभी जीवित प्राणियों में सदैव गुंजायमान रहती है ('It never sets, i.e., it always goes on sounding in all living creatures')। इसके स्पंदन की सूक्ष्मता एक मात्रा का सोलहवां भाग होती है। 'नादांत' ...(स्पंदायमान) ऊर्जा का अगला सोपान है जो 'नाद' के पश्चात वाला सोपान है। यह अत्यंत सूक्ष्म (स्पंदन का स्तर) होता है और इसका स्थान ब्रह्मरंध्र है जो हमारे स्थूल शरीर में हमारे शीर्ष से तनिक ऊपर अवस्थित होता है। इसके स्पंदन की सूक्ष्मता एक मात्रा का बत्तीसवां भाग होती है।"

ऊपर की दिशा में कदम के बाद कदम उठाते हुए और एक के बाद एक सोपान चढ़ते हुए जैसे-जैसे एक योगी अपनी ध्यानावस्था में अपनी आत्मा (Self) की ओर अग्रसर होता है उसकी अनुभूति का स्तर अधिकाधिक सूक्ष्म होता चला जाता है।

अंतिम छलांग से पूर्व

बारह भागों में विभक्त 'ओम' की सूक्ष्मता की दिशा में नवम स्थान (9th digit) जिसे हम अब तक की अपनी सभी चर्चाओं में 'महा कुंडलिनी' कहते आये हैं, जयदेव सिंह के अनुसार, "स्वयं शक्ति अथवा ऊर्जा ही है। इस स्तर पर आनंद की अनुभूति होती है और यह स्पंदन में एक मात्रा के चौसठवां भाग वाला स्तर है, जो किसी भी बद्ध संरचना में वाह्यतम (चर्म स्थानीय) अनुभूति का स्तर भी होता है।

"इससे अगला सोपान व्यापिनी अथवा व्यापिका शक्ति का है। यह सभी कुछ को बेधते हुए या उसका भेदन करते हुए अनुस्यूत होकर विद्यमान रहने वाली 'शक्ति' ('शक्ति-तत्व' की अवस्था) है। क्षेमराज के अनुसार इस स्तर पर पहुंच कर योगी के लिये किसी शरीर की कोई सीमा शेष नहीं रहती और उसे स्वयं के आकाश के समान सर्वत्र व्याप्त होने जैसी अनुभूति होती है। ऐसा बताया गया है कि इसका अनुभव सिर पर (अधिकांश ब्राह्मणों के द्वारा आज भी रखी जाने वाली) शिखा की उत्पत्ति के स्थल पर होता है। इसकी मात्रा (इकाई का) एक सौ अट्ठाइसवां भाग होती है" (क्षेमराज १२वीं शताब्दी के कश्मीर शैव दर्शन के प्रसिद्ध एवं आधिकारिक विद्वान थे)।

संवित के स्पंदन के अगले सूक्ष्मतर, और संख्या में ११वें स्तर, 'समना शक्ति के स्तर' के विषय में, अपनी अंग्रेजी भाषा में मुद्रित पुस्तक में, जयदेव सिंह लिखते हैं, "जब चेतना व्यापिनी के स्तर पर अवस्थान करती है, तो उसके लिये देश और काल के सभी व्यवधान लुप्त हो जाते हैं और उसके लिये कोई उद्देश्य भी नहीं रहता (all spatial and temporal limitations have been overcome and all objectivity has disappeared)। इसके पश्चात ही 'समना' का स्तर होता है जो

केवल 'बोध' मात्र होता है, जो क्षेमराज के अनुसार विचारहीन सोच के समान होता है जिसमें किसी सोच के लिये कोई (विषय या वस्तु रूपी) आधार ही नहीं है। स्थूल शरीर में इसका स्थान सिर से निकलने वाली शिखा है और इसकी मात्रा इकाई का दो सौ छप्पनवां भाग होती है। यह 'शक्ति' की वह अवस्था है जिसके माध्यम से शिव अपने पंचकृत्यों का निर्वाह करते हुए सृष्टि (manifestation), स्थिति (sustenance) एवं विनाश (withdrawal) की दिशा में उन्मुख होते हैं, और एक ओर तो वे अपने संवित के प्रकाश को आवरित कर देते हैं (veiling) एवं दूसरी ओर अनुग्रह-वश उसका अनावरण करने (revealing) में भी सहायक होते हैं।

"वह योगी जिसने संवित का 'समना' के स्तर तक विकास कर लिया है यदि वह विश्व की ओर दृष्टि रखता है तो उसमें सर्वज्ञता, सर्वत्रता आदि की क्षमता होती है, परंतु यदि वह समस्त सिद्धियों आदि का त्याग अथवा उनकी अनदेखी करके अपनी संवित को और सूक्ष्म एवं उच्चतर स्तर पर ले जाने का प्रयास करता है तो वह शक्ति की 'उन्मना' अवस्था ('ओम' के १२वें सोपान) को प्राप्त कर लेता है, और फिर परम शिव या परम सत्य से युक्त होकर अवस्थित हो जाता है।"

शैव आगम और 'शब्द' के सोपान

ऋषियों के अनुसार यह विश्व 'ध्वनि' अथवा शब्द का अनुसरण करते हुए ही अपनी अभिव्यक्ति की दिशा में अग्रसर होता है। यही वह पथ है जिसका उपयोग संवित के द्वारा निम्न दिशा में अवतरण करने के लिये किया जाता है। इसी कारण से योग-विज्ञान के ऋषियों ने संवित के एक विपरीत क्रम में अव्यक्त की दिशा में लौटने के पथ को भी उन्हीं स्तरों में विभक्त करते हुए अंकीकृत करने का प्रयास किया है। तथापि ये दसमलव के पश्चात के अंक (*digits*) नहीं होते। अंग्रेजी की हमारी प्रधान पुस्तक के प्रथम खंड (विज्ञान खंड) में हम देखेंगे कि भौतिक विज्ञानविद भी विश्व सृष्टि कें संदर्भ में दसमलव का नहीं बल्कि इसके आकार के दुगुने होने में लगने वाले समय का विवरण देना ही ज्यादा उपयुक्त समझते हैं।

ऋषियों के द्वारा तालिका बद्ध किये गये अनुभूति की सूक्ष्मता के इन बारह अंकों (twelve digits) का वर्णन, 'स्वच्छंद तंत्र', 'नेत्र तंत्र', 'त्रिशिरोभैरव', और 'विज्ञान भैरव तंत्र' पर क्षेमराज तथा शिवोपाध्याय की टीकाओं में भी उपलब्ध है। इन बारह अंकों में से पहले तीन हमारे सूक्ष्म शरीर में तथा शेष नौ अंक हमारे कारण शरीर में अवस्थित होते हैं। 'ओम' शब्द का स्थूल उच्चारण करने में प्रयुक्त 'अ', 'उ' तथा 'म', इन तीन लघु वर्णों को ही पहले तीन अंक माना गया है, और वेदांत की सभी शाखा-प्रशाखाओं में ये इसी प्रकार मान्य हैं। हमारी चेतना में अनुभूति के ये तीनों स्तर हमारे सूक्ष्म शरीर में विद्यमान होते हैं। शेष नौ अंक क्रमश: बिंदु-४, अर्धचंद्र-५, निरोधिका-६, नाद-७, नादांत-८, कुंडलिनी-९, व्यापिनी-१०, समना-११ एवं उन्मना-१२ हमारे कारण शरीर में स्थित होते हैं, और उन्मना के स्तर पर तो स्पंदन की अनुभूति ही शून्यवत हो जाती है।

इन अंकों अथवा स्पंदन के स्तरों में उन्मना का स्तर आगम में 'शिव तत्व' का स्तर है, समना, व्यापिनी और कुंडलिनी शक्ति-तत्व की अवस्थायें हैं, नादांत, नाद एवं निरोधिनी सदाशिव तत्व की भूमिकायें हैं, अर्धचंद्र का ईश्वर तत्व से साम्य है, तथा बिंदु हमारे कारण शरीर में 'शुद्ध विद्या तत्व' की अवस्थिति का स्थान माना जाता है।

एक परम चैतन्य ही है जो सदैव विद्यमान रहता है, और जो समय-समय पर इस विश्व के रूप में अभिव्यक्त होता है। इस एक ही 'प्रधान' का इसके कार्यों, दायित्वों और अभिव्यक्ति की अवस्थाओं और उनके स्तरों के अनुसार ऋषियों ने शिव, शक्ति, सदाशिव, ईश्वर एवं शुद्ध विद्या तत्वों में विभाजन करते हुए, इसकी सृष्टि के रूप में अभिव्यक्ति का विवेचन करने का प्रयास किया है। वास्तव में तो केवल एक शाश्वत चैतन्य ही विद्यमान रहता है, जो व्यापक, सर्वज्ञ, सर्वसामर्थ्य से युक्त एवं पूर्ण होता है।

अनंत का खेल

डॉ. गोपीनाथ कविराज अपने समय के एक ऐसे ख्यात नामा विद्वान एवं दर्शन शास्त्री थे जिन्हें सन् १९३२ में ब्रितानिया सरकार के द्वारा

'महामहोपाध्याय' की उपाधि प्रदान की गई थी और पुन: सन् १९६७ में उन्हें स्वतंत्र भारत में द्‌वितीय सर्वोच्च असैनिक सम्मान 'पद्म विभूषण' से भी विभूषित किया गया था। उनकी जन्म शताब्दी के अवसर पर सन् १९८२ में संपूर्णानंद संस्कृति विश्वविद्‌यालय, वाराणसी के द्‌वारा 'कविराज प्रतिभा' के नाम से उनके लेखों का एक संग्रह प्रकाशित किया गया था। यह पुस्तक इसके संकलन कर्ताओं, प्रकाशक एवं संपादक का मानव जाति के लिये एक अनुपम उपहार है, और कविराज जी के द्‌वारा छोड़ी गई अमूल्य धरोहर को भावी मानव संतति के लिये संजोकर रखने का अत्यंत विवेकपूर्ण प्रयास है। उनकी प्रतिभा को नमन करते हुए हम इस संग्रह में 'मैं कौन हूं' शीर्षक के अंतर्गत सम्मिलित उनके एक लेख से कुछ अंश यहां हमारे विद्‌वान पाठकों के अवलोकन के लिये यथावत उधृत कर रहे हैं।

"अतीत अवस्था से जब 'एक' का आविर्भाव होता है, तब क्षणमात्र में ही होता है और अखंड भाव से ही होता है, उसमे क्रम नहीं रहता। सब समष्टियां एक साथ प्रकट होती हैं। यह नित्यसिद्ध परमात्मा की अवस्था है। किंतु बीच के रहस्य के जाल को काट सकने पर जो दिखाई देता है, उससे (अध्यात्म के ज्ञाता) वैज्ञानिक स्तब्ध हो पड़ते हैं। इसीलिए (उपनिषद में) 'आश्चर्यवत पश्यति' कहकर विस्मय प्रकट किया गया है। एक में जो अनंत का खेल चल रहा है वह यदि दिखाई दे तो चकित हुए बिना रहने का कोई उपाय नहीं है। 'एक'मात्रा ही एकाग्र मन की मात्रा है, जिसके ऊपर सृष्टि का सामूहिक ज्ञान अथवा विश्व प्रतिष्ठित होता है। एक का भंग हो जाने पर ही सर्प्रथम दो भागों का पता चलता है। ये दो प्रधान भाग ही गुण-प्रधान भाव से रहित, साम्य में स्थित होकर, अद्‌वय रूप में या एकरूप में अपने को प्रकट करते हैं। भंग होने से पूर्व 'एक' पहले दो रूपों में विभक्त होता है। इसलिये 'एक'मात्रा से अर्धमात्रा में उन्नयन होता है। 'एक' में दो अर्धमात्राएं प्रकट होती हैं। उनमें एक मात्रा 'एक' की ओर सम्बद्ध होकर 'एक' में प्रतिष्ठित समूची सृष्टि के साथ शक्तिराज्यी (ऊर्जा के राज्य में विकसित होने वाले सृष्टि के प्रत्येक अंश) का संबंध अक्षुण्ण रखती है, दूसरी क्रमश: पहले की तरह अर्धमात्रा के क्रम से विभक्त होते-होते अनन्त की ओर दौड़ती है।

"अर्थात अर्धमात्रा के दो भागों में विभक्त होने पर उससे भी फिर अर्धमात्रा उत्पन्न होती है। यहां भी उसकी एक अर्धमात्रा पहली अर्धमात्रा से सम्बद्ध होती है और दूसरी अर्धमात्रा अर्थात आदि-दृष्टि-सम्मत एक चतुर्थांश मात्रा अनंत की ओर धावित होती है। ये सब मात्रायें मन की ही मात्रायें हैं। अतएव 'एक'-मात्र मन से 'अर्ध'-मात्र मन सूक्ष्म है। उससे एक चतुर्थांश मन और भी सूक्ष्म है। इस तरह 'मन' पिसकर चूर्णाकार को धारण करता है, यह ज्ञात होता है। इस विभाग या विश्लेषण क्रम में कहीं भी विश्राम का स्थान नहीं है। व्यवहार के अनुरोध से विश्रांति माननी पड़ती है। योगी लोगों ने भी उसी तरह मन के विश्लेषण का व्यवहार-सम्मत एक अभाव स्थान माना है जो इकाई की पांच सौ बारहवीं (१/५१२) मात्रा है। युक्ति द्वारा इसका भी विभाग किया जा सकता है। किंतु परिमित शक्ति वाले योगियों को भी, चाहे वे कितने भी ऐश्वर्यबल-सम्पन्न क्यों न हों, कहीं न कहीं विश्राम लेना पड़ता है। अमित शक्ति के अधिकार में स्थित होने पर यह अवधि होगी इकाई की तुलना में अनंत सूक्ष्म (१/अनंत मात्रा) (अर्थात Planck's time से भी छोटा समय)। यही परब्रह्म से अभिन्न महाशक्ति की मात्रा है। महायोगी लोग इसी को ब्रह्म का अणु कहकर (पुरुष रूपी अणु की तुलना में) परमाणु के रूप में निर्देश करते हैं।"

शरीर से बाहर हो जाने का अनुभव

स्वामी शिवानंद लिखते हैं, "अभ्यास करते-करते एक समय आ सकता है जब आपको प्रतीत होगा कि आप अपने शरीर से अलग हो गये हैं। उस समय आपको अत्यंत आनंद का अनुभव होगा यद्यपि उसमें भय का भी सम्मिश्रण हो सकता है। एक नई और हल्की काया प्राप्ति के कारण आपको आनंद का अनुभव होगा पर साथ ही एक अनजाने तथा अज्ञात क्षेत्र में प्रवेश होने के कारण आपको भय की भी अनुभूति होगी। प्रारंभ में इस नये क्षेत्र की नई चेतना में कुछ ही बातें आपके अनुभव में आयेंगी। आपको ऐसा अनुभव होगा कि आपका शरीर वायु के समान हल्का हो गया है तथा एक सीमित, स्पंदन से युक्त एवं

घुर्णायमान के समान वायुमंडल और सुनहले प्रकाशों, वस्तुओं एवं लोगों की भी प्रतीति होगी। आपको यह अनुभव हो सकता है कि आप हवा में तैर रहे हैं।

"आप गिरते नहीं हैं, पर आरंभ में इन नये अनुभवों और सूक्ष्मता की उपलब्धि से चेतना में उत्कृष्ट श्रेणी की भावनायें एवं अनुभूतियां उत्पन्न होती हैं। आप कैसे अपना स्थूल शरीर छोड़ते हैं और विद्यमान रहते हैं यह पता नहीं चलता, पर आपको यह ज्ञान होता है कि आप उस शरीर से बिल्कुल अलग हो गये हैं। इस अवस्था में अनुभव होने वाले आनंद का (वाणी से) वर्णन करना कठिन होता है, इसे आप स्वयं अनुभव से ही समझ सकते हैं।

"जब आपमें पुन: स्थूल शरीर की चेतना वापस आ जाती है, तो पहले वाली स्थिति में लौट जाने और वहीं बने रहने की आपमें तीव्र इच्छा होती है। बार-बार प्रयास करते रहने और साधना में लगे रहने पर प्राय: एक मास में आपको एक बार ऐसा सुअवसर मिल सकता है। तथापि यदि (ऐसे लोग) धैर्य से अपनी साधना में लगे रहते हैं तो फिर (उनके लिये) अपनी इच्छा से शरीर को छोड़कर निकलना और अधिक समय तक बाहर बने रहना संभव हो जाता है।

"(इस अवस्था को प्राप्त होने के बाद) केवल इच्छा करने से ही आप किसी भी स्थान पर अपने सूक्ष्म शरीर से यात्रा कर सकते हैं और वहां प्रकट होने के लिये प्रकृति के भंडार से या अपने 'अहंकार' (Self) से आवश्यकता के अनुसार (शरीर की) सामग्री भी ग्रहण अथवा सृष्ट कर सकते हैं। जिन योगियों या रहस्यविदों को इसके पीछे कार्यरत सिद्धांत एवं इसके लिये प्रयुक्त पद्धति का विस्तृत ज्ञान है, उनके लिये यह एक सामान्य के समान प्रणाली होती है। जो लोग अपने सूक्ष्म शरीर का उपयोग करने में सक्षम हो जाते हैं, उनके लिये दूसरे के विचार जान लेना, अपने विचार दूसरे के मन तक पहुंचा देना, विचार से चिकित्सा और दूर से भी चिकित्सा आदि अत्यंत सहज हो जाते हैं। विचार की किरणों को केन्द्रित कर लेने पर वे मोटी दीवारों को भी पार कर जाती हैं और मीलों दूर तक पहुंच सकती हैं।"

जब योगी का परिश्रम फलीभूत होने लगता है

साधारण भाषा में 'सिद्धि' शब्द का अर्थ होता है किसी विषय में इस प्रकार की विशिष्टता प्राप्त कर लेना जिसकी अन्य व्यक्ति प्रशंसा कर सकें। अध्यात्म के क्षेत्र में इसका अर्थ होता है एक वा एकाधिक तत्वों पर विजय प्राप्त कर लेना, और किसी एक तत्व को भी जय कर लेने का अर्थ होता है उच्चतर श्रेणी की एकाधिक शक्तियों की प्राप्ति। जो साधक अथवा योगी एकाधिक अवसरों पर चमत्कारिक घटनाओं की सृष्टि कर सकते हैं, उन्हें सिद्ध कहा जाता है। उन सिद्धों को परमसिद्ध कहा जाता है जिनके जीवन में स्वाभाविक रूप से सदैव चमत्कारिक घटनायें घटित होते हुए दिखाई पड़ती रहती हैं।

गृहस्थ जीवन यापन करने वाले सिद्धों में एक, तथा कतिपय सर्वोच्च परम-सिद्धों मे गणमान्य होने वाले 'बाबा विशुद्धानंद परमहंस' से उनके शिष्य, वाराणसी में संस्कृत कालेज के प्रिंसिपल डॉ. गोपीनाथ कविराज निवेदन करते हैं, "बाबा, (सृष्टि से संबंधित बातें बताते हुए) आप कुछ ज्यादा ही ऊपर उठ गये हैं, पर आज जो प्रश्न मैं आपसे पूछना चाहता हूं वे इससे कुछ निचले स्तर के संदर्भ में हैं। आप इस स्तर पर उतर कर मेरे प्रश्नों के उत्तर देने की कृपा करें। आपने सिद्धि के विषय की चर्चा की है। सिद्धि एक होती है, या एकाधिक? कितने प्रकार की सिद्धियां होती हैं? क्या प्रत्येक सिद्धि लाभ करने के लिये अलग पद्धति का अनुसरण करना आवश्यक होता है?"

इसके उत्तर में बाबा कहते हैं, "निसंदेह सत्य यही है कि केवल एक ही सिद्धि होती है और वह अविभाज्य होती है। तथापि इनके विभिन्न स्वभाव होने के कारण योगी जन इन्हें भिन्न नामों से संबोधित करते हैं। जिन्हें मैं सिद्धि, महा-सिद्धि और अति-सिद्धि कहता हूं, उन्हीं को भिन्न संदर्भ में क्रिया-सिद्धि, ज्ञान-सिद्धि एवं इच्छा-सिद्धि भी कहा जा सकता है।"

कुछ क्षण ठहर के बाद बाबा पुन: बोलना आरंभ करते हैं, "अनिमा, महिमा, लघिमा, गरिमा, ईशित्व, वशित्व, प्राप्ति और यत्रकामवश्यित्व, पातंजलि योग में इन आठ सिद्धियों की बात कही गयी है। इनके अतिरिक्त और भी बहुत प्रकार की सिद्धियां, जैसे आकाश-गमन, परकाया

प्रवेश, दूसरों के मन की बातें जान लेना, दूर-दृष्टि, दूर-श्रवण, इत्यादि का भी योग शास्त्रों में वर्णन हुआ है। तथापि योगी को प्रत्येक सिद्धि की प्राप्ति के लिये अलग से प्रयास करने की आवश्यकता नहीं होती। जैसे-जैसे योगी अपने योग पथ पर अग्रसर होता है, और जैसे-जैसे स्तरों को पार करते हुए उसकी चेतना में विकास होता है, उसमें उन स्तरों से संबंध रखने वाली शक्तियों का भी स्वत: विकास होते रहता है। यह स्वाभाविक रूप से बिना उनकी कामना किये ही होते रहता है। परंतु जो व्यक्ति इन शक्तियों की प्राप्ति के हेतु से ही योग मार्ग पर बढ़ने का प्रयास करते हैं, उन्हें सत्यनिष्ठ योगियों के द्वारा आकांक्षित एवं उपलब्ध हो सकने वाली सिद्ध अवस्था की कभी भी प्राप्ति नहीं होती।"

गीता में भी योग को ही सर्वोच्च पथ कहा गया है

बाबा विशुद्धानंद का यह दृढ़ विश्वास था कि दिव्य शक्तियों की प्राप्ति केवल उच्च स्तर के योगाभ्यास एवं कठिन संयम से ही संभव हो सकती है। उन्होंने कविराज जी से कहा था, "कुंडलिनी के सुषुम्ना में प्रवेश करने और ऊर्ध्व गमन करने के लिये, पहले नाभि क्षेत्र में अवस्थित ब्रह्म ग्रंथि का उन्मोचन आवश्यक होता है तथा बाद में योगाभ्यास में और अधिक उन्नति करने के लिये पहले विष्णु ग्रंथि का एवं फिर रुद्र ग्रंथि का उन्मोचन भी आवश्यक होता है।"

बाबा ने बताया, "एक बार जब कुंडलिनी कुछ ऊपर उठ जाती है, तो सुषुम्ना के पथ में ऊर्जा प्रवाह की एक तरंग अपनी एक विशिष्ट ध्वनि के साथ उठती रहती है। साथ ही एक दूसरी लहर ऊपर से नीचे की दिशा में प्रवाहित होना प्रारंभ करती है। दो विपरीत दिशाओं से उत्पन्न होकर गतिमान इन दो प्रकार के विद्युत प्रवाहों का मिलन आज्ञा चक्र के क्षेत्र में बिंदुस्थान पर होता है और यह एक शीतल, तेजोमय एवं मुग्ध करने वाले प्रकाश के रूप में दिखाई देता है। इसका यह प्रकाश यदि बाहर पड़ता है तो यह वाह्याकाश में भी दृष्टिगोचर होता है।"

नाभि धौती क्रिया के विषय में बात करते हुए, जिससे खेचरी सिद्धि की प्राप्ति होती है और जिसके माध्यम से योगी-गण आकाश मार्ग से

शून्य पथ में गमन कर सकते हैं, बाबा ने बताया, “इस शक्ति का संबंध वायु एवं आकाश तत्वों से है। जब कोई योग के पथ पर उन्नति करते हुए अग्रसर होता है तो नियम यही है कि उसमें इस प्रकार की क्षमताओं का स्वत: ही विकास होता है। एक के पश्चात एक, योगी को चाहिये कि वह सभी तत्वों को जय करने का प्रयास करता रहे। तभी उसके अंदर चिदाकाश में उठने और अवस्थान करने की क्षमता उत्पन्न हो सकती है।”

डॉ. कविराज का यह स्वभाव ही बन गया था कि वे अपने गुरू से प्रश्न पूछने और अपने ज्ञान में वृद्धि करने का कोई भी अवसर जाने नहीं देते थे। अत: विषय को और आगे बढाते हुए उन्होंने पूछा, “नाभि धौती की क्रिया को सीखने में, जिसके द्‌वारा नाभि क्षेत्र को मलों से मुक्त किया जाता है, योगी का उद्देश्य होता है कुंडलिनी को मध्य पथ से प्रवाहित करना ताकि सहस्रार में इसका मिलन ‘शिव’ से हो सके। उस अवस्था में ज्ञान चक्षु खुल जाते हैं और दिव्य आनंद का प्रवाह होता है। अपने इस प्रधान उद्देश्य की प्राप्ति की दिशा में उद्‌युक्त योगी के लिये यह आवश्यक नहीं होना चाहिये कि वह साथ ही साथ आकाश में गमन करने की योग्यता भी अर्जित कर ले!”

बाबा और विस्तार से समझाते हुए कहते हैं, “पुत्र, नाभि केन्द्र एवं सहस्रार के मध्य एक घनिष्ट संबंध होता है। (योग क्रियाओं के परिणाम स्वरूप) सहस्रार में जिस तीव्र शक्ति का उदय एवं प्रकाश होता है उससे कोई भी ऐसा मनुष्य, जिसने इस प्रकार की क्रियाओं के ज्ञान एवं दीर्घ अभ्यास के द्‌वारा अपनी अंत:संरचना को सुदृढ़ नहीं कर लिया हो, वह सहज ही अभिभूत होकर क्षति को प्राप्त हो सकता है। जब एक योगी अपने शरीर को साथ लेकर आकाश में उठने और यात्रा करने में सफलता प्राप्त कर लेता है, तो (उसकी) यह सफलता नाभि क्रिया में उसकी पटुता प्राप्ति की परिचायक होती है।”

आकाश से नीचे का दृश्य

बाद के वर्षों में जब भी डॉ. कविराज अपने गुरु से मिलने जाते थे, तो वे ऐसे सुअवसर की प्रतीक्षा में रहते थे जब वे अपने किसी संदेह का निवारण

कर सकें। कभी-कभी ऐसा भी होता था कि गुरु से उनके कई साक्षात्कारों में एक ही विषय पर चर्चा चलती रहती थी, जब तक कि वह पूर्ण न हो जाये। योगी-जनों के द्वारा व्योम-संचरण भी ऐसा ही एक विषय था।

पिछली चर्चा को आगे बढाते हुए बाबा विशुद्धानंद ने कहा, "जब योगी के शरीर के अवयव पूर्ण रूप से परिवर्तित हो जाते हैं और उसे एक नवीन शरीर की प्राप्ति हो जाती है, तो योगी की काया आकाश के समान शुद्ध हो जाती है और वह इच्छा मात्र से इसका संकुचन (लघिमा) तथा विस्तार (गरिमा) कर सकता है, तथापि आकाश में उठने के लिये यह भी आवश्यक होता है कि पृथ्वी से संबंधित सभी विचारों से संबंध विच्छेद करते हुए उन्हें पीछे छोड़ दिया जाये।

"ज्ञान का विकास वहीं तक होता है जहां तक मध्याकर्षण का प्रभाव रहता है (मध्याकर्षण में गुरुत्वाकर्षण सम्मिलित होता है तथापि यह गुरुत्वाकर्षण से अधिक मौलिक होता है), वहीं तक ज्ञान शक्ति का विकास होता है, उसके पश्चात और अधिक ऊपर उठ जाने पर ज्ञान एवं अन्य वृत्तियां निस्तब्ध हो जाती हैं। अपक्व देह को लेकर ऊर्ध्वगमन करना संभव नहीं है, क्योंकि ऊपर उठते-उठते देह में अस्थि एवं मांस इत्यादि एकाकार होकर पिंड का रूप ग्रहण कर लेते हैं और समस्त शरीर कोमल होकर तरल, बल्कि, वाष्प के समान अवस्था को प्राप्त हो जाता है। आकाश-मंडल में ग्रह-नक्षत्र, आदि तक सर्वत्र स्थूल शरीर को लेकर यातायात करना संभव होता है, तथापि जिस स्थान पर जाने का प्रयोजन होता है वहां के परमाणुओं को आकर्षित करके (वहां के उपयुक्त) स्थूल देह के उपादानों की सृष्टि कर लेना आवश्यक होता है। जिस प्रकार एक मत्स्य जल में संतरण करती है, उसी प्रकार योगी की स्थूल देह भी विशाल वायुमंडल में संतरण करते हुए तीव्र वेग से अपने गंतव्य पर उपस्थित हो जाती है। शून्य पथ पर अग्रसर होने के लिये केवल अपने गंतव्य स्थान का एकाग्र मन से स्मरण करना होता है। वैसा करने पर नियमानुसार स्वाभाविक रूप से ही योगी कि देह एक सरल रेखा (सबसे छोटे पथ) का अवलंबन करते हुए स्वत: उस दिशा में अग्रसर होती रहती है, इसके लिये पथ की पहचान या किसी दिशा-निर्णय की आवश्यकता नहीं होती।

"उड़कर जाते (ऊपर उठते) समय पृथ्वी से संबंधित किसी भी स्मृति का मन में उदय होने पर तत्क्षणात् मध्याकर्षण के क्रियाशील होने से तुरंत नीचे गिर जाने की सभावना होती है। अभ्यास के प्रारंभिक दिनों में इस प्रकार की बड़ी आशंका बनी रहती है। गुष्करा में एक बार मैं एक बादाम के वृक्ष पर गिर गया था और शरीर में कुछ चोटें भी आ गई थी। एक और बार मैं एक छत पर गिर गया था, तथापि ये प्रारंभ के समय की ही घटनायें थी। स्थूल देह को लेकर पृथ्वी पर एक स्थान से दूसरे स्थान पर जाने के लिये कुछ अधिक ऊपर उठकर यात्रा करना उचित होता है। ऐसा करने पर किसी प्रतिबंधक के द्वारा कोई बाधा उत्पन्न नहीं हो पाती। तथापि, शून्य मार्ग से यातायात करने में कई प्रकार की बाधायें उपस्थित हो सकती हैं। मार्ग में ऊंचे पर्वत आदि होने पर (गंतव्य के) स्वाभाविक आकर्षण के फलस्वरूप सहज रूप से ही देह उनका लंघन करते हुए (अपने पथ पर) बढ़ जाती है। परंतु सूक्ष्म वायु-मंडल में जो गहरे आवर्त होते हैं, उनमें अटक जाने की आशंका सदैव बनी रहती है। इसके अतिरिक्त किसी-किसी स्थान पर (चुंबक के समान) प्राकृतिक आकर्षण इतना अधिक होता है कि उसके द्वारा खींचे जाने से पथभ्रष्ट होकर भ्रांति उत्पन्न होने का भी डर रहता है। इस प्रकार के सभी संकटों से उत्तीर्ण होने के लिये (इच्छा शक्ति के) तीव्र बल का प्रयोग करते हुए विशेष संयम से कार्य करना आवश्यक होता है।

"कभी-कभी मेघ के समान वातावरण से स्वयं को आच्छादित करके चलना पड़ता है। उस अवस्था में योगी के गमन को कोई देख नहीं पाता किंतु इच्छा होने पर योगी लोगों के दृष्टिपथ में रहते हुए भी आकाश में गमन कर सकते हैं। यदि योगी रात्रि के अंधकार में पृथ्वी से यथेष्ट ऊंचाई पर और तीव्र गति से गमन कर रहे होते हैं तो पृथ्वी से देखने पर प्रतीत होता है जैसे कि कोई उज्ज्वल नक्षत्र सहसा आकाशमंडल को भेदते हुए निकल गया हो।"

देह सहित व्योम में विचरण करते समय देह की जो अवस्था होती है उसे चत्वर कहा जाता है। विशुद्धानंद जी ने कविराज जी को यह भी बताया था, "चत्वर के समय योगी के लिये शव-आसन में अवस्थित होना आवश्यक होता है। चत्वर अवस्था में स्थित योगी अपने स्थूल शरीर को

छोड़कर यात्रा कर सकता है और उसके साथ भी। यदि वह अपने स्थूल शरीर को छोड़कर यात्रा पर जाना चाहता है, तो उसे किसी बंद कमरे आदि किसी सुरक्षित स्थान पर (ही अपने शरीर को) छोड़ना चाहिये ताकि कोई अन्य उसे स्पर्श न कर सके, क्योंकि वैसा होने पर योगी के लिये उस शरीर में पुन: प्रवेश करना संभव नहीं होगा। इसी प्रकार सशरीर यात्रा करते समय आंखों को बंद करके यात्रा करनी चाहिये, अन्यथा वायु अथवा तीव्र प्रकाश से उन्हें क्षति पहुंच सकती है।"

तिब्बत मे स्थित ज्ञानगंज आश्रम से समतल भूमि पर आने या वहां जाने के लिये प्रस्तुत अपने गुरू-भ्राताओं एवं गुरू-भगिनियों से मिलने के लिये विशुद्धानंद जी को कभी कभी जालंधर जाना पड़ता था, जो उन दिनों संभवत: रेल मार्ग पर उस दिशा में अंतिम स्टेशन था। बाबा ने कविराज जी को बताया था कि (पश्चिम बंगाल में) बर्दवान से जालंधर तक की 900 मील की दूरी वे प्राय: आधे घंटे में तय कर लेते थे (यह लगभग 2,900 किलोमीटर प्रति घंटा की गति के समान था)। अपने लिये सुविधाजनक गति का चुनाव करने के लिये संभवत: प्रारंभ के दिनों में उन्होंने कुछ प्रयोग भी किये थे, क्योंकि उन्होंने कविराज जी को यह भी बताया था कि अपनी तीव्रतम गति से यात्रा करते हुए उन्होंने यह दूरी केवल बारह मिनटों में तय कर ली थी, अर्थात सात हजार किलोमीटर प्रति घंटे से भी अधिक गति से यात्रा करते हुए।

आकाश में अवस्थान करते समय

कविराज जी बाबा से पुन: प्रश्न करते हैं, "आकाश गमन करते समय क्या योगी को वाह्य ज्ञान रहता है?" इसके उत्तर में बाबा कहते हैं, "उपयुक्त उपाय का अवलंबन करने पर वाह्य ज्ञान को कायम रखा जा सकता है, परंतु वाह्य ज्ञान के साथ तीव्र गति से यात्रा करना संभव नहीं होता और गिर जाने की आशंका बनी रहती है। मैं पहले यह बता चुका हूं कि देह सिद्धि कर लेने के पश्चात यदि (पार्थिव देह के लिये अनुपयुक्त) किसी स्थान पर जाना हो तो उसके पूर्व आवश्यक उपादानों का आकर्षण करके उस स्थान के उपयुक्त देह की सृष्टि करना आवश्यक होता है। परंतु

यहां पृथ्वी पर जिस प्रकार देह का सन्निवेश होता है, तब वह ठीक उसी प्रकार नहीं रहता। अपने लक्ष्य से भिन्न अन्य कोई विचार या भाव उस में (उस देह में) उदित होने पर उसके विक्षिप्त होकर (पथ) भ्रष्ट होने की आशंका बनी रहती है। चित्त की एकाग्रता को सिद्ध किये बिना ऐसा करना संभव नहीं होता।

"चंद्रलोक, सूर्यलोक या अन्य कोई लोक, जहां जाने की इच्छा हो, उसके अनुरूप देह का गठन कर लेना आवश्यक होता है। जिस देह से चंद्रलोक जाते हैं, उसे लेकर सूर्य लोक जाना संभव नहीं होता। ऐसा प्रयास करने पर उस देह का ध्वंश अवश्यंभावी है। स्वर्ग की देह, नर्क की देह, लोक-लोकांतरों की देहें—सब अलग-अलग होती हैं। सर्वत्र परमाणुओं और उनके संस्थित होने की अवस्था में तारतम्य होता है। मुख्य बात है कि मध्याकर्षण के विपरीत शक्ति का विकास करना, और मध्याकर्षण को अभिभूत किये बिना व्योमपथ पर विचरण कर सकने का विचार बहुत दूर की बात है। जीव के सभी निम्न स्तर से संबंधित भाव (स्वभाव) मध्याकर्षण के प्रभाव से प्रभावशाली बन जाते हैं। स्थूल वायुमंडल की सीमा तक, अर्थात जहां तक मध्याकर्षण की क्रिया वर्तमान रहती है, पार्थिव वासना एवं कामनाओं की छाया विद्यमान रहती है। मृत्यु के पश्चात भी जीव इन्हीं वासनाओं से जड़ित रहता है, इसी लिये मध्याकर्षण के आकर्षण के कारण निम्न भूमि की ओर आकृष्ट होकर अपनी वासना के अनुरूप योनि में जन्म ग्रहण करने के लिये बाध्य होता है।" (डॉ. गोपीनाथ कविराज के द्वारा बंगला भाषा में रचित "श्री श्री विशुद्धानन्द प्रसंग" से उद्धृत।)

हाथों में हाथ, साथ साथ

श्री विशुद्धानंद जी के मत में, सशरीर व्योम संचरण करने के पूर्व दीर्घ काल तक ब्रह्मचर्य का पालन करते हुए नाभि धौति और किरात कुंभक में प्रवीणता प्राप्त करना आवश्यक होता है। नाभि का अर्थ हम सभी जानते हैं, 'धौति' का अर्थ है एक धौत वस्त्र की सहायता से शरीर के आंतरिक संयंत्र की भली प्रकार सफाई करने का प्रयास करना।

इस उद्देश्य की प्राप्ति के लिये प्रयोग की जाने वाली एक और भी उच्चतर पद्धति का नाम किरात-धौति है, जिसका अभ्यास केवल नाभि धौति में प्रवीणता प्राप्त योगी ही कर सकते हैं। योग-विज्ञान में व्यवहारिक दृष्टि से ये उच्च श्रेणी की मल विपाक की दिशा में प्रयुक्त होने वाली धौतियां इस विज्ञान के व्यवहारिक विभाग (practical side of the Science of Yoga) में अंतिम अध्यायों में गणित होने के योग्य हैं। नाभि धौति का अभ्यास करने वाले योगी लगभग एक मीटर चौड़े और बीस मीटर लम्बे महीन वस्त्र का अपने मुख से नाभि के मध्य चालन करते हैं, पहले एक दिशा में और फिर दूसरी में। नाभि धौति के एक अभ्यास का अर्थ होता है एक निश्चित संख्या में बार बार इस वस्त्र को पहले अंतर की दिशा में और फिर वाह्य में चालन करने में कुशलता प्राप्त कर लेना। गुरू के निर्देशन में जैसे जैसे अभ्यास आगे बढ़ता है, दैनिक अभ्यास में धौति क्रिया की संख्या में वृद्धि की जाती है। यह एक अत्यंत कठिन अभ्यास है और दीर्घ समय तक अनुभव प्राप्त योगी भी प्राय: इसके प्रारंभिक अभ्यास में ही असफल हो जाते हैं, इसमें प्रवीणता प्राप्त करना तो बहुत दूर की बात होती है।

इस तकनीक के प्रयोग में प्रवीणता प्राप्ति को योग विज्ञान की शब्दावली में 'शून्य का शरीर' प्राप्त होना कहा जाता है, जिसका यथेच्छा संकोच एवं प्रसार किया जा सकता है। इसके प्रयोग के अनेक उदाहरण अगले अध्याय में हमारे पाठकों के दृष्टिपथ में आयेंगे। उन्नीसवीं शताब्दी से भारत में समकालीन सिद्धों की विस्तृत जीवनियां लिखने की एक परम्परा चल पड़ी है, और ये जीवनियां इस प्रकार की घटनाओं से भरी हुई हैं। किरात धौति के अभ्यास में पारंगत योगी, वाह्य वायु को अपने स्थूल शरीर में कुंभक के उपयुक्त विभिन्न स्थानों में से किसी एक में भर कर, वहीं इसे स्तब्ध कर देते हैं और वे जब तक चाहें इसे वहीं रोक कर अथवा धारण कर के रख सकते हैं। इस प्रकार के कुंभक को किरात कुंभक कहा जाता है, यह शून्य में शरीर के चालन में विशेष सहायक एक और भी उच्चतर प्रकार की क्रिया है।

इस कुंभक के प्रयोग से जिस विशिष्ट बल की सृष्टि होती है उसकी सहायता से आकाश पथ से गमन करते समय भी योगी का समस्त वाह्य

ज्ञान यथावत विद्यमान रहता है। उसकी चेतना में किसी अवकाश या चेतना भंग की अवस्था उत्पन्न नहीं होती। किरात कुंभक में दक्ष योगी व्योम संचरण के मध्य और ऊपर की दिशा में उठते हुए भी, परस्पर एक दूसरे से बात भी कर सकते हैं। उदाहरण के रूप में यदि ज्ञान गंज के दो सिद्ध एक साथ यात्रा कर रहे हैं, तो वे आकाश मार्ग से भी एक दूसरे का हाथ पकड़े हुए और आपस में बातें करते हुए भी अपनी यात्रा पर अग्रसर हो सकते हैं। जैसे जैसे यह सहस्राब्दि आगे बढ़ेगी है, यह संभव प्रतीत होता है कि 12-15 वर्षों का ब्रह्मचर्य निभाकर, और योग में पूर्ण पारंगति प्राप्त 25-30 वर्षीय साधक-साधिकाओं में से भी कुछ योगी-योगिनियों का, इधर-उधर आकाश मार्ग से अपने-अपने कार्यों पर आते-जाते, एक दूसरे का सान्निध्य लाभ करते हुए दृष्टिपथ में आ जाना उतने आश्चर्य का विषय न रहे। रात्रि के समय UFO, आदि के समान प्रकाश-पुंजों का दिखाई पड़ना तब एक सामान्य घटना प्रतीत होगी।

योगियों में अधिराज श्री विशुद्धानन्द

सन् १८६९ ई. में १४ और १६ वर्ष की आयु के दो अल्प-वयस्क बालक भोलानाथ और हरिपद पूर्वी बंगाल के ढाका जिले में रमना नदी के तट पर स्वामी नीमानंद परमहंस के समक्ष उपस्थित होकर उन्हें प्रणाम करते हैं। स्वामी जी की इस स्थान पर उपस्थिति की सूचना प्राप्त करने के बाद, और अपनी अपनी माताओं की अनुमति एवं सांसारिक जीवन को त्याग कर सन्यास ग्रहण के लिये उनकी स्वीकृति प्राप्त करने के पश्चात, ये दोनों बालक ढाका पहुंचे थे, और यहां पहुंचकर इन्हें स्वामी जी को खोज लेने में भी सफलता मिल गई थी। स्वामी उसी दिन संध्या के समय ढाका से प्रस्थान करना चाहते थे, और उन्होंने अपने साथ अपने आश्रम ले जाने के बालकों के आग्रह को भी स्वीकार कर लिया था।

डॉ. कविराज एवं रायबहादुर अक्षयकुमार दत्तगुप्त के समान ही नंदलाल गुप्त भी श्री विशुद्धानन्द जी के शिष्य थे, और उनकी जीवन-कथा के लेखक भी। पहली दोनों जीवन-कथायें बंगला भाषा में हैं, जबकि नंदलाल जी के द्वारा लिखित जीवन-कथा हिंदी एवं अंग्रेजी में उपलब्ध

है। नंदलाल जी लिखते हैं, "सांध्य बेला में जब निश्चित समय पर दोनों बालक उपस्थित हुए, तब स्वामी नीमानंद ने उन दोनों की आंखों पर इस प्रकार पट्टियां बांध दी कि उन्हें कुछ भी दिखाई न दे सके। दोनों को अपनी दोनों ओर, अपने हाथों से पकड़े हुए, स्वामी उन्हें जंगलों से भरे पहाड़ों और मैदानों के ऊपर से आकाश मार्ग से लेकर चल पड़े। दोनों बालकों को ऐसा प्रतीत होता रहा कि जैसे वे एक समतल सिल्क के गलीचे पर चल रहे हों। प्रात: सूर्योदय की बेला तक उनकी यात्रा का पहला चरण पूर्ण हो गया था। उनकी आंखो से पट्टियां खोल दी गई, और उन्होंने देखा कि वे एक जनविहीन पहाड़ी स्थान पर उपस्थित थे और चारों ओर से अन्य पहाड़ियों से घिरे हुए उस पहाड़ के शिखर पर एक भव्य मंदिर विद्यमान था। ठीक उसी समय सूर्य पूर्व दिशा में उदय हो रहा था। पूछताछ करने पर उन बालकों को विदित हुआ कि वे विंध्याचल नगर के समीप विंध्यवासिनी देवी के मंदिर के सन्मुख उपस्थित थे और एक रात्रि में ही उन्होंने लगभग एक हजार किलोमीटर की यात्रा पूर्ण कर ली थी।" उसी स्थान पर लगभग दस दिन बिताने और छोटी अवधि की तीन अन्य यात्रायें भी लगभग उसी प्रकार करने के पश्चात उनकी यात्रा का अंतिम चरण आरंभ हुआ, और यह भी उसी प्रकार एक पूर्ण रात्रि पर्यंत चलने वाली और सिल्क के गलीचे पर चलने के समान यात्रा थी। अगले दिन प्रात: जब उनकी आंखों की पट्टियां खोली गई तो उन्हें विदित हुआ कि वे तिब्बत में ज्ञान गंज नाम के योगाश्रम में उपस्थित हो गये थे। वहां पहुंचने के पंद्रह दिनों में ही दोनों बालकों की योग शिक्षा प्रारंभ हो गई थी और अपनी तीक्ष्ण बुद्धि के कारण भोलानाथ को शीघ्र ही आश्रम के विज्ञान विभाग में भी शिक्षा ग्रहण करने की अनुमति प्राप्त हो गई एवं उसकी विज्ञान-शिक्षा भी प्रारंभ हो गई थी। कठिन नियमों का पालन करते हुए और योग एवं विज्ञान के विभागों में विश्व में सर्वश्रेष्ठ शिक्षकों की देखरेख में रहकर कठोर परिश्रम करते हुए भोलानाथ, जिनकी उम्र नीमानंदजी से मिलने के समय चौदह वर्ष तीन महीने थी, अगले पंद्रह वर्षों में उन सभी शक्तियों को प्राप्त कर चुके थे जिनके लिये बाद में वे स्वामी विशुद्धानंद परमहंस के नाम से अध्यात्म जगत में विख्यात थे।

आश्रम में उनका विकास एवं प्रगति अत्यंत तीव्र गति से अपने लक्ष्य की दिशा में अग्रसर था। वे योग एवं विज्ञान दोनों विभागों में इतनी शीघ्रता से प्रगति कर रहे थे कि उनकी उपलब्धियों से उनके शिक्षक भी विस्मित थे। अत: यह उतने आश्चर्य का विषय नहीं था कि (बाद में) जब वे मात्र ४४ वर्ष के थे और नाभि धौति की शिक्षा के लिये उनका चयन हो गया था तो योगाश्रम में एक तनाव की स्थिति उत्पन्न हो गई थी, क्योंकि अनेक साधकों को जो नब्बे एवं कुछ तो सौ वर्ष की उम्र को प्राप्त हो गये थे तब तक भी इस शिक्षा एवं अभ्यास के उपयुक्त नहीं समझा गया था। अत: इसे भी अधिक आश्चर्य का विषय नहीं समझा जाना चाहिये कि नन्दलाल गुप्त को, उनकी जीवन कथा के रूप में प्रकाशित होने वाली अपनी पुस्तक का नाम, "योगिराजाधिराज स्वामी विशुद्धानन्द परमहंस" रखना सर्वथा उचित एवं दुविधा-विहीन लगा होगा।

गंधी बाबा के नाम से ख्याति

भारत का इतिहास एक प्रकार से विश्व में अध्यात्म के ज्ञान का इतिहास है और यहां अलौकिक क्षमता से युक्त सिद्धों और महापुरुषों का कभी भी अभाव नहीं रहा, तथापि बाबा विशुद्धानंद ही एकमात्र ऐसे महापुरुष हुए हैं जो विभिन्न अवसरों पर न केवल सभी ज्ञात सिद्धियों का सहजता से उपयोग करते हुए लोगों के दृष्टिपथ मे आते रहते थे, बल्कि जो अनेक विशिष्ट श्रेणी के प्राचीन विज्ञानों के ज्ञाता भी थे और अपने शिष्यों एवं अन्य आगंतुकों के समक्ष उनका प्रदर्शन भी करते रहते थे। बाबा के अनुसार यह केवल विज्ञान का प्रदर्शन होता था, योग का नहीं, अत: ऐसे प्रदर्शन में कोई हानि नहीं थी। बल्कि इस प्रकार के प्रदर्शनों के माध्यम से उन्हें लोगों का ध्यान अध्यात्म की दिशा में आकर्षित करने में सहायता मिलती थी।

इस प्रकार के विशिष्ट श्रेणी के विज्ञानों की शिक्षा उन्हें अपने ज्ञानगंज आश्रम में प्रवास के समय वहां के विज्ञान विभाग के गुरुओं के द्वारा प्राप्त हुई थी। अपने शिष्यों एवं अन्य आगंतुकों के समक्ष बाबा विशुद्धानंद जी इस प्रकार के एकाधिक विज्ञानों का जीवंत प्रदर्शन करने के

लिय प्रख्यात थे, जिनका उपयोग प्राचीन काल में ऋषियों के द्वारा किया जाता था, परंतु जो समय के साथ लुप्त हो गये थे और वर्तमान में बहुत कम लोगों को उनके विषय में कुछ पता था। सूर्य विज्ञान, चन्द्र विज्ञान तथा वायु और गंध विज्ञानों के अतिरिक्त जिनका वे अक्सर उपयोग करते रहते थे, वे नक्षत्र विज्ञान, शब्द विज्ञान और क्षण विज्ञान आदि की चर्चा भी अपने शिष्यों के सन्मुख करते रहते थे। उनका कहना था कि ये सभी विज्ञान एवं उनका उपयोग केवल ज्ञान और दक्षता पर आधारित थे, और उनकी योग-सिद्धि से इनका कोई संबध नहीं था।

विशेषकर नवागंतुकों के क्षेत्र में, संभवत: प्रदर्शन में सहजता की सुविधा के कारण ही वे गंध विज्ञान का प्रदर्शन ही अधिक किया करते थे। वे केवल अपने दाहिने हाथ की तर्जनी उंगली आगे बढाते थे और अंगुली के स्पर्श मात्र से ही वे किसी भी प्रकार की सुगंध को किसी रूमाल या अन्य वस्त्र में डाल देते थे, या उससे युक्त कर देते थे। यदि किसी आगंतुक समूह में छह सदस्य हों और उनमें से प्रत्येक एक अलग सुगंध की मांग कर रहा हो, तो आगे बढाई हुई उस एक ही अंगुली के स्पर्श से वे उन सभी के रुमालों को उनकी इच्छित सुगंध से युक्त कर देते थे, और उसकी सुवास कई दिनों तक उसी प्रकार विद्यमान बनी रहती थी। इसके अतिरिक्त बाबा के शरीर से सदैव एक ताजे कमल के पुष्प की गंध निकलती रहती थी। इन्हीं कारणों से उनके वाराणसी प्रवास काल में वहां बहुत से लोग उन्हें गंधी बाबा के नाम से ही पहचानते थे।

बाबा के जीवन का वह दौर जिसमें उनके शरीर से सदैव कमल-गंध निकलती रहती थी, लगभग बीस वर्षों तक चलता रहा। फिर वह बंद हो गई। उनका कहना था कि अब इसकी आवश्यकता नहीं रही थी। संभवत: इस काल में बाबा योग की किसी क्रिया विशेष में संलग्न थे, तथापि बाबा के परिचय पत्र के रूप में उनके शिष्यों को इसका अनुभव होता रहता था, जब भी बाबा सूक्ष्म शरीर में उनमें से किसीके स्थान का भ्रमण करते थे। जब किसी शिष्य के परिवार का कोई सदस्य अधिक बीमार होता था और उनसे प्रार्थना की जाती थी, या किसी विशिष्ट उत्सव अथवा पूजा के अवसर पर अथवा किसी दुर्घटना से अपने शिष्य या उसके परिवार के किसी सदस्य की रक्षा करने के लिये, जब भी बाबा सूक्ष्म शरीर में उस

स्थान पर उपस्थित होते थे तो उनकी उपस्थिति की सूचना इस पद्मगंध के माध्यम से उन्हें सदैव मिल जाया करती थी। बाबा के देह त्याग के पश्चात भी कठिन परिस्थितियों में उनके शिष्य यदि इस गंध का अनुभव करते थे तो वे समझ जाते थे कि बाबा सूक्ष्म शरीर में आये थे और आश्वस्त हो जाते थे, और उनके संकट का समाधान भी तब अवश्य हो जाता था।

आवरण की बाध्यता

सूर्य की किरणों को एक लेंस के माध्यम से केन्द्रित करने मात्र से, विशुद्धानंद जी अनेक प्रकार की वस्तुओं की सृष्टि कर सकते थे और एक वस्तु को दूसरी वस्तु में परिवर्तित भी कर सकते थे। जब भी किसी शिष्य अथवा आगंतुक के द्वारा किसी चमत्कार के प्रदर्शन के लिये उनसे प्रार्थना की जाती थी, तो वे प्राय: सूर्य विज्ञान का ही प्रदर्शन किया करते थे।

एक बार एक अमेरिकन भ्रमणकारी जिन्होंने बाबा के सूर्य विज्ञान के बारे में सुन रखा था, अपनी पत्नी के साथ बाबा के दर्शन के लिये उपस्थित हुए। उनकी यह इच्छा थी कि बाबा विशुद्धानंद उनके लिये इत्र की सृष्टि करके दिखायें, और वे अपने साथ इत्र रखने के उपयुक्त एक छोटी शीशी भी लेकर आये थे ताकि वे इत्र को अपने साथ अपने घर ले जा सकें। बाबा ने उस शीशी को एक नीले रंग के कागज में लपेट कर ढंक दिया, जो सहज उपलब्ध था, और इसी प्रकार उपलब्ध एक तांबे के तार के टुकड़े से उसे भली प्रकार बांध भी दिया गया। उन्होंने अब उस शीशी को आगंतुक अमेरिकन की फैली हुई हथेली पर रख दिया और एक छोटे लेंस के द्वारा सूर्य की किरणों को अल्प समय के लिये उस पर केन्द्रित किया। इसके बाद उस दंपत्ति ने जैसे ही उसके आवरण को खोला तो एक प्रसन्नता मिश्रित आश्चर्य के साथ उन्होंने देखा कि वह शीशी अब एक अत्यंत उच्च कोटि के इत्र से भर गई थी।

उनके जाने के बाद जब बाबा की उपस्थिति में शिष्यों के मध्य इस घटना की चर्चा हो रही थी तो उनके शिष्य एवं बायोग्राफर अक्षयकुमार दत्तगुप्त ने अपना विचार व्यक्त किया, कि संभवत: इत्र की शीशी को

ढंकने की वास्तव में आवश्यकता नहीं थी। शिष्यों को बीच में टोकते हुए बाबा ने कहा, "यह आवश्यक था, अन्यथा वह कांच की शीशी टूट कर कई टुकड़ों में बिखर जाती।" जब भी बाबा शून्य से किसी वस्तु की सृष्टि करते थे तो उपलब्धि के अनुसार वे सदैव रुई या किसी वस्त्र का उपयोग सृष्टि की प्रक्रिया को लोगों की सीधी दृष्टि से दूर रखने के लिये एक आवरण के रूप में करते थे। बाबा ने बताया, "सूर्य की किरणों से जो शक्ति सृष्टि का कार्य करने के लिये निकलती है वह इतनी शक्तिशाली होती है कि देखने वाले को अंधा बना सकती है, और उससे विस्फोट भी हो सकता है।"

प्रकृति अपने आंतरिक एवं सूक्ष्म व्यवहारों को अनाधिकारी व्यक्तियों की दृष्टि से ओझल रखना चाहती है। प्रकृति के व्यवहारों एवं इसकी प्रतिक्रियाओं में एक आंतर चेतना सदैव अनुस्यूत रहती है। इसे जड़ एवं अंधी प्रकृति समझना आधुनिक विज्ञान की एक भ्रांत धारणा है। सृजन अथवा प्रजनन की सामान्य प्रक्रिया के अनुरूप हम यह भी कह सकते हैं कि सभी वस्तुओं का सृजन करने वाली यह प्रकृति स्वाभाविक रूप से कुछ शर्मीली भी होती है। प्रकृति स्वयं यह निर्धारित करती है कि किसी दृष्टा को यह क्या और कितना दिखाना चाहती है। जैसे एक अनाधिकारी की दृष्टि से विस्फोट हो सकता है, उसी प्रकार यह किसी सामान्य रूप से होने वाले कार्य को ही घटित होने से रोक भी सकती है (पाठक चाहें तो परिशिष्ट-१ भी देख लें)।

सूर्य से सम्बंधित एक प्राचीन विज्ञान

यूरोप के प्रसिद्ध शोधकर्ता पत्रकार एवं लेखक डॉ. पॉल ब्रंटन ने अपनी पुस्तक In Search of Secret India में बाबा विशुद्धानंद जी से अपनी मुलाकातों की विस्तार से चर्चा की है। डॉ. कविराज ने उनके और बाबा के मध्य वार्ता में अनुवादक की भूमिका स्वीकार कर ली थी क्योंकि बाबा हिंदी अथवा बंगला में ज्यादा अच्छी प्रकार बात कर सकते थे। बाबा ने पहले ही स्पष्ट कर दिया था कि वे योग-शक्ति का कोई प्रदर्शन नहीं करेंगे, केवल सूर्य विज्ञान का ही उपयोग एवं प्रदर्शन करेंगे।

ब्रंटन जब कविराज जी के साथ निश्चित समय पर पहुंचे तो वहां बाबा के छह या सात अन्य शिष्य भी पहले से उपस्थित थे। बाबा उनकी प्रतीक्षा ही कर रहे थे और उनके आते ही उन्होंने सीधे उद्देश्य पर आना उचित समझा। उन्होंने पूछा, "तो आप चाहते हैं कि मैं आपको कुछ चमत्कार दिखाऊं"?

"जी महोदय", ब्रंटन ने कहा, "यह आपकी कृपा होगी और मुझे प्रसन्नता होगी।"

"तो यदि आपके पास हो तो आप मुझे अपना रूमाल दीजिये और यदि यह सिल्क से बना हो तो अधिक उत्तम होगा", बाबा बोले, और कविराज जी ने उनकी बात का अनुवाद कर दिया। "जो कोई भी सुगंध (fragrance) आप कहेंगे, उसी सुगंध की सृष्टि केवल सूर्य की किरणों और एक लेंस के माध्यम से कर दी जायेगी।"

डॉ. ब्रंटन के पास जो रूमाल था वह सिल्क से ही बना था, जो उन्होंने विशुद्धानंद जी को सौंप दिया। बाबा ने एक छोटा लेंस निकाला और उपस्थित सज्जनों की ओर देखते हुए कहा, "मैं सूर्य की किरणों को केन्द्रित (focus) करना चाहता हूं, परंतु सूर्य की स्थिति और कमरे में पड़ने वाली छायाओं के कारण यह कार्य भली भांति नहीं किया जा सकेगा। यदि आपमें से कोई एक दर्पण की सहायता से दालान से सूर्य की करणों को कमरे में परावर्तित कर सके तो इस समस्या का निदान हो जायेगा।"

जब बाबा की संतुष्टि के अनुरूप व्यवस्था कर दी गई, तो बाबा ने घोषणा की, "अब मैं वायु से तुम्हारे लिये एक सुगंध की सृष्टि करूंगा। बताओ तुम कौनसी सुगंध की सृष्टि करवाना चाहते हो?"

"क्या आप श्वेत जेस्मिन की सुगंध की सृष्टि कर सकते हैं?" ब्रंटन ने अपना प्रस्ताव दिया।

विशुद्धानंद जी ने रूमाल को अपने बायें हाथ में लेकर इसपर लेंस को केन्द्रित किया। कुछ सेकेंडों के लिये प्रकाश की एक चमकती हुई किरण उसपर थिरकती रही, और बाबा ने लेंस को रख दिया और रूमाल को ब्रंटन की ओर बढ़ा दिया। ब्रंटन इसे अपनी नाक के निकट ले गये और अपनी इच्छा के अनुरूप श्वेत जेस्मिन की सुगंध मिलने पर उन्होंने अपनी प्रसन्नता व्यक्त की। उन्होंने रूमाल का भली भांति निरीक्षण

किया। इसमें किसी प्रकार की कोई नमी नहीं थी और न ही ऐसा प्रतीत होता था कि इसपर कुछ छिड़क दिया गया हो। वे आश्चार्यान्वित हो गये, तथापि उनके संशय का अभी निवारण नहीं हुआ था और चूंकि वे अपनी आंखों को आधी बंद करके एक अनिश्चय जैसी स्थिति में बाबा की ओर देखते जा रहे थे, तो बाबा ने स्वयं प्रदर्शन को दोहराने का प्रस्ताव दिया।

डॉ. ब्रंटन ने इस बार गुलाब के इत्र की फर्माइश की और जब बाबा अपना प्रयोग दोहरा रहे थे तो वे बड़े ध्यान से बाबा का निरीक्षण कर रहे थे। उनके हाथों और पैरों का हिलना डुलना और उनके आस पास उपस्थित प्रत्येक वस्तु, कुछ भी उनकी दृष्टि के क्षेत्र से बाहर नहीं था, पर कहीं किसी भी संदेह के लिये कोई स्थान नहीं था। बाबा ने उसी प्रक्रिया को फिर से दोहराया और इस बार उस रूमाल के एक दूसरे कोने से गुलाब की महक निकल कर फैल रही थी। तीसरी बार ब्रंटन ने बैंजनी फूलों का नाम सुझाया, और इस बार भी किसी भूल की जरा भी गुंजाइश नहीं थी।

बाबा ने इस सफलता पर किसी गर्व का प्रदर्शन नहीं किया। उनके लिये यह एक सामान्य घटना थी, जो एक क्रीड़ा मात्र थी और उनके चेहरे पर कोई भी भाव नहीं था। तभी उन्होंने स्वयं अपनी इच्छा से घोषित किया, "अब मैं एक ऐसे पुष्प की गंध की सृष्टि करूंगा जो केवल तिब्बत में पाया जाता है।" उन्होंने सूर्य की करणों को इस बार रूमाल के बचे हुए कोने पर केन्द्रित किया और इसमें से जो सुगंध प्रस्फुटित होकर फैल रही थी वह ब्रंटन के लिये सर्वथा अनजानी थी।

अत्यधिक और वास्तविक आश्चर्य से भरपूर ब्रंटन ने रूमाल को अपनी जेब में रख लिया। उन्हें यह सब अत्यंत रहस्यपूर्ण और चमत्कारिक प्रतीत हो रहा था। विशुद्धानंद जी के लिये इतने प्रकार की सुगंधियों को अपने चोंगे में छिपाकर रखना किसी प्रकार संभव नहीं था, और फिर उन्हें क्या पता था कि ब्रंटन कौन सी सुगंध की मांग करने वाले थे? इसके अतिरिक्त उन्होंने एक बार भी अपने किसी हाथ को अपने चोंगे में नहीं डाला था। डॉ. ब्रंटन ने बाबा की अनुमति से उनके लेंस का भी परीक्षण किया। यह किसी भी अन्य लेंस के जैसे एक साधारण लेंस ही था जिसमें धातु के तारों के मध्य इसके कांच को अटका दिया गया था, और इसकी

मूठ भी उसी तार से बनी हुई थी। कहीं किसी संदेह की गुंजाइश नहीं थी। इसके अतिरिक्त सात-आठ अन्य सभ्रांत और शिक्षित लोग भी वहां पूरे समय तक उपस्थित रहते हुए बाबा के समस्त कार्य-कलाप को भली भांति देख रहे थे।

हिप्नोटिज्म आदि को भी खारिज करने के लिये ब्रंटन ने अपने वास स्थल पर लौटने के पश्चात अपने रूमाल को तीन अलग-अलग व्यक्तियों को दिखाया था और उनमें से प्रत्येक ने अनेक सुगंधियों की उपस्थिति स्वीकार की थी। ब्रंटन के रूमाल में ये सुगंधें कई दिनों तक विद्‌यमान रहीं।

एक मृत चिड़िया का जीवित हो जाना

अपनी पुस्तक में डॉ. ब्रंटन को उद्धरित करते हुए नन्दलाल गुप्ता लिखते हैं, "अगला प्रश्न जो मेरे मस्तिष्क में उदित हुआ, वह था, 'क्या ये योगी गुरु किसी मृत प्राणी को जीवन दान भी कर सकते हैं'?" किन्तु उसी समय ब्रंटन से कहा गया कि सूर्य विज्ञान के अगले प्रदर्शन के लिये वे दूसरे दिन दोपहर के समय आयें, जब सूर्य की किरणें अधिक बलशाली होती हैं (संभव है कि बाबा ने ब्रंटन के दिमाग में उठने वाले प्रश्न को भांप कर ही ऐसा कहा हो)।

अगले दिन आश्रम में प्रवेश करने पर ब्रंटन को बताया गया कि इस बार बाबा सूर्य विज्ञान के प्रयोग से एक मृत चिड़िया को पुनर्जीवित करने का प्रदर्शन करने वाले थे। एक छोटी गौरैया को पकड़ कर उसकी गर्दन को उमेठकर कर उसका गला घोंट दिया गया। उसके बाद एक घंटे तक वह चिड़िया सभी लोगों के सन्मुख उसी प्रकार मृतावस्था में पड़ी रही ताकि किसी को भी उसकी मृत्यु में कोई संदेह न रहे। गौरैया की आंखें स्थिर थीं और उसका शरीर भी काष्ठ के समान स्पंदनविहीन था।

बाबा ने तब अपना एक लेंस निकाला और उसके माध्यम से सूर्य की किरणों को उस मृत चिड़िया की आंखों पर केन्द्रित किया। कुछ मिनटों के बाद बाबा मंद स्वर में एक मंत्र का भी उच्चारण करने लगे। अल्प समय में ही चिड़िया के शरीर में कंपन होने लगा और झुरझुरी होने लगी। ब्रंटन

के अनुसार उसको देखते समय उन्हें उस कुत्ते का स्मरण हो आया, एक बार जिसे उन्होंने मरते समय इसी प्रकार तड़पते हुए देखा था। धीरे धीरे चिड़िया के पंखों में फड़फड़ाहट होने लगी और कुछ ही मिनटों में गौरैया अपने पैरों पर खड़ी हो गई। फिर उसने इधर उधर फुदकना आरंभ कर दिया। शीघ्र ही उसमें इतनी शक्ति उत्पन्न हो गई कि वह इधर उधर उड़ने लगी थी, उस बड़े कमरे में कभी यहां और कभी वहां उड़कर बैठते हुए।

इसी प्रकार लगभग आधे घंटे का समय व्यतीत हो गया जिसमें ब्रंटन अपने विचारों को एकत्र करते हुए वहां बैठकर उस छोटी सी गौरैया को उड़कर इधर-उधर बैठते हुए देखते रहे। अचानक वह चिड़िया धप से जमीन पर गिर गई और गतिहीन होकर वहीं पड़ी रही। वह फिर से मर गई थी। ब्रंटन और वहां उपस्थित अन्य लोगों ने उसका निरीक्षण किया। उसकी सांस रुक चुकी थी, और इसमें कोई संदेह नहीं था कि उसकी मृत्यु हो गई थी। ब्रंटन ने तब बाबा से पूछा, “क्या आप इसके जीवन को और अधिक दीर्घ कर सकते थे?” विशुद्धानंद जी ने उत्तर दिया, “अभी मैं इससे अधिक आगे जाने में समर्थ नहीं हूं।”

तिब्बत आश्रम का एक विज्ञान

ब्रंटन स्वयं लिखते हैं, “मैं शब्दों की सीमा से बाहर जाकर आश्वस्त हो चुका था। इन महात्मा के विषय में प्रचलित अन्य कथायें मेरे विश्वास को और दृढ़ बना रहीं थी। मुझे ज्ञात हुआ के वे शून्य से ताजा अंगूरों की सृष्टि कर सकते थे, हवा से मिठाइयां उत्पन्न कर सकते थे और एक मुर्झाये हुए फूल को फिर से जीवन एवं ताजगी प्रदान कर सकते थे, और मैंने बाबा से सीधा प्रश्न किया, ‘आप इन चमत्कारिक घटनाओं को किस प्रकार संपादित कर लेते हैं’?”

बाबा का उत्तर था, “आपने जो कुछ भी देखा है, उसमें योग का कोई प्रयोग नहीं किया गया है। ये सब केवल मेरे सूर्य विज्ञान के ज्ञान पर आधारित घटनायें हैं। योग का सार है योगी में मानसिक एकाग्रता की क्षमता का होना और अपनी इच्छा शक्ति का विकास, जबकि सूर्य

विज्ञान का अभ्यास एवं उपयोग करने में इनकी कोई भूमिका नहीं होती। यह विज्ञान भी प्रकृति में विद्यमान रहस्यों का ही एक संकलन है, और इसका उपयोग करने के लिये किसी योगाभ्यास की आवश्यकता नहीं होती। पाश्चात्य के भौतिक विज्ञान के समान ही यह भी एक विज्ञान है, जिसका अध्ययन किया जा सकता है।"

डॉ. ब्रंटन लिखते हैं, "अपनी ओर से डॉ. कविराज ने भी एक इंगित देने का प्रयास करते हुए कहा कि यह विज्ञान अन्य प्रकार के विज्ञानों की तुलना में विद्युत एवं चुम्बकत्व के अधिक निकट था।" इन बातों को समझने में ब्रंटन की असमर्थता उनके चेहरे पर स्पष्ट परिलक्षित हो रही थी। अत: अधिक स्पष्टीकरण करते हुए, विशुद्धानंदजी बोले, "तिब्बत का यह सूर्य-विज्ञान कोई नयी उपलब्धि नहीं है। प्राचीन काल में अनेक योगी इसे अच्छी तरह जानते थे। परंतु वर्तमान समय में भारत में भी बहुत कम लोग इसके विषय में जानते हैं और इसका ज्ञान एक प्रकार से लुप्त हो चुका है। सूर्य से निकलने वाले विकिरण में कतिपय सृजनात्मक शक्तियां भी विद्यमान रहती हैं। यदि किसी को इन प्राणदायिनी शक्तियों को विकिरण में उपस्थित अन्य शक्तियों से अलग करने तथा उन्हें एक विशिष्ट दिशा में प्रवाहित करने की विधि का समुचित ज्ञान हो, तो वह व्यक्ति न केवल इस प्रकार की, बल्कि अनेकों अन्य चमत्कारिक घटनाओं की भी सृष्टि कर सकता है।"

रसायन विज्ञान

दिल्ली में बिरला मंदिर के संग्रहालय में लगी हुई एक पत्थर की प्लेट की प्रतिलिपि: "ज्येष्ठ शुक्ला १, संवत १९९८, ता. २७ मई १९४१ ई. को बिरला हाउस, नई दिल्ली में पं. श्री कृष्ण पाल शर्मा ने हमलोगों के सामने एक तोला पारे से लगभग एक तोला सोना बनाया था। पारा एक रीठे के अन्दर डलवाया गया। उसमें एक जड़ी बूटी का सफेद चूर्ण और दूसरा पीला चूर्ण जो शायद ही वजन में एक या डेढ़ रत्ती होगा, पारे में डाले गये। फिर वह रीठा गीली मिट्टी से बंद कर दिया गया और रीठे को मिट्टी के दियों के सम्पुट में बंद करके आग पर रखवा दिया। लगभग पौन घंटे तक पंखों से

आग को धौंक कर तेज कराया गया। जब कोयले जल कर राख होने लगे, तब उसमें पानी छुडवाया। दिये के संपुट के अन्दर से सोना बनकर निकल आया। तोलने पर कोई एक या दो रत्ती कम एक तोला उतरा। बिल्कुल खरा था। इस क्रिया के अंदर क्या रहस्य था, वह दोनों चूर्ण क्या थे, यह हमें मालुम नहीं हो सका। पं. कृष्ण पाल यह सारी क्रिया करवाते समय हमसे १०-१५ फुट की दूरी पर खड़े रहे। उस समय श्री अमृतलाल वि. ठक्कर (प्रधान मंत्री अ. भा. हरिजन सेवक संघ), श्री स्वामी गणेशदत्त जी, लाहौर, बिरला मिल, दिल्ली, के सेक्रेटरी श्री सीतारामजी खेमका, चीफ इंजीनियर श्री विल्सन और श्री वियोगी हरि उपस्थित थे। हम सबको यह क्रिया देखकर आश्चर्य हुआ। श्री जुगल किशोर बिरला ने यह क्रिया कृपा कर हमलोगों को दिखलाई।

मार्गशीर्ष कृ. ५, सं. २०००, दिल्ली।

Sd. Amritlal V. Thakkar, Sitaram Khemka, Viyogi Hari.

स्व. पं. कृष्णपाल शर्मा रसवैद्य शास्त्री को यह विद्या एक साधु ने बताई थी किंतु उनकी दृष्टि में सुपात्र व्यक्ति न मिलने के कारण उन्होंने यह विद्या किसी को नहीं बताई।"

(दिल्ली में मंदिर मार्ग पर स्थित बिरला मंदिर के संग्रहालय में पत्थर पर उकेरी हुई यह प्लेट तथा अगली प्लेट लगभग १५ वर्ष पूर्व लेखक ने देखी थी। ये प्लेटें अब भी अवश्य वहां लगी होंगी, जिसे सभी दर्शक देख सकते हैं।)

"महायोगी रसायनाचार्य तथा रसवैद्य सिद्ध नागार्जुन, जिन्होंने प्राचीन आर्य रसायन शास्त्र के अनेक गुप्त रहस्यों को प्रकट करते हुए कहा था कि पारद के द्वारा स्वर्ण बनाने की रसायन विद्या जानने पर कोई भी मनुष्य दरिद्र नहीं रह सकेगा। *(यह ज्ञातव्य है कि पारे के नाभिक से केवल एक प्रोटोन निकाल देने से ही यह सोने के आइसोटोप में बदल जायेगा, अगर दो न्यूट्रोन भी निकाल दिये जायें तो यह सामान्य सोने में बदल जायेगा–लेखक)*

"यद्यपि रसायन विद्या का वह रहस्य इस वर्तमान समय में लुप्तप्राय हो गया है कन्तु इस समय भी उक्त विद्या के जानने वाले भारत में कोई कोई हैं। एक उदाहरण नीचे दिया जाता है।

"विक्रम संवत १९९९ चैत्र मास में, ऋषिकेश में पंजाब निवासी श्री कृष्णपाल शर्मा रसवैद्य शास्त्री ने पारद से सुवर्ण बनाने की इस क्रिया को प्रत्यक्ष कर दिखा दिया। दर्शकों में उस समय महात्मा गांधी के मंत्री श्री महादेव देसाई, श्री गोस्वामी गणेश दत्त तथा श्री जुगल किशोर बिरला थे, जिनकी उपस्थित में २०० तोला (ढ़ाई सेर) पारद में १ तोला अन्य औषधि (चूर्ण) मिलाकर अग्नि में रखने से आधे घंटे में सम्पूर्ण पारद स्वर्ण बनकर जम गया। इस प्रकार कुल बनाया गया १८ सेर सोना जो अनुमान से ७५ हजार रु. के मूल्य का था दान करने के लिये उनलोगों के हाथ में उसी समय दे दिया गया।"

भौतिकी के एक विद्वान और सूर्य विज्ञान

राय बहादुर अभय चरण सान्याल कुछ समय पूर्व ही वाराणसी के क्वीन्स कालेज के भौतिकी विभाग के अध्यक्ष के पद से सेवानिवृत्त हुए थे और विशुद्धानंद जी का सूर्य की किरणों के द्वारा एक वस्तु को अन्य वस्तु में बदलने का प्रयोग अपनी आंखों से देखने की उनकी एक विशेष इच्छा थी। डॉ. कविराज के माध्यम से पहुंचाये गये उनके अनुरोध को बाबा ने स्वीकार कर लिया था। निश्चित समय पर अभय सान्याल दो अन्य व्यक्तियों के साथ बाबा के स्थान पर उपस्थित हुए। बाबा अपने आसन पर बैठे हुए उनकी प्रतीक्षा कर रहे थे, और कविराज जी भी उपस्थित थे।

जैसे ही प्रकरण आरंभ हुआ, अभय सान्याल ने दृढ और स्पष्ट शब्दों में अपना उद्देश्य व्यक्त करते हुए कहा, "विशुद्धानंद जी की बातें जो मुझे बताई गई हैं, वे विज्ञान के नियमों के विरुद्ध हैं और मुझे स्वीकार्य नहीं हैं। अपनी संतुष्टि के लिये मैं स्वयं इनकी जांच करना चाहता हूं और मेरा प्रस्ताव है कि अपनी पसंद की किसी वस्तु की सृष्टि करने के स्थान पर श्री विशुद्धानन्द जी अपने प्रदर्शन में मेरे द्वारा सुझाई गई एक वस्तु की सृष्टि करके दिखायें। यदि यह स्वीकार्य हो तो मैं वस्तु का नाम बताऊं।"

यह कहने के बाद भौतिकी के उन प्राध्यापक ने अपनी बात और आगे बढ़ाई, "इसके अतिरिक्त प्रदर्शन के पूर्व विशुद्धानंदजी अपने हाथों को भली भांति धो लेंगे तथा प्रदर्शन के वक्त उनके आस-पास अन्य कोई वस्तु नहीं होनी चाहिये।"

इन कठोर प्रतीत होने वाले नियमों को सुनकर बाबा हंस पड़े और सभी शर्तों को सहर्ष स्वीकार करते हुए उन्होंने कहा, "पुत्र, तुम्हारी शंकाओं को मिटाने के लिये जैसा तुम कहते हो वैसा ही किया जायेगा।" और जब सभी कुछ प्राध्यापक महोदय की इच्छा के अनुरूप व्यवस्थित हो गया तो उन्होंने उनसे पूछा, "अब बताओ तुम मुझसे किस वस्तु की सृष्टि करवाना चाहते हो"?

अभय सान्याल थोड़ी देर तक सोचते रहे। कविराज जी लिखते हैं, लगता था कि वे किसी ऐसी वस्तु का नाम बताना चाहते थे जो असाधारण हो और किसी निश्चय पर नहीं पहुंच पा रहे थे। अंत में एक निर्णय पर पहुंचते हुए अभय ने कहा, "आप सूर्य की किरणों का उपयोग करते हुए एक लाल ईंट के रंग वाले ठोस ग्रेनाइट पत्थर की सृष्टि करके दिखायें। क्या ऐसा किया जा सकता है"?

श्री विशुद्धानंदजी ने उत्तर दिया, "अवश्य इसकी सृष्टि संभव है। ऐसी जिस किसी वस्तु का नाम भी तुम सुझा सकते हो जो पहले से ही सूर्य के द्वारा प्रकाशित होकर इस विश्व में विद्यमान है, उसकी सृष्टि संभव है। विश्व के समस्त पदार्थ इस प्रकाश के विकिरण के संयोजन से ही बने हुए हैं। एक ऐसा योगी जो प्रकाश किरणों के विज्ञान को जानता हो, जो सृजन की शक्ति से युक्त इन किरणों को अलग-अलग पहचान सकता हो और जो इनके जोड़ने-घटाने के नियमों को भी समझता हो, उसके लिये इस विश्व में ऐसी कोई वस्तु नहीं है जिसकी सृष्टि न की जा सके।"

अभय के एक दूसरे प्रश्न के उत्तर में बाबा ने कहा, "तुम स्वयं देखोगे कि इस विज्ञान की सहायता से मैं जो भी सृष्टि करूंगा वह कोई काल्पनिक सृष्टि नहीं होगी बल्कि विश्व की अन्य वस्तुओं के सदृश उसका भी उसी प्रकार उपयोग किया जा सकेगा।"

रुई से लाल ग्रेनाइट की सृष्टि

बाबा ने तब निर्देश दिया, "मुझे कुछ रुई की आवश्यकता होगी जिसपर मैं सूर्य की किरणों को केन्द्रित कर सकूं। किसी अन्य पदार्थ का भी उपयोग किया जा सकता है, पर प्राय: रुई का प्रयोग अधिक सुविधाजनक होता है। यह किरणों को शीघ्रता से सोख लेती है। धीरे-धीरे प्रकाश किरणों में उपस्थित रहने वाली सृजनात्मक ऊर्जा के आकर्षण के कारण इसके विघटन की शुरुआत होगी, और उपयोग में आने से इसका क्षय होना प्रारंभ होगा। किसी शक्ति का आकर्षण करने के लिये एक आधार की जरूरत पड़ती है। आधार आवश्यक होता है।"

जब बाबा की इच्छानुसार रुई की व्यवस्था हो गई तो प्राध्यापक महोदय ने अपने हाथ में लेकर उसका भली भांति निरीक्षण कर लेने के पश्चात उसे बाबा को सौंप दिया। विशुद्धानंद जी अपने पास अलग अलग क्षमता वाले कई लेंस रखा करते थे। इस बार उन्होंने एक छोटे लेंस का चुनाव किया। अभय ने तुरंत कहा, "यह तो एक आकार में वृद्धि करने वाला कांच प्रतीत होता है।" बाबा ने उत्तर दिया, "हां, देखने में यह उसी प्रकार का है, परंतु यह कांच नहीं क्रिस्टल है। इसका निर्माण एक विशेष पद्धति से ज्ञानगंज आश्रम में किया गया है। ज्ञानगंज आश्रम के विज्ञान विभाग में प्रत्येक शिक्षार्थी को इस प्रकार का एक लेंस उपहार में दिया जाता है। यह 'तकनीक' के सीखनें में उनकी सहायता करता है। क्षमता में भिन्नता के अनुरूप ऐसे अनेक प्रकार के लेंस होते हैं, और उन सभी के आकार भी एक जैसे नहीं होते। तुम्हारी पाश्चात्य परंपरा में तुम्हें इस प्रकार का लेंस दिखाई नहीं पड़ेगा।"

अपने हाथों में लेंस को लेकर उसका परीक्षण करते समय अभय मंत्रमुग्ध के समान लग रहे थे। उन्होंने कहा, "एक कलाकृति के रूप में यह अतीव सुंदर है। इसकी मूठ इतनी दक्षता से निर्मित की गई है कि प्रतीत होता है जैसे किसी अत्यंत कुशल शिल्पकार के द्वारा अपने हाथों से इसकी रचना की गई हो।"

विशुद्धानंद जी ने लेंस को अपने दाहिने हाथ में लेकर अपने दूसरे हाथ में रुई के गुच्छक को लेकर उस पर प्रकाश के रंग की विभिन्न

छटाओं को संयोजित करना प्रारंभ कर दिया। रूई पर परावर्तित होने वाली प्रत्येक प्रकाश रश्मि का एक अलग रंग था। जैसे जैसे बाबा एक किरण को रूई पर केन्द्रित कर रहे थे, वे उसके रंग की घोषणा भी साथ साथ करते जा रहे थे। तथापि यह इतनी शीघ्रता से हो रहा था कि रंगों के क्रम को याद रख पाना वहां उपस्थित किसी भी व्यक्ति के लिये असंभव के समान था। तभी बाबा बोले, "देखो! कैसे रुई जमती जा रही है। इसके पकने की प्रक्रिया ने अब पूरा जोर पकड़ लिया है।"

सभी उपस्थित व्यक्ति देख रहे थे कि रूई का गुच्छक कुछ लंबा जैसा हो गया था और प्रतीत हो रहा था जैसे गर्म तेल से भरी कढाई में उसे पकाया जा रहा हो (sizzling)। उन्हें यह भी स्पष्ट प्रतीति हो रही थी जैसे उसका आकार जम गया हो, और उन्हें उस जमे हुए आकार से एक लाल रंग की आभा भी निकलती हुई दिखाई पड़ रही थी। बाबा ने कुछ समय के लिये अपने उद्यम को रोक दिया ताकि लोग देख सकें कि रुई के गुच्छक का कुछ भाग एक लकड़ी के समान जम गया था, जबकि उसका एक भाग अब भी रुई जैसा ही दिखाई पड़ रहा था।

इसके पश्चात और लगभग आठ-दस सेकेंड़ों के बाद ही पूरी रुई एक लंबाई लिये हुए लकड़ी जैसे टुकड़े में परिवर्तित हो चुकी थी। इसमें अब रुई का नामो-निशान भी शेष नहीं रहा था, तथा लकड़ी के टुकड़े में एक लाल रंग का आभास भी स्पष्ट दृष्टिगोचर हो रहा था। जब बाबा ने लकड़ी का वह टुकड़ा निरीक्षण के लिये भौतिकी के प्रोफेसर की ओर बढाया तो उनका भौंचक्कापन उनके मुख और आंखों से प्रकट हो रहा था। लकड़ी के टुकड़े को प्रोफेसर को सौंपते समय विशुद्धानंदजी ने कहा, "इस कार्य का पहला भाग अब पूर्ण हो गया है। प्रयोग के अगले चरण में यह पत्थर में परिवर्तित हो जायेगा।"

अभय ने बड़े ध्यान से उस टुकड़े का निरीक्षण किया और कहा, "यह लकड़ी जैसी कोई वस्तु प्रतीत हो रही है।" विशुद्धानंदजी ने उस टुकड़े को फिर से हाथ में लेकर अपने शुद्ध प्राकृतिक क्रिस्टल से बने हुए लेंस से पुन: उस पर कार्य प्रारंभ कर दिया। बाबा का कार्य इस बार पंद्रह सेकेंड़ तक चला, और अब वह लकड़ी जैसी वस्तु एक कठोर पत्थर

में परिवर्तित हो गई थी। प्रारंभ से अंत तक समस्त प्रक्रिया में लगभग दो मिनटों का ही समय लगा था, और चमकते हुए ग्रेनाइट का एक पत्थर अब बाबा के हाथों में था। इसका लाल रंग भारत में पारंपरिक रूप से उपयोग की जाने वाली ईंट के समान आकर्षक था। बाबा बोले, "इसे भली प्रकार से देख लो कि क्या यह ठीक वैसा ही है जैसा तुम्हारे जेहन में था।"

आश्चर्य से पराभूत प्रोफेसर के पास कहने के लिये अधिक कुछ नहीं था। रुक-रुक कर हकलाते हुए से, वे बोले, "यह मेरे लिये एक अत्यंत आश्चर्य का विषय है।" कुछ ठहरकर उन्होंने पूछा, "क्या मैं इसे अपने साथ ले जा सकता हूं? मैं इसे अपने मित्रों को दिखाना चाहता हूं। क्या वे इसे देख पायेंगे?"

बाबा ने उन्हें आश्वासन देते हुए कहा, "तुम इसे बिना किसी हिचक के ले जा सकते हो। तुम्हारे सभी मित्र अवश्य ही इसे भली भांति देख सकेंगे।"

योग से नही केवल विज्ञान से सृष्ट

विशुद्धानंद जी के द्वारा सूर्य विज्ञान के प्रदर्शन को देखने की अपने मित्र की अभिलाषा की पूर्ति के पश्चात कविराज जी ने उनसे पूछा, "क्या आप अब भी बाबा के सूर्य विज्ञान को नकार सकते हैं, जब आपने स्वयं अपनी आंखों से इसे देख लिया है?"

अभय सान्याल बोले, "यह सत्य है कि मैंने स्वयं अपनी आखों से इसे देखा है और यह भी सत्य है कि यह पत्थर ही है एवं ग्रेनाइट ही है। परंतु मैं यह समझ पाने में असमर्थ हूं कि सूर्य की रश्मियों से ऐसा किस प्रकार संभव हो सकता है। मेरी विज्ञान की समझ के अनुसार सूर्य की किरणों से ऐसा कर पाना संभव नहीं हो सकता! संभव है कि बाबा ने अपनी योग-शक्ति के प्रयोग से यह सृष्टि की हो। मैं अब भी इसे विज्ञान की सृष्टि मानने के लिये प्रस्तुत नहीं हूं!"

उनकी बातचीत में बाधा देते हुए विशुद्धानंद जी ने कहा, "क्या तुम्हें योग के विषय में अथवा इसकी शक्ति के विषय में कोई ज्ञान है? यदि

किसी को योग का ज्ञान नहीं हो और सूर्य विज्ञान की समझ भी नहीं हो, तो उसके लिये प्रदर्शन के प्रस्तुतकर्ता के द्वारा दिये गये स्पष्टीकरण को स्वीकार करना ही उचित एवं श्रेयस्कर है।" प्रोफेसर ने सर झुकाकर अपनी मौन स्वीकृति देते हुए, अपने मित्रों के साथ बाबा को प्रणाम किया और उनकी अनुमति लेकर वहां से निकल पड़े। वे अत्यंत गहरी सोच में डूबे हुए थे और ग्रेनाइट पत्थर का वह टुकड़ा जो कुछ देर पूर्व एक रूई का गुच्छक था उनके हाथों में था।

सूर्य विज्ञान की पृष्ठभूमि

प्रोफेसर के विदा होने के बाद बाबा ने स्पष्टीकरण देते हुए कविराज जी को बताया, "किसी भी सृष्टि में इच्छा, ज्ञान एवं क्रिया, ये तीन प्रधान बल कार्य करते हैं। जिस व्यक्ति को इस प्रकार की सृष्टि-प्रक्रिया की पृष्ठभूमि में कार्य कर रहे विज्ञान का 'ज्ञान' (Knowledge) होता है वह प्रकाश में उपस्थित 'क्रिया' के अवयवों को पहचानते हुए अपने उद्देश्य के अनुरूप उनका संयोजन करने में सक्षम होता है।"

सूर्य से निकलने वाले विकिरण में केवल प्रकाश ही नहीं बल्कि अन्य प्रकार की सृजनात्मक एवं जीवन दायी रश्मियां भी होती हैं। इससे निकलने वाले श्वेत प्रकाश का विभिन्न मौलिक एवं मध्य के मिश्रित रंगों (Color Spectrum) में विभाजन किया जा सकता है जिसमें सात रंगों को सभी स्वीकार करते हैं, तथापि इसी से ऐक्स-रे, पराबैंजनी, रेडियो-तरंगें, इन्फ्रा-रेड और गामा-किरणों का भी प्रसार होता है। बाबा के अनुसार, "सूर्य के स्पेक्ट्रम में सभी पदार्थों के अवयव उपस्थित रहते हैं। सूर्य विज्ञान के ज्ञाता इसके विकिरण (radiation) को 360 डिग्री में विभाजित करते हुए अग्रसर होते हैं, और वे इसका प्रयोग एक वर्णमाला की तरह करने में सक्षम होते हैं।

"जिस प्रकार एक भाषा में वर्णों के संयोजन से शब्द, पदों, वाक्य और छंदों की रचना की जाती है, उसी प्रकार सूर्य विज्ञान का ज्ञाता इसके प्रकाश की वर्णमाला का उपयोग करके किसी पदार्थ की सृष्टि, उसका विध्वंश एवं किसी अन्य पदार्थ में उसका परिवर्तन करने में सक्षम होता

है। सबसे पहले इस विकिरण से श्वेत प्रकाश को अलग करते हुए उसे एक आधार के रूप में प्रतिष्ठित करना होता है, और जहां एक ओर उसे यह विदित होता है कि अपने मन में सोची हुई वस्तु के निर्माण में किन रंगों का सम्मिश्रण करना आवश्यक है, वहीं दूसरी ओर वह इस श्वेत प्रकाश के आधार को भी अपनी धारणा में स्थिर रखते हुए अग्रसर होता है। विकिरण में उपस्थित इसी (श्वेत अथवा शून्य) आधार को स्थिर रखते हुए वह इसी के ऊपर विभिन्न रंगों का आवश्यकतानुसार विभिन्न बलों के साथ एक के पश्चात एक, एक निश्चित क्रम में संयोजन करते हुए, अपने लक्ष्य को प्राप्त करने में सफल हो जाता है। विज्ञानविद के मन (ज्ञान क्षेत्र) में उपस्थित वस्तु की प्रतिकृति का अनुसरण करते हुए 'प्रकाश' में उपस्थित सृजनात्मक प्राणिक ऊर्जा में सन्निहित 'क्रिया' शक्ति (मन के द्वारा ही संचालित होकर) सभी आवश्यक पदार्थ के कणों को आकर्षित करते हुए सृजन अथवा परिवर्तन के कार्य का संपादन करने में समर्थ होती है।"

इस प्रक्रिया में प्रयोगकर्ता के मन में अवस्थित ज्ञान एवं क्रिया बलों का ही सूक्ष्म एवं स्थूल धरातलों पर उपयोग होता है। इसमें कारण धरातल पर अवस्थित आत्मिक बल अथवा 'इच्छा शक्ति' का उपयोग नहीं होता। अत: यह योग-सृष्टि नहीं है जिसमें एक योगी केवल अपनी इच्छा शक्ति के प्रयोग से ही किसी वस्तु की सृष्टि करने में समर्थ होते हैं। सिद्धि शब्द का अर्थ होता है किसी उद्देश्य का सिद्ध होना (achievement of an objective)। योगियों एवं सिद्ध पुरुषों के संदर्भ में लोग उनसे संबंध रखने वाली समस्त चमत्कारिक उपलब्धियों की 'सिद्धि' के रूप में गणना करते हैं। इन सिद्धियों के अनेक प्रकार होते हैं, तथापि क्रिया-सिद्धि, ज्ञान-सिद्धि एवं इच्छा-सिद्धि में इनके विभाजन की बात भी केवल विशुद्धानंदजी के द्वारा ही कही गई है। एक और भी महत्वपूर्ण बात जो इस प्रदर्शन के संबंध में उन्होंने कही थी, वह यह थी कि योगी या विज्ञानविद केवल उसी वस्तु की सृष्टि करने में समर्थ होता है जो पृथ्वी पर कहीं पहले से मौजूद होती है। इसका आशय यही है कि जिस वस्तु की अवधारणा का कारण जगत में पहले से ही अस्तित्व होता है, ज्ञान और विज्ञान के माध्यम से

केवल उसी की सृष्टि संभव है। सर्वथा काल्पनिक किसी वस्तु का निर्माण इस प्रक्रिया के द्‌वारा संभव नहीं है।

> *"The Electron does not have any properties independent of the observer's mind. In atomic physics the sharp Cartesian division between mind and matter, between observer and observed, can no longer be maintained and we can never speak about nature without at the same time speaking about ourselves."*
>
> **- Werner Heisenberg**

अध्याय – ७

विश्व-गुरु सदैव उपलब्ध होते हैं

हजारों वर्षों से भारत की प्रसिद्धि केवल ज्ञान भूमि के रूप में ही नहीं, अपितु एक चमत्कारी महात्माओं का देश होने लिये भी है। यद्यपि ईश्वर की कृपा प्राप्त ऐसे महापुरुष विश्व में लगभग सभी स्थानों में उत्पन्न हुए हैं जो अनेक प्रकार के चमत्कार करने में सक्षम थे, तथापि ज्ञात ऐतिहासिक समय से भी हजारों वर्ष पूर्व से ही ऐसे साधन एवं क्षमता संपन्न महापुरुषों की उपलब्धि का भारत की भूमि में कभी अभाव नहीं हुआ। उसी प्रकार उन्हें तलाश करने वालों का भी इस भूमि पर कभी अभाव नहीं हुआ। स्वभाव से ही करुणाशील इन महामानवों ने, जिन्हें भी इनकी यथार्थ में तलाश थी न केवल उनकी कामना सदैव पूर्ण की है, बल्कि समय समय पर अयोग्य एवं अपात्र लोगों पर भी इनकी अहैतुकी कृपा की वर्षा हो जाना भी इन महापुरुषों के स्वभाव में सम्मिलित होता है। दैवी प्रेरणा से ही और संभवतया ऐसे ही एक महापुरुष बहरा बाबा की प्रेरणा से भी, अनायास ही लेखक ने एक निर्देशक और सहभागी के रूप में एक लघु परंतु सफल पारिवारिक उद्योग से अलग होकर प्रयाग से वापस कोलकाता में आकर अपने लिये एक उपयुक्त नौकरी तलाश करने का निर्णय कर लिया।

ज्ञानगंज के सिद्ध बहरा बाबा के दर्शन

यह घटना सन् १९७८ ई. की है। लेखक को एक सुविधाजनक क्षेत्र में अपनी सीमित क्षमता के अनुरूप परंतु एक अच्छे आवास की आवश्यकता थी, जो किराये पर उपलब्ध हो सके। यथासमय गंगा के उस पार एक ऐसे

घर का चुनाव भी हो गया जिसके स्वामी एक वृद्ध ब्राह्मण दम्पत्ति थे। उनकी दोनों पुत्रियों का विवाह हो चुका था और वे अकेले ही अपने एक-मंजिला घर में रहते थे। उनसे जो ऐग्रीमेंट हुआ, उसके अनुसार डिपोजिट में दी जाने वाली राशि से वे दूसरी मंजिल में छत पर अपने लिये एक दो कमरों वाले फ्लैट का निर्माण करके ऊपर चले जायेंगे और पहली मंजिल का फ्लैट लेखक को एक स्थायी रूप से किराये पर दे दिया जायेगा।

जब ऐग्रीमेंट पर सहमति बन गई तो लेखक ने गृह-स्वामिनी से प्रधान कक्ष में मुख्य दीवार पर सम्मान के स्थान पर टांगे गये एवं माल्यार्पित एक बड़े चित्र के विषय में जिज्ञासा की, कि ये किन महापुरुष का चित्र है। गृहस्वामिनी ने उन्हें बताया कि यह बहरा बाबा का चित्र है जो उनके गुरु थे। वे बिहार में रहते थे और समय-समय पर कोलकाता आते रहते थे। गांगुलि दंपत्ति ने बताया कि बाबा एक शक्ति-सम्पन्न योगी थे और उनके शिष्यों को बड़ी सावधानी के साथ अपने सभी कार्य करने पड़ते थे, क्योंकि बाबा का यह नियम था कि कुछ भी गड़बड़ होने पर वे उनके स्वप्न में आकर उन्हें डांट अवश्य ही लगाते थे।

लेखक को बाबा के व्यक्तित्व में एक गहरी रुचि और आकर्षण का अनुभव हुआ। सौभाग्यवश अगले तीन चार महीनों में ही बाबा का दो बार कोलकाता आना हुआ, दोनों बार ही सूचना मिलने पर लेखक को गांगुलि परिवार के साथ जाकर उनके दर्शन करने का सौभाग्य भी प्राप्त हुआ, और उनके चमत्कारों को देखने तथा उनकी कृपा प्राप्ति के अवसर भी।

पहली बार उनके दर्शन के लिये जब गांगुलि परिवार गृहस्वामिनी को घर में छोड़कर और लेखक को साथ लेकर निकला तो छः सदस्यों की उनकी मंडली तीन साइकिल रिक्शों पर सवार होकर उनके आवास से मध्य हावड़ा की दिशा में चल पड़ी। वाहनों और पैदल यात्रियों की भीड़ में रिक्शों का आगे पीछे हो जाना स्वाभाविक था, यद्यपि तीनों रिक्शे गंगा नदी के समानांतर एक सीधी सड़क पर चल रहे थे। एक व्यस्त क्रॉसिंग पर जहां दाहिनी ओर मुड़ना था तेजी से घूमते समय, वह रिक्शा जो सबसे आगे चल रहा था और जिस पर गांगुलि महाशय अपनी बड़ी पुत्री के साथ बैठे थे, संभवतः एक पत्थर से टकराकर, एकाएक उलट गया। गनीमत थी, और बड़े संतोष एवं आश्चर्य का विषय भी, कि किसी

को जरा भी कोई चोट-खंरोच आदि नहीं लगी थी। तुरंत ही दूसरा रिक्शा जिसपर लेखक और बड़े दामाद बैठे थे वहां पहुंच गया था और शीघ्र ही तीसरा रिक्शा भी, और तुरंत ही एक अन्य खाली रिक्शा भी मिल गया था (पहले वाला रिक्शा यात्रा के उपयुक्त नहीं रह गया था)।

जब गांगुली परिवार के सदस्य बहरा बाबा के सन्मुख उपस्थित हुए, तो तब उनके आश्चर्य का पारावार नहीं रहा जब प्रणाम स्वीकार करने के साथ ही बाबा ने वहां उपस्थित अन्य शिष्यों और उनके परिजनों को गांगुलि परिवार के साथ मार्ग में जो दुर्घटना घटी थी उसके विषय में बताना प्रारंभ कर दिया। साथ ही साथ वे यह बताना भी नहीं भूले कि अस्वस्थ होते हुए भी उनकी रक्षा के लिये कैसे उन्हें तुरंत दौड़कर जाना पड़ गया, अन्यथा उन्हें गंभीर चोटें आना अवश्यंभावी था। गांगुलि महाशय की ओर देखते हुए और अपने दोनों हाथों से दिखाकर समझाते हुए उन्होंने उनसे प्रश्न किया, "क्या यह सत्य नहीं है कि उस रिक्शे के पहिये का रिम ही टेढ़ा होकर इस प्रकार मुड़ गया था (जो अक्षरश: सत्य भी था)?"

परिचय दिये जाने और पदस्पर्श की अनुमति प्राप्त होने के पश्चात लेखक ने जब उनके आशीर्वाद की प्रार्थना की तो बाबा ने लेखक को एक मुद्रा (सिक्का) निकालने के लिये कहा जिसे बाबा ने अपनी तर्जनी और अंगूठे के मध्य ग्रहण कर लिया। फिर उसी प्रकार पकड़े हुए उस सिक्के को बाबा ने लेखक की फैली हुई हथेलियों में छोड़ दिया और कहा, "अपने हाथों को बंद करलो और बोलो, 'ले जा मैया, ले जा'।" जैसे ही लेखक ने इन शब्दों को दोहराया, वह सिक्का उनके बंद हाथों से गायब हो गया। बाद में बाबा के शिष्यों ने बतलाया कि वह सिक्का सुदूर बिहार में जगन्माता के एक मंदिर में, जहां बाबा पूजा करने जाते थे, माता की प्रतिमा के चरणों में पहुंचकर अर्पित हो गया था।

दूसरी बार जब लेखक ने बाबा के दर्शन किये तो अपने शरीर से संबंधित कई वर्षों से परेशान करने वाली उनकी एक समस्या का निदान हो गया था। उस समय बाबा का स्वास्थ्य काफी ठीक लग रहा था और वे अकेले में भक्तों से मिल भी रहे थे। अपनी बारी आने पर लेखक को भी अपनी पत्नी एवं दो पुत्रियों के साथ उनके कक्ष में जाकर भली-भांति

उनके चरणों में अपना मस्तक रखकर प्रणाम करने का एक स्वर्णिम अवसर प्राप्त हो गया था। तथापि इस बार भी दर्शन की अवधि छः या सात मिनटों तक ही सीमित थी। कक्ष से बाहर निकलते वक्त बाबा ने लेखक को यह निर्देश भी दिया था कि बाहर हॉल में उपस्थित लोगों को यह बता दिया जाये की अब और दर्शन नहीं होंगे। अवश्य ही लेखक को उस समय यह ज्ञात नहीं था कि उन्हें ज्ञानगंज आश्रम के एक सिद्ध की चरण धूलि लेने का सौभाग्य मिल गया था, और न ही यह कि बाबा के पास समय अधिक नहीं था और संभवत: उन्हीं के द्वारा प्रेरित होकर लेखक ने अकस्मात परिवार में सभी को चौंकाते हुए कोलकाता लौटने का निर्णय कर लिया था।

लेखक के जीवन में एक गंभीर समस्या की सृष्टि

जैसे-जैसे ऐग्रीमेंट के अनुसार लेखक को घर की उपलब्धि की तारीख निकट आती जा रही थी, अपने निर्माण कार्य को पूरा करने के लिये गांगुलि महाशय की लेखक से धन की मांग भी बढ़ती जा रही थी। एक ऐसा समय भी आ गया कि लेखक ने न केवल बचा हुआ डिपोजिट बल्कि लगभग तीन वर्षों का किराया भी गांगुलि महाशय को सौंप दिया था। परंतु ऐग्रीमेंट की तारीख के छः महीने पूरे हो जाने के बाद भी अभी निर्माण अधूरा ही था और गांगुलि दंपत्ति नीचे का घर खाली करके ऊपर जाने की स्थिति में नहीं थे। उन्हें अब भी निर्माण कार्य को पूरा करने के लिये अतिरिक्त धन की आवश्यकता थी। लेखक को ज्ञात हुआ कि दंपत्ति के दामादों के उत्साह के कारण ऊपर की मंजिल पर दो कमरों का आवास बनाने के स्थान पर चार कमरे बना लिये गये थे, परंतु टायलेट, स्नानगृह आदि से संबंधित तथा अन्य कुछ कार्य अभी अपूर्ण थे, और घर अभी तक भी रहने के योग्य नहीं हो सका था।

समस्त प्रक्रिया एक अनुलंघनीय स्थान पर पहुंचकर ठहर गई थी। लेखक के पास और अधिक धन जुटाने का कोई साधन नहीं था, और जल एवं स्नान आदि की सुविधा हुए बिना वृद्ध दंपत्ति का पहली मंजिल खाली करके ऊपर चले जाना भी किसी प्रकार संभव नहीं था।

लेखक के सामने जो कठिन परिस्थिति उत्पन्न हो गई थी उसके दो पहलू थे। पहला पक्ष था कि उनके लिये अगले छः सप्ताह के मध्य अपना वर्तमान आवास खाली करना आवश्यक था। एक दूसरा पहलू यह भी था कि उन्होंने अपनी समस्त जमा-पूंजी नये आवास के निमित्त मकान मालिक को सौंप दी थी। यह स्पष्ट था कि गांगुलि महाशय पर आवास उपलब्धि के लिये दबाव बनाने से कुछ लाभ होने वाला नहीं था। कानूनी कार्यवाही की बात सोचना भी व्यर्थ था क्योकि यह एक लंबी प्रक्रिया थी और अगले छः सप्ताह में संबंध खराब करने के अतिरिक्त कुछ भी प्राप्त नहीं हो सकता था। गांगुली दंपत्ति काफी वृद्ध भी थे और वास्तव में उनका कोई दोष भी नहीं था। दूसरी ओर दामाद भी उतने अनुभवी नहीं थे और शायद उनका उत्साह भी उतना अक्षम्य नहीं था। परंतु लेखक के लिये भी इस समस्या का निदान कर पाना असंभव के समान था।

लेखक की समस्या का अद्भुत निदान

उस दिन रविवार को गांगुलि महाशय से और एक मुलाकात के पश्चात जब लेखक को अपनी समस्या की विकटता का भली प्रकार बोध हो गया था और उन्हें उससे निकलने का कोई भी रास्ता नहीं सूझ रहा था, तो उन्होंने जो उपाय सोचा और जो निर्णय लिया वह इस पुस्तक के अधिकांश पाठकों को बचकाना और अत्यंत मूर्खतापूर्ण प्रतीत हो सकता है। तथापि तीर वही होता है जो निशाने पर पहुंच सकता हो और लेखक के अनाड़ी हाथों के द्वारा चलाये गये तीर के साथ भी ठीक यही घटना घटित हो गयी।

अगले दिन प्रात: अपनी स्वाभाविक ध्यान-क्रिया के स्थान पर लेखक ने बहरा बाबा के रूप का ध्यान करते हुए दस मिनट तक मन ही मन यह प्रार्थना की, “बाबा मैंने अपनी समझ में कोई गलत कार्य नहीं किया है, अत: आपके शिष्यों के माध्यम से मुझे इस प्रकार का दंड नहीं मिलना चाहिये था।” अपनी योजना के अनुसार अगले सात दिनों तक लेखक ने प्रतिदिन अपनी स्वाभाविक ध्यान-क्रिया के स्थान पर पूरे दस मिनटों तक इसी प्रार्थना को दोहराया और सातवें दिन जो फिर से रविवार था इस

बार इसके पूर्व के सभी रविवारों की भांति गांगुलि महाशय के पास जाकर अपना समय व्यर्थ करना भी लेखक को उचित नहीं लगा।

आठवें दिन, जो सोमवार था, लेखक ने न तो कोई प्रार्थना की और न ही कोई ध्यान-क्रिया। उस समय सुबह के लगभग साढे ग्यारह बजे थे जब आफिस में स्वागत कक्ष से अरुण चटर्जी का फोन आया, "सर, आप एक बार रिसेप्शन में आ सकते हैं क्या?" वहां पहुंचने पर गांगुलि दंपत्ति को वहां प्रतीक्षा करते हुए देखकर लेखक को आश्चर्य हुआ। लेखक ने जब उनकी अभ्यर्थना करने का प्रयास किया तो जो हुआ वह सामाजिक दृष्टि से सर्वथा अकल्पनीय था। यह कहते हुए कि "विज्ञान बाबू हमें क्षमा कर दीजिये, हमसे बड़ी भूल हो गई है," वृद्धावस्था को प्राप्त गांगुलि महाशय ने नीचे झुककर लेखक के पैर छूने का उपक्रम किया।

लज्जा और भावना से अभिभूत होकर कांपते हुए नीचे झुकने का प्रयास करते हुए गांगुलि महाशय को लेखक ने अपनी बाहों में थामकर यह अशोचनीय कृत्य करने से रोका और वृद्ध दंपत्ति को वहां रखे हुए एक सोफे पर बैठाया। उन्होंने लेखक को जो बताया वह अत्यंत चकित करने वाला था। पिछले दिन रात्रि के समय बहरा बाबा उन दंपत्ति में से दोनों के स्वप्न में अलग-अलग उपस्थित हुए थे और वे अत्यंत क्रोध में प्रतीत हो रहे थे। स्वप्न में उन्होंने गांगुलि बाबू से कहा था, "तुमने विज्ञान के मन को बड़ी चोट पहुंचाई है। वह मेरा भक्त है। तुम्हें उसके पैसे तुरंत लौटाने चाहियें और अपनी पत्नी के साथ उसके पास जाकर उसके पैर छूकर क्षमा मांगनी चाहिये। अन्यथा तुम लोगों के जीवन में 'गोपाल' फिर कभी नहीं आयेंगे।"

गांगुलि बाबू ने लेखक से मिले हुए धन का एक बड़ा भाग, जो वे साथ लेकर आये थे, उसी समय लेखक को लौटा दिया। शेष रकम को उन्होंने दस मासिक किस्तों में वापस करने का आश्वासन दिया और लगभग उसी प्रकार लौटा भी दिया। बाद में लेखक को विदित हुआ कि पिछले दिवस प्रात: उठने के साथ ही दंपत्ति ने एक दूसरे को अपने स्वप्नों के विषय में बताया था और अपनी दोनों पुत्रियों एवं दामादों को अविलंब प्रात: समय में ही आकर उनसे मिलने के लिये सूचित कर दिया था। रविवार के उसी दिवस में संध्या से पूर्व ही युद्ध-स्तर पर कार्य

करते हुए उसी क्षेत्र के एक व्यवसायी के साथ उनका अनुबंध हो गया था जिसने उन्हें लेखक का देय तथा निर्माण को पूरा करने के लिये आवश्यक शेष राशि देना भी स्वीकार कर लिया था। तथापि इस प्रक्रिया में गांगुलि परिवार को ऊपरी मंजिल पर चार कमरों वाले नये घर का सौदा करना पड़ गया था। उस समय की बाजार दरों के अनुसार वैसा ही उचित भी था और गांगुलि दंपत्ति अपने घर में पहले की भांति ही रह सकते थे, जबकि अब उन्हें एक अतिरिक्त मासिक आय की भी उपलब्धि हो गई थी।

संयोगवश और संभवत: बाबा की ही एक अतिरिक्त कृपा के रूप में लेखक को उसके एक सप्ताह बाद ही एक अपेक्षाकृत बेहतर और नवनिर्मित चार कमरों वाला पहली मंजिल का फ्लैट डिपोजिट के स्थान पर उतने ही अग्रिम किराये की शर्तों पर मिल गया था, जहां वे अगले चौदह वर्ष तब तक सपरिवार रहे जब तक उन्हें जिस उद्योग में वे कार्यरत थे उसके चेयरमैन के द्वारा एक नये कार्य का भार सौंपकर राजधानी क्षेत्र में स्थानांतरित नहीं कर दिया गया।

गुरु अपने कार्य पूर्ण करते हैं

इस घटना के पश्चात, लेखक के मन में बहरा बाबा के प्रति श्रद्धा कई गुणा बढ़ गई थी और उन्होंने निश्चय कर लिया था कि अगली बार जब बाबा कोलकाता आते हैं तो वे अपने कौन-कौन से प्रश्न उनके समक्ष रखना चाहेंगे। परंतु कुछ महीनों के बाद एक दिन फिर अपने कार्यस्थल के क्षेत्र में गांगुलि परिवार के बड़े दामाद से, जो उसी क्षेत्र में कार्य करते थे, उनका मिलना हो गया और इस बार उन्होंने बताया कि बाबा कोलकाता में ही थे परंतु उन्हें हृदय का स्ट्रोक हो गया था और वे बेल व्यू अस्पताल में भर्ती थे। दामाद ने यह भी बताया कि उन्हें सतत निरीक्षण (ICU) में रखा गया था और उनके सामान्य शिष्यों के लिये भी उनका दर्शन करना संभव नहीं था।

अपने व्यस्त जीवन के विभिन्न व्यवसायों में उलझे हुए लेखक को बाबा के अस्पताल में होने की घटना विस्मृत हो गई थी, और

तभी अचानक एक दिन उन्हें पहली बार बाबा के दर्शन एक स्वप्न के माध्यम से हुए। स्वप्न में लेखक एक हाते में प्रवेश करते हैं, और अपने सामने उपस्थित एक विशाल भवन के बायीं ओर कुछ दूर चल कर, दाहिने घूमकर उस भवन के पार्श्व से उसमें प्रवेश करते हैं। वहां सीढ़ियां चढ़कर वे पहली मंजिल पर पहुंचते हैं, और एक दीर्घ कॉरीडोर में अपने दाहिनी पार्श्व के अनेक कमरों को पार करते हुए, वे भवन के अंतिम कक्ष में पहुंचते हैं जो एकमात्र ऐसा कक्ष है जिसका द्वार सामने की ओर खुलता है।

उस कक्ष में प्रवेश करने पर लेखक देखते हैं कि कक्ष के मध्य में सामने ही द्वार की ओर मुख करके जमीन पर बिछे हुए एक आसन पर बहरा बाबा विद्यमान हैं। ऐसा प्रतीत हो रहा था कि बाबा ने मौन धारण किया हुआ है, क्योंकि पास ही एक स्लेट एवं चाक रखे हुए थे जिसपर वे आवश्यक होने पर कुछ लिख सकते थे। लेखक बाबा से अपना पहला प्रश्न पूछते हैं, जिसके उत्तर में वे दो बार अपना सिर ऊपर-नीचे करके अपनी सहमति प्रदान करते हैं। लेखक के दूसरे प्रश्न के उत्तर में बाबा दो या तीन बार अपने सिर को दायें-बायें हिलाकर स्पष्ट रूप से मना करते हैं। लेखक के तीसरे प्रश्न के उत्तर में बाबा अपनी बायीं हथेली पर अपने दायें हाथ को थोड़ा घुमाकर ऐसा इंगित करते हैं जैसे एक ताला अभी बंद किया हुआ हो और जो भविष्य में समय आने पर ही खुलने वाला हो। लेखक जैसे ही बाहर निकलने के लिये उद्यत होकर बाबा को प्रणाम करते हैं, निद्रा भंग होकर उनकी आंखें खुल जाती हैं।

तथापि पांच या छह दिनों के पश्चात ही पुन: अपने कार्य क्षेत्र में लेखक को बड़े दामाद दिखाई पड़ जाते हैं जो अत्यंत खेद के साथ उन्हें बताते हैं कि अमुक तिथि को बाबा का निधन हो गया था। गणना करने पर लेखक के समक्ष यह स्पष्ट हो जाता है कि जिस दिन बाबा ने अपनी स्थूल देह का त्याग किया था, ठीक उसी रात्रि को लेखक के स्वप्न में आकर उन्होंने उनके प्रश्नों का उत्तर देकर अपना यह अधूरा कार्य भी पूर्ण कर दिया था।

साक्ष्य और औचित्य जो तब अज्ञात थे

इस घटना के लगभग पंद्रह या सोलह वर्षों के बाद उसी प्रकार एक विशाल भवन के हाते में प्रवेश करने के बाद उसी प्रकार सीढियों पर चढ़कर पहली मंजिल पर पहुंच कर एक बड़े और चौड़े गलियारे के अंत में अपने कमरे की ओर बढ़ते हुए लेखक के दिमाग में वह इतने दिनों पुराना स्वप्न अचानक एक विद्युत के समान कौंध गया। राजधानी क्षेत्र में यह विशाल भवन उस फैक्ट्री का भवन था जिसे स्वयं लेखक ने उस उद्योग समूह के लिये बनवाया था जिसमें वे कार्य करते थे और इसका निर्माण उस नक्शे के अनुरूप किया गया था जो एक उद्योग विशेष में उनकी कंपनी के जर्मनी में स्थित तकनीकी सहभागी के द्वारा भेजा गया था।

इस पूर्ण रूप से वातानुकूलित भवन में नीचे की संपूर्ण मंजिल तथा ऊपर की मंजिल के अधिकांश भाग का निर्माण उत्पादन में उपयोग की दृष्टि से किया गया था। जबकि ऊपर की मंजिल में दाहिनी ओर उत्तर से दक्षिण की दिशा में कंपनी के कार्यालय के रूप मे उपयोग किये जाने वाले कमरों की एक लंबी कतार थी। यह सब कुछ ठीक उसी प्रकार था जैसा कि पंद्रह से सोलह वर्ष पूर्व लेखक ने अपने उस स्वप्न में देखा था, और इस १०० फीट लंबे कॉरीडोर के अंत में जो सामने की ओर खुलने वाला एकमात्र कक्ष था वह भी ठीक उसी प्रकार था जिसमें स्वप्न में बहरा बाबा बैठे हुए थे, और जिसमें बैठकर अगले बारह वर्षों तक कंपनी के चीफ ऐग्जीक्यूटिव के रूप में लेखक को इस उद्योग एवं कंपनी का संचालन करना था। जर्मनी से प्राप्त होने वाले बिल्डिंग के प्लान में उद्योग के स्वामियों के द्वारा वास्तु सलाहकार की राय के अनुरूप दो बड़े परिवर्तन किये गये थे, पहला तो भवन में प्रवेश सामने से पश्चिम दिशा से पूर्व की ओर होने के स्थान पर भवन के बगल में उत्तर से दक्षिण की ओर कर दिया गया था, और दूसरा संचालक का कक्ष भवन के दक्षिणी सिरे पर निर्मित होना था जिसमें उसे उत्तर दिशा से प्रवेश करना था एवं उत्तर दिशा की ओर मुख करके ही बैठना था।

लेखक के लिये अब यह समझना कठिन नहीं था कि बहरा बाबा ने देह त्याग से पूर्व न केवल भली भांति उनके प्रश्नों के उत्तर दे दिये

थे, अपितु उसी के साथ भविष्य की एक झलक भी उन्हें दिखला दी थी ताकि सही समय आने पर और विचार करने पर उन्हें बाबा के अनुग्रह एवं उनकी दिव्यता की और अधिक स्पष्ट प्रतीति हो सके।

लेखक का दूसरा प्रश्न नौकरी में परिवर्तन के विषय में था और बाबा ने अपने नकारात्मक उत्तर के औचित्य को इस स्वप्न के यथार्थ में परिवर्तित होने के माध्यम से भली भांति स्पष्ट कर दिया था। साधारणत: किसी भी संस्थान में एक साधारण पद पर प्रवेश करके उच्चतम स्थान पर पहुंच पाना कल्पना से परे के समान होता है, और कोलकाता से राजधानी क्षेत्र में आ जाने से लेखक के परिवार की जीवन शैली में भी एक सुखद एवं सकारात्मक परिवर्तन आ गया था। दूसरी ओर लेखक के समक्ष यह स्पष्ट हो गया था कि अपने शिष्यों के स्वप्न-जगत के समान ही बहरा बाबा न केवल अन्य किसी के भी स्वप्न-जगत में प्रवेश कर सकते थे, बल्कि वे उसके भविष्य को भी भली भांति देखने में सक्षम थे। एक और तीसरी बात जो लेखक के समक्ष स्पष्ट हो गई थी, वह यह थी कि स्थूल देह त्याग के पश्चात भी सिद्ध महापुरुषों की अपने कार्यों का निर्वाह करने की क्षमता के विषय में जो सुनने और पढ़ने में आता है वह अक्षरश: सत्य होता है, तथा यह भी कि उनके जीवन को एक सकारात्मक दिशा में अग्रसर करने के निमित्त और श्री बहरा बाबा के स्थूल शरीर के त्याग का समय निकट होने के कारण ही उन्हें एक लघु किंतु सफल उद्योग से अपनी सहभागिता समाप्त करके कोलकाता वापस लौटने की प्रेरणा स्वयं भगवती के द्वारा ही प्रेषित की गई थी।

बहरा बाबा: एक संक्षिप्त पृष्ठभूमि

बहरा बाबा का बचपन का नाम सरयू तिवारी था। उनका जन्म लगभग १८९० ई. में गंगा नदी के तट पर स्थित बिहार के सारण जिले की बनियापुर तहसील के बंगाली पट्टी नामक गांव के एक धर्मपरायण ब्राह्मण परिवार में हुआ था। जब उनकी उम्र मात्र पांच वर्ष की थी तभी उनकी माता का देहांत हो गया था और आठ वर्ष की आयु में एक ग्राम्य मेले से लौटते समय वे अपने मार्ग से भटक गये थे। जंगल में रात्रि के

समय उनकी मुलाकात गरंगोल बाबा नाम के एक अत्यंत उच्च कोटि के संन्यासी से हो गई, और उनका एक चमत्कार भी उन्हें देखने को मिला। बालक के बार बार प्रार्थना करने पर सन्यासी गरंगोल उसे ईश्वर के पथ पर चलने का संधान देने के निमित्त अपने साथ ले जाने के लिये सहमत हो गये।

अनेक दुर्गम पथों को पार करते हुए कुछ समय के बाद वे सिद्ध पुरुष, बालक सरयू तिवारी के साथ तिब्बत में स्थित ज्ञानगंज योगपीठ में उपस्थित हो गये जहां उन्हें गरंगोल बाबा के गुरु और अत्यंत उच्च कोटि के संत हेलहार महाराज के द्वारा योग दीक्षा प्रदान कर दी गई।

दस वर्षों के लंबे समय तक केवल कंद मूल एवं फल खाकर जीवन निर्वाह करते हुए सरयू अपने गुरु के निर्देशन में योगाभ्यास में लगे रहे और इस अवधि में उन्हें अनेक कठिन परीक्षाओं से भी गुजरना पड़ा। एक बार तो उन्हें दस दिनों तक लगातार दिन-रात केवल दो बांसो की चौड़ाई वाले एक ऊंचे मंच पर एक चिड़िया के अपने पंजों पर बैठने के समान अपने दो पैरों पर बैठकर अभ्यास करना था। परंतु नवम दिवस उन्हें झपकी आ गई थी और वे नीचे गिर पड़े थे। इस परीक्षा में अनुत्तीर्ण होने पर उनके गुरु ने चिमटे से उनकी पिटाई भी की थी, किंतु अगले ही प्रयास में उन्होंने सफलता प्राप्त कर ली थी।

एक दूसरे अवसर पर जब वे अपने गुरु की उपस्थिति में उनके निकट बैठकर प्रात:कालीन जप कर रहे थे पास ही में अत्यंत मधुर स्वर में किसी ने गायन प्रारंभ कर दिया था, और अल्प समय के लिये उनका ध्यान अपने जप से भटक गया था। गुरु महाराज को इसकी प्रतीति हो गई थी और वे अत्यंत क्रुद्ध हो गये थे। अपना एक हाथ सरयू के कान पर रखकर उन्होंने कहा था, "अब से तुम बहरे हो जाओगे" और उसी समय सरयू को सुनाई पड़ना बंद हो गया था। यद्यपि उनकी श्रवण शक्ति उन्हें बाद में पुन: प्राप्त हो गई थी, पर तभी से उनके नाम के साथ 'बहरा' शब्द जुड़ गया था।

अट्ठारह वर्ष की अल्प आयु में ही सरयू तिवारी उच्च श्रेणी के योगाभ्यासों में पारंगत हो चुके थे तथापि अनिच्छा होते हुए भी अपने गुरु की आज्ञा के अनुसार उन्हें अपने गांव में अपने पिता लालजी तिवारी के

पास लौटना पड़ा क्योकि हेलहार महाराज का आदेश था कि उन्हें विवाह करके एक गृहस्थ योगी के रूप में अपना जीवन यापन करना है। जब बहरा बाबा की आयु तीस वर्ष की थी, तभी उनके पिता का भी स्वर्गवास हो गया। उसके पश्चात वे एक बार फिर से अपने घर का त्याग करके आसाम में स्थित प्रसिद्ध शक्ति पीठ कामाख्या में जाकर जगन्माता को प्रसन्न करने के लिये अपनी साधना में संलग्न हो गये। इस स्थान पर उन्होंने पांच वर्षों तक साधना की और यहीं प्रथम बार उन्हें माता का दर्शन भी प्राप्त हुआ।

बाबा के शिष्य सूर्यप्रकाश बंदोपाध्याय एवं अमिताभ चक्रवर्ती के अनुसार, जिन्होंने बाबा के जीवन चरित्र पर बंगला भाषा में लिखे गये संकलन का एक पुस्तक के रूप में संपादन किया है, बाबा अपनी दैनिक चर्या और अनुशासन के विषय में सदैव सतर्क रहते थे और जब 1975 ई. में इस पुस्तक का संकलन किया जा रहा था उस समय तक भी वे अपने दैनिक अभ्यास एवं जप (प्रार्थना) से विमुख होते हुए दिखाई नहीं पड़ते थे। सती देवी एवं नित्यानंद बंदोपाध्याय के द्वारा प्रकाशित इस पुस्तक में उनके तथा बाबा के अन्य भक्तों के उनसे 45 वर्ष व्यापी संबंधों एवं अनुभवों के अनेक व्यापक एवं रोचक विवरण उपलब्ध हैं (यद्यपि अब यह पुस्तक उपलब्ध नहीं है)। अध्यात्म के इतिहास के शोधकर्ता एवं मानव समाज इस कार्य के लिये इस परिवार का सदैव ऋणी एवं कृतज्ञ रहेगा।

इस पुस्तक में बाबा के शिष्यों के द्वारा देखे या अनुभव किये गये अनेक वृत्तांत और कुछ तो अत्यंत ही चमत्कारपूर्ण विवरण सम्मिलित किये गये हैं। बाबा विशुद्धानंद जी के समान बहरा बाबा भी वायु विज्ञान का खुल कर उपयोग करते थे, जिसकी शिक्षा उन्हें भी ज्ञानगंज में रहते हुए वहां के विज्ञान विभाग से प्राप्त हुई थी। एक बार तो उन्होंने इसी प्रकार पटना में स्थित अपने एक शिष्य की स्टेशनरी की दुकान से एक दर्जन फाउंटेन पेनों का आयात कर लिया था (जो उन दिनों आज के समान इतने सस्ते नहीं हुआ करते थे)। और ठीक उसी समय जब दुकान में कर्मचारी इधर-उधर उन पेनों को खोज रहे थे, तभी एक पत्र

वहां उनके शिष्य के पास पहुंच गया था कि पेन बाबा ने अपने स्कूल के लिये मंगवा लिये थे, कोई चिंता का विषय नहीं था और न ही किसी कर्मचारी से कोई भूल हुई थी, तथा दुकान की खिड़कियां एवं दरवाजा भी भली प्रकार बंद थे।

एक दूसरे अवसर पर कोलकाता के समीप अवस्थित हिंदुस्तान मोटर्स के प्रेसिडेंट श्री भट्टर का एक अत्यंत महत्वपूर्ण चाबियों का गुच्छा किसी प्रकार गुम हो गया था। उसी अवस्था में जब श्री भट्टर बाबा के एक शिष्य के आवास पर उनके दर्शन के लिये उपस्थित हुए तो उनके मन में चाबियों के उस गुच्छे को लेकर बड़ी चिंता थी। इसी कारण जब वे बाबा की उपस्थिति में अपनी प्लेट में परोसी गई मिठाई का एक टुकड़ा कुछ अनमने होकर अपने मुख में डाल रहे थे, तभी अकस्मात उनका खोया हुआ गुच्छा एक झमाके के साथ छत से आकर उनके पार्श्व में गिर पड़ा, जबकि बाबा उनकी आश्चर्य मिश्रित प्रसन्नता को देखकर मुस्कुराते भर रहे।

बाबा वर्षा को रोक या सीमित कर सकते थे, अपनी आवश्यकता के अनुरूप किसी ट्रेन को चलने से रोक सकते थे, सरिये लगी हुई खिड़की से निकल सकते थे और उनसे मिलने के लिये आने वाले व्यक्ति की प्रत्येक गतिविधि से भी वे अवगत रहते थे। उनकी उपस्थिति में सीमित खाद्‌य सामग्री में आवश्यकतानुसार वृद्धि होती रहती थी और जहां भी वे होते थे इस प्रकार की परिस्थितियां भी प्राय: उत्पन्न होती ही रहती थी।

मात्र १८ वर्ष की आयु में ही बाबा अत्युच्च कोटि के योगाभ्यास में पारंगत हो गये थे। अध्यात्म जगत का यह नियम ही है कि जिन्हें योग्य गुरु की प्राप्ति हो जाती है, और जो छोटी उम्र में योगाभ्यास प्रारंभ कर देते हैं, वे तीव्र गति से प्रगति भी कर पाते हैं। वे शीघ्र नये अभ्यास सीख लेते हैं, क्योंकि उनका शरीर अधिक लचीला होता है और उनका मन भी निर्मल होता है। बहरा बाबा ने आठ वर्ष की उम्र में, विशुद्धानंद जी ने चौदह वर्ष में और ईसा मसीह ने भी लगभग उसी उम्र में योगाभ्यास प्रारंभ कर दिया था।

प्राचीन वायु विज्ञान: एक चर्चा

यद्यपि श्री विशुद्धानंद जी और बहरा बाबा दोनों ने ही योग एवं कतिपय विज्ञानों की शिक्षा ज्ञानगंज योगाश्रम में ही प्राप्त की थी तथापि उनके गुरू भिन्न थे एवं काल में भी उनके मध्य लगभग चालीस वर्षों का अंतराल था। उसी प्रकार उनके ज्ञानगंज में प्रवेश के माध्यम भी भिन्न प्रकार के थे। उनमें से एक स्वामी नीमानंद का संधान मिलने पर बंगाल में बर्दवान से ढाका पहुंचने पर ज्ञानगंज ले जाये गये जबकि दूसरे केवल आठ वर्ष के थे और केवल बिहारी भाषा बोल सकते थे, जिनकी नियति उन्हें जंगल में गरंगोल बाबा तक खींच लाई थी। यह एक निर्विवाद सत्य है कि अपनी भाषा में शिक्षा ग्रहण सहज और अधिक प्रभावी होता है।

जबकि सूर्य विज्ञान के ज्ञान का प्रदर्शन अपने आप में अनोखा और विशुद्धानंदजी तक ही सीमित था, ये दोनों ही गृहस्थ योगी अपने विभिन्न कार्यों के लिये वायु विज्ञान का उपयोग करने के लिये प्रख्यात थे। तथापि इस सिद्धि का उपयोग हजारों वर्षों से प्रचलन में था और ऐसे अनेक महात्माओं के द्वारा भी इस विभूति के उपयोग के अनेकों विवरण उपलब्ध हैं जिनके ज्ञानगंज से संबंधित होने की कहीं कोई चर्चा नहीं देखी गई है।

इस प्रणाली का उपयोग विशुद्धानंदजी अक्सर ज्ञानगंज से पत्रों, लिफाफों और अन्य वस्तुओं के आदान प्रदान के लिये भी कर लिया करते थे। उनसे वरिष्ठ उनके अनेक गुरूभाई प्राय: ज्ञानगंज में ही रहते थे। जब उनका कोई शिष्य दान के रूप में या किसी लेंस अथवा अन्य वस्तु के मूल्य की राशि ज्ञानगंज भेजना चाहता था तो उसे मनी आर्डर के माध्यम से जालंधर में एक विशेष ठिकाने पर भेज दिया जाता था जहां से उसे तथा अन्य आवश्यक वस्तुओं को समय-समय पर ज्ञानगंज मंगवा लिया जाता था। परंतु यदि कई प्रकार की राशियां भेजनी हो और सब मिलाकर एक बड़ी राशि बन रही हो तो मनी आर्डर का खर्च बचाने के लिये बाबा उसे वायु विज्ञान के माध्यम से सीधे ज्ञानगंज भेज दिया करते थे। उस अवस्था में सभी राशियों को एकत्र करके एक लिफाफे में बंद कर दिया

जाता था और बाबा के द्वारा अपनी कुर्सी के बाजू पर दी गई एक थपकी मात्र से ही वह लिफाफा अपने गंतव्य पर पहुंच जाता था।

वायु विज्ञान के उपयोग के कुछ उदाहरण

बर्दवान में विशुद्धानंदजी के आश्रम की व्यवस्था तथा वहां प्राप्त होने वाले धन एवं उपहारों की संभाल का दायित्व बाबा ने अपने शिष्य मनीन्द्रनाथ कविराज को सौंप रखा था। उनके अनेक शिष्य और विशेषरूप से उनके उड़ीसा के शिष्य जब बाबा का दर्शन करने आते थे तो वे प्राय: बाबा को सिल्क की धोती उपहार में दिया करते थे। ऐसी धोतियों को बाबा अपने एक अन्य शिष्य रमेश मैत्र को सौंप देते थे जो इन्हें भगवा रंग से रंगवा कर और उसमें एक ओर कपड़े की किनारी सिलवा कर उसे एक साड़ी में बदलवा देते थे।

बाबा के जीवन चरित्र के लेखकों को मनीन्द्र कविराज ने बताया था, "जब इस प्रकार की एक दर्जन साड़ियां एकत्र हो जाती थी तो मैं बाबा को सूचित कर देता था और बाबा मुझसे कहते, 'इन साड़ियों को एक (गत्ते के) डिब्बे में रखकर एक मजबूत डोरी से बांध दो और दो या तीन स्थानों पर इसमें सील लगा दो'। बाबा मुझे अपनी धातु से बनी हुई सील भी सौंप देते थे और कार्य पूरा हो जाने पर मैं उसे भली भांति बांधे हुए और सील किये गये डिब्बे के साथ बाबा को लौटा दिया करता था। गत्ते के बक्से का चारों ओर से भली भांति निरीक्षण और उसमें लगी सील को भी जांचने के बाद बाबा कहते थे, 'इन सब को ज्ञानगंज में कुमारियों के उपयोग के हेतु भेज दिया जाये' और उसे दीवार की ओर उछाल देते थे, यद्यपि गत्ते का वह डिब्बा मध्य में ही कही गायब हो जाता था। लगभग आधे घंटे के बाद वही डिब्बा खाली होकर तथापि उसी डोर से बंधा हुआ और केवल 'स्वामीजी का ज्ञानगंज का आश्रम' इस सील के साथ पुन: आश्रम की तीसरी और दूसरी मंजिलों की छतों को पार करते हुए आकर बाबा के पूजा कक्ष में गिर जाता था और उससे निकलती हुई एक अद्भुत दिव्य गंध सभी ओर फैल जाती थी।"

बाबा के एक जीवनीकार अक्षय कहते हैं कि अपने काशी में अवस्थान के समय बाबा ने एक बार कोलकाता की प्रसिद्ध बटो कृष्ण पाल की दुकान

से एक थर्मोमीटर का इसी प्रकार आयात किया था। बाबा को बुखार हो गया था और उनके एक डाक्टर शिष्य उनके शरीर का तापमान मापना चाहते थे। बाबा ने केवल अपने बिछौने के बगल में एक सामान्य आघात किया था और वहां उपस्थित अपने शिष्यों से कहा था कि टेबल पर रखे हुए उनके बैग से थर्मोमीटर निकाल लें, और वास्तव में बैग में एक नया थर्मोमीटर अपनी पैकिंग के सहित उपलब्ध था। तापमान को मापने के पश्चात थर्मोमीटर को पुन: पैक करके बैग में वापस रख दिया गया और बिछौने के पार्श्व में फिर बाबा की एक थपकी मात्र से वह बैग से गायब होकर (बाबा के अनुसार) वहीं वापस पहुंच गया जहां से उसे मंगवाया गया था।

अक्षय दत्तगुप्त के अनुसार थर्मोमीटर को लेकर लगभग इसी प्रकार की एक घटना कोलकाता में भी हुई थी। ऐसी ही एक घटना एक पार्कर पेन को लेकर भी घटित हुई थी पर उस मामले में पेन वापस नहीं भेजा गया था बल्कि उसका मूल्य इसी विधि के माध्यम से भेज दिया गया था। अपने स्मृतिलेख में मनीन्द्र कविराज ने लिखा है कि यह मेरा सौभाग्य था कि मुझे ऐसी अनेक घटनाओं को अपनी आंखों के सन्मुख घटित होते हुए देखने के बहुत से अवसर प्राप्त हुए थे।

एक उच्चतर प्रकृति भी है

हम मनुष्यों की स्मृति में चाहे वह लिखी हुई हो, बोली गई हो, पत्थरों पर तरासी या रंगों में उकेरी गई हो अथवा विशाल संरचनाओं के माध्यम से सुरक्षित की गई हो, दिव्य अनुभूति एवं चमत्कारिक घटनाओं का किसी काल में भी सर्वथा अभाव दृष्टिगोचर नहीं होता। पाश्चात्य देशों में इनकी विशेष चर्चा ईसा मसीह के परवर्ती काल में ही अधिक देखने में आती है, पर भारत के क्षेत्र में इनकी नियमितता में पिछले सात हजार वर्षों में कभी भी व्यवधान नहीं हुआ है (भारत की सभ्यता को ईसा पूर्व 1,500 वर्ष तक सीमित करने के पश्चिम के पुरातत्वविदों के प्रयास को केवल हास्यास्पद ही नहीं बल्कि पक्षपातपूर्ण एवं अज्ञान का परिचायक भी समझना उचित होगा)।

इस पुस्तक में अब तक हमने जिन चमत्कारों की चर्चा की है, विद्वत जनों के अनुसार उनकी गणना सच्चे चमत्कारों में करना उचित नहीं होगा। वे सभी प्रदर्शन केवल आवश्यक 'ज्ञान' एवं सही 'क्रिया' प्रणाली के अनुसरण के माध्यम से किये गये चमत्कार मात्र कहे जा सकते हैं। जिन विद्वानों को 'परा' अथवा उच्चतर प्रकृति का ज्ञान है, उनके अनुसार वास्तविक चमत्कार उन्हें कहा जाता है जो केवल 'इच्छा' शक्ति के प्रयोग के माध्यम से फलित या घटित कर दिये गये हों।

विभिन्न सिद्धों एवं महापुरूषों के द्वारा विश्व के इस भूभाग में केवल 'इच्छा' शक्ति के प्रयोग के माध्यम से अत्यंत प्राचीन काल में किये जाने वाले तथा वर्तमान समय में भी किये जाते रहने वाले इन चमत्कारों में समय की सापेक्षता के अतिरिक्त परस्पर में किसी तुलनात्मक विशिष्टता जैसी कोई बात देखने में नहीं आती। जब हम वर्तमान समय की बात करते हैं, तो भी पिछली पांच शताब्दियों में से प्रत्येक शताब्दी में कम से कम दो ऐसे महापुरुषों के नामों का चुनाव करने में हमें तनिक भी कठिनाई का अनुभव नहीं होगा जो अपनी इच्छा मात्र से भौतिक प्रकृति के किसी भी नियम का उलंघन करने में पूर्ण रूप से सक्षम कहे जा सकते हैं। इनमें से एक बहरा बाबा के विषय में हम कुछ चर्चा कर चुके हैं। श्री विशुद्धानंद जी के विषय में भी कुछ चर्चा हम प्राचीन सूर्य एवं वायु विज्ञानों के संदर्भ में कर चुके हैं।

वर्तमान समय में चमत्कारिक घटनायें

पुस्तक का आकार सीमित रखने के लिये यहां हम केवल पिछली तीन शताब्दियों से, १८वीं, १९वीं और २०वीं शताब्दियों से ही, ऐसे छः महापुरुषों का चुनाव करके अग्रसर होने और यह देखने का प्रयास करेंगे कि क्या पारंपरिक रूप से चमत्कारों की श्रेणी में गणमान्य घटनाओं की पुनरावृत्ति आज के परिप्रेक्ष्य से संबद्धता कायम रखते हुए संभव हो सकती है। दूसरी ओर यह कतई आवश्यक नहीं है कि सच्चे महापुरूष केवल उन्हीं चमत्कारों की सृष्टि करने के लिये बाध्य हों जिनके विषय में पारंपरिक रूप से पहले भी मानव समुदायों में चर्चा होती रही हो। ये वे महापुरुष

थे जिन्होंने परम स्वातंत्र्य प्राप्त कर लिया था, और जो अपनी देश एवं काल की परिस्थिति के अनुरूप केवल इच्छा के प्रयोग मात्र से किसी भी प्रकार की चमत्कारिक घटना की सृष्टि करने में सक्षम थे।

अनीश्वरवाद पर प्रतिष्ठित साम्यवाद और 'श्रेष्ठतर' एवं 'श्रेष्ठतम' धर्म-वाद वाले आज के युग में अधिकांश ख्यातनामा विद्वान एक नीति के अनुसार चमत्कारों की सभी बातों को हेय दृष्टि से देखने और दिखाने का प्रयास करते हैं, और इस प्रकार के वैश्विक परिप्रेक्ष्य में चमत्कारों की बात को उठाने में लेखक के दो प्रधान उद्देश्य हैं। हमारा पहला उद्देश्य है कि पिछले चार अध्यायों में जिन बातों की विशद एवं सारगर्भित विवेचना की गई है, व्यवहारिक रूप में परिदृश्यमान घटनाओं के माध्यम से उनकी पुष्टि करने एवं उन्हें संबल प्रदान करने की दिशा में एक प्रयास। हमारा विश्वास है कि आधुनिक विज्ञान के आलोक में, हथेली पर रखे आमलक के समान हर ओर से देखने, अनुभव करने और तर्क की प्रत्येक कसौटी पर परखे जाने के लिये उपलब्ध इस पुस्तक में वर्णित शाश्वत सिद्धांतों को मिथ्या सिद्ध करना किसी भी प्रकार से संभव नहीं है।

दूसरी ओर पिछले अध्यायों में जो बातें कही गई हैं, इस अध्याय में वर्णित चमत्कारिक घटनाओं के माध्यम से उनके आधार की पुष्टि तो होगी ही साथ ही आगे बढ़ने पर अगले अध्याय में वर्णित उन विषयों को भी अपेक्षाकृत अधिक सहजता से समझा जा सकेगा जो अधिकांश पाठकों को और भी अधिक रहस्यमय प्रतीत हो सकते हैं।

पिछले तीन सौ वर्षों के कुछ महामानव

प्रागैतिहासिक काल से ही हिमालय के दक्षिण में स्थित भारत भूमि अपनी आध्यात्मिक जागृति के आभाचक्र के लिये विश्व में ख्यात रही है और जहां तक एक हिंदू की स्मृति उसे ले जा सकती है उसके अनुसार इस भूमि पर कभी भी सच्चे महापुरुषों का अभाव नहीं रहा। तथापि जिन तीन शताब्दियों की बात हम करना चाहते हैं, स्थानाभाव के कारण उस काल खंड के कुछ महापुरुषों की चर्चा ही हम यहां करेंगे और इसी काल में स्वामी रामकृष्ण परमहंस (१८३६-१८८६) एवं उनके दीर्घजीवी गुरु तोतापुरी

महाराज (१७११-१९६१ ई.), जो बाद में नंगा बाबा के नाम से अधिक जाने जाते थे, रमण महर्षि (१८७९-१९५० ई.), एवं साई बाबा के दो अवतारों के अतिरिक्त ऐसे अनेकों संत हुए हैं, स्थानभाव के कारण जिनके जीवन में घटित होने वाली अनगिनत चमत्कारिक घटनाओं की इस पुस्तक में चर्चा करना हमारे लिये संभव नहीं था, और वास्तव में उसकी आवश्यकता भी नहीं थी।

इसके अतिरिक्त ऐसे अधिकांश महापुरुषों की उपस्थिति में अनेक बार एक ही दिन में दर्जनों चमत्कार एकाधिक स्थानों पर घटित होते हुए देखे गये हैं। अत: केवल कुछ विशिष्ट श्रेणी के चमत्कारों को ही यहां स्थान दिया गया है, जबकि एक ही प्रकार की चमत्कारिक घटनायें इनमें से एकाधिक महापुरुषों की जीवनियों में इनके सभ्रांत एवं विद्वान शिष्यों के द्वारा सम्मिलित की गई हैं। उदाहरण के रूप में श्री श्यामाचरण लाहिड़ी, श्री नीमकरोली महाराज एवं श्री बहरा बाबा की जीवनकथाओं में से प्रत्येक के क्षेत्र में भी विभिन्न परिस्थितियों में ट्रेनों को रोके जाने की दो या अधिक घटनाओं के विशद विवरण उपलब्ध हैं, तथापि केवल बामा क्षेपा बाबा के द्वारा ट्रेन रोके जाने की घटनाओं को इस अध्याय में सम्मिलित किया गया है। ऐसी चमत्कारी घटनाओं को केवल इन्हें समझ पाने के लिये ही उधृत किया गया है, हमारा उद्देश्य इन्हें तालिकाबद्ध करने का नहीं है। जिन महापुरुषों की चर्चा हम यहां करने वाले हैं, उनमें से बहरा बाबा का संक्षिप्त परिचय हम दे चुके हैं।

बामा क्षेपा बाबा (१८३७-१९११ ई.)

बाबा बामा क्षेपा, स्वामी रामकृष्ण के समकालीन थे। अल्प आयु में एक बालक के रूप में ही उन्होंने भी अपने गृह का त्याग कर दिया था। उन्होंने अपने गुरू कैलाशपति के निर्देशन में रहते हुए योगाभ्यास एवं तंत्र साधन सिद्ध किया था। ठाकुर रामकृष्ण और साधक रामप्रसाद की ही भांति वे भी जगन्माता के भक्त थे और मां 'तारा' के रूप में उनकी उपासना करते थे। पश्चिम बंगाल के प्रसिद्ध तारा पीठ के नाम से विख्यात मंदिर के निकट की श्मशान भूमि में रहकर वे उसी स्थान पर अपना ध्यान-साधन किया

करते थे। यद्यपि अवांछित तत्वों और अनावश्यक व्यवधान को दूर रखने के लिये उन्होंने क्षेपा या पागल का चोला धारण कर लिया था, तथापि जानकारों के द्वारा उन्हें तारा पीठ का चलायमान ईश्वर और स्वयं मां तारा का ही मनुष्य के रूप में अवतरण समझा जाता था।

तैलंग स्वामी (१६०७-१८८७ ई.)

इसी प्रकार विश्व के नियंता 'विश्वनाथ' के नगर के नाम से प्रसिद्ध काशी या वाराणसी में अपने जीवन के अंतिम १५० वर्षों तक वास करने वाले और वहां आने के पश्चात कभी उस स्थान का त्याग नहीं करने वाले तैलंग स्वामी को भी चलंत विश्वनाथ कहा जाता था। उनका जन्म तटीय आंध्र प्रदेश में विशाखापटनम के निकट विजना जिले के होलिया नामक ग्राम में सन् १६०७ ई. के जनवरी मास में हुआ था। उनका बचपन का नाम शिवराम था और उन्होंने विवाह करने से मना कर दिया था। वे भी श्मशान भूमि के निकट रहने लग गये थे और जब वे ७२ वर्ष के हो गये थे तब उसी स्थान पर उनके भावी गुरू भगीरथ स्वामी का आगमन हुआ था।

अल्प समय में ही शिवराम को विश्वास हो गया था कि यही वे गुरू थे जिनकी उन्हें दीर्घ समय से प्रतीक्षा थी और फिर पूछने पर भगीरथ स्वामी ने भी उन्हें बता दिया था कि वास्तव में इसी उद्देश्य को लेकर वे अपने पथ से इतनी दूर हटकर उस स्थान पर पहुंचे थे। तथापि शिवराम के इस प्रश्न को सुनकर उन्हें हंसी आ गई थी कि क्या प्रयास के द्वारा शिवराम अपनी कुंडलिनी को जाग्रत कर सकेंगे। इसके उत्तर में उन्होंने बताया था कि इसका समय अभी नहीं आया था और इसके लिये उन्हें पहले शिवराम की आवश्यक प्रस्तुति करनी होगी। इसके कुछ दिनों के पश्चात ही स्वामी अपने शिष्य को साथ लेकर होलिया ग्राम से निकल कर उत्तर दिशा की ओर चल पड़े थे और अंत में उन्होंने राजस्थान में अजमेर के निकट पुष्कर नगरी का चुनाव अपने शिष्य के साथ स्थायी रूप से रहने के लिये कर लिया।

अपने गुरू से जिस दीक्षा की शिवराम को प्रतीक्षा थी वह उन्हें ७८ वर्ष की आयु में मिली और उसके बाद उनका नाम गणपति सरस्वती

हो गया। उसके पश्चात सन् १६९५ ईं में जब भगीरथ स्वामी ने पहले से एक शुभ तिथि निश्चित करने के बाद अपने स्थूल शरीर को त्यागने का निर्णय कर लिया, तब उन्होंने गणपति स्वामी को यह अंतिम निर्देश दिया कि वे पहले सभी तीर्थों का भ्रमण करें और उसके बाद वे अपने स्थायी निवास के लिये किसी स्थान का चयन कर सकते हैं।

विशुद्धानन्द परमहंस (१८५३-१९३७ ई.)

बाबा विशुद्धानंद का जन्म पश्चिम बंगाल में बर्दवान के निकट बांडुल ग्राम में हुआ था और वे श्री युक्तेश्वर गिरी (१८५५-१९३६ ई.) के समकालीन थे। तथापि जहां युक्तेश्वर जी का प्रकाश जिस गुरू-शिष्य परंपरा के अंतर्गत हुआ था वह महावतार बाबाजी तक जाती है, वहीं विशुद्धानंदजी एवं बहरा बाबा का सम्बंध ज्ञान गंज आश्रम से था जो माताजी के अंतर्गत विकसित होने वाली गुरू-शिष्य परंपरा में गण्य होता है, जिसमें उन्हें क्षेपाई माता के नाम से पुकारा जाता है।

इन दोनों परंपराओं के प्रवर्तकों के विषय में यह कहा जाता है कि दोनों ही अब भी अपने स्थूल शरीर के साथ विद्‌यमान हैं, दोनों की वर्तमान आयु का अनुमान १८०० वर्ष से कुछ अधिक का किया जाता है और दोनों का ही निवास स्थल हिमालय पर्वत पर बताया जाता है। संभवत: महावतार बाबाजी की चचेरी बहन, जिनका वर्णन परमहंस योगानंदजी के द्‌वारा अपनी आत्मकथा में 'माताजी' नाम से किया गया है, तथा तिब्बत में अवस्थित ज्ञानगंज आश्रम की पूजनीया गुरूमाता, क्षेपाई माता, एक ही परमसिद्धा भैरवी का इंगित करते हैं।

नीमकरोली महाराज (१८९८-१९७३ ई.)

नीमकरोली महाराज स्वतंत्र भारत के उत्तरी भूभाग में आध्यात्मिक गगन में चमकने वाले सबसे ज्वाजल्यमान सितारे थे। उन्होंने ग्यारह वर्ष की आयु में गृहत्याग कर दिया था और बीस वर्ष की उम्र में वे सिद्ध एवं तीस वर्ष की आयु में परमसिद्ध बन गये थे। वे विनोदप्रिय एवं हंसमुख स्वभाव के संत थे। जब वे छोटे थे तो गांव वालों से बचने के लिये वे एक पेड़

पर चढ़ जाते थे, परंतु जब गांव वालों में से कुछ उनके पीछे-पीछे उस पेड़ पर चढ़कर उनके पास पहुंचने का प्रयास करते थे तो वे उन्हें उस पेड़ पर नहीं बल्कि कुछ दूरी पर दूसरे पेड़ पर बैठे हुए दिखाई देते थे, और यदि वे छलांग लगाकर भी वहां पहुंचते हों तो भी ऐसा करते हुए वे कम से कम नीचे खड़े हुए लोगों में से तो किसी को भी दिखाई नहीं पड़ते थे।

उनकी कई जीवनियों में से एक के लेखक राजीदा ने अपनी हिंदी की मूल पुस्तक में महाराज से संबंधित जितनी भी घटनाओं के विवरण दिये हैं, उन सभी को क्रमवार नंबर भी प्रदान किये हैं, जिनमें लेखक के पास जो प्रति है उसमें आखिरी घटना का नंबर ४१९ है (दि डिवाइन रीयेलिटी नाम से इस पुस्तक के अंग्रेजी अनुवाद में आखिरी घटना ३६५ तक ही है)। उन्होंने इन घटनाओं को सर्वज्ञता, सर्वत्रता, सर्वसक्षमत्व और अन्य लीलाओं के अंतर्गत विभाजित किया है। महाराज कहीं भी अचानक प्रकट हो जाते थे और उसी प्रकार कहीं से भी क्षणभर में ही गायब भी हो जाते थे।

उनके एक दूसरे जीवनी लेखक 'मुकुन्दा' के अनुसार, "उनके शरीर का आकार, आयाम और भार सदैव परिवर्तित होते रहते थे। कई बार जब वे अपने आश्रम में अपने भक्तों के मध्य उपस्थित रहकर पूरी चेतनावस्था में रहते हुए अपने कार्यों का निर्वाह कर रहे होते, तभी ठीक उसी समय किसी दूरस्थ स्थान पर अपने किसी भक्त के सामने उपस्थित होकर वे उससे बात कर रहे और उसकी समस्या का निदान भी कर रहे हो सकते थे। एक ही समय पर एकाधिक स्थानों और परिप्रेक्ष्य मे चल रही उनकी क्रिया-प्रतिक्रिया आदि की झलक उनके पास उपस्थित भक्तों को उनके मुख के भावों में होते रहने वाले परिवर्तनों और उनके शरीर पर पड़ने वाले प्रभावों से मिलती रहती थी। उनके चेहरे के भाव और प्रकाश, उनके शरीर की मुद्रायें और उनके रंग में भी सतत परिवर्तन होता रहता था।"

अपनी पुस्तक *Miracle of Love* में राम दास (रिचर्ड एल्पर्ट) लिखते हैं, "उनका शरीर अचंभित कर देने वाली मुद्रायें ग्रहण करता रहता था। वे आकाश के सदृश बहते रहते थे और उनका शरीर बिल्कुल तरल के समान कार्य करते हुए दिखाई पड़ता था। महाराज के शरीर में एक दिव्य आभा

की चमक दिखाई पड़ती थी जबकि स्पर्श करने पर वह एक छोटे बालक के शरीर के समान नर्म और लचीला प्रतीत होता था।"

योगीराज श्यामाचरण लाहिड़ी (१८१८-१८९५ ई.)

श्री युक्तेश्वर गिरी के गुरू और परमहंस योगानंदजी के परमगुरू लाहिड़ी महाशय का नाम भारत के आध्यात्मिक इतिहास में १९वीं शताब्दी के सबसे सामर्थ्यवान गृहस्थ योगी के रूप में सदैव स्वर्णिम अक्षरों में दमकता रहेगा। हमने पिछली तीन शताब्दियों के जिन छह महापुरुषों का चयन उनकी चमत्कारी विभूतियो की चर्चा करने के लिये किया है, उनमें यह अंतिम नाम है। उन्होंने स्वयं महावतार बाबाजी से योग दीक्षा ग्रहण की थी और यद्‌यपि बंगला भाषा में उनकी जीवनी एवं साहित्य अलग से उपलब्ध है, तथापि विश्व की अधिकांश भाषाओं में अनुदित परमहंस योगानंदजी की आत्मकथा में भी उनके विषय में विशद चर्चा की गई है।

चमत्कारिक घटनाओं की चर्चा के लिये इस अध्याय में एक विभिन्न प्रकार से मिश्रित मंजुषा (basket) का चयन मात्र किया गया है। चूंकि इनमें से सभी महापुरुष यहां वर्णित सभी प्रकार की विभूतियों का अपने स्तर पर स्वतंत्र रूप से प्रदर्शन करने में सक्षम थे अत: उनके मध्य किसी प्रकार की तुलना करने का प्रयास नहीं किया गया है। इस प्रकार की समस्त घटनायें बिना किसी पूर्व योजना के अकस्मात घटित होती हैं अत: पूर्व एवं पश्चिम दोनों परिप्रेक्ष्यों को ध्यान में रखते हुए केवल विविधता की दृष्टि से एवं कथा प्रवाह के अनुरूप ही घटनाओं का चयन किया गया है।

सड़क और जल पर यातायात एवं पेट्रोल

अपनी पुस्तक 'भारत के महान योगी' के पंचम खंड में विश्वनाथ मुखर्जी लिखते हैं, "यह घटना कैंची आश्रम की है। उस समय नीमकरोली महाराज की कार के ड्राइवर हबीबुल्ला खान थे। एक दिन उन्होंने महाराज से पूछा, 'महाराज गाड़ी में पेट्रोल नहीं है अत: यदि आपको कहीं जाना हो तो मैं

जाकर गाड़ी में पेट्रोल भरवा कर ले आता हूं (पेट्रोल भरवाने के लिये उस समय नीचे की ओर छह या सात किलोमीटर की दूरी पर भवाली जाना पड़ता था)।' महाराज ने उनसे कहा था कि उनका कहीं भी जाने का विचार नहीं था। तथापि उसी दिन रात्रि के समय उन्होंने खान को बुलवाया और उनसे कहा, 'गाड़ी बाहर निकालो, हमें जाना है'।

"गाड़ी निकालने के बाद खान ने कहा, 'आपने मुझे पेट्रोल नहीं भरवाने दिया था, गाड़ी चलेगी किस प्रकार? परंतु रात में इस वक्त आप जाना कहां चाहते हैं (ऊपर की दिशा में या नीचे की ओर)?'

"महाराज ने कहा, 'हमें अलमोड़ा नगर (ऊपर की ओर लगभग ४५ किलोमीटर) जाना है। तुम गाड़ी चलाओ'। हबीबुल्ला खान ने आज्ञा का पालन करते हुए गाड़ी स्टार्ट कर दी। तथापि उसकी आशा के अनुरूप छह या सात किलोमीटर चलने के बाद गाड़ी रुक गई। होनी को स्वीकार करते हुए कि अब तो जंगल के क्षेत्र में उस सड़क पर रात बिताने के अतिरिक्त कोई भी चारा नहीं था, जीप के पिछले भाग में जाकर खान अपने सोने की व्यवस्था करने का उद्यम करने लगा।

"यह देखकर महाराज बोले, 'तुम सोने की तैयारी में क्यों लग गये? जाओ! आस-पास में कोई पानी का स्रोत तलाश करो! पानी लेकर आओ और उससे टंकी को भर दो!'

"खान को अपने कानों पर भरोसा नहीं हुआ, और वह बोला, 'यह आप क्या कह रहे हैं? आप कह रहे हैं कि मैं पेट्रोल के स्थान पर टंकी में पानी भर दूं। अगर मैंने ऐसा कर दिया तो गाड़ी एकदम बर्बाद हो जायेगी।' उसने महाराज को डर दिखाने का प्रयास किया, 'अगर आप फिर ऐसा करने के लिये कहेंगे, तो मै कल से ही आपकी नौकरी छोड़ दूंगा'!

"'अच्छा ठीक है', महाराज कुछ नर्म पड़ते हुए बोले, 'ज्यादा पानी मत भरो, केवल तीन कैन पानी गाड़ी की टंकी में डाल दो'। पानी टंकी में डालने के बाद हबीबुल्ला ने गाड़ी चलाना आरंभ कर दिया और वे अल्मोड़ा पहुंच गये और सारी रात गाड़ी चलाने के बाद प्रात: काल वे आश्रम में वापस भी पहुंच गये। हबीबुल्ला खान सोचते ही रह गया कि केवल पानी से रात भर गाड़ी का चलना किस प्रकार संभव हो सकता था।"

यह महाराज की 'इच्छा' शक्ति थी जिसने तीन कैन पानी को उतने ही परिमाण के पेट्रोल में परिवर्तित कर दिया था। इसी प्रकार अनेक अवसरों पर उन्होंने पानी को दूध में भी परिवर्तित कर दिया था, और जब उनकी माता के मेजबान ऐसी ही एक विषम परिस्थिति में उलझ गये थे तो जीसस (ईसा मसीह) ने भी खाली मटकों में पानी भरवा कर अपनी इच्छा शक्ति के प्रयोग से उसे शराब में परिवर्तित कर दिया था।

'मुकुंदा' के द्वारा संकलित 'अनन्त कथामृत' से

कानपुर में अपने प्रवास के प्रारंभिक दिनों में नीमकरोली महाराज गंगा नदी के किनारे लाड़ली पंड़ा के घर पर ठहरा करते थे। यहां नदी के किनारे से कुछ दूर एक बालुकामय छोटा सा टापू बना हुआ था और किनारे तथा टापू के मध्य जल का स्तर उथला था, अत: पैदल चलकर टापू तक पहुंचा जा सकता था। टापू के दूसरी ओर जल पर्याप्त था और स्नान के उपयुक्त भी। लाड़ली के घर आवास करते समय प्रात: के समय महाराज उथले जल से पैदल चलकर टापू पर चले जाते थे और वहीं अपने दैनिक स्नान आदि कृत्यों का संपादन करके वापस लौट आते थे।

एक दिन जब महाराज लाड़ली के एक सहायक को साथ लेकर अपने दैनिक प्रात:कृत्यों का निर्वाह करने के लिये जा रहे थे तो लाड़ली भी उनके साथ नदी के किनारे की ओर चल पड़े। गीला होने से बचने के लिये लाड़ली किनारे पर ही खड़े हो गये जबकि महाराज और उनके सहायक टापू की ओर चल पड़े। पर लाड़ली और उनके सहायक दोनों यह देखकर आश्चर्य से भर गये कि महाराज पानी पर इस प्रकार चल रहे थे जैसे वे समतल भूमि पर चल रहे हों और उनके पीछे लाड़ली का सहायक भी उसी प्रकार सूखे पैरों से नदी के जल पर चलते हुए टापू तक पहुंच गया और दैनिक कृत्यों का निर्वाह करने के पश्चात उसी प्रकार महाराज नदी के तट पर लौटकर भी आ गये थे। यह कहने की आवश्यकता नहीं होनी चाहिये कि इसके पूर्व अन्य दिनों महाराज उथले जल में चलकर ही आना जाना करते थे। यह विनोद-प्रिय महाराज का एक कौतुक मात्र ही था जिसे देखने का सौभाग्य उस दिन गीला होने के भय से तट पर ही

रुक गये लाड़ली तथा प्रतिदिन महाराज के साथ जाने वाले सहायक को भी प्राप्त हो गया था।

पानी पर चलना, नदी में पानी पर बैठे रहना, और कई घंटों और दिनों के लिये जल में समाधि ले लेना, योगीराज तैलंगस्वामी के लिये भी सामान्य घटनाओं के समान था। इसी प्रकार, एक बार जब जीसस (ईसा मसीह) अपने शिष्यों के साथ गैलिली के समुद्र से उस पार कैपरनौम जाना चाहते थे, तो अपने पीछे आ रही अपने प्रशंसकों की उस बड़ी भीड़ से पीछा छुड़ाने के लिये जो उन्हें पकड़कर अपना राजा घोषित करना चाहते थे, वे निकट की एक पहाड़ी पर चढ़कर उनकी दृष्टि से ओझल हो गये थे। समुद्र के इस ओर उस समय एक ही नाव थी, जिसके द्वारा संध्या से पूर्व ही उस पार पहुंचा जा सकता था। अपनी प्रार्थना आदि के लिये पहाड़ी पर चढ़ने के पूर्व जीसस ने अपने शिष्यों से कहा कि हम इसी नाव से कैपरनौम जायेंगे, और मैं भी तुम्हारे साथ ही चलूंगा। शीघ्र ही लोगों की भीड़ भी वहां पहुंच गई और जीसस के लौटने की प्रतीक्षा करने लगी। अपने समय से नौका दूसरी ओर जाने के लिये चल भी पड़ी, पर जीसस का कहीं कोई चिन्ह नहीं था। कुछ घंटों के बाद जब उनकी नाव किनारे से लगभग चार मील दूर आ चुकी थी, तभी विपरीत दिशा से तेज हवायें चलने लगी और नाव तेजी से वह डगमगाने लगी। जीसस के शिष्य भयभीत होकर प्रार्थना करने लगे। तभी उन्होंने देखा कि उनके पीछे की ओर से जल की सतह पर चलते हुए ईसा मसीह उनकी ओर आ रहे थे। जीसस के नाव पर चढ़ते ही समुद्र शांत हो गया, और वे सभी सकुशल दूसरी ओर पहुंच भी गये।

महाराज गाड़ी में आगे बैठकर ही यात्रा करते थे

एक दिन जब महाराज के दर्शन करने के बाद कमिश्नर प्रकाश किशन नैनीताल वापस लौटने के लिये प्रस्तुत हो रहे थे तो महाराज ने उनसे अगले दिन अपनी गाड़ी भेजने के लिये कह दिया ताकि वे उससे नैनीताल आना जाना कर सकें। अगले दिन प्रातः ८ बजे कमिश्नर साहब ने अपनी कार और ड्राइवर को महाराज जी की सेवा में भेज दिया।

तथापि जब प्रातः दस बजे कमिश्नर अपने दफ्तर पहुंचे तो उन्हें ज्ञात हुआ कि भारी वर्षा के कारण रात में नैनीताल भवाली रोड़ क्षतिग्रस्त हो गई थी और उसे यातायात के लिये बंद कर दिया गया था। परंतु उस अवस्था में कैंची जाने में असमर्थ उनकी कार को बहुत पहले ही वापस आ जाना चाहिये था। चिंता का अनुभव करते हुए प्रकाश किशन अपनी कार को खोजते हुए वहां पहुंच गये जिस स्थान पर सड़क क्षतिग्रस्त हो गई थी। उन्होंने देखा कि सड़क इतनी दूर तक क्षतिग्रस्त हो गई थी कि केवल दुपहिया वाहन ही उसपर होकर आ-जा सकते थे। इधर-उधर किसी खाई में भी उन्हें कार गिरी हुई नहीं दिखाई पड़ी और दिन भर वे इस विषय में चिंतित बने रहे।

तथापि इस मध्य कमिश्नर का ड्राइवर कैंची पहुंच चुका था और उसी सड़क से होकर वह महाराज को नैनीताल लेकर आ गया था। नैनीताल में महाराज ने अपने कुछ भक्तों के घरों का भ्रमण भी किया था और उसी सड़क से होकर वे वापस कैंची भी पहुंच गये थे। शाम को ४ बजे उन्होंने ड्राइवर को गाड़ी वापस ले जाने के लिये कह दिया था और उसी सड़क पर गाड़ी चलाकर यथासमय वह वापस कमिश्नर के घर वापस भी पहुंच गया था। उसे देखकर कमिश्नर ने उससे प्रश्न किया, "तुमने किस रास्ते से आना जाना किया? नैनीताल भवाली रोड़ तो कल रात से ही बंद थी।" आश्चर्यचकित होकर ड्राइवर ने उत्तर में कहा कि वह तो उसी सड़क से होकर उस दिन चार बार आया गया था पर उसने तो कहीं भी न तो सड़क पर मलबा देखा था और न ही उसे कहीं पर सड़क बैठी हुई या क्षतिग्रस्त मिली थी।

एक दूसरे अवसर पर महाराज को वृंदावन से दिल्ली जाना था। कई दिनों से लगातार वर्षा हो रही थी और इस संदर्भ में उस समय के उनके ड्राइवर रामानंद ने यह घटना लोगों को बताई थी: "मैं महाराज को जीप से लेकर जा रहा था और मथुरा रोड़ पर एक ढलान वाले स्थान पर इतना जल भर गया था कि वह एक नदी के समान बह रहा था। दिल्ली से आने वाली सभी गाड़ियां उस नदी के दूसरी ओर से ही वापस लौट रही थी और मैंने भी गाड़ी घुमाकर वापस लौटने के लिये महाराज से अनुमति

मांगी, पर उन्होंने मेरी प्रार्थना पर ध्यान नहीं दिया और कहा, 'इस नदी के ऊपर से ही ड्राइव करके चलते रहो'। मैं चिंता में पड़ गया और उनसे कहा कि गाड़ी के इंजिन में पानी भर जायेगा और हम बीच में ही फंस जायेंगे। महाराज बोले, 'तुम अपनी आंखें बंद कर लो और गाड़ी चलाते रहो'। मेरे पास उनकी आज्ञा का पालन करने के अतिरिक्त कोई मार्ग नहीं था, परंतु गाड़ी सहजता से उस पानी की सतह पर चलती रही और हम दूसरी ओर पहुंच गये'।"

अपाहिज या मृतक का उठकर बैठ जाना

जैसा कि हम कह चुके हैं, एक पूर्व निर्धारित दिवस में अपने स्थूल शरीर का त्याग करने के पूर्व गणपति सरस्वती (तैलंग स्वामी) के गुरु भगीरथ स्वामी ने उन्हें तीर्थ भ्रमण पर जाने का निर्देश दिया था। सन् 1695 ई. में गुरु के देह त्याग के पश्चात गणपति स्वामी ने दक्षिण भारत से अपने तीर्थाटन का प्रारंभ करके उत्तर की दिशा में बढ़ने का निश्चय किया। राजस्थान में पुष्कर तीर्थ से निकलकर पहले वे पूर्वीय तट क्षेत्र में स्थित 'पुरी' पहुंचे और फिर तटीय रेखा का अनुगमन करते हुए वे नवंबर 1697 ई. में भारत के दक्षिण तट पर स्थित 'रामेश्वरम' में आकर उपस्थित हो गये।

रामेश्वरम की पावन नगरी में उस समय एक मेला चल रहा था जहां दूर दूर के लोग आये हुए थे और यहां अपने पैतृक ग्राम होलिया से आये हुए कई लोगों से भी उनका मिलना हुआ जिन्होंने उन्हें पहचान लिया था। वे लोग स्वामी को पुन: अपने ग्राम में वापस ले जाना चाहते थे, परंतु स्वामी ने इसके लिये अपनी स्वीकृति नहीं दी। अगले दिन दोपहर के समय स्वामी अकेले ही मेले के मैदान में घूम रहे थे और जिधर भी उनकी दृष्टि जाती उन्हें मानवता का एक विशाल समुद्र जैसा दिखाई दे रहा था। तभी एक दिशा से उन्हें उच्च स्वर में लोगों के रोने और औरतों के चीत्कार करने के शब्द सुनाई पड़े और वे उसी ओर बढ़ चले। समीप पहुंचने पर उन्होंने देखा कि कुछ लोग एक मृत व्यक्ति को रस्सियों से बांधने का प्रयास कर रहे थे।

गणपति स्वामी ने उन लोगों से पूछा, 'तुम लोग इस व्यक्ति को बांध क्यों रहे हो'? उनमें से एक व्यक्ति ने उत्तर दिया, "स्वामी गर्मी सहन न कर पाने के कारण यह बेहोश होकर गिर गया था और कुछ समय पूर्व इसकी मृत्यु हो गई है। अब हम इसके शरीर को जलाने के लिये ले जा रहे हैं।" गणपति बोले, "तुम लोगों को भ्रम हुआ है। यह व्यक्ति अभी जीवित है। तुम एक जीवित व्यक्ति को ले जाकर उसे जलाने का प्रयास क्यों कर रहे हो"? स्वामी की बात सुनकर उस व्यक्ति के संबंधियों और मित्रों ने रोना बंद कर दिया। उन्होंने उसे बांधने का काम भी बीच में ही छोड़ दिया। तब स्वामी ने अपने कमंडल से थोड़ा जल लेकर उस व्यक्ति पर छिड़क दिया और जब वे लोग उसकी रस्सियों को खोल रहे थे तो उसमें जीवन के चिन्ह भी दृष्टिगोचर होने लगे और वह इस प्रकार उठकर बैठ गया जैसे कोई नींद से जाग कर बैठ जाये। वहां इकट्ठी होती जा रही भीड़ को चकमा देकर स्वामी अपनी यात्रा पर आगे चल पड़े।

गणपति स्वामी की तिब्बत से वापसी

विश्वनाथ मुखर्जी के द्वारा संकलित 'योगीराज तैलंग स्वामी' से उद्धरित: उस समय अट्ठारहवीं सदी का प्रारंभ हो चुका था जब कुछ अर्से तक नेपाल में ठहरने के बाद गणपति (तैलंग) स्वामी ने उत्तर दिशा में हिमालय पर्वत पर चढ़ना प्रारंभ किया। यहां वे लगभग बीस वर्षों तक रहे और इसमें अधिकांश समय उन्होंने उच्चावस्था प्राप्त परम सिद्धों की संगति में यापन किया। अपनी साधना का अंतिम चरण तिब्बत में अवस्थित मानसरोवर झील के क्षेत्र में पूरा करने के पश्चात स्वामी ने पुन: लोकायतन की ओर निम्न दिशा में अवतरण करना प्रारंभ किया। अपने अवतरण के मध्य स्वामी जब हिमालय के नीचे अवस्थित पर्वत शृंखला में आज के समय उत्तराखंड के नाम से परिचित भूमि पर उतरते चले आ रहे थे तो एक आश्चर्यप्रद घटना की सृष्टि हुई।

ठीक उसी समय जब स्वामी ऊपर से उतर कर इस स्थान पर पहुंच रहे थे, समीप के एक गांव में एक विधवा के एकमात्र पुत्र की मृत्यु होकर चुकी थी। ग्रामवासी एक झूलने (sling) में लटका कर मृत बालक को

अंतिम संस्कार के लिये ले जा रहे थे और उनके पीछे-पीछे उस बालक की माता जोर-जोर से रोती और बिलखती हुई अपनी सुध-बुध खोकर चली आ रही थी। अपने सामने से गुजरते हुए उस समुदाय को देखकर स्वामी अपने पथ पर ठहर गये। मानसरोवर की दिशा से अवतरण करते हुए स्वामी को देखकर बालक की माता ने भी रोना बंद कर दिया। उसके साथ के ग्रामीण समुदाय ने भी ठहर कर मृत बालक को नीचे उतार दिया। देव भूमि के नाम से बुलाये जाने वाले इस पर्वतीय क्षेत्र के लोग सरल चित्त वाले और ईश्वर में श्रद्धा रखने वाले मनुष्य होते हैं। साधु संतों पर उन्हें श्रद्धा और विश्वास होता है और कैलाश मानसरोवर क्षेत्र की ओर जाने वाले संतों की सेवा करना वे अपना धर्म समझते हैं।

बालक को अपनी गोद में उठाकर उस औरत ने स्वामी के पैरों के समीप जमीन पर लिटा दिया और वह कहने लगी, "स्वामी! मेरे पति की कुछ वर्षों पूर्व ही मृत्यु हो गई थी। मेरा यह पुत्र ही मेरे भविष्य का एकमात्र सहारा और मेरे जीवित रहने का एकमात्र उद्देश्य था जिसके इर्द-गिर्द रहते हुए मैं अपना जीवन यापन कर रही थी और अब यह भी मुझे छोड़कर जा रहा है। आप मुझपर कृपा करें और इस बालक को जीवन का उपहार प्रदान करें। मैंने इसके पूर्व भी मानसरोवर क्षेत्र से उतर कर आने वाले संतों की दया और सामर्थ्य देखी है। आज आपको मेरी कातर प्रार्थना सुननी पड़ेगी और मुझ पर और इस बालक पर अपनी कृपा की वर्षा करनी ही होगी!"

गणपति स्वामी उस मृत बालक के समीप बैठ गये और उसके मृत शरीर पर अपने हाथ फेरने लगे। मन ही मन उन्होंने अपने गुरु और परमेश्वर का स्मरण करते हुए उन्हें प्रणाम किया और वे उस बालक के शरीर को धीरे धीरे अपने हाथ से सहलाते रहे। कुछ ही देर में बालक के प्राण उसके शरीर में लौट आये और वह फिर से जीवित हो गया। क्षणभर में होने वाले इस चमत्कार को देखकर ग्रामवासी प्रसन्नता से झूम उठे। एक के बाद एक वे आकर स्वामी के चरणों का स्पर्श करने लगे। उसके पश्चात वे बड़ी श्रद्धा और सम्मान के साथ स्वामी को अपने गांव ले गये, जहां कुछ दिनों तक ठहरने के बाद गणपति पुन:अपने पथ पर निकल पड़े। यह लगभग 1720 ई. की घटना है। इसके पश्चात स्वामी का अगला

आविर्भाव सन् 1726 ई. में मध्य प्रदेश में नर्मदा नदी के उद्गम स्थल पर अमर-कंटक में देखने में आता है, जिसका विवरण उपलब्ध है।

एक घटना जिसे महाराज घटित होते हुए देख रहे थे

एक अवसर पर नीमकरोली महाराज अपने कुछ भक्तों के साथ समतल भूभाग से उत्तराखंड के कुमांऊ पर्वतीय क्षेत्र में स्थित नैनीताल नगरी में (स्वयं महाराज के द्वारा बनवाये गये) हनुमानगढ़ी पर स्थित हनुमान मंदिर की ओर यात्रा कर रहे थे। तथापि नैनीताल जिले के सबसे बड़े शहर हल्द्वानी पहुंचने के पूर्व, जहां से पर्वतीय क्षेत्र प्रारंभ होता है, काफी पहले से ही अचानक वे अपने ड्राइवर रामानंद को गाड़ी तेज और फिर बहुत तेज चलाने का निर्देश देने लग गये जैसे उन्होंने किसी से मिलने का समय नियत कर रखा हो। नैनीताल मार्ग पर काठगोदाम और ज्योलिकोट के मध्य एक निर्जन स्थान पर उन्होंने रामानंद से गाड़ी रोकने के लिये कहा और वे गाड़ी से उतर कर एक ओर चल दिये। उनके पीछे उनके भक्तगण भी गाड़ी से उतर पड़े।

पास के जंगल में एक औरत अपने मरे हुए पुत्र के शरीर के निकट बैठकर रो रही थी। कुछ समय पूर्व ही एक सांप के काटने से बालक की मृत्यु हो गई थी। यद्यपि महाराज को सब विदित था, फिर भी उन्होंने उस औरत से पूछा कि वह क्यों रो रही थी। उसके उत्तर की प्रतीक्षा करने के स्थान पर महाराज ने पुन: उस औरत से पूछा, 'क्या यह तुम्हारा एकमात्र पुत्र था'? औरत ने सिर हिलाकर हामी भरी। महाराज ने फिर पूछा, 'तुम्हारा पति भी जीवित नहीं है'? जिसकी स्वीकारोक्ति के रूप में वह औरत फिर से रो पड़ी। महाराज बोले, 'तुम्हारा लड़का मरा नही है। फिर तुम क्यों रो रही हो? चुप हो जाओ'।

महाराज ने बालक के शरीर को अपने हाथों से सहलाया और बालक के प्राण उसके शरीर में वापस लौट आये। कुछ ही समय में बालक में चेतना का भी संचार हो गया। महाराज उसी समय उठकर बिना उस औरत को अपना आभार प्रकट करने का अवसर दिये अपनी गाड़ी में बैठकर चल पड़े।

खाट पर आना और चलकर जाना

यह एक शारदीया नवरात्रि की अष्टमी तिथि की घटना है। इस दिन जगन्माता की पूजा 'तारा' के परिवेश में करने की परंपरा है जिसे नवदुर्गा का आठवां रूप माना जाता है। बाबा बामाक्षेपा नवरात्र के समय अपेक्षाकृत अधिक समय तक अधिक सौम्य रूप में और अपने ही स्थान पर रहते थे, कहीं आना जाना नहीं करते थे। तभी निकट के ही किसी अज्ञात गांव से कुछ लोग बांस से बनी हुई एक खाट को ऊंचा उठाये हुए तारा पीठ के निकटस्थ श्मशान भूमि पर पहुंच गये। उन्होंने उस खाट को वहां विराज रहे बाबा के समीप जमीन पर उतार दिया। खाट पर लिटा कर वे एक ऐसे व्यक्ति को लेकर आये थे जो अत्यंत बीमार था और जिसकी कभी भी मृत्यु हो सकती थी। उन ग्रामवासियों में से एक ने बाबा को बताया कि बीमार व्यक्ति अपने माता-पिता का एकमात्र पुत्र था और उसके परिवार वालों ने हर प्रकार की चिकित्सा करवा कर देख ली थी परंतु किसी से भी उसका उपचार नहीं हो पाया था। उसने बाबा से उसके जीवन की रक्षा के लिये प्रार्थना की।

बाबा में एक आदत थी। वे हर किसी को 'साला' कहकर संबोधित करते थे। उन्होंने कहा, "अबे साले, मैं क्या कोई डॉक्टर या कविराज हूं जो बीमार को ठीक कर दूंगा? भाग जा!" परंतु सभी लोग बाबा की आदतों से परिचित थे, इसलिए एक साथ मिलकर उनके निकट बार-बार निवेदन करते रहे। एकाएक बाबा क्रोधित मुद्रा में उठे और रोगी का गला दबाते हुए बोले, "साले, जिन्दगी भर पाप करेगा और आखिरी वक्त मेरे पास आयेगा? अब मर साले!" सहसा बाबा का यह रूप देखकर आने वाले सभी लोग घबरा उठे। पर एकाएक बाबा ने उसके गले को छोड़ दिया और कहा, "जा साले, तेरी किस्मत अच्छी रही। तू बच गया!" इसके बाद उसे एक लात मारते हुए बोले, "चल उठ!"

तुरंत वह रोगी उठकर खड़ा हो गया। उसे देखने पर ऐसा लगता था जैसे वह कभी बीमार ही नहीं था। इस चमत्कार को देखकर लोग दांतो तले अंगुली दबाने लगे।

भारत में जब ट्रेनें चलने लगी

उन्नीसवीं शताब्दी का मध्य काल भारत में एक नये प्रकार के चमत्कार का चलन लेकर आया जब यहां के सिद्ध समुदाय के लोगों ने ट्रेनों और ट्रेन के इंजिनों का आवश्यकता के अनुरूप नियंत्रण करना आरंभ कर दिया। लाहिड़ी महाशय, बहरा बाबा तथा नीम करोली महाराज, इन सभी के संबंध में दो या अधिक इस प्रकार की घटनायें बहुचर्चित एवं भली भांति विज्ञात हैं, तथापि बाबा बामा क्षेपा का अंदाज इन सभी से कुछ हट कर और अलग प्रकार का था।

जब एक ट्रेन ढ़ीठ बनकर खड़ी हो गई

बाबा बामा क्षेपा एक बार सैंथिया में अपने एक भक्त के यहां आये, जहां इसी नाम का एक रेलवे स्टेशन भी है जो पश्चिम बंगाल के रामपुर हाट और बोलपुर स्टेशनों के मध्य में स्थित है। वहां बातचीत में काफी देर हो गयी। भक्त को यह ज्ञात था कि बाबा आज ही शाम को तारापीठ वापस जायेंगे। बाबा भी इस बात से परिचित थे। लेकिन किसी का ध्यान इस ओर नहीं था। इधर सैंथिया स्टेशन पर अंतिम गाड़ी आकर खड़ी हो गई। ट्रेन छूटने का समय हो गया। स्टेशन मास्टर ने घंटी बजाकर गाड़ी को छोड़ने की सूचना दी। सिगनल गिर गया। गार्ड ने सीटी बजाकर ड्राइवर को गाड़ी छोड़ने का निर्देश भी दे दिया। इतना होने पर भी ट्रेन आगे नहीं बढ़ी। स्टेशन का सारा स्टाफ, गार्ड, ड्राइवर आदि सभी मिलकर प्रत्येक डिब्बे की जांच करने लगे कि आखिर गाड़ी क्यों नहीं आगे बढ़ रही है।

यात्री लोग परेशान हो उठे। स्टेशन मास्टर ने रामपुरहाट जंक्शन को तार भेजा कि एक इंजिन तुरंत भेजो। दूसरा इंजिन आया। लाइन पर बालू छिड़का गया। यहां तक कि इंजिन का वैक्युअम भी बढ़ाया गया, फिर भी गाड़ी आगे नहीं बढ़ी। सभी लोग परेशान हो गये।

ठीक इसी समय यात्रियों में से कुछ लोगों ने देखा कि बामा क्षेपा बाबा भक्तों के साथ स्टेशन की ओर आ रहे हैं। इन यात्रियों में जो लोग भक्त थे, उन्हें विश्वास हो गया कि बाबा अगर कृपा करेंगे तो गाड़ी अवश्य चलेगी।

बाबा गाड़ी में आकर बैठे। यात्रियों ने कहा, "बाबा, गाड़ी चल नहीं रही है। जरा कृपा कीजिये। यहां कई घंटे से रुकी है।"

बाबा ने कहा, "अच्छा", फिर खिड़की को थपकाते हुए बोले, "चल भाई, काफी देर तक इंतजार किया।" बाबा के कहने की देर थी कि गाड़ी तुरंत चल पड़ी। (यहां यह समझने की बात है कि यह बाबा की योजना अथवा इच्छा मात्र थी कि वे उस अंतिम ट्रेन से लौटना चाहते थे। उन्होंने ट्रेन को नहीं रोका था। उन्हें केवल समय का भान नहीं रहा था, जबकि उनकी इच्छा विश्व की इच्छा में सम्मिलित हो चुकी थी। ट्रेन को विश्वेच्छा के द्वारा ही बाधित किया गया था और बाबा की यह अनजाने में समय को भूल जाने की स्वीकृति मात्र ही थी, जब उन्होंने कहा था, "अब चलो, काफी देर इंतजार करना पड़ गया।")

केवल लोक कल्याण नहीं, स्वकल्याण भी

बाबा के आकर्षण से प्रभावित होकर कलकत्ता के कुछ लोगों ने निश्चय किया कि इस बार काली पूजा (दीवाली) के अवसर पर तारापीठ जायेंगे। इस अवसर पर यहां बृहद् मेला लगता है और दूर-दूर से लोग यहां आते हैं। सबेरे के समय लाहिड़ी महाशय से बनर्जी बाबू ने कहा, "आप मेरे साथ इस बार तारापीठ चलियेगा। आज शाम को आफ़िस से लौटने के बाद मैं आपके पास आऊंगा। शाम को सात बजे वाली गाड़ी से चलेंगे। साढ़े छह बजे आप तैयार रहियेगा। क्षेपा बाबा का दर्शन करेंगे और मेला भी देखेंगे।"

लाहिड़ी महाशय साथी के अभाव के कारण अब तक जा नहीं पा रहे थे। इस समाचार से उन्हें प्रसन्नता हुई। वे छः बजे पूरी तरह तैयार होकर बनर्जी बाबू की प्रतीक्षा करने लगे। घड़ी की सुंइ धीरे-धीरे आगे बढ़ने लगी। एकाएक लाहिड़ी महाशय ने सोचा कि कहीं बनर्जी बाबू स्टेशन पर प्रतीक्षा न कर रहे हों। यह ख्याल आते ही वे स्टेशन की ओर रवाना हो गये। रास्ते में एक जगह उन्हें यह स्मरण आया कि बामा क्षेपा बाबा गांजा बड़े चाव से पीते हैं, क्यों न उनके लिये एक पुड़िया ले लूं (सन् 1986 तक जैसे शराब का ठेका होता था उसी प्रकार ठेके वाली गांजे की दुकानें भी होती थी। इसका नशा सात्विक प्रकार का होता है अत: यह

साधु-सन्यासियों के आमोद का साधन होता है और आज भी ऐसे लाखों लोग हैं जो उपलब्ध होने पर गांजे का सेवन तो कर लेते हैं पर शराब को तामसिक प्रकृति का नशा मानते हैं और इसे छूना भी पसंद नहीं करते। अमेरिकन शराब बनाने वालों की लौबी के प्रभाव के कारण भारत सहित इसे अनेक देशों में अवैध घोषित कर दिया गया था। तब सामान्य मजदूर भी संध्या के समय इसका सेवन करते थे, जो प्रात: के समय प्रफुल्ल मन और अधिक स्वस्थ शरीर को लेकर उठते थे, और अपेक्षाकृत शांति से बिना झगड़े झंझट के अपने परिवारों में रहते थे)।

गांजे की दुकान पर पहुंचने पर लाहिड़ी महाशय ने देखा कि दुकानदार दुकान बंद करके भीतर बैठकर अपना हिसाब मिला रहा है। इनके मांगने पर उसने कहा, "गांजा पीते हैं और यह भी नहीं जानते कि छ: बजे दुकान बंद हो जाती है। जाइये कल आइयेगा। आबकारी के आदमी लगते हैं। इस वक्त हम गांजा नहीं बेचते।"

लाहिड़ी बाबू ने कहा, "आपका ख्याल गलत है। न तो मैं आबकारी का आदमी हूं और न ही मैं गांजा पीता हूं। तारा पीठ दर्शन करने जा रहा हूं। बामा क्षेपा बाबा के लिये ले जाना है।"

बामा क्षेपा का नाम सुनते ही दुकानदार के चेहरे की रंगत बदल गयी। बोला, "आप जरा ठहरिये।" फिर अपने कर्मचारी से कहा, "बक्से से एक तोला बढिया गांजा बाबू को दे दे।" लाहिड़ी महाशय ने पांच का नोट बढाया तो दुकानदार ने कहा, "दाम की जरूरत नहीं। अब आप जल्दी चले जाइये, वर्ना गाड़ी नहीं मिलेगी। आपको जो पुण्य मिलेगा, उसमें से कुछ हमें दे दीजियेगा।"

बस से उतरते ही लाहिड़ी महाशय की निगाह एक साइनबोर्ड पर पड़ी। लाहिड़ी महाशय को ज्ञात था कि बाबा शराब भी पीते हैं। साइनबोर्ड पर 'विलायती शराब' लिखा था। सीधे दुकान के पास आये। दुकानदार ने पूछा, "कौन सी शराब चाहिये"? लाहिड़ी बाबू ने कहा, "मैं शराब पीता नहीं, बामा क्षेपा बाबा को देना है।" दुकानदार ने अपने कर्मचारी से कहा इन्हें एक बोतल एक्सा नंबर वन दे दो। दूसरा मत देना वर्ना हजारों गाली देंगे।" लाहिड़ी बाबू ने (बोर्ड पढ़कर) साढ़े पांच रुपये दिये। दुकानदार ने कहा, "आप से साढ़े चार ही लूंगा।"

हावड़ा पुल पर चढ़ते समय लाहिड़ी बाबू की निगाह घड़ी की ओर गई तो उन्होंने देखा कि आठ बजकर चौबीस मिनट हो गये हैं। अब वे सोचने लगे कि गाड़ी तो चली गयी होगी। हावड़ा स्टेशन जाना बेकार है। ज्यों ही यह विचार उनके मन में आया त्योंही उन्हें लगा जैसे कोई कमर और गर्दन पर हाथ लगाकर उन्हें आगे की ओर धकेल रहा है। स्टेशन से वे कुछ दूर थे कि उन्हें गाड़ी की सीटी सुनाई दी। द्रुत गति से वे आगे बढ़ते गये। प्लेटफार्म पर एक गाड़ी खड़ी थी। बिना टिकट लिये वे उस पर सवार हो गये। उस वक्त आठ बजकर चालीस मिनट हो चुके थे। लाहिड़ी महाशय ने यह भी नहीं पूछा कि यह गाड़ी कहां जायेगी और कब छूटेगी।

आश्चर्य की बात यह हुई कि ज्योंही वे सवार हुए गाड़ी चल पड़ी। इन्हें भयाक्रांत भाव से खड़ा देखकर एक यात्री ने कहा, "आप खड़े क्यों हैं। पूरे डिब्बे में इतनी जगह खाली है, बैठ जाइये।" लाहिड़ी ने पूछा, "यह गाड़ी कहां जायेगी?"

यात्री ने कहा, "वाह जनाब! गाड़ी पर सवार होने और रवाना होने के बाद आप यह पूछ रहे हैं कि यह कहां जायेगी? कम से कम किसी भी गाड़ी पर सवार होने के पूर्व यह पता लगाना चाहिये कि यह कब छूटेगी और कहां जा रही है। बहरहाल, आपको जाना कहां है?"

लाहिड़ी ने कहा, "मुझे तारापीठ बामा क्षेपा बाबा का दर्शन करने जाना है।"

यात्री ने कहा, "घबराइये नहीं। गाड़ी उधर ही जा रही है। शायद इंजिन में कुछ खराबी आ गई थी, तभी आज यह गाड़ी इतनी लेट हो गयी है। मुझे लगता है यह सब बाबा की करतूत है, तभी इतनी देर से आने पर आपको गाड़ी मिल गई!"

इसके बाद लाहिड़ी बाबू ने उसे अपनी सारी रामकहानी सुनाई। कुछ देर बाद बर्दवान स्टेशन पर टिकट चेकर आया और इनके पास बैठकर उसने सभी यात्रियों के टिकट चेक किये। आश्चर्य की बात यह हुई कि लाहिड़ी महाशय से उसने टिकट दिखाने के लिये नहीं कहा। इस प्रकार बिना टिकट लाहिड़ी महाशय तथा उन्हें ट्रेन में मिला एक अन्य साथी तारापीठ पहुंच गये।

अभी बाबा की कुटिया काफी दूर थी। अचानक अंधेरे से एक आदमी इन लोगों के सामने आया और पूछा, "क्या आप कलकत्ता से आ रहे हैं? अगर आपके पास शराब और गांजा है तो तुरंत मुझे दे दीजिये।"

आगंतुक की बात सुनकर लाहिड़ी सन्नाटे में आ गये। इन लोगों को चुप रहते देख आगंतुक ने पुन: कहा, "मैं बाबा का सेवक हूं। दया करके आप चुप मत रहिये। शाम से मैं उनकी गालियां सुन रहा हूं। उनका कहना है कि कलकत्ता से एक लड़का साहबों वाली विलायती शराब और गांजा लेकर आ रहा है। उसके साथ एक लड़का और है। जा, उन्हें अपने साथ लेकर आ। अगर आपके पास ये दोनों चीजें हैं तो झटपट मुझे दीजिये, वर्ना मुझे फिर गाली सुननी पड़ेगी।"

दोनों सामान सेवक के हवाले कर लाहिड़ी महाशय उनके पीछे-पीछे चलने लगे। बाबा ने बोतल लेकर एक बर्तन में शराब उड़ेली। थोड़ी सी पीने के बाद बोले, "इस साले को कब से कह रहा हूं कि मेरे लिये माल आ रहा है। जा, ले आ। जानता है, कल से इनके पीछे हूं। पूछ साले, रात सात बजे गांजा खरीदवाया। रात सात बजे कहीं गांजा मिलता है? रात आठ बजे शराब खरीदवायी। कहीं गाड़ी छूट न जाये, इसलिये इंजिन खराब कर दिया। यहां तक कि बिना टिकट तारा मां के पास तक ले आया"। (लाहिड़ी से) "साले, तुम चुप क्यों हो, कहते क्यों नहीं कि ये सारी बातें सही हैं या गलत? ये लोग मुझे शराबी और पागल समझते हैं!"

बाबा का आशीर्वाद

श्री नंदलाल भट्टाचार्य ने एक घटना के बारे में लिखा है: एक दिन तारापीठ के महाश्मशान में बाबा दिगंबर रूप में बैठे हुए थे। रह-रहकर 'जय मां तारा' की हांक लगा रहे थे। ठीक इसी समय दूर कहीं से बाजा बजने की आवाज आयी जो क्रमश: पास आती हुयी ज्ञात हुई। स्थानीय एक भक्त ने मंदिर में आकर सूचना दी कि लाव-लश्कर, गाजा-बाजा के साथ दरभंगा के महाराजा साहब बाबा के पास आ रहे हैं।

बामा क्षेपा ने तारा मंदिर के पुजारी नगेन पण्डा से पूछा, "कौन आ रहा है"?

नगेन पण्डा ने कहा, “दरभंगा के राजा साहब आ रहे हैं, बाबा।”

बाबा ने पूछा, “वे क्यों आ रहे हैं? मैं तो नंगा फकीर हूं। अगर राजा-महाराजा मेरे पास आने लगेंगे तो मुझे यहां से भागना पड़ेगा।”

राजा साहब सामान्य पहनावे में तथा विनयावनत होकर आये। बामा बाबा ने कहा, “मैं मूर्ख आदमी ठहरा। राजा-महाराजा से कैसे बात करनी चाहिये, मैं नहीं जानता।”

राजा ने उत्तर में कहा, “मैं आपका एक छोटा भक्त हूं। आपके लिये विलायती शराब लेकर आया हूं। कृपया आप इसे ग्रहण करें।”

बामा बोले, “अच्छा किया बेटा। जीते रहो राजा साहब। तुम्हें दो-दो संतान प्राप्त हों!” महाराजा अपुत्रक थे। बाबा के आशीर्वाद से उन्हें जुड़वा पुत्रों की प्राप्ति हुई।

भोजन एवं खाद्य में वृद्धि

प्रकाश चन्द्र जोशी (मुकुंदा) के द्वारा लिखित ‘अनंत कथामृत’ नामक नीम करोली महाराज की जीवनी के विषय में हम चर्चा कर चुके हैं। यहां उसी में वर्णित दो घटनायें उद्धृत की जा रही हैं। पहली घटना उस समय की है जब उत्तर प्रदेश के कानपुर शहर में पनकी नामक स्थान पर महाराज के द्वारा प्रणीत हनुमान जी के एक भव्य मंदिर की स्थापना होने वाली थी।

जब रोकने का बटन महाराज के हाथ में हो

कानपुर के पनकी मंदिर में हनुमान जी के प्रतिष्ठापन हेतु बाबा जी महाराज की मंशा थी कि इतना वृहद् भण्डारा हो कि जिसमें हजारों-हजार की संख्या में जनता प्रसाद पाये। परंतु संयोजकों द्वारा केवल सीमित वर्ग एवं संख्या के लिए ही व्यवस्था हो पाई। साथ ही, हनुमान जी का भण्डारा प्रसाद बनाने के लिए भी केवल डालडा वनस्पति के तेल का ही प्रबंध हो पाया था (जबकि महाराज जी के समस्त ऐसे कार्यों में केवल शुद्ध घी का प्रयोग होता रहा, चाहे वह नीब करोरी में एक माह का यज्ञ हो, चाहे हनुमान मंदिरों-आश्रमों में नित्य का भोजन प्रसाद या भण्डारा-प्रसाद

अथवा लड्डू आदि का भोग अर्पित होता हो, और चाहे कोई भी अन्य अनुष्ठान सम्पन्न होता हो), और तब कानपुर (पनकी) में भी महाराज जी की इस इच्छा को कौन अवरुद्ध कर सकता था। अस्तु, प्रथम तो डालडा घी ही देशी घी में परिवर्तित हो गया!! संयोजक देखते ही रह गये! और फिर संयोजित सामग्री में स्वत: इतनी अधिक वृद्धि होती गई कि बिना बुलाये ही हजारों-हजार की संख्या में हर वर्ग, हर वर्ण और हर जाति की जनता न केवल प्रतिष्ठापन दिवस में हनुमान जी का प्रसाद पाने टूट पड़ी, अपितु आगे के कुछ दिनों तक भी यह सिलसिला जारी ही रहा (सामग्री इतनी प्रचूर मात्रा में बची रही)!! लगता था मानों महाराज जी धकेल-धकेल कर जनता को भेजते जा रहे थे, पनकी के लोगों को अपना प्रसाद पवाने! प्रबंधकों-व्यवस्थापकों का भण्डारा न होकर यह बाबा जी महाराज की मंशा-शक्ति द्वारा संचालित भण्डारा हो गया था।

इससे भी अधिक आश्चर्यजनक बात यह रही कि प्रतिष्ठा के दिन महाराज जी इलाहाबाद में ही मुखर्जी दादा के घर एक कमरे में साढ़े तीन-चार घंटे बंद रहे, घोर निद्रा में निमग्न! क्या वहीं से ही रहस्यपूर्ण रूप से संचालन होता रहा? क्योंकि पनकी में उपस्थित प्रत्यक्षदर्शियों के अनुसार बाबा जी महाराज अपने स्वरूप में भी तथा अन्य रूपों में भी मंदिर के आस-पास ही घूम घूम कर प्रबंध संचालित कर रहे थे तथा कई भक्तों से उनकी बातचीत भी हुई, यद्यपि हम सब उस समय दादा के घर उन्हें कमरे में सोते हुए देखते रहे (और उनके जागने पर मैंने खिड़की की दरार से स्पष्ट देखा कि महाराज ने कम्बल से मुंह बाहर निकाला और उसी समय कमरे में प्रवेश करती हुई श्री सिद्धि मां के हाथ में कुछ रख दिया। क्या वह पनकी हनुमान जी के प्रतिष्ठापन का प्रसाद था?)।

भंडारगृह में खाद्यान्न की आपूर्ति

यह १९६६ में इलाहाबाद में होने वाले कुंभ मेले की घटना है, जहां महाराज ने भी अपना एक कैम्प लगाया था जो एक माह से भी अधिक समय तक एक अन्न-क्षेत्र के रूप में भी विद्यमान रहा, जिसमें प्रतिदिन सैंकड़ों लोग दोनों समय प्रसाद के रूप में भोजन ग्रहण करते थे। सुबह ८-९ बजे से जो भीड़ बाबा जी महाराज का प्रसाद पाने आती थी, वह देर रात तक

बनी ही रहती थी। महाराज का आदेश था कि 'भरपेट खिलाओ और बांध कर भी दो'।

कहां से सब कुछ आता था, पता न चल पाता। कभी शुद्ध घी में तरबतर हलवे का भण्डारा, तो कभी खीर और कभी आलू-मटर-गोभी मिश्रित खिचड़ी का। दाल-चावल-रोटी तो बनती ही थी। बाबा जी महाराज अक्सर देर रात में आ पहुंचते और धुंए से भरे रसोईघर में जाते, फिर भण्डार गृह में पहुंच कभी इस बोरे के ऊपर बैठते और कभी उसे बोरे के ऊपर, तथा कहते, 'दाल नहीं है? चीनी नहीं है? चावल-आटा नहीं है? आदि'। अगले दिन प्रात: भंडार प्रबंधक के देखने में आता कि रात्रि में किसी रहस्यमय तरीके से भंडार गृह में सभी रिक्त सामग्री की पूर्ति हो गई है। कभी-कभी ऐसा भी देखने में आता था कि प्रात: सूर्योदय के पूर्व पता नहीं किस माया के अंतर्गत दो-तीन ऊंट नजर आते, दोनों ओर पीठ पर लदी खाद्य सामग्री के साथ! पौष मास की पूर्णिमा को प्रारंभ यह भंडारा माघ पूर्णिमा तक यथावत चलता रहा। इस पूरे प्रकरण में आद्योपान्त बाबा महाराज की ही मनसा-शक्ति अपना काम कर रही थी और जब अन्य अन्न-क्षेत्र बसंत पंचमी को बंद हो गये तो उन क्षेत्रों के आश्रित भी महाराज जी के अन्न-क्षेत्र पर टूट पड़े, पर महाराज के नित्य के भंडारे खूब चले! खुल कर चले!

शब्दवाही उपचार एवं कौतुक

विश्वनाथ मुखर्जी की पुस्तक के पंचम खंड से: नीब करोरी गांव में कई वर्षों तक रहने के उपरांत, जहां का ब्राह्मण समुदाय उनसे कुपित हो गया था, नीमकरोली महाराज ने सदा के लिये उस गांव का परित्याग कर दिया। यहां से वे फतेहगढ़ आये और फिर अनेक स्थानों पर घूमते फिरते वे अपने जन्म-स्थल अकबरपुर में उपस्थित हो गये। यहां पहुंचकर अपने पैतृक घर पर ठहरने के स्थान पर उन्होने सरकारी अतिथि-गृह को अपना आवास बनाया। जैसे ही उनके वहां रुकने का समाचार लोगों तक पहुंचा, उनके कुछ भक्त एवं संबंधियों का भी महाराज के दर्शन करने के लिये अतिथि गृह में आना प्रारंभ हो गया।

एक दिन जब वे वहां उपस्थित लोगों से बात कर रहे थे, तो अचानक उन्होंने वहां उपस्थित और अपने निकट बैठे हुए श्याम सुंदर शर्मा को यह निर्देश दिया, "आप एक बार बाहर लॉन में जाकर वहीं प्रतीक्षा कीजिये। वहां कोई नीमकरोली बाबा को खोजते हुए आयेगा। उसके साथ एक गूंगा और बहरा लड़का भी होगा। आप उससे कहियेगा कि यहां ऐसे कोई बाबा नहीं हैं, परंतु यह लड़का ठीक हो जायेगा। इसके अतिरिक्त आप जैसा चाहें उनसे कह सकते हैं।"

शर्मा जी तुरंत बाहर आ गये और वे लॉन को पार करके गेट तक पहुंचे ही थे कि तभी एक कार वहां आकर अतिथि गृह के निकट खड़ी हो गई। एक भद्र व्यक्ति कार से उतर कर गेट के समीप आये और उन्होंने शर्मा जी को बताया, "मेरा नाम डॉ. बेग है। मैं फिरोजाबाद में सिविल सर्जन हूं। मुझे ज्ञात हुआ है कि नीब करोरी के बाबा यहां ठहरे हुए हैं। मैं उनसे मिलना चाहता हूं। मेरा यह पुत्र जन्म से ही गूंगा और बहरा है। मैं सभी प्रकार के प्रयास कर चुका हूं, पर किसी भी चिकित्सा से कोई लाभ नहीं हुआ। अगर मुझे बाबा की कृपा प्राप्त हो जाये, तो मेरा पुत्र ठीक हो जायेगा।"

जैसा महाराज ने निर्देश दिया था, उसी को दोहराते हुए शर्मा जी ने कहा कि ऐसे कोई बाबा वहां उपस्थित नहीं थे पर उनका लड़का ठीक हो जायेगा। फिर एक अंत:प्रेरणा के वश उन्होंने बालक से पूछा, "तुम्हारा नाम क्या है?" इसके पहले कि डॉ. बेग कुछ कहते, लड़के ने स्वयं अस्पष्ट शब्दों में अपना नाम बता दिया। यह देखकर डॉ. बेग सन्न रह गये कि उनके गूंगे और बहरे लड़के ने न केवल प्रश्न को सुन लिया था, बल्कि अस्पष्ट ही सही पर स्वयं ही अपना नाम बताने का प्रयास भी किया था।

तब शर्माजी ने, जिन्हें महाराज ने अधिकृत करते हुए कहा था कि वे और जो चाहे कह सकते हैं, डॉ. बेग को आश्वासन देते हुए कहा, "आपका पुत्र अब सुन और बोल भी सकता है। आपको चिंता करने की आवश्यकता नहीं है। कुछ समय में ही यह एकदम ठीक हो जायेगा।"

हम पाठकों को बता चुके हैं कि जब भी कोई व्यक्ति किसी सिद्ध महापुरुष से मिलने के लिये अपने स्थान से निकलता है तो सिद्ध योगी को उसके आने के उद्देश्य का ज्ञान हो जाता है। अत: यह कोई आश्चर्य

की बात नहीं है कि महाराज को डॉ. बेग के अपने पुत्र को लेकर उनके पास आने तथा उनके पुत्र को प्रभावित करने वाले कर्म प्रवाह के विषय में सब कुछ स्वत: ज्ञात हो गया था। महाराज की शरण में पहुंच जाने पर बालक का उपचार तो होना ही था। इस कार्य के लिये अपने प्रतिनिधि के रुप में, एवं क्या कहना है इस विषय में कुछ अधिक स्वतंत्रता के साथ, अपने संबंधी श्री श्याम सुंदर शर्मा का उपयोग संभवत: कौतुकप्रिय महाराज की एक अतिरिक्त लीला थी।

सिद्धेच्छा का प्रकृति को हस्तांतरण

महाराज के प्रयाण का समय नजदीक आ रहा था जब होत्रीदत्त शर्मा जी की पुत्री के विवाह की तिथि १८ जून १९७३ निश्चित हो गयी। विवाह के तीन दिन पूर्व १५ जून को विवाह से संबंधित व्यस्तता के रहते हुए भी शर्माजी स्वयं यात्रा करके नीम करोली महाराज का आशीर्वाद प्राप्त करने एवं प्रथा के अनुरूप गुरू स्थानीय 'बाबा' को निमंत्रित करने के लिय भी (भले ही स्वीकारोक्ति की संभावना शून्यवत ही हो) उनके समक्ष कैंची आश्रम में उपस्थित हो गये।

महाराज ने उनसे कहा, "पंडित, मेरे करने के योग्य (विवाह में सहायक) कुछ कार्य हो तो बताओ।" शर्माजी के दिमाग में ऐसा कुछ नहीं था अत: प्रत्युत्तर में वे चुप ही रहे। आमोदप्रिय महाराज ने कौतुकवश तब स्वयं ही कहा, "ठीक है, मैं ऐसा कुछ करता हूं, जो (इस विवाह के निमित्त) और कोई नहीं कर सके।" शर्मा जी महाराज के मन की दिशा को समझने के प्रयास में केवल उनकी ओर देखते भर रहे। महाराज तब अपनी योजना उनसे साझा करते हुए बोले, "तुम्हारे गांव में बिजली नहीं है और गर्मी के कारण बारात के लोगों को असुविधा की अनुभूति होगी अत: हम तुम्हारे लिये मौसम को ही बदल देते हैं। तुम आवश्यक ओढने बिछाने की व्यवस्था अवश्य कर लेना, क्योंकि १८ और १९ जून को वहां काफी ठंड रहेगी (यह सामान्य ज्ञान का विषय है कि भारत में मैदानी क्षेत्रों में मई और जून के महीने सर्वाधिक गर्म होते हैं जब तापमान ४५ डिग्री के निकट पहुंच जाता है)।"

निश्चित समय पर जब बारात आ गई तो दिन के समय से ही हल्की बूंदा बांदी प्रारंभ हो गई और शीघ्र पूर्व दिशा से हवा भी बहने

लगी। तापमान कम हो गया और सभी के लिये मौसम सुहावना हो गया। रात के समय तक तो ठंड इतनी बढ़ गई थी जैसे नवंबर और दिसंबर के महीनों मे होती है। तथापि महाराज के निर्देशानुसार होत्रीदत्त जी ने सभी आवश्यक इंतजाम पहले से ही कर रखे थे। जैसा कि उनकी प्रकृति थी, उन्होंने सभी को यह बता दिया कि महाराज ने कैंची में उनसे क्या कहा था और विवाह में उपस्थित सभी इन बातों पर आश्चर्य करते रहे। जैसे ही बारात विदा हुई, मौसम अपने स्वाभाविक रूप में लौट आया और वहां पहले की तरह भीषण गर्मी हो गई। (रवि कुमार पाण्डे 'राजीदा' की पुस्तक 'अलौकिक यथार्थ' से उधृत।)

जीवंत विश्वनाथ

प्रयाग में लगभग सात वर्षों तक निवास करने के बाद १३० वर्ष की आयु में गणपति तैलंगधर स्वामी (१६०७-१८८७ ई.) अपने गुरू के द्वारा निर्देशित तीर्थाटन की इतिश्री करते हुए सन् १७३७ ई. में काशी पहुंच गये। अपने जीवन के अंतिम १५० वर्ष उन्होंने विश्वनाथ की नगरी कहे जाने वाली काशी (वाराणसी) में ही व्यतीत किये, जहां श्रद्धा से लोग उन्हें जीवंत विश्वनाथ भी कहते थे। आरंभ में अनेक वर्षों तक उन्होंने नगर के दक्षिण में भदैनी क्षेत्र में तुलसी बाग में वास किया, परंतु बाद में गंगा के किनारे दशाश्वमेध घाट पर एक एकाकी जनहीन स्थान का चुनाव करके वे वहीं रहने लगे।

ठाकुर रामकृष्ण और तैलंग स्वामी

अपनी पुस्तक भारत के महान योगी के खंड तीन-चार में विश्वनाथ मुखर्जी ने ठाकुर रामकृष्ण के काशी में आगमन के विषय में चर्चा की है। उनके अनुसार यहां आने पर श्री रामकृष्ण की आध्यात्मिक शक्ति उन्हें एक अनजानी दिशा की ओर आकर्षित करने लगी। परमहंसजी समझ गये कि कोई दिव्य आत्मा उन्हें अपनी ओर आकर्षित कर रही है। मंत्रमुग्ध भाव से वे कई लोगों को अपने साथ लेकर चल पड़े। उस समय गर्मी का मौसम था, दोपहर का वक्त था और प्रचंड लू चल रही

थी। दशाश्वमेध घाट से उत्तर की ओर परमहंसजी अपने भक्तों के साथ रवाना हो गये।

बीच-बीच में जहां घाट नहीं थे, वहां तप्त बालू पर चलना पड़ रहा था। केवल परमहंसजी ही नंगे पांव थे, जबकि साथ के सभी लोग जूते पहने हुए थे। साथ चलनेवाले लोगों में रानी रासमणि के दामाद मथुरानाथ विश्वास भी थे। सहसा परमहंसजी के साथ चलनेवाले लोगों ने देखा कि सामने से एक नंग-धड़ंग बाबा जो अब तक उस तप्त बालुका राशि पर लेटे हुए थे, अचानक उठकर तेजी से इनकी ओर चले आ रहे हैं। पास आते ही उन्होंने परमहंसजी को अपने अंक में भर लिया जैसे युगों के बाद दो घनिष्ठ मित्र आपस में मिलते हैं। इस मिलन को देखकर परमहंसजी के भक्तों को यह समझने में देर नहीं लगी कि उनके लिये अपरिचित ये महात्मा निश्चय ही एक उच्च कोटि के महापुरुष थे, अन्यथा उनसे मिलने के लिये इस प्रचंड गर्मी में इतनी दूर परमहंसजी कदापि नहीं आते।

परमहंसजी ने भी तुरंत ही साथ आये लोगों से कहा, "अरे भाइयों, तुम खड़े-खड़े मुख क्या देख रहे हो। ये बाबा के शरीर में साक्षात विश्वनाथ हैं। अपना अहोभाग्य समझो जो तुम्हें ऐसी दिव्यात्मा के दर्शन का सौभाग्य प्राप्त हो रहा है, इन्हें प्रणाम करके अपना जीवन सफल बना लो। आज मेरी काशी यात्रा सफल हो गई।"

दीर्घ अवधि तक दोनों संत आपस में मौन वार्ता करते रहे (अपने वार्ता के लिये उन्हें वैखरी वाणी के प्रयोग की आवश्यकता नहीं थी)। वापस लौटते हुए परमहंसजी ने मथुरा बाबू से कहा, "आज बहुत दिनों के बाद मैंने एक पूर्ण कलायुक्त संत का दर्शन किया। आहा! कितने सुंदर लक्षण हैं! महाकाली के साक्षात सेवक हैं ना! मां जगदम्बा की जिस पर कृपा होगी, उसे कभी किसी बात की चिंता नहीं सतायेगी।"

मथुरा बाबू ने चकित दृष्टि से पूछा, "तैलंग स्वामी मां काली के भक्त हैं, यह आपको कैसे मालूम हुआ? आप तो उनके आश्रम में भी नहीं गये।"

परमहंसजी ने कहा, "मां काली के (सिद्ध) भक्त में जितने लक्षण होते हैं, वे सब मुझे स्वामी जी के शरीर पर दिखाई दे रहे थे। उन लक्षणों को देखकर ही तो मुझे विश्वास हुआ। इन आंखों से कुछ छिपा नहीं रहता।

बाबा असाधारण योगी हैं, इस बात का ज्ञान मुझे उनसे गले मिलते ही हो गया था। पिछले तीन सौ वर्षों में इस तरह का योगी पैदा ही नहीं हुआ। इन्हें अपने शरीर का कोई ज्ञान नहीं। जिस बालू पर तुम लोग जूते पहन कर चलने में कष्ट अनुभव कर रहे थे, उस पर वे लेटे हुए थे। केवल इसी से उनके असाधारण होने की बात समझी जा सकती है।" इस घटना के बाद अक्सर परमहंसजी तैलंग स्वामी के पास आते रहे। दोनों व्यक्तियों में साधना के बारे में विचार-विमर्ष होता था, जिसे उपस्थित भक्त-मंडली नहीं समझ पाती थी। अपने काशी भ्रमण के समय श्री रामकृष्ण एकाधिक बार बंगाली टोला में श्री श्यामाचरण लाहिड़ी महाशय से मिलने भी गये थे, इस बात की भी कहीं चर्चा है। उस समय वयस में अपेक्षाकृत कम श्री विशुद्धानंद परमहंस से उनके मिलने का कोई विवरण लेखक के संज्ञान में कहीं उपलब्ध नहीं है।

तैलंग स्वामी से अंग्रेजी शासक वर्ग की छेड़छाड़

अपने एकांत और जनविहीन स्थान पर तैलंग स्वामी वस्त्रहीन अवस्था में ही रहते थे पर जब इधर-उधर कहीं जाना आवश्यक होता था तो वे एक कौपीन धारण कर लेते थे। एक बार घाट पर घूमने के लिये आने वाले कुछ भ्रमणकारियों ने अंग्रेज अधिकारी से इस विषय में शिकायत कर दी और पुलिस आकर स्वामी को गिरफ्तार करके ले गयी।

आदिम प्रकृति एवं संस्कारों से युक्त उन मुगल आक्रांताओं का शासन, जिन्होंने प्राचीन आदि विश्वनाथ मंदिर का ध्वंस करने के बाद उस स्थान पर एक मस्जिद का निर्माण कर दिया था, अब समाप्त हो चुका था। काशी का जिला मजिस्ट्रेट अब एक अंग्रेज व्यक्ति था। मुस्लिम शासकों से अंग्रेज कुछ ही बेहतर थे। तथापि वे ईसाई धर्म के अनुयायी थे, जो अब्राहमिक धर्मों में ही गण्य होते हुए भी मुस्लिम धर्म से बहुत भिन्न था और मानवता के प्रति अपराध का महिमा मंडन करने के स्थान पर जो अपराध की स्वीकारोक्ति और क्षमा याचना का पक्षधर था। ईसाई धर्म को मानने वाले मंदिरों को ध्वंस नहीं करना चाहते थे और यद्यपि अपने धर्म को स्वीकार करने के लिये वे अनेक प्रकार के प्रलोभन अवश्य देते थे, पर वे जोर जबर्दस्ती के माध्यम से धर्म परिवर्तन के विरुद्ध थे।

स्वामी को जब अंग्रेज मजिस्ट्रेट की अदालत में लाया गया, तो सारा मामला सुनने के पश्चात उसने स्वामी से कहा कि इसके बाद यदि वे घाट पर नग्न अवस्था में पाये गये तो उन्हें दंडित किया जायेगा। परंतु जब उसने वस्त्रों के गुणों और उन्हें धारण करने की आवश्यकता के संबंध में एक वक्तृता देनी प्रारंभ की तो उसे यह देख कर बड़ा क्रोध आया कि स्वामी का ध्यान उसकी ओर नहीं था और वे एक असंबद्ध की भांति इधर उधर निहार रहे थे। इसे अपना अपमान समझते हुए उसका क्रोध एक तीव्र आक्रोश में बदल गया और उसकी सारी सज्जनता एक क्षण में विलुप्त हो गई। उसने आदेश दिया कि स्वामी को जेल में डाल दिया जाये, परंतु जैसे ही पुलिसकर्मी उन्हें पकड़ने के लिये आगे बढ़े, स्वामी अचानक अदृश हो गये।

पुलिसकर्मियों ने स्वामी को अदालत के अंदर और बाहर सभी जगह ढूंढ़ने का प्रयास किया पर वे कहीं नहीं मिले। तब तक स्वामी की गिरफ्तारी का समाचार मिलने पर अनेक सभ्रांत नागरिक अदालत में एकत्रित हो गये थे। दूसरी ओर मजिस्ट्रेट बहुत अपमान का अनुभव कर रहा था यद्यपि उसकी समझ में नही आ रहा था कि वह क्या करे।

तभी स्वामी जी को श्रद्धा की दृष्टि से देखने वाले एक बंगाली सज्जन जो उसी परिसर में एक अन्य अदालत में जज के पद पर नियुक्त थे, समय निकाल कर वहां पहुंच गये। उन्होंने मजिस्ट्रेट को समझाया कि भारत में धार्मिक स्थलों पर दिगंबर साधुओं की उपस्थिति एक सामान्य घटना है जिसमें स्थानीय नागरिकों को कोई आपत्ति नहीं होती। उन्होंने मजिस्ट्रेट को यह भी बताया कि तैलंग स्वामी अनेक विभूतियों से संपन्न एक उच्च कोटि के योगी थे और यह प्रार्थना भी की कि उचित यही होगा कि वे इस मामले को रद्द कर दें। जैसे ही उन बंगाली जज ने अपना कथन समाप्त किया तैलंग स्वामी पुन: प्रकट होकर उसी स्थान पर गवाह कक्ष में खड़े दृष्टिगोचर होने लगे, जहां से वे लुप्त हो गये थे।

मजिस्ट्रेट ने स्वामी की योगशक्ति का प्रत्यक्ष प्रमाण देखकर आश्चर्य की अनुभूति करते हुए यह निर्देश दिया कि तैलंग स्वामी अपनी इच्छा के अनुरूप रहने के लिये स्वतंत्र रहेंगे और पुलिस प्रशासन भविष्य में उन्हें किसी प्रकार से परेशान नहीं करेगा।

अंग्रेजी शासन तंत्र की स्वामी से एक और भिड़ंत

दशाश्वमेध घाट वाराणसी में एक प्रमुख स्थानों में गण्य था। अपनी बढ़ती हुई प्रसिद्धि एवं लोकप्रियता और एक खुले स्थान में रहने के कारण स्वामी के पास विभिन्न प्रकार की परेशानियों में राहत और वर प्राप्ति के इच्छुक लोगों का तांता लगना प्रारंभ हो गया था। लगभग १७९० ई. में मंगल दास भट्ट, जो एक महाराष्ट्रियन ब्राह्मण हुआ करते थे और जिन्हें बाद में स्वामी ने एक शिष्य के रूप में स्वीकार कर लिया था, तैलंग स्वामी को अपने पुश्तैनी आवास के निकट पंचगंगा घाट में जाकर रहने के लिये मनाने में सफल हो गये। तथापि स्वामी की यह शर्त थी कि वे उनके घर के समीप खुले स्थान पर एक पेड़ के नीचे ही रहा करेंगे ताकि उनके पास विभिन्न प्रार्थनाओं को लेकर आने वाले लोगों तथा जनमानस की नजरों से दूर रहते हुए रात्रि में किसी भी समय उनसे मिलने के लिये आने वाले सिद्ध पुरुषों के आवागमन से उनके परिवार को किसी प्रकार की असुविधा नहीं हो।

प्रशासन के तैलंगधर स्वामी से टकराव की दूसरी घटना सन् १८१० में घटित हुई। काशी में भ्रमण पर आने वाले बाहर के सैलानी और तमाशबीन अक्सर पंचगंगा घाट पर भी पहुंच जाते थे। काशी का नया मजिस्ट्रेट एक कठोर प्रकृति के प्रशासक के रूप में जाना जाता था। तथापि स्वामी के रहन सहन में कोई परिवर्तन नहीं हुआ था। इस बार कुछ यूरोपियन महिलाओं की शिकायत पर स्वामी को पकड़कर पुन: एक पुलिस स्टेशन की हवालात में बंद कर दिया गया। जैसे-जैसे स्वामी की गिरफ्तारी का समाचार फैलने लगा पुलिस स्टेशन के बाहर उद्विग्न लोगों की भीड़ एकत्रित होने लगी, जिसकी सूचना पुलिस विभाग द्वारा मजिस्ट्रेट को भेज दी गई।

यह सोचकर कि कहीं भीड़ के दबाव में आकर पुलिस वाले स्वामी को रिहा न कर दें, अगले दिन प्रात:काल के समय ही मजिस्ट्रेट स्वयं गाड़ी से वहां पहुंच गया। वहां पहुंचने पर मजिस्ट्रेट ने देखा कि स्वामी बाहर पुलिस स्टेशन के लाउंज में चहल कदमी कर रहे थे। आग-बगूला होकर अंग्रेज मजिस्ट्रेट पुलिस कर्मियों और दारोगा पर चिल्लाने लगा। लेकिन

दारोगा ने उसे बताया, "सर, इसमें हमारी कोई गलती नहीं है। आप स्वयं देख सकते हैं कि हवालात के दरवाजे पर दो-दो ताले लगे हैं। किसी को ज्ञात नहीं है कि यह स्वामी कैसे बाहर आ गया। जब हम उसे पकड़ने के लिये उसके समीप जाते हैं तो वह गायब हो जाता है और कुछ समय के पश्चात वह फिर से उसी प्रकार लाउंज में टहलते हुए दिखाई पड़ने लग जाता है। मुझे तो लगता है कि यह स्वामी के भेष में कोई जादूगर है।"

अपने मातहत की बातों पर पूरा विश्वास नहीं होने पर मजिस्ट्रेट ने आगे बढ़कर पहले तालों का स्वयं निरीक्षण किया और फिर हवालात के अंदर झांक कर देखा जिसकी जमीन हर ओर से गीली थी और जिससे से एक अजीब गंध भी उठ रही थी। उसने पूछा, "लॉक-अप की जमीन इतनी गीली क्यों है?"

इसके पहले कि दारोगा कुछ कह सके, उसके प्रश्न के उत्तर में स्वामी ने स्वयं बता दिया, "उसे इस विषय में कुछ भी ज्ञात नहीं है। रात में लघु शंका उत्पन्न होने पर मैंने वहीं थोड़ा मूत्र त्याग कर दिया था क्योंकि उस वक्त मेरी बाहर आने की इच्छा नहीं थी। किंतु प्रात: काल मेरी इच्छा हुई कि मैं बाहर आकर कुछ चहल-कदमी कर लूं, और मैं स्वयं बाहर आ गया। तुम्हारे द्वार रक्षक ने मुझे बाहर नहीं निकाला है।" अंग्रेज मजिस्ट्रेट को इस पर यकीन नहीं हुआ और उसने निर्देश दिया कि उसकी उपस्थिति में स्वामी को पकड़कर तालों में बंद कर दिया जाये। स्वामी ने कोई विरोध नहीं किया और उन्हें फिर से हवालात में बंद कर दिया जिसकी चाभी मजिस्ट्रेट अपने साथ लेकर वहां से चला गया।

उसी दिन, जब मजिस्ट्रेट अपनी अदालत में बैठकर किसी मामले में जिरह सुन रहा था, तभी उसने स्वामी को अपने ही अंदरूनी कक्ष से निकल कर बाहर आते हुए देखा और इस वक्त वे अपनी स्वाभाविक नग्नावस्था में थे। पुलिस कर्मियों ने हवालात में जो वस्त्र उनकी कमर में लपेट दिया था, उसका अब कहीं भी अता-पता नहीं था। यह देखकर मजिस्ट्रेट सदमें से अवाक रह गया। तैलंग स्वामी ने उससे कहा, "भोग विलास में लिप्त और भौतिक संपदाओं के भंडारण में व्यस्त रहने वाले तथा भारत के संत ओर योगियों से अपरिचित तुम पाश्चात्य जगत के वाशिंदों में वह शक्ति नहीं है कि तुम मुझे जेल में बंद कर सको। भविष्य

में कभी किसी संत को परेशान करने का प्रयास मत करना, अन्यथा तुम्हारा सर्वनाश हो जायेगा।" और स्वामी अदृश हो गये।

यह देख-सुन कर मजिस्ट्रेट अपने होश गंवाकर जमीन पर गिर पड़ा। होश में आने पर और जब उसे पिछली घटना का पता चला जब स्वामी को पहली बार गिरफ्तार करके कोर्ट में लाया गया था, मजिस्ट्रेट ने यह लिखित आदेश दिया कि महान संत तैलंग स्वामी काशी नगरी में अपनी इच्छा के अनुरूप रहने के लिये स्वतंत्र होंगे, आने वाले समय में कोई अन्य मजिस्ट्रेट इसमें कोई दखल नहीं देंगे, और यदि उनके रहने के तरीके से किसी को कुछ असुविधा का अनुभव होता हो तो उसके लिये स्वयं उनसे दूरी बनाकर रहना उचित हागा। (ये दोनों ही विवरण लेखक के द्वारा विश्वनाथ मुखर्जी के द्वारा संकलित 'योगीराज तैलंग स्वामी' नामक पुस्तक से लिये गये हैं)।

बंद खिड़कियों और दरवाजों से आवागमन

श्री सच्चिदानंद बंध्योपाध्याय की पत्नी सती देवी उन विरल सौभाग्यवान व्यक्तियों में एक थीं जिन्हें न केवल बहरा बाबा की अनेक लीलाओं को देखने का अवसर प्राप्त हुआ था, बल्कि जो उनमें से अनेक घटनाओं में किसी न किसी प्रकार सम्मिलित भी रही थीं। जब भी बहरा बाबा कोलकाता आते थे तो वे कुछ दिन हावड़ा में उनके घर पर भी अवश्य ठहरते थे और लेखक को जो दो बार बाबा के दर्शन हुए वे इन्हीं के आवास पर हुए थे।

वे इस बात की प्रत्यक्षदर्शी थीं कि रात्रि के समय बिना किसी को बताये बहरा बाबा कभी किसी से मिलने के लिये, और कभी किसी की सहायता करने के लिये घर से निकल जाया करते थे। उन्हें इससे कोई फर्क नहीं पड़ता था कि घर के द्वार आदि खुले हैं या बंद। बंद दरवाजे और जहां उन्हें जाना होता उस स्थान की दूरी का भी बाबा के लिये कोई अर्थ नहीं था। वे उनके लिये कोई व्यवधान उत्पन्न नहीं कर पाते थे। केवल रात्रि ही नहीं, कभी-कभी दिन के समय भी बाबा अल्प समय में ही अपने स्थान से गायब होकर अपने कार्य का निर्वाह करके लौट आते

थे। ऐसी ही एक घटना सती देवी के दृष्टिपथ में तब आई थी जब एक बार बाबा उनके हावड़ा स्थित आवास में ठहरे हुए थे।

यह एक स्वाभाविक नियम बन गया था कि बाबा जब भी बंध्योपाध्याय परिवार के यहां ठहरते, तो उनका खाट-बिछौना ऊपर की मंजिल पर पूजा के कक्ष में लगा दिया जाता था। उस दिन प्रात: सती देवी बाबा के कक्ष में आईं तो बाबा अपने बिस्तर पर बैठकर उनसे बातें कर रहे थे और वे कक्ष में दैनिक झाड़-पोंछ करती जा रहीं थी। साफ-सफाई का कार्य पूरा हो जाने पर वे बाबा के उपयोग के लिये एक बाल्टी जल लाने के निमित्त नीचे की मंजिल पर उतर गईं। कुछ ही मिनटों में वे जल लेकर कक्ष मे लौट भी आईं, पर बाबा कहीं दिखाई नहीं पड़ रहे थे। आश्चर्य में पड़कर जब वे वहां खड़ी हुई थीं, तभी उन्होंने देखा कि सलाखों से युक्त खिड़की से होकर बाबा कक्ष में प्रवेश कर रहे थे। वे केवल स्तब्ध होकर देखती भर रहीं। बाबा से कुछ पूछ सकें, वे इस स्थिति में नहीं थीं।

सरलता से पलायन के लिये अधिक उपयुक्त

कोलकाता में खिद्दिरपुर के निवासी भिक्षुराम घोषाल को सन् १९२१ में कुछ महीनों तक बाबा विशुद्धानंदजी के सान्निध्य में उनके वाराणसी के आश्रम 'विशुद्धानंद कुटीर' में रहने का सुयोग प्राप्त हुआ था। इस अवधि में उन्हें आश्रम के संचालन के लिये आवश्यक वस्तुओं की दैनिक खरीददारी का भार सौंपा गया था। बाबा का यह नियम था कि वे प्रतिदिन रात के दस बजे तीसरी मंजिल पर स्थित अपने पूजा कक्ष में चले जाते थे और प्रात: ९ बजे वहां से बाहर निकलते थे। बाबा सदैव इस नियम का दृढ़ता से निर्वाह करते थे, तथापि कदाचित किसी दिन उन्हें अपने पूजा कक्ष से निकलने में कुछ विलंब भी हो सकता था। प्रात: बाबा के कक्ष से बाहर प्रकट होने पर उनकी आवश्यकताओं का ध्यान रखने का भार भी भिक्षुराम जी के ही सुपुर्द था।

उस दिन बाजार से सभी आवश्यक वस्तुओं की खरीद करने में भिक्षुराम जी को कुछ अधिक समय लग गया था। और जब वे खरीदे गये सामान को टोकरियों में भरवा कर और उन्हें दो मजदूरों के सिर पर

रखवाकर आश्रम लौट रहे थे तो लगभग दस बजने वाले थे। समय अधिक हो जाने के कारण आश्रम के निकट पंहुचने पर भिक्षुराम जी कुछ चिंतित मन के साथ बाबा के कक्ष की ओर देखते हुए चल रहे थे कि उसका द्वार अभी खुल गया था या नहीं। जब वे आश्रम से लगभग साठ फीट की दूरी पर थे, तभी उन्हें बाबा दिखाई पड़ गये। वे दक्षिण की ओर से शून्य मार्ग का अवलंबन करके चले आ रहे थे।

बाबा पूर्व की ओर बारांडे में उतर पड़े और उसे पार करके अपने कक्ष की पूर्व दिशा में खुलने वाली खिड़की तक पहुंच कर उन्होंने पहले अपना सिर खिड़की की सलाखों के मध्य के दो इंचों के अवकाश में प्रविष्ट कर दिया और फिर उसी के पीछे अपने शेष शरीर को भी प्रविष्ट करवाते हुए वे अपने कक्ष में पहुंच गये। यह देखकर भिक्षुराम अत्यंत आश्चर्य में पड़ गये। उनके साथ नागपुर से आई हुई एक मध्य वयस की महिला भी थीं और एक अन्य मुस्लिम भक्त भी, और इन दोनों ने भी यह माजरा अपनी आंखों से देखा था, किसी भूल चूक की कोई गुंजाइश ही नहीं थी। भिक्षुराम जी के अनुसार यह बाबा का मुख ही था जिसे उन्होंने स्पष्टरूप से देखा था, यद्यपि आकार में वे अत्यंत छोटे प्रतीत हो रहे थे।

जब उतनी जल्दी नहीं होती

जब आवश्यकता होती है तो सिद्ध योगी एक क्षण में अपने गंतव्य पर पहुंच सकते हैं, जैसा कि पाठक अगले उदाहरण में देख सकेंगे, परंतु उनके अनेक कार्य ऐसे होते हैं जिसमें इतनी शीघ्रता की आवश्यकता नहीं होती। रायगंज के श्री कालीप्रसाद सिंह पिछले तीस वर्षों से बहरा बाबा के शिष्य थे। एक बार जब वे हावड़ा में सच्चिदानंद बंध्योपाध्याय के घर अपने गुरुभाइयों से मिलने आये थे, तो उन्होंने उन्हें अपने साथ घटित होने वाली निम्नवर्णित घटना के विषय में बताया था:

एक दिन कालीप्रसाद रायगंज में अपने मकान में बाबा के पलंग पर बैठकर उनके पैर सहला रहे थे और साथ ही उनके मुखारविंद से झड़ने वाले ज्ञान के मुक्ताकणों को भी चुगते जा रहे थे, कि अचानक उन्होंने देखा कि बाबा के पैर छोटे होते जा रहे हैं और उनके देखते-देखते ही पैर गायब हो गये और बाबा भी।

कालीप्रसाद जी को समझ में नहीं आया कि कैसे और क्या हो गया, बाबा के पैर तो पैर स्वयं बाबा भी कहां गायब हो गये? बाबा की जगह अब उनका वह कक्ष एक दिव्य मधुर गंध से पूरित हो गया था। एक आश्चर्य मिश्रित मतिभ्रम से भरे हुए और सोच में पड़कर वे कुछ काल तक वहीं के वहीं बैठे रह गये। तभी उन्हें दूर से अपनी ओर आती हुई खड़ाऊं की ध्वनि सुनाई पड़ने लगी। धीरे-धीरे वह ध्वनि और पास आती गई और फिर उन्होंने देखा कि खड़ाऊं पहने हुए स्वयं बाबा उस कक्ष में प्रवेश कर रहे थे।

यह तो निश्चित है कि बाबा इस अवधि में किसी शिष्य या भक्त के किसी संदेह का निवारण करने अथवा अन्य किसी प्रकार की सहायता प्रदान करने के हेतु किसी समीपस्थ अथवा दूर के स्थान का भ्रमण कर रहे थे और यह भी निसंदेह है कि देश और काल की सीमाओं से मुक्त योगी अत्यल्प समय में ही बड़े से बड़े कार्य का निर्वाह करने में सक्षम होते हैं।

एक ही क्षण में पांच सौ मील दूर

यह घटना १९२९-३० ई. में किसी समय घटित हुई थी। डॉ. गोपीनाथ कविराज की पत्नी उस समय बहुत अस्वस्थ थीं। उस समय वे अपने परिवार सहित वाराणसी में निवास कर रहे थे और विभिन्न चिकित्सकों को दिखाने पर भी कोई लाभ दिखाई नहीं पड़ रहा था। कविराज जी के गुरु भाइयों ने उनसे कहा कि वे अपने गुरु बाबा विशुद्धानंद जी को कोलकाता में इस विषय में सूचित कर दें तो ठीक होगा, परंतु एक सामान्य भौतिक परिप्रेक्ष्य में उन्हें बाबा को कष्ट देना या सम्मिलित करना उचित प्रतीत नहीं हुआ।

तथापि उस दिन जब कविराज अपनी ऊपर की मंजिल पर पत्नी के कक्ष में उनकी अस्वस्थता के विषय में जानने के लिये पहुंचे तो उन्हें उस पद्म गंध की अनुभूति हुई जो बाबा के शिष्य वर्ग में उनके परिचय पत्र के समान समझी जाती थी। कविराज जी ने मन ही मन सूक्ष्म शरीर में अपनी शिष्या के कक्ष में भ्रमण करने के लिये अपने गुरु को प्रणाम करते

हुए उनका धन्यवाद किया और उसी दिन से उनकी पत्नी के स्वास्थ्य में सुधार भी होने लगा।

इस घटना के तीसरे दिन जब कविराज घर के निचले तल पर अपने कक्ष में बैठे थे, तभी पत्नी के द्वारा भेजे हुए गृहसेवक ने नीचे आकर उन्हें सूचना दी कि गृहस्वामिनी उन्हें ऊपर अपने कक्ष में बुला रहीं थी। कुछ चिंता का अनुभव करते हुए कविराज अपनी पत्नी के पास पहुंचे और पूछा, "क्या बात है, तुम कुशल तो हो?" पत्नी ने उन्हें बताया कि कुछ समय पूर्व गुरुदेव वहां आये थे। तब तक कविराज को स्वयं भी पद्मगंध की अनुभूति होने लगी थी। वे बोले, "गुरुदेव तो उस दिन भी आये थे और तभी तुम्हारे स्वास्थ्य में इतना सुधार दिखाई पड़ रहा है। परतु और क्या बात हो गई?"

पत्नी ने उत्तर दिया, "जब मैं स्नानगृह से बाहर निकल रही थी तो मुझे बहुत कमजोरी का अनुभव होने लगा था। कमजोरी के कारण मैं गिरने ही वाली थी कि तभी गुरुदेव अपने स्थूल शरीर में प्रकट हो गये और उन्होंने मुझे गिरने से रोक लिया। उन्होंने कमरे में वापस लौटने में मेरी सहायता की और समूचे पथ पर, जब वे मुझे सहारा देते हुए मेरे साथ आ रहे थे तो उनकी दाढ़ी भी मेरा स्पर्श कर रही थी।"

टेबल पर रखी हुई दवाई की कुछ गोलियां कविराज जी को दिखाते हुए उन्होंने फिर बताया, "जब बाबा जा रहे थे तो उन्होंने मुझे ये दस गोलियां भी दी थी। परंतु हर्ष और प्रसन्नता के वश मैं भूल गई हूं कि यह औषधि मुझे कैसे लेनी है (तिब्बत में स्थित आश्रम के निर्देशानुसार विवाह करने के बाद, उन्हीं के निर्देशानुसार विशुद्धानंद जी ने उन्नीस वर्षों तक जीविकोपार्जन के निमित्त एक आयुर्वेद के चिकित्सक अथवा 'कविराज' के रूप में कार्य किया था)।"

कुछ दिनों के पश्चात कविराज जी को किसी कार्य से कोलकाता जाना पड़ा। परंपरा का निर्वाह करते हुए जब वे गुरु को प्रणाम करने पहुंचे तो उन्होंने उनसे पूछा, "बाबा मेरी एक शंका है, आप उसका समाधान करें। कोलकाता में रहते हुए आप ने कैसे काशी पहुंचकर मेरी पत्नी को गिरने से बचा लिया? आप एक ही समय पर दोनों स्थान पर कैसे उपस्थित हो सकते हैं?"

यह सुनकर हंसते हुए बाबा ने उत्तर दिया, "तुम्हारी पत्नी स्नान के स्थान पर गिरने ही वाली थी, और उसी समय मैं भी अपना मुख धोने के लिये (अपने स्नान के स्थान पर) गया था। मुझे दिखाई पड़ा कि वह गिरने ही वाली थी और मैंने उसे सहारा देकर रोक दिया।"

कविराज: "मैंने अपनी पत्नी की अस्वस्थता की कोई सूचना आपको नहीं दी थी, फिर भी आपको पांच सौ मील दूर से यह बात किस प्रकार ज्ञात हो गयी?"

बाबा कुछ क्षणों तक कविराज जी की ओर देखते रहे। शायद वे जानते थे कि भविष्य में यह प्रश्न पूछने का सिलसिला दूर तक चलने वाला है। इसके बाद उन्होंने कविराज से पूछा, "तुम 'योगी' शब्द से क्या अर्थ समझते हो? एक (आप्तकाम) योगी अपनी एक अव्याहित और सर्वत्र की चेतना के माध्यम से सदैव परम चैतन्य से जड़ित रहते हुए अवस्थान करता है। वह देश, काल अथवा किसी परिस्थिति से बाधित नहीं होता। मैं अपनी चेतना में सदैव और सर्वत्र वर्तमान में ही अवस्थान करता हूं। मेरे लिये एक क्षण में काशी पहुंचने में कोई शंका या व्यवधान नहीं है।"

यहां यह समझने की आवश्यकता है कि एक सिद्ध योगी अथवा गुरु के द्वारा अपने सूक्ष्म शरीर में किसी स्थान पर पहुंचना, अपनी योजना या सुविधा के अनुसार अपने स्थूल शरीर को साथ लेकर यात्रा करना, और परिस्थिति के अनुरूप किसी क्षण विशेष में (काल में) किसी स्थान-विशेष में (देश में) तत्काल सशरीर उपस्थित हो जाना, ये सभी अलग श्रेणी की घटनायें होती हैं। इनमें से पहली दो 'ज्ञान' अथवा ज्ञान एवं 'क्रिया' के संयोजन से, तथा अंतिम स्वत: तत्क्षणात की 'इच्छा' के माध्यम से फलीभूत होती है।

ध्यान के माध्यम से योग की साधना के लिये प्रात: ब्रह्म मुहुर्त से सूर्योदय के कुछ बाद तक के समय को सर्वश्रेष्ठ माना गया है। यही वह समय है जब गुरु-गण एवं सिद्ध-गण भी अपनी ध्यानावस्था में स्थित रहते हुए ही अपने शिष्यों, भक्तों एवं अन्य साधकों की सहायता के हेतु उनके अज्ञातसार में अपने सूक्ष्म शरीर से विभिन्न स्थानों पर भ्रमण करते रहते हैं। जो नियमित समय पर इस प्रकार ध्यान साधन आदि में

संलग्न होते हैं, उन्हें न केवल अपने गुरु बल्कि अन्य महापुरुषों से भी अप्रत्याशित कृपा एवं सहायता की प्राप्ति होती रहती है।

विश्व चैतन्य से युक्तावस्था को प्राप्त योगी की चेतना का क्षेत्र अपरिमित होता है। सूक्ष्म रूप से अपनी स्वाभाविक चेतना को किसी प्रकार प्रभावित किये बिना ही वह सभी व्यष्टि चेतनाओं से भी एक सर्वज्ञ के समान युक्त रहता है। तथापि उससे संबंध रखने वाली सभी घटनायें एवं परिस्थितियां उसकी चेतना के पटल पर स्वत: कौंधती रहती हैं, जैसे किसी का उससे मिलने के लिये अपने स्थान से निकलना, किसी शिष्य अथवा भक्त का किसी अप्रत्याशित संकट में पड़ना, इत्यादि। इसी प्रकार युक्तावस्था को प्राप्त योगी की चेतना की गति असीम होती है। जैसे ही कोई घटना अथवा परिस्थिति उसके संज्ञान में आती है वह इच्छा मात्र से वहां तत्क्षणात उपस्थित के समान होता है। इच्छा का शिव की ओर स्पंदन ज्ञान-शक्ति होती है, और इसीका वाह्य की दिशा में होने वाला स्पंदन क्रिया शक्ति, जिसके माध्यम से युक्तावस्था को प्राप्त योगी तत्क्षणात किसी वाहन को उलटने से रोकने के लिये, किसी नौका को डूबने से बचाने के लिये, और किसी वयस्क अथवा बालक के गिरते समय उसे चोटिल होने से बचाने के लिये, अपने इच्छा बल का प्रयोग करने में सक्षम होता है।

देखो! देखो! यह बच गया

यह उस समय की घटना है जब नीमकरोली महाराज ने हिमालय के दक्षिण में स्थित निचली पर्वत शृंखला पर अवस्थित नैनीताल शहर के बाहर, एक पहाड़ी पर मारुति नंदन हनुमान जी के एक विशाल मंदिर के निर्माण का कार्य समाप्त ही किया था। एक दिन इस मंदिर के परिसर में अपने काष्ठ के तख्त पर बैठे हुए महाराज अपने दोनों हाथों को इस प्रकार ऊपर उठाये हुए एकाएक खड़े हो गये, जैसे अपने हाथों से उन्होंने किसी वस्तु को थाम रखा हो। उसी प्रकार अपने हाथों को ऊपर किये हुए, वे सहर्ष यह उद्घोष करते हुए अपनी कुटिया से बाहर आ गये, "देखो! देखो! यह बच गया।"

वहां उपस्थित उनके जीवनीकार राजीदा और अन्य भक्तों को महाराज की इस कौतुक से भरी क्रीड़ा को देखकर कुछ समझ में नहीं आया, और कुछ अन्य भक्त बिना कुछ समझे केवल हंस कर रह गये। बाद में इस घटना की पुष्टि करते हुए पूरन चन्द्र जोशी ने राजीदा को बताया कि इस घटना के तीन दिन बाद महाराज की एक महिला भक्त ने वहां पहुंचकर अत्यंत श्रद्धा के सहित महाराज को प्रणाम किया। गहन आभार की भावना के सहित उस महिला ने महाराज के समक्ष तीन दिन पूर्व कानपुर में घटित होने वाली एक घटना के संबंध मे बताया।

उसने बताया, "मेरा पांच वर्षीय पुत्र अचानक छत से नीचे सड़क की ओर गिर गया और मैंने तुरंत आपको पुकारा, 'महाराज'। एक व्यक्ति जो नीचे सड़क से गुजर रहा था उसने उसी समय अपने हाथ ऊंचे करके उस बालक को थाम लिया, और उसे कोई चोट भी नहीं आई। उस व्यक्ति ने मुझसे केवल यही कहा, 'देखो! देखो! यह बच गया'। बालक को मुझे सौंपकर वह इतनी शीघ्रता से वहां से चला गया, कि मैं उसका नाम भी नहीं पूछ पाई।" महाराज उसकी कहानी को सुनते समय केवल मुस्कुराते भर रहे। उन्होंने और कुछ भी नहीं कहा, परंतु वहां उपस्थित उनके भक्तों को तीन दिन पूर्व की वह घटना स्मरण हो आई।

लाहिड़ी महाशय

योगीराज श्यामाचरण लाहिड़ी (१८१८-१८९५ ई.) जो लाहिड़ी महाशय के नाम से विख्यात थे, यद्‌यपि अपनी योग विभूति को जन-साधारण की दृष्टि से ओझल रखते थे, परंतु उनके शिष्य उनकी अद्भुत यौगिक क्षमताओं से भली भांति परिचित थे।

श्यामाचरण भारत में रेलवे के एकाउंट्स विभाग में एक अंग्रेज अफसर की मातहती में कार्य करते थे। उनके अफसर एक बार अपनी पत्नी के स्वास्थ्य को लेकर बहुत चिंतित थे, जो उस समय इंग्लैंड में थी। उनकी परेशानी देखकर और उनकी चिंता का हेतु जानकर लाहिड़ी एक एकांत स्थान पर चले गये जहां बैठकर उन्होंने कुछ देर ध्यान लगाया और फिर वापस आ गये। उन्होंने अपने अफसर को बताया कि उनकी पत्नी

अब बेहतर अनुभव कर रही हैं और इस समय उन्हें एक पत्र लिख रही हैं। नियत समय पर उसी तारीख को लिखा गया वह पत्र उनके अफसर को प्राप्त भी हो गया जिसमें उनकी पत्नी ने अपने स्वास्थ्य में सुधार होने की बात भी लिखी थी।

कुछ और दिन बीतने पर स्वस्थ होकर जब अफसर की पत्नी स्वयं भारत पहुंच गई और उनका लाहिड़ी महाशय से सामना हुआ तो श्रद्धा के साथ उनकी ओर देखते हुए उसने कहा, "सर, वह आपका ही दिव्य आभा से युक्त रूप था जो कुछ महीने पूर्व लंदन में मेरी रोग-शैया के निकट उपस्थित हुआ था। उसी समय मैं एकदम ठीक हो गई थी और स्वस्थ होकर कुछ ही दिनों में मैं एक लम्बी समुद्री यात्रा तय करके भारत आने के योग्य भी हो गई थी।" बाद में उन्होंने यह भी स्पष्ट किया था कि लाहिड़ी महाशय ने ही उन्हें उनके पति के चिंतित होने के विषय में बताते हुए उसी समय पत्र लिखने तथा जहाज में टिकट बुक करने के निर्देश भी दिये थे।

लाहिड़ी महाशय और तैलंग स्वामी

'योगिराज तैलंगस्वामी' नामक अपनी पुस्तक में श्री विश्वनाथ मुखर्जी लिखते हैं: योगियों में एक विशेषता यह होती है कि वे अपने योगबल से दूरस्थ योगियों को पहचान लेते हैं। तैलंग स्वामी की मुलाकात कभी स्वामी विशुद्धानंद से हुई थी या नहीं, यह नहीं कहा जा सकता। लेकिन श्यामाचरण लाहिड़ी स्वामीजी के आश्रम में कई बार गये थे और इनसे विचार-विमर्श करते रहते थे। अपने इष्ट की प्रेरणा से एक दिन लाहिड़ी महाशय तैलंग स्वामी से मिलने उनके यहां चल पड़े। उस समय अपने भक्तों से घिरे हुए तैलंग स्वामी घाट पर बैठे थे। इन्हें दूर से आता देखकर तैलंग स्वामी आतुर भाव से दोनों हाथ फैलाये उनकी ओर बढ़ गये। पास आते ही दोनों योगी गले से लग गये।

आस-पास खड़े भक्त इस मिलन को चकित भाव से देखते रहे। एक गृहस्थ योगी और दूसरा सर्वत्यागी था। तैलंग स्वामी के भक्त यह मानते थे कि उनके बाबा के समान काशी में दूसरा कोई संत नहीं है। भारत

के बड़े-बड़े संत बाबा के दरबार में आते हैं। बाबा कहीं नहीं जाते। वे यह समझने में असमर्थ थे कि स्वामी एक गृहस्थ बंगाली बाबू को इतना सम्मान क्यों दे रहे हैं? दोनों योगी एक दूसरे को देखते रहे (और उनके मध्य एक मूक वार्ता चलती रही)। यह एक अभूतपूर्व दृष्य था। कुछ देर वहां रहने के बाद श्यामाचरण लाहिड़ी चले गये।

उनके जाने के बाद किसी भक्त ने पूछा, "अपराध क्षमा करें, महाराज। एक बात समझ में नहीं आयी, इसलिये पूछ रहा हूं। अभी जो बंगाली बाबू आये थे, वे तो गृहस्थ हैं। बंगाली टोला में रहते हैं। पत्नी है, लड़के हैं। इनसे आप इस तरह मिले जैसे कोई बड़े महात्मा हैं। इन्हें आपने इतना सम्मान क्यों दिया?"

तैलंग स्वामी ने हंसकर कहा, "तुम्हारी शंका ठीक है। बंगाली बाबू मामूली गृहस्थ नहीं है। बहुत ऊंचे दर्जे के योगी हैं। अगर वे गृहस्थ नहीं होते तो मैं उनके घर जाकर मिलता। जो उन्हें जानते हैं, उनकी शक्ति को पहचानते हैं, वे उनके निकट जाते हैं। तुम लोगों में से कोई भी उनके यहां जाओगे तो देखोगे कि उनके यहां भी ऐसे ही भक्त लोग बैठे रहते हैं। दरअसल तुम लोगों के पास वह दृष्टि नहीं है जिसके माध्यम से योगी और भोगी का अन्तर समझ सको। पूर्वजन्म की साधना के कारण इन्हें सामान्य गृहस्थ के घर जन्म लेना पड़ा। यही इनका अंतिम जन्म है। इसके बाद इन्हें पुन: जन्म नहीं लेना पड़ेगा। तुम लोगों को दिखाई नहीं दिया होगा, उनके अंग-प्रत्यंग से योग के लक्षण प्रकट हो रहे थे। इनके आगमन की सूचना मुझे पहले मिल गयी थी। ऐसे योगी का सम्मान करना चाहिए। इससे भला होगा।"

उनके शिष्यों के अतिरिक्त योगीराज श्यामाचरण लाहिड़ी से काशी के सामान्य लोग कम ही परिचित थे। तैलंग स्वामी के कथन का प्रभाव उनके भक्तों पर पड़ा। फलस्वरूप लाहिड़ी महाशय की ख्याति फैलती चली गयी।

दृष्टि का उपहार

लाहिड़ी महाशय के शिष्य स्वामी केवलानंद के मन में, जो बाद में स्वयं एक सिद्ध पुरुष के रूप में ख्यात हो गये थे, प्राय: यह विचार आया करता

था कि उनके शक्तिशाली गुरु अपने सेवक रामू पर कृपा क्यों नहीं करते जो प्राय: उनके बैठने के स्थान पर छत से लटकने वाले पंखे की डोर खींचकर हवा किया करता था। केवलानंद ने एक बार रामू से पूछा, "तुम कबसे देखने में अक्षम हो?" रामू ने उत्तर में कहा, "महाशय, मैं तो जन्म से ही अंधा हूं।"

समझा बुझाकर केवलानंद ने रामू को इस बात के लिये तैयार कर लिया कि वह सिद्ध गुरू से यह प्रार्थना करे कि वे उसपर कृपा करके उसे देखने की शक्ति प्रदान करें ताकि वह भी संतों के एवं मंदिर में देवी देवताओं के दर्शन कर सके। अगले दिन बहुत हिचक के साथ, पर अंत में साहस संजोते हुए, रामू ने अपनी समस्या और अपनी अभिलाषा को लाहिड़ी महाशय के सन्मुख उपस्थित कर ही दिया। धैर्य के साथ अपने सेवक की बातें सुनने के पश्चात वे बोले, "लगता है किसी ने जान बूझकर तुम्हें बहका कर मेरे लिये समस्या उत्पन्न करने का प्रयास किया है। इस प्रकार की मेरी सामर्थ्य नही है।"

हाथ जोड़कर रामू ने (जैसा कि उसे सिखाया गया था) पुन: उनसे विनती करते हुए कहा, "परंतु मेरे लिये तो आप ईश्वर के अवतार के तुल्य ही हैं। यदि आप मुझपर प्रसन्न होते हैं और मुझे आशीर्वाद दे देते हैं, तो मुझे ज्ञात है कि मैं अवश्य ही इस संसार को देख सकूंगा।" लाहिड़ी महाशय ने रामू को अपने निकट बैठा कर उसकी दोनों भ्रुवों के मध्य एक स्थान पर अपनी अंगुलि से स्पर्श करते हुए उससे कहा, "अपने मन को इस स्थान पर केंद्रित करते हुए सात दिनों तक ईश्वर के नाम का जप करते रहो। उसके पश्चात ईश्वर सूर्य के प्रकाश से तुम्हारी आंखों को रौशन कर देंगे।"

एक सप्ताह बीतने पर रामू की आंखें अपना कार्य करने लग गईं और तब उसने इस संसार को, अपने परिजनों को और अपने स्वामी को भी पहली बार देखा। योगीराज की इच्छा के बल से उसमें देखने की क्षमता उत्पन्न हो गई थी। ईश्वर ने उसकी आंखों में सूर्य के प्रकाश को भर दिया था। लाहिड़ी महाशय ने उससे कहा, "अब अपने शेष जीवन में तुम सदैव ईश्वर के नाम का स्मरण करते रहना।"

एक अलौकिक आश्वासन

परमहंस योगानंदजी की आत्मकथा (Autobiography of a Yogi) में माताजी के विषय में भी बताया गया है जो एक उच्च कोटि की सिद्धा भैरवी हैं। देखनें में वे एक अत्यंत प्रियदर्शिनी युवती के समान दिखाई पड़ती हैं और उन्हें लाहिड़ी महाशय के गुरु महावतार बाबाजी की चचेरी बहन के रूप में जाना जाता है।

लाहिड़ी महाशय के एक अन्य शिष्य रामगोपाल मजूमदार थे, जो बाद में एक सदैव जागते रहने वाले संत के रूप में विख्यात हो गये थे। वे सदा तुरियावस्था के आनंद में मग्न रहते थे और उन्होंने स्वयं यह घटना योगानंद जी को बताई थी: एक दिन मध्य रात्रि के समय वे वाराणसी में लाहिड़ी महाशय के आवास पर उनकी उपस्थिति में कुछ अन्य गुरु भाइयों के साथ मौन अवस्था में बैठे हुए ध्यान में संलग्न थे तभी उनके गुरू ने अपना मौन भंग करते हुए उन्हें दशाश्वमेध घाट पर जाने के लिये कहा जो वहां उपस्थित सभी शिष्यों के लिये एक विस्मयकारी निर्देश था (गंगा नदी के किनारे स्थित इसी घाट की हम पहले श्री तैलंग स्वामी के प्रकरण में चर्चा कर चुके हैं)। अपने गुरु की आज्ञा के अनुसार, रामगोपाल उस विशाल मैदान में उनके द्वारा निर्दिष्ट एक निर्जन स्थान पर पहुंच गये।

बाद में उन्होंने योगानंद जी को बताया, "चंद्रमा के प्रकाश और तारों की जगमगाहट से रात उजली थी। कुछ देर ही मैं वहां चुपचाप धीरज के साथ बैठा था कि मेरा ध्यान अपने निकट ही स्थित एक विशाल शिला की ओर आकृष्ट हो गया। वह शिला धीरे-धीरे ऊपर उठ रही थी और उसके नीचे एक भूमिगत गुफा दिखायी देने लगी। कुछ ही क्षणों में वह शिला हवा में स्थिर हो गई मानों किसी अज्ञात शक्ति ने वहां उसे पकड़ कर संभाल रखा हो, और उसके बाद ही उस गुफा से एक अत्यंत लावण्यमयी स्त्री बाहर आई और हवा में ऊंची उठ गयी। वह नारी मूर्ति एक शीतल शांति की अनुभूति प्रदान करने वाली आभा से वेष्टित थी।

"धीरे-धीरे नीचे उतरकर, वे मेरे सामने आकर कुछ क्षणों तक इस प्रकार खड़ी रही जैसे अपने अंतर के आनंद में मग्न हों। फिर उनके शरीर

में एक हलचल हुई और वे अत्यंत सौम्य वाणी में बोलने लगी, 'मैं बाबाजी की बहन माताजी हूं। मैंने बाबाजी को और लाहिड़ी महाशय को भी आज रात एक अत्यंत महत्वपूर्ण विषय पर चर्चा करने के लिये अपनी गुफा में (इस विषय में अंतिम अध्याय में 'सिद्धभूमि की कतिपय विशिष्टतायें' नामक उप-शीर्षक भी देखें) बुलाया है।'

"उसी समय एक प्रकाशपुंज गंगा के ऊपर तेजी से उड़कर आता हुआ दिखाई दिया। नदी के अपारदर्शी जल में उसका प्रतिबिंब दिखाई दे रहा था। वह प्रकाश हम लोगों की ओर बढ़ता गया और अपनी कौंध से चकाचौंध करते हुए वह माताजी के पास आकर ठहर गया एवं तुरंत लाहिड़ी महाशय के मानव रूप में परिवर्तित हो गया। लाहिड़ी महाशय ने अत्यंत विनम्रता के साथ माताजी के चरणों में प्रणाम किया।

"मैं इस आश्चर्य से उभरा भी नहीं था, कि आश्चर्य का दूसरा धक्का मेरे लिये तैयार था। गोल-गोल घूमता हुआ एक विस्मयकारी प्रकाशपुंज तभी मुझे आकाश मार्ग से आते हुए दिखाई पड़ा। एक अग्नि के गोले के समान तीव्र गति से नीचे आता हुआ वह प्रकाश-पुंज हमारे समीप आया और उसने एक अत्यंत सुंदर युवक का रूप धारण कर लिया। मैं तुरंत ही समझ गया कि वे बाबाजी थे। उनका चेहरा लाहिड़ी महाशय जैसा ही था; परंतु बाबाजी अपने शिष्य से कहीं अधिक युवा दिख रहे थे और उनके केश लम्बे और चमकीले थे। लाहिड़ी महाशय, माताजी और मैंने महागुरु के चरणों में प्रणाम किया। उनके दिव्य शरीर का स्पर्श करते ही मेरे शरीर का रोम-रोम स्वर्गीय अनुभूति एवं अवर्णनीय आनंद से झंकृत हो उठा।

"बाबाजी ने कहा, 'हे कल्याणी! मैं अपने स्थूल शरीर का त्याग कर अनंत प्रवाह में विलीन हो जाने का विचार कर रहा हूं।' 'पूज्य गुरुदेव! मैं आपके मन्तव्य का आभास पा चुकी हूं और इसी लिये आज रात मैं इस विषय पर आपके साथ विचार-विमर्श करना चाहती थी। आपको शरीर त्यागने की क्या आवश्यकता है?' यह कहते हुए दिव्य तेज से युक्त वे स्त्रीमूर्ति उनकी ओर अनुरोध भरी दृष्टि से देखती रहीं।

"बाबाजी बोले, 'अपने ब्रह्मचेतना के सागर में मैं दृश्य या अदृश्य तरंग को धारण करूं, इसमें क्या फर्क पड़ता है?' माताजी ने विलक्षण

वाक-पटुता का परिचय देते हुए कहा, 'मृत्युंजयी गुरुदेव! यदि कोई फर्क नहीं पड़ता, तो कृपा करके आप अपने शरीर का त्याग मत कीजिये।'

"इसके उत्तर में बाबाजी ने शांत स्वर में कहा, 'तथास्तु! मैं अपने स्थूल शरीर का त्याग कभी नहीं करूंगा। इस पृथ्वी पर कम-से-कम कुछ लोगों के लिये तो यह शरीर सदैव दृश्यमान रहेगा। तुम्हारे मुख से शायद यह भगवदेच्छा ही व्यक्त हुई है।' (आत्म-प्रेरणा अथवा आत्म-निर्णय आत्मा की इच्छा होती है परंतु जब वह स्पष्ट रूप में किसी अन्य माध्यम से व्यक्त होती है, तभी उसे परमेष्टि की इच्छा समझा जा सकता है।)

"मैं विस्मयविभोर होकर इन दिव्य विभूतियों का संवाद सुन रहा था। मुझपर अपनी कृपादृष्टि डालते हुए अमर महागुरु ने कहा, 'डरो मत, रामगोपाल! इस अमर वचन के साक्षी बन कर तुम धन्य हो गये हो।' (यहां भी इस समस्त घटनाक्रम के प्रयोजन को अधिक सार्थक अथवा स्पष्ट करने के लिये इसकी आवश्यकता को भली भांति समझाने का लेखक का प्रयास उचित ही समझा जाना चाहिये। यह पुस्तक और ये सारी बातें एवं उदाहरण तथा उद्धृतियां भी हमारा 'चेतन' तत्व को समझने एवं समझाने का एक प्रयास मात्र ही है। व्यष्टि चेतनायें जैसे-जैसे उच्चतर अथवा सूक्ष्मतर तल या स्तर की ओर अग्रसर होती हैं वे स्वत: ही 'चेतन' तत्व के नियमों एवं प्रणालियों को सम्मान देते हुए ही अपने मार्ग पर बढ़ना चाहती हैं। यहां एक भगवदेच्छा का ज्ञापन है, उसके प्रत्युत्तर में एक स्पष्ट रूप से परिभाषित 'संकल्प' है, और इस संकल्प का वाहक एक साक्षी भी है जिसके माध्यम से विश्व-चैतन्य ने अपना यह उद्घोष योगानंद जी तक पहुंचाया है, ताकि वे इसे समग्र विश्व के समक्ष प्रकाशित कर सकें। अत: इस घटना-क्रम को केवल एक घटना नहीं अपितु एक परमात्म-प्रकाश की दृष्टि से देखना और समझ पाना ही मानव-बुद्धि का अपनी परिपक्वता की दिशा में यात्रा के आरंभ के समान होगा। तभी इन विभूतियों एवं गुरुओं के प्रयास फलीभूत हो सकेंगे। तभी महावतार बाबाजी का युग-परिवर्तन का अभीष्ट फलित होने की दिशा में अग्रसर हो सकेगा, और तभी योग एवं विज्ञान पर आधारित एक सर्वमान्य वैश्विक धर्म का सूत्रपात भी संभव होगा।)"

एक अति विशिष्ट दायित्व

जब श्री योगानंद अपने गुरुदेव, प्रियजनों एवं अपनी प्रिय मातृभूमि को छोड़कर अमेरिका की अनजान भूमि में जाने की तैयारी कर रहे थे तो उनका हृदय अनेक आशंकाओं से भरा हुआ था। ठीक उसी अवसर पर उन्हें कोलकाता में गड़पार रोड़ पर स्थित अपने घर के दरवाजे पर एक दस्तक सुनायी पड़ी। जब उन्होंने दरवाजा खोला तो देखा कि संन्यासियों की तरह केवल कटिवस्त्र धारण किये हुए एक युवक वहां खड़े थे, जिन्होंने घर में प्रवेश किया।

'ये अवश्य ही बाबाजी होंगे!' स्तब्ध होकर वे सोच रहे थे, क्योंकि आगंतुक का चेहरा लाहिड़ी महाशय जैसा ही दिख रहा था। उनके मन में उठ रहे विचार का उत्तर उन तेजस्वी आगंतुक ने स्वयं देते हुए कहा, जो अत्यंत मधुर आवाज में हिंदी बोल रहे थे, "हां, मैं बाबाजी हूं! हम सबके परमपिता ने तुम्हारी प्रार्थना सुन ली है। उन्होंने मुझे तुम्हें यह बताने का आदेश दिया है, 'अपने गुरु की आज्ञा का पालन करो और अमेरिका चले जाओ।' डरो मत! तुम्हें पूर्ण संरक्षण दिया जायेगा।"

थोड़ा ठहरकर वे फिर बोले, "तुम ही वह (विशिष्ट व्यक्ति) हो, जिसे मैंने पाश्चात्य जगत में क्रिया योग का प्रसार करने के लिये चुना है। बहुत वर्ष पहले मैं तुम्हारे गुरु युक्तेश्वर से एक कुंभ मेले में मिला था और तभी मैंने उनसे कह दिया था कि मैं उनके पास शिक्षा ग्रहण करने के लिये तुम्हें भेजूंगा।"

'योगी कथामृत' में योगानंद जी लिखते हैं, "साक्षात बाबाजी को सामने खड़ा देखकर भक्ति भाव में विभोर होकर मैं अवाक हो गया, और उन्होंने ही मुझे श्री युक्तेश्वर जी के पास पहुंचाया था यह स्वयं उनके श्रीमुख से सुनकर तो मेरा हृदय पूर्ण रूप से प्रेम, आदर एवं कृतज्ञता की बाढ़ में डूब गया। मृत्युंजय परमगुरु के चरणों में मैंने साष्टांग प्रणाम किया। उन्होंने अत्यंत प्रेम के साथ मुझे उठाया। मेरे जीवन के बारे में अनेक बातें बताने के बाद उन्होंने मुझे कुछ व्यक्तिगत उपदेश दिये और कई गोपनीय भविष्यवाणियां भी की। अंत में उन्होंने गंभीरता के साथ कहा, 'ईश्वर-साक्षात्कार की वैज्ञानिक प्रणाली क्रियायोग का अंततः सब

देशों में प्रसार हो जायेगा, और मनुष्य को अनंत परमपिता का व्यक्तिगत इंद्रियातीत अनुभव कराने के द्वारा यह राष्ट्रों के मध्य सौमनस्य एवं सौहार्द्र स्थापित कराने में सहायक होगा।'

"थोड़ी ही देर में बाबाजी यह कहते हुए दरवाजे की ओर बढ़े, 'मेरे पीछे आने का प्रयत्न मत करना। तुम्हारे लिये यह संभव नहीं होगा।'" और ठीक ऐसा ही हुआ। जैसे ही योगानंद जी ने उनके पीछे जाने का प्रयत्न किया, उन्हें ज्ञात हुआ कि उनके पांव जमीन से चिपक गये थे, ठीक उसी प्रकार जैसे कि अनेकों वर्ष पूर्व एक बार वाराणसी में हुआ था। उस समय वे अपने एक मित्र के साथ टोले बाजार जाने के लिये निकले थे, और मार्ग में एक संकरी गली के मुहाने पर गेरुआ वस्त्र धारण किये हुए उन्हें एक महापुरुष निश्चल खड़े हुए दिखाई दिये थे, जिन्हें देखकर उन्हें ऐसा लगा था जैसे वे उन्हें युग-युगांतरों से जानते हों। तब भी कुछ दूर आगे बढते ही उनके पांव जमीन से चिपक गये थे, और उन्हें लौटकर उन महापुरुष के ही पास आना पड़ा था जो और कोई नहीं बल्कि श्री युक्तेश्वर ही थे। शायद यह भी इन महावतार की ही लीला थी. जो उन्हें युक्तेश्वरजी के पास भेजना चाहते थे।

अध्याय – ८

स्वर्ग का साम्राज्य - सूक्ष्म जगत

पिछले पांच अध्यायों में हमने चेतना के विज्ञान के विषय में चर्चा की है, जिसे भारत के प्राचीन ऋषियों के द्‌वारा संवित विज्ञान के नाम से संबोधित किया गया है, और सैद्धांतिक एवं व्यवहारिक, हमने दोनों दृष्टियों से इस अद्भुत विज्ञान का एक विशद विवरण प्रस्तुत करने का प्रयास किया है। इस पुस्तक में अब हम एक ऐसे स्थान पर पहुंच चुके हैं जहां हमारे पाठक न केवल विश्व-सृष्टि के मूल में कार्य करने वाले इस महाविज्ञान के सिद्धांतों से भली भांति परिचित हो चुके हैं, बल्कि ऋषियों एवं अन्य विवेकशील मनुष्यों के द्‌वारा अपनी चेतना का ऊर्ध्व की दिशा में विकास करने के लिये उपयोग में लाई जाने वाली विभिन्न तकनीकों के विषय में भी उन्हें यथेष्ट ज्ञान प्राप्त हो गया है।

कई अध्यायों और अनेक पृष्ठों के माध्यम से योग, तंत्र और शैव सिद्धांत एवं त्रिक दर्शन के विशिष्ट ज्ञान को अनावरित करने की दिशा में अब तक की यह ज्ञान यात्रा हमारे अधिकांश पाठकों को इतनी सहज प्रतीत नहीं हुई होगी। पुस्तक के पिछले अध्याय एक प्रकार से एक सीढ़ी के समान हैं, जिनके माध्यम से क्रमश: उच्चतर धरातलों से परिचित होते हुए अब हम एक ऐसे स्थान पर आकर उपनीत हो गये हैं जहां पहुंचकर अब हम कुछ अधिक कठिन एवं अविश्वसनीय लगने वाले प्रकरणों को समझने का प्रयास कर सकते हैं। ये प्रकरण हमारे जीवन और मृत्यु से संबंध रखने वाली उन घटनाओं से संबंध रखते हैं, जो हमारी स्थूल की चेतना के संज्ञान में आये बिना ही घटित होती रहती हैं।

व्यष्टि और समष्टि की अनुभूति

जो सदैव विद्‌यमान रहता है और जिसका कभी भी अभाव या क्षरण नहीं होता, वही सत् है, और यही सबका स्वामी है। एक यही सत्य वस्तु एवं यथार्थ है, और सतत विद्‌यमानता ही इसका प्रधान लक्षण है। इसे ही वेदों में निर्गुण ब्रह्म कहा गया है। अपनी स्वाभाविक अवस्था में यह चेतन एवं आत्मसंतृप्त रहते हुए स्वयं में ही लीन होकर अवस्थान करता है। फिर इसकी शांत एवं एक सीमाविहीन समुद्र के समान चेतना में एक एक स्पंदन का उदय होता है, और इसकी आत्मतृप्ति का आनंद एक उल्लासमय आहलाद में परिवर्तित हो जाता है। इसकी चेतना में एक ध्रुवीकरण होकर इसका विभाजन हो जाता है, जिसके फलस्वरूप इसमें एक से अनेक होने की सिसृक्षा उत्पन्न हो जाती है, और यह सगुण ब्रह्म की उपाधि ग्रहण कर लेता है। इसमें एक अंत: प्रकृति की उत्पत्ति हो जाती है, जिसमें एक ध्रुव इसकी वाह्य की चेतना बन जाती है जो दृष्टा और ज्ञाता का स्थान ले लेती है। इसी अंत:प्रकृति में दूसरा ध्रुव ऊर्जा स्वरूप होता है जो इस वाह्य के दृष्टा के लिये दृश्य के समान अनुभूतियों की सृष्टि करता है और एक आंतर की चेतना से भी युक्त होता है। इस अवस्था में, इसे ऋषियों के द्‌वारा तीन लक्षणों अथवा स्वभावों से युक्त सगुण ब्रह्म अथवा सत्-चिद-आनंद ब्रह्म के नाम से वर्णित किया जाता है।

सत्-स्वरूप इस ब्रह्मके अपने ही स्वभाव के समान प्रकट होने वाले इन दो ध्रुवों में से प्रथम की संज्ञा 'चित' हो जाती है जो इसकी अंत:प्रकृति का प्रधान गुण होता है, तथा दूसरे की संज्ञा 'आनंद' हो जाती है जिसे इसकी अंत:प्रकृति का दूसरा विशिष्ट गुण कहा गया है। आगम शास्त्रों में पहले ध्रुव को शिव तत्व कहा जाता है जो प्रेम और आकर्षण का प्रतिनिधि एवं भावी सृष्टि में पितृ-स्थानीय तत्व होता है। इसे प्रकृति में स्थिर एवं धनात्मक ध्रुव के रूप में स्वीकार किया गया है। यह स्वप्रकाश होता है और इसी के प्रकाश में वस्तुओं के गुणों की पहचान संभव होती है। आगम शास्त्रों में दूसरे ध्रुव को शक्ति तत्व कहा गया है जो शिव के प्रकाश से ही प्रकाशित होता है। यह गतिशील एवं ऋणात्मक गुण

वाला, ऊर्जा एवं विकर्षण का परिचायक तत्व है, जो शिव से दूर हटते हुए उसकी चेतना में एक अवकाश एवं विभिन्न प्रकार की अनुभूतियों का सृजन करता है।

इस प्रकार अभिव्यक्ति की दिशा में उन्मुख, सत्, चित एवं आनंद, इन तीन लक्षणों से युक्त सकल अथवा सविकल्प ब्रह्म का आविर्भाव होता है। सकल परमेश्वर के इन तीनों लक्षणों अथवा अंत:विभागों में से प्रत्येक की एक वाह्य प्रकृति भी होती है, जिनकी विवेचना ऋषिगण क्रमश: इच्छा, ज्ञान एवं क्रिया शक्तियों के रूप में करते हैं। विश्व चैतन्य की इच्छा अभिव्यक्त होने वाले विश्व में एक भूमि के समान कार्य करती है। इसका ज्ञान इस भूमि में प्रविष्ट होकर इसे जड़ के समान पकड़कर स्थित हो जाता है एवं सृष्ट वस्तुओं में गुण स्थानीय होता है, जबकि क्रिया के द्वारा उस गुण अथवा वस्तु रूपी पौधे की वाह्य की दिशा में अभिव्यक्ति होती है। इच्छा प्रकृति इस सकल ब्रह्म की अन्य दो प्रकृतियों की यामल अथवा साम्यावस्था का परिचायक होती है, जो एक दूसरे पर आश्रित रहते हुए एक युगपत सूत्र में बंधे रहकर एक साथ प्राकट्य लाभ करते हैं। यह इच्छा-प्रकृति ही हमारे चारों ओर छितरी हुई समस्त अभिव्यक्तियों की पृष्ठभूमि अथवा कारण स्वरूपा मूल प्रकृति होती है। पुस्तक की प्रस्तावना में हमने विश्व सृष्टि के कारक सगुण ब्रह्म के इन तीन प्रधान लक्षणों के प्रतिनिधि त्रिदेवों के इसी पारस्परिक सबंध को जंबुकेश्वर महादेव के एक चित्र के माध्यम से, जिनकी दक्षिण भारत के एक मंदिर में पूजा की जाती है, समझाने का प्रयास किया है। हम चाहें तो इसाई मत की कुछ शाखाओं में मान्य होली ट्रिनिटी के संदर्भ से भी इसे समझने का प्रयास कर सकते हैं।

हमारी जाग्रत, स्वप्न, सुषुप्ति तथा तुरीय अवस्थायें

हमारी मानव संरचना में समन्वित शिव, शक्ति एवं उनके युग्म तथा इन तीन प्रधानों की प्रकृतियों के माध्यम से ही हमारी मानव चेतना अपनी जाग्रत, स्वप्न एवं सुषुप्ति के नाम से प्रसिद्ध तीन अवस्थाओं का अनुभव करती है, जिसका ज्ञान हम सभी को होता है। तथापि हमारी संरचना में हमारे दैनिक अनुभव में आने वाली इन तीन अवस्थाओं के अतिरिक्त एक

चौथी और उन्नत अवस्था का प्रावधन भी उपलब्ध है, जिसकी अनुभूति केवल उन्नत योगीजन एवं सिद्ध ही कर पाते हैं। सापेक्षता का अनुभव अथवा इसका अभाव, वास्तव में चेतना में ये दो ही मौलिक विभाजन संभव होते हैं। इस मौलिक विभाजन में एक ओर तो शक्ति के द्वारा निर्मित क्षेत्र की चेतना का अनुभव होता है जो माया के द्वारा प्रभावित एक सापेक्ष अनुभव होता है, तथा दूसरी ओर शुद्ध अथवा अकलुषित क्षेत्र का अनुभव होता है जो शिव की चेतना है, जिसमें कोई निर्माण नहीं होता।

परम शिव का क्षेत्र 'परा' क्षेत्र कहा जाता है जो अव्यक्त क्षेत्र है जिसकी अभिव्यक्ति नहीं होती। इसमें शक्ति तत्व परा शक्ति के रूप में अवस्थान करता है, जिसमें किसी विभाजन के बिना सभी शक्तियां एकत्र अवस्था में विद्यमान रहती हैं। इस स्तर की चेतना को ऋषिगण तुरीयावस्था कहकर संबोधित करते हैं। यह विश्व-के-दृष्टा की चेतना की अवस्था है जिसको विश्व की अनुभूति एक अविभाज्य समष्टि के रूप में होती है। इसके विपरीत, चेतना की दूसरी अवस्था माया का क्षेत्र कही जाती है जिसमें भेद एवं भिन्नता की अनुभूति होती है। इस क्षेत्र में तीनों प्रधान अथवा त्रिदेव अविभाज्य रहते हुए भी अपनी अलग-अलग प्रकृतियों के कारण क्रमश: भिन्न अवस्थाओं की सृष्टि करते हैं।

सर्वप्रथम युग्मावस्था का प्राकट्य होता है जिसकी प्रकृति इच्छा शक्ति होती है और जो कारण भूमि को जन्म देती है। व्यष्टि चेतना में यह उसकी सुषुप्ति की अवस्था को उत्पन्न करती है, जिसमें ज्ञान और क्रिया का समावेश नहीं होता।

दूसरे स्तर पर शिव तत्व का कार्य होता है जिसकी प्रकृति ज्ञान शक्ति कही जाती है। चेतना में यह सुषुप्ति से निकलती हुई और सूक्ष्म भूमि पर अवस्थान करने वाली अवस्था होती है, जिसे हम स्वप्नावस्था के नाम से जानते हैं।

चेतना में तीसरी अभिव्यक्ति शक्ति तत्व की होती है, जिसकी प्रकृति क्रिया शक्ति होती है, जो स्थूल भूमि की चेतना को उत्पन्न करती है जहां भिन्नता एवं अंतर को मापना संभव होता है और जो हमारी जाग्रत की चेतना के नाम से ख्यात होती है।

हमारी चेतना की जाग्रत एवं स्वप्न की अवस्थायें भिन्नता की द्योतक होती हैं और इनका अनुभव सापेक्षता (Relativity) की अनुभूति

होता है। जब हम जाग्रत अवस्था का अनुभव कर रहे होते हैं तो हमारी इच्छा, ज्ञान और क्रिया, तीनों शक्तियां सक्रिय होती है। स्वप्नावस्था में यद्यपि वाह्य क्षेत्र में कार्य करने में सक्षम हमारी क्रिया शक्ति का अभाव होता है, फिर भी हम अपनी अंत: प्रकृति के रूप में ज्ञान शक्ति का प्रयोग करने में सक्षम होते हैं जो सूक्ष्म भूमि पर कार्य करते हुए भी हमें भिन्नता की अनुभूति से वंचित नहीं करती। चेतना की तीसरी अवस्था में, जिसे हम निद्रा अथवा सुषुप्ति की अवस्था के नाम से जानते है, हमारी ज्ञान शक्ति भी अपना कार्य करना बंद कर देती है और हमारी चेतना क्रिया एवं ज्ञान दोनों शक्तियों का संकुचन करते हुए, कारण भूमि पर अवस्थिति को प्राप्त हो जाती है।

सापेक्ष के दृष्टा के संसार की रचना प्रकृति के द्वारा उसकी आवश्यकता के अनुरूप की जाती है। उसकी आभास चेतना के संदर्भ में यह केवल माया के द्वारा सृजित एक भ्रांति की अवस्था मात्र होती है, जिसमें वह उसके स्वाभाविक स्वरूप को आवरित करने के पश्चात उसके समक्ष एक सापेक्ष दृश्य को उपस्थित कर देती है। उसमें अवस्थित शिव भाव इस अवस्था में सुप्तवत हो जाता है, और उसके संदर्भ में यह उससे विकीरित होने वाले आभास चैतन्य के लिये एक सापेक्ष के दृष्टा के रूप में जागरण के समान होता है। तथापि दृष्टा का वास्तविक स्वभाव माया के द्वारा प्रायोजित इस अज्ञान निद्रा के दूसरी ओर, उस ओर जहां उसका अचेतन मन (unonscious mind) अब भी अपनी भूमिकाओं का निर्वाह करते रहता है, अपने स्वाभाविक रूप में अवस्थित रहता है। निद्रा के इस पार उस व्यष्टि दृष्टा के आत्म चैतन्य का प्रकाश माया के द्वारा रंजित नहीं होता और अभ्रांत ही बना रहता है।

शिव की चेतना में ज्ञान एवं क्रिया अलग-अलग नहीं, बल्कि एकत्र होकर भासते हैं। दृष्टा में विद्यमान शिव की अविभक्त चेतना के माया के द्वारा अव्याहत इस अंश के लिये स्वप्न और सुषुप्ति का भेद अविद्यमान होता है, और इस तुरियावस्था की स्थिति में उसका उप-चेतन मन उसके इतिपूर्व के चैतन्य मन का स्थान ले लेता है। ऋषियों के अनुसार सृष्टि की अभिव्यक्ति शक्ति-तत्व की दिशा में होती है। शिव केवल इस अभिव्यक्त-की-समष्टि के दृष्टा के रूप में स्थिर होकर

विद्यमान रहते हैं। उनमें कोई परिवर्तन नहीं होता। वे केवल शक्ति की दिशा में उन्मुख होकर, एक स्थिर ध्रुवत्व की सृष्टि करते हुए शक्ति के क्षेत्र में अभिव्यक्त होने वाली वस्तुओं और व्यष्टियों को अपने चैतन्य का प्रकाश प्रदान करते रहते हैं, जिसके द्वारा विभिन्न गुणों का ज्ञान अथवा उनकी पहचान संभव होती है। सृष्ट वस्तुओं से निकलने वाले इसी प्रकाश के परावर्तन को, प्रकृति, अलग-अलग प्राणियों एवं वस्तुओं में अपनी आवश्यकता के अनुरूप कम वा अधिक आवरित करने के पश्चात, और उनके सन्मुख एक सापेक्ष दृश्य को उपस्थित करते हुए, विभिन्न प्रकार की व्यष्टियों, समष्टियों एवं श्रेणियों का विकास करती है। इस प्रकार, सापेक्षता के संदर्भ से, यह प्रकृति एक विराट बाहुल्य (Multiplicity) की सृष्टि कर लेती है।

चेतना का वह रूप जिसमें भिन्नता की अनुभूति उत्पन्न नहीं होती और जो अब भी अनावृत है, वह सुषुप्ति की अवस्था के दूसरी ओर, जो शिव की दिशा है उस ओर, पूर्ववत अपनी स्वाभाविक अवस्था में विद्यमान रहता है। योगाभ्यास के माध्यम से और प्रयास के द्वारा जब कोई मानव जाग्रत एवं स्वप्न की अवस्थाओं में परिलक्षित होने वाली और सापेक्ष की बहुलता की अनुभूति करने वाली अपनी चेतना को विश्रांत करते हुए, उसे सुषुप्ति के दूसरी ओर ले जाने में सफल हो जाता है, तो वह शिव की भेद-विहीन चेतन की अवस्था में जाग्रत हो जाता है। इस अवस्था की चेतना को ऋषिगण 'तुरीयावस्था' की चेतना कहते हैं। इस अवस्था में अनुभूति के स्पंदनों का स्तर अत्यंत ही सूक्ष्म हो जाता है।

यह विश्व जैसा है वैसा ही रहता है, पर इस अवस्था में उपनीत होने वाले योगी एवं समष्टि के दृष्टा के मध्य एक सूत्र स्थापित हो जाता है, और योगी को दिखाई पड़ने वाले दृश्य में उसे विश्व का एक अधिक बड़े और परिमार्जित रूप में दर्शन होता है। योगी की चेतना में, उसके उप-चेतन मन की क्षमता में विकास होते-होते, एक ऐसी अवस्था आ सकती है कि इच्छा होने पर वह अपने पिछले जन्मों की घटनाओं को भी अपने स्मृति पटल पर देख सकता है, और इसके लिये उसे किसी बाहरी वशीकरण करने वाले (Regression Therapist) की सहायता की आवश्यकता नहीं होती। वास्तव में तो तुरीय अवस्था को प्राप्त करने

में सक्षम योगी के विकास क्रम में एक ऐसा अवसर भी आता है, जब बिना किसी अतिरिक्त प्रयास के उसके पिछले जन्मों की स्मृतियां स्वत: उत्पन्न होकर अपने कर्म-प्रभावों का पूर्ण रूप से क्षय अथवा विनाश कर देती हैं। दूसरी ओर ऐसा योगी यदि चाहे तो सभी दृश्य-दृश्यावली से ध्यान हटाकर और ऐसे सभी कारणों से मन में उदित होने वाले विचारों से भी मुक्त होकर सदैव एक दिव्य आनंद की अनुभूति में मग्न रहते हुए विचरण कर सकता है।

प्राणियों की जाति-प्रजातियों की उत्पत्ति

डॉ. गोपीनाथ कविराज के अनुसार, ऐसे असंख्य अणु होते हैं जो माया के गर्भ में सुप्तावस्था में विद्यमान रहते हैं और जिनमें अपनी स्वतंत्र व्यष्टि चेतना होती है, और उनसे भिन्न प्रकृति होती है जो भेद एवं विभिन्नता के बाहुल्य की सृष्टि करती है। विभिन्नता की उत्पत्ति गुणों के माध्यम से होती है, अणुओं के स्वातंत्र्य अथवा कर्मों के द्वारा इसका जन्म नहीं होता। गुणों का विकास 'परमेष्टि की इच्छा' अथवा 'मूल-प्रकृति' के द्वारा किया जाता है।

स्वतंत्र कर्म का प्रादुर्भाव मानव जन्म अथवा बुद्धि से युक्त प्राणी की उत्पत्ति के साथ होता है। जीव-प्रजातियों में विभिन्नता की उत्पत्ति गर्भ के आधार पर होती है, किसी व्यष्टि अणु अथवा सृष्टि-कण के कर्म के आधार पर नहीं। शाश्वत चैतन्य की अंतर्चेतना में एक स्पंदन के उदय और उसके एक आहलादपूर्ण उल्लास में परिवर्तित होने के पश्चात उसकी वाह्य प्रकृति कार्य करना प्रारंभ कर देती है, जो जीवों के लिये शरीरों का निर्माण करते हुए, उन्हें काल के साम्राज्य में धकेलते हुए, क्रम-विकास के पथ पर भेजती रहती है।

माया के गर्भ में जीव बेहोशी की अवस्था में पड़े रहते हैं, और न तो उनका कोई शरीर ही होता है और न ही कोई ज्ञानेन्द्रिय अथवा अवयव। चैतन्य से युक्त सृष्टि-कण जैसे ही माया के राज्य में पतित होते हैं, जो उनकी चेतना की निद्रावस्था कही जा सकती है, माया का आवरण उन्हें ढ़ंक देता है। इसके परिणाम स्वरूप एक माया से ग्रसित दृष्टाओं की परंपरा का उदय होता है, जो किसी भी उपलब्ध शरीर को ग्रहण करके

उसे अपनी पहचान समझने के लिये प्रस्तुत रहते हैं। यही व्यष्टि की सृष्टि होती है, जो पदार्थ का एक परमाणु, एक कीट, कोई पशु आदि, कुछ भी हो सकता है।

समष्टि के दृष्टा का उदय

माया के द्वारा सृष्ट आवरण सृष्टि-कणों में स्थित शिव की वाह्य की चेतना में अणुत्व, लघुत्व, भेद-दृष्टि एवं सापेक्षता को जन्म देता है। माया के द्वारा उत्पन्न की गई भ्रांति से प्रभावित चेतना को पशु प्रमाता कहा जाता है, जो अपने लिये एक सापेक्षता पर आधारित संसार का प्रमाता होता है जिसके साथ वह सापेक्षता के आधार पर व्यवहार करता है। इसकी चेतना अपने वास्तविक स्वभाव को भूलकर एक सीमित शरीर से युक्त होकर उसी में बद्ध चेतना के रूप में कार्य करने लगती है। चेतना की अनुभूति सहित मन तथा शरीर जिनकी परस्पर की युति होती है, ये दोनों एक दूसरे की सहायता करते हुए एक साथ विकास के पथ पर अग्रसर होते हैं।

'मूल अविद्या' शक्ति-तत्व (प्रकृति) में निहित होती है, और ज्ञान के प्रकाश का उत्स होता है शिव-तत्व (पुरुष)। इनमें से किसी एक के भी अभाव की स्थिति में "मैं" की भी कोई अवधारणा नहीं होती। इन दोनों के एकत्र होने पर ही "मैं" अथवा आत्म-तत्व को लेकर व्यष्टि सत्ता का आविर्भाव होता है, जिसमें मन दृष्टा स्थानीय शिव का परिचायक होता है और शरीर अनुभव की जनक शक्ति का।

माया के गर्भ में पड़े हुए चैतन्य समन्वित सृष्टि-कण के क्रम-विकास के पथ पर उपस्थित होने पर ही उसमें अणुत्व की अवधारणा की उत्पत्ति होती है। प्राणियों में क्रम-विकास उनके स्थूल शरीर और मन विभाग के समानांतर विकास के माध्यम से संपन्न होता है, और मानव का जन्म हो जाने पर शरीर विभाग के विकास का उपशम हो जाता है। केवल मानव शरीर में ही सूक्ष्म भूमि पर विकसित लिंग-शरीर अपने सभी अवयवों के सहित प्रकट होता है। मानव शरीर में ही जीव अथवा आभास चैतन्य के रूप में पुरुष तत्व का पूर्ण प्रकाश संभव होता है। इस मानव शरीर में ही

कुंडलिनी अपने सृष्टि विकास के कार्य का संपादन पूर्ण करके एक स्थायी आधार में अवस्थित होती है, और इसी अवस्था से अमृत की संतान मनुष्य सिद्धत्व की उपलब्धि करने में सक्षम होता है तथा प्रयास के द्वारा इस दिशा में अग्रसर भी हो सकता है।

तकनीकी दृष्टि से यह एक अत्यंत उच्च कोटि का परिप्रेक्ष्य है। इसमें दो दिशाओं में कार्य करने वाली असीमतायें (Infinities) एक युगपत संबंध में, एक दूसरे पर आश्रित होकर अवस्थित होती हैं, जिसमें सब कुछ सर्वत्र उपलब्ध होता है। तथापि जब ये दोनों एक यामल अथवा परस्पर से साम्य की अवस्था में एकत्र होती हैं, तभी किसी 'मैं' एवं 'अन्य' की अवधारणा का उदय हो सकता है।

पहले इस साम्यावस्था की स्थिति से एक असीमता अंतिम छोर तक अपनी दिशा में विस्तार को प्राप्त होती है, और दूसरी असीमता संकुचित होकर पहली असीमता के लिये आधार-भूमि के रूप में कार्य करती है। इस प्रक्रिया में स्थूल पदार्थ के रूप में क्रियात्मक ऊर्जा एक ब्लैक होल या सिंगुलैरिटी के समान अपने अंधकार की सीमा तक पहुंचने का प्रयास करती हुई दृष्टिगोचर होती है। अगले चरण में अंधकार का संकोच होने की क्रिया आरंभ होती है, सत् की दिशा में ज्ञान के प्रकाश का विकास होता है, और विभिन्न स्तरों की चेतना से युक्त स्थूल कणों और संरचनाओं का, विभिन्न प्रकार के प्राणियों का, और अंत में मानव संतति का जन्म और विकास होता है।

फिर एक समय आता है जब मानव-संतति का विकास अपने उत्कर्ष को प्राप्त कर लेता है और उनमें उस चेतना के उत्स तक वापस पहुंचने की एक परंपरा का प्रचलन हो जाता है जो स्वयं एक पदार्थ के कण से आरंभ करते हुए इस विश्व की प्रत्येक वस्तु के रूप में अभिव्यक्त होती है। अपने-अपने प्रारब्ध के अनुसार अलग-अलग मनुष्य प्रयास के द्वारा एक कभी विनष्ट न होने वाली 'अक्षर' (क्षय से हीन) तथा आनंद से पूर्ण चैतन्य की अवस्था का लाभ करने में सक्षम हो जाते हैं। अमृत की संतान तब अपने चरम लक्ष्य को प्राप्त कर लेती है। माया के द्वारा भ्रमित एक पशु प्रमाता की अवस्था से उन्नति करते हुए, अपने शाश्वत स्वभाव के अनुरूप अब वह समष्टि के दृष्टा के रूप में पति प्रमाता के तुल्य स्थान ग्रहण कर लेती है।

स्मृति के लिये आधार की आवश्यकता

डॉ. कविराज के अंतहीन प्रश्नों में से और एक प्रश्न के उत्तर में बाबा विशुद्धानंद बताते हैं, "अपने वर्तमान जीवन में भी कई बार अत्यंत पुरानी घटनायें अकस्मात हमारी स्मृति में उदित हो जाती हैं! तब उसी प्रकार किसी पिछले जन्म में घटित हुई किसी घटना का हमारे स्मृति पटल पर उदय क्यों नहीं हो सकता? इसे तुम इस प्रकार समझने का प्रयास करो!

"यद्यपि एक जीवात्मा का एक ही 'लिंग' (सूक्ष्म) शरीर होता है, तथापि यह स्थूल से इस प्रकार जड़ित होकर अवस्थान करता है कि यह एक केन्द्र के आकर्षण के अभाव में कार्य नहीं कर पाता। भले ही यह भार-हीन सूक्ष्म पदार्थों से ही निर्मित होता है, फिर भी इसके लिये एक (अपेक्षाकृत स्थूल) शरीर की आवश्यकता तो होती ही है। स्थूल शरीर की मृत्यु के बाद भी यह अपने पिछले कर्मों की गठरी के रूप में अपने साथ एक मध्य के आकर्षण के केन्द्र को स्थिर रखते हुए, उससे युक्त रहते हुए ही अन्य किसी क्षेत्र में गमन करता है।

"मन, बुद्धि एवं अहंकार, ये लिंगशरीर के ही अलग-अलग नाम कहे जा सकते हैं, और स्वयं को प्रकट करने के लिये इन्हें भी एक आधार की आवश्यकता होती ही है। इंद्रियां भी किसी न किसी प्रकार के स्थूल शरीर के अभाव में कार्य करने में सक्षम नहीं होती। तथापि इस 'स्थूलता' की आवश्यकता को भी एक सापेक्षता के परिप्रेक्ष्य में ही समझा जाना चाहिये। उदाहरण के रूप में, भुवर्लोक एवं स्वरलोक के शरीर 'भू' लोक से सर्वथा भिन्न होते हैं, और फिर भी वे व्यवहार की दृष्टि से जीवात्मा के लिये स्थूल शरीर की आवश्यकता की पूर्ति करने में सक्षम होते हैं।

"सबसे ऊर्ध्व लोक से लेकर सर्वापेक्षा निम्न लोक तक, उन्हीं पांच तत्वों की भिन्न-भिन्न घनत्वों वाली अवस्थाओं से निर्मित एक शरीर जीवात्मा के लिये उपलब्ध होता ही है, और तभी उसका लिंगशरीर अपने विकास के अनुरूप अपने कार्य का निर्वाह करने में सक्षम होता है। उपलब्ध शरीर के अनुपात से ही लिंगशरीर के ज्ञान एवं क्रिया करने के स्तर में भी परिवर्तन हो जाता है। इसके अतिरिक्त भूलोक के शरीर के

समान ही अन्य शरीरों के द्वारा किये गये इसके कार्य की स्मृति भी इसके लिंगशरीर में संचित होते रहती है।"

अपने पिछले सभी जन्मों का दर्शन

बाबा विशुद्धानंद पुनः अपनी बात प्रारंभ करते हैं, "'प्रत्येक जीवात्मा का एक ही लिंगशरीर शरीर होता है', इस समय तुम्हारे लिये यह मात्र एक सुने हुए कथन के समान ही है। जब तुम्हें इस लिंगशरीर का दर्शन होगा तो तुम उन सभी (श्रेणी के) स्थूल शरीरों को जिनसे भी तुम अपने लिंग शरीर की अत्यंत दीर्घ यात्रा के मध्य संबंधित रहे हो, एक ही स्थान पर देख पाओगे।

"यद्यपि इस लिंगशरीर का अपना कोई रूप अथवा आकार नहीं होता और यह जल में कमल पत्र के समान गीला हुए बिना अवस्थान करता है, तथापि एक ही काल में यह उन सभी शरीरों को प्रतिबिंबित कर सकता है जिनसे भी यह कभी भी भूत काल में संबद्ध हुआ है। चूंकि तुम इस समय अपने वर्तमान भौतिक शरीर से एकात्म होकर अवस्थित हो, तुम्हारे सूक्ष्म एवं स्थूल अवयव एक जटिल रूप से एक दूसरे में प्रविष्ट होकर अवस्थित हैं। एक बार जब तुम इन्हें एक दूसरे से अलग करने में सफल हो जाते हो, तभी से लिंगशरीर की अभिन्नता की तुम्हें स्पष्ट प्रतीति होने लगेगी और तब तुम देख पाओगे कि पूर्व के वे हजारों शरीर जिनसे भी इसकी पूर्व में संबद्धता रही है, वे सदैव इसमें प्रतिबिंबित होते रहते हैं।

"इस अवस्था में तुम अपने उन सभी जन्मों को, जो एक जीवात्मा के रूप में अपना विकास करते हुए और लाखों शरीरों को ग्रहण करते हुए और उनका त्याग करते हुए, तुम्हारे द्वारा लिये गये हैं, एक साथ और एक ही स्थान पर देख पाओगे और उसी एक क्षण में एक प्रकार से अभी जिये जाने के समान उनका अनुभव भी कर सकोगे।" (अपने गुरु युक्तेश्वर जी की कृपा से, योगानंदजी को यह अनुभव प्रत्यक्ष रूप से उस समय हुआ था जब उनके गुरु अपनी समाधि के तीन माह के पश्चात मुंबई में उनके होटल के कमरे में उनके सामने सशरीर उपस्थित हो गये थे, जिसकी चर्चा हम 'मानव संरचना का विज्ञान' नामक अध्याय के अंत में कर चुके हैं।

उनके गुरु ने एक प्रकार से उस आश्वासन की पूर्ति भी इसी समय कर दी थी, जो अपने शिष्य के रूप में ग्रहण करते समय उन्होंने योगानंद जी को दिया था, जिसकी उन्होंने योगी-कथामृत में चर्चा भी की है।)

दो जन्मों के मध्य की अवस्था

अपनी बात को और आगे बढ़ाते हुए बाबा कहते हैं, "हमारी आत्म-चेतना अपने आप को एक स्थूल शरीर के माध्यम से ही व्यक्त कर पाती है। अत: यह (छोटे-छोटे) काल-खंड़ों में ही अभिव्यक्त होती है। इस क्षण यह उपस्थित होती है और अगले क्षण ही यह अनुपस्थित के समान हो जाती है।

"शरीर से जड़ित चेतना की अनुभूति निरंतर चैतन्य की अनुभूति नहीं होती, और हो भी नहीं सकती। श्वास-प्रश्वास के रूप में स्थूल वायु की क्रिया के कारण ही यह स्थिति उत्पन्न होती है। अध्यात्म के संदर्भ में इसकी तुलना चेतना की असंतुलित एवं अस्थिर अवस्था से की जा सकती है। इसका उदय और अस्त होता रहता है। एक क्षण में यह शरीर के ज्ञान से युक्त होती है और दूसरे ही पल यह स्वयं को शरीर से भिन्न समझती है।

"मृत्यु के समय, यह जीवित होने का ज्ञान उस क्षण में जाग्रत नहीं हो पाता और एक दीर्घ निद्रा की स्थिति उत्पन्न हो जाती है। इसके बाद का अनुभव स्वप्न के समान एक बहोशी और निस्तब्धता की अवस्था में होता है।

"जाग्रत की चेतना का कार्य इसके पश्चात मातृ-गर्भ में प्रवेश करने पर पुन: आरंभ होता है। तथापि, चूंकि इस अवस्था में श्वास-प्रश्वास का कार्य नहीं रहता अत: चेतना का ध्यान भटकता नहीं है और इसमें अव्याहत ज्ञान बना रहता है।

"इस अवस्था में 'जीव' को अपने लिंग (सूक्ष्म शरीर) से एकात्मता की प्रतीति होती है, और अपने पिछले सभी जीवनों की स्मृतियां इसके समक्ष उत्पन्न होकर इसे उद्वेलित करती रहती हैं। इस अवस्था में जीव को अपने नये स्थूल शरीर का ज्ञान अथवा अनुभूति नहीं होती तथापि

जैसे ही यह जीव भूमिष्ठ होता है, इसमें स्थूल श्वास-प्रश्वास की क्रिया आरंभ हो जाती है। पिछली स्मृतियों का लोप होने लगता है, चेतना की निरंतरता में बाधा उत्पन्न होने लगती है, और 'जीव' में नूतन शरीर का ज्ञान उत्पन्न होने लगता है।" (अल्पकालीन मृत्यु के पश्चात पुनर्जीवित हो जाने वाले लोगों के संस्मरणों के वैज्ञानिक प्रणाली के अनुरूप विश्लेषण से संबंधित इस पुस्तक के दूसरे अध्याय में भी लगभग इसी प्रकार की बातें देखी जा सकती हैं)।

जब आत्मज्ञान की उपलब्धि हो जाती है

कुछ क्षण ठहर कर, ताकि जो उन्होंने बताया है उसे कविराज जी भली भांति आत्मसात कर सकें, उनके सिद्ध गुरु अपनी बात और आगे बढ़ाते हैं, "और अब मैं तुम्हारे प्रश्न का उत्तर देता हूं। एक सामान्य व्यक्ति की चेतना मृत्यु के समय अज्ञान से ढंक जाती है। वाह्य की वायु से उसका संपर्क छिन्न हो जाता है, प्राण और अपान भी अपना कार्य बंद कर देते हैं, और उसके लिये चेतना का लोप होकर अज्ञान के द्वारा पराभूत होने के समान एक स्थिति उत्पन्न हो जाती है। उसकी चेतना गहन तमस् से ढंक जाती है। परंतु जिसके ज्ञान चक्षु खुल गये हैं, उसके लिये मृत्यु के समान अवस्था उत्पन्न नहीं होती। उसकी चेतना अज्ञान के द्वारा आवरित नहीं होती।

"मृत्यु क्या है? क्या यह सूक्ष्म से अलग होकर स्थूल शरीर का पतन मात्र नहीं है? जब ज्ञानी के शरीर का पतन होता है, तो वह इसे होते हुए देख पाता है। अज्ञानी की मृत्यु की अनुभूति इस प्रकार की होती है जैसे उसे क्लोरोफॉर्म सुंघा दिया गया हो, जबकि ज्ञानी अथवा योगी का ज्ञान अविछिन्न रहता है और वह अपने ज्ञातसार में अपने शरीर का त्याग करता है।

"ज्ञानी न केवल चेतन रहते हुए ही मृत्यु को स्वीकार करता है, बल्कि यह ध्यान देकर समझने वाली बात है कि उसके सूक्ष्म और स्थूल शरीरों के एक दूसरे से अलग होने में उसकी इच्छा का भी पूर्ण सहयोग रहता है।

"जब एक अज्ञानी व्यक्ति का पुनर्जन्म होता है तो उसका लिंग शरीर उसके स्थूल शरीर से इस प्रकार ओत-प्रोत होकर जड़ित हो जाता है कि उसके पिछले जन्म की स्मृति विलुप्त हो जाती है। निद्रा की अवस्था में पूर्व की स्मृति का लोप नहीं होता और यह उसी रूप में अवस्थित रहती है, क्योंकि सूक्ष्म शरीर स्थूल से अलग नहीं होता, उसके साथ जुड़ा रहता है। निसंदेह, मृत्यु भी एक प्रकार की निद्रा ही है। तथापि चूंकि पहले के शरीर का त्याग कर दिया गया है और (पुनर्जन्म होने पर) एक नूतन शरीर को ग्रहण कर लिया गया है, पूर्व की स्मृतियां इस नवीन सूक्ष्म-स्थूल की युति को हस्तांतरित नहीं होती (दबी हुई अवस्था में ही सूक्ष्म शरीर में स्थित कुंडलिनी में अवस्थान करती हैं)।"

जब ईश्वर से सायुज्य हो जाता है

विषय को और अधिक स्पष्ट करते हुए बाबा कहते हैं, "जब कोई योगी अथवा साधक अपने लिंग-शरीर का पूर्ण रूप से शुद्धिकरण कर लेता है, तो उसके समक्ष यह स्पष्ट हो जाता है कि व्यक्ति का वास्तविक जन्म तो उस समय होता है जब वह अपने लिंग शरीर में पहली बार जन्म लेता है। साथ ही, यह एक बार ही होता है, इसलिये वास्तव में तो उसका कोई दूसरा जन्म ही नहीं होता (और न ही मृत्यु होती है)। उसका वास्तव का जीवन काल तो उसी समय प्रारंभ हो जाता है जब उसे पहली बार लिंग-शरीर की प्राप्ति होती है और इसका अंत भी तभी होता है जब वह इस लिंग-शरीर का त्याग करता है, और इस शरीर के संदर्भ में (जीव का) केवल एक बार ही जन्म और एक बार ही मृत्यु होती है।

"जब योगी की चेतना और अधिक विकास को प्राप्त होती है, तो उसके समक्ष यह स्पष्ट हो जाता है कि उसके समान ही और भी करोड़ों और खरबों लिंग शरीर विद्‌यमान रहते हैं, और वे सभी अपनी-अपनी गति से एक तरंग के समान प्रवाहमान होते रहते हैं, जैसे कि एक अत्यधिक बड़े प्रवाह की गति के साथ व्यष्टि तरंगें उसी में अनुस्यूत रहते हुए उसी के साथ प्रवाहित होती रहती हैं।

"तब उस योगी को यह समझ में आने लगता हे कि वास्तव में एक ही विराट समष्टि लिंग शरीर होता है, और अन्य सभी व्यष्टि शरीर

उसकी इकाइयां मात्र होती हैं अथवा उस समष्टि लिंग के ही विभिन्न प्रतिबिंब मात्र होते हैं। यह समष्टि लिंग ही असली लिंग शरीर है। जब कोई व्यक्ति इस समष्टि लिंग शरीर से एकात्म होने का प्रयास करता है तब उसे सभी प्रकार की अभिव्यक्तियां अपने ही विभिन्न रूपों के समान प्रतीत होने लगती हैं। ज्ञानी में (उस योगी में) तब यह ज्ञान उत्पन्न हो जाता है कि 'एक' ही है जो जीवित है तथा और सभी कुछ इस एक के ही विभिन्न अंग मात्र हैं।

"समष्टि लिंग (के स्पंदन की अवस्था) को प्राप्त करने के बाद और उसके साथ एकात्म की अनुभूति करने के पश्चात, ज्ञानी की आत्मा (Self) अथवा उसका ममत्व अपने कारण शरीर को ही अपना आधार समझने लगता है। ईश्वर (तत्व) के समान वह अभिव्यक्ति को प्राप्त समस्त बाहुल्य की अपने ही शरीर के समान अनुभूति करने लग जाता है। वह संपूर्ण विश्व को ही अपना शरीर समझने लगता है।

"केवल एक ही मूल वस्तु अथवा प्रधान है और इसकी एक ही जीवंत शक्ति है जिसमें गति एवं जीवन (ज्ञान) निहित हैं, और ये दोनों परस्पर से इस प्रकार संबद्ध होते हैं कि दोनों एक ही समय में एक दूसरे से भिन्न एवं अभिन्न प्रतीत होते हैं। दोनों सदैव (eternally) एक युगल के रूप में युक्त रहते हुए एक अनादि और अनंत क्रीड़ा में संलग्न होते हैं। इस अवस्था (के ज्ञान) को प्राप्त कर लेने के पश्चात (अभिव्यक्ति को प्राप्त व्यष्टि का) आभास चैतन्य की पदवी का त्याग होकर केवल (शुद्ध ज्ञान अथवा) प्रकाश शेष रहता है। उस योगी को यह ज्ञान हो जाता है (अनुभूति हो जाती है) कि केवल वही है (जिसका अस्तित्व है) और उसी ने ये सारे रूप धारण किये हुए हैं", यह कहते हुए बाबा विशुद्धानंद अपना वक्तव्य समाप्त करते हैं।

एक दुर्गम पथ पर आरोहण

ऋषियों के अनुसार, मनुष्य के रूप में 'प्राणी अथवा जीव' अन्य प्राणियों से भिन्न होता है, क्योंकि वह एक विशिष्ट दहलीज को पार करने के पश्चात इस अवस्था में उपनीत होता है। इसे अब मनुष्य का शरीर एवं विवेक से युक्त बुद्धि की प्राप्ति हो गई है। यह उस खाद्य परंपरा

(food chain) से बाहर निकल चुका है जहां छोटे प्राणी का भक्षण करके ही एक बड़ा प्राणी पुष्टि को प्राप्त होता है, और उसमें किसी स्वतंत्र उद्योग की क्षमता का अभाव होता है। मानव शरीर की प्राप्ति के पश्चात प्रत्येक जीव अपनी विवेक से युक्त बुद्धि का उपयोग करके एक पशु-मानव की अवस्था से यथार्थ मानव-पुत्र के रूप में विकास को प्राप्त हो सकता है।

एक मनुष्य का शरीर प्राप्त होने के साथ ही जीवात्मा को एक व्यक्तिगत स्वतंत्रता भी उपलब्ध हो जाती है, और अपने उद्देश्य की प्राप्ति की दिशा में वह अपनी 'इच्छा' के अनुरूप अपने 'ज्ञान' में विस्तार कर सकता है। साथ ही, अपनी इच्छा के अनुरूप 'क्रिया' में भी संलग्न हो सकता है। तथापि इस स्वतंत्रता के साथ ही वह एक स्वत:संचालित निष्पक्ष एवं लोकतांत्रिक रूप से सतत-कार्यशील कर्मफल का निर्धारण करने वाली प्रणाली के अनुगत हो जाता है, जिसका उलंघन उसके लिये संभव नहीं होता। तथापि, मनुष्यों को एक लंबी डोर भी दी गई है। इसके अंतर्गत सहयोगी कारणों (side effects) के माध्यम से ऋण के साथ सूद भी जुड़ता रहता है, अत: क्रिया की प्रतिक्रिया तुरंत हो यह आवश्यक नहीं है, पर यह होती अवश्य है।

प्रत्येक मनुष्य अपने प्रत्येक कर्म के लिये एक दंड अथवा पारितोषिक का उपार्जन करते रहता है, जो स्वत:मेव उसके अचेतन मन में, उसकी अपनी व्यष्टि कुंडलिनी में ही, उसके संचित कर्म के रूप अंकित होता रहता है। इतने बड़े और इतने दीर्घस्थायी इस विश्व में सतत चलने वाले कर्म प्रवाह में सभी के कर्म जुड़ते रहते हैं एवं स्थूल भूमि के ऋण स्थूल धरातल पर ही चुकाये जा सकते हैं, इसलिये क्रिया की तुरंत प्रतिक्रिया सदैव संभव नहीं होती। चूंकि एक मनुष्य का एक ही कर्म अनेकों को प्रभावित कर सकता है, जबकि तुरंत प्रतिफल सदैव संभव नहीं होता और सभी के लिंग शरीर दीर्घ जीवी भी होते हैं, इसीलिये प्रकृति के द्वारा एक संचित कर्म के प्रावधान की व्यवस्था की गई है। जैसे देश की सापेक्षता होती है, उसी प्रकार समय की अवधारणा भी सापेक्ष मात्र ही होती है। चूंकि कर्मफल से निस्तार संभव नहीं होता और इसमें व्यक्ति भी परस्पर संबद्ध हो सकते हैं, इसीलिये मानव के संदर्भ से प्रकृति में संचित कर्मों

के प्रावधान की आवश्यकता और व्यवस्था दोनों होते हैं। जो कर्म किसी मनुष्य के वर्तमान जीवन का कारण होते हैं, उन्हें उसका प्रारब्ध कहा जाता है।

इसी परंपरा में एक दूसरा पक्ष यह भी है कि जो मनुष्य अशुभ कर्मों से बचते हैं और शुभ कर्मों को करते हुए सन्मार्ग पर अग्रसर होते हैं वे प्रयास के द्वारा अत्युच्च अवस्था को प्राप्त करके प्रकृति को ही अपने वश में करने में भी सक्षम हो सकते हैं। कुछ धर्मों को मानने वालों का यह विश्वास है कि मृत्यु के पश्चात पुन: सशरीर प्रकट होने की क्षमता ही सिद्धत्व की परिचायक होती है। यह एक ऐसा सत्य है जिसमें उन्हें विश्वास होता है। उसी प्रकार यह भी सत्य है कि अन्य मनुष्यों के समान ही एक सिद्ध पुरुष को भी यह चुनाव स्वयं करने की स्वतंत्रता होती है कि वह मृत्योपरांत क्या करना चाहता है, और उसने अपना जो उद्देश्य निर्धारित किया है वह उसे किस प्रकार पूर्ण करता है। जिसने प्रकृति को ही जय कर लिया हो उसके लिये कुछ भी असंभव नहीं रह जाता। तथापि यदि उसका कोई कार्य या उसके द्वारा दिया गया कोई आश्वासन अपूर्ण रह गया है, तो पुनरुत्थान अवश्यंभावी समझना चाहिये। अन्यथा पुनरुत्थान आवश्यक नहीं होता।

देह त्याग के पश्चात

मार्शल गोविंदन की पुस्तक (Babaji and the 18 Siddha Kriya-Yoga Tradition) के अनुसार, 'थिरुवरुल्प' (*The Divine Song of Grace* published in 1867 by V. Mudalier) तामिल भाषा का एक महान ग्रंथ है, जिसे स्वयं एक सिद्ध के द्वारा लिखा गया है। इसमें ईश्वर और आत्मा की प्रकृति और स्वभाव के साथ-साथ मानव जीवन की चरम उपलब्धि का एक मुग्धकारी विवरण एक गायन के रूप में प्रस्तुत किया गया है। इस गीतमय विवरण में रामालिंगम स्वामी ने अपने आत्म-ज्ञान की प्राप्ति की दिशा में विभिन्न स्तरों की उपलब्धि का वर्णन करते हुए बताया है कि किस प्रकार उनकी अपनी स्थूल मानव देह एक दिव्य देह में परिवर्तित हो गई थी।

रामलिंगम ने यह बताया है कि कैसे उनकी नश्वर देह पहले स्वर्णिम आभा से मंडित होकर एक शुद्ध देह (प्रेम देह) में परिवर्तित हो गई थी और फिर कैसे इस प्रेम देह ने एक प्रकाशमयी प्रणव देह का रूप ग्रहण कर लिया था। उनकी इस प्रणव देह की यह भी एक विशिष्टता थी कि स्पर्श के द्वारा इसका अनुभव नहीं किया जा सकता था, न ही प्रकृति के प्रहारों से इसे कोई क्षति पहुंचाई जा सकती थी और न ही यह किसी प्रकार से विनष्ट हो सकती थी। उनके द्वारा इस अवस्था की प्राप्ति के कुछ समय बाद ही उनके शिष्यों ने पहली बार उनका फोटो खिंचवाने का प्रयास किया था और इस कार्य के लिये मद्रास से एक प्रसिद्ध फोटोग्राफर श्री ऐम. मुदालियर को बुलवाया गया था।

मुदालियर महाशय ने आठ बार स्वामी का फोटो खींचने का प्रयास किया, परंतु फोटो प्लेट पर केवल उनके वस्त्र ही दृष्टिगोचर होते थे, स्वामी के शरीर का कोई भी हिस्सा किसी भी प्लेट पर दिखाई नहीं पड़ा। स्वामी जी के एक उन्नत शिष्य कांदास्वामी पिल्लई ने इसका स्पष्टीकरण करने का प्रयास करते हुए यह बताया कि चूंकि उनकी प्रणव देह एक दिव्य सूक्ष्म प्रकाश से निर्मित देह के समान लक्ष में आती थी, अत: फोटो प्लेट उसका प्रतिबिंब ग्रहण करने में सक्षम नहीं हो पा रही थी (ठीक इसी प्रकार की एक घटना का विवरण श्री श्यामाचरण लाहिड़ी के संदर्भ में श्री योगानंद जी ने अपनी पुस्तक 'योगी कथामृत' में किया है। सारे प्रयास विफल होने के पश्चात लाहिड़ी महाशय की अनुमति से उनका जो फोटो खींचा गया था, उनकी जीवित अवस्था का वही उनका एकमात्र उपलब्ध फोटोग्राफ है। ऐसी ही एक घटना श्री युक्तेश्वर गिरि के साथ हुई थी जब वे द्वार पर खड़े हुए महावतार बाबाजी के बगल से गुजर गये थे और बाबाजी ने उन्हें बताया था कि वे उस समय प्रकाश की किरणों के पीछे छिपे हुए थे, और ऐसा ही पद्मपुरी के परमानंद पुरी महाराज के साथ, जिनकी वर्तमान आयु १३३ वर्ष से अधिक है, १९३० के दशक में हुआ था, जब वे महावतार के बगल से निकलकर अपने गुरु विशुद्धानंद परमहंस के निकट उपस्थित हुए थे)।

इसके अतिरिक्त स्वामी के शरीर की छाया भी पृथ्वी पर नहीं पड़ती थी। इस बात का अनावश्यक प्रचार न हो इसलिये रामालिंगम अपने

प्रकाश से निर्मित शरीर के अतिरिक्त अपने सिर को भी कपड़े से ढंक कर रखते थे ताकि उनके पूरे शरीर की छाया जमीन आदि पर दिखाई पड़ती रहे।

इस धरा का त्याग करने के एक मास पूर्व, सन् १८७३ के आखिर में, वह तैल-दीप जिसका उपयोग रामलिंगम अपने कक्ष में करते थे, उन्होंने अपने कक्ष से बाहर द्वार के समीप रख दिया। द्वार बंद करने के पूर्व उन्होंने अपने शिष्यों से कहा के वे इसकी पूजा करते रहें और इसे सदैव प्रज्वलित रखें। उन्होंने उन शिष्यों से कहा कि वे उसके प्रकाश में ईश्वर की कृपा के प्रकाश की अवधारणा करते हुए उसकी कृपा की कामना करते रहें।

ब्रह्म में लीन होने का निर्णय

३० जनवरी, १८७४ के दिन, ५० वर्ष की आयु में, रामलिंगम ने अपने भक्तों के लिये यह संवाद लिखकर अपने शिष्यों को सौंप दिया: "मेरे प्रिय जनों! कुछ समय के लिये मुझे आप के दृष्टिपथ से ओझल रहना होगा। आप कोई चिंता न करें। आप इस दीप को सदैव प्रज्वलित रखें। यह भावना करते रहें कि ईश्वर यहीं हैं और उनके प्रकाश की अर्चना करते रहें। आपको इसका यथेष्ट पुरस्कार मिलेगा। अभी मैं इस शरीर में हूं और कुछ समय में ही मैं उसकी सृष्टि में विद्यमान समस्त शरीरों में प्रविष्ट हो जाऊंगा। आप लोग द्वार को बाहर से बंद करके इसमें ताला लगा दें। यदि इस कक्ष को खोलने का आदेश होता है, तो इसमें मात्र शून्य आकाश ही मिलेगा।"

रामलिंगम ने इसके बाद स्वयं को मेट्टुकुप्पम में अपनी कुटिया में बंद कर लिया। बाद में उसी रात्रि में, जब कुटिया से बाहर बैठे हुए उनके शिष्य कीर्तन कर रहे थे, अचानक एक बैंगनी रंग का प्रकाश रामलिंगम की कुटिया से फैलते हुए बाहर निकला। यह उनके लिये इस बात की सूचना के समान था कि उनके गुरु ईश्वर के द्वारा सृष्ट सभी शरीरों में प्रवेश कर गये थे, क्योंकि अंत में जब उनके कक्ष को खोला गया, तो वह बिल्कुल खाली था। बिना कोई चिन्ह छोड़े हुए रामलिंगम अप्रकट हो गये थे।

कुछ दिन के बाद एक पुलिस रिपोर्ट मिलने पर, श्री जे. एच. गारस्टिन, जो दक्षिण आरकोट जिले के कलेक्टर थे और श्री जौर्ज बैनबरी, जो जिले के मेडिकल अफसर थे, वहां के उप-जिलाधिकारी श्री वेंकटरमन अय्यर के साथ घोड़ों पर सवार होकर स्वामी के गायब होने की जांच करने के लिये मेट्टूकुप्पम पहुंचे। उन सभी ने मिलकर इस मामले की भली भांति जांच की। सारे ग्रामवासी इतने शोक-संतप्त थे कि उनके गले रुंधे हुए थे। सभी अफसरों ने कुटिया के चारों ओर घूमकर भली भांति निरीक्षण किया परंतु उन्हें कहीं कुछ भी संदेहप्रद दिखाई नहीं पड़ा। सब कुछ देख समझकर वे इस निष्कर्ष पर पहुंचे कि रामलिंगम वास्तव में एक उच्च कोटि की आत्मा थे, जो शून्य में समा गये थे।

सन् १८७८ में दक्षिण अरकोट जिले का मैनुअल प्रकाशित हुआ। इसमें वहां के कलेक्टर श्री जे. एच. गारस्टिन ने रामलिंगम के अप्रकट होने की घटना का उल्लेख किया था। उन्होंने लिखा, "१८७४ ई. में मेट्टूकुप्पम में रामलिंगम स्वामी ने अपने कक्ष में प्रवेश किया और अपने शिष्यों को इस कक्ष को बाहर से बंद करने का निर्देश दिया। फिर वे इस कक्ष से बाहर निकले ही नहीं। उनके शिष्यों का विश्वास है कि वे ईश्वर में समा गये हैं।"

केवल फूलों से भरा एक बक्सा

सन् १८८७ के अगहन मास में, २८० वर्ष की आयु में, तैलंग स्वामी ने एक संदेश के द्वारा अपने सभी शिष्यों को अपने निकट एकत्रित होने का निर्देश सूचित किया। उन्होंने एक मास में अपने शरीर को त्यागने की बात बताई। उन्होंने शिष्यों से अपने लिये एक लकड़ी का ताबूत बनवाने के लिये कहा। उन्होंने निर्देश दिया कि उनकी मृत्यु के पश्चात उनके शरीर को उस बक्से में बंद करके बाहर से ताला लगा कर पंचगंगा घाट के दूसरी ओर एक स्थान विशेष पर गंगा नदी में गिरा दिया जाये।

गुरु के आदेश के अनुरूप शिष्यों ने स्वामी के लिये चंदन की लकड़ी का एक बक्सा बनवा लिया। स्वामी ने जो दिन अपने प्रयाण के लिये निश्चित किया था, उसके एक दिन पूर्व तक वे प्रसन्न मुद्रा में रहते हुए वहां उपस्थित और आने वाले शिष्यों को अनेक प्रकार के उपदेश देते रहे।

उस दिन उन्होंने अगले दिन के लिये एक नौका किराये पर लेने का निर्देश दिया, जिस में रखकर उनके पार्थिव शरीर को पहले अस्सी घाट पर और फिर वरुणा (राजघाट) पर ले जाने के पश्चात पुन: पंचगंगा घाट पर वापस लाकर पूर्व निश्चित स्थान पर जल समाधि दी जा सके।

अगले दिन, पौष मास के शुक्ल पक्ष की एकादशी के दिन, उन्होंने सभी उपस्थित लोगों से अपने साथ उच्च स्वर में भगवान शिव के शिवाष्टक स्त्रोत के पाठ में सम्मिलित होने के लिये कहा। जैसे ही गायन समाप्त हुआ स्वामी के शरीर से निकल कर उनके प्राण शून्य में विलीन हो गये।

स्वामी के अंतिम दर्शन के लिये पंचगंगा घाट पर एक विशाल भीड़ एकत्र हो गई थी। जब स्वामी के शरीर को चंदन काष्ठ से निर्मित बक्से में उनके निर्देश के अनुसार लेटा कर उसे बंद करके कुंदे लगा दिये गये थे, ठीक उसी समय काशी की रानी दौड़ती हुई वहां पहुंच गई। उनके वस्त्र अस्त-व्यस्त थे और उनकी आंखों से अश्रु-धारा निकल कर उनके दोनों कपोलों पर बह रही थी। वे स्वामी की परम भक्त थी और उन्हें अपना गुरु समझती थी। वे कहीं दूर गई हुई थी और स्वामी का संदेश उन्हें बहुत देरी से प्राप्त हुआ था।

रानी बक्से में बंद स्वामी के अवशेष के सन्मुख पछाड़ खाकर लुढ़क गई। शोक से संतप्त होकर रोते हुए और बार बार अपने गुरु को पुकारते हुए जब वे उसी अवस्था में वहां औंधे-मूंह लेटी हुई थी, तभी धीरे-धीरे बक्से का ढक्कन ऊपर उठने लगा और शीघ्र ही वह पूरा खुलकर अपने कब्जे पर खड़ा हो गया ताकि रानी अपने गुरु को अंतिम बार देख सकें।

तथापि स्वामी का पार्थिव शरीर जिसे कुछ समय पूर्व ही बक्से में लिटाया गया था अब वहां किसी को दिखाई नहीं पड़ रहा था। उसके स्थान पर बक्से में एक मानव शरीर का आकार लिये हुए फूल भरे हुए थे। जैसे संत कबीर के साथ उनकी मृत्यु के उपरांत हुआ था, उसी प्रकार स्वामी का शरीर फूलों में परिवर्तित हो गया था। धीरे-धीरे बक्से का ढक्कन पुन: बंद होने लगा। जब ढक्कन पूरी तरह बंद हो गया, तो उसके कुंदे और ताले भी यथास्थान पूर्ववत बंद हो गये।

पंचगंगा घाट का आकाश तब 'हर हर महादेव' के नारों से गूंज उठा जब लकड़ी के ताबूत को नौका पर लादा जा रहा था। स्वामी के निर्देशानुसार उनके द्वारा पीछे छोड़े गये फूलों को पहले अस्सी घाट और फिर राजघाट तक ले जाकर, पुन: पंचगंगा घाट पर लाकर पहले से निश्चित स्थान पर जल समाधि दे दी गई।

मृत्यु के उपरांत पुनरुत्थान

ईसाई धर्म में क्राइष्ट का फिर से उत्थित हो जाना, अथवा निर्दयता के साथ शूली पर चढ़ाये जाने के तीसरे दिन जीसस का पुनरुत्थान सबसे बड़ी घटना के रूप में माना जाता है। जीसस ने जो कुछ भी बताया या सिखाया था, इसे उसकी आधिकारिक पुष्टि की दृष्टि से देखा जाता है। यह उनके अनुयायिओं के लिये एक जीवंत प्रमाण के स्वरूप था कि स्थूल शरीर की मृत्यु से ही किसी व्यक्ति अथवा आत्मा के संसार अथवा जीवन का सर्वप्रकार से अंत नहीं हो जाता। जब किसी प्राणी में एक मानव-पुत्र के रूप में जन्म लेने की योग्यता का अर्जन हो जाता है, तो उसमें ईश्वर-पुत्र के रूप में विकास प्राप्त करने की क्षमता भी निहित होती है। तथापि यह दूसरा महत्वपूर्ण संदेश बाद के समय में, क्रिस्चियन धर्म के अधिक विकसित हो जाने के बाद, इसके समुदायों में एक की अपेक्षा अन्य की श्रेष्ठता की होड़ में कहीं गुम हो गया।

अपनी पुस्तक Jesus Lived in India में होल्गर करस्टेन लिखते हैं, "543 ई. में सम्राट जस्टिनियन ने (अपनी पत्नी की अपराध-बोध से मुक्त होने की अभिलाषा की पूर्ति के हेतु) ओरिजेन की शिक्षाओं के विरुद्ध एक प्रकार का युद्ध ही छेड़ दिया था, जब बिना पोप की सहमति के उन्होंने एक विशेष धर्मसभा बुलाकर इन्हें 'विधर्मी' घोषित कर दिया था। (इस पर वैधता की मोहर लगाने के लिये) दस वर्ष के बाद उन्होंने कन्स्टैंटिनोपल में एक काउंसिल की मीटिंग भी बुलवा ली थी जिसे बाद में किसी समय पांचवी विश्व सभा के नाम से जाना जाने लगा। तथापि इसे विश्व सभा (Ecumenical Council) मानना कठिन प्रतीत होता है और यह जस्टिनियन की एक आत्म प्रवंचना की यात्रा से अधिक नहीं

कही जा सकती, जिसने स्वयं को पूर्वी चर्च के अधिष्ठाता के रूप में देखना प्रारंभ कर दिया था और जो पश्चिम में रोम के बिशप की तुलना में अपने अधिकार क्षेत्र को सुदृढ़ करना चाहता था।" तथापि इसके साथ ही पुनर्जन्म को स्वीकार करना और इस विषय में बात करना भी इसाई धर्म में एक दंडनीय अपराध की श्रेणी में गण्य होने लगा।

दूसरी ओर भारत के लोगों के लिये अवतार, पुनरुत्थान और पुनर्जन्म की अवधारणाओं में कुछ भी नवीनता नहीं थी, क्योंकि उनकी जानकारी और अनुभव में इस प्रकार की घटनायें लगभग नियमित रूप से अक्सर घटित होती रहती थी। पुनर्जन्म की अवधारणा उनकी दीर्घकाल व्यापी अविछिन्न परंपरा में स्वाभाविक रूप से ज्ञात एवं स्वीकार्य थी, और आज भी उसी प्रकार स्वीकार्य है। पुनर्जन्म लेने के लिये भारत की पावन भूमि सदा से उच्च कोटि की आत्माओं के लिये एक प्रिय एवं वांछित भूमि रही है, और अपने पार्थिव शरीरों को समाधि दिये जाने अथवा जला दिये जाने के पश्चात उनके सशरीर अपने शिष्यों एवं भक्तों के समक्ष प्रकट होने की घटनायें भी यहां अक्सर घटित होती आई हैं।

यहां यह ध्यान में रखने की बात है कि पुनरुत्थान, एक सिद्ध योगी अथवा गुरु के द्वारा अपनी इच्छा से जानबूझ कर सूक्ष्म धरातलों और उच्चतर भूमियों से किसी व्यक्ति, समुदाय अथवा उद्देश्य विशेष के हेतु निम्नतर स्थूल भूमि पर अवतरण करने अथवा प्रकट होने की घटना है। यह ऐसी किसी अशरीरी आत्मा के द्वारा जो किसी भूल अथवा कारणवश स्थूल भूमि पर अटक गई है, उसके किन्ही व्यक्ति विशेषों के समक्ष किसी समय विशेष पर या एकाधिक बार दिखाई पड़ने से सर्वथा भिन्न घटना होती है। इसी प्रकार यह सूक्ष्म मध्यभूमि पर अवस्थान करने वाली आत्माओं से स्थूल भूमि पर रहने वाले मित्रों या संबंधियों के किसी योग्यता संपन्न 'माध्यम' की सहायता से संपर्क स्थापन से भी उतनी ही भिन्न होती है।

इसी भांति, विशिष्ट योग्यता संपन्न 'ग्राहक' चेतना वाले किसी व्यक्ति से सूक्ष्म लोक में अवस्थित किसी आत्मा के उसके समक्ष उपस्थित होकर संपर्क साधन से भी, 'पुनरुत्थान' अलग ही है। डॉ. ऐलिजाबेथ कुबलर रौस ने एक रहस्यमयी घटना की चर्चा की है जब

अपनी मृत्यु के पश्चात उनकी एक अत्यंत दयालु हृदय वाली रोगी महिला मुवक्किल उनके एलीवेटर के द्वार से बाहर निकलने पर, उनसे मिलने के लिये उपस्थित होकर, कई बार तो उनके दफ्तर तक भी उनसे बात करती हुई उनके साथ चलती रहती थी। एक बार तो उस (मृत) महिला मुवक्किल ने डॉ. एलिजाबेथ को एक स्लिप भी लिखकर दी थी, जिसे उन्होंने संभाल कर अपने पास रख लिया था। यहां यह ज्ञातव्य है कि डॉ. कुबलर-रौस स्वयं एक अत्यंत विकसित आत्मा वाली महिला थी। अपने मार्ग-दर्शक के समान कार्य को विश्व के समक्ष प्रस्तुत करने के लिये लिखी गई अपनी प्रसिद्ध पुस्तक On Life After Death में उन्होंने अपने साथ घटित होने वाले एक अकस्मात और अनैच्छिक, परंतु आश्चर्यपूर्ण आध्यात्मिक अनुभव का भी वर्णन दिया है।

योगदा की गुरु परंपरा में पुनरुत्थान

इसके पूर्व हम यह चर्चा कर चुके हैं कि पुरी में स्वयं योगानंदजी के द्वारा भू-समाधि दिये जाने के तीन माह के पश्चात एक बार श्री युक्तेश्वर ने पुनरुत्थान करते हुए मुंबई में उनके होटल के कमरे में उन्हें दर्शन भी दिये थे, और न केवल उन्हें उनके अपने लिंग-शरीर का दर्शन करवाया था बल्कि और भी अनेक गूढ़ बातें बताई थी। अपनी आत्मकथा 'योगी कथामृत' में योगानंद जी ने श्री श्यामाचरण लाहिड़ी के विषय में भी ऐसी ही एक घटना की चर्चा की है, जिसके विषय में उनके एक अन्य उच्चावस्था प्राप्त शिष्य स्वामी केशवानंद ने उन्हें बताया था।

केशवानंद जी ने इस घटना की चर्चा करते हुए कहा था, "लाहिड़ी महाशय का अति सुंदर शरीर जो उनके शिष्यों को बहुत प्रिय था, ग्रहस्थों के उपयुक्त आवश्यक नियमों के अनुसार बनारस में पवित्र गंगा नदी के किनारे मणिकर्णिका घाट पर अग्नि के सुपुर्द कर दिया गया था। परंतु अगले ही दिन प्रात: दस बजे, जब मैं अभी बनारस में ही था, मेरा कक्ष तीव्र प्रकाश से रौशन हो गया। लो! मेरे सामने लाहिड़ी महाशय अपने रक्त-मांस वाले शरीर को लेकर खड़े थे! यह ठीक उनके पुराने शरीर के समान ही था, सिवाय इसके कि यह अपेक्षाकृत कम उम्र का और अधिक ओजस्वी प्रतीत हो रहा था।

"मेरे दिव्य गुरु ने मुझसे कहा, 'केशवानंद, यह मैं ही हूं। अग्नि को सुपुर्द मेरे शरीर के अणुओं को लेकर मैंने अपनी इस नवीन देह का निर्माण किया है। ग्रहस्थ के रूप में मेरा विश्व में कार्य अब समाप्त हो गया है, लेकिन मैं पूर्ण रूप से पृथ्वी का त्याग नहीं कर रहा हूं। अब से मैं कुछ समय बाबाजी के साथ हिमालय में और कुछ समय बाबाजी के साथ ब्रह्मांड़ में व्यतीत (किया) करूंगा।' कुछ और आशीर्वचनों का मुझपर वर्षण करने के पश्चात सिद्ध गुरु की दिव्य निर्मल देह लुप्त हो गई। मेरा हृदय एक अद्भुत उल्लास से पूर्ण हो गया और मेरा अंतर्मन उसी प्रकार ऊर्ध्व में उठ गया जैसे कि क्राइष्ट और कबीर* के शिष्यों का उठ गया था जब उन्होंने मृत्यु के उपरांत अपने गुरु को अपने समक्ष उपस्थित देखा था।"

*योगी कथामृत में दिये गये 'नोट' में लिखा गया है, "कबीर सोलहवीं शताब्दी के एक महान संत थे, जिनके बड़ी संख्या में अनुयायी थे और जिनमें हिंदू और मुसलमान दोनों थे। उनकी मृत्यु होने पर उनके शिष्यों में उनके पार्थिव शरीर की अंतिम क्रिया के तरीके को लेकर एक विवाद उत्पन्न हो गया था। तब खिन्नता की अनुभूति के साथ उनके गुरु अपनी अंतिम निद्रा से जाग्रत होकर अपने शिष्यों को यह निर्देश देने के लिये प्रकट हो गये थे कि उनके आधे अवशेष मुस्लिम पद्धति के अनुसार भूमिष्ठ कर दिये जायें और शेष को हिंदू पद्धति का अनुसरण करते हुए अग्नि के सुपुर्द कर दिया जाये। यह कहकर वे पुन: अप्रकट हो गये थे। जब शिष्यों ने उनके शरीर को ढंकने वाली चादर को उठाया तो उन्होंने देखा कि उनके शरीर के आकार में सुंदर पुष्प बिछे हुए थे। इनमें से आधे फूलों को मुसलमान शिष्यों ने लेजाकर मगहर में समाधिष्ट कर दिया था, जहां उनकी मजार को आज भी पूजा जाता है और शेष अर्धांश को बनारस में अग्नि के सुपुर्द कर दिया गया था।"

महाराज की चमत्कारी प्रतिमा

कैंची में सेवानंद से नीमकरोली महाराज ने स्वप्न में प्रकट होकर कहा था, "हम अपनी प्रतिमा स्वयं बनायेंगे," और बाद में यह हुआ भी ठीक

इसी प्रकार। अनंत कथामृत में प्रकाश चन्द्र जोशी (मुकुंदा) लिखते हैं, "एक बार कारीगर ने संगमरमर को काटकर पत्थर को जब एक मौलिक आकृति में बदल दिया, तो उसके बाद महाराज का असली रूप स्वयं इस मौलिक आकृति से प्रकट होने लगा। मूर्तिकार ने भी उन्हें बताया था कि उसके करने के लिये एक प्रकार से कुछ नहीं रह गया था क्योंकि प्रतिमा स्वयं अपना रूप ग्रहण करती हुई प्रतीत हो रही थी। और अब तो, इस समय, शुद्ध हृदय वाले और श्रद्धा की दृष्टि से देखने वाले साधारण मनुष्यों को भी उस प्रतिमा में कभी-कभी महाराज उपस्थित दिखाई पड़ जाते हैं। उन्हें मुस्कुराते हुए, पलकें झपकाते हुए, अपने कंधे पर कंबल ठीक करते हुए, हाथ उठाकर आशीर्वाद देते हुए और कुछ बोलते हुए भी महसूस किया गया है।"

वास्तव में तो दो अवसरों पर स्वयं लेखक ने भी महाराज की प्रतिमाओं को प्रतिक्रिया करते हुए देखा है यद्यपि उनके जीवित रहते हुए उन्हें उनके दर्शन का सौभाग्य प्राप्त नहीं हो सका था। एक बार 1974 या 1975 में उत्तराखंड की पहाड़ियों में सड़क मार्ग से अल्मोड़ा की ओर जाते समय उन्हें कैंची के मंदिर दिखाई पड़ रहे थे। सड़क से दिखाई पड़ने वाले मंदिरों के सामने से गुजरते हुए लेखक को एक तीव्र आकर्षण का अनुभव हुआ। कुछ महीनों के पश्चात उन्हें अपनी पत्नी के साथ कैंची जाकर मंदिर देखने का अवसर भी प्राप्त हो गया। मंदिर के प्रांगण में विभिन्न कक्षों के बाहर विभिन्न मुद्राओं में नीम करोली महाराज के चित्र उस समय भी टंगे हुए थे, तथापि उनकी प्रतिमा की स्थापना तब नहीं हुई थी।

कोलकाता से राजधानी क्षेत्र में शिफ्ट होने के बाद 1994 में लेखक पुन: कैंची में दर्शन के लिये पहुंचे। इस बार उन्हें महाराज पर रिचर्ड एल्पर्ट के द्वारा लिखी गई पहली जीवन कथा Miracle of Love मंदिर के आफिस के काउंटर से उपलब्ध हो गई और वे महाराज के भी भक्त बनते चले गये। बाद में एकाधिक भ्रमणों के वक्त उन्हें मुकुंदा और राजीदा के द्वारा लिखी महाराज की जीवन गाथायें भी वहीं से प्राप्त हो गई और उन्हीं के माध्यम से उन्हें दिल्ली के जौनापुर में निर्मित महाराज के मंदिर के विषय में भी ज्ञात हुआ। यद्यपि महाराज केवल एक बार

कुछ समय के लिये ही वहां पधारे थे पर बाद में उनके भक्तों ने वहां मंदिर का निर्माण कर लिया था। लेखक ने महाराज के इस मंदिर को भी देखकर आने का निश्चय किया।

जौनापुर मंदिर में जब लेखक सीढ़ियों पर चढ़कर मंदिर के तल पर पहुंचे और हॉल में प्रवेश किया तो उन्हें तुरंत समझ में आ गया कि उन्हें गलियारे में अगले द्वार से प्रवेश करना चाहिये था जो महाराज की प्रतिमा के सामने वाला द्वार था ताकि वे पहले बाहर से प्रणाम करके फिर अंदर प्रवेश कर सकें। तथापि उनका परिवार अंदर प्रविष्ट हो चुका था और कुछ दूरी पर बाईं ओर प्रतिमा दिखाई पड़ रही थी। लेखक को यह कुछ विचित्र लगा कि प्रतिमा में महाराज का मुख सामने देखने के स्थान पर बाईं ओर घूमा हुआ था और ऐसा प्रतीत हो रहा था जैसे कि वे हॉल में प्रवेश करने वाले परिवार को देख रहे हों।

एक और बात जिसकी उस समय लेखक को स्पष्ट अनुभूति हुई वह थी महाराज की दृष्टि, जो कौतुक से पूर्ण उनकी ओर निहारती प्रतीत हो रही थी। जब लेखक महाराज की प्रतिमा के सन्मुख उपस्थित हुए और हाथ जोड़कर उन्हें प्रणाम किया तो उनका मुख वास्तव में उसी प्रकार घूमा हुआ ही दिखाई पड़ा और उनकी आंखों में कौतुक भी उसी प्रकार कायम था। अच्छे मूर्तिकार प्रतिमाओं में अपनी दक्षता के माध्यम से अद्भुत भंगिमाओं की सृष्टि करने में सक्षम होते हैं। लेखक सपरिवार मंदिर से बाहर आ गये और उस परिसर के अन्य भागों का भ्रमण करके वहां से लौट पड़े।

लगभग एक वर्ष के पश्चात जब लेखक अपने परिवार के सहित पुन: उसी क्षेत्र में उपस्थित थे जो छतरपुर के नाम से अधिक विख्यात है, क्योंकि वहीं छतरपुर माता का प्रसिद्ध देवी पीठ अवस्थित है, तो फिर उन्हें महाराज के मंदिर में दर्शन का अवसर प्राप्त हुआ और कुछ भी अस्वाभाविक नहीं लगा। तथापि जब वे तीसरी बार सपरिवार उत्तराखंड शिफ्ट होने के पूर्व जौनापुर मंदिर में दर्शन करने पहुंचे तो उन्होंने देखा कि महाराज की प्रतिमा वैसी ही थी जैसी होनी चाहिये थी, अर्थात वे अपने सन्मुख सामने की ओर देख रहे थे, अर्थात उनका मुख और दृष्टि दोनों एकदम सीधे थे।

लेखक कैंची में महाराज के मंदिर का अनेकों बार भ्रमण कर चुके थे। सन् 2008 में कुमाऊं में शिफ्ट होने के पश्चात और वहां खरीदे गये अपने घर को भली भांति व्यवस्थित करने के पश्चात वे सपत्नीक फिर एक बार महाराज के दर्शन करने एवं उनका आशीर्वाद लेने कैंची में उपस्थित हो गये। जैसे ही लेखक ने प्रणाम करने के लिये अपना सिर झुकाया, उन्हें ऐसा लगा जैसे कि महाराज मुस्कुरा रहे हैं। फिर वही कौतुक से भरी भंगिमा, पर इस बार केवल एक हल्की सी, मृदु किंतु स्पष्ट मुस्कान। कुछ ही क्षणों में यथास्थिति कायम हो गई थी और महाराज उसी प्रकार अपने प्रसन्न अपितु निर्विकार मुख के सहित दृष्टिगोचर हो रहे थे।

यह कोई नहीं कह सकता कि कौतुकप्रिय महाराज कब किस संदर्भ में किस के साथ क्या तमाशा कर देंगे। संभव है कि यह महाराज का लेखक को आशीर्वाद था जो अपनी पुस्तकों पर कार्य आरंभ करने के हेतु उन्होंने लेखक को राजधानी क्षेत्र से हटकर नैनीताल जिले में आकर निवास करने के लिये दिया था।

जब भी आवश्यक हो तभी पुनरुत्थान

राजीदा लिखते हैं, “सन् 1975 में कानपुर के निकट उन्नाव के प्रेमशंकर मिश्रा प्राचीन बानर रूप धारी अतिसिद्ध हनुमान के सक्रिय भक्त बन गये। ईश्वर साधना में रुचि जाग्रत होने पर, और कोई मार्ग अवलंबन करने के स्थान पर उन्होंने बाल ब्रह्मचारी हनुमान का चयन किया, क्योंकि वे उन भक्तों और साधकों पर शीघ्र कृपा करने के लिये विख्यात हैं जो शुद्ध आचरण के नियमों का विधिवत पालन करते हुए अपने साधन मार्ग पर अग्रसर रहते है।”

कर्म-चक्र के प्रभाव से मिश्रा जी के पिछले जन्मों से संचित संस्कारों के फलीभूत होने का समय संभवत: उपस्थित हो गया था, और अगले चार वर्षों में वे अप्रत्याशित तीव्र गति से अपना आध्यात्मिक विकास करने में सफल रहे। उन्हें शीघ्र ही हनुमान जी की कृपा की अनुभूति होने लगी। इसका प्रारंभ उन्हें मिलने वाले सूक्ष्म दिशा निर्देशों से हुआ, फिर उन्हें स्पष्ट आदेशों की प्राप्ति होने लगी और बाद में

तो उन्हें कुछ मौखिक निर्देश भी प्राप्त होने लग गये थे। यह अत्यंत रहस्यमय एवं आश्चर्यजनक था, जो पूर्व कर्मों के जाग्रत होने पर और विशेष कृपा की प्राप्ति होने पर ही संभव था (संभवत: ये सब महाराज की ही कृपा एवं लीला थी, जिन्हें उनके जानने वाले हनुमान जी का ही अवतार मानते हैं)।

मिश्रा जी ने 'अलौकिक यथार्थ' के लेखक राजीदा को बताया (घटना संख्या 419), "२९ मार्च १९७८ को जब मैं मेरठ में था, तो भोर में चार बजे मुझे एक स्वप्न आया कि हनुमान जी मेरे घर पर आये हैं। उन्होंने मुझसे कहा कि वे मेरे विश्वास और प्रयास से प्रसन्न हैं और उन्होंने मुझे कुछ विधियां समझाई, जिनको मैने तुरंत प्रयोग में लाना प्रारंभ कर दिया। छह महीनों के बाद ही मुझे दिव्य चिन्ह दिखाई देने लगे। ३१ मई, १९७९ को मैंने अपने योगाभ्यास के मध्य और उसके पश्चात मैं जो प्रार्थना किया करता था उसमें, मैंने हनुमान जी से आगे मार्गदर्शन के लिये निवेदन किया।

"हनुमान जी ने मुझे बताया कि मेरे लिये अब एक गुरु का चयन करके विधिवत दीक्षा लेना आवश्यक हो गया था और उन्होंने कहा कि मुझे इस कार्य के लिये नीम करोली महाराज का वरण करना उचित रहेगा। इसके आगे उन्होंने फिर कहा कि चूंकि महाराज ने अपने स्थूल शरीर का १९७३ में ही त्याग कर दिया था, अत: इस उद्देश्य से उनके स्थान पर जाने से कोई लाभ नहीं होगा। मेरे यह प्रश्न करने पर कि मैं ऐसे गुरु से किस प्रकार मंत्र प्राप्त कर सकूंगा जो अपने शरीर का त्याग कर चुके है, उन्होंने मुझे बताया कि मेरी प्राप्ति भी तुम्हें नीम करोली महाराज की कृपा से ही हुई है और तुम्हारे कई जन्मों की योग-साधना उन्हीं के मार्ग दर्शन एवं कृपा का ही सहज परिणाम है। उन्होंने मुझे 'आभा' किरणों के विज्ञान से संबंधित एक प्रणाली समझाई, जिसके द्वारा किसी भी सिद्ध आत्मा को वायुमय शरीर में पृथ्वी पर बुलाया जा सकता है। आवश्यक निर्देश प्राप्त करने के बाद मैं तुरंत कानपुर आया, जहां मेरे परिवार के बाकी लोग रहते थे और सब को अपना आशय बताकर मैंने तुरंत महाराज को अपना गुरु मान लिया। तत्पश्चात तुरंत मैं औरा किरणों की साधना में लग गया।

"१६ जून १९७९ दोपहर को हम कैंची आश्रम, नैनीताल पहुंचे। प्रारंभ में ऐसा प्रतीत हुआ कि हम जिस आशय से आये थे वह सफल नहीं होगा, क्योंकि १५ जून को ही कैंची आश्रम में वार्षिक महोत्सव एवं भण्डारा होता है। इस कारण से रुकने के लिये यहां कोई स्थान १६ जून को उपलब्ध नहीं था। हमलोगों को अधिकारियों द्वारा यह आदेश मिला कि हम स्नान आदि करके दर्शन करने के बाद वापस चले जायें, क्योंकि इस समय किसी नये व्यक्ति के लिये रुकने का स्थान नहीं था। स्नान करने के पूर्व ही तुरंत मैं समाधिस्थ हो गया और गुरु महाराज का ध्यान, उनके एक चित्र के आधार पर करने लगा। साथ ही यह प्रार्थना करने लगा कि इष्टदेवता के आदेश के अनुसार मैंने तो आपको अपना गुरु मान ही लिया है और मैंने सुना है कि गुरु सदैव शिष्य के कल्याण के लिये सारी व्यवस्था अपने आप करते रहते हैं। इन विषम परिस्थितियों में बिना रात्रि में रुके हुए मैं आपसे किस प्रकार गुरु मंत्र प्राप्त कर सकता हूं, आदि, प्रश्न, प्रार्थनायें, मैं करता रहा। इसी बीच कोई महोदय मंदिर से दौड़ते हुए आये कि गुरु महाराज ने विश्राम करते हुए किसी को स्वप्न में यह आदेश दिया है कि मंदिर के बाहर रुके हुए तथा कानपुर से आये हुए प्रेम शंकर मिश्र एवं उनके परिवार के ठहरने की व्यवस्था तुरंत की जाये। फिर तो जिसे देखो वही अपने कमरे में हम सब को ठहरने का निमंत्रण देने लगा। खैर स्नान आदि के बाद हम एक कमरे में ठहर गये।

"पूर्व योजना के अनुसार दूसरे दिन प्रात: ब्रह्म मुहुर्त के समय स्नान आदि के बाद मैंने 'औरा' किरणों की साधना शुरु की। लगभग १५-२० मिनटों के बाद गुरु महाराज ने अपने संपूर्ण वायुमय शरीर के दर्शन दिये। आज भी हमें याद है कि उस समय सारा वातावरण अनोखी सुगंध से भर गया था और मेरे शरीर का एक-एक रोम पूर्णरूप से रोमांचित हो उठा था। पूजा अर्चना के बाद गुरु महाराज ने गुरु मंत्र दिया एवं आशीर्वाद देकर विदा किया। प्रात: ९ बजे हमने कैंची आश्रम से विदा ली।"

महाराज का और एक शरीर

ऐसे अवसर आते रहते थे जब दूर के प्रदेशों से अनजान व्यक्ति अकस्मात महाराज का दर्शन करने पहुंच जाते थे। उनमें से कुछ जो बातें महाराज

के विषय में बताते थे, उनका विश्वास करना कठिन होता था। महाराज के कुछ भक्तों को तो विश्वास था कि वे एक ही समय में कई शरीरों में विद्यमान रहते थे और अपने वर्तमान सर्वज्ञात शरीर से उनका प्रयाण भी इसी क्रम में एक कड़ी मात्र था।

मुकुंदा ने लिखा है कि महाराज की सबसे वरिष्ठ भक्त सिद्धि मां के नाम लिखा गया एक पत्र आश्रम में प्राप्त हुआ जो बंगलौर से कुमारी गीता के द्वारा लिखा गया था। इस पत्र में उन्होंने ऐसी कुछ रहस्यमय घटनाओं के विषय में विस्तार से लिखा था जो एक कंबोडियन महिला, जो उनकी परिचित थी और बंगलौर में उनसे मिलने के लिये उनके घर पर आई थी, उनके जीवन में घटित हुई थी।

"एक दिन, जब शाम हुई तो एक ऐसे व्यक्ति जिनकी आयु प्रौढावस्था और वृद्धावस्था के मध्य प्रतीत हो रही थी और जिन्होंने कंबोडियन वस्त्र पहन रखे थे, अचानक कंबोडिया की राजधानी नौम पेन्ह में उनके घर पर आकर उपस्थित हो गये। वे कंबोडिया की भाषा और संस्कृत दोनों धारा प्रवाह के साथ बोल सकते थे। वे एक अत्यंत रहस्यमय व्यक्ति प्रतीत होते थे जो ढलान वाली छत पर भी आराम से सो जाते थे। कंबोडिया में उस समय गृह युद्ध की स्थिति थी और प्रारंभ में तो उनके परिवार के लोग उन्हें संशय की दृष्टि से देखते थे, परंतु बाद में अपने परिवार के प्रति उनकी सुरक्षा की भावना को देखकर वे आश्वस्त हो गये थे। जब भी वे उन्हें किसी स्थान पर जाने से रोकते थे, उसके कुछ समय पश्चात ही उन्हें उस स्थान पर विद्रोहियों के द्वारा भीषण बमबारी की सूचना मिल जाया करती थी।

"कभी-कभी वे कई दिनों के लिये चले जाते थे और फिर वे अकेले या ऐसे कुछ अन्य व्यक्तियों के साथ लौट आते थे, जिन्हें वे अपना शिष्य बताते थे। उन्होंने उन महिला के भाई को आत्मरक्षा के लिये प्रशिक्षण भी देना प्रारंभ कर दिया था। एक बार जब वे अपनी मोटर साइकिल पर बैठकर कहीं जा रहीं थी तो उन्हें वे भद्र पुरुष उनसे कुछ ही दूरी पर पैदल चलकर आगे की दिशा में जाते हुए दिखाई पड़ गये। महिला ने अपना वेग बढ़ाकर उनके समीप पहुंचने का प्रयास किया, परंतु वे उन्हें पकड़ पाने में असफल रहीं यद्यपि उन्होंने मोटर साइकिल की गति को अधिकतम कर दिया था।"

मिरेकल ऑफ लव

कुमारी गीता ने लिखा था, "मेरे पूछने पर कंबोडियन महिला ने मुझे बताया कि इन सद्पुरुष ने कहा था कि वे उत्तर भारत में कैंची नामक स्थान के नीम करोली महाराज थे। महिला ने मुझसे उस स्थान के विषय में जानना चाहा था, पर मैंने स्वयं भी इन नामों के बारे में इसके पूर्व कुछ नहीं सुना था। ये वरिष्ठ भद्र पुरुष उन महिला और उनके परिवार को नौम पेन्ह छोड़कर थाइलैंड चले जाने के लिया कहा करते थे, परंतु उनके परिवार के सदस्य अपनी नौकरियां छोड़कर शहर से बाहर जाना नहीं चाहते थे। इसके बाद उन भद्र पुरुष ने उन्हें यह कहकर धमकाना शुरु किया कि यदि परिवार के लोग वहां से नहीं जाते तो वे स्वयं उनके घर को जला देंगे। अंत में परिवार शहर को छोड़कर थाइलैंड चला गया था और महिला स्वयं अमेरिका चली गई थी।"

बाद में गीता को अपने एक जर्मन मित्र से रिचर्ड एल्पर्ट की लिखी हुई 'दि मिरेकल ऑफ लव' पुस्तक की एक प्रति मिल गई थी तथा कंबोडियन महिला चांत रीत्रे कियो तक भी यह पुस्तक किसी प्रकार पहुंच गई थी और अलग अलग समय पर इन दोनों महिलाओं ने कैंची भ्रमण भी किया था। कियो ने बताया, "वे हमारे घर १९७४ में आये थे और अनेक प्रकार से हमारी सुरक्षा किया करते थे। मैं उन्हें अपने दादा के समान समझती थी और वे मुझे 'चंद्र रात्रि' के नाम से बुलाते थे। उन्होंने हमारे लिये शहर छोड़कर जाने के लिये ३१ अगस्त की अंतिम तारीख भी तय कर दी थी। उसी समय एक दिन जब मैं घर से बाहर निकली तो मुझे चिमनी से बहुत सारा धुआं निकलता हुआ दिखाई पड़ा, पर जब मैं घबरा कर घर में वापस घुसी तो मुझे कुछ भी जलता हुआ दिखाई नहीं पड़ा, यहां तक की गैस का चूल्हा भी नहीं जल रहा था। गृह युद्ध भीषण रूप लेता जा रहा था, हजारों लोग मारे गये थे। ३१ अगस्त को ही, केवल कुछ आवश्यक सामान लेकर ही, हमें अपनी जान बचा कर वहां से भागना पड़ा। रस्सियों की सहायता से हेलीकोप्टर पर चढ़कर किसी प्रकार हम अपनी जान बचाकर थाइलैंड पहुंचने में सफल रहे। कुछ समय के बाद मैं बैंकॉक से अमेरिका शिफ्ट हो गई। फिर एक दिन मुझे लाइब्रेरी

में 'मिरेकल ऑफ लव' पुस्तक की एक प्रति दिखाई पड़ गई, जिसमें 'महाराज' शब्द देखकर मुझे उसमें दिलचस्पी हो गई और फिर मुझे उसमें कैंची और नीमकरोली शब्द भी दिखाई पड़ गये।"

मुकुंदा लिखते हैं, "जब ये कंबोडियन महिला चंद्ररात्रि कैंची आश्रम का भ्रमण करने पहुंची तो वे इतनी भाव विह्वल हो गई कि उनके लिये अपनी भावनाओं को व्यक्त करना कठिन हो गया था। यद्यपि दीवारों पर टंगे महाराज के चित्रों को देखकर उनमें कोई विशेष प्रतिक्रिया नहीं हुई, पर जब उन्होंने महाराज की प्रतिमा को देखा तो वे बहुत उत्साहित हो गई और उन्होंने कहा, 'हां, वे यही तो थे!! इन्हें केवल काली पैंट पहना कर कंबोडियन टोपी उढ़ा दी जाये, तो ये बिल्कुल वही बन जायेंगे।' १९७४ में यह प्रतिमा आस्तित्व में नहीं आई थी, पर ऐसा प्रतीत होता है कि महाराज ने इसके रूप का चुनाव तभी कर लिया था।"

सूक्ष्म व कारण भूमि का आधिकारिक विवरण

पाठक पढ़ चुके हैं कि पुरी में अपने गुरु को भू-समाधि देने के तीन महिने बाद एक दिन दोपहर के समय जब योगानंदजी मुंबई में अपने होटल के कमरे में बैठे हुए थे, तभी उनका कमरा एक दिव्य प्रकाश से भर उठा था और श्री युक्तेश्वर उनके समक्ष सशरीर उपस्थित हो गये थे। इसका एक लाभ तो यह हुआ था कि विद्वान जिज्ञासुओं के समक्ष लिंग-शरीर के दर्शन की एक आधिकारक पुष्टि हो गई थी। वहीं दूसरी ओर हिंदुओं के पुराण आदि ग्रंथों को, जिस पर पश्चिम के विद्वान विश्वास करना नहीं चाहेंगे, यदि छोड़ दिया जाये, तो सूक्ष्म जगत के विषय में उतना आधिकारिक और प्रामाणिक विवरण जो श्री योगानंद को उनके गुरु के द्वारा उस अवसर पर बताया गया था, और कहीं मिलना कठिन ही होगा। संभवत: यही कारण था कि युक्तेश्वर जी ने योगानंदजी को यह निर्देश भी दिया था कि इस विषय में जो कुछ भी वे उन्हें बता रहे थे उसे शब्दश: विश्व के सन्मुख प्रकाशित कर दिया जाये।

योगानंद जी ने लिखा है कि उन दो घंटों में जो मेरे गुरु ने मेरे साथ मुंबई के होटल के उस कमरे में व्यतीत किये, उन्होंने मेरे प्रत्येक प्रश्न का

उत्तर विस्तार के साथ एक संतोषजनक रूप से दे दिया था। "अपने गुरु के निर्देश के अनुसार ही मैं इस संपूर्ण हर्ष उत्पन्न करने वाले विवरण को यथावत इस विश्व के सन्मुख रख रहा हूं, यद्यपि वर्तमान की जिज्ञासा-विहीन पीढ़ी के लिये उन्हें समझना सरल नहीं होगा।"

1945 से 75 वर्षों के बाद भी, जब श्री योगानंद अपनी आत्मकथा (Autobiography) लिख रहे थे, सूक्ष्म और कारण भूमियों से संबंधित बातों को भली भांति समझना और स्वीकार भी कर लेना, आज के जन-मानस के लिये उतना सहज नहीं है, यद्यपि इस दिशा में प्रगति अवश्य हुई है। फिर भी, लेखक का विश्वास है कि इस वार्ता में विभिन्न सोपानों पर चढ़ते हुए हम जिस स्थान पर पहुंच गये हैं, वहां से युक्तेश्वर जी के द्वारा बताये गये निम्नोक्त विवरणों को आत्मसात करना हमारे पाठकों के लिये अपेक्षाकृत सहज अवश्य हो सकेगा।

सूक्ष्म जगत के विषय में

यद्यपि श्री युक्तेश्वर ने सूक्ष्म लोक में रहकर वहीं कार्य करने का निर्णय ले लिया था, तथापि उन्होंने अपने प्रिय और सर्वश्रेष्ठ शिष्य को पश्चिम में भी एक उपयुक्त भूमि का विकास करने के लिये भेज कर एक प्रकार से उसी कार्य को और आगे बढाने के लिये अपना योगदान भी जोड़ दिया था, जिसकी नींव लगभग दो हजार वर्ष पूर्व जीसस क्राइष्ट के द्वारा रखी गई थी। जीसस के बाद आने वाली पीढ़ियां एक प्रकार से एक क्षेत्र था जिसे वे भविष्य के लिये तैयार कर रहे थे, और जिसमें उन्होंने मूल्यों के प्रति आस्था, ईश्वर के प्रति प्रेम एवं उसमें विश्वास का बीजारोपण कर दिया था। उन्होंने अपने अनुयायियों को अपने पड़ोसी से भी उसी प्रकार प्रेम करने की शिक्षा दी थी जैसे कि हम स्वयं से करते हैं। अब वे सत्य के और अधिक ज्ञान तथा उसके विषय में शिक्षा ग्रहण करने की स्थिति में आ गये थे, और इसीलिये युक्तेश्वरजी के द्वारा योगानंद जी को अमेरिका भेजा गया था।

जीसस ने कहा भी था कि उस समय उनके अनुयायी भली भांति प्रस्तुत नहीं हुए थे और उन सब बातों को समझने में असमर्थ थे जो

जीसस उन्हें बताना चाहते थे, जो सत्य के सार स्वरूप थी और जिन्हें वे समय आने पर ही ग्रहण कर सकेंगे।

"I still have many things to say to you, but they would be too much for you to bear now. However, when the spirit of truth comes, it will lead you to the complete truth." (John 16:12-13).

यह सत्य का सार क्या था, इसका इंगित भी जीसस उन्हें संक्षेप में दे चुके थे, ताकि इस विषय में भविष्य में कोई भ्रम उत्पन्न न हो सके। उन्होंने कहा था कि भौतिकता वादी इस आधार पर इसे स्वीकार करना नहीं चाहेंगे कि 'अन्य वस्तुओं के समान वे इसे देख नहीं सकते', परंतु (तुम चाहो और प्रयास करो तो) देख न पाने पर भी तुम इसे जान सकते हो क्योंकि यह सदैव तुम्हारे साथ, तुम्हारे अंतर में ही, विद्यमान है।

"The spirit of truth whom the world can never accept since it neither sees nor knows it, but you know it, because it is with you; it is in you." (John 14:17).

तथापि जीसस ने अपने अनुयायियों के पथ को सीधा और प्रशस्त कर दिया था, ताकि सही समय आ जाने पर वे इन सभी बातों को समझ सकें। उन्होंने एक ऐसी सामाजिक और सांस्कृतिक व्यवस्था की सृष्टि करने का प्रयास किया था जहां से उनके सभी अनुयायी, एक समतल धरातल पर एकत्र होकर, एक अधिक उच्चतर अवस्था की दिशा में अग्रसर हो सकते थे। अपने मूल्यों के साथ संबद्ध रहते हुए और अपने मार्ग दर्शक धर्मगुरु के बताये हुए सरल और सीधे मार्ग पर चलते हुए, समय आने पर वे एक ऐसे स्थल (station) पर उपनीत हो सकते थे जहां से वे सत्य और दिव्यता से युक्त स्वर्ग के साम्राज्य की झलक को देख सकें। और यह धरातल, जो प्रकृति के नियमों के अनुकूल, अथवा एक सनातन व्यवस्था के अनुरूप, कैथोलिक विचार की उस भूमि के समान था जहां से एक और प्रत्येक, अकेले भी और सबको साथ लेकर भी, उस दिव्यता की दिशा में उठ सकता था जहां पहुंचकर वह भी जीसस के समान कह सके, "मैं और मेरे प्रभु एक ही हैं."

"I and my Father are One" (John 10:30). "In all truth I tell you, whoever believes in me will perform the same works as I do myself, and will perform even greater works." (John 14:12).

इसी प्रकार, जो विवरण युक्तेश्वर जी ने समस्त विश्व के सन्मुख प्रकाशित करने के निर्देश के साथ योगानंद जी को दिया था, उसे समझने और आत्मसात करने के लिये भी एक उच्चतर और समतल प्लेटफॉर्म की आवश्यकता थी, जिसे निर्मित करने का प्रयास इस पुस्तक के माध्यम से किया गया है। आज का युग विज्ञान का युग है, जिसमें उसी मान्यता को स्वीकार किया जाता है जिसे विवेक के माध्यम से और बिना किसी भ्रांति के समझा और परखा जा सके। और समझने के इस प्रयास में, स्वयं विज्ञान ही हमारा सबसे बड़ा सहायक हो सकता है, क्योंकि यह सर्वमान्य है। इस स्थान पर उपनीत होने के पश्चात एक हिंदू और एक जीसस के अनुयायी में कोई भेद नहीं रहता, क्योंकि इसे केवल विश्वास के माध्यम से नहीं बल्कि विवेक की सहायता से भी समझने की आवश्यकता है, और इस विवेक पर सबका समान अधिकार है। जो सत्य है, वह सार्वभौम है, सनातन है और सभी के लिये एक समान है। यह किसी के मानने, न मानने, या कुछ और मानने की अपेक्षा से मुक्त, स्वत:सिद्ध होकर अवस्थित है।

सूक्ष्म जगत का एक मणिद्वीप

श्री युक्तेश्वर जी ने बताया, "जिस प्रकार कर्मों से मुक्ति पाने में मनुष्यों की सहायता करने के लिये संतों और सद्गुरुओं को इस संसार में भेजा जाता है, उसी प्रकार ईश्वर ने एक सूक्ष्म लोक में वहां रहने वाले लोगों की मुक्त होने में सहायता करने का आदेश मुझे दिया है। उस लोक को हिरण्य लोक कहते हैं। वहां मैं उन्नत आत्माओं की सूक्ष्म जगत के कर्मों से मुक्ति पाने में और इस प्रकार सूक्ष्म जगत में बार बार पुनर्जन्म से मुक्त होने में सहायता करता हूं। हिरण्य लोक के अधिकतर निवासी आध्यात्मिक दृष्टि से अत्यंत उन्नत हैं। उन सब ने इस पृथ्वी पर अपने

आखिरी जन्म में मृत्यु के समय सचेत रहते हुए जड़ देह का त्याग करने की ध्यान प्रदत्त सामर्थ्य प्राप्त कर ली थी। पृथ्वी पर रहते हुए जब तक कोई सविकल्प समाधि से आगे जाकर निर्विकल्प समाधि* में स्थित नहीं होता, तब तक वह हिरण्य लोक में प्रवेश नहीं कर सकता।

"*(दृष्टव्य: सविकल्प समाधि में साधक ईश्वर के साथ अपनी एकात्मता को अनुभव कर लेता है, परंतु केवल ध्यान की निश्चल समाधि की अवस्था को छोड़कर अन्य समय वह ब्रह्मचैतन्य की अपनी उस अवस्था में स्थिर नहीं हो सकता। निरंतर ध्यान के द्वारा वह इससे उच्चतर निर्विकल्प समाधि की अवस्था में पहुंचता है, जिसमें यदि वह संसार में मुक्त संचरण करता रहे, तब भी ईश्वरानुभूति की अपनी अवस्था से उसका पतन नहीं होता। निर्विकल्प समाधि में योगी अपने भौतिक या सांसारिक कर्मों के अंतिम लवलेशों को भी नष्ट कर देता है, परंतु फिर भी सूक्ष्म और कारण जगत के कर्मों से उसका मुक्त होना शेष रहता है। इसलिये उसे सूक्ष्म जगत में, और फिर उससे भी उच्चतर स्पंदनयुक्त कारण जगत में, बार-बार पुनर्जन्म लेना पड़ता है।)

"हिरण्य लोक के वासी उन साधारण सूक्ष्मलोकों से पहले ही पार हो चुके होते हैं, जहां पृथ्वी के प्राय: सभी वासियों को मृत्योपरांत जाना पड़ता है। वहां रहते हुए वे सूक्ष्मलोकों के अपने गतकर्मों के बीज भी नष्ट कर चुके होते हैं। सूक्ष्म लोकों में इस प्रकार के आत्मोद्धार का कार्य उन्नत साधकों के अतिरिक्त कोई नहीं कर सकता। और तब अपनी आत्मा को सूक्ष्म जगत के कर्मों के शेष रहे लवलेशों से मुक्त करने के लिये इन साधकों को विधि के विधान के अनुसार हिरण्य लोक में, जो सूक्ष्म लोकों का सूर्य या स्वर्ग है, सूक्ष्म शरीर धारण कर जन्म लेना पड़ता हैं, जहां उनकी सहायता करने के लिये मैं उपस्थित हूं। हिरण्य लोक में कुछ ऐसे लगभग पूर्णावस्था को प्राप्त हुए जीव भी हैं, जो वहां उच्चतर कारण जगत से आये हैं।"

योगानंद जी लिखते हैं, "मेरा मन अब गुरुदेव के मन के साथ इस प्रकार पूर्ण एकरूप हो चुका था कि वे अपने शब्द-चित्रों को कुछ हद तक शब्दों के द्वारा और शेष विचार-संक्रमण के द्वारा मेरे मन में पहुंचा रहे थे। इस प्रकार मैं उनके विचार-चित्रों को तुरंत ग्रहण कर रहा था।

"गुरुदेव कहते गये: शास्त्रों में तुमने पढ़ा है कि ईश्वर ने मानव आत्मा को एक के बाद एक तीन शरीरों में आबद्ध किया है: भाव या कारण शरीर, सूक्ष्म शरीर जो मनुष्य की मानसिक और भावनात्मक प्रकृति का स्थान है, और स्थूल पंचभौतिक शरीर। पृथ्वी पर मनुष्य अपनी देह-इन्द्रियों से युक्त रहता है। सूक्ष्म जगत के लोगों का काम अपनी चेतना, भावनाओं और प्राणशक्ति से बने शरीर से चलता है। कारण-शरीर धारी जीव भावों से बने आनंदमय कारण जगत में रहता है। मेरा कार्य उन सूक्ष्म देहधारियों का मार्ग दर्शन करना है, जो कारण जगत में प्रवेश करने के लिये तैयार हो रहे हैं।"

सूक्ष्म विश्व के व्यापार

योगानंद जी ने निवेदन किया, "पूज्य गुरुदेव सूक्ष्म जगत के बारे में मुझे और अधिक बताइये।" गुरुदेव बताने लगे, "अनेक सूक्ष्म लोक हैं, जिनमें सूक्ष्म देहधारी प्राणी वास करते हैं। ये सूक्ष्मलोकवासी एक ग्रह से दूसरे ग्रह जाने के लिये सूक्ष्म विमानों या प्रकाश के पिंडों का उपयोग करते हैं, जो विद्‌युत शक्ति या रेडियो धर्मी शक्तियों से भी अधिक गति से जाते हैं।

"प्रकाश और रंगों के सूक्ष्म स्पंदनों से बना सूक्ष्म जगत भौतिक सृष्टि से सैंकड़ों गुना बड़ा है। संपूर्ण भौतिक सृष्टि सूक्ष्म जगत के विशाल तेजोमय गुब्बारे के नीचे छोटी सी एक टोकरी के समान लटकी हुई है। जिस तरह अंतरिक्ष में अनेक सूर्य और तारे भ्रमण कर रहे हैं, उसी तरह सूक्ष्म जगत में भी अनेक सूक्ष्म सौर मंडल और सूक्ष्म नक्षत्र मंडल हैं। यहां के ग्रहों के भी सूक्ष्म सूर्य और सूक्ष्म चन्द्र हैं, जो भौतिक सृष्टि के सूर्य-चन्द्रों से कहीं अधिक सुंदर हैं। सूक्ष्म जगत के ये सूर्य-चन्द्र ध्रुवीय प्रकाश के समान दिखते हैं; सूर्य का तेज चंद्र के तेज से अधिक दीप्तिमान होता है। यहां के दिन और रात पृथ्वी के दिन और रात से अधिक लम्बे होते हैं।

"सूक्ष्म जगत असीम सुंदर, स्वच्छ, शुद्ध और सुव्यवस्थित है। वहां कोई निर्जीव ग्रह या बंजर भूमि नहीं है। खर-पतवार, बैक्टीरिया, कीड़े-

मकोड़े, सांप आदि पृथ्वी के अभिशाप वहां नहीं हैं। सूक्ष्म जगत में पृथ्वी की भांति परिवर्तनशील और अनिश्चित जलवायु ओर ऋतु नहीं हैं। वहां सदैव चिर वसंत ऋतु की समशीतोष्ण जलवायु रहती है और यदा-कदा ज्योतिर्मय हिमपात होता है तथा बहुरंगे प्रकाश की वर्षा होती है। सूक्ष्म जगत के ग्रहों पर स्फटिक जल की झीलें, उज्ज्वल समुद्र तथा इंद्रधनुषी नदियां बहुतायत में हैं।

सूक्ष्म जगत के निम्न एवं सामान्य क्षेत्र

"सूक्ष्म जगत के सूक्ष्मतर स्वर्ग 'हिरण्यलोक' में तो नहीं, परंतु साधारण सूक्ष्म जगत में करोड़ों जीव रहते हैं जो कमो-बेस नय-नये ही पृथ्वी से वहां आये होते हैं। इनके अतिरिक्त वहां असंख्य परियां, मत्स्यकन्यायें, मछलियां, पशु, बौने, भूत-प्रेत और उप-देवता भी रहते हैं। ये सब अपने-अपने कर्मों के गुणवत्ता स्तर के अनुसार सूक्ष्म जगत के विभिन्न ग्रहों पर रहते हैं। अच्छी और बुरी आत्माओं के लिये विभिन्न दैवी प्रासाद या स्पंदनात्मक क्षेत्रों की व्यवस्था है। अच्छी आत्मायें मुक्त रूप से संचार कर सकती हैं, परंतु बुरी आत्मायें सीमित क्षेत्र में ही संचार कर सकती हैं। जिस प्रकार इस पृथ्वी की भूमि पर मानव रहते हैं, मिट्टी के अंदर कृमि रहते हैं, पानी में मछलियां रहती हैं और हवा में पक्षी रहते हैं, उसी प्रकार सूक्ष्म जगत के विभिन्न श्रेणियों के जीव अपनी-अपनी योग्यता के अनुसार विभिन्न प्रकार के स्पंदनात्मक क्षेत्रों में वास करते हैं।

"विभिन्न सूक्ष्म लोकों से निष्कासित होकर आये हुए पतित देवताओं के बीच संघर्ष और युद्ध होता है जिसमें वे प्राणाणुओं के बम या मानसिक मंत्रशक्ति की स्पंदनात्मक किरणों का प्रयोग करते हैं। ये जीव हीन सूक्ष्म जगत के अंधकाराच्छन्न लोकों में रहते हैं और वहां अपने बुरे कर्मों का फल भोगते हैं।

सुंदर और जगमग

"सूक्ष्म जगत के इस अंधकारमय कारागार के ऊपर के विस्तृत लोकों में सब कुछ तेजोमय और सुंदर है। सूक्ष्म जगत ईश्वर की इच्छा तथा

पूर्णता प्राप्ति की योजना के साथ पृथ्वी की अपेक्षा अधिक तालमेल रखता है। सूक्ष्म जगत की प्रत्येक वस्तु मुख्यत: ईश्वर की इच्छा और अंशत: सूक्ष्म जगतवासियों की इच्छा के आह्वान से प्रकट होती है। ईश्वर ने पहले ही जो कुछ बना रखा है, उसके आकार या रूप को निखारने की शक्ति उन सूक्ष्म जगतवासियों में होती है। ईश्वर ने उन्हें अपनी इच्छानुसार सूक्ष्म जगत में फेरबदल करने या सुधार करने की स्वतंत्रता और अधिकार दे रखा है। पृथ्वी पर किसी ठोस पदार्थ को द्रव पदार्थ में या किसी दूसरे रूप में केवल प्राकृतिक या रासायनिक प्रक्रियाओं के द्वारा ही परिवर्तित किया जा सकता है, परंतु सूक्ष्म जगत के घन पदार्थ वहां के वासियों की इच्छा मात्र से द्रव पदार्थों, वायुओं या ऊर्जा में तत्क्षण रूपांतरित हो जाते हैं।"

युक्तेश्वर जी बताते जा रहे थे, "यह पृथ्वी समुद्र, जमीन तथा हवा में युद्ध एवं हत्याओं से कलुषित है, परंतु सूक्ष्म जगत में सुख-सामंजस्य और समानता है। सूक्ष्म जगतवासी अपनी इच्छानुसार रूप धारण कर सकते हैं या उसे विसर्जित कर सकते हैं। फूल या मछली या पशु कुछ समय के लिये सूक्ष्म जगत के पुरुषों का रूप ले सकते हैं। सूक्ष्म जगत के सभी जीवों को कोई भी रूप धारण करने की स्वतंत्रता है और वे आसानी से एक दूसरे से संपर्क कर सकते हैं। वे किसी भी अटल या निश्चित नियम से आबद्ध नहीं है। उदाहरणार्थ, सूक्ष्म जगत के किसी भी वृक्ष को सूक्ष्म जगतीय आम या अन्य कोई भी फल, फूल या अन्य कोई भी वस्तु, जिसकी इच्छा हो, उत्पन्न करने के लिये कहा जा सकता है और वह वैसा ही करेगा। सूक्ष्म जगत में कर्मों के अनुसार कुछ बंधन तो हैं, परंतु विविध रूपों में किसी विशिष्ट रूप का कोई विशेष महत्व नहीं है। वहां सब कुछ ईश्वर के सृजनकारी प्रकाश से स्पंदित है।

"वहां कोई भी नारी गर्भ से जन्म नहीं लेता। सूक्ष्म जगतवासी अपनी विराट इच्छाशक्ति की सहायता से विशिष्ट रचना के अनुसार लघु रूप दिये गये सूक्ष्म शरीर को अस्तित्व में लाकर संतान को प्रकट करते हैं। हाल ही में स्थूल शरीर से मुक्त हुआ जीव अपने समान ही मानसिक एवं अध्यात्मिक प्रवृत्तियां रखने वाले सूक्ष्म जगतीय परिवार में उनके निमंत्रण पर जन्म लेता है।

"सूक्ष्म शरीर पर ठंड या गर्मी या अन्य प्राकृतिक परिस्थितियों का कोई प्रभाव नहीं होता। सूक्ष्म शरीर में सूक्ष्म मस्तिष्क, अर्थात प्रकाश का सहस्रदल कमल होता है तथा सुषुम्ना में स्थित छः जागृत चक्र होते हैं। हृदय सूक्ष्म मस्तिष्क से महाप्राण शक्ति और प्रकाश प्राप्त करता है और उसे सूक्ष्म नाड़ियों तथा शरीर-कोशिकाओं या प्राणाणुओं में प्रवाहित करता है। सूक्ष्म जगत के जीव प्राणाणुओं की शक्ति और पवित्र मंत्रों के स्पंदनों से अपने रूप में परिवर्तन कर सकते हैं।

"अधिकांश जीवों का सूक्ष्म शरीर उनके अंतिम स्थूल शरीर की प्रतिमूर्ति होता है। 'उसका चेहरा और शरीर' पृथ्वी पर उसकी युवावस्था में जैसा था, वैसा ही दिखता है। कभी-कभी मुझ जैसा कोई अपनी वृद्धावस्था का ही रूप बनाये रखना पसंद करता है," यह कहते हुए युक्तेश्वर जी, योगानंद जी के अनुसार जिनके बदन से तरुणाई फूट-फूट पड़ रही थी, उल्लास के साथ हंसने लगे।

जहां छठी इन्द्रिय काम करती हो

श्री युक्तेश्वर ने आगे कहा, "अवकाश युक्त त्रि-आयामी भौतिक जगत का ज्ञान केवल पंचेन्द्रियों द्वारा ही हो सकता है, परंतु सूक्ष्म लोकों का ज्ञान सर्वसमावेशक छठी इन्द्रिय अर्थात अंतर्ज्ञान से होता है। सारे सूक्ष्म जगतवासी केवल अंतर्ज्ञान से ही शब्द, स्पर्श, रस, रूप और गंध की अनुभूति कर लेते हैं। उनकी तीन आंखें होती हैं, जिनमें दो अर्धोन्मीलित होती हैं। तीसरा और मुख्य सूक्ष्म नेत्र, जो ललाट में सीधा खड़ा होकर स्थित होता है, खुला रहता है। सूक्ष्म शरीरियों के भी कान, नाक, आंखें, जीभ और त्वचा, ये सारी वाह्येन्द्रियां होती हैं, परंतु वे शरीर के किसी भी हिस्से से कोई भी संवेदन प्राप्त कर सकते हैं और इसके लिये वे केवल अंतर्ज्ञान का उपयोग करते हैं; वे कान या नाक या त्वचा से देख सकते हैं, आंखों से या जीभ से सुन सकते हैं, कान या त्वचा से स्वाद चख सकते हैं, आदि।

"मनुष्य के स्थूल शरीर को असंख्य खतरे रहते हैं और यह आसानी से क्षतिग्रस्त हो सकता है या इसके अंग भी आसानी से कट कर अलग

हो सकते हैं, जबकि सूक्ष्म शरीर यद्यपि कभी-कभी कट सकता है या उसमें खंरोच आ सकती है, परंतु इच्छामात्र से वह तुरंत ठीक भी हो जाता है।"

"गुरुदेव! क्या सब सूक्ष्म जगतवासी सुंदर होते हैं?" योगानंद जी ने पूछा।

"सूक्ष्म जगत में सौंदर्य को एक आध्यात्मिक गुण माना जाता है, वाह्य रूप नहीं," युक्तेश्वर जी ने कहा। "इसलिये सूक्ष्म जगत के लोग चेहरे को अधिक महत्व नहीं देते, परंतु जब चाहें, अपनी इच्छानुसार वे नया, सुंदर शरीर धारण कर सकते हैं। जिस प्रकार धरती के लोग उत्सव-समारोह के अवसर पर नये वस्त्र और अलंकार धारण करते हैं, उसी प्रकार सूक्ष्म जगत के लोग भी खास अवसरों पर विशेष प्रकार के शरीर धारण करते हैं। (*ईसाई धर्म को मानने वाले अनेक देशों में 31 अक्तूबर को मृत संबंधियों एवं संतों की स्मृति में 'हैलोवीन दिवस' मनाने की परंपरा है। इस दिन बालक-बालिकायें और कुछ बड़े लोग भी विभिन्न प्रकार के वस्त्र एवं मुखौटे पहन कर विभिन्न पात्रों के रूप में सज्जित होकर अपने मित्रों, संबंधियों और पड़ोसियों के यहां तथा इसके निमित्त होने वाले समारोहों में आना-जाना करते हैं।*)

"हिरण्य लोक जैसे सूक्ष्म जगत के उच्च लोकों में तब आनंदोत्सव मनाये जाते हैं, जब आध्यात्मिक उन्नति द्वारा कोई जीव सूक्ष्म जगत से मुक्त होकर उसके स्वर्ग, अर्थात कारण जगत में प्रवेश करने योग्य हो जाता है। ऐसे अवसरों पर अदृश्य परमपिता तथा उनमें विलीन हो चुके संत जन अपनी-अपनी पसंद का शरीर धारण कर उत्सव में सम्मिलित होते हैं। अपने प्रिय भक्त को खुश करने के लिये उसी की इच्छानुसार परमपिता रूप धारण करते हैं। यदि उस भक्त ने भक्ति के द्वारा भगवान की आराधना की हो, तो वह भगवान को जगन्माता के रूप में देखता है। ईसा मसीह को अनंत परमतत्व का पितृ-रूप अन्य सब रूपों से अधिक अच्छा लगता था। सृष्टा ने प्रत्येक सृष्ट जीव को स्वतंत्र व्यक्तित्व प्रदान किया है, इस कारण सर्वशक्तिमान ईश्वर से कल्पनीय एवं अकल्पनीय सभी प्रकार के रूपों की मांग होती रहती है!" योगानंद जी और युक्तेश्वर जी दोनों ही इस पर साथ-साथ हंसने लगे।

श्री युक्तेश्वरजी अपनी बांसुरी के समान मधुर आवाज में आगे कहते गये, "पूर्व जन्मों के मित्र सूक्ष्म जगत में एक दूसरे को आसानी से पहचान लेते हैं। मित्रता के अमरत्व को देखकर वे आनन्दित होते हैं और उसी के साथ प्रेम की अनश्वरता उनकी समझ में आ जाती है, जिस पर पृथ्वी पर होने वाले दु:खद, मिथ्या वियोग के समय प्राय: संदेह किया जाता है।

"सूक्ष्म जगतवासियों का अंतर्ज्ञान सूक्ष्म और जड़ जगत के मध्य के पर्दे को भेदकर पृथ्वी पर चलने वाली गतिविधियों का निरीक्षण कर सकता है, परंतु मानव सूक्ष्म जगत को नहीं देख सकता, जब तक उसकी छठी इन्द्रिय कुछ हद तक विकसित न हो जाये तथापि हजारों पृथ्वीवासियों के द्वारा सूक्ष्म जगत की या किसी सूक्ष्म जगतवासी की झलक देखी गई है।

दिव्य प्रकाश से जीवन का निर्वाह

"हिरण्य लोक में वास करने वाली उन्नत आत्मायें सूक्ष्म जगत के लंबे-लंबे दिन और रात में अधिकांश समय परमानंद में जागृत रहती हैं और सृष्टि को चलाने संबंधित जटिल समस्याओं का समाधान करने में तथा राह भटके लोगों के, अर्थात पृथ्वी पर वास करने वाली आत्माओं के उद्धार में सहायता करती रहती हैं। जब कभी हिरण्य-लोकवासी सोते हैं, तब कभी-कभी उन्हें स्वप्नों की तरह सूक्ष्म दर्शनों की अनुभूति होती है। सामान्यत: उनके मन उच्चतम निर्विकल्प समाधि के परमानंद की सचेत अवस्था में मग्न रहते हैं।

"सूक्ष्म जगत के सभी लोकों में वास करने वाले जीवों को भी मानसिक यातनायें हो सकती हैं। हिरण्य लोक जैसे उच्च लोकों में रहने वाले उन्नत जीवों के कोमल मन को यदि उनसे आचरण में या सत्यानुभूति में कोई भूल हो जाये तो अत्यंत दुख होता है। ये उन्नत जीव अपने प्रत्येक कार्य और प्रत्येक विचार का आध्यात्मिक नियम की दोषहीन सर्वांगपूर्णता के साथ तालमेल रखने का प्रयास करते हैं।

"सूक्ष्म जगतवासियों के बीच परस्पर संपर्क या विचारों का आदान प्रदान पूर्णत: सूक्ष्म विचार संक्रमण (Astral Telepathy) और सूक्ष्म दूरदर्शन द्वारा ही चलता है। लिखित और उच्चरित शब्दों से उत्पन्न होने वाली जिन गलतफहमियों और संभ्रमों का सामना पृथ्वीवासियों को करना

पड़ता है, उन सब का सूक्ष्म जगत में पूर्ण अभाव है। जिस प्रकार पर्दे पर प्रकाश के चित्रों के माध्यम से लोग चलते-फिरते और काम करते दिखाई देते हैं, पर वे वहां श्वास नहीं ले रहे होते, उसी प्रकार सूक्ष्म जगत के लोग प्रज्ञा से निर्देशित और समन्वित प्रकाश-मूर्तियों के रूप में चलते-फिरते हैं और काम करते हैं। उन्हें ऑक्सीजन से शक्ति ग्रहण करने की आवश्यकता नहीं होती। मानव जीवित रहने के लिये ठोस पदार्थों, वायुओं तथा प्राणशक्ति पर निर्भर रहता है, परंतु सूक्ष्म जगत के लोग मुख्यत: दिव्य प्रकाश से जीवित रहते हैं।"

"गुरुदेव! क्या सूक्ष्म जगतवासी कुछ खाते-पीते हैं"? योगानंद जी ने पूछा।

"तेजस्वी किरणों के समान दिखने वाली सब्जियां सूक्ष्म जगत की भूमियों में बहुतायत से होती हैं", युक्तेश्वर जी ने कहा। "सूक्ष्म जगतवासी सब्जियां खाते हैं और प्रकाश के तेजस्वी झरनों, और नदी-नालों में बहने वाला एक प्रकार का अमृत पीते हैं। जिस प्रकार पृथ्वी के लोगों के अदृश्य चित्रों को टेलीविजन की मदद से वातावरण से खींच कर प्रकट किया जा सकता है और बाद में वे फिर से वातावरण में विसर्जित हो जाते हैं, उसी प्रकार वातावरण में सब्ज-वनस्पतियों और पौधों के विचरण करते ईश्वर-निर्मित सूक्ष्म परिकल्पना चित्र सूक्ष्म जगतवासियों की इच्छा मात्र से वहां प्रकट होकर भूमि पर उतर आते हैं। इसी प्रकार उन लोगों की विलक्षण से विलक्षण कल्पनाओं से सुगंधित फूलों के पूरे बाग वहां प्रकट हो जाते हैं और बाद में सूक्ष्म वातावरण में विलीन होकर अदृश्य हो जाते हैं। (सूक्ष्म जगत में दृष्टिगोचर होने वाले अत्यंत सुंदर उद्यानों की चर्चा उन लोगों ने भी की है जिन्हें पुनर्जन्म होने पर अपने पिछले जीवन की घटनाओं का स्मरण था और उस जन्म में मृत्यु के पश्चात होने वाले अनुभवों का भी।)

"हिरण्य लोक के समान स्वर्ग लोकों के वासी तो खाने-पीने की किसी आवश्यकता से लगभग पूर्णत: मुक्त ही होते हैं, परंतु कारण जगत में रहने वाली लगभग पूर्णत: मुक्त आत्मायें ऐसी किसी भी आवश्यकता से और भी अधिक मुक्त होती हैं। वे मुक्त-प्राय जीव दिव्य परमानंद के सिवा और किसी चीज का सेवन नहीं करते।

सब जीवों से प्रेम करने की शिक्षा

"पृथ्वी लोक से मुक्त होकर सूक्ष्म जगत में आयी आत्मा की पृथ्वी पर लिये हुए अपने भिन्न-भिन्न जन्मों के अनेकानेक संबंधियों, पिताओं, माताओं, पत्नियों, पतियों और मित्रों के साथ भेंट होती चलती है जब वे सूक्ष्म लोकों के विभिन्न हिस्सों में आमने-सामने आते हैं। इसलिये उनकी समझ में नहीं आता कि वे किससे अधिक प्रेम करें। इस प्रकार वे सभी से ईश्वर संतान के रूप में तथा ईश्वर की अभिव्यक्ति के रूप में प्रेम करना सीखते हैं। सूक्ष्म लोक में आने से पहले पृथ्वी पर बिताये गये जन्म में विकसित हुए कुछ नये गुणों के अनुसार किसी आत्मा के वाह्य रूप में परिवर्तन आ भी गया हो, तब भी सूक्ष्म जगतवासी अपने अचूक अंतर्ज्ञान की सहायता से उन सब प्रियजनों को पहचान लेते हैं और सूक्ष्म जगत में उनके नये घर में उनका स्वागत करते हैं। सृष्टि के प्रत्येक 'परमाणु' को अमिट स्वतंत्र अस्तित्व की देन स्रष्टा से मिली है, इसलिये सूक्ष्म जगत में कोई मित्र किसी भी रूप में क्यों न आये, वह पहचान लिया जायेगा, जैसे पृथ्वी पर कोई अभिनेता या नाट्य कलाकार किसी भी रूप में क्यों न आये, ध्यान से देखने पर पहचान ही लिया जाता है।

सूक्ष्म जगत में देह त्याग

"सूक्ष्म जगत में जीवन की अवधि पृथ्वी लोक की अपेक्षा बहुत लंबी होती है। पृथ्वी की कालगणना के मानकों के अनुसार कहा जाय तो सामान्य उन्नति प्राप्त आत्मा सूक्ष्म जगत में साधारणत: पांच सौ से एक हजार वर्ष तक जीवित रहती है। जैसे रेडवुड के कुछ वृक्ष अन्य वृक्षों से सहस्त्रों वर्ष अधिक जीवित रहते हैं, या कुछ योगी सैंकड़ों वर्षों तक जीवित रहते हैं जबकि अधिकांश व्यक्ति सौ वर्ष से भी कम आयु में मृत्यु को प्राप्त हो जाते हैं, वैसे ही सूक्ष्म जगत में भी कुछ लोग वहां के जीवन की साधारण अवधि से कहीं अधिक काल तक जीवित रहते हैं। सूक्ष्म जगत में आने वाले लोग अपने भौतिक कर्मों के बोझ के अनुसार वहां कम वा अधिक काल तक रहते हैं। उनके भौतिक कर्मों का भार उन्हें एक सुनिश्चित अवधि में पुन: पृथ्वी पर खींच लाता है। (मृत्यु के पश्चात कुछ लोगों का

जन्म बहुत शीघ्रता से हो जाता है क्योंकि उनमें पृथ्वी पर तुरंत लौट आने की अदम्य कामना होती है। पाश्चात्य चिकित्सकों के द्वारा सत्यापित पुनर्जन्म के अधिकांश मामले इसी श्रेणी में आते हैं।)

"सूक्ष्म जगत में रहने वालों को अपना तेजयुक्त शरीर छोड़ते समय मृत्यु के साथ कष्टकर संघर्ष नहीं करना पड़ता। परंतु इनमें से कुछ लोग अपना सूक्ष्म शरीर छोड़कर उससे भी सूक्ष्म कारण शरीर में जाने के विचार से किंचित घबरा उठते हैं। सूक्ष्म जगत अनचाही मृत्यु, रोग-व्याधि और वृद्धावस्था से मुक्त है। ये तीनों ही त्रास पृथ्वीलोक के अभिशाप हैं, जहां मनुष्य ने अपनी चेतना को एक दुर्बल जड़ शरीर के साथ इतनी पूर्णता से एकरूप हो जाने दिया है कि केवल जीवित रहने के लिये भी उसे हवा, अन्न और निद्रा की नियमित आवश्यकता पड़ती है।

"जड़ देह की मृत्यु के साथ श्वास रुक जाता है और बाद में शरीरकोशों का विघटन आरंभ हो जाता है। सूक्ष्म शरीर की मृत्यु होने पर जिन प्राणाणुओं से वह बना था, वे सब प्राण-शक्ति की कणिकायें बिखर जाती हैं। जड़ देह की मृत्यु होने पर जीव का अपने रक्तमांस के शरीर का बोध नष्ट हो जाता है और सूक्ष्म जगत में अपने सूक्ष्म शरीर का बोध उसमें उत्पन्न होता है। यथासमय सूक्ष्म जगत में उसकी मृत्यु हो जाती है और इस प्रकार सूक्ष्म जगत के जन्म-मृत्यु को अनुभव कर वह फिर स्थूल जगत के जन्म-मृत्यु का अनुभव करता है। इस प्रकार स्थूल और सूक्ष्म जन्म-मृत्यु के चक्रों से बार-बार गुजरना ही मायाबद्ध जीवों की अपरिहार्य नियति है। शास्त्रों मे दिये गये स्वर्ग और नर्क के वर्णन सुनकर मनुष्य के अंतर्मन के गहन तल में सुप्त पड़ी उसके सुखमय सूक्ष्म जगत और दुखमय पार्थिव जगत के अनुभवों की स्मृतियां कभी-कभी जाग उठती हैं।"

सूक्ष्म जगत में पुनर्जन्म

योगानंद जी ने पूछा, "पूज्य गुरुदेव! पृथ्वीलोक में और सूक्ष्म जगत में तथा कारण जगत में जो पुनर्जन्म होते हैं, उनमें क्या फर्क है यह जरा अधिक विस्तार से बतायेंगे?"

युक्तेश्वर जी ने बताना शुरु किया, "पृथक आत्मा के रूप में मनुष्य मूलत: कारण-शरीर धारी आत्मा है। यह कारण शरीर पैंतीस बीजरूप भावों

का गर्भस्थान है। इन पैंतीस बीजों से ही वे पैंतीस मूलभाव-शक्तियां या कारण विचार शक्तियां विकसित हुई जिनसे विधाता ने बाद में उन्नीस तत्वों वाले सूक्ष्म शरीर तथा सोलह तत्वों वाले स्थूल शरीर का सृजन किया।

"सूक्ष्म शरीर के उन्नीस तत्व मनोमय, भावमय और प्राणमय हैं। ये उन्नीस तत्व हैं: बुद्धि; अहंकार; चित्त; मनस; पंचज्ञानेन्द्रियां जो शब्द, स्पर्श, रस, रूप और गंध की इन्द्रियों के सूक्ष्म रूप हैं; पंच कर्मेन्द्रियां जो प्रजनन, मल विसर्जन, वाणी, चलने-फिरने और कौशल प्रकट करने की क्षमताओं का कार्य वहन करने में मानसिक संदेशों के आदान-प्रदान का कार्य करती हैं; तथा पंचप्राण जो शरीर में चय-अपचय या रस-प्रक्रिया का, अन्न के विघटित तत्वों को शरीर में आत्मसात करने का, रसों को शरीर के आवश्यकतानुसार घन रूप में परिवर्तित करने का, मल-निस्सारण का तथा रक्त संचारण का कार्य करते हैं। इन उन्नीस तत्वों से बना यह शरीर सोलह रासायनिक तत्वों से बने स्थूल शरीर की मृत्यु के बाद भी जीवित रहता है।

"ईश्वर ने अपने भीतर ही विविध योजनाएं बनायी और उन्हें स्वप्नों में प्रत्यक्ष रूप दिया। इस प्रकार सापेक्षता के अपने अनंत विराट आभूषणों से सज धज कर (उसकी) 'माया' प्रकट हुई।

"कारण शरीर की पैंतीस भाव-श्रेणियों में ईश्वर ने मनुष्य के सूक्ष्म शरीर से संबंधित उन्नीस तथा स्थूल शरीर से संबंधित सोलह भावों के सर्वांगीण पहलुओं को विस्तृत रूप से अंतर्निहित रखा। कम्पित होती शक्तियों को पहले सूक्ष्म रूप से और फिर स्थूल रूप से स्थिर करते हुए सघन बनाकर ईश्वर ने मनुष्य का पहले सूक्ष्म शरीर बनाया और फिर स्थूल शरीर। जिस सापेक्षता के नियम के कारण एकमात्र परमशुद्ध ब्रह्म ने अनेक रूप धारण कर लिये, उसी नियम के कारण 'कारण-जगत और कारण-शरीर' सूक्ष्म जगत तथा सूक्ष्म शरीर से भिन्न हैं; इसी प्रकार स्थूल जगत और स्थूल शरीर भी सृष्टा के अन्य रूपों से भिन्न हैं।

"रक्तमांस का शरीर सृष्टा के स्थिर, मूर्त स्वप्नों से बना है। पृथ्वी पर द्वैत युगल सदा ही विद्यमान रहते हैं, जैसे स्वास्थ्य-रोग, सुख-दुख, हानि-लाभ। मनुष्य देखते हैं कि तीन-आयामी स्थूल जगत में वे

मर्यादा-सीमाओं और प्रतिरोधों से आबद्ध हैं। मनुष्य की जीवित रहने की इच्छा को जब रोग व्याधि या अन्य कारणों से गहरा धक्का लगता है, तब मृत्यु का आगमन होता है और स्थूल शरीर का बोझिल चोला कुछ देर के लिये उतर जाता है। परंतु इस अवस्था में भी आत्मा सूक्ष्म तथा कारण शरीरों से आबद्ध रहती है। तीनों शरीरों को एक साथ पकड़ कर रखने वाली शक्ति है मनुष्य की इच्छा। अतृप्त इच्छाओं की शक्ति ही मनुष्य की दासता की जड़ है।

भौतिक, सूक्ष्म एवं कारण भूमियों की इच्छायें

"भौतिक वासनाओं की जड़ अहंकार और इन्द्रिय-सुख में निहित है। इन्द्रिय सुख की लालसा या विवशता सूक्ष्म जगत की अनुरक्तियों या कारण जगत की अनुभूतियों से संबंधित आकर्षणशक्ति से अधिक बलवान होती है।

"सूक्ष्म जगत में उपभोग स्पंदनों के अर्थ में होता है। सूक्ष्म जगतवासी ब्रह्मांडों के सूक्ष्म आकाशीय संगीत का आनंद लेते हैं और यह देखकर मंत्रमुग्ध हो जाते हैं कि समस्त सृष्टि परिवर्तनशील प्रकाश की ही अनंत अभिव्यक्तियां है। सूक्ष्म जगत के लोग प्रकाश के गंध, रस और स्पर्श का अनुभव भी करते हैं। इस प्रकार सूक्ष्म जगत में इच्छा-वासनाओं का उपभोग उस जीव की 'प्रकाश को' सब उपभोग्य-वस्तुओं और अनुभवों के रूप में या अपने विचारों या सपनों के सघन रूप में प्रकट कर पाने की क्षमता से संबंधित है।

"कारण जगत में इच्छाओं की पूर्ति अनुभूतियों से ही हो जाती है। कारण जगत में वास करने वाली मुक्तप्राय आत्माएं, जो केवल कारण शरीर में आबद्ध हैं, समस्त सृष्टि को ईश्वर की स्वप्न-कल्पनाओं के साकार रूप मात्र में देखती हैं; अत: वे भी अपने विचार मात्र से कुछ भी प्रकट कर सकती हैं। इसलिये कारण-जगतवासी जड़ इन्द्रियानुभूतियों को या सूक्ष्म जगत की सुखानुभूतियों को हीन और आत्मा की शुद्ध अनुभूति-क्षमताओं के लिये घुटनकारी मानते हैं। कारण जगत के जीव अपनी इच्छाओं को तत्क्षण मूर्त रूप देकर नि:शेष कर देते हैं। जो अपने को केवल कारण शरीर के अत्यंत सूक्ष्म आवरण से ढंके पाते हैं, वे स्रष्टा की

तरह ही ब्रह्मांडों की उत्पत्ति कर सकते हैं। चूंकि समस्त सृष्टि विराट स्वप्न तंतुओं से ही बनी हुई है, अत: कारण शरीर के अत्यंत पतले आवरण में आबद्ध आत्मा में विराट शक्तियां होती हैं। (परवर्ती क्षेत्रों में माया के द्वारा सृजित अणुत्व एवं आवरणों का यहां अभाव होता है)।

जब सभी देहों का पतन हो जाता है

“आत्मा अदृश्य है। जब वह शरीर में या शरीरों में होती है, तभी उसके अस्तित्व का पता चल सकता है। शरीर के होने का अर्थ ही यह होता है कि उसमें अभी अतृप्त इच्छायें हैं। जब तक मनुष्य की आत्मा एक, दो या तीन देह-घटों में बंद है और उन घटों पर अज्ञान तथा इच्छा-वासनाओं के ढक्कन लगे हुए हैं, तब तक वह ब्रह्मसागर में विलीन नहीं हो सकती। जब स्थूल देह-घट को मृत्यु का हथौड़ा तोड़ देता है, तब भी सूक्ष्म शरीर और कारण शरीर के दो घटों में आत्मा बंद रहती है; इसलिये वह सर्वव्यापी जीवनसागर (परमात्मा) में विलीन नहीं हो सकती। जब ज्ञान के द्वारा वह इच्छा रहित स्थिति को प्राप्त कर लेती है, तब उसकी शक्ति शेष दो घटों को भी तोड़ देती है। इस प्रकार अंत में वह नन्ही सी मानव आत्मा मुक्त हो जाती है और तब वह मायातीत परमतत्व के साथ एक हो जाती है।”

कारण जगत

तब योगानंदजी ने अपने दिव्य गुरु से उच्च एवं गूढ़ कारण जगत पर और अधिक प्रकाश डालने का अनुरोध किया। इसके उत्तर में युक्तेश्वरजी ने बताना प्रारंभ किया, “कारण जगत वर्णनातीत रूप से सूक्ष्म है। उस जगत को समझ पाने के लिये मनुष्य को एकाग्रता की इतनी विराट शक्ति की आवश्यकता होगी कि वह अपनी आंखें बंद करके समस्त सूक्ष्म जगत और स्थूल जगत को, उस अति विशाल ज्योतिर्मय गुब्बारे को और उसके नीचे लटकती उस ठोस टोकरी को, मन की आंख से देख सके और यह जान सके कि उन दोनों विश्वों का अस्तित्व केवल कल्पना में ही है। इस अति-मानवीय एकाग्रता के द्वारा यदि कोई इन दो विश्वों को उनकी सारी

जटिलताओं समेत केवल कल्पना में परिणत कर सके, तब वह कारण जगत में पहुंच जायेगा और मनोजगत तथा पदार्थ-जगत के मिलन की सीमारेखा पर खड़ा हो जायेगा। वहां खड़ा होकर मनुष्य ठोस पदार्थ, तरल पदार्थ, वायु, विद्युत, ऊर्जा, सब जीव, देवी-देवता, मानवप्राणी, पशु-पक्षी, पेड़-पौधे, जीवाणु-सूक्ष्माणु आदि समस्त जीव-निर्जीव जगत को चैतन्य के रूप में उसी प्रकार देखता है, जिस प्रकार किसी मनुष्य को आंखें बंद करने के बाद भी अपने अस्तित्व का बोध रहता है, भले ही उसका शरीर उसकी आंखों को न दिख रहा हो और केवल मन की कल्पना में ही उस समय उसका अस्तित्व हो।

"जो कुछ एक मनुष्य कल्पना में कर सकता है, वह सब एक कारण जगतवासी वास्तव में कर सकता है। बड़ी से बड़ी कल्पना-प्रवीण मानवबुद्धि भी केवल मन में ही विचार के एक छोर से दूसरे छोर तक की दौड़ लगा सकती है, एक ग्रह से दूसरे ग्रह पर छलांग लगा सकती है, अनंतता के विवर में अंतहीन रूप से नीचे और अधिक नीचे जा सकती है, या राकेट की तरह आकाश में उड़ान भर सकती है अथवा आकाश-गंगाओं और नक्षत्र-पुंजों के मध्य सर्चलाइटों की भांति जगमगा सकती है। परंतु कारण जगतवासियों के पास इससे बहुत अधिक स्वतंत्रता है। वे बिना किसी कर्मबंधन की मर्यादा के, अपनी इच्छाओं को सहज ही तत्क्षण साकार कर सकते हैं।

"कारण-जगतवासियों को यह ज्ञान है कि न तो स्थूल जगत मूलत: इलेक्ट्रोनों से बना है और न ही सूक्ष्म जगत मूलत: प्राण-कणिकाओं से बना है, बल्कि ये दोनों ही जगत ईश्वरीय विचार तत्व की सूक्ष्मतम कणिकाओं से बने हैं, जिन्हें माया ने, अर्थात सापेक्षता (relativity) के नियम ने खंडित और विघटित कर दिया है। माया की भूमिका स्पष्टत: सृष्टि को स्रष्टा से विभक्त करना ही है।

कारण जगत के वासी

"कारण जगत में वास करने वाली आत्मायें परस्पर एक-दूसरे को आनंदमय परमतत्व के पृथक-पृथक बिंदुओं के रूप में पहचानती हैं। उनके इर्द-गिर्द

केवल उनके विचारों से उत्पन्न चीजें ही रहती हैं। कारण जगतवासी अपने शरीरों और विचारों के मध्य केवल कल्पनाओं का ही अंतर देखते हैं। जिस प्रकार कोई मनुष्य अपनी आंखें बंद कर अपने मन की आंख से दीप्तिमान उज्ज्वल प्रकाश या फीकी नीली आभा देख सकता है, उसी प्रकार कारण-जगतवासी अपने विचार मात्र से शब्द, स्पर्श, रस, रूप और गंध का अनुभव कर सकते है। विराट मन के बल से वे किसी भी वस्तु का सृजन कर सकते हैं या उसका विलय भी कर सकते हैं।

"कारण-जगत में मृत्यु और पुनर्जन्म केवल विचार में ही होता है। कारण-शरीरी जीवों का आहार केवल चिरनूतन ज्ञानामृत है। वे शांति के झरने से पान करते हैं, अनुभूतियों की पथरहित भूमि में विचरण करते हैं और परमानंद के अनंत सागर में तैरते हैं। वह देखो! कैसे उनके उज्ज्वल विचार-देह परमतत्व के बने कोटि-कोटि ग्रहों को, नवजात ब्रह्मांडों के बुलबुलों को, ज्ञान-नक्षत्रों को, अनंत के हृदयरूपी आकाश में फैली विविध रंगी स्वर्णिम रंगछटाओं को, तेजी से पीछे छोड़ते हुए आगे निकल जाते हैं!

"कारण जगत में वास करने वाले अनेक जीव हजारों वर्षों तक वहीं रहते हैं। परमानंद की गहराइयों में अधिकाधिक उतरकर जब आत्मा पूर्णत: मुक्त हो जाती है, तब वह अपने छोटे-से कारण-शरीर से बाहर निकल कर संपूर्ण कारण जगत की विशालता को व्याप्त कर लेती है। विचारों के भिन्न-भिन्न भंवर, शक्ति, प्रेम, इच्छा, आनंद, शांति, अंतर्ज्ञान, स्थैर्य, आत्मसंयम और एकाग्रता की सारी वैशिष्ट्य-प्राप्त लहरें सदा आनंद से उमड़ते परमानंद सागर में विलीन हो जाती हैं। तब आत्मा को अपने आनंद की अनुभूति चैतन्य की एक विशिष्ट लहर के रूप में नहीं करनी पड़ती, बल्कि वह सनातन हास्य-रोमांच, धड़कनों की लहरों से युक्त पूरे ब्रह्म सागर में ही विलीन हो जाती है।

ब्रह्म से ऐक्य: एक मुक्तात्मा

"जब आत्मा तीन शरीरों के कोषों से बाहर निकल जाती है, तब वह सापेक्षता के नियम से या माया से हमेशा कि लिये मुक्त होकर अवर्णनीय शाश्वत अस्तित्व को प्राप्त कर लेती है। देखो यह सर्वव्यापकता की

तितली: इसके पंखों मे सूर्य, चन्द्र और तारे जड़े हैं। परमतत्व के साथ एकरूप होने वाली आत्मा ईश्वर के सृष्टि-स्वप्न के आनंद में मत्त होकर प्रकाश विहीन प्रकाश, अंधकार विहीन अंधकार, विचार विहीन विचार के प्रांत में अकेली रहती है।"

"आखिर मुक्त हुई आत्मा!" आदर से युक्त विस्मय से योगानंद जी बोल पड़े।

युक्तेश्वरजी कहते गये, "जब कोई आत्मा उन तीन देह-घटों से बाहर निकलती है, तब वह अपने व्यक्तित्व को खोये बिना अनंत परमतत्व के साथ एक हो जाती है। ईसा मसीह ने ईसा के रूप में जन्म लेने से पहले ही यह अंतिम मुक्ति प्राप्त कर ली थी। अपने अतीत की तीन अवस्थाओं में, जिन का प्रतीकस्वरूप अपने इहलौकिक जीवन में मृत्यु और पुनरुत्थान के मध्य उन्होंने तीन दिन तक अनुभव किया, उन्होंने परमतत्व के साथ पूर्णत: एकरूप होने की शक्ति प्राप्त कर ली थी।

"अविकसित मनुष्य को तीनों शरीरों से बाहर निकलने के लिये पृथ्वी पर और सूक्ष्म जगत में तथा कारण जगत में असंख्य जन्म लेने पड़ते हैं। यह अंतिम मुक्ति प्राप्त करने वाला सिद्ध चाहे तो दूसरे लोगों को ईश्वर तक पहुंचाने के लिये पृथ्वी पर अवतार लेकर आ सकता है या मेरी तरह सूक्ष्म जगत में ही वास कर सकता है। वहां वास करने वाला उद्धारक वहां के लोगों के कर्मों का कुछ बोझ अपने ऊपर लेकर सूक्ष्म जगत में उनके पुनर्जन्म के चक्र को समाप्त करने में और सदा के लिये कारण जगत में निकल जाने में उनकी सहायता करता है। या फिर मुक्त हुई आत्मा कारण-जगत में प्रवेश कर वहां के जीवों की कारण-शरीर में वास की अवधि कम कर पूर्ण मुक्ति पाने में सहायता कर सकती है।"

कर्मों का बंधन

"हे पुनरुत्थित आत्मन! मैं उन कर्मों के विषय में और अधिक जानना चाहता हूं, जो जीवों को तीन जगतों में लौट आने के लिये विवश करते हैं," योगानंद जी ने अपने गुरु से निवेदन किया। वे लिखते हैं, "मेरे मन में विचार आ रहा था कि मैं सदा के लिये अपने सर्वज्ञ गुरु के वचनों

को सुनता ही रहूं। पृथ्वी पर उनके जीवन के दौरान मैं कभी उनसे इतना ज्ञान एक ही बार में आत्मसात् नहीं कर सका था। अब पहली बार जीवन और मृत्यु के शतरंज के गूढ अंतरालों का सुस्पष्ट और निश्चित ज्ञान मुझे हो रहा था।"

श्री युक्तेश्वर ने अपनी आह्लाद दायक आवाज में उन्हें बताना आरंभ किया, "जब मनुष्य के सारे भौतिक कर्मों का, अर्थात उसकी सारी इच्छा-वासनाओं का पूर्ण नाश हो जाए, तभी वह सूक्ष्म जगत में अखंड वास कर सकता है। सूक्ष्म जगत में दो प्रकार के जीव रहते हैं। जिन जीवों के पृथ्वीलोक से संबंधित कर्म अभी शेष हैं और इसलिये जिन्हें अपने कर्मों का ऋण चुकाने के लिये स्थूल शरीर धारण करना ही पड़ेगा, उन्हें मृत्योपरांत सूक्ष्म जगत के अस्थायी निवासी कहा जा सकता है, वहां के अधिष्ठित वासी नहीं।

"जिन जीवों के पृथ्वी से संबंधित कर्म अभी खत्म नहीं हुए हों, वे सूक्ष्म जगत में मृत्यु होने के बाद सृष्टि-परिकल्पनाओं के उच्च कारण-जगत में प्रवेश नहीं पा सकते। उन्हें केवल स्थूल और सूक्ष्म जगत के बीच ही बार-बार आवागमन करना पड़ता है और बारी-बारी से उन्हें सोलह स्थूल तत्वों से बने स्थूल शरीर का तथा उन्नीस सूक्ष्म तत्वों से बने सूक्ष्म शरीर का बोध रहता है। तथापि अपने प्रत्येक स्थूल शरीर के निधन के बाद पृथ्वीलोक से आने वाला अविकसित जीव अधिकांश समय मृत्यु-निद्रा की गहरी मूर्छा में ही रहता है। सुंदर सूक्ष्म जगत का उसे कोई बोध नहीं होता। सूक्ष्म जगत में इस प्रकार की विश्रांति के बाद ऐसा जीव आगे की शिक्षा ग्रहण करने के लिये स्थूल जगत में लौट आता है और बार-बार आवागमन के द्वारा धीरे-धीरे उसे सूक्ष्म लोकों का परिचय होता जाता है।

"दूसरी ओर सूक्ष्म जगत के सामान्य वासी या लंबे समय से वहां प्रस्थापित हो चुके वासी वे जीव हैं जो पृथ्वी से संबंधित इच्छा-वासना से हमेशा के लिये मुक्त हो चुके हैं और उन्हें पृथ्वी के निकृष्ट स्पंदनों में लौट आने की आवश्यकता नहीं है। ऐसे जीवों के लिये केवल सूक्ष्म और कारण जगत के ही कर्मों को क्षय करना शेष रहता है। सूक्ष्म जगत में मृत्यु होने पर ये जीव सूक्ष्म जगत से भी अनंत गुणा सूक्ष्म और

सुंदर कारण जगत में जाते हैं। विधि के विधान द्वारा निर्धारित निश्चित अवधि पूरी होने पर सूक्ष्म जगत के अपने बचे हुए कर्म काटने के लिये इन उन्नत जीवों का हिरण्य लोक या सूक्ष्म जगत के किसी तत्सम उच्च लोक में नये सूक्ष्म शरीर में पुनर्जन्म होता है।"

इसके पश्चात श्री युक्तेश्वरजी ने कहा, "पुत्र! अब यह बात तुम्हारी समझ में अधिक अच्छी तरह आ गयी होगी कि ईश्वर की आज्ञा से ही मेरा पुनरुत्थान हुआ है और यह पुनरुत्थान विशेषकर उन आत्माओं का उद्धार करने के लिये हुआ है जो कारण जगत से लौटकर सूक्ष्म जगत में पुनर्जन्म धारण करती हैं, उन आत्माओं के लिये नहीं जो पृथ्वीलोक से सूक्ष्म जगत में आती हैं। पृथ्वीलोक से आने वाले जीवों के पृथ्वी संबंधित कर्म यदि शेष हों, तो वे हिरण्य लोक के समान किसी अति उच्च लोक तक नहीं पहुंच सकते।

स्वर्ग के सूक्ष्म साम्राज्य की लालसा

"जिस प्रकार पृथ्वी के अधिकांश लोगों ने ध्यान से प्राप्त होने वाली अंतर्दृष्टि के द्वारा सूक्ष्म जगत में उच्चतर सुखों और लाभों को पहचानना नहीं सीखा और इसलिये मृत्यु के वाद पृथ्वी के ही सीमित, निकृष्ट सुखों में लौट आने की उनकी इच्छा होती है, उसी प्रकार सूक्ष्म जगत में भी वास करने वाले अनेक जीव अपने सूक्ष्म शरीर के विघटन के समय कारण जगत के आध्यात्मिक आनंद की उच्च अवस्था की कोई कल्पना नहीं कर पाते और उसकी तुलना में सूक्ष्म जगत के अधिक स्थूल एवं निकृष्ट सुखों पर ही अपने विचार केन्द्रित रखने के कारण उस सूक्ष्म जगत में ही लौट आने को लालायित रहते हैं। ऐसे जीवों के लिये, सूक्ष्म जगत में मृत्यु होने के बाद उस कारण जगत के भावलोकों में अखंड वास कर पाने के लिये, जो विधाता से केवल एक महीन पर्दे द्वारा ही अलग है, सूक्ष्म जगत से संबंधित अत्यंत भारी कर्मों को काटना आवश्यक होता है।

"कारण जगत में कोई जीव तभी हमेशा के लिये रह सकता है, जब आंखों को सुखद लगने वाले सूक्ष्म जगत के किसी सुख की उसमें कोई इच्छा न रही हो जो उसे सूक्ष्म जगत में वापस आने का लालच दे सके।

वहां कारण जगत से संबंधित कर्मों को काटने का कार्य को पूरा करते हुए घट में बंद हुई आत्मा अज्ञान के तीन ढक्कनों में से आखिरी ढक्कन को भी उछाल कर फेंक देती है और कारण शरीर रूपी आखिरी घट से बाहर निकलकर परमतत्व में विलीन हो जाती है। अब तुम्हारी समझ में आ गया?" युक्तेश्वरजी ने अत्यंत मधुर मुस्कान के साथ योगानंद जी से पूछा।

"जी हां, आपकी कृपा से! मैं आनंद एवं कृतज्ञता से अवाक हो गया हूं," योगानंद जी ने उत्तर दिया। "न किसी गीत से और न किसी कथा से मुझे पहले कभी ऐसा प्रेरणाप्रद ज्ञान प्राप्त हुआ था। हिन्दू शास्त्रों में कारण जगत और सूक्ष्म लोकों का तथा मनुष्य के तीन शरीरों का उल्लेख तो है, पर कितने पहुंच से बाहर और अर्थहीन लगते हैं शास्त्रों के वे पन्ने मेरे पुनरुत्थित गुरुदेव के जीवंत वर्णन के सामने! उनके लिये सचमुच कोई ऐसा क्षेत्र नहीं बचा जहां जाकर कोई लौट नहीं सकता"!

श्री युक्तेश्वर ने फिर से कहना आरंभ किया, "मनुष्य के तीन शरीरों की अंतर्व्याप्ति उसकी त्रिविध प्रकृति के माध्यम से अनेक प्रकारों से अभिव्यक्त होती है। पृथ्वी पर जाग्रत अवस्था में मनुष्य को अपने इन तीन माध्यमों का थोड़ा बहुत बोध रहता है। जब वह शब्द, स्पर्श, रस, रूप और गंध के इन्द्रिय सुखों की प्राप्ति का प्रयास करता रहता है, तब वह मुख्यत: अपने जड़ शरीर के माध्यम से कार्य कर रहा होता है। कल्पना करते समय या इच्छा करते समय वह मुख्यत: अपने सूक्ष्म शरीर के माध्यम से कार्य कर रहा होता है। जब वह आत्मचिंतन या ध्यान की गहराइयों में डुबकी लगाता है, तो वह अपने कारण शरीर के माध्यम से कार्य कर रहा होता है। जो मनुष्य बार-बार अपने कारण शरीर से संपर्क करने का अभ्यस्त होता है, उसी के मन में दिव्य प्रतिभा के विराट विचार आते हैं। इस अर्थ में मोटे तौर पर किसी व्यक्ति को 'भौतिकवादी मनुष्य', 'स्फुर्तिवान मनुष्य' अथवा 'प्रतिभाशाली मनुष्य' के रूप में वर्गीकृत किया जा सकता है।

और इसमें यदि वह स्वप्न देखता है, तो वह अपने सूक्ष्म शरीर के साथ एकरूप रहता है और सूक्ष्म जगतवासियों की भांति ही बिना किसी प्रयास के किसी भी वस्तु की सृष्टि कर लेता है। यदि मनुष्य की नींद

गहरी और स्वप्नरहित हो, तो वह कई घंटों तक के लिये अपनी चेतना को, अपने अहं भाव को अपने कारण शरीर में स्थानान्तरित कर सकता है। ऐसी नींद मनुष्य में नवशक्ति का संचार कर देती है। स्वप्नद्रष्टा अपने कारण शरीर से नहीं, बल्कि सूक्ष्म शरीर से ही संपर्क कर पाता है; उसकी नींद पूर्णतः नवशक्ति का संचार नहीं करा सकती।"

पुनरुत्थान के लिये शरीर का ग्रहण

योगानंदजी लिखते हैं, "जब श्री युक्तेश्वरजी यह गूढ ज्ञान से पूर्ण आख्यान कर रहे थे, तब मैं श्रद्धामिश्रित प्रेम के साथ उनकी ओर देखते जा रहा था। मैंने कहा, 'दिव्य गुरुदेव! आपका यह शरीर ठीक वैसा ही दिखाई देता है, जैसा यह तब दिखाई दे रहा था जब पुरी आश्रम में मैं आखिरी बार इसके सन्मुख रोया था।'

"हां, हां, मेरा यह नया शरीर उस पुराने शरीर का बिल्कुल तत्सम प्रतिरूप है। मैं अपनी इच्छानुसार जब चाहे इस शरीर को साकार कर लेता हूं या विसर्जित कर देता हूं और पृथ्वी पर अपने वास की तुलना में, मैं ऐसा बहुत अधिक बार करता हूं। इस शरीर को तुरंत विसर्जित करके मैं अब प्रकाश के माध्यम से तत्क्षण एक लोक से दूसरे लोक पहुंचता हूं अथवा सूक्ष्म जगत से कारण जगत में या स्थूल जगत में पहुंच जाता हूं। (गुरुदेव मुस्कुराये!) आजकल तुम इतनी शीघ्रता से यहां वहां जा रहे हो, परंतु तुम्हें मुंबई में ढूंढ निकालने में मुझे कोई दिक्कत नहीं हुई!"

"ओह गुरुदेव! आपकी मृत्यु पर मैं इतना गहरा शोक कर रहा था", योगानंदजी ने कहा।

"आह! मेरी मृत्यु हुई ही कहां है? इसमें परस्पर विरोधाभास नहीं है?" श्री युक्तेश्वर के नेत्रों में प्रेम और मनोरंजन की चमक आ गयी और उन्होंने फिर कहना शुरु किया:

"पृथ्वी पर तुम केवल स्वप्न देख रहे थे और उस पृथ्वी पर तुमने मेरे स्वप्न-शरीर को देखा। बाद में उस स्वप्न शरीर को तुमने समाधि दे दी। अब उससे सूक्ष्म मेरा यह मांस का शरीर, जिसे तुम देख रहे हो, ईश्वर के पृथ्वी से अधिक सूक्ष्म एक लोक में पुनरुत्थित हुआ है। किसी

दिन इस सूक्ष्म शरीर का और उस सूक्ष्म लोक का भी अंत हो जायेगा; ये भी सदा के लिये नहीं हैं। स्वप्न के सभी बुलबुलों को जाग्रति के एक अंतिम स्पर्श से फूट जाना होगा। पुत्र योगानंद! स्वप्न और सत्य के बीच के भेद को समझो।"

योगानंद लिखते हैं, "इस वेदांती पुनरुत्थान के विचार से मैं आश्चर्य से भर उठा। मुझे अपने आप पर लज्जा आयी कि मुझे पुरी में गुरुदेव के निष्प्राण शरीर को देखकर उन पर दया आयी थी। आखिर अब मेरी समझ में आ गया कि मेरे गुरुदेव सदा ही ईश्वर में जाग्रत रहे थे और उनके लिये पृथ्वी पर उनका जीवन एवं उनकी मृत्यु तथा उसके बाद उनका यह पुनरुत्थान सृष्टि के विराट स्वप्न में ईश्वर की कल्पनाओं के खेल से अधिक कुछ था ही नहीं।"

युक्तेश्वर जी ने फिर कहा, "अब मैंने तुम्हें अपने जीवन, मृत्यु और पुनरुत्थान की वास्तविकताएं बता दी हैं, योगानंद! मेरे लिये शोक मत करो; बल्कि ईश्वर के स्वप्न में रचित मनुष्यों की इस पृथ्वी से ईश्वर के स्वप्न में ही रचित सूक्ष्म शरीरधारी आत्माओं के एक अन्य लोक में मेरे पुनरुत्थान की यह कहानी सब को बताओ। इससे संसार के दुखग्रस्त, मृत्युभय से पीड़ित स्वप्नद्रष्टाओं के हृदय में नयी आशा का संचार होगा।"

एक शाश्वत सार्वभौमिक आमंत्रण

"जी गुरुदेव! योगानंद जी ने उत्तर दिया। श्री युक्तेश्वर फिर बोले, "पृथ्वी पर मेरे मापदंड इतने अधिक ऊंचे थे कि अधिकांश लोगों की प्रकृति के लिये वे अति कष्टदायक थे। प्राय: मैं तुम्हें आवश्यकता से अधिक डांटा करता था। तुम मेरी कसौटी पर खरे उतरे। मेरी सारी डांट फटकार के बादलों कि बीच तुम्हारा प्रेम चमकता ही रहा। अब मैं कभी अपनी दृष्टि कठोर नहीं करूंगा, कभी तुम्हें डांट-फटकार नहीं लगाऊंगा।"

योगानंद लिखते हैं, "अपने महान गुरु की डांट-फटकारों का अभाव मुझे कितना खल रहा था! उनकी हर फटकार मेरे लिये सुरक्षा कवच बन गई थी। 'परमपूज्य गुरुदेव! लक्ष-लक्ष बार मुझे डांटिये, अभी फटकार लगाइये।'

"अब मैं तुम्हें कभी नहीं फटकारूंगा। ईश्वर के माया-स्वप्न में जब तक तुम और मैं अलग दिखते रहेंगे, तब तक हम दोनों साथ-साथ मुस्कुराते रहेंगे। अंततः हम दोनों एक बनकर परमात्मा में विलीन हो जायेंगे; तब हमारी मुस्कुराहट उसकी मुस्कुराहट होगी और हमारा संयुक्त आनंद-गीत ईश्वर के साथ तालमेल रखने वाले भक्तों के सुनने के लिये अनंतकाल तक प्रसारित होता रहेगा। अब मैं तुमसे विदा लेता हूं, प्रिय योगानंद!"

"ये शब्द मेरे कानों से टकराते ही मैंने अनुभव किया के मेरे बाहुपाश में ही गुरुदेव के शरीर का विलय हो रहा था", योगानंदजी लिखते हैं। "मेरी आत्मा के कण-कण में उनके शब्द गूंज उठे। 'पुत्र! जब भी तुम निर्विकल्प समाधि के द्वार से प्रवेश कर मुझे पुकारोगे, तब आज ही की तरह रक्त-मांस के शरीर में मैं तुम्हारे पास आ जाऊंगा।' यह दिव्य वचन देकर श्री युक्तेश्वर मेरी दृष्टि से ओझल हो गये। बादलों की ध्वनि के समान एक आवाज बार-बार संगीतमय गर्जन कर रही थी: 'सबसे कह दो! जो कोई भी निर्विकल्प समाधि में यह जान लेगा कि तुम्हारी यह पृथ्वी ईश्वर का एक स्वप्न मात्र है, वह ईश्वर के इससे भी सूक्ष्म स्वप्न में निर्मित हिरण्य लोक में आ सकता है और वहां पृथ्वीलोक के मेरे शरीर के बिल्कुल समान ही शरीर में मुझे पुनरुत्थित देख सकता है। योगानंद, सबसे कह दो'।

अपने सूक्ष्मशरीर का दर्शन

"वियोग का मेरा दुख दूर हो गया। उनकी मृत्यु पर करुणाभाव और शोक ने मेरी शांति छीन ली थी। अब वे शोक और करुणा मानों लज्जित होकर भाग गये। आत्मा के नव-उन्मुक्त अनंत रंध्रों से परमानंद के फव्वारे छूट रहे थे। बहुत समय से अप्रयुक्त रहने के कारण रुद्ध हुए रंध्र परमानंद की तेज बाढ़ से पवित्र और बड़े होते गये। मेरे अंतर्चक्षु के सामने मेरे पूर्वजन्म चलचित्र की भांति प्रकट हो रहे थे। अतीत के सारे अच्छे और बुरे कर्म गुरुदेव के दिव्य दर्शन के कारण मेरे चारों ओर फैले दैवी प्रकाश में घुल गये।

"अपनी आत्मकथा के इस प्रकरण में मैंने अपने गुरु की आज्ञा का पालन कर इस सुखद वार्ता का प्रसार किया है, जबकि जिज्ञासा रहित पीढ़ी फिर एक बार इससे संभ्रमित और व्याकुल हो उठेगी।"

लेखक की जानकारी में आधुनिक समय में यह संभवत: किसी योगी के द्वारा अपने लिंग-शरीर के दर्शन का पहला लिखित विवरण है। जबकि वैश्विक लिंग-शरीर की हल्की झल्कियां साधकों को यदा-कदा दिखाई पड़ती रहती हैं, केवल एक आत्मज्ञानी व्यक्ति ही जिसे अपने आत्म की परमात्म से एकता की अनुभूति हो जाती है, अपने स्वयं के लिंग शरीर को देखने में सक्षम होता है। संभवत: यही क्रम है, क्योंकि हमारा लिंग-शरीर वैश्विक लिंग-शरीर की समष्टि से भिन्न नहीं बल्कि उसी में सम्मिलित एक इकाई के समान ही है। जब हम शांत होते हैं, विशेषकर ध्यान के मध्य या उससे उठने के समय, अनेक बार हम अपने इष्ट देव अथवा देवी या किसी ऋषि अथवा गुरु को स्पष्ट रूप से देख पाते हैं, जो कुछ क्षणों तक विद्यमान रहने के पश्चात विलीन हो जाते हैं। ये सूक्ष्म रूप में गुरु के भ्रमण से भिन्न होते हैं जो गुरु की इच्छा से होते हैं, स्वत: नहीं। संभवत: ये वैश्विक लिंग-शरीर में झलक जाने वाले प्रतिबिंब होते हैं, जिससे हम भिन्न नहीं बल्कि उसके ही हिस्से होते हैं।

हम देवदूतों की, अन्य दिव्यात्माओं की और पुनरुत्थान एवं विश्व-चैतन्य में विलीन होने की घटनाओं के विषय में सुनते आये हैं। इसी प्रकार सिद्ध एवं आप्तकाम गुरु-शिष्य की इस जोड़ी के माध्यम से प्रकाशित इन विवरणों के प्रकाश में जीसस क्राइष्ट ने जिस (Kingdom of Heaven या) स्वर्ग के साम्राज्य की बात अनेकों स्थानों पर कही है, उसे समझना भी संभव होगा। स्वर्ग के साम्राज्य का यह प्रत्यक्ष अथवा स्वत: अनुभूत विवरण जो श्री युक्तेश्वर एवं उनके शिष्य योगानंद जी के द्वारा दिया गया है, सूक्ष्म जगत से संबंध रखने वाली इस प्रकार की अनेक बातों को आधिकारिक पुष्टि प्रदान करता हैं जो अक्सर विभिन्न माध्यमों से हमारे संज्ञान में आती रहती हैं। साथ ही, जिस विश्व में हम रहते हैं उसे देखने और उसके प्रति अपने दायित्वों और हमारे द्वारा करणीय एवं अकरणीय कार्यों के परिप्रेक्ष्य में, यह हमें एक सकारात्मक विचार पद्धति के अनुकरण एवं वैश्विक प्रचार एवं प्रसार की प्रेरणा भी देता है।

अध्याय – ९

हिमालय के सिद्धाश्रम

आज से तीन हजार वर्षों से भी अनेक पूर्व ही भारत के ऋषियों ने यह ज्ञान अर्जित कर लिया था कि आवश्यक प्रयास करने पर किस प्रकार किसी योगी के द्वारा वृद्धावस्था और मृत्यु पर भी विजय प्राप्त की जा सकती है। इसी प्रकार यहां ऐसे व्यक्ति भी जन्मित होते आये हैं जिनमें योग्यता थी, जिन्होंने आवश्यक ज्ञान प्राप्त करने के पश्चात कठिन परिश्रम तथा प्रयास भी किया था, और जो अपने उद्देश्य को प्राप्त करने में सफल भी हो गये थे।

जब ईसा की पहली शताब्दी प्रारंभ होने को थी, उस समय विश्व के अध्यात्मिक क्षेत्र में महापुरुषों की एक ऐसी परंपरा का जन्म हो रहा था जो भौतिक प्रकृति का अपनी इच्छा के अनुरूप उपयोग करने में सक्षम थे, और सैंकड़ों वर्षों तक जीवित रहने में भी।

यदि किसी ने अपने स्वास्थ्य का ध्यान रखा है और उसे पर्याप्त चिकित्सा सेवा भी उपलब्ध है, तो आज वह सरलता से आयु के नब्बे के आंकड़े को स्पर्श करने का प्रयास कर सकता है। आज ऐसे अनेक व्यक्ति मिल जायेंगे जिन्होंने अपने जीवन का शतक पार कर लिया है, और आने वाले दशकों में अनेक व्यक्ति १५० का आंकड़ा भी स्पर्श कर सकेंगे, ऐसा प्रतीत होता है। तथापि यदि अन्य लोगों में से अधिकांश आयु में अपने नवम दशक को पार करने में समर्थ नहीं होते हैं, और यदि १५० पार वालों के पौत्र-पौत्रियां जीवित भी रहते हैं, तो भी जिन लोगों से ये अति-वरिष्ठ व्यक्ति अपनी बातें कहना चाहेंगे या जिनके साथ वे अपने विचार-आदि साझा करना चाहेंगे, वे सभी मृत्यु को प्राप्त हो चुके होंगे।

आत्म-साक्षात्कार कर लेने वाले सिद्ध व्यक्तियों के लिये सबसे अधिक आनन्द और संतोष का समय वह होता है जब वे समाधि में स्थित होकर दिव्य आनंद में मग्न होते हैं। फिर भी एक बड़े परिप्रेक्ष्य में वे उतने अकेले भी नहीं होते। यूं तो यह विश्व सिमट कर सभी के लिये छोटा होता जा रहा है, पर देश और काल की सीमाओं से मुक्त सिद्ध व्यक्तियों के लिये तो यह पहले से ही और भी अधिक छोटा है, अत: अपने समान अन्य सिद्धों के संपर्क में आना भी उनके लिये उतना ही स्वाभाविक है। यदि भारत का यह योग-विज्ञान सत्य है, तो यदि एक व्यक्ति सिद्धत्व की प्राप्ति कर सकता है तो वैसी ही या उसके आस-पास की श्रेणी में अन्य सिद्ध योगी भी होंगे ही। वास्तव में तो पिछले पांच हजार वर्षों में सभी कालखंडों में ऐसे अनेक सिद्ध पुरुष एवं सिद्ध भैरवी मातायें उपस्थित रहते आये हैं, भले ही कुछ लोगों को ही उनका ज्ञान हो पाता हो और जनसाधारण को तो उनके संपर्क में आने का अवसर ही न मिलता हो।

सिद्ध आश्रमों की आवश्यकता

यह वह समय था जब भारत में संवित विज्ञान का प्रकाश हो चुका था और विशिष्ट तकनीकों एवं योग विज्ञान का भी विकास हो गया था, क्योंकि तब आज के भारत और इससे संलग्न क्षेत्रों में योग्य, जिज्ञासु एवं उद्‌यमी युवा वर्ग का भी सर्वथा अभाव नहीं था। शीघ्र ही उस काल की साठ-सत्तर की आयु के औसत की तुलना में शतायु लाभ करने और उससे भी अधिक वयस को प्राप्त कर लेने वाले योगियों एवं भैरवियों की एक ऐसी परंपरा लोगों के दृष्टिपथ में आने लगी, जिनका सब कुछ आश्चर्यजनक प्रतीत होता था। इसी समय कुछ वरिष्ठ एवं दीर्घजीवी योगमार्गी सिद्धों के द्‌वारा इस प्रकार के योगाश्रम भी निर्मित किये जाने लगे, जिनमें उनकी अनुमति के बिना साधारण व्यक्तियों का प्रवेश संभव नहीं था। ऐसे आश्रमों में रहकर सिद्ध योगी एक दूसरे से संपर्क में रहते हुए भी निर्विघ्न होकर योगाभ्यास कर सकते थे, और अपने चुनिंदा शिष्यों को शिक्षा भी प्रदान कर सकते थे। इनमें से अधिकांश सिद्धाश्रम उस काल खंड में वर्तमान किसी सिद्ध-पीठ के आसपास ही स्थापित किये गये हैं।

इस संदर्भ में जानकारी प्राप्त करने के लिये डॉ. गोपीनाथ कविराज से अधिक उपयुक्त विद्वान को खोज पाना कठिन होगा जिन्होंने इस विषय में कई लेख लिखे हैं और जिन्हें एकत्र करके 'ज्ञानगंज' नाम से एक पुस्तक का संकलन भी किया गया है। डॉ. कविराज के अनुसार, "सिद्ध पीठ उस स्थान को कहा जाता है जहां इसके पूर्व किसी महान साधक ने अपनी साधना करके ज्ञान प्राप्त किया हो, जहां विस्मयजनक घटनायें घटित होती रहती हों, और जहां के स्पंदन हजारों वर्षों तक अपनी शुद्धता कायम रहते हुए वर्तमान में भी अन्य साधकों की साधना के लिये उपयुक्त हों।

"इसके अतिरिक्त, सिद्धि प्राप्त करने के पश्चात यदि उस महापुरुष ने उसी स्थान को अपने निवास तथा अपनी अन्य गतिविधियों के लिये भी चुन लिया हो, तो वह स्थान 'सिद्ध भूमि' कहलाने लगता है। इस स्थान विशेष में अनेक दिव्य शक्तियों और ऊर्जाओं का स्वत: समावेश हो जाता है और इसके फलस्वरूप उस भूमि से कुछ अद्भुत गुण भी युक्त हो जाते हैं (तथापि उनका उपयोग केवल सिद्ध व्यक्तियों के द्वारा ही संभव होता है)। इनमें से किसी सिद्ध भूमि को यदि एक सिद्धाश्रम का रूप दिया जाता है, तो इस प्रक्रिया में आश्रम के अधिष्ठाता के द्वारा प्राय: एक ऐसी व्यवस्था भी सम्मिलित की जाती है जिसके प्रभाव-स्वरूप कोई अवांछनीय एवं अज्ञात व्यक्ति वहां प्रवेश न कर सके। इस सूक्ष्म एवं अदृश्य संरचना की सृष्टि आश्रम के अधिष्ठाता सिद्ध या एकाधिक सिद्धों के द्वारा अपनी इच्छा शक्ति के प्रयोग के माध्यम से की जाती है (इसमें किसी यांत्रिक प्रणाली का उपयोग आवश्यक नहीं होता)।"

सिद्धों की प्रिय-भूमि तिब्बत

कविराज जी के अनुसार, इस प्रकार की सिद्ध-भूमियां केवल हिमालय क्षेत्र में ही नहीं बल्कि भारत के अनेक अन्य प्रांतों में भी हैं, परंतु हिमालय क्षेत्र में इनकी बहुतायत है। हिमालय में स्थित समस्त तिब्बत ही एक रहस्यमयी भूमि है। वहां ऐसे अनेक मठ और आश्रम आज भी अवस्थित हैं, जिनके विषय में बाहर के सभ्य जगत में कोई विशेष ज्ञान नहीं है।

इनके अत्यंत समीप पहुंच जाने पर भी भ्रमणकारी पर्यटकों और अन्य लोगों को इनका आभास भी प्राप्त नहीं होता। उन्होंने विश्वनाथ मुखर्जी को (जिनकी पुस्तकों की चर्चा हम कर चुके हैं) एक बार तिब्बत के एक गुप्त बौद्ध मठ से संबंधित एक घटना के विषय में बताया था।

"जिस समय दूसरा विश्व युद्ध छिड़ा हुआ था, दो जर्मन सैलानी गिरफ्तारी से बचने के लिये नेपाल से तिब्बत की ओर चले गये थे। वहां उन्हें एक बौद्ध विहार में शरण मिल गई थी। उस मठ में उनके अनुकूल पाश्चात्य जगत की सभी सुविधायें उन्हें उपलब्ध थीं। विश्व युद्ध की समाप्ति से अनेक समय के पश्चात अपनी समझ से तो वे पैदल भारत की ओर निकले थे, परंतु मार्ग भूल कर वे बर्मा पहुंच गये थे।

"जब उन जर्मन सैलानियों ने एक पर्यटकों की मंडली में अपने अनुभवों को बताया तो किसी ने उनका विश्वास नहीं किया। तथापि जब उन्होंने साहसिक अभियान के प्रेमी पर्यटकों की उस मंडली को वहां ले जाने का प्रस्ताव दिया तो उनके श्रोताओं में से कुछ इसके लिये प्रस्तुत भी हो गये। वे जर्मन यात्री उस अभियान पार्टी को साथ लेकर तिब्बत में ठीक उसी स्थान पर उपस्थित हो गये जहां उन्होंने एक बौद्ध मठ में अनेक वर्षों तक वास किया था। परंतु वहां पहुंच कर उन्होंने देखा कि वहां तो कोई मठ ही नहीं था।

"वही पहाड़ की चोटी वहां उपस्थित थी, वही वृक्षों का झुंड था जहां बैठकर वे घंटों तक चर्चायें करते रहते थे, और वही झरना भी वहीं अपने स्थान पर था जिसके नीचे वे स्नान करते थे। सब कुछ उसी प्रकार यथास्थान था, केवल वह मठ ही अपने सभी वासियों और उन सभी सुविधाओं के सहित जिनका कई वर्षों तक उन्होंने उपयोग किया था, वहां किसी प्रकार भी उनके दृष्टिपथ में नहीं आ रहा था।" अनेक वर्षों के बाद विश्वनाथ मुखर्जी ने किसी अखबार अथवा मैगजीन में इसी घटना का यही विवरण फिर से पढ़ा था।

बनारस का वह रहस्यमय बालक

'साधु दर्शन एवं सत्प्रसंग' की अपनी पुस्तक श्रृंखला में कविराज जी ने एक अद्भुत बालक 'केदार' के विषय में चर्चा की है जिससे उनकी भेंट

उनके काशी में प्रवास के मध्य हुई थी। केदार से उनकी पहली मुलाकात अक्तूबर १९३७ में अपने एक परिचित के स्थान पर हुई थी। इसके पूर्व वे एक अखबार में उस युवा बालक के विषय में छपी यह खबर पढ़ चुके थे कि वह अनेक बार अपने शरीर को छोड़कर सूक्ष्म लोकों की यात्रा पर चला जाता था। केदार की उम्र उस समय सोलह वर्ष की थी और उसके बाद नियमित अंतरालों पर कविराज उससे मिलते रहते थे और उसके विकास को भी देखते-समझते रहते थे। कुछ ही वर्षों में उस बालक ने अपने शरीर को छोड़कर जाना बंद कर दिया था और अपने स्थान पर बैठे-बैठे ही वह दूरस्थ अनेक स्थानों को देख भी लेता था और वहां की बातें भी सुन सकता था, और इसी प्रकार वह सूक्ष्म भूमियों को भी देख लिया करता था।

"यह संभवत: १९४३ की घटना थी, जब एक दिन संध्या के समय २२ वर्ष के केदार के पास एक साधु प्रकृति के व्यक्ति ने आकर संपर्क किया। वे सज्जन एक दिव्य महानुभाव के संदेशवाहक की भूमिका का निर्वाह कर रहे थे। उन्होंने केदार को अगले दिन दोपहर के बाद सांय ४ बजे एक निश्चित स्थान पर पहुंचकर अपने पूजनीय से मिलने का निमंत्रण दिया। दिशा निर्देश के संबंध में जिज्ञासा करने पर उन आगंतुक ने कहा, 'मुख्य चौराहे को पार करने के बाद तुम विश्वेश्वर गंज की दिशा में जाना। वहां से तुम स्वयं रास्ता समझ जाओगे, तुम्हें किसी से जिज्ञासा करने की आवश्यकता नहीं पड़ेगी'।

"अगले दिन यथासमय केदार अकेले साइकिल पर सवार होकर विश्वेश्वर गंज की ओर चल पड़ा। वहां पहुंचकर उसे अपने सामने एक बड़ा मैदान दिखाई दिया। इसके पूर्व केदार ने उस मैदान को कभी नहीं देखा था, पर उस समय यह बात उसके ध्यान में नहीं आई। उसे उस मैदान के मध्य से होकर दूसरी दिशा में जाने वाली एक सड़क दिखाई पड़ी। सड़क के दोनों ओर जोते हुए खेत और उसी प्रकार की अन्य वस्तुएं दृष्टि में आ रहे थे, और उसी मैदानी क्षेत्र के मध्य वे महापुरुष विराजमान थे जिन्होंने उसे बुलाया था। अपनी साइकिल एक ओर खड़ी करके और अपने जूते उतार कर केदार उन दिव्य महापुरुष के समक्ष उपस्थित हो गया। संत ने उससे बैठने के लिये कहा और अगले दो घंटों

से भी अधिक समय तक वे उसके साथ उससे संबंध रखने वाली अनेक गुप्त एवं व्यक्तिगत बातों की चर्चा करते रहे जो अन्य लोगों को बताये जाने के योग्य नहीं थी।

"उसे सभी आवश्यक निर्देश देने के पश्चात संत ने उससे कहा, 'ठीक है केदार, अब तुम सीधे अपने घर चले जाओ क्योंकि तुम्हारी माता तुम्हारे विषय में चिंतित हो रही हैं', यह कहते हुए उन महात्मा ने अपने हाथ को कुछ आगे बढ़ा दिया। उनके ऐसा करते ही केदार को अपना घर दिखाई पड़ने लगा तथा अपनी माता एवं बहन भी, और उनके मध्य हो रही बातें भी उसे सुनाई पड़ने लगी। केदार ने महात्मा से प्रश्न किया, 'यह कौनसा स्थान हैं, जहां हम अभी खड़े हैं?' महात्मा ने उत्तर दिया, 'अभी हम एक ऐसे स्थान पर हैं, जहां से इस विश्व का कोई भी स्थान अत्यंत निकट प्रतीत होगा'। यह कहने के साथ ही ऋषि ने अपना हाथ फिर एक बार हिलाया और केदार के घर का दृश्य उसकी दृष्टि से ओझल हो गया।

"महात्मा को प्रणाम करके केदार ने अपनी साइकिल उठाई और उसके पैडल चलाते हुए वह अपने घर की ओर चल पड़ा। उसे पूर्ण विश्वास था कि उस मैदान से निकलते ही वह विश्वेश्वर गंज पहुंच जायेगा, परंतु ऐसा हुआ नहीं। मैदान को पार करते ही उसने देखा कि वह तो इलाहाबाद रोड़ पर आ गया है। वहां उसके परिचित सभी स्थान उसके दृष्टिगोचर थे। उसे कबीर का जन्मस्थान लहरतारा भी दिखाई दे रहा था, और वहीं पास ही अवस्थित बौद्ध मठ भी। यह स्थान विश्वेश्वर गंज से तीन मील दूर था। उसकी समझ में नहीं आ रहा था कि ऐसा किस प्रकार हो गया था। वह पूर्व की दिशा में गया था परंतु अब पश्चिम की ओर से लौट रहा था।

"इस घटना के अगले दिन ही केदार ने कविराज जी से बात की थी। इसके पश्चात उन दिव्य महापुरुष ने केदार के पिछले जन्मों में उसके द्वारा उपार्जित ज्ञान को उसे पुन: प्रदान करने के उद्देश्य से कई अवसरों पर उसे वार्तालाप के लिये बुलाया था। हर बार उनके मिलने का स्थान वही होता था, परंतु हर बार उसके लौटने का पथ उस बड़े शहर के अलग-अलग स्थानों से हुआ करता था।"

सिद्ध भूमियों की विशिष्टतायें

यहां हम सिद्ध भूमियों की बात कर रहे थे जिसे 'व्यक्ति-प्रधान' समझना चाहिये, सिद्धाश्रमों की नहीं, जिनमें अनेक सिद्धों और उनके शिष्यों का निवास होता है। यह भूमि कहीं भी एक उपयुक्त स्थान तलाश करके वहां उपस्थित हो जाती है। ऐसी ही एक घटना हम काशी के ही दशाश्वमेध घाट पर घटित होती हुई देख चुके हैं, जहां माताजी अपनी सिद्ध भूमि के सहित उसके द्वार से निकलकर रामगोपाल के समक्ष प्रकट होकर उसी प्रकार, उसी में प्रवेश करके उसके साथ ही लुप्त हो जाती हैं। केदार वाली घटनायें उससे लगभग छः दशकों के बाद की हैं। प्रवेश द्वार के लिये एक उपयुक्त स्थान का चुनाव करने के पश्चात यह भूमि संभवतः किसी निश्चित योजना अथवा प्रणाली के अंतर्गत कार्य करते हुए चलायमान रहती थी, और उसी के अनुसार इससे निर्गमन का स्थान परिवर्तित होता रहता था।

कविराज जी के अनुसार, "सिद्ध भूमि (अपने अधिष्ठाता की इच्छा से और उसकी आवश्यकता के अनुरूप निर्मित होने के पश्चात) अपना आकार और अपने गुण सदैव और सभी स्थानों पर वैसे ही कायम रखती है। यद्यपि भौतिक दृष्टि से देखने पर यह स्थूल भूमि के समान ही दृष्टिगोचर होती है, तथापि यह परा-भौतिक भूमि होती है। इसमें खंड नहीं होते और यह अविभाज्य होती है। यह अपने अधिष्ठाता की इच्छानुसार खंड-समन्वित प्रतीत हो सकती है, परंतु एक समष्टि के रूप में इसमें विभाजन के लिये स्थान नहीं होता।

"इसके अधिष्ठाता की इच्छा से इसमें किसी भी स्थान से किसी वांछित व्यक्ति का प्रवेश संभव होता है। तथापि यह न तो पूर्ण रूप से स्थूल (भौतिक) ही होती है और न ही पूर्ण रूप से सूक्ष्म (Astral) मात्र, बल्कि इसमें स्थूल एवं सूक्ष्म दोनों के ही गुण एक ही समय में दृष्टिगोचर होते हैं।"

एक मृत्युंजयी गुरु

विश्व के समक्ष पहली बार श्रद्धेय बाबाजी के नाम का प्रकाश परमहंस योगानंदजी के द्वारा लिखित 'योगी कथामृत' (Autobiography of a Yogi) नामक पुस्तक के माध्यम से हुआ, जिसे आज के समय अध्यात्म

एवं योग के प्रति जिज्ञासा रखने वाले युवा एवं वृद्ध सभी के लिये एक अवश्य-पठनीय पुस्तक माना जाता है।

बाबाजी ने योगानंद जी के परमगुरु श्री श्यामाचरण लाहिड़ी को स्वयं गुप्त राजयोग की क्रियाओं में सन् १८६१ में दीक्षित किया था और उसके पश्चात भी १८९५ में उनके देह-त्याग के पूर्व वे अनेकों बार उनके समक्ष प्रकट हुए थे।

योगानंदजी के गुरु स्वामी युक्तेश्वर गिरी को बाबाजी ने पहली बार प्रयाग के कुंभ मेले में १८९४ ई. में दर्शन दिये थे और उसके पश्चात पश्चिम बंगाल के श्रीरामपुर और वाराणसी में भी। १९वीं शताब्दी के अंतिम दशक में ही वे रामगोपाल मजुमदार के समक्ष भी प्रकट हुए थे और इस प्रकार उन्होंने रामगोपाल की अपने और अपनी चचेरी बहन माताजी के दर्शन की एक दीर्घकाल स्थायी इच्छा की भी पूर्ति कर दी थी। सन् १९२० में योगान्दजी के अमेरिका जाने के समय बाबाजी ने कोलकाता में उनके निवास स्थान पर पहुंच कर उन्हें भी अपना आशीर्वाद दिया था। इन सभी घटनाओं के विवरण योगानंद जी के द्वारा अपनी उपरोक्त आत्मकथा में दिये गये हैं।

मार्शल गोविंदन के अनुसार, उत्तराखंड के गढवाल क्षेत्र में बद्रीनाथ के समीप अपने आश्रम में बाबाजी ने योगी एस.ए.ए. रमैया को उनके वहां छः महीनों के आवास के मध्य राजयोग की सभी १४४ क्रियाओं में दीक्षित एवं शिक्षित किया था (इन क्रियाओं में शरीर की मुद्राओं, प्राणायाम, ध्यान एवं मंत्र सभी का समन्वय होता है)।

मार्शल गोविंदन को बाबाजी के दर्शन

मार्शल गोविंदन ने यह भी बताया है उन्हें योगी रमैया से क्रिया योग की सभी १४४ क्रियाओं की दीक्षा प्राप्त हुई थी और उनका भली भांति अभ्यास करने के पश्चात जब उनके गुरु उनसे पूर्ण संतुष्ट हो गये, तो उन्होंने उन्हें दूसरों को दीक्षा देने के लिये भी अधिकृत कर दिया था और उन्हें यह निर्देश भी दिया था कि वे योग्य व्यक्तियों को क्रिया योग की शिक्षा प्रदान करते रहें। श्री गोविंदन के अनुसार अक्तूबर १९९९ में दो अवसरों पर बाबाजी ने उन्हें भी सूक्ष्म प्राण भूमि के स्तर पर हिमालय पर बद्रीनाथ

से तीस किलोमीटर की दूरी पर दर्शन दिये थे। बाबाजी ताम्रवर्ण के केशों से युक्त और श्वेत धोती धारण किये हुए एक दीप्तिमान युवा के रूप में प्रकट हुए थे और उन्होंने उन्हें अपने पादस्पर्श की अनुमति भी दी थी।

गोविंदन के अनुसार १९७० के दशक में बाबाजी हिमालय के कुमाउं क्षेत्र में स्वामी सत्येश्वरानंद के समक्ष प्रकट हुए थे, और १९८० के दशक के अंत में लाहिड़ी महाशय के प्रपौत्र शिबेंदु लाहिड़ी को भी उनके निवास स्थान पर उन्होंने दर्शन दिये थे।

योगानंद जी के बचपन के उनके संस्कृत के शिक्षक स्वामी केवलानंद थे, जो एक साधु प्रकृति के संत-सदृश पुरुष थे। उन्हें बाबाजी के साथ हिमालय क्षेत्र में कुछ समय व्यतीत करने का अवसर मिला था। बाद में उन्होंने योगानंद जी को बताया था कि उनके अद्‌वितीय गुरु "बाबाजी पहाड़ों में अपनी मंडली के साथ एक स्थान से दूसरे स्थान पर आना-जाना करते रहते थे। उनकी छोटी सी मंडली में दो उच्च अवस्था प्राप्त अमेरिकन शिष्य भी सम्मिलित रहते थे। एक स्थान पर कुछ समय तक रुकने के पश्चात बाबाजी हिंदी में निर्देश देते थे, 'डेरा डंडा उठाओ'। वे अपने साथ एक दंड (डंडा) रखा करते थे (जो पहाड़ों में पैदल यात्रा में सहायक होता है)। उनका यह कहना इस बात का इंगित होता था कि वे शीघ्र किसी अन्य स्थान पर जाना चाहते थे। वे सदैव आकाश मार्ग से ही यात्रा नहीं करते थे। अनेक बार वे एक पर्वत शिखर से दूसरे पर्वत पर पहुंचने के लिये पैदल यात्रा भी किया करते थे।"

प्राचीन समय में बाबाजी

भारत में जगतगुरु के नाम से विख्यात आदि शंकराचार्य (७८८-८२० ई़) ने हिंदू धर्म के अपने लंबे इतिहास से गुजरने के मध्य इसमें जिन कुरीतियों का समावेश हो गया था उन्हें हटाते हुए तथा उपनिषदों एवं अन्य वैदिक ज्ञान को भी समस्त भ्रांतियों से मुक्त करते हुए, अद्‌वैत की धारणा को एक सुदृढ़ धरातल पर पुनर्स्थापित किया था। उनके गुरु अति वरिष्ठ एवं दीर्घायु गोविंदपाद थे तथापि नवम शताब्दी में उन्हें योग दीक्षा देने वाले गुरु और कोई नहीं बल्कि महावतार बाबाजी ही थे।

लाहिड़ी महाशय के चार विभिन्न शिष्यों ने, जिनमें से सभी ने अपने समय में सिद्धत्व की प्राप्ति कर ली थी, योगानंद जी के समक्ष अलग-अलग वार्ताओं के मध्य यह कहते हुए इस बात की पुष्टि की थी कि उन्हें स्वयं लाहिड़ी महाशय ने बाबाजी के द्वारा नवम शताब्दी में शंकराचार्य की योग दीक्षा के विषय में बताया था। इसी प्रकार यह भी मान्यता है कि प्रसिद्ध संत कबीर दास (१४०७-१५१८ ई.) को भी, जिन्हें हिंदू एवं मुस्लिम दोनों समाजों में अत्यंत आदर की दृष्टि से देखा जाता था, बाबाजी के द्वारा ही १५वीं शताब्दी में योग दीक्षा प्रदान की गई थी।

योगानंद जी को कभी सीधे लाहिड़ी महाशय से मिलने का अवसर नहीं मिला, यदि अपनी शैशवावस्था में उन्हें उनका आशीर्वाद प्राप्त होने की घटना को छोड़ दिया जाये। अत: जो कुछ भी उन्हें अपने गुरु एवं उनके विभिन्न गुरु-भाइयों के माध्यम से ज्ञात हुआ था, उसके आधार पर विशेष रूप से पाश्चात्य जगत के पाठकों के लिये लिखी गई अपनी पुस्तक में उन्होंने इतना कहना ही पर्याप्त समझा कि बाबाजी तथा उनकी चचेरी बहन माताजी, दोनों की ही आयु ५०० वर्षों से भी अधिक थी।

दूसरी ओर एक दीर्घकाल व्यापी और गहरे अन्वेषण के पश्चात मार्शल गोविंदन इस निष्कर्ष पर पहुंच सके हैं कि बाबाजी का जन्म भारत के तामिलनाडु में आज के समय में परंगिपेट्टाई नाम से परिचित एक ग्राम में ३० नवंबर २०३ ई. में हुआ था। उनका बचपन का नाम नागराज था और श्री गोविंदन के अनुसार उन्होंने तामिल सिद्ध परंपरा का अनुसरण करते हुए ही सिद्धत्व प्राप्त किया है। अत: यह विशेष आश्चर्य की बात नहीं होनी चाहिये कि तामिल सिद्ध संप्रदाय के अंतर्गत दीक्षित होने के कारण वहां की नाथ परंपरा के अनुसार उन्हें षष्टम नाथ भी माना जाता है।

बाबाजी का वास स्थान

मार्शल गोविंदन के अनुसार, बाबाजी के एक अन्य शिष्य वी.टी. नीलकांतन को अक्तूबर 1953 में दो बार अपने सूक्ष्म शरीर में बाबाजी के आश्रम की यात्रा करने की अनुमति प्राप्त हुई थी। उनके द्वारा दिये गये विवरण के

अनुसार हिमालय के बद्रिकाश्रम क्षेत्र में ही, परंतु प्रसिद्ध बद्रीनाथ मंदिर से यथेष्ट दूरी पर, बाबाजी का अपना आश्रम स्थित है जिसका नाम गौरी शंकर पीठ है। यह आश्रम चारों ओर से पथरीले पहाड़ों से घिरा हुआ है, जिनके आधार स्थल पर अनेक गुफायें है और उनमें जो सबसे बड़ी गुफा है वही बाबाजी की गुफा है।

इस गुफा के सामने की ओर एक कोनें में दो जलप्रपात हैं। इस आश्रम के वासी, जिनकी संख्या उस समय जब श्री नीलकांतन वहां गये थे १४ थी, बड़े झरने का उपयोग स्नानादि के लिये करते हैं जबकि पीने के लिये वे छोटे झरने के जल का उपयोग करते हैं। इन दोनों झरनों का जल अपने-अपने मार्ग से बहते हुए इस क्षेत्र के दूसरी दिशा में एकत्र होकर एक सुरंग के मुहाने तक पहुंच कर उसमें विलीन हो जाता है। रात्रि के समय भी, यद्यपि कोई दृश्यमान प्रकाश का माध्यम नहीं होता, सारा क्षेत्र भली भांति प्रकाशमान रहता है। एक रहस्यमय शक्ति किसी बाहरी व्यक्ति को आश्रम के चारों ओर एक मील की सीमा का उलंघन करने नहीं देती। अत: कोई भी व्यक्ति बाबाजी की अनुमति के अभाव में आश्रम तक पहुंच ही नहीं पाता।

गोविंदन के अनुसार श्री नीलकांतन के भ्रमण के समय, "आश्रमवासी बाबाजी की गुफा के सामने बैठकर भोजन कर रहे थे। केवल बाबा जी की धोती हल्के लाल रंग की थी और उनके अतिरिक्त अन्य सभी ने श्वेत वस्त्र धारण कर रखे थे। भोजन करते समय वे एक दूसरे से बात करने के लिये हिंदी और अंग्रेजी भाषाओं का प्रयोग कर रहे थे। उन सभी के चेहरे आभा से युक्त थे जिनसे आनंद और प्रसन्नता झलक रही थी।

"उनके मध्य बाबाजी की चचेरी बहन माताजी नागलक्ष्मी देवीयार भी उपस्थित थी जिन्हें 'अन्नाई' भी कहा जाता है। उन्होंने एक हरे रंग की किनारी और लंबे लाल रंग के पल्लू वाली श्वेत रंग की सूती साड़ी पहन रखी थी जिसके पल्लू को उन्होंने अपने गले में लपेट रखा था।" नीलकांतन के अनुसार वे एक अत्यंत सुंदर श्वेतवर्णा छरहरी बदन वाली युवती के समान दिखाई पड़ती हैं। वे बाबाजी से कुछ लंबी भी प्रतीत होती हैं, और उनका चेहरा भी उनकी अपेक्षा कुछ लंबा प्रतीत होता है।

“अन्नाई नागलक्ष्मी देवीयार पर आश्रम के दैनिक व्यवहार को संगठित रखने और वहां के वासियों की विभिन्न आवश्यकताओं की पूर्ति करने का दायित्व था। उनकी देख-रेख में ही वहां के वाशिंदों के लिये प्रतिदिन एक सरल, सात्विक और शाकाहारी भोजन बनता था, जो दोपहर के समय परोसा जाता था। वहां वास करने वाले अन्य लोगों में ऐसे भी अनेक व्यक्ति सम्मिलित थे जिनकी लंबी दाढियां उनकी नाभि तक पहुंचती थी। उनमें एक पूर्वकालिक मुस्लिम शासक भी था जिसने अपना सारा धन और सेना बाबाजी को अर्पित करने का प्रयास किया था और जिसे बाबाजी के द्वारा ठुकरा दिया गया था। बाद में उसने स्वयं को समर्पित करने का प्रस्ताव दिया था, जिसे उन्होंने स्वीकार कर लिया था। पश्चिम की एक भारी बदन वाली महिला और एक लगभग दस वर्ष की बालिका भी थी और स्वामी प्रणवानंद भी वहां उपस्थित थे (जिनकी चर्चा योगानंदजी ने एक ही समय में दो शरीरों में उपस्थित हो जाने वाले स्वामी के रूप में अपनी आत्मकथा में की है)।

“बाबाजी के शिष्य प्रणवानंदजी को सब अम्मन प्रणवानंद के नाम से पुकारते हैं। बाबाजी के शिष्यों में से केवल अम्मन एवं अन्नाई (माताजी) ही ऐसे हैं जिन्होंने (उन्हीं के समान) मृत्युंजयी अवस्था को प्राप्त कर लिया है। आश्रम के वासी नित्य योग साधना का अभ्यास करते हैं जिसमें आसन, प्राणायाम, ध्यान और मंत्र का समावेश होता है और वे संकीर्तन के माध्यम से प्रतिदिन सर्वव्यापी ईश्वर के प्रति अपने प्रेम को भी प्रदर्शित करते हैं।”

मृत्युंजयी गुरु के पथ का संधान

गोविंदन जी के अनुसार बाबाजी (नागराज) का जन्म ३० नवंबर २०३ ई. को तामिलनाडु के तटीय क्षेत्र में वर्तमान समय में परंगिपेट्टाई नाम से प्रसिद्ध एक ग्राम में हुआ था जो कावेरी नदी के हिंद महासागर में मिलने के स्थान पर अवस्थित है। वह दीपावली का पावन दिन था जब आकाश में रोहिणी नक्षत्र का उदय हो रहा था। उनके माता-पिता नम्बूदरी ब्राह्मण थे जो दक्षिण भारत के पश्चिम में अवस्थित मालाबार तटीय क्षेत्र से

आकर वहां रहने लगे थे। उनके पिता उस ग्राम में स्थित शिव मंदिर के पुजारी थे। गोविंदन कहते हैं कि बाबाजी के जन्म का तथा उसके बाद घटित होने वाली घटनाओं का विवरण स्वयं बाबाजी ने २०वीं शताब्दी के अपने शिष्यों, योगी एस.ए.ए. रमैया तथा वी.टी. नीलकांतन को दिया था, जिन्हें उन्होंने स्वयं दीक्षित किया था। बाद में इस जन्मस्थान की पहचान गोविंदन जी एवं उनकी मंडली के द्वारा की गई थी।

नागराज एक गौरवर्ण के सुंदर बालक थे और जब वे केवल पांच वर्ष के थे, तभी बलूचिस्तान के एक व्यापारी के द्वारा उनका अपहरण कर लिया गया। वह उन्हें गुलाम बनाकर और अपनी नौका में बैठाकर पूर्वी तट पर अवस्थित आजकल कोलकाता के नाम से विख्यात नगर में ले गया था। कोलकाता में उसने उन्हें एक धनी व्यवसायी को बेच दिया था, जिसने शीघ्र उन्हें मुक्त भी कर दिया था।

तब बालक नागराज साधुओं की एक छोटी मंडली के साथ रहने लगे। अगले कुछ वर्षों तक वे साधु एवं सन्यासियों की संगति में एक स्थान से दूसरे स्थान की यात्रायें करते रहे और इसी के मध्य वे वेदों, उपनिषदों और गीता का, तथा रामायण और महाभारत का अध्ययन भी करते रहे। अपनी तीक्ष्ण बुद्धि और एकाग्र चित्त के कारण वे शीघ्र शास्त्र ज्ञान में पारंगत हो गये और एक विद्वान के रूप में उनकी प्रसिद्धि होने लगी। अल्पवयस्क होने पर भी उन्हें अन्य पंडितों एवं विभिन्न दर्शनों के विद्वानों के साथ शास्त्रार्थ के लिये निमंत्रित किया जाने लगा तथापि ये समस्त दार्शनिक विवेचनायें उस ग्यारह वर्षीय विद्वान को आत्म-ज्ञान की दिशा में अग्रसर करने में विफल सिद्ध हो रही थी और अब उसमें एक गुरु प्राप्ति की चाह उत्पन्न हो गई थी।

इसी मन: स्थिति की अवस्था में नागराज सन्यासियों की एक मंडली के साथ, बनारस से पैदल और नौकाओं पर चलने वाली एक लंबी और कठिन यात्रा के उपरांत, लंका के कटीरगाम तीर्थ में उपस्थित हुए। यहीं २१५ या २१६ ई. में उनकी भेंट तामिल नाथ-पद्धति के अनुयायी सिद्ध बोगानाथ से हुई। बालक नागराज शीघ्र ही उन महापुरुष की महत्ता को समझ गये और उन्होनें उनसे एक शिष्य के रूप में ग्रहण करने के लिये आवेदन किया।

एक सिद्ध गुरु के सान्निध्य में शिक्षा की प्राप्ति

एक विशाल बरगद के पेड़ के नीचे बैठकर, जिसकी शाखायें सभी दिशाओं में फैल रही थी, बालक नागराज ने अपने गुरु के सान्निध्य में ध्यान एवं प्राणायाम की विभिन्न प्रक्रियाओं का अभ्यास प्रारंभ कर दिया। अगले छः महीनों तक अपने गुरु के निर्देश के अनुसार वे गहन साधना में लगे रहे जिसमें प्रारंभ में २४ घंटों तक और बाद में कई-कई दिनों तक उनका यह योगाभ्यास अनरत चलता रहता था। इसके अंत में नागराज को एक ही मुद्रा में स्थित होकर लगातार ४८ दिनों तक योग का साधन करने का आदेश हुआ। ऐसा बताया गया है कि बरगद का वह वृक्ष जिसके नीचे बैठकर नागराज ने अपने स्वनामधन्य सिद्ध गुरू के सान्निध्य में रहते हुए योगसाधना की थी, कुछ दशकों पूर्व तक भी विद्‌यमान था। कटीरग्राम मंदिर के परिसर में आज उस स्थान पर नागराज बाबाजी का एक छोटा स्मृति-स्थान अवस्थित है।

सिद्ध बोगानाथ के साथ रहते हुए नागराज के समाधि के अनुभव क्रमशः अधिक गहन होते गये और इनकी एक चरम अवस्था में पहुंचते हुए उन्हें एक चिर युवा के रूप में भगवान मुरुगन (कार्तिकेय) के दर्शन प्राप्त हुए। बोगानाथ के संरक्षण और निर्देशन में रहते हुए नागराज ने भारत में प्रचलित दशों दर्शनों का गहन विश्लेषण किया और तब उन्हें 'सिद्धांतम' के नाम से विज्ञात होने वाले उस गुप्त ज्ञान का महत्व भली भांति ज्ञात हुआ जिसका उपयोग दक्षिण भारत के ऋषियों के द्‌वारा दीर्घ आयु एवं अध्यात्म के ज्ञान की उपलब्धि के लिये किया जाता था।

बोगानाथ ने, जो सिद्ध आयुर्वेद एवं आयु में वृद्धि करने वाली कल्प औषधियों के निर्माण में भी पारंगत थे, नागराज को सिद्धांतम-योग के ज्ञान को अपने प्रधान लक्ष्य के रूप में स्वीकार करने की प्रेरणा दी और उन्हें इससे संबंधित सभी आवश्यक प्रणालियों की शिक्षा भी उन्होंने स्वयं ही प्रदान की थी। तत्पश्चात उन्होंने उन्हें आज के समय में भारत के तामिलनाडु प्रदेश के तिरुनेलवेलि (तिन्नेवेलि) जिले के रूप में ख्यात पोथगाई पहाड़ियों में स्थित कोर्त्रल्लम नामक स्थान में पहुंचकर, पौराणिक प्रसिद्धि प्राप्त अगस्त्य ऋषि का आवाहन करने एवं

उनसे क्रिया कुंडलिनी प्राणायाम की दीक्षा के लिये प्रार्थना करने का निर्देश दिया।

गुरु के निर्देश को शिरोधार्य करके नागराज पुन: समुद्र को पार करके भारत में लौट आये और पैदल यात्रा करते हुए कोर्त्रल्लम में उपनीत हो गये। उनके गुरु बोगानाथ के अनुसार उस समय अगस्त्य मुनि कोर्त्रल्लम के जंगलों में छद्मवेश में गुप्त रूप से लोकमानस के लिये अज्ञात रहते हुए अवस्थान कर रहे थे। कोर्त्रल्लम की पहाड़ियों में जंगलों के मध्य स्थित, ६४ शक्तिपीठों में से एक, जगन्माता के प्रसिद्ध मंदिर के निकट नागराज ने अपने अभीष्ट साधन के लिये एक उपयुक्त स्थान का चयन कर लिया।

महामुनि अगस्त्य का आह्वान

एक दीर्घकाल व्यापी आह्वान साधना के लिये एक उपयुक्त स्थान का चयन करके नागराज वहां पद्मासन में आसीन होकर बैठ गये और अपनी आंखें बंद करके उन्होंने अपनी प्रार्थना आरंभ कर दी। सिद्ध बोगानाथ इसके लिये अपने शिष्य की आवश्यक प्रस्तुति पहले ही कर चुके थे।

इसके पूर्व ४८ दिवस तक चलने वाले अपने तपस के अंत में नागराज 'चिर-युवा' मुरुगन स्वामी के दिव्य रूप का साक्षात्कर करने में सफलता प्राप्त कर चुके थे। इस बार उनके तपस का ध्येय महामुनि अगस्त्य ऋषि थे। इस प्रकार के आवाहन में तपस में रत साधक से उत्पन्न होकर शक्तिशाली विचार तरंगें निरंतर सभी दिशाओं में फैलती रहती हैं और एक बार अपने ध्यायित विषय तक पहुंचने के पश्चात वे उसमें भी सार्थक एवं सक्रिय सहानुभूति-मूलक स्पंदन उत्पन्न करने का प्रयास करती रहती हैं। मंत्र शास्त्र में वर्णित कतिपय विशिष्ट मंत्र-प्रयोगों में साफल्यलाभ करने के लिये अन्य आवश्यकताओं के अतिरिक्त इनकी आवृत्ति की निश्चित संख्या अथवा समय अथवा दोनों का प्रावधान भी सम्मिलित करना आवश्यक होता है।

गोविंदन लिखते हैं, "ठीक अड़तालीसवें दिन, जब नागराज पस्त होकर बेसुध होने की स्थिति में पहुंचने वाले ही थे और बार-बार एकाग्र चित्त एवं आतुर हृदय को लेकर अगस्त्य ऋषि का नाम दोहरा रहे थे,

तभी पास ही के जंगल से निकल कर अगस्त्य वहां उपनीत हो गये जहां बैठकर नागराज आर्त भाव से अपनी प्रार्थना उन तक पहुंचाने का अथक प्रयास करते चले जा रहे थे। नागराज के आतुर प्रेम भाव से उनका हृदय द्रवित हो गया था (ऋषियों की इस उद्घोषणा की चर्चा हम पहले कर चुके हैं कि इस विश्व में प्रेम सबसे बड़ी शक्ति होती है)। मृदु स्वर में नागराज को उनके नाम से संबोधित करते हुए अगस्त्य ने उन्हें अपने हृदय से लगा लिया। उन्हें जल एवं भोज्य प्रदान करने के पश्चात उन्होंने नागराज को क्रिया कुंडलिनी प्राणायाम के गुप्त तत्वों से परिचित करवाते हुए उन्हें उस गुप्त विद्या में दीक्षित कर दिया जिसे दक्षिण के सिद्धों के लिखित विवरणों में 'वसि योगम्' कहा गया है।

"इस शक्तिशाली प्राणायाम की 'विधि' में तमिल योग सिद्धों की सर्वाधिक महत्वपूर्ण शिक्षाओं का समन्वय किया गया है। अगस्त्य ने इसके अभ्यास के लिये बताये गये नियमों की यथाविधि पालन करने की आवश्यकता पर जोर देते हुए तथा इसकी अपरिमित क्षमताओं पर भी प्रकाश डालते हुए, नागराज को बताया कि किस प्रकार यह 'विधि' पंच-देह (भौतिक देह, प्राण देह, मन, बुद्धि एवं आध्यात्मिक देह) अथवा पंच कोषों को एक के पश्चात एक शुद्ध एवं परिवर्तित करते हुए चेतना को सर्वोच्च शिखर पर आसीन करने में सक्षम हो सकती है। उसके पश्चात उन्होंने बाबाजी नागराज को हिमालय के बद्रीनाथ क्षेत्र में जाकर योगसाधना करने का निर्देश दिया।

"बद्रीनाथ हिमालय के एक पर्वत पर १०,२४३ फीट की ऊंचाई पर भारत में तिब्बत की सीमा के निकट ऋषि गंगा एवं अलकनंदा नदियों के संगम स्थल पर अवस्थित है। अत्यंत साहसी योगी ही पूरे वर्ष इस स्थान पर रहते हुए साधना कर सकते हैं। यह हजारों वर्षों से सन्यासियों, योगियों और सिद्धों की आवास भूमि के रूप में ख्यात है और यहीं बद्रीविशाल का मंदिर स्थित है।

"एक लंबी यात्रा के उपरांत नागराज बाबाजी ने बद्रीनाथ पहुंचकर लगातार १८ महीनों तक वहां रहकर अपने गुरु-द्वय बोगानाथ एवं अगस्त्य मुनि के द्वारा सिखाई गई सभी योग-क्रियाओं का गहन अभ्यास किया। सभी कठिन नियमों का निष्ठापूर्वक पालन करते हुए अट्ठारह

महीनों के दीर्घ एवं अनवरत अभ्यास के पश्चात वे सौरुब-समाधि की अवस्था प्राप्त करने में सफल हुए, जिसमें दिव्यतत्व अधोगमन करते हुए साधक से एकात्म होकर उसकी पंचदेह को पूर्णत: परिवर्तित (transform) कर देता है। उनकी देह अब क्षय-विहीन होकर एक अकलुष दिव्य आभा से युक्त दिव्य देह में परिवर्तित हो गई थी।"

मानव-संतति के लिये अब सहजता से उपलब्ध

क्रिया योग एक समयानुकुल, सार के समान संक्षिप्त, परंतु शीघ्र फल देने वाला 'राजयोग' है। भारत में इसका प्रसार विशेष रूप से योगीराज श्यामाचरण लाहिड़ी के माध्यम से हुआ और 1920 ई. में, पश्चिम में इसी कार्य के शुभारंभ के निमित्त उनके शिष्य स्वामी युक्तेश्वर गिरि ने अपने पुत्र के समान प्रिय शिष्य योगानंद को विदेश रवाना कर दिया। महावतार की इच्छा एवं अपने गुरु के आदेश का पालन करते हुए श्री योगानंद जी ने अपने लिखित निर्देशों के माध्यम से इसे न केवल पश्चिम, बल्कि आज पूरे विश्व के लिये एक हाथ में अवस्थित आमलक के समान अत्यंत सहज रूप से उपलब्ध तकनीक बना दिया है। इसे आधिकारिक शिक्षकों के सान्निध्य में रहकर, अथवा दूर शिक्षा के रूप में छपे हुए पाठ-पृष्ठों (Correspondence Course) के रूप में, और अब तो इंटरनेट के माध्यम से भी प्राप्त किया जा सकता है।

योगानंदजी के अनुसार, "यह एक सरल भौतिक-मानसिक विधि है जिसके माध्यम से हमारे रक्त से कार्बन का निष्कासन होकर उसके स्थान पर आक्सीजन भर जाती है। इस अतिरिक्त आक्सीजन के परमाणु प्राण की ऊर्जा में परिवर्तित होकर हमारे मष्तिस्क और हमारे रीढ की लंबाई में अवस्थित चक्रों को इस नवीन ऊर्जा की सहायता से अधिक क्षमता से युक्त कर देते हैं। उच्चावस्था प्राप्त योगी अपनी कोशिकाओं को भी ऊर्जा में परिवर्तित करने में सक्षम हो जाते हैं। ऐलिजाह्, जीसस, कबीर और कुछ दूसरे पैगंबर (prophets) भी क्रिया योग या इसी प्रकार की एक तकनीक के प्रयोग के माध्यम से अपनी इच्छा के अनुसार अपने शरीर को प्रकट अथवा अप्रकट करने में समर्थ हुए थे।

"क्रिया एक प्राचीन योग-विज्ञान है। लाहिड़ी महाशय को अपने महान गुरु बाबाजी से इसकी प्राप्ति हुई, जिन्होंने अंध युग में विलुप्त हो गये इस योग-विज्ञान को पुनःप्राप्त करके इसके एक परिमार्जित रूप का क्रिया योग के नाम से पुनर्प्रकाश किया है। बाबाजी ने लाहिड़ी महाशय को बताया था, '१९वीं शताब्दी में तुम्हारे माध्यम से जिस क्रिया योग को मैं इस विश्व के लिये प्रदान कर रहा हूं, यह उसी विज्ञान का पुनर्जागरण है जिसका ज्ञान हजारों वर्ष पूर्व श्री कृष्ण ने अर्जुन को दिया था और जो बाद में पातंजलि ऋषि और क्राइष्ट तक पहुंचकर फिर सेंट जौन, सेंट पॉल और उनके कुछ अन्य शिष्यों को भी उपलब्ध हो सका था'।

"इस गुप्त विद्या के रहस्य को जो गुरु-शिष्य परंपरा का अनुगमन करते हुए ही आज के समय में उपनीत हुई है, एक सामान्य ज्ञान का रूप नहीं दिया जा सकता। यह केवल एक अधिकार प्राप्त गुरु के द्वारा व्यक्तिगत दीक्षा के माध्यम से ही प्रदान की जाती है। भगवद् गीता में श्री कृष्ण के द्वारा एकाधिक स्थानों पर इसकी चर्चा की गई है। गीता के एक श्लोक में लिखा है (अध्याय ४:२९), 'अंदर आने वाली श्वास का बाहर जाने वाली श्वास में और बाहर जाने वाली श्वास का अंदर प्रवेश करने वाली श्वास में योजन करके योगी दोनों श्वासों को निरस्त कर देता है'; इस प्रकार वह हृदय स्थान से प्राण को मुक्त करता है और प्राण शक्ति पर नियंत्रण प्राप्त कर लेता है।

"गीता के कुछ अन्य श्लोकों में (अध्याय ५:२७-२८) कहा गया है, 'वह ध्यान-पारंगत मुनि सदा के लिये मुक्त हो जाता है जो चरम लक्ष्य की प्राप्ति के लिये अपने दृष्टि को भ्रूमध्य में स्थित करके नासिका तथा फेफड़ों में विचरने वाले प्राण और अपान का निराकरण (साम्यता स्थापन) करते हुए बाहरी विषय भोगों से अपने ध्यान को हटाने में और इच्छा, भय तथा क्रोध को निकाल कर बाहर करने में समर्थ है, और जिसने अपने इन्द्रियग्राही मन एवं बुद्धि को जीत लिया है'।"

चिर-युवावस्था की प्राप्ति

योगानंदजी के अनुसार, "मृत्युंजयी गुरु बाबाजी के शरीर पर उम्र के कोई चिन्ह नहीं दिखाई पड़ते और वे एक पच्चीस वर्ष के युवा के सदृश ही

दिखाई देते हैं। उनका शरीर सुंदर और गौर-वर्ण है, कद मध्यम है एवं उनके बलिष्ठ शरीर से एक आभा निकलती हुई प्रतीत होती है। उनकी दृष्टि शांत और कोमल है, उनकी आंखों का रंग गहरा है और उनके ताम्रवर्णी केश लंबे और चमकीले हैं।"

इतनी दीर्घ आयु के होते हुए भी इन भाई-बहन का पच्चीस वर्ष के युवा के समान दिखाई पड़ना, हममें से अधिकांश व्यक्तियों को अस्वाभाविक एवं अत्यंत आश्चर्यजनक प्रतीत हो सकता है, परंतु ऐसी अन्य घटनाओं के वर्णनों का नितांत अभाव नहीं है। गीता, महाभारत एवं ब्रह्मसूत्रों के रचयिता महर्षि वेदव्यास के पुत्र शुकदेव के विषय में यह बहुविदित है कि वे देखने में एक बीस वर्ष के किशोर के समान ही प्रतीत होते थे और सैंकड़ों वर्षों तक इसी अवस्था में प्रकट होते रहने के लिये विख्यात थे। शुकदेव ऋषि कोई वस्त्र धारण नहीं करते थे और उनके शरीर की कोमलता और उससे निकलने वाली आभा से वे और भी कम वयस के बालक के समान प्रतीत होते थे। भारत के अध्यात्म जगत में यह सर्वविदित है कि शताब्दियों के अंतराल पर भी वे अन्य ऋषियों के गूढ प्रश्नों का उत्तर देने और उनकी समस्याओं का निदान करने के हेतु अकस्मात आविर्भूत हो जाया करते थे।

लाहिड़ी महाशय ने इस बात की पुष्टि की थी कि बाबाजी ने नवम शताब्दी में शंकराचार्य को स्वयं योग दीक्षित किया था, और मार्शल गोविंदन ने उनके जन्म का समय २०३ ई. निश्चित किया है। हम इतिपूर्व बाबाजी के द्वारा दीक्षित किये गये अनेक ऐसे महापुरुषों की चर्चा कर चुके हैं जिन्होंने बाद के समय में प्रसिद्धि प्राप्त की थी परंतु उनके शिष्य समुदाय में उनकी चचेरी बहन माताजी के विषय में जो, उन्हीं के समान युवा दिखाई पड़ती हैं, कोई विशिष्ट जानकारी नहीं है। अवश्य ही किसी अवसर पर वे उनके आश्रम में किसी समय विशेष पर कुछ काल के लिये उपस्थित हो सकती हैं, और क्या भोज्य प्रस्तुत किया जा रहा है इसका ध्यान रखती हुई भी देखी जा सकती हैं, परंतु जब उनके निमंत्रण पर बाबाजी दशाश्वमेध घाट पर उपस्थित होते हैं तो वे और किसी अन्य स्थान से अपनी सिद्ध भूमि के एक द्वार से निर्गत होकर वहां पहुंचती हैं। किसी भी विवेक-समन्वित व्यक्ति के लिये यह कल्पना करना कठिन

होगा कि अपने अट्ठारह सौ वर्षों के जीवन में उन्होंने मानव उत्थान की दिशा में अपना कुछ भी स्वतंत्र योगदान नहीं दिया होगा। दूसरी ओर यह भी उतना ही संभाव्य प्रतीत होता है कि ईसा की तीसरी शताब्दी में इतने निकट के संबंध के साथ जन्म ग्रहण करने और उतनी ही उच्च अवस्था प्राप्त करने वाले इन अतिसिद्धों के मध्य पिछले जन्म में भी अवश्य अत्यंत निकटता का संबंध रहा होगा।

ज्ञानगंज का सिद्धाश्रम

बीसवीं शताब्दी में सबसे अधिक चर्चित सिद्धाश्रम का नाम ज्ञानगंज है और इसके विषय में डॉ. कविराज के द्वारा लिखित इसी नाम की एक पुस्तक भी है। यह हिमालय के तिब्बत में स्थित है और इसके अधिष्ठाता महर्षि महातपा हैं, जिनकी वर्तमान आयु 1400 वर्ष से अधिक है तथापि महर्षि स्वयं ज्ञानगंज अथवा अन्य किसी आश्रम में नहीं रहते। वे तिब्बत में ही एक अन्य स्थान पर एक गुफा में निवास करते हैं।

परंपरा के अनुसार यह विश्वास किया जाता है कि तिब्बत में मानसरोवर झील से भी परे प्राचीन उत्तरा पथ पर स्थित यह आश्रम अत्यंत प्राचीन है और पूर्वकाल में इसका नाम इन्द्र भवन हुआ करता था। बाद में ७०० वर्ष से कुछ पूर्व, महातपा जी के एक शिष्य ज्ञानानंदजी के द्वारा इसका पुनरुद्धार एवं पुनर्निर्माण किया गया, जिन्होंने तभी से इसकी व्यवस्था एवं संचालन के हेतु आश्रम के औपचारिक अधिष्ठाता का भार भी ग्रहण किया हुआ है। विशुद्धानंदजी के ज्ञानगंज में निवास के समय उनकी आयु ९०० वर्ष से ऊपर आंकी जाती थी और आज के समय में यह एक हजार वर्ष से भी अधिक होनी चाहिये।

विशुद्धानंदजी के द्वारा अपने शिष्यों को बताये हुए विवरण के अनुसार, हिमाच्छादित पर्वतों के मध्य एक खुला स्थान है जिसमें कई जलप्रपात गिरते हैं और कई जलधारायें बहती रहती हैं। पहाड़ों के मध्य इस खुले स्थान के मध्यस्थल में सात से आठ वर्ग मील के क्षेत्र में यह मठ निर्मित किया गया है, जिसके चारों ओर ऊंची दीवारें हैं और उनके बाहर की ओर भी इसे सभी ओर से एक गहरी जलपूरित खाई से घेर

दिया गया है। आश्रमवासियों के बाहर आने जाने के लिये इस लंबी और संकरी झीलनुमा खाई पर कई धनुषाकार पुल भी व्यवस्थित किये गये हैं। विशुद्धानंद जी के अनुसार, आश्रम में अनेक भवन थे जिनमें अलग विभागों की और शिक्षार्थियों के लिये उनके स्तर के अनुरूप शिक्षा की व्यवस्था थी, और जहां योग एवं विज्ञान के निकायों की शिक्षा के लिये सुविधा और शिक्षक दोनों असामान्य श्रेणी के थे।

अधिष्ठाता परमहंस की अनुमति के बिना किसी बाहरी व्यक्ति का ज्ञानगंज में प्रवेश संभव नहीं था। बाहर के व्यक्तियों को प्रवेश की अनुमति तो मिल जाती थी पर आश्रम में रात्रियापन की नहीं। तथापि आश्रम के वासी सदैव एक सतत आनंद की अनुभूति से युक्त रहते थे। रात्रि के समय वहां सदैव उपस्थित रहने वाले एक पूर्ण चंद्र से सभी स्थान प्रकाशित रहते थे। विशुद्धानंदजी के अनुसार यह व्यवस्था सूर्य की किरणों के केन्द्रीकरण एवं संचय के माध्यम से कार्य करती थी।

मुख्य विभाग एवं शिक्षक

स्वामी भृगुराम परमहंस योग विभाग के प्रधान शिक्षक भी थे और एक प्रकार से वे ही आश्रम के प्रधान संचालक के दायित्व का भी निर्वाह करते थे। योग विभाग के अतिरिक्त, शिक्षार्थियों की पात्रता एवं प्रकृति के अनुरूप आश्रम में एक अलग और स्वतंत्र विज्ञान निकाय भी था, जिसके प्रधान शिक्षक स्वामी श्यामानंद परमहंस थे। आश्रम में शिक्षा प्राप्त करने वालों में ब्रह्मचर्य का पालन करने वाले बालक एवं बालिकायें भी थे। उन सभी को योग एवं प्रकृति विज्ञान दोनों की शिक्षा दी जाती थी तथापि योग्यता एवं पात्रता के आधार पर ही विज्ञान निकाय में उच्चतर श्रेणी की शिक्षा के लिये शिक्षार्थियों का चयन होता था।

शिक्षकों में कई परमहंस (सिद्ध) भी होते थे और विशुद्धानंद जी के वहां निवास करने के समय ऐसे सिद्धों की संख्या सौ से भी अधिक थी जिनकी आयु २०० वर्षों से अधिक थी और जिनमें से कुछ की आयु एक हजार वर्ष से भी अधिक थी। सिद्ध पुरुष एवं सिद्ध भैरवियां प्राय: कोई आहार नहीं लेते थे, पर अन्य शिक्षक अल्प मात्रा में सात्विक आहार ग्रहण

करते थे। पुरुष सिद्धों को परमहंस तथा स्त्री सिद्धों को भैरवी कहा जाता था। ज्ञानगंज के अधिकांश सिद्ध एवं भैरवियों की आयु वहां के प्रचलित पैमाने के अनुसार मध्यस्थानीय मानी जाती थी, जो ४०० से ७०० वर्ष के मध्य की अवधि थी। स्वामी भृगुराम को महातपा जी के शिष्यों में सबसे शक्तिशाली एवं सामर्थ्यवान सिद्ध माना जाता था, यद्यपि उस समय उनकी आयु ५०० वर्षों से कुछ ही अधिक थी।

माताजी और महर्षि महातपा

एक १३-१४ वर्ष के बालक के रूप में ज्ञानगंज में पहुंचने के दस दिनों के पश्चात विशुद्धानंद जी को राज-राजेश्वरी मठ के नाम से ख्यात महर्षि महातपा के स्थान पर ले जाकर उनके समक्ष प्रस्तुत किया गया। ये अत्यंत दीर्घजीवी संत ही उनके भावी गुरु थे। उनका बदन भारी था, उनकी छातियां ढीली होकर इतने नीचे पहुंच चुकी थी कि वे उनके नाभि-स्थल के नकट आ गई थी और उनकी पलके भी इतनी नीचे लटक गई थी कि किसी को स्थूल दृष्टि से देखने के लिये उन्हें हाथ से ऊंचा करना आवश्यक होता था। फिर भी वे स्फुर्ति से सम्पन्न थे एवं इच्छानुसार आवागमन करने में सक्षम थे। सामान्यतया वे राज-राजेश्वरी मठ की एक गुफा में निवास करते थे। यहां कोई भवन इत्यादि नहीं था केवल कतिपय गुफाओं का एक समूह मात्र ही था (बाबाजी के आवास स्थल गौरीशंकर पीठ में भी इसी प्रकार की स्थिति की चर्चा हम कर चुके हैं)। वास्तव में तो वहां निवास करने वाले लोगों के लिये भवन जैसी किसी सुविधा का कोई उपयोग भी नहीं था। महर्षि अपना अधिकांश समय इसी स्थान पर व्यतीत करते थे। कभी-कभी वे ज्ञानगंज आश्रम का भ्रमण करते थे और कभी-कभी अपनी गुरु माता का दर्शन करने के लिये मनोहर तीर्थ भी जाया करते थे।

विशुद्धानंदजी के ज्ञानगंज में निवास के मध्य ही किसी समय आश्रम में महातपा जी की तेरहवीं जन्म शताब्दी का उत्सव मनाया गया था। महर्षि के समान वयस के ही उनके एक भ्राता भी थे। तथापि उनकी गुरु माता की आयु, जिन्हें वहां क्षेपाई माता कहा जाता था, उनसे बहुत ज्यादा

होने की बात ज्ञानगंज में सभी को भली भांति विदित थी। आयु में वे महातपा जी से चार सौ वर्षों से भी अधिक बड़ी थी।

किसी को क्षेपाई माता की वास्तविक आयु का ज्ञान नहीं था। अतः जब विशुद्धानंद जी अपने शिष्यों को यह बता रहे थे कि उनकी आयु महर्षि से द्विगुण के समान थी तो उनका तात्पर्य केवल यह बताना था कि तुलना की दृष्टि से यह अत्यधिक ज्यादा थी। यह बंगाल की बोलचाल में एक वस्तु का आकार या परिमाण आदि में दूसरी से काफी ज्यादा होना ही दर्शित करता है, इसका गणित के संदर्भ में अर्थ नहीं लिया जाता। उनके वास-स्थल का नाम 'मनोहर तीर्थ' यह दर्शाता है कि यह कोई गुफाओं आदि के समान अनाकर्षक स्थान नहीं था, बल्कि आंखों को भाने वाले किसी हरे भरे क्षेत्र के समान था (संभवतः यह एक स्वनिर्मित और चयनित सिद्ध भूमि थी)।

इसके अतिरिक्त 'क्षेपा' शब्द से दो बातों का इंगित होता है, एक तो क्रोधी स्वभाव के प्रदर्शन का और दूसरा ऐसी प्रतिक्रिया का जिसका पूर्वानुमान करना कठिन हो। बामा क्षेपा के संदर्भ में हम देख चुके हैं कि वे अवांछित तत्वों को दूर रखने के लिये क्रोध का प्रदर्शन करते थे और अक्सर आगंतुक की दिशा में पत्थर आदि भी फेंक दिया करते थे, तथापि ऐसा भी नहीं था कि वे किसी की सहायता नहीं करते थे। अपनी इतनी दीर्घ आयु के होते हुए भी क्षेपाई माता सदैव एक चिर-युवा भैरवी के समान दिखाई पड़ती थी। उनके केश इतने लंबे और गहरे थे कि वे अपने बालों से ही अपना सारा शरीर ढंक लेती थी और (अपने आवास स्थल पर) उन्हें कोई वस्त्र धारण करने की आवश्यकता नहीं होती थी।

इतनी दीर्घ आयु का होना और चिर-युवा के समान दिखाई पड़ना कोई सामान्य दैनिक अनुभव में आने वाली विशिष्टता नहीं है। इसी प्रकार १८०० वर्षों से अधिक या उसके निकट आयु की चिर-युवा के सदृश दिखने वाली दो अलग-अलग भैरवियों की हिमालय के एक ही क्षेत्र में उपस्थिति को तो कल्पना से और भी परे की बात समझा जाना ही उचित होगा। बाबाजी की जिन चचेरी बहन की चर्चा योगानंदजी एवं गोविंदनजी के द्वारा की गई है, उससे केवल इतना ही ज्ञात होता है कि वे अत्यंत दीर्घ आयु की परंतु चिर-युवा के समान दिखने वाली एक अत्यंत सुंदर

श्वेतवर्णा छरहरी बदन वाली विदुषी महिला हैं तथा यह भी कि दशाश्वमेध घाट पर होने वाली चार व्यक्तियों की मंत्रणा के लिये वे बाबाजी से भिन्न एक अलग मार्ग का अनुसरण करते हुए उपस्थित हुई थी। यदि इन्हें दो अलग अलग भैरवियों के स्थान पर एक मान लिया जाये तो यह एक उसी प्रकार की स्थिति होगी जिसके विषय में जीसस क्राइष्ट ने कहा था कि जब 'सत्य का सार' प्रकट होगा, तो वह मेरे गवाह के रूप में कार्य करेगा और मैं उसके द्वारा प्रकट किये गये सत्य की यथार्थता की पुष्टि करता हुए प्रतीत होऊंगा (John 15:26-27)। अर्थात, गोविंदन बाबाजी की आयु को लेकर जिस निष्कर्ष पर पहुंचते हैं, हम विशुद्धानंदजी के द्वारा दिया गये विवरण से क्षेपाई माता की आयु के संबंध में भी ठीक उसी निष्कर्ष पर पहुंचते हुए प्रतीत होते हैं।

स्वामी भृगुराम परमहंस

विशुद्धानंदजी ने अपने शिष्यों को बताया था, "हिमालय के हिमाच्छादित क्षेत्र में ज्ञानगंज के समान ही कई अन्य आश्रम भी हैं। और ये सभी राज-राजेश्वरी मठ के नेतृत्व में महातपाजी के अनुगत रहकर कार्य करते हैं। महर्षि स्वयं बहुत कम बोलते हैं और मौन जैसी 'उन्मना' अवस्था में स्थित रहते हुए अपने भावों में लीन रहते है। अत: उनके प्रधान शिष्य भृगुराम स्वामी ही ज्ञानगंज सहित महातपा जी के अनुगत इन अन्य आश्रमों के भी प्रधान संचालक एवं व्यवस्थापक के रूप में कार्य करते हैं।

"इन सभी आश्रमों के संदर्भ में सभी योजनाओं को बनाने, उन्हें कार्य रूप देने, व्यवस्थित करने, निरीक्षण करने और सभी परीक्षाओं में प्रधान परीक्षक के रूप में भी कार्य करने के सभी दायित्वों का निर्वाह भृगुराम जी ही किया करते थे। महातपा जी के समान वे भी ज्ञानगंज में नहीं रहते थे और न ही वे राज-राजेश्वरी मठ में रहते थे। वास्तव में तो उनके रहने का कोई निश्चित स्थान था ही नहीं। वे एक स्थान से दूसरे स्थान की यात्रा करते रहते थे, और उनकी सभी यात्रायें आकाश मार्ग से ही संपन्न होती थी। उनके पैर कभी भूमि का स्पर्श नहीं करते थे और सभी ज्ञात सिद्धों

में एकमात्र वे ही थे, जो सूर्य लोक की यात्रा कर चुके थे। उनके शरीर के सभी अवयव पूर्ण रूप से परिवर्तित होकर दिव्यता को प्राप्त हो चुके थे।"

विशुद्धानंदजी ने अक्षय दत्तगुप्त को अपने हाथों को दिखाया था, जिनमें उनके चर्म के कई भाग हरे रंग के हो गये थे। उनका कहना था कि शरीर के तत्वों के परिवर्तित होने पर (सबसे पहले) योगी के शरीर का रंग घास के रंग को ग्रहण करने लगता है और खून का रंग भी रक्तिम के स्थान पर हरा हो जाता है। इन बातों का संदर्भ था, स्वामी भृगुराम के शरीर के रंग की चर्चा। उन्हें विशुद्धानंदजी के एकाधिक शिष्यों ने छः या सात अवसरों पर देखा था और उनके शरीर का रंग अनेक अवसरों पर चर्चा का विषय हुआ करता था। यह सुनहरे लाल रंग के समान था। एक बार विशुद्धानदजी के एक शिष्य ने, जिसने भृगुरामजी को देखा था, उनके शरीर के रंग की तुलना तपाये हुए तांबे से करने का प्रयास किया था। इस कथन की शुद्धि करते हुए बाबा ने कहा था कि यह उगते हुए सूर्य के रंग के समान था। सिद्ध योगियों के शरीर का रंग उनकी साधनविधि एवं यौगिक क्षमता के अनुसार परिवर्तित होता है। यह संयोग ही हो सकता है कि विशुद्धानंदजी के शिष्यों के द्वारा की जाने वाली साधना को भी 'क्रिया' के नाम से ही संबोधित किया जाता था, तथापि यह बाबाजी की शिष्य परंपरा में प्रचलित क्रिया योग से संभवतया कुछ भिन्न थी।

विशुद्धानंदजी के अनुसार यह तो निश्चित था कि न तो भृगुराम जी, और न ही महातपा जी, तिब्बत क्षेत्र से थे। उनके मतानुसार ये दोनों ही वाराणसी क्षेत्र के आस-पास के ही थे।

उमा भैरवी और स्वामी नीमानंद

जब एक बालक के रूप में भोलानाथ को एक पागल कुत्ते ने काट लिया था, तो असह्य पीड़ा से व्याकुल होकर वे बर्दवान में नदी में कूदकर आत्महत्या करने के उद्देश्य से नदी के तट पर पहुंच गये थे। वहां एक विशालकाय साधु ने उनका ध्यान आकर्षित कर लिया था, जो उस समय नदी में स्नान कर रहे थे। उनके ध्यान के विशेष आकर्षण का कारण था कि वे देख रहे थे कि साधु के डुबकी लगाकर उठने के समय नदी

का जल भी उनके साथ ही ऊपर तक उठ जाता था और उनके साथ ही डुबकी लगाने पर उतर भी जाता था। उन साधु ने भोलानाथ (भविष्य में स्वामी विशुद्धानंद जी) को उसी समय पूर्ण स्वस्थ कर दिया था, यद्यपि उस समय उनके द्वारा शिष्य के रूप में स्वीकार किये जाने के अनुरोध को उन्होंने ठुकरा दिया था।

बाद में भोलानाथ को ढाका में एक ऐसे साधु की उपस्थिति के विषय में ज्ञात हुआ था जिनके रमना नदी में स्नान के समय नदी का जल उनके साथ-साथ उठता बैठता रहता था। अपनी माताओं से सन्यास आश्रम में प्रवेश के लिये आवश्यक अनुमति प्राप्त करने के पश्चात भोलानाथ और उनका मित्र हरिपद ढाका पहुंच गये थे, जहां स्वामी से मिलकर वे दोनों उन्हें अपने साथ ले चलने के लिये उनकी सहमति प्राप्त करने में भी सफल हो गये थे। अपनी आंखों पर पट्टी बांधकर आकाश मार्ग से उन बालकों की आश्रम की दिशा में यात्रा की संक्षिप्त चर्चा हम इति-पूर्व कर चुके हैं। ये साधु और कोई नहीं बल्कि ज्ञानगंज के स्वामी नीमानंद थे।

ज्ञानगंज की दिशा में उनकी रात्रिभर चलने वाली यात्रा में जो पहला पड़ाव था वह लगभग एक हजार किलोमीटर की दूरी पर विंध्याचल पर्वतों में अवस्थित एक तीर्थस्थान था। स्वामी नीमानंद उन बालकों को उस मंदिर के निकट उतारकर और उनके भोजन की व्यवस्था करने के पश्चात कहीं चले गये थे। शाम ढल चुकी थी और स्वामी अभी तक लौटे नहीं थे। कहीं कोई अन्य व्यक्ति भी दिखाई नहीं दे रहा था। मंदिर के जिस पुजारी ने उन्हें भोजन दिया था, वह भी मंदिर में रहता नहीं था और अपने आवास पर लौट गया था। जंगली जानवर शिकार की खोज में घूम रहे थे और निकट ही कहीं से एक सिंह के दहाड़ने की आवाज भी सुनाई पड़ी थी। दोनों बालक भय से त्रस्त होकर एक पेड़ पर चढ़ गये। उन्होंने अपनी धोतियां खोलकर उन्हें पेड़ की शाखाओं के मध्य इस प्रकार बांध लिया कि नींद आने पर या भय के कारण वे कहीं नीचे न गिर जायें।

कई दिनों तक यही प्रक्रिया इसी प्रकार चलती रही और दिन प्रतिदिन वे दोनों आतंक से अधिकाधिक त्रस्त होते जा रहे थे। इसी अवस्था में एक दिन जब वह सिंह उस स्थान के निकट ही कहीं था और उसके बार-बार

दहाड़ने की आवाज भी सुनाई पड़ रही थी, इन बालकों के साहस ने जबाब दे दिया। उन्हें अपनी माताओं एवं अपने घरों की याद आने लगी और उन दोनों की रुलाई फूट पड़ी। परंतु तभी उन्होंने देखा कि एक चन्द्रमा के समान गोल प्रकाश पश्चिम की दिशा से सीधे उनकी ओर बढ़ा चला आ रहा था। शीघ्र ही यह उनके निकट पहुंचकर ठीक उनके सामने भूमि पर उतर पड़ा और उन्होंने देखा कि एक देवी के समान अत्यंत सुंदर नारी मूर्ति एक भैरवी माता के रूप में वहां उपस्थित हो गयी थी।

उनके सिर पर जटा का रूप ले चुके केश थे, उनके माथे पर सिंदूर का तिलक था, उन्होंने अपने एक हाथ में त्रिशूल धारण किया हुआ था और उनके चेहरे पर एक मृदुल एवं करुणा पूर्ण मुस्कान थी। वे सिद्ध भैरवी उमा माता थी। उन्होंने दोनों बालकों को धैर्य बंधाया और उनके मस्तक पर अपना हाथ रखते हुए उन्हें आशीर्वाद दिया। उन्होंने उनके रो पड़ने के लिये उनकी मृदु भर्त्सना भी की जिसके कारण वे अत्यंत असुविधा का अनुभव कर रहीं थी और उन्हें उसी समय तुरंत ही ज्ञानगंज से उन्हें आश्वस्त करने के लिये वहां आना पड़ गया था। उन्होंने बताया की स्वामी को वहां लौटने में अभी तीन या चार दिन और लग सकते हैं, तथापि उनके लिये भय की कोई बात नहीं थी। वे सुरक्षित रहेंगे और उन्हें केवल उनका नाम लेकर पुकारना पड़ेगा, और वे तुरंत वहां उनकी रक्षा के निमित्त उपस्थित हो जायेंगी।

उमा भैरवी उनके साथ कुछ समय तक वहीं उपस्थित रहीं और फिर वे उन्हें अपने साथ लाहुरिया ले गई जहां उन्होंने त्रिपुरा भैरवी से उनकी भेंट करवाई और जहां उन्हें कुछ अच्छा खाने के लिये भी दिया गया। त्रिपुरा भैरवी ने उन्हें बताया कि वे तभी उनके घर जाकर लौटी थी जहां उन दोनों की मातायें एवं अन्य लोग सभी सकुशल थे। उन्होंने उनके घरों का विस्तार के सहित विवरण दिया और उनके समीप के वृक्षों के नाम और स्थान भी उन्हें बता दिये। इसके पश्चात उन बालकों को अपने स्थान पर वापस पहुंचाने के बाद उमा भैरवी वहां से लुप्त हो गईं। वहां से लाहुरिया आते और जाते वक्त भैरवी और वे दोनों बालक अपने पैरों से चलकर ही गये थे और रास्ते में उन्हें अनेक सर्प और शेर भी दिखाई पड़े थे, तथापि किसी प्रकार से भी घटित होने वाली इस यात्रा को एक

असाधारण यात्रा ही समझना उचित होगा क्योंकि विंध्यादेवी के मंदिर से लाहुरिया की दूरी पच्चीस किलोमीटर की है।

उस समय उमा भैरवी की आयु एक हजार वर्षों के निकट पहुंच रही थी। एक बार बाबा की जीवनी लिखने वाले अक्षय दत्तगुप्त ने बाबा से पूछा था कि उस दिन उन्होंने अपने माथे पर राख क्यों लगाई हुई थी। उत्तर में विशुद्धानंदजी ने बताया था कि जिस समय उमा भैरवी की योग-साधना अपनी उच्चतर अवस्था पर थी तो उनकी साधन-स्थली पर पत्थर पिंघल कर राख के रूप में परिवर्तित हो जाते थे और बाबा ने उस स्थान से उन जले हुए पत्थरों की कुछ भस्म एकत्र करके अपने पास रख ली थी। लगभग पंद्रह दिनों में एक बार बाबा उस भस्म का एक टीका अपने माथे पर लगा लिया करते थे। इससे उन्हें सकारात्मक ऊर्जा की प्राप्ति होती थी। उनके लिये यह एक शक्तिशाली आशीर्वाद के समान कार्य करती थी।

कुछ दिनों के पश्चात जब नीमानंद विन्ध्य पर्वत पर लौट आये थे, तो ज्ञानगंज की दिशा में अपनी यात्रा के दूसरे चरण पर अग्रसर होने के पूर्व वे उन बालकों को टुकली पर्वत पर भी लेकर गये थे जो विन्ध्यादेवी के मंदिर से बीस किलोमीटर की दूरी पर अवस्थित था। वहां उन्हें एक अन्य सिद्ध-भैरवी श्यामा माता के संसर्ग में एक पूरा दिन व्यतीत करने का सुअवसर प्राप्त हुआ था। अन्य कारण जो भी रहे हों और वीरान पर्वतीय क्षेत्र में बीस किलोमीटर की अल्प दूरी को छोड़ दें, तो नीमानंदजी के लिये बालकों का हाथ पकड़े हुए ज्ञानगंज की लंबी यात्रा केवल रात्रि में करना ही संभव अथवा उचित था।

ज्ञानगंज के कुछ अन्य सिद्ध और भैरवी मातायें

स्वामी ज्ञानानंद, जिन्होंने इन्द्र भवन के रूप में विज्ञात प्राचीन आश्रम के परिमार्जन एवं पुनर्स्थापन का कार्य किया था, जो ज्ञानगंज में सबसे वरिष्ठ समझे जाते थे और जिन्होंने संभवत: उसी में अपनी एक अलग सिद्धभूमि भी बना रखी थी, उन्हें स्वामी कुतुपानंद के नाम से भी संबोधित किया जाता था। थियोसॉफिकल सोसाइटी की मैडम ब्लावत्सकी तथा कर्नल ओलकॉट उन्हें इसी नाम से जानते थे और वे परस्पर की

बातचीत में उन्हें कौथुमी बाबा के नाम से बुलाया करते थे। कविराज जी ने उनकी ज्ञानानंदजी से उनकी सिद्ध भूमि में प्रविष्ट होकर एक मुलाकात का विस्तृत विवरण भी दिया है जिसे कर्नल ओलकॉट ने अपनी पुस्तक में लिखा था और जो अगले दिन उन्हें बहुत खोजने पर भी नहीं मिली थी, ठीक उसी प्रकार जैसे जर्मन भ्रमणकारियों के साथ एक बार तिब्बत में हुआ था।

ज्ञानगंज में विज्ञान संकाय के प्रधान श्यामानंद परमहंस न केवल एक उच्च कोटि के सिद्ध योगी थे अपितु एक अत्यंत शिक्षित व्यक्ति भी थे। उन्होंने अनेक ग्रंथों और शास्त्रों का अध्ययन किया था और उनका ज्ञान एक दृढ़ सैद्धांतिक आधार पर स्थिर था। ज्ञानगंज के स्वामी अभयानंद को भी विशुद्धानंद जी के अनेक शिष्यों ने कई बार देखा था। उनके एक शिष्य के द्वारा उनका एक फोटो भी खींच लिया गया था जो कविराज जी की प्रत्येक पुस्तक में मुद्रित रहता है (हमारी पुस्तक Matter, Life and Spirit Demystified के कवर के पिछली ओर प्रकाशित चित्रों में यह सम्मिलित है)। विशुद्धानंदजी की जीवनियों में ज्ञानगंज के अन्य सिद्धों के विवरण भी कुछ स्थानों पर मिलते है। उनमें भृगुराम जी के शिष्य स्वामी उमानंद अधिक सक्रिय थे और अनेकों बार देखे गये थे। वे ऊंचे कद के दर्शनीय व्यक्ति थे जिनके कानों में बड़े-बड़े कुंडल झूलते रहते थे और सिर पर पगड़ी बंधी रहती थी। उन्हें अपने अपेक्षाकृत बड़े कद का आभास था। कभी-कभी वे एक दस वर्ष के बालक के समान बाबा विशुद्धानंदजी का हाथ थामकर उनसे बात करते हुए उनके साथ टहलते हुए भी दिखाई पड़ जाते थे और उनके शिष्यों को बाद में ज्ञात होता था कि वे स्वामी उमानंद थे। आकार की दीर्घता के संदर्भ में अभयानंदजी, नीमानंदजी और महातपाजी इसी क्रमसे उनसे अधिक विशालकाय थे।

भैरवी माताओं में जो वाराणसी में बाबा के आश्रम के निर्माण के बाद विशिष्ट अवसरों पर वहां आया करती थी, आनंद भैरवी की चर्चा बाबा के जीवनग्रंथों में एकाधिक स्थानों पर मिलती है। बाबा ने एक बार क्षेमा भैरवी के संबंध में भी अपने शिष्यों को बताया था, जिनकी आयु उस समय १२०० वर्षों की थी।

स्वामी परमानन्द पुरी

पदमपुरी के परमानंद पुरी महाराज संभवत: आज के समय में सबके समक्ष सदैव उपस्थित रहने वाले संतों में सबसे वरिष्ठ व्यक्ति कहे जा सकते हैं। लेखक को एकाधिक बार उनके दर्शन का सौभाग्य भी प्राप्त हुआ है। उनका जन्म १० अक्तूबर १८८९ ई. के दिन काशी में एक संभ्रांत ब्राह्मण परिवार में हुआ था जिनका मूल निवास स्थान था कश्मीर में बेरीनाग गांव, जो जवाहर टनल के ऊपर स्थित है। वे आज के समय स्वामी विशुद्धानंद परमहंस के एकमात्र जीवित शिष्य हैं। यद्यपि ऐसी मान्यता है कि उनपर उत्तराखंड में पदमपुरी के ख्यातिप्राप्त सिद्ध सोमवारी महाराज का विशेष अनुग्रह रहता है, तथापि उनके पदमपुरी क्षेत्र में आगमन के पूर्व ही सोमवारी बाबा समाधि ले चुके थे और उनके दर्शन उन्हें एकाधिक बार सूक्ष्म शरीर में ही हुए हैं। यद्यपि उन्हें संन्यास आश्रम में स्वामी रामकृष्ण परमहंस के शिष्य शारदानंद जी ने दीक्षित किया था और परंपरानुसार श्री रामकृष्ण के गुरु तोतापुरी महाराज, जो २५० वर्ष की आयु तक जीवित रहे थे, उन्ही के संप्रदाय के अनुरूप उन्होंने 'पुरी' उपाधि धारण की है, तथापि उनपर सबसे अधिक अनुकंपा स्वामी विशुद्धानंद परमहंस जी की रहती आई है, ऐसा वे स्वयं स्वीकार करते हैं। यह सब बताने के पीछे लेखक का एक उद्देश्य यह भी है कि व्यवहारिक रूप में अधिकांश क्षेत्रों में चैतन्य ही विभिन्न गुरुओं के रूप में हमारे समक्ष आकर, हमारा मार्ग दर्शन करते हुए हमें अपनी नियति की ओर अग्रसर करता है और किसी भी व्यक्ति के लिये आवश्यक ज्ञान की अनिवार्यता के अनुरूप उसके एकाधिक गुरु हो सकते हैं। अंतिम लक्ष्य सभी ज्ञानवान एवं विवेकशील व्यक्तियों के लिये यद्यपि एक ही होता है, परंतु प्रारब्ध के अनुरूप उनके पथ भिन्न हो सकते हैं।

विशुद्धानंदजी के आज भी जीवित रहने वाले एकमात्र शिष्य होने के अतिरिक्त वे एकमात्र ऐसे व्यक्ति भी हैं जिनका संपर्क बाबाजी एवं क्षेपाई माता, दोनों गुरु-शिष्य परंपराओं से रहा है। अत: एक प्रकार से उन्हें इन दोनों सर्वाधिक प्रसिद्ध गुरु-शिष्य परंपराओं की एक संगम-स्थली

के रूप में स्वीकार किया जा सकता है। उनके दादाजी काशी में बैरिस्टर थे। जब वे पांच या छः वर्षों के थे तो उनके दादा उन्हें लेकर श्यामाचरण लाहिड़ी महाशय के पास गये थे और लाहिड़ी महाशय ने उनके सिर पर हाथ रखकर उन्हें आशीर्वाद दिया था। यह संभवत: योगानंद जी के जन्म के बाद की घटना है।

श्री युक्तेश्वरजी से महाराज की भेंट उनके स्थान श्रीरामपुर में हुई थी। उनके अनुसार वे राजवंशी थे और उनके पास बहुत सारी जगह-जमीन थी, जिन सभी का उन्होंने मानव शिक्षा एवं कल्याण के लिये दान कर दिया था। उनकी पुत्रियों का विवाह हो चुका था और उन्होंने महाराज को बताया था कि यदि उनके कोई पुत्र होता तो वे उसे भी (योगमार्गी) संत ही बनाते। योगानंद जी के पिता युक्तेश्वरजी के गुरु भाई थे, अत: उनसे वे पुत्र के समान ही स्नेह करते थे और बाद में उन्हें ही उन्होंने अपना उत्तराधिकारी भी बनाया। लाहिड़ी महाशय से दीक्षित एवं शिक्षित होने के अनेक समय के पश्चात विदुरावस्था को प्राप्त युक्तेश्वरजी ने गिरि संप्रदाय में दीक्षा लेकर सन्यास ग्रहण कर लिया था और तभी से वे युक्तेश्वर गिरि के नाम से ख्यात हुए थे।

उनके पितृपक्ष के समान ही परमानंद महाराज का मातृपक्ष भी उच्च शिक्षा का अनुगामी था। उनके मामा बंगाल के अकाउटेंट जेनेरल थे और लेखक के सन्मुख स्वयं महाराज ने इस बात की पुष्टि की है कि एक समय उनकी माताजी भी ढाका में जज के रूप में कार्यरत थीं। स्वयं महाराज ने कोलकाता के कैम्पवेल कालेज से, जो आजकल नील रतन सरकार मेडिकल कालेज के नाम से जाना जाता है, बी.एस.सी. (मेडिकल) की शिक्षा ग्रहण की थी। इसी समय वे उस समय के क्रातिकारियों के सम्पर्क में भी रहते थे जो विदेशी शासन के विरुद्ध कार्यरत थे। कोलकाता से मेडिकल की स्नातक की डिग्री प्राप्त करने के बाद और सन् १९१९ ई. में ऑक्सफोर्ड से एम.एस. (सर्जरी) की डिग्री प्राप्त करने के पश्चात उन्होंने ग्यारह वर्षों तक गौहाटी व शिलांग में जिला चिकित्सा अधिकारी के रूप में सरकारी सेवा की थी। लंदन शहर में उनके मामा के परिवार का भी ऑक्सफोर्ड के क्षेत्र में ही एक आवास था और वहीं रहते हुए उन्होंने सर्जरी में अपनी एम.एस. की शिक्षा पूर्ण की थी। एक सर्जन और

चिकित्सा अधिकारी के रूप में कार्य करते हुए उन्होंने एकाधिक बार ८ से १० घंटे तक चलने वाले सर्जिकल आपरेशन भी सफलता पूर्वक सम्पन्न किये थे। महाराज की पुरी संप्रदाय में दीक्षा स्वामी शारदानंद जी के द्वारा विशुद्धानंद जी से उनके योग-दीक्षित होने के पूर्व ही हो चुकी थी। उसके पश्चात उन्होने सूखीढौंग नामक स्थान पर रामकृष्ण मिशन के धर्मार्थ निशुल्क अस्पताल में भी दो वर्षों तक अपनी सेवायें अर्पित की थी।

१९३१ में वे पहली बार विशुद्धानंदजी के संपर्क में आये थे और १९३२ में ही उन्होंने उनसे शिष्य के रूप में दीक्षा ग्रहण कर ली थी। बाद में उन्हीं के निर्देश के अनुसार वे वृंदावन में जाकर रहने लग गये थे, जहां वे पच्चीस वर्षों से भी अधिक समय तक रहे। योगानंदजी जब अमेरिका से लौटकर भारत के विभिन्न स्थानों का भ्रमण करते हुए वृंदावन आये तो महाराज वहीं थे।

विशुद्धानंदजी से सान्निध्य का समय

हम यह चर्चा कर चुके हैं कि कैसे स्वामी भृगुराम परमहंस के नियंत्रण में चलने वाले ज्ञानगंज आश्रम में अपनी मेधा और तीव्र बुद्धि के कारण श्री विशुद्धानंद जी पर उनका विशेष अनुग्रह रहता था, जिसके कारण उनके गुरु भ्राताओं में से अनेक उनके प्रति एक ईर्ष्या की भावना का पोषण करते थे। लगभग ऐसी ही स्थिति का सामना परमानंदजी को भी विशुद्धानंदजी के शिष्य समुदाय में अपने गुरु-भ्राताओं के मध्य अक्सर करना पड़ता था, बाबा जिससे अनभिज्ञ नहीं थे। उनके शिष्यों की धारणा थी कि जो सन्यासी होता है उसे मांगकर खाना होता है और परमानंदजी को बाबा भिक्षाटन के हेतु इसीलिये नहीं भेजते थे क्योंकि वे इसके लिये उपयुक्त ही नहीं थे। बाबा का कहना था कि उनके शिष्यों की ये दोनों ही धारणायें सही नहीं थी। इसका प्रमाण देने के लिये उन्होंने एक बार परमानंदजी को अन्य शिष्यों की उपस्थिति में अपने सन्मुख बुलवाकर एक कमंडल सौंपते हुए उन्हें भिक्षाटन पर जाने का आदेश दिया। उस समय बाबा अपने शिष्यों के साथ राजस्थान में किसी छोटे नगर के पार्श्व में अवस्थान कर रहे थे। परमानंदजी को कमंडल देते हुए बाबाने उन्हें यह

निर्देश भी दिया कि भिक्षा में वे केवल रसगुल्ले ही ग्रहण करें और पूरा कमंडल भर जाने पर ही वापस आवास-स्थल पर लौटें।

गुरु की आज्ञा शिरोधार्य करके परमानंद अपने मार्ग पर निकल पड़े। इस शुष्क क्षेत्र में जहां निकट कोई अन्य आवास भी नहीं था, काफी दूर जाने पर ही वे उस सड़क पर पहुंचने में सफल हुए जिसपर एक दूसरे से अनेक अंतर रखते हुए ग्रहस्थों के आवास स्थित थे। वे उस सड़क पर यह सोचते चले जा रहे थे कि उन्हें केवल रसगुल्लों की ही भिक्षा में याचना करनी थी परंतु इस क्षेत्र के लोगों के आवास में रसगुल्ले मिलना असंभव के समान ही था, जबकि उन्हें एक या दो नहीं बल्कि पूरे कमंडल को भिक्षा में प्राप्त रसगुल्लों से पूरित करने का आदेश मिला था। यह सब सोचते हुए और क्या कहकर भिक्षा का निवेदन करना चाहिये यह विचार करते हुए वे कुछ दूर ही बढ़े थे, कि पीछे कहीं से आ रही एक बग्गी उनके समीप आकर रुक गई। उसमें एक श्रद्धावान भक्त यात्रा कर रहे थे और एक संन्यासी को देखकर उसके समीप अपने वाहन को रुकवा कर उन्होंने महाराज से पूछा कि वे उनकी क्या सेवा कर सकते हैं। महाराज ने बताया कि गुरु के आदेश का पालन करने के लिये वे भिक्षा-संग्रह के हेतु निकले थे, परंतु वे केवल रसगुल्ले ही भिक्षा में स्वीकार कर सकते थे। संन्यासी की सेवा करने के लिये उत्सुक वह धनी व्यक्ति तुरंत अपनी गाड़ी से उतर पड़ा। उसने आवश्यक द्रव्य के साथ अपनी बग्गी को निकटस्थ ही नगर में एक विशेष दुकान पर जाने का निर्देश दिया जहां बंगाली मिष्ठान्न उपलब्ध होते थे और कुछ ही समय में उनका सहायक अपना कार्य पूर्ण करके लौट भी आया। वह जितने रसगुल्ले लेकर आया था उनसे महाराज का कमंडल भली भांति लबालब भर गया, जिसे लेकर और उस श्रद्धावान भक्त का धन्यवाद करने के पश्चात वे तुरंत बाबा के आवास की ओर लौट पड़े। यह किसी प्रकार संभव नहीं था कि अपने सुयोग्य एवं निराभिमानी शिष्य को स्वयं बाबा के अपने हाथों से सौंपा गया कमंडल अपूरित अथवा अर्धपूरित ही वापस आ जाये। जब महाराज वह कमंडल अपने गुरु के समक्ष रख रहे थे तो उनके गुरु भाइयों के मुख देखने के योग्य थे।

महावतार बाबाजी के दर्शन

श्री परमानंद महाराज को दो बार महावतार बाबाजी के दर्शन हो चुके हैं, तथापि पहले दर्शन के समय, जब गंगा नदी के एक घाट पर एक वट वृक्ष के नीचे वे अपने कुछ शिष्यों के सहित बैठे हुए दिखाई पड़े थे, उन्हें इस बात का ज्ञान नहीं था। उन्होंने अवश्य उन दिव्य संत को प्रणाम किया था और उन्होंने हाथ उठाकर उन्हें आशीर्वाद भी दिया था, परंतु उस समय वे उनके परिचय से अज्ञात थे। यह संभवत: वाराणसी की घटना है।

कुछ समय बाद जब एक बार उन्होंने विशुद्धानंद जी के निकट पहुंचकर और उन्हें प्रणाम करके अपना स्थान ग्रहण किया तो उनके गुरु ने उनसे पूछा कि क्या उन्होंने बाबाजी महाराज को नहीं देखा जिनके बगल से होकर उन्होंने कक्ष में प्रवेश किया था। उनके 'वह देखो' कहने पर जब उन्होंने द्वार की ओर देखा तो उन्हें वहां 'महावतार' दोनों चौखट पर हाथ रखकर मुस्कुराते हुए खड़े दिखाई पड़े। उनके प्रणाम करने पर उन्होंने स्वयं ही बताया के वे तो इसके पहले भी उनसे मिल चुके हैं और आशीर्वाद भी दे चुके हैं, और उन्हें वट वृक्ष की घटना का स्मरण करवाया। इस घटना से यह भी ज्ञात होता है कि महावतार जी के संबध में आध्यात्मिक जगत में उनके शिष्य समुदाय के बाहर भी उतनी ही भिज्ञता थी और चर्चा भी होती थी। इसी प्रकार इस घटना से यह भी ज्ञात होता है कि न तो उनका विशुद्धानंद जी के पास आना पहली बार हुआ था और न ही उनकी कृपा का क्षेत्र उनके अपने शिष्यों और प्रशिष्यों तक ही सीमित एवं संकुचित था। स्वामी परमानंद महावतार बाबाजी को षष्टम नाथ के रूप में भी स्वीकार करते हैं।

पदमपुरी के सिद्ध सोमवारी बाबा की भी परमानंद महाराज पर विशेष कृपा रहती है। किसी को किसी विषय में विशेष आशीर्वाद देते समय वे उन्हीं का स्मरण करके आशीर्वाद देते हैं। लेखक के द्वारा जीसस क्राइष्ट के संबंध में प्रश्न किये जाने पर उन्होंने बताया था कि वे दो बार भारत आये थे। महाराज ने यह भी बताया है कि जगन्नाथ पुरी में प्रवास के मध्य वहां के एक पंडे ने उन्हें बताया था कि इस विषय में वहां संरक्षित

एक ताम्र पत्र में भी इस बात की चर्चा है, और यह भी कि जीसस ने जो ज्ञान अपने शिष्यों को प्रदान किया था वह उन्हें भारत में रहकर ही प्राप्त हुआ था।

विश्व की छत

अंग्रेजी भाषा की हमारी प्रधान पुस्तक के विज्ञान खंड में यह चर्चा की गई है कि समतल मैदानों, पर्वतों और समुद्रों से ढंकी हुई हमारी पृथ्वी की सतह एक निरंतर गोलाकार सतह नहीं है बल्कि यह लगभग तीस टुकड़ों मे विभाजित है, जिन्हें टेक्टोनिक प्लेट्स कहा जाता है। सुदूर अतीत में हमारा भारतीय उप-महाद्वीप इंडो-आस्ट्रेलियन प्लेट के पश्चिमी किनारे पर अवस्थित एक विशाल टापू के समान दृष्टिगोचर हुआ करता था। लगभग आठ करोड़ वर्ष पूर्व पृथ्वी के अत्यंत उच्च ताप वाले इसके अंदरूनी भाग और इसके वाह्य की दिशा में उत्तरोत्तर कम तापमानों वाले क्षेत्र के मध्य उत्पन्न होने वाली उष्मा की लहरों के धक्कों से चलायमान होकर, खंडित सतह की इस प्लेट ने उत्तर की दिशा में बढना आरंभ कर दिया। उस समय भारत उप-महाद्वीप यूरेशियन प्लेट से लगभग ६,४०० किलोमीटर दूर इससे दक्षिण की दिशा में अवस्थित था, और उस काल में इनके मध्य के जलपूरित खंड को टेथाइस महासागर के रूप में जाना जाता है।

लगभग चार करोड़ वर्ष पूर्व जब यह उप-महाद्वीप एशिया के निकट पहुंच गया था, तब भी अब एक छोटे समुद्र मात्र रह गये टेथाइस का सिकुड़ना उसी प्रकार चल रहा था और इसके फलस्वरूप इसके जल के नीचे वाली सतह की प्लेट जो एशिया महाद्वीप की प्लेट की तुलना में नर्म थी उससे टकराकर धीरे-धीरे ऊपर उठती जा रही थी। इसकी सामुद्रिक सतह पर दीर्घावधि से जमी हुई पदार्थ की पर्तें ऊपर उठते हुए एक विशाल पर्वत श्रंखला का रूप लेती जा रहीं थी। आज से लगभग दो करोड़ वर्ष पूर्व टेथाइस समुद्र पूर्ण रूप से विलुप्त हो चुका था और हिमालय पर्वत और तिब्बत के पठार ने अपना रूप ग्रहण करना प्रारंभ कर दिया था। इस प्रक्रिया के प्रमाण स्वरूप विज्ञानविद यह तर्क उपस्थित करते हैं कि

माउंट एवरेस्ट का शिखर उसी सामुद्रिक लाइम-स्टोन से निर्मित है जो कभी टेथाइस समुद्र के तल-स्थल पर विद्यमान था।

यह हिमालय के निर्माण की एक विशिष्टता मानी जाती है कि एक ओर तो तिब्बत का पठार हिमालय से ३०० किलोमीटर की दूरी पर अवस्थित है, वहीं दूसरी ओर इस क्षेत्र में पृथ्वी की सतह की पर्त की मोटाई ७५ किलोमीटर है, जबकि भूमि की सतह की पर्त की औसत मोटाई केवल ४० किलोमीटर नापने में आती है। इसी कारण से तिब्बत को विश्व की छत (Roof of the World) भी कहा जाता है, क्योंकि विश्व के इतिहास में कभी भी अवस्थित रहने वाले पठारों में यही सबसे बड़ा और सबसे ऊचा पठार है। इसकी ऊंचाई पृथ्वी की सतह से ५,००० मीटर से भी अधिक है और इसके द्वारा अपनी यह ऊंचाई लगभग ८० लाख वर्ष पूर्व ही प्राप्त कर ली गई थी।

एक ओर एशिया की प्लेट की ओर तिब्बत का पठार अपनी ऊंचाई को प्राप्त् करने की दिशा में अग्रसर था, वहीं दूसरी ओर उप-महाद्वीप वाली प्लेट की ओर मुख्य हिमालय, मध्यम ऊंचाई वाले पहाड़, और निचले स्तर की पहाड़ियां (Himalayan Foothills) अपने आकार लेते जा रहे थे। हिमालय की पर्वत श्रंखला पश्चिम-उत्तरपश्चिम से पूर्व-दक्षिणपूर्व की दिशा में एक चन्द्राकार आर्क बनाते हुए हुए २,४०० किलोमीटर लंबी है और इसकी औसत चोड़ाई पश्चिम में ४०० किलोमीटर से घटते हुए पूर्व में पंहुचकर केवल १५० किलोमीटर रह जाती है। विश्व के सबसे ऊंचे पर्वत शिखर इसी पर्वतमाला के हिस्से हैं, जिनमें विश्व का सबसे ऊंचा माउंट एवरेस्ट भी सम्मिलित है जिसकी ऊंचाई ८,८४८ मीटर है। हिमालय विश्व की सबसे युवा अथवा कम उम्र की पर्वत श्रंखला है और इसमें सौ से अधिक ऐसे शिखर हैं जिनकी ऊंचाई ७,२०० मीटर से भी अधिक है।

पूजनीयों का सर्वश्रेष्ठ आसन

विश्व की छत कहे जाने वाले गौरव से समन्वित और विश्व के सर्वोच्च शिखरों की भूमि यदि साधुओं, साधकों और ऐसे सर्वत्यागी मानवों की प्रिय भूमि हो जो अपनी अध्यात्म की चेतना का विकास करने के इच्छुक हों, तो यह कोई आश्चर्य का विषय नहीं होना चाहिये।

किसी स्थान विशेष से संबंध रखने वाली दिव्यता अथवा वहां स्वाभाविक रूप से उत्पन्न होने वाली आध्यात्मिक शक्तियों की पृष्ठभूमि केवल उस स्थान की भौगोलिक स्थिति में निहित नहीं होती, अपितु उस स्थान पर एक दीर्घ समय से एवं सदैव उपस्थित रहने वाले और उच्च आध्यात्मिक अवस्था को प्राप्त दिव्य व्यक्तियों के कारण ही विशेषरूप से होती है। हिमालय क्षेत्र एवं विशेष रूप से तिब्बत के पठार क्षेत्र में छ: हजार वर्षों से भी अधिक समय से सिद्धों और सिद्ध भैरवियों का एवं बाद के समय में महान लामाओं का भी वास रहा है, और वहां दिव्यात्माओं की एक निरंतर के समान अभंग उपस्थिति रहती आई है। तिब्बत और उसके आस-पास के हिमालय का क्षेत्र विश्व के दो बड़े धर्मों की उत्पत्ति और विकास की भी पृष्ठभूमि के रूप में जाना जाता है।

अपनी विशिष्ट एवं अद्‌वितीय भौगोलिक स्थिति के कारण यह स्थान उच्चावस्था प्राप्त साधक एवं सिद्धों की प्रिय भूमि रहते आया है। अत: प्रागैतिहासिक समय से ही उच्च आध्यात्मिक अवस्था को प्राप्त दिव्य महात्माओं की निरंतर उपस्थिति के कारण यह क्षेत्र एक स्वाभाविक रूप से उत्पन्न होने वाली आध्यात्मिक शक्तियों की पृष्ठभूमि के रूप में कार्य करने के लिये विख्यात है। इतनी भौगोलिक विशिष्टताओं के साथ एक प्रकार से स्वयं जगन्माता ने ही इस दिव्य-स्थली की इस विश्व की छत के रूप में रचना की है, जहां स्वाभाविक रूप से बहुत कम मलिन विचारों की उत्पत्ति और उतना ही कम विकास संभव होता है। प्रागैतिहासिक काल में इस स्थान पर आज के समान जनबाहुल्य नहीं था और यहीं पर अवस्थित कैलाश पर्वत नाथों के नाथ आदिनाथ शंकर का वास-स्थान भी था। इस दिव्य-क्षेत्र को उस प्रागैतिहासिक काल में सनातन धर्म का भी निर्विवाद आसन समझा जाता था। वहीं से अवतरण करके अगस्त्य मुनि ने भी पहले जावा द्‌वीप को और बाद में दक्षिण भारत को अपने आवास के लिये चुना था।

प्रागैतिहासिक काल से ही सिद्धों की एक प्रिय आवास स्थली होने के अतिरिक्त पिछले डेढ़ हजार वर्षों में, स्वाभाविक रूप से और स्वत: ही तिब्बत बौद्ध धर्म के अनुयायियों के लिये उनके धर्म का प्रधान स्थान बन चुका है। विशेष रूप से ल्हासा नगर और वहां अवस्थित पोटाला का महल

उसी प्रकार बौद्ध धर्म का आसन (Seat) समझा जाता है जैसे वैटिकन सिटी को क्रिस्चियन धर्मावलंबियों के द्वारा अपने धर्म का आसन माना जाता है। आज भी उनके लिये दलाई लामा का वही दर्जा और सम्मान है जो पश्चिम के देशों में पोप का है।

एक समय था जब हिमालय के दक्षिण में रहने वाले भारत के राजवंशी कुरु कहलाते थे और उनकी सरहद के पार के उत्तर के क्षेत्र को वैदिक ग्रंथों में उत्तर कुरुओं की भूमि कहा जाता था। दोनों पक्षों के लोग स्वच्छंद रूप से इधर-उधर आते जाते रहते थे। एक दूसरे की भूमि का अतिक्रमण करने की बात तब अकल्पनीय के समान थी। इसी प्रकार चूंकि चीन के राजवंशों से भी वहां के राजवंशों के वैवाहिक संबंध होते रहते थे, अत: किसी भी दिशा से उस पावन भूमि पर किसी आक्रमण की संभावना नहीं थी और वहां ऐसे किसी आक्रमण या अतिक्रमण का प्रतिरोध करने के लिये किसी सैन्य बल को भी कभी आवश्यक नहीं समझा गया था।

यह सर्वविदित है कि केवल कुछ नगर रक्षकों और पोताला महल के रक्षकों का संहार करके ही चीन की पीपुल्स लिबरेशन आर्मी ने तिब्बत पर कब्जा करके उस राष्ट्र को अपने देश का ही एक हिस्सा घोषित कर दिया था। मानव इतिहास में यह एक ऐसे अभूतपूर्व एवं अतीव अन्याय की एकमात्र घटना है जिसका कोई विरोध करने वाला नहीं था, जैसे सड़क पर कोई दुर्घटना घट गई हो और सभी लोग एक नजर डाल कर आगे बढ़ गये हों।

तिब्बत एक शांतिप्रिय और धर्म परायण लोगों का राष्ट्र था। वे अपनी मान्यताओं के अनुरूप बिना किसी प्रकार के असंतोष के अपने जीवन का निर्वाह कर रहे थे तथा वहां के दलाई लामा का उनके लिये आज भी वही दर्जा और सम्मान है जो पश्चिम के देशों में पोप का है। राजनीतिक परिस्थिति यद्यपि आज उनके अनुकूल नहीं है, परंतु तिब्बत के ग्रहस्थों, बौद्ध साधकों और भिक्षुओं की सोच और जीवन शैली आज भी उसी प्रकार अहिंसक बन कर और अपने समस्त मूल्यों के साथ विद्यमान है। आज भी लाखों बौद्ध भिक्षु परमेश्वर से निरंतर यह प्रार्थना करते रहते हैं कि वे उनकी भूमि उन्हें वापस दिलवाने की कृपा करें ताकि वे अपने परंपराओं

के अनुसार अपना जीवन यापन कर सकें। उन्हें पराभूत करके क्यों उनपर साम्यवाद थोप दिया जाना चाहिये, किसी भी विवेकपूर्ण मनुष्य के लिये इसका औचित्य समझ पाना कठिन है। क्यों वहां के लोगों को चीन की फैक्ट्रियों में मजदूर बन कर जीवन यापन करना चाहिये, और क्यों उन्हें हथियारों का प्रयोग सीखकर चीन की सीमा पर पर जाकर अपने जीवन को खतरे में डाल देना चाहिये? निसंदेह यह एक अत्यंत असहज स्थिति है, जिसका निदान आवश्यक है।

सहिष्णुता और असहिष्णुता

हिमालय की छाया में जन्म लेने वाले चार धर्मों में से कोई भी इस प्रकार की घोषणा नहीं करता कि उनका ईश्वर और किसी धर्म के ईश्वर से बड़ा या पदवी में अधिक ऊंचा है। ईश्वर तो बिना किसी भेद-भाव के सभी के पिता हैं और 'एक' है। अत्यंत प्राचीन समय से ही चली आ रही और प्रकृति के नियमों के अनुकूल एक सनातन परंपरा का अनुगमन करते हुए ही क्रमशः हिंदू, जैन, बौद्ध एवं सिक्ख धर्मों का विकास हुआ है, परिप्रेक्ष्य के अनुसार जिनकी मान्यताओं में सामान्य अंतर अवश्य परिलक्षित हो सकते हैं परंतु उनमें परस्पर में कोई भी विरोधाभास नहीं है, क्योंकि ये सभी धर्म एक सार्वभौम सत्य पर आधारित हैं। ये सभी धर्म एक ऐसे दार्शनिक आधार पर स्थित हैं, जो तर्क सम्मत और सार्वभौम है। अपने दार्शनिक आधार और दायरे से बाहर निकलते हुए अन्य किसी विवरण में भी इनमें से किसी धर्म में भी किसी अन्य धर्म को नष्ट कर देने की बात नहीं कही गई है। इसी प्रकार, छल, बल अथवा किसी प्रलोभन के माध्यम से किसी को धर्म परिवर्तन के लिये बाध्य करने का प्रयास भी इनके अनुयायियों के द्वारा नहीं किया जाता क्योंकि ये सभी धर्म किसी कूटनीति के अनुसार नहीं, केवल मानव कल्याण की भावना से प्रेरित होकर कार्य करते हैं।

केवल विदेशी आक्रमण प्रारंभ होने के बाद ही भारत में सीमा प्रांत में निवास करने वाले सिक्खों ने कृपाण धारण करना आरंभ किया था और मुस्लिम आक्रांताओं से संघर्ष में उन्हें अमानवीय व्यवहारों का भी सामना

करना पड़ा था, जब दो अलग-अलग मुगल बादशाहों के द्वारा उनके दो गुरुओं की निर्मम हत्या कर दी गई थी। विशेषकर, गुरु रंजीत सिंहजी के सिर को तो उनके धड़ से अलग करने के बाद उसे पैरो से ठुकराया गया था, जबकि धर्म परिवर्तन के लिये सहमत न होने पर उनके सात और नौ वर्षों के दो पुत्रों को उनकी जीवित अवस्था में ही दीवार में चिनवा दिया गया था।

ईसा के धर्म को मानने वालों में भी कुछ ही ऐसे लोग हैं जो केवल अपने भ्रम के कारण, या कहीं कहीं किसी नीति के अंतर्गत ही आज भी धर्म परिवर्तन के माध्यम से अपने अनुयायियों की संख्या में वृद्धि करने के प्रयास करते हैं। यीशु के अनुयायियों के लिये यह अशोभनीय है कि धर्मार्थ के लिये की गई किसी सामान्य सहायता (charitable activity) के मूल्य के रूप में किसी गरीब परिवार को धर्म परिवर्तन के लिये बाध्य अथवा प्रेरित किया जाए। यीशु मसीह ने किसी दुर्नीति का समर्थन कभी भी नहीं किया था। उन्होंने ईश्वर से अपने पूर्ण हृदय से, पूरे मन से और अपने पूरे अस्तित्व के साथ प्रेम करने की, तथा अपने पड़ोसी से भी अपने समान ही प्रेम करने की शिक्षा ही दी थी, और केवल सत्य पर आधारित अन्य शिक्षाओं के प्रचार की बात कही थी।

साथ ही, यद्यपि यीशू ने अपने अनुयायियों से अपना घर या अपना बाड़ा सुरक्षित रखने के लिये भी कहा था, पर अपने पड़ोसी के बाड़े को गलत दृष्टि से देखने या उसका अतिक्रमण करने की बात उन्होंने कभी नहीं कही थी। धर्म शब्द का सही अर्थ समझे बिना, सत्य और असत्य में भेद के बिना तथा मानव हित के आकलन के बिना, धर्म निरपेक्षता के संदर्भ में केवल तकनीकी आधार पर आज मानव अधिकार को लेकर जो अवधारणा बनाई जा रही है, अगर जीसस सशरीर आज हमारे सन्मुख उपस्थित होते तो वे कभी उसका समर्थन नहीं करते, बल्कि वे तो एक और भी बड़े तथा विश्वव्यापी विभाजन की बात ही कहते। सारे भेदों को भुलाकर एक साथ रहने की बात जीसस ने कभी नहीं कही, क्योंकि इसका लाभ कभी भेड़ को नहीं मिल सकता, जबकि उसके जीवन एवं अन्य हितों की क्षति होना अवश्यंभावी है। इसी कारण से उन्होंने उस समय एक भेड़ों के बाड़े (शीप-फोल्ड) के समान व्यवस्था करना उचित समझा था।

जीसस एक युग पुरुष थे जो सन्मार्ग पर चलने वालों की रक्षा करना चाहते थे और भविष्य में उन्नति के लिये उनका मार्ग प्रशस्त करना चाहते थे। Matthew 10:36 में उन्होंने स्पष्ट घोषणा की थी कि मैं किसी शांति दूत के रूप में नहीं बल्कि तलवार लेकर आया हूं, तथा यह भी (Luke 12:51-53) कि मैं शांति की स्थापना करने या जोड़ने के लिये नहीं आया हूं, बल्कि विभाजन करने आया हूं। एक परिवार में भी मैं पिता को पुत्र से, भाई को भाई से और पति को पत्नी से अलग करने आया हूं (ताकि जो सन्मार्ग पर चलना चाहते हैं, उनकी रक्षा की जा सके और उनके लिये सत्य के मार्ग पर चलते रहना संभव हो सके)।

यह एक सार्वभौम सत्य है कि यदि कोई जीवित रहेगा तभी वह अपने पड़ोसी से भी अपने समान प्रेम कर सकेगा, और यह वसुधैव कुटुंबकम की अवधारणा से प्रेरित मानव संतति के लिये भी उसी प्रकार कार्य करता है। अत: सन्मार्गी व्यक्तियों के लिये भी जीवित रहने के लिये प्रयास करना और इसके लिये सभी आवश्यक कदम उठाना सर्वथा उचित है। इस प्रकार के सन्मार्गी परंतु निरीह व्यक्तियों तथा राष्ट्रों के संबध में ईसा मसीह (जीसस) ने कहा था (John 10:1), "इस सत्य को समझने का प्रयास करो कि जो तुम्हारे सुरक्षित क्षेत्र में सामने के द्वार से प्रवेश नहीं करता बल्कि और किसी प्रकार वहां घुसने का प्रयास करता है, वह चोरी और धोखेबाजी के उद्देश्य से ही ऐसा करता है।"

आपके लिये अपने जीवन साथी और अपने परिवार का विश्वास करना आवश्यक होता है, परंतु अपने पड़ोसी के साथ अपना निजी अवकाश (space) बांटना आपके लिये आवश्यक नहीं है, क्योंकि आपके एक से अधिक पड़ोसी हो सकते हैं। आपके अजाने में आपका एक पड़ोसी आपके बगीचे से सेव या आपकी मुर्गियां चुरा सकता है और आपके कुत्ते को विष देने का प्रयास कर सकता है, और दूसरा आपकी बहन, पुत्री अथवा पत्नी पर बुरी नजर रख सकता है और मौका मिलते ही आपके घर को हथियाने का प्रयास भी कर सकता है। दूसरी ओर, आपका एक तीसरा पड़ोसी ऐसा भी हो सकता है जिसका आप विश्वास कर सकते हैं और आवश्यक होने पर उसे अपने घर की निगरानी का दायित्व दे सकते हैं या अपने बच्चों को देख-रेख के लिये उसके सुपुर्द कर सकते हैं।

सभी को एक श्रेणी में रखने का प्रयास आज के समय में उचित नहीं है। इसे सहिष्णुता कहना उचित नहीं है क्योकि नीतियों का स्थान दुर्नीतियों के द्वारा ग्रहण कर लिया गया है, और क्षति केवल उनकी ही होती है जो मानवता के हित के अनुरूप ही आचरण करना चाहते हैं। जो सत्य है, शुभ है और मानवहित में है, आज उसे एक योजनाबद्ध तरीके से नष्ट करने का हर संभव प्रयास किया जा रहा है। तिब्बत केवल एक उदाहरण है। पाकिस्तान, अफगानिस्तान और बांगला देश में विलुप्त होते हुए हिंदुओं और अश्वेत ईसाइयों के विषय में आवाज उठाने पर भारत के हिंदुओं की भर्त्सना करने वाले तथा विभिन्न प्रकार की लौबियों के द्वारा प्रेरित एवं संचालित देश और विदेश के सैंकड़ों संगठन सामने आ जाते हैं, परंतु इनके पक्ष में खड़े होने का विचार किसी मानव अधिकार संगठन का नेतृत्व करने वाले पदाधिकारियों के मन में या तो उत्पन्न ही नहीं होता या उनके संगठन की नीति के विरुद्ध होने के कारण वह स्वत: ही कहीं खो जाता है।

और फिर भी जीसस ने ऐसा कभी नहीं कहा था कि उनके 'पिता' अन्य धर्म को मानने वालों के पिता नहीं थे या उनसे श्रेष्ठ थे। उन्होंने यह अवश्य कहा था कि भविष्य में किसी समय 'सत्य के सार' (Spirit of Truth) स्वरूप ज्ञान का विश्व में प्रचार होने पर, वे बातें जो उनके अनुयायी उस समय समझने की स्थिति में नहीं थे उन्हें वे अवश्य ही समझने में समर्थ होंगे (John 16:12-15)। यह पुस्तक उसी दिशा में एक प्रयास है।

एक नये युग का आरंभ

भारत के ऋषियों ने विश्व को ब्रह्मांड और मनुष्य को क्षुद्रांड कहा है। उनके अनुसार केवल मनुष्य में ही इस विश्व सृष्टि में प्रयुक्त होने वाले सभी ३६ तत्व विद्यमान रहते हैं, और यह भी कि इस क्षुद्रांड का आविर्भाव अकस्मात नहीं हो जाता, बल्कि इसके सूक्ष्म और स्थूल शरीर एक क्रम विकास का अनुकरण करते हुए ही इस अवस्था में उपनीत होते हैं। इसके पूर्व इसके मन और शरीर का विकास एक पशु के रूप में था,

और लाखों वर्ष तक विकास को प्राप्त होते हुए, अब यह एक मानव-संतति कहे जाने की योग्यता प्राप्त कर चुका है।

एक आदिम मानव के रूप में हम एक अधिक विकसित पशु मात्र ही होते हैं और उसी परंपरा का अनुगमन करते हुए इस क्रम-विकास की अवस्था को प्राप्त होते हैं, जो इससे पूर्व की हमारी अवस्थाओं से उच्चतर होती हैं, जहां एक बड़ा पशु एक छोटे पशु को अपना आहार समझकर उपयोग करते हुए अपना जीवन यापन कर सकता है और उसके उपयुक्त जो भी भक्ष्य उसके सन्मुख होता है उसका भक्षण करने में उसे कोई भी हिचक नहीं होती, और न ही प्रकृति उससे ऐसी अपेक्षा करती है। इस प्रक्रिया में उन पशुओं के लिये लंबे समय तक घात लगाकर और धोखे से आक्रमण करना भी अनुचित नहीं होता। आरंभ में मनुष्य भी एक मानव-पशु ही होता है और उस अवस्था से प्रारंभ होकर ही उसके सही अर्थ में मानव-पुत्र बनने की प्रक्रिया आरंभ होती है, क्योंकि अब वह उचित और अनुचित में भेद कर सकता है और प्रकृति के कार्य में सहायक हो सकता है। अत: अब उसे अपने कर्म का चुनाव करने की स्वतंत्रता भी होती है।

इसके पूर्व हम मनुष्य के सूक्ष्म शरीर में उपस्थित सात सूक्ष्म चक्रों के विषय में चर्चा कर चुके हैं, और इस बात पर भी प्रकाश डाल चुके हैं कि आज भी अधिकांश मनुष्यों की चेतना उनके जीवन पर्यंत सबसे निम्नस्थानीय उन दो चक्रों तक ही सीमित रह जाती है जिनका संबंध प्रधान रूप से भोजन, इंद्रिय सुख और प्रजनन से होता है। तथापि यह मानव के विकास में एक निम्न कोटि की अवस्था मात्र है। यह उसकी चरम परिणति नहीं है, क्योंकि प्रकृति के द्वारा उसे यहां से ऊपर उठने और अपना बौद्धिक, नैतिक तथा परमार्थिक विकास करने की योग्यता भी प्रदान की गई है।

इसी संदर्भ में हम यह चर्चा भी कर चुके हैं कि कुछ वैज्ञानिकों को ऐसी स्पष्ट प्रतीति होती है कि मानव मस्तिष्क उसकी वर्तमान आवश्यकता के अनुपात से बहुत अधिक परिमाण में विकसित और बहुत दूरगामी प्रतीत होता है। साथ ही हम यह विवेचना भी कर चुके हैं कि जैसे अधिक भार होने पर किसी भी वस्तु का ऊपर उठना कठिन होता है, उसी प्रकार चेतना के विकास के संदर्भ में मलिन विचारों का भार सात्विक

विचारों से बहुत अधिक होता है, और मलिन विचारों को लेकर चेतना का ऊपर उठना भी अत्यंत दुष्कर बल्कि असंभव के समान ही होता है।

मानव जाति के कल्याण एवं उत्थान के हित में, हम में से प्रत्येक विवेकशील व्यक्ति के लिये सत्य एवं असत्य, नैतिक एवं अनैतिक तथा उचित एवं अनुचित के अंतर को समझना और उसी आधार पर अपने कर्तव्य का निर्धारण करना आवश्यक है। इसी प्रकार, स्थूल एवं सूक्ष्म भूमियों के विषय में एक आधिकारिक एवं तर्क सम्मत ज्ञान से अवगत होना भी हम सभी के मार्ग दर्शन के लिये उचित भी है और आवश्यक भी, क्योंकि यह हमारी और इस विश्व की संरचना का ही एक भाग है।

सत्य का सार (The Spirit of Truth)

मानव संतति को न केवल जीवित रहना है बल्कि उसे एक आसन्न युग परिवर्तन के लिये भी प्रस्तुत होना है, क्योंकि अब वह इस स्थिति में पहुंच चुकी है जहां से वह एक लंबी छलांग लगा सकती है, और इस प्रकार की व्यक्तिगत एवं सामूहिक उन्नति की बात सोच सकती है जो आज भी अधिकांश लोगों को असंभव एवं अकल्पनीय प्रतीत हो सकती है। वहीं, जब हम सामूहिक उन्नति के विषय में सोचते हैं, तो ऐसी किसी भी परिकल्पना से पूर्व हमारे लिये समग्र विश्व की विचार धारा को मोटे तौर पर सकारात्मक एवं इसके विपरीत, इन दो भागों में विभाजित करके देखना आवश्यक होगा।

तथापि इसके पूर्व, छटी शताब्दी में सम्राट जस्टिनियन के द्वारा ईसा के धर्म से पुनर्जन्म की अवधारणा को मिटा देने से मूल धर्म में जो विसंगति उत्पन्न हो गई है, अब तक की चर्चा के परिप्रेक्ष्य में उसे भी एक बार हटा कर देखना हमारे मत में उचित रहेगा। ऐसा करने पर हम देख सकेंगे कि ईसाई, हिंदू और बौद्ध, इन तीन धर्मों की मान्यताओं में कोई विशेष अंतर नहीं है, ये एक ही सुदृढ़ एवं विज्ञान समन्वित आधारभूमि पर स्थित हैं और ये सभी एक सकारात्मक दिशा में अग्रसर होने का संदेश देते हैं। साथ ही, किसी अन्य की अपेक्षा के बिना भी ये विश्व की आधी से अधिक जनसंख्या का प्रतिनिधित्व करते हैं। अत:

इसमें कुछ भी अतिशयोक्तिपूर्ण नहीं कहा जा सकता जब हम कहते हैं कि मानव संतति अब इस स्थिति में पहुंच चुकी है जहां से वह एक लंबी छलांग लगा सकती है, और इस प्रकार की व्यक्तिगत एवं सामूहिक उन्नति की बात सोच सकती है जो प्रथम दृष्टि में असंभव एवं अकल्पनीय प्रतीत हो सकती है।

आधुनिक विज्ञान के पंडितों की यह मान्यता रही है कि ईश्वर जैसी कोई वस्तु नहीं होती और ईश्वर में विश्वास केवल एक अंधविश्वास मात्र है। बीते हुए समय में ऐसा कहने के लिये उनके जो भी कारण रहे हों, किंतु हमें यह स्वीकार करना होगा कि उनके सोचने का तरीका एक विशिष्ट वैज्ञानिक विष्लेषण की पद्धति पर आधारित एवं एक विश्वसनीय तथा विवेकपूर्ण माध्यम के समान होता है। अत: अल्प प्रयास करने पर ही हमारे विज्ञानविद देख सकेंगे कि भारत के ऋषियों के द्वारा प्रतिपादित चैतन्य की प्राथमिकता के सिद्धांत को किसी भी मान्य तर्क के आधार पर मिथ्या सिद्ध करना संभव नहीं है। वहीं दूसरी ओर वे यह भी देख सकेंगे कि यह सिद्धांत न केवल उनके लिये अब तक अनुत्तरित कतिपय महत्वपूर्ण प्रश्नों का समाधान करने में सक्षम है, बल्कि यह उनकी किसी खोज विशेष का अथवा उनकी समस्त उपलब्धियों का खंडन किये बिना ही पदार्थ के स्थान पर चैतन्य की प्राथमिकता की पुष्टि करता है। एक प्रकार से तो चैतन्य की प्राथमिकता का यह सिद्धांत विज्ञानविदों के द्वारा खोजे गये अनेक मौलिक सिद्धांतों की पूर्वघोषणा करता हुआ भी प्रतीत होता है। तनिक विचार करने पर ही वे देख सकेंगे कि मानव हित में सर्वथा त्याज्य हठधर्मिता के अतिरिक्त, सदैव विद्यमान रहने वाले विश्व चैतन्य के समय-समय पर स्वयं ही इस विश्व के रूप में अभिव्यक्ति को प्राप्त होने के सिद्धांत को स्वीकार करने में उन्हें किसी भी प्रकार की कोई कठिनाई नहीं होनी चाहिये।

लेखक की सभी वयस्क मानव संतति से प्रार्थना है कि अपेक्षाकृत कठिन होने पर भी वे हमारी इस पुस्तक को पढने का प्रयास अवश्य करें। इसके द्वारा उनका उपकार होगा और वे अपनी सच्ची विरासत को स्वयं भी समझ पायेंगे तथा अगली पीढी को भी इसका यथोचित परिचय दे सकेंगे।

हमारी इस पुस्तक के माध्यम से हमारे पाठक मानव संतति को संबोधित और आमंत्रित करने वाले प्राचीन ऋषियों के उस आह्वान की प्रतिध्वनि को सुन सकेंगे, जो आज भी जीवंत होकर इहलोक और परलोकों में गुंजायमान है और जो आज भी उन्हें मृत्यु पर विजय प्राप्त करने की सतत प्रेरणा देता रहता है।

'अति उज्वल प्रकाश रूप परमेश्वर से ही एक विकिरण के रूप में इस विश्व की और हमारी भी उत्पत्ति होती है और वही जानने के योग्य है'। ऋषियों द्वारा प्रदत्त यह ज्ञान एक सार्वभौम ज्ञान है, जो कभी मलिन नहीं हो सकता, और जो समस्त मानव संतति के लिये एक ही भांति कार्य करता है। स्वयं इस सत्य की उपलब्धि करने के पश्चात ही वे ऋषि समग्र मानव संतति का आह्वान करते हैं,

श्रृणवंतु विश्वे, अमृतस्य पुत्रा, आ ये धामानि दिव्यानि तस्थु:

अमृत की संतान, समस्त मानव संतति, आप सब सुनें; आप में से वे भी सुनें, जो (इस समय) किसी सूक्ष्म या दिव्य लोक में अवस्थान कर रहे हों।

वेदाह मेतं, पुरुषं महांतम, आदित्य वर्णं, तमसः परस्तात।
तम एव विदित्वा, अति मृत्युमेति, ना अन्य पंथा विद्यते अयनाय।।

आप उसे जानने का प्रयास करें जो परम पुरुष है, जो आपमें अपने अस्तित्व का ज्ञान अथवा आपका निजत्व है, जिसका वास्तविक रूप उज्ज्वल प्रकाश है, और जो समस्त अंधकार से परे रहते हुए स्थित है। अपने अंदर ही स्थित उस प्रकाश को जान पाने पर ही आप मृत्यु पर विजय प्राप्त कर सकते हैं। इसके लिये अन्य कोई भी पथ अन्य किसी को भी विदित नहीं है। यही सबका सार-स्वरूप है, और यही सत्य है।

परिशिष्ट – १

स्नानागार में खुफिया कैमरा

सन् १९२७ में क्लिंटन डेवीसन ने यह दिखाने के लिये कि इलेक्ट्रोन प्रकाश की किरणों के समान तरंगवत आचरण भी करते हैं, पहली बार डबल स्लिट प्रयोग का प्रदर्शन किया था जिसे बाद में अन्य वैज्ञानिकों के द्‌वारा भी बार बार दोहराया गया था।

इस प्रयोग के लिये एक चपटी विभाजन प्लेट का उपयोग किया जाता है जिसके मध्य में एक पतली झिरी बना दी जाती है। इस प्लेट के एक ओर एक छोटी पिस्टल लगा दी जाती है जो छोटी गोलियों या कंचों को फेंक सकती है जबकि दूसरी ओर एक स्क्रीन बना होता है जिस पर इनके द्‌वारा लगने वाले आघात अंकित हो जाते हैं। जब हम पिस्टल से कांच या पत्थर की गोलियां चलाते हैं तो उनमें से कुछ उस झिरी से होकर दूसरी ओर के स्क्रीन पर जाकर लग जाती हैं और उसपर अपना निशान बना देती हैं।

अब अगर हम इस प्लेट के मध्य एक के स्थान पर दो झिरी बना देते हैं तो हम आशा करते हैं कि कुछ गोलियां एक झिरी से और कुछ दूसरी से जाकर स्क्रीन पर टकराकर अपने निशान अंकित कर देंगी और ऐसा ही होता भी है। प्रयोगकर्ता अब पिस्टल के स्थान पर एक रंग विशेष के प्रकाश को उत्पन्न करने वाला बल्ब लगा देते हैं। अब कुछ किरणें तो प्लेट से टकरा कर रुक जायेंगी, कुछ एक झिरी से और कुछ दूसरी झिरी से होकर पीछे के स्क्रीन पर पहुंचेंगी। तथापि अलग झिरियों से स्क्रीन तक पहुंचने वाली प्रकाश किरणों के द्‌वारा तय की जाने वाली

दूरी में अंतर होने के कारण कुछ किरणें तो एक दूसरे से मिल कर अधिक शक्ति को प्राप्त होकर अधिक चमकीला निशान अंकित करेंगी और कुछ एक दूसरे की तरंग को नष्ट कर देंगी। इस प्रकार स्क्रीन पर एक विशेष प्रकार का हल्के गहरे क्षेत्रों का पैटर्न दिखाई पड़ेगा, और ऐसा ही दिखता भी है।

अब प्रयोगकर्ता प्रकाश के बल्ब के स्थान पर एक निश्चित गति से इलेक्ट्रोन छोड़ने वाली गन लगा देते हैं। वे देखते हैं कि जब एक झिरी होती है तो स्क्रीन पर कांच की गोलियों के समान ही सामान्य रूप से फैला हुआ पैटर्न दिखाई पड़ता है परंतु जब दोनों झिर्रियां खुली होती हैं तो कंचों के जैसे दो सामान्य पैटर्न नहीं बनते बल्कि प्रकाश किरणों के समान हल्के गहरे मिश्रित पैटर्न बनते हैं जैसे इलेक्ट्रोन 'कणों' के समान नहीं बल्कि तरंगों के समान यात्रा करते हुए स्क्रीन पर टकरा रहे थे।

प्रयोगकर्ताओं को लगा कि कुछ इलेक्ट्रोन एक झिरी से और कुछ दूसरी से जाकर प्रकाश की किरणों जैसा पैटर्न बना रहे थे। अत: उन्होंने गन को इस प्रकार सेट कर दिया कि कुछ समय के अंतर से एक बार में इससे एक ही इलेक्ट्रोन निकल रहा था परंतु उन्हें यह देखकर अचंभा हुआ कि फिर भी वैसा ही पैटर्न बन रहा था जैसे प्रत्येक इलेक्ट्रोन एक साथ ही दोनों झिर्रियों से निकलकर दूसरी ओर स्क्रीन पर पहुंच रहा हो।

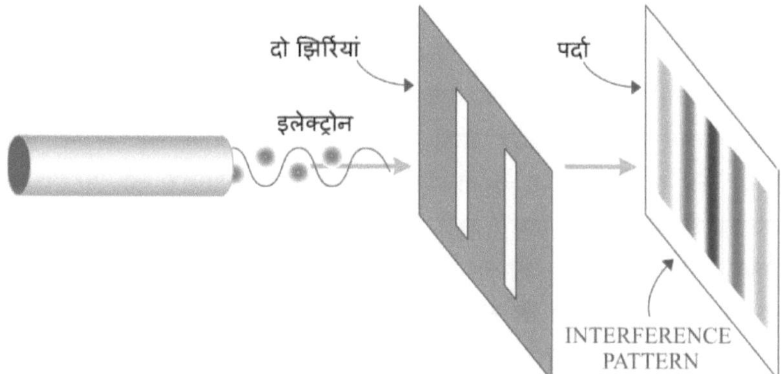

स्वाभाविक स्थिति में - तरंग का कार्य स्पष्ट दृष्टि गोचर होता है

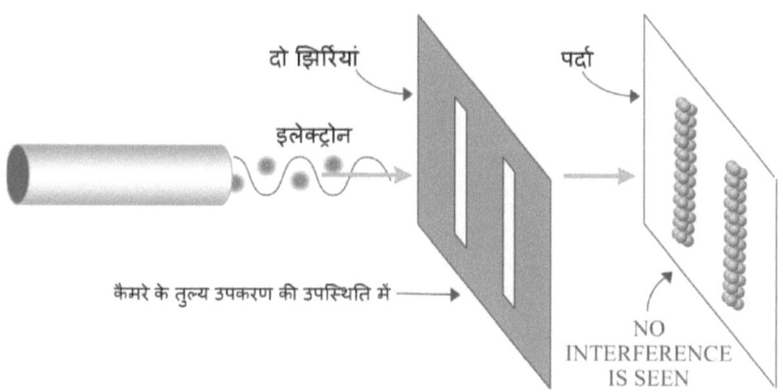

कैमरे के तुल्य उपकरण लगाने पर तरंग का स्थगित होना

चित्र-१०

प्रयोग को और आगे बढाने के लिये अब उन्होंने दोनों में से एक झिरी से एक अत्यंत सूक्ष्म आवेश को मापने में समर्थ सेंसर लगा दिया ताकि वे देख सकें कि एक अकेला इलेक्ट्रोन उस झिरी से निकला या दूसरी से। परंतु प्रकृति ने कहा 'बस, अब और आगे नहीं!' उन्होंने देखा कि अब इलेक्ट्रोन एक कांच की गोली के समान कार्य कर रहे थे और

वैसा ही पैटर्न बना रहे थे जैसा कि गोलियां बना रहीं थी। इलेक्ट्रोनों ने अपना तरंग गुण स्थगित कर दिया था। इसके बाद सैंकड़ों अलग-अलग वैज्ञानिक इस प्रयोग को और बेहतर उपकरणों के माध्यम से दोहरा चुके हैं, परंतु कोई लाभ नहीं हुआ। प्रकृति ने यह स्पष्ट कर दिया कि व्यक्ति कण के क्षेत्र में इस भौतिक व्यापार को अत्यधिक समीप से देख पाना संभव नहीं है। जैसे मनुष्यों के वाशरूम में कैमरा लगाना मना है, वैसे ही व्यक्ति-कण के क्षेत्र में (अपने Changing या Nursery Room के समान) कैमरा लगाने की अनुमति प्रकृति भी नही देती। वैसी स्थित में पदार्थ का कण एक तरंग के रूप में स्पंदन करना बंद कर देता है!!

परिशिष्ट – २

मानवता का सिद्धांत

हम मनुष्यों को जैव शास्त्री बंदरों के विभाग में एंथ्रोपीडिया उप-विभाग में सम्मिलित करते हैं। अत: मनुष्यों से संबंधित सभी विषयों को एंथ्रोपोलौजी कहा जाता है। इसी आधार पर आजकल भौतिक विज्ञान शास्त्री एक एंथ्रोपिक या मानवता के सिद्धांत का प्रयोग करने लगे हैं। यह सिद्धांत इस आधार पर कार्य करता है कि चूंकि इस विश्व में मानव भी होते हैं अत: किसी भी वैचारिक अथवा गणितिक प्रयोग में उत्पन्न होने वाली सहस्त्रों संभावनाओं में से ऐसे किसी विश्व की गणना को छोड़ दिया जा सकता है जिसमें बुद्धिमान प्राणियों के उत्पन्न होने की संभावना न हो।

एंथ्रोपिक या मानवता के सिद्धांत का जनक ब्रैंडन कार्टर को माना जाता है, जिसका प्रस्ताव उन्होंने १९७३ में निकोलस कोपर्निकस के ५००वें जन्मोत्सव के समय पहली बार दिया था। यह प्रस्ताव कोपर्निकस की इस मान्यता का खंडन करने के उद्देश्य से दिया गया था जिसमें कहा गया है कि मनुष्य का इस विश्व में कोई विशिष्ट स्थान मानना उचित नहीं है।

ब्रैंडन कार्टर ने इस मानवता के सिद्धांत को दो रूपों में आख्यायित किया है जिनमें से एक मानवता की आवश्यकता को एक अपेक्षाकृत कमजोर और सीमित परिप्रेक्ष्य में देखने प्रयास करता है और दूसरा उसको ही प्रधान कारण के रूप में दर्शाने का प्रयास करता है। उनकी प्रधानता वाली आख्या यह मानती है कि भौतिक शास्त्र के सभी मौलिक स्थिरांक (Fundamental Constants) मानव की उत्पत्ति को ध्यान में रखते हुए ही अपना मूल्य ग्रहण करते हैं। तथापि अधिकांश वैज्ञानिक इसे अपनी वैज्ञानिक उपलब्धियों के मूल्य को कम करने वाला मानते हुए स्वीकार

करने के अनिच्छुक थे, क्योंकि इसमें चेतना का स्थान प्रथम और पदार्थ का स्थान द्वितीय प्रतीत होता है। इसलिये स्टीफेन हॉकिंग सहित अधिकांश भौतिक विज्ञान शास्त्री एक कमजोर मानवता के सिद्धांत को ही स्वीकार करते हैं, द्वितीय को नहीं।

मानवता के कमजोर सिद्धांत का प्रस्ताव केवल इतना ही है कि हमारे समान बुद्धि से युक्त मानव की उपस्थिति को ध्यान में रखते हुए हमें कम से कम यह तो स्वीकार करना ही पड़ेगा कि जिस स्थान पर मानव का जन्म संभव है वह विश्व के अन्य स्थानों की तुलना में विशिष्ट तो अवश्य ही है।

परिशिष्ट – ३

भौतिक विज्ञान की सबसे बड़ी असफलता

वैज्ञानिक मान्यता के अनुसार शून्य के समान प्रतीत होने वाले आकाश में सर्वत्र, जो पदार्थ के कणों के युग्म अत्यंत अल्प अवधि के लिये उत्पन्न होकर पलक झपकने के पूर्व लुप्त भी होते रहते है, उन्हें देख पाना किसी प्रकार भी संभव नहीं है। तथापि क्वांटम इलेक्ट्रो-डायनेमिक्स के माध्यम से उनके घनत्व की गणना करना संभव है।

दूसरी ओर वैज्ञानिक मान्यता के अनुसार शून्यवत प्रतीत होने वाले आकाश में इन युग्मों के उत्पन्न और विलीन होते रहने के कारण, या इनकी पृष्ठभूमि में जो ऊर्जा विद्यमान रहती है उसके कारण ही, इस विश्व के विस्तारित होने की गति में एक वृद्धि, 1-A श्रेणी के सुपरनोवाओं के अध्ययन से स्पष्ट रूप से देखने में आती है। सामान्यतया थ्योरी और अध्ययन के माध्यम से जो परिणाम प्राप्त होते हैं उनमें बहुत अधिक अंतर नहीं पाया जाता। तथापि विश्व के प्रसार से संबंध रखने वाले कौस्मोलौजिकल स्थिरांक (Cosmological Constant) के संदर्भ में यह अंतर इतना अधिक है कि इसे विज्ञान के क्षेत्र में सबसे बड़ी असफलता के रूप में स्वीकार किया जाता है।

क्वांटम क्षेत्र की थ्योरियों के आधार पर शून्य आकाश की ऊर्जा का अनुमान 10^{121} GeV प्रति क्यूबिक मीटर आंका गया है। दूसरी ओर वौइज़र स्पेस-क्राफ्ट के द्वारा आकाश के अध्ययन से जो आंकडा उभर कर सामने आता है वह केवल 10^{14} GeV प्रति क्यूबिक मीटर ही है। 107 मैगनीचूड़ का यह अंतर इतना अधिक है (संपूर्ण विश्व में सभी पदार्थ के

कणों की संख्या का अनुमान 10^{100}, अथवा 100 मैगनीचूड़ से भी कम आंका गया है) कि यह आश्चर्य की सभी सीमाओं से परे प्रतीत होता है कि किस सीमा तक जाकर दो विभिन्न प्रकार की शक्तियां एक दूसरे को संतुलित करती हुई हमारे दृष्टिपथ में आती हैं। भौतिक विज्ञान शास्त्री इसे एक कैटास्ट्रौफ कहकर ही इसका उपशम कर सकते हैं।

www.ingramcontent.com/pod-product-compliance
Ingram Content Group UK Ltd.
Pitfield, Milton Keynes, MK11 3LW, UK
UKHW041900190726
13854UKWH00002B/999